Building
Construction
Hand Book

INOUE-
SHOIN'S
BUILDING
CONSTRUC-
TION
DICTION-
ARY

INOUESHOIN

発刊にあたって

今や建築にかかわる分野は多岐にわたり，建築工事に携わる技術者の専門分野も時代とともに細分化されてきている。このような状況において，それぞれの専門分野の技術を統合し，高品質な建築物を限られた工期のなかで安全につくり上げるためには，設計者，現場管理者，専門工事業者が互いに十分なコミュニケーションを図り，専門的な概念を共有することが必要不可欠である。

旧約聖書にある「バベルの塔」では，この塔を見て神が怒り，人々が互いの言葉を理解できないようにし，塔の建設を途中で終わらせたと記されている。この話は，人間の傲慢さに対する戒めを示したものと言われているが，建築工事に携わる技術者にとっては，専門用語を理解し共通言語として共有できることが，ものづくりにおいていかに重要なことかを示しているとも解釈できる。

しかし，建築分野で用いられる用語の数は膨大である。ベテラン技術者であっても，すべての専門用語を把握することは容易なことではない。まして経験の浅い若手技術者にあっては，建築関係法令の条文や各種技術書・指針を読みこなすことでさえ苦労しているのが現状である。

私たちはこうした事情を踏まえ，専門用語の語義だけでなく，日々の業務で求められる的確な状況判断の一助となる内容をも併せもつ辞典を目指して編纂にあたった。

本辞典は建築の現場用語を中心に，打合せや日常の現場管理に欠かせない必須用語はもちろんのこと，派生的な用語までを選び出し，見出し用語約4,900語と理解を深めるための図表2,100余点を収録した。

多忙な日々を送っている若手から中堅の設計者や現場管理者が，本書を常に携帯することによって，知識の整理，技術力の向上に役立てていただけたら幸いである。

2012年4月　現場施工応援する会

現場施工応援する会

●編集委員

［株式会社熊谷組］

主査　佐藤孝一　技術研究所 元所長
副主査　稲井田洋二　建築事業本部技術部長
田中　晃　設計本部品質監理部品質監理G部長
平田智也　首都圏支店建築事業部建築部技術G部長
古田　崇　建築事業本部建築企画室建築G部長
渡辺英彦　技術研究所研究企画室室長

●執筆者

［株式会社熊谷組］

*Gは「グループ」を省略して表記したものです。

荒木泰夫　建築事業本部営業部営業管理G部長
石和田岳史　建築事業本部営業部副部長
稲井田洋二　前出
加藤貴由　建築事業本部建築企画室品質管理室室長
上村直明　設計本部品質監理部企画G副部長
河口俊郎　建築事業本部建築企画室品質管理室部長
竹田将夫　設計本部耐震設計部部長
田中　晃　前出
中村省吾　建築事業本部建築企画室建築G副部長
闐崎和夫　建築事業本部担当部長
古田　崇　前出
松村信吉　建築事業本部購買部部長
荒籾　稔　首都圏支店建築事業部建築部技術G部長
飯島宣章　首都圏支店建築事業部建築部技術G副部長
岩渕貴之　首都圏支店建築事業部建築部技術G課長
酒徳靖一　首都圏支店お客様相談室品質環境マネジメントG部長
野林聖史　元首都圏支店建築事業部建築部技術G部長
平田智也　前出
金森誠治　技術研究所建設材料研究G課長
佐藤孝一　前出
鈴木宏和　技術研究所建築設備研究G部長
田中淳一　技術研究所建設材料研究G副部長
仲宗根淳　技術研究所建築構造研究G副部長
野中　英　技術研究所建設材料研究G副長
渡辺英彦　前出

［ケーアンドイー株式会社］

佐々木雅英　首都圏支社横浜事業部長

●編集協力

[株式会社熊谷組]

吉松賢二　技術研究所技術部長
大川原英治　東北支店作業所長
窪田友美　技術研究所研究企画室

［本辞典の特色］

●構　成

本辞典は、設計、計画、構造力学、一般構造、施工管理（各種検査を含む）、設備（電気設備・機械設備）、環境、材料、重機、道具（検査機器を含む）、品質管理、工程管理、安全管理、維持管理、契約、入札、積算、経営（マネジメント）、情報、申請・届出、建築関係法規の分野から、建築の現場管理者にとって必須の4900語と理解を助ける図表2100点を収録。

また、本辞典の特徴の一つである図表の多さを最大限に生かすため、左ページに用語解説、右ページに見出し語に対応する図表をまとめて掲載した。

●解説・図表

用語解説では語義はもちろんのこと、実務で役立つ管理上のポイントや関連事項にまで及ぶ多角的な説明を加え、同義語や参照すべき用語、図表の掲載ページも細かく付した。また、関連用語の比較が容易にできるよう整理された表と、全体図と詳細図、標準的な納まり図例など実践で役立つ生きた情報を多数掲げ、基礎知識の理解に役立つとともに技術力の向上も図れるよう配慮した。

●付録・図表索引

巻末には、SI単位、労働安全衛生法で規定されている悪天候時の作業規制と技能講習および特別教育が必要な作業一覧、耐震法規の変遷を収録。さらに、本辞典に収録した図表の中から、現場管理における重要事項の検索を容易にした図表索引を掲載。図表索引は工種別に整理し、その中を五十音順に配列した。

●利用のしかた

ピッチ　①同形のものが等間隔に並んでいるものの間隔をいう。柱、鉄筋、ねじ山の間隔など。②高力ボルトなどの配列における、材軸方向のボルト孔の中心間距離。材軸と直交する方向のボルト孔の中心間距離は「ゲージ」と呼ばれる。

ピッチング　⇨孔食(こうしょく)

ビット　穿孔(せんこう)機、削岩機のドリルやロッドの先端部分に取り付ける部品。ビットの刃先には、用途に応じて超硬合金やダイヤモンドチップなどが用いられる。大きさや形状は多様で、目的別に多くの種類がある。（図・413頁）

ピット　①周囲より下がった穴や溝などのくぼみの部分。例えば、エレベーターピット、排水ピット、配管ピットなど。②溶接欠陥の一種で、溶接部の表面に生じた小さな孔のこと。（図・413頁）→ブローホール

ビッドボンド　入札保証あるいは入札保証金のこと。建設工事に関する保証制度の一つで、落札業者の失格による発注者の損失を保証するためのもの。

引張り応力度　部材に外力が働いたときに、ある断面において互いに引き合う方向に力が作用したときのその断面の単位面積当たりの軸方向力をいう。

引張り筋　⇨引張り鉄筋

引張り鉄筋　曲げ応力を受ける鉄筋コンクリート部材において、引張り側に配置した鉄筋をいい、応力を負担させる。「引張り筋」ともいう。→圧縮鉄筋

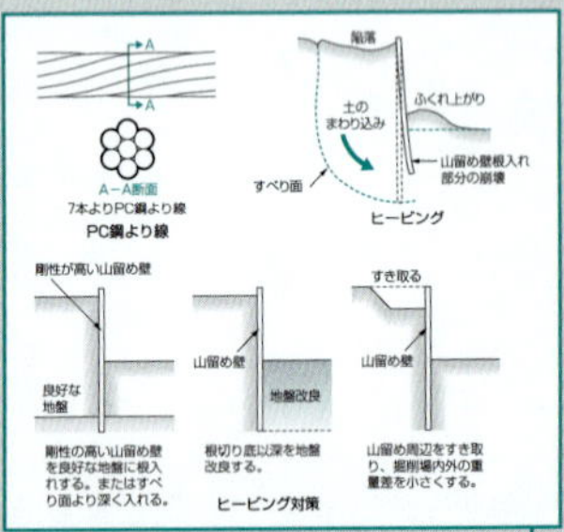

図表掲載ページ　図表が右ページにこない場合は、掲載ページを表示。

参照用語　解説を参照、あるいは関連する用語を記号（⇨、→）で表示。

図表　現場管理のポイントなど、実践で役立つ情報を多数収録。

[凡　例]

見出し語と配列

1. 見出し語は、五十音順に配列し、色文字で表記した。
2. 日本語は漢字および平仮名を、外国語は片仮名またはアルファベットを用いた。
3. 長音を示す「ー」は、直前に含まれる母音（ア・イ・ウ・エ・オのいずれか）を繰り返すものとして、その位置に配列した。
   （例）ウォールガーダー＝ウオオルガアダア　　フープ＝フウプ
4. 同一音の配列は、清音・濁音・半濁音の順とした。
5. 英語における「V」の音はバ・ビ・ブ・ベ・ボと表した。ただし、一般的な発音として使われていると判断できる用語はヴァ・ヴィ・ヴ・ヴェ・ヴォを用いた。
   （例）ヴォイド
6. 漢字は常用漢字にとらわれず、古来の用語を採用した。
7. 一つの見出し語に別の表記がある場合は、原則として見出し語の中で（　　）で囲んで示した。
   （例）矩尺、曲尺＝矩(曲)尺　　遣方、遣形＝遣方(形)
8. 見出し語の読みは、難読語または誤読のおそれのある語にかぎり、見出し語の後に（　　）で囲んで示した。
   （例）臥梁（がりょう）　　外法（そとのり）
9. アルファベットで始まる見出し語は、原則として下記のアルファベット文字の読み、ならびに長音が含まれる場合には前述の3. に準じて配列した。
   （例）PC＝ピーシー＝ピイシイ
10. 一つの見出し語に別の言い方がある場合は、原則として解説の中で「　　」で囲んで示した。

解　説

1. 解説文は現代仮名遣いとし、原則として常用漢字によった。
2. 外国語・外来語・外国人名は片仮名を用いた。
3. 語義がいくつかに分かれる場合は、①、②…の番号を付した。
4. 図表・写真は、解説文の見開き右ページに掲載することを原則とし、ページ構成の関係上、前後に離れる場合はその掲載ページを示した。

参照用語

⇨　解説はその項を見よ

→　その項を参照せよ

アルファベット文字

A エー	B ビー	C シー	D ディー	E イー	F エフ
G ジー	H エッチ	I アイ	J ジェー	K ケー	L エル
M エム	N エヌ	O オー	P ピー	Q キュー	R アール
S エス	T ティー	U ユー	V ブイ	W ダブリュー	
X エックス	Y ワイ	Z ゼット			

＊建築関係法規、基準・規格、認定事象、団体名等は2012年3月現在のもので、改正または変更されることがあります。必ず諸官庁および関係機関が公表する情報で確認してください。

INOUE-SHOIN'S BUILDING CONSTRUCTION DICTIONARY

あ

アークストライク　アーク溶接の際、母材上に瞬間的にアークを飛ばして直ちに切ること。母材が急冷硬化したりノッチを形成するなど、溶接欠陥の原因になるので避ける必要がある。

アーク溶接　溶接棒と母材の間に発生するアーク熱を利用して、溶接棒と母材を溶かし融合させて溶接金属をつくる溶接方法。一般的な溶接手法で、建築のあらゆる部分の溶接に利用されている。

アース　電気設備機器や電気回路と大地を電気的に接続して電気を地中に逃がすことで、「接地」ともいう。漏電による感電防止、落雷による災害の防止などのための装置である。

アースアンカー工法　⇨地盤アンカー工法

アースオーガー　PC杭や土止め壁の心材などの施工で使用する低騒音、低振動の穿孔(せんこう)機械。吊り下げた原動機に接続した螺旋状の鉄板が付いた軸を回転させて地中を穿孔する。手で持てる小型のものから大型重機に装着されるものまである。単に「オーガー」とも呼ばれ、螺旋状の木工用きりを指す英語のaugerが語源。→パイルドライバー

アースドリル工法　場所打ちコンクリート杭の代表的な工法であり、先端に刃の付いた専用のドリリングバケットを回転させて地盤を掘削し、土砂をバケット内に収納して地上に排出する工法。所定の深度まで掘削した後、鉄筋かごを挿入し、コンクリートを打ち込んで杭を築造する。

アースボンディング　金属管などを相互に、あるいはこれらと金属のボックスとを電気的に接続すること。

アームストッパー　ドアや開き窓を開いた状態で止めておくための金物のこと。「レバーストッパー」ともいう。

アームロック　枠組足場の上層と下層の建枠を、抜け止め機能を有しない脚柱ジョイントで継ぐ場合に、上下の建枠が抜けないように交差筋かいのピン間に取り付ける部材。

RM構造　主体構造をれんが、石、コンクリートブロック積みなどの組積構造とし、鉄筋コンクリートで補強した構造をいう。RMはreinforced masonryの略で、「鉄筋コンクリート組積構造」とも呼ばれる。

RC　[reinforced concrete]　⇨鉄筋コンクリート

RC杭　[reinforced concrete pile]　鉄筋コンクリート杭。特に既製杭の分類では遠心力成形の鉄筋コンクリート杭のことをいう。

RC造　[reinforced concrete structure]　⇨鉄筋コンクリート造

RC超高層住宅　RC造の超高層住宅で、「超高層RC住宅」「タワーマンション」ともいう。集合住宅の高層化のニーズを反映し、1987年に第1号が建設された。その後、耐震性の高い強靭(じん)なRC造を目指して材料(コンクリート、鉄筋)の高強度化、架構法、鉄筋組工法の開発、免震、制振構造の採用など新しい技術とともに急速に普及した。2000年代に入って、40階、高さ150mを超えるものが建設されている。→免震構造、制振構造

アールを付ける　角をとって丸みを付けること。

IE　[industrial engineering]　インダストリアルエンジニアリング。企業経営や生産管理などを数学、自然科学、工学などの手法を用いて行うこと。

ISO　[International Organization for Standardization]　各国の代表的標準化機関から成る国際標準化機関で、電気および電子技術分野を除く全産業分野(鉱工業、農業、医薬品など)に関する国際規格の作成を行っている。「イソ」または「アイソ」とも読む。

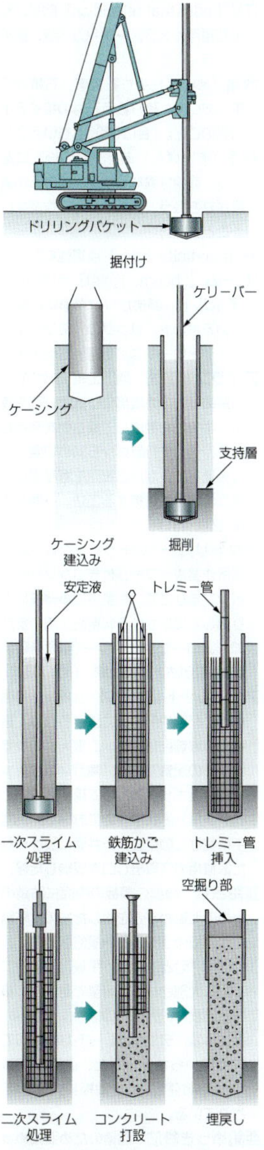

アースドリル工法

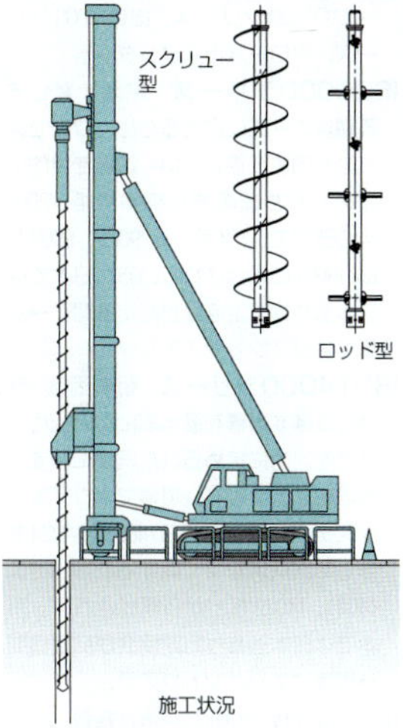

アースオーガー

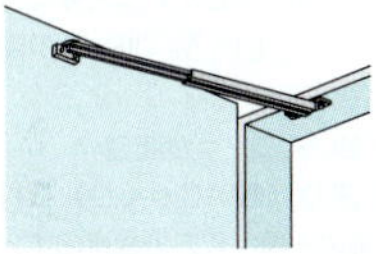
アームストッパーの取付け例

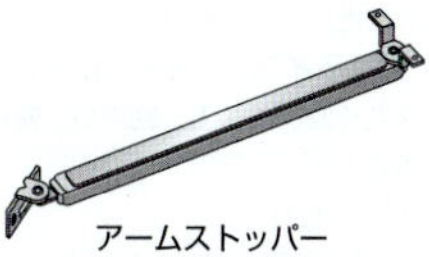
アームストッパー

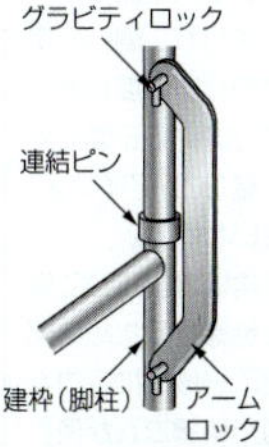

アームロック

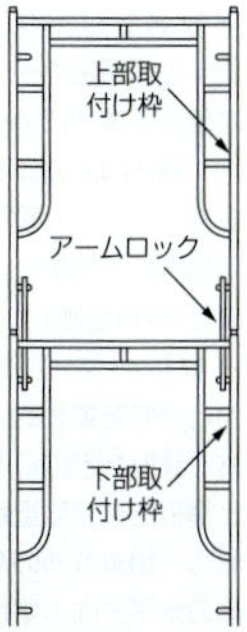

アームロックの取付け

→ISO9000シリーズ、ISO14000シリーズ、グローバルスタンダード

ISO9000シリーズ　絶えず変化する顧客ニーズに応えるため、プロセスを継続的に改善していくことを目的に定められた国際的な標準規格。2000年の改訂で、ISO9001、9002、9003がISO9001に統合されている。日本では日本適合性認定協会が認定機関。→品質マネジメントシステム

ISO14000シリーズ　組織活動が環境に及ぼす影響を最小限にくい止めることを目的に定められた環境に関する国際的な標準規格。環境マネジメントシステムに関するISO14001、14004をはじめ、環境監査に関するISO14010、14011、14012などから構成される。日本では日本適合性認定協会が認定機関。→環境マネジメントシステム

IL［liquidity index］⇨液性指数

I形鋼　I形断面の形鋼。建築構造材としての使用頻度はそれほど多くない。「Iビーム」ともいう。JIS G 3192　→形鋼(図·85ページ)

合口（あいくち）⇨合端(あいば)

合(相)決り（あいじゃくり）板材の接合方法の一種。双方の板厚の半分ずつを切り欠いて、相互に張り合わせて納めること。

アイスプライス　ワイヤーロープの端末を丸く曲げ、加工、結束して輪状にすること。

アイソ　⇨ISO

アイソメ　⇨アイソメトリック

アイソメトリック　物体を立体的に表現する作図法の一つ。室内空間などを表現する場合によく使われ、間口、奥行、高さの三方向を等しい角度(120°)で描き、一つの図で対象物の三面を同じ程度に表現する。略して「アイソメ」、また「等角投影」ともいわれる。

アイソレーター　免震構造において建物と地盤を振動的に絶縁するための部材、装置などのこと。一般的に、ゴムと鋼板を交互に重ねた積層ゴムが使われる。鉛直方向の荷重を支持し、地震時の水平方向の剛性を小さくして柔らかな特性を有す。

ITV［industrial television］防犯、安全監視用カメラ。→防犯カメラ、監視カメラ

合端（あいば）張り石工事、石積み工事において、隣り合う石材の接する小口面のこと。「合口(あいくち)」ともいう。

相番（あいばん）ある工種の施工にあたり、職種は異なるが関係のある作業員が立ち会う、または共同で作業を行うこと。

IP［plasticity index］⇨塑性指数

Iビーム［I beam、I joist］⇨I形鋼

アイボルト　頭部がリング形状になっているボルト。リングの穴にフック、ワイヤーロープなどを通して使用する。

アイランド工法　地下工事において、山留め壁内の外周部分に法面(のりめん)を残し、中央部を掘削して構造物を築造した後、その先行躯体から斜め切梁で山留め壁を支えながら周囲を掘り取り、残りの躯体を構築する工法。→掘削工法(図表·131頁)

アウトリガー　①トラッククレーン、高所作業車、ブーム付きコンクリートポンプ車などで、作業時に車体横に張り出して接地させる転倒防止用の安定脚。②ローリングタワー(移動枠組足場)の転倒防止用補助脚。(図·7頁)

アウトレットボックス　①電気、通信などの配線や配管上に設けられる、箱状の電線管用付属品。二重天井内や壁埋込みの配管工事で、電灯、コンセントの位置ボックスとして用いられる。(図·7頁)②医療建物において、病室、手術室などの壁面、天井面に設けられた医療用ガス取出し口を収納した盤。

亜鉛鉄板　薄膜の鋼板の両面に防錆のための亜鉛めっきを施したもの。防錆処理鋼鈑のうち最も一般的なもので、「トタン板」ともいう。平板、波板、コイルに大別される。軽量で耐候性に優れ、屋根材、外装材のほか、ダクト、各種容器、デッキプレートなどとして広く用いられる。また、JIS G 3302では「溶融亜鉛めっき鋼板」として規定されている。

亜鉛めっき鉄筋　防錆のため亜鉛めっきを施した鉄筋。骨材に含まれる塩分

鋼材の断面形と特徴

断面形	名　称	特　徴
□	角形鋼管 ボックス	断面性能に方向性がなく軸方向の力に強いため、おもに柱に使用。
○	鋼管 パイプ	□形とともに柱材やトラス材としても多様。
H	H形鋼	一方向の断面性能に優れているため、梁として使われることが多い。
L	山形鋼 アングル	L形をして扱いやすいため、軽微なブレース、トラス材、母屋材 、ピース類に使用。
匚	溝形鋼 チャンネル	熱間でロールした肉厚の鋼材で、小規模建物に使用。
C	軽量形鋼 チャンネル	薄板を冷間ロールしたもので、母屋・胴縁および住宅等の小規模建物の柱・梁に使用。
I	I形鋼	軽微なクレーンのレール等に使用。

あいじゃくり

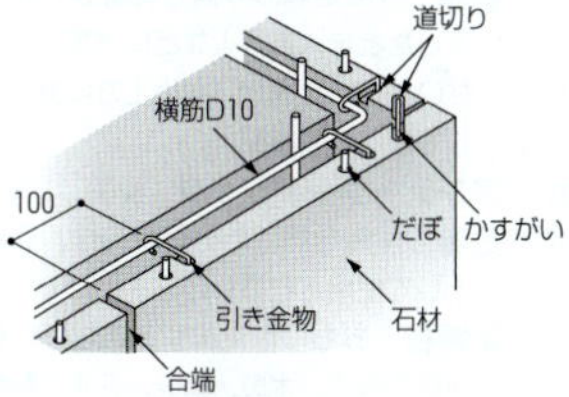

合端

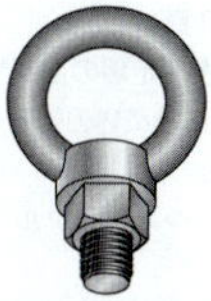

アイボルト

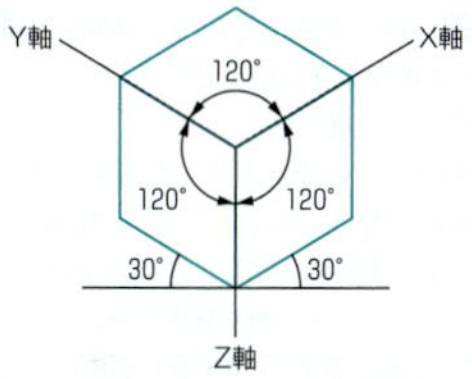

アイソメトリック

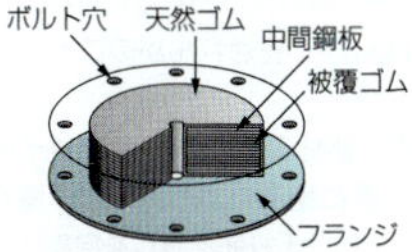

天然ゴム系積層ゴムアイソレーター

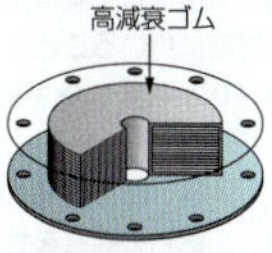

高減衰積層ゴムアイソレーター

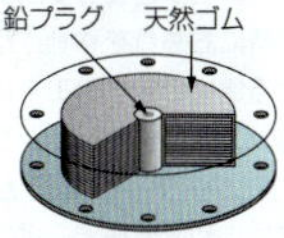

鉛プラグ入り積層ゴムアイソレーター

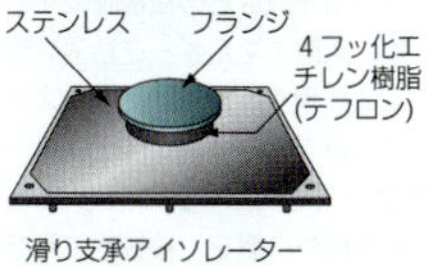

滑り支承アイソレーター

アイソレーター

両端アイスプライス

片リング付き片シンブル片ワッパ
アイスプライス

両端シンブル入りアイスプライス

片リング付き両端シンブル入り
アイスプライス

片シンブル片アイスプライス

片リング片フック両シンブル付き
アイスプライス

アイスプライス

(0.3%程度までは十分使用することが可能)が多く、普通鉄筋では耐久性が確保できない場合に使用する。

赤錆　鉄の表面にできる、赤茶色の酸化水酸化物を主成分とする錆。

赤身　⇨心材

赤水（あかみず）給水、給湯管として鋼管を用いた場合に、水中の酸素などによって鉄分が錆び、これが溶け出したことによって赤く見える水。

上がり框（あがりがまち）玄関などの土間から床への上がり口の段差部分に水平に取り付けられる化粧材。

赤れんが　普通れんがのこと。→れんが

あき　部材の間隔、隙間またはその寸法。

あき重ね継手　重ね継手の一種で、重ね合わせる鉄筋どうしを密着させずに、所定のあきを確保して重ねる継手。スラブ筋、壁筋に用いることができ、あきの間隔は0.2L1(重ね継手長さ)かつ150mm以下。

アクティブ制振　建物の最上階におもりを設置し、建物の揺れをセンサーが検知すると、コンピュータ制御の駆動装置で瞬時におもりを移動させ、地震や風による建物の揺れのエネルギーを吸収するシステム。→パッシブ制振

アクティブソーラーシステム　太陽光集熱パネルや蓄熱槽と、ポンプや吸収式冷凍機などの機械設備を組み合わせ、太陽エネルギーを給湯や暖冷房などに利用する太陽熱利用システム。→パッシブソーラーシステム

アクティブソーラーハウス　集熱装置を屋外に置き、機械的に熱を蓄え、給湯や暖冷房などに利用する住宅形式をいう。→パッシブソーラーハウス

アクリル樹脂エマルション塗料　合成樹脂エマルション塗料の一種。アクリル系の液体と顔料を主成分とした塗料。略して「AEP」。

アクリルラッカー　アクリル樹脂エナメルまたはアクリル樹脂塗料のことで、熱可塑性アクリル樹脂を溶剤に溶かしたもの。コンクリート打放しやモルタルなど、美装性と躯体保護などに使用される。

上げ裏　庇や軒あるいは階段などの裏側のこと。見上げると目に入る裏側の部分で、軒では「軒裏」、階段では「段裏」という。

あご　パラペット、外壁面などからあご状に突き出した部分。→パラペット(図・403頁)

アコーディオンカーテン　⇨アコーディオンドア

アコーディオンドア　アコーディオンのような折りたたみや伸縮によって開閉する移動間仕切り。金属の骨組をビニルレザーなどで覆い、天井に設けたガイドレールから吊り下げる。「アコーディオンカーテン」ともいう。

あごコンクリート　あご部分のコンクリート。

あご付きパラペット　屋上防水の立上がり端部からの雨水浸入を防止するために設けた、あごのあるパラペット。

朝顔　外部足場の外側で資材などが落下したとき、通行人などに危害を加えないよう、足場から斜め上方に突き出して設ける防護棚。

アジテータートラック　⇨生コン車

足場　作業を行うため仮設の床、通路として使用されるもの。

足場板　おもに作業床や通路などに敷かれる板で、木製、鋼製、アルミ製などがある。「歩み板」ともいう。→作業床(図・191頁)

足場つなぎ　足場の倒壊や変形を防止するために建築物の躯体と足場を連結するもの。

アスコン　⇨アスファルトコンクリート

アスファルト　瀝青(れきせい)の一種で、黒色あるいは暗褐色の固体もしくは半固体の粘着性物質。加熱すると徐々に液化する。天然に産する天然アスファルトと、石油から製造される石油アスファルトがある。

アスファルトコンクリート　アスファルトに石粉、砂、砕石などを混合したコンクリート。おもに道路工事の舗装に使用され、現在はほぼ100%リサイクルされている。略して「アスコン」という。

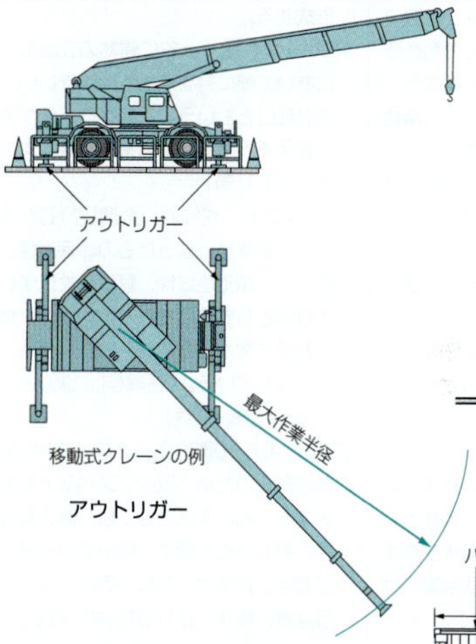

アウトリガー

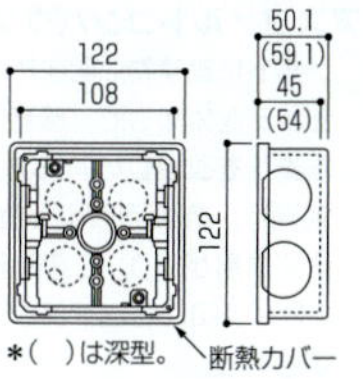

アウトレットボックス（例）

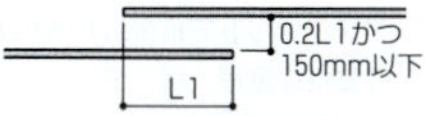

あき重ね継手
（スラブ筋、壁筋のみ）

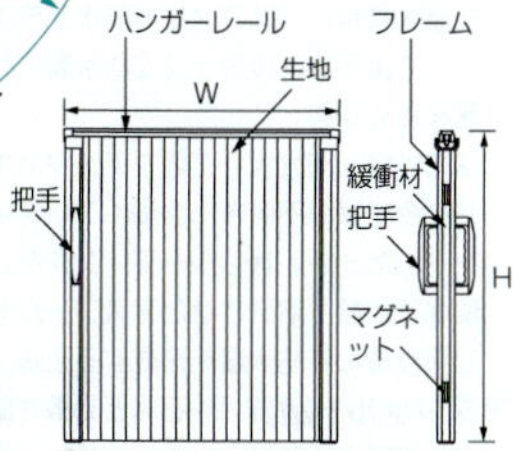

アコーディオンドア

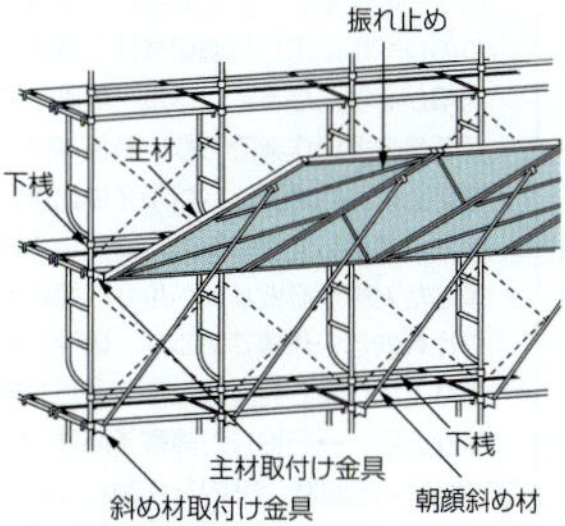

朝顔

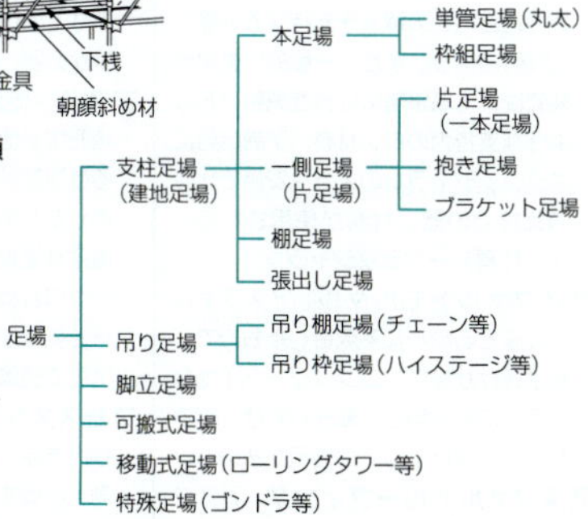

足場の形式別分類

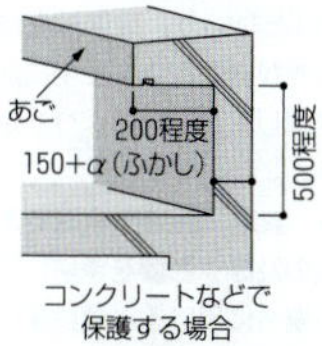

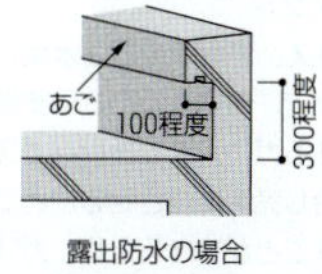

あご付きパラペット

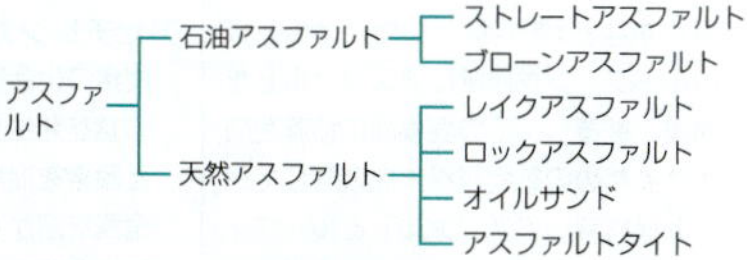

アスファルト

アスファルトコンパウンド　アスファルトに動植物油脂またはその脂肪酸ピッチを添加して、感温性、耐候性、作業性を改良したアスファルト。電気絶縁用、道路目地用、防食塗装用、防水工事用があり、この品質についてはJIS K 2207（石油アスファルト）に規定される。

アスファルトシングル　⇨シングル②

アスファルト被覆鋼板　亜鉛鉄板をアスファルトで被覆したもの。耐食性に優れ、屋根、樋、ダクトなどに使用される。

アスファルトプライマー　アスファルトを揮発性の溶剤を用いて液体とした液状材料。アスファルト防水を施す下地に塗布し、浸透させて防水層の付着を良くする。

アスファルト防水　工場でアスファルトを合成繊維不織布に含浸、コーティングしたシート状のルーフィングを、現場で加熱、溶融させたアスファルトで張り重ねて防水層を形成する工法。

アスファルト舗装　砕石などを敷き詰めた路盤と、アスファルトと骨材の混合物による基層、表層で構成される舗装のこと。この舗装を支持する地盤を「路床」という。また、一般的に道路舗装では、上層路盤には粒度調整砕石のような支持力の高い材料、下層路盤にはクラッシャランのような安価で比較的支持力の低い材料が使用される。（図·11頁）→クラッシャラン

アスファルトモルタル　アスファルトに砂と石粉を加熱混合したもので、耐摩耗性が良好。コンクリート下地などの上に敷き均し、転圧して仕上げるもので、床材としての使用が多い。

アスファルトルーフィング　アスファルトを使用した防水シート。主として天然の有機繊維（古紙、木質パルプ、毛くずなど）を原料としたフェルト状のルーフィング原紙にアスファルトを含浸、被覆し、その表裏面に粘着を防止するための鉱物質粉末を散着したシート状材料。アスファルトとルーフィングを積層してアスファルト防水層を形成する。

アスペクト比　一般に建物の立面形状において幅に対する高さの比をいい、「塔状比」ともいう。アスペクト比が4を超えると構造計算の条件が厳しくなる。（図·11頁）

アスベスト　蛇紋岩、角閃(かくせん)石が変質して繊維状となったもの。保温性、耐火性、電気絶縁性、耐摩耗性に優れる材料として使用されていたが、人体に及ぼす害が指摘され、現在は使用が禁止されている。「石綿(せきめん、いしわた)」ともいう。（図表·11頁）

アスベスト飛散防止　アスベスト粉塵飛散防止のため、既存アスベストを処理すること。方法としては、除去処理法、封じ込め処理法、囲い込み処理法がある。建築物等の解体等の作業を行う場合、解体等される建材の種類ごとに3つの作業レベルに分類し、それぞれのレベルに応じた適切なばく露防止対策が必要になる。レベル1は著しく発塵量の多い作業であり、厳重なばく露防止対策が必要。レベル2は比重が小さく発塵しやすいため、レベル1に準じた対策が必要。レベル3は発塵性の比較的低い作業であるが、破砕、切断などの作業で発塵をともなうため対策が必要。→石綿(せきめん)障害予防規則

アスマン乾湿計　室内を移動しての環境測定や他の湿度計の校正に用いられる乾湿計。リヒャルト・アスマンが考案したためこの名称で呼ばれる。「通風湿球湿度計」ともいう。放射熱を防ぐクロムめっきが施された金属中に湿球と乾球を内蔵し、送風機により一定速度で通風する。（図·11頁）

アセスメント　査定、評価の意味であり、ある行為の及ぼす影響を事前に予測、評価する場合に用いる。建設業においては環境アセスメントを指す。→環境アセスメント

アセチレンガス　アセチレンは水素と炭素の化合物で、燃焼するときに多量の熱を発生するガス。アセチレンガスと酸素を混合し完全燃焼させることで金属を溶かすことができるため、ガス切断（溶断）に用いられる。

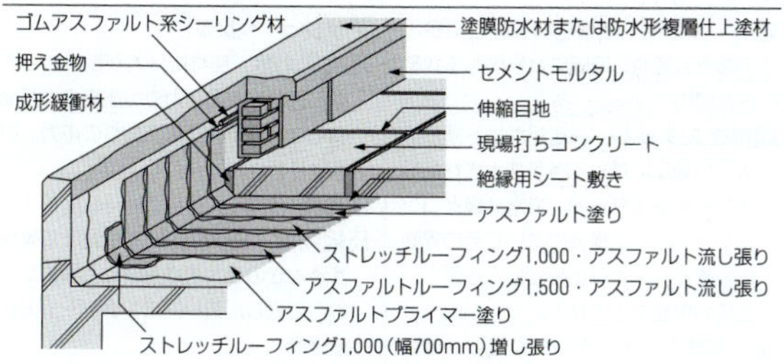

アスファルト防水の納まり

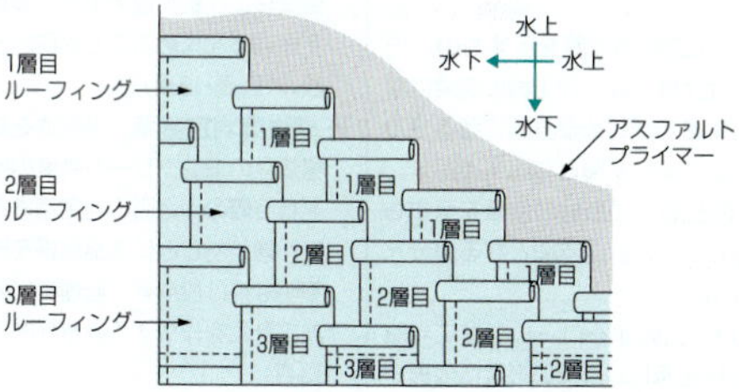

水勾配とルーフィング類の張付け

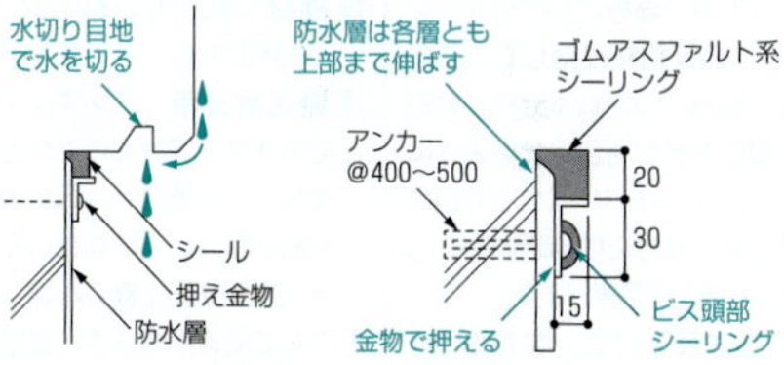

立上がり防水層端末部(パラペット)の納まり

アスファルト防水

防水工事用アスファルトの品質[1)]

種類＼項目		軟化点(℃)	針入度(25℃)	針入度指数	蒸発質量変化率質量(%)	引火点(℃)	トルエン可溶分質量(%)	フラース脆化点(℃)	だれ長さ(mm)	加熱安定性(フラース脆化点差)(℃)
防水工事用アスファルト	1種	85以上	25以上45以下	3.5以上	1以下	250以上	98以上	−5以下	—	
	2種	90以上	20以上40以下	4.0以上	1以下	270以上	98以上	−10以下	—	5以下
	3種	100以上	20以上40以下	5.0以上	1以下	280以上	95以上	−15以下	8以下	
防水工事用改質アスファルト		120～160	20～50	7.0～10.0	1以下	280以上	—	−20以下	1以下	5以下
環境対応防水工事用アスファルト		95～105	20～40	4.0以上	1以下	280以上	95以上	−8以下	8以下	

遊び　接合部や嵌合(かんごう)部などに緩みのある状態や、間隔に余裕のある状態。→逃げ①

頭付きスタッド　一端がボルト頭部のように軸部に対して径を拡大させた形状を有するスタッド。通常は鋼とコンクリートの合成構造においてその界面に設置され、ずれ止めとして作用し、合成効果を向上させる。

頭つなぎ　最上部をつなぐこと。仮設足場や山留めなどで使われることが多い。

当たり　①部材の位置を示すもの。モルタル仕上げでは、仕上面の定規になるようにあらかじめ部分的に塗るモルタル。②作業に支障となる突出部分。

当たりをとる　①部材の位置を示すものを設けること。②支障となる部分を撤去すること。

圧延鋼材　回転するロールなどに赤熱した鋼片を通して形鋼の形状に成形することを圧延と呼び、この圧延により製造される形鋼の総称。

圧延マーク　圧延鋼材に対して、その生産工程で製品に印される記号。製造業者名や鋼種などが判別できるようになっている。「ロールマーク」ともいい、特に鉄骨鋼材の場合には「識別マーク」と呼ばれている。(図表・13頁)

圧掛け　地盤改良などで、沈下を促進させるために荷重をかけること。

厚鋼電線管（あつこうでんせんかん）電線類を収め、保護するための管。薄鋼電線管、ねじなし電線管とともにJIS C 8305で規格化されている。管の肉厚が厚く、機械的強度に優れており、おもに屋外や工場内の金属管工事に使用される。「G管」ともいう。

圧砕機　油圧で作動するペンチ状の機構でコンクリートなどをはさみ、圧縮により破砕、切断を行う機械。油圧式ブレーカーよりも騒音、振動が少なく、都市部や住宅地の近くなどの周辺環境に配慮する必要がある場合に適する。バックホーのアタッチメントとして着装されるが、用途により大割用、小割用、鉄骨・鉄筋用(カッター)などがある。(図・13頁)

アッシュ　⇨炭殻(たんがら)

圧縮応力度　部材に外力が働いたときの部材軸方向の応力で、圧縮の力が働いた場合の単位面積当たりの応力。単位は〔N/mm^2〕など。

圧縮機　⇨コンプレッサー

圧縮強度　材料が圧縮力を受けて破壊するときの最大強さを単位面積当たりの力で表した値。→コンクリートの圧縮強度

圧縮強度試験　コンクリート強度試験供試体に圧縮荷重を加え、破壊させて圧縮強度を求めることを目的とする試験。(図表・13頁)

圧縮強度判定基準　供試体を試験し、構造体のコンクリート強度の推定試験を行う際の、合否の判定基準とする強度。建築物ごとに準拠図書を確かめ、不明な点は設計者、監理者に確認後、施工計画を作成する必要がある。(表・13頁)

圧縮筋　⇨圧縮鉄筋

圧縮材　軸方向に圧縮力を受ける部材。代表的なものとして柱がある。

圧縮式冷凍機　コンプレッサーを用いた冷凍機。アンモニアなどの冷媒は蒸発器の中で蒸発し、周りの空気や水から熱を奪う。次に蒸発してガス状になった冷媒を圧縮機で圧縮し、高温高圧にして凝縮器へ送る。凝縮器で液体に戻った冷媒は、また蒸発器で蒸発させる。この繰り返しにより冷凍機能を発揮する。

圧縮鉄筋　曲げ応力を受ける鉄筋コンクリート部材において、圧縮側に配置した鉄筋。または圧縮力が作用する鉄筋。「圧縮筋」ともいう。(図・15頁) →引張り鉄筋

アッシュコンクリート　⇨シンダーコンクリート

圧接　加熱した金属に機械的な圧力を加えて接合することの総称で、建築ではガス圧接のことを指す。→ガス圧接継手

圧接端面　圧接しようとする鉄筋の端面。ごみや汚れを落とし、フラットな面にすることが品質管理上重要。圧接後においては、接合面を圧接面、熱影

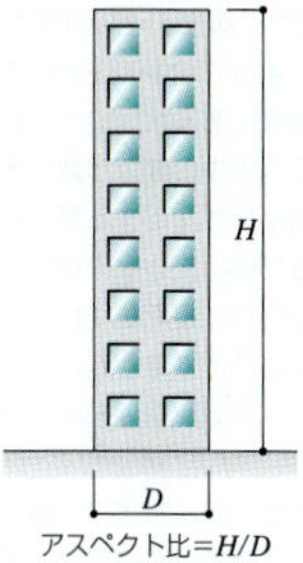

アスペクト比

アスベスト廃棄物の分類と種類

分類	種類	飛散性・非飛散性の区分
吹付け材	吹付けアスベスト	飛散性（廃石綿等）
	石綿含有吹付けロックウール	
	石綿含有吹付けバーミキュライト	
	石綿含有パーライト吹付け等	
保温材等	石綿含有保温材	
	石綿含有耐火被覆材	
	石綿含有断熱材	
	その他の保温材等	非飛散性（石綿含有産業廃棄物）
成形板等	住宅屋根用化粧スレート	
	繊維強化セメント板	
	窯業系サイディング等	

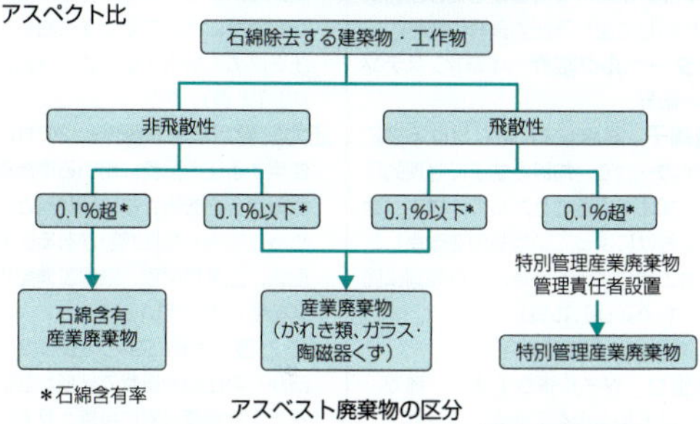

アスベスト廃棄物の区分

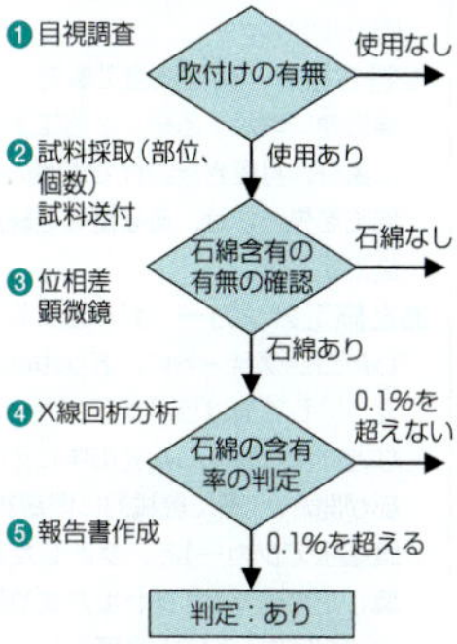

アスベスト分析依頼から結果送付までの流れ

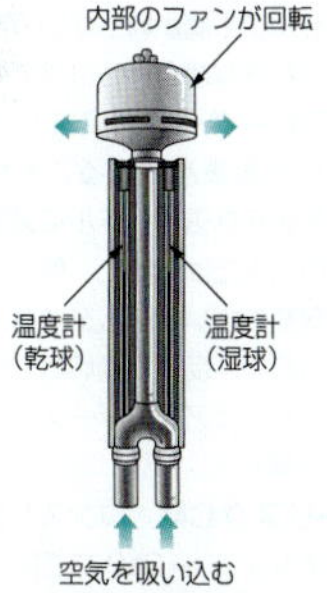

アスマン乾湿計

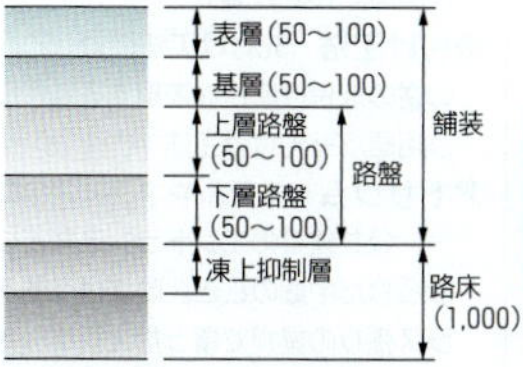

アスファルト舗装の構成

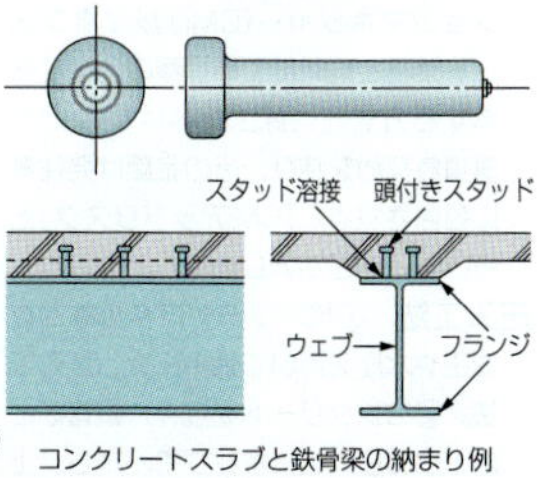

コンクリートスラブと鉄骨梁の納まり例

頭付きスタッド

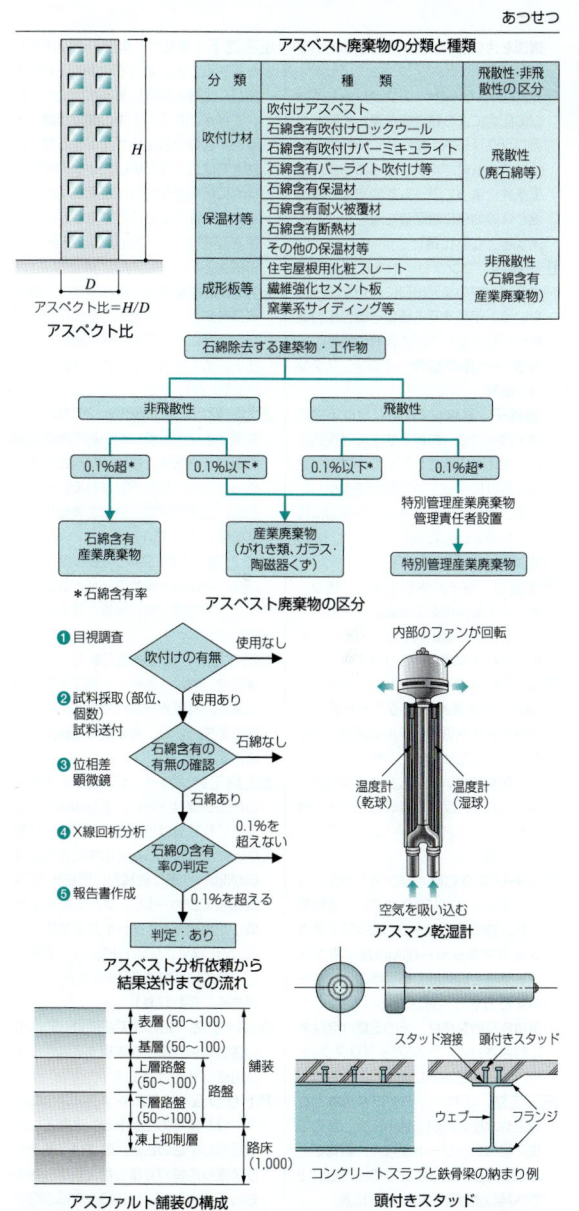

あ

響部を含む継手部全体を圧接部という。(図·15頁)

圧送コンクリート　コンクリートポンプの圧力により輸送管を通して運搬するコンクリート。最も多く使われる方法はブーム付きポンプ車であるが、施工条件によってブームを使用できない場合は建物側に縦配管を取り付けて圧送する。(図·15頁)

圧送負荷　コンクリートを圧送するときのポンプの根元出口に作用する圧力をいう。使用する各種輸送管の圧力損失に応じて生じる圧力負荷の総称。

アッターベルグ限界　⇨コンシステンシー限界

圧着端子　電線端末に取り付ける接続端子の一つで、電線と端子に物理的圧力を加えて固着させたもの。従来、はんだ付けによっていたものを改良し、圧着工具によって電線とより強固に固定される。(図·15頁)

圧着継手　⇨鋼管圧着継手

圧着張り　タイル張り工法の一種で、張付けモルタルを下地面に塗り付け、そのモルタル層が軟らかいうちにタイルをたたきながら押し付けて張る工法。

アッテネーター　可変抵抗減衰器。「ATT」と略表記されることがある。信号を適切な信号レベルに減衰させる電子部品または装置で、例えばオーディオ機器のボリュームダイヤルなどに用いられる。反対に適切なレベルで増幅するものはアンプブースターである。(図·15頁)

アットリスクCM　コンストラクションマネジメント(CM)方式による建築生産、管理方式の一つ。コンストラクションマネジャー(CMr)がマネジメント業務と同時に工事金額の上限を保障する方式で、施工業者はCMrと工事請負契約を結び、その金額は発注者に報告される。「CMアットリスク」ともいう。→ピュアCM

圧入工法　①杭、シートパイルなどを油圧や水圧を用いて地中に押し込む工法。②コンクリートを型枠、鋼管などの下部の圧入口にポンプで圧送し、上方へ押し上げる工法。(図·15頁)

圧密沈下　建物や上層部の土の荷重が作用することによって地中の圧力が増加し、土層の間隙にある水が絞り出されて排水される。土中の間隙が減少すると、この土層全体が沈下するが、粘性土では透水性が低いため水の移動、排水に時間がかかり、長期間にわたって徐々に沈下することになる。この現象を圧密沈下という。(図·15頁) →不同沈下

圧力水槽給水方式　給水方式の一種で、気体を封入した逆止弁付きの圧力水槽(タンク)にポンプで水を供給して、水圧を高めて給水する方式。→給水方式(図·115頁)

圧力配管用炭素鋼鋼管　350℃以下で使用する圧力配管に用いる炭素鋼鋼管。亜鉛めっきを施さない「黒管」と、亜鉛めっきを施した「白管」がある。消火用配管、工業用配管、空調設備配管、蒸気配管などに用いる。

当てとろ　大理石などを張る際に、外部からの圧力や衝撃で破損しないよう、石と下地を部分的に接着させる団子状のモルタル。

後打ち壁　①耐震補強工事で、既存の構造物に増設する壁。②施工上の制約により、打継ぎを設けて周囲の部材の施工を先行させ、ある期間を経た後で施工する壁。

あと施工アンカー　打ち込まれて硬化したコンクリートに、ドリルなどで穿孔(せんこう)して設けられたアンカー。打撃などにより穿孔した孔の中にその拡張部が開き、孔壁に機械的に固着する「金属拡張アンカー」と、穿孔した孔に充填した接着剤(カプセル方式や注入方式)が化学反応により硬化し、定着部を物理的に固着する「接着系アンカー」がある。(図·17頁)

後付け工法　先付け工法に対して、その逆の取付け順序を表現する場合に使う用語。→先付け工法

アトリウム　ホテルやオフィスのロビー、公共建築のエントランスなどに設けられた中庭のこと。吹抜け空間をガラス張りの屋根で覆った大規模なものもある。本来は、古代ローマ都市の住

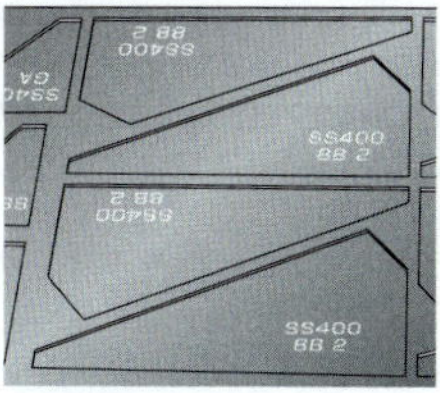

鉄骨鋼材の識別マーク表示例

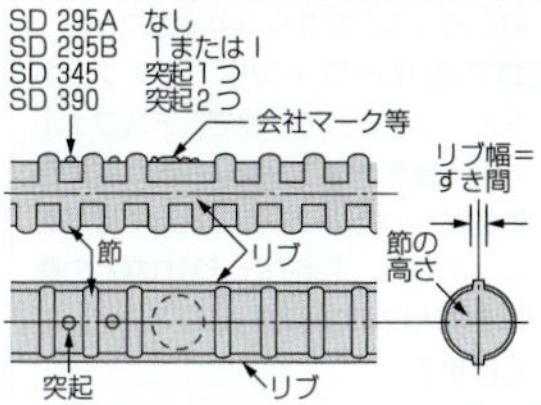

異形棒鋼の圧延マーク表示例

圧延マーク

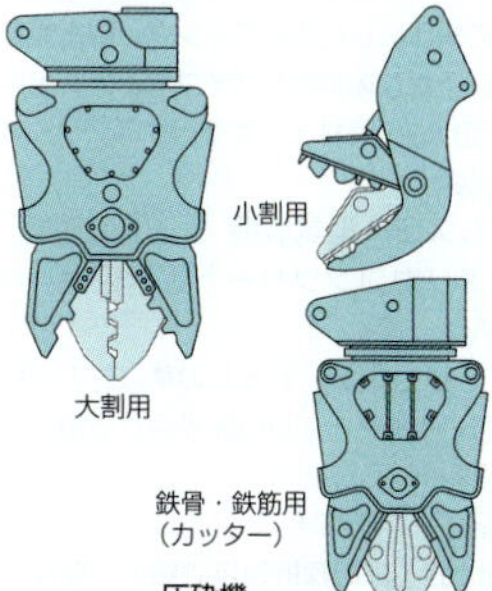

圧砕機

鉄筋コンクリート用棒鋼の種類を区別する表示方法

区分	種類の記号	種類を区別する表示方法	
		圧延マークによる表示	色別塗色による表示
丸鋼	SR 235 SR 295	適用しない	赤（片断面） 白（片断面）
異形棒鋼	SD 295A SD 295B SD 345 SD 390 SD 490	圧延マークなし 1または｜ 突起の数1個（・） 突起の数2個（・・） 突起の数3個（・・・）	適用しない 白（片断面） 黄（片断面） 緑（片断面） 青（片断面）

構造体コンクリートの圧縮強度の判定基準

供試体の養生方法	試験材齢	判定基準
標準養生	m日（原則28日）	$X \geqq Fm$
コア	n日（原則91日）	$X \geqq Fq$

X　：1回の試験による3個の供試体の圧縮強度の平均値（N/mm²）

Fm：コンクリートの調合管理強度（N/mm²）

Fq　：コンクリートの品質基準強度（N/mm²）

＊現場水中養生による場合は、材齢28日までの平均気温が20℃以上の場合は$X \geqq Fm$、20℃未満の場合は$X-3 \geqq Fq$を満足すれば合格となる。

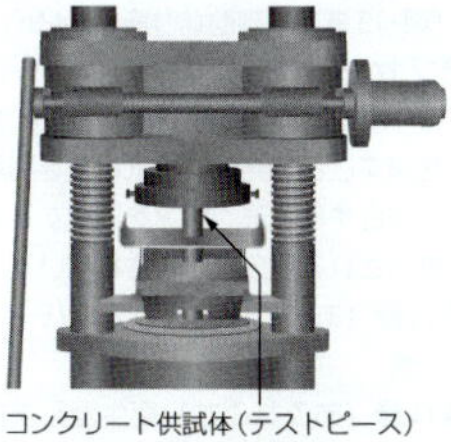

コンクリートの圧縮強度試験

供試体の養生と圧縮強度試験

試験の種類	使用するコンクリートの圧縮強度試験	構造体コンクリートの圧縮強度試験
試験の目的	納入されたコンクリートの圧縮強度管理	構造体に打ち込まれたコンクリートの圧縮強度の推定
養生方法	JIS A 1132 標準養生（20±2℃）	JIS A 1132 標準養生（20±2℃）＊
材　齢	28日	強度管理材齢（通常28日）
検査ロットの構成	打込み工区、打込み日ごとかつ150 m³、またはその端数ごとに1回、3回で1検査ロットを構成	打込み工区、打込み日ごとかつ150 m³、またはその端数ごとに1回
採取方法	1回の試験は任意の1台の運搬車から採取した3個の供試体	1回の試験は適当な間隔をおいた3台の運搬車から1個ずつ採取した合計3個の供試体

＊構造体コンクリートの圧縮強度試験用供試体の養生は、現場水中養生にすることもできる。

宅における天窓をもつ中庭のこと。

あなあきルーフィング　アスファルトルーフィングの一種で、アスファルト防水層を下地コンクリートなどに密着させないために一定の間隔であなをあけたもの。下地のひび割れなどの影響を防水層に与えない絶縁工法として使用する。

アネモ　アネモスタット型吹出し口の通称。空調用送風設備の空気拡散器である天井吹出し口の一種。

アネモサーモ　アネモサーモエアメーターのこと。2種類の金属を接合すると、その接点には温度差に基づく熱起電力が発生する。この原理を応用して風速、温度、静圧を測定する機械。

アネモスタット型吹出し口　⇨アネモ

あばた　⇨じゃんか

肋筋（あばらきん）梁のせん断力に対する補強のために、梁の上下の主筋に直交させて囲むように巻く鉄筋。「スターラップ」、略して「STP」ともいう。（図・19頁）→副肋(あばら)筋(図・429頁)

アプセットバット溶接　バット溶接の一種で、溶接面を突き合わせて電流を通すことで発生する抵抗熱を利用して接合する方法。電流を通電する際、接合される部分は加圧されている。

溢れ管（あふれかん）⇨オーバーフロー管

溢れ縁（あふれふち）衛生器具またはその他の水使用機器の場合はその上縁をいい、タンク類の場合はオーバーフロー口から水があふれ出る部分の最下端をいう。

雨掛り（あまがかり）雨が降ると常時漏れる部分や箇所の総称。屋根のない開放廊下や階段、バルコニーのない妻側外壁などをいう。庇付きの外壁では庇先端から下方45°の線より下の外壁部分も含むことがある。

雨仕舞（あまじまい）雨水が屋根、外壁などから建物内部へ浸入するの防ぐための方法、しくみのこと。

網入り板ガラス　ロールアウト法のガラス圧延時に、金網または金属線をガラス素地に封入して製造される板ガラス。火災の際にガラスが破損しても、ガラス内部の金網がガラス破片を保持して脱落を防ぎ、開口を生じさせないことで火炎が貫通することを防ぐ。単に「網入りガラス」、また「ワイヤーガラス」ともいう。JIS R 3204　→板ガラス(表・27頁)

網入りガラス　⇨網入り板ガラス

網状ルーフィング　綿、麻あるいは合成繊維でつくられた粗布にアスファルトを十分浸透させ、余剰分を取り除いて網状にしたルーフィング。防水層の立上がり末端部やパイプなどの突出部回りの処理材として使用する。JIS A 6022

アムスラー型試験機　⇨万能試験機

アメリカコンクリート工学協会　⇨ACI

アメリカ積み　れんがの積み方の一種。5、6段ごとに小口面が現れる積み方。(図・19頁)

歩み板　⇨足場板

洗い砂　砂の採取現場で粘土、塵などの不純物を取り除いた砂。

洗い出し　種石を入れたモルタルまたはコンクリートの硬化前に表面を洗い流し、種石や砂利を表面に露出させる仕上方法。

アラミド繊維強化コンクリート　アラミド繊維を内部に分散するように入れたコンクリート。ひび割れ抵抗性、曲げ強度、引張り強度、せん断強度、付着強度、靭(じん)性、耐衝撃性などの性能のうち、いくつかの性能が向上する。カーテンウォール、天井板、内装用ボードなどに使用されている。→合成繊維強化コンクリート

荒目砂（あらめずな）⇨粗砂(そしゃ)

粗利益　請負金額から工事原価を差し引いた損益のこと。この粗利益から企業の継続運営に必要な本支店経費、税金などを除いたものが純利益となる。「売上総利益」ともいう。(図・19頁)

アルカリ骨材反応　コンクリートに含まれるセメントのアルカリ成分と骨材の反応性の特定成分が化学反応を起こし、水分があるコンクリートに膨張ひび割れやポップアウトを発生させる劣

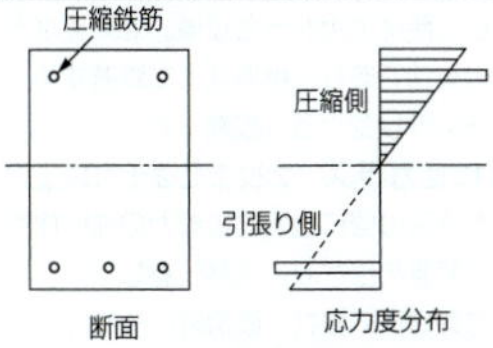

梁の圧縮鉄筋

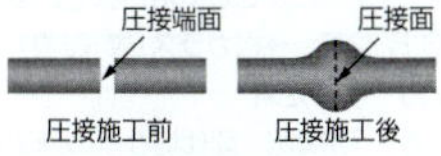

圧接端面

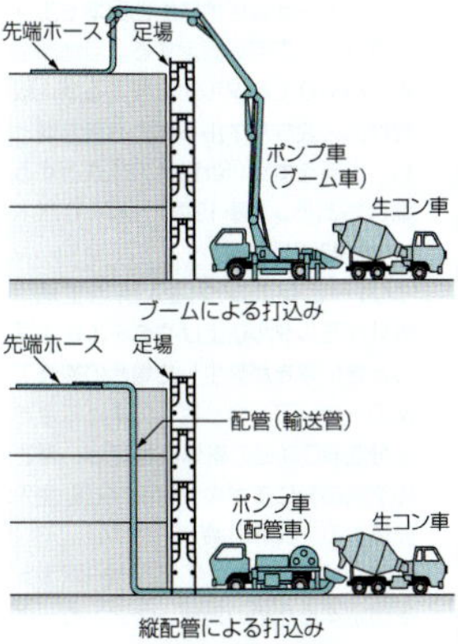

ブームによる打込み

縦配管による打込み

圧送コンクリート

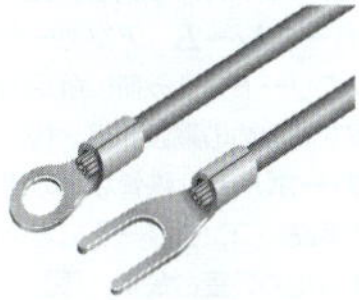

圧着端子

アッテネーター

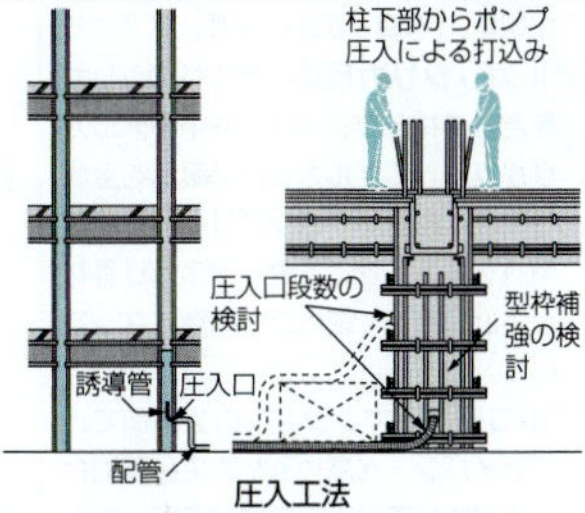

圧入工法

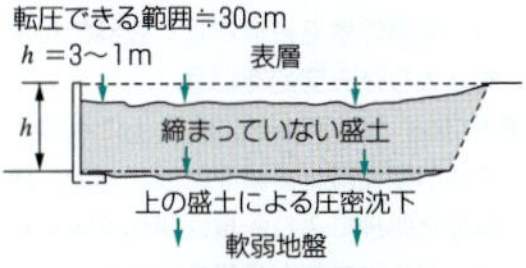

圧密沈下(例)

あなあきルーフィング

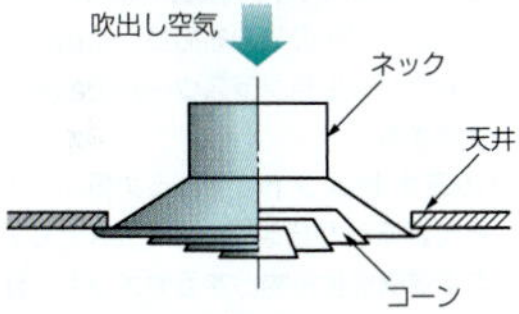

アネモ(アネモスタット型吹出し口)

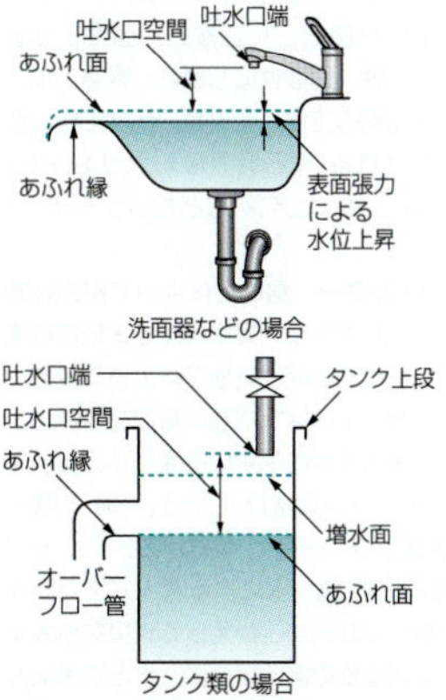

洗面器などの場合

タンク類の場合

あふれ縁

化現象。(写真・19頁) →ポップアウト

アルカリシリカ反応 反応性のシリカを含む骨材とコンクリート中のアルカリが反応してアルカリけい酸塩を生成し、吸水膨張してコンクリートにひび割れを生じさせる現象。アルカリ骨材反応と同義で、国内でも問題になっている。

アルコーブ マンションの玄関前で、プライバシーを高めるために外壁面から後退させて設けた空間のこと。本来は、部屋の壁を後退させて設けた付属的な入り込み空間をいう。

アルマイト アルミニウム上に耐食性に富む陽極酸化皮膜を付けたもの。陽極酸化処理により耐食性酸化皮膜を付けたアルミニウムの代名詞になっている。(図・19頁)

アルミガラスクロス ガラスクロスを裏打ちしたアルミ箔のこと。グラスウールボードの表面にシート状のアルミガラスクロスを防湿層として貼ったものを空調用ダクトの保温、保冷に用いる。テープ状のものもあり、空調用ダクトのシールやグラスウールの固定に使用する。

アルミナセメント アルミナ質原料と石灰質原料から製造され、CAとC_2Aを主要構成化合物とするセメント。注水後の強度発現が早く、練り混ぜ後6〜12時間で普通ポルトランドセメントの材齢28日に匹敵した強度となる。耐火性、耐酸性にも優れ、緊急工事、寒冷期の工事、耐火物、化学工場に使用される。「石灰アルミナセメント」「礬土(ばんど)セメント」ともいう。JIS R 2511

アレスター 雷などによって電力系統に生じる衝撃的異常電圧を大地に放電し、機器の絶縁破壊を防止する装置。放電終了後はただちに電流を遮断し、回路の絶縁を平常に復帰させる機能をもつ。「避雷器」ともいう。(図・19頁)

泡コンクリート ⇨気泡コンクリート

泡消火設備 水による消火方法では効果が少ないか、かえって火災を拡大する可能性のある場合に、水と泡消火剤から発生させた泡で火災を覆い、主として窒息消火を行う設備。油火災などに有効であり、車庫などに設置する。→スプリンクラー設備

合わせガラス 2枚またはそれ以上のガラスの間に透明で接着力の強い樹脂中間膜をはさみ、加熱圧着したガラス。耐貫通性に優れ、破損時にも破片の飛散を防止させる性能をもつことから、安全ガラスとしても使用されている。JIS R 3205 →板ガラス(表・29頁)

アンカー ⇨定着

アンカー筋構法 間仕切り壁の施工におけるALCパネルの取付け構法。床にアンカーする目地鉄筋と目地モルタルでパネル下部を固定する。目地部全長にわたりモルタルを充填するが、取付けに必要なパネル下部のみを丸溝とし、上部を本実(ほんざね)目地の乾式とする場合もある。(図・19頁) →ALCパネル(表・43頁)

アンカーピンニング注入併用工法 外壁がモルタル仕上げやタイル仕上げのときに浮きが発生した場合の補修工法の一つ。アンカーピンによって浮き部分をRCなどの躯体に固定し、浮きの空洞部分にエポキシ樹脂などを注入、充填する。(図・21頁)

アンカープレート ①アンカーボルトを固定するための鋼板。②アンカーボルトの引抜き抵抗力を増すためにボルト下部に取り付ける鋼板。(図・19頁)

アンカーフレーム アンカーボルトをコンクリート打込み前に所定の位置に固定するための鋼製枠組。(図・19頁)

アンカーボルト 鉄骨などの建築構造体を基礎のコンクリートに埋め込み緊結するための接合金物。(図・19頁)

暗渠 (あんきょ) 地下に埋設された水路のことで、地表にあっても蓋があり、水面が地表に現れていないもの。「カルバート」ともいう。(図・21頁) →開渠(かいきょ)

アングル L形の断面形状をしている鋼材で、「山形鋼」という。二辺の幅の等しい等辺山形鋼と、それが異なる不等辺山形鋼がある。→形鋼(図・85頁)

アングルフランジ工法 空調ダクトの製作方法の一つ。ダクトの接合にお

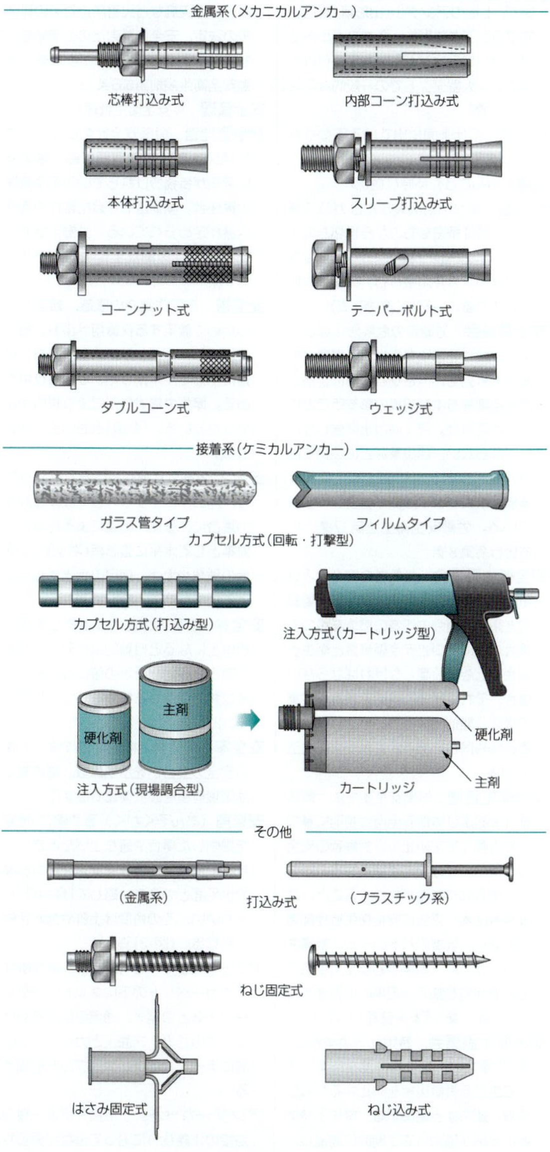
金属系(メカニカルアンカー)
芯棒打込み式
内部コーン打込み式
本体打込み式
スリーブ打込み式
コーンナット式
テーパーボルト式
ダブルコーン式
ウェッジ式
接着系(ケミカルアンカー)
ガラス管タイプ
フィルムタイプ
カプセル方式(回転・打撃型)
カプセル方式(打込み型)
注入方式(カートリッジ型)
主剤
硬化剤
硬化剤
主剤
注入方式(現場調合型)
カートリッジ
その他
(金属系)
打込み式
(プラスチック系)
ねじ固定式
はさみ固定式
ねじ込み式

あと施工アンカー

いて、L形のアングル（山形鋼）を用いてフランジを成形し、多数のボルトでアングルフランジどうしを締め付けるもので、大型ダクトでの一般的な工法。（図·21頁）

あんこ　①仕上面に出ている下塗り材。②　⇨盗み板

鮟鱇（あんこう）⇨呼び樋（どい）

安山岩　細かい結晶質またはガラス質で、石質は緻密なものから粗なものまであり、花崗（かこう）岩のような大塊は得られない。外装用張り石、床舗装材に使用される。→石材（表·267頁）

安全委員会　労働者の危険防止など安全にかかわる事項を審議し、事業者に対して意見を述べさせるために、法で定める業種および規模の事業所ごとに設ける委員会。月1回以上開催しなければならない。建設業などについては自社の労働者を常時50人以上使用する事業所について設置が義務づけられている。労働安全衛生法第17条、同法施行令第8条

安全衛生委員会　労働者の安全および衛生に係る事項を審議する、安全委員会と衛生委員会の両者の機能をもつ委員会。法に基づき安全委員会と衛生委員会をともに設置しなければならない場合、それに代えて設置できる。委員の構成、開催回数についてはいずれの委員会も同じである。労働安全衛生法第19条

安全衛生管理　労働安全衛生法、同法施行令および労働安全衛生規則に基づいて労働災害を防止し、労働者の安全の確保および健康の維持を図るとともに、快適な作業環境をつくること。建設業者は本、支店に安全衛生管理部署を設置し、現場のパトロール、指導を行うとともに、現場でも安全衛生管理の組織体制を整え、現場内の管理を行っている。単に「安全管理」ともいう。

安全衛生協議会　特定元方事業者（元請）が複数の下請工事の混在作業によって生じる労働災害を防止するために設置、運営する協議組織。関係下請業者と元請が協力して定期的に開催し、安全計画、安全目標の決定、安全パトロールの実施など災害防止対策の具体策の決定、安全作業のための連絡などを行う。労働安全衛生法第30条、労働安全衛生規則第635条

安全管理　⇨安全衛生管理

安全管理者　労働安全衛生法において常時50人以上の作業員が働く事業所に選任が義務づけれらている安全管理の責任者。関係法令で資格要件や職務内容が定められている。労働安全衛生法第11条、労働安全衛生規則第4条～6条

安全帯　高所作業時の墜落、転落防止のために着用する保護用ベルト。おもに胴ベルト型とハーネス型があり、用途に応じて1本吊り用、U字吊り用がある。厚生労働省告示により規格が定められている。「命綱」ともいう。（図·21頁）

安全ネット　足場を設けられなかったり、開口部に手すりなどを設けられない場合に、墜落、転落による危険防止対策として水平に張る網（ネット）。網地の種類や太さ、網目の大きさなどによる規格がある。（図·21頁）

安全弁　容器内の圧力が上昇して規定値以上になると自動的に作動して弁体が開き、圧力が所定の値に降下すれば再び弁体が閉じる機能をもつバルブ。（図·23頁）

安全率　構造物、構成材の破壊に対する安全の度合いを示す係数。構造物では破壊荷重を設計荷重で除する。

安息角（あんそくかく）砂や礫（れき）地盤を掘削した場合や盛り上げたときに、自然に崩れることなく安定を保つ斜面の水平面との角度。略して「息角（そっかく）」ともいい、その角度は土質や含水状態で異なる。（図·21頁）

アンダーカーペット配線　事務所などでカーペットの下にネットワークケーブルなどの電気、通信の配線を設ける方式のこと。床面上とカーペットの間にテープ状の薄いケーブルを配線する。

アンダーカット　①溶接欠陥の一種で、溶接の止端（したん）に沿って母材が掘られ、溶着金属が満たされずに溝のように残

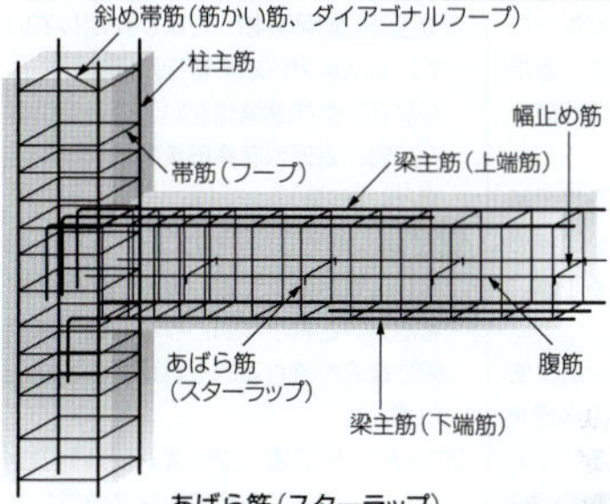

あばら筋（スターラップ）

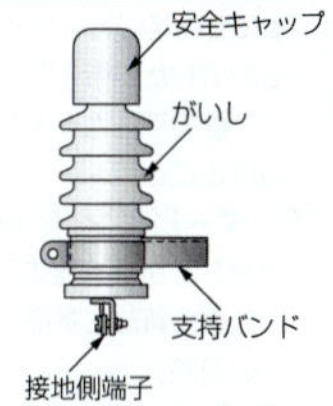

アレスター（避雷器）

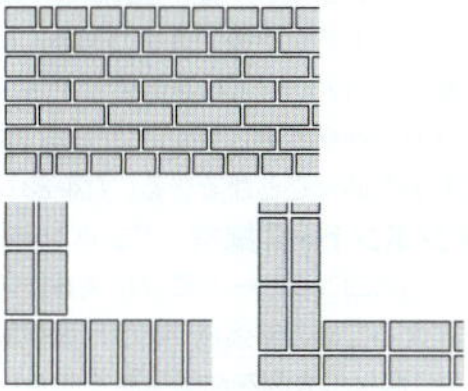

アメリカ積み

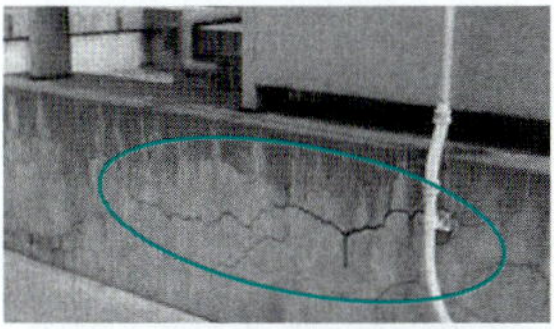

アルカリ骨材反応によるひび割れ

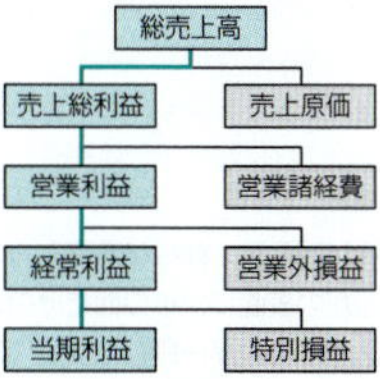

粗利益

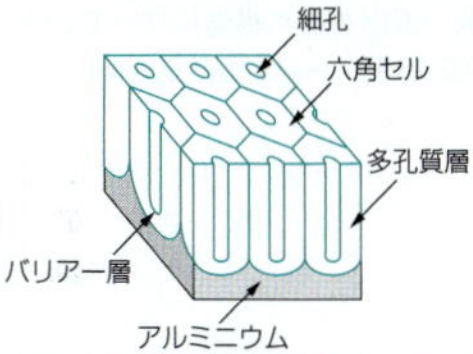

陽極酸化皮膜は、水（H_2O）を電気分解すると陽極（＋）から酸素（O）、陰極（－）から水素（H）が発生するという原理を利用したもので、陽極をアルミ形材（＋）に変えて電気分解すると酸素（O）が、陰極（－）から水素（H）が発生する。アルミ形材から発生する酸素とアルミニウムが酸化反応を起こして、アルミ形材の表面に酸化アルミニウムの膜が生成される。

アルマイト（陽極酸化皮膜）処理

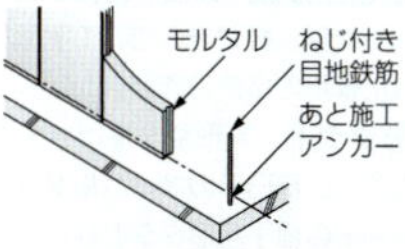

アンカー筋構法の取付け例
（ALCパネル・間仕切り壁）

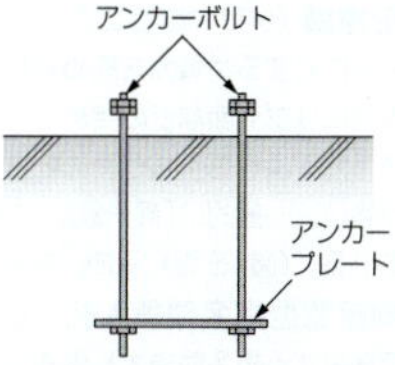

アンカープレート・アンカーボルト

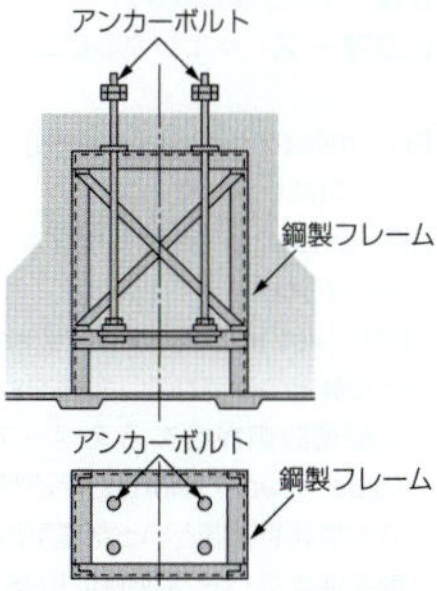

アンカーフレーム

っている部分。(図·23頁) ②開き戸を設置した場所を常時、通気させるため、扉の下をカットして床との隙間をあけること。

アンダーピニング 既存の構造物の基礎をあとから補強する、あるいは補強のために新たに基礎を設置する工事。(図·23頁)

安定液 場所打ちコンクリート杭工事において、掘削による孔壁面の崩壊を防ぎ、安定させるために用いるベントナイトなどの懸濁(けんだく)液。(表·23頁) →ベントナイト

安定型５品目 産業廃棄物のうち、がれき類、廃プラスチック類、金属くず、ガラス・陶磁器くず、ゴムくずの５品目をいう。→安定型産業廃棄物、建設副産物(図·147頁)

安定型最終処分場 安定型産業廃棄物を埋め立てする処分場で、廃棄物の飛散、流出を防ぐ構造になっている。(図·23頁) →安定型産業廃棄物

安定型産業廃棄物 性状が安定していて、生活環境に悪影響を及ぼす可能性が少ない産業廃棄物をいう。→安定型５品目、管理型産業廃棄物、建設副産物(図·147頁)

安定器 蛍光灯などのアーク放電を利用し、点灯時に安定した放電を保持する器具。これがないと放電回路に無制限に電流が流れるおそれがある。(図·23頁)

アンボンド工法 プレストレストコンクリート工法の一種で、床スラブなどにアンボンドPC鋼材を配置し、コンクリート打込み後に緊張力を導入し圧縮力(プレストレス)を与える工法。長スパン架構で生じやすいひび割れやたわみを防ぐことができる。(図·23頁)

アンボンドPC鋼材 アンボンドPC工法のコンクリートにプレストレスを与えるための緊張材であり、高強度のPC鋼材の表面を防錆材料で完全に被覆したもの。→PC鋼材

い

EA [environmental assessment] ⇨環境アセスメント

EMS [environmental management systems] ⇨環境マネジメントシステム

ELB [earth leakage circuit breaker] ⇨漏電遮断器

E管 ⇨ねじなし電線管

Eコマース ⇨エレクトロニックコマース

EC [electronic commerce] ⇨エレクトロニックコマース

EP [emulsion paint] ⇨エマルションペイント

EPS [electric pipe space/shaft] ビルなどの建築物で、各階を縦につなぐ配管設備が収まるスペースをPS(pipe space/shaft)と呼ぶが、このうち電気や通信といった電気設備の配管を通すスペースを特にEPSと呼ぶ。(図·25頁)

イギリス積み れんがの積み方の一種。れんがの表面に、小口面だけの段と長手面だけの段が一段ごと交互に現れる積み方。(図·25頁)

異形管路接続 鉄管や銅管などで、曲がった形、枝付きの形、T字形などをした管路の接続のこと。

異形ダクト 丸形や角形以外のダクトのこと。楕円形のオーバルダクトや、多角形の扁平角形ダクトなど。

異形鉄筋 (いけいてっきん) ⇨異形棒鋼

異形棒鋼 (いけいぼうこう) コンクリートに対する付着力を高めるために、表面にリブや節などの突起を付けた鉄筋。丸鋼よりも引抜き力に抵抗する力が強い。一般的に「異形鉄筋」と呼ばれている。(図·25頁) →節、普通丸鋼

意向確認型指名競争入札 公共工事で採用する指名競争入札形式の一つ。入札参加者の選定に先立ち、指名登録

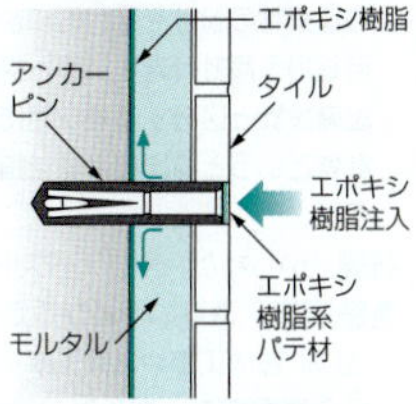

アンカーピンニング注入併用工法

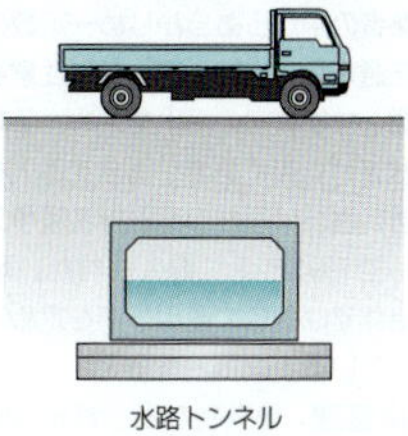

暗渠

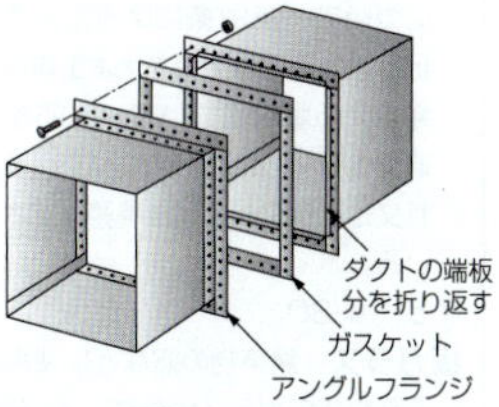

アングルフランジ工法

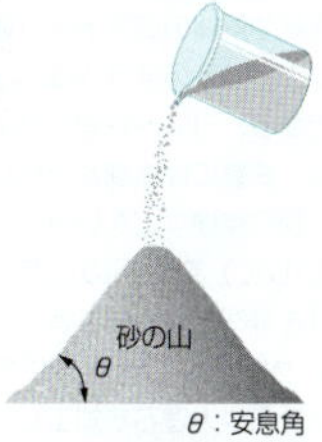

安息角

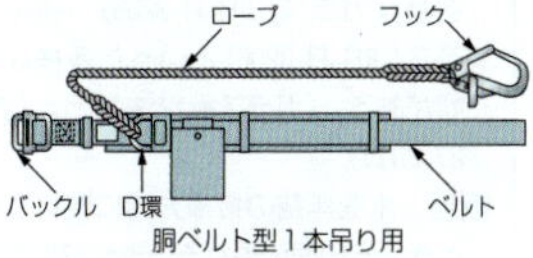

安全帯

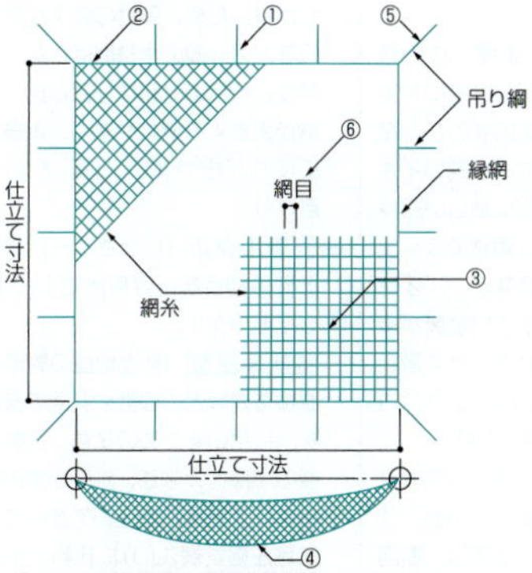

①ネットの辺長が3mを超える場合、3m以内かつ等間隔で吊り綱を取り付ける。
②網地、縁綱等が破損したものは使用しない。
③ネットは1枚ごとに品質表示されているものを使用する。
④ネットの下部が障害物に接しないこと。
⑤吊り綱（支持部）の固定、強度を適切にする。
⑥ネットの網目の一辺の長さは10cm以下とする。

安全ネット

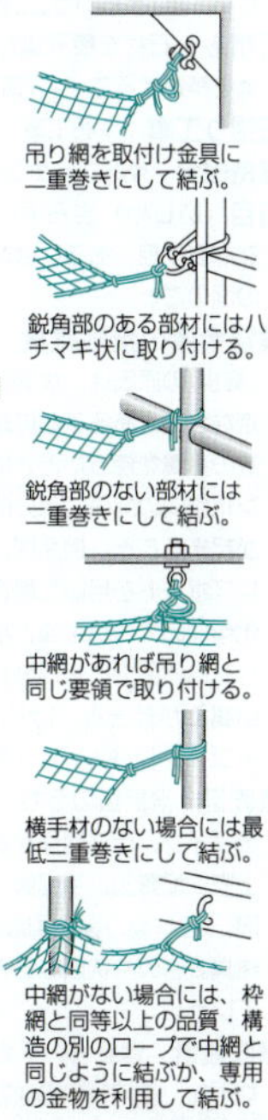

吊り綱を取付け金具に二重巻きにして結ぶ。
鋭角部のある部材にはハチマキ状に取り付ける。
鋭角部のない部材には二重巻きにして結ぶ。
中綱があれば吊り綱と同じ要領で取り付ける。
横手材のない場合には最低三重巻きにして結ぶ。
中綱がない場合には、枠綱と同等以上の品質・構造の別のロープで中綱と同じように結ぶか、専用の金物を利用して結ぶ。

安全ネットの固定方法

業者の中からあらかじめ一定数の業者を選定し、当該工事への受注意欲の確認と技術資料の提出を求め、それらを審査して入札業者を指名する入札形式。透明性、公平性の高い指名競争入札として1994年頃に導入された。地方自治体では独自の運用基準を定めて活用している。→指名競争入札

維持管理　建築物などの資産価値を保ち、経営的に運用することをいう。建物の建設や解体のコストより建物のランニングコストのほうがはるかに大きいことから、コスト管理を含めることもある。狭義には修繕を含めた建物の清掃、保守点検などをいう。

石工（いしく）自然石の採取、加工、据付けを専門とする作業者。

石工事　内、外装の仕上げにおいて、御影(みかげ)石や大理石を加工して柱や壁に張る工事の総称。「石張り工事」「張り石工事」ともいう。（表·27頁）

石積み　石材を積み重ねて、石垣や石壁を築造すること。（図·25頁）

石張り工事　⇨石工事

維持保全　⇨メンテナンス

石目（いしめ）岩石中に入っている自然な裂け目、あるいは割れやすい方向の面のこと。

異種金属の接触腐食　金属単体の錆(腐食)の原因は、表面が化学的に不安定な状態であることに起因するが、複数の金属を使ったときに、金属のイオン化傾向の関係で部分的に激しい腐食が起きること。例えば、鋼材にステンレスボルトを用いた場合など、イオン化傾向の大きい金属と小さい金属が接している部分に水が触れることで激しい腐食が起きる。「ガルバニックコロージョン」ともいう。（表·25頁）

意匠図　設計図のうち、建物の間取り、デザイン、仕様関係を表した図面。仕上表、配置図、平面図、立面図、断面図、矩計(かなばかり)図、展開図、各種詳細図、建具表、天井伏図などの図面を総称していう。

意匠設計　建築物の平面計画や立体的な形態、使用材料の決定、各所の納まりなどデザイン的な設計と同時に、その建築物の設計を総合的にまとめる役目も担う設計行為をいう。構造設計や設備設計と区分する意味で使われ、設計者というと意匠設計者を指すことが多い。

石綿（いしわた）⇨アスベスト

遺跡調査　遺跡の埋蔵が想定される場合に、造成工事や建築工事に先立って行う発掘調査。文化財保護法第92条には学術調査を目的とする遺跡の発掘について、第93条には周知の埋蔵文化財を包蔵する土地を土木工事などで発掘する場合について、第96条には遺跡を発見した場合について、それぞれ文化庁長官への届出義務が記されている。

イソ　⇨ISO

板ガラス　建築物の窓などに使用される平板状のガラスの総称。JIS規格などにより磨き板ガラス(JIS R 3202)、合わせガラス(JIS R 3205)、強化ガラス(JIS R 3206)といった多様な種類がある。「ガラス板」ともいう。（表·27、29頁）

板目　木を年輪の接線方向に製材したとき、その面に現れる山形や波形の木目。幅広の材料が取りやすく製材歩止りが良いため、製材の効率が高くなる。板などの一般の木材はほとんど板目である。板目の材料は柾目と比べると収縮が大きくて割れやすく、木表(きおもて)側に反りが出やすい。（図·29頁）→柾目(まさめ)

一三モルタル（いちさん―）セメントと砂の割合を、容積比で1：3に調合したモルタル。

一軸圧縮試験　粘土地盤の軟硬を知り、直接基礎などの設計や斜面の安定性の判断に用いるための試験。三軸圧縮試験の一部とみなせ、試験が実用的で簡単なうえ結果が安全側であることから、三軸圧縮試験(UU)に代わり多用される。→三軸圧縮試験

一次孔底処理　場所打ち杭における一次スライム処理のこと。掘削完了後、鉄筋かごの建込み前にハンマーグラブや沈殿バケットによってスライムを除去する。鉄筋かごを建て込んだ後では

標準的な安定液の配合と管理基準例

配合性状 ＼ 地盤				ベントナイトを主材料			CMCを主材料		
				シルト・粘土	砂質土	砂礫	シルト・粘土	砂質土	砂礫
配合	基剤	ベントナイト	%	2～4	4～6	5～8	0～2	1～3	2～4
		CMC	%	0～0.1	0.05～0.1	0.05～0.2	0.1～0.2	0.2～0.4	0.2～0.5
		分散剤	%	0.1～0.2	0.1～0.2	0.1～0.2	0.1～0.3	0～0.2	0.1～0.2
	補助剤	逸水防止剤	%	—	0～0.5	0～1	—	0～0.5	0～9.5
		変質防止剤	%	0～0.05	0～0.05	0～0.05	0～0.05	0～0.05	0～0.05
管理基準	ファンネル粘性(500*ml*/500*ml*)		秒	必要粘性～初期粘性の130%			必要粘性～初期粘性の130%		
	ろ過水量(294kPa/30min)		*ml*	20			30以下		
	比重		−	初期比重±0.005～1.2			初期比重±0.005～1.2		
	pH		−	8～12			8～12		

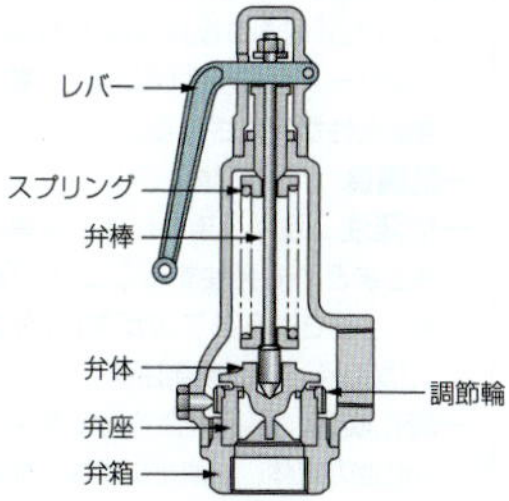

安全弁

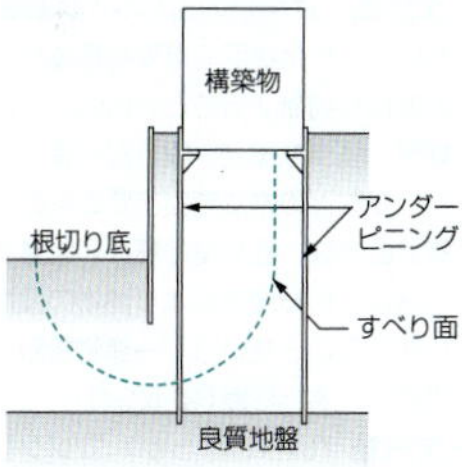

アンダーピニング

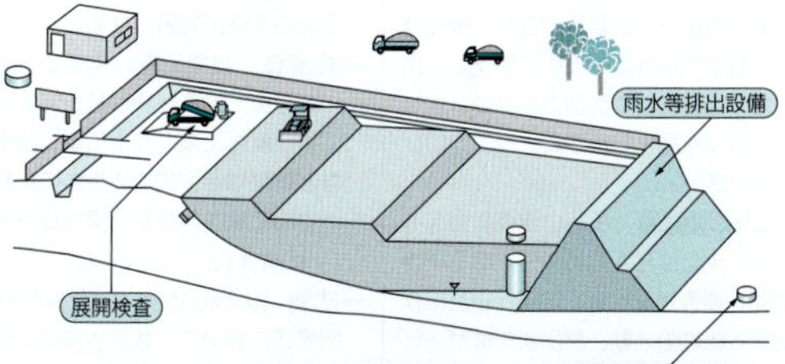

安定型最終処分場

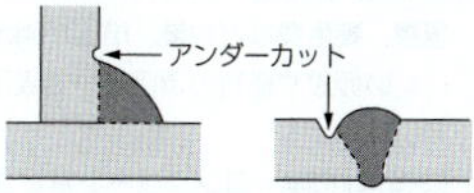

アンダーカット

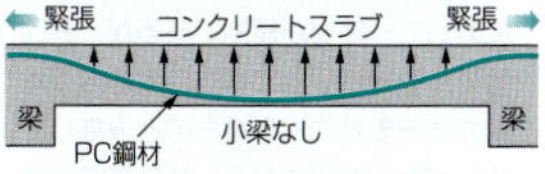

スラブのアンボンド工法(例)

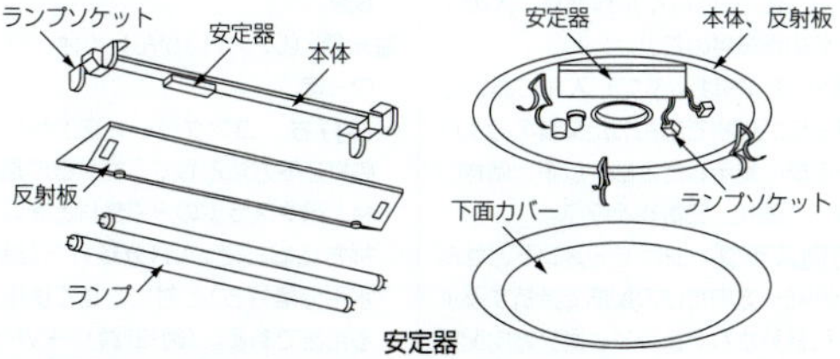

安定器

孔底端部のスライム除去は困難であり、一次孔底処理を確実に実施することが重要である。

一次下請　元請業者より直接工事を請け負うこと。あるいはその契約を結んだ請負人。

一次締め　鉄骨工事の高力ボルト接合において、本締め前に部材どうしを十分に密着させるために締め付ける作業のこと。→本締め(図·469頁)、マーキング(図·471頁)

一次診断　建築物の劣化などの診断において、劣化状況の概要を把握し修繕の要否を判断することを目的に、目視観察、簡便な実測、設計図照会、ヒアリングなどの方法で実施する診断。耐震診断では、柱や壁の量から略算する方法などの簡便法により建物の強度を診断することをいう。→建物診断、耐震診断、劣化診断(表·525頁)

一次白華（いちじはっか）コンクリートやモルタルにおける硬化の初期段階において、セメントと水の反応により水酸化カルシウムが生成され、練り混ぜ余剰水に溶解して表面に移行し、炭酸ガスと結合して炭酸カルシウムとなって白く結晶化した物質。→エフロレッセンス

著しい環境側面　著しい環境影響を与える、または与える可能性がある環境側面。環境側面とは、環境と相互に作用する組織の活動、製品またはサービスの要素をいう。

一団地認定制度　建築基準法は一敷地に対して一建物が原則であるが、一団地認定を受けると、複数の敷地内の建物が同一敷地内にあるものとみなして建築規制が適用される。建築基準法第86条

一人工（いちにんく）作業員1人の1日分の作業量のこと。

一番札（いちばんふだ）入札において最も低い価格で応札した業者名およびその際に提示した金額。以下、価格の順で二番札、三番札と呼ぶ。

一方向スラブ　曲げモーメントとせん断力を一方向だけの配筋で抵抗するように計算されたスラブ。直交方向配筋はされるが、必要最小限となる。「ワンウェイスラブ」ともいう。

一枚積み　れんがの積み方の一種。表面に小口を見せて、長手が壁厚になる積み方。→半枚積み

一輪車　⇨コンクリートカート

1類合板　合板の日本農林規格(JAS)における接着の程度(耐久性)による区分の一つで、屋外および長期間湿潤状態の場所でも使用可能な合板。「タイプ1合板」、また耐水性に優れていることから「耐水合板」ともいわれる。コンクリート型枠用合板には、1類の接着耐久性が要求される。

一括請負　⇨一式請負

一括発注　建築工事を躯体、設備、内装とまとめて発注することで、「総合発注」ともいう。この反対に「分離発注」がある。→分離発注

一酸化炭素　不完全燃焼時に発生する可燃性の気体。一酸化炭素は、血液中でカーボキシヘモグロビンを形成し、血液の酸素保持能力を著しく低下させるため人体に有害となる。

一式請負　建築工事の全部を一括して1つの施工業者が請け負う方式。基礎工事、躯体工事、仕上工事、設備工事など建築物を完成するために必要なすべての工事を包括して請け負うもの。「一括請負」ともいう。

一式物（いっしきもの）建築見積の内訳書式において、数量と単価が明示されず一式で金額が表示される見積項目のこと。試験費、清掃費、運搬費、足場費、養生費など数量、単価が明示しにくい仮設や経費の項目に一式表示が多い。

1週強度試験　コンクリートなど施工してから1週間経過した時点での強度試験。

溢水管（いっすいかん）⇨オーバーフロー管

一体打ち　コンクリート立上がり部分の打込み方法として、柱や壁の鉛直部材と梁やスラブの水平部材とを同時に打ち込むこと。VH分離打ち(鉛直·水平分離打ち)と対比させて使用される用語である。(図·31頁)→VH分離

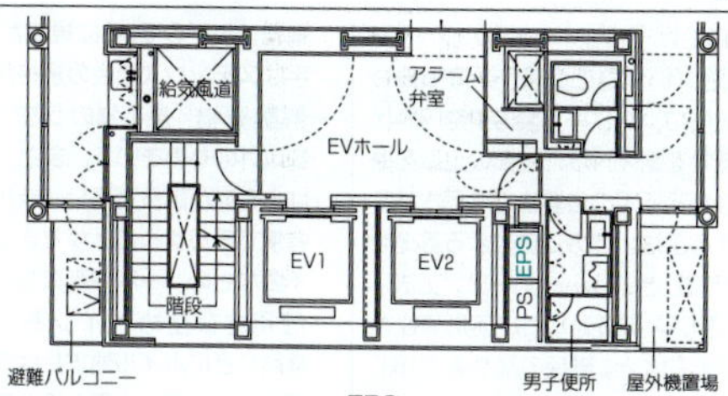

EPS

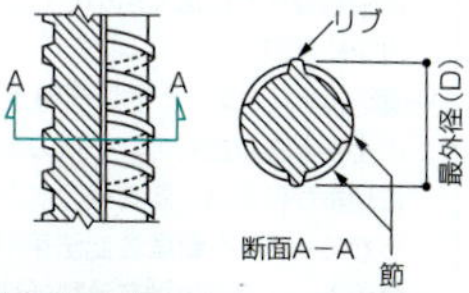

異形棒鋼

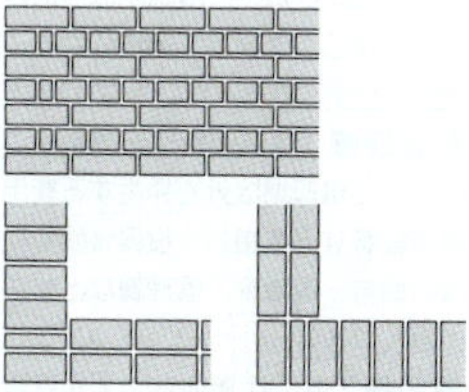

イギリス積み

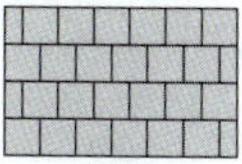

布積み

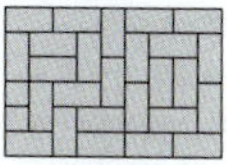

文化積み

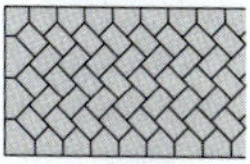

谷積み

落し積み

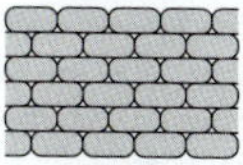

長手積み

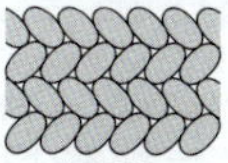

矢羽積み

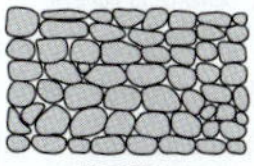

乱層積み

おもな石積みの種類

異種金属と接する面の接触腐食防止処理

組合せ		接触部の処理方法	
鉄鋼－アルミ	鉄鋼側	亜鉛めっき	錆止め塗料2回塗り
	アルミ側	・A-1種(またはA-2種)＋接触部塗装(エポキシ系など) ・塗装仕上げの場合はそのまま	・A-1種(またはA-2種) ・塗装仕上げの場合はそのまま
アルミ－ステンレス	アルミ側	・A-1種(またはA-2種) ・塗装仕上げの場合はそのまま	
	ステンレス側	無処理	
鉄鋼－銅	鉄鋼側	錆止め塗料2回塗り	
	銅側	無処理	
アルミ－銅	アルミ側	A-1種(またはA-2種)＋接触部塗装(エポキシ系など)、塗装仕上げの場合はそのまま	
	銅側	無処理	
ステンレス－鉄鋼・銅・亜鉛めっき	ステンレス側	絶縁層として一方を塗装または塩化ビニル材等で挟む	
	鉄鋼・銅・亜鉛めっき側		
ステンレス－チタン	ステンレス側	無処理　ただし、工業地域は塗装	
	チタン側	無処理	

*1　塗装は厚さ7μm以上、塗装に替え塩ビ材等による絶縁層を用いてもよい。

2　ステンレスのねじ・ボルト・ナットを使用する場合、アルミ・鉄鋼・銅・亜鉛めっき材を留め付ける場合は原則として無処理でよい。ただし、塩害・環境を考慮して決定すること。

打ち工法

井筒工法（いづつこうほう）底も蓋もない鉄筋コンクリート製の中空円筒状の構造物を据え付け、内部の土砂を掘削しながら所定の位置まで沈下させて埋設する工法。この工法による基礎を「井筒基礎」という。→ケーソン工法

いってこい　折り返している形や往復する状態のこと。階段の踊り場で180°折り返す形や、相対する溝などに材料を納めるときに、一度深いほうに送り出してから引き戻して完成させること。

一発仕上げ　⇨モノリシック仕上げ

一般管理費　企業の管理部門全般において、工事現場以外で発生する費用、維持経費などを指し、役員報酬や従業員の給与、退職金、管理費などもこれに含まれる。

一般競争入札　工事内容、入札者資格、入札項目など、入札に関する事項を公告して広く一般から入札者を募り、資格要件を満たす者の全員で行う入札形式。有資格者はだれでも入札に参加できる。公共工事では指名競争入札が談合や汚職を誘発するとの批判があり、1994年頃から一般競争入札の採用が始まった。国土交通省では、2008年度より6,000万円以上の工事について採用している。→指名競争入札

一般建設業許可　請け負う工事を直営で施工しようとする者が受ける許可。建設業法による許可区分の一つ。なお、下請を使って施工しようとする者であっても、下請金額が建設業法施行令で定める額の範囲内であれば当該許可で足りる。→特定建設業許可

一般構造用圧延鋼材　⇨SS材

一般構造用炭素鋼管　JIS G 3444に規定される鋼管のこと。

一般図　建築物の全体像を示し、各構成要素の関係を位置づける図面。意匠図の配置図、平面図、立面図、断面図、仕上表、仕様書や構造図の各伏図などを指す。

一般配管用ステンレス鋼管　建築設備配管（最高使用圧力1MPa以下の給水、給湯、配水、冷却水およびその他の配管）用として使われるステンレス鋼管。JIS G 3448に規格があり、継手はステンレス協会の規格がある。

一般廃棄物　廃棄物のうち、産業廃棄物以外のものをいう。また、廃棄物とは占有者が自ら利用し、または他人に有償で売却することができなくなった不要なもの。→産業廃棄物

一般用さび止めペイント　顔料、防食剤などにボイル油またはワニスを混ぜ合わせた錆止め用の塗料で、鉄鋼製品や鉄骨などに広く用いられている。JIS K 5621

一筆（いっぴつ）土地登記簿上、一個の土地とされたもの。一筆の土地ごとに地番が付され、所有権の成立が認められている（不動産登記法第15条）。登記上、一筆の土地を分割（分筆）し、複数の土地とすることもできるし、複数の筆を合わせて（合筆）一個の土地とすることもできる。→合筆(がっぴつ)、分筆(ぶんぴつ)

一本足場　⇨一側(ひとかわ)足場

一本構リフト　⇨建設用リフト

移動荷重　車両など構造物上を移動する荷重。（図·29頁）

移動式足場　⇨ローリングタワー

移動式クレーン　労働安全衛生法施行令第1条8号では「原動機を内蔵し、かつ不特定の場所に移動させることができるクレーン」と定義される。原動機のない可搬式や、短区間の軌道敷上を走行するものは移動式クレーンに該当しない。比較的低層の建築工事で、敷地に余裕がある場合に適した揚重機械である。トラッククレーンやラフテレーンクレーンなどをレッカー（車）ともいうが、これは誤った呼び方が習慣化したもの。（図·31頁）→クレーン

移動端（いどうたん）⇨ローラー支点

移動間仕切り　蛇腹のように折りたたんだり伸縮して開閉することで空間を区切る建具。アコーディオンドアやスライディングドアなどがある。

糸尺（いとじゃく）表面の凹凸に糸を沿わせ、その長さから複雑な断面の縁の長さなどを測定すること。またはその値、あるいは用いる糸をいう。

糸幅　糸尺で計った寸法。

石工事

名称	取付け断面	概　要
石積み工法	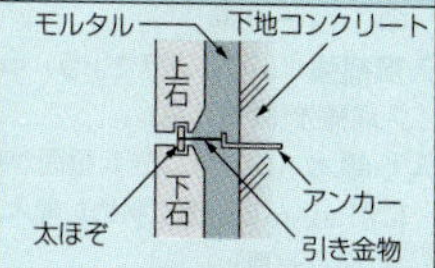	100m程度以上の厚石を躯体に引き金物で緊結しながら積み上げ、躯体との間にモルタルを充填する方法。大正から昭和初期にかけての建物の外壁に採用された。
湿式工法（全とろ工法）	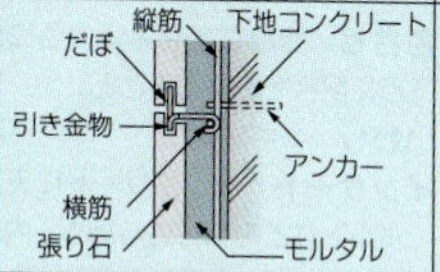	30～40mm程度の厚さの張り石を躯体に引き金物で緊結し、躯体と張り石との間にモルタルを充填する工法。おもに外壁に花こう岩を張る場合に採用されるが、最近では乾式工法に変わりつつある。
帯とろ工法	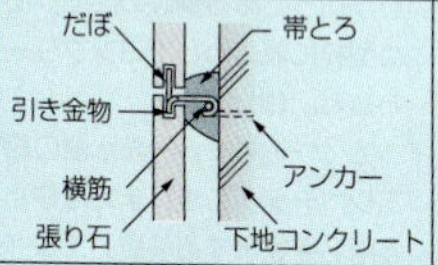	30～40mm程度の厚さの張り石を躯体に引き金物で緊結し、引き金物の周辺を帯状にモルタルで固定する工法。おもに内壁に大理石を張る場合に採用される。
乾式工法	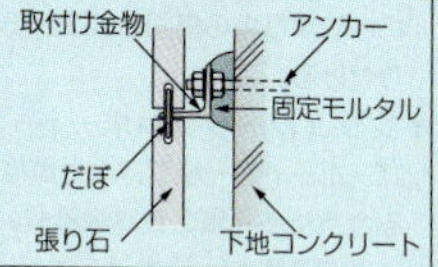	張り石を取付け金物で直接コンクリートに取り付ける工法。 張り石の裏側は空洞になっており、雨水が回り込む可能性がある。張り石に加わる外力が、だぼを介して躯体に伝わるため、石材および金物強度の確認が必要。 内壁の大理石にも適用可能。
石打込みPC工法	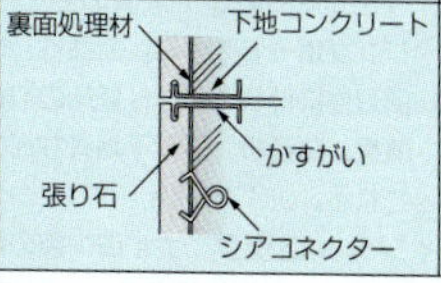	張り石をPC版に打ち込み、PCカーテンウォールとして取り付ける工法。 石材を、かすがいやシアコネクター等の定着金物を介してコンクリートと一体化する。石材とコンクリートの挙動の違いを考慮し、石材裏面にエポキシ樹脂を塗布するなどの裏面処理を行う必要がある。

板ガラスの最大寸法および品質規定①[2]

（mm）

品　種	厚さの種類	最大受注寸法	品質規定
フロート板ガラス	3、4	1,829×1,219	JIS R 3202（フロート板ガラスおよび磨き板ガラス）
	5	3,658×2,438	
	6	4,267×2,921	
	8、10	7,620×2,921	
	12	10,160×2,921	
	15、19	10,160×2,921	
型板ガラス	4	1,829×1,219	JIS R 3203（型板ガラス）
	6	2,438×1,829	
網入り磨き板ガラス 線入り磨き板ガラス	6.8	3,048×2,032	JIS R 3204（網入り板ガラスおよび線入り板ガラス）
	10	4,572×2,438	
網入り板ガラス 線入り板ガラス	6.8	2,438×1,829	
熱線吸収板ガラス	3	1,829×　914	JIS R 3208（熱線吸収板ガラス）
	5	3,658×2,438	
	6	4,267×2,921	
	8、10、12、15	4,572×2,921	

い

糸目地　糸のように細い目地。

糸面（いとめん）角材、石材などの材料の出隅部分を細く削った面のこと。→面取り(図·487頁)

稲妻筋（いなづまきん）RC造の階段の段に合わせて、雷の稲妻のようにジグザグ状に加工された鉄筋。

イニシャルコスト　建物のライフサイクルコストのうち、建物の建設費や備品などの建設時にかかる費用。→ランニングコスト、ライフサイクルコスト

委任契約　法律行為を他社に委任する契約。設計契約や監理契約がこれに当たる。また実費精算方式による工事契約は、請負ではなく委任契約とされる。→実費精算方式

犬走り（いぬばしり）①法面(のりめん)の中間に、法肩(のりかた)に平行してコンクリートや砂利を固めて設けられる水平な部分。②建物の周囲および軒下部分にコンクリートや砂利などで固めてつくる細長の土間。(図·33頁)

命綱　⇨安全帯

違反建築物　建築基準法、またはこれに基づく命令や条例の規定、許可条件に違反している建築物とその敷地のこと。違反建築物のなかには、手続きに違反があるものと、建築物自体が法律に違反しているものとがある。適法に建築しながら、その後の増改築や修繕、用途変更で違法な状態になったものも同じである。建築基準法第９条　→既存不適格建築物

芋積み　コンクリートブロックやれんがなどの組積工事において、縦目地をそろえる積み方。

芋目地　タイル、石、コンクリートブロックなどの目地の種類で、縦、横ともに一直線に通っている目地のこと。「通し目地」ともいう。→馬目地

違約金　契約不履行の場合に相手に支払う金銭。請負契約でその額が定められる。

違約金特約条項　請負契約を締結する際、請負者が私的独占の禁止および公正取引の確保に関する法律、刑法に違反した場合に、発注者にある定まった違約金を支払うという特別な取り決め。

入隅（いりすみ）壁や床などの２つの面が接してできる、へこんだ内側の角のこと。→出隅(ですみ)

入隅補強（いりすみほきょう）⇨出隅·入隅補強(図·331頁)

入り幅木（いりはばき）壁面から内側に引っ込んだ位置に納めた幅木。→幅木(図·399頁)

色合せ　塗料などを希望の色に合うように配合を調整すること。

いわし　⇨キンク

インサート　コンクリートに天井吊りボルトなどをねじ込むため、内部にねじが切ってある鋼製の部品。あらかじめ型枠に仮止めしてコンクリートを打ち込む。(図·33頁)

インジケーター　①表示器の総称。②エレベーターの走行または停止している階名を表示する装置。エレベーターの各階乗り場の壁面およびかご内に取り付ける。

インシュレーションボード　ファイバーボードの一種で、木材繊維がからみ合った多孔質の軟質繊維板。JISでは密度0.35g/cm^3未満のものとシージングボードを含む。断熱性、吸音性、調湿性に優れており、畳床の心材や断熱板、防音板、外壁下地材などに使用される。JIS A 5905

インシュロック　ナイロン製の電線結束用バンドの商品名で、一般には「結束バンド」「ケーブルタイ」などと呼ばれる。ヘッド部、バンド部、テール部から構成され、適度な柔軟性を有し、セルフロック機構により簡単かつ確実に結束することができる。

引照点　工事に必要な測量点(杭)が滅失、破損するおそれがある場合に、その点を復元できるよう工事に支障のない位置に設けるポイント。測量点で交わる２直線上にそれぞれ２点求めておく。「逃げ」あるいは「逃げ杭」「控え杭」ともいう。

インターロッキングブロック　歩道や広場などの舗装に用いるコンクリートブロック。ブロックとブロックが互いにかみ合う形状もの。(図·33頁)

インターロック　①安全装置、安全機

板ガラスの最大寸法および品質規定②[2]

(mm)

品　種	厚さの種類	最大受注寸法	品質規定
熱線吸収網入り磨き板ガラス 熱線吸収線入り磨き板ガラス	6.8	2,438×1,829	JIS R 3208 （熱線吸収板ガラス）
熱線反射ガラス 熱線吸収熱線反射ガラス	6	2,438×1,829	JIS R 3221 （熱線反射ガラス）
	8、10、12	7,620×2,438	

板ガラス加工品の最大受注寸法および品質規定[3]

(mm)

品　種	厚さの種類	最大受注寸法	品質規定
高遮へい性能 熱線反射ガラス	6、8、10、12	3,600×2,500	JIS R 3221 （熱線反射ガラス）
倍強度ガラス	6	2,400×1,800	JIS R 3222 （倍強度ガラス）
	8、10、12	3,000×2,000	
強化ガラス	4	1,800×1,000	JIS R 3206 （強化ガラス）
	5、6	2,000×1,200	
	8	2,500×2,000	
	10	3,000×2,400	
	12、15、19	3,500×2,920	
型板強化ガラス	4	1,800×1,000	
合わせガラス	3+3、4+4	1,800×1,200	JIS R 3205 （合わせガラス）
	5+5、6+6、8+8、10+10、12+12	3,500×2,500	
	5+6.8W、6+6.8W、8+6.8W	2,400×1,800	
	8+10W、10+10W、12+10W	3,000×2,400	
複層ガラス Low-E 複層ガラス	3+A+3、4+A+4	1,800×1,200	JIS R 3209 （複層ガラス）
	5+A+5、6+A+6	2,400×1,800	
	8+A+8、10+A+10、12+A+12	3,000×2,000	
	5+A+6.8W、6+A+6.8W、8+A+6.8W	2,400×1,800	
	8+A+10W、10+A+10W、12+A+10W	3,000×2,000	

＊1　詳細データは製造メーカーに確認すること。
　2　表中のWは、線入り磨き板ガラスを示す。

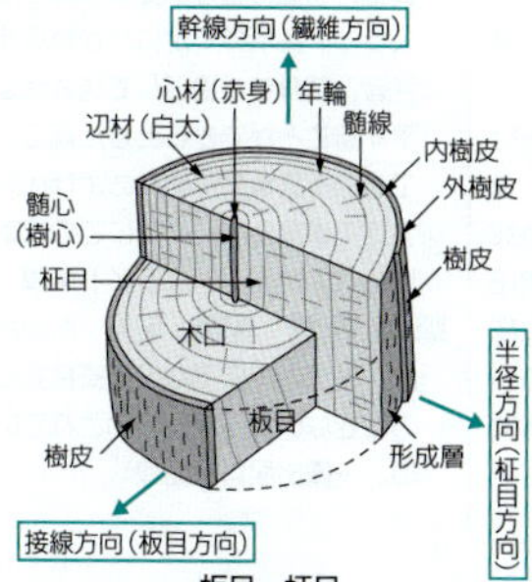

板目・柾目

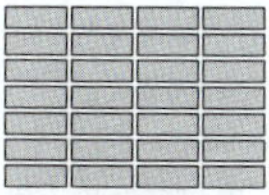

芋目地

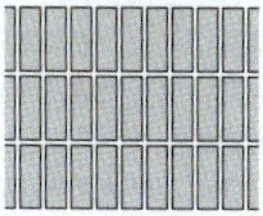

たて芋目地

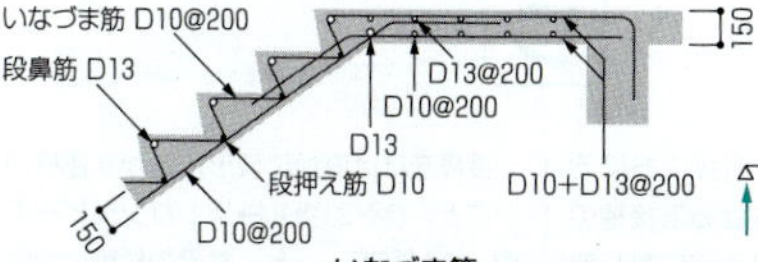

いなづま筋

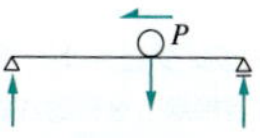

移動荷重

構の考え方の一つで、ある一定の条件が整わないと他の動作ができなくなるような機構のこと。②安全のため電気的に鎖錠すること。

インダクションユニット ⇨誘引ユニット

インダストリアルエンジニアリング ⇨IE

インテリア 本来は室内の意味であるが、室内装飾や家具什器、設備機器、照明、絵画彫刻など室内を装飾する品物全般を指す。→エクステリア

インテリアコーディネーター 住む人にとって快適な住空間をつくるため、消費者に対してインテリアに関する適切な提案、助言を行う者。またはその職業。経済産業大臣が認定し、インテリア産業協会が実施する受験制度がある。一次試験、二次試験があり、受験に必要な資格は特にない。

インテリアゾーン 外壁から離れた熱的影響を受けない空調室内領域のことで、「内部ゾーン」と訳される。外壁に面したペリメーターゾーンに対応する言葉として用いる。インテリアゾーンは外壁から3～6m以上離れた内側で、おもな冷房負荷は、照明、人体、OA機器からの発生熱である。(図･33頁)→ペリメーターゾーン

インテリアデザイン インテリアの設計や計画をすること。

インバーター 「コンバーター」ともいわれ、電子制御により電圧、電流、周波数を自由にコントロールする周波数変換装置のこと。直流電圧を交流電圧に、あるいは交流電圧を直流電圧に変換する機能をもっている。停電の際、自家発電に切り替える必要のある自動火災報知設備、非常用設備などで用いられる。

インバート 下水の流れをよくするために、溜めますやマンホールの底部をそれにつながる排水管と同じ径で半円に仕上げた溝。(図･33頁)

インパクトレンチ 機械的に打撃(インパクト)を与えながらナットなどの締込みを行うレンチ。電動モーターや圧縮空気によって回転する内蔵のハンマーがソケットの回転方向に打撃を与え、接続されたナットやボルトを大きなトルクで締めることができる。(図･33頁)

インフィル 床や間仕切り壁、造付け家具、キッチン、水回りといった内装、設備など構造体以外の空間装備全体をいう。「空隙を埋める」が一般的な語意。→スケルトンインフィル

インフラ ⇨インフラストラクチュア

インフラストラクチュア 国民福祉の向上と国民経済の発展に必要な公共施設を指し、学校、病院、道路、港湾、工業用地、公営住宅、橋梁、鉄道、上下水道、電気、ガス、電話など社会的経済基盤と社会的生産基盤を形成するものの総称。情報化社会の情報網整備や新規分野の法律整備などの意味でも使用される。略して「インフラ」という。

インフレ条項 急激なインフレにより賃金、物価に著しい変動があった場合、スライド条項の規定にかかわらず、発注者と請負者が協議して請負代金を変更することができるとした規定。公共工事標準請負契約約款および民間連合協定工事請負契約約款にこの規定が設けられている。→スライド条項

隠ぺい配管・配線 配管・配線が天井内、壁面内、床下などで直接見ることのできない状態で隠ぺいされているもの。→露出配管・配線

う

ウィービングビード 溶接における運棒(溶接線上を移動させる溶接棒の操作)方法の一種。溶接方向に対し溶接棒をほぼ直角に波形に動かす運棒のこと。(図･33頁)→ストリングビード

ウィングプレート 鉄骨の柱脚におい

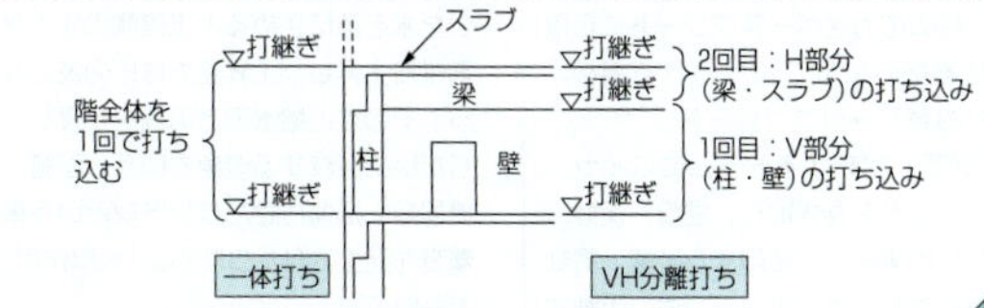

一体打ち・VH分離打ち

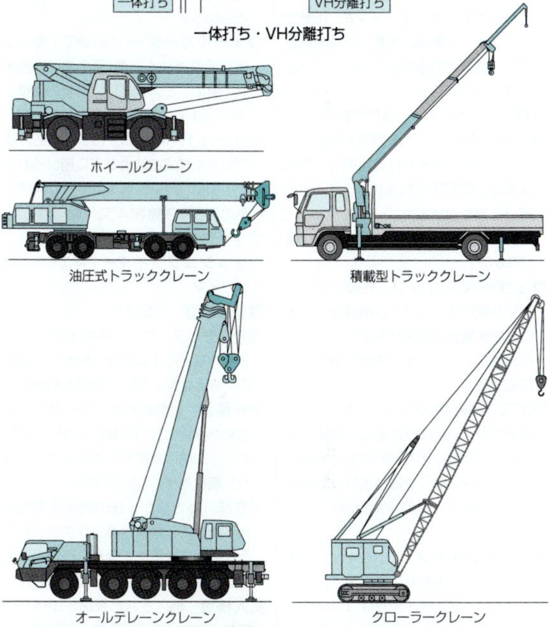

移動式クレーン

労働安全衛生法関連通達による分類		該当する移動式クレーンの名称・呼称
移動式クレーン	トラッククレーン*1（トラックキャリアとクレーンの運転席が別のもの）	油圧式（伸縮ジブ式）トラッククレーン*2
		機械式（ラチスジブ式）トラッククレーン
		オールテレーンクレーン
		積載型トラッククレーン（ユニック等）
	ホイールクレーン（走行キャリアとクレーンの運転席が同一のもの）	ラフテレーンクレーン*1（ラフターラインクレーン、ラフタークレーン）
	クローラークレーン（履帯走行型）	機械式（ラチスジブ式）クローラークレーン
		油圧式（伸縮ジブ式）クローラークレーン（ミニクローラークレーン、カニクレーン等）
	鉄道クレーン・浮きクレーン（一般に建築工事では使用されない）	
	その他の移動式クレーン	クレーン兼用型バックホー等

＊1 トラッククレーンやラフテレーンクレーン等の別称「レッカー（車）」は誤った慣用名称。本来のレッカーはクレーンではない。
2 油圧式のトラッククレーンを機械式のものと区別するため、油圧クレーンと呼ぶことがある。

移動式クレーンの種類

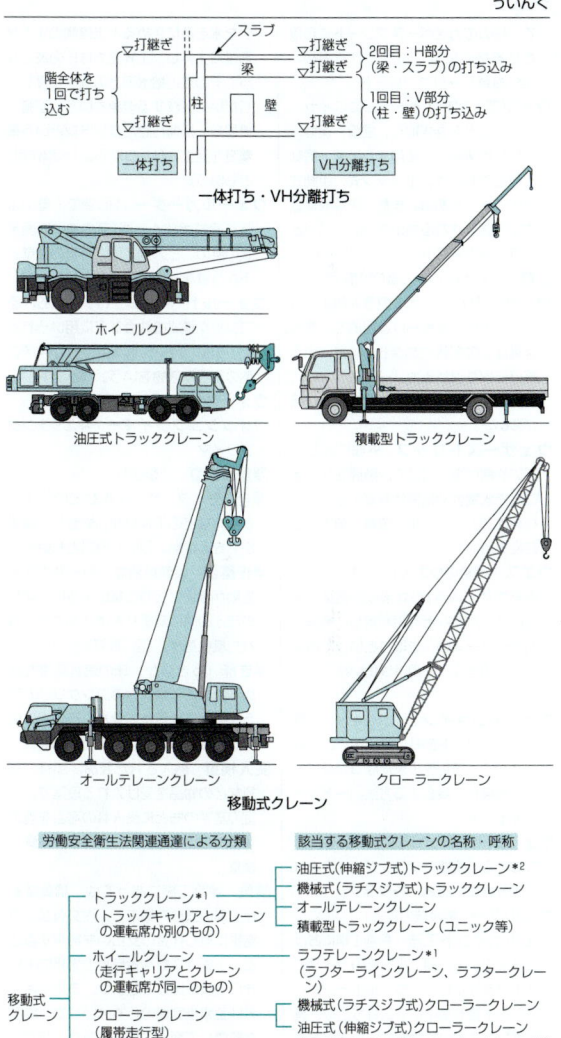

て、柱の応力をベースプレートに伝達させるために取り付けられる鋼板。（図·33頁）→リブプレート

ウインチ　回転するドラムにワイヤーロープなどを巻き取り、揚重、運搬、引張り作業などに使用する装置。電動式が主であるが、エンジン式、手動式、油圧式などもある。また、天井や構造物から懸架されるものを「ホイスト」という。→ホイスト

上筋（うえきん）⇨上端(うわば)筋

ウェザーカバー　雨水の浸入防止や外部からの風圧を和らげる目的で、換気、排気などの配管やダクトが外壁に出る部分に取り付けるカバー。ステンレス製や鉄板製の既製品もあるが、製作品が多い。

ウェザーストリップ　外部に面したドアや窓に取り付けて、隙間をなくすことで水密性や気密性を高める部品。材料はゴム、ビニル、金属、細木など各種ある。

ウエス　英語のウエスト（くず、ぼろ、廃棄物などの意）がなまった言葉。不要になった布などを再利用し、機械の油やグリースのふき取りといった清掃用に使用する。使用後は使い捨てが一般的。

ウェットジョイント　プレキャスト鉄筋コンクリート部材の継手あるいは取付け部に、モルタルまたはコンクリートを充填して接合する方法。→ドライジョイント

ウェブ　H形断面やI形断面の鉄骨部材における、両端のフランジにはさまれた部分。（図·35頁）→フランジ

ウェルダー　溶接機のこと。

ウェルポイント工法　掘削工事における排水工法の一種。小口径のライザーパイプを取り付けたウェルポイントという集水管を地中に多数打ち込み、真空ポンプを用いて強制的に地下水を吸い上げて排水する。（図·35頁）

ウォータージェット　高圧水を小さな穴のノズルから噴射させた水流のことで、地盤の掘削やコンクリート部材の切断に活用される。

ウォーターハンマー　配管内を流れていた水を急に止めると上流側の圧力が異常に上昇し、上昇圧力は圧力波となってその点と給水源との間を往復し、しだいに減衰する現象をいう。配管、機器類を損傷させたり、ドンという衝撃音を発生させたりする。「水撃作用」ともいう。

ウォールガーダー　RC造で、壁のように梁幅が狭く、成(せい)の高い断面形状の梁のこと。例えば、外壁の腰壁と下がり壁を一つの梁断面としたもの。

ヴォールト　中世ヨーロッパにおけるゴシック様式の教会などに用いられるアーチ型（半円形）の天井や、かまぼこ型の屋根構造物をいう。（図·35頁）

ウォールボード　⇨石膏ボード

ウォッシュプライマー　⇨エッチングプライマー

浮かし張り　⇨袋張り

浮き　モルタルやタイルなどの仕上材が躯体などの下地材から剥離し、隙間ができる状態。「肌分かれ」ともいう。

浮き基礎　設備機器などから発生する振動が建物に伝わらないように、建物の床との間に緩衝材をはさんでつくられた機械基礎。（図·35頁）

浮き床（うきゆか）床の遮音効果を高めるために、構造体のコンクリートスラブの上に緩衝材を敷き、その上に床をつくる二重床のこと。（図·35頁）

受入検査　納入された製品、部材、材料などの物品を受け入れる段階で、一定の基準のもとに受入れの可否を判定するための検査。→コンクリート受入検査

請負　建設工事にあっては、請負業者が工事の完成を約束し、注文者がその結果に対し代金の支払いを約束すること。工事は請負業者自身の労務によらずに下請に出してもよい。また、注文者は工事未完成のうちはいつでも損害を賠償して契約を解除することができると民法で規定されている。

請負業者　⇨コントラクター

受け筋　①スラブ上端(うわば)筋の位置を保持して沈みを防止するために梁際に配置する鉄筋。（図·35頁）②壁筋を柱、梁に定着するときの位置を保持するた

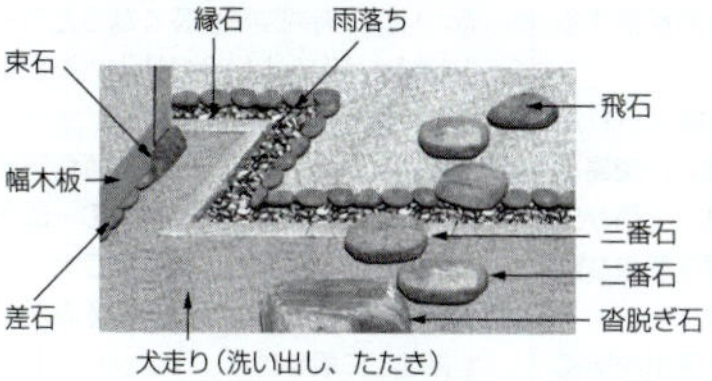

犬走り（軒内の納まり例）

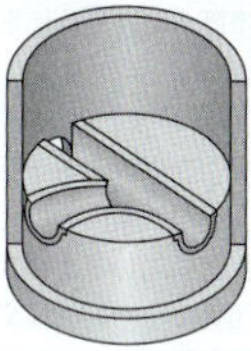

インバート

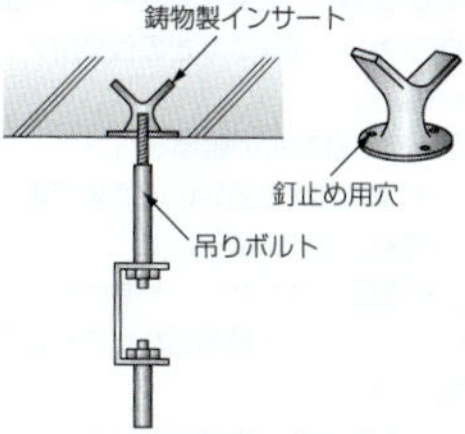

インサート

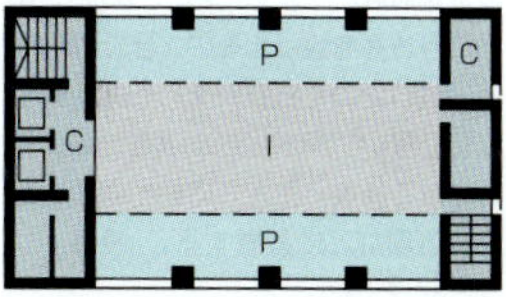

C：コア／P：ペリメーターゾーン／I：インテリアゾーン

インテリアゾーン

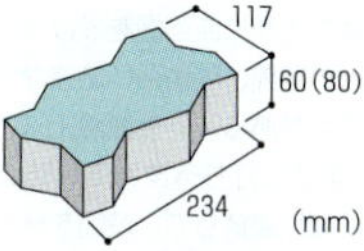

インターロッキングブロック

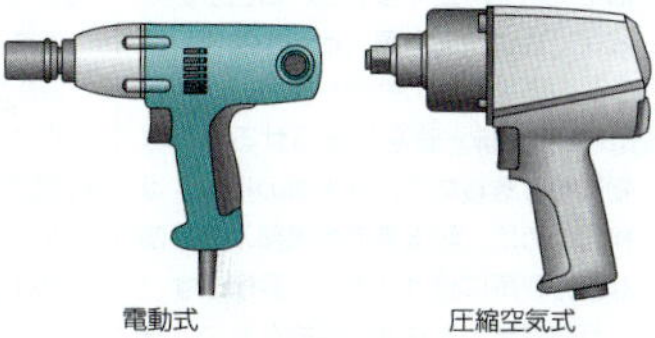

インパクトレンチ

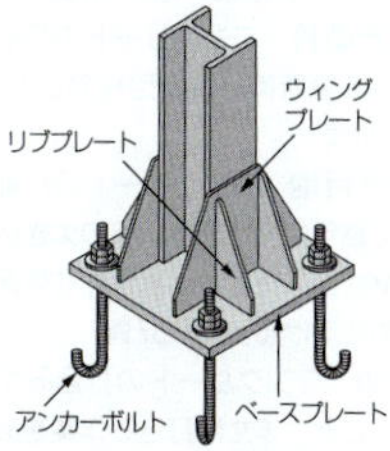

ウィングプレート

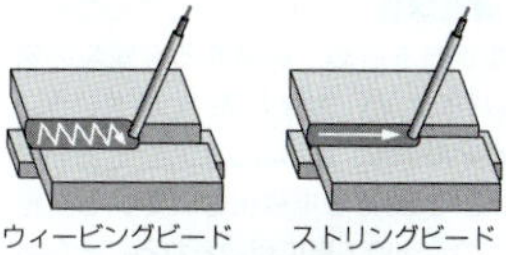

溶接棒の運棒法

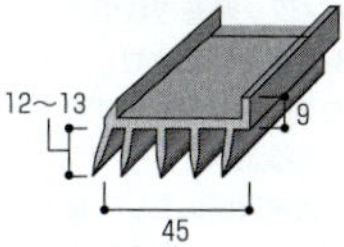

ウェザーストリップ

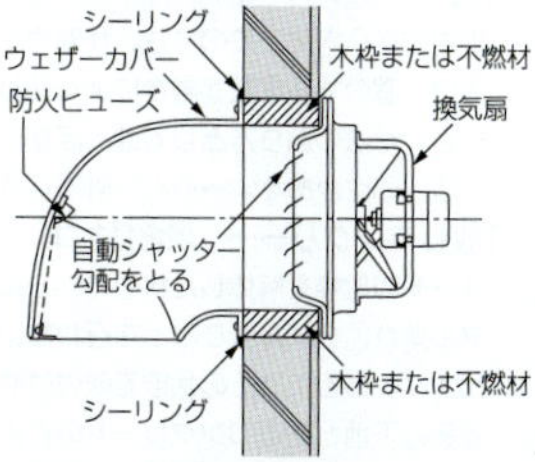

ウェザーカバー

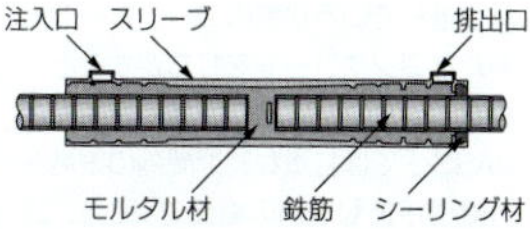

ウェットジョイント

めに帯筋、あばら筋に沿って配置する鉄筋。

請書（うけしょ）注文書に掲げられた注文を引き受ける旨を記載した簡易な書類。建設工事においては、元請が出す注文書に対して下請が渡す簡単な請負承諾書のこと。→注文書

雨水浸透管　敷地内の雨水流出を防ぐための雨水浸透施設として、浸透ます、浸透側溝などとともに用いられる。側面に浸透孔を設けたもの、または有孔性の材料でつくられ、その周囲を砕石などで覆い、集水した雨水を地中に浸透させる施設。主として建物回り、緑地、広場などに設置する。「浸透トレンチ」ともいう。

雨水貯留槽　敷地内に降った雨を一時的に貯留する槽。一定時間をかけて排出することで雨水排水機能を調整して都市洪水を防止するほか、自己水源の確保、地域防災水源、地域水循環システムの再生などの役割も担う。

雨水ます　排水管を詰まらせるような物質を分離したり、排水管の掃除、点検のために、配水管の合流部、曲り部などの要所に設けるます。会所ます、トラップますと共通の目的をもつ。→公設ます（図·161頁）

薄鋼電線管（うすこうでんせんかん）電線類を収め、保護する金属製の管（パイプ）で、肉厚の薄いものをいう。厚鋼電線管、ねじなし電線管とともにJIS C 8305で規格化されている。屋内の金属管工事に用いられることが多い。「C管」ともいう。

渦巻きポンプ　渦巻き状のケーシングの中の羽根車を回転させ、この羽根車の遠心力を利用して揚水するポンプ。吐出側に直接渦巻きケーシングをもつもので、給水設備において最も多用される。「ボリュートポンプ」ともいう。

打重ね　打ち込んだコンクリートの凝結が進んでいる状態のコンクリートに、新たなコンクリートを打ち足すこと。打継ぎより打ち込む時間間隔が短く、JASS 5では打重ね時間間隔の限度を外気温が25℃未満の場合で150分、25℃以上の場合は120分を目安としている。打込み時間間隔が長くなるとコールドジョイントという打込み欠陥が発生する。（表·37頁）

内金払い（うちきんばらい）請負契約に基づいて、建築主が請負金の一部を工事の途中で請負者に支払うこと。

打込み金物　コンクリート打込み前に型枠などに取り付け、コンクリートに埋め込まれる金物。サッシやシャッターのアンカー、天井インサート、設備用アンカー、足場つなぎの仮設用アンカーなど。

打込み杭　既製杭の頭部をハンマーなどで打撃を加えて所定の深さまで貫入させる杭。（図·37頁）

打込み速度　コンクリートを打ち込む速さのことで、1時間当たりの打込み数量で表す。

内ダイアフラム　⇨ダイアフラム①

内断熱工法　建物の屋根、外壁といった構造体の内側に断熱層を設ける工法。断熱層と外壁間、隅角部に結露が生じやすい欠点がある。→外断熱工法

打継ぎ　すでに打ち込まれているコンクリート面に連続して、時間を経て新たなコンクリートを打ち足すこと。またはその接続面。（図表·37頁）

打継ぎ型枠　コンクリートの打継ぎ面となる箇所に設ける型枠のこと。（図表·39頁）

打継ぎ目地　コンクリートの打継ぎ箇所の継目に設ける直線状の欠き込み。打継ぎ部の美観と防水性能を確保するために設ける。（図·37頁）

打止め　コンクリートの打込みが完了したこと。または打込み作業をある範囲で切り上げて終わらせること。

内法（うちのり）向かい合う2部材間の内側から内側までの寸法。柱間や出入口、窓の寸法を表す場合によく使われる。寸法の測り方としては、ほかに外法、心々がある。→心々、外法（そとのり）

打放しコンクリート　現場打ちコンクリートの型枠を解体した状態で、モルタル塗り、タイル張りなどを行わない仕上げ。あるいはその状態で吹付けや塗装の下地とするコンクリートのことをいう。

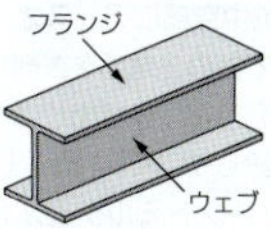

ウェブ

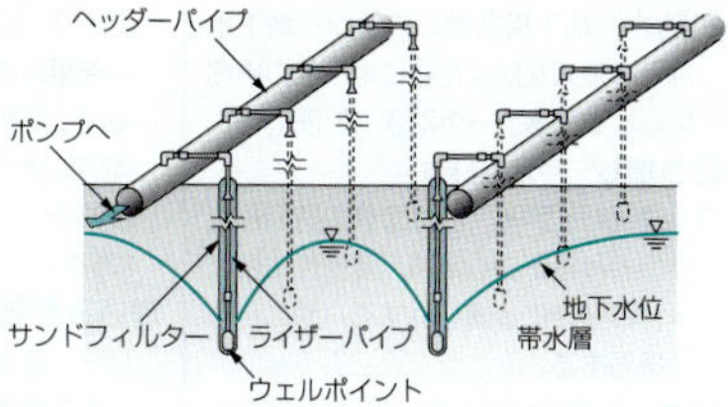

ウェルポイント工法

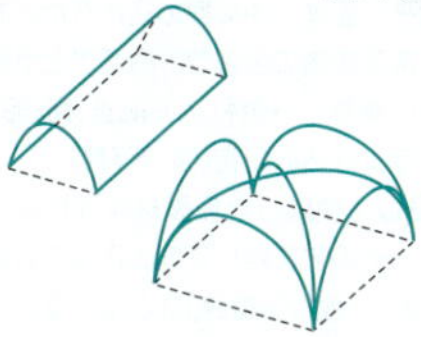

ヴォールト

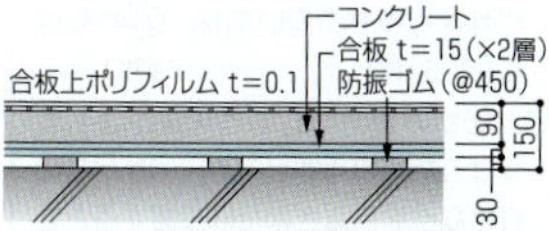

浮き床

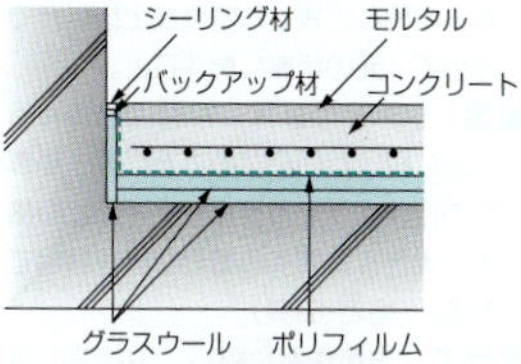

浮き基礎(例)

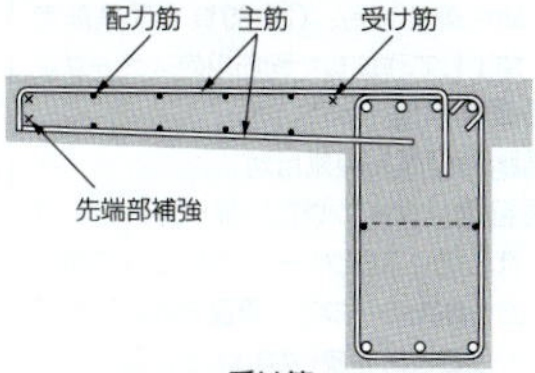

受け筋

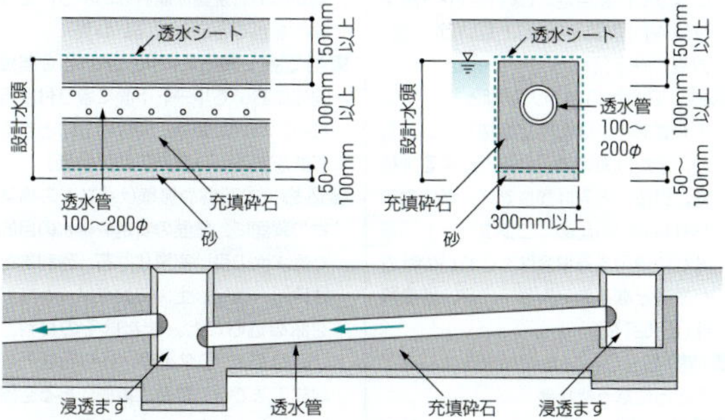

雨水浸透管

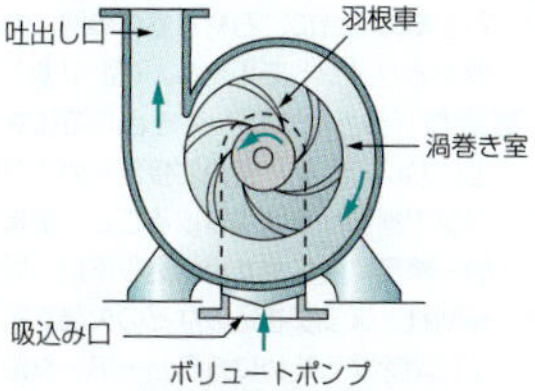

渦巻きポンプ

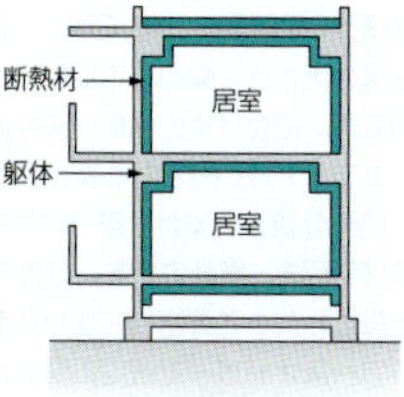

内断熱工法

内防水　地下構造物の外壁から地下水などの浸入を防ぐために地下壁の内側に設ける防水。→外防水(表·283頁)

打ち増し　⇨増し打ち

ウッドシーラー　木材塗装の透明仕上げにおける下塗り塗料。浸透性に優れ、木材の動きに追随しやすく、やに止め効果もある。

腕木（うでぎ）①庇の桁(けた)などを受けるために、柱や梁などから横に突き出させた片持ちの短い部材。②　⇨転ばし(図·39頁)

馬　①歩み板や角材などを架け渡して受けるための４本足の台。②長尺物の資材などを仮置きまたは設置するときに、下部を浮かせて架け渡すために両端に置く架台。(図·39頁)　③鉄筋を加工して作成した配筋用のスペーサ。

馬乗り目地　⇨馬目地

馬踏み目地　⇨馬目地

馬目地　タイルや石の張り方、およびれんがやコンクリートブロックの積み方の種類の一つで、垂直方向の目地が一段ごとに連続しないように互い違いになっている目地。「破れ目地」「馬乗り目地」「馬踏み目地」ともいう。(図·39頁)　→芋目地

海砂　旧河川の砂が大陸棚となっている海底あるいは海岸に堆積しているもの。または海岸の浸食などによる堆積物。貝殻の混入ばかりでなく塩化物を含有しているため、コンクリート用細骨材に使用する場合は、これらの除去が重要となる。→川砂、山砂、粒度特性(表·521頁)

膿(熟)む（うむ）地盤が水を含んでどろどろになった状態。

埋め木　木材の割れ、節穴、傷、釘穴などを補修するために埋め込む木片。

埋込み形照明器具　二重天井の天井部を器具の大きさに開口して取り付ける照明器具。取付け後の状態が天井面とほぼフラット(水平)となり突出部がない。(図·41頁)　→直付け形照明器具

埋込み杭工法　既製の杭を、地盤をほぼ全長にわたって掘削して埋め込む工法。アースオーガーで所定の深さまで掘削して杭を建て込む「プレボーリング工法」と、杭中空部にアースオーガーを組み込んで杭の先端部を掘削し、掘削土を杭頭(くいとう)部から排出しながら同時に杭を埋設していく「中掘り工法」がある。→セメントミルク工法(図·275頁)

埋込み配管　壁、スラブなどのコンクリート躯体の中に埋め込まれた、おもに電気設備の金属管、樹脂可とう管などの総称。→壁打込み配管(図·89頁)、スラブ打込み配管(図·257頁)

埋殺し　使用した仮設材を取り除かずに、そのまま残して埋め込んでしまうこと。「埋殺し型枠」などという。

埋戻し　地盤の掘削を行い目的の地下工事が完了した後に、山留め壁と地下躯体の間など残った空間を土砂などで埋めて、元の状態に戻すこと。

裏足　タイルの裏側に接着性を高めるために設けた凹凸部のこと。タイル裏面の性状は、モルタルとタイルとの接着に大きく影響する重要な管理項目である。(図表·39頁)

裏当て　溶接作業に際し、溶接部の裏側から溶着金属が漏れないように金属などを当てること。(図·41頁)

裏当て金　裏当てに用いられる金属板。開先においてルート下面に取り付けられる。母材の鋼種と同等のものとする必要がある。→裏当て(図·41頁)

裏込め　①石垣や擁壁(ようへき)などの構築物の背面に、壁面の安定や排水の目的で透水性の良い割栗(わりぐり)石、砂利または砕石、埋戻し土、コンクリートなどを詰め込むこと。またはその材料。(図·41頁)　②タイル、張り石などを湿式工法で行う場合、裏側にある空隙にモルタルなどを注入すること。

裏込めモルタル　湿式工法による張り石工事の場合に、石材と躯体の間に充填するセメントモルタル。(図·41頁)

裏斫り（うらはつり）突き合せ溶接などにおいて、第一層の溶接部をガウジングで裏側からはつり取ること。溶接の一層目に生じやすい溶込み不良、収縮割れ、スラグ巻込みなどの欠陥を完全に削除するために行う。→アーク溶接、ガウジング

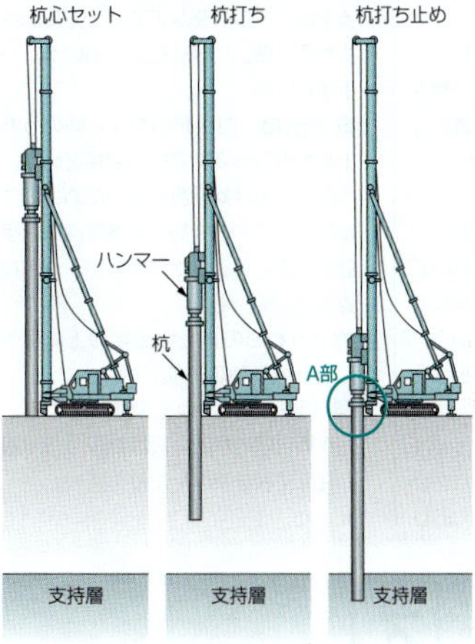

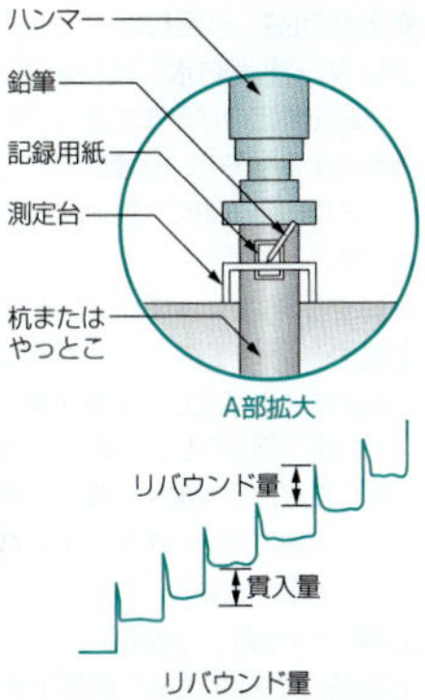

杭打込み終了前に、記録用紙に杭の貫入量とリバウンド量を測定・記録し、その値から動的支持力を算定して杭打止め管理を行う。

打込み杭

打重ね時間間隔限度の目安

外気温	25℃未満	25℃以上
時　間	150分	120分

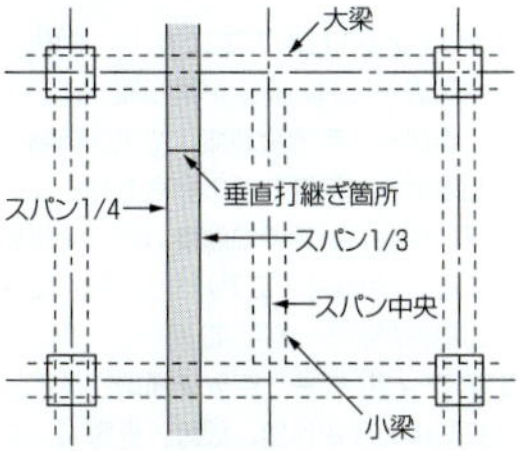

①梁のつけ根での打継ぎはしない。
②片持ちスラブ等は支持する梁と一体打ちする。
③防水上重要なパラペット等は原則として一体打ちする。やむを得ず打ち継ぐ場合は、スラブから上に150mm以上の位置に外勾配となるよう設ける。

打継ぎ箇所（平面）[4]

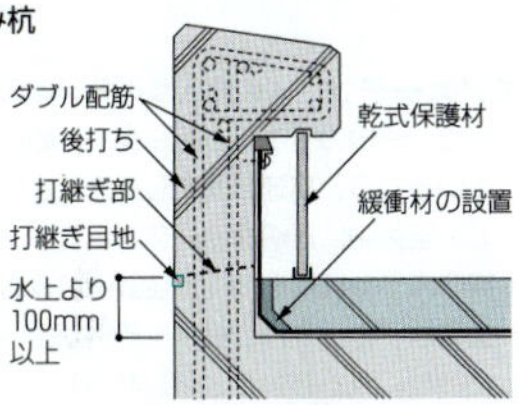

打継ぎ目地（パラペット回りの納まり例）

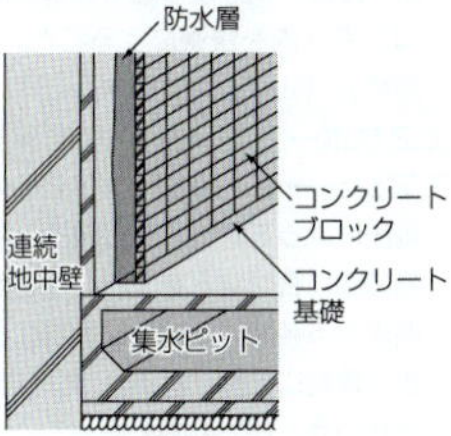

内防水

打継ぎ位置

部位	水平打継ぎ	鉛直打継ぎ		
	柱、壁	スラブ	大　梁	地中梁
位置	床スラブの上端または梁の下端	スパン（梁内法）の1/4の位置	中央部分	中央部分 基礎梁に床板がつかない独立基礎の場合
備考	施工上の理由でスラブ天端となることが多い	スパン中央部分でも可	施工上の理由で1/4の位置になることが多い	スパン（柱内法）の1/4の位置

売上総利益　⇨粗利益

ウレタン塗膜防水　塗料状のウレタンゴムを所定の厚みまで塗って防水層を形成するもので、塗膜防水の代表的な工法である。単に「ウレタン防水」ともいう。

ウレタン防水　⇨ウレタン塗膜防水

上塗り　塗装工事、左官工事において最後に仕上げとして塗る作業。またはその塗り面。「仕上げ塗り」ともいう。塗り工程はいく層にも重ねて仕上げられ、下地に近いものから下塗り、中塗り、上塗りという。

上端（うわば）⇨天端(てんば)

上端筋（うわばきん）鉄筋工事における梁筋、スラブ筋などで、上方に配置される主筋。「上筋(うえきん)」ともいう。→下端(したば)筋

上向き溶接　四種類の溶接姿勢のうち、上向きの溶接姿勢で行う溶接をいう。上向き溶接は難易度が高いため、できるかぎり下向き姿勢で溶接可能な溶接計画を立てることが望ましい。→溶接姿勢（図･507頁）

上物（うわもの）その土地の上に建っている建造物の総称。

上屋（うわや）①地上の建物のこと。②建築現場内などに設けた仮設の屋根。③柱に屋根を架けただけの建物。

え

エアカーテン　人の出入りの多い開口部で、室内の温度を一定に保つために用いられる。高速の吹出し気流によって、空気中に透明なカーテン状遮へい膜のような機構をつくる装置。百貨店、工場などの出入口に設置する例が多い。「エアドア」ともいう。（図･41頁）

エアコンディショニング　空気の温度、湿度、清浄度などを機械装置で制御して室内を快適にすること。「空気調和」ともいう。

エアサポートドーム　⇨空気膜構造

エアシューター設備　気送管の中を空気圧によって走行する気送子と称する筒の中に書類などを入れ、建物各所に搬送する装置。病院、図書館などの大きな建物に設置される。「気送管装置」ともいう。（図･41頁）

エアタイトサッシ　上枠、下枠、縦枠からなる窓枠（サッシ）を用いた窓で、気密性、遮音性をもたせたもの。（図･41頁）

エアディフューザー　空調用の空気吹出し口のこと。（図･41頁）

エアドア　⇨エアカーテン

エア抜き弁　「空気抜き弁」ともいい、配管内の空気を自動的に除去する弁。配管の空気溜まりを防止することにより水、湯の流れを円滑にし、配管内面の腐食を防止する。

エアハン　⇨エアハンドリングユニット

エアハンドリングユニット　中央式空気調和に用いる空気調和機。エアフィルター、空気冷却器、空気加熱器、加湿器、送風機などの装置をケーシングに収め、所定の温湿度の空気を供給する。「AHU」「エアハン」と略して呼ぶ場合がある。（図･43頁）

エアフィルター　空気を通過させて、空気中の浮遊粉塵、細菌、有害ガスなどを除去す装置。「空気ろ過機」ともいう。空調装置では一般に乾式ろ過式のユニット型が用いられる。（図･43頁）

エアレーション　⇨曝気(ばっき)

エアロック　湧水の多い場所、水中などに鉄筋コンクリート製の箱型の躯体（ケーソン）を沈めるようにして建物の基礎などを構築するニューマチックケーソン工法（潜函工法）において、ケーソンの上部に設けられた二重扉をもつ気圧調整室。

衛生委員会　労働者の健康障害の防止など衛生面にかかわる事項を審議し、事業者に対して意見を述べさせるために、法で定める業種および規模の事業

打継ぎ型枠の施工方法と特徴

方法	特徴
型枠材 （桟木・合板）	・床スラブなどで一般的に用いられる。 ・過密な配筋箇所や複雑な形状には不適。 ・脱型後に型枠材のはつり取りが必要。
鋼製材料 （メタルラス）	・梁の打継ぎに多く用いられ、作業性が良い。 ・主筋回りの孔あけや切り欠きは困難で、溶接作業を伴う。 ・外部面の錆に対して注意が必要。
すだれ バラ板 スポンジ等	・床スラブ等の鉛直打継ぎに用いられる。 ・段取り筋を流すことで容易に固定できる。 ・硬化前に脱型するとひび割れが発生する。
エアフェンス	・おもに梁の打継ぎに使用される。 ・取付けが簡単で作業性は良いが、コンクリートが完全に硬化すると撤去が困難。 ・破損・紛失時のコストが高い。

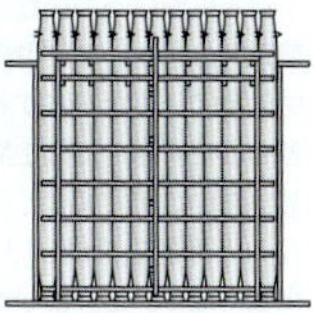
エアフェンスの例
打継ぎ型枠

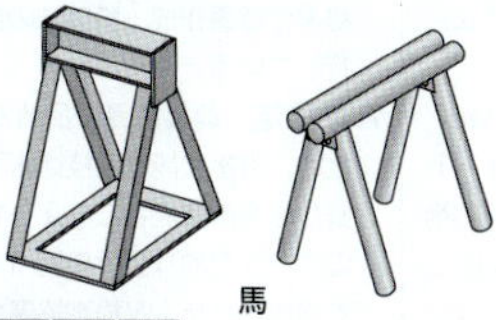
馬

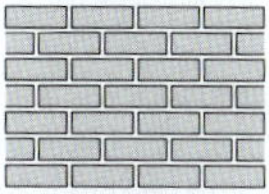
馬目地

たて馬目地

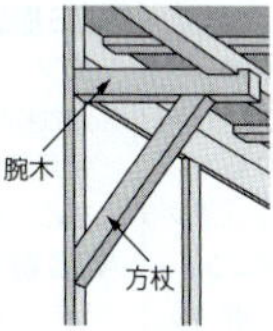

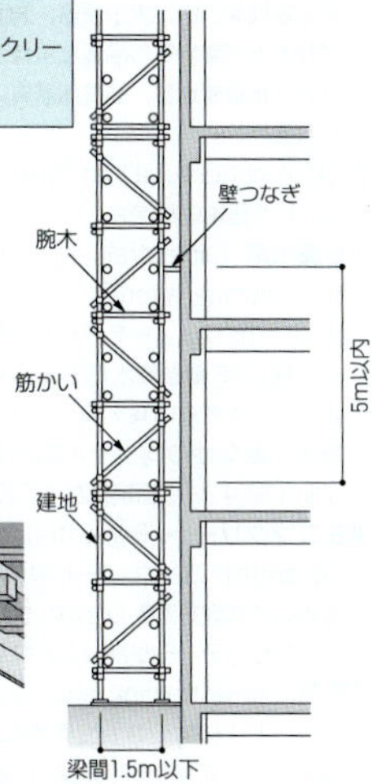

腕木

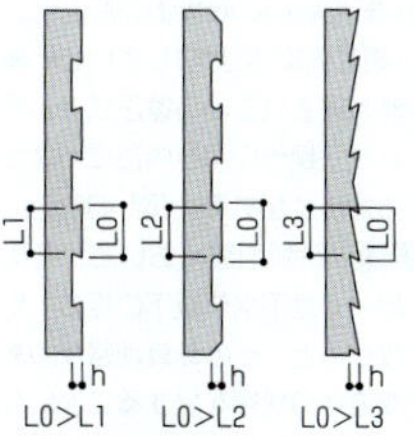

裏足の形状（例）

裏足の高さの基準

タイルの表面の面積＊1	裏足の高さ（h）＊3
15cm²未満	0.5mm以上
15cm²以上60cm²未満	0.7mm以上
60cm²以上	1.5mm以上＊2

＊1　複数の面をもつ役物の場合は、大きいほうの面の面積に適用する。
2　タイルのモジュール呼び寸法が50×150mmおよび50×200mmのものについては1.2mm以上とする。
3　裏足の高さ（h）の最大は、3.5mm程度である。

外装タイルの厚さおよび裏足の深さ (mm)

タイルの種類	寸法	厚さ	裏足の深さ
50角 （目地とも）	45×45 47×47	6以上	0.7以上
50二丁 （目地とも）	95×45	7以上	0.7以上

外装タイルの厚さおよび裏足の深さ (mm)

タイルの種類	寸法	厚さ	裏足の深さ
小口	108×60	9以上	1.5以上
二丁掛	227×60	10以上	2.0以上
三丁掛	227×90	15以上	3.0以上
四丁掛	227×120	15以上	3.0以上

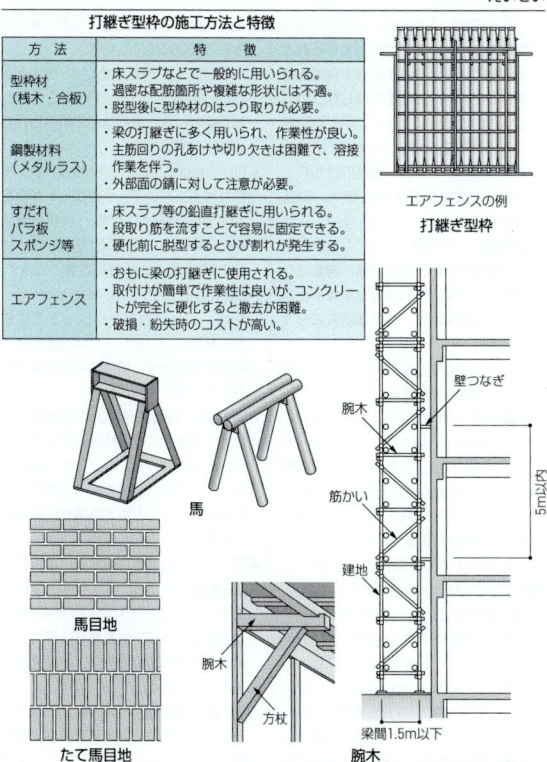

所ごとに設ける委員会。総括安全衛生管理者のほか、事業者の指名する者と労働者の代表が指名する者で構成されるもので、月1回以上開催しなければならない。建設業などについては、自社の労働者を常時50人以上使用する事業所について設置が義務づけられている。労働安全衛生法第18条、同法施行令第9条

衛生陶器 長石質粘土などによる陶器衛生器具をいい、大小便器、洗面器などがある。素地質の品質により溶化素地質、化粧素地質、硬質陶器質に分けられる。

AIJ [Architectural Institute of Japan] ⇨日本建築学会

AE減水剤 [air-entraining and water reducing agent] コンクリートのワーカビリティーを良くする混和剤の一種。AE剤と減水剤の複合機能によって、より高い減水率、スランプの増大、耐久性の向上を可能とする。JIS A 6204 →混和剤(表·183頁)

AEコンクリート [air-entrained concrete] コンクリート中にAE剤を用いて気泡を混入したコンクリート。ワーカビリティーが良いとされる。

AE剤 [air-entraining agent] コンクリート中に微細な独立気泡(エントレインドエア)を混入するのに用いる一種の界面活性剤。コンクリートのワーカビリティーを向上し、凍結融解抵抗性を高める。「空気連行剤」ともいう。JIS A 6204 →混和剤(表·183頁)

AEP [acrylic emulsion paint] ⇨アクリル樹脂エマルション塗料

AHU [air handling unit] ⇨エアハンドリングユニット

ALA [artificial lightweight aggregate] ⇨人工軽量骨材

ALC [autoclaved lightweight aerated concrete] 石灰質原料およびけい酸質原料を主原料としてオートクレーブ養生(高温高圧蒸気養生)した軽量気泡コンクリート。→気泡コンクリート

ALCパネル 珪石、セメント、生石灰、発泡剤のアルミ粉末を主原料とし、鉄筋を補強材として高温高圧中で蒸気養生して板状に成形した気泡コンクリートのパネル。絶乾比重が0.5程度ときわめて軽量で、S造、RC造の外壁、間仕切り、床、屋根などに用いられる。(図表·43頁)

AQL [acceptable quality level] 抜取り検査において、そのロットが合格か不合格かを決める値。「合格品質水準」ともいう。不良率(%)あるいは100単位当たりの不良品数などで表す。

ACI [American Concrete Institute] アメリカコンクリート工学協会の略称。コンクリート関連の研究、標準仕様書作成、機関誌の発行などを行っている。

AW検定 建築鉄骨の品質を確保するため、溶接技能者の技術水準を審査し、確かな溶接技能者に与えられる資格。国内の代表的な設計事務所、建設会社で構成されたAW検定協議会により検定される。

ATT [attenuator] ⇨アッテネーター

ABS樹脂 アクリロニトリル、ブタジエン、スチレンの3成分からなる熱可塑性樹脂。硬質で耐衝撃性に優れ、化学薬品や油にも侵されない。設備器具などに使われる。

ABC粉末消火器 リン酸二水素アンモニウムを用いた消火器であり、各種の消火器のなかで最も普及したタイプ。A火災(普通火災)、B火災(油火災)、C火災(電気火災)に対応している。薬剤が常時加圧されている蓄圧式と、使用時にレバー操作により内部にガスが噴出する加圧式がある。(図·43頁)

液状化現象 砂質地盤において、その粒径が均一で地下水位以下の場合、地震力を受けると、その砂質地盤が力を伝達せず液体の状態を呈することになる現象をいう。地盤が液状化すると、地盤自体が流動して支持できなくなるため、地上に噴出したり、建築物の倒壊を引き起こすことになる。「クイックサンド」と性状的には同じこと。(図·45頁)

エキストラ 「余分の、特別の」の意で、見積の際、標準単価に付加される特別

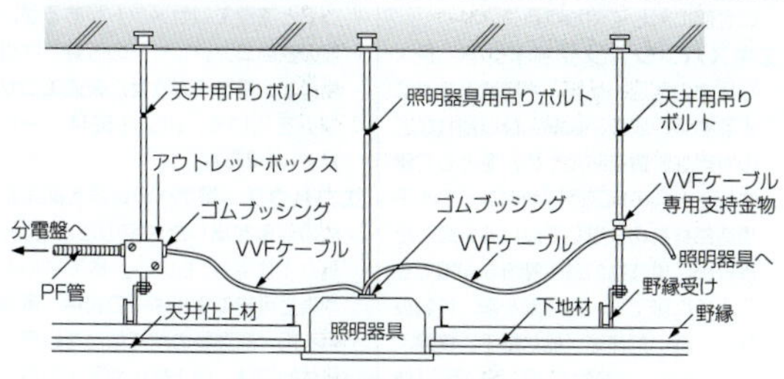

分電盤へ至る配管が天井隠ぺいの場合

埋込み形照明器具（蛍光灯の例）

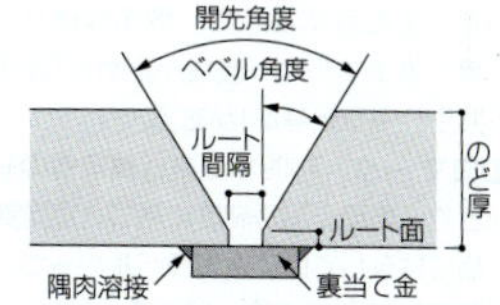

裏当て

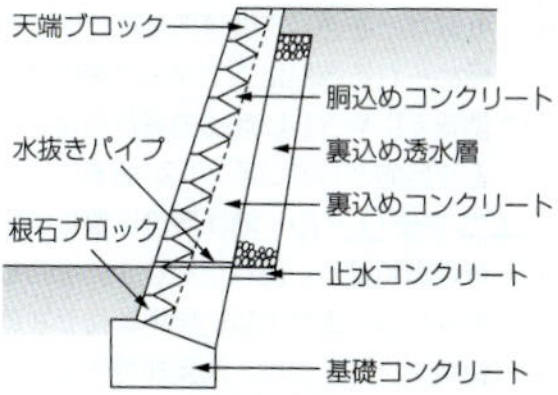

裏込め（擁壁の例）

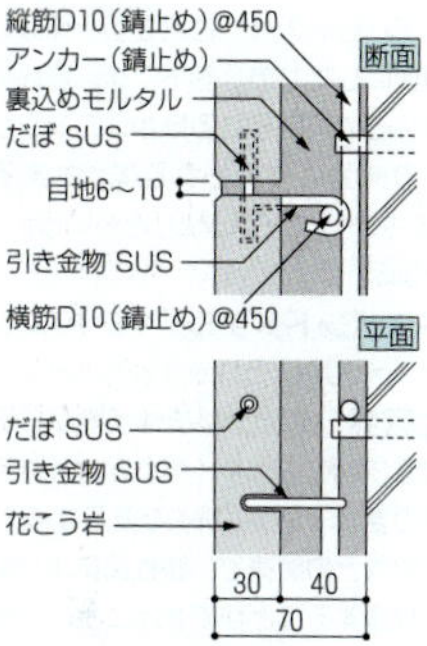

張り石工事・湿式工法例

裏込めモルタル

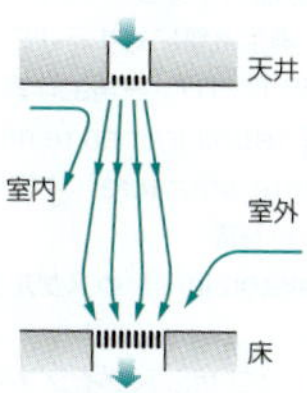

エアカーテン

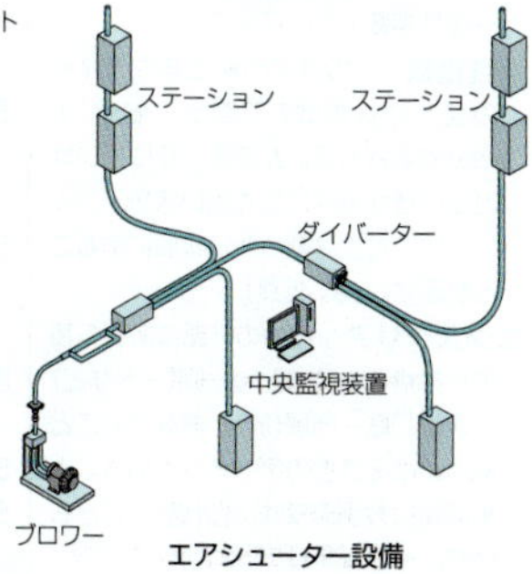

エアシューター設備

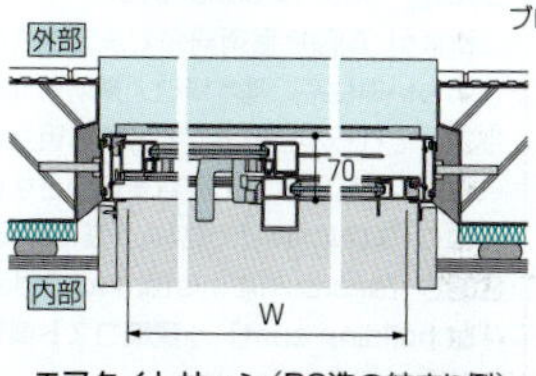

エアタイトサッシ（RC造の納まり例）

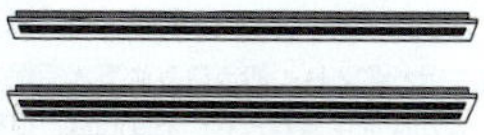
ライン型吹出し口の例

エアディフューザー

え

の金額に対して使われる。

エキスパンションジョイント　長大な建物の気温、地震、不同沈下などによる膨張、収縮、振動、ひび割れなどの有害な影響を防ぐため、主として建物長手方向の床スラブや梁などの水平構造部材を切り離して設ける分離した接続部。構造物の継手箇所を伸縮できるように施工し、その間を銅、黄銅板などで継いだ伸縮可能な継手。橋梁、道路、細長い建築物などに用いる。「伸縮継手」ともいう。

エキスパンテッドメタル　軟鋼薄板に切れ目を入れ、これを引き伸ばして網状にしたもの。廊下、床、階段の踏板などに用いられるほか、コンクリートの補強に使用される場合もある。「エキスパンドメタル」ともいう。JIS G 3351

エキスパンドメタル　⇨エキスパンテッドメタル

液性限界　粘性土が塑性状態から流動状態(液状)になり、強さがなくなる限界の含水比。w_L(%)で表示する。塑性指数との関連で、塑性図により粘土を分類することができる。土の自然含水比が液性限界に近い場合は掘削工事において注意を要する。(表·45頁)→塑性指数

液性指数　土の含水比w_nと塑性限界w_pの差を塑性指数I_pで割った値で、I_L(%)で表される。I_Lの値が0に近いほど土は塑性限界に近く固い状態で、1に近いほど土は軟らかい状態にあることを示す。(表·45頁)

エクステリア　建物の外部にある各種の付属構造物(物置、カーポートなど)や通路、庭、門扉(もんぴ)、塀などのこと、あるいはそれらのデザインをいう。本来は単に外側の意味。「外構(がいこう)」ともいう。→インテリア

エコー　反響のこと。音波が壁などに衝突してはね返ってくる現象で、いわゆるやまびこと同じ現象。

エコセメント　都市ごみや下水汚泥の焼却灰を主原料とし、石灰石など従来のセメント原料を混合させてつくったセメント。JIS規格には普通エコセメントと速硬エコセメントがあるが、一般の鉄筋コンクリートの分野では塩化物イオン量を低減させた普通エコセメントを用いる。JIS R 5214　→セメント(表·275頁)

エコハウス　環境への負荷を抑えるための対策を講じた住宅のことで、「環境共生住宅」ともいう。省エネルギーや再生可能エネルギーの利用、資源の再利用、廃棄物の削減などを目標とし、具体的には、屋上緑化や雨水の再利用、太陽光・太陽熱、風力エネルギーの利用、ごみの減量などの設備を備えている。その基準として、例えば建築環境・省エネルギー機構が定めた「環境共生住宅認定基準」がある。

エコマーク　1989年以来、環境省のもとで、環境ラベル制度に基づき認定商品に付与している環境ラベルの一つ。認定は日本環境協会による。「地球にやさしい」を趣旨に、環境への負荷の低減などを通じて環境保全に役立つと認められる商品にエコマークを付け、消費者にやさしい商品の選択を促すことを目的としている。(図·45頁)

エコマテリアル　地球環境に優しい新環境調和材料。優れた特性や機能をもちながら、より少ない環境負荷で製造、使用、リサイクル、廃棄が可能で、人にも優しい材料および材料技術をいう。

SRR　鉄筋コンクリート用再生棒鋼のうち、再生丸鋼に対するJIS規格の呼称。JIS G 3117　→再生棒鋼

SRC造　[steel framed reinforced concrete structure]　⇨鉄骨鉄筋コンクリート造

SI　[skeleton infill]　⇨スケルトンインフィル

SI住宅　⇨スケルトンインフィル

SI単位　[international system of units]　国際度量衡総会で決定された新しい単位系。基本単位、補助単位およびそれらから組み立てられる組立単位と、それらの10の整数乗倍からなる。SIは「国際単位系」の略称。(表·538頁)

SIBC　[searching system for index of building cost]　⇨建築コスト情報システム

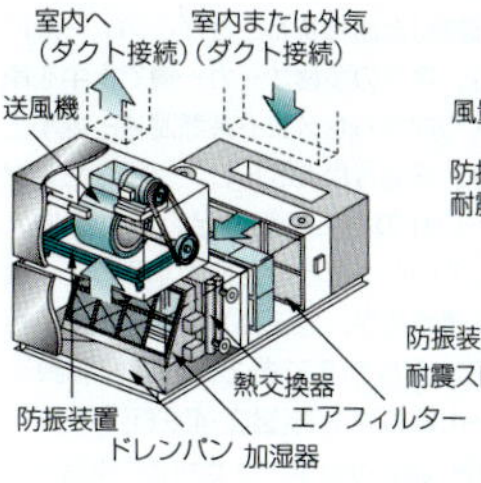

エアハンドリングユニット

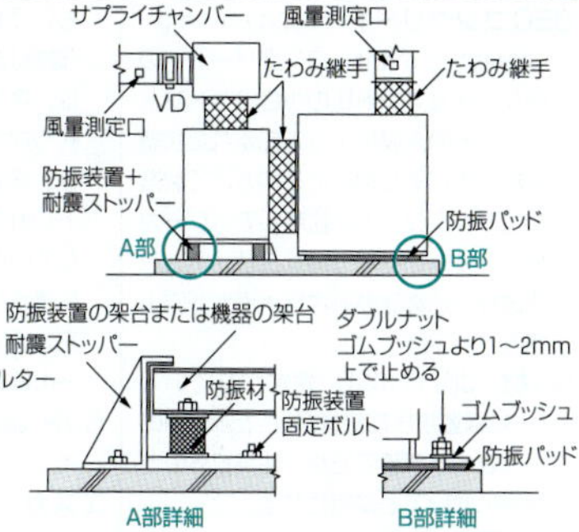

エアハンドリングユニットの据付け

ALCパネルの寸法 (mm)

種　類		平パネル	意匠パネル	
用　途		外壁、間仕切り壁、屋根	外壁、間仕切り壁	
寸法	厚さ*1	75、80、100、120、125、150、175、180、200	100、120、125	150、175、180、200
	長さ	6,000以下		
	幅*2	600または606		
意匠	模様の溝深さ	—	25以下	30以下
	傾斜面の厚さの差	—	25以下	60以下

＊1　厚さは、パネルの最も厚い部分。
2　納まり上やむを得ない場合は、600mm未満でもよい。

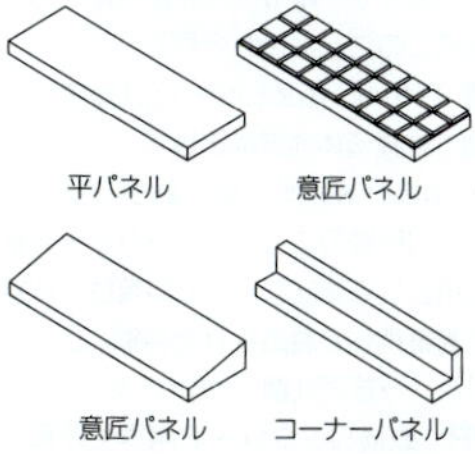

ALCパネルの種類（例）

ALCパネルの取付け構法

部　位	パネルの方向	工法名	備　考
屋　根	—	敷設筋構法	湿式
間仕切り壁	縦壁	フットプレート構法	スライド、乾式
		目地プレート構法	スライド、乾式
		アンカー筋構法	スライド、湿式
	横壁	ボルト止め構法	スライド、乾式
外　壁	縦壁	ロッキング構法（ボルト止め構法）	乾式
		スライド構法（挿入筋構法）	乾式
	横壁	埋込みアンカー構法	スライド、乾式
		ボルト止め構法	スライド、乾式

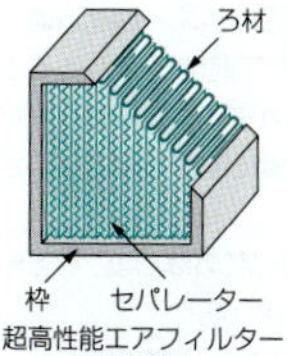

超高性能エアフィルター
（HEPA）

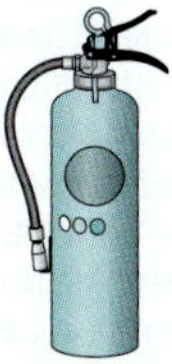
ABC粉末
消火器

エアフィルター

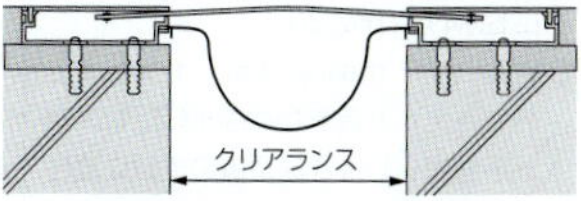

エキスパンションジョイントの
納まり例（床と床）

エキスパンションジョイント

SECコンクリート [sand enveloped with cement] コンクリート中の砂が、水セメント比の小さいセメントペーストの皮膜によって包まれた状態になっているもの。従来の方法で製造したコンクリートに比較して、ワーカビリティー、材料分離抵抗性、ポンプ圧送性、圧縮強度および水密性が向上する。

SS材 JIS G 3101に規定されている「一般構造用圧延鋼材」のこと。SS400が代表的な鋼種であり、建築以外の他産業においても使用される。

SSG構法 [structural sealant glazing system] 外壁のガラスを支持する構法の一つ。ガラスを構造シーラントと呼ばれるシーリング材で内側の支持部材に接着して保持する。外壁表面にサッシ枠を見せずにデザインできる。なお、カーテンウォールにおける内側の支持部材は「バックマリオン」という。

SN材 鉄骨造建築物の固有の要求性能を保証する鋼材として1994年にJIS G 3136として規格化された鋼材のことで、「建築構造用圧延鋼材」が正式名称。塑性変形能力の保持、板圧方向の性能保持、溶接性能の保持などに関連する規定がなされ、使用区分によりA～Cの3種類に分類されている。C種鋼材はラメラティアに対する抵抗力の指標である板厚方向の絞り値が保証された材となっている。→ラメラティア

SFRC [steel fiber reinforced concrete] ⇨鋼繊維強化コンクリート。

SFD [smoke fire damper] ⇨防火防煙ダンパー

SM材 溶接性を考慮してSS材に比較して細かい化学成分の規定がなされているJIS G 3106に規定された「溶接構造用圧延鋼材」のこと。代表的な鋼種にSM490Aがある。

SMW [soil mixing wall] セメントとベントナイト液をかくはんしたセメント系懸濁(けんだく)液を原位置の土砂に混合かくはんさせて現場造成した、止水効果のある柱列式の連続壁体。「ソイル柱列山留め壁」「ソイルセメント壁」ともいうが、国内の建築現場では単に「連壁」と通称することが多い。一般には、専用の多軸オーガー機で土中を削孔しながらセメント系懸濁液と掘削土砂とを混合かくはんし、ソイルセメントの柱の中にH鋼などの鋼材を挿入して山留め壁として使用する。止水性に優れるが、施工コストは親杭横矢板工法より割高である。（図表·47頁）
→山留め壁工法（図表·499頁）

SOP [synthetic oil paint] ⇨調合ペイント

エスカレーター 電動力によって運転し、人を運搬する連続階段状の装置。トラスで構成され、トラス上部の機械室にモーター（駆動装置）を置き、踏段チェーンで階段を動かす方式が一般的。基本的には動く歩道も同じ方式。（図·49頁）

Sカン 梁の配筋が二段筋の場合など、中づり筋の間隔を保持するS形の金物。

SQC [statistical quality control] ⇨統計的品質管理

SK [slop sink] スロップシンクの略で、モップや雑巾などを洗うための掃除流しのこと。（図·47頁）

S造 [steel structure] ⇨鉄骨造

S値 ⇨構造体強度補正値

SD [steel deformed] 鉄筋コンクリート用棒鋼のことで、コンクリート補強用として強度ならびに溶接性、圧接性を重視して製造された棒鋼。JIS G 3112 →普通丸鋼

SDR 鉄筋コンクリート用再生棒鋼のうち、再生異形棒鋼に対するJIS規格の呼称。JIS G 3117 →再生棒鋼

STKN材 建築構造用としてJIS G 3475に規定された鋼管で、「建築構造用炭素鋼管」が正式名称。SN材の耐震性に関する規定に加え、ひずみ時効（ある条件のもとで時間が経過すると鋼材の伸び能力が減少する現象）を抑制するために窒素に関する規定がなされている。

STP スターラップ（あばら筋）を省略した表現。→肋(あばら)筋

Sトラップ 排水トラップで管トラップ方式の一種。S字形に曲がった床に

液性限界、塑性限界、塑性指数（東京地盤図より）

地層	沖積層		関東ローム層
	シルト質	粘土質	
液性限界w_L	38～69	60～106	99～144
塑性限界w_p	22～38	28～52	52～88
塑性指数I_p	11～36	25～61	38～81

地層	東京層		渋谷粘土層
	シルト質	粘土質	
液性限界w_L	44～74	58～97	90～141
塑性限界w_p	20～40	23～53	31～59
塑性指数I_p	19～39	27～52	48～94

液性指数

地層	沖積層		関東ローム層
	シルト質	粘土質	
範囲	1.98～0.75	1.83～0.80	1.24～0.69

地層	東京層		渋谷粘土層
	シルト質	粘土質	
範囲	0.85～0.72	0.37～0.77	0.52～0.54

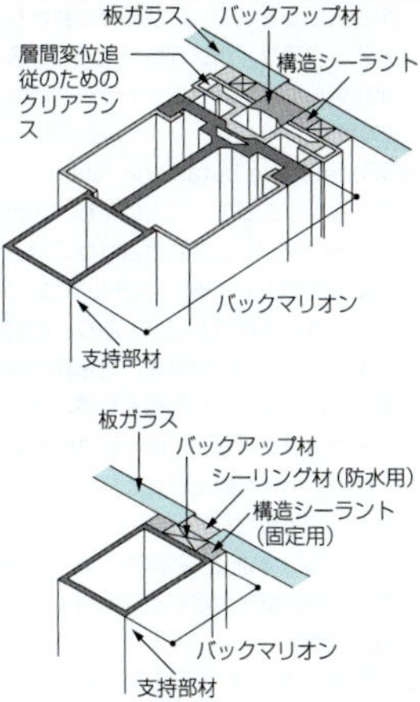

SSG構法

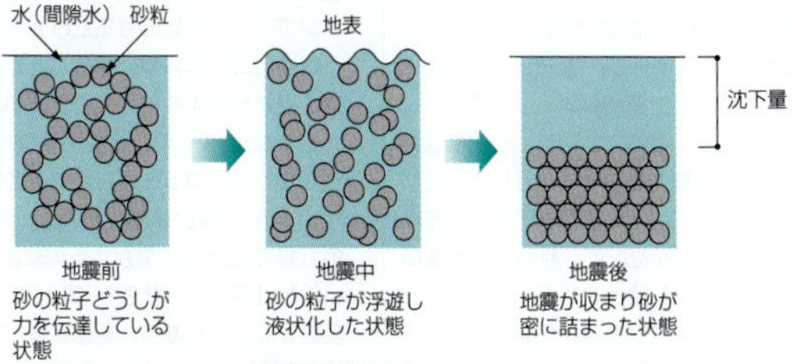

液状化現象のメカニズム

エコマーク

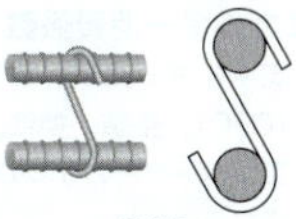

Sカン

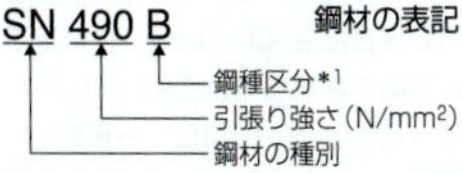

鋼材の表記

＊1 C：溶接性、靭性に加え、板厚方向特性、内部性状にも考慮／B：溶接性、靭性に考慮／A：C、B以外のもの

SN材の使用区分

記　号	使用区分	使用部位	
SN400A	塑性変形を生じない部材または部位。ただし、溶接を行う構造耐力上主要な部分を除く。	主としてボルト接合の小梁・間柱・トラス等。	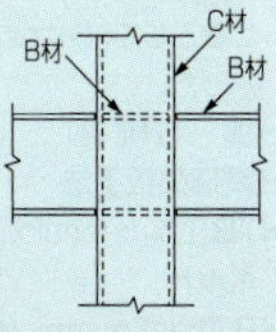
SN400B SN490B	一般の構造部材または部位。（SN400C、SN490Cの使用区分以外）	主として溶接接合の大梁・柱・ブレース等。	
SN400C SN490C	溶接組立加工時を含め、板厚方向に大きな引張り応力を受ける部材または部位。	板厚方向に引張り力を受ける柱のスキンプレートや通しダイアフラム等。	

突き抜ける形式で、S字部分に封水が入る。自己サイホン現象や毛細管現象が発生しやすい。→排水トラップ(図・389頁)

SBR [styrene butadiene rubber] スチレンブタジエンゴムの略称。スチレンとブタジエンを共重合させて得られる合成ゴムで、単に「スチレンゴム」ともいう。天然ゴムに似ており、加硫すると耐老化性、耐熱性、耐摩耗性に優れることから広く利用される。モルタルやコンクリートには、接着性や耐久性、水密性を向上させるための混和剤として添加される。

SYゲージ 鉄筋圧接部の直径、長さ、ずれ、偏心量を測定する専用測定具。(図・49頁)

S1工法 押出発泡ポリスチレンフォーム成形板を合板または石膏ボードに裏打ちした断熱パネルを、コンクリート下地に接着剤を使用して直貼りする工法。

枝管 主管(本管)より分岐した管。

エチレンフォーム エチレンを発泡させて形成した断熱材。

X形配筋 RC造において、柱または梁のせん断耐力を向上させるため、主筋を筋かいのように部材の対角線方向(X形)に組んだ配筋。材料コストを増加させずに耐震性能を向上させることができる工法である。(図・49頁)

H形鋼 断面がH形の形状をした形鋼で、単に「H鋼」ともいう。圧延で製造される場合には「ロールH」、板材を溶接して製造される場合には「ビルトH」と呼ばれる。JIG G 3192 →形鋼

H形鋼杭 JIS A 5526に規定された鋼杭の一種で、熱間圧延されたものと、平鋼や帯鋼を溶接して加工したものがある。鋼管杭に比べると支持力が小さいため、現在では仮設の支持杭や山留め壁として以外はあまり使用されなくなった。

H鋼 ⇨H形鋼

H鋼横矢板工法 ⇨親杭横矢板工法

HTB [high-tension bolt] ⇨高力六角ボルト

HP [heat pump] ⇨ヒートポンプ

HPシェル [hyperbolic paraboloidal shell] ⇨双曲放物線面シェル

エッチング加工 銅板やステンレス板、アルミ板、ガラスなどに特定の薬品による腐食で模様を浮き彫りにする表面処理方法のこと。繊細な模様が可能で、フッ化水素でガラス面に絵模様などを彫刻したものを「エッチングガラス」という。

エッチングプライマー ブチラール樹脂、リン酸、アルコールなどを混合したもので、塗装に際して、亜鉛めっき鋼などの金属の表面処理と錆止めを同時に行う塗料。金属面の表面をリン酸で浸食して粗面とし、表面を錆止め顔料で被覆する。「ウォッシュプライマー」「金属前処理塗料」ともいう。

NC曲線 [noise criterion curves] 騒音の評価に用いられるもので、縦軸に音圧レベル、横軸に周波数帯域を取ったときの曲線グラフ。(図・49頁)

N値 標準貫入試験によって得られるサンプラーを所定の寸法だけ貫入させるために必要な打撃回数のことで、地盤の硬さや締まりの程度を表す値。最大打撃回数は一般に50回。回数が得られずにサンプラーが自重で沈む軟らかいまたは緩い状態を「自沈」、50回の打撃で累計貫入量が1cm未満の硬いまたは締まった状態を「貫入不能」と表記する場合がある。地盤定数の推定にも利用される。(表・49頁) →標準貫入試験

エネルギー消費係数 建物内設備のエネルギー効率を表す指標。略して「CEC」。空調、換気、照明、給湯、エレベーターの5つの種類ごとに計算される。

エネルギーの使用の合理化に関する法律 ⇨省エネ法

FR鋼 [fire resistant steel] ⇨耐火鋼

FRC [fiber reinforced concrete] ⇨繊維強化コンクリート

FRP [fiber glass reinforced plastic] ⇨ガラス繊維強化プラスチック

FS [feasibility study] ⇨フィージビリティスタディ

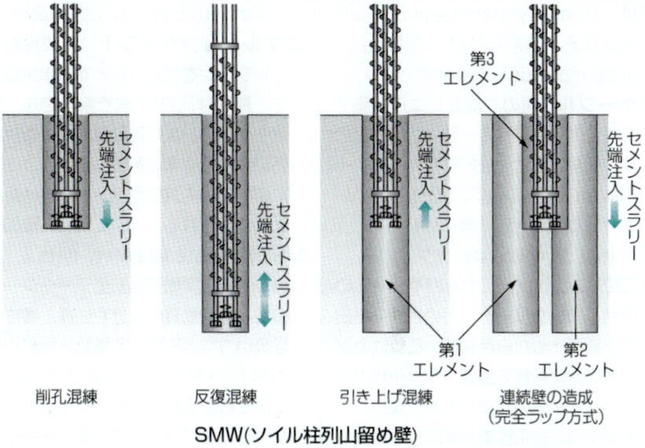

SMW(ソイル柱列山留め壁)

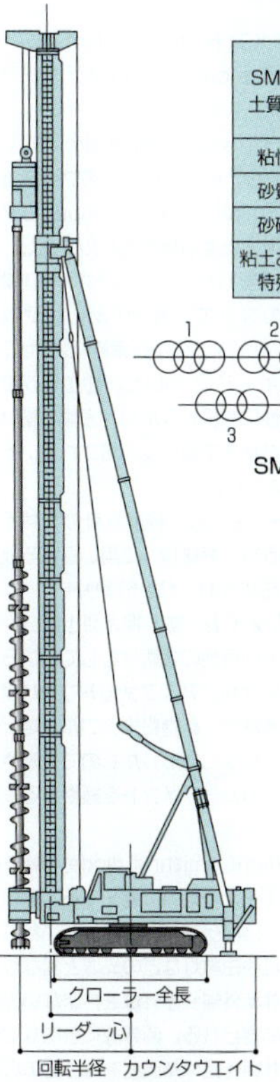

SMW／掘削機

セメント液配合の目安

SMW用土質区分	配合（対象土1m³当たり）			圧縮強度
	セメント（kg）	ベントナイト（kg）	水（l）	(N/mm²)
粘性土	300～450	5～15	450～900	0.5～1.0
砂質土	200～400	5～20	300～800	0.5～3.0
砂礫土	200～400	5～30	300～800	0.5～3.0
粘土および特殊土	室内試験などで配合を検討			—

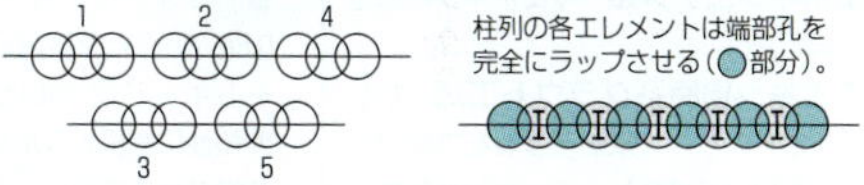

SMW／掘削かくはん機による施工順序

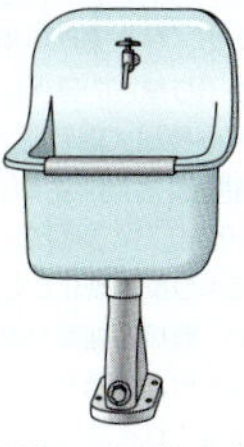

SK（スロップシンク）

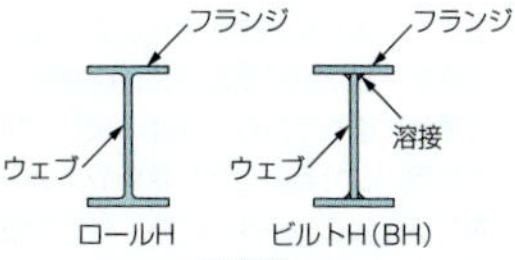

H形鋼

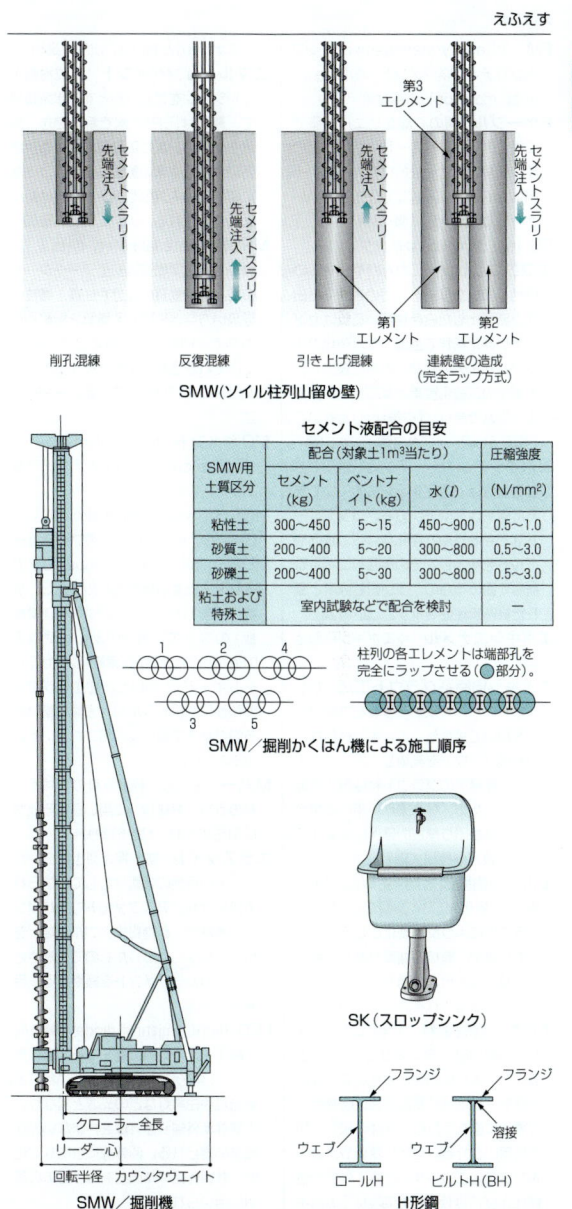

FM ①[facility management] ⇨ファシリティマネジメント ②[fineness modulus] ⇨粗粒率

Fケーブル 銅の心線をビニル樹脂で二重に覆った電線の一種。住宅などの屋内配線として一般的に使われている。Fはflat-typeの略で、正式には「VVFケーブル」という。(図·51頁)

FD [fire damper] ⇨防火ダンパー

エフロレッセンス れんがやタイルの目地、コンクリートなどの表面に析出する結晶化した白色物質。これはセメントの硬化過程で生成した水酸化カルシウムが水分の移動とともに表出し、大気中の二酸化炭素と反応した炭酸カルシウムであり、「白華(はっか)」ともいう。(写真·51頁) →一次白華、二次白華

エポキシアンカー アンカーボルトなどを後付けで固定する方法の一つである接着系注入型アンカー。コンクリートなどをドリルで穿孔(せんこう)し、鉄筋やボルトを挿入してその周囲をエポキシ樹脂で固めるもの。高い固着強度と優れた経時安定性を示す。(図·51頁)

エポキシエナメル ⇨エポキシ樹脂塗料

エポキシ樹脂系グラウト工法 ねじ節継手のうち、鉄筋どうしをカップラーを用いて接合し、エポキシ樹脂などの有機グラウトを充填して固定する工法。有機継手のグラウト材は耐火性能に乏しいため、柱や梁筋に用いる場合は必要なかぶり厚さの確保に注意する。(図·51頁) →機械式継手

エポキシ樹脂接着剤 主剤(エポキシ樹脂)と硬化剤(アミン類など)を混合することにより反応硬化させる2液反応型接着剤。機械的強度が高く、耐水性に優れるため、金属やコンクリートの接着に使用される。

エポキシ樹脂塗料 主剤(エポキシ樹脂)と硬化剤(アミン類など)を混合することにより反応硬化させる2液反応型塗料。耐水性や耐薬品性、防食性、付着性に優れるため、条件の厳しい箇所に用いられる。ただし変色やチョーキングを起こしやすいため、外部の最終仕上げには使用できない。「エポキシエナメル」ともいう。JIS K 5551

エマルションペイント 合成樹脂エマルションをビヒクルとする水系塗料で、略称は「EP」。水で希釈でき、臭気も少ない。また溶剤揮散による大気汚染や溶剤中毒の影響も少なく、一般に建物の屋内外のセメント系素地面によく使用される。JIS K 5663、5660

MSDS [material safety data sheet] 化学物質等安全データシートの略。化学物質の成分や性質、毒性、取扱い方などに関する情報を記載したもので、PRTR法で指定化学物質またはそれを含む製品を出荷するときは交付が義務づけられている。→PRTR法

MOセメント [magnesium oxychloride cement] ⇨マグネシアセメント

MCCB [molded-case circuit breaker] ⇨ノーヒューズブレーカー

MDF [midium-density fiberboard] 木材を主とする繊維をパルプ化し、板状に成形したファイバーボード(繊維板)のなかで、密度0.35g/cm^3以上0.8g/cm^3未満の中質繊維板。「セミハードボード」ともいう。加工性が良く、断熱性にも優れるため、家具の基材から吸音材まで幅広く利用されている。JIS A 5905

Mバー 主として軽量鉄骨の天井下地材のうち、野縁(のぶち)に用いられる断面がM形の部材。(図·51頁)

エラスタイト 防水押えや土間コンクリートの目地の緩衝材として用いられる目地材料。アスファルトコンパウンド、繊維類、鉱物粉末、コルクなどを用いて板状に成形したもので、熱や乾燥などのムーブメントを緩衝する役目をもつ。

LED [light emitting diode] 順方向に電圧を加えた際に発光する半導体素子で、「発光ダイオード」ともいわれる。蛍光灯や白熱灯などの光源と異なり、不要な紫外線や赤外線を含まない光が簡単に得られる。紫外線に敏感な文化財、芸術作品や熱照射を嫌うものの照明に用いられる。

N値と粘土のコンシステンシー、一軸圧縮強さとの関係（Terzaghi-Peckの提案）

N値	粘土のコンシステンシー	現場判別法（Peck-Hanson-Thornbornによる）	一軸圧縮強さ（kN/m²）
0〜2	非常に軟らかい	こぶしが容易に10数cm入る	25以下
2〜4	軟らかい	親指が容易に10数cm入る	25〜50
4〜8	中くらい	努力すれば親指が10数cm入る	50〜100
8〜15	硬い	親指で凹ませられるが、突っ込むことはたいへんである	100〜200
15〜30	非常に硬い	つめでしるしが付けられる	200〜400
30以上	たいへんに硬い	つめでしるしを付けるのが難しい	400以上

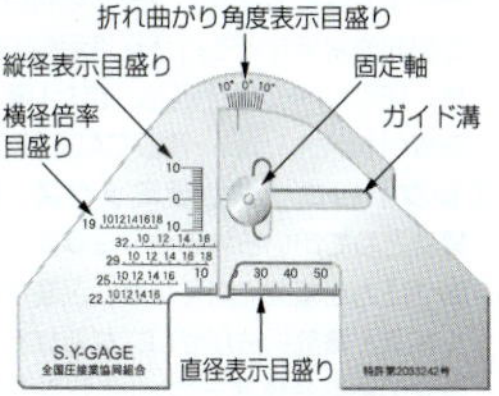

SYゲージ各部の名称

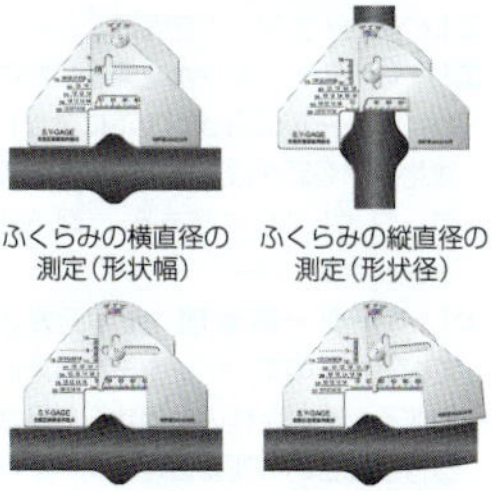

ふくらみの横直径の測定（形状幅）
ふくらみの縦直径の測定（形状径）
心ずれの測定
折れ曲がりの測定

圧接部の測定例

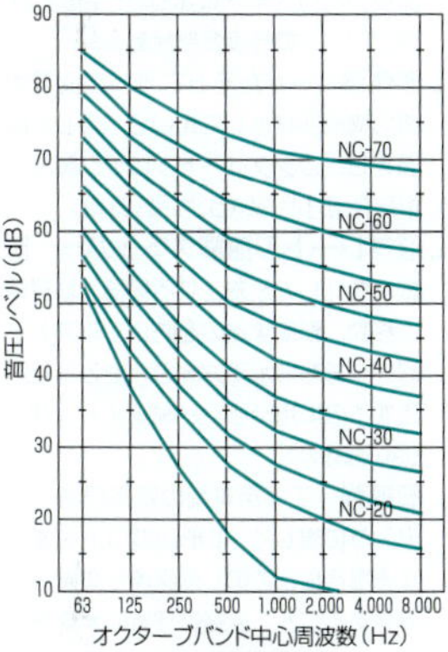

NC曲線（騒音等級）

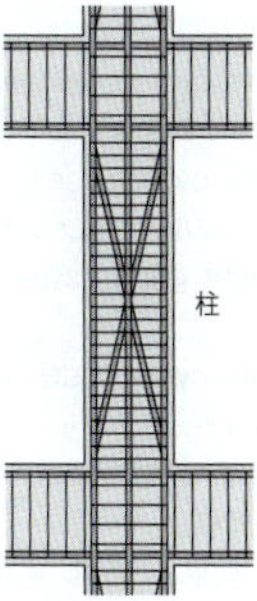

X形配筋

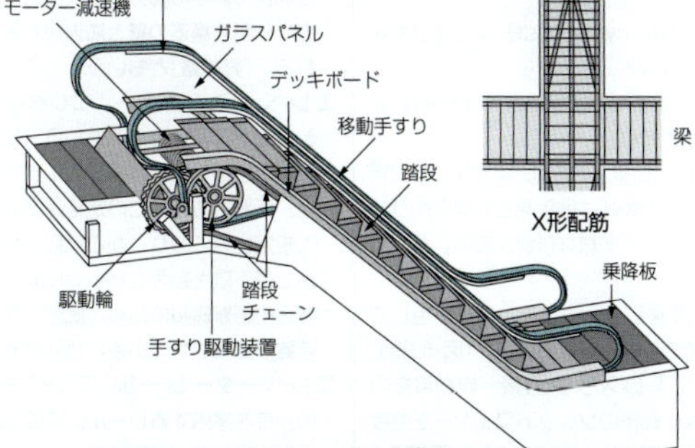

エスカレーターの構造

LEDランプ LEDを用いた照明器具。イニシャルコストは高いが長寿命、低消費電力であり、蛍光灯のように水銀を用いないという特徴がある。総合的にメリットがあり、普及が進んでいる。

L形 ⇨L形側溝

L形接合部 構造体における柱と梁の側面から見た接合部の形状を示し、建物の最上階の外周でそれぞれ1本の柱と梁が取り付く部分をいう。このほか、部位の取付き形状により「十字形」「T形」「ト形」の各接合部がある。

L形側溝（―がたそっこう）路面排水路の構成部材として用いられるL形断面をもつコンクリートブロック製品。単に「L形」ともいう。（図·53頁）

L形プレート形耐震ストッパー 防振材を介して設置される機器が地震時に移動、転倒するのを防止するストッパー。おもに水平方向の移動のみを防止するのに用いる。→耐震ストッパー（図·289頁）

L形補強 工事用車両の建築現場への出入りに際して、L形側溝の上を通過する場合に、このL形側溝を交換して補強すること。道路管理者の承認を必要とし、補強費用は申請者負担となる。

LC [light weight concrete] ⇨軽量コンクリート

LCE [life cycle engineering] ⇨ライフサイクルエンジニアリング

LCA [life cycle assessment] ⇨ライフサイクルアセスメント

LGS [light gauge steel] ⇨軽量形鋼(かたこう)

LCC [life cycle cost] ⇨ライフサイクルコスト

LVL [laminated veneer lumber] ⇨単板積層材

エルボ 給排水、給湯、蒸気などの配管、ダクトの両端に継手をともなう曲り部分をいい、多様な形状がある。（図·53頁）

エルボ返し 2個のエルボを使用して配管の位置を変えること。（図·53頁）

エレクトロスラグ溶接 自動溶接の一種。細径のソリッドワイヤーを溶接部に自動供給しながら行う溶接。建築の鉄骨においては、溶接組立箱形断面柱ダイアフラムの溶接に使用される。高能率であり、溶接後の変形が小さく、溶接欠陥の発生が少ないなどの利点がある。反面、溶接状況を外部から察知することが難しいため、溶込み不良などに注意する必要がある。（図·53頁）

エレクトロセラミックス ⇨エレクトロニックセラミックス

エレクトロニックコマース インターネットなどのネットワークを利用して契約や決済などを行う経済活動の総称。「Eコマース」「EC」、また「電子商取引」ともいう。→建設CALS/EC

エレクトロニックセラミックス 絶縁材として用いられるセラミックス。熱や圧力を電気に変えたり、温度が高くなると電気抵抗がゼロになるなど、種々の電気特性をもつ。「エレクトロセラミックス」ともいう。

エレベーション ⇨立面図

エレベーター 人や物を乗せたかごをガイドレールに沿って上下に動かし、建物の階層間を縦方向に運搬する機械。ロープ式と油圧式がある。（図·53頁）→ダムウェーター

エレベーター群管理 集中配置されている複数のエレベーターを有効に利用するため、全体の運用状況を見ながら行う総合的な運転管理方式。上り下りかごの配置、着床階の調整、運転台数管理などを行う。

エレベーターシャフト 建築物の中にあるエレベーターの走行する垂直の空洞部分。この部分は防火区画になるので、耐火構造の壁と防火戸で区画される。「昇降路」ともいう。

エレベーターピット エレベーターシャフト（昇降路）の底部から、かごが停止する最下階の床面レベルまでのこと。所要寸法はかごの定格速度に応じて規定されており、かごが何らかの原因で最下階を超えてピットに衝突した場合の衝撃緩和のため、底部には安全装置が設置されている。（図·53頁）

エレベーターレール エレベーターのかごを案内するレール。このレールに沿ってかごが昇降する。

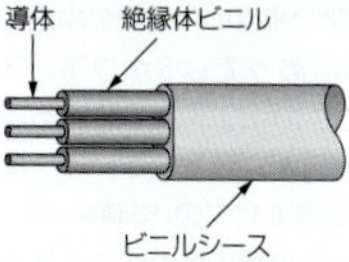

Fケーブル（VVFケーブル）

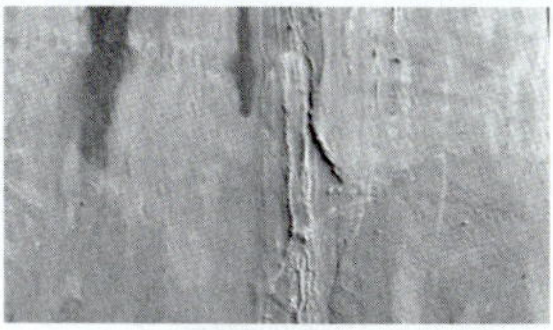
エフロレッセンス

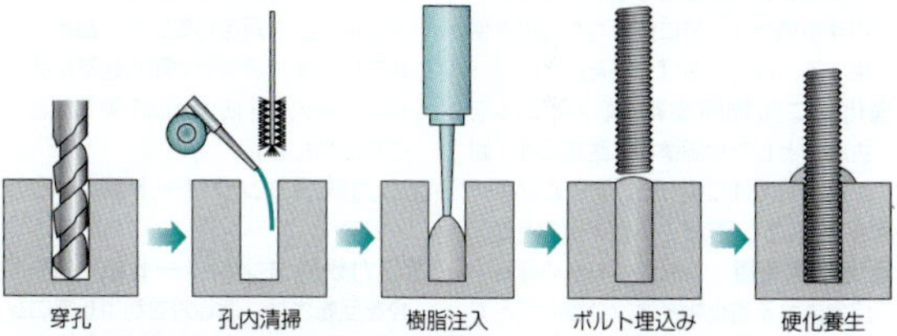

エポキシアンカーの施工手順（あと施工アンカー・接着系注入方式）

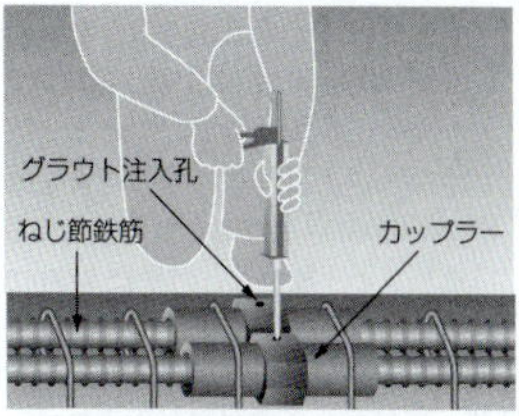

エポキシ樹脂系グラウト工法

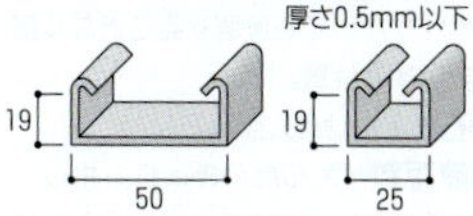

Mバー

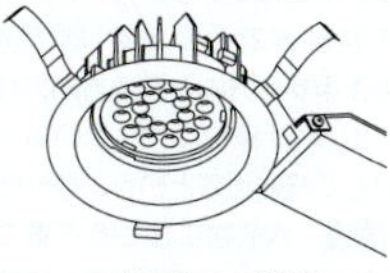
LEDランプ（例）

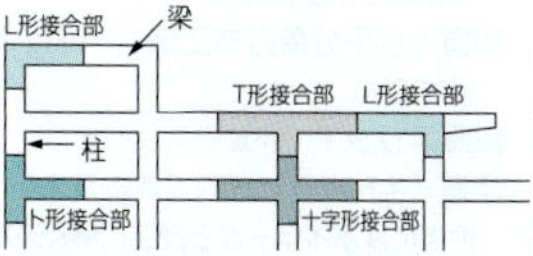

L形・十字形・T形・ト形接合部

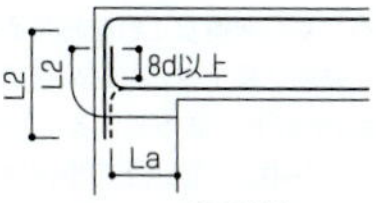

一般の場合

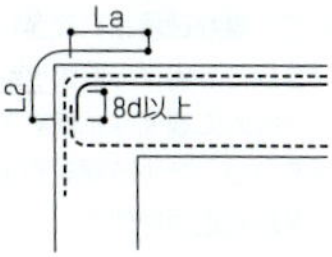

一般（二段筋）の場合

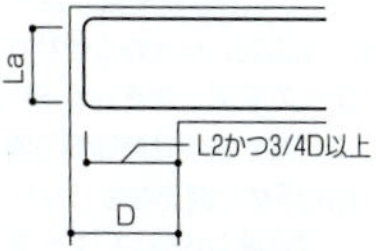

U字形定着の場合

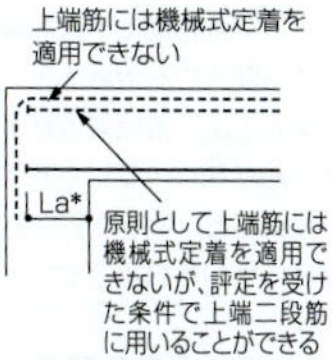

注）La*は指定性能評価機関で技術評価を受けた設計・施工指針に従う。

機械式定着の場合

L形接合部

塩害　海岸近くの構造物に海水飛沫や海塩分子が付着し、それに含まれる塩化物イオンによって鉄、アルミニウムなどの金属部分が腐食する被害。塩害を防止する対策として、鉄筋のかぶりを十分にとる、コンクリート表面や鉄筋表面に合成樹脂などのコーティングを施す、材料に海砂などの塩化物イオンを含む骨材を使用しない、海砂を利用する場合は十分に洗浄したものを使用する、などがあげられる。

塩化ビニル樹脂塗料　塩化ビニルを主成分とした樹脂塗料。耐薬品性、耐水性、耐湿性に優れる。JIS K 5582

塩化物イオン濃度　⇨塩化物含有量

塩化物含有量　コンクリートや骨材中に含まれる塩化物イオンの量のことで、「塩化物イオン濃度」ともいう。国土交通省告示により規定値は0.30kg/m^{3}以下とされ、やむを得ずこれを超える場合でも、鉄筋防錆上有効な対策を講じて0.6kg/m^{3}以下となっている。鉄筋コンクリート中に一定以上の塩化物イオンが存在すると、その作用で鉄筋表面の不動態皮膜が破壊され腐食が進行し、コンクリート劣化の原因となる。測定には一般的に簡便な試験紙を用いることが多いが、計測時間を短縮するためデジタル測定器を使うこともある。(図·55頁) →カンタブ

鉛管　鉛でできた金属配管。主としてガス管、水道管、排水管に使われる。

エンクローズ溶接　突き合せ溶接継手の一つで、突き合わせた鉄筋の開先部(一般的に母材に開先を取らないルートギャップ管理のI形開先)を銅製の当て金で囲み、シールドガスで溶接部を覆い、鉄筋両端面に十分な溶込みを与えながら開先内を溶融金属で充填して接合する工法。溶接後の継手部の伸縮がほとんどなく、プレキャスト部材の鉄筋接合など、鉄筋が固定された状態の接合に用いられることが多い。(図·55頁)

延焼のおそれのある部分　隣の建物が火災になった場合に延焼を受ける危険性のある部分。建築基準法で「隣地境界線、道路中心線又は同一敷地内の2以上の建築物相互の外壁間の中心線から、1階にあっては3m以下、2階にあっては5m以下の距離にある建築物の部分」と定義されている。建築基準法第2条6号(図·55頁)

延焼防止　火災の周辺への延焼や拡大を防止するための方策。建築基準法では、防火区画や防火壁の設置、外壁、屋根の防火性能の確保、開口部への防火対策などを規定している。都市レベルでは、防災建築物や防災建築街区の指定、防火林・防火水面の確保などがこれに当たる。

遠心力鉄筋コンクリート管　⇨ヒューム管

遠心力鉄筋コンクリート杭　鋼製型枠を回転させ、遠心力を利用してコンクリートを締め固めてつくる杭。通称「RC杭」。軸方向の鉄筋はϕ9～13mmを使い、それらをϕ3～4.5mmの鉄筋で螺旋状に拘束する。コンクリート強度は40N/mm^{2}以上、水セメント比45%以下と規定されている。外径が200mm以上で主として軸方向力に抵抗する1種杭と、外径が300mm以上で軸方向力と曲げモーメントに抵抗する2種杭がある。JIS A 5310

延性　部材もしくは材料が引張り力を受けた際、弾性の範囲を超える引張り力がかかっても破壊することなく塑性変形する性質。

縁石(えんせき)⇨縁石(ふちいし)

縁端距離(えんたんきょり)ボルト接合部において、ボルト孔中心から材の端までの距離をいう。力の作用する方向の材端までの距離を「端(はし)あき」、力の作用する方向と直角方向の材端までの距離を「縁(へり)あき」といい、両方合わせて縁端距離という。(図·55頁)

鉛直荷重　構造物に加わる荷重のうち鉛直方向に働く荷重。自重、積載荷重、積雪荷重などをいう。

鉛直・水平分離打ち工法　⇨VH分離打ち工法

鉛直スリット　⇨垂直スリット

煙道(えんどう)煙や燃焼排ガスを、炉またはボイラーから煙突に導く通路。耐熱性、耐食性を要求される。(図·55

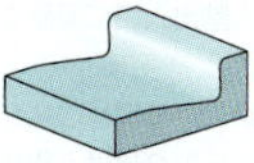

L形側溝

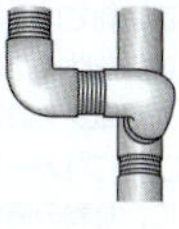

エルボ返し

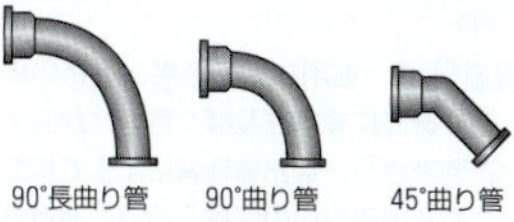

エルボ（配管）

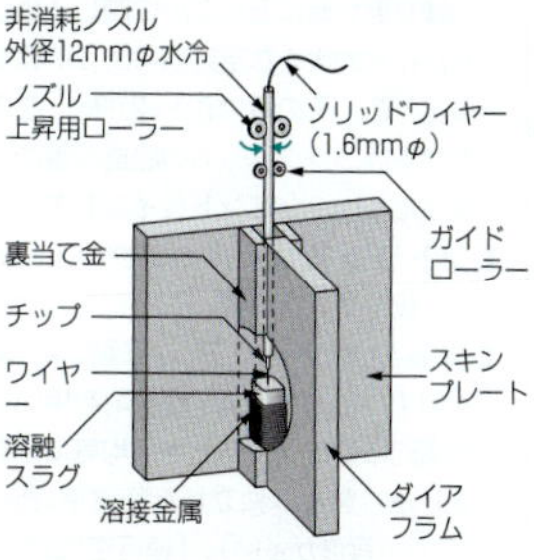

エレクトロスラグ溶接

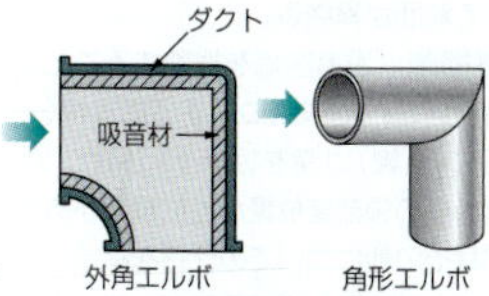

エルボ（ダクト）

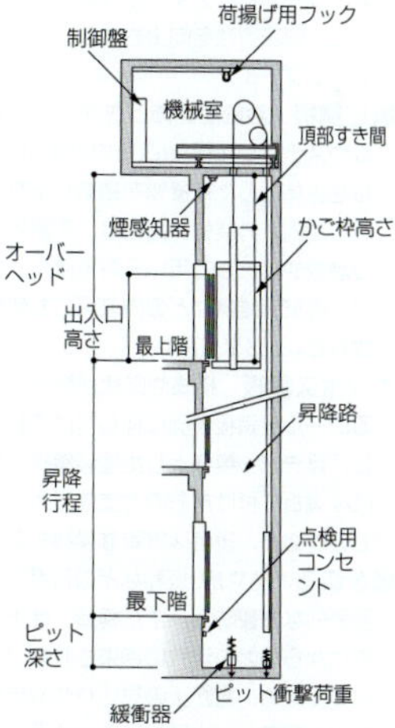

エレベーターピット

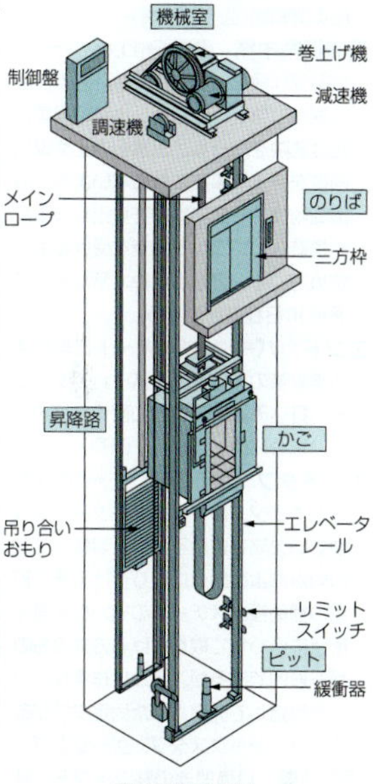

機械室設置型の例

エレベーターの構造

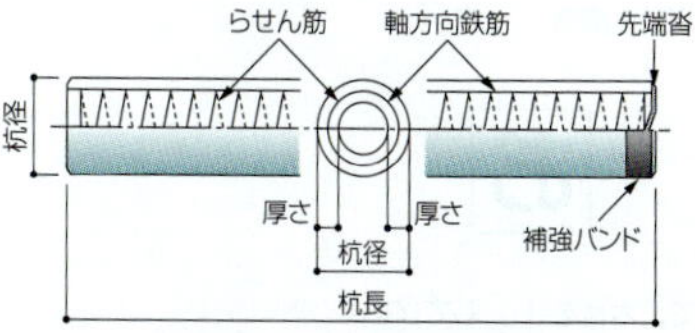

遠心力鉄筋コンクリート杭（RC杭）

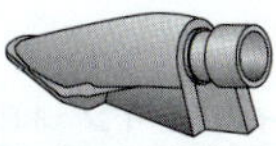

エンドカバー（PF管用）

頁)

沿道区域　掘削などの結果、道路の構造や機能に障害を及ぼす可能性があると判断され、道路管理者によって指定される道路沿いの区域。国道、都道府県道などの種別や当該道路の幅員によって範囲が異なる。

沿道掘削　沿道区域を掘削すること。沿道区域内で道路に対する影響線(一般に45°線)以深を掘削する場合、山留め壁の頭部変位量などに規制があり、部材その他についての仕様を指示されることもある。道路管理者と施工協議を行い、その承認を必要とする。→掘削影響範囲(図表・129頁)

沿道掘削申請　沿道掘削工事を行う際に必要な届出。道路法では、沿道区域で掘削工事を行う場合、道路の損害または危険を防止し、工事の中止や現状回復を命ずる事態にならないよう、沿道掘削施工承認申請書を提出し、山留め構造などについて審査を受けるよう定めている。書類提出後、承認までに通常10日程度を要する。

エンドカバー　コンクリートに埋設する電線管の終端保護カバー。コンクリート打込み後、天井内に配管を接続したい場合に用いる。(図・53頁)

エンドタブ　溶接の際、アークのスタートやエンド部分のクレーターに生じやすい欠陥を避けるため、溶接ビードの始点および終点に取り付ける捨て板用の補助板。スチールの補助板を開先形状に合わせて取り付ける方式のものが一般的であるが、ほかに作業性の向上を目指して開発された固定タブがある。→フラックスタブ、ゲージタブ

煙突効果　設備関連の竪シャフト、階段室、高層建築物などの縦長の区画で、建物内外の温度差で生じた浮力差によって空気が自然換気される現象。高層建築物では冬季に発生しがちであるが、これを防ぐために1階出入口に風除室や回転扉を設ける。

エンドプレート　梁などの鋼材の端部に、材軸の直角方向に取り付ける鋼板。

エントラップドエア　コンクリートの練り混ぜ時にモルタルに閉じ込められた比較的大きな空気泡(100μm程度以上)で、その量は0.2～2.0%。この空気泡はコンクリートの品質改善には役立たない。→エントレインドエア

エントランスホール　建物の正面玄関に設けられた広間。

エントレインドエア　AE剤、AE減水剤または高性能AE減水剤を用いて計画的にコンクリート中に均等に分布させた、微小な独立した空気泡(25～250μm程度が多い)。「連行空気」ともいう。このような空気泡はコンクリートのワーカビリティーを改善するとともに、耐凍害性を向上させる。→エントラップドエア

塩ビ鋼板　溶融亜鉛めっきを施した鋼板やステンレス鋼板に、ポリ塩化ビニルを主体とした被覆物を積層したり塗装した内・外装材。高耐食、高耐候性の屋根や壁として用いられるほか、家具、内壁、雑貨などの内装用にも使用される。JIS K 6744

エンボス鋼板　模様や図柄が彫ってあるロールを鋼板表面に押し付けて転がし、浮き出し模様とした塗装鋼板。凹凸は鋼板に付けたものと塗膜に付けたものがあり、後者は複雑な模様もある。

縁を切る　熱や音、振動などの伝導防止、連続的な亀裂防止、また構造、仕上げで他からの力の流れに拘束されないよにするため、意匠上の見切りや納まりなどを配慮して物理的に分離すること、あるいは部材どうしを接合しないことをいう。

お

オイルステイン　木部塗装で、木地を生かす場合に使用する透明な塗料。略して「OS」。

オイルダンパー　油の流体摩擦抵抗を

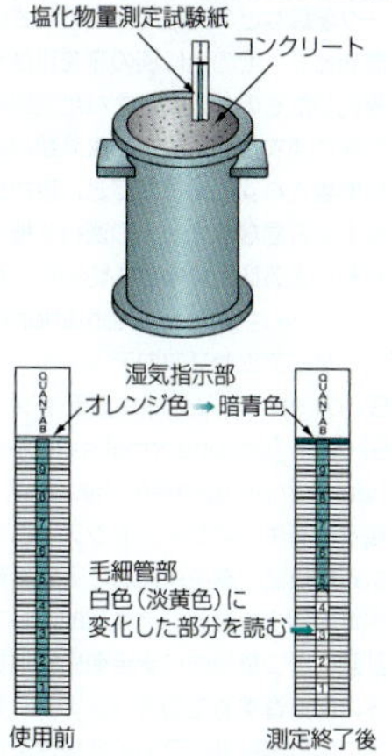

塩化物合有量

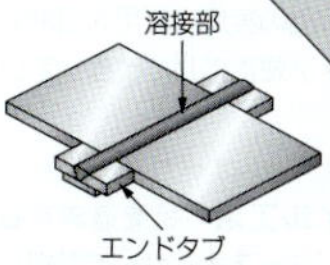

エンドタブ

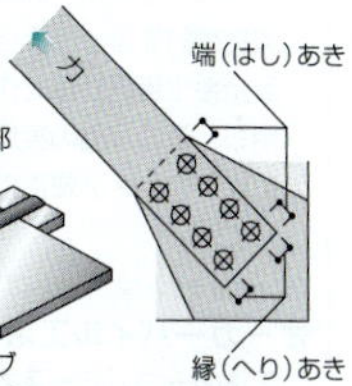

縁端距離

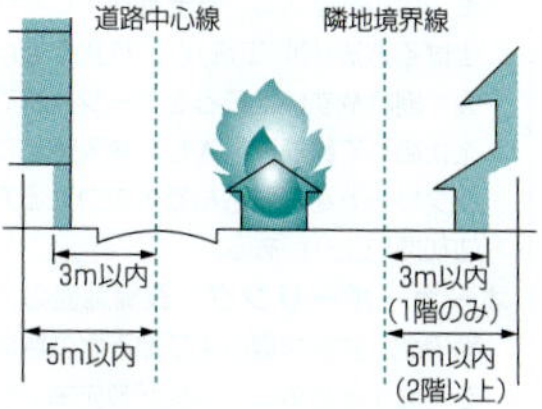

延焼のおそれのある部分①

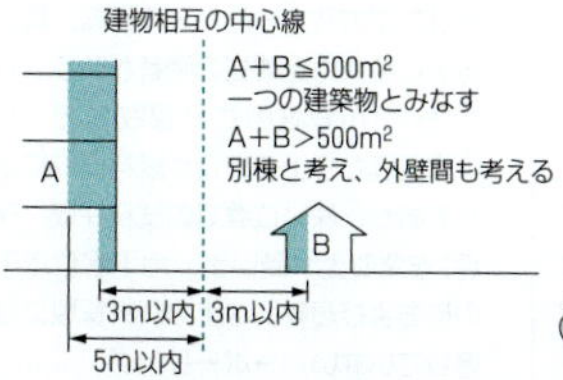

延焼のおそれのある部分②

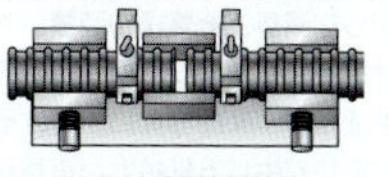

水平継手用治具装着

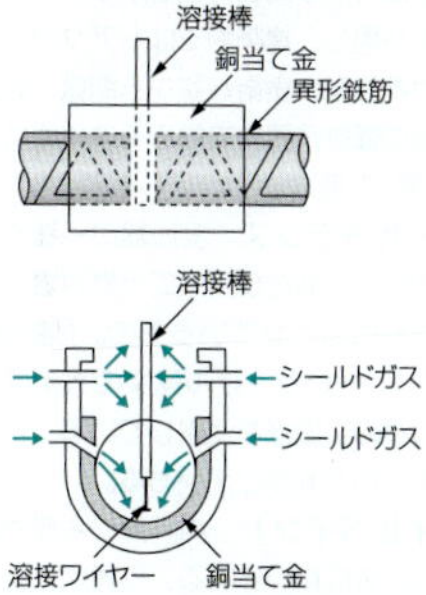

エンクローズ溶接

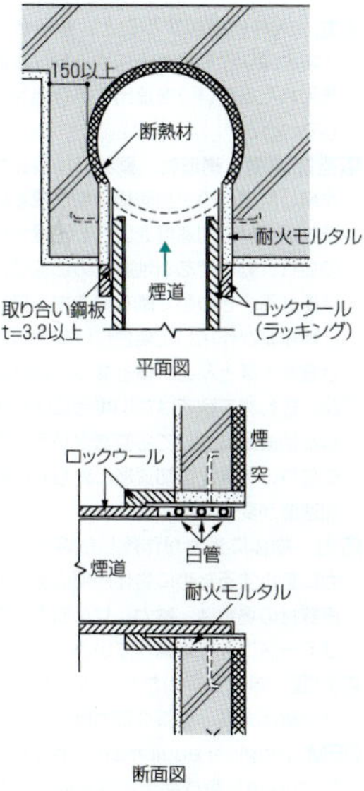

煙道と煙突の接続部の納まり

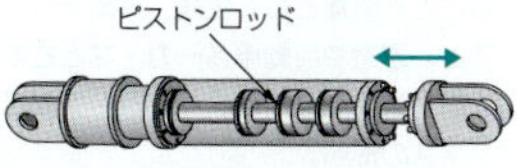

オイルダンパー

利用した減衰、衝撃緩和装置。外力を受けたピストンがシリンダー内のオイルをオリフィスから押し出し、その流速に応じて生じる抵抗力が衝撃緩和などに有効な減衰特性を示す。この特性を利用し、建築物ではドアクローザーや排煙窓の緩衝装置から制振、免震構造の減衰装置まで幅広く使用される。(図·55頁)

オイルトランス　変圧器の一種で、冷却媒体に油を使用して自然対流または強制循環させているもの。「油圧変圧器」ともいう。ビル建築の大半は、この種の変圧器を使用している。他種にモールドトランスがある。

オイルペイント　内外部の木部や鉄部の塗装に用いられる、不透明仕上げの油性塗料。略して「OP」。→調合ペイント

応札　入札に参加すること。請負者が工事金額など発注者の求める要件を書き入れた書類(札)を提出する行為を指していう。

応答加速度　構造物、機器に地震動が作用した場合の、当該構造物、機器の揺れ(応答)の加速度をいう。地盤全体の揺れ、動きである地震動の加速度とは異なる。きわめて剛な構造物、機器に地震動が作用した場合には作用した地震動とほとんど一体となって揺れるが、きわめて剛ではない場合には作用した地震動に対して応答を生じるようになり、地震動の加速度に対して応答加速度が変化する。

応力　物体に外力が作用した場合、外力に抵抗するために物体内部に働く力。直線材の場合は、軸力、せん断力、曲げモーメントを総称していう。

応力度　単位面積当たりの応力をいう。→圧縮応力度、引張り応力度

OEM［original equipment manufacturing］完成品または半完成品を供給先企業のブランドをつけて販売することを前提として生産、供給を行うこと。家電や自動車メーカーなどさまざまな業種で利用されている企業間ビジネスの形態。

OAフロア　床スラブの上にネットワーク配線などのための一定の高さの空間をとり、その上に別の床を設けて二重化したもの。二重化された空間内に配線を通すため、机など家具類の配置に影響されずに配線ができ、後からの変更も容易なうえ、人の通行や椅子の移動による切断の障害も防ぐことができる。OAはoffice automationの略。→フリーアクセスフロア

OS［oil stain］⇨オイルステイン

OSHMS［occupational safety and health management system］労働安全衛生マネジメントシステムを直訳した略語。事業所における安全衛生水準の向上を図ることを目的として、計画的かつ継続的に安全衛生管理を主体的に推進するためのシステム。具体的には職場に潜んでいる危険性または危険有害性などを特定し、その危険度(リスク)を見積、評価し、リスクの低減を検討する。その検討結果を受けて安全衛生管理計画を作成して実施、運用し、その計画の実施、運用を日常的に点検のうえ必要に応じて改善していくこと。

オーガー　⇨アースオーガー

オーガーパイル工法　杭を造成する工法の一つ。アースオーガーで掘削した杭孔に、オーガーを引き抜きながらモルタルを圧入し、鉄筋を挿入して仕上げる方法(PIP工法)と、杭孔を掘削後、崩れやすいところをケーシングで土止めして鉄筋を挿入し、注入管でコンクリートを打ち込んで杭をつくる方法(CIP工法)がある。

オーガーボーリング　表層地盤の土層確認、試料採取および地下水位観測を実施するために、ロッドの先端に取り付けたオーガーを用いて削孔するボーリング方法。オーガーの回転、貫入方法には人力と機械の両者がある。深さ2～3m程度の試料採取など、地下水位面から上の調査や試料採取に適しており、深い位置での試料採取、礫(れき)を含む土や硬い土、地下水位以下の砂および超軟弱な土の試料採取には適していない。→ボーリング

大型型枠工法　型枠の組立て、脱型、

応力の3形態

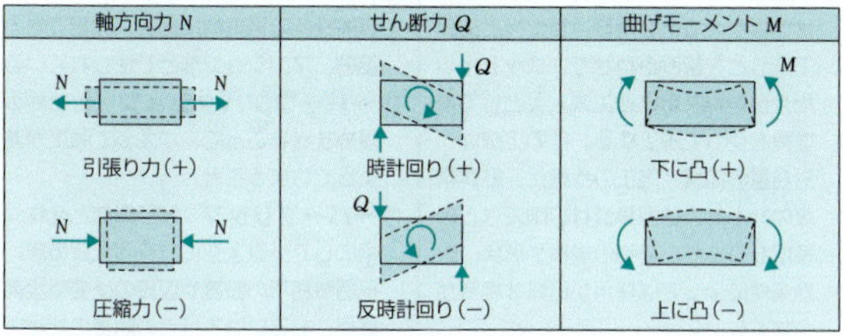

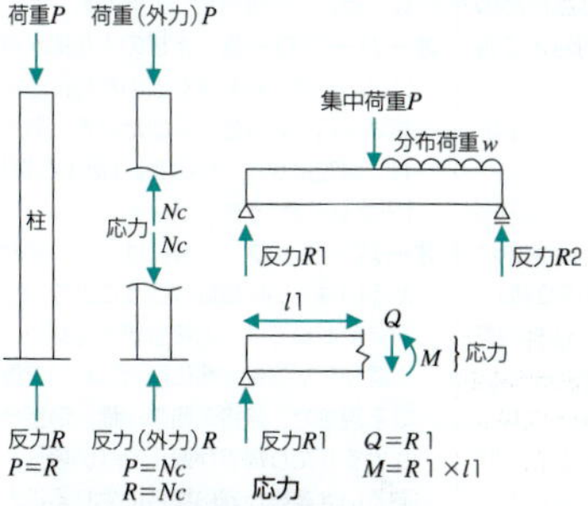

応力

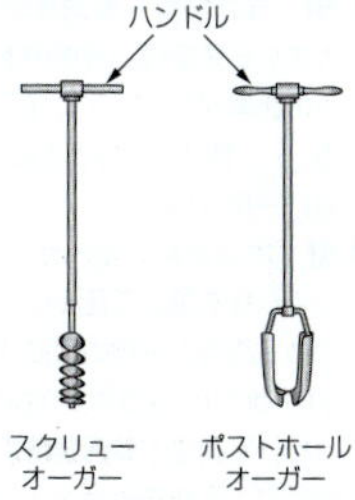

オーガーボーリング

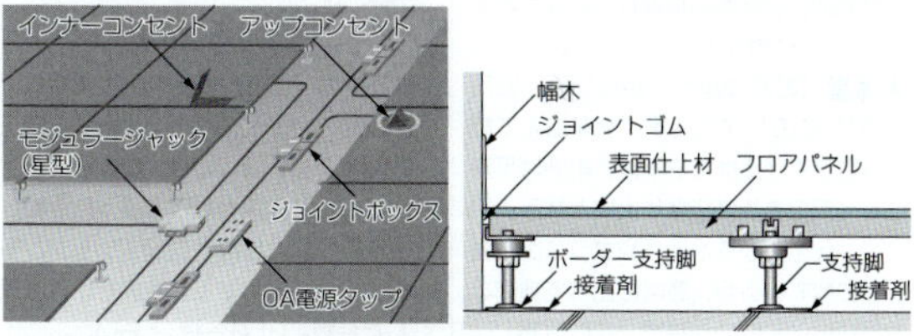

OAフロア

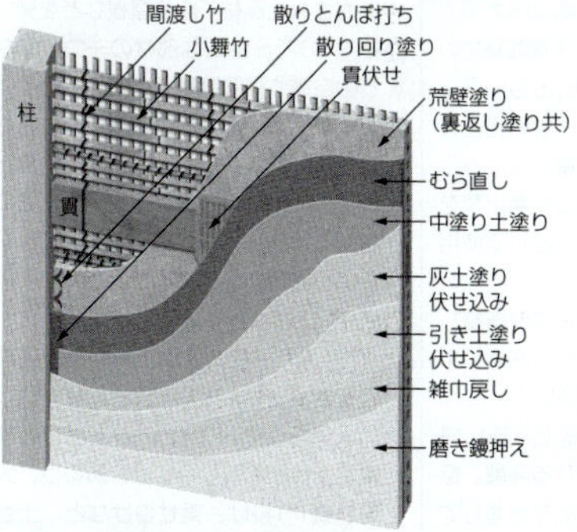

大津壁ノロ掛け磨き仕上げ

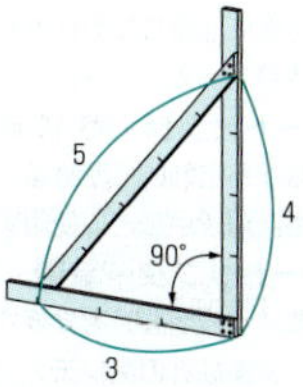

大矩（おおがね）

小運搬などのシステム化を図るため、せき板を大型化したり、せき板と支保工(しほこう)とを組み合わせてユニット化した大型型枠を用いる工法。主として揚重機を使って施工する。この工法は、労務量の節減、施工の合理化、躯体精度の向上および型枠資材の削減などの長所をもつが、建物の規模や形状、敷地条件によっては採用が困難な場合が少なくない。

大矩（おおがね）直角を求めるための大きな三角定規。現場の木材などで各辺の比率が3：4：5になるようにつくる。「三四五(さんしご)」ともいう。（図·57頁）→指金(さしがね)

大壁　木造建築の室内仕上げ構法の一つで、柱を隠して仕上げ、洋風室内に用いられる。→軸組構法(図·209頁)

OJT［on the job training］企業内で行われる教育、教育訓練手法の一つ。職場の上司や先輩が部下や後輩に対し、具体的な仕事を通じて仕事に必要な知識、技術、技能、態度などを意図的、計画的、継続的に指導し、修得させること。→Off-JT

大津壁（おおつかべ）色土(いろつち)、石灰、苆(すさ)にのりを加えず、水を加えて練り混ぜて仕上げた日本壁。表面は平滑で光沢のある高級な仕上げとなる。平滑な仕上面が漆喰塗りやプラスター塗りに似ているが、漆喰に比べて黄変などが出にくいのが特徴。(図·57頁)

オートクレーブ養生　高温、高圧の蒸気釜の中で、常圧より高い圧力下で高温の水蒸気を用いて行う蒸気養生のこと。「高温高圧蒸気養生」ともいう。コンクリート工場製品は、規格化されたコンクリート製品を大量につくろうとするものであり、製品の早期出荷を可能にするための促進養生として使用されている。

オートヒンジ　開いた扉を速度調整しながら自動的に閉めるしくみをもつ丁番。防火戸などに使用する。

オートリフター装置　高天井部に設置する照明器具を昇降させる装置。電球交換などのメンテナンスを考慮して設置する。

オートロック　「電気錠」ともいわれ、遠隔操作で電気的に施錠、開錠できる錠前。マンションなどで使われている。

オーバーコンパクション　土を締め固めすぎることで、かえって強度が減少してしまうこと。

オーバーブリッジ　H形鋼などを柱や梁にして歩道上空につくる仮設の床。現場事務所の設置や仮設の受変電設備置場、あるいは歩行者の防護のために設ける。→防護構台(図·457頁)

オーバーフロー管　水槽の水が揚水ポンプの故障や熱膨張などのために一定量オーバーの状態になったとき、あふれた水を逃がすための管。「あふれ管」「溢水(いっすい)管」ともいう。

オーバーラップ　一般には、他の物とあるいは互いに重なり合うことをいう。溶接においては、溶接金属が母材や先に置かれた溶接金属に融合しないで重なる現象で、溶接欠陥の一種。溶接棒が太すぎたり電流が適正でない場合、あるいは運棒が遅い場合に生じることが多い。

オーバーレイ型枠用合板　コンクリート型枠用合板の転用回数を増やし、コンクリート面の仕上がり状態を向上させるため、合板の表面にプラスチック薄板、金属薄板などを張った合板。

オーバーレイ合板　プラスチック、布、紙、金属、木材などで表面を化粧加工した合板。「化粧合板」ともいう。

大梁　柱と柱を結ぶ梁(建物で水平に架け渡された部材で床や屋根などを受けるもの)で、主要な部材の一つ。床などの自重や積載荷重(鉛直荷重)を受けるだけでなく、柱や壁(筋かい)とともに建物の架構を構成して、地震や風といった水平荷重も受け、安全に地盤に伝える役割をもつ。構造設計図ではGという符号で示されることが多い。

OP［oil paint］⇨オイルペイント

大引き　①一般に仮設工事や型枠工事などで、支柱の上部に渡す横材をいう。②木造の1階床の根太(ねだ)を受ける横木。土台との取り合いは、腰掛け、大入れ蟻(あり)掛け、乗せ掛けなど、土台と床の高さに応じて適切な仕口(しぐち)を

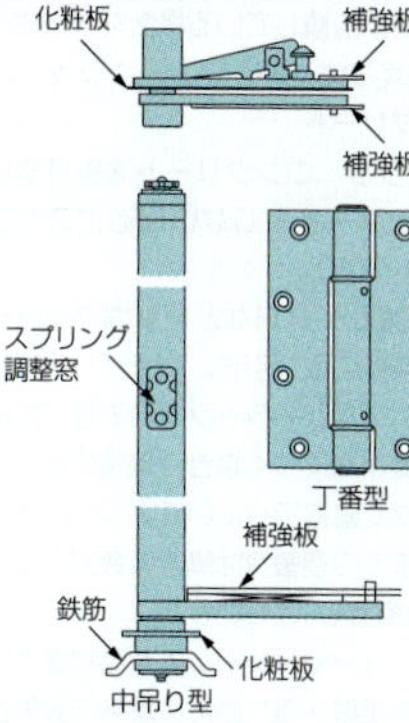

オートヒンジ

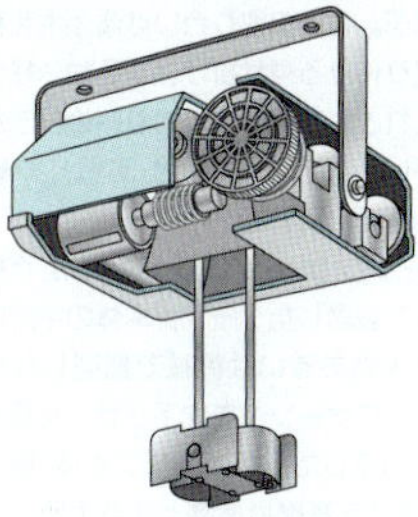
オートリフター装置

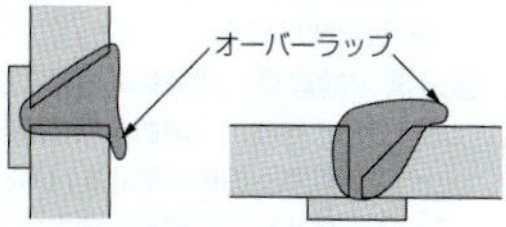

オーバーラップ

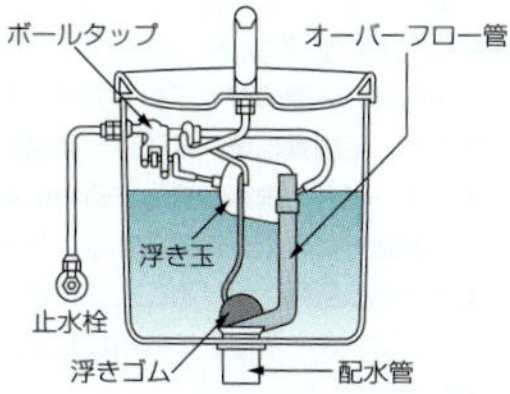

オーバーフロー管

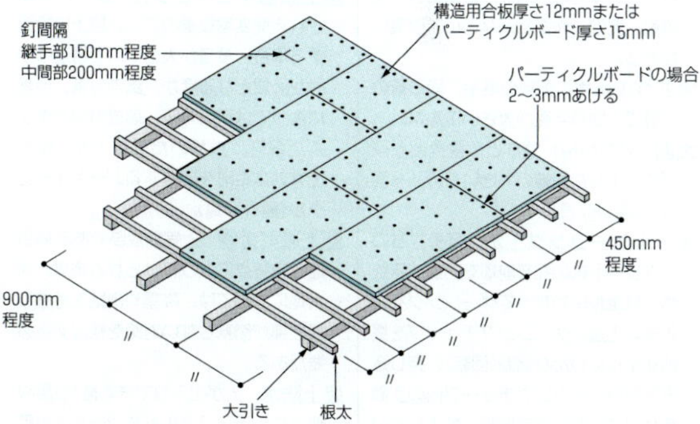

大引き

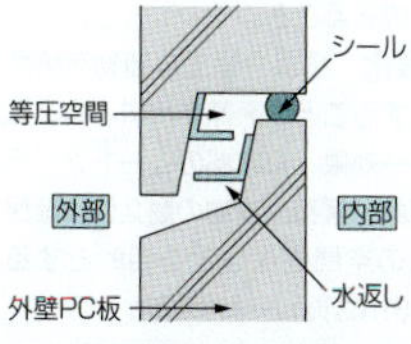

オープンジョイント

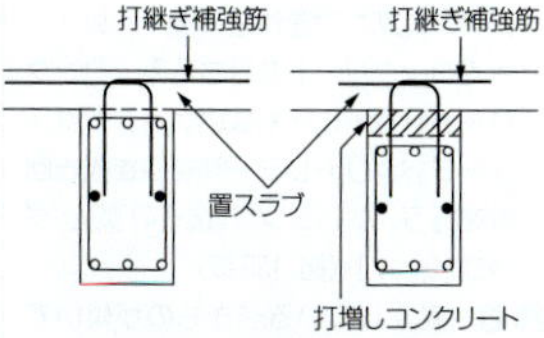

置スラブ

選ぶ。柱との取り合いは添え木を柱に取り付ける乗せ掛けとするか、柱に大入れとして、いずれも釘斜め打ちかすがい止めとする。(図·59頁) →軸組構法(図·209頁)

オープンケーソン工法 地上で構築して設置したケーソン本体の中空内部を人力あるいは機械で掘削しながら徐々にケーソンを沈下させ、支持層まで到達した後にケーソン本体(地下構造物)を基礎構造物とする工法。→井筒(いづつ)工法、ニューマチックケーソン工法

オープンジョイント シーリング材に頼らない外壁のジョイント方法。表面張力、毛細管現象、気圧差、運動エネルギーなど、雨水の浸入する力に対して断面形状の工夫で対応する。外気圧と等圧の空間を設けることが特徴で、カーテンウォールなどに採用される。(図·59頁)

オープンタイム 接着剤を被着材料に塗ってから、所定の性能が出るまで放置し接着するまでの時間。最適なねばりが出るまでの時間は、被着材料、接着剤、気温、作業状況などにより違いがある。

大曲りエルボ 配管の継手、異形管の一種で、曲り半径が大きいエルボ。

大面(おおめん) 柱などの隅角部を削いで加工した面幅の大きいもの。→面取り(図·487頁)

オールケーシング工法 場所打ちコンクリート杭の孔壁崩壊を防止するため、杭全長にわたってケーシングを圧入する工法。ケーシングチューブを掘削孔全長にわたり揺動(回転)、押し込みながらケーシングチューブ内の土砂をハンマーグラブで掘削、排土していく。所定の深さに達したら孔底処理を行い、鉄筋かごを建込み後、トレミー管でコンクリートを打ち込み、コンクリート打込みにともないケーシングチューブおよびトレミー管を引き抜き回収を行う。ケーシング(図·141頁)、グラブバケット(図·135頁)

拝む 直立しているべきものが傾いていること。例えば、橋台が不同沈下で手前に前傾している場合などに使う。

置換えコンクリート ⇨ラップルコンクリート

置スラブ コンクリートを後打ちとし、梁とは一体としない構造のスラブ。(図·59頁)

置場渡し 材料などを置場で受渡しする条件の取り引き。例えば、少量注文の鉄筋などトラック1台で運ぶには運搬費が高くつく場合、現場にあるトラックで直接取りにいくように、使用場所までの運搬費は購入者負担となる。「倉庫渡し」ともいう。

屋外エレベーター 人や荷物を上下に昇降運搬するために、屋外に設置された機械の総称。労働安全衛生法、労働安全衛生規則、クレーン等安全規則などの法規制がある。

屋外消火栓設備 建築物の周囲に設置された消火栓で、1階および2階部分の消火、近隣への延焼防止を目的としている。建築物の各部分からホース接続口までの水平距離が40m以下になるように設ける。

屋上設置キュービクル 屋上に設置される受変電設備のこと。屋上に設置する場合、重量が大きいので構造の検討が必要となるほか、風雨対策、地域によっては積雪対策、塩害対策を施す。また保守、点検のために1m＋保安上有効な距離を確保する。→キュービクル(図·117頁)

屋上通気金物 大気開放部である伸頂通気管終点に取り付けられる金具。寒冷地においては、降雪や凍結を考慮し開放部が閉塞しない対策を検討する必要がある。

屋上防水 人が出入りできる陸(ろく)屋根部分に、アスファルトやシート、塗膜防水材などの防水材料を使って防水層を形成すること。

屋上緑化 屋根や屋上に植物を植えて緑化すること。断熱作用による省エネルギー効果、都市部のヒートアイランド現象の緩和、建物の耐久性の確保、癒しの空間確保などを目的とする。(図·61、63頁) →壁面緑化

オクターブバンド ある周波数を中心

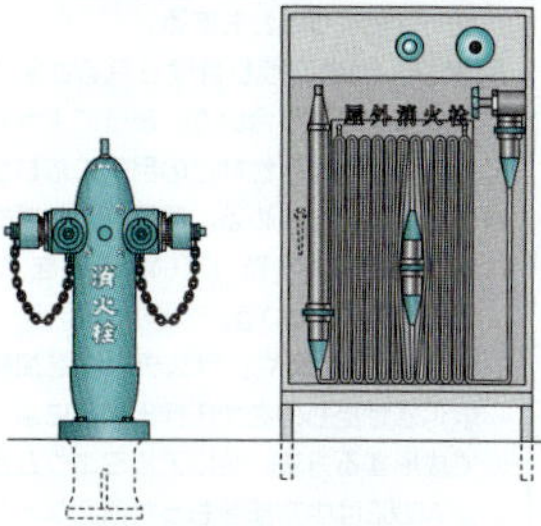

屋外消火栓設備

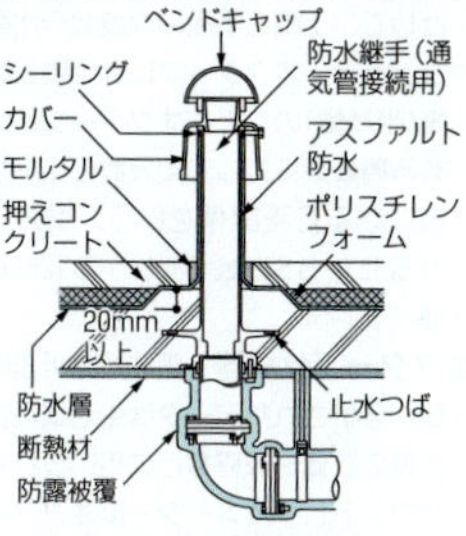

アスファルト防水納まり例

屋上通気金物

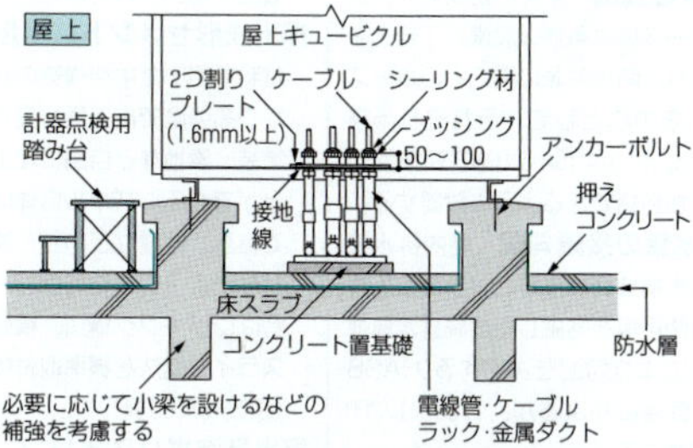

屋上スラブを貫通させない納まり(電線管の場合)

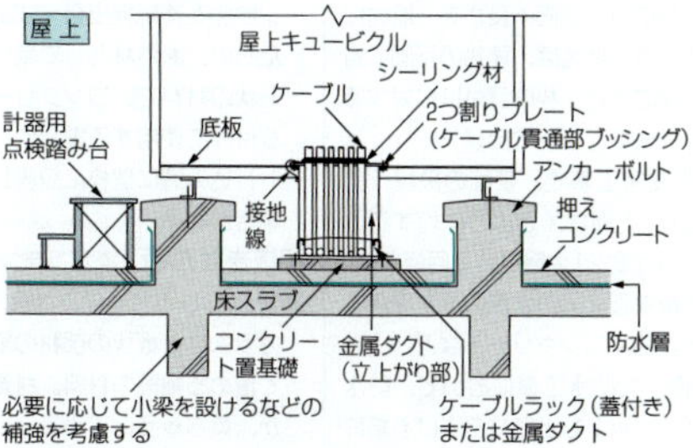

屋上スラブを貫通させない納まり(ケーブルラックの場合)

屋上設置キュービクル

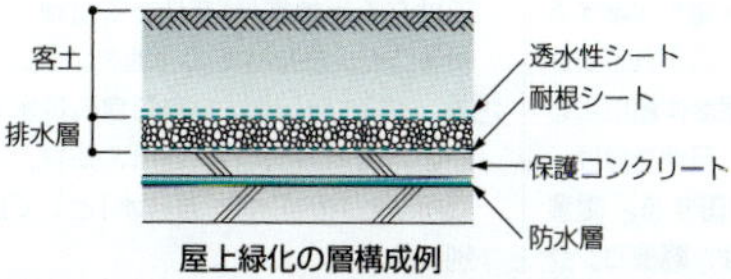

屋上緑化の層構成例

オクターブ分析器

として、上限と下限の周波数の比率がちょうど1オクターブになる周波数の幅(帯域幅)のこと。オクターブとは、ある周波数に対して周波数の比率が2倍になる音程関係をいう。例えば、31.5Hzから63Hz、63Hzから125Hzの幅。

オクターブ分析器　周波数分析器の一つ。分析されたデータは生活環境音の音質の評価や改善などに用いられる。サウンドレベルメーターにオクターブ分析器機能が内蔵されたものもある。(図・61頁)

屋内消火栓設備　火災の初期消火に供するホースによる消火設備。1号と2号があり、防火対象の階ごとのホース接続口を中心として、それぞれ半径25m、あるいは15m以内の対象物のすべてが包括できるように設置する。

屋内排水管の接続勾配　屋内排水管は、排水横枝管に接続される衛生器具の同時使用率を考慮した器具排水負荷と管径により勾配を決定する(HASS 206)。管径にもよるが、1/50〜1/200の勾配をとる。

奥行　建物、部屋、家具などにおいて、正面の幅に対し側面の長さを一般的に奥行という。例えば、建物の正面に対する側面の長さ、枠の見付けに対する見込み寸法など。→間口(まぐち)

押え　①左官工事で、表面の最終仕上げに鏝(こて)で押さえるように均すこと。仕上げの程度を「金鏝(かなごて) 3回押え」などと表現する。②防水層などを保護すること。押えコンクリートなど。

押え金物　①防水工事において、防水層をパラペットなどで立ち上げる際に防水層の端部を押さえるために使用する金物。アルミ、ステンレスなどが用いられる。②内装工事において、材料の端部を押さえる見切りとして用いられるへの字形の金物。

押えコンクリート　防水層を保護する目的で防水層の上に打ち込まれるコンクリート。乾燥収縮や温度伸縮によるひび割れ発生対策として目地を設け、3m程度の大きさに区画する。重量増が問題になる場合には、軽量コンクリートを使う場合もある。

納まり　現場で取り付けられるさまざまな部材の取り合い方。部位によって使い勝手や止水性などの目的に応じた取り合い方を決める。美観的にも機能的にもきちんと整っていることを「納まりが良い」という。

押出成形　金属やプラスチックを加熱、軟化させたものを加圧押出加工によって成形する方法。特にアルミニウム合金A6063は中空部をもった断面なども精度が良く、生産性にも優れているため、アルミサッシをはじめ多くの工業製品に用いられている。

押出成形セメントパネル　無機質の材料を用いた中空構造のパネル。軽量かつ高強度で施工性が良く、タイル、塗装、素地など自由に仕上げを選ぶことができる。パネル自体は非構造部材であり、地震などのせん断力を負担させないように取り付ける。縦張りの場合はロッキング構法、横張りの場合はスライド構法を標準取付け構法とする。(図表・63、65頁)

押出発泡ポリスチレン　発泡プラスチックの代表的なもので、ポリスチレン樹脂を連続押出発泡式により製造したもの。断熱材として用いられるボード状の材料で、コンクリートなどに張り付けて使用する場合や、コンクリート打込み時に型枠に設置して使用する場合がある。

押抜きせん断　⇨パンチングシアー

押縁（おしぶち）板、合板、テックス類、ガラスなど板状の部材の継目を押さえて留める幅細の材料。材質は材木のほか、真ちゅう、アルミ、銅、亜鉛引き鉄板などの金属製もある。

押し目地　①コンクリート舗装などにおいて、すべり止めのためにコンクリート表面に板などで凸凹を付けること。②モルタル塗り仕上げの際に、目地棒ではなく目地鏝(こて)を使って目地を付けること。またはその目地をいう。

汚水　建物内の排せつ物を含む排水をいい、便所系統以外(台所、浴室、洗面所など)の排水を「雑排水」として区別する。

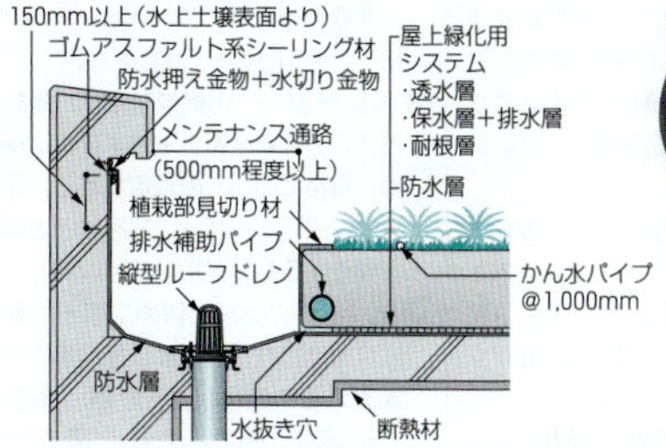

屋上緑化（アスファルト防水の納まり例）

押出成形

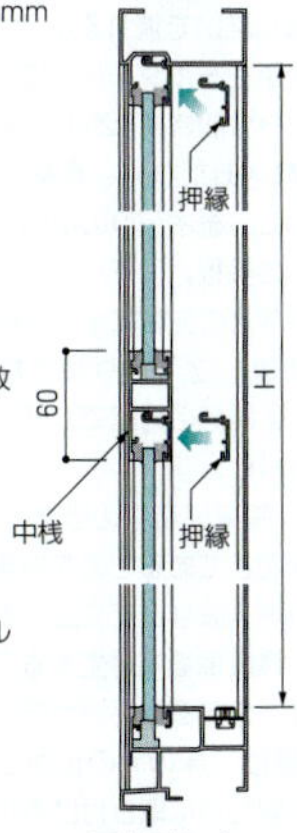

アルミサッシ・
はめ殺し窓の例
押縁

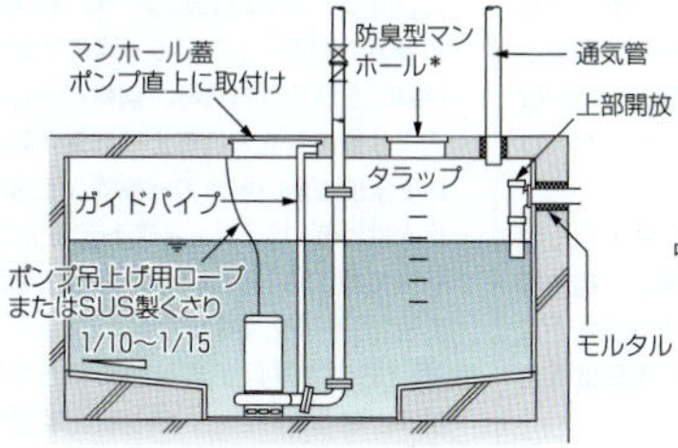

＊ポンプ用600φフロアプレートを
兼用できない場合は、別に設ける
汚水槽の設置要領

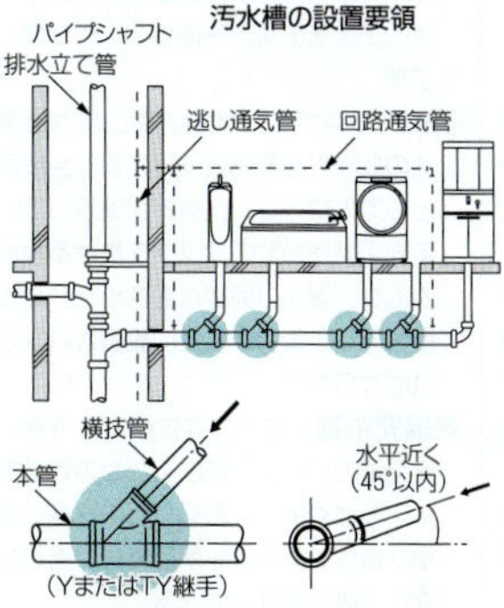

屋内排水管の接続勾配

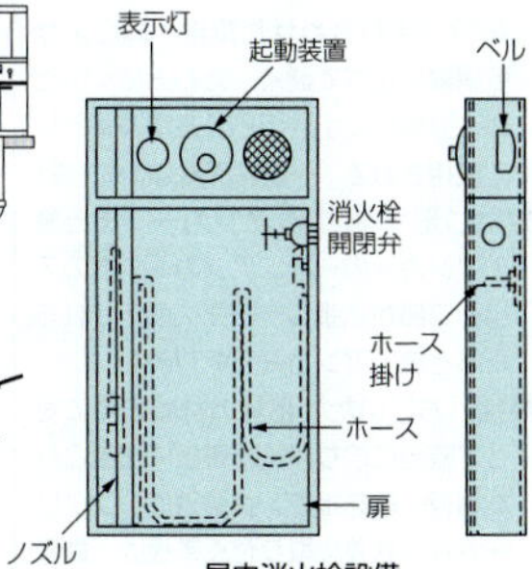

屋内消火栓設備

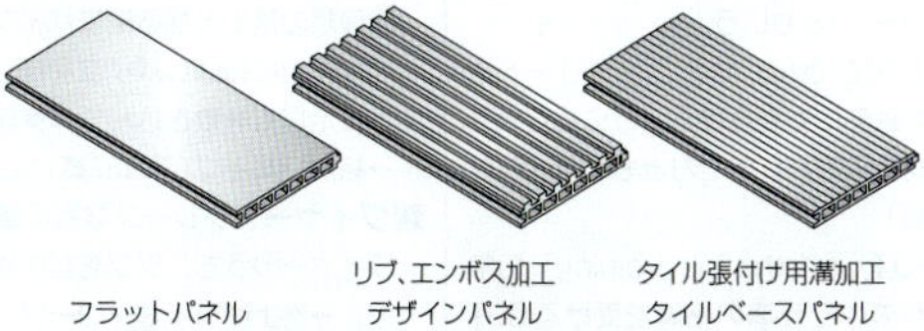

押出成形セメントパネルの種類（例）

汚水槽　便所系の排水を一時貯留する槽。排水元が放流先より低い位置にある場合に設置し、水槽に一度貯めてからポンプで汲み上げ放流する。(図·63頁)

汚水ます　掃除、点検のために敷地内の汚水管の要所に設けるます。汚水が停留しないで流れるように、底にU字の流路をモルタルなどでつくり確保する。→公設ます(図·161頁)

尾垂れ（おだれ）①屋根や庇の端部において、垂木(たるき)の小口、隙間を隠すための横板。②バルコニー、庇、折板屋根などの先端に水切りのために付ける横板、立下がり加工など。（図·67頁）③関西の町家で、軒先に取り付けた幕掛け。

汚泥　産業廃棄物のうち、発生した性状が泥状であるものを指す。工場や排水処理施設などで発生する有機性汚泥や、建設現場で発生する汚泥の沈殿土砂などの無機性汚泥がある。

落し掛け　床の間の正面上部の垂れ壁の下端(したば)に取り付ける化粧材。ヒノキやスギ柾などが用いられることが多い。→床の間(図·347頁)

鬼より銅線　素線径が2.0mmの硬銅線を13本より合わせた電線。同心より軟銅線に比べて硬く、たわみにくいため、直線状に引き下ろす避雷導線として使用される。→避雷導線(図·421頁)

おねじ形金属拡張アンカー　あと施工アンカーの一種。アンカー先端のスリーブ部が拡張し、下孔に固定される。→あと施工アンカー(図·17頁)

帯板（おびいた）部材の材軸方向に対して直角に取り付く、帯状に加工された鋼板一般を指す。鉄骨鉄筋コンクリート柱の鉄骨に取り付く帯板は、鉄骨断面の形状保持の役目がある。「タイプレート」ともいう。

帯筋（おびきん）鉄筋コンクリート柱の主鉄筋に巻き付けるようにした水平方向の鉄筋。「フープ」ともいう。(図·67頁)

Off-JT［off the job training］日常業務の中で仕事の指導を受けるOJTに対し、社外での研修などによる技術や業務遂行能力に関するトレーニングのことをいう。→OJT

オペレーター　①機械を操作、運転する人。労働安全衛生法および同法施行令に資格についての規定がある。②シャッター、ルーバー、高窓などの開閉を操作するハンドル。(図·67頁)

親杭（おやぐい）山留め工事で、地中に打ち込まれ、横矢板に作用する土圧を支える鋼製の杭。H形鋼、I形鋼、レールなどが用いられる。(図·67頁)

親杭横矢板工法（おやぐいよこやいたこうほう）山留め工法の一種。掘削する部分の周囲に1.0〜1.5m間隔で鋼材(親杭)を深く打ち込み、鋼材どうしの間には横矢板を入れて土圧を支える。地下水位が低い場合の一般的な工法で、止水性は低い。「ジョイスト工法」「H鋼横矢板工法」ともいう。→山留め壁工法(図表·497、499頁)

親墨（おやずみ）工事を進めるうえで基準となる墨のこと。最初に出す墨であり、通り心、返り墨などを指す。この墨を基準に、躯体工事用、仕上工事用の子墨を出す。→通り心、返り墨、子墨

親綱（おやづな）高所や開口部など墜落の危険のある場所に設ける安全設備としてのロープ。作業員が着用している安全帯(命綱)のフックを掛ける設備であり、端部の固定法を含め十分な強度を有し、適切な高さに設置されなければならない。

親綱緊張器（おやづなきんちょうき）安全帯のフックを掛けるための親綱をたるみなく張っておくための器具。簡単な操作でたるみを解消でき、適切な高さ、張りを維持できる。

親パイプ　吊り足場において、上部から降ろしたチェーンに取り付けられる、床骨組の基本となる単管パイプ。親パイプの上に転ばしパイプを流し、その上に足場板を敷き込んで作業床とする。→転がしパイプ(図·167頁)

親ワイヤー　クレーンなどの揚重機のワイヤーのうち、ジブを起伏させるもの。→巻上げワイヤーロープ

折り上げ天井　天井形式の一つで、天

押出成形セメントパネルの標準品の寸法 (mm)

表面形状による分類	厚さ	働き幅	長さ
フラットパネル	35 50	450 500 600	5,000以下
	60 75	450 500 600 900 1,000 1,200	5,000以下
	100	450 500 600	5,000以下
デザインパネル	50 60	600	5,000以下
タイルベースパネル	60	605以下	5,000以下

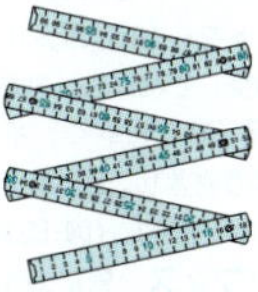

折尺

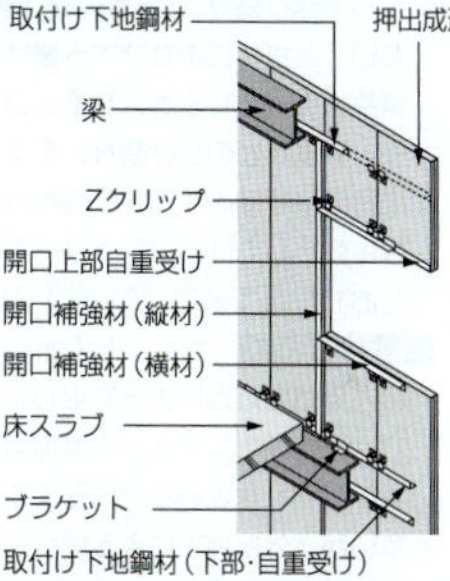

縦壁ロッキング構法(外壁)

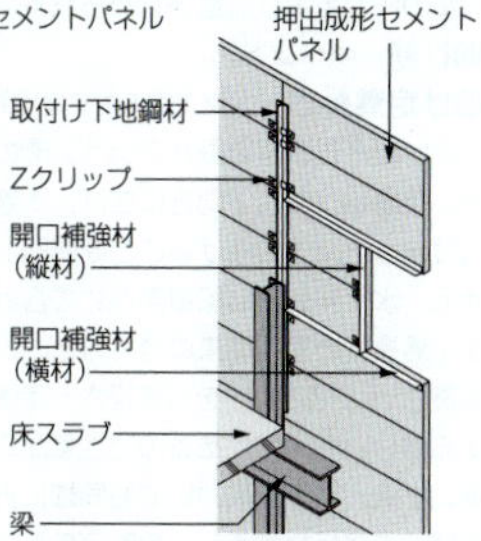

横壁スライド構法(外壁)

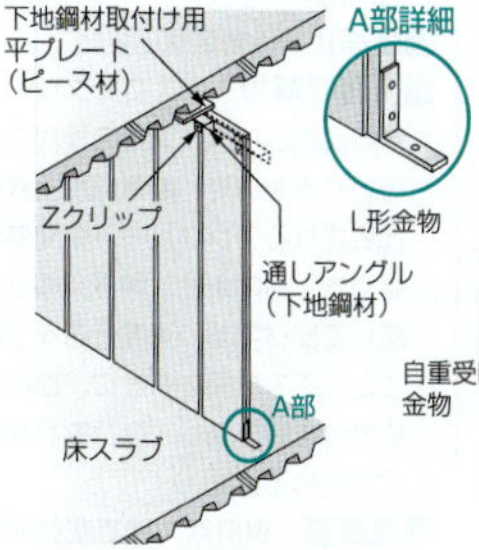

縦壁ロッキング構法(間仕切り壁)

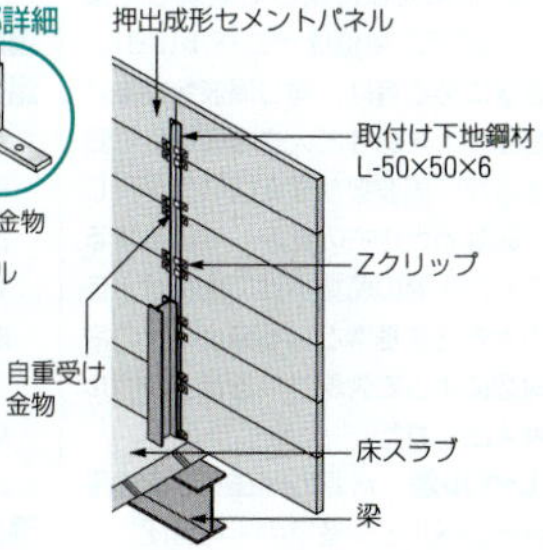

横壁スライド構法(間仕切り壁)

押出成形セメントパネル

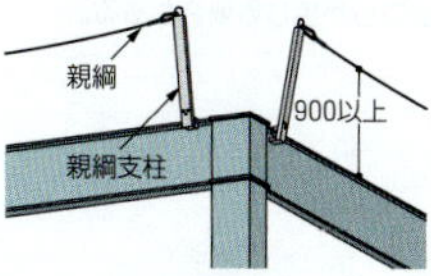

親綱

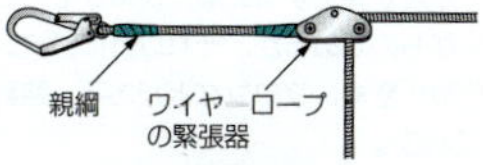

親綱緊張器

井の中央部を湾曲した支柱で持ち上げ、回り縁(ぶち)より高くした天井。単に天井に段を付けて中央部を高くしたものを指すこともある。→天井(図·337頁)

オリエンテッドストランドボード　繊維方向の長さが50～100mm、幅10～30mm、厚さ0.5～1.0mmのストランドを一方向に配列し、合板と同様に直交して積層し、熱圧成形したパネル。

折尺（おりじゃく）折りたたみ式の木製の物差し。20cmを5本連結したものが一般的。(図·65頁)

オリフィス　管路の途中に挿入される、管の内径より小さい円板。この円板の前後の圧力差より流量が求められる。

折曲げ筋　⇨ベンド筋

折曲げ定着長さ　大梁主筋を柱内で90°に曲げたときの定着長さをいう。その際、上端(うわば)筋は下向きに曲げ、下端(したば)筋は上向きに曲げることを原則とする。水平部長さと鉛直部長さの合計を定着長さとする従来の考え方と、投影長さ(水平部長さ)を定着長さと定義する新しい考え方があるので注意が必要。小梁、スラブにおいても同様に折曲げ定着が行われる。→投影定着長さ

音圧レベル　音圧の大きさを基準値との比の常用対数によって表現した量(レベル)で、単位はデシベル〔dB〕。可聴域にある音は、同じ周波数であれば音圧が大きいほど大きな音として認識するが、周波数が違えば音圧が同じでも異なる大きさの音として認識する。そこで、人間の聴覚特性に合わせ、音圧の大きさを基準となる値との比の常用対数によって表現される音圧レベルが考え出された。

音圧レベル差　音源の存在する室の平均音圧レベルと受音室の平均音圧レベルの差をいう。床、壁などの遮音性を調べるために音圧レベル差を測定する。

温室効果ガス　地球温暖化を促進させるガス。石炭や石油といった化石燃料の燃焼で発生する二酸化炭素がそのおもなものであるが、それ以外にメタン、亜酸化窒素、フロンなどがある。略称「GHG」。

温水暖房　室内に設けた放熱器に温水を供給して暖房する方式。住宅のセントラルヒーティングなどに広く使われている。

温度応力　打ち込まれたコンクリートはセメントの水和熱によって温度が上昇する。このとき、部材寸法が大きい場合には、コンクリート部材に内外温度差が生じたり、部材全体の温度が降下する際の収縮が周辺の拘束部材(岩盤や既設のコンクリート部材)により拘束されて、部材に応力が発生する。この応力のことをいう。

温度伸縮ひずみ　⇨温度ひずみ

温度ひずみ　温度変化によって物質に生じる伸び縮み。「温度伸縮ひずみ」ともいう。材料によりひずみ量は異なり、線膨張係数として表される。コンクリート外壁などのひび割れ、手すりなど線材の伸び縮みがこれに当たる。線膨張係数としては、コンクリートも鉄筋もおおむね1×10^{-5}(1/℃)である。

温度ひび割れ　セメントの水和熱に起因する温度応力によって生じるひび割れ。発生メカニズムが内部拘束であればひび割れは表面部分に留まることが多いが、外部拘束による場合は貫通ひび割れとなることが多い。→外部拘束、内部拘束

温度補正　⇨気温補正強度

温度履歴解析　マスコンクリートにおける温度ひび割れ対策の検討のために行われるもので、断熱温度上昇曲線に代表されるコンクリートの発熱性状に基づき、初期条件、境界条件などを考慮して部材内部の温度分布を予測すること。この結果をもとに、部材内部の応力分布を予測し、ひび割れ発生強度比を求める。

温風暖房　暖房器内部で空気を暖め、室内へ供給する暖房方式。温風の到達範囲を適正に設定しないと、室内に温度むらが生じる場合もある。

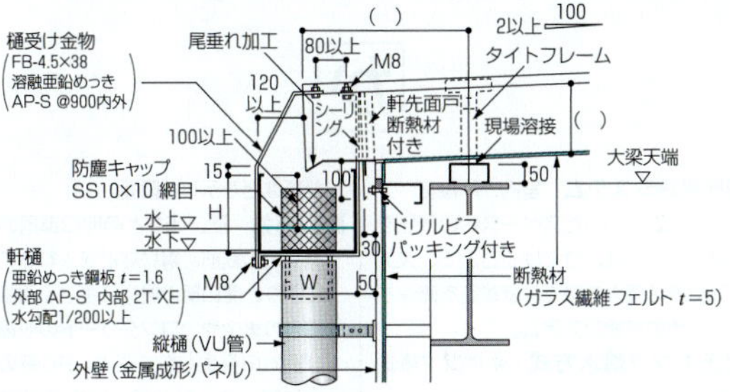

鋼板折板はぜ形シングル葺きの納まり／軒先例

尾垂れ

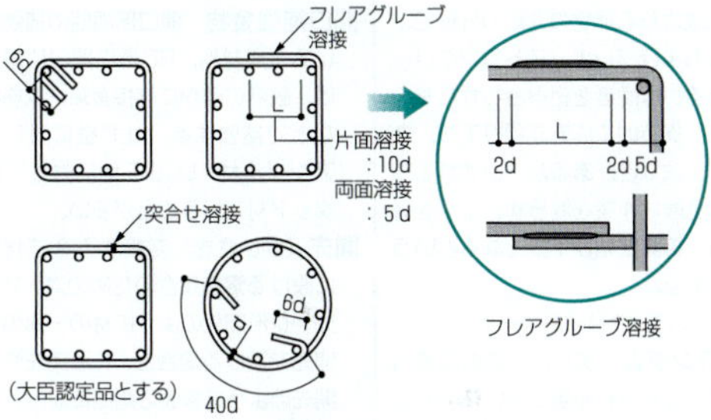

帯筋（フープ）

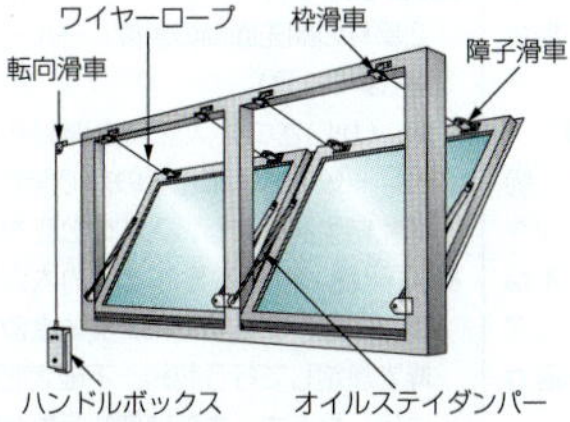

オペレーター

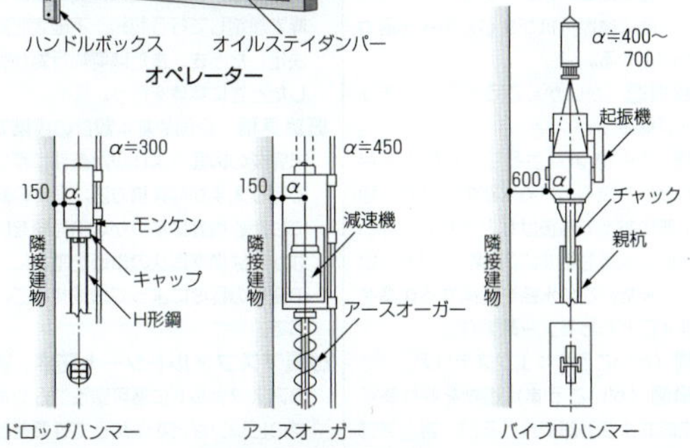

山留め壁親杭の近接施工寸法例

か

加圧排煙システム　室内、階段室、アトリウムといったスペース内の気圧を他のスペースより上げることで、火災時の煙の侵入を防ぎ、避難路を確保するための排煙システム。

加圧ポンプ給水方式　⇨ポンプ直送給水方式

カーテンウォール　①非耐力壁の総称。「帳壁」ともいう。②工場生産された部材で構成される建物の非耐力外壁で、メタルおよびプレキャストコンクリート、あるいは両者を組み合わせたものをいう。構造的には方立(ほうだて)工法、ユニット工法などがあるが、いずれも高所での危険な作業を減らす、工期を短縮する、仮設足場が不要となるという利点がある。

カート　⇨コンクリートカート

カーボランダム　炭化けい素の商標名。電気炉でつくられる黒っぽい結晶で、硬く高温に耐えることからおもに研磨材として用いられるほか、他の材料と混合して耐火材料として使用する場合もある。

カーボンファイバー　⇨炭素繊維

カールプラグ　ドリルで穴を掘り、筒状の鉛を差し込むことにより、コンクリートに木ねじを効かせるもの。木ねじを差し込むと鉛とコンクリートの穴の表面に摩擦抵抗が生じ、引抜き耐力が向上する。

外殻構造（がいかくこうぞう）⇨チューブ構造

開渠（かいきょ）主として給排水を目的としてつくられる水路の一種で、地上部にあって蓋掛けなどされていない状態の水路を指す。「明渠(めいきょ)」ともいう。また、この水路を開削する作業を指すこともある。→暗渠(あんきょ)

外構（がいこう）⇨エクステリア

外構図（がいこうず）建物を取り巻く空間および外部に設ける門、塀、アプローチ、庭園、植栽などの仕様、形状、位置などを示した図面。

開口補強　壁、床などの開口部周囲に補強用の鉄筋、鋼材などを入れることにより、開口部の周辺に生じる引張り応力の集中や、コンクリートの収縮ひび割れの発生を防ぐこと。RC造の場合に限らず、ALC壁、LGS下地などにおいても開口部周囲に対して鋼材などで補強を行っている。

開口補強金物　開口部周囲の補強に用いる金属材料。RC造の開口に対しては、鉄筋のほかに溶接金網、鉄筋格子などで補強する。ALC壁に対してはアングル材、LGS下地に対してはスタッド材で行うことが多い。

開先（かいさき）溶接する2部材の間に設ける溶接接合のための溝。V形開先やレ形開先のように材の一面のみに開先を設ける場合と、K形開先やX形開先のように裏表の両面に設ける場合がある。「グルーブ」ともいう。

開先角度（かいさきかくど）溶接する2部材の開先面間の角度。→ルート間隔(図・523頁)

開札（かいさつ）入札書を開封すること。一般には、応札者の前で開封して開札結果を公表し、入札の公正を示す。

概算契約　契約数量など契約内容に不確定要素がある場合に、契約金額を概算で設定して行う契約。不確定要素が決定したとき、または契約行為が完了したときに精算を行う。

概算見積　企画や基本設計の段階で、未完成の図面および設計条件に基づいて行う大まかな見積方法。個々の詳細にわたる積算に基づかない見積をいい、なかには標準形状の単価を基本に、その変形の程度によって増減することもある。

改質アスファルトシート防水　通常のアスファルトに熱可塑性ゴムやポリプロピレンなどを添加して性質を改良し、シート状に成形したものを使用し

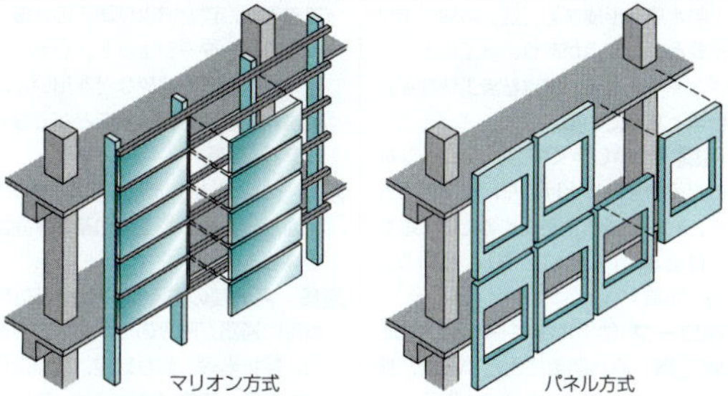

カーテンウォール

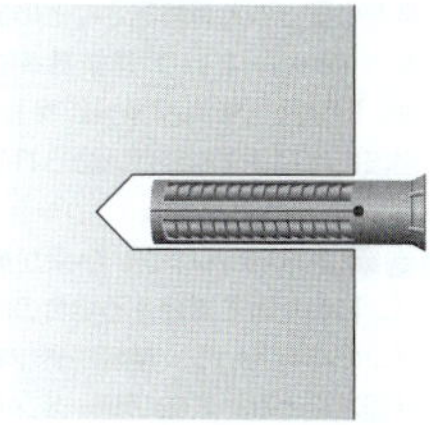

カールプラグ

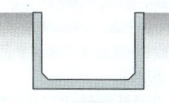

開渠

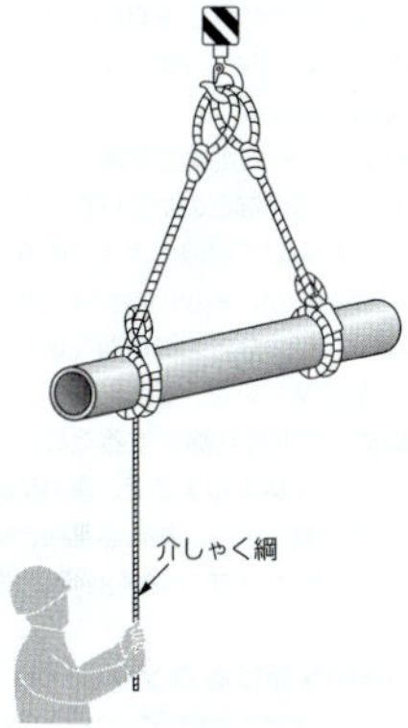

介しゃく綱

代表的な開先形状

名称	形　状	特　徴
I形		6mm以下の薄板に適用
レ形		加工が片側で開先加工が容易 最も一般的に用いられる
V形		横向きを除く全姿勢に適用可 X形に比べて溶接量が多い
X形		開先加工に手間がかかる 厚板の溶接に適用される
K形		厚板の溶接に適用される

外周ネット

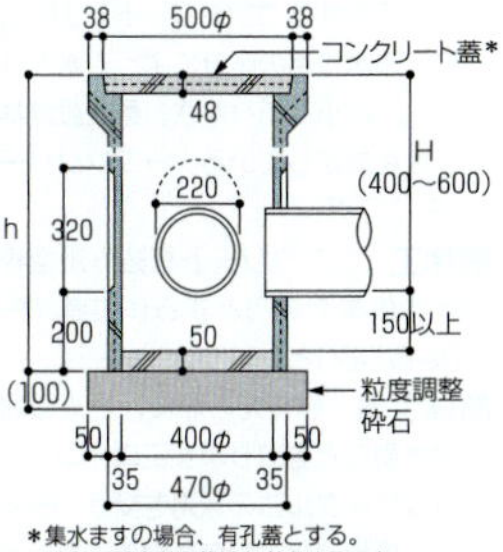

*集水ますの場合、有孔蓋とする。
また、別途車の荷重を考慮すること。

H	h
400以下	630
400<H≦500	730
500<H≦600	830

会所ます

て防水層を形成する工法。溶融がまが不要という利点があり、施工法としては、トーチ工法、常温粘着工法などが標準となっている。

介錯綱（かいしゃくづな）クレーンなどで荷物を吊り上げたり吊り下げるとき、荷物の姿勢を制御するために取り付ける綱。「介錯ロープ」ともいう。(図·69頁)

介錯ロープ（かいしゃく―）⇨介錯綱

改修工事　原状回復にとどまらず、機能を向上させるような改造、変更やグレードアップを伴う工事のこと。例えば、耐震安全性の向上を目的とする耐震改修、バリアフリー化、エレベーターの新設など。

外周ネット　外周足場の周囲に落下·飛散防止、養生などのために張るネット。目的に応じて網目の大きさの違うものを用いるが、細かい場合は風を受けやすく、壁つなぎの箇所数を増やすなどの風対策が必要。(図·69頁)

会所ます　固形物を除去するために複数の排水管が集まるますで、屋外に設けられる。会所とは、集まる場所という意味。また「排水ます」ともいう。(図表·69頁)

海水の作用を受けるコンクリート　海岸地域に建設する建築物の海水に接する部分、あるいは直接波しぶきを受ける部分、飛来塩分の影響を受ける部分に使用するコンクリート。JASS 5で、海水作用の区分によって水セメント比、最小かぶり厚さ、耐久設計基準強度を規定している。→コンクリート(表·171頁)

解体工　コンクリート打込み用型枠の解体作業を専門とする作業者。俗に「ばらし屋」ともいう。

解体工事　建替えの際に、在来の建物、障害物などを取り壊す工事をいう。建設リサイクル法の適用を受け、分別解体、再資源化等の廃棄物処理が義務づけられ、解体業者の登録制度、工事の事前届出が必要になるとともに、第三者災害防止、アスベスト飛散防止対策が求められる。施工法としては、ブレーカー、圧砕機を用いる工法が一般的であるが、建物および周辺の状況によってウォータージェット、ウォールソーイング、静的破砕などを用いることで振動、騒音を減らすことができる。(図·71、73頁)

階高（かいだか）ある一つの階の基準床面から、その直上階の基準床面までの高さ。

階段　高低差のある部分を結ぶための段形の通路。階段の形状には、直進階段、屈折階段、回り階段、螺旋階段などがある。建築基準法では、用途別に階段幅、踏面(ふみづら)、蹴上げ、中間踊り場を必要とする昇降高さなどの最低基準が決められており(建築基準法第36条、同法施行令第23条〜27条)、また階段に代わる傾斜路が認められている(同法施行令第26条)。

外端梁（がいたんばり）小梁が複数スパンにわたって連続する場合の両端スパンの小梁をいう。連続端側(内端側)は固定端となって曲げモーメントのつり上がりを生じるのに対し、外端側はピン端に近い応力状態となる。そのため、中央下端(したば)筋は連続端とは異なり、$l_0/6$＋余長まで伸ばす。→小梁(図·167頁)

改築　建築基準法における新築、増築、移転とならぶ建築行為の一種。法令上では、既存建築物の全部もしくは一部を取り壊し、またはこれらを損失後、従前と構造や規模、用途などが大きく異ならないものを建築すること(従前のものと著しく異なるときは新築または増築となる)とされているが、建物の内外装に手を加えるリフォーム工事を指していう場合もある。

外注費　自社で行う業務の一部を下請業者に発注する際に発生する費用。

回転端（かいてんたん）⇨ピン支点

外灯　門灯などに取り付ける屋外照明用器具。梅雨時の結露や冬期の夜間冷却による結露水により漏電する可能性があるため、開閉器回りに結露対策を行う必要がある。(図·75頁)

ガイドウォール　連続地中壁などの掘削機械の水平、垂直精度を保つため、事前に掘削溝上部に施工する仮設のコ

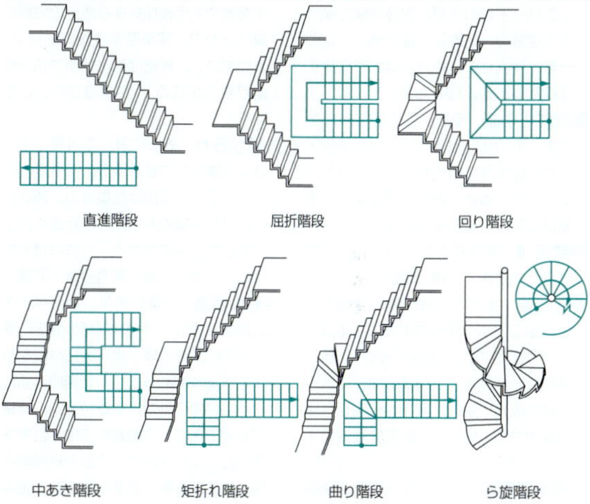
直進階段
屈折階段
回り階段
中あき階段
矩折れ階段
曲り階段
ら旋階段

おもな階段の種類

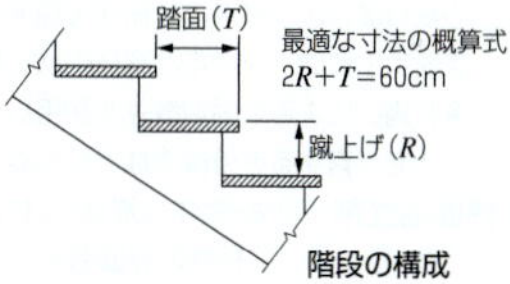
踏面（T）
最適な寸法の概算式
2R＋T＝60cm
蹴上げ（R）

階段の構成

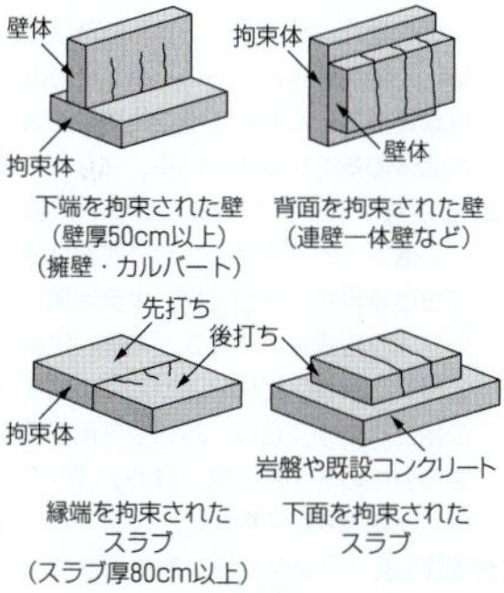
壁体
拘束体
下端を拘束された壁
（壁厚50cm以上）
（擁壁・カルバート）
拘束体
壁体
背面を拘束された壁
（連壁一体壁など）
先打ち
後打ち
拘束体
縁端を拘束された
スラブ
（スラブ厚80cm以上）
岩盤や既設コンクリート
下面を拘束された
スラブ

外部拘束

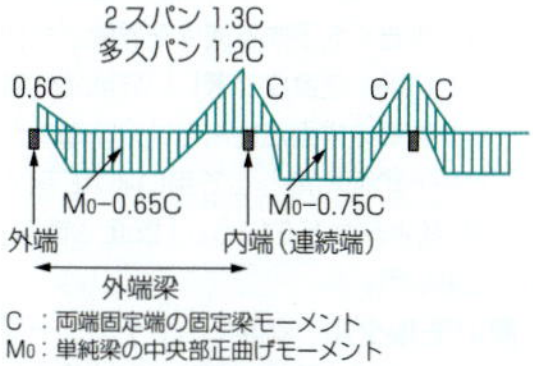
2スパン 1.3C
多スパン 1.2C
0.6C
C
C
C
M0-0.65C
M0-0.75C
外端
内端（連続端）
外端梁
C　：両端固定端の固定梁モーメント
M0：単純梁の中央部正曲げモーメント

外端梁

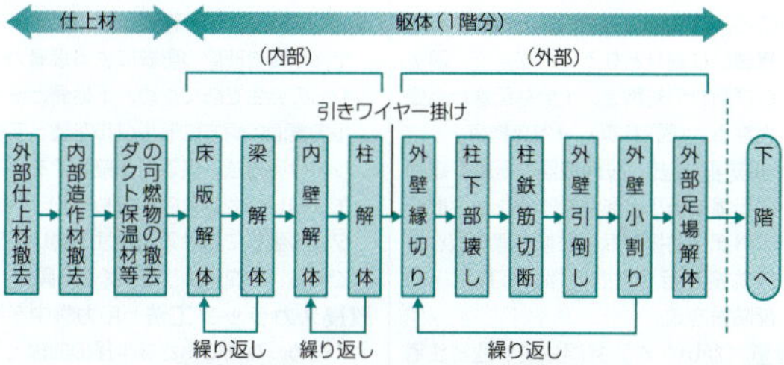
仕上材
躯体（1階分）
（内部）
（外部）
引きワイヤー掛け
外部仕上材撤去
内部造作材撤去
ダクト保温材等の可燃物の撤去
床版解体
梁解体
内壁解体
柱解体
外壁縁切り
柱下部壊し
柱鉄筋切断
外壁引倒し
外壁小割り
外部足場解体
下階へ
繰り返し
繰り返し
繰り返し

解体工事のフロー（転倒工法主体の場合）

ンクリート製の定規。表層地盤の保護や安定液の一時貯留、掘削機、トレミー管、挿入した鉄筋かごなどを支持する役割もある。(図・75頁)

開発許可申請 都市計画法第30条に基づき、市街化区域または市街化調整区域で一定条件に該当する開発行為を行おうとする者が、都道府県知事許可を受けるために提出する申請。

開発区域 開発行為をする土地の区域。都市計画法第4条第13項

開発行為 主として建築物の建築または特定工作物の建設の用に供する目的で行う土地の区画形質の変更(土地の区画を分割・統合、造成工事、道路や水路の廃止・新設、農地から宅地へ地目変更など)をいう。都市計画法第4条第12項

開発指導要綱 一定の宅地開発や建築計画(規模、用途の条件有り)を行う業者などに対して、インフラ、緑地、前面道路整備をすることや開発者負担金を課す規定。乱開発の防止、急激な宅地化、住宅建設にともなう市区町村の財政負担悪化に対抗するために地方公共団体の多くが定めている。

外部足場 作業床や通路の確保、外部への落下・墜落防止のために建物外周に設ける足場。枠組足場、単管足場、一側(ひとかわ)足場などの形式がある。足場の形状、規模、期間によっては、足場の組立等作業主任者の資格や労働基準監督署への届出が必要となる。(図・77頁) →足場(図・7頁)

外部拘束 コンクリート部材温度の上昇、降下にともなって生じる体積変化が、外部の拘束体によって拘束されること。外部拘束応力によるひび割れは貫通ひび割れとなることが多く、温度ひび割れの対策上、十分な配慮が必要となる。(図・71頁) →内部拘束

外部防振方式 設備機器の振動を建物に伝播することを防止するため、機器の外部に防振ゴム、防振装置を取り付け防振を行う方式。(図・75頁) →内部防振方式

界壁(かいへき) 共同住宅や連続住宅(長屋)の住戸間を仕切る壁のことで、所有者や利用者が異なる部分の境界に設けたもの。建築基準法施行令第114条において、界壁は遮音性能や防火性能が要求される。「戸境壁(こざかいかべ)」ともいう。

外壁がらり 外部に対して目隠しをしながら換気ができるように、外壁面のドア、窓などに設けた換気口。通気口に付けた羽板の形状には、片流れのものと山形のものがある。外壁に付く場合には、雨水、風、積雪対策が必要。

外壁診断法 外壁の劣化、損傷などを診断する方法。外壁は部材の剥落、落下などにより近隣や歩行者に危険を与える可能性があるため、定期的な診断とその結果に基づいた維持管理、修繕が必要である。診断方法には、目視を中心とした一次診断、打診や検知器を用いた二次診断、剥落危険指数と地震の強さの関係から剥落の危険性を判断する三次診断があり、危険性が疑われる場合は、より高次の診断を実施する。診断手法には、タイルと躯体の熱伝導率の違いによる表面温度差を利用して浮きを調査する赤外線法などもある。

界面活性剤 液体-気体、液体-液体、液体-固体など二相間の界面張力が、いずれかの相へ少量の物質の溶解によって大きく低下する減少を界面活性作用といい、低濃度で著しい界面活性を示す物質を界面活性剤という。コンクリートの混和剤として用いるAE剤やAE減水剤などをいう。「表面活性剤」ともいう。

飼いモルタル 壁面に石やテラゾーブロックを張る際に、空隙に詰めるモルタル。

改良圧着張り 圧着張りの欠点であった塗り置き時間の影響による接着力のむらの発生を防ぐため、下地側とタイルの裏面の両方にモルタルを塗って張り付ける方法。接着力が良好であってエフロレッセンスの心配もなく、外装タイル張りにおける信頼性の高い工法である。→タイル工事(表・293頁)

改良スカラップ工法 応力集中を防ぐため、端部に小さな半径の曲線とした改良スカラップを用いた工法。その

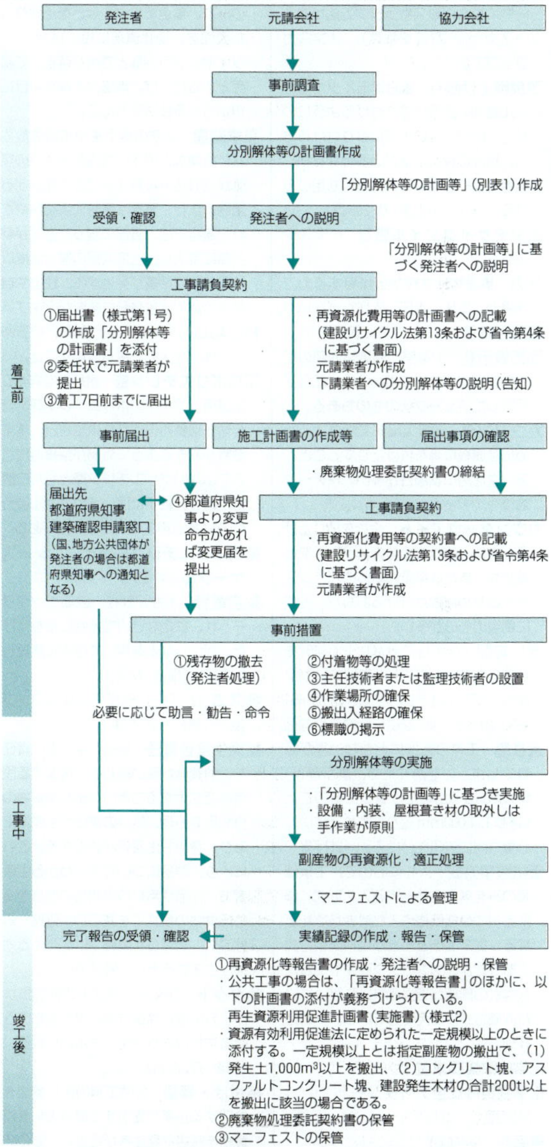
発注者
元請会社
協力会社
事前調査
分別解体等の計画書作成
「分別解体等の計画等」(別表1)作成
受領・確認
発注者への説明
「分別解体等の計画等」に基づく発注者への説明
工事請負契約
①届出書(様式第1号)の作成「分別解体等の計画書」を添付
②委任状で元請業者が提出
③着工7日前までに届出
・再資源化費用等の計画書への記載(建設リサイクル法第13条および省令第4条に基づく書面)元請業者が作成
・下請業者への分別解体等の説明(告知)
着工前
事前届出
施工計画書の作成等
届出事項の確認
・廃棄物処理委託契約書の締結
届出先
都道府県知事
建築確認申請窓口
(国、地方公共団体が発注者の場合は都道府県知事への通知となる)
④都道府県知事より変更命令があれば変更届を提出
工事請負契約
・再資源化費用等の契約書への記載(建設リサイクル法第13条および省令第4条に基づく書面)元請業者が作成
事前措置
①残存物の撤去(発注者処理)
②付着物等の処理
③主任技術者または監理技術者の設置
④作業場所の確保
⑤搬出入経路の確保
⑥標識の掲示
必要に応じて助言・勧告・命令
工事中
分別解体等の実施
・「分別解体等の計画等」に基づき実施
・設備・内装、屋根葺き材の取外しは手作業が原則
副産物の再資源化・適正処理
・マニフェストによる管理
竣工後
完了報告の受領・確認
実績記録の作成・報告・保管
①再資源化等報告書の作成・発注者への説明・保管
・公共工事の場合は、「再資源化等報告書」のほかに、以下の計画書の添付が義務づけられている。
再生資源利用促進計画書(実施書)(様式2)
・資源有効利用促進法に定められた一定規模以上のときに添付する。一定規模以上とは指定副産物の搬出で、(1)発生土1,000m3以上を搬出、(2)コンクリート塊、アスファルトコンクリート塊、建設発生木材の合計200t以上を搬出に該当の場合である。
②廃棄物処理委託契約書の保管
③マニフェストの保管

解体工事における廃棄物処理のフロー

一つに複合円形スカラップ工法がある。→スカラップ(図·249頁)、ノンスカラップ工法

改良積上げ張り　張付けモルタルをタイル裏面の全面に塗り付けるようにのせて、隙間のないように張り付ける方法。精度の良い下地が必要となるが、接着力にむらがなく、外壁にも用いられる。→タイル工事(表·293頁)

改良モザイクタイル張り　⇨マスク張り

外力　構造物に外部から作用する力で、地震力、風圧、土圧、水圧などをいう。

回路通気管　⇨ループ通気管

回路表示札　配電盤、制御盤内部の配線を識別するために用いる札。記号を記載したチューブ状のものもある。

ガウジング　溶接欠陥部を除去するために金属板に溝を付けたりすること。アークを用いる場合が多い。→アーク溶接

カウンターウエイト　荷物を吊り上げるときに、吊り荷全体のバランスをとるため、または揚重機本体のバランスをとるために取り付けるおもり。一般に鋼製のものが多い。

返し勾配（かえしこうばい）①45°を超える勾配。45°以上の勾配を「矩(かね)が返っている」という。②勾配が45°〜90°のとき、45°を引いた残りの勾配。

返り墨　工事の進捗にともない墨が隠れてしまうのを防ぐため、基準墨(心墨)よりある距離だけ返った墨のこと。「通り心1,000mm返り」などと使い、心墨方向に矢印を付ける。→逃げ墨

価格競争方式　入札において、工事価格のみを落札条件とする入札形式。原則として最低価格の入札業者が落札となる。従来はほとんどが価格競争方式であったが、ダンピング受注や品質確保などの問題が指摘され、しだいに総合評価方式が増えてきている。→総合評価方式

化学的酸素要求量　⇨COD

化学物質等安全データシート　⇨MSDS

鏡磨き　⇨本磨き

掻き落し（かきおとし）塗り仕上方法の一つ。着色モルタルなどを上塗りした表面を、硬化直前に鏝(こて)や金ぐし、ワイヤーブラシなどで削り落として粗面とする仕上げ。陶磁器の模様付けに用いられる技法でもある。

夏季結露　夏季の地下室や常時開放された倉庫などの床に高温多湿な外の空気が流れ込み接触することで発生する結露。また、夏季冷房時によく冷やされた建物では、外部の湿った空気が壁内部に浸入し、温度勾配の露点温度以下の部分で結露が発生する。建物や自動車の窓では屋外側に結露が発生する。

掻き均し（かきならし）砂利、砕石あるいは土を人力で平らに均すこと。

架橋ポリエチレン管　耐熱性を有する給湯用、給水用のポリエチレン管。管全体が架橋処理された単層管と、電気融着ができるように外側が架橋処理されていないポリエチレン層とした二層管がある。継手には、メカニカル接合用のM種と電気融着用のE種がある。

架橋ポリエチレン絶縁ビニルシースケーブル　⇨CVケーブル

架空電線　木柱、鉄柱、鉄筋コンクリート柱、鉄塔などの支持物に取り付けた、がいしなどを用いて空中に施設した電線。(図表·77頁)

角スコ（かく一）先が平らなスコップ。(図·81頁)→剣スコ

拡大生産者責任　製品の生産者の責任を、消費者が使い終わって廃棄する段階まで拡大すること。つまり廃棄物の再利用や処理、処分の責任が生産者にあり、費用も生産者が負担する。これにより、製品についてよくわかる生産者に、部品や素材の再利用の割合を高め廃棄物の埋立てを減らし、処理、処分コストを減らす動機づけを与える効果が生まれるという考え方。

角ダクト（かく一）ダクトの断面形状が正方形または長方形のダクトをいう。空調空気の送りや戻しに用いられる。(図表·77、79頁)

格付け・等級　公共工事の入札参加を希望する企業が提出する競争入札参加資格申請書を発注者が審査し、その結果からランク付けを行う制度。A〜D

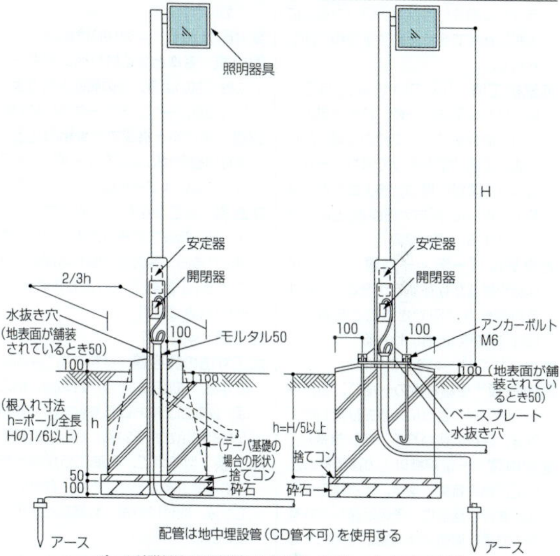

ポール基礎埋込み式の場合（左）とベースプレート式の場合（右）

外灯

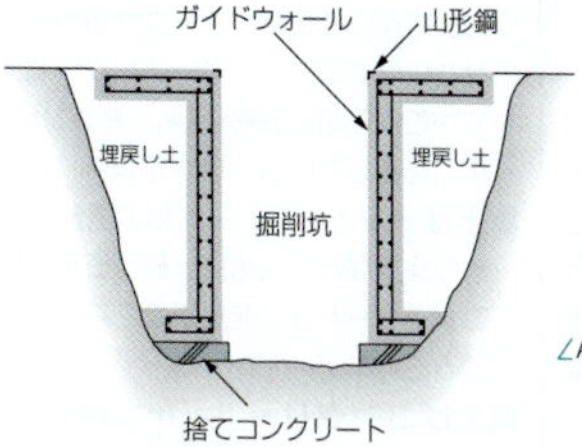

ガイドウォール

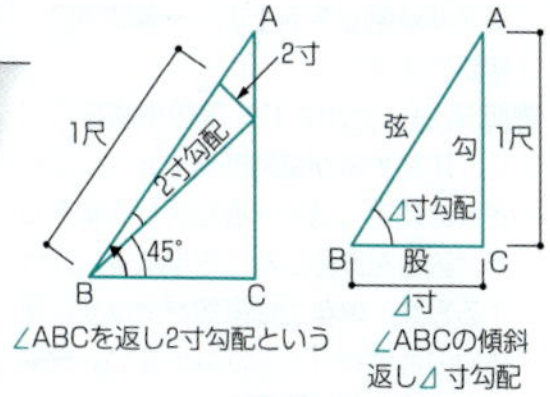

返し勾配

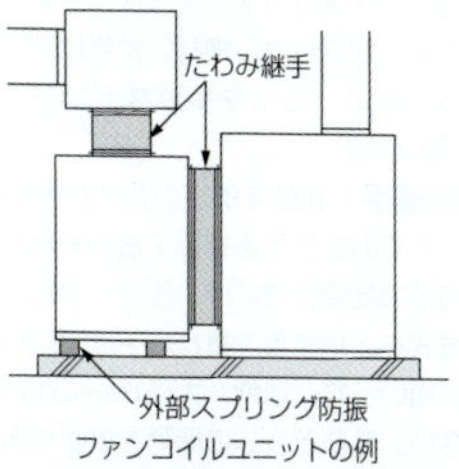

外部防振方式

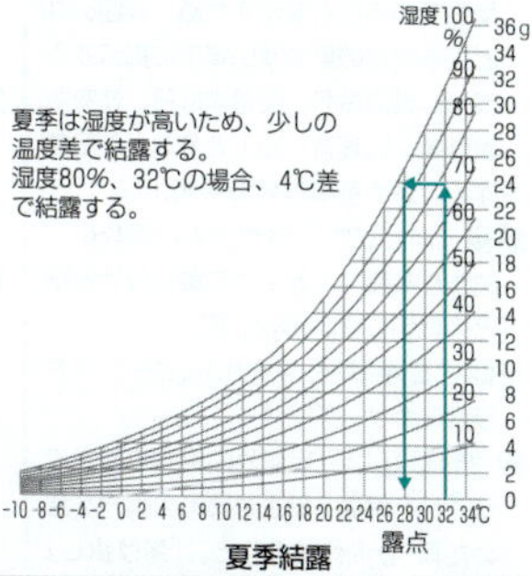

夏季結露

ランクに順位付けされ、ランクごとに入札に参加できる契約予定金額が決定される。

拡底杭工法（かくていぐいこうほう）場所打ち杭工法の一種。杭先端部の断面積を増やすことで支持力を増した杭工法。工法認定を受けており、それぞれの施工要領に基づき施工される。既製杭の場合には「拡大根固め」という言い方をする。（図·79頁）

カクテルパーティー効果　さまざまな音や雑音が存在する状況で、必要な音声情報を選別できることを指し、「選択的聴取」ともいわれる。

客土（かくど）⇨客土(きゃくど)②

角波鉄板　亜鉛鉄板の一種で、山と谷が角形になるように折り曲げたもの。外装、屋根に使われる。（図·79頁）

確認申請　一定規模以上の建築物および工作物の新築、増築、大規模の修繕などを行う場合に、その計画が建築基準法および関係法令の規定に適合するものであることの確認を受けるため、着工前に建築主が建築主事に対して行う申請。「建築確認申請」ともいう。建築基準法第６条第１項　→確認済証、確認済表示

確認済証　提出された確認申請書に対し、建築主事が建築基準法および関係法令の規定に適合するか否かを審査して、適合を確認したとき申請者に交付する書類。建築主は確認を受けずに建築物の建築を行ってはならない。建築基準法第６条第４項

確認済表示　確認申請が受理された建築物であることを示すため、仮囲いなど工事現場の見やすい場所に掲示する表示。確認番号、交付年月日、建築主、設計者、監理者、施工者名などを記載する。建築基準法第89条第１項

額縁（がくぶち）窓や出入口の枠に、納まりを良くするために取り付ける壁との見切り材。（図·81頁）

可傾式ミキサー（かけいしきー）⇨ドラムミキサー

架（掛）け払い　足場や山留めの組立て（架け）と解体・撤去（払い）の両方を含めた鳶(とび)の作業のこと。「架け払し」ともいう。

架（掛）け払し　⇨架（掛）け払い

囲い杭　基準となる杭やベンチマークに触らないよう、その周囲を囲うように打つ杭。→ベンチマーク（図·449頁）

架構　構造物を構成する骨組のこと。部材の組合せによってラーメン、トラス、あるいはアーチなどに分かれる。

花崗岩（かこうがん）火成岩の一種で、床、壁、階段など多方面の仕上げに使用される石。耐久性に優れるが耐火性に劣る。「御影(みかげ)石」とも呼ばれる。→石材（表·267頁）

加工図　⇨製作図

加工寸法の許容差　材料を加工する際の寸法、精度に対する許容範囲。例えば、鉄筋加工における許容差はJASS 5などに示されている。（図表·81頁）

加工帳　型枠大工、鉄筋工らが自ら作成する施工図の一種。型枠、鉄筋の加工寸法、取付け位置、数量などが示されている。

かご筋　かご状に組んだ鉄筋のこと。既製杭の杭頭(くいとう)部において基礎と連続させるための鉄筋や、場所打ち杭において用いる主筋、フープを組み合わせた円筒状のかご、フーチングの周囲にかご状に組む鉄筋（別名、袴(はかま)筋）などを指していう。（図·79頁）

嵩上げ（かさあげ）レベルの調整、防水の保護などのために、砂、モルタル、コンクリートなどをかぶせて高さを上げること。

嵩上げコンクリート（かさあげー）レベルの調整、防水保護などのために既存のコンクリートの上に打ち足したコンクリート。

笠木（かさぎ）パラペットや手すりの上部に取り付ける横材。材質はアルミ製、鋼製、モルタル製などがある。（図·81頁）

重ね継手　鉄筋を所定の長さに重ねることで力を伝える継手工法の一種。その他の継手工法には、圧接、溶接、機械式などがある。重ね継手は細径鉄筋に用いられ、通常、太径鉄筋には用いない。鉄筋どうしの間隔を広げたあき重ね継手もある。（図·81頁）→あき

送配電線からの安全離隔距離

電路	送電電圧(V)	最小離隔距離(m)		がいしの個数
		労働基準局長通達 *1	電力会社の目標値	
配電線	100,200以下	1.0以上 *2	2.0以上	−
	6,600以下	1.2以上 *2	2.0以上	−
送電線	22,000以下	2.0以上	3.0以上	2〜 4
	66,000以下	2.2以上	4.0以上	5〜 9
	154,000以下	4.0以上	5.0以上	7〜21
	275,000以下	6.4以上	7.0以上	16〜30
	500,000以下	10.8以上	11.0以上	20〜41

＊1 昭和50年12月17日基発第759号。＊2 絶縁防護された場合にはこの限りではない。

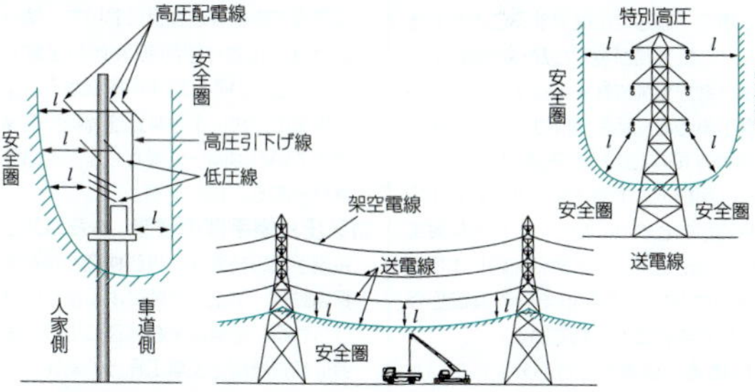

高圧配電線

架空電線に対しての離隔距離(l)について

架空電線

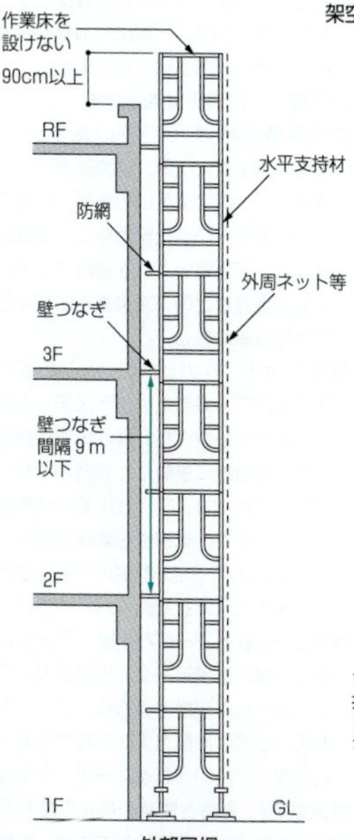

外部足場

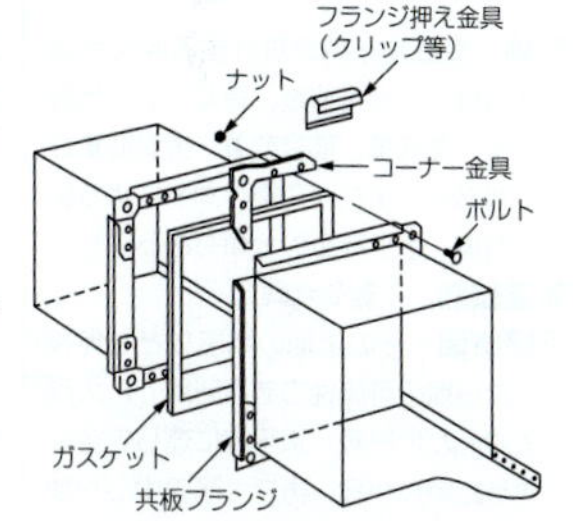

共板フランジ工法の構成と接合方法

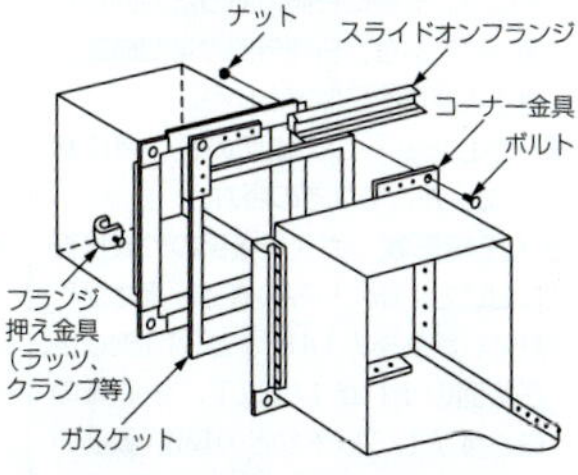

スライドオンフランジ工法の構成と接合方法

角ダクト(構成と接合方法)

重ね継ぎ手

瑕疵（かし）工事成果物や製品が契約上示された性能、機能、品質などを満足していない、またはこれらに欠陥があること。

可使時間　2液性の接着剤、シーリング材、塗料などの使用時に、基材と硬化剤を練り混ぜた後、接着、充填、塗布などの作業ができる時間の範囲。

瑕疵担保責任（かしたんぽせきにん）工事の引渡し時に発見することができなかった欠陥が後でわかった場合に、請負者が無償修理を保証すること。請負工事の瑕疵担保期間は、木造5年、非木造10年(民法第638条)だが、一般には契約上、木造1年、非木造2年の特約がなされる。ただし、住宅品質確保促進法により、新築住宅の基本構造部分などに対する10年間の瑕疵担保責任が義務づけられている。

かしめる　金属の接合部分をたたいたり締めたりして固く留めること。

かじや　①鍛冶屋。鋼材のガス切断や溶接を専門とする作業者のこと。②⇨バール

荷重　構造物を構造設計する際に考慮する外力。固定荷重、積載荷重、地震荷重、風荷重、積雪荷重、衝撃荷重などがある。また、荷重の向きにより鉛直荷重、水平荷重の分類もある。

荷重試験　⇨載荷試験

可照時間　その土地の地形などを無視した日照の可能性のある時間で、太陽の中心が地平線・水平線に達して空に昇った時点から、再び太陽の中心が地平線・水平線に達して没したときまでをいう。実際に日照のあった時間が日照時間であり、日照時間の可照時間に対する割合を日照率という。

頭（かしら）一つの集団の長。特に鳶(とび)職、左官職などの親方。

ガス圧接形状　ガス圧接部の外観検査において、ふくらみの直径、長さがそれぞれ鉄筋径の1.4倍以上、1.1倍以上、圧接面のずれが1/4以下、中心軸の偏心量が1/5以下などの規定(鉄筋のガス圧接工事標準仕様書による)がある。(図・83頁) →ガス圧接継手

ガス圧接継手　鉄筋の端面どうしを突き合わせ、圧縮力を加えながら酸素、アセチレン炎で加熱して赤熱状態でふくらみをつくり、金属接合として一体化させる方法。技量資格としては、手動、自動、熱間押抜法のそれぞれに対して鉄筋径に応じた資格がある。(図・83頁) →自動ガス圧接技量資格者、手動ガス圧接技量資格者

ガス圧接継手のずらし方　鉄筋のガス圧接工事標準仕様書において、隣り合う継手位置は原則400mm以上離すこととしている。近年の研究から、圧接作業のために十分な鉄筋間隔が確保できていれば同一位置でもよいという意見もある。(図・83頁)

ガス圧接継手部の検査　鉄筋ガス圧接継手部の検査は、外観検査と超音波探傷試験・引張り試験による検査に分けられる。前者は全数検査により、後者は検査費用と工事工程との関連および極少量の不良品であれば構造耐力上問題となるような性能低下は生じないなどの理由から、一般に抜取り検査で行われることが多い。(表・83頁)

ガス管　⇨配管用炭素鋼鋼管

ガス緊急遮断弁　ガス圧の異常上昇、周囲の温度異常上昇、消費装置側での異常発生、ガス漏えいの検知、地震や火災の発生といった緊急時に、電気信号によって供給ラインを遮断する弁。火災や爆発などの二次災害を防止するために設置される。

ガスケット　①ガラスのはめ込み部に用いる、ゴム系またはプラスチック系の定形シーリング材。弾性形では構成部材の接合部に接着した場合の反発力(復元力)により、非弾性形では粘着性により水密性、気密性を確保するもの。(図表・83頁) ②部材の接合部にはさんで水やガス漏れを防ぐパッキング。

ガスシールドアーク溶接　アーク溶接の一種。溶接アークの周囲をガスでシールドして溶接する方法。シールドガスとしては炭酸ガスやアルゴンガスとの混合が用いられる。→アーク溶接

ガス切断　金属と酸素の酸化反応を利用した熱切断の代表的な方法で、鉄筋、

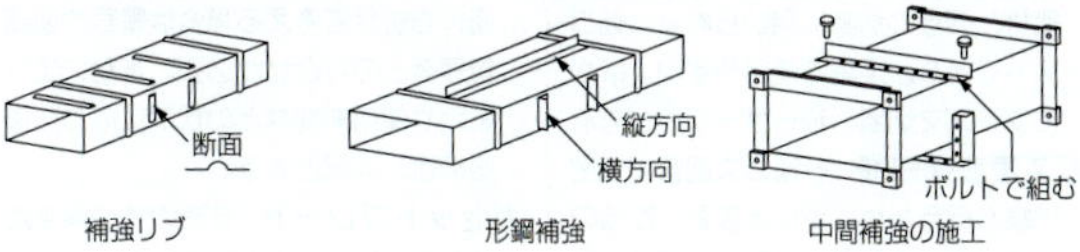

補強リブ
形鋼補強
中間補強の施工

角ダクト(補強方法)

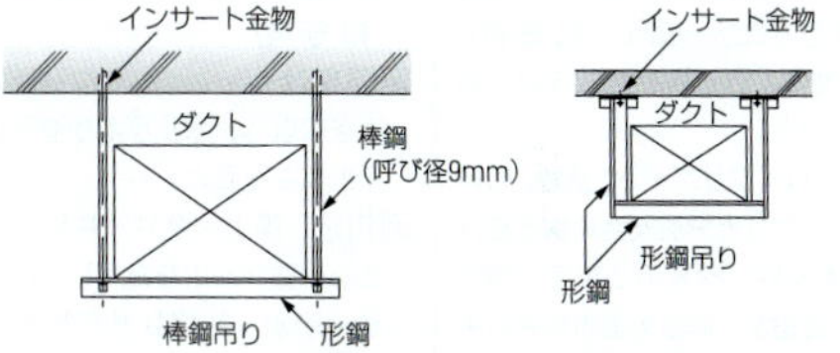

角ダクト(支持方法)

角ダクトの吊り金物仕様および吊り間隔

ダクトの長辺(mm)	吊り金物最小寸法		振れ止め金物最小寸法	最大吊り間隔(mm)	
	山形鋼寸法(mm)	棒鋼(mm)	山形鋼寸法(mm)	A	B
750以下	25×25×3	9	25×25×3	3,680	3,000
750を超え1,500以下	30×30×3	9	30×30×3	3,680	3,000
1,500を超え2,200以下	40×40×3	9	40×40×3	3,680	3,000
2,200を超えるもの	40×40×5	9	40×40×5	3,680	—

A：アングルフランジ工法、スライドオンフランジ工法　B：共板フランジ工法

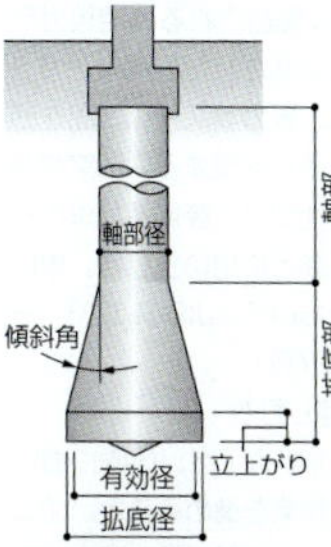

拡底杭工法

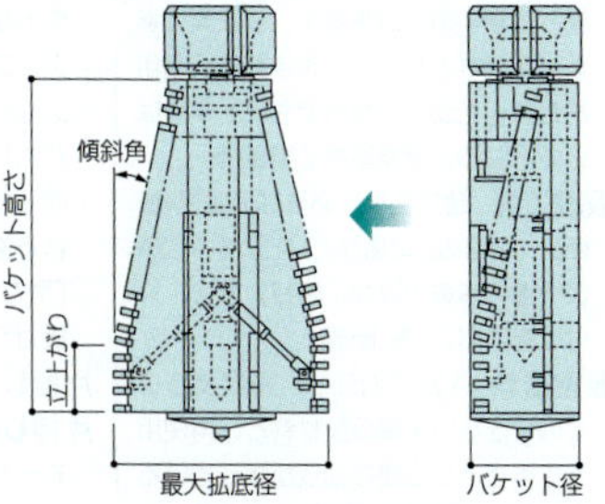

拡底杭バケット

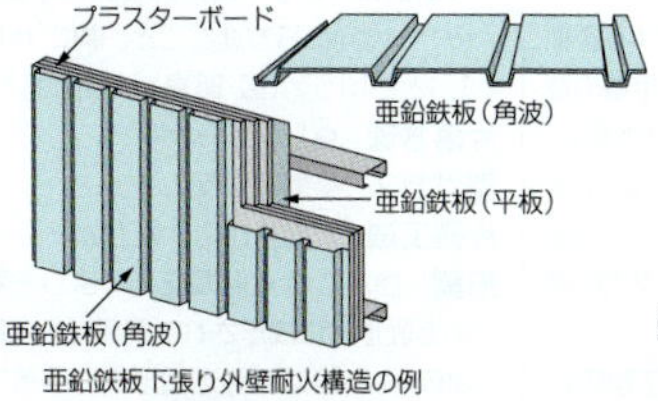

亜鉛鉄板下張り外壁耐火構造の例

角波鉄板

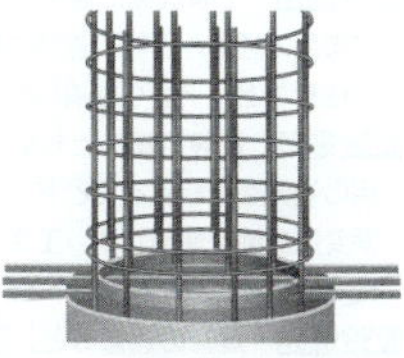

かご筋

鋼材、鋼板の切断に用いられる。低コストであり、現場で使いやすい。ほかにプラズマ切断、レーザー切断がある。

ガス濃度探知機　各種ガス配管の気密試験を行うために用いる装置。配管の接続が不完全な場合、配管内部のテストガスが外部に漏えいするため、濃度を検出する方式が一般的。(図·85頁)

風荷重　風によって構造物に作用する風圧力をいう。

仮設機材　パイプサポート、建枠、布枠、吊りチェーンなど労働安全衛生法施行令第13条22号〜22号の3までに掲げる機械等を指す。厚生労働省規格および仮設工業会認定基準により安全性を確保する。

仮設計画図　工事工程に合わせて仮設の要素を示した図面。仮囲い、車両出入口、仮設事務所、詰所、電気、給排水、構台、資材置場、揚重機、外部足場の位置や作業動線などが表現される。→総合仮設計画図

仮設建築物　一時的に設置される建築物のことで、建築基準法における設置期間、耐火要求、用途規制などの規定が緩和される。災害時の応急仮設建築物、工事中の仮設事務所、仮設興行場、仮設店舗などがこれに含まれる。適用除外許可を受けた場合でも確認申請は必要となる。建築基準法第85条

仮設工事　建設工事に必要な仮設備(仮囲い、山留め、足場など)を設ける工事。仮設備の構築のほか、維持、撤去、片付けを含む。(表·85頁)

仮設損料　1回で消耗し、再度使うことのできない全損仮設材料と、再使用できることから残存価値が残っている損耗仮設材料があり、その残存価値と原価との差額を損料という。

仮設通路　工事現場に仮に設ける各種作業用の通路。仮設の道路や足場の登り桟橋など。→登り桟橋(図·375頁)

仮設電気　建設工事にともない、工事用の電気を供給することをいう。建物受変電設備を使用せず、工事専用の受変電設備から供給する。

仮設道路　資材の運搬など、工事のために仮につくられる道路。一般車両の通行も併せて考える場合は警察や道路管理者との打合せが必要。また、走行車両や使用期間などの状況に応じた道路構造、勾配とする。

ガセットプレート　S造の柱や梁またはトラス部材などの節点において、部材を接合するために用いられる鋼板。(図·85頁)

風邪をひく　セメントや石膏などが湿気を吸収し、水和反応が進行して使用不能になること。

河川法　国土保全や公共利害に関係のある重要な河川を指定し、これらの管理、治水、利用などを定めた法律。50m^3/日以上の汚水排水がある場合には、河川管理者に届けが必要となる。

ガソリントラップ　駐車場や洗車場などの排水経路に油分の一時阻集を目的として設置するトラップます。

型板(かたいた)　①鉄骨工事において、現寸で部品の形状をつくるときにあてがうもの。②鋳型、ひな型など、あるものを組み立てるときの型で、「テンプレート」ともいう。

型板ガラス　溶融ガラスを上下一対の水冷ロールを圧延する方法(ロールアウト法)により製造される透明板ガラス。ロールに彫刻された型模様をガラス面に転写し、板ガラス片側表面を凹凸にして拡散面を形成する。浴室や洗面所の窓や間仕切り、装飾性が求められる玄関ドアなどに用いられる。単に「型ガラス」ともいう。JIS R 3203　→板ガラス(表·27頁)

片押し　⇨片押し打ち

片押し打ち　①ある工区、区画において一方向から作業を進めること。②コンクリート打込みにおいて、高さ方向に数回に分けず一気に天端まで打ち込み、一方向に打ち進むこと。単に「片押し」ともいう。(図·85頁)　→回し打ち

片落ち管　⇨レジューサ

型ガラス　⇨型板ガラス

片側工法　⇨耐火仕切り板工法

形鋼(かたこう)　熱間圧延により一定の断面形状に成形された鋼部材の総称。JIG G 3192には等辺山形鋼、不等辺山形鋼、溝形鋼、I形鋼、H形鋼など

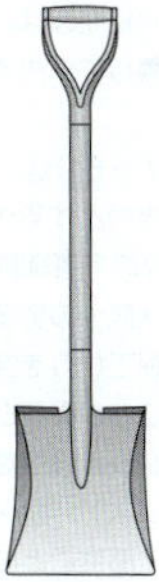

角スコ

加工寸法の許容差[5]

(mm)

項目			符号	許容差
各加工寸法*	主筋	D25以下	a、b	±15
		D29以上D41以下	a、b	±20
	あばら筋・帯筋・スパイラル筋		a、b	± 5
加工後の全長			l	±20

＊各加工寸法および加工後の全長の測り方の例を下図に示す。

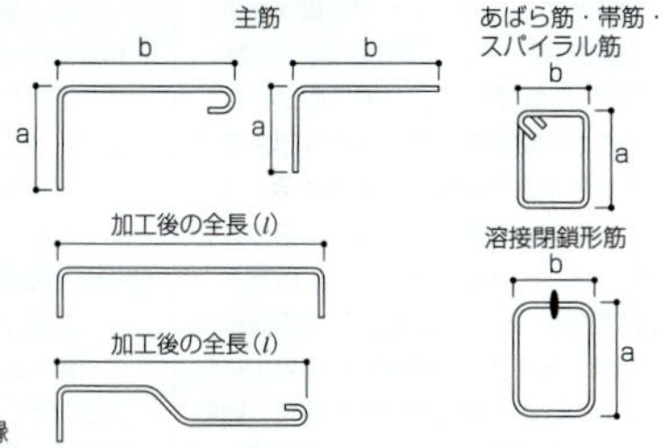

各加工寸法および加工後の全長の測り方（例）[6]

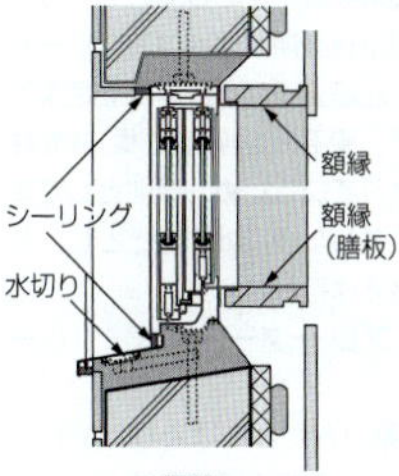

額縁

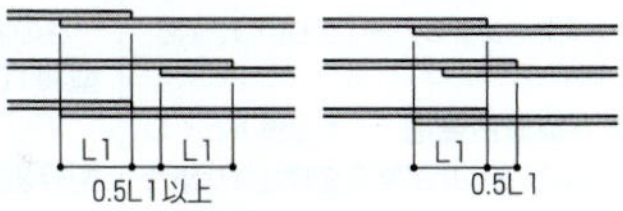

重ね継手のずらし方

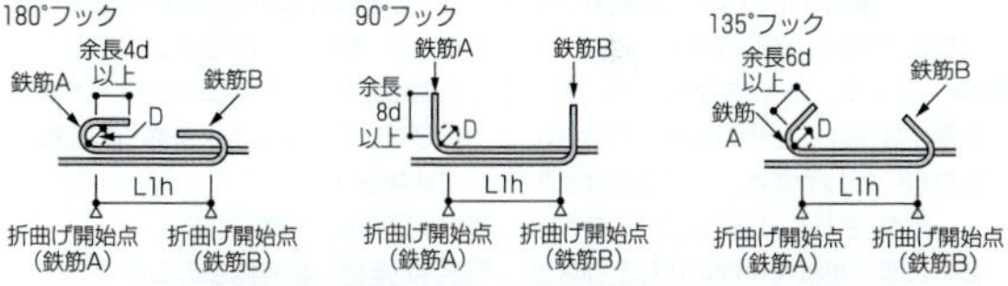

鉄筋の重ね継手長さ／フック付き重ね継手の長さL1h[7]

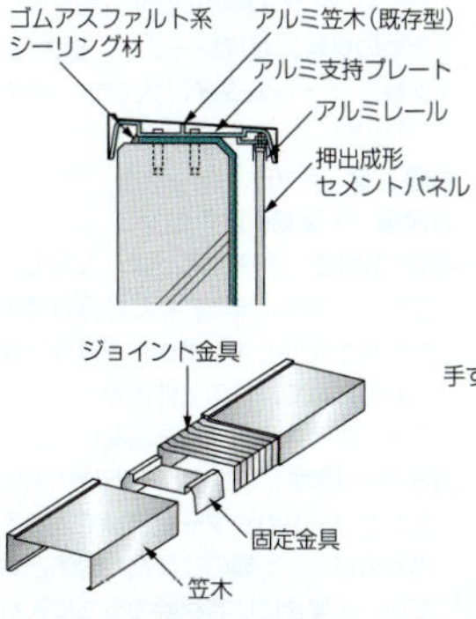

パラペット部の納まり（例）

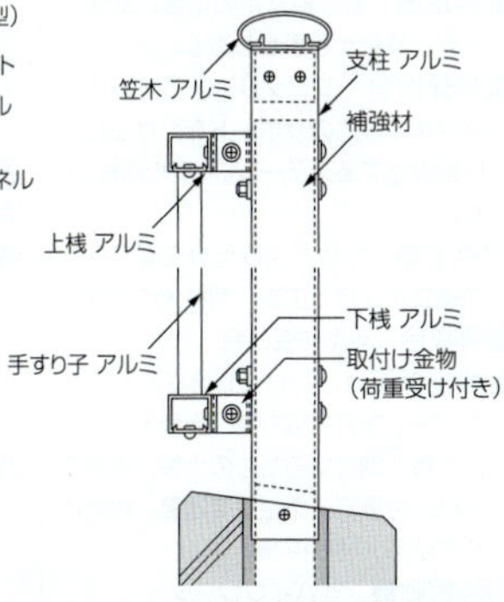

手すりの納まり（例）

笠木（既製品例）

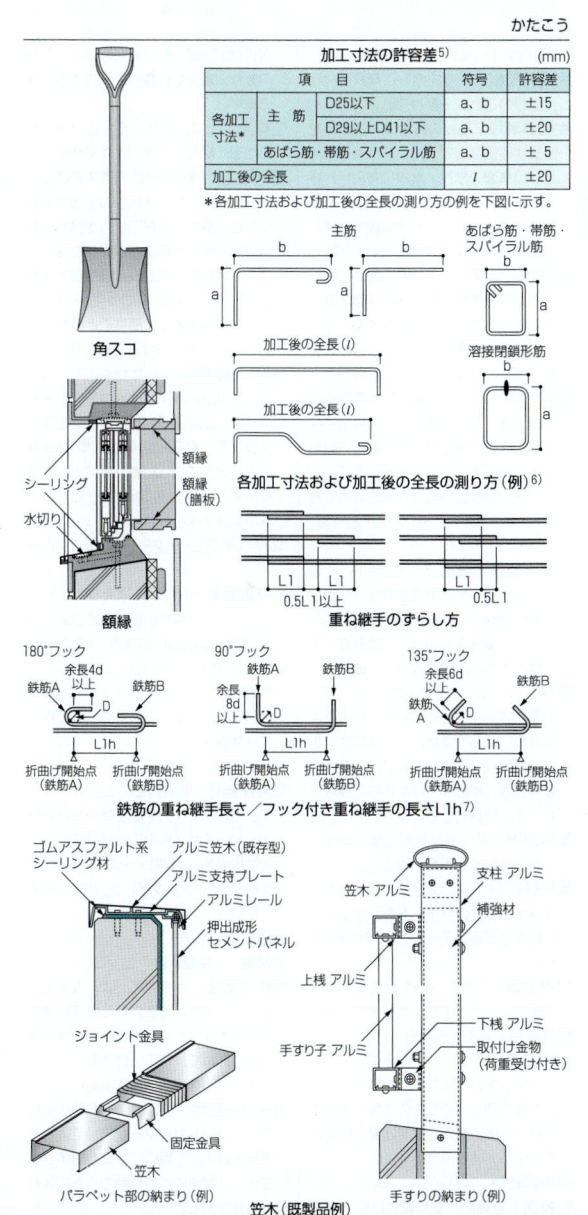

が規定されている。(図·85頁)

片流れ屋根　一方向のみに傾斜を付けた屋根のこと。→屋根(図·497頁)

片持ち階段　階段の各段の一端のみを直交する壁などで支持し、他端は支持しない構造の階段。階段の各段が片持ち梁として考えられている。別の階段支持形式として、スラブ階段がある。(図·85頁) →スラブ階段(図·259頁)

片持ちスラブ　一辺が梁に固定され、そこから突き出した形状になるスラブ。庇やバルコニーなどが該当する。スラブ根元部分の厚さ、上端(うわば)筋の鉄筋量・高さの確保が重要。(図·87頁)

片持ち梁　梁の片側端部だけで荷重のすべてを支え、他端が完全に自由になっている梁。固定端で水平荷重、鉛直荷重、曲げモーメントを負担する。水泳プールの飛込み板が代表的な形である。「キャンチレバー」ともいう。(図·87頁)

片廊下型集合住宅　1本の廊下とその片側に独立した部屋を連続させた集合住宅の通称で、「板状型マンション」ともいう。集合住宅のほか、独身寮、学校などに多い。(図·87頁)

型枠　コンクリートを打ち込み、所定の形に成形するための部材、枠組み。取り扱いのしやすさ、転用回数などから、木製(合板)、鋼製などのものがある。表面に模様を付けた化粧型枠などもある。「仮枠」ともいう。

型枠足場　型枠組立用の足場。支保工(しほこう)と兼用する場合もある。

型枠受け台　コンクリート打込みで、梁や床の型枠のサポートを受けるために組み立てるステージ。「型枠構台」ともいう。

型枠工事　型枠および型枠支保工(しほこう)の組立てを行う工事。型枠大工が行う。

型枠構台　⇨型枠受け台

型枠支保工(かたわくしほこう)コンクリートを打ち込む際、型枠を仮設的に支持、固定するための木製、鋼製の部材。労働安全衛生法で定義、規定されている。(図·87頁)

型枠振動機　⇨バイブレーター

型枠図　躯体図、型枠割付け図、型枠製作(加工)図、型枠組立図など、型枠の製作、組立てに際して作成する図面の総称。

型枠大工　コンクリート打込み用型枠の加工、組立てを専門とする作業者。

型枠転用計画　型枠の存置期間はコスト、表面仕上がり状態への影響が大きいため、事前に支保工(しほこう)を含めた転用計画を検討することが重要となる。型枠は合板製、樹脂製、鋼製などがあるが、イニシャルコスト、耐久性、仕上げなどを考慮し、部位ごとに検討する。(図·87頁) →サイクル工程

型枠の存置期間(かたわくのそんちきかん) 最小存置期間は、コンクリートの材齢、圧縮強度などによって定まる。スラブ下、梁下の型枠(せき板)は支柱で支持されているため、原則として支柱を取り外した後に外すこととし、支柱の盛替えは行わない。

型枠バイブレーター　⇨バイブレーター

型枠剥離剤(かたわくはくりざい) コンクリートと型枠の固着を防止する目的で型枠表面に処理(塗布)する薬剤で、単に「剥離剤」ともいう。コンクリートの凝結を妨げたり、コンクリート表面に移行して汚染するようなものであってはならない。

型枠パネル　⇨堰板(せきいた)①

型枠補強材　型枠内部のコンクリートから作用する圧力や施工荷重などの外力に対してせき板の形状や寸法を保つための材料。セパレーター、根太(ねだ)、支柱、フォームタイ、大引き、端太(ばた)など。

価値工学　⇨VE

活荷重　⇨積載荷重

活性汚泥法　活性汚泥とは、人為的、工学的に培養、育成された好気性微生物群を主成分とする生きた浮遊性有機汚泥の総称で、この活性汚泥を用いた下水、排水を浄化する方法をいう。

カッター目地　コンクリート硬化後にコンクリートカッターを用いて入れる溝状の目地。土間のひび割れ対策として用いる場合には若材齢のうちに入れる必要がある。

ガス圧接継手の継手部の品質管理・検査[8]

項目		判定基準	試験・検査方法	時期・回数
全数検査	手動・自動ガス圧接による外観検査	a. 圧接部のふくらみの直径は鉄筋径の1.4倍以上。SD490の場合は1.5倍以上。 b. 圧接部のふくらみ長さは、鉄筋径の1.1倍以上、SD490の場合は1.2倍以上かつ、その形状はなだらかであること。 c. 圧接面のずれは、鉄筋径の1/4以下。 d. 圧接部における鉄筋中心軸の偏心量は、鉄筋径の1/5以下。 e. 圧接部の折れ曲がりは2°以下。 f. 片ふくらみは、鉄筋径の1/5以下。	目視またはノギス、スケール、専用検査治具による測定。	原則として圧接作業完了時全数。
	熱間押抜法による検査	a. 押抜後の鉄筋表面の圧接面に対応する位置に、割れ、棒状きず、へこみがないこと。 b. 押抜後の鉄筋表面に、オーバーヒートなどによる表面不整がないこと。 c. 圧接部のふくらみの長さは、鉄筋径の1.1倍以上かつ、その形状はなだらかであること。 d. 圧接部における鉄筋中心軸の偏心量は、鉄筋径の1/5以下。 e. 圧接部の折れ曲がりがないこと。	目視またはノギス、スケール、鏡による判定。	原則として圧接作業完了時全数。
抜取り検査	超音波探傷法	30箇所の検査結果で、 a. 不合格箇所数が1箇所以下のときは、そのロットを合格とする。 b. 不合格箇所数が2箇所以上のときは、そのロットを不合格とする。	JIS Z 3062(鉄筋コンクリート用異形棒鋼ガス圧接部の超音波探傷試験方法および判定基準)による。	a. 1検査ロットからランダムに30箇所。 b. 検査率は、特記による。
	引張り試験法(超音波探傷法の代替)	判定基準は特記による。 特記に記載されていない場合には、JIS G 3112(鉄筋コンクリート用棒鋼)の引張り強さの規定値を満足した場合を合格とする。	JIS Z 3120(鉄筋コンクリート用棒鋼ガス圧接継手の試験方法および判定基準)による。	検査率は、特記による。

＊1検査ロットは、1組の作業班が1日に施工した圧接箇所の数量。

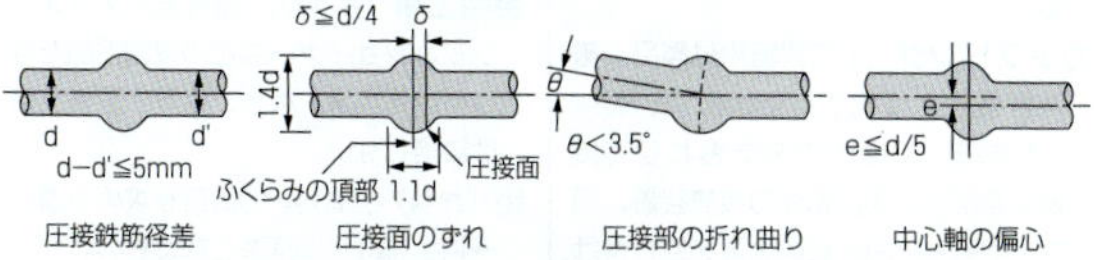

ガス圧接形状

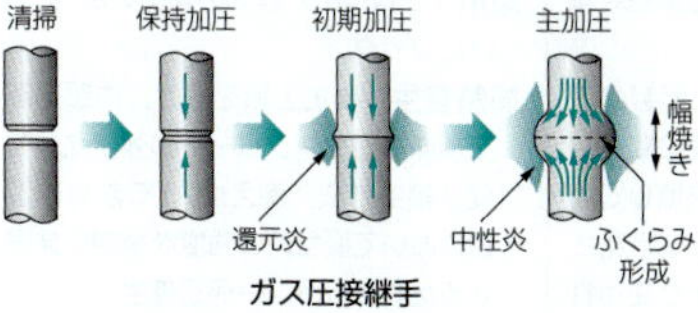

ガス圧接継手

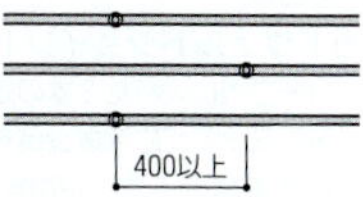

ガス圧接継手のずらし方

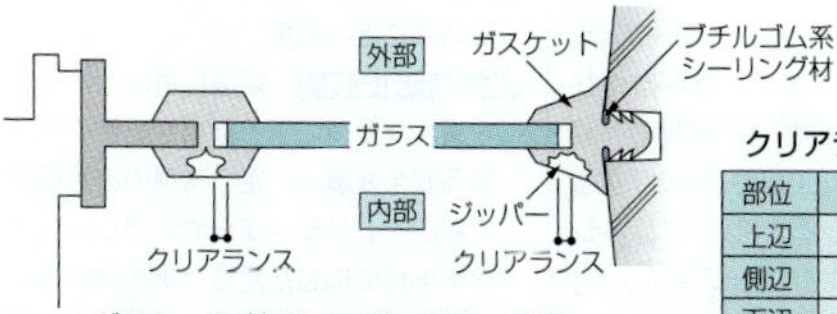

ガスケット(左図：H形／右図：Y形)

クリアランスの寸法 (mm)

部位	H形	Y形
上辺	5〜6	6〜7
側辺	3〜4	4〜5
下辺	0	0

カットオフ筋 梁、スラブの主筋で、上端(うわば)筋、下端(したば)筋を問わずスパンの中で切り止める鉄筋のこと。また柱の主筋で、階の中で切り止める鉄筋のこと。「トップ筋」ともいう。(図·87頁)

カットティー H形鋼をウェブの中央部で切断し、T形断面としたもの。

カットバックアスファルト アスファルトをガソリンのような揮発性の溶剤を加えて軟らかくしたもの。大気中で有機溶剤が揮発してアスファルトが残る。防水層のプライマーとして用いたり、路面処理などに使用する。

合筆（がっぴつ）複数の筆の土地を合わせて一筆の土地とすること。→一筆(いっぴつ)

カップラー 鉄筋の機械式継手に用いる接合用金具で、「カプラー」ともいう。グラウトを充填するもの、ナットを併用するもの、ねじを切ったもの、圧着するものなど各種認定工法がある。(図·89頁)

カップラーシース PC鋼線、棒鋼などを継ぎ合わせた円筒形のさや。内部にグラウトを充填するなどして固定する。

カップリング ①電線管用付属品。電線管相互を接続するために用いる。(図·89頁) ②配管を突き合わせて接続する継手。③回転軸の接続装置。両方の回転軸に円板状の金具を取り付け、その金具どうしをボルトで連結する。軸心や角度のずれを吸収する接続装置もある。

カドウェルドジョイント 鋼製のスリーブ内に入れた2本の鉄筋の間に、テルミット反応溶融金属を充填して接合する継手工法。1970年代に開発された工法であり、現在はあまり使われていない。

可動端（かどうたん）⇨ローラー支点

可撓継手（かとうつぎて）継手自体が上下左右に自由に曲がり、配管の面間距離、心の違いなどの変位を吸収するために用いられる管継手。「フレキシブル継手」「フレキシブルジョイント」「たわみ継手」ともいう。

稼働日数の算定 一般には生産設備が稼働可能な日数、時間をいう。建設工事においては、各種の建設機械、車両などが実働できる日数、時間数をいう。工期を算出する場合、現場の状況、天候、稼働人員などとともに検討する必要がある。

可動間仕切り レイアウト変更の際、取付け、取外し、移設が容易な間仕切りの総称。パーティション、移動間仕切りなど。

金滓（かなくそ）①スラグの俗称。②金属を鍛えるときにはがれるくず、錆。

金鏝押え（かなごておさえ）左官が使う金属製の鏝(こて)で、床や壁をつるつるに仕上げること。見た目の美しさとともに、表面をしっかり金鏝で押さえることによってひび割れ発生防止にもなる。「金鏝仕上げ」ともいう。

金鏝仕上げ（かなごてしあげ）⇨金鏝押え

矩計図（かなばかりず）建物の標準的な高さ関係、工法、納まり、仕様などを示すために、主要部分の軒先を含む屋根から基礎までを詳細に描いた断面詳細図。

金物工事 手すり、面格子、ノンスリップ、ジョイナーなどの金属部品を取り付ける工事。板金、建具、設備工事は該当しない。

矩（かね）①直角。②直角を求める道具。→指金(さしがね) ③基準となるもの。

矩(曲)尺（かねじゃく）⇨指金(さしがね)

矩爪（かねつめ）鉄筋の端部を90°に曲げたフック。

加熱養生 養生上屋を設け、内部空間を加熱してコンクリートの強度発現を促す養生方法。例えば、PC部材の製造において脱型時の強度を早期に発現するために行う。→保温養生

矩の手（かねのて）矩尺(かねじゃく)のように直角なこと。直角。

過負荷防止装置 揚重機械などで能力を超えた負荷による破損や転倒を防止する安全装置。一定の荷重のみを検出するロードリミッターや、クレーンの作業半径に応じた定格荷重を検出するモーメントリミッターなどがある。揚

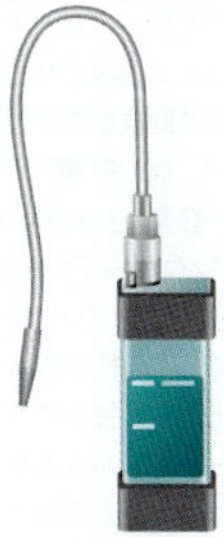

ガス濃度探知機

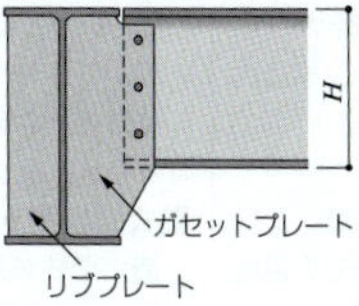

ガセットプレート

仮設工事費の分類

大項目	細　目
共通仮設費	準備費
	仮囲費
	仮設建物費
	隣接物養生普及費
	電力給排水光熱費
	試験調査費
	整理清掃費
	運搬費
	現場警備費
直接仮設費	水盛・遣方費
	墨出し費
	原寸型板費
	足場桟橋設備費
	安全設備費
	機械器具費
	一般養生費
	屋内整理清掃費
	運搬費
	発生材処分費

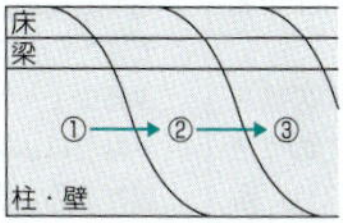

建物の一方向の端から柱・壁・梁・スラブを一気に打ち上げて決めてくる方法。作業効率が良く打込みも速いが、材料分離や沈みひび割れが発生しやすい。

片押し打ち

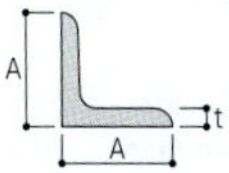

L−A×A×t
等辺山形鋼

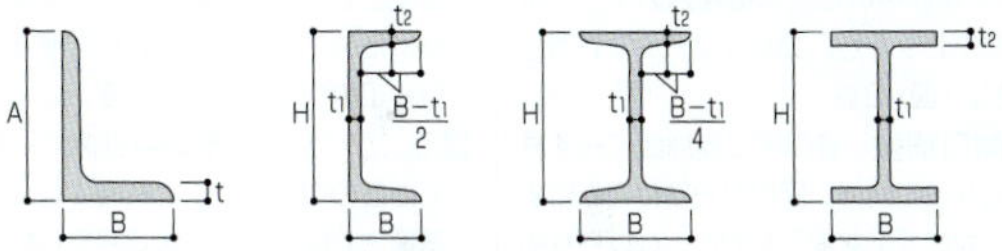

L−A×B×t
不等辺山形鋼

H×B×t1×t2
溝形鋼

I−H×B×t1×t2
I形鋼

H−H×B×t1×t2
H形鋼

形鋼（JIS G 3192）

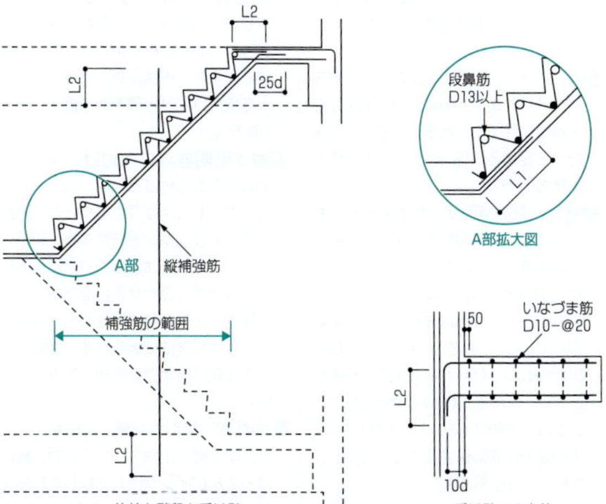

片持ち階段と受け壁

受け壁への定着

片持ち階段

重機械の種類ごとに必要な機能がクレーン構造規格や移動式クレーン構造規格で定められている。

カプラー ⇨カップラー

被り（かぶり）鉄筋表面からコンクリート表面、あるいは目地底までの距離、寸法。通常は最も外側に位置する鉄筋のかぶりをいう。部位に応じた必要な寸法を確保することが品質管理上重要となる。→被り厚さ

被り厚さ（かぶりあつさ）外側の鉄筋表面からコンクリート表面までの寸法である「かぶり」に対して、耐久性、耐火性、構造に要求される寸法。設計かぶり厚さ、最小かぶり厚さがある。建築基準法でも規定されている。（図·89頁）→最小被り厚さ

壁打込み配管 鉄筋コンクリートの構造体内部に埋設される配管。CD管·PF管が用いられ、型枠内の所定の位置にセットし、コンクリートを打ち込む。（図·89頁）

壁開口補強 壁の開口部周囲に施す鉄筋などの補強。開口を設けたことによる強度低下を補うものと、ひび割れ防止対策としてのものがあり、鉄筋、メッシュ筋、梯子(はしご)筋などを用いる。ALC壁の場合に開口周囲へ設けるアングル材なども開口補強の一種。（図·89頁）

壁勝ち 床、天井に対して、壁を優先(先行)して施工する納まり。通常、優先順位は性能上、機能上の必要性や美観から定める。（図·89頁）→天井勝ち、床勝ち

壁筋比 壁の断面積に対する壁筋の断面積の割合。「鉄筋コンクリート構造計算規準」（日本建築学会）において、耐力壁は壁厚12cm以上、鉄筋径は9mm以上、間隔は30cm以下と定められている。「鉄筋コンクリート造建築物の収縮ひび割れ制御設計·施工指針(案)·同解説」（日本建築学会）においては、内壁0.3%以上、外壁0.4%以上の壁筋比を確保することを目安としている。（図·91頁）

壁構造 建築物の構造で、壁体や床版などの平面的な構造体で構成される構造をいう。壁式鉄筋コンクリート構造、コンクリートブロック造などがこの構造形式。中低層の共同住宅などに採用されることが多い。（図·91頁）

壁式プレキャスト鉄筋コンクリート造 壁式鉄筋コンクリート構造の壁、床をいくつかに分割したプレキャスト(PC)部材で製作し、これらを現場で組み立てる合理化工法。接合方法としては、コンクリートやモルタルなどによるウェットジョイントと溶接やボルトなどによるドライジョイントの2種類がある。部材の分割においては重量、形状、高さなど運搬上の制約を受ける。量産公営住宅などとして普及している。（図·91頁）

壁式ラーメン構造 桁行(けたゆき)方向は梁幅と同じ幅の偏平の壁柱としたラーメン構造とし、梁間方向は梁形のない耐震壁とした構造。梁形や柱形が飛び出ないため、すっきりとした空間となり、型枠工事がシンプルになる。

壁心（かべしん）壁の中心線。平面図では壁の中心線として表現され、建築基準法ではこの中心線で囲まれた平面で床面積を算出する。S造で壁に胴縁(どうぶち)を用いる場合は胴縁の中心をいう。

壁付き機器の取付け 壁付き機器を取り付ける際は、総合図を作成し、目通りを合わせ、機器相互の間隔を調整する。また、衛生器具、燃焼器具周辺への取付けには離隔距離の確保も必要。（図·91頁）

壁付き照明器具の取付け 壁付き照明器具を取り付ける際は、ゴムパッキン、ボルトによる2点支持とし、凹凸部はシーリング材を充填する。取付けがタイルの場合は、電源口、ボルト位置を目地部に合わせる。金属製の防水器具で、人が容易に触れるおそれがある場合は器具に接地を施す。なお、電源の接続は照明器具内部で行う。（図·95頁）

壁つなぎ 足場の倒壊、変形を防ぐために建築物と足場をつなぐ金物。壁に打ち込んだインサートにねじ込む形式が一般的であるが、既存建物に対しては開口部、手すりなどを利用して固定

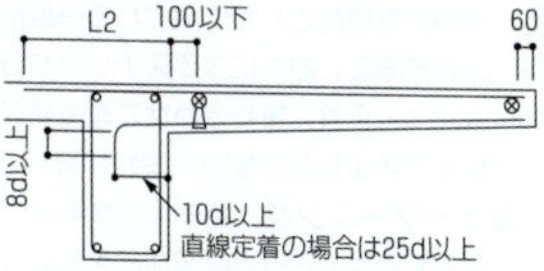

隣接スラブと同一レベルの場合

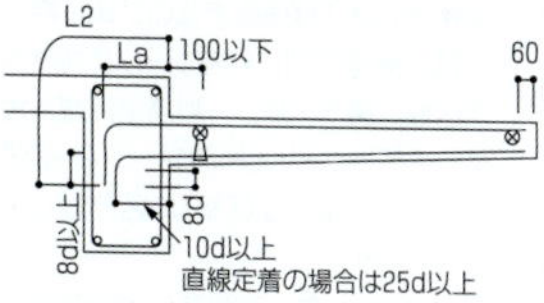

梁の中間にスラブが付く場合

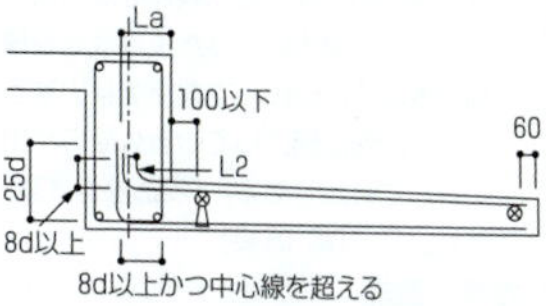

逆スラブの場合

片持ちスラブ

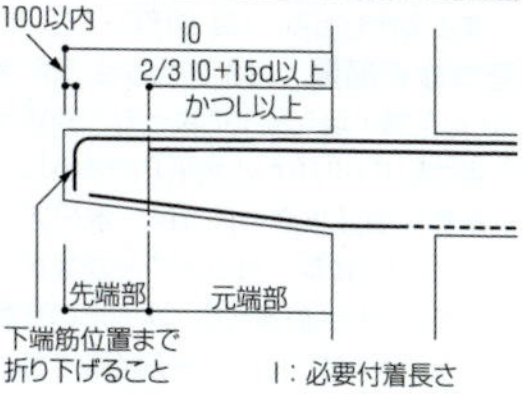

片持ち梁

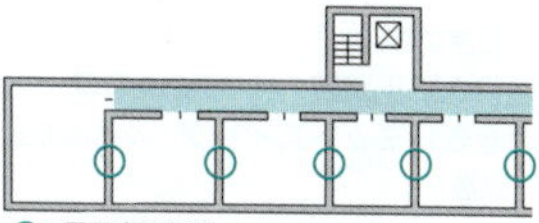

○：界壁（戸境壁）

片廊下型集合住宅

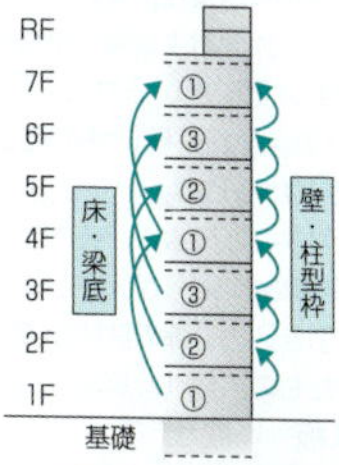

型枠転用計画

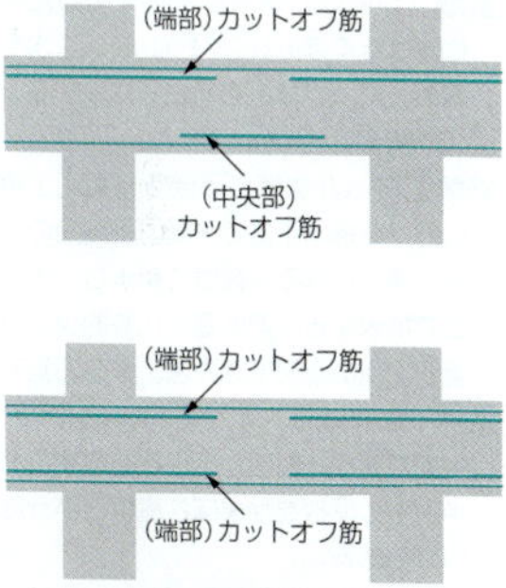

カットオフ筋（例）

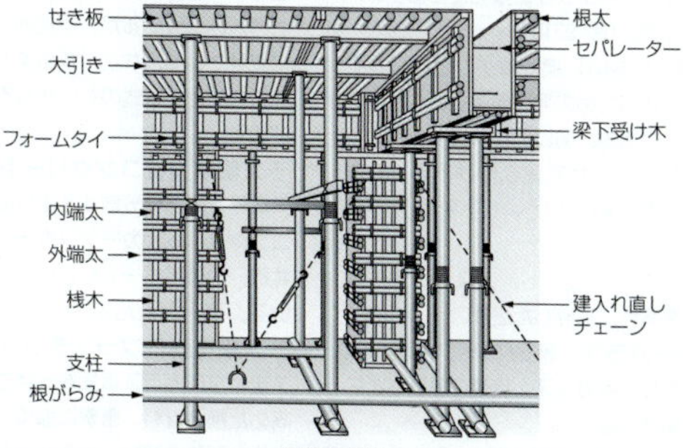

型枠支保工

する場合もある。（図·89頁）

壁つなぎ間隔　労働安全衛生規則第570条第1項5号イによって、枠組足場は垂直方向9m、水平方向8m以下、単管足場は垂直方向5m、水平方向5.5m以下に取り付けることが規定されているが、設置高さ、ネットの種類などによって、さらに細かく取り付ける必要がある。

火報受信盤　自動火災報知設備の制御盤。感知器や発信機からの火災信号を受信する。

過巻き防止装置　⇨巻過防止装置

過巻きリミットスイッチ　⇨巻過防止装置

鎌錠（かまじょう）引戸に使用される錠前の一種。鎌形に飛び出した錠の先端を受け座に引っ掛けて施錠する。

框戸（かまちど）縦横の桟を格子状に組み合わせた扉の総称。

釜場（かまば）湧水などを集めるために設けたくぼみ(ピット)。ここに水を集め、ポンプなどを用いて排水する。（図·95頁）

釜場工法（かまばこうほう）掘削工事における排水工法の一種。掘削面の一部に溝、くぼみを設けて集水し、ポンプで排水する。湧水量が比較的少ない場合に用いる簡便な方法。（図·95頁）

蒲鉾（かまぼこ）板付き蒲鉾のように中央が高く、断面が半円状を成すこと。半円形の屋根をかまぼこ屋根という言い方もある。

下面開放形照明器具　下面にカバーがなく、ランプが直接見える形状の照明器具。（図·93頁）

鴨居（かもい）襖や障子などの建具を立て込むための開口部上枠となる溝の付いた横木。開口部に隣接する壁面に、鴨居に合わせて取り付ける化粧材を「付け鴨居」という。（図·95頁）→敷居(しきい)

がら　コンクリート、アスファルトなどを解体、破砕した破片。

カラーガラス　表面に単色の焼付け塗装をした板ガラス。店舗の意匠などに使用される。

カラーコーン　規制範囲の区分けや注意喚起を目的として使用される円錐形の保安器具。おもにプラスチックやゴムでつくられ、重ね合わせて運搬や収納ができるものが多い。（図·97頁）

カラーゾーニング　目的の異なるスペースや機能の異なる設備などを異なった色で塗り分け、その違いを明確にする手法。例えば医療施設の計画に際しては、清浄度別に診療ゾーン(高度清潔区域、清潔区域、一般清潔区域、汚染管理区域など)と一般ゾーン(一般区域、汚染拡散防止区域)に区分して平面図に示す。

カラーチェック　溶接部などの非破壊検査方法の一種。被試験体を浸透液で濡らし、欠陥内に入った浸透液を現像剤で表面に吸い出して欠陥を検出する方法。表面に開口している欠陥の検出に対して有効である。「浸透探傷試験」ともいう。（図·95頁）

カラー鉄板　⇨カラートタン

カラートタン　着色塗料をあらかじめ焼付け塗装した亜鉛鉄板(トタン)。現場塗装より耐食性に優れ、仕上がりも美しい。片面および両面焼付けがあり、屋根や外壁に用いられる。「カラー鉄板」「着色亜鉛鉄板」ともいう。

空締め（からじめ）ハンドルまたはノブを回すことにより、突き出したボルト(空締めボルト)がスプリングで受け座に引き込み、扉の開閉ができるようにしたもの。「空(そら)締め」ともいう。

ガラス板　⇨板ガラス

ガラススクリーン　枠を使用せずに、板ガラス自体で外壁や間仕切りとするもの。区画はするが、視覚的には一体に見せたい場合などに採用する。固定式のものと可動式のものがある。（図·97頁）

ガラス繊維強化コンクリート　ガラス繊維を内部に分散するように入れたコンクリート。カーテンウォール、天井板、内装用ボードなどに使用されている。「GRC」と略す。

ガラス繊維強化プラスチック　プラスチックにガラス繊維を混ぜて強度を高めた複合材料。衝撃に強く、自動車本体、船体や建材、ヘルメットなどに

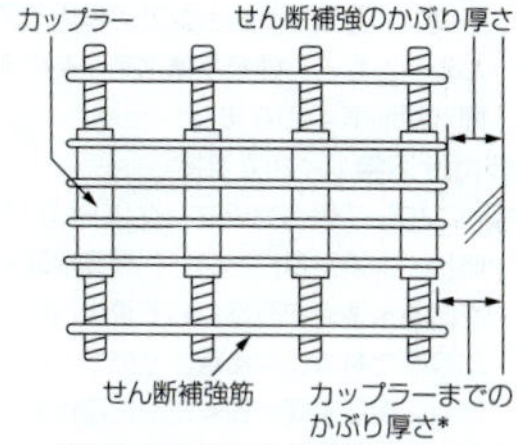

＊有機グラウト材(エキポシ樹脂等)を用いる場合は耐火条件によって異なり、2時間で6cm、3時間で8cmとされている。

継手部のかぶりとあきの例

カップラー

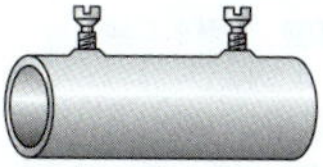

カップリング

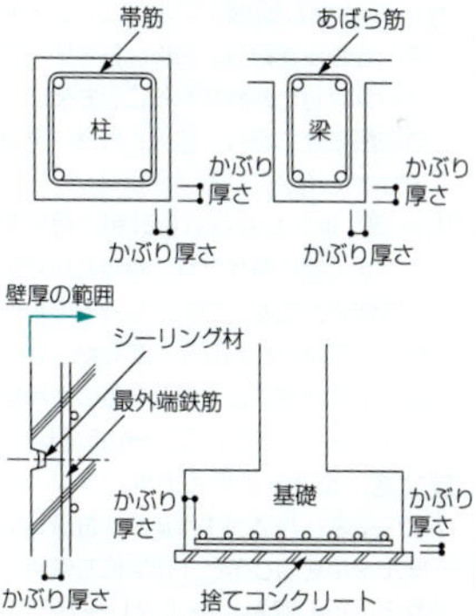

かぶり厚さ

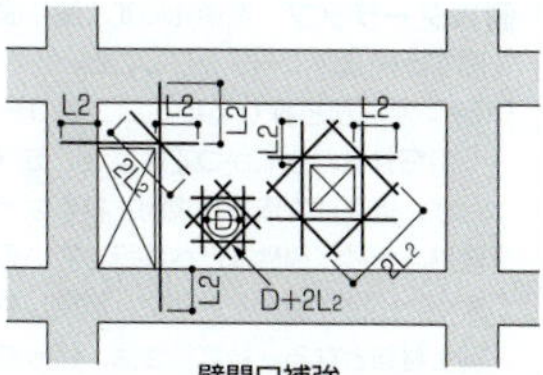

壁開口補強

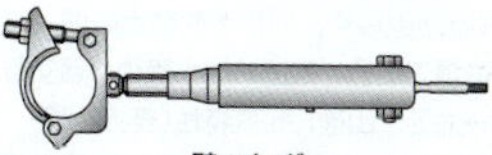

壁つなぎ

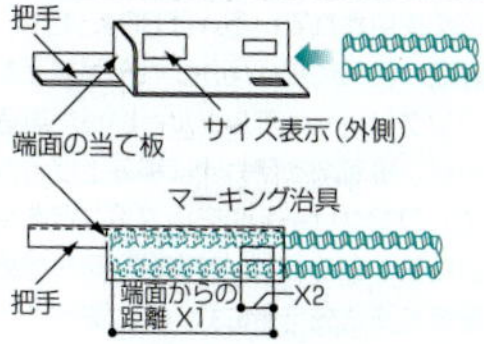

マーキング治具

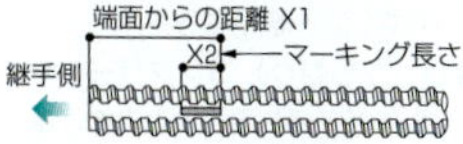

マーキング

マーキング状況

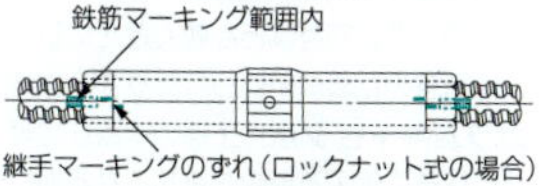

マーキング位置の確認

カップラーの施工管理

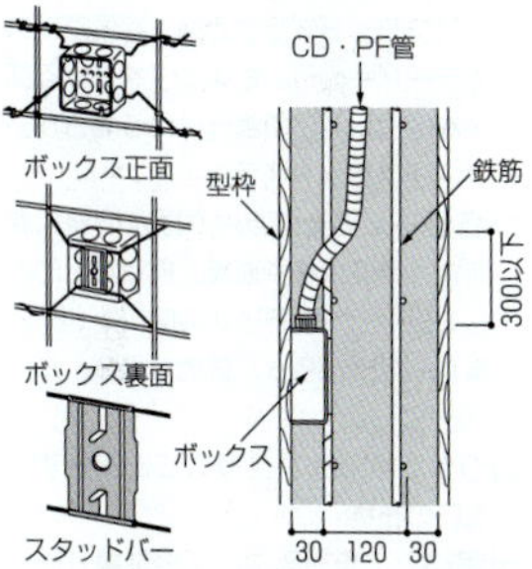

壁打込み配管の納まり(例)

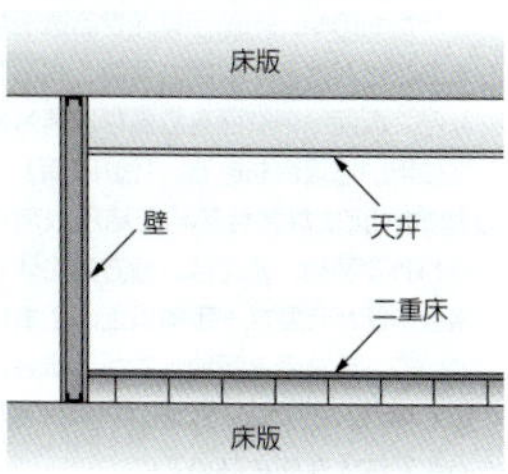

壁勝ち

壁つなぎ間隔

鋼管足場の種類	間隔(m)	
	垂直方向	水平方向
単管足場	5以下	5.5以下
枠組足場＊	9以下	8以下

＊高さが5m未満のものを除く。

広く使用されている。「FRP」と略す。

空積み（からづみ）石材、れんがなどをコンクリートやモルタルといった裏込め材、接着剤を使わずに積み上げる方法。コンクリートやモルタルなどを用いた練り積みに比べて脆(ぜい)弱なため、建築基準法施行令において、高さ2mを超える石積みは練り積みでないと認められない。→練り積み

空練り（からねり）コンクリートやモルタルなどを練り混ぜるときに、水を加えずに材料のみを混練する練り方。ブロック、石材などを敷くときにレベル調整のために用いられたりする。

カラムキャピタル 上部の荷重を均等に柱身に伝える機能を有する柱頭部にある部材。一般に「柱頭」、あるいは単に「キャピタル」と称する場合もある。特にフラットスラブでは、柱頭部にあるテーパーの付いたスラブを受ける部分を区別してこのようにいう場合が多い。→フラットスラブ

がらり 太陽光の直射や雨水の浸入を防ぎ、照度調整や通風、換気を目的として設けられる格子状の開口。（図·97頁）→給気がらり、排気がらり、ルーバー

カラン 水栓金具全般のことを指す。蛇口の総称。

仮囲い 工事期間中、工事現場外周に設置される防護板。通風のために孔をあけたものや、内部が見通せる透明なものなどがある。材質は鋼製、樹脂製など。仮囲いの壁面を広告など情報発信に用いる場合もある。（図·97頁）

仮契約 正式な請負契約を結ぶ以前に行われる契約。例えば、地方自治体で議会承認が必要な一定額以上の工事について、請負者と契約してから議会に諮る場合、この契約は議会で承認されるまでは仮契約となる。

仮使用 新築工事や増築工事において建物の一部や既存部分を検査済証取得前に使用すること。使用前には所轄の消防長または消防署長や建築主事により安全、防火、避難上で支障がないかの認定を受ける必要がある。具体例としては、複合施設での店舗部分先行オープン、分譲マンションでの棟内モデルルームなど。建築基準法第7条の6、同法規則第4条の16

仮付け溶接 ⇨組立溶接

仮ベンチ 「仮ベンチマーク（KBM）」の略称。水準測量において、標高が既知である水準点を基準として現場内に仮に設けた基準となる点。そのつど、水準点に戻る手間を省くために設ける。

仮ベンチマーク ⇨仮ベンチ

臥梁（がりょう）れんが造、ブロック造などの組積造において、壁の頂部を固めるための鉄筋コンクリート製の梁。（図·97頁）

加力試験 ⇨載荷試験

仮枠 ⇨型枠

カルバート ⇨暗渠(あんきょ)

ガルバニックコロージョン ⇨異種金属の接触腐食

ガルバリウム鋼板 アルミニウム·亜鉛合金めっき鋼板の名称。日本国内では「ガルバ」と略称されることも多い。特に耐食性に優れ、屋根、外壁、ダクトなどに用いられる。

川砂利 河川から採れる砂利。河川を流下する間に角がとれ、粒径として堅硬な部分が残る。コンクリートの粗骨材として優れた品質を有するが、近年は採取量が減少して砕石などの使用が大きくなってきている。→山砂利

皮すき 皮をすき取る道具。ペンキなどの塗装材をはがす作業や、付着したモルタルを削り落とす作業にも使用される。（図·97頁）→スクレーパー①、けれん棒

側スターラップ 貫通孔のすぐ脇に設置する補強スラーラップのこと。

川砂 河川から採れる砂。コンクリート用細骨材としてかつては主流であったが、近年は採取量が規制されるなど陸砂、海砂、砕砂などへ移行している。また、山砂、海砂とともに、埋戻しや盛土材料となる。粒度特性は、粗砂あるいは細砂が主体で、山砂に比べて礫(れき)が少なく、シルトや粘土の混入は微量である。締固めは水締めが適する。→海砂、山砂、粒度特性（表·521頁）

瓦棒葺き（かわらぼうぶき）金属薄板

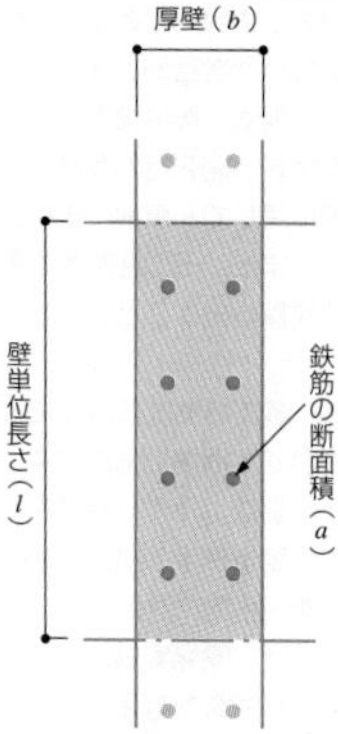

Σ：壁の断面に現れる鉄筋の断面積の合計

$$壁筋比 = \frac{\Sigma a}{b \cdot l}$$

壁筋比

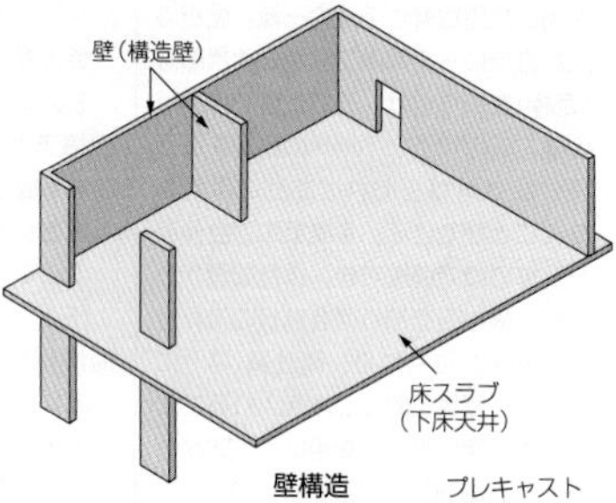

壁構造

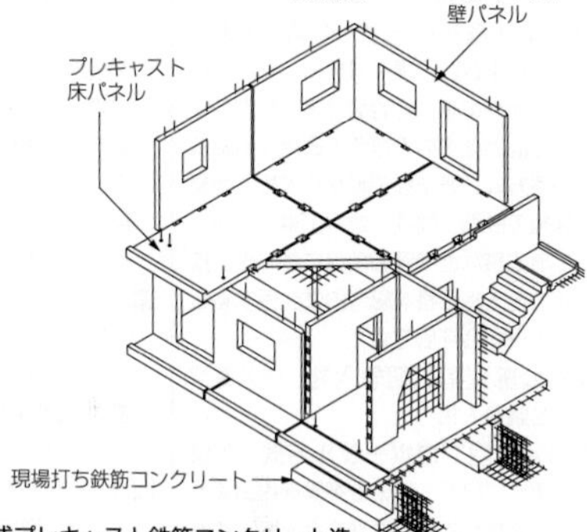

壁式プレキャスト鉄筋コンクリート造

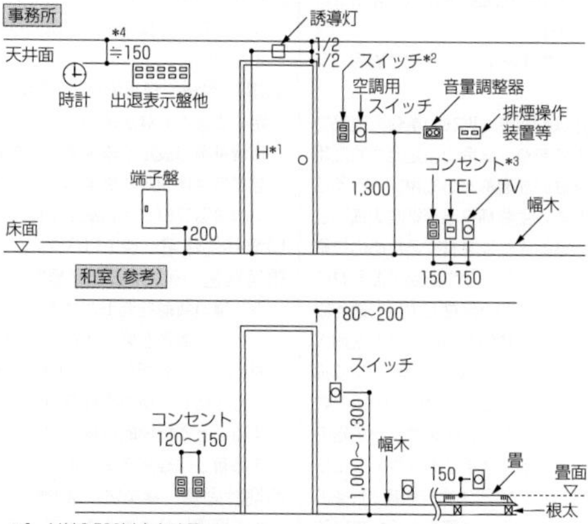

＊1　Hは2,500以上とする。
2　スイッチ類が多く並ぶ場合には、プレートの材質を統一する。
3　器具が並ぶ場合には、一体型プレートを検討する。
4　天井高さ、照明高さ、吹出し口等の高さに応じて調整する。

電気設備機器の標準取付け位置

壁付き機器の取付け①

を用いた屋根葺き工法の一種。屋根の流れ方向に一定間隔で細長い棒状部材(瓦棒)を取り付け、その位置で金属板の横方向の接続と下地への固定を行う。長さが3m以上あれば曲面の屋根も葺くことができる。金属板の温度伸縮を瓦棒の間で吸収でき、また間隔が金属板の幅以下であれば金属板の流れ方向の継手がなくなり、雨仕舞(あまじまい)に優れる。瓦棒位置に心木を入れる工法や、入れずに吊り子を用いる工法がある。(図·99頁) →吊り子

簡易型総合評価方式　技術的工夫の余地が小さい工事を対象に、発注者が示す仕様に基づき適切で確実な施工を行う能力を求める場合に適用する総合評価方式。競争参加者から求める簡易な施工計画、同種・類似工事の経験、工事成績などの評価項目に基づき、技術力と入札価格を総合的に評価するもの。→総合評価方式

簡易公募型指名競争入札　⇨公募型指名競争入札

簡易公募型プロポーザル方式　建設工事について、技術提案書を提出することで技術的に最適な業者を特定する入札手続きのこと。略して「簡易プロポーザル」ともいう。

簡易コンクリート　⇨住宅基礎用コンクリート

簡易耐火建築物　現在の準耐火建築物のことであり、法令上、定義された用語ではないが通称として用いられることがある。主要構造部が準耐火構造と同等の準耐火性能を有するための技術的基準に適合し、かつ延焼のおそれのある開口部に防火戸など火災を遮る設備を有する建築物をいい、外壁を耐火構造とする方法(外壁耐火型)、主要構造部を不燃材料とする方法(軸組不燃型)がある。それぞれ準耐火建築物の中で、建築基準法第2条9号の3ロに示され、さらに同法施行令第109条の3で1号と2号に位置づけられている。

簡易プロポーザル　⇨簡易公募型プロポーザル方式

換気　自然または機械的手法により室内空気を外気と入れ換えること。室内空気の汚染除去が主目的であるが、燃焼装置への給気などを目的とすることもある。→自然換気、機械換気

環境アセスメント　開発行為が原因となる自然破壊に関して、事前に予備調査をすること。また、その悪影響を最小にする方法を探し出すこと。略して「EA」。

環境影響評価　事業の実施が環境に及ぼす影響について、環境の構成要素に係る項目ごとに調査、予測・評価を行い、その事業の環境保全の措置を検討し、環境影響を総合的に評価すること。

環境影響評価制度　開発実施に際し、環境にどのような影響を与えるかについて予測調査を実施し、評価書を公表のうえ、住民、学識経験者、行政の意見を尊重して環境の保全に対し十分な配慮をする制度。

環境会計　事業活動における環境保全のためのコストと、その活動により得られた効果を認識し、可能なかぎり定量的(貨幣単位または物量単位)に測定して伝達するしくみ。

環境型プラスチック製ドラム　プラスチック製の電線、ケーブルの梱包用機材であるドラム。使い捨ての木製ドラムに対し、リユースおよびリサイクルが可能。

環境基本法　日本の環境政策の根幹を定める基本的な法律。1993年11月施行。環境基準の設定や環境基本計画の策定などの実体規定、施策の方向性を示すいわゆるプログラム規定で構成される。

環境共生住宅　⇨エコハウス

環境経営　環境問題に積極的に取り組み、環境負荷を低下させることで企業の社会的責任を果たす経営手法。環境対応はコストがかさむという従来の考え方を捨て、環境問題をコントロールすることで持続的成長につなげようとする新しい経営スタイル。

環境計画書　建築物の環境性能を総合的に評価し公表することで、環境に配慮した持続性の高い建築物であることを評価するために作成される計画書。一定の延べ床面積以上の建築物の建築主は、自ら導入した環境配慮型の設計

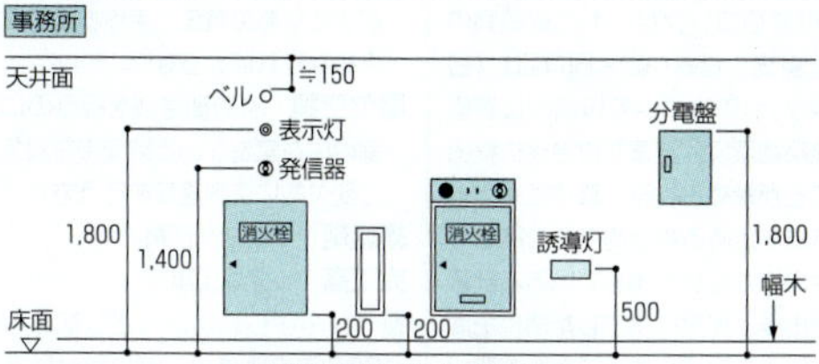

消防設備機器の標準取付け位置

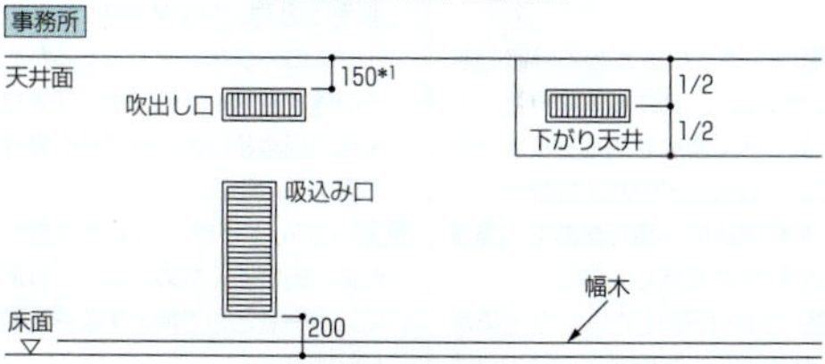

＊1　天井面からの吹出し口の位置は、天井面を汚損しないよう150mm以上必要。

空調設備機器の標準取付け位置

壁付き機器の取付け②

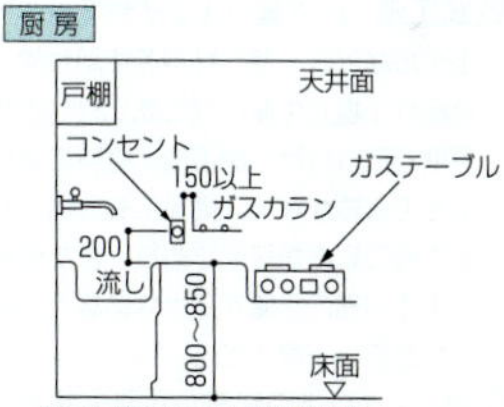

厨房に取り付ける設備機器類の標準取付け位置

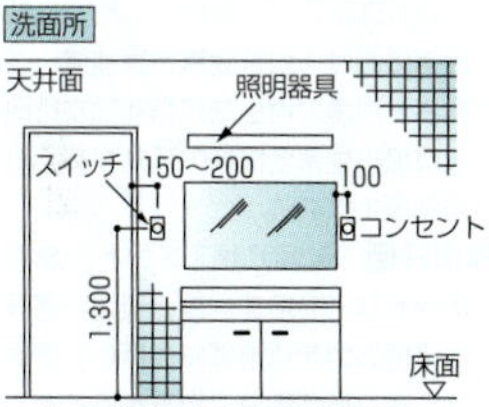

洗面所に取り付ける設備機器類の標準取付け位置

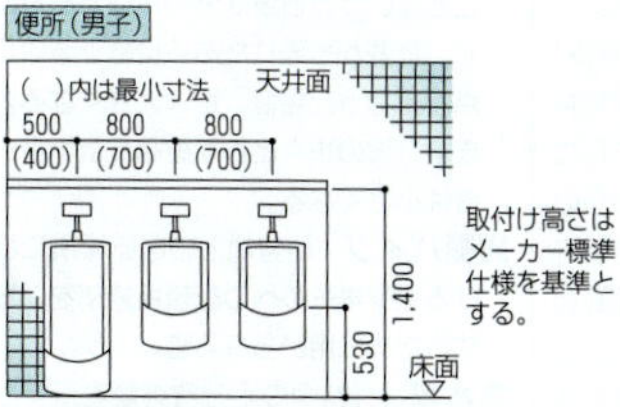

便所に取り付ける設備機器類の標準取付け位置(小便器)

壁付き機器の取付け③

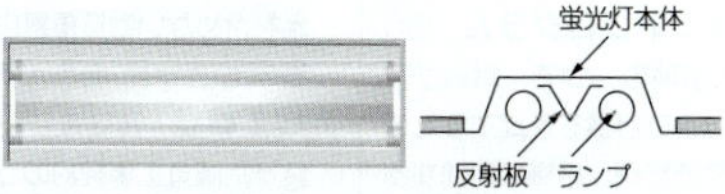

下面開放形照明器具の構成

内容を『鉄筋コンクリート造建築物の環境配慮施工指針(案)・同解説』(日本建築学会)に基づいて段階的に評価し、建築物環境計画書を自治体に提出することが求められる。環境性能は行政が基準を定める規制的手法ではなく、建築主の自主性を重視している。計画書の提出後、実際に施工した環境配慮の取り組みを明確化することも義務づけている。

環境計量士　環境にかかわる計量の専門知識や技術を証明する国家資格。水質や大気の汚染濃度を測定分析する濃度関係と、騒音などの測定分析をする騒音・振動関係の2種類がある。経済産業省で試験を実施している。

環境再生　自然が破壊されたり汚染が蓄積した地域で、生態系その他の自然環境の再生を通して地域社会の再生と持続可能な社会を目指す取り組み。その一環として自然再生推進法が制定された(2003年1月施行)。また、公害地帯における公害健康被害補償・予防業務、環境の再生を目指す独立行政法人環境再生保全機構の活動がある。→自然再生推進法

環境評価　環境アセスメント、環境経済評価などを指す言葉。環境経済評価は環境価値を貨幣価値換算して評価すること。貨幣価値に換算することで、費用便益分析に取り込んだりして活用することも多い。→環境アセスメント

環境ホルモン　「内分泌撹乱化学物質」の通称名。環境中に存在する化学物質で、生体にホルモン的作用を起こしたり、逆にホルモン作用を阻害するもの。

環境マネジメントシステム　環境方針を定め、これを実施し、環境側面を管理するために使われるシステム。企業活動によって生じる環境負荷を低減させるためにこのシステムが使われる。ISO14001の規格に規定されている。略して「EMS」。

環境マネジメントプログラム　ISO14001の要求事項の一つで、組織が設定した目的および目標を達成するために策定する実施計画。組織の関連する部門および階層における目的目標を達成するための責任、手段および日程を含めなければならない。

間欠空調　24時間空調を行うのに対し、室内に在室者がいる時間帯を対象として間欠的に空調運転を行う方式。

緩結剤　⇨凝結遅延剤

完工高　⇨完成工事高

簪(かんざし)①かんざし筋あるいはSRC造の鉄骨梁に溶接取付けする鉄筋受け金物。(図・99頁)②土中にワイヤーロープをアンカーするために、その端末を固定する横木。③木材の接合部を固めるため、各部材を貫通させて用いる金物。

簪筋(かんざしきん)梁主筋を所定の位置に固定するため、上端(うわば)筋の下にスペーサとして挿入する補助鉄筋。(図・99頁)

監視カメラ　建物内部、外部の状態をおもな目的として防犯、防災、計測・記録を行うカメラ。(図・99頁)→ITV

乾式工法　内外壁の仕上げや下地にモルタルなど水を使う材料を使用せず、合板や工場で生産された乾式材などを現場で取り付ける施工法。材料の乾燥待ちの必要がなく、気候にも左右されず工程の短縮が可能であり、また乾燥による伸縮の影響を受けないなどの利点がある。→湿式工法

干渉　2つ以上の音源から発生する音が大きくなったり小さくなったりすることをいう。音波は波の一種であるので、音源から離れたある位置で波の頂点が重なった場合、音は大きくなる。また、波の頂点と谷が重なった場合、音は小さくなる。

緩衝パイプ　地盤沈下のある場所におけるマンホールへの配管接続部を保護するために用いられる管。

含水率　材料中の水分含有量を示すもの。一般的には、ある容量の物質全重量に対する物質が含む水分重量の比を百分率で表す。ただし木材の場合には、水を含めない物質重量に対する水分重量の比(含水比)を含水率としている。

完成工事高　建設会社が施主から請け負った請負工事契約のうち、会計期間中に建設工事が完成した金額(売上高)

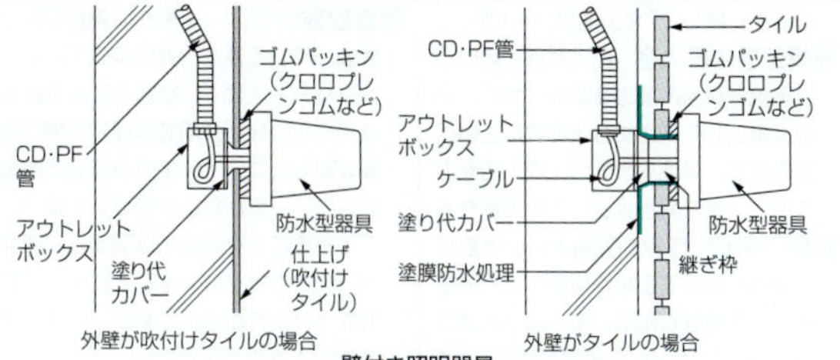
CD･PF管
アウトレットボックス
塗り代カバー
ゴムパッキン（クロロプレンゴムなど）
防水型器具
仕上げ（吹付けタイル）
外壁が吹付けタイルの場合
タイル
CD･PF管
ゴムパッキン（クロロプレンゴムなど）
アウトレットボックス
ケーブル
塗り代カバー
塗膜防水処理
防水型器具
継ぎ枠
外壁がタイルの場合

壁付き照明器具

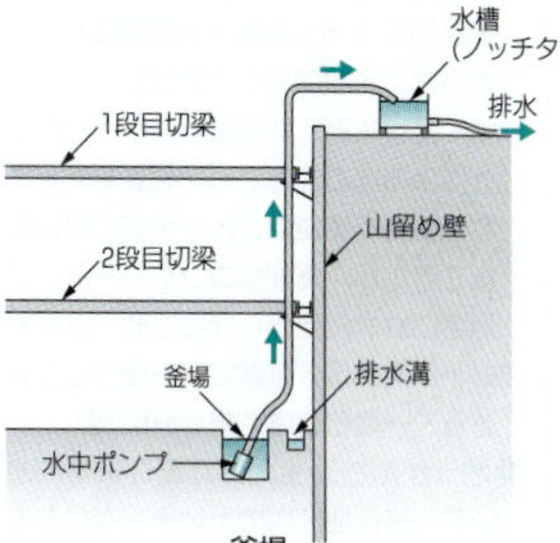
水槽（ノッチタンク）
排水
1段目切梁
2段目切梁
山留め壁
釜場
排水溝
水中ポンプ

釜場

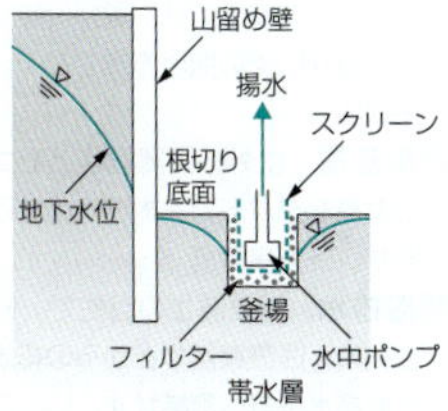
山留め壁
揚水
スクリーン
根切り底面
地下水位
釜場
フィルター
水中ポンプ
帯水層

釜場工法

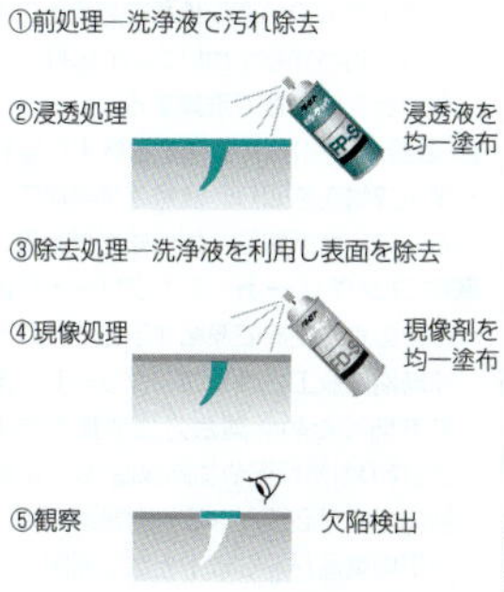
①前処理―洗浄液で汚れ除去
②浸透処理
浸透液を均一塗布
③除去処理―洗浄液を利用し表面を除去
④現像処理
現像剤を均一塗布
⑤観察
欠陥検出

カラーチェック（浸透探傷試験）

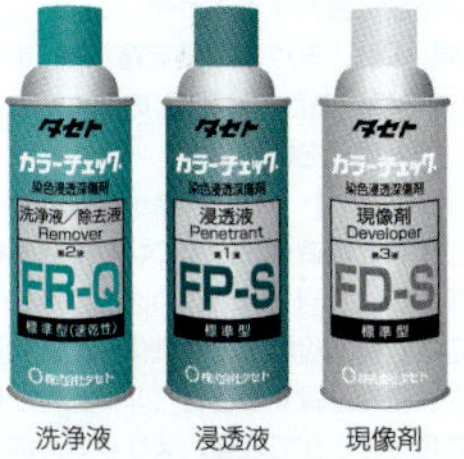
洗浄液／除去液
Remover
FR-Q
浸透液
Penetrant
FP-S
現像剤
Developer
FD-S
洗浄液
浸透液
現像剤

染色浸透探傷剤

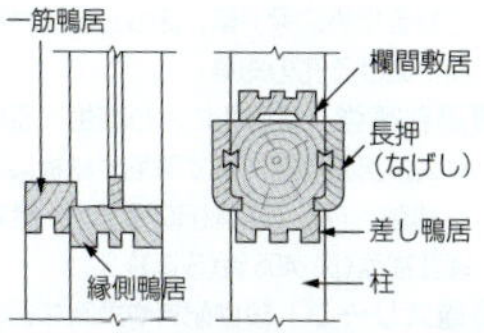
一筋鴨居
縁側鴨居
欄間敷居
長押（なげし）
差し鴨居
柱

鴨居

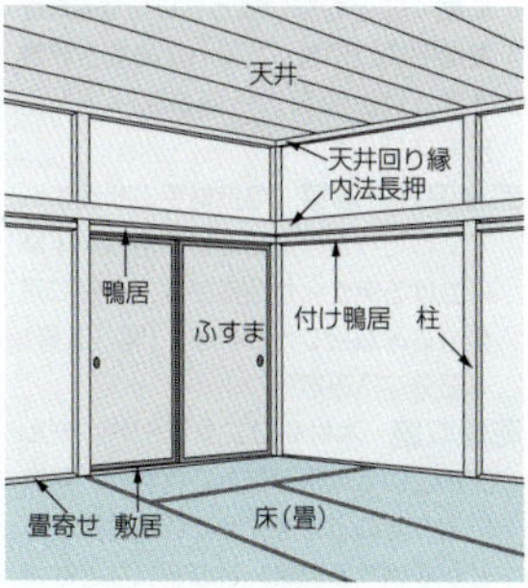
天井
天井回り縁
内法長押
鴨居
ふすま
付け鴨居
柱
畳寄せ
敷居
床（畳）

付け鴨居

のこと。略して「完工高」ともいう。

完成工事未収入金　勘定科目で用いられる流動資産の部の仕訳の一つで、完成工事として売上に計上された工事代金のうち、受注先からの未収入の額のこと。一般に売掛金として処理される。

間接工事費　工種別見積あるいは部位別見積によって工事原価をとらえる際、単独の工種なり部位に属さない共通の費用のこと。共通仮設費や現場管理費をいう。→直接工事費

間接照明　照明器具から発せられる光を、天井や壁などの物体に反射させて室内を照明する方式。影ができない、やわらかい光の照明方式である。→直接照明

間接暖房　室外の空調機などでつくった温風をダクトで室内へ供給する暖房方式。→直接暖房

間接排水　汚染防止の目的で、貯水槽、冷蔵庫、医療機器などからの排水管を一般排水系統へ直結せず、いったん縁を切って水受け器具などにより一般排水系統に接続することをいう。

幹線　「引込み点から受変電設備」まで、「受変電設備から分電盤」の間に敷設される配電線をいう。

完全スリット　構造スリットのうち、二次壁と構造体を完全に切り離す絶縁部分(スリット)、あるいはその形式のこと。構造設計上、構造体に影響する二次壁を絶縁することで非構造材として扱うことができる。スリットには、切り離された壁が地震などで面外方向に動くことがないよう、D10@400程度の防錆処理をした振れ止め筋を設置する。(図·99頁) →構造スリット、部分スリット

完全溶込み溶接　溶接継手の断面すべてにわたり溶け込んでいる溶接。建築における突き合せ溶接部は、一般に完全溶込み溶接で行われる。(図·101頁) →部分溶込み溶接

乾燥収縮　木材やコンクリート、モルタルといった水分を含む材料が、乾燥によりその水分を失って体積や長さなどが収縮する現象。ひび割れなどは、これによって発生する場合が多い。

乾燥収縮ひずみ　一般的に乾燥収縮の評価に用いる長さの減少率のこと。コンクリートでは、JASS 5により計画供用期間の級が長期および超長期の乾燥収縮率について、生コン工場の類似調合のデータがないかぎり8×10^{-4}以下であることを試験で確認する必要がある。この値を抑えることにより、有害なひび割れが発生しないレベルにほぼ制御することができる。

カンタブ　生コンクリート中の塩化物量を測定する試験紙の商品名(製造：太平洋マテリアル)。生コンクリート中に差し込み、試験紙が吸い上げた水分による色の変化で塩化物量を測定する。安価で簡便なことから広く用いられてきたが、高強度コンクリートでは測定にやや時間がかかるため、近年ではデジタル塩分量測定器を使うこともある。→塩化物含有量(図·55頁)

換地（かんち）土地区画整理事業において、施行地区内の土地所有者などの従前の土地についての権利に照応する別の土地についての権利を与えること。これに相当する土地についての権利がないときは金銭で清算する。

感知器　火災により発する熱または燃焼生成物を感知し、信号を受信機に送るもの。熱感知器、煙感知器がある。

寒中コンクリート　コンクリート打込み後の養生期間で凍結するおそれのある時期に施工されるコンクリート。凍結を防ぐため、調合方法や養生方法(型枠の断熱保温や加熱保温)などに特別な配慮が必要となる。対象時期は、日平均気温が4℃以下となる期間、または打込み後91日までの積算温度が840°D·Dを下回る場合である。→コンクリート(表·171頁)

貫通孔　設備配管、ダクトなどを貫通させるために梁や壁、床などの部材断面にあける孔の総称。

貫通孔補強　貫通孔により発生する部材欠損部の周囲に施す鉄筋や鉄板による補強。(図·101頁(RC造)) →梁貫通孔補強(図·405頁(S造))

貫通スリーブ　設備配管や換気などの目的で壁、梁、床スラブを貫通して設

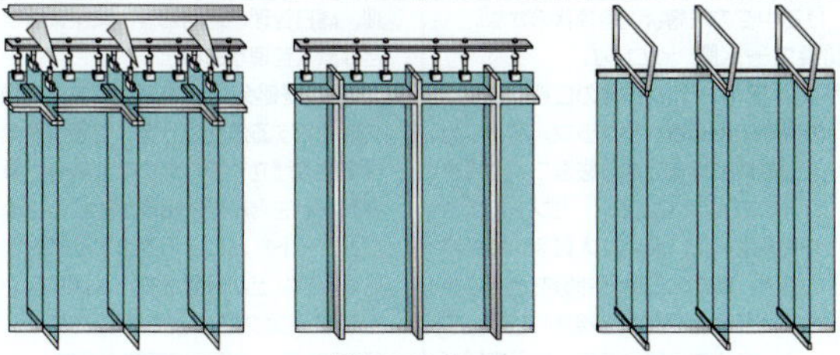

ガラススクリーン

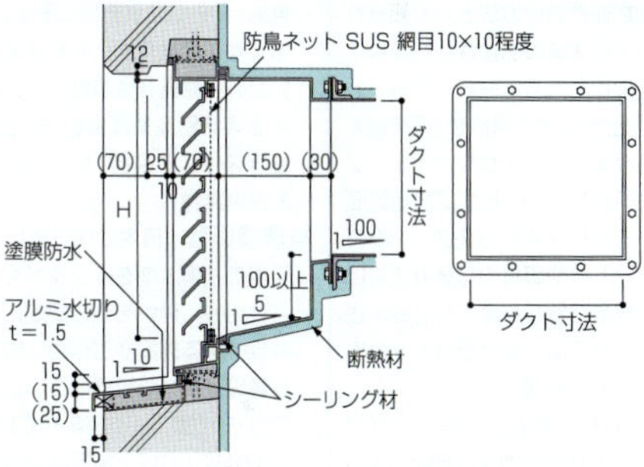

がらり回りのダクトの納まり（例）

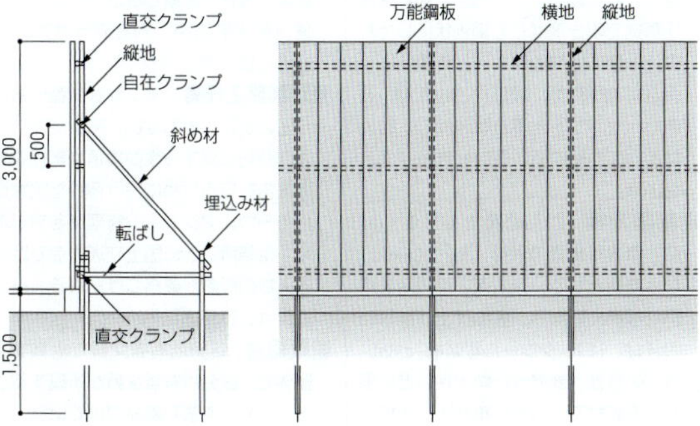

仮囲い

カラーコーン

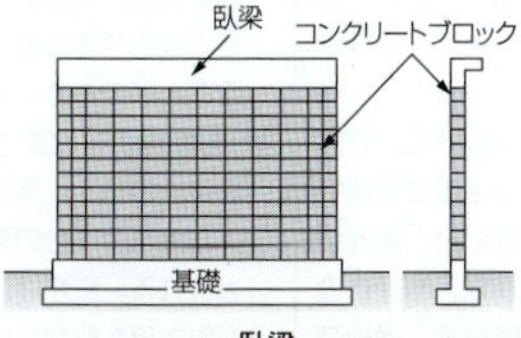

臥梁

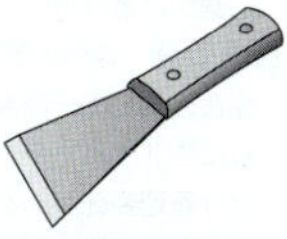

皮すき

ける中空の円筒状、角筒状のさや。

関東ローム層 ⇨ローム

ガントチャート 作業の日程計画やその管理に用いられるグラフ。アメリカ人の機械工学者であり経営コンサルタントであったヘンリー・ガントによって考案された。縦軸に人員や作業内容を置き、横軸に日時(時間)をとって横棒で行う時期や時間を視覚的に示している。各作業の開始時期、終了時期が把握しやすく、作業管理者にとって非常に有効な進捗管理方法として知られているが、各作業の関連性がわかりにくいのが欠点である。→バーチャート

貫入量 ①土質の原位置試験(標準貫入試験、スウェーデン式サウンディングなど)において、ロッドが試験地盤面から鉛直方向に沈み込む深さ。②既製コンクリート杭や鋼杭の打込み工法において、杭を打撃した際の打込み深さ。あるいは、杭工法における杭先端の支持層へののみ込み深さ。

岩綿(がんめん) 岩石、鉱滓(こうさい)などの混合物に石灰を混ぜて1,500〜1,600℃の高温で溶融し、炉の下から流出させ、これを遠心力、圧縮空気または高圧蒸気で吹き飛ばして繊維状にしたもの。一般には軽くプレスして板状にし、保温材(断熱材)、吸音材として用いる。また、セメントと混合吹付けし、耐火材としても用いる。「ロックウール」ともいう。

岩綿吸音板(がんめんきゅうおんばん) 無機質繊維の岩綿(ロックウール)を主原料として、接着剤、混和剤を用いて板状に成形し、表面仕上げをした内装材。「ロックウール吸音板」ともいう。吸音性、断熱性、防火性などに優れた不燃材で、おもに事務所、学校、店舗などの天井材として用いられる。

岩綿モルタル(がんめん一) 岩綿と水を混練したもの。湿式工法による鉄骨の耐火被覆吹付け材に用いる。

管理委託 建物の管理において、管理組合の業務の一部または全部を管理会社に委託すること。管理組合と管理会社は管理委託契約を結ぶが、管理員の勤務形態によって、常駐管理、通勤管理、隔日管理、巡回管理、機械管理または無人管理がある。

管理型最終処分場 管理型産業廃棄物を埋立てする最終処分場。管理型産業廃棄物は埋立て後しだいに分解し、重金属などを含んだ浸出液が生じるため、ゴムシートなどによる遮水工と浸出水処理施設などが設置され、水質検査やモニタリングによって管理される。(図・101頁) →管理型産業廃棄物

管理型産業廃棄物 産業廃棄物のうち、廃油(タールピッチ類に限る)、紙くず、木くず、繊維くず、判定基準を超えないが有害物質を含む燃え殻、ばいじん、汚泥等特別産業廃棄物(梱包した飛散性アスベストなど)をいう。→安定型産業廃棄物

監理技術者 日本の建設業において、現場の技術水準を確保すべく配置される技術者。建設業法の規定により、公共性のある施設や工作物に関する重要な建設工事を直接請け負い、かつ、そのうち3,000万円(建築一式工事の場合は4,500万円)以上を下請契約して工事を施工する場合、元請業者が当該工事現場に専任で配置しなければならない。建設業法第26条、同法施行令第27条 →主任技術者

管理業務主任者 マンション管理適正化法の制定にともない、マンションの委託契約に関する重要事項や管理事務の報告を行うために設けられた国家資格の一つ。マンション管理業を営む際に、事務所ごとに国土交通省令で定める人数の設置が義務づけられる。→マンション管理適正化法

管理組合 区分所有者全員で組織する団体で、区分所有者全員が所属することと区分所有法で義務づけている。建物や敷地、附属施設の共用部分の管理や修繕などについて、集会を開くなどして規約やその他の必要なことを決めることができる。区分所有法第3条

管理建築士 建築士事務所を管理する建築士のこと。事務所に常勤し、もっぱら管理建築士の職務を行う専任が求められる。職務は、建築士事務所の技術的事項を総括し、開設者に対して業

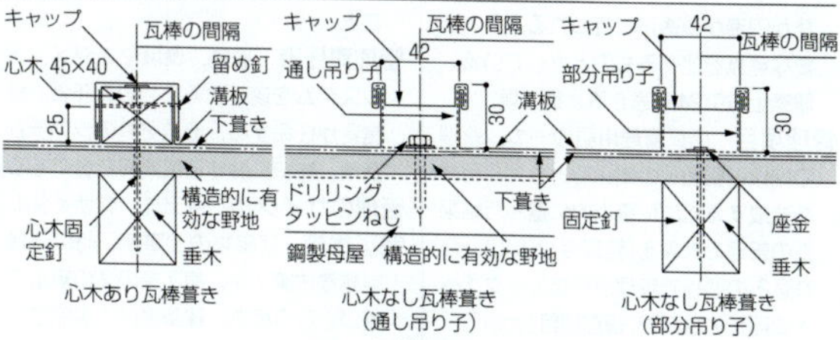

瓦棒葺き

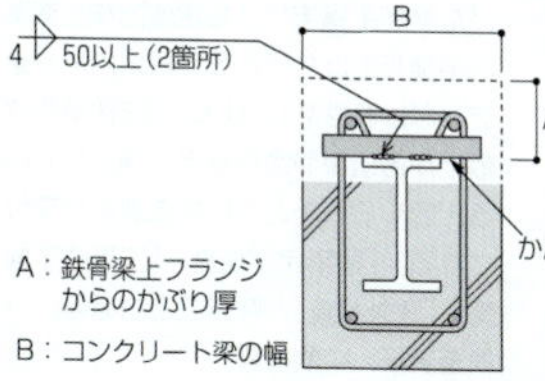

かんざし

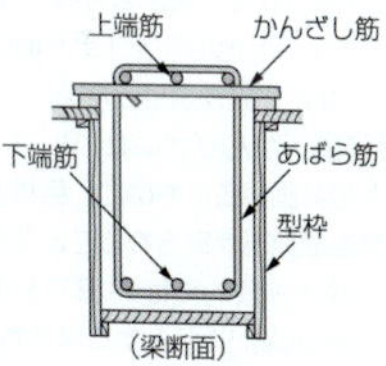

かんざし筋

監視カメラ

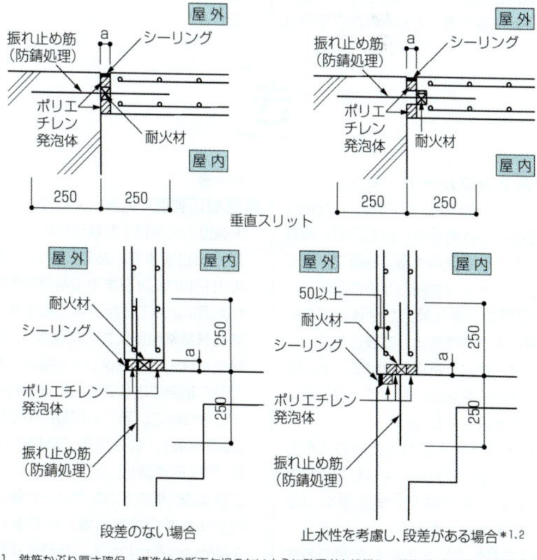

止水性を考慮し、段差がある場合＊1,2

＊1　鉄筋かぶり厚さ確保・構造体の断面欠損のないように監理者と協議し、梁を下げるなどの対策をとる。
2　梁を下げることができない場合、水平スリットのレベルを上げるなどの方法を検討をする。

水平スリット

完全スリット

務が円滑かつ適正に行われるよう、必要な意見を述べるものとされている。
建築士法第24条第2項、第3項

管理項目　品質管理用語の一つ。管理の結果と要因との関係でとらえ、目標を達成するために重点的に選んだ結果系の管理の対象を「管理点」といい、作り込みの過程で管理点をチェックすべき要因系の項目を「管理項目」という。例えば、「屋上防水の10年保障」という目標に対し、「漏水の有無」が管理点であり、「下地の勾配」「下地の不陸(ふろく)」などが管理項目となる。

管理材齢（かんりざいれい）コンクリートの計画調合において、目標とする圧縮強度発現が得られることを保証する材齢。一般的には28日であるが、56日あるいは91日とする場合もある。

監理者　⇨工事監理者

管理図　QC７つ道具の一つで、品質特性について、その工程を管理するためのグラフ。ある一定の値の範囲を設定し、この範囲を超えたばらつきに対して異常と判断が下せるような上限値、下限値の線が書き入れられたグラフのこと。

管理責任者　品質、環境マネジメントシステムを遂行するための責任者。経営者が任命する、それぞれのシステム運用、維持に関する最高責任者である。

管理のサイクル　⇨デミングサイクル

完了検査　建築物の工事完了時に、建築基準法第７条、第７条の２の規定に基づき行う検査。建築主は工事完了から４日以内に検査を申請し、これを受けた建築主事または指定確認検査機関は申請を受けた日から７日以内に検査をしなければならない。当該建築物や敷地が各法律や命令などに適合していると認められたときに検査済証が交付される。「建築完了検査」「工事完了検査」「建築検査」と呼ぶこともある。→検査済証、中間検査

寒冷紗（かんれいしゃ）綿または麻で粗く編んだごく薄い布。塗装下地の素地調整に用いるもので、不陸(ふろく)が大きい場合や下地の継ぎ合せ部などにこれを貼り付け、パテを塗ってしごくことにより表面を平滑に仕上げることができる。

き

キーストンプレート　スラブ用の型枠(せき板)の一種。凹凸加工した鋼板に亜鉛めっき処理をしたもので、埋殺し型枠として使用する。軽量で、デッキプレートよりも凹凸が小さい。

キープラン　ある部分が全体のどこに位置するかを簡略化して表した図面。例えば、建具に符号を付けて、その建具が建物の平面図においてどの位置にあるかを表したもの。

木裏（きうら）木取りした面の名称の一つ。木表の反対側、製材した用材の樹心に近い側、年輪の内側を指す。(図表·103頁) →木表

木表（きおもて）木取りした面の名称の一つで、木材の樹皮に近いほうを呼ぶ。一般に、板類は木表側の収縮が大きいため木表側に反る。(図表·103頁) →木裏

気温補正強度　低温によるコンクリート強度の発現低下を補うため、打込みから28日後まで、あるいは28日を超え91日以内のn日までの期間の予想平均気温によって設定された強度補正値を品質基準強度に加えた強度。「温度補正」ともいう。セメントの種類、平均気温の範囲に応じて0、3、6 N/mm^{2}が定められている。ただし、JASS 5(2009年版)、公共建築工事標準仕様書(平成22年版(上巻))より、この補正値はΔF(構造体コンクリート強度と供試体強度の差を考慮した割増し値3 N/mm^2)と合わせて、構造体強度補正値mSnの中に含められた。

機械換気　送風機などの機械力の動力を用いて行う換気。「強制換気」ともい

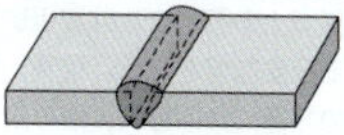

完全溶込み溶接

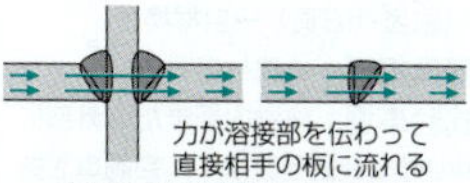

完全溶込み溶接と力の流れ

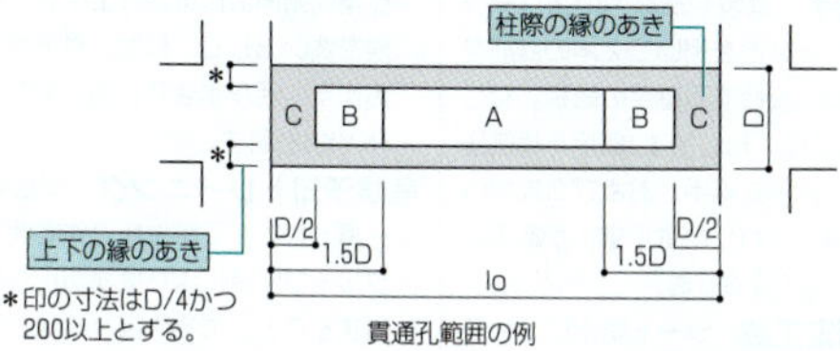

貫通孔範囲の例

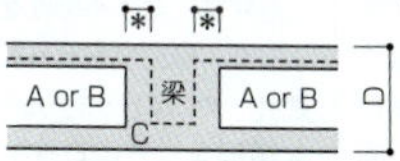

位置	貫通孔の径
A	D/3以下
B	D/4以下
C	不　可

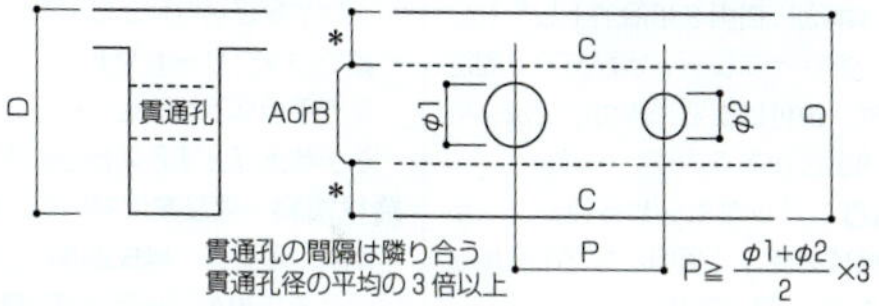

貫通孔径の例

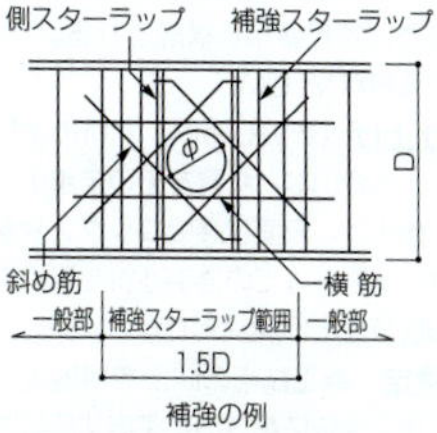

補強の例

貫通孔補強（RC梁）

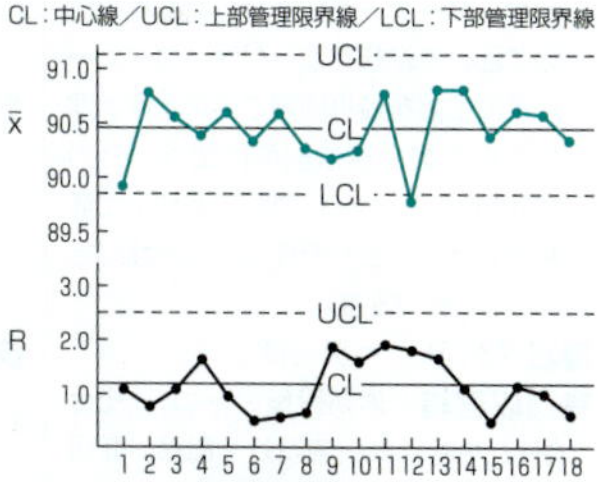

PCパネルの厚さのx̄−R管理図

管理図（例）

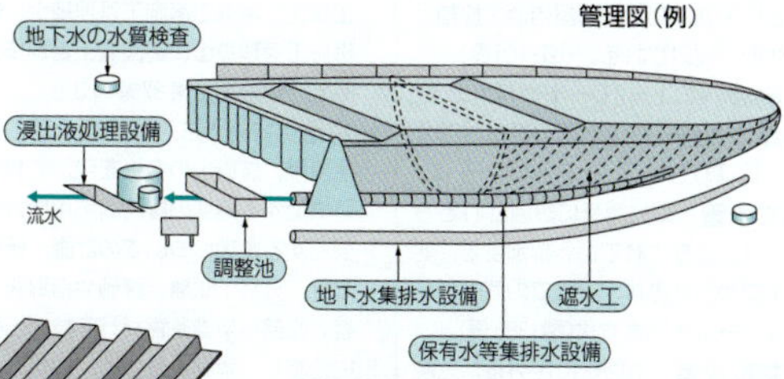

管理型最終処分場

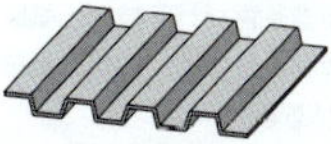

キーストンプレート

う。(図表·103頁) →自然換気

機械器具損料 ⇨機材損料

機械式駐車場 建物内部または外部に専用の機械装置を設けて、自動車を搬送し格納する駐車施設。

機械式継手 鋼製や鋳鉄製のスリーブ、カップラーなどを用いて2本の鉄筋を材軸方向に接合する継手の総称。ねじ方式(ねじ節、ねじ加工)継手、鋼管圧着継手、充填式継手、および2種類の工法を組み合わせた併用継手がある。→鉄筋継手(図·333頁)

機械的固定工法 シート防水において、固定金具を用い機械的にシートを下地に固定する工法。固定金具は、厚さ0.4mm以上の防錆処理を施した鋼板、ステンレス鋼板、およびこれらの片面または両面に樹脂を積層加工したもので、円盤状とプレート状がある。固定法には、後付け工法、先付け工法、接合部内工法がある。(図·105頁)

機械掘り バックホーや各種ショベル系の機械を使って根切りなどの掘削を行うこと。(図·105頁)

きかし筋 柱の配筋方法で、通常の位置からコーナー筋に寄せられた柱主筋のこと。連結筋を取り付け、コーナー筋との位置を最小間隔で固定する。同じ主筋本数の通常配筋に比べ、外力(曲げモーメント)に対して有利に主筋を効かせることができる。「寄せ筋」という。(図·105頁)

擬岩(ぎがん) ⇨擬石(ぎせき)

機器収容箱 消防設備の一つ。「総合盤」とも呼ばれ、表示灯、電鈴、発信機を1つの鋼板製の箱に収容し、廊下などに単独、もしくは屋内消火栓箱と一体型で設置される。(図·105頁)

企業統治 ⇨コーポレートガバナンス

機器類の基礎 設備機器の据付け部分。(図·107頁)

器具排水管 衛生器具に設置されるトラップに接続されている排水管で、トラップから他の排水管までの間の管をいう。→排水通気方式(図·389頁)

危険物取扱者 消防法に定める、危険物を取り扱い、またはその取扱いに立ち会うために必要となる国家資格。一定数量以上の貯蔵または取扱い作業に関して保安監督を行う。甲種、乙種、丙種の3種に分けられ、取り扱うことができる危険物を分類している。

危険予知活動 災害、事故防止のため、作業開始前に作業遂行上予想される危険を洗い出して、検討、対策を立てて実作業に活かす活動。頭文字をとって「KYK」と略す。

危険予知トレーニング 安全管理の一環として、工事現場で作業開始前にグループ討議により危険防止対策を検討すること。現物や図、絵などにより危険性に対する感性を高めるトレーニング。頭文字をとって「KYT」と略す。

気孔 ⇨ブローホール

木鏝押え(きごておさえ) 刷毛引き仕上げや金鏝(かなごて)仕上げの前に、木製の鏝でコンクリートやモルタル面を押さえて平坦な下地面をつくること。そのまま仕上げとする場合もある。

機材損料 建設業において、仮設材、車両・運搬具、機械装置などを現場または支店単位で一定の使用料(リース料)として徴収する費用で、償却費、整備費、管理費から構成される。「機械器具損料」ともいう。

生地仕上げ(きじしあげ) 木材の木目、地肌、色合いなど材質をそのまま生かした仕上げ。表面保護にワックスやクリヤラッカーなどの透明塗料を用いる。「素地(そじ)仕上げ」ともいう。

技術検定 施工技術の向上を目的として、建設業法に基づいて実施する試験。技術検定の種類として、建築施工管理技士、土木施工管理技士、建設機械施工技士、電気工事施工管理技士、管工事施工管理技士、造園施工管理技士がある。建設業法第27条の3

技術士 技術士法第32条第1項の登録を受け、技術士の名称を用いて科学技術に関する高度の専門的応用能力を必要とする事項についての計画、研究、設計、分析、試験、評価や指導を行う者。文部科学省長官が行う技術士試験に合格し、登録を受ける。建設、機械など16部門がある。

技術提案型総合評価方式 公共工事

木裏・木表

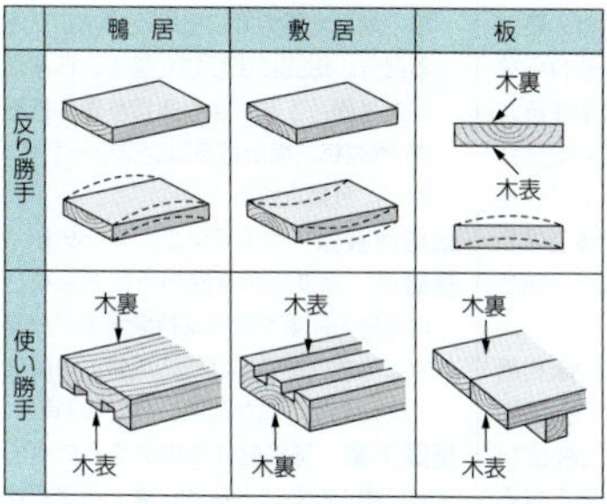

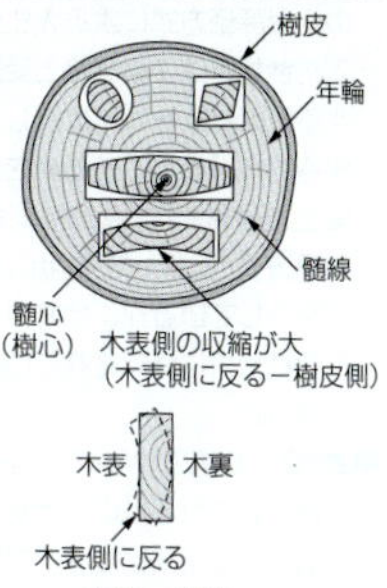

木裏・木表

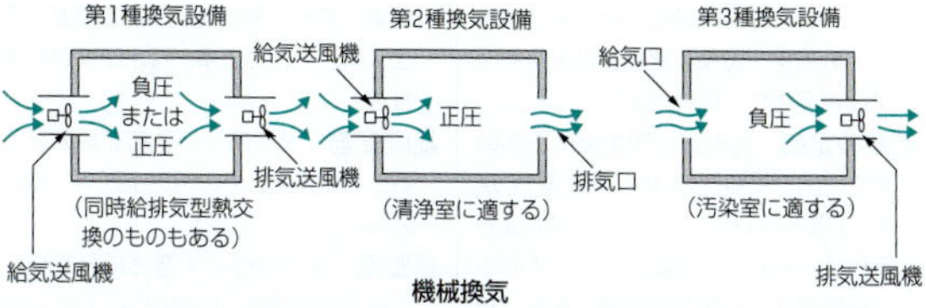

機械換気

建築材料の区分と機械換気による換気回数

居室の種類	機械換気による換気回数	N_2	N_3
住宅等の居室	0.7回/h以上	1.2	0.20
	0.5回/h以上　0.7回/h未満	2.8	0.50
住宅等以外の居室	0.7回/h以上	0.88	0.15
	0.5回/h以上　0.7回/h未満	1.4	0.25
	0.3回/h以上　0.5回/h未満	3.0	0.50

内装仕上げの制限（建築材料の区分）

ホルムアルデヒドの発散速度	告示で定める建築材料		内装仕上げの制限
	建築基準法上の名称	対応するJIS・JAS規格	
0.12mg/m²h超	第１種ホルムアルデヒド発散建築材料	JIS・JASの旧E2、Fc2相当、無等級	使用禁止
0.02mg/m²h超 0.12mg/m²h以下	第２種ホルムアルデヒド発散建築材料	JIS・JASのF☆☆	使用面積を制限 ＊参照
0.005mg/m²h超 0.02mg/m²h以下	第３種ホルムアルデヒド発散建築材料	JIS・JASのF☆☆☆	
0.005mg/m²h以下	―	JIS・JASのF☆☆☆☆	制限なし

第2種・第3種ホルムアルデヒド発散建築材料については、次式を満たすような内装仕上げの使用面積を制限する。

$N_2S_2+N_3S_3 \leq A$ …＊

S_2：第2種ホルムアルデヒド発散建築材料の使用面積
S_3：第3種ホルムアルデヒド発散建築材料の使用面積
N_2：下表の係数値　N_3：下表の係数値　A：居室の床面積

天井裏等の制限

天井裏等は、居室へのホルムアルデヒドの流入を抑制する処置をとる。
①下地材・断熱材等には、第1種・第2種ホルムアルデヒド発散建築材料を使用しないこと。
②気密層、通気止めにより、居室との空気の流通を抑制すること。
③居室の空気圧を天井裏より高くすること。

の総合評価方式による入札形式の一つ。入札参加者は工事価格と受注者の要求する技術提案を同時に示し、それらを総合的に評価して落札者を決定する。国土交通省では「高度技術提案型総合評価方式」と称して運用のガイドラインを示しているが、地方自治体ではそれぞれ独自に試行されている。→総合評価方式

基準階　多層の建物で、同一の床利用が繰り返される階のことをいう。共同住宅、オフィスビルなどで同じ平面が繰り返される場合の階が基準階となる。

基準強度　建築物の構造計算において基準となる材料の強度。建築基準法施行令第89条～98条、建設省告示第2464号に規定された材料強度のこと。

気象の定義　労働安全衛生関係法令の条文に出てくる「悪天候」、「地震」の定義。「悪天候」とは、大雨：1回の降水量が50mm以上の降雨、大雪：1回の降雪量が25cm以上の降雪、強風：10分間の平均風速が毎秒10m以上の風、暴風：瞬間風速が毎秒30m以上の風。「中震以上の地震」とは震度階級4以上の地震をいう。（表・539頁）

キシレン　芳香族化学物質の一つで、油性ペイントやアクリル樹脂塗料、エポキシ樹脂系接着剤に含まれ、接着剤や塗料の溶剤に使用されている。揮発性有機化合物（VOC）の一種で、シックハウス症候群の原因の一つとされる。厚生労働省では室内濃度のガイドラインを0.20ppmと定めている。

既製コンクリート杭　工場で各種の規定に基づき製作されたコンクリートの杭。材料構成や形状の違いで多種ある。（図・107頁）→杭①

擬石（ぎせき）安山岩、花崗(かこう)岩などの砕石を種石とし、白色セメントに顔料を混ぜて成形したもので、表面を小叩きや研ぎ出し仕上げにして天然石のように見せた人造石。最近では、樹脂を結合材として用いたものや材料を溶融して成形したものなどもある。石材と同様にカーテンウォールなどに使用される。「擬岩(ぎがん)」ともいう。→石材（表・267頁）

基礎　建物の荷重を地盤に伝えるため最下階と地盤の間に設ける建物を支える部分。形式により独立基礎、布基礎、べた基礎、工法により直接基礎、杭基礎（既製杭、場所打ちコンクリート杭）などに分類される。

気送管装置　⇨エアシューター設備

基礎杭　構造物の基礎の下にある杭。構造物の荷重を直接支持地盤まで伝達する形式、あるいは周辺地盤との摩擦で支持する形式がある。（図・107頁）

基礎工事　基礎躯体を構築するための諸工事の総称。一般的には、基礎躯体工事のほか、躯体支持部分である杭・地業工事や、躯体構築の前工程である土工事、山留め工事、排水工事が含まれる。

基礎配筋　基礎部分の鉄筋を組み立てること。また、その組み上がった鉄筋の総称。（図・107頁）

基礎梁　最下階の柱下基礎部分を横につなぐ水平部材。「つなぎ梁」ともいう。柱脚部を固めるとともに、柱脚の曲げモーメント、せん断力を負担し、1階床や地下階床、耐圧盤などを支持する役割を担う。（表・109頁）→地中梁

基礎伏図（きそぶせず）構造図の一種で、基礎および基礎梁など基礎部分の構造上の配置、寸法、種類（部材符号）などを示す平面図。ピットがある場合は基礎・ピットレベルと地中梁・床レベルと分けて描く場合もある。また、杭基礎の場合は杭伏図として杭の配置、種類などを分けて描くことが多い。

既存建物調査　既存建物の補修、改修対策の立案に向けて、既存建物の劣化、損傷についての現状把握や劣化原因究明のために実施する調査の総称。例として、外観目視調査、コンクリート強度の非破壊調査などがある。

既存不適格建築物　建築基準法、またはこれに基づく命令、条例の規定が施行されたときに現存する建築物で、その全部または一部がこれらの規定に適合していないものをいう。ただし、当時、適法で建築し、その後増改築や用途変更などがなく使用している限りは、その部分について建築基準法は適用さ

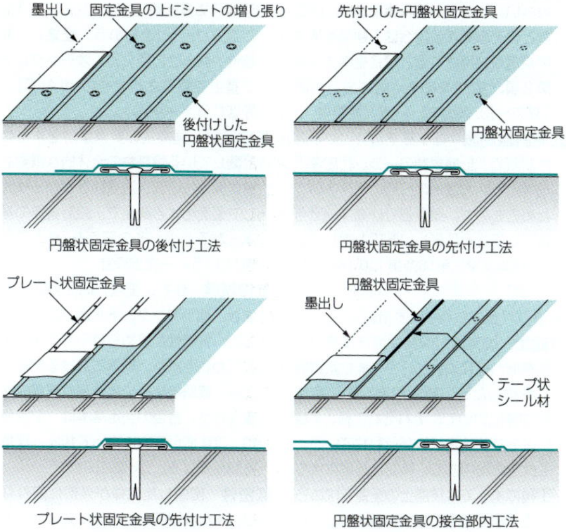

円盤状固定金具の後付け工法
円盤状固定金具の先付け工法

プレート状固定金具の先付け工法
円盤状固定金具の接合部内工法

機械的固定方法（シート防水の施工例）

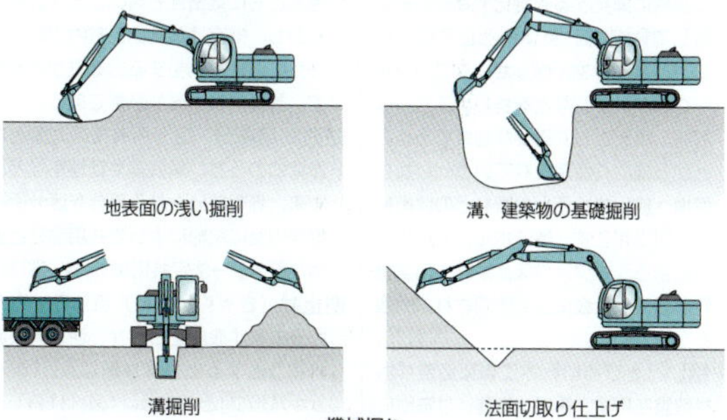

地表面の浅い掘削
溝、建築物の基礎掘削
溝掘削
法面切取り仕上げ

機械掘り

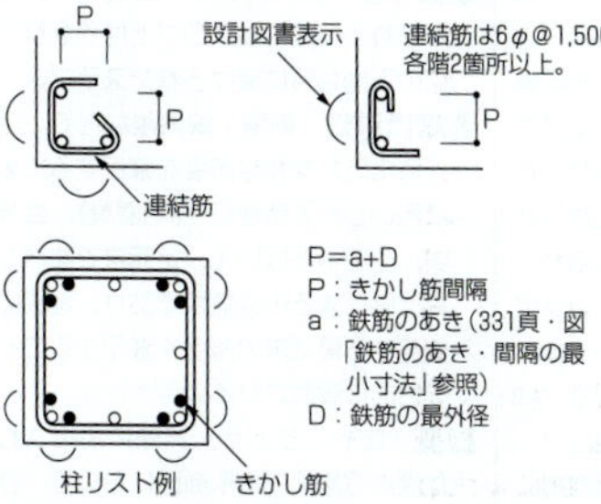

きかし筋

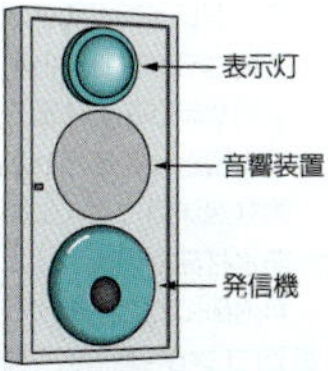

機器収容箱（露出・小型）

れない。しかし、施行後に増築、改築などの工事をする場合は、建築基準法の規定が適用される。建築基準法3条第2項、第86条の7、同法施行令第137条～137条の19　→違反建築物

北側斜線制限　建築基準法で定める高さ制限で、形態規制の一つ。住居専用地域内で北側隣地の日照の確保を図るためのもので、東京都では高度地区を指定してさらに厳しい制限を課している。建築基準法第56条第1項3号（図・109頁）

木積り（きづもり）⇨木拾い

技能士　職業能力開発促進法に基づき職業能力開発協会が行う技能検定試験に合格した者。建設関連では31業種42作業について、それぞれ1級、2級に区分して検定試験が行われている。公共工事を中心に、特記仕様書により工種によっては技能士の配置を求められる工事が増えてきている。

揮発性有機化合物　常温常圧で大気中に容易に揮発する有機化学物質の総称。略して「VOC」。具体例としてはトルエン、キシレン、ベンゼン、フロン類、ジクロロメタンなどを指し、これらは溶剤、燃料として重要な物質であることから幅広く使用されている。しかし、環境へ放出されると公害などの健康被害を引き起こす。特にホルムアルデヒドによるシックハウス症候群や化学物質過敏症が社会に広く認知され、問題となっている。

木拾い（きびろい）木工事に必要な木材数量を用途、等級、樹種、寸法別に図面から拾い出すこと。「木寄せ」「木積り」ともいう。

気泡　①コンクリート中に発生する微細な空気の泡。エントラップドエアとエントレインドエアがある。また、多孔質なコンクリートをつくるために発泡剤や起泡剤の添加で発生する泡や、混入用としてあらかじめ用意した安定的な泡沫のこと。②塗料、モルタル、防水材などの塗り仕上げの工程で、材料内部にできる細かな空気の泡。

気泡コンクリート　発泡剤や起泡剤によりコンクリート内部に多数の気泡を閉じ込め多孔質化させたもので、「泡コンクリート」ともいう。軽量で、断熱性や耐火性に優れる。オートクレーブ養生で製造されたものが「ALC」と呼ばれる。→ALC

基本設計　建築主の要求事項をまとめ、計画している建築物の全体的な概要を意匠面、技術面、法規面などから検討して図面化する業務で、設計業務の基本となるもの。その図面を「基本設計図」という。→実施設計

気密試験　住宅、配管、高圧ガス、冷凍機、地下タンク、下水道、エアコンなど、気密性が求められるものを対象に行われる試験。現場における配管施工後、機器接続後に流体漏れ確認の検査を行う。合否の判定基準は、配管種類、流体使用圧力によって加圧、保持時間が異なる。（図表・109頁）

気密性　密閉した気体が外部に漏れない、または減圧した内部に気体が流入しない性質をいう。省エネ建物は断熱性とともに気密性も高いことが必要。しかし、気密性が高いと室内空気の清浄性に問題が発生するおそれがあるので、計画的な換気も必要である。

規約共用部分　区分所有権の対象となる建物のうち、集会室や管理室など、本来、専有部分となる部分を区分所有者が相互に規約によって共用部分と定めた部分。→法定共用部分（表・463頁）

逆止弁（ぎゃくしべん）流体を一方向のみに流す機能をもつ弁。逆方向に流れようとすると弁体が閉じる。「チャッキバルブ」ともいう。（図・111頁）

逆スラブ　梁に対しその上端(うわば)に設けられる一般的なスラブとは異なり、梁の下端(したば)に架けられたスラブ。

客席誘導灯　劇場・映画館などで、足元に常時わずかな照度を確保するために用いられる誘導灯（照明器具）。公演中・上映中とはいえ、足元まですべて真っ暗にするのは危険であり、避難に使用する最低限の照度を確保することを目的に設置される。

脚長（きゃくちょう）実際に溶接された隅肉溶接の三角形断面において、直角をはさむ各二辺の長さのこと。隅肉

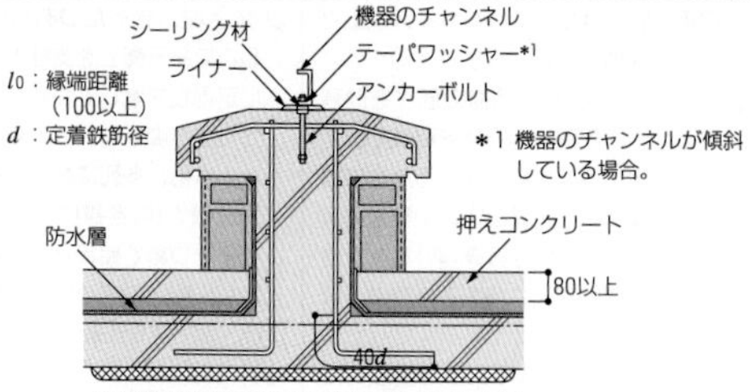

＊1 機器のチャンネルが傾斜
している場合。

重量機器の基礎（押えコンクリートがある場合）

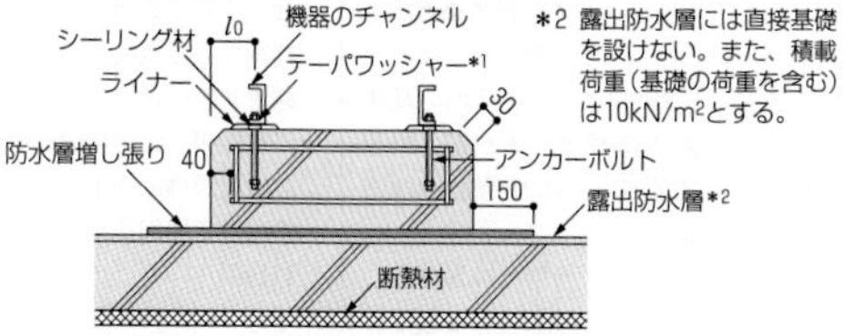

＊2 露出防水層には直接基礎
を設けない。また、積載
荷重（基礎の荷重を含む）
は10kN/m²とする。

軽量機器の基礎（露出防水の場合：非耐震基礎）

機器類の基礎

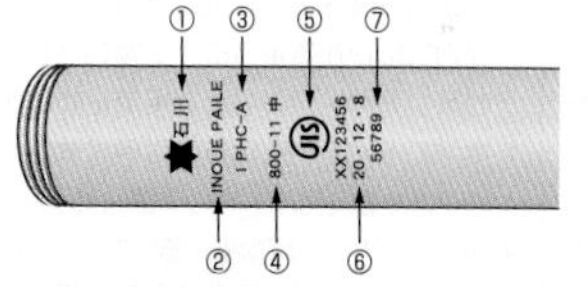

①商標、工場名　②社名　③JIS区分、杭種、種別
④形状、寸法、区分　⑤新JISマーク、認証番号
⑥製造年月日　⑦製品番号

受入検査を行い、欠陥品は使用しないこと。

既製コンクリート杭の表示例

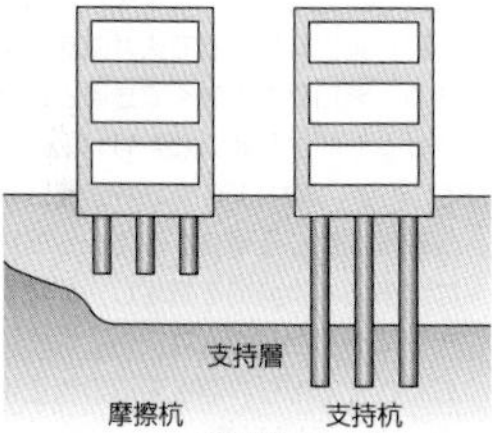

基礎杭

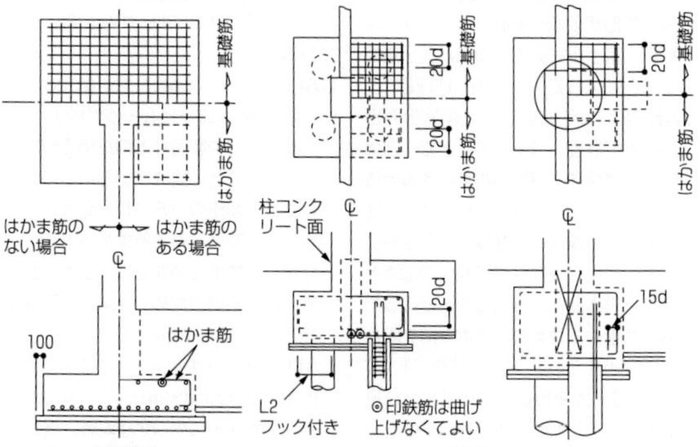

直接基礎　　杭基礎

基礎配筋

溶接の脚長は指定されたサイズ以上でなければならない。→サイズ②

客土（きゃくど）①地盤の悪さを改善するために表層土の一部を取り除いて入れ替えたり、埋戻しをするために場外から運び込む良質の土。②植栽に適さない砂地あるいは瓦礫(がれき)を多く含む地盤において入れ替える良質の土壌のこと。かくど。

客土法（きゃくどほう）砂地盤などに植栽地盤を造成する際、砂を取り除いて赤土、黒土などと入れ替える方法。植木1株ごとに入れる場合は、苗木、低木類で0.05m^3/本、3～4mの高木で0.2～0.3m^3/本程度。帯状に入れる場合は高木で80～100cm程度の厚さ確保が望ましい。

逆梁（ぎゃくばり）通常とは異なり、上端(うわば)を床レベルより上げて設けられる梁。相対的に見るとスラブ上方に梁形が突出する。床下を利用できる、桁行(けたゆき)方向において梁をバルコニー側に移動させることで天井高を高くできる、開口部を大きくできるといったメリットが生じる。（図·111頁）

逆ひずみ　鋼材は溶接の熱影響で変形が顕著に生じる場合がある。逆ひずみは溶接による変形を想定し、相殺するためにあらかじめ逆方向へ変形させておくことであり、溶接変形の矯正手法の一つ。（図·111頁）

逆富士形照明器具　蛍光灯が室内に露出した形状の照明器具。形状が逆三角形で、富士山に似ていることから逆富士形と呼ばれている。（図·111頁）

CASBEE（キャスビー）建築物総合環境性能評価システムのことで、建築物の環境性能で評価し格付けする手法。省エネルギーや省資源、リサイクル性能といった環境負荷削減の側面はもとより、室内の快適性や景観への配慮といった環境品質、性能の向上といった側面も含めた建築物の環境性能を総合的に評価する。Sランク(素晴らしい)、Aランク(大変良い)、B+ランク(良い)、B−ランク(やや劣る)、Cランク(劣る)、という5段階の格付けが与えられる。（図表·113頁）

脚立足場（きゃたつあしば）自立型はしごである脚立を支柱として、その間に足場板を渡してつくる仮設足場。2つ以上の脚立を使って線状に組む場合と、多桁、多列に配置した脚立に大引き、根太(ねだ)を掛け、その上に足場板を敷きつめて棚状とする場合がある。おもに屋内の壁や天井の作業などに用い、高さ2.0m未満で使用する。（図·111頁）

キャッチベース　鉄骨のフランジ部分をつめではさみ込みボルトで固定する棒状の仮設設備設置用金具。仮設の階段手すり、通路の受け、鉄骨建方(たてかた)や柱溶接時の足場受けなどとして多様な仮設設備に使用される。垂直面に取り付けて使用することはしない。（図·111頁）

キャットウォーク　設備の点検用などのために高所へ設けた通路。

キャッピング　コンクリート圧縮強度試験用供試体の型枠内で試験機の荷重が均等にかかるように、上端(うわば)面をセメントペーストなどで平滑化する作業のこと。JIS A 1132では供試体のつくり方を規定している。（図·115頁）

キャップタイ　両端を135°フックとした開放形(U字形)のあばら筋上部にかぶせ、一体型となるように取り付ける両端を折り曲げた鉄筋。梁がスラブ付きでコンクリート同時打ちの場合は折曲げを90°にすることができ、そうでない場合は135°フックとする。（図·113頁）

CAD（キャド）computer aided designの略。コンピュータの支援を得ながら設計や製図などのための図形処理を行うこと。見やすい図にして表示したり、動作のシミュレーションを行ったり、変更に対する柔軟な対応などが可能。国土交通省では、土木設計業務の電子納品のため、「CAD製図基準(案)」を定めている。

CAD/CAM（キャド·キャム）computer aided design / computer aided manufacturingの略。設計工程と生産工程を一貫して支援するコンピュータシステムのこと。設計をコン

耐圧版の基礎梁との定着[9]

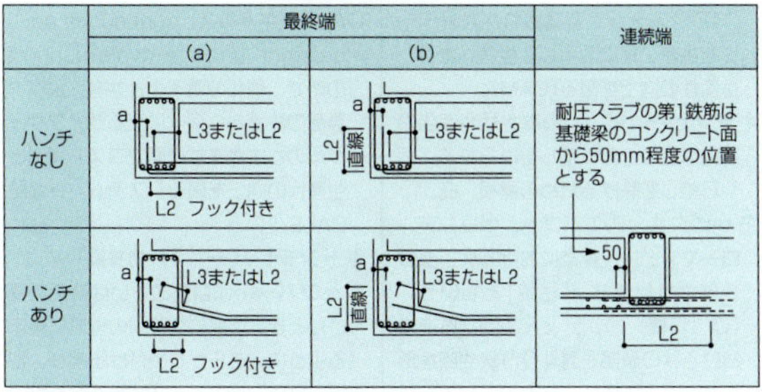

最終端
(a)
(b)
連続端
ハンチなし
ハンチあり

耐圧スラブの第1鉄筋は基礎梁のコンクリート面から50mm程度の位置とする

(a)地震時の柱軸力によって基礎(基礎梁)に浮き上がりを生じない場合
(b)浮き上りを生じる場合
a：鉄筋の余長部の逃げ寸法。150mm程度。

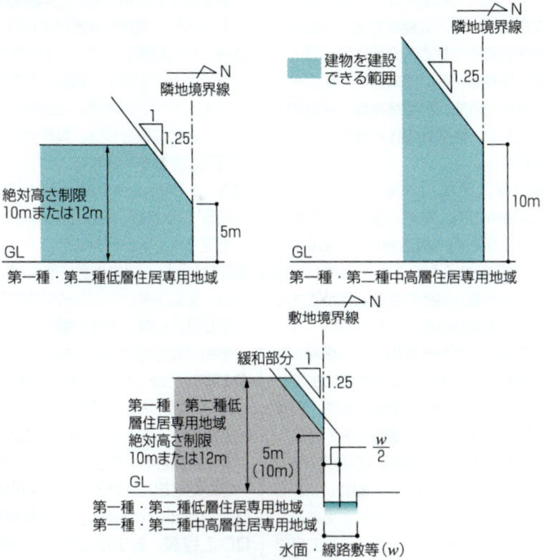

敷地の北側に水面、線路敷等がある場合

北側斜線制限

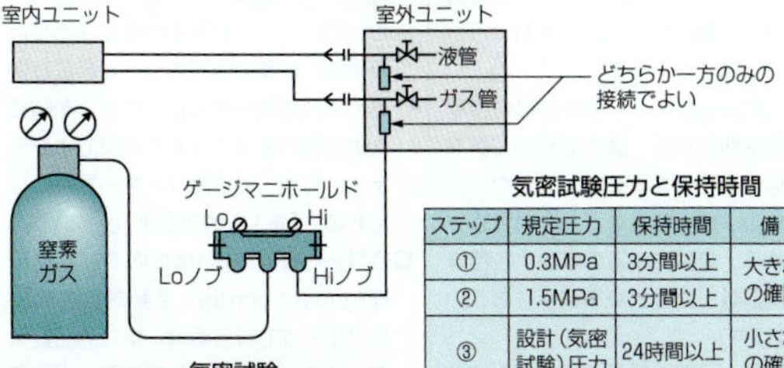

気密試験

気密試験圧力と保持時間

ステップ	規定圧力	保持時間	備考
①	0.3MPa	3分間以上	大きな漏れの確認
②	1.5MPa	3分間以上	
③	設計(気密試験)圧力	24時間以上	小さな漏れの確認

ピュータと対話しながら行い(CAD)、CADシステムで蓄積された設計データを生産工程に活用して生産したり、生産性の向上を図る(CAM)。

キャノピー　出入口の車寄せや商店の店先などの上部に差し掛けられる、雨や日差しを除けるための屋根、庇。

キャピタル　①エジプト、ギリシア、ローマなど古代建築における柱上部の装飾された部分。「柱頭」ともいう。(図·113頁) ②フラットスラブ構造における柱の頭部を漏斗(ろうと)状や四角形に拡大した部分。→フラットスラブ(図·437頁)

キャピラリーチューブ　蒸気冷凍サイクルにおいて、凝縮器で液化した冷媒を断熱膨張させて蒸発器に流す目的で用いられる、長い毛細管状の膨張弁。家庭用冷蔵庫、小型冷凍機、家庭用エアコンで、膨張弁の代わりとしてよく使われる。

キャブシステム　cable box network systemの略。電線、電話線や各種ケーブル類を地中構造物(ケーブルボックス)に収めるシステム。点検が容易、電柱が不要、道路の有効活用ができるなどの利点がある。(図·115頁)

キャブタイヤケーブル　ゴム絶縁した心線の上を丈夫なゴムでさらに被覆したケーブル。振動、摩擦、屈曲、衝撃に強く、移動体への配線(例えばエレベーターのかご内照明への電源供給)として使用する。JIS C 3312、JIS C 3327 (図·115頁)

キャラメル　鉄筋コンクリート工事で用いる、3cm程度の小さな四角のキャラメル形をしたモルタルブロック。鉄筋のかぶり厚さを確保するためのスペーサの一種。「さいころ」ともいう。(図·115頁)

キャリブレーター　一般的には各種専用計測器類の校正、調整を目的に標準値の信号を発生する装置。トルクレンチのトルク校正装置などもこの名称で呼ばれる。単独の装置のほか、各種専用計測器類に内蔵される場合もある。(図·117頁)

キャリブレーターテスト　⇨導入張力確認試験

CALS(キャルス) continuous acquisition and life-cycle supportの略で、情報の電子化と共有により、製品の設計から保守に至るライフサイクルのさまざまな局面でコスト削減と生産性の向上を図るシステム。→建設CALS/EC

キャンチレバー　⇨片持ち梁

キャンバー　①自重あるいは荷重を受けたとき、最終的に正規の位置に納まるように、あらかじめ付ける起り。型枠、鉄骨、PCスラブなどで行われる。(図·115頁) →起(むく)り　②間隔を調節するために用いる、三角形の断面をもつ木片。仮設物などに使われる。

キャンバス継手　ダクト系に使われるフレキシブル継手。綿布などでつくられる。ダクト状流路、送風機や空調機の出入口に取り付け、製作寸法誤差を吸収し振動を絶縁する。

QA [quality assurance] ⇨品質保証

QMS [quality manual system] ⇨品質マネジメントシステム

給気がらり　建物外壁に取り付けられる、空気を吸い込むための開口部。雨水が浸入しないように幅の広い羽根状帯板が取り付けられたもの。

急結剤　セメントの水和反応を早め、凝結時間を著しく短くするために用いる混和剤。主として吹付けコンクリートに使用され、コンクリートに瞬間的な凝結を起こさせる。JIS A 0203

QC [quality control] ⇨品質管理

QC工程表　着工から竣工までの作業の中で、良い品質をつくり込んでいくために品質特性として何をチェックするかなど、品質に影響を与えるものについて、いつ、何をすべきかを示した計画表。作業の流れに沿って起こり得る不具合を明らかにし、不具合を防ぐための管理のポイントと対策およびチェック方法、責任者などを一覧表にしたもの。「施工品質管理表」ともいう。

QCサークル　同じ職場内で、品質管理(quality control)活動を自主的に小グループで行う活動。全社的品質管理活動の一環として自己啓発、相互啓

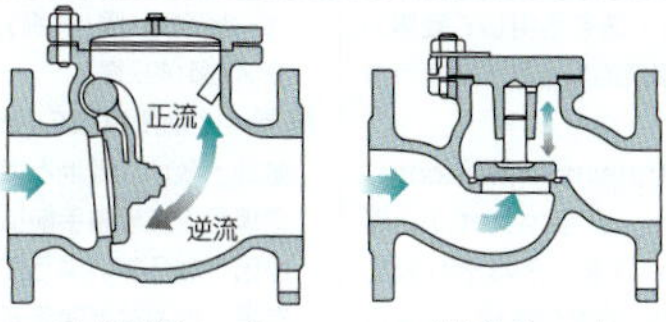

逆止弁

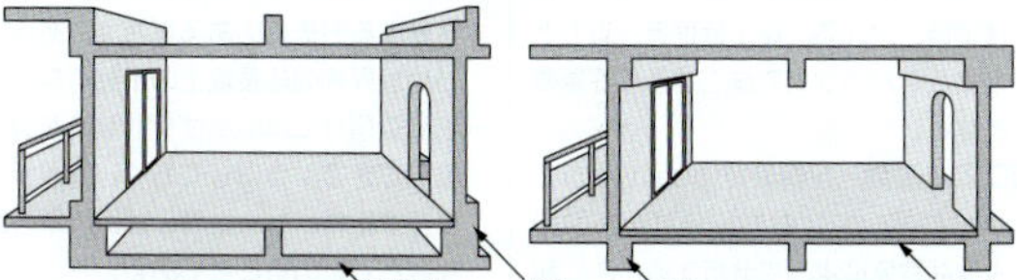

逆梁工法　一般的な工法

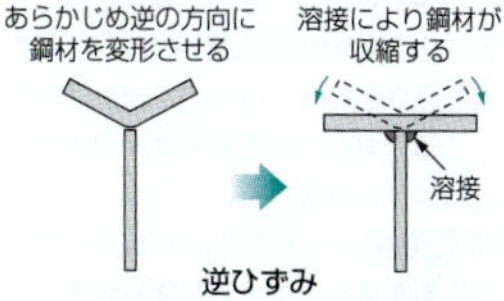

逆ひずみ

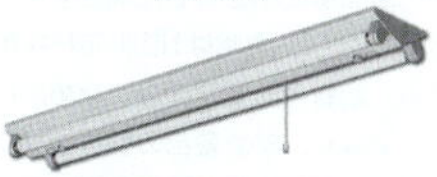

逆富士形照明器具（蛍光灯）

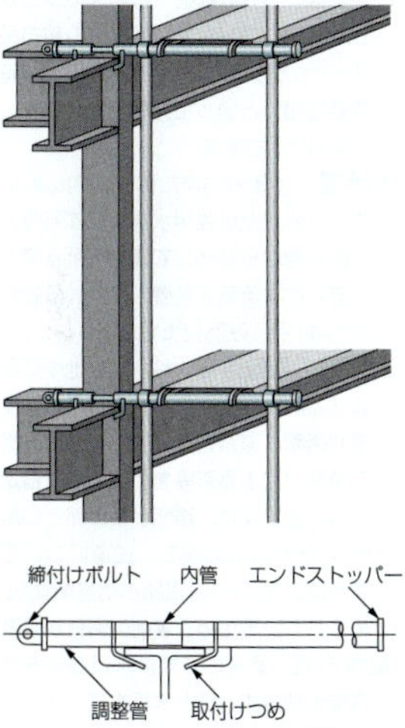

キャッチベース

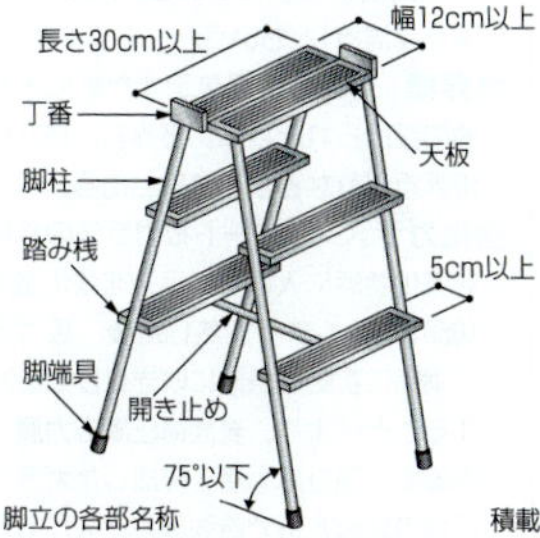

脚立の各部名称

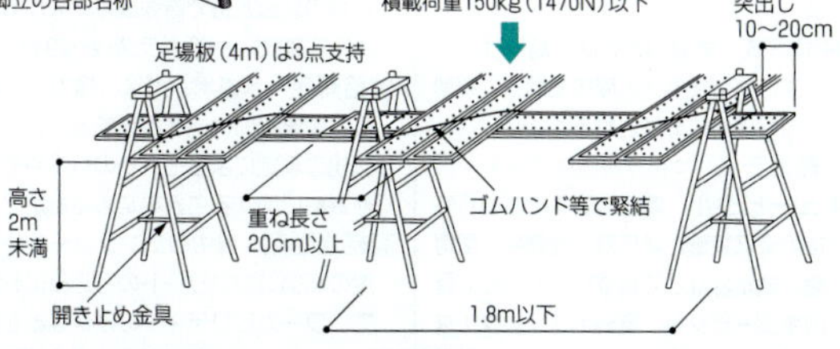

脚立足場

発を行い、QC手法を活用して職場の管理、改善を継続的に全員参加で行うもの。

QCDSE 品質(quality)、費用(cost)、工期(delivery)、安全(safety)、環境(environment)を、それぞれ頭文字で示したもの。企業の管理、改善目的を表現するときに用いられ、建設業においては常に念頭に置くべき5大管理項目といえる。施工管理者としてどのようなバランスで施工するかが重要となる。

QC7つ道具 品質管理(quality control)において、おもに統計データのような数値によって分析するために利用される7つのツールのこと。7つの道具は、(1)管理図、(2)ヒストグラム(グラフ)、(3)パレート図、(4)散布図、(5)チェックシート、(6)層別、(7)特性要因図、といった分析手法を指す。→新QC7つ道具

給水管 ①建物内または敷地内において、上水または雑用水を供給する管。②配水管から分岐して建物へ至る管。水道法による給水装置の管で、建物側からは「引込み管」という。

給水管の埋設砂厚 給水管を地中に埋設する際、自動車などの走行による荷重や衝撃、道路管理者が行う道路改修工事などによる影響を防ぐために指定された埋設深さ。路面と管頂部との距離は0.6m以上必要で、国道については各建設局ごとに「道路占用基準」が定められているため、事前に調査が必要。

給水方式 給水の方式は水道直結方式、高架水槽方式、圧力水槽方式、ポンプ直送方式に分類される。(図・115頁)

給湯管 上水を加熱した湯を供給する管。

給湯方式 給湯の方式は、局所式と中央式、直接加熱式と間接加熱式、瞬間式と貯湯式に分類される。(図・117頁)

吸熱ガラス ⇨熱線吸収板ガラス

キュービクル 鋼板の函体に収められた受変電設備。変圧器、受電盤、配電盤、断路器などで構成されている。屋内キュービクル、屋外キュービクルなどがある。(図・117頁) →屋上設置キュービクル(図・61頁)、保守点検スペース(図・467頁)

境界 土地所有権の及ぶ範囲の境目。敷地と敷地、敷地と道路・水路などとの境目。工事着手前には、後日紛争の原因とならないように建築主、隣地所有者、役所など関係者立会いのもと、境界標石、境界杭の確認を行う必要がある。工事中に境界標石が壊されたり移動するおそれのある場合は、あらかじめ境界線の延長線上の不動点などに杭や鋲(びょう)による逃げ(引照点)を設け、復旧できるようにしておく。境界が定まらず紛争になった際には、調停、裁判などで定めることもある。

境界確定 民地と官有地の境界を、双方の当事者が立ち会って確認し決定すること(国有財産法第31条の3)。宅地開発などの際、区域内にまたは隣接して国有財産がある場合は境界確定を行わなければならない。

狭開先溶接(きょうかいさきようせつ) 開先断面積を小さくした開先を用いる溶接であり、通常はI形開先が採用される。溶着金属量が少ないため溶接変形も少なく、熱影響部の性質がサブマージアーク溶接やエレクトロスラグ溶接に比較して優れている。「ナローギャップ溶接」ともいう。

境界標 土地の境界を示すために人為的に設けられた目印。境界石、境界杭、境界鋲(びょう)などがこれに当たる。

強化ガラス フロート板ガラスの素板を強化熱炉に入れてガラスを軟化温度(650℃)近くまで加熱した後、板ガラス両面に空気を急激に吹き付けて急冷することにより、表面に圧縮応力層、内部に引張り応力層を形成したガラス。同様の製造方法で倍強度ガラスがある。JIS R 3206 →板ガラス(表・29頁)

供給規定 水道水、ガス、電力、熱媒など需要家に供給する事業者が、関係法規の規定によりそれらの料金やその他供給に関することを定める規定。

凝結遅延剤 暑中のコンクリートや強度の高いコンクリートの打込みにおいて、ワーカビリティーの確保などを目的にコンクリートの凝結を遅らせる場

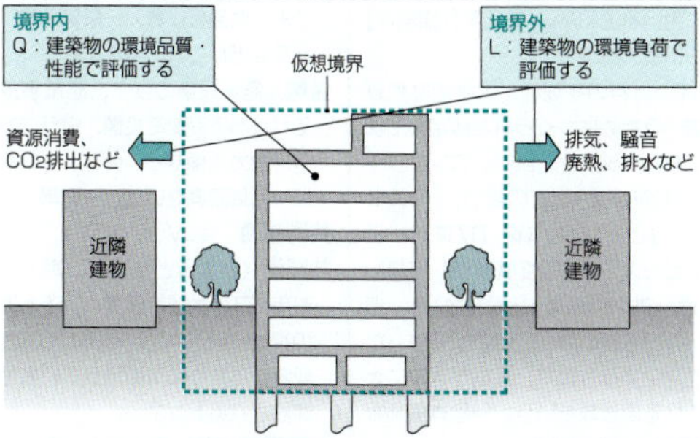

BEE（環境性能効率）＝Q（建築物の環境品質・性能）／L（建築物の外部環境負荷）

CASBEE

CASBEE評価項目

Q/L	評価分類1	評価分類2	評価項目
Q 建築物の環境品質・性能	Q−1 室内環境	①音環境	騒音·遮音·吸音
		②温熱環境	室温制御·湿度制御·空調方式
		③光·視環境	昼光利用·グレア対策·照度·照明制御
		④空気質環境	発生源対策·換気·運用管理
	Q−2 サービス性能	①機能性	機能性·使いやすさ·心理性·快適性
		②耐用性·信頼性	耐免震·耐用年数·更新·信頼性
		③対応性·更新性	空間や荷重の裕度·設備の更新性
	Q−3 室外環境（敷地内）	①生物環境	
		②まちなみ景観	
		③地域性・アメニティ	地域性への配慮·快適性の向上
LR 建築物の環境負荷低減性	LR−1 エネルギー	①建物の熱負荷抑制	自然エネルギーの交換利用
		②自然エネルギー利用	空気設備·換気設備
		③設備システムの効率化	
		④効率的運用	モニタリング·運用管理体制
	LR−2 資源·マテリアル	①水資源保護	節水·雨水利用·雑排水再利用
		②低環境負荷材	資源の再利用効率 健康被害のおそれが少ない材料 フロン·ハロンの回避
	LR−3 敷地外環境	①大気汚染防止	
		②騒音·振動·悪臭の防止	騒音·振動·悪臭
		③風害·日照阻害の抑制	
		④光害の抑制	
		⑤温熱環境悪化の改善	
		⑥地域インフラ負荷抑制	雨水·汚水処理、廃棄物処理、交通負荷抑制

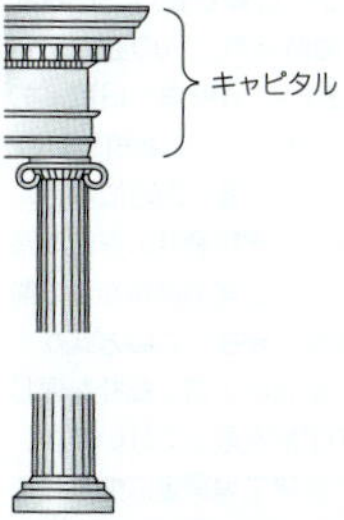

キャピタル

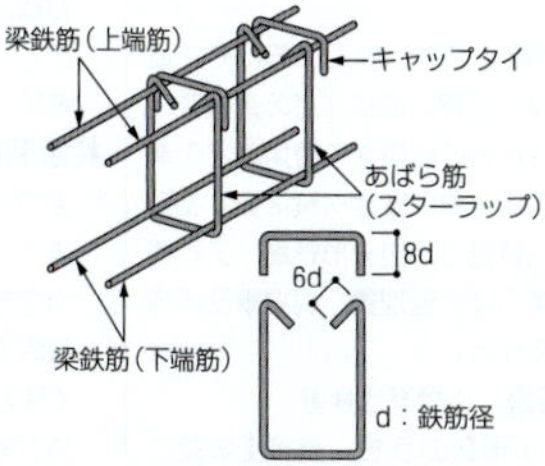

キャップタイ

合に用いる混和剤。「遅延剤」「緩結剤」ともいう。

供試体　材料の物理的、力学的な性質を調べるためにつくられた所定の形状、寸法をもつ試験片、試料。コンクリートや鉄筋(圧接)などの場合、「テストピース」ともいう。(図·117頁) →テストピース、圧縮強度試験(表·13頁)

共振点　外力の振動数(周波数)と、振動系の固有振動数(周波数)が一致したとき発生するもので、振幅が非常に大きくなる周波数をいう。→固有振動数

強制換気　⇨機械換気

行政指導　国や地方公共団体が民間企業などに対し、必ずしも法令の根拠に基づかないで種々の指導、助言、勧告などをすること。いわゆる「行政処分」と違い、法的拘束力はない。しかし、実質的に民間側を拘束することもあり、また、あいまいな指導や不透明な指導が行われた事例の発生があったため、1994年に行政手続法が施行され、行政指導の定義と責任の所在の明確化、行政指導内容を口頭で請求する民間側の権利が明記された。

競争入札方式　工事などの発注に際し、複数の業者を対象として価格などを文書で提出させ、発注者の予定価格内で一番条件に適合した業者(落札者)と契約を結ぶ方法。

共通仮設工事　現場事務所、仮囲い、詰所、資材置場などの仮設建造物や、動力、用水など工事をするうえで必要なエネルギーを得るための設備類のように、工事の目的物ではないが準備工事および各種工事で共通して使用、管理される仮設物を扱う工事。→直接仮設工事

共通仮設費　工事の施工において共通的に必要な経費。機械などの運搬費、準備や後片付けに要する費用などの準備費、工事現場の安全対策に要する安全費、品質管理、出来形管理、工程管理に要する技術管理費、現場事務所等の営繕費など。

共通仕様書　⇨標準仕様書

共通費　工事費のうち、直接工事費以外の工事全体に共通してかかる費用のこと。共通仮設費、一般管理費、現場経費などがこれに当たる。

強電　電気設備のうち、感電事故のおそれがある受変電設備、電灯コンセント、動力設備など、48V以上の電気機器、電気設備をいう。→弱電

共同請負　⇨JV

共同溝(きょうどうこう) 電力、通信、都市ガス、地域冷暖房、上下水道などの複数の管路や配線をまとめて地中に収容するために市街地や広い敷地内に建設されるトンネル。

共同事業方式　周辺の土地所有者と共同して、おのおのの土地の出資割合に応じて建物建設費を出資する事業方式のこと。複数の土地の所有者が敷地を提供し合い、一体の土地として、所有者が共同して資金の調達、建物・事業の計画・建設、管理・運営を行う。各所有者の権利が一様でない場合が多く、土地の評価、権利や負担の調整、管理・運営などの調整が必要となる。(図·119頁)

強度試験供試体　コンクリートの圧縮強度試験を行うために、打込み時に現場で採取したコンクリートを鋼製型枠などに入れて作成するもの。コンクリートの強度や採取の目的により、ロットの構成、採取の方法、養生方法などが異なってくるため、事前に採取計画を立て、監理者などの承認を得ておく必要がある。また、振動などの影響を受けやすいので取り扱いには十分注意する。→圧縮強度試験、供試体

強度率　労働災害の重篤度を示す指数。労働者が労働災害のために労働不能(損失)となった日数で表し、これを1,000延べ労働時間当たりの数で示したもの。強度率＝(労働損失日数／労働延べ時間)×1,000　→労働損失日数

共販制度　生コン工場の選定に際し、生コン協同組合が建設会社の意向を踏まえ、該当地区の工場の調整をして割当てを行う制度。現在、この方式が一般的であり、組合は生コン商社を通じて建設会社の了解を取ってはいるが、施工者として直接工場選定に関与しにくいしくみとなっている。

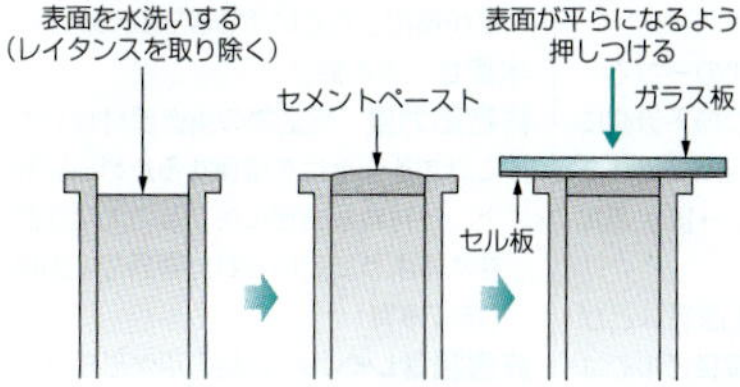

キャッピング手順

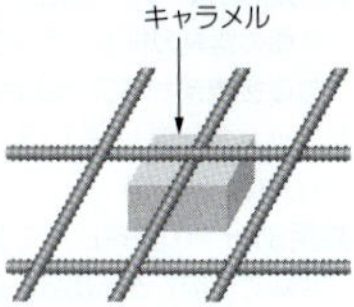

キャラメル

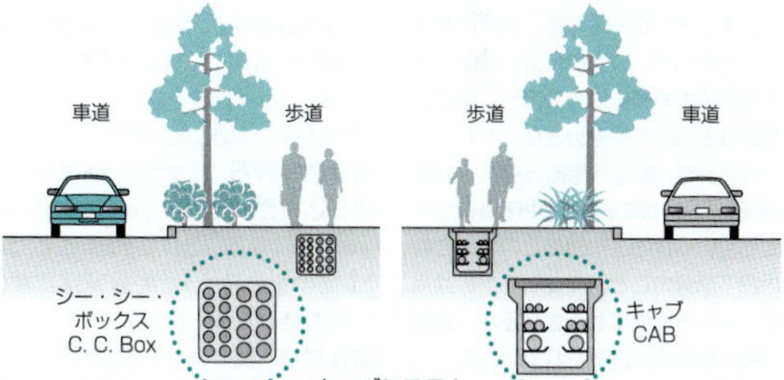

キャブシステム

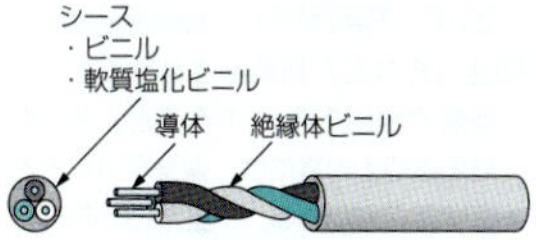

キャブタイヤケーブル

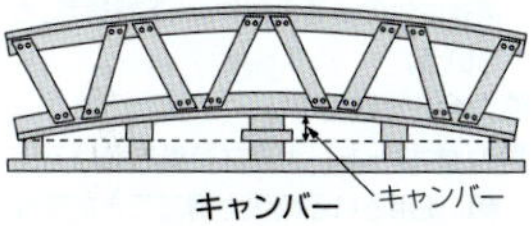

キャンバー

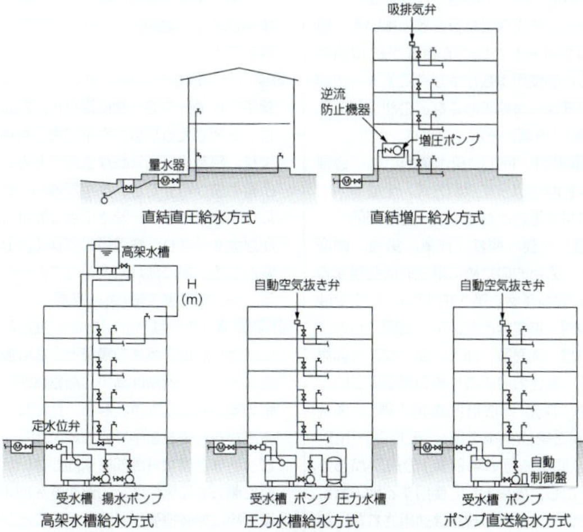

給水方式

鏡面仕上げ ⇨バフ仕上げ

共用通気管 排水通気方式の一つで、2個の器具の排水トラップの下流側にある接続部から立ち上げる配管。「ユニット通気管」ともいう。→排水通気方式(図・389頁)

共用部分 ①賃貸ビルで入居者などが共同で使用できる部分。賃貸ビルではその建物が機能するのに必要な設備機械室、運用管理員室、倉庫、玄関、廊下、エレベーターホール、便所、湯沸室などをいう。→専用部分 ②区分所有建物の専有部分以外の部分。法定共用部分と規約共用部分とに分かれる。→専有部分、法定共用部分(表・463頁)

共用廊下 複数の占有者や使用者が共同で用いる建物、附属施設の特定された廊下部分のこと。マンションの共用廊下は延べ面積に参入されるが、容積対象面積からは除外される。

協力会社 元請業者と下請契約を結んだ業者のことで、工事に携わった元請業者以外の業者の総称。「下請業者」ともいう。

協力金 ⇨賦金(ぶきん)

強力サポート 大きな荷重を受ける工事に使用される高張力鋼でできた支柱(サポート)。1本当たりの重量は重いが、型枠支保工(しほこう)などに用いる一般のサポートと比べて強度が約10倍あるため使用本数が少なくて済み、空間の確保に有効であるなどの利点がある。(図・119頁) →パイプサポート

局部照明 特定の視作業のために必要な範囲を照らす照明方式。全般照明と併用することが多い。→全般照明

居室 居住、執務、作業、集会、娯楽などの目的のために継続的に使用する室(建築基準法第2条4号)。住宅では居間、寝室などをいい、玄関、台所、浴室、洗面所、押入、廊下などは非居室。居住の目的のための居室については、採光(同法第28条第1項)、換気(同法第28条第2項)、天井高2.1m以上(同法施行令第21条)の規定がある。ただし、居室として使用する地下室については採光の規定は適用されないが、衛生上必要な防湿の措置などを行うことが規定されている(同法第29条)。

木寄せ ⇨木拾い

許容応力度 構造物の構造部材が外力に対する安全性を確保するため、設計上、各材料が各部に生ずる応力度が許容するように定められた限界の応力度。(表・119頁)

許容騒音レベル 部屋の用途形態などによって、部屋としての機能を満足できる騒音の限界値。オクターブバンドごとに測定した音圧レベル〔dB〕が許容騒音を示すNC値以下であることが必要。(表・119頁)

切り込み ⇨切り込み砂利

切り込み砕石 ⇨クラッシャラン

切り込み砂利 山などから採取されたままで、ふるい分けも水洗いも行わない砂や土の混ざった状態の砂利。単に「切り込み」ともいう。

切り付け 面と面が交差してできる入隅のこと。例えば、垂直面(壁)と水平面(床、天井)が交わる稜線部分など。

切土(きりど) 所要高さを得るために地盤や地山を掘削すること。2mを超える切土の崖には、擁壁(ようへき)などを設ける必要がある。→盛土(図・491頁)

切り取り 道路や宅地の造成、または地下室、基礎の掘削において、山腹や傾斜面または地盤、法(のり)などを削り取ること。

切梁(きりばり) 山留め壁を支える支保工(しほこう)の一つで、壁に取り付けた腹起しを押さえるために水平に渡した横架材。鋼製のリース品が主流である。山留め壁が自立でき、掘削が浅いときには不要であるが、深さによっては土圧が大きくなり、複数段の支保工が必要となる。単に「ばり」ということもある。→山留め壁工法(図・497頁)

切梁解体(きりばりかいたい) 掘削時に架けた切梁を躯体の構築とともに撤去すること。通常は構築した躯体が山留め壁の新たな支点となる。ただし、階高が高く壁を途中で打ち継いだり、ピットなど建物外周部に床面がない状態で撤去する場合は、山留め壁を抑えるために躯体補強が必要になることがある。(図・121頁)

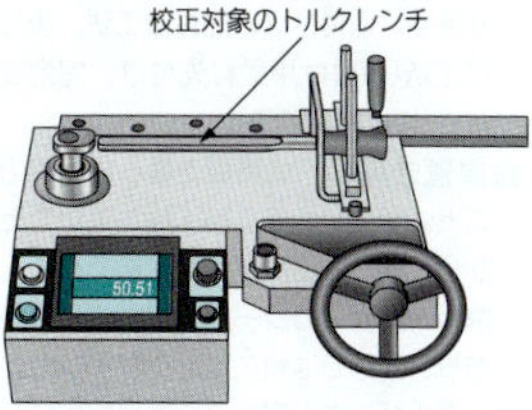

トルクレンチ・トルク校正装置

キャリブレーター

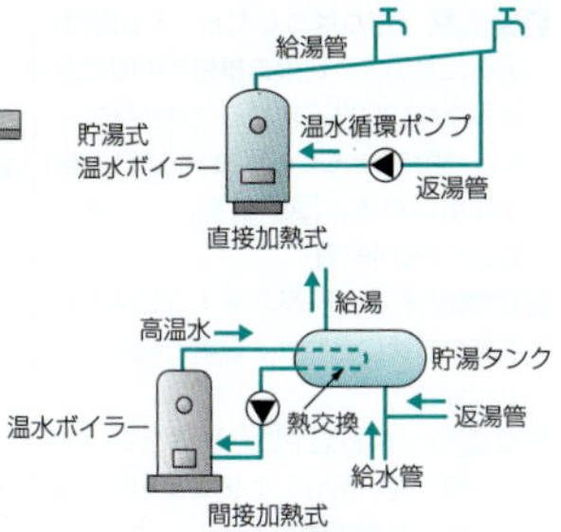

給湯方式

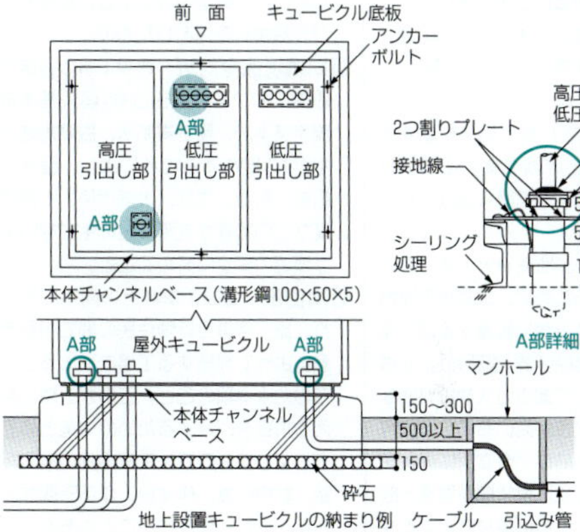

キュービクル

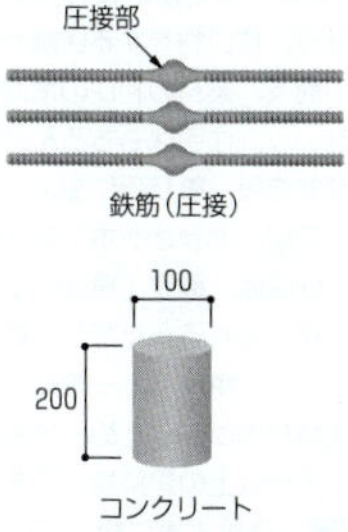

供試体

居室・非居室（例）

居室の例	居間、寝室、台所、食堂、書斎、応接間、事務室、売り場、会議室、作業室、病室、診察室、宿泊室、観覧席、調理室、教室、客室、控室など
非居室の例	玄関、廊下、階段室、便所、洗面室、浴室、脱衣室、倉庫、納戸、無人機械室、更衣室、湯沸室、自動車車庫、リネン室など

注）浴室・脱衣室は、住宅の場合は居室とみる必要はないが、公衆浴場や温泉の共同浴場のように人が入れかわり継続して使用するものは居室とみる。また、厨房（調理室）は一般に居室であるが、住宅や共同住宅の小規模な専用の台所は、居室とみなさない場合もある。倉庫や機械室でも、人が常駐している部分は居室とみなされる場合もある。

切梁支柱（きりばりしちゅう）山留め工事において、切梁の重量を中間で支えるために打ち込まれる杭(柱)材のこと。「棚杭」ともいい、おもにH形鋼が使用される。(図·121頁）→山留め壁工法(図·497頁)

切り物タイル　既製のタイルを目地の位置や形状に合わせて現場で切断したタイル。

切り盛り　傾斜面や凹凸地盤を平坦にする際、高い部分の土を削って低い部分にそれを埋め戻すこと。

霧除け　窓や出入口の上に設けた小さな庇。開口部からの日差しを遮ることより、外壁をつたう水の屋内への浸入を防ぐ役割が大きい。(図·121頁)

亀裂　⇨ひび割れ

際根太（きわねだ）根太組を構成する端部、すなわち床板を支える横架材(根太)のうち、柱や壁際に設けられたもの。→根太

緊急遮断装置　①地震や火災時にガス供給を停止するために、大規模の建物の都市ガス引込み管に設置する遠方操作によるガス遮断装置(遮断弁)。②ボイラー燃料として都市ガスや燃料油など爆発する危険性が高いものを使う場合、バーナー手前に2台直列に挿入する弁で、燃料圧や燃焼状態が異常となったとき直ちに燃料供給を停止する弁、装置。

キンク　ねじれたりよじれたりする状態のことをいい、ワイヤーロープなどがこの状態になると強度が低下する。「いわし」ともいう。→ワイヤーロープ(図·535頁)

キングポストトラス　トラスの基本形式の一つで、山形トラスの中央に真束(しんづか)と呼ばれる垂直材をもつトラス。(図·123頁)

金車（きんしゃ）⇨スナッチブロック

金属工事　鉄、非鉄金属およびこれらの二次製品を主材料として製作された金物を使った工事。材料の特性、耐食性、意匠的効果により金属素地のまま使用する場合と、めっき、塗装、陽極酸化処理、化成皮膜処理、プラスチック被覆などの表面処理が施される場合がある。取付けは、先付け工法、後付け工法(取付け用受材先付け、完全後付け)に分類される。

金属葺き屋根　金属板で覆った屋根のこと。加工しやすく施工性が良いことから、複雑な屋根形状が可能である。鋼板、銅板、カラー鉄板などの種類があり、最近では耐久性とデザイン性からガルバニウム鋼板の金属屋根が多用されている。(図·123頁)

金属前処理塗料　⇨エッチングプライマー

金抜き（きんぬき）工事費内訳明細書において、数量のみ明示し、単価および金額欄を空白としたもの。

近隣環境保全対策　建設工事の各施工段階において、関係法令(建築基準法、環境基本法、騒音規制法、振動規制法など)の定めるところにより、騒音、振動、粉塵、臭気、大気汚染、水質汚濁などの影響が近隣周辺に生じないよう環境の保全に努めること。

近隣協定　建設工事などの開始に当たり、施工業者と近隣住民の間で相互合意によって締結する工事を進めるうえでの約束事項のこと。工事が近隣に与える損害を回避するための対策として取り交わすもので、工事車両の搬入経路、駐車位置、作業日、作業時間など、内容を細かく設定することもある。

近隣商業地域　都市計画法(第9条第8項)に基づく用途地域の一つで、近隣の住民が買い物をする店舗や事務所などの商業、業務の利便の増進を図る地域をいう。住宅はもちろん、ほとんどの商業施設、事務所に加え、ホテル、ぱちんこ屋、カラオケボックスなどのほか、映画館、車庫・倉庫、小規模の工場も建てられる。ただし、個室浴場、ストリップ、キャバレー等は禁止。延べ床面積規制がないため、場合によっては中規模以上の建築物も可能。

近隣対策　建設工事に際して行われる現場周辺の居住者への工事説明、騒音・振動対策、各種調査や損害に対する補償などの総称。

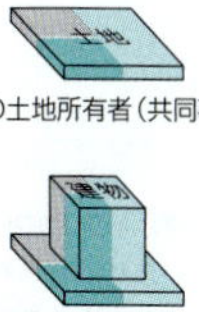

共同事業比率（出資比率）
に応じて建設費を出資し、
相応の建物を取得

共同事業方式

室内騒音の許容値

室の種類	NC値	dB（A）
放送スタジオ	NC-15～20	25～30
コンサートホール	NC-15～20	25～30
劇場（500席、拡声なし）	NC-20～25	30～35
音楽室	NC-25	35
教室（拡声なし）	NC-25	35
集合住宅、ホテル	NC-25～30	35～40
会議室（拡声あり）	NC-25～30	35～40
家庭（寝室）	NC-25～30	35～40
映画館	NC-30	40
病院	NC-30	40
教会（拡声なし）	NC-30	40
図書館	NC-30	40～45
レストラン	NC-45	55

コンクリートの許容応力度（N/mm²）

許容応力度／種類	長期			短期		
	圧縮	引張り	せん断	圧縮	引張り	せん断
普通コンクリート	$\frac{1}{3}Fc$	—	$Fc/30$かつ（$0.5+Fc/100$）以下	長期に対する値の2倍	—	長期に対する1.5倍の値
軽量コンクリート 1種および2種			普通コンクリートに対する値の0.9倍			

＊Fcは、コンクリートの設計基準強度（N/mm²）を表す。

鉄筋の許容応力度（N/mm²）

許容応力度／種類	長期		短期	
	引張りおよび圧縮	せん断補強	引張りおよび圧縮	せん断補強
SR 235	155	155	235	235
SR 295	155	195	295	295
SD 295 AおよびB	195	195	295	295
SD 345	215（195＊）	195	345	345
SD 390	215（195＊）	195	390	390
SD 490	215（195＊）	195	490	490
溶接金網	195	195	295＊＊	295

＊D29以上の太さの鉄筋に対しては（ ）内の数値とする。
＊＊スラブ筋として引張り鉄筋に用いる場合に限る。

構造用鋼材の許容応力度（N/mm²）

許容応力度／種類	長期		短期
	引張り	せん断	
一般構造用鋼材 溶接構造用鋼材	$\frac{F}{1.5}$	$\frac{F}{1.5\sqrt{3}}$	長期応力に対する値の1.5倍

＊Fは、鋼材等の種類および品質に応じて国土交通大臣が定める基準強度（単位：N/mm²）、構造用鋼材の許容圧縮応力度と許容曲げ応力度の値は、座屈のおそれのないときの値。

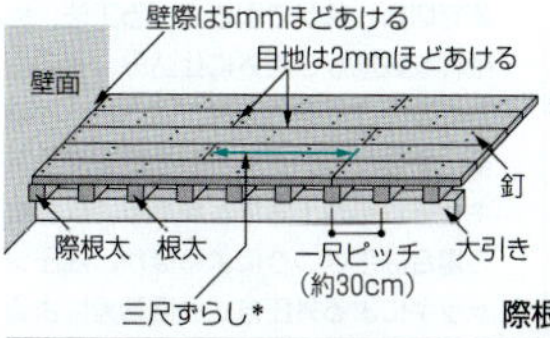

＊床を強固にするため、隣りどうしの材（捨て張り材）を三尺ずらして固定すること。

際根太

強力サポート

く

杭　①構造物の荷重を基礎などを介して地盤に伝達させるための柱状の構造部材。材料では木杭、既製コンクリート杭、鉄筋コンクリート杭、鋼(管)杭など、また施工法からは打込み杭、場所打ち杭、埋込み杭などの種類に区分される。②地面に打ち込んで目印としたり、敷地の境界点を示す場合に用いる先端を尖らせた棒状部材。コンクリート製やプラスチック製、仮に使われる木製がある。(図·123頁)

クイーンポストトラス　トラスの一つで、山形トラスにおいて中央付近に対束(ついづか)を有する。「対束小屋組」ともいう。(図·123頁)

杭基礎　杭を用いる基礎形式のこと。地盤への上部構造部の荷重伝達を直接杭によって行う。(図·123頁)

杭キャップ　⇨パイルキャップ

杭工事　杭構築のための工事の総称。

杭工事施工計画書　要求品質を確保し、作業手順や施工管理に関する施工者の実施方針を示すため、材料、工法、施工管理、安全対策、環境保全などについて計画を具体的にまとめたもの。

杭周固定液　プレボーリング工法において、削孔内へ沈設した杭と孔壁の隙間に充填するセメントミルク液のこと。杭長が長く、かつ周辺地盤が軟弱で強度の高い根固め液を杭頭(くいとう)まで充填する必要がない場合に用いる。また、杭の水平抵抗と摩擦力を確保し、圧縮強度だけでなく杭との付着強度が周辺地盤より高いことが必要である。(表·125頁)→セメントミルク工法

杭心　設計図書に基づく所定の杭中心位置のこと。一般的に100mm以下の心ずれは施工誤差の範囲として設計に考慮されることが多いが、それを超えると基礎の補強などの検討が必要となる。(図·125頁)

杭心出し　設計図書に基づき所定の杭心位置を示すこと。杭心にはリボンを付けた鉄筋などの標示杭を地中に打ち込んでおくとよい。また、標示杭から均等な距離に直交する方向4箇所の位置に逃げ杭を設置し、杭施工中にも杭心位置が再確認できるようにしておく。→杭心(図·125頁)

食い違い　一般には物事が一致しないという意味で用いられる。溶接においては、直線状にあるべき2つの溶接された部材にずれがある状態を指す。

食い付き　塗料などの下地への密着具合のこと。よく密着することを「食い付きが良い」という。

クイックサンド　砂質土において、浸透水の上昇流によって水分が飽和状態になり液体状となる現象。「流砂」ともいう。地震による同様の現象は液状化現象という。

杭頭（くいとう）杭の上端(うわば)、すなわち打ち込む側の端部のこと。

杭頭処理（くいとうしょり）杭打ち工事を完了し、掘削床付けの後、杭天端を所定の高さで処理すること。場所打ちコンクリート杭の場合は、頭部の余盛り部分を取り除いて良質のコンクリートを露出させる。杭本体のひび割れや損傷の防止、高さ、形状寸法に注意する。所定深さより高止まりしてしまった既製杭の場合は、亀裂防止のためパイルカッターなどの機械を使って切断する。(図·127頁)

杭頭処理工法（くいとうしょりこうほう）杭頭処理の施工方法。場所打ちコンクリート杭の場合は、ブレーカーなどではつり取る従来の工法、余盛り部分を破砕せずにくさびを使って所定位置で切断し塊状で引き上げる工法、膨張材を鉄筋かご内外に仕込み、その圧力で破砕する静的破砕工法、打込み直後に余盛りコンクリートを除去するバキューム処理工法などがある。既製杭の場合は手ばつりによるほか、油圧ジャッキによる外圧方式や回転刃による

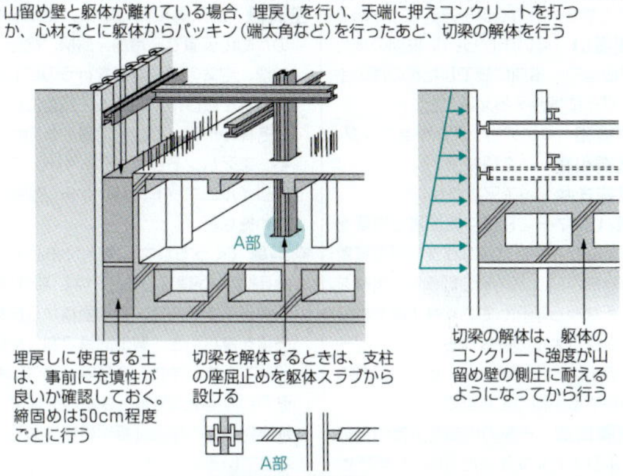

切梁解体の施工管理

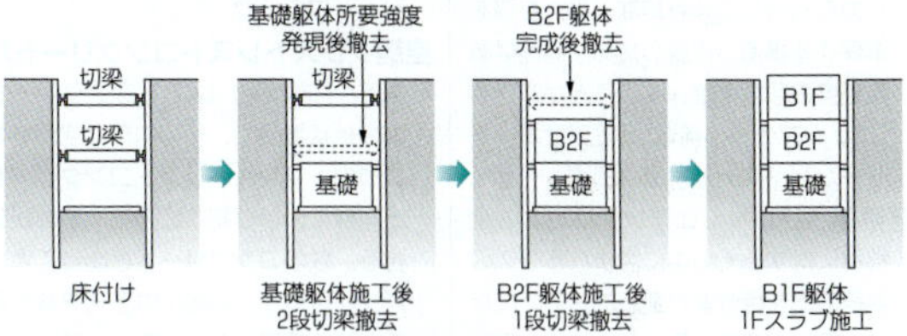

腹起し・切梁の撤去手順の例

切梁解体

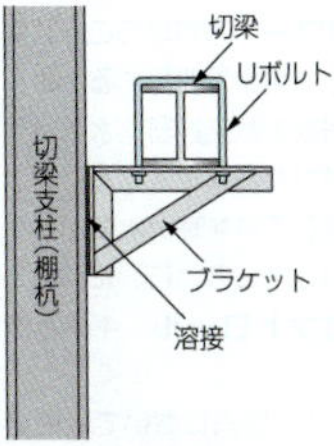

切梁の受け方

切梁支柱(棚杭)

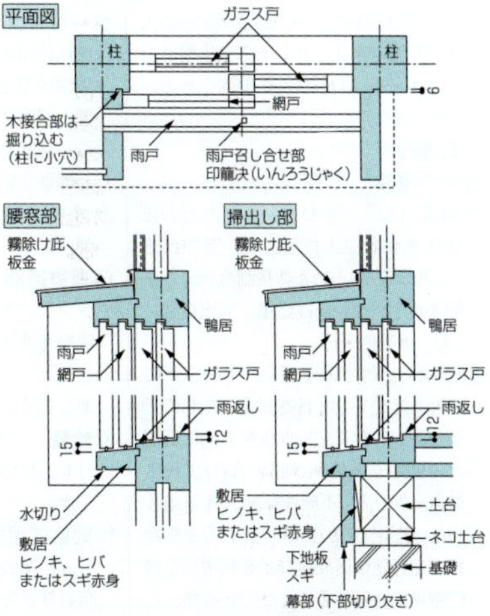

霧除けの納まり例(木造伝統構法)

ダイヤモンドカッター方式などがある。

杭間浚い（くいまざらい）掘削の床付け段階で、事前に施工した杭の間の土を平らに掘りそろえること。

空気調和 ⇨エアコンディショニング

空気調和機 ⇨空調機

空気抜き弁 ⇨エア抜き弁

空気ハンマー 圧縮空気により衝撃を与えながらさまざまな作業を行う装置の総称。ロッド先端のビットに衝撃を与えながら削孔してさく井工事や杭工事を行う大型の機械から、コンクリートの小はつりやけれん、鋲(びょう)打ちに使用する小型の工具まである。

空気膜構造 皮膜の内部を外部の空気圧より大きくすることで内外に気圧差を与えて緊張させ、膜面に生じる引張り力を利用して体育館などの大空間を確保する構造。皮膜のため、昼間はある程度の照度を確保することができる。「ニューマチック構造」「エアサポートドーム」ともいう。（図・125頁）

空気量 フレッシュコンクリートの全容積に対するその中に含まれる空気の容積の比を百分率で表したもの。ただし、骨材内部の空気は含まない。測定法には、一般に用いられる圧力法のほか、質量法、容積法がある。空気量はコンクリートのワーカビリティーに大きな影響を与えるが、その適当量はコンクリート容積の3～6％である。（図・125頁）

空気連行剤 ⇨AE剤

空気ろ過機 ⇨エアフィルター

空隙率（くうげきりつ）砂利などの粒状体を容器に入れたとき、空隙部分（空気の分）の占める体積割合（%）。空隙率＝{1－(見かけ比重／真比重)}×100 →実積率

空中権 土地上の空間に、その上下の範囲を定めて地上権を設定したものであり、1966年に空間を水平方向に区切って使用する権利が認められた（民法第269条の2、不動産登記法第78条5号）。建築においては、敷地の余剰容積率を特定街区制度などを利用して他の敷地に移転することができるが、これを「空中権の移転」という。→地上権

空調機 空気調和機の略称。空気調和のための装置で、冷房、暖房、除湿、加湿、空気の浄化などを行うのに必要な機構を設けたユニット。用途に応じて各種の形状、機能、容量のものがある。エアハンドリングユニット、ファンコイルユニット、パッケージ型空気調和機など。

空地率（くうちりつ）敷地に占める空地（建築物が建てられていない部分）の割合を示す数値で、敷地面積から建築面積を差し引き、敷地面積で割った値（%）で表す。また、空地率と建ぺい率を合わせると100%となる。空地率と建築物周囲の環境は相関関係にあるとされている。

空洞コンクリートブロック ⇨コンクリートブロック

空胴プレストレストコンクリートパネル プレストレストコンクリート製の板状製品で、その内部に空洞をもつもの。プレストレストコンクリートと同様に、ひび割れの抑制、制御ができる。鉄筋コンクリートと比べて大スパンが可能で、内部に中空孔を有することから軽量化を図ることもできる。床用パネルと壁用パネルの2種類がある。（図表・127頁）

クーリングタワー 冷却塔のこと。空調用の冷却水を再循環使用するため、通常は屋上設置の熱交換器。水を空気流と接触させながら滴下させると、水の一部が蒸発して熱を奪い水温が下がる原理を応用したもの。（図・127頁）

クオリティコントロール ⇨品質管理

区画貫通部 防火区画において、配管、ダクト、ケーブルなどが貫通する部位。建築基準法施行令第112条の15に規定される。近年、貫通部専用の製品が考案されている。（図・127頁）

釘仕舞（くぎじまい）使用済みの型枠材や古材に残った釘を抜いて整理すること。

楔緊結式足場（くさびきんけつしきあしば）あらかじめ緊結部を有する支柱、布材などを使用して単管足場と類似の構造に組む足場。木造家屋などの低層

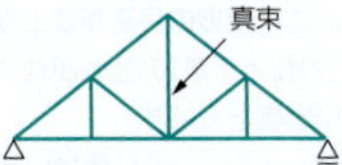

キングポストトラス

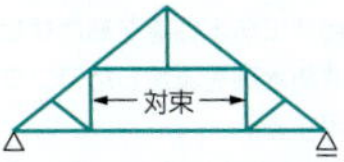

クイーンポストトラス

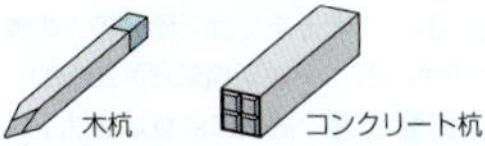

杭／境界杭

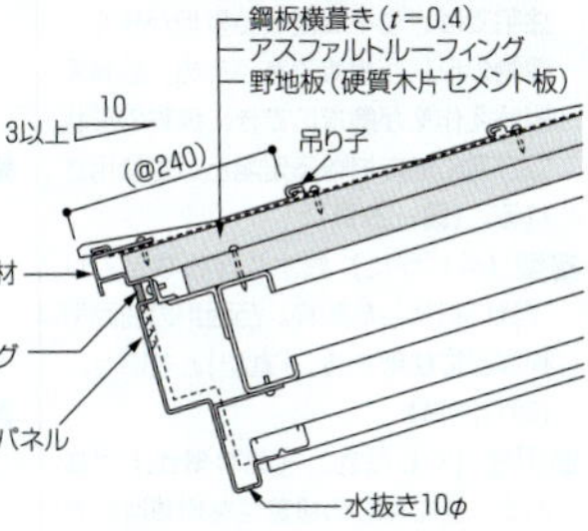

鋼板横葺き（段葺き）の納まり例

金属葺き屋根

- 杭基礎
  - 既製コンクリート杭工法
    - 打撃工法
      - 打撃工法
      - プレボーリング併用打撃工法
    - 埋込み工法
      - プレボーリング工法
        - プレボーリング拡大根固め工法
        - プレボーリング根固め工法
        - プレボーリング最終打撃工法
      - 中掘り工法
        - 中掘り打撃工法
        - 中掘り根固め工法
        - 中掘り拡大根固め工法
      - 回転圧入工法
        - 回転根固め工法
  - 場所打ち鉄筋コンクリート杭工法
    - 機械掘削工法
      - アースドリル工法
      - オールケーシング工法
      - リバース工法
      - その他
    - 人力掘削工法
      - 深礎工法
  - 鋼管杭工法
    - 打撃工法
      - 打撃工法
      - プレボーリング併用打撃工法
    - 振動・圧入工法
      - 中掘り打撃工法
      - 中掘り根固め工法
      - 中掘り拡大根固め工法
    - 埋込み工法
      - プレボーリング工法
        - ソイルセメント合成杭工法
      - 中掘り工法
        - 中掘り打撃工法
        - 中掘り根固め工法
        - 中掘り拡大根固め工法
    - 回転工法
      - ドリル工法
      - 先端部スクリュー工法

杭基礎（施工法による分類）

- 杭基礎
  - 木杭
  - コンクリート杭
    - 既製コンクリート杭
      - PHC杭（高強度プレストレストコンクリート杭）
      - SC杭（鋼管複合杭・外殻鋼管付きコンクリート杭）
      - PRC杭（高強度プレストレスト鉄筋コンクリート杭）
      - ST杭（拡径断面を有する高強度プレストレストコンクリート杭）
      - RC杭（鉄筋コンクリート杭）
      - 節杭
    - 場所打ちコンクリート杭
  - 鋼杭
    - 鋼管杭
    - 型鋼杭

杭基礎（材質による分類）

住宅では足場を設置する敷地が狭く、建物の形状が複雑であるため、盛替え、組替え作業が簡単にでき、建物の形状に容易に対応できる足場として使用される。(図・129頁)

櫛型（くしがた）桟木や厚板などでリブ状に補強した型枠。凸面用の曲面型枠などに使用する。「丸型」ともいう。(図・127頁)

櫛引き（くしびき）①塗り壁仕上げなどで、重ね塗りの接着性を増す目的で下塗り面に櫛目を入れること。また、その入れた櫛目のこと。②櫛鏝(くしごて)で縞状の模様を付けた左官仕上げのこと。「櫛引き仕上げ」ともいう。(図・129頁)

櫛引き仕上げ（くしびきしあげ）⇨櫛引き②

曲（くせ）材料の曲りやひずみのこと。

曲物（くせもの）⇨役物(やくもの)

躯体（くたい）建物の構造体のことで、「構造躯体」ともいう。

躯体工事（くたいこうじ）建設工事において、主要構造部分を形成する工事の総称。鉄骨工事、型枠工事、鉄筋工事、コンクリート工事などが含まれる。

躯体工事施工計画書（くたいこうじせこうけいかくしょ）躯体工事に要求される品質、出来形を満たすため、施工計画、施工管理、安全対策、法令遵守といった施工のプロセスを詳細にまとめたもの。適切な管理がなされ、施工が計画どおり進められているか絶えず確認し、場合によっては見直しをすることも重要である。

躯体三役（くたいさんやく）建築工事における躯体部分の中心的職種である鳶(とび)・土工、鉄筋工、型枠大工のこと。

躯体図（くたいず）コンクリートの位置、寸法関係を表現した施工用の図面。躯体工事はもとより、仕上げ、設備の納まりの基準となるもので、各階の梁伏図および水平断面図などで表現される。通り心、壁心、部材断面寸法、平面位置、高さ、開口部、木れんが、インサート、アンカーボルト、貫通孔などが記入される。

躯体精度（くたいせいど）柱、梁、壁、床など構造体の構築時における躯体寸法の正確さ。この精度の良否が後工程(内外装などの仕上工事)の仕上がりや施工性に強い影響を及ぼす。

躯体防水（くたいぼうすい）建物の地下や浄化槽などにおいて、構造体のコンクリート自体に防水性能をもたせたもの。通常は防水剤を添加したコンクリートを使用する。

管柱（くだばしら）1階の土台から胴差しまで、胴差しから軒桁(のきげた)までのように、1階分または2階分のみの長さをもつ柱。→軸組構法(図・209頁)

掘削影響範囲　掘削により地盤沈下などの変形の影響を受ける範囲。一般的には掘削底から45°であるが、行政や事業者らが独自に設定している場合もある。掘削することによりある程度地盤が変形することは避けられず、その際に沈下の予測をしたり、事前調査の範囲を決定したりする場合にこの範囲内を対象とする。(図表・129頁)

掘削勾配（くっさくこうばい）⇨法(のり)勾配

掘削工法　建築工事において地下に建物を構築する場合、その掘削の工法はオープンカット工法と逆(さか)打ち工法に分けられる。オープンカット工法は、平面全体を一度に根切りしながら地下工事を進めていく総掘り工法と、部分的に先行して根切りする場合、および一部の躯体構築後に残りの部分を根切りする部分掘削工法とに分けられる。(図表・131、133頁)

掘削事前協議　沿道掘削申請の提出前に、埋設配管の管理者らと行う打合せ。道路に近接して掘削工事を行う際には道路管理者に対して沿道掘削申請を行う必要がある(届出の必要性については個別に確認を要する)。道路にガス管、上下水道管などの埋設配管がある場合は事前に各配管の管理者と打ち合わせ、変位の許容値、変位測定の頻度などを確認する必要がある。

沓ずり（くつずり）開き戸の付く出入口の下に設けた部材。床面より高くして戸当たりを付けてある。(図・129頁)

国等による環境物品等の調達の推進等に関する法律　⇨グリーン購入法

杭周固定液の調合例

調合（m³当たり）			ブリージング率（%）	圧縮強度（N/m³）	
セメント（kg）	ベントナイト（kg）	水（l）		σ_{14}	σ_{28}
300	50	881	5.7	0.40	0.50
400	50	848	4.0	1.18	1.40
500	75	805	2.6	0.33	0.52
500	90	799	0.7	0.44	0.71

1）セメントは普通ポルトランドセメント。
　ベントナイトは250メッシュ、膨潤度4.0（群馬産）。
2）セメントミルクはベントナイトと水とを十分混合したのちにセメントを加えて練り混ぜる。
3）ブリージング24時間後の数値、強度は20℃の水中養生供試体の数値。

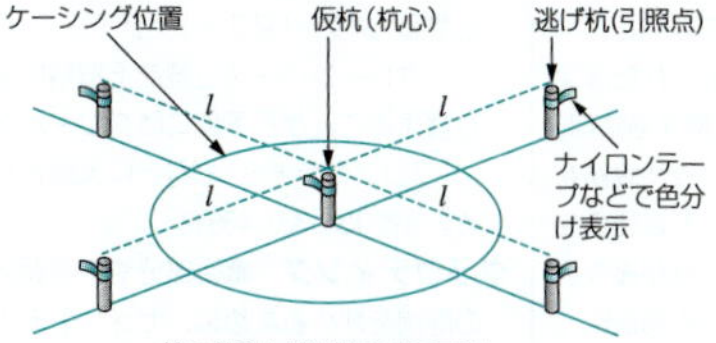

杭心位置と逃げ杭の表示方法

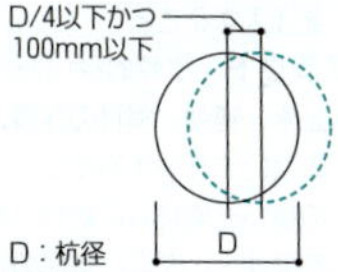

杭心　水平方向の精度

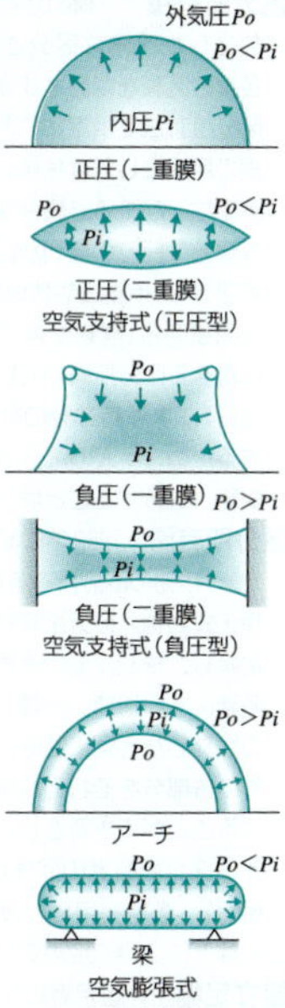

空気膜構造

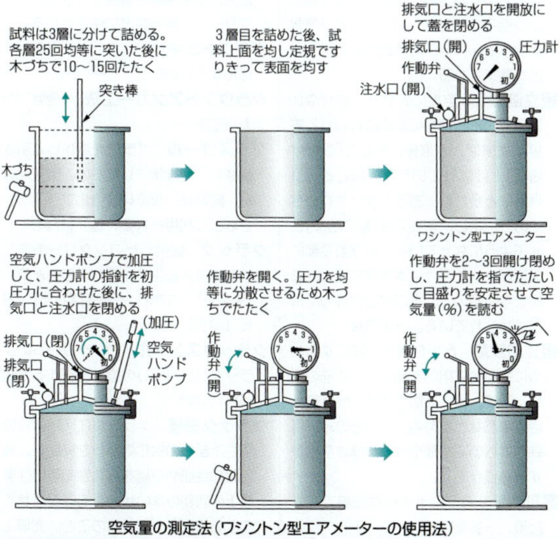

空気量の測定法（ワシントン型エアメーターの使用法）

区分所有権　一棟の建物が２戸以上の独立した区画に区分される場合に、各々の区画を対象とする所有権のこと。区分所有法で規定され、対象となる区画の用途としては住居、店舗、事務所、倉庫などがある。集合住宅の場合、専有部分(住戸)の権利が区分所有権。共用部分(共用施設や敷地を含む)は、専有面積割合(建物全体の合計専有面積に対する区分所有している専有面積の割合)による持ち分の共有という形であるため、１人の区分所有者が勝手に変更、処分することはできない。

区分所有法　1962年に制定された法律で、「建物の区分所有等に関する法律」が正式名称。区分所有者の権利義務を定義し、権利変動の過程、利害関係を明確にする法律。一棟の建物が複数個の独立した区画に区分される場合に、その各部分をそれぞれ所有権の目的とすることができるとし、当該建物に関する区分所有者の団体(いわゆる管理組合)、敷地利用権、復旧および建替えなどについて定めている。

組立足場　枠組足場に代表されるように、あらかじめ製作された部品を組み立ててつくる足場の総称。足場は安全かつ堅ろうであり、組立ておよび解体が容易で、同時に経済的であることなどが要求される。

組立溶接　本溶接に先立ち、部材や仕口(しぐち)の形状保持のために行われる溶接。従来は、本溶接に対して「仮付け溶接」と呼ばれていたが、「仮」という言葉にとらわれ、おろそかにされがちであったため、現在では「組立溶接」と呼ぶようになっている。組立溶接部に欠陥が生じた場合は本溶接に重大な影響を与えるので、本溶接と同等の品質が求められている。→本溶接

組立用鉄筋　配筋位置を正確にするために補助的に用いる組立用の鉄筋の総称。腹筋、幅止め筋のほか、受け筋、捨て帯筋などがある。これらの組立用鉄筋においても最小かぶり厚さを確保する必要がある。

雲形　雲のように不規則な曲線でできた形。→雲形定規

雲形定規　曲線を描くのに用いる定規の一種で、雲のような形をしたさまざまな曲線から成る。

クライアント　⇨発注者

クライテリア　評価基準、判断基準のこと。設計クライテリアというと設計基準値のことを指す。(表･137頁)

クライミング　タワークレーンのタワーを継ぎ足すことなどにより旋回部やベースをせり上げること。タワークレーンのクライミング方法には、タワーを継ぎ足すことによって旋回体を上昇させる「タワー(マスト)クライミング」と、クレーンベース位置を上層階に盛り替えることから下部にはタワーがない「フロアクライミング」とに大別される。(図･133、303、439頁)

グラウティング　亀裂部分や空隙部分の隙間を埋めるために、セメントモルタル、薬液、接着剤などのグラウト材を注入すること。

グラウト　比較的狭い間隙や空洞部を、止水、補強、鋼材の保護、安定化などの目的で充填するために用いる流動性の良い充填材料の総称。地盤改良、岩盤の注入、ダムの継目の注入、裏込め注入、支承や基礎鋼板下の注入、コンクリートの補修などに使用される。

グラウトミキサー　グラウト材をかくはんするためのミキサー。

グラウンドアンカー工法　⇨地盤アンカー工法

グラスウール　ガラスを溶かして引き延ばし、繊維状にしたもの。電気絶縁材、断熱材、吸音材や強化プラスチックなどに利用される。(図･137頁)

クラック　硬化したコンクリートまたはモルタルに生じた割れ目のことで、「亀裂」「ひび割れ」とも呼ばれる。(写真･133頁)

クラックスケール　コンクリートのクラック(ひび割れ)の幅を計測する定規。(図･135頁)

クラック補修　クラック(ひび割れ)の生じた部材の劣化の進行を抑制し、構造物の性能や機能を耐久性あるいは美観上の問題のない状態まで回復させることを目的とした対策のこと。充填工

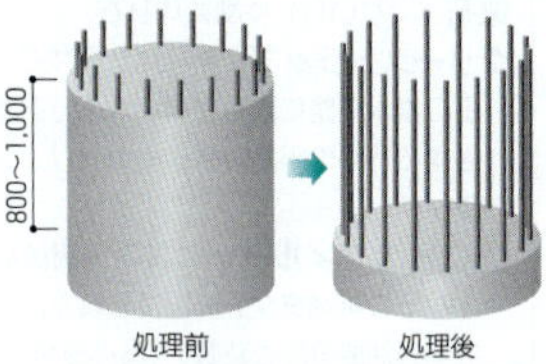

杭頭処理（場所打ちコンクリート杭）

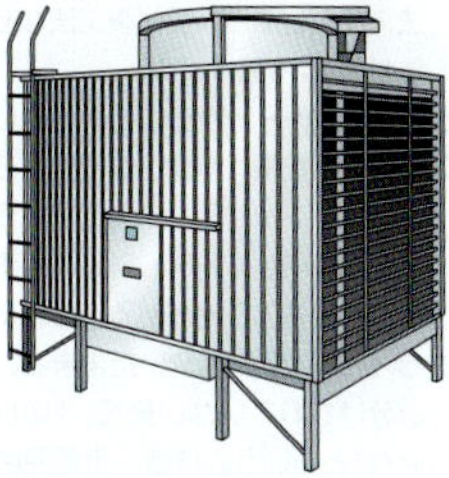

クーリングタワー

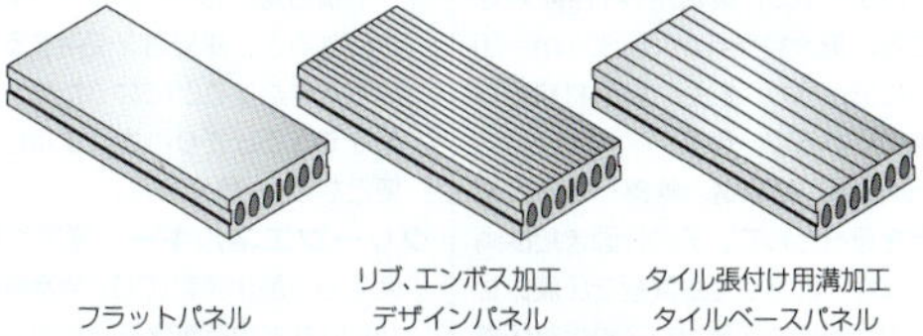

空胴プレストレストコンクリートパネルの種類（例）

空胴プレストレストコンクリートパネルの寸法（例）

種類	床用パネル（S）*1							壁用パネル（W）*2			
厚さ（mm）	70	100	120	150	200	250	300	70	100	120	150
種別*3	30 45	30 45	30 45	30 45	30 45	30 45	30 45	30 45	30 45	30 45	30 45

（JIS A 6511）

＊1　Sは主として水平的に使用するパネル。
2　Wは主として垂直的に使用するパネル。
3　種別30は、断面平均有効プレストレスの量（N/mm²）が3.00±0.75。
種別45は、断面平均有効プレストレスの量（N/mm²）が4.50±0.75。

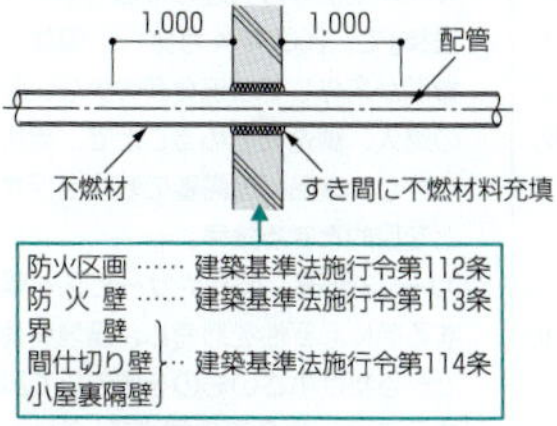

防火区画を貫通する配管
などの貫通納まり例

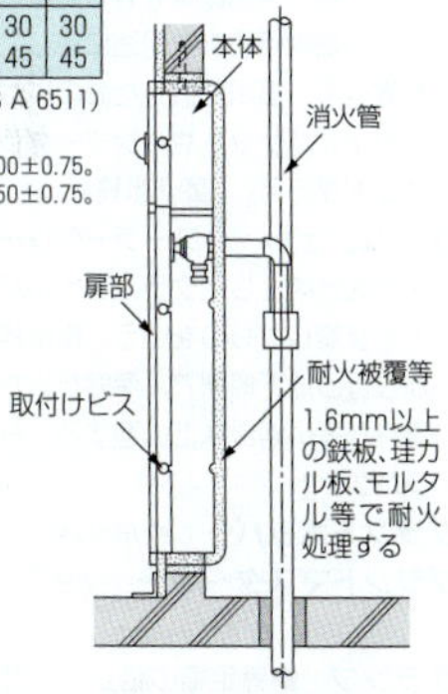

防火区画に消火栓箱や盤を
埋め込む場合の処理例

区画貫通部

くし型（施工状況）

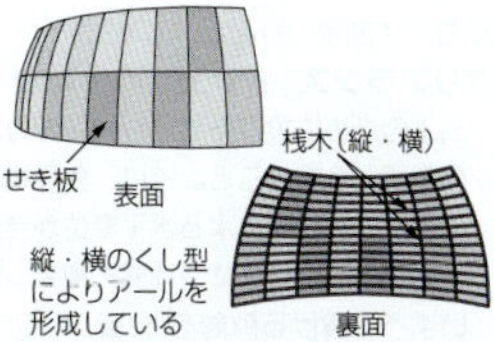

くし型

法、注入工法、断面修復工法などの方法がある。(図·133頁)

クラッシャー　岩石などを粉砕して砕石にする機械。解体工事で発生したコンクリート塊を現地で自走式クラッシャーを使用して粉砕し、地業工事などに再利用することがある。(図·137頁)

クラッシャラン　砕いたままで、ふるい分けされていない砕石。「切り込み砕石」ともいう。ほぼ一定範囲内の粒度分布におさまるものが生産されており、JIS A 5001(道路用砕石)に規定がある。最大粒径40mm、30mm、20mmに分けられ、おもに路盤材料として用いられる。→砕石

クラッド鋼　軽軟鋼、軟鋼、低合金鋼などを母材として、その片面または両面に母材と異なった金属板を圧着させたもの。鋼板にステンレス鋼板を圧着させたものは「ステンレスクラッド鋼」という。

グラブバケット　クレーンなどの吊り具の一種。開閉機構を有し、積込み目的から掘削目的まで用途に応じて形状が異なる。掘削に適したものにはクラムシェルバケットやハンマーグラブバケットがある。(図·135頁)

クラムシェル　クローラークレーンに掘削を目的としたクラムシェルバケットを装着したものをいう。作業構台上から行う地下掘削で、深度が大きく切梁材が多い場合などに適する。→グラブバケット

グランドホッパー　⇨ホッパー

グランドマスターキー　⇨マスターキー

クランプ　鋼管足場の組立てなどに用いる結合金物。「パイプクランプ」ともいい、固定クランプ(直交クランプ)や自在クランプなどがある。(図·135頁)

ぐり　⇨割栗(わりぐり)石

クリアランス　設計上あるいは施工性向上のために設けるゆとり幅、部材間の隙間、余裕のこと。特に、免震構造において地震力による水平変位が発生しても周囲の構造体や地盤と衝突しないように設ける隙間を「免震クリアランス」という。→免震層(図·489頁)

栗石（ぐりいし）⇨割栗(わりぐり)石

グリーストラップ　業務用厨房などからの排水経路に設置され、油脂分を除去するための阻集装置。→ガソリントラップ

グリースフィルター　業務用厨房などからの排気ダクトに設けられる、排気中の油成分除去装置。(図·139頁)

クリープ　一定の大きさの力が加わっているとき、時間の経過とともに部材の変形が増大していく現象。コンクリート構造物においてクリープ変形が過大になると、建築物を使用するうえで障害をきたすことになるため、その変形をできるかぎり小さくすることが重要となる。(図·139頁)

クリーンエネルギー　電気や熱に変えても二酸化炭素(CO_2)や窒素酸化物(NO_x)などの有害物質を排出しない、または排出が相対的に少ないエネルギー源のこと。いわゆる自然エネルギーである太陽光、水力、風力、地熱などのほか、化石燃料のなかでは有毒物質の発生が少ない天然ガスもクリーンエネルギーと呼ばれることがある。

グリーン購入　⇨グリーン調達

グリーン購入法　正式には「国等による環境物品等の調達の推進等に関する法律」で、2001年4月施行。国などの機関が率先して環境負荷の少ない製品の購入、調達を進めることで、環境にやさしい製品への需要の転換を促すことを目的とする法律。

グリーン調達　製品やサービスを購入する前に必要性を熟考し、環境負荷ができるだけ小さいものを優先して調達すること。生産者の観点で「グリーン調達」といい、消費者の観点では「グリーン購入」という。

クリーンルーム　空気中の微粒子や室内圧力を一定に保つように制御された部屋。工業用と医療用に大別される。「無塵(むじん)室」ともいう。(図·139頁)

繰形（くりがた）⇨モールディング

クリッパー　⇨ボルトクリッパー

グリッパー工法　カーペットの施工方法で、クッション性を増すためにカーペットの下にフェルトなどの下地材を

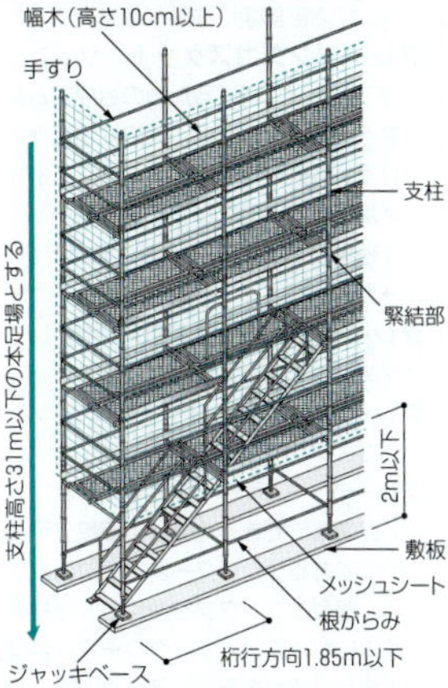

くさび緊結式足場

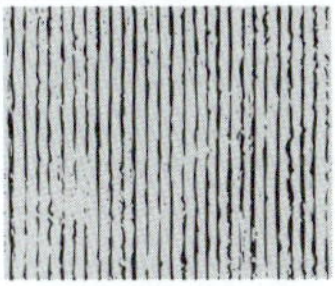

くし引き

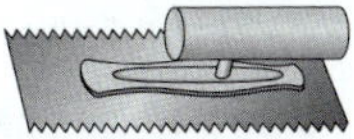

くしごて

くしべら

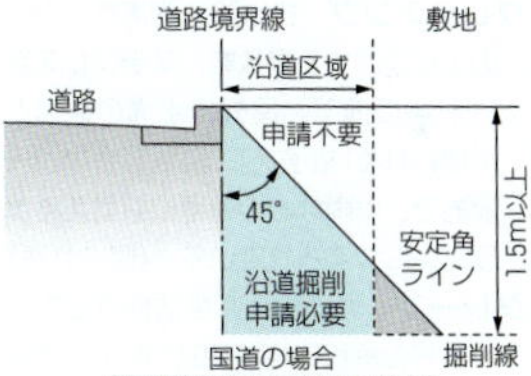

国道の場合
（境界線から20m以上は除く）

道路幅員（B）と沿道区域（D）の関係

道路幅員B（m）	≧20	20＞B≧6	6＞
沿道区域D（m）	5	3	B/2

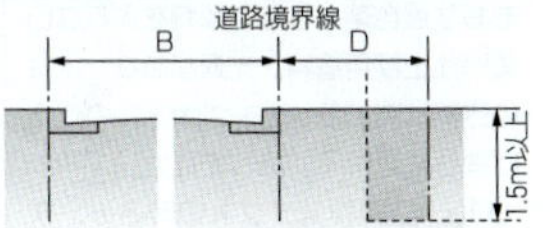

都道の場合

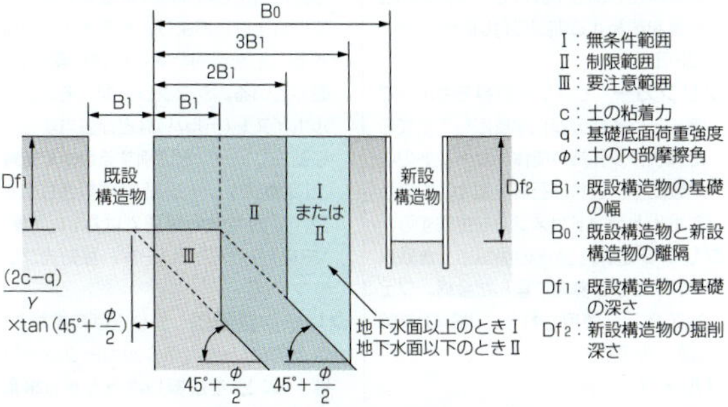

JRの掘削近接範囲（既設構造物が直接基礎の場合）

掘削影響範囲（沿道掘削範囲）

掘削液の調合（例）

容量	ベントナイト（kg）	セメント（kg）	CMC（kg）	水（l）
目安500l	25	120	−	450
	38〜50	−	0.05	480

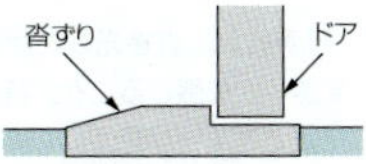

木製建具の納まり例

沓ずり

敷き、その上にのせたカーペットを工具で引っ張り、部屋の四隅に打ち付けたグリッパー(釘の出た板)に引っ掛けて留める工法。(図·139頁)

クリップ　①物をはさむための金物。②笠木や庇を左官で仕上げる場合に、定木を固定するためのはさみ金物。③⇨ワイヤークリップ

グリップアンカー　⇨ホールインアンカー

グリップジョイント　鋼管圧着継手による接合法の一つ。接合部に継手用鋼管をかぶせ、両端部分を冷間で油圧機械を使って締め付けることにより接合する機械的な方法。(図·139頁)

クリティカルパス　ネットワーク工程表において、互いに従属関係(前工程が終わらないと次工程に進めないなど)にある複数の作業のうち、開始から終了までをつなぐ時間的余裕のない一連の工程の経路のこと。

クリヤラッカー　ニトロセルローズをおもな展色剤とした、顔料を入れない透明仕上げ用塗料。光沢があり、木材の透明塗装、ラッカーエナメルの仕上げ塗りに用いる。略して「CL」。

グリル　空調換気ダクトの吸込み、または吹出し部分に設ける、空気の向きや量を調節する羽根の付いた枠。(図·139頁)

クリンカー　セメント原料をキルンで焼成し、各成分が化学反応して生成した塊状の多孔質焼成体。セメントの中間製品で、これに石膏を加え、粉砕してポルトランドセメントを生成する。

クリンプ金網　波形の亜鉛めっき鉄線やステンレス鉄線で編んだ金網。フェンスなどに使用される。JIS G 3553(図·139頁)

グルーブ　⇨開先(かいさき)

車寄せ　玄関前に設ける車の乗降場所。雨などを防ぐために屋根や庇が設けられる。

グレア　照明器具の直接光などが目に入り、まぶしさを感じること。特に高輝度の光源で対象物が見えにくくなる。(図·139頁)

グレイジング　①ガラスを固定すること。②陶磁器類に釉薬(ゆうやく)を施すこと。

グレイジングガスケット　サッシにガラスを取り付けるための合成ゴム製などの製品。水密性、気密性が確保される。内外一体のグレイジングチャンネルと内外別のグレイジングビードの2種類がある。JASS 17(図·141頁)→ガスケット

グレイジングチャンネル　⇨グレイジングガスケット(図·141頁)

グレイジングビード　⇨グレイジングガスケット(図·141頁)

クレーター　アーク溶接におけるビード終端部にできるくぼみ。溶接欠陥の一つであるクレーター割れの原因となる。鋼製エンドタブを使用して母材範囲外にもっていくか、クレーター処理を行う必要がある。→アーク溶接、溶接割れ

グレーチング　排水路や側溝などの溝の上にかぶさる鋼板製、ステンレス製、FRP製の溝蓋。屋外排水溝の蓋などに使われる「格子状」の鋳鉄製金物が一般的で、車両などの荷重にも耐えるよう丈夫につくられている。(図·141頁)

クレーン　労働安全衛生法施行令第1条8号の解釈例規(昭和47年9月18日基発第602号)では、「荷を動力を用いてつり上げ、およびこれを水平に運搬することを目的とする機械装置」と定義している。ジブクレーン、モノレールホイスト(テルハ)などが該当する。移動式クレーンと区別する目的で便宜上「定置式クレーン」と呼ぶ場合もあるが、公的な法令用語ではない。(表·139頁)→ジブクレーン、移動式クレーン

クレーン設置届　つり上げ荷重が3t以上のクレーン(スタッカークレーンは1t以上)を設置しようとする事業者が提出する届け。クレーン則第5条に基づき、クレーン設置届にクレーン明細書、クレーンの組立図、クレーンの種類に応じた構造部分の強度計算書と必要事項を記載した書面を添えて所轄労働基準監督署長に提出する。ただし、労働安全衛生法第88条第1項に認定された事業者は除く。

- 掘削工法
  - オープンカット工法
    - 総掘り工法
      - 地山自立掘削工法
      - 法付けオープンカット工法
      - 山留め壁オープンカット工法
        - 自立掘削工法
        - 切梁工法
        - 地盤アンカー工法
    - 部分掘削工法
      - アイランド工法
      - トレンチカット工法
  - 逆打ち工法
  - 特殊工法
    - ケーソン工法
    - 補強工法

掘削工法の種類

おもな掘削工法の特徴

工法	特　　徴	概念図
法付けオープンカット工法	・構造物の周囲に斜面をとって掘削。 ・敷地に余裕があり、隣接する建物がない場合。 ・山留め壁、支保工が不要なので経済的。 ・掘削深さが比較的浅く(6〜10m以下)、良好な地盤(ローム層等)に適する。 ・地下水がある場合は、何らかの対策が必要。	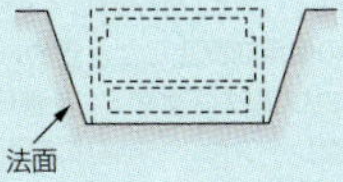
山留め壁オープンカット工法	・山留め壁と支保工で構成する最も一般的な工法。 ・隣地と地下外壁間に、山留め壁の施工可能な間隔が必要。 ・自立の場合は、掘削工事の能率が良い。 ・山留め壁、支保工に各種の工法が採用でき、いろいろな地盤、施工条件　に対応可能。 ・地下水がある場合も遮水性のある山留め壁で施工可能。	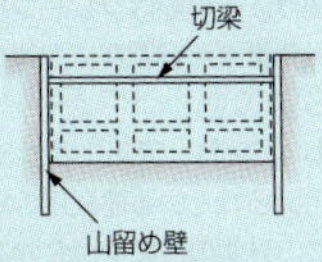
アイランド工法	・建物周囲の山留め壁が自立できるように地山を残して掘削し、建物の中央部を先行して施工。中央部躯体ができ上がると、それらに反力をとって切梁を架け、周囲を掘削する。 ・面積が広く、支保工を全面に架けると不経済な場合に採用。 ・工期が長くなるので工程上余裕があるか、周囲の躯体をあと施工にしても全体工期に影響がない場合。	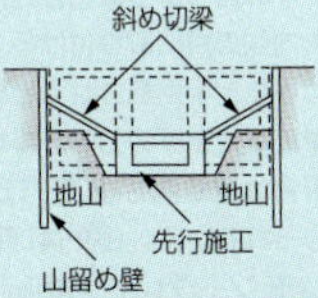
トレンチカット工法	・建物外周部を溝状に掘り、外周部の躯体を先行して構築し、外周部躯体完成後、外周部躯体を山留め壁代わりにして内部を掘削する。 ・軟弱な地盤で、面積が広い場合。 ・山留め壁が二重に必要になるのでコスト高となる。 ・工期が長くなるため、工程上余裕が必要。	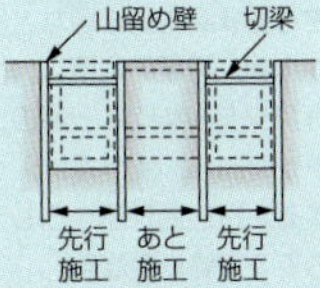
逆打ち工法	・一次掘削後、1階の床、梁を構築し、順次、掘削→地下1階床→掘削と工事を進めていく工法。 ・軟弱地盤で大規模な掘削に適する。 ・剛性が高い本設の床構造物で山留め壁を押さえるので、山留め壁の変形が抑制できる。 ・地上階、地下階の同時施工ができるので、掘削が深い場合の工期短縮が可能。	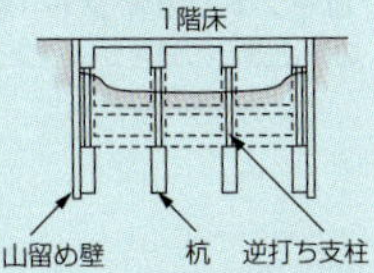
ケーソン工法	・地上で地下躯体を構築し、躯体の下を掘削、徐々に躯体を沈めていく工法。 ・沈設中に地上部分を施工することも可能。 ・軟弱地盤、水中などでも対応可能。	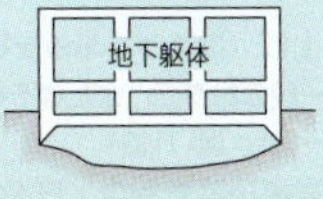

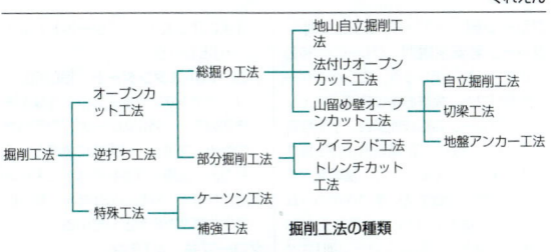

クレーン則 ⇨クレーン等安全規則

クレーン等安全規則 クレーン、移動式クレーン・デリック、エレベーター、簡易リフト、免許および教習、床上操作式クレーン運転技能講習、小型移動式クレーン運転技能講習および玉掛け技能講習の安全についての基準を定めた、労働安全衛生法に基づき定められた厚生労働省令(1972年9月30日労働省令第34号)。通称「クレーン則」などという。

クレーン廃止届 つり上げ荷重が3t以上のクレーン(スタッカークレーンは1t以上)を設置している者が、その使用を廃止したときや、クレーンのつり上げ荷重を3t未満(スタッカークレーンは1t未満)に変更したときに、クレーン則第52条に基づき提出する届け。その際はクレーン検査証を所轄労働基準監督署長に返還しなければならない。

クレセント アルミサッシの窓に多く用いられている建具用の締め金具の一つ。外側の戸に受け金物を付け、それとかみ合うように三日月形の回転金物を内側の戸に取り付ける。下から上へぐるりと半回転させると締まるという単純な仕掛けのもの。排煙窓に用いる場合は設置高さ(800～1,500mm)が決められている。(図・141頁)

クレモン クレモンボルトの通称。気密を要する両開き扉などに用いる戸締り金物。把手の位置に付けられたレバーハンドルを回すと扉の上下からボルトが突出し、受け座に入って扉を固定する。召し合せ部からもラッチが出るので3点締りとなる。

クローズドジョイント 窓、開口部の枠と壁との間をシーリング材などで完全にふさぐ方式。「シールドジョイント」ともいう。

グローバルスタンダード ISO9000シリーズや14000シリーズのような世界標準のこと。特定のメーカーの製品が国際的に普及し、結果的に標準となるものと、国際的な委員会などにより承認され標準となるものがある。多くは欧米の標準を原型としている。

グローブ弁 ⇨玉形弁

黒ガス管 ⇨配管用炭素鋼鋼管

黒皮 製造工程で赤熱した鋼片が空気に触れて酸化することで表面に生成した黒い膜。「ミルスケール」ともいう。

黒皮ボルト ⇨黒ボルト

クロスコネクション 上水系統とその他の系統の配管や装置が直接接続されること。飲料水に汚染水が混ざり汚染されるため、建築基準法および水道法などで禁止されている。

クロス貼り 壁や天井などに布を貼って仕上げること。一般にはビニル壁紙などを貼る場合もクロス貼りということが多い。

黒ボルト ボルトの仕上げをしていない、軸部が黒皮の状態のままのボルトで、「黒皮ボルト」ともいう。材料強度(F値)は告示により185N/mm^{2}と規定されており、炭素鋼の仕上げを施したボルトの値に対して低減されている。

群杭(ぐんぐい)既製杭で、柱下に複数本の杭を配置する場合をいう。本数、杭間隔によっては互いの影響で鉛直支持力、水平支持力が低下したり、沈下量が増大することがある。反対にネガティブフリクション(地盤沈下により杭に下向きに働く摩擦力)については軽減される。→単杭(図・307頁)

け

蹴上げ(けあげ)階段を構成する一段一段の鉛直面。またはその高さのこと。→階段(図・71頁)

経営事項審査制度 日本の建設業において、公共工事の入札に参加しようとする建設業者の企業規模、経営状況などの客観事項を数値化した、建設業法に規定する審査。略して「経審(けいしん)」。

掘削工法の選定基準

与条件 / 工法の種類		工事規模 根切り深さ 浅い	工事規模 根切り深さ 深い	工事規模 平面規模・形状 狭い	工事規模 平面規模・形状 広い	工事規模 平面規模・形状 不整形	施工条件 工期	施工条件 工費
地山自立掘削工法		●	△	○	○	○	●	●
法付けオープンカット工法		●	△	△	●	○	●	●
山留め壁オープンカット工法	自立掘削工法	●	△	○	○	○	●	●
	切梁工法	●	●	●	○	○	○	○
	地盤アンカー工法	●	●	○	●	●	○	○
アイランド工法		○	△	△	●	○	△	△
トレンチカット工法		○	△	△	●	△	△	△
逆打ち工法		△	●	△	●	○	●	△

与条件 / 工法の種類		敷地条件 周辺スペース 有	敷地条件 周辺スペース 無	敷地条件 高低差 有	敷地条件 高低差 無	地盤条件 軟弱地盤	地盤条件 地下水位が高い	周辺環境 周辺沈下	周辺環境 騒音振動
地山自立掘削工法		○	△	○	○	△	△	△	○
法付けオープンカット工法		●	△	○	○	△	△	○	○
山留め壁オープンカット工法	自立掘削工法	○	○	○	○	△	△	△	○
	切梁工法	○	●	△	●	●	●	○	○
	地盤アンカー工法	●	△	●	○	○	○	○	○
アイランド工法		●	○	△	○	○	○	○	○
トレンチカット工法		○	○	△	○	○	○	○	○
逆打ち工法		○	○	○	○	●	●	●	○

●：有利／○：普通／△：不利

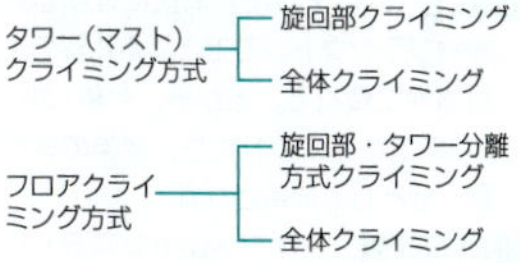

クライミング方法

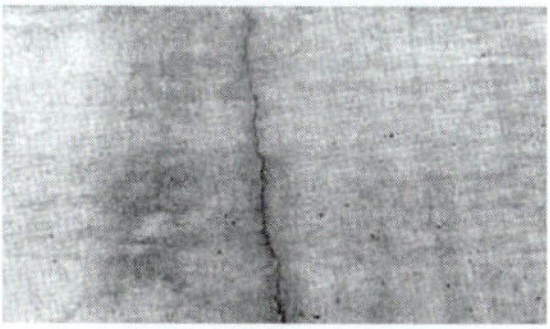

クラック

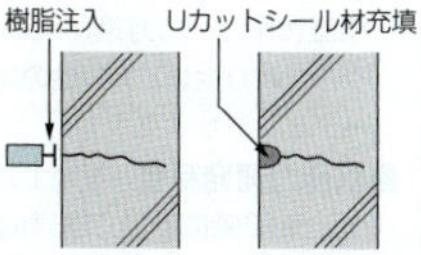

欠損をともなわない。
樹脂注入およびUカットシール材を充填。

注入工法

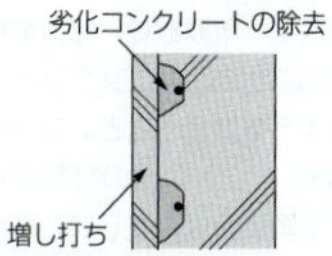

ひび割れと浮きを生じている。
浮きを生じた劣化コンクリートの除去、増し打ち。

断面修復工法①

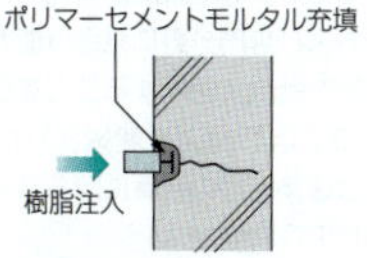

欠損をともなう。
樹脂注入後、ポリマーセメントモルタルの充填。

充填工法

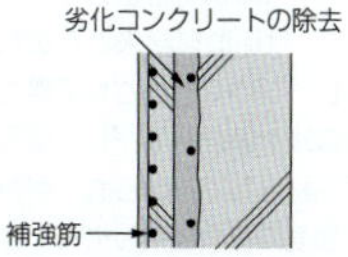

鉄筋の断面欠損が生じている。
劣化コンクリートの除去、構造補強。

断面修復工法②

クラック補修

建設業法第27条の23

計画供用期間　建築物の計画時または設計時に、建築主または設計者が設定する建築物の予定供用期間のこと。建築物の用途やさまざまな立地条件のなかで、構造体や部材を大規模な修繕をすることなく供用できる期間、または継続して供用するためには大規模な修繕が必要となることが予想される期間を考慮して定める。（表·141頁）

計画供用期間の級　JASS 5においては、短期、標準、長期および超長期の4水準であり、コンクリート強度とかぶり厚さの選定という簡便な方法で耐久性の差を表現している。

計画修繕　修繕のうち、定められた修繕周期に基づき性能や機能を回復させること。大規模修繕に該当し、具体的にはマンションの鉄部の塗装、アスファルト防水、外壁の塗装などがある。分譲マンションの計画修繕の費用は、区分所有者が管理費とは別に管理組合に納入する特別修繕費を積み立て、それを充当することになっている。

計画数量　建築数量積算基準で区別する数量の一つ。例えば、設計上の指示がされない掘削土量の算出などは掘削計画に、また山留めの数量も仮設計画に基づいて算出される。このような施工計画に基づいて算出される数量をいう。→設計数量、所要数量、施工数量

計画調合　所定の品質のコンクリートが得られるような調合のこと。コンクリートの練り上がり1 m^3の材料使用量で表す。計画調合は、試し練りによってそのコンクリートの性能を確認して定めることを原則としている。（表·141頁）→試験練り（図·211頁）

珪カル板（けい一ばん）「珪酸カルシウム板」の略称。けい酸質粉末と石灰粉をオートクレーブ中で反応させて得たゲルに補強繊維を添加してプレス成形した板。断熱材として用いられ、耐熱性と機械的強度に優れ破損しにくいことから、鉄骨の耐火被覆などに使用されている。結晶の種類によって最高使用温度は650℃と1,000℃がある。JIS A 5430

景観法　地方自治体が景観に関する規制として独自に設けてきた景観保護条例を補うための国法で、景観を守る体系的な法律。2005年6月に全面施行。

珪酸カルシウム板（けいさん一ばん）⇨珪カル板

珪酸質系塗布防水（けいさんしつけいとふぼうすい）⇨セメント系塗布防水

珪酸セメント（けいさん一）⇨シリカセメント

珪砂（けいしゃ）石英を主成分とする細骨材。天然珪砂は花崗(かこう)岩の風化、分解、淘汰によってできたもの、人工珪砂は白珪石を粉砕してつくる。左官工事の薄塗り仕上用の骨材などに使用される。

傾斜路　階段の代わりに用いられる勾配を取った通路。勾配や表面の仕上げについて、建築基準法施行令第26条に規定されている。→階段

経審（けいしん）⇨経営事項審査制度

珪藻土（けいそうど）海底に堆積した植物プランクトンでできた多孔質の土。耐熱性に優れることから、七輪（コンロ）の主材に使われたり、建築の塗り壁下地として使用される。

継続的改善　マネジメントシステムにおいて要求事項（品質目標）を満たすため、システムの有効性を継続的に改善すること。計画（plan）、実行（do）、検証（check）、対策（action）のサイクルを繰り返し、有効性の向上を図る。→デミングサイクル

継続能力開発制度　建築士会が、建築士法第22条に基いて継続的に能力開発を行っている人の実績を確認して証明し、表示する自主制度。建築士に付託された社会的責務をまっとうするために必要な継続能力開発と、専攻領域および専門分野に見合う能力開発の内容を社会に明示することを目的として、2002年11月より開始された。参加者は建築士会の会員に限られる。略して「CPD制度」という。

形態規制　建築基準法の規定に基づく建築物の形態に影響をもつ規制。建ぺい率、容積率、高さ制限、外壁後退、日影(ひかげ)規制がこれに当たる。

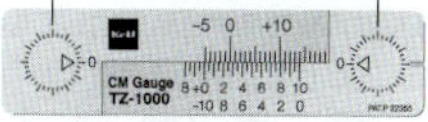

各部の名称

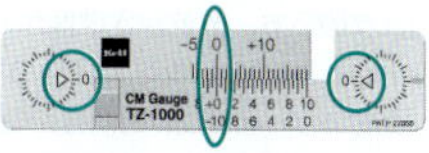

左右の取付け台座の三角マークと角度目盛りの「0」を合わせる。
ベーススケールとサブスケールの0点を合わせる。

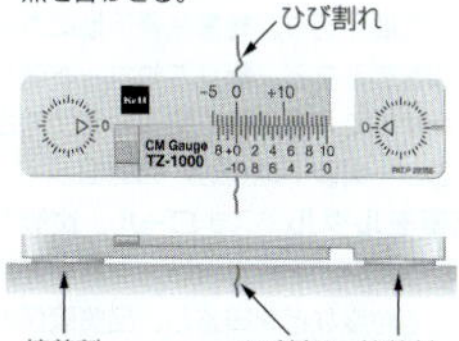

取付け台座の底面に付属の接着剤を塗り、上記0点をひび割れの中心線と一致させ、ひび割れをまたぐように貼り付ける
ベーススケールとサブスケールは、ひび割れの動きにともない伸縮するので、この変化を計測する。

測定器の取付け方法

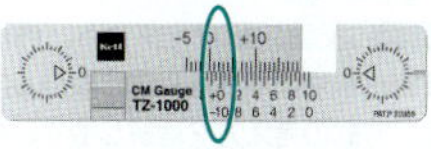

サブスケールの0点がベーススケールのどの位置（目盛り）を示しているかを読み取り、1mm単位に計測する。

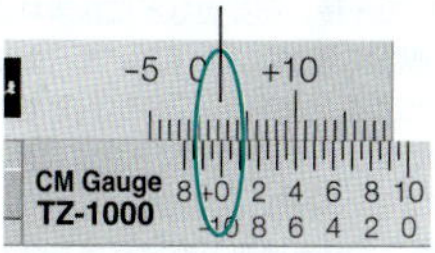

次にベーススケールの目盛りと、サブスケールの目盛りが合致する位置を見つける。ここで0.05mm単位の数値を読み取ることができる。

計測方法

クラック測定ゲージ

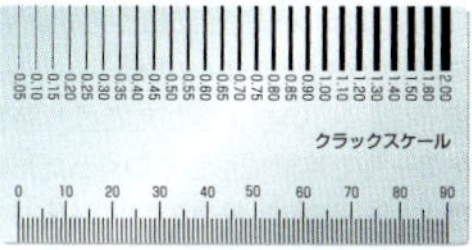

クラックスケール

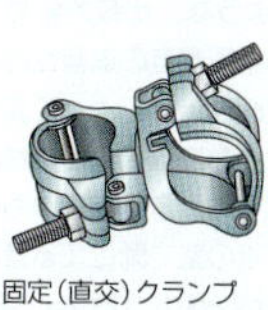

固定（直交）クランプ

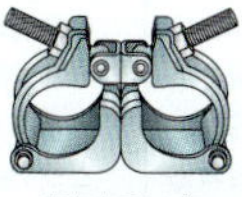

自在クランプ

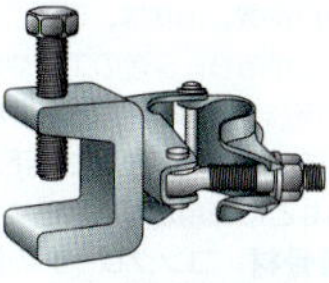

コの字クランプ

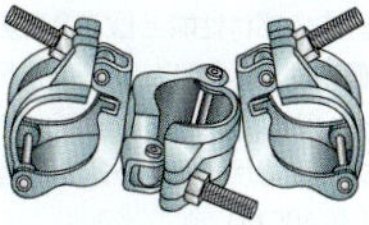

3連直交クランプ

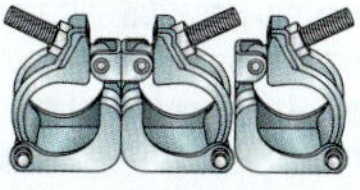

3連自在クランプ

クランプ

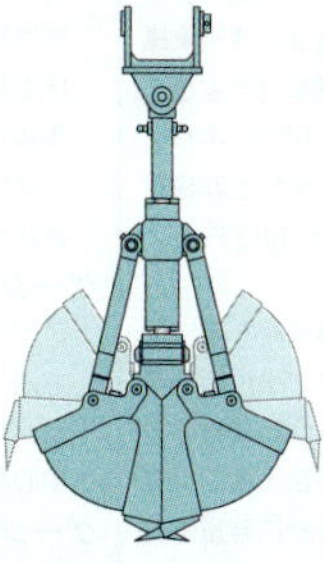

油圧式クラムシェルバケット

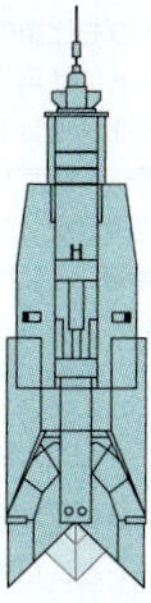

ハンマーグラブバケット

グラブバケット

傾胴式ミキサー（けいどうしきー）⇨ドラムミキサー

系統図　配管、配線、ダクト、機器の接続状態や流れを模式的に表現した図面。方式の考え方を理解しやすい利点がある。

珪肺（けいはい）シリカの粉塵を吸入することによって生じる職業病（じん肺）の一種。石英炭などに含まれるけい酸分の粉塵によって起こり、肺結核と似た病状を示す。「よろけ」とも呼ばれ、鉱山作業員やサンドブラストを使用する作業員に発症が多い。

経費　一般管理費と現場経費を合わせた費用。→一般管理費、現場経費

警報盤　機器の異常や故障を集中して発報する盤。

契約後VE方式　工事契約後に請負者からの技術提案が採用された場合、提案に従って設計図書を変更し、請負者には縮減額の一部を支払う方式。VEはvalue engineeringの略。

軽量形鋼（けいりょうかたこう）帯鋼をロールで冷間成形してつくった形鋼。厚さ1.6～6.0mm程度の間に各種あり、熱間圧延の一般形鋼に比べ、重量に比して断面係数や断面二次半径が大きいのが特徴。形状は、溝形、山形、Z形などがあり、S造の工場や倉庫などの母屋(もや)、胴縁(どうぶち)、小規模な建物の構造材、一般間仕切り壁下地、天井下地などに使用される。略称は「LGS」。

軽量骨材　コンクリートの質量軽減および断熱などの目的で用いる、普通骨材よりも比重の軽い骨材。軽量コンクリートに使用できる骨材は、使用実績などを考慮して人工軽量骨材および普通骨材に限定している。用途により、構造用軽量コンクリート骨材と非構造用軽量コンクリートに分類される。JIS A 5202

軽量コンクリート　軽量骨材を用いた、普通コンクリートに比べて単位容積質量の少ないコンクリート。粗骨材のみに軽量骨材を使用する軽量1種コンクリートと、粗骨材と細骨材に軽量骨材を使用する軽量2種コンクリートがある。略して「LC」という。→コンクリート（表・171頁）

軽量鉄骨　厚さが6mm未満の鋼材。多くは鋼板を冷間圧延加工して製造され、主としてブレース構造に利用される。溝形、山形、Z形に成形した軽量形鋼としても用いられる。

軽量ブロック　建築用コンクリートブロックのうち、気乾かさ密度が1.7g/cm^3のA種、1.9g/cm^3のB種のブロックをいう。遮音性、断熱性に優れ、間仕切り壁などに使用される。JIS A 5406

軽量間仕切り　軽い材料を用いて構成した間仕切り。軽量鉄骨下地にボード類を張るなど、組立てやボード張りが簡単にできるように加工して使用される。→鋼製下地（図表・159頁）

軽量モルタル　スチロール、炭酸カルシウムなどを発泡させ、左官用骨材として粒度などを調整し、品質確保のためにポリマーディスパージョンや繊維などを混入したモルタル。軽量で施工性にも優れ、主としてコンクリートの下地調整材として用いられる。

軽量床衝撃音　床衝撃音の一つ。固くて軽量な物が落ちたときに発生する床衝撃音。スプーンを床に落として「コツン」というような、比較的軽めで高音域の音。軽量衝撃音の遮音性能は、床の構造や表面仕上げによって変わる。構造は直床よりも二重床、仕上材はカーペットのように吸音性が高いものほど良い。直下階の室で聞こえる音の遮断性能は「Li、r、L-50」、「Li、r、L-40」などと表し、数値が少ないほうが遮断性能は高い。床の部材性能としての軽量床衝撃音低減性能は「ΔLL（I）-1～5等級」などと表し、等級の数値が大きいほうが低減性能が高い。→床衝撃音遮音性能（表・505頁）

ゲージ　①鋼材などの角度や寸法を測定する計器の総称。または、その角度、寸法。②高力ボルトなどの配列における、材軸と直交する方向のボルト孔の中心間距離。→ピッチ②（図・411頁）

ゲージタブ　エンドタブの一種。鋼製の当て板で溶接部の両端をふさぐように取り付ける。溶接の始終端が母材範

免震層周囲の建築部位および設備機能の損傷許容度（クライテリア）（例）

重要度／項目		A		B	C
		・被害が人命に直接的な影響を及ぼす ・大地震後も人命確保のために機能維持が必要 ・被害が建物の重要機能に影響を及ぼす	・躯体との衝突が建物の免震性能を阻害する	・被害が人命に直接的な影響を及ぼさない ・被害が建物設備機能の一部機能低下につながる	・被害が人命にまったく影響を及ぼさない ・被害が建物機能低下につながらない
対象	建物部位	—	剛性・強度の高い構築物等 ・免震層周辺部擁壁 ・免震層EVピット、水槽等の躯体 ・近接建物：壁・柱 ・周辺工作物等の基礎	・可動エキスパンション（通路）	・外構：縁石、門扉（金属）、照明、樹木植栽 ・跳出し先端手すり（免震建物側）
対象	設備機能	・電力・給水ガス供給機能 ・消火・避難誘導機能 ・その他重要設備機能を構成する設備資機材 ・上記機能へ2次被害を及ぼす可能性のある設備資機材	・重量物、設備機器基礎 ・剛性の高い設備機材など（鋼管、鋳鉄管等の配管材）	・通信機能構成設備資機材 ・排水機能構成設備資機材 ・防災設備末端機器、配線 ・汎用空調・換気設備および同電源 ・警報配線類	・屋外庭園灯（小型） ・屋外雨水排水管 ・空調ドレン、エア抜き管類 ・一般諸室の空調換気ダクト類 ・保温材、ラッキング類
地震の強さ・許容損傷度・免震層の変位量 震度5弱～強	第1変位量 ○○(mm)	損傷なし 接触・衝突を許さない		損傷なし 接触・衝突を許さない	損傷なし 接触・衝突を許さない
地震の強さ・許容損傷度・免震層の変位量 ／震度6弱～強	第2変位量 △△(mm)	損傷なし 接触・衝突を許さない		損傷なし 接触・衝突を許さない	軽微な損傷を許容
地震の強さ・許容損傷度・免震層の変位量 ／震度7	最大変位量 □□(mm)	損傷なし 接触・衝突を許さない		軽微な損傷を許容	損傷を許容

＊1　表中の具体的な建物部位・設備機能は一般的に該当すると判断される部位・機能を参考として記載した。
2　許容損傷度・免震層の変位量は建物ごとに地震動の強さに応じて設定する。

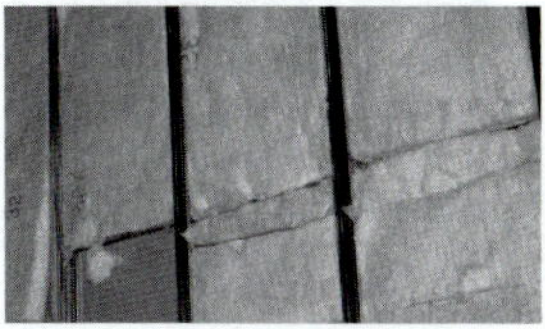

グラスウール施工状況

グラスウール

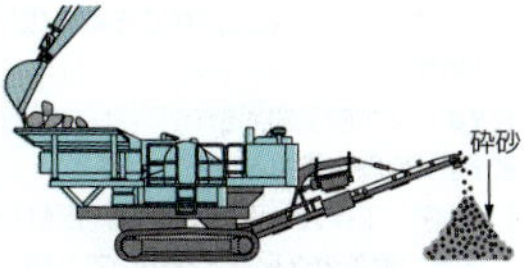

クラッシャー

囲にあるため、鋼製のエンドタブに比較して溶接欠陥が発生しやすくなるとの指摘がある。(図·141頁)

ゲージライン　ボルト孔を配列するための部材材軸方向の孔中心線。

ケーシング　場所打ちコンクリート杭などを施工する際、掘削孔が崩壊しないように孔の全長あるいは上部に入れる鋼管。鉛直性が損なわれていると鋼管の引抜きが困難になる原因となるため、建入れ精度が重要となる。一般的には保護のための包装、外被、囲いなどのことをいう。(図·141頁) →オールケーシング工法

ケースハンドル　引き手の一種で、使用されないときは、扉の表面から出っ張らないようにくぼみ状のケース内に収められている。大引き戸に設けたくぐり戸や、常時開閉が行われない防火戸などに使用される。(図·143頁)

ケーソン　水中の構造物または基礎の構築のためにあらかじめ地上で製造しておく、主として鉄筋コンクリート製の構造物。「潜函(せんかん)」ともいう。

ケーソン工法　あらかじめ地上につくった構築物を、その下部の土を掘り取り構築物の重量で地中に沈ませ、所定の地中深度に設置する工法。「潜函(せんかん)工法」ともいう。沈める方法により、地盤の掘削に際し湧き出してくる地下水を空気圧で押し留めながら掘削する「ニューマチックケーソン工法」と、湧出水をポンプで排水しながら常圧で掘削を進める「オープンケーソン工法」がある。→掘削工法(図表·131頁)

K値　⇨地盤係数

ゲート弁　⇨仕切り弁

Kバリュー　⇨地盤係数

KBM　⇨仮ベンチ

ケーブルラック　鉄またはアルミ製のはしご形配線金物。ケーブルを整理、固定して配線することができる。(図·143頁)

KYK　⇨危険予知活動

KYT　⇨危険予知トレーニング

けがき　工作図、定規、型板、部材リスト、鋼製巻き尺などを用いて、現寸作業で作成された材質、寸法など製作に必要な情報を直接、鋼材上に記入する作業のこと。

蹴込み(けこみ)階段や床の段差部分における垂直な部分。

化粧　仕上げとして表面に現れる部分。または仕上用に加工すること。

化粧合板　⇨オーバーレイ合板

化粧積み　積み上げたコンクリートブロックやれんがなどの表面がそのまま仕上げとなる積み方。疵(きず)のない寸法のそろった材料を用いて目地を化粧に仕上げる。

化粧目地　タイル、石、れんが、コンクリートブロックなどの張付けまたは組積において、表面を意匠的に仕上げた目地。引込み目地、出目地、V形目地、眠り目地、その他さまざまな種類がある。(図·141頁)

下水道法　下水道整備、公共用水路の水質保全を目的とした法律で、公共下水道、流域下水道および都市下水路の設置、その他の管理基準などを定めている。50m³/日以上排出する事業所、40℃以上、pH5.7以下8.7以上、BOD 300mg/l以上および水素イオン濃度、大腸菌群数、浮遊物質量の規制値を超える下水を排出する事業所が対象。

桁(けた)木造の軸組において、梁を受けるために、それと直角方向に架けた横架材。通常は、建物の長手方向に桁、短手方向に梁が架けられ、それぞれの距離を「桁行(けたゆき)」「梁間(はりま)」といい、建物の長手方向(スパン割りの多い方向)を「桁行方向」、短手方向を「梁間方向」と呼ぶ。

げた基礎　設備機器設置用の基礎形状の一種。下駄を裏返したような形状からきた俗称。(図·143頁)

桁行(けたゆき)桁が架かる方向、または桁を支える両端の柱の中心から中心までの距離。一般的には、棟と平行する建物の長手方向のことをいう。→梁間(はりま)

結晶化ガラス　ガラスを再加熱し結晶化させてつくる陶磁器質の物質。正確にはガラス質とはいえないが、素板ガラスと同等の形状や光沢であるため、実用上の外観はガラスに近い。石より

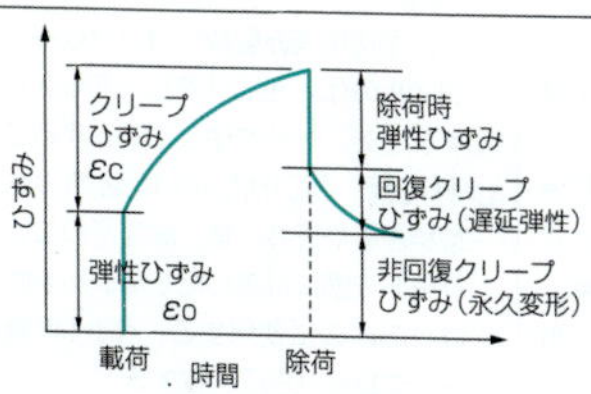

クリープ時間曲線

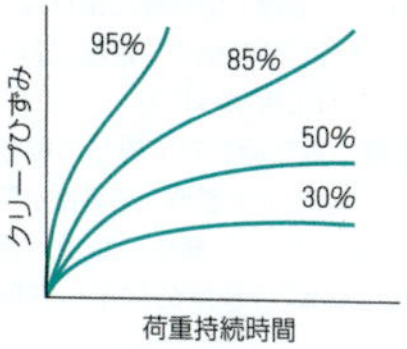

クリープ破壊

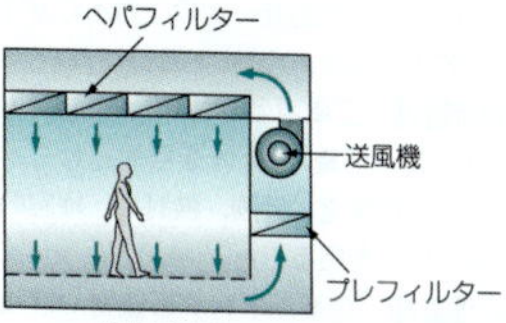

垂直層流型

クリーンルーム

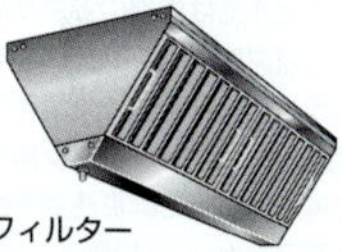

グリースフィルター

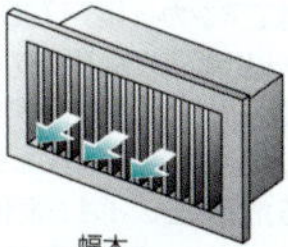

グリル型吹出し口

グリル

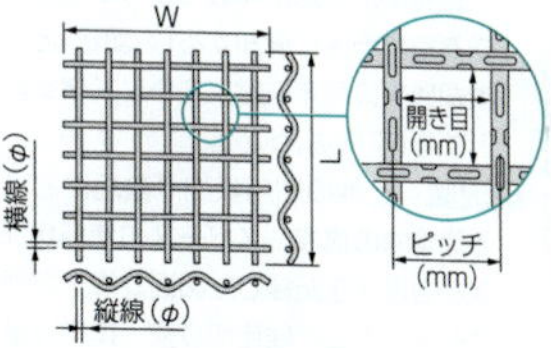

クリンプ金網

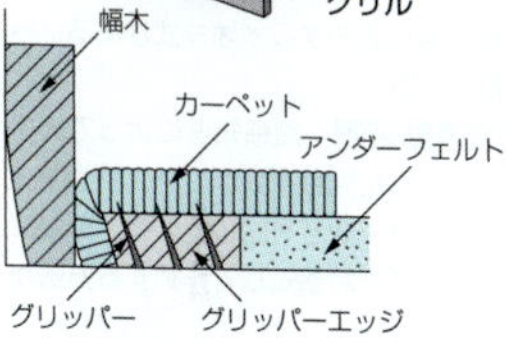

グリッパー工法

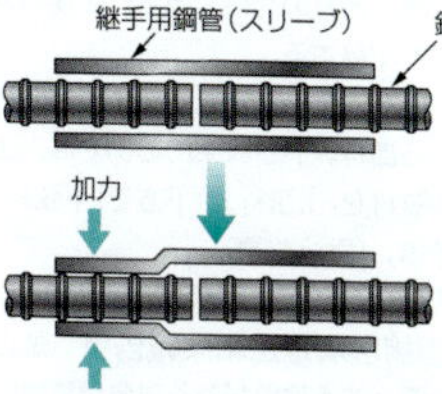

グリップジョイント

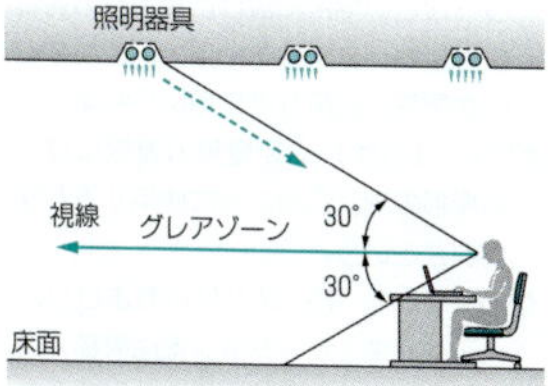

グレア

クレーンの分類

種類区分	大分類(クレーン則解説)	頻度	備　考
クレーン（便宜上、定置式クレーンと呼ぶ場合もある）	ジブクレーン	◎	中分類以下は「ジブクレーン」参照
	テルハ	○	一般的な名称としてモノレールホイストとも呼ばれる
	天井クレーン	△	おもに工場等の建屋内で使用される
	橋形クレーン	△	おもに屋外の集積場等で使用される
	ケーブルクレーン	×	おもにダム工事等で使用される
	アンローダ	×	おもに港湾での陸揚げ作業に使用される
	スタッカクレーン	×	おもに倉庫等の棚に対する荷の出し入れに使用する
移動式クレーン	移動式クレーン参照	◎	詳細は「移動式クレーン」参照

注）頻度は、建築工事での使用頻度を表す。また、上表はクレーン等安全規則関連通達の分類による。

も軽く、強度、耐候性に優れることから、大理石や花崗(かこう)岩などの仕上材の代わりに用いられる。

結束線　鉄筋組立てに際し、鉄筋がずれないように交差部、継手部を緊結するために用いる細めの鉄線。通常、0.8mm(#21)程度のなまし鉄線を用いる。

結露　床、壁、天井、配管、ダクトなどの表面または内部の温度が周辺の空気の露点温度以下になり、空気中の水蒸気が凝縮する現象。→夏季結露

ケミカルアンカー　化学反応を利用した接着剤によって異形棒鋼を固定する接着系アンカー。「樹脂アンカー」ともいう。→あと施工アンカー(図·17頁)

煙感知器　自動火災報知設備のうち、煙によって火災を感知する装置。感知器内部に侵入した煙粒子により散乱する光を感知する光電式と、イオン変化量により感知するイオン式がある。→熱感知器

煙感連動装置　煙感知器によって火災を感知した信号を受けて防火戸や防火シャッターなどを閉じる装置。ほかに、ヒューズで熱感知して作動する方法がある。

下屋(げや)主体となる建物の屋根より一段低い場所に設けた片流れの差し掛け屋根、またはその部分。工場などの休憩室、便所などに用いられる。

螻羽(けらば)切妻屋根の妻側に見える屋根の端。この部分に使用する瓦を螻羽瓦という。

ケリーバー　アースドリルおよびリバースサーキュレーション掘削機械の掘削用バケットを回転させる角型断面をもった棒。杭心の確認は、杭心を示す仮杭にケリーバーの先端の中心を一致させて行う。

ゲル化　液体中のコロイド粒子が流動性をもっている状態から粘度が増加し、流動性がなくなりゼリー状に固化すること。

けれん　総じて、凹凸なく滑らかにすること。仕上がりの美しさや耐久性に影響を及ぼす。①劣化した塗装や錆をへらやスクレーパーを使い除去すること。②使用済み型枠やコンクリート、タイルの仕上面に付着したモルタルかすなどを、へらを使って除去すること。

けれん棒　長い柄が付いた金属のへら。型枠表面や天井、壁、床などのコンクリート表面に付着したモルタルや吹付け材の除去に使用する。(図·143頁)→スクレーパー①、皮すき

減圧弁　流体や気体を通す弁のうち、弁の入口の圧力を一定の圧力まで減圧して出口まで送る弁。(図·143頁)

原価管理　工事原価(材料費+労務費+外注費+経費)の低減を目的として、全社的に調査、計画、検討し、経営の効率向上を図ること。

原価償却　企業が所有する建物や機械設備などの消耗分の費用を、取替えの準備金として保留すること。償却方法には、取得額から残存価格を差し引いた価格を法定耐用年数で割って求めた額を毎年均等に償却する「定額法」と、償却残高に毎年一定率を掛けて償却額とする「定率法」がある。

現況図　土地の利用状況や敷地における建築物の構成、スペースの使用状況などの現状を記録した図面。竣工図面などをもとに、間仕切り壁、建築設備、組織配置、家具·備品·情報機器などの配置、各室の面積·仕上げ·使用者などを記録する。

弦材　トラスなどでウェブ材を支持している部材。トラス梁においては、上方の弦材を「上弦材」、下方を「下弦材」と呼ぶ。(図·143頁)

建災防　⇨建設業労働災害防止協会

検査指摘事項是正結果報告書　是正を必要とする項目がある対象建築物について、是正が完了したことを記入した報告書。工事監理者が検査を行い、指摘した事項とその是正内容を記入し、これを検査機関に提出する。

検査済証　建築主事が完了検査を行い、その建築物および敷地が法令に適合していると認めたときに交付する証書。法令に適合していると認められたとき、建築主に検査済証が交付され、建築主は検査済証の交付を得てその建物を使用、または使用させることができる。

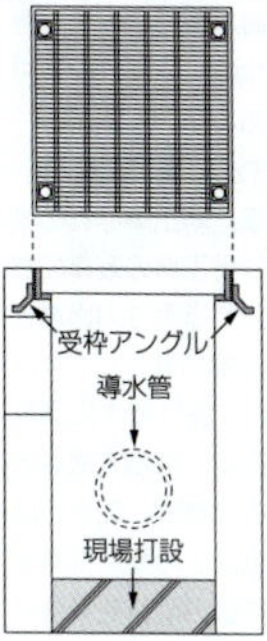

グレーチング

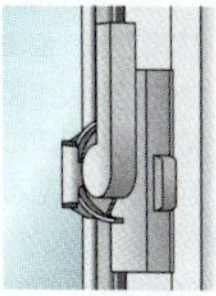

クレセント

グレイジングガスケット

計画供用期間

等　級	計画供用期間	耐久設計基準強度
短　期	約 30年	18N/mm^2
標　準	約 65年	24N/mm^2
長　期	約100年	30N/mm^2
超長期	約200年	36N/mm^2＊

＊計画供用期間の級が超長期で、かぶり厚さを10mm増やした場合は30N/mm^{2}とすることができる。

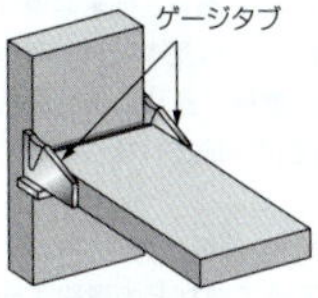

ゲージタブ

コンクリートの計画調合の表し方

品質基準強度 (N/mm^2)	調合管理強度 (N/mm^2)	調合強度 (N/mm^2)	スランプ (cm)	空気量 (%)	水セメント比 (%)	粗骨材の最大寸法 (mm)	細骨材率 (%)	単位水量 (kg/m^3)

絶対容量 (l/m^3)				質量 (kg/m^3)				化学混和剤の使用料 (ml/m^3) または (C×%)	計画調合上の最大塩化物イオン量 (kg/m^3)
セメント	細骨材	粗骨材	混和剤	セメント	細骨材	粗骨材	混和剤		

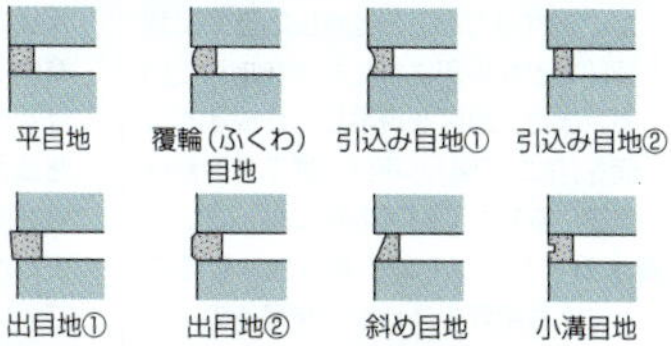

化粧目地の種類

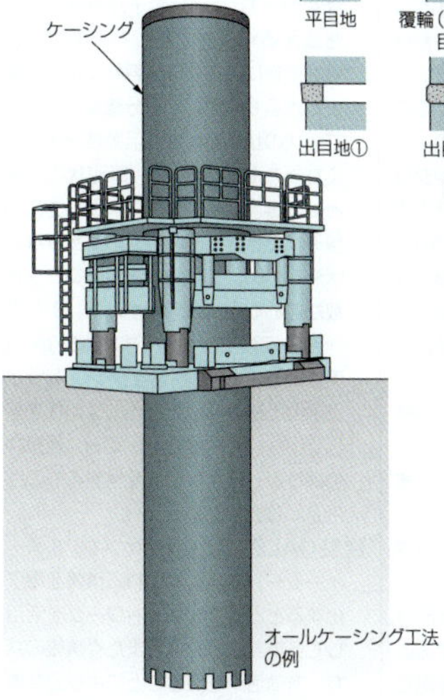

ケーシング

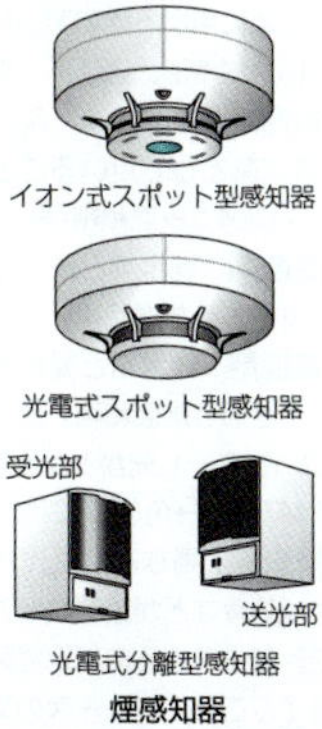

煙感知器

建築基準法第７条第５項　→完了検査

検査ロット　品質管理の際、検査の対象となる製品の集まり、一群をいう。これら全数を検査するのが全数検査、一部を調べるのが抜取り検査である。例えば、生コンクリートの受入検査ロットを$150m^3$ごととする、鉄筋の圧接部の抜取り検査を１班が１日に施工する数量ごとから３箇所とするなど。

検尺（けんじゃく）現場打ち杭工事などで、掘削した杭長やコンクリート打込み高さを確認するために、テープの先端におもりを付けた検尺テープを下ろして計測すること。

検収　現場に納入される材料や製品が注文どおりの数量、等級、規格であるかを納品時に検査して確認すること。取付け後に不適合が発見されると手戻り、手直しが必要となり、コスト、工程に影響を及ぼすので、確実に確認することが重要。

原図（げんず）従来は鉛筆あるいは墨でトレーシングペーパーなどに直接描かれた複写の原紙となる図面であったが、現在はCADで出力した図面に承認印などが押印されたものを指している。また、原図を複写して作成する図面を「第二原図」と呼び、施工者へ預け原図に変わって複写の用に供している。

減水剤　セメント粒子を分散させることにより所要のスランプを得るのに必要な単位水量を減少させて、コンクリートのワーカビリティーなどを向上させるために用いる混和剤。「分散剤」ともいい、標準形、遅延形、促進形の３種類がある。また、AE剤と併用してAE減水剤として用いることが多い。JIS A 6204　→混和剤（表·183頁）

減水促進剤　減水剤と硬化促進剤の機能を併せもった混和剤。

減水遅延剤　減水剤と凝結遅延剤の機能を併せもった混和剤。

剣スコ（けん―）先がとがったスコップ。（図·147頁）→角(かく)スコ

現寸検査　工場などで製作される部材、例えば鉄骨などが設計図どおりであるかを、製作に入る前に現寸図の段階で検査すること。ブレースの交点や勾配がある梁など、複雑な部位は特に注意を要する。近年では、CADでの現寸検査を行う場合がある。

現寸図　実物と同寸法で書いた図面。建具工事、金属工事、木工事などの納まり図や製作図、鉄骨工事の製作の際に現寸場の床に描かれる実寸の図などがこれに当たる。→現寸場

現寸場（げんすんば）鉄骨製作に必要な展開図、現寸図あるいは拡大図などを描くための床がある場所。現寸とは工作図の作成と工場加工の間に位置する工程であり、工作図の情報を具体的な加工の工程(けがき、切断、孔あけなど)で必要になる形態などの情報につくり変えるものである。従来は現寸図を床上に描くことは基本工程であったが、NC加工機械の普及により特別な納まり以外では作成されなくなってきている。

現説（げんせつ）⇨現場説明

建設汚泥　地下鉄工事などの建設工事に係る掘削工事にともなって排出される掘削土のうち、含水率が高く微細な泥状のもの。廃棄物処理法上の産業廃棄物に該当する。建設汚泥の判定基準は次のとおり。(1)粒子が直径$74\mu m$を超える粒子をおおむね95%以上含む掘削物にあっては、容易に水分を除去できるもので、ずり分離などを行って泥状の状態ではなく流動性を呈さなくなったものは土砂。(2)泥状の状態とは、標準仕様のダンプトラックに山積みができず、その上を人が歩けない状態をいい、土の強度を示すコーン指数がおおむね$200kN/m^2$以下、または一軸圧縮強度がおおむね$50kN/m^2$以下である。(3)掘削物をダンプトラックなどに積み込んだときには泥状を呈していない掘削物であっても、運搬中の練り返しにより泥状を呈するものは汚泥。（図·145頁）

建設CALS/EC（けんせつキャルス·イーシー）建設にかかわる情報を電子化するとともに、ネットワークを活用して各業務プロセスをまたぐ情報の共有、有効活用を図ることにより公共事業の生産性向上やコスト縮減を実現す

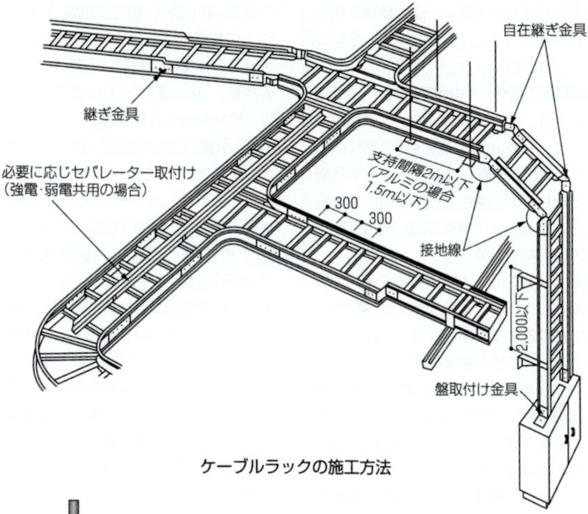

ケーブルラックの施工方法

けれん棒

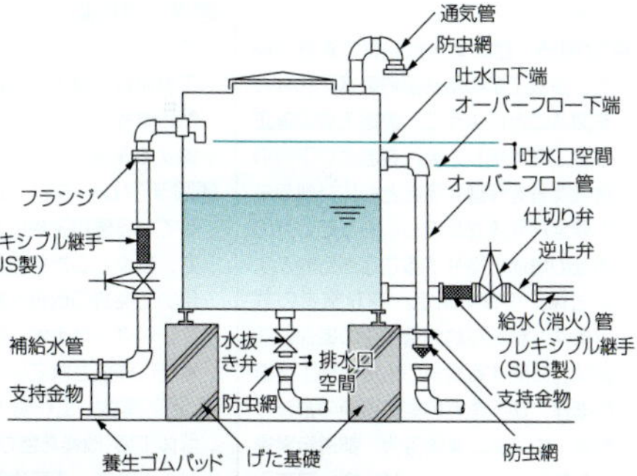

げた基礎(高架水槽の設置例)

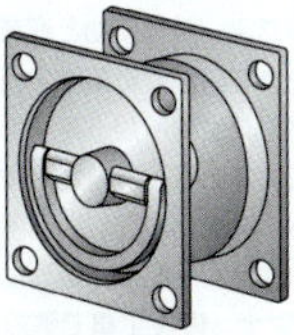

ケースハンドル

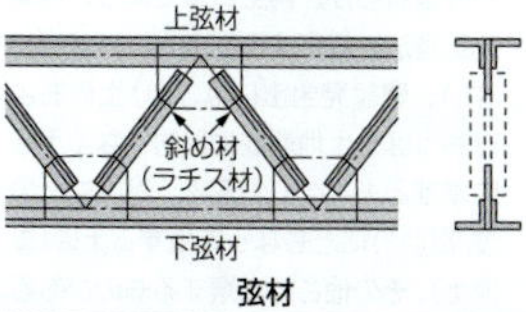

弦材

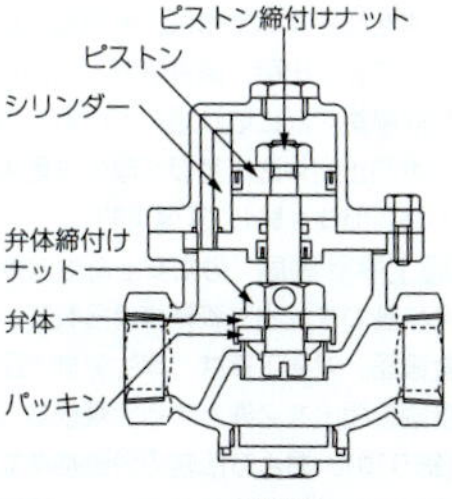

減圧弁

るための取り組み。「公共事業支援統合情報システム」ともいう。→CALS、エレクトロニックコマース

建設業7団体　日本建築学会、日本建築協会、日本建築家協会、全国建設業協会、日本建設業連合会(旧建築業協会)、日本建築士会連合会、日本建築士事務所協会連合会の7つの団体を指していう。→民間(旧四会)連合協定工事請負契約約款

建設業の許可　建設業法第3条第2項に基づき建設工事の種類ごと(業種別)に受ける必要がある許可。建設工事は、土木一式工事と建築一式工事の2つの一式工事のほか、26の専門工事の計28の種類に分類されており、この建設工事の種類ごとに許可を取得する。許可を取得するに当たっては、営業しようとする業種ごとに取得する必要がある。

建設業法　建設業を営む者の資質の向上、建設工事の請負契約の適正化などを図ることによって、建設工事の適正な施工を確保し、発注者および下請の建設業者を保護するとともに、建設業の健全な発達を促進し、もって公共の福祉の増進に寄与することを目的とする法律。1949年制定。建設業者の許可条件、請負契約の適正化の確保、請負契約に関する紛争の処理、施工技術の確保、建設業者の経営事項の審査、監督、中央建設業審議会、都道府県建設業審議会の設置および組織に関する事項などを定めている。

建設業労働安全衛生マネジメント　⇨COHSMS(コスモス)

建設業労働災害防止協会　建設労働災害を防止するために、労働者への教育、広報、出版、調査研究、国からの付託事業などに取り組んでいる、労働災害防止団体法に基づく厚生労働大臣の許可団体。略して「建災防」。

建設工事計画届　労働安全衛生法第88条に基づき提出が義務づけられている計画届。対象工事は、厚生労働大臣に計画の届出を必要とする大規模な工事(第3項)、および所轄の労働基準監督署長に計画の届出を必要とする建設等の仕事(第4項)。前者には高さ300m以上の塔の建設、後者には高さ31mを超える建築物の建設、石綿などの除去作業、掘削高さ、または深さ10m以上の掘削などが該当する。

建設工事施工統計調査　国土交通省が毎年実施する建設業の動向調査のことで、資本金、施工高、受注高、雇用労働者数などが調査の対象となる。

建設工事に係る資源の再資源化等に関する法律　⇨建設リサイクル法

建設工事標準請負契約約款　建設工事請負契約のモデル契約書のこと。中央建設業審議会が作成した「公共工事標準請負契約約款」「民間建設工事標準請負契約約款」「建設工事標準下請契約約款」と、建設業関連団体が作成した「民間連合協定工事請負契約約款」がある。

建設工事保険　工事着工から引渡しまでの間、現場における建物、仮設物、工事用資材などについて、すべての偶然の事故などによって生じた損害を補填する保険。

建設デフレーター　国土交通省が作成している建設工事にかかわる価格指数で、基準とした年の価格にこの指数を用いて実質の価格を算出する。建設デフレーターは土木、建築それぞれの工事別に作成されている。

建設廃棄物　工作物の建設工事および解体工事(改修を含む)にともなって生じる廃棄物。廃棄物処理法に規定されるもので、一般廃棄物と産業廃棄物の両者を含む。建設廃棄物の特徴として、廃棄物の発生場所が一定しない、発生量が膨大である、廃棄物の種類が多様である、廃棄物を取り扱う者が多数存在するなど。→廃棄物処理法

建設発生土　建設工事で建設副産物として発生する土。一般的には「残土」とも呼ばれるが、再生資源であり、廃棄物処理法に規定する廃棄物には該当しない。建設発生土には、(1)土砂およびもっぱら土地造成の目的となる土砂に準ずるもの、(2)港湾、河川などの浚渫(しゅんせつ)にともなって生ずる土砂(浚渫土)、その他これに類するものがある。

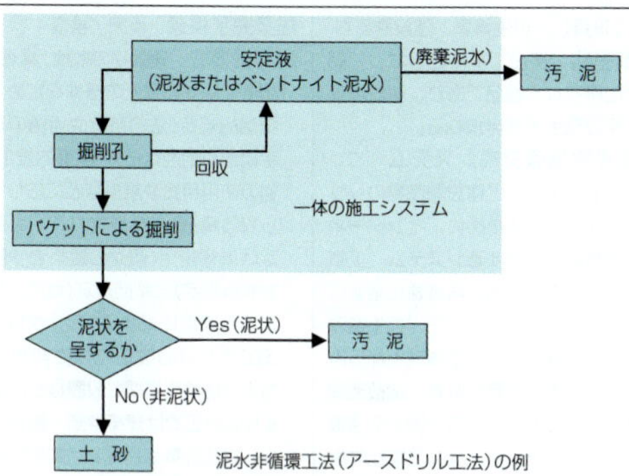

建設汚泥／土砂・汚泥の判断①

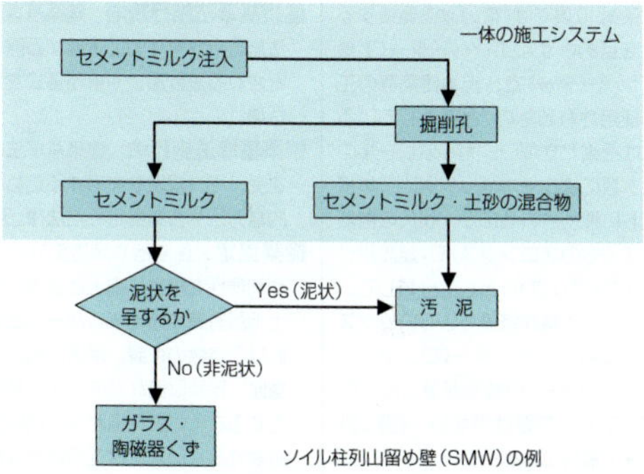

建設汚泥／土砂・汚泥の判断②

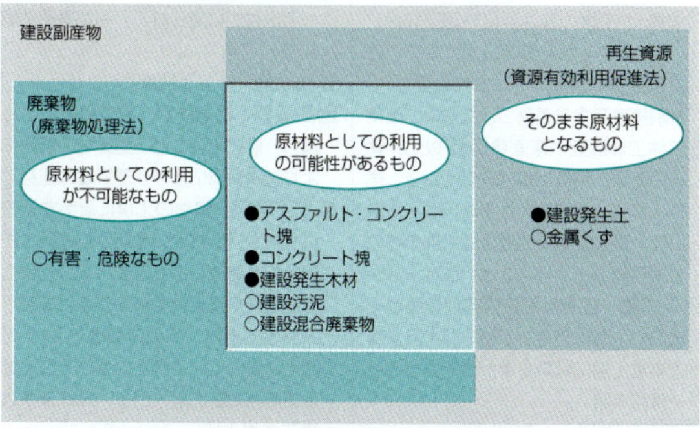

＊アスファルト・コンクリート塊、コンクリート塊、建設発生木材は建設リサイクル法により、リサイクル等が義務づけられたもの。建設発生土は再生資源で廃棄物ではない。

建設副産物と再生資源、廃棄物との関係

（表·149頁）→再生資源、建設副産物

建設副産物　建設工事にともなって副次的に得られる物品であり、建設廃棄物、建設発生土が含まれる。

建設副産物情報交換システム　コンクリートや木材など建設副産物のリサイクルを推進するために、インターネットで情報を交換するシステム。工事発注者、施工者および再資源化業者に対して建設副産物の排出先、再生資源の購入先が検索でき、工事現場から再資源化施設までの最短距離、運搬時間および料金などがわかる。国土交通省が進めるシステムで、公共工事が対象である。通称「COBRIS（コブリス）」。

建設用リフト　労働安全衛生法施行令第１条第10項では「荷のみを運搬することを目的とするエレベーター（工事用エレベーター）で、土木建築等の工事に使用されるもの」と定義している。人員は搭乗できない。ガイドレールの構成本数により一本構リフト、二本構リフトに種別されるほか、長尺の搬器を有するものをロングスパン建設用リフト（ロングリフト）として分類している。近年は人員が搭乗できるロングスパン工事用エレベーター（ロングスパンエレベーター）の普及が著しく、ロングリフトの需要は少ない。（図·151頁）→工事用エレベーター

建設リサイクル法　正式名称は「建設工事に係る資源の再資源化等に関する法律」。工事の発注者に特定建設資材（コンクリート、アスコン、木材、鉄およびコンクリートからなる資材）の分別再資源化を義務づけたもの。建築解体工事は延べ床面積80m^2以上、建築の新築、増築工事は500m^2以上、建築の修繕、模様替えは１億円以上について、建設工事受注者は建設廃棄物の分別再資源化を行わなければならない。

建築確認　建築計画の内容が建築基準法等の法令に適合しているかどうかを工事着工前に建築主事が確認すること。→確認申請

建築確認申請　⇨確認申請

建築化照明　建築物の天井や壁などに組み込んでおく照明。（図·151頁）

建築完了検査　⇨完了検査

建築基準法　建築物の敷地、構造、設備、用途に関する最低の基準を定めた法律。総括的規定（法の目的や用語の定義、手続きや罰則など）と実態的規定（建築物の使用用途や規模などに応じて求められる構造）で構成される。実態的規定は単体規定（個々の建築物や敷地に対する規定）と集団規定（地域、地区など都市環境に対する規定）からなる。2000年５月の改正では性能規定化、指定確認検査機関の設置など、2006年６月の改正では建築確認・審査の厳格化、構造計算適合性判定制度の導入、建築士等の業務の適正化と罰則の強化などが盛り込まれた。

建築基準法施行規則　建築基準法、同法施行令を具体的に実施する際に必要とされる設計図書や事務書式を定めた法律。

建築基準法施行令　建築基準法の規定を受けて、規定を実現するための具体的な方法や方策を定めた法律。

建築協定　住宅地や商店街などの環境や利便性を維持、向上させるために、土地所有者や借地権者が一定区域内における建物の位置、用途、構造、形態、意匠、建築設備などに関する基準を協定すること。関係権利者全員の合意が必要であり、また協定の効力は権利を新しく引き継いだ者にも及ぶ。建築協定の対象地域は、市区町村が条例で定める区域内に限られる。建築基準法第69条～77条

建築検査　⇨完了検査

建築公害　日照妨害、電波障害、ビル風害、眺望阻害など、建築物の新設により近隣住民に及ぼす悪影響の総称。

建築工事届　建物の工事に着手する際に義務づけられている届け。建築主が建築物を建築しようとする場合、または施工者が建築物を除却する工事を行おうとする際、その床面積が10m^2を超える場合に、これらの者がその旨を都道府県知事に届け出る。建築基準法第15条第１項

建築工事標準仕様書　⇨JASS（ジャス）

建設副産物（建設工事にともない副次的に得られるすべての物品（再生資源や廃棄物もこれに含む））	建設発生土等	建設発生土			土砂および土地造成の目的となる土砂に準じるもの
					港湾、河川等の浚渫にともなって生じる土砂、その他これに類するもの
		有価物			スクラップ等他人に有償で売却できるもの
	建設廃棄物	一般廃棄物		事務所ごみ等	現場事務所での作業、作業員の飲食等にともなう廃棄物（図面、雑誌、飲料空缶、弁当がら、生ごみ）
		産業廃棄物	安定型産業廃棄物	がれき類	工作物の新築・改築および除去にともなって生じたコンクリートがら、その他これに類する不要物 ①コンクリートがら ②アスファルト・コンクリートがら ③その他がれき類
				ガラスくず、コンクリートくず、陶磁器くず	ガラスくず、コンクリートくず（工作物の新築、改築および除去にともなって生じたものを除く）、タイル衛生陶磁器くず、耐火レンガくず、瓦、グラスウール、岩綿吸音板
				廃プラスチック類	廃発泡スチロール、廃ビニル、合成ゴムくず、廃タイヤ、硬質塩ビパイプ、タイルカーペット、ブルーシート、PPバンド、梱包ビニル、電線被覆くず、発泡ウレタン、ポリスチレンフォーム
				金属くず	鉄骨鉄筋くず、金属加工くず、足場パイプ、保安塀くず、金属型枠、スチールサッシ、配管くず、電線類、廃缶類（塗料缶・シール缶・スプレー缶・ドラム缶等）
				ゴムくず	天然ゴムくず
			安定型処分場で処分できないもの	汚　泥	含水率が高く粒子の微細な泥状の掘削物（掘削物を標準仕様ダンプトラックに山積みできず、また、その上を人が歩けない状態（コーン指数がおおむね200 kN/m^2以下または一軸圧縮強度がおおむね50 kN/m^2以下）。具体的には、場所打ち杭工法、泥水シールド工法等で生じる廃泥水・泥土およびこれらを脱水したもの）
				ガラスくず、コンクリートくず、陶磁器くず	廃石膏ボード、廃ブラウン管（側面部）、有機性のものが付着・混入した廃容器・包装機材
				廃プラスチック類	有機性のものが付着・混入した廃容器・包装用のプラスチック類
				金属くず	有機性のものが付着・混入した廃容器・包装、鉛管、鉛板、廃プリント配線板、鉛蓄電池の電極
				木くず	解体木くず（木造家屋解体材、内装撤去材）、新築木くず（型枠、足場板材等、内装・建具工事等の残材）、伐採材、抜根材
				紙くず	包装材、ダンボール、障子、マスキングテープ類
				繊維くず	廃ウェス、縄、ロープ類、畳、じゅうたん
				廃　油	防水アスファルト等（タールピッチ類）・アスファルト乳剤等、重油等
				燃えがら	焼却残さ物
			特別管理産業廃棄物	廃石綿等	吹付け石綿・石綿含有保温材・石綿含有耐火被覆板を除去したもの、石綿が付着したシート・防じんマスク・作業衣等
				廃PCB等	PCBを含有したトランス、コンデンサ、蛍光灯安定器、シーリング材、PCB付着がら
				廃　酸	pH2以下　硫酸等（排水中和剤）
				廃アルカリ	pH12.5以上　六価クロム含有臭化リチウム（冷凍機冷媒）
				引火性廃油	引火点70℃未満　揮発油類、灯油類、軽油類、ガソリン
				（ダイオキシン汚染物）	ダイオキシン含有量が3ng/gを超えるばいじん、燃えがら、汚泥 ダイオキシン含有量が100ng/gを超える廃酸、廃アルカリ

建設副産物の種類

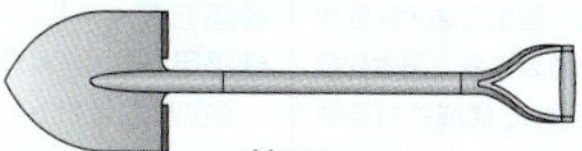

剣スコ

建築構造用圧延鋼材　⇨SN材

建築構造用炭素鋼管　⇨STKN材

建築構造用TMCP鋼　建築構造用鋼材として大臣認定を受けたTMCP鋼。→TMCP鋼

建築コスト情報システム　公共工事の総合的なコスト管理業務を支援するシステム。国土交通省が推進し、2005年度から活用が始まった。公共建築工事実績コストのデータベースをもとに検索、解析および統計、分析資料などが提供される。略称を「SIBC」という。

建築士　建築士法に基づく建築士試験に合格し、管轄行政庁（国土交通大臣または都道府県知事）から免許を受け、建築士の名称を用いて建物の設計、工事監理などを行う技術者。一級建築士、二級建築士、木造建築士、構造設計一級建築士、設備設計一級建築士の5種類があり、その資格により設計、工事監理ができる建築物に違いがある。

建築士法　建築物の設計、工事監理を行う技術者（建築士）の資格を定め、その業務の適正化を図り、建築物の質の向上を図ることを目的とした法律。→建築士

建築主事　確認申請、完了検査など建築確認に関する事務や技術的審査を行う特定行政庁の職員（建築基準適合判定（旧建築主事資格検定）資格者の登録を受けた者）。1998年の建築基準法改正により建築主事の業務の民間開放が実現し、建築主事にのみ限定されてきた確認申請、中間検査、完了検査の業務が、国土交通大臣の指定を受けた指定確認検査機関で実施できるようになった。→特定行政庁

建築審査会　建築基準法に基づく行政庁の業務が正しく行われるように設置された委員会制度。特定行政庁の許可の同意、審査請求の裁決などを行う。用途規制や形態規制での例外許可の場合には、建築審査会の同意が必要とされる。

建築数量積算基準　国土交通大臣官房官庁営繕部、日本積算協会、日本建築家協会など20数団体で構成される建築積算研究会が定める、建築の見積における数量積算の基準。一般的な基準として広く用いられている。

建築積算士　日本建築積算協会が実施する試験の合格者に与えられる名称。建築積算に関する知識および技術の向上を図り、建築工事費の適正な価格形成に資するとともに、建築物の質の向上に寄与することを目的とした資格。

建築施工管理技士　1級と2級があり、受験資格は異なる。1級建築施工管理技士は建築工事の監理技術者、主任技術者となるには必須の資格である。

建築設備　建築物にあって、要求される機能を満足するための電気、ガス、給排水、換気・空調、消火・防火、昇降機、情報設備および避雷設備をいう。建築基準法第2条3号

建築中間検査　⇨中間検査

建築主　⇨発注者

建築主検査　⇨発注者検査

建築物　土地に定着する工作物で、(1)屋根をもち、柱または壁を有するもの（これに附属する門もしくは塀を含む）、(2)観覧のための工作物、(3)地下または高架の工作物内に設ける事務所、店舗、興行場、倉庫などをいい、これに建築設備も含まれる。建築基準法第2条1号　→建築設備

建築物における衛生的環境の確保に関する法律　⇨ビル管理法

建築物の耐震改修の促進に関する法律　⇨耐震改修促進法

建築面積　建築物（地階で地盤面上1m以下にある部分を除く）の外壁またはこれに代わる柱の中心線で囲まれた部分の水平投影面積。ただし、国土交通大臣が高い開放性を有すると認めて指定する構造の建築物またはその部分（軒、庇、はね出し縁その他これらに類するもの）においては、その端から水平距離1m以内の部分の水平投影面積は、その建築物の建築面積に算入しない。建築基準法施行令第2条第1項2号

建築モデュール　⇨モデュール

建築用ブロック　建築工事に用いられる空洞コンクリートブロック、ガラスブロック、インターロッキングブロッ

建設発生土における処理工法

工法分類	掘削前の適用工法	掘削した発生土への適用工法	利用時における適用工法
含水率低下	水位低下掘削	水切り 天日乾燥 強制脱水 良質土混合	袋詰脱水処理工法
粒度調整	–	ふるい選別 良質土混合	–
機能付加・補強	–	–	袋詰脱水処理工法 サンドイッチ工法 流動化処理工法 気泡混合土工法 軽量材混合土工法 繊維混合土工法 補強土工法
安定処理等	改良材混合掘削	安定処理等	流動化処理工法 気泡混合土工法 各種地盤改良工法 事前混同処理工法 原位置安定処理

建設発生土のおもな適用用途

適用用途（評価）		区分	第１種建設発生土	第２種建設発生土		第３種建設発生土		第４種建設発生土	
			第１種	第2a種	第2b種	第3a種	第3b種	第4a種	第4b種
工作物の埋戻し		評　価	◎	◎	◎	○	○	○	△
		注意事項	＊1、2	＊1、3	＊2				
土木構造物の裏込め		評　価	◎	◎	◎	○	○	○	△
		注意事項	＊1、2	＊1、3	＊2				
道路用盛土	（路床）	評　価	◎	◎	◎	○	○	○	△
		注意事項	＊1、2	＊1					
	（路体）	評　価	◎	◎	◎	◎	◎	○	○
		注意事項	＊1、2	＊1		＊7	＊7		
河川の築堤	高規格堤防	評　価	◎	◎	◎	◎	◎	○	○
		注意事項	＊1、4、5、6	＊1、4、5、6		＊7	＊7		
	一般堤防	評　価	◎	◎	◎	◎	◎	○	○
		注意事項		＊1、5		＊7	＊7		
土地造成	宅地造成	評　価	◎	◎	◎	◎	◎	○	○
		注意事項	＊1、4、6	＊1、4、6		＊7	＊7		
	公園、緑地	評　価	◎	◎	◎	◎	◎	○	○
		注意事項	＊1、2	＊1、2	＊1、2	＊7	＊7		
水面埋立て		評　価	◎	◎	◎	◎	◎	◎	◎
		注意事項	＊2	＊8	＊2	＊2		＊2	

◎：そのままで使用が可能（注意事項を参照）／○：適切な土質改良（含水率低下、粒度調整等）／△：土質改良にコスト、時間がより必要

＊1：最大粒形に注意／＊2：粒度分布に注意／＊3：細粒分含有率に注意／＊4：礫混入率に注意／＊5：透水性に注意／＊6：表層利用に注意／＊7：施工機械選定に注意／＊8：淡水域利用時に注意

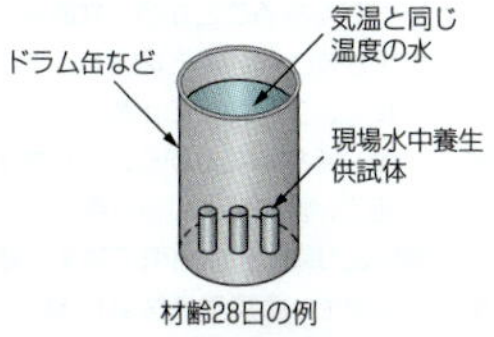

現場水中養生

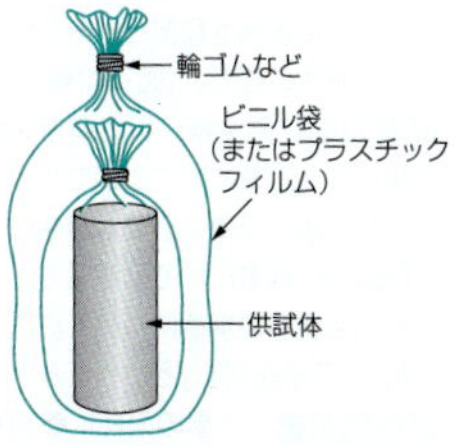

現場封かん養生

ク、テラゾーブロックなどの総称。

現地調査　建設地周辺を実地で調査すること。見積書作成時、総合評価制度の技術提案書作成時、受注後の工事着手前などに行い、敷地の状況、車両の運行規制、近隣の状況などを把握する。調査結果は、「生物多様性チェックリスト」や「環境影響評価認識地図」などを活用し、環境影響も加味して行う必要がある。

現テラ　⇨テラゾー

現場打ちコンクリート　⇨場所打ちコンクリート

現場打ちコンクリート杭　⇨場所打ちコンクリート杭

現場管理組織　工事を受注し現場を開設するに当たり、工事規模や工事の難易度によって人員の構成を決める。通常、現場担当者の構成には職種別編成と工区別編成があり、前者は躯体、仕上げ、設備工事などに分けて分担し、後者は複数の棟がある場合、棟別に分担して工事を進める。

現場経費　工事原価の一つで、現場職員の給与、事務所の地代家賃、事務機器のリース費、事務用品費、通信交通費、交際費、各種保険料などで構成される。工事原価から直接工事費と共通仮設費を除いたもの。

現場サイトPC　プレキャスト鉄筋コンクリート(PC)部材を多用する工事において、PC部材を現場(サイト)内で製造する手法。工事現場付近に新設する工場のことを「現場サイトPC工場」という。

現場水中養生　構造体コンクリートの圧縮強度試験用供試体の養生方法の一つ。工事現場内の直射日光が当たらない場所に水槽を設置し、その中で行う水中養生のこと。(図・149頁)

現場説明　発注者が指名業者を集め、施工する工事内容について行う説明。入札および見積に必要な諸条件のうち図面や仕様書だけでは明示できない実際的な現場の事柄について説明する。略して「現説(げんせつ)」ということが多い。

現場説明書　工事の入札に参加する者に対して、発注者が当該工事の契約条件などを説明するための書類。工事に適用する設計図書の一つであり、ほかに特記仕様書、図面、標準仕様書、質問回答書がある。

現場代理人　元請業者を代表する責任者。請負者の代理人として請負契約履行のために現場に常駐する。建設業法(第19条の2)では、現場代理人の権限の範囲を注文者に書面で通知することが定められている。配置予定の現場代理人は、他の工事(契約中のものを含む)と重複することができない。略して「代人」ということもある。

現場研ぎ出しテラゾー　⇨テラゾー

現場配合　計画調合(示方配合)のコンクリートとなるように、現場における材料の状態および計量方法に応じて定めた配合をいう。

現場発泡ウレタン　化学反応により気泡を発生させ、多孔質のウレタンを形成させる断熱材料。現場での断熱処理に使用される。

現場封緘養生(げんばふうかんようじょう)構造体コンクリートの圧縮強度試験用供試体の養生方法の一つ。コンクリート表面から水分が逸散しないよう、また外気温の変化に追随できるようにプラスチックフィルムなどで供試体を封緘し、工事現場の直射日光の当たらない場所で行う。打ち込んだコンクリートから切り取ったコア供試体と同類の供試体とみなされる。単に「封緘養生」ともいう。(図・149頁)

現場溶接　鉄骨工事において、部材の溶接接合を現場で実施すること。角形鋼管柱の接合や、柱梁接合部において梁ウェブを高力ボルト接合、同フランジを現場溶接接合とする現場混用接合においてよく見られる。ボルトやスプライスプレートの削減や梁ブラケットがなくなることから、柱鉄骨の輸送効率が向上するなどのメリットがある。反面、工場溶接に比較して溶接環境が厳しくなることから、より慎重な溶接施工、管理が求められる。(図・153頁)

建ぺい率　敷地面積に対する建築面積の割合(建築基準法第53条)。都市計画区域内では、用途地域の種別、防火

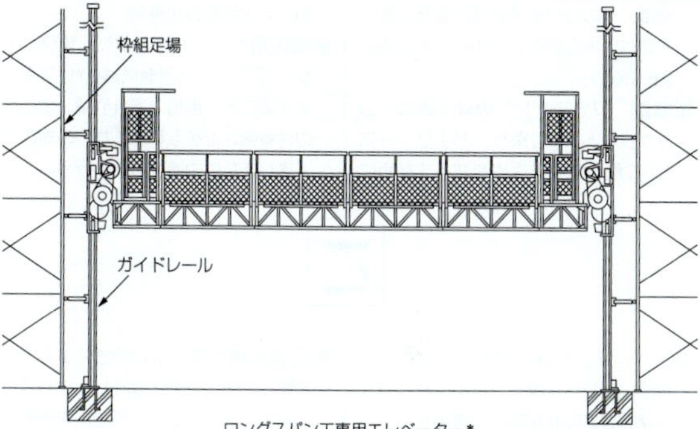

ロングスパン工事用エレベーター*

*最近では、人員が搭乗できるロングスパン工事用エレベーターの普及によりロングリフトの需要は少ない。

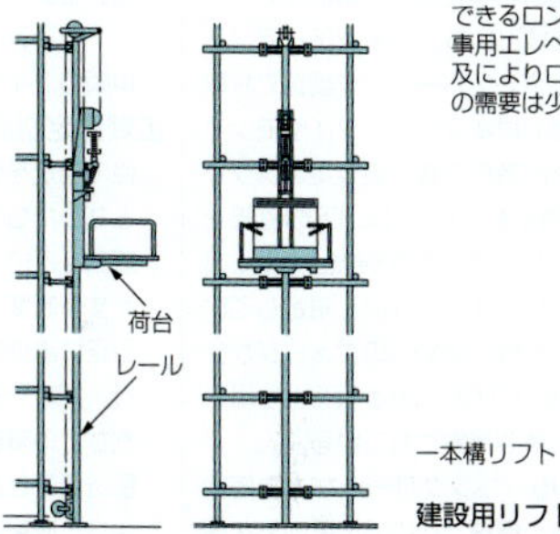

一本構リフト

建設用リフト

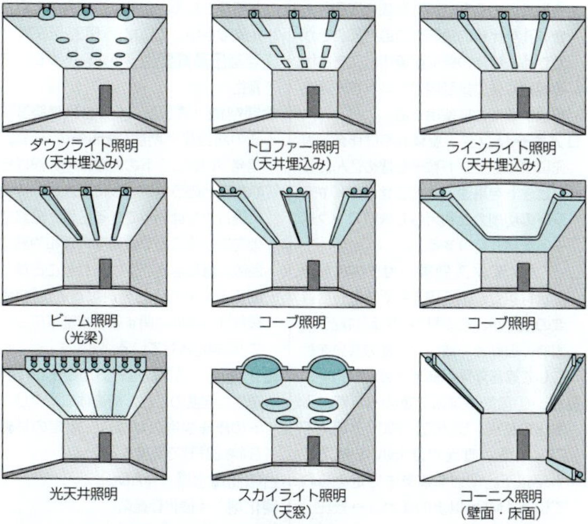

ダウンライト照明
（天井埋込み）
トロファー照明
（天井埋込み）
ラインライト照明
（天井埋込み）
ビーム照明
（光梁）
コーブ照明
コーブ照明
光天井照明
スカイライト照明
（天窓）
コーニス照明
（壁面・床面）

建築化照明

地域、そのほか都市計画の指定に応じて建ぺい率の限度が定められている。（表·153頁）

減摩剤　プレストレスの導入時に、コンクリートとPC鋼材、およびシースとPC鋼材の間の摩擦を減らすために用いる水溶性の潤滑剤。

研磨紙摺り（けんましずり）塗装面にサンドペーパー（研磨紙）をかけて平滑にすること。素地の汚れや錆、塗り面の付着物などを取り除くためのもので、下塗りまたは中塗りの後に行う。

こ

コア　①核の意味。建物平面において階段、エレベーター、便所、パイプシャフトなどの共用部分が集まっている部分。建物の中央にある場合をセンターコア形式という。→インテリアゾーン（図·33頁）②ボーリング調査で採取した地盤の標本資料。③ダイヤモンドビットで円筒形に抜き取ったコンクリートの供試体。JISではコアの直径を粗骨材の最大寸法の3倍以上とし、2倍以下にしてはならないと規定している。最近では、建物へのダメージが少ない小径コア（20～30φ程度）を用いる試験方法も提案されている。

コアドリル　コンクリートなどを筒状にくり抜く機械。孔の外周部のみを削り取り、中心部（コア）を抜き取る。大きな孔を比較的短時間であけることができる。建物の壁に配管用の孔をあける場合や強度試験用のテストピースを採取する場合に使用する。

コアボーリング　躯体孔あけ作業。刃先にダイヤモンド粒子を埋め込んだコアビットを高速で回転させ、ダイヤモンドの切削力を利用して鉄筋コンクリートを穿孔(せんこう)する。

コインシデンス効果　ガラスなどの面状材料で、ある周波数で入射した音波の振動が、その材料（ガラスなど）の固有の振動と一致し、一種の共振を起こして遮音効果が低下する現象。

高圧　①電気事業法で定められている電圧の種別。交流では600Vを超えて7kV以下、直流では750Vを超えて7kV以下。②ガス事業法で定められている1MPa以上の圧力。→低圧、特別高圧

高圧洗浄機　高圧水の噴射による洗浄装置。高圧ポンプに接続したホースの先端のノズルガンより高圧水を噴射する。コンクリート打継ぎ面、コンクリート打込み前の型枠、舗装路面、工事車両のタイヤの洗浄などに使用する。

広域認定制度　メーカーなどが環境大臣の認定を受けて、自社製品が廃棄物となったものを広域的に回収し、製品原料などにリサイクルまたは適正処理をする制度で、1993年の廃棄物処理法改正により創設、同年12月1日から施行。認定を受けるのは製造、加工、販売などの事業を行う者で、自社製品の配送会社とともに認定を受けることにより、収集運搬、処分とも処理業許可が不要となる。以前は広域再生利用指定制度といっていた。（図表·155頁）

高温高圧蒸気養生　⇨オートクレーブ養生

公開空地（こうかいくうち）建築基準法の総合設計制度（第59条の2）で、開発プロジェクトの対象敷地に設けられた空地のうち、一般に開放され自由に通行または利用できる区域。公開空地を設けることで容積率の緩和や高さ制限の緩和などが受けられることが、昭和46年9月1日付建設省通達「総合設計許可準則に関する技術基準について」に規定されている。

硬化強度　コンクリートが硬化し、発現した強度のこと。構造体コンクリートの圧縮強度の試験は、所定の材齢（通常28日）で実施する。

合格品質水準　⇨AQL

硬化剤　⇨硬化促進剤

高架水槽給水方式　給水方式の一種で、

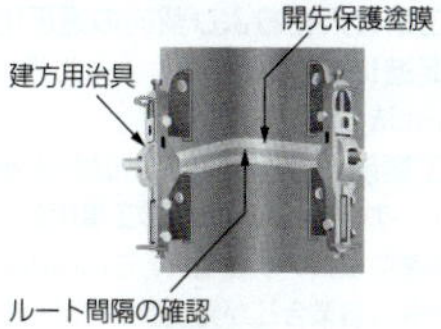

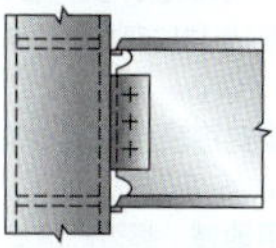

裏当て金が梁フランジの
外側に取り付く場合の例

現場溶接

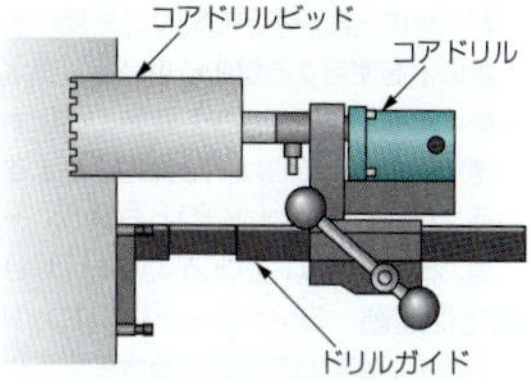

コアドリル

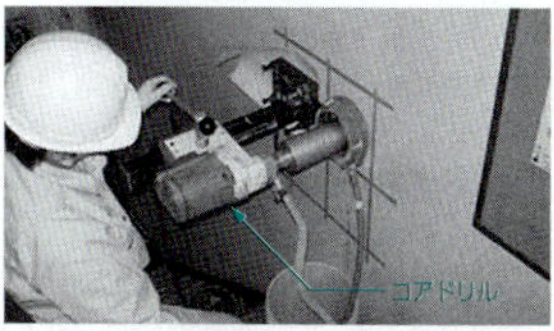

コアボーリング

建ぺい率(用途地域別)

建築基準法第53条		建ぺい率
住居系	第一種低層住居専用地域 第二種低層住居専用地域 第一種中高層住居専用地域 第二種中高層住居専用地域	3/10 4/10 5/10 6/10
	第一種住居地域 第二種住居地域 準住居地域	5/10 6/10 8/10
商業系	近隣商業地域	6/10 8/10
	商業地域	8/10
工業系	準工業地域	5/10 6/10 8/10
	工業地域	5/10 6/10
	工業専用地域	3/10 4/10 5/10 6/10
無指定	用途地域指定のない区域内	3/10 4/10 5/10 6/10 7/10

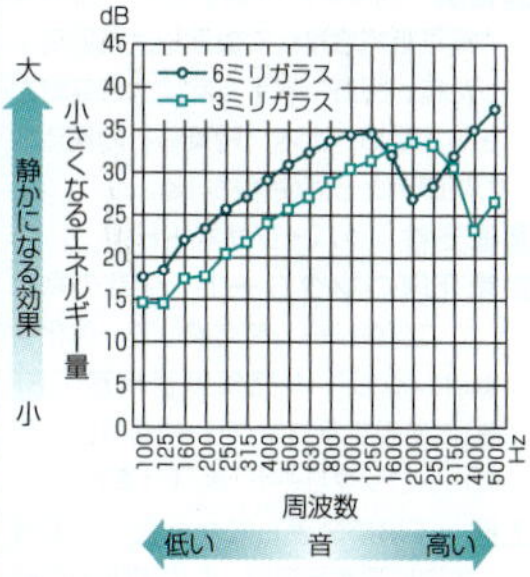

コインシデンス効果

電圧の種別

	交流	直流	配電電圧	電気供給約款の契約電力
低圧	600V以下	750V以下	100Vおよび200V	50kW未満
高圧	600V超過 7kV以下	750V超過 7kV以下	6.6kV	50kW以上2,000kW未満
特別高圧	7kV超過		22kV、33kV、 66kV、77kV	2,000kW以上*
備考	「電気設備の技術基準」 第2条による。		住宅から大規模のビル、工場に至るまで、上記の配電電圧が用いられている。	*は地域によって異なることがある。

注1) 超高圧とは、170kV超過のものをいう。
2) 超高圧ビル内の配電電圧には、400Vが用いられている。

配水管の水圧が不足したり、一度に多量の水を使用する場合に用いる。受水槽に水を受けてポンプで建物の高架水槽に揚水し、それ以下は重力で給水する。「高置水槽給水方式」ともいう。→重力式給水方式、給水方式(図・115頁)

硬化促進剤　コンクリート中のセメントと水が接触した時点から水和反応が始まり、凝結が進むにつれて流動性は失われ、やがて硬化し始め強度発現する。この速度を早めるために使用する混和剤のこと。「硬化剤」「早強剤」ともいう。

鋼管足場　⇨鋼製単管足場

鋼管圧着継手　機械式継手の一種で、双方の鉄筋を鋼管(スリーブ)内に通し、外側から加圧して鉄筋表面の節に食い込ませて接合する鉄筋継手工法。単に「圧着継手」ともいう。→機械式継手、グリップジョイント

鋼管杭　鋼帯または鋼板をアーク溶接や電気抵抗溶接して製造した鋼管を使った杭。鉛直、水平方向に大きな耐力をもつため、土木、建築などの構造物の基礎杭として使用される。

鋼管支柱　⇨パイプサポート

鋼管充填コンクリート　中空の鋼管内にコンクリートを充填して一体化するコンクリート充填鋼管構造(CFT造)に使用するコンクリート。(図・157頁)→コンクリート(表・171頁)

工期　工事に着手してから完成、引渡しまでに要する期間。「工事期間」の略。

公共空地(こうきょうくうち)一般の人が利用できる空地で、国、地方公共団体によってその土地の使用が担保されているものをいう。都市計画法では公園、緑地、広場、墓園、その他とされている。→公開空地

公共下水道使用開始(中止)届　公共下水道の使用を開始、中止、廃止または使用を再開しようとするとき、水道を管轄する市区町村などに出す届け。なお、使用が上水道または工業用水のみで、それ以外の水を使用しない場合は届出の必要がない。

公共工事入札契約適正化法　⇨入札契約適正化法

公共工事の入札および契約の適正化の促進に関する法律　⇨入札契約適正化法

公共工事前払金保証事業　公共工事を発注する際、請負者への工事代金の一部を前金払いする場合、この前払金額を保証事業会社が発注機関に対して保証する事業をいう。「公共工事の前払金保証事業に関する法律」に基づき行われている。

公共事業支援統合情報システム　⇨建設CALS/EC(キャルス・イーシー)

工業専用地域　都市計画法(第9条第12項)に基づく用途地域の一つで、工業の業務の利便の増進を図る地域。環境への影響や危険性の高い工場など、どんな工場でも建てられる。住宅、物品販売店舗、飲食店、学校、病院、ホテル、福祉施設(老人ホーム等)などは建てることができない。住宅が建設できない唯一の用途地域でもある。

工業地域　都市計画法(第9条第11項)に基づく用途地域の一つで、おもに工業の業務の利便の増進を図る地域。どんな工場でも建てられる。工場、倉庫などのほか、住宅、事務所、診療所、福祉施設などは建てられるが、店舗は延べ床面積の制限があり、病院、学校、興行場などは建てられない。

高強度コンクリート　一般のコンクリートに比べて強度が高いコンクリート。JASS 5では設計基準強度が36N/mm^2を超えるものとしている。設計基準強度が60N/mm^2を超えるものは必要に応じて試験または信頼できる資料により性能を確認し、使用の詳細を定めなければならない。JIS A 5308に規定されるが、規定外のものを使用する場合には国土交通大臣の認定取得が必要。→コンクリート(表・171頁)

高強度鉄筋　降伏点が490N/mm^2を超える、JIS規格にない鉄筋。熱処理を行わず、合金元素の含有量を増やすことにより強度を高めている。

鋼杭　鋼材を加工してつくられた杭の総称。円筒形、H形、そのほか特殊な断面のものがある。運搬や打込みが容易、溶接により長い杭が可能、上部構

広域認定制度の認定対象と認定基準（廃棄物処理法）

認定対象	認定基準
規則 第12条の12の8 次の①②のいずれにも該当。 ①通常の運搬状況のもとで容易に腐敗し、または揮発するなどその性状が変化することによって生活環境の保全上支障が生じるおそれのないもの。 ②製品が廃棄物となったものであって、当該廃棄物の処理を当該製品の製造、加工または販売の事業を行う者が行うことにより、当該廃棄物の減量その他その適正な処理が確保されるもの。	規則 第12条の12の10～第12条の12の12 次の①～③すべてに適合。 ①広域的処理の内容の基準（事業内容が明らかであり、管理体制が整備されていること等） ②広域的処理を行い、または行おうとする者の基準（処理を的確にかつ継続して行うに足りる経理的基礎、知識および技能を有する者等） ③広域的処理の用に供する施設の基準（適正な維持管理が可能であり、廃棄物の飛散、流出および悪臭の発散がないこと等）

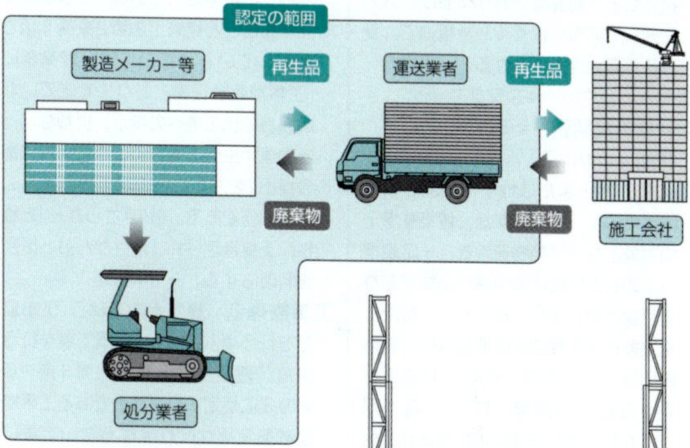

広域認定制度のしくみ

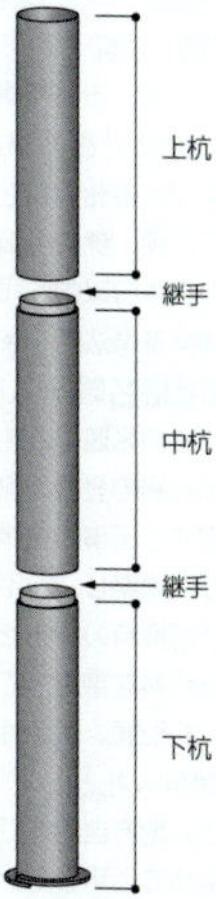

鋼管杭

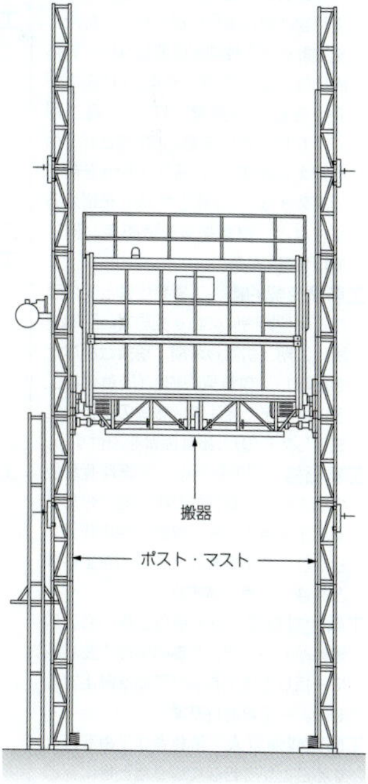

工事用エレベーター

造との結合が容易といった長所があるが、耐食性の面で難がある。

高減衰積層ゴム　ゴム高分子に特殊な充填材を加えた配合により、ゴム材料自体に高いエネルギー吸収性能を与えた積層ゴム。ばね機能と減衰機能を一体化した免震部材として使用される。→アイソレーター(図·5頁)

剛構造　RC造、SRC造のように、建物の部材が剛に接合された構造。構造物全体を一体的に剛にして地震力に抵抗させる。耐震壁を有効に設け、外力に対して変形しにくくした構造で、受ける地震力は大きくなる。→柔構造

鉱滓（こうさい）⇨スラグ①

鋼材検査証明書　⇨ミルシート

工作図　⇨製作図

工作物　地上または地下に設置される人工物のすべてを指すが、建築基準法の対象となる建築物を除き、一定規模以上のものは確認の申請が必要であり、建築物と同じように扱われる。ただし、構造計算適合性判定は要しない。具体的には次の工作物である。(1)高さが2mを超える擁壁(ようへき)、(2)高さが4mを超える広告塔、(3)高さが6mを超える煙突、(4)高さが8mを超える高架水槽、(5)高さが15mを超える鉄柱など。建築基準法第88条、同法施行令第138条

工事請負契約書　工事発注者と受注者が工事契約時に交わす契約書。工事場所、工期、引渡し時期、請負金額などを記載し、請負契約約款(請負者は工事の完成を、発注者は報酬の支払いを約束したもの)と設計図書を添付する。

工事価格　工事原価と一般管理費から構成され、消費税など相当額は除かれる。工事原価は純工事費と現場経費からなり、純工事費はさらに直接工事費と共通仮設費で構成される。

工事完成基準　長期請負工事の会計処理基準の一つで、工事の完成引渡し時に一括して売上および原価を計上するもの。→工事進行基準

工事完成保証人　請負者が工事を続行することができなくなったときに、これに代わって工事完成を保証する建設業者。主として公共工事の契約において採用される。

工事管理　工事が設計図書(設計図書と仕様書)どおりに契約工期内で完成するよう施工者が行う、作業の進捗、資材、予算、工程、安全などの面による監督指導業務の総称。俗に「たけかん」と称し、工事監理(俗に「さらかん」)と区別を明確にする。→工事監理

工事監理　その者の責任において工事を設計図書と照合し、それが設計図書どおりに実施されているかどうかを確認することと建築士法第2条第8項で定義している。この工事監理業務に「工事が設計図書どおりにできていない場合の施工者への指示、従わないときの建築主への報告、工事監理報告書の提出」を加えたものが工事監理者の法定業務である。俗に「さらかん」と称し、工事管理(俗に「たけかん」)と区別を明確にする。→工事管理

工事監理者　建築士法でいう「工事監理を行う者」のこと。建築工事を行う場合、建築主は建築士法第3条～3条の3に規定する建築士である工事監理者を定めなければならない。単に「監理者」と呼ぶこともある。建築基準法第5条の6第4項

工事完了検査　⇨完了検査

工事完了届　①開発許可を受けた者が、工事完了の際、都道府県知事に提出する届け。都市計画法第36条第1項　②建築主が、確認申請を行った建築物工事完了の際、建築主事に届ける文書。完了日から4日以内に届くように提出する。建築基準法第7条

工事希望型指名競争入札　公共工事で採用する指名競争入札形式の一つ。入札参加資格の登録の際に業者が申し出た希望する工事の種類、規模、工事場所などを勘案し、一定数の業者を選定して技術資料の提出を求め、提出された技術資料を審査して入札業者を指名する入札形式。透明性、公平性の高い指名競争入札として1994年頃に導入された。地方自治体では独自の運用基準を定めて活用している。

工事計画図　工事に際しての計画図の

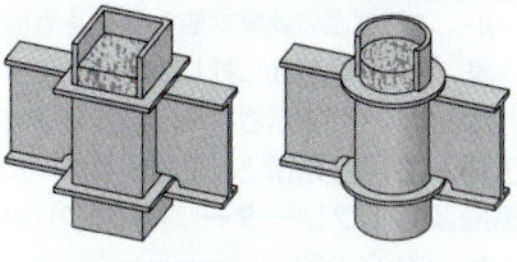

鋼管充填コンクリート

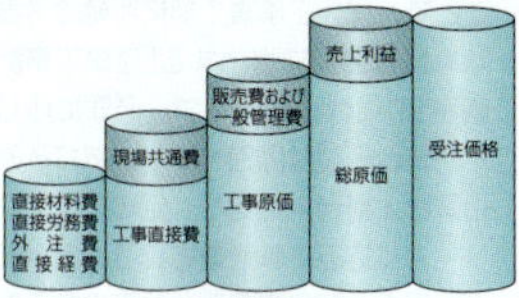

工事原価

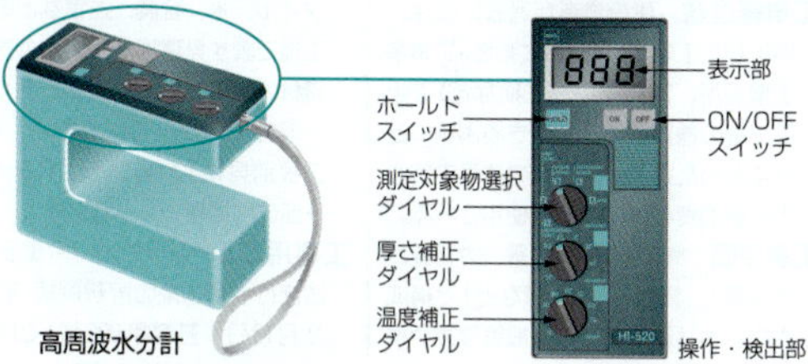

高周波水分計

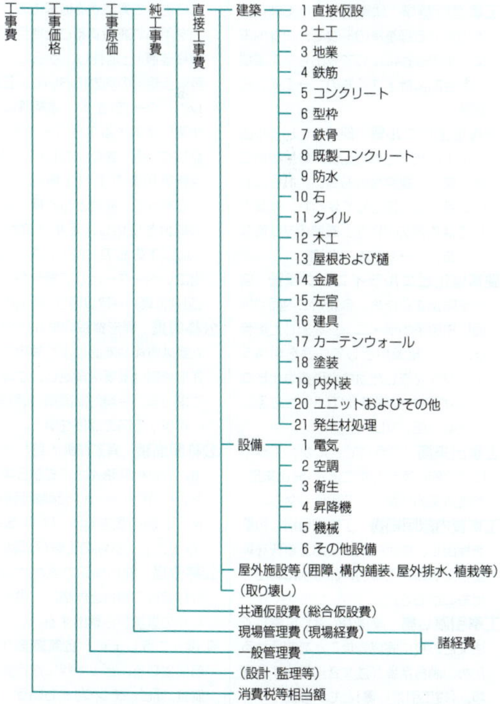

工種別見積（工種別書式による工事費の構成）

ことで、建設工事着工前に所轄の労働基準監督署長に提出する「建設工事計画届」の添付書類の一つ。必要に応じて、総合仮設計画図のほか、杭打込み、山留め・構台、根切り、足場、コンクリート打込み、鉄骨建方(たてかた)、吊り足場、揚重、型枠支保工(しほこう)等の各工事計画図を作成する。→建設工事計画届

工事経歴書　建設業者が過去に受注、施工した工事の概要(注文者名、工事名、工事場所、請負代金、工期など)を建設工事の種類別に一覧できるようにとりまとめた書類。建設業の許可申請や入札参加資格申請などで使用される。

工事原価　純工事費(材料費、労務費、外注費)、経費(現場経費など)で構成され、本社経費などの一般管理費や税は含まない。(図·157頁)

工事進行基準　決算期をまたぐ請負工事の会計処理基準の一つで、決算期末に工事の進捗に応じて算出した工事損益を当期に計上するもの。→工事完成基準

硬質塩化ビニル管　硬質塩化ビニル樹脂により成形された配管。軽量で施工性に優れ、耐腐食性も高い。おもにドレン管や排水管として使われ、種類としては肉厚のVP管と肉薄のVU管などがある。→VP管、VU管

硬質塩化ビニルライニング鋼管　腐食を防止するため、金属管の内面や外面に樹脂系のライニングを施した配管(SGP)。給湯用として内面を耐熱ライニングを施した耐熱性硬質塩化ビニルライニング鋼管(HTLP)もある。→VA、VB、VD

工事出来高（こうじできだか）工事中に部分的に完成したこところ(出来形)を請負契約代金として評価したもの。

工事費内訳明細書　工事細目別に数量を算出し、単価を入れて総工事費を算出したもの。工種別、部位別に算出したものがある。

工事引渡し書　建物の引渡しに際して注文どおりに完成したことを知らせるため、請負業者が注文者に提出する書類。「竣工引渡し書」ともいう。

高周波水分計　コンクリート、モルタル、木材などの乾燥状態を計測する機器。対象物の表面に押し当てると体積含水率などが表示される。(図·157頁)

工種・工程別見積　⇨工種別見積

高周波バイブレーター　⇨バイブレーター(図·393頁)

工種別見積　建築費をとらえる際の分類方法の一種。見積科目を防水、石、タイル、木、金属、左官などのように工種で表す見積形式。工事の際の各種資材の購買、調達に便利であり、現在、一般的に行われている方法。「工種·工程別見積」ともいう。(図·157頁)
→部位別見積

工事用エレベーター　労働安全衛生法施行令第1条の解釈例規(昭和47年9月18日、基発第602号)では、エレベーターを「人および荷をガイドレールに沿って昇降する搬器にのせて、動力を用いて運搬することを目的とする機械装置」と定義し、さらにクレーン等安全規則の別表において、工事用エレベーターを「土木、建築等の工事の作業に使用するエレベーター」と大分類している。また、エレベーター構造規格第16条では、「工事用エレベーターであって、搬器として長さ3m以上の荷台を使用し、定格速度が0.17m/sec以下のもの」をロングスパン工事用エレベーターとして細分類している。(図·155頁)→建設用リフト(図·151頁)

公称周長　異形棒鋼の見かけの周長。丸鋼は直径や断面積より算出するが、異形棒鋼は重量を測定し、逆算によって求める。平均的断面積(公称断面積)に相当する円の周長をいう。

公称断面積　異形棒鋼の見かけの断面積。公称断面積Aは次式から求められる。$A=W/l\cdot\rho$　A:公称断面積(cm^2)、W: 鉄筋の重量(g)、l: 鉄筋の長さ(cm)、ρ : 鉄筋の比重($7.85g/cm^3$)。

公称直径　異形棒鋼の見かけの直径。公称周長の場合と同様に、単位長さ当たりの重量から算出する。

孔食（こうしょく）金属表面のごく一部に生じる、ピット状に進行する局部腐食。「ピッチング」ともいう。表面の酸化皮膜が破れることにより始まり、

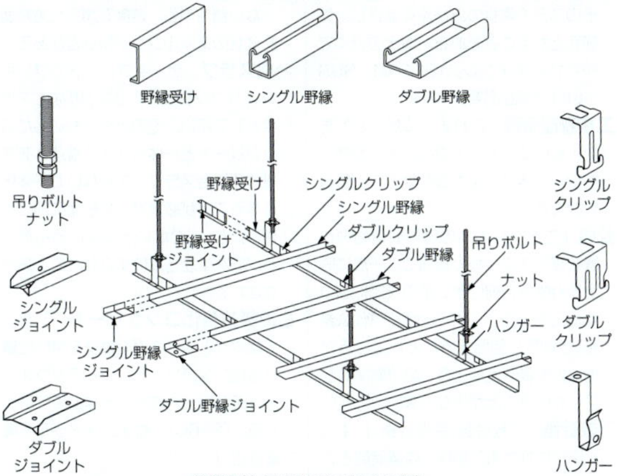

鋼製下地（内部天井の納まり例）

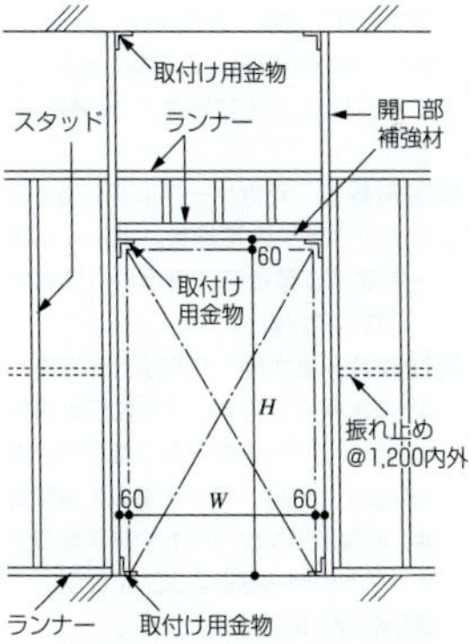

鋼製下地（間仕切り壁下地・
天井ボード張りの納まり例）

野縁の間隔 (mm)

上張りの種類		野縁間隔
ボード類で下地張りのある場合		360内外
下地張りのない場合	標準（ボード寸法900×1,800内外）	300内外
	化粧石膏ボード（450×900内外）	225内外
金属パネル		450内外

吊りボルトが所定の間隔で設けられない場合の補強方法 (mm)

吊りボルト間隔	補強材寸法	補強材間隔
900超～2,500以下	⊏−65×30×10×1.6	900
2,500超～4,000以下	⊏−75×45×15×2.3	900

間仕切り壁下地部材 (mm)

種別	スタッド	ランナー	出入口およびこれに準じる開口部の補強材	補強材取付け用金物
50形	50×45×0.8	52×40×0.8	⊏−40×20×2.3（1.6）	L−30×30×3
65形	65×45×0.8	67×40×0.8	⊏−60×30×10×2.3	
75形	75×45×0.8	77×40×0.8		
90形	90×45×0.8	92×40×0.8	⊏−75×45×15×2.3	L−50×50×4
100形	100×45×0.8	102×40×0.8	2⊏−75×45×15×2.3	

＊1 設備の開口部補強材についても上表に準じる。
2 スタッドの高さに高低がある場合は、高いほうを適用する。
3 開口部補強材および補強材取付け用金物は、亜鉛めっきまたは錆止め塗装を行ったものとする。

その部分の腐食のみが深く進行し、貫通孔となることもある。海水の近くで使われるステンレス(SUS304、SUS316)は注意が必要。

工事履歴管理　これまでに施工してきた工事について、工事の時期、期間、内容、工事額、協力会社などを記録しておくこと。

公図（こうず）土地の境界や建物の位置を確定するための地図で、一般に旧土地台帳施行細則第2条の規定に基づく地図をいう。これらは登記所(法務局)が管理し閲覧することができるが、土地の形状や土地どうしの位置関係が誤っていることが少なくない。

工数計画　工程計画(手順計画)によって決定された加工順序、作業時間と、日程計画によって決められた製品別の納期と生産量に対して、作業量を具体的に決定し、それを現有の人や機械設備能力と対照して両者の調整を図ること。工程計画は手順の管理(作業指導)、工数計画は余力の管理、日程計画は進度の管理といった対応関係がある。

鋼製型枠　⇨メタルフォーム

合成高分子系ルーフィング防水　⇨シート防水

鋼製下地　内装の壁、天井にボード類を張るための鋼材を用いた下地。(図表・159頁)→軽量間仕切り

合成樹脂エマルション塗装　水のなかに合成樹脂が安定した状態で分散、混合された乳液上の塗料。使用に当たっては水で希釈して塗装ができ、環境や人に優しい塗料である。樹脂種もかつてのアクリル樹脂、酢酸ビニル樹脂から、ポリウレタン樹脂、シリコン樹脂、フッ素樹脂など高耐久性をうたったものまで開発されている。

合成樹脂可撓電線管（ごうせいじゅしかとうでんせんかん）硬質塩化ビニル樹脂により成形された電線管。耐食性、電気絶縁性に優れている。耐燃性の有無によってPF管とCD管に細分される。JIS C 8411

合成樹脂ペイント　合成樹脂に溶剤またま乾性油を加えて加熱し、さらに溶剤を加えた塗料。タイプは、溶剤を加えない無溶剤型、溶剤を加えた溶剤型、乳液状のエマルション型などがある。

合成スラブ　デッキプレートやプレキャストトコンクリート(PC)版などを仮枠として用い、その上に打ち込んだコンクリートと一体となって構造体を構成する複合スラブ。ずれないで一体化となることが必要で、接触面に凹凸を付けたり、PC版にトラスに組んだスラブ筋を半埋込みにするなどの工夫がなされる。

合成繊維強化コンクリート　アラミド繊維などの合成樹脂繊維を用いた繊維強化コンクリート。カーテンウォール、天井板、内装ボードなどに使用される。「PFRC」と略す。→アラミド繊維強化コンクリート

鋼製単管足場　鋼管パイプとクランプなどの接続部品とを組み合わせて組み立てられた足場。通常「パイプ足場」と称し、鉄筋を組み立てる際の足場などに使われる。「単管足場」「鋼管足場」ともいう。

鋼製電線管　電線ケーブルを保護するための金属製の電線管。JIS C 8305 →厚鋼(あつこう)電線管、薄鋼(うすこう)電線管、ねじなし電線管

高性能AE減水剤　空気連行性を有し、AE減水剤よりも高い減水性能と良好なスランプ保持性能をもつ混和剤。おもな使用目的は、単位水量の大幅な低減、高強度コンクリートや高流動コンクリートの製造など。JIS A 6204 →混和剤(表・183頁)

合成梁　複数の部材を合成して組み立ててつくった梁。例えば、鉄骨梁とRCスラブ(合成スラブ含む)を一体とし、梁にT形梁の働きをさせるものなど。一体化させる方法として、鉄骨梁にシアコネクター(スタッド)を植え付ける。

合成木材　合成樹脂や無機系材料などを原料として製造した、木材と似た外観および性能の材料。

剛性率　地震力により建物各階の水平剛性に偏りがあると、水平剛性の小さな階に変形、被害が集中しやすくなる。各階の水平剛性で偏りがないようにす

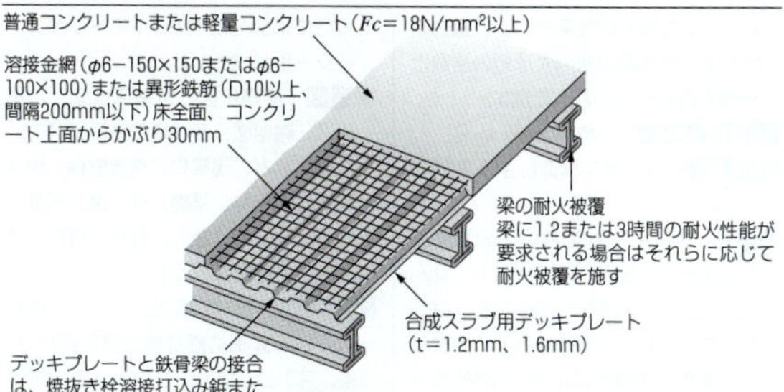

連続支持合成スラブ

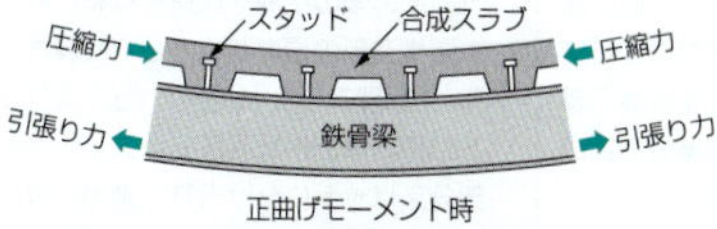

合成梁の構造

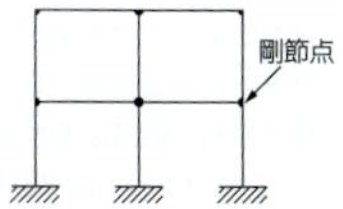

剛接合（ラーメン）

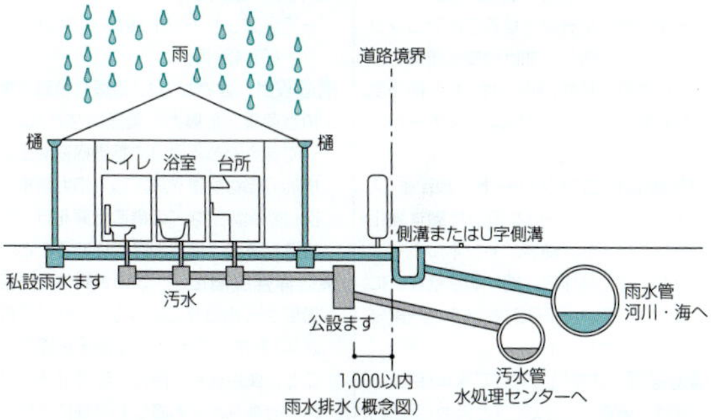

公設ます

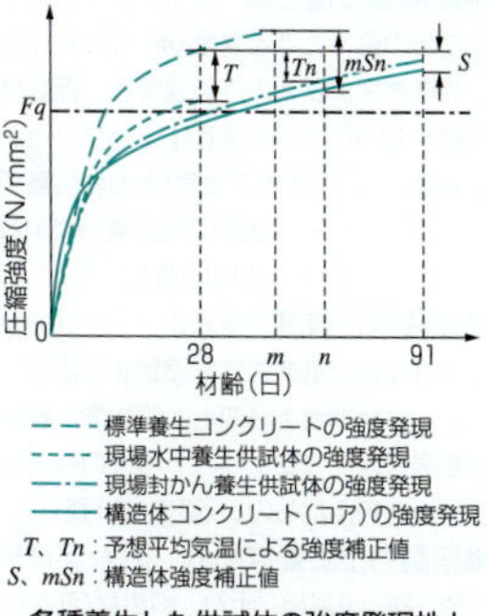

各種養生した供試体の強度発現性と強度補正値[10)]

構造体補正強度mSnのJASS 5標準値[11)]

セメントの種類	コンクリートの打込みから28日までの期間の予想平均気温θの範囲（℃）	
早強ポルトランドセメント	0≦θ<5	5≦θ
普通ポルトランドセメント	0≦θ<8	8≦θ
中庸熱ポルトランドセメント	0≦θ<11	11≦θ
低熱ポルトランドセメント	0≦θ<14	14≦θ
フライアッシュセメントB種	0≦θ<9	9≦θ
高炉セメントB種	0≦θ<13	13≦θ
構造体強度補正値 $_{28}S_{91}$（N/mm²）	6	3

＊暑中期間（25℃以上）における構造体補正値 $_{28}S_{91}$ は6N/mm²とする。

るための指標を剛性率といい、構造物の各階、各方向の層間変形角の逆数と全階の相加平均との比で表す。

鋼製枠組足場 ⇨枠組足場

剛節架構 ラーメン構造による架構をいう。

剛接合 部材と部材の接合部分が堅固に一体となる接合方法で、軸力、せん断力、曲げモーメントが生じる。鉄筋コンクリートおよび鉄骨鉄筋コンクリート構造の剛接合による骨組を「ラーメン構造」という。(図·161頁)

公設ます 宅地排水を公共下水道に接続する際に下水道事業者が設置する排水ます。構造基準は下水道事業者の基準となり、通常は下水道事業者の刻印が付けられる。(図·161頁)

鋼繊維 太さ0.1～0.5mm、長さ10～15mm程度の鋼製の繊維。コンクリート中に均等に分散させることでコンクリートの引張り、曲げ強度を改善し、ひび割れ抵抗性、靱(じん)性、せん断強度、耐衝撃性を向上させる。「スチールファイバー」ともいう。

鋼繊維強化コンクリート 鋼繊維(スチールファイバー)を用いた繊維強化コンクリート。舗装、トンネルライニング、道路橋床板、間仕切り壁などに使用される。「SFRC」と略す。→繊維強化コンクリート

構造強度 建築物に対して荷重(自重、積載、積雪、土圧など)と外力(風圧力、地震力)が加わったとき、建築物の構造躯体には応力(引張り、圧縮、曲げ、せん断)が発生する。その応力に対して、建築物の各構造部分および全体が抵抗する耐力をいう。

構造躯体 (こうぞうくたい) ⇨躯体

構造計算 構造物が自重、積載荷重、積雪荷重、地震や風圧などに対して安全であるように、各部材応力や部材断面を計算すること。建築基準法施行令第81条～99条において構造計算上の条件が規定されている。

構造シーラント ガラスにかかる風圧を、シールの接着力のみでサッシに伝える場合に使用される特殊なシール。SSG構法における負の風圧に対応するために開発された。「ストラクチャーシール」ともいう。

構造図 基礎伏図、各階床伏図、小屋伏図、軸組図、各種構造断面リスト、詳細図など、建築物の構造躯体に関する図面の総称。基礎、柱、梁、床などの部材の配置、断面、材料、材質、納まりなどを記載する。

構造スリット 鉄筋コンクリート部材における非構造部材壁と構造部材(柱、梁、床)との間のコンクリートの絶縁部分をいう。大地震時においてもスリット部の幅の空間が保持されるため、主要構造部の損傷防止として設置される。「耐震スリット」ともいう。スリットの種類は、形状から完全スリットと部分スリットに分けられ、適用部位により、柱(壁)·壁間を垂直スリット、梁(床)·壁間を水平スリットという。→完全スリット(図·99頁)、部分スリット(図·433頁)

構造設計 建物が外力(自重や積載荷重、積雪荷重、地震力、風圧力など)に対して安全であるように基礎構造や上部構造の部材配置を決定し、応力解析、部材断面算定などの構造計算を行って構造計算書、構造図を作成すること。

構造体強度補正 管理用供試体の圧縮強度から構造体コンクリート(コア供試体)を推定するために補正を加えること。使用材料、調合、部材寸法、打込み時期などを考慮して試験により設定する。

構造体強度補正値 調合強度を定めるための基準とする材齢(m日)における標準養生供試体の圧縮強度と、保証材齢(n日)における構造体コンクリート強度(コア供試体の強度)との差に基づくコンクリート強度の補正値。mSn〔N/mm^2〕で表す。略称「S値」。

構造体補正強度 構造体コンクリート強度が設計基準強度を満足するように設定した調合上必要とする強度。設計基準強度にコンクリート強度の補正値mSnを加えたもの。(図表·161頁)

構造耐力上主要な部分 基礎、基礎杭、壁、柱、小屋組、土台、斜め材(筋かい、方づえ、火打ち材など)、床版、屋根版、

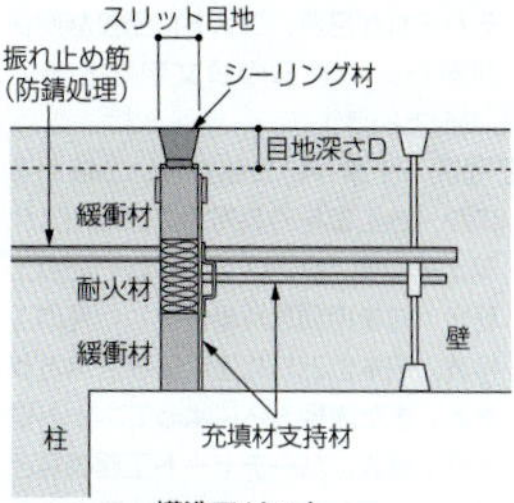

構造スリット

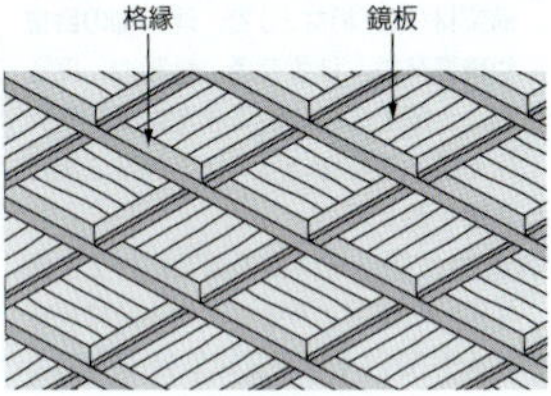

格天井

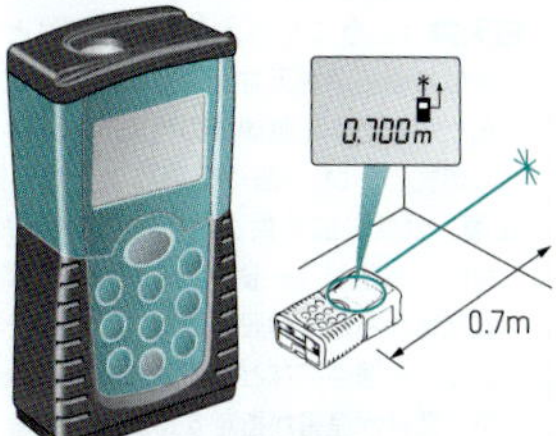

光波距離計

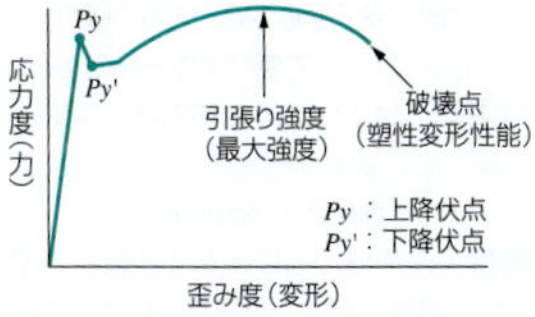

降伏点

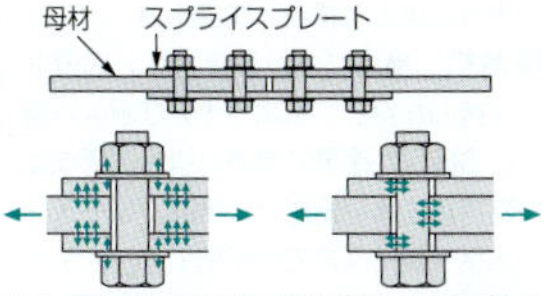

高力ボルト摩擦接合　普通ボルト支圧接合

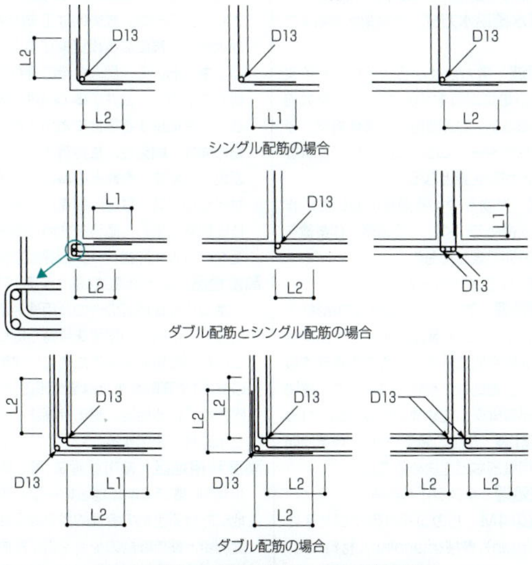

コーナー筋(非耐力壁隅角部および交差部の定着)

横架材(梁、桁など)で、建築物の自重や積載荷重、積雪荷重、地震力、風圧力、土圧その他の震動または衝撃を支える構造部材をいう。建築基準法施行令第1条3号

構造用合板　建築物の構造耐力上主要な部分に使用する合板。日本農林規格(JAS)では1級と2級に分けている。主として、1級は構造計算を必要とする構造部分や部品に使用するもの、2級は耐力壁、屋根下地、床の下張り(シーリング)として使用するものである。

拘束筋　最上階の梁主筋の柱内定着部などに、逆U字形の落とし込み筋をかぶせて拘束する場合の鉄筋。

構台　作業のために確保する仮設の架台。用途や目的、設置場所によって各種の構台がある。→作業構台、荷受け構台、乗入れ構台、防護構台

構台杭　構台における支持杭。必要な支持力が得られるよう十分な根入れ長さの確保が重要である。構台の構成は、支持杭、水平継ぎ材、垂直ブレース、水平ブレースまでの下部工と、大引き(桁受け)、根太(覆工受け桁)、覆工板、手すりの上部工とに区分けされる。

高置水槽給水方式　⇨高架水槽給水方式

高調波　電力会社から送られてくる交流の電気周波数(50～60Hz)の整数倍の周波数。OA機器、半導体機器、インバーター、コンピュータ、AV機器などが発生源となる。

工程　建物をつくる過程において、作業を進めていくための順序、作業量を時系列で表したもの。

光庭　⇨ライトコート

工程管理　着工から完成までの期間(工期)内で、各工事の順序関係や作業速度を総合的に計画し、それを達成すること。適切な工程管理によって、建物の品質確保、工事費の低減が図られる。

工程計画　加工の順序や方法、作業時間、使用機器などを決めること。

孔底処理　⇨スライム処理

工程の4M　ものづくりのプロセスは、人(man)、機械(machine)、材料(material)、方法(method)から構成され、それぞれが品質、コストに密接な関係がある。これらの頭文字をとって「4M」という。

工程表　工事がいつ始まりいつ終わるのか、各工事を時系列的に表したスケジュール表。管理区分によって総合工程表、対象期間を月単位とした月間工程表、週単位とした週間工程表などがある。また表現方法によってネットワーク工程表、バーチャート工程表などがある。品質管理(QC)で使用されるQC工程表とは区別される。

格天井(ごうてんじょう)　格縁(ごうぶち)と呼ばれる格子を天井面に縦横に組み込んだもので、和風建築の代表的な天井の形式の一つ。(図·163頁)

公道　公共に広く供されている道路の意味であるが、一般的には国や地方公共団体が指定、建設、管理する道路をいう。高速道路など道路法に基づく道路、農林水産省が指定する農道や林道なども公道に準ずる存在である。公道においては道路交通法が適用される。→私道

高度技術提案型総合評価方式　国土交通省が推進する総合評価方式による入札形式の一つ。技術的な工夫の余地が大きく、高度な技術提案が要求される工事において、民間企業の優れた技術力を活用し、公共工事の品質を高めることを期待する場合に適用する。建物の強度、耐久性、維持管理の容易さ、環境への配慮、景観との調和、ライフサイクルコストなどの観点から高度な技術提案を求め、価格を含めた総合評価を行う入札形式。→総合評価方式

高度地区　都市計画法(第9条第17項)に基づく地域地区の一つ。用途地域内において市街地の環境を維持したり、土地利用の増進を図るために、建築物の高さ(最高限度または最低限度)が制限されている地区。都市計画法によって市町村が決定する。

高度利用地区　都市計画法(第9条第18項)に基づく地域地区の一つ。市街地における土地の合理的かつ健全な高度利用と都市機能の更新を図るため、建築物の容積率の最高限度、最低限度、

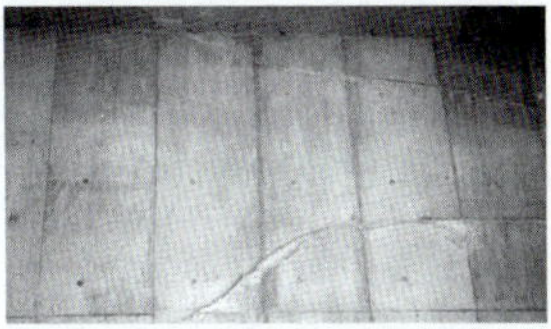

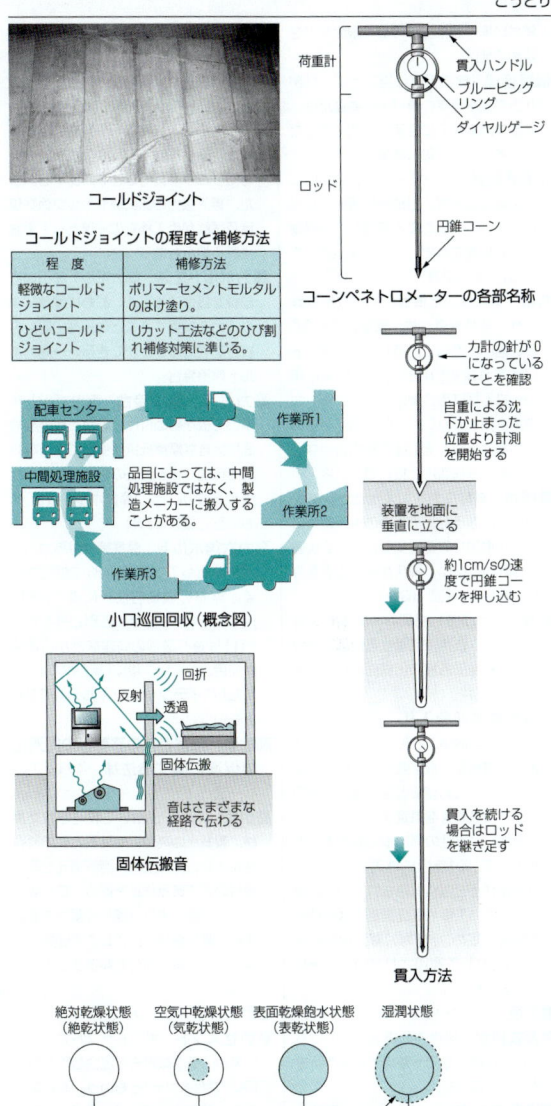

コールドジョイント

コールドジョイントの程度と補修方法

程　度	補修方法
軽微なコールドジョイント	ポリマーセメントモルタルのはけ塗り。
ひどいコールドジョイント	Uカット工法などのひび割れ補修対策に準じる。

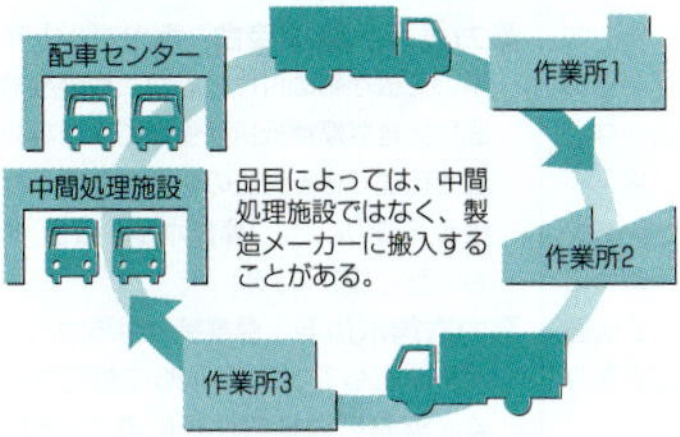

小口巡回回収（概念図）

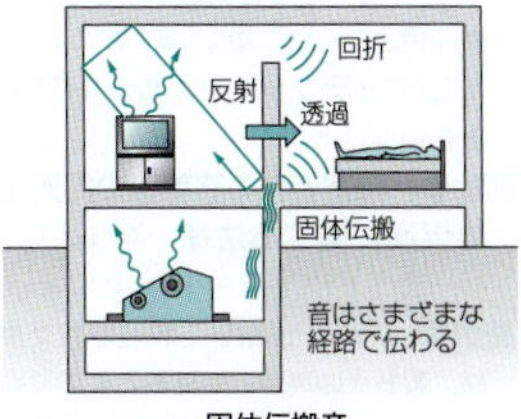

固体伝搬音

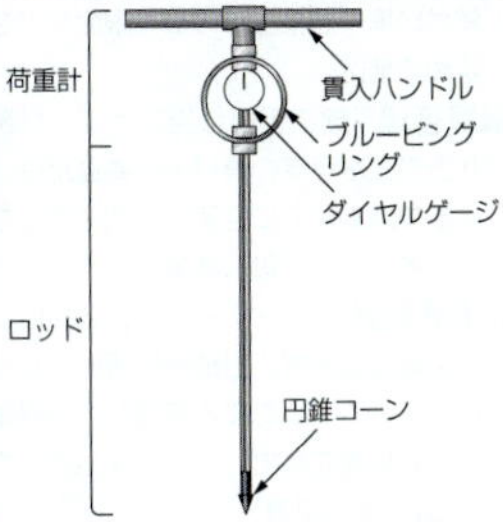

コーンペネトロメーターの各部名称

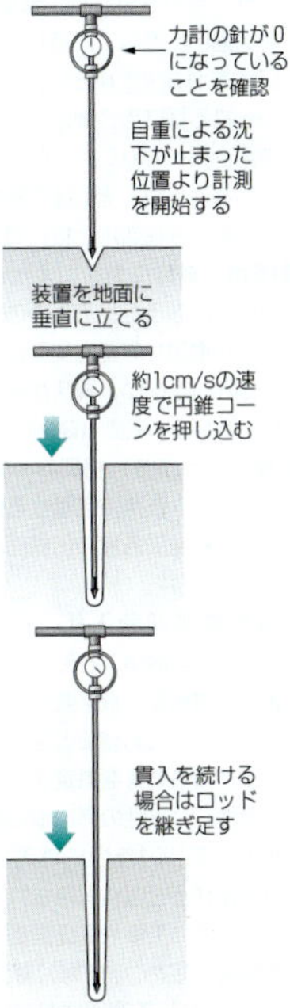

貫入方法

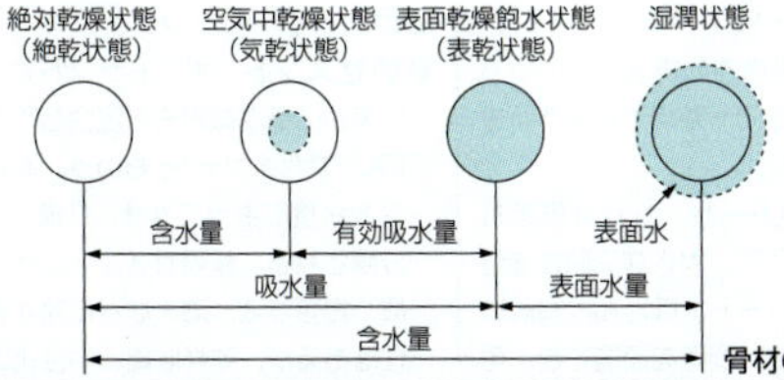

骨材の含水状態

建ぺい率・建築面積の最高限度などを定める地区。

購買管理　建築工事に当たって、外部から適正な品質の資材を必要量だけ、必要な時期までに経済的に調達するための考え方、手段の体系。

光波距離計　レーザー光などを利用した距離測定装置。目標物に照射した光が反射して戻ってくる時間から目標物までの距離を算出し、デジタル表示される。(図・163頁)

合板　薄くはいだ単板(ベニヤ)を乾燥させ、それを奇数枚、繊維方向を90°互い違いに重ねて圧着した木質ボード。日本農林規格(JAS)では、住宅に用いられる構造用合板、コンクリート型枠用合板(コンパネ)、特に用途を定めない普通合板、そのほか難燃合板などがある。→構造用合板、コンパネ

降伏点　鋼材に力を加えたとき、ある力以上になると、その力のまま鋼材の変形が増加して塑性変形が始まる状態を「降伏」といい、降伏が始まる点を降伏点という。(図・163頁)

格縁（ごうぶち）格天井や組入れ天井において、四角に区画する細長い角材。通常、格縁に各種の化粧面取りを施す。→格(ごう)天井

公募型指名競争入札　公共工事で採用する指名競争入札形式の一つ。発注者が工事概要、資格要件、技術要件などを示して入札参加者を公募し、その中から指名業者を選定する入札形式。透明性、公平性の高い指名競争入札形式として1994年頃に導入され、地方自治体などで広く採用されている。規模の小さい工事や委託業務では手続きを簡易に定め、「簡易公募型指名競争入札」と称して運用されている。→指名競争入札

鋼矢板（こうやいた）⇨シートパイル

合流式排水　建物内の排水方式のうち、汚水と雑排水を同一系統で排水する方式。→分流式排水

高流動コンクリート　材料分離抵抗性を高めたうえで、大きな流動性を付与したコンクリート。ほとんど締固めをしなくても狭い間隙を通過でき、型枠の隅々にまで充填できる。→コンクリート(表・171頁)

高力ボルト　⇨高力六角ボルト

高力ボルト受入検査　施工者が高力ボルトの受入れに際して実施する検査。発注明細との対応確認や荷姿、種類、等級、ロット番号などを確認する。また、導入張力確認試験やトルク係数値確認試験が受入検査の一環として実施される場合もある。

高力ボルト工法　高力ボルトを用いて部材を接合する工法。おもに摩擦により応力を伝達することから高い剛性の接合部を得ることができる。→高力ボルト摩擦接合

高力ボルト摩擦接合　高力ボルトを用いて板を締め付けた場合、板の接触面に大きな摩擦抵抗が生じて大きな荷重を伝達できる。この原理を利用した接合方法のこと。「摩擦ボルト接合」ともいう。(図・163頁)

高力六角ボルト　摩擦接合用高力六角ボルトとしてJIS B 1186に規定される。素材の機械的性質によりF8T、F10T、F11Tの等級に区別されるが、F11Tは遅れ破壊の問題などから通常は使用されない。単に「高力ボルト」、また「ハイテンションボルト(HTB)」ともいう。

高齢者、障害者等の移動等の円滑化の促進に関する法律　⇨バリアフリー法

高炉鋼　高炉を使用して製造された鋼材。製鉄所の高炉に鉄鉱石と他の原料を投入し、高温加熱、溶解還元を経て鋼材の元である銑鉄を得る。これをさらに製鋼炉により精錬して鋼材を製造する。電炉鋼材に比較して不純物が少なく、高品質の鋼材を製造することが可能。

高炉スラグ　⇨スラグ①

高炉セメント　ポルトランドセメントに高炉スラグ微粉末を混合したもので、「スラグセメント」ともいう。高炉スラグ混合量によってA種、B種、C種に分類される。普通セメントに比べ、弱酸、塩類溶液、海水などに対する抵抗性はあるが、乾燥収縮、中性化速度が

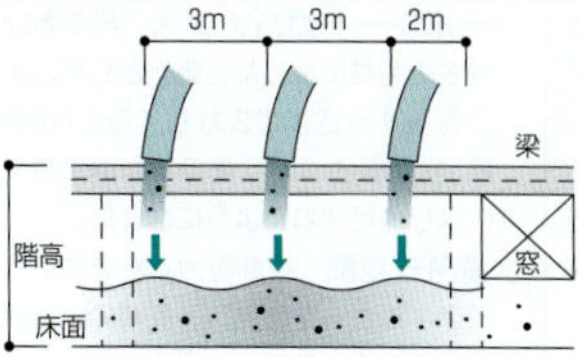

1箇所から多量にコンクリートを打ち込むと、粗骨材の移動が鉄筋に阻害され骨材分離を起こすため、筒先の打込み間隔を守る。

筒先の打込み間隔

骨材分離を防ぐ打設方法

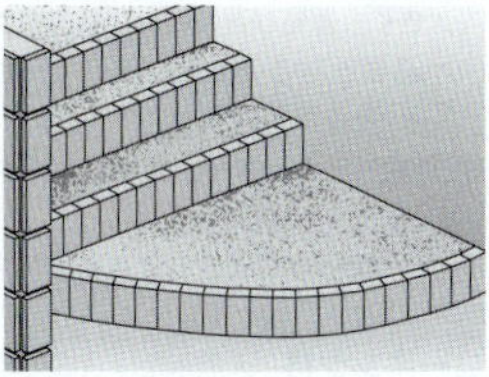

小端立て

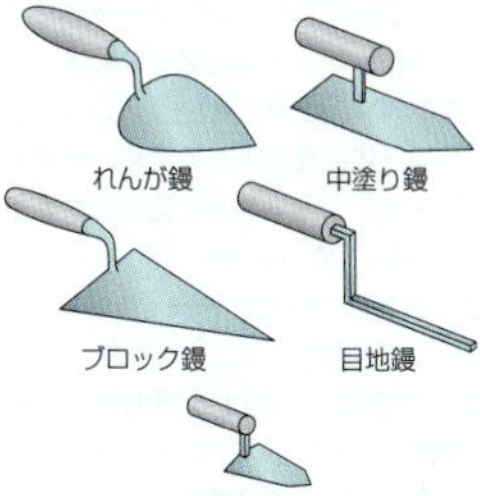

鏝

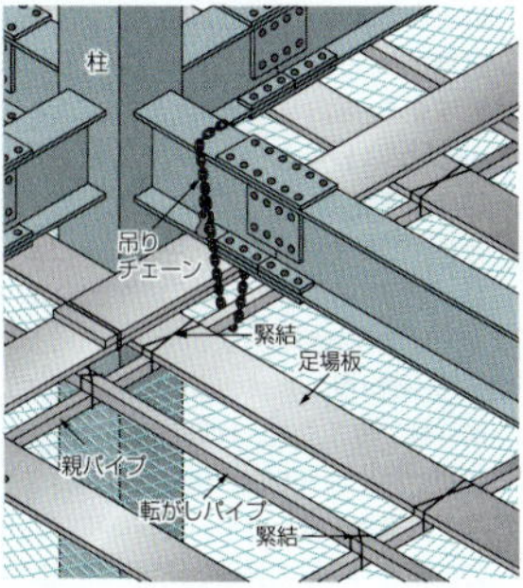

転がしパイプ

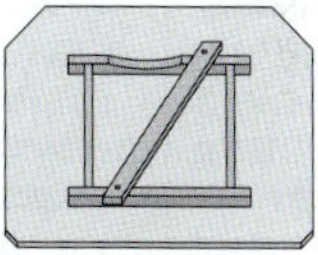

鏝板

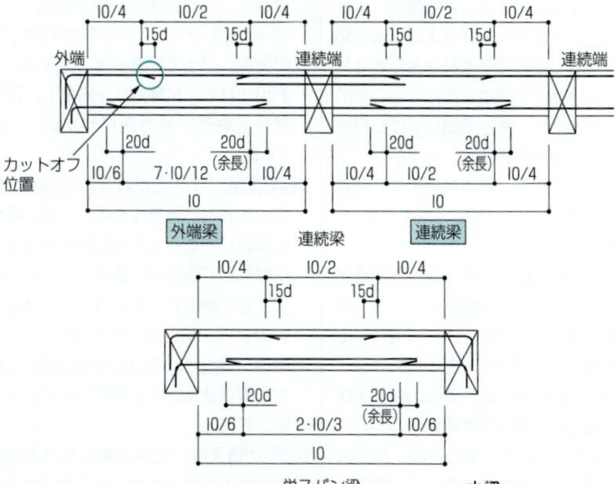

小梁

大きく、凝結が遅いことから初期養生が必要となる。JIS R 5211　→セメント(表·275頁)

小運搬（こうんぱん）工事現場内やその近辺で行う資材、仮設材、土砂などの近距離運搬のこと。運搬範囲を現場内に限れば「場内運搬」ともいう。

コーキング材　天然または合成の乾燥油、あるいは樹脂を主成分としたシーリング材。水密性、気密性の確保を目的として、サッシ回り、コンクリート打継ぎ部、外装材のジョイントなどに充填する。JIS A 5171

コージェネレーションシステム　発電機の運転時に使う排気ガスなどの熱を利用して動力、温熱、冷熱を取り出し、給湯や暖冷房に再利用してエネルギー効率を高める方式。

コーティング　物体の表面に薄膜を付着させて覆うこと。材料の表面反射を防ぐために表面をふっ化マグネシウムなどの薄膜で覆ったり、合成樹脂などの皮膜で布、紙の表面を防水、耐熱加工したりすること。

コーナー筋　①柱、梁断面の四隅の主鉄筋(軸方向筋)のこと。「隅筋」ともいう。②隅角部の壁筋の定着を確保するために用いる補強用の鉄筋。D13を使用することが多い。(図·163頁)

コーナークッション材　屋上部のアスファルト防水層を押えコンクリートで保護するとき、熱による膨張によって押えコンクリートが立上がり部の防水部を押し上げてふくれを生じさせたり、防水層を破損させたりするのを防止するために、屋上周囲に設けた目地に詰める緩衝材の総称。立上がりパラペット周辺の際、および塔屋などの立上がり際に取り付ける。「成形緩衝材」ともいう。

コーナーパイル　土止めなどに使用されるシートパイル(鋼矢板)のうち、隅角部や屈折部に用いられるT字形、L字形などの断面形状をもったもの。

コーナービード　柱や壁の出隅部を保護するために取り付ける金物。

ゴーヘイ　玉掛け合図の一種。吊り荷を上げる合図を意味する。→スラー

コーポレートガバナンス　経営者が株主の利益に反した行動をとらないよう監視するさまざまなしくみ。「企業統治」と訳され、企業の不祥事の頻発により注目されるようになった。

氷蓄熱式空調　夜間電力で氷をつくってエネルギーを蓄熱し、昼間の暖冷房に利用するシステム。

コールドジョイント　コンクリートの打込みを長時間中断したり打込み順序が適切でない場合に、先に打ち込んだコンクリートの凝結が始まり、後から打ち継がれたコンクリートと完全に一体化しない状態となって発生する不連続的な施工継目をいう。コンクリートの一体性を阻害するため、構造物の耐久性、水密性などを低下させる原因になる。(表·165頁)

コールピックハンマー　⇨ピック

コーン支持力　⇨コーン指数

コーン指数　粘性土地盤の強さを表す指標。コーンペネトロメーターを地中に押し込むときの抵抗をコーン断面積で除した値で示され、建設機械のトラフィカビリティー(走行性)の判定などに用いられる。「コーン支持力」ともいう。→サウンディング

コーンペネトロメーター　サウンディングの試験機の一種。粘性土や腐植土などの特に軟弱な地盤に人力でコーンを貫入し、コーン貫入抵抗値qcを求める。この試験は、建設機械のトラフィカビリティー(走行性)や軟弱地盤の強度、盛土の締固め施工管理などに利用される。試験方法が容易で、試験器具も軽量で持ち運びやすい。(図·165頁)

顧客満足　すべてが顧客とその期待から始まるという考え方のもとに、顧客に満足してもらうために何をどのように提供していくのかを考え、それを達成するためのしくみをつくり上げる活動のこと。ISO9001では「顧客の要求事項が満たされている程度に関する顧客の受け止め方」と定義されている。略して「CS」。

国際公開入札　公共工事における大規模建築工事の入札を国内の建設業者だ

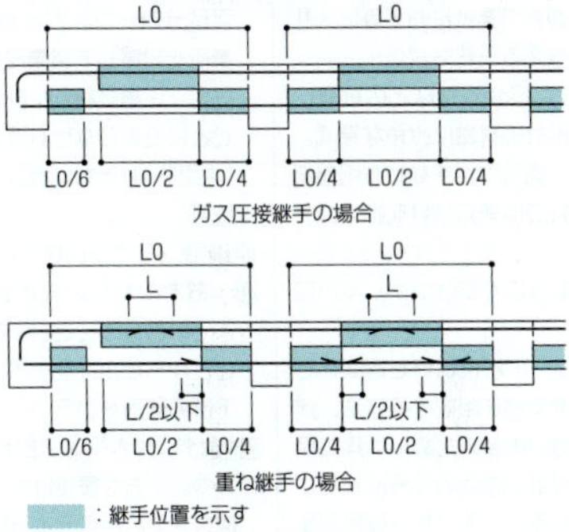

ガス圧接継手の場合

重ね継手の場合

小梁筋の継手位置

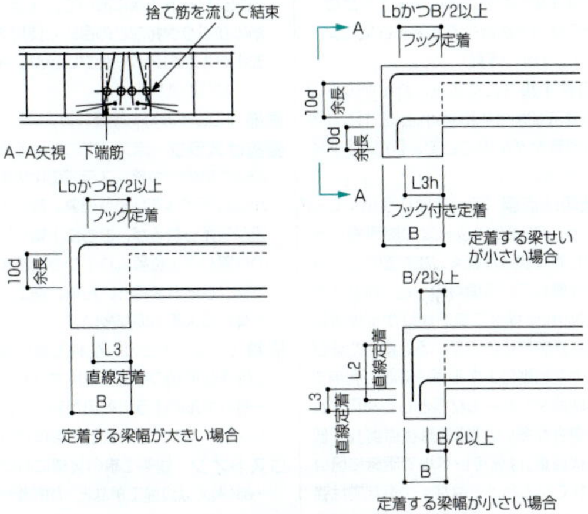

定着する梁幅が大きい場合

定着する梁せい
が小さい場合

定着する梁幅が小さい場合

小梁終端部の定着

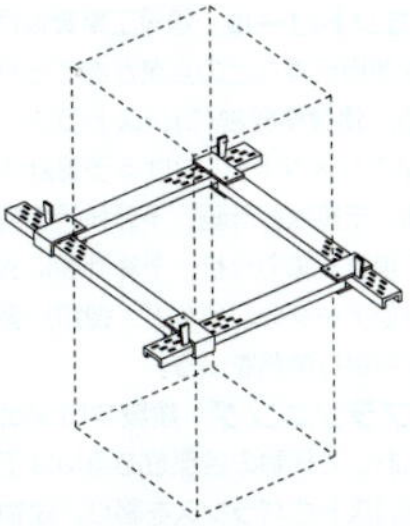

コラムクランプ

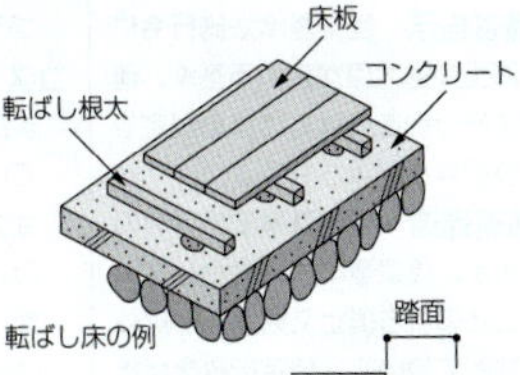

転ばし床の例

転ばし根太

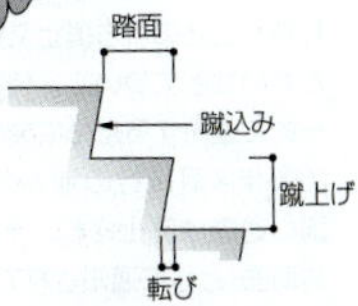

転び

けでなく、海外の業者にも平等に入札参加機会を与える入札方式。

小口（こぐち）石や木材などの細長いまたは薄長形材の材軸に直角な端面。れんがでは小面(こづら)、すなわち両端部の面、丸太材では末口(すえくち)を指す。→小端(こば)

小口径タイル（こぐちけいー）⇨小口タイル

小口巡回回収　小規模現場を巡回して少量の分別廃棄物を回収する方法。建設混合廃棄物の削減のためには建設副産物を建設現場で徹底的に分別することが重要であるが、それだけ建設副産物が小口化、多品目化し、従来の方法では運搬回数が大幅に増加するため、その解消方法として考え出されたシステム。(図·165頁)

小口タイル（こぐちー）れんがの小口面寸法60mm×108mmと同寸法の陶磁器質タイルのことで、「小口径タイル」ともいう。

極低降伏点鋼（ごくていこうふくてんこう）SS400など一般の炭素鋼に比較して降伏点が低く、また塑性変形能力が優れている鋼材の一種。降伏点が80N/mm^{2}程度で破断伸びが50%近い鋼材が製品化されている。優れた伸び能力を地震のエネルギー吸収に利用する制振ダンパーの材料として利用される場合が多い。「極低降伏点鋼」と「低降伏点鋼」は強度レベルで明確に区分されているわけではなく、近年では強度レベルによらず「低降伏点鋼」と呼ばれる場合が多い。→低降伏点鋼

国土交通省告示　建築基準法施行令に基づき国土交通大臣が定める基準。建築基準法施行令を受けての詳細規定や認定、解釈などが示される。

国土交通省通達　建築基準法施行令の条文、告示、建築基準法に適合しない材料や工法のうち国土交通大臣が認めたものなどについて、特定行政庁が統一的に運用するために発出される文書。2000年4月施行の地方分権法により国の通達は廃止され、その後は「技術的助言」として通知されている。

国土交通大臣許可　建設業法による許可区分の一つ。2以上の都道府県に営業所を設置して営業を行う者が受ける許可。工事業種別に許可を受け、5年ごとに更新しなければならない。単に「大臣許可」ともいう。→都道府県知事許可

戸境壁（こざかいかべ）⇨界壁(かいへき)

腰　おおむね壁の高さ90～100cm程度までの部分のこと。下部は汚れやすいことから仕上げを上下で変える場合は、下部の壁面をいう。

腰掛け　①水平な2部材の継手方法の一つ。一方を腰掛けのように加工し、他方をそれと合うように切り欠いて接合する。「敷面(しきめん)」ともいう。②鉄筋コンクリート工事において、スラブ鉄筋のかぶり保持などの目的で使用するモルタル製のスペーサブロック。→スペーサ(図·255頁)

腰墨（こしずみ）⇨陸墨(ろくずみ)

腰抜けスラブ　床スラブにおける構造的な欠陥の一つで、スラブの中央部分が垂れ下がってしまう現象。種々の原因が考えられるが、おもに上端(うわば)筋の位置が所定位置より下がったままでコンクリートを打ち込んだ、施工上の不具合によるものが多い。

拵物（こしらえもの）型枠工事において特殊な形状の部位に使用される型枠。一般パネルのように転用が利かず、コンクリートの打込みごとに製作される。

コストオン　建築工事の見積において、一部(例えば設備工事など)の業者や工事金額をあらかじめ指示され、その額に管理費など(＝コストオンフィー)をプラスして見積金額とするもの。

コストコントロール　建設工事費管理または費用管理などの言葉があてられている。建設業経営(コンストラクションマネジメント)における予算計画の立案、予算執行計画、予算執行の監理、工事費実績の分析、予算計画における単価データの収集など、費用計画の適正な執行業務をいう。

コストプランニング　建設プロジェクトにおいて建物の各部位あるいは工事別のコストのバランスを図り、建物全体の機能、品質に見合った経済的な

コンクリートの種類と特徴／使用材料による区分

種　類	特　徴
普通コンクリート	普通骨材を用いる設計基準強度36N/mm^2以下のコンクリート。
軽量コンクリート	人工軽量骨材を用いる気乾単位容積質量の範囲が1.4〜2.1t/m^3のコンクリート。1種と2種があり、2種のほうが軽い。 スランプ21cm以下、空気量の標準5.0%、単位セメント量の最小値320kg/m^3、単位水量の最大値185kg/m^3、水セメント比の最大値55%。
エコセメントを使用するコンクリート	JIS R 5214に規定される普通エコセメントを用いるコンクリート。
再生骨材コンクリート	骨材の全部または一部にコンクリート用再生骨材HまたはMを用いるコンクリート。

コンクリートの種類と特徴／要求性能による区分

種　類	特　徴
高流動コンクリート	材料分離を起こすことなく流動性を高め、振動・締固めをしなくても充填が可能な、自己充填性を備えたコンクリート。
高強度コンクリート	設計基準強度36N/mm^2を超えるコンクリート。
水密コンクリート	水槽、プール、地下室などの圧力水が作用する構造物に用いる、特に水密性の高いコンクリート。水セメント比の最大値50%。
海水の作用を受けるコンクリート	海水、波しぶきおよび飛来塩分に含まれる塩化物イオンにより影響を受ける部分のコンクリート。塩害環境および計画供用期間の級の区分により耐久設計基準強度、最小かぶり厚さが規定されている。
凍結融解作用を受けるコンクリート	長期間にわたる凍結融解作用の繰り返しを受ける部分のコンクリート。耐凍害性向上対策として骨材の品質、耐久設計基準強度、空気量下限値、ブリーディング量上限値が規定されている。
遮へい用コンクリート	主として生体防護のためにγ線・X線および中性子線を遮へいする目的で用いられるコンクリート。特記のない場合、スランプ15cm以下、水セメント比の最大値60%（重量コンクリート55%）。
無筋コンクリート	土間・捨てコンクリートなど、補強筋を用いないコンクリート。設計基準強度および耐久設計基準強度は通常18N/mm^2。

コンクリートの種類と特徴／施工条件による区分

種　類	特　徴
寒中コンクリート	旬の日平均気温が4℃以下、または打込み後91日までの積算温度が840°D·D以下となる期間に施工されるコンクリート。
暑中コンクリート	日平均気温の平年値が25℃を超える期間に施工されるコンクリート。
流動化コンクリート	あらかじめ練り混ぜられたコンクリート（ベースコンクリート）に流動化剤を後添加して、スランプを増大させたコンクリート。 流動化コンクリートのスランプは21cm以下（調合管理強度33N/mm^2以上で23cm以下）。品質管理はベースコンクリートと流動化コンクリートの両方について行う必要がある。
マスコンクリート	部材断面の最小寸法が大きく、かつセメントの水和熱による温度上昇で有害なひび割れが入るおそれがある部分のコンクリート。
水中コンクリート	場所打ち鉄筋コンクリート杭、鉄筋コンクリート地中壁など、トレミー管を用いて安定液または水中に打ち込むコンクリート。

コンクリートの種類と特徴／構造形式による区分

種　類	特　徴
プレストレストコンクリート	PC鋼材によりあらかじめ圧縮の内部応力（プレストレス力）を与えたコンクリート。プレテンション方法（工場生産される部材）とポストテンション方法（現場打ち工法）に分けられる。
鋼管充填コンクリート	コンクリート充填鋼管造に使用する鋼管充填コンクリート。施工は圧入工法または落込み工法によって行う。
プレキャスト複合コンクリート	プレキャスト鉄筋コンクリート半製品部材と後から打ち込む現場打ちコンクリートからなるプレキャスト複合コンクリート。
住宅基礎用コンクリート	木造住宅、軽量鉄骨造住宅の基礎、居住の用に供しない軽微な建築物などに使用する鉄筋コンクリート。

コストを確立するための手法のこと。

コストマネジメント　建設プロジェクトにおいて、予定された予算内で完成させるために各プロセスで行われるコスト管理のこと。

子墨（こずみ）設計図の通り心を示す親墨を基準として、躯体工事における柱、壁、開口位置、仕上工事における建具、金物の取付位置などを示す墨のこと。→通り心、親墨

COHSMS（コスモス）construction occupation health and safety management systemの略で、建設業労働安全衛生マネジメントの通称。経営管理の一環として組織的、体系的に行う安全衛生管理のしくみであり、システムを事業者自らが構築し、確実かつ効率的に安全衛生管理活動を行うことにより「事業に潜在する災害要因の除去・低減」「労働者の健康増進と快適職場の形成の促進」および「企業の安全衛生水準の向上」を図ろうとするもの。

擦り（こすり）⇨下地擦り

固体伝搬音（こたいでんぱんおん）衝撃による振動が建物躯体に作用し、躯体を伝わり天井や壁を振動させて放射する音。上階からの床衝撃音やエレベーター稼働時に発生する騒音は、固体音成分の占める割合が大きいのが普通。固体音は一般的な遮音技術だけでは低減できないため、通常は振動伝播経路に防振ゴムなどの防振材料、装置を入れて遮断、低減を図る。（図·165頁）

小叩き（こたたき）石の表面仕上げの一種。のみきり程度の粗面を「びしゃん」と呼ばれる突起の付いた槌(つち)でたたき、さらに両刃状の槌で平行線を刻むようにたたいて仕上げる。1～3回叩きがあるが、3回叩きでは目が残らないほどに平らになる。→びしゃん（図·411頁）、叩き仕上げ

骨材　モルタルまたはコンクリートをつくるためにセメントおよび水と練り混ぜる砂、砂利、砕石、砕砂、高炉スラグ粗（細）骨材、フェロニッケルスラグ粗（細）骨材、その他これに類似の材料のこと。粒径の大きさによって細骨材、粗骨材に区別され、比重によって軽量骨材、普通骨材、重量骨材があり、さらに天然骨材、人工骨材の区別もある。また、骨材の含水状態には絶対乾燥状態、表面乾燥飽水状態などがある。（図·165頁）

骨材分離　生コンクリートを構成する粗骨材などの材料が分離すること。一般的に水セメント比、単位水量、スランプが大きいほど分離しやすい。打込みにおいて斜めシュートを利用したり、バイブレーターで横に流す打込みは骨材分離の要因となる。（図·167頁）

コッター　①プレキャスト鉄筋コンクリート部材（PCa）の相互接合やPCa部材と現場打ちコンクリートの接合において、PCa部材に一定の間隔で欠き込みを付けてコンクリートやモルタルを充填し、接合部分の一体化を図るもの。②オーガーの継手のくさび部分。正式には「コッターピン」という。

鏝（こて）壁や床にセメント、モルタル、漆喰、珪藻土などの塗り材を塗り付ける左官の工具。木鏝(きごて)と金鏝(かなごて)があり、用途に応じてさまざまな形状のものがある。（図·167頁）

固定荷重　構造物を構成している躯体、仕上材など、移動や取り外しの生じない固定されたものの重量の総称。「死荷重（D.L）」ともいう。

固定クランプ　単管足場、ビティ足場などで単管部材を結合するために用いる金具の一つ。縦横に直交するパイプの結合に使用する。「直交クランプ」ともいう。→クランプ（図·135頁）

鏝板（こていた）左官工が壁などを塗るときに、こね上がった塗り材を乗せて片手に持つ板。30cm角程度の大きさで、持ちやすいように握りなどが付いている。（図·167頁）

固定端（こていたん）支点を固定し、外力に対して抵抗できるようにした端部。曲げモーメント、せん断力、軸力の反力が生じる。→ローラー支点

鏝押え（こておさえ）モルタル、コンクリート面の仕上方法。水分が減少して固まり始めたときに金鏝(かなごて)や木鏝(きごて)で表面を均す。硬化の進行に合わせて複数回行い、回数が多いほど表面

コンクリート打込み前日までの管理／工事関連業者への確認

確認先	確認事項
生コン工場	①調合、②納入量、③打込み開始（終了）予定時刻、④時間当たりの出荷量
生コン商社	①連絡員派遣、②打込み開始予定時刻
圧送業者	①現場到着時刻、②ポンプ車の台数と作業員数、③機種と能力
検査会社	①打込み開始予定時刻、②検査項目、③検査回数
打込み工事業者	①現場到着時刻、②作業員数、③用具の種類と数量、④締固め用機器の種類と数量
左官工事業者	①現場到着時刻、②仕上げの種類と数量、③作業員数、④用具の種類と数量
合番工事業者	①打込み開始予定時刻、②作業員数

コンクリート打込み前日までの管理／準備作業の確認

工　事	確認事項
圧送工事	①事前配管（前日配管）、②機種に応じたポンプ車設置場所の確保
仮設工事	①スラブ下照明、②仕上げ照明、③締固め機器用電源、④打継ぎ材、⑤コンクリート足場（通路）、⑥飛散防止養生、⑦打込み階部分の縦管控え補強、⑧連絡用充電済み無線機
打込み工事	①残材の撤去と清掃、②型枠根回りのすき間ふさぎ
設備工事	①スリーブ位置・開口部位置の表示、②打込みボルト類の養生
型枠工事	①型枠支保工の点検、②開口部の表示、③エアー抜き穴あけ
雑工事	①打込み用金物類の取付け（ドレン・避難ハッチ・インサート・タラップ・溶接下地金物等）、②スリーブ類・目地棒等の取付け

コンクリート打込み前日までの管理／関連工種の状況確認

工　事	確認事項
鉄筋工事	①スペーサの取付け状況、②かぶり寸法の確保状況
型枠工事	①天端レベル、②天端マーキング
電気、設備工事	①過密打込み配管のクリアランス確保

コンクリート打込み前日までの管理／気象情報の確認と処置

天　候	確認事項
雨、雪	①天候の崩れを予測し、実施・中止を判断、②上面養生準備
気温	①高温時→湿潤養生準備、②低温時→保温養生準備、③膜養生剤準備
強風	①表面乾燥速度の急上昇に備えて左官工の増員、②外周養生準備、③膜養生剤準備

コンクリート打込み前日までの管理／連絡・報告事項

連絡・報告	内　容
近隣住民*	①近隣環境保全対策（騒音・車両交通、排気ガス、汚染等）、②打込み開始・終了予定時刻、③作業終了予定時刻
工事監理者	①打設（打込み）計画書、②検査指摘事項是正結果報告書　等

*近隣住民に対しての連絡は、電話や訪問、案内書の投函等、事前協議の決定に従って対応する。

が平滑となる。また、しっかりと押さえることにより亀裂の発生を防止する。

鏝均し（こてならし）モルタル、コンクリートの表面を金鏝(かなごて)や木鏝(きごて)で平らにすること。「鏝押え」より仕上げ具合が低い意味で使用される。

鏝斑（こてむら）左官仕上げで、粗雑な鏝の操作により鏝を引いた後が段差となって残った筋。

捏ね場（こねば）モルタルなど左官材料を現場調合し、混練する作業場。砂、セメント、水槽、ミキサー、混和材などの左官材料をストックし、沈殿槽などの排水ろ過設備を有する場合もある。左官小屋と同じ。

捏ね屋（こねや）モルタル、プラスターなど左官材料のこね作業を専門とする作業者。現在は、左官工が機械を使ってこね作業も行っている。

コの字クランプ　鉄骨梁のフランジ部分に取り付け、仮設手すり用鋼管やペコビームなどの型枠支保工(しほこう)をセットするための金物。→クランプ(図・135頁)

小端（こば）石、れんが、木材など細長い材料の面積の小さい端面のこと。または小口でない端面。→小口(こぐち)

小端立て（こばだて）れんがや石を積むとき、小端を上下にして縦に据えること。花壇やポーチの縁回りなどに使われる。(図・167頁)

小端積み（こばづみ）石積みの一種で、鉄平石、丹波石など厚みのある細長い板状の石や横長の石を用いて、小口を正面に見せて積み重ねる積み方。

小梁　大梁と大梁の間に架けた梁。床などの自重や積載荷重といった鉛直荷重を受け、大梁に伝える役割をもつ。構造設計図ではBという符号で示されることが多い。小梁間に架け渡された梁を「孫梁」という。(図・167頁)

小梁終端部　連続小梁の末端部、すなわち大梁に定着される部分。片持ち梁の先端に連続小梁(鼻梁)を設けた場合は、片持ち梁の先端折曲げ筋と先端小梁のアンカーが交錯するため、納まりの注意が必要となる。(図・169頁)→先端小梁

COBRIS（コブリス）[construction byproducts resource information interchange system] ⇨建設副産物情報交換システム

小間割り　従業員1人またはグループに1日分の作業量を決めて、作業完了の遅速と無関係に1日分の賃金を支払う一種の能率給。一般に朝から始めた場合、午後2時頃に完了するのが妥当な小間割りとされる。

ゴムアス　低温時の柔軟性を向上させるとともに、高温時の流動性を小さくするためにゴムを混入したアスファルト。防水材料や舗装材料として用いられる。「ゴム化アスファルト」の略。

ゴム化アスファルト　⇨ゴムアス

ゴムパッキン　ゴム製の詰め物、充填材。互いに接する構造部材の間に接着することで部材の間からの漏れを防止する役割と、外部からの異物の侵入を防止する役割をもち、各システムを安定稼働させる。運動用に使用されるものを「パッキン」、これに対して静止用は「ガスケット」と呼ぶ。

小屋組　屋根面を支持し構成する骨組で、軒桁(のきげた)から上部の部材で組み合わせられているもの。屋根の重さや自重を確実に支持し、柱に伝達するもので、和小屋と洋小屋とがある。→軸組構法(図・209頁)

小屋束（こやづか）梁の上に垂直に立てて母屋(もや)を支える小角材。→軸組構法(図・209頁)

固有振動数　外部から自由に振動を与えた場合に、その物体が発する特定の周波数。→共振点

コラム　①円形の断面をもった柱。②鉄骨柱として用いられる半製品化された円形あるいは角形の鋼管。角形鋼管を円形鋼管と区別して「ボックスコラム」という。

コラムクランプ　型枠工事において、独立柱などの型枠を締め付ける帯状あるいは山形の型枠補助材。フラット形やアングル形の鋼材を組み合わせて使用する。(図・169頁)

コルゲートパイプ　波形管。管壁が蛇腹式のひだになっているため湾曲が自

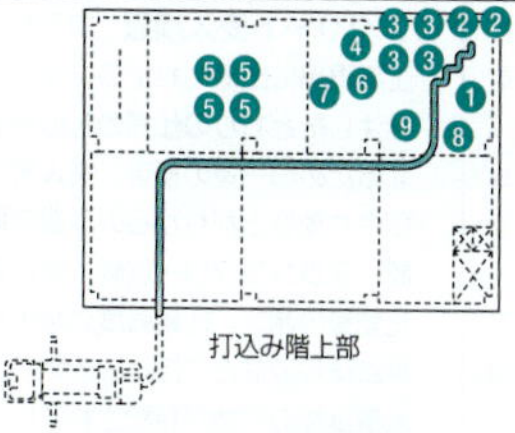

❶ 元請会社職員(1)
❷ 筒先 圧送工(1〜2)
❸ バイブレーター 土工(4)
❹ 天端均し 土工(1)
❺ 直仕上げ 左官(4)
❻ 鉄筋型枠清掃 土工(1)
❼ 鉄筋保守 鉄筋工(1)
❽ 設備保守 設備工(1)
❾ 電気配管保守 電気工(1)

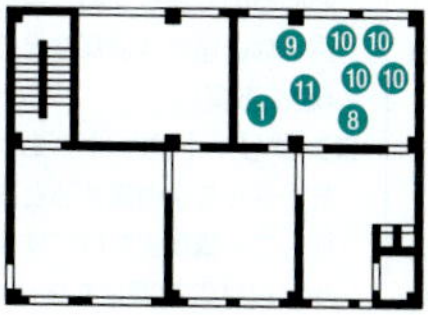
打込み階下部

❶ 元請会社職員(1)
❽ 設備保守 設備工(1)
設備打込み回り叩き
❾ 電気配管保守 電気工(1)
電気打込み回り叩き
❿ 叩き 土工(4)
⓫ 型枠保守 大工(1)

叩きは、階高や壁量、建物形状の複雑さによって調整する。

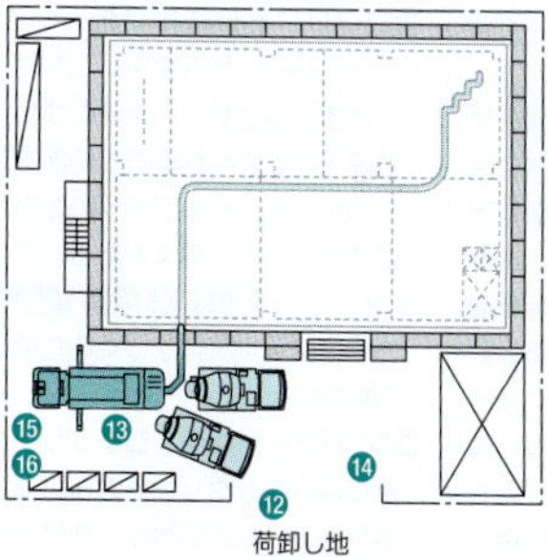

⓬ ガードマン(1)
⓭ ポンプオペレーター(1)
⓮ コンクリート車誘導員(1)
⓯ コンクリート受入検査員(1)
⓰ 構造体コンクリート検査員(1)

場内を整理整頓して、生コン車動線とポンプ車設置場所を確保する。

標準的な人員配置(ポンプ車1台当たりの人数)

コンクリート打設(打込み)計画

コンクリート受入れ時の確認項目

項目	時期·回数	試験·検査方法	判定基準
コンクリートの状態	・受入れ時 ・打込み中随時	目視確認	ワーカビリティーが良いこと 品質が安定していること
スランプ試験*	・圧縮強度試験用供試体採取時 ・品質変化が認められたとき	スランプコーンを抜いてコンクリートが30cmの高さから下がった値を測定	JIS A 5308 スランプ: 8〜18±2.5cm スランプ: 21±1.5cm*
空気量の測定		一般には空気室圧力法等の専用容器で測定	JIS A 5308 普通コン:4.5±1.5% 軽量コン:5.0±1.5%
塩化物含有量の測定	・原則1回/日(塩化物を含むおそれのあるときは150m³に1回)	一般に工事現場では簡易塩化物量測定器(カンタブなど)	塩化物イオン量 0.3kg/m³以下

*呼び強度27以上で高性能AE減水剤を使用する場合は21±2.0cm。

在で、伸縮の自由度もある。仮設の排水路や、有孔管により外構の集水管などとして使用される。

転がし配管　屋上屋根面や床スラブなどに直接支持を設け、配管を敷設する施工方法。

転がし配線　天井内の配線で、支持を設けずに電線ケーブルを天井材に直接のせて配線する施工方法。

転がしパイプ　鉄骨組立ての仮設吊り足場などにおいて、足場板を支持するために足場板の下に配置される単管。足場板を3点支持にして転がしパイプに結束する。(図·167頁)

転ばし　①仮設工事の足場において、足場板を支持するために足場板の下に配置する短い単管。「腕木(うでぎ)」ともいう。→腕木(図·39頁)　②コンクリートのスラブや土間の上に直接並べて使う丸太や角材。

転ばし根太（ころばしねだ）地面またはコンクリートの上に木造の床などをつくるとき、束(つか)や大引きを使わずに床の上に直接敷き並べる根太。床鳴りの原因になりやすく、木材の乾燥収縮により床が凹凸となる。(図·169頁)

転ばし床（ころばしゆか）コンクリートスラブや土間、玉石の上に直接、大引きや根太(ねだ)を設置して床を張るもの。床高が十分にとれない場合に用いる工法。床下空間が小さいため、防湿対策をしっかり行う必要がある。→床組(ゆかぐみ)(図·503頁)

転び　壁や柱の部材が傾いている状態。階段の蹴込みに付けた傾斜の寸法を「転び3cm」などと表現する。(図·169頁)

子ワイヤー　⇨巻上げワイヤーロープ

コンクリート　砂、砂利、砕石などの骨材をセメントと水の混合物であるセメントペーストで練り固め、結合させたもの。骨材として、砂·砂利、砕砂·砕石、高炉スラグ砂·高炉スラグ砕石を用いた普通コンクリートのほかに、軽量コンクリート、重量コンクリート、繊維強化コンクリート、水中コンクリートなど多くの種類がある。(表·171頁)

コンクリート受入検査　プラントより工事現場に出荷されたコンクリートが発注したとおりの仕様のものかを確認するための一連の検査。納入書による配合や練り上がりからの経過時間の確認、スランプフロー試験、空気量や塩化物量の測定、圧縮強度試験のための供試体採取などのほか、近年では単位水量試験の実施が特記されている場合もあるので注意する。製品が検査に適合しない場合は返却などの措置をとる。(表·175頁)

コンクリートカート　コンクリートやモルタルを小運搬するときに用いる手押しの一輪車または二輪車。土砂や細かい資材の運搬にも使用される。「カート」「一輪車」「猫車(ねこぐるま)」「猫」ともいう。

コンクリート型枠用合板　⇨コンパネ

コンクリートカッター　コンクリートを切断する機械。円盤状のブレードを高速で回転させ鉄筋ごと切断することが可能。ハンディタイプのものから自走する大型のものまである。

コンクリート供試体用鋼製型枠　圧縮強度試験供試体をつくるための鋼製円筒型の型枠。

コンクリート強度　コンクリートの強度には、コンクリートの圧縮強度、引張り強度、せん断強度、曲げ強度があるが、通常、コンクリートの圧縮強度をいう。

コンクリート強度試験　コンクリートの各種の特性を知るために行う圧縮強度試験、割裂引張り試験、曲げ強度試験、静弾性係数試験などをいう。それぞれの試験は、試験用に製作した供試体、あるいはコア抜きによって製作した供試体に対して行われる。

コンクリート工事　コンクリート材料の計量、調合、運搬、打込み、養生までの一連の作業の総称。型枠、鉄筋工事を含めて表現する場合もある。

コンクリート混和材　⇨混和材

コンクリート混和剤　⇨混和剤

コンクリート充填鋼管構造　鋼管の内部にコンクリートを充填したものを柱として使用した構造。略して「CFT

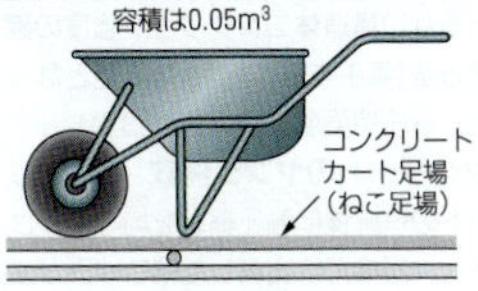

コンクリートカート

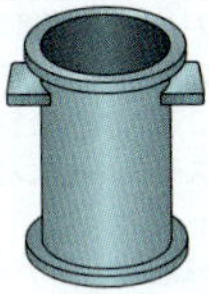

コンクリート供試体用鋼製型枠

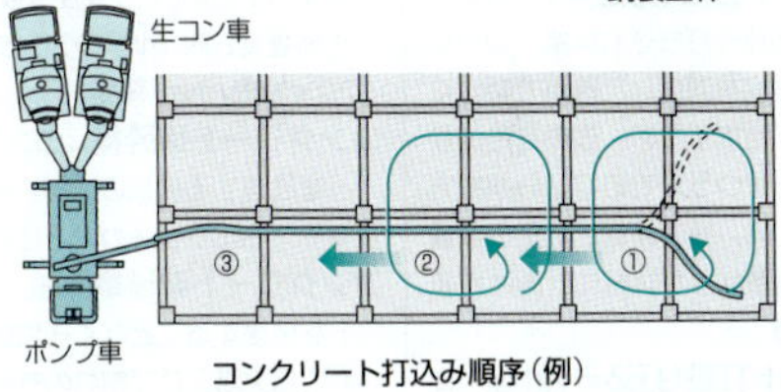

コンクリート打込み順序（例）

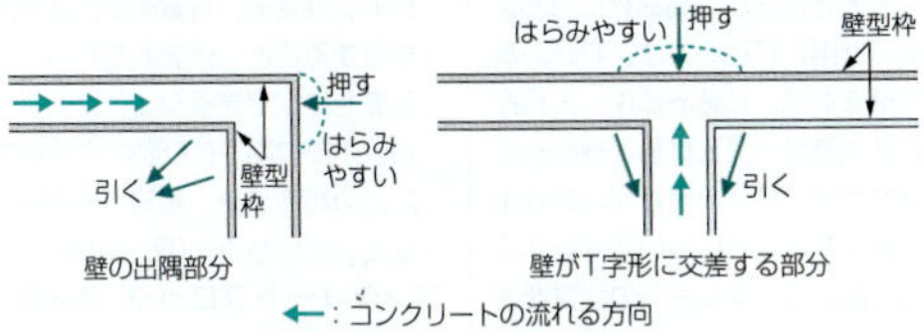

壁の出隅部や壁がT字形に交差する部分では、コンクリートの流れが遮られて型枠の側圧が上がり、はらみや移動、破壊が生じやすくなるので注意する。

コンクリート打設中にはらみやすい場所（平面図）

コンクリートテストハンマー

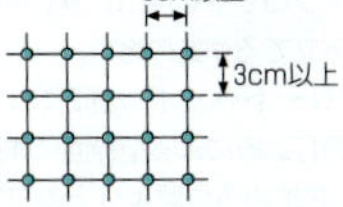

コンクリートテストハンマーによる打撃

検査手順

①測定箇所に、左下図のように縦横3cm以上の間隔でハンマーを打ち付けるための印をつける。

②ハンマーにより20箇所打撃する。

③20箇所の反発度（R）の平均値から圧縮強度（Fc）を推定する。

コンクリート非破壊試験

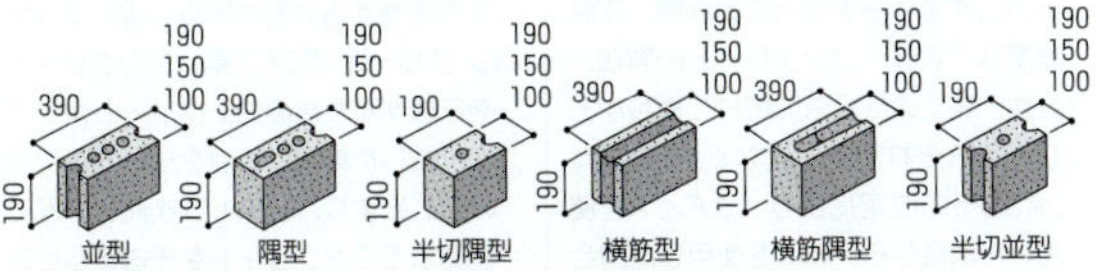

コンクリートブロック

造」。コンクリートと鋼管の拘束効果によって耐力、変形能力が向上する。RC造、SRC造、S造に続く第4の新しい構造システム。→コンファインドコンクリート

コンクリート振動機　⇨バイブレーター

コンクリート打設(打込み)　コンクリートを型枠へ打ち込む作業。コンクリートは材料を混合した時点で凝結による固化が始まるため、作業を迅速かつ高品質を保つうえでの打込み運搬方法、人員配置、受入検査、打込み数量、連絡待ち数量などが詳細に計画される。(図·177頁)

コンクリート打設(打込み)計画　コンクリートを迅速かつ高品質に打ち込むための計画。打込み方法、打込み範囲、打継ぎ計画、打込み順序、人員配置、打込み時間、受入試験、締固め方法、鉄筋型枠の打込み時管理、床仕上方法、養生方法などについて計画する。打込み計画はコンクリートの品質を左右する重要な計画であり、長期の品質確保、高層建築における高強度コンクリートなどにより高度な計画が求められている。(表·173頁、図·175頁)

コンクリート調合　⇨調合

コンクリートテストハンマー　コンクリートの強度測定装置。表面を打撃したはね返りを目盛りで確認し、強度を推定する。代表的な商品にシュミットハンマーがある。単純に「テストハンマー」という場合もある。→コンクリート非破壊試験

コンクリート止め板　コンクリート既製杭と基礎フーチングの取合いで、既製杭の中空部にコンクリートが入らないようにする板。「杭キャップ」「パイルキャップ」と同じ役割を果たす。

コンクリートの圧縮強度　コンクリートの力学特性を表す代表的な値。圧縮強度は、設計、コンクリートの製造、発注、施工の各段階に応じた種類があり、それぞれ定義が異なる。2009年、JASS 5の改定により、ΔFとTを使用した調合から、mSnを使用した調合設計方法に大幅に変更された。これにともない構造体コンクリート強度の確認方法(養生方法、判定)も変更となった。→圧縮強度試験(図表·13頁)

コンクリートのヤング係数　コンクリートの供試体に軸圧縮力を均等にかけると、圧縮力に比例した縦ひずみが生じる。この圧縮力に応じた縦ひずみに対する比をいい、「弾性係数」ともいう。圧縮強度20N/mm^{2}のコンクリートで、2.0×10^{4}N/mm^{2}程度。

コンクリート破砕機　コンクリートなどを破砕する機械の総称。→クラッシャー、油圧ブレーカー、圧砕機

コンクリート非破壊試験　コンクリートを破壊することなく圧縮強度の推定や内部欠陥、ひび割れの有無などを機械的、電気的、音響的な方法を用いて検査すること。代表的なものに、圧縮強度を推定できるシュミットハンマー法、内部欠陥やひび割れの状態を知るための超音波法、電磁レーダー法、X線法などがある。(図·177頁)

コンクリートブロック　補強筋を挿入する空洞をもち、コンクリートブロック単体で外力を負担するもの。正式には「空洞コンクリートブロック」といい、「CB」と略す。建築ブロックの種類は、形状により基本ブロック、異形ブロック、透水性により普通ブロック、防水性ブロック、品質によりA種、B種、C種に分類される。JIS A 5406(図·177頁)

コンクリートブロック工事　コンクリートブロックを用いて塀や帳壁などを組み立てる作業の総称。

コンクリートヘッド　側圧(コンクリートの打込みによる型枠面に作用する圧力)を求める位置より上のコンクリートの打込み高さ。打込み場所の型枠形状によりコンクリートヘッドが急上昇するため、形状に合わせて打込み速度を調整する必要がある。(図·181頁)

コンクリートポンプ車　コンクリートを圧送するためのコンクリートポンプを搭載した車両。コンクリートポンプの形式により、ピストンを油圧などで駆動してコンクリートを圧送するピストン式や、コンクリートをゴムチュー

コンクリートブロック帳壁の最小壁厚および支点間、持放し最大長さ　(cm)

帳壁の種類		一般帳壁		小壁帳壁（持放し壁）	
		最小壁厚	最大支点間長さ	最小壁厚	持放し長さ
内　壁		12*1	$25t$かつ350*2	12	$11t$かつ160
外壁	地盤面からの高さが10m以下の部分	12		12	$11t$かつ160
	地盤面からの高さが10mを超え31m以下の部分	15		15	$9t$かつ160*3

t：ブロック帳壁の厚さ（cm）／一般帳壁：上下または左右の向き合った2辺以上が主要構造部分に支持されているブロック帳壁／小壁帳壁：下辺または下辺とそれに隣接する1辺のみが主要構造部分に支持されているブロック帳壁

＊1　地盤面からの高さ10m以下かつ3階建以下の部分にあっては、10とすることができる。
　2　地下部分にある階の内壁は、$25t$かつ420とすることができる。
　3　建築基準法施行令第87条により求めた風圧力に対して、構造上安全であることを確かめた場合、$11t$かつ160とすることができる。

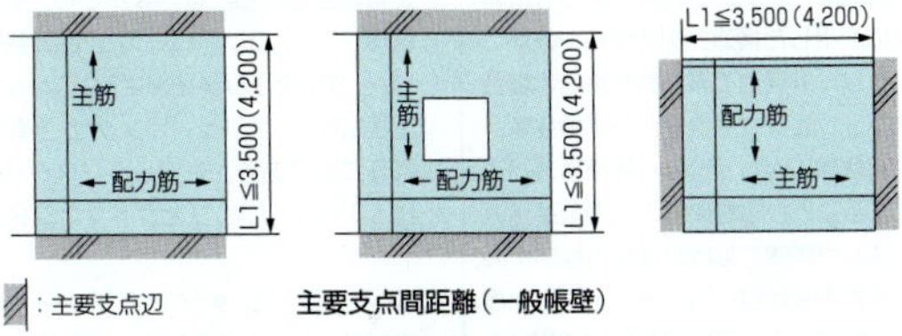

主要支点間距離（一般帳壁）

一般帳壁の配筋

帳壁の位置			間仕切り壁	外壁 地盤からの高さ10m以下の部分
主筋	L1≦2.4m	呼び名－間隔（cm）	D10以上－80以下	D10以上－80以下
	2.4m＜L1≦4.2m	呼び名－間隔（cm）	D10以上－40以下	D10以上－40以下
配力筋		呼び名－間隔（cm）	D10以上－80以下	D10以上－80以下

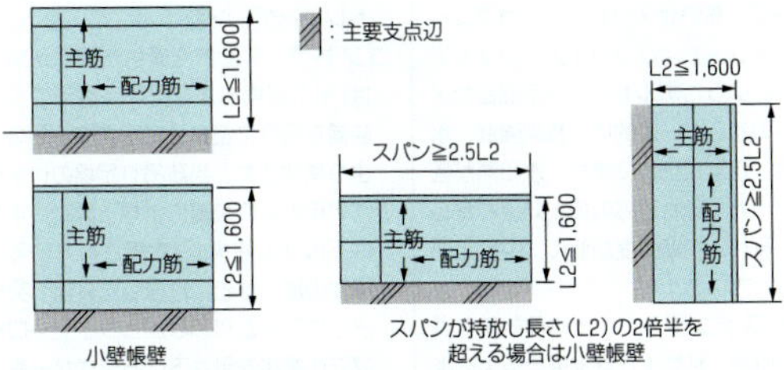

主となる方向の持放し長さ（小壁帳壁）

小壁帳壁の配筋

帳壁の位置			間仕切り壁	外壁 地盤からの高さ10m以下の部分
主筋	L2≦1.2m	呼び名－間隔（cm）	D10以上－40以下	D10以上－40以下
	1.2m＜L2≦1.6m	呼び名－間隔（cm）	D13以上－40以下	D13以上－40以下
配力筋		呼び名－間隔（cm）	D10以上－60以下	D10以上－60以下

ブに吸い込ませ、これを絞り出す構造のスクイーズ式などに分類される。現在は、圧送管をブームに取り付けたブーム付きポンプ車がコンクリート工事の主力施工機械として定着している。（図·181頁）

コンクリートミキサー コンクリートの材料を混練するミキサー。コンクリート工場（プラント）ではスパイラル状のスクリューなどの回転でかくはんする大型のミキサーが使用される。試し練りや現場練りではおもにドラムミキサーを使用するが、最近は現場でコンクリートを練ることは少ない。

混合構造 異なった構造を各部材に有効に使用した構造。例えば柱が鉄筋コンクリート構造で梁が鉄骨構造の場合はショッピングセンターや高層住宅、物流倉庫に適している。異種構造が連続することから柱梁間の力の伝達メカニズムが明確でなければならないため、さまざまな仕口(しくち)のディテールが提案されている。「ハイブリッド構造」ともいう。

混合水栓 湯と水を混ぜて適温に調節することが可能な水栓。温度調節は手動のものと自動のものがある。→サーモスタット

混合セメント ポルトランドセメントに各種の混合材を添加、混合したセメントで、高炉セメント、シリカフュームセメントおよびフライアッシュセメントといったポルトランド系混合セメントのこと。一般的に、長期強度、水密性、化学抵抗性に優れ、水和熱が低くアルカリ骨材反応の抑制効果も有しているが、初期強度が低く、中性化速度も大きい。

コンシステンシー ①土の硬軟度を表した概念。粘性土が含水量の多少によって示す性質。②変形または流動に対する抵抗性の程度で表されるフレッシュコンクリートの性質。→ワーカビリティー

コンシステンシー限界 土の含水比により変化する、液性、塑性体、半固体、固体といった状態における変移点の含水比。「アッターベルグ限界」ともいう。

コンシステンシー指数 含水比によって変化する土の状態に対し、自然含水比の土を相対的に位置づける指数。液性限界w_Lと自然含水比w_nの差を塑性指数I_pで割った値で、I_c(%)で表される。

コンジットパイプ ⇨電線管

コンストラクションマネジメント 建設プロジェクトにおいて、発注者に代わり建設業者や建築家が代理人となって総合的な建設管理を行うこと。略して「CM」。その管理内容は、設計、積算、資材労務の調達、施工計画、施工管理全体にわたる。なかでも工事費管理（コストコントロール）、品質管理（トータルクオリティマネジメント）、工程管理（スケジューリング）が主要な管理技術である。→アットリスクCM、ピュアCM、プロジェクトマネジメント

コンストラクションマネジャー 建設プロジェクトにおいて、建設発注者から依頼を受け、建設活動を一元的に管理、調整する者。発注者の代理となって品質、コストを満足した建物を工期内に完成するよう管理、調整を行う。略して「CMr」。→コンストラクションマネジメント

コンタクトストレインゲージ ⇨ストレインゲージ②

ゴンドラ 労働安全衛生法関係法令では「吊り足場および昇降装置その他の装置ならびにこれらに附属するものにより構成され、当該吊り足場の作業床が専用の昇降装置により上昇し、または下降する設備」と定義されている。建物の屋上などに設置した外部へ突き出したアーム（突梁）からワイヤーロープで作業床を吊り下げる形式が一般的。外壁面の清掃、補修で使用されるほか、改修工事で外部足場を設置することが困難な場合にも使用される。

ゴンドラ安全規則 ゴンドラの製造から使用上の安全、災害防止に関する基準、諸規則を定めた、労働安全衛生法に基づく厚生労働省令。

コントラクター 建築や土木工事を請

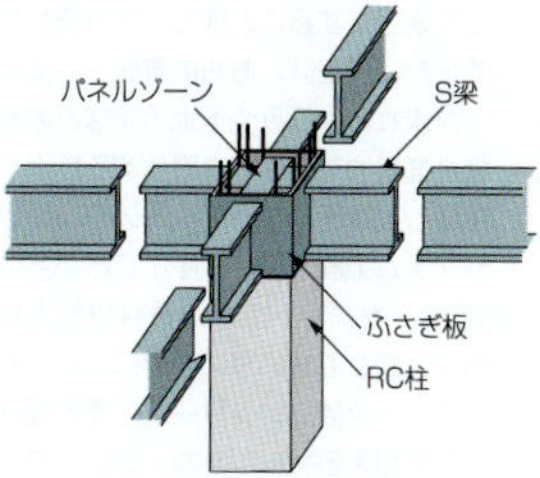

混合構造の部材構成

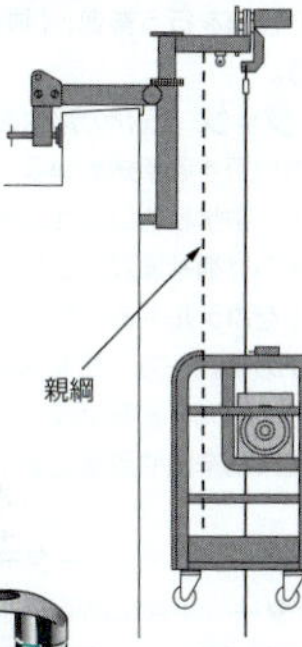

ゴンドラ

コンパクター

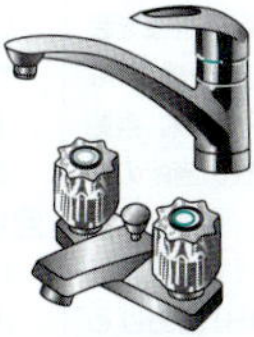

混合水栓

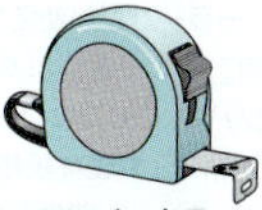

コンベックス

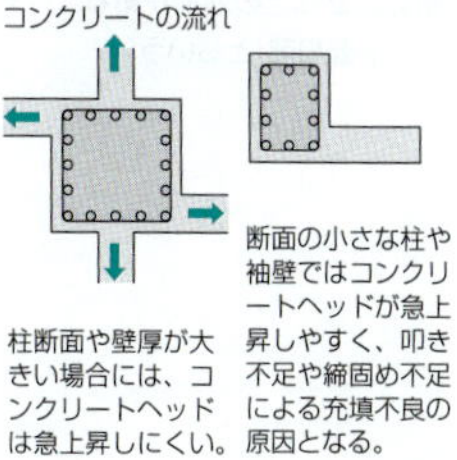

断面形状によるコンクリートヘッドの性状

スクイーズ式コンクリートポンプ車

ピストン式コンクリートポンプ車

コンクリートポンプ車

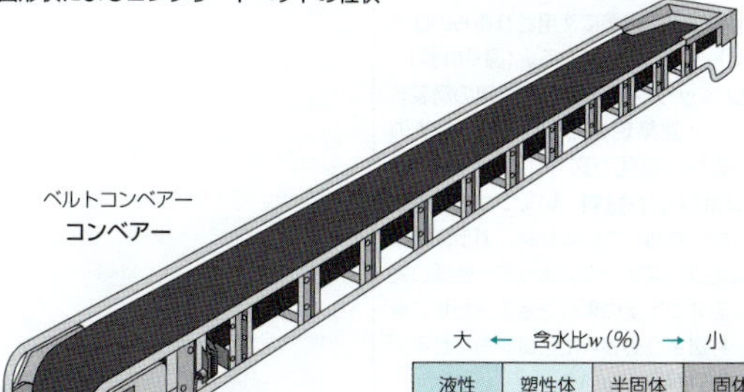

ベルトコンベアー

コンベアー

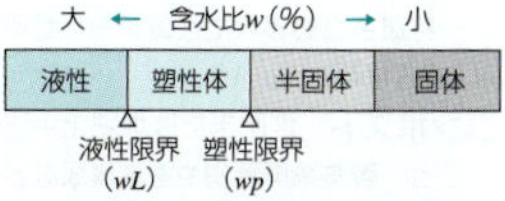

土の状態とコンシステンシー限界

け負って仕事を行う業者。「請負業者」ともいう。

コンバージョン　既存の建物を用途変更して再利用する手法をいう。統廃合による小、中学校をコミュニティ施設や高齢者向け福祉施設にしたり、オフィスビルをホテルや都市型住宅に転用する例がある。一方、住宅への用途変更例では、採光、避難階段、冷暖房設備など建築基準法や改修工事上の課題もある。

コンバーター　⇨インバーター

コンパクター　下部にある起振機を装着した振動板により砂質土や礫(れき)などの施工地盤を締め固める機械。振動ローラーなどが使えない狭い箇所の作業に適す。（図·181頁）

コンパネ　コンクリートパネルの略で、合板の日本農林規格（JAS）におけるコンクリート型枠用合板のこと。

コンファインドコンクリート　スパイラル筋や円形鋼管などで横補強されたコンクリート。圧縮載荷を受けた際に横補強材からの拘束を受けて三軸応力状態となり、横補強材量の増加とともにコンクリートの強度が増加する。コンクリート充填鋼管構造（CFT造）のコンクリートが該当する。

コンプレッサー　気体を吸い込んで圧力を高くしてから吐出する機械で、吐出し圧力が吸込み圧力より100kPa以上高いものをいう。「圧縮機」ともいう。

コンベアー　材料や貨物などを連続的に移動させる装置の総称。建築現場で土砂などの運搬に使用されるものはベルトコンベアーである。（図·181頁）

コンベックス　小型で携帯用の鋼製巻き尺。建築現場では5～7m前後のものが一般的。（図·181頁）

コンポジット材料　いくつかの要素が合成、複合している材料。ガラス繊維強化プラスチックのように、性質の異なる2つ以上の素材を組み合わせて単一材量よりも優れた性質をもたせる。「複合材料」ともいう。

コンポスト　堆肥または堆肥化手法のこと。農業系廃棄物や家畜糞尿などに空気を通し、微生物の力で発酵、分解して堆肥にすることは古くから行われていた。現在は、おもに家庭ごみに多く含まれる生ごみや下水汚泥などの有機性廃棄物を高速で堆肥化する技術や生成した堆肥、さらには周辺の技術やシステム全般を指して呼ぶことが多い。

混和材　セメント、水、骨材以外の材料で、練り混ぜの際に必要に応じてモルタルまたはコンクリートにその成分として加える材料のうち、高炉スラグ微粉末、フライアッシュ、膨張材、シリカフュームのように比較的多量に用いるもの。セメントの一部として使用することが多く、収縮量の低減、温度上昇の抑制、耐薬品性などの効果がある。「コンクリート混和材」ともいう。

混和剤　セメント、水、骨材以外の材料で、練り混ぜの際に必要に応じてモルタルまたはコンクリートにその成分として加える材料のうち、AE剤、AE減水剤、高性能AE減水剤、凝結遅延剤のように薬品的に少量用いるもの。おもにワーカビリティーの改善、空気量の調整などの効果がある。「コンクリート混和剤」ともいう。

混和材の種類と特徴

種　類	特　　徴
フライアッシュ	石炭火力発電によって発生する。微粉炭の燃焼灰。コンクリートのワーカビリティーの改善、長期強度の増進、水密性の向上が図れる。
膨張材	コンクリートを膨張させる作用があり、コンクリートの乾燥収縮ひび割れや温度ひび割れを防止するために用いられる。石灰系、鉄粉系、石膏系などがある。
高炉スラグ微粉末	高炉を用いた製鉄時に発生するスラグ。耐海水性の向上や、長期強度の増進が図れる。
シリカフューム	シリコン製造時に発生する超微粒子。コンクリートの流動性の改善、強度、耐久性の向上が図れる。

混和剤の種類と特徴

種　類	特　　徴
AE剤	空気連行剤とも呼ばれ、コンクリート中に無数の微細な空気泡を連行する。コンクリートのワーカビリティーを改善し、コンクリート中の水分凍結による凍結融解作用に対する抵抗性を向上させる。過剰に空気泡を連行すると強度低下が大きくなるため、通常4.5%程度の空気量としている。
減水剤、AE減水剤	減水剤は、界面活性剤の一種で、コンクリートの作業性を損なうことなく、使用水量を減少させることができる。このような減水効果に加えて、コンクリート中に微細な空気泡を連行するものがAE減水剤である。減水剤、AE減水剤を用いることにより、同じスランプのコンクリートをつくるために必要な単位水量を15%程度減少させることができる。
高性能AE減水剤	AE減水剤の減水性能をさらに高めたもので、高い減水性能と優れたスランプ保持性能を有し、超高層建物に用いられる高強度コンクリートや、高流動コンクリートを製造するためには不可欠な材料である。
流動化剤	現場でコンクリート打込み前に生コン車内で添加し、コンクリートの流動性を増大させる目的で使用する。成分は高性能AE減水剤と同様である。
収縮低減剤	乾燥収縮の低減を可能にする有機系の界面活性剤で、15%以上の収縮低減効果を有する長所がある。

さ

サージング　ポンプなどで流量を絞って運転した場合に、振動や騒音を起こし、流量、圧力、回転速度が変動するなど運転に異常が起きる現象。

サーベイランス　①対象を調査、監視すること。モニタリングは継続的に対象を監視、観察する意味合いをもつが、サーベイランスは問題の発生を見逃さないように監視するという意味合いをもつ。一般に、経済などの動向調査という意味で使用される。使用例として「IMFによる加盟国のサーベイランス」など。②ISOの認証登録後に行われる第三者による定期審査のこと。

サーマルリカバリー　⇨サーマルリサイクル

サーマルリサイクル　廃棄物を焼却して得られる熱エネルギーを回収すること。「サーマルリカバリー」と呼ばれることもある。日本語では「熱回収」といい、廃棄物の発生抑制とリユースを行い、マテリアルリサイクルを繰り返し行った後のリサイクル手法として循環型社会形成推進基本法で位置づけられている。→マテリアルリサイクル

サーモスタット　自動的に温度を測定、検出し、指定の温度を保つための信号を発する装置。

サイアミーズコネクション　⇨送水口

最外径　異形鉄筋のリブ外側で測る直径寸法。→異形棒鋼(図・25頁)

最外端鉄筋面　鉄筋コンクリート構造物の内部に組み立てられた鉄筋の最も外部側の面。異形鉄筋の場合はリブの最外端。コンクリートの表面と最外端鉄筋面の距離がかぶり厚さとなる。→被(かぶ)り厚さ

載荷試験　地盤、杭などに静荷重を加えて、耐力、変形性状、破壊状態などを調査するために行う試験。構造物や構造部材に対して反力壁、加力装置などを用いて行うこともあり、また目的によっては動荷重を与える場合もある。「荷重試験」「加力試験」ともいう。

載荷板試験　⇨平板(へいばん)載荷試験

サイクル工程　躯体工事、仕上工事でN階の作業開始から終わりまでの作業の流れを一連の繰り返し工程として表したもの。複数階ある建物の工事工程の基本単位となる。躯体のサイクル工程は、全体工程、作業の手順、型枠転用計画、必要労務数の把握などの基準となる。→型枠転用計画、支保工(しほこう)転用計画

採光　自然照明の総称で、室外の明るさを、窓などを通して室内に取り入れること。住宅、病院、学校など一定の用途の建築物の居室には、採光のための窓、その他の開口部を設けることが義務づけられており、必要な採光面積は建物の用途によって異なる。建築基準法第28条、同法施行令第19条、第20条

材工一式見積　材料費および労務費を分離せず一体で見積る方式で、材料および労務の内訳を表に出さないようにする見積方法。また、下請業者に対して材工一式で請け負わせる際の下請業者の見積のこと。

材工共（ざいこうとも）建築費の単価あるいは工事請負の形態において、材料と労務を別々にせず、一緒に含めて取り扱うやり方。

材工別見積　材料費と労務費とを区分して積算し、その内訳を明らかにした見積方式。建設業法では、材料と労務の数量と価格がわかるように見積書をつくることを規定している。

在庫管理　現場に納入された材料の保管に際して、常時在庫の数量がわかるように管理し、必要なときに適合した材料を順序よく供給したり、不用になった材料の回収を行うこと。

細骨材　コンクリートやモルタルを構成する砂のことで、5mmの網ふるい

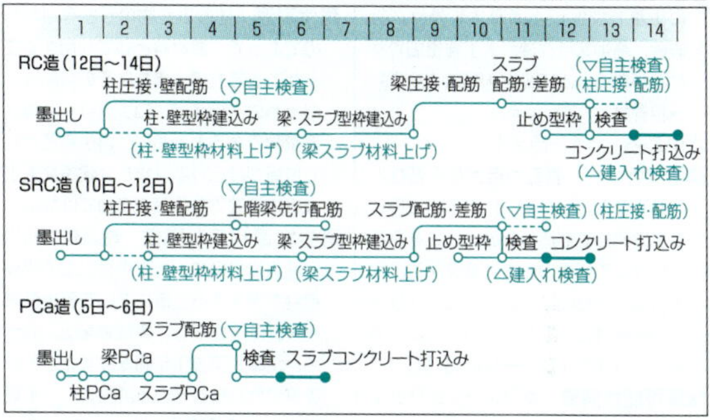

サイクル工程表（例）

採光基準／居室の床面積に乗じる決められた割合

	居室の種類	割 合
(1)	幼稚園・小学校・中学校・高等学校・中等教育学校または幼保連携型認定こども園の教室	1/5
(2)	保育所および幼保連携型認定こども園の保育室	
(3)	病院または診療所の教室、住宅の居室	1/7
(4)	寄宿舎の寝室または下宿の宿泊室	
(5)	児童福祉施設等の居室（建築基準法施行令第19条第1項）に入所している者が使用する寝室と、保育・訓練・日常生活に必要な主要目的に使われている居室	
(6)	(1)に掲げる学校以外の学校（大学・専修学校等）の教室	1/10
(7)	病院・診療所・児童福祉施設等の居室のうち、入院患者または入所者の談話・娯楽等に使われる居室	

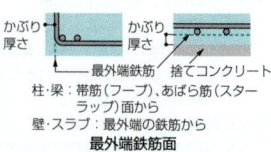

柱・梁：帯筋（フープ）、あばら筋（スターラップ）面から
壁・スラブ：最外端の鉄筋から

最外端鉄筋面

再生資源利用計画書・再生資源利用促進計画書

	内 容
再生資源利用計画書	搬入量が次のいずれかに該当する場合に作成。 ①土砂：1,000m^3以上 ②砕石：500t以上 ③加熱アスファルト混合物：200t以上
再生資源利用促進計画書	搬出量が次のいずれかに該当する場合に作成。 ①建設発生土：1,000m^3以上 ②コンクリート塊、アスファルト・コンクリート塊、建設発生木材の合計：200t以上

最小かぶり厚さ[12)]

(mm)

部材の種類		短期	標準・長期		超長期	
		屋内・外	屋内	屋外*2	屋内	屋外*2
構造部材	柱・梁・耐力壁	30	30	40	30	40
	床スラブ・屋根スラブ	20	20	30	30	40
非構造部材	構造部材と同等の耐久性を要求する部材	20	20	30	30	40
	計画供用期間中に維持保全を行う部材*1	20	20	30	(20)	(30)
直接土に接する柱・梁・壁・床および布基礎の立上り部		40				
基 礎		60				

＊1 計画供用期間の級が超長期で計画供用期間中に維持保全を行う部材では、維持保全の周期に応じて決める。
2 計画供用期間の級が標準および長期で、耐久性上有効な仕上げを施す場合は、屋外側では、最小かぶり厚さを10mm減じることができる。

に重量で85%以上通過する骨材。砂、砕砂、高炉スラグ砂、人工軽量細骨材などがある。JASS 5（写真・187頁）→粗骨材

さいころ　⇨キャラメル

砕砂（さいさ）岩石や粗大な玉石などの原石をクラッシャーにより粗破砕し、二次破砕して製造した砂。これをふるい分けして所要の粒度に調整する。粒度調整したものは、おもにコンクリートの細骨材として用いられる。JIS A 5005　→クラッシャー（図・137頁）

採算可能性調査　⇨フィージビリティスタディ

細砂（さいしゃ）粒径の小さい砂。日本統一土質分類によりほとんどが74 μmから0.42mmの砂で、左官工事などに使用される。「細目砂(ほそめすな)」ともいう。→中砂(ちゅうしゃ)、粗砂(そしゃ)

最終処分場　廃棄物を埋立て処分する場所。安定型最終処分場、管理型最終処分場、遮断型最終処分場があり、廃棄物の種類により埋立て処分できる処分場が異なる。

最小被り厚さ（さいしょうかぶりあつさ）鉄筋コンクリート部材の各面、またはそのうちの特定の箇所において、最も外側にある鉄筋の最小限度のかぶり厚さ。その数値は建築基準法で規定されている。（表・185頁）→被り厚さ

サイズ　①形の大きさを示す寸法の総称。②隅肉溶接の断面寸法の一つ。通常は設計図書などで指示される寸法で、隅肉溶接部の直角三角形断面の直角をはさむ二辺の各長さを指す。「設計サイズ」「指定サイズ」ともいう。溶接施工後の実際ののど厚（＝実際のど厚）は、設計サイズから計算されるのど厚（＝理論のど厚）以上でなければならない。→実際のど厚、理論のど厚

再生骨材コンクリート　コンクリート構造物解体にともない発生した塊を破砕、分級などの処理を行って製造した骨材を、全部または一部用いて製造したコンクリート。再生骨材の品質によってJIS A 5021、5022、5023の3種類に規格化されている。→コンクリート（表・171頁）

再生資源　建設副産物のうち有用なものであって、原材料として利用することができるもの。またはその可能性があるもの。例えば、コンクリート塊は廃棄物であるとともに、再生資源として位置づけられる。また、建設発生土は再生資源であるが廃棄物ではない。

再生資源利用計画書　資源有効利用促進法において、一定規模以上の建設資材を搬入する工事について再生資源利用計画を作成し、実績値を記入のうえ、工事完了後1年間保存することが義務づけれられている計画書。一定規模以上の建設資材とは、土砂1,000m^3、砕石500t、加熱アスファルト混合物200t以上のこと。また、計画書には建設資材の種類ごとの利用量、利用量のうち再生資源の種類ごとの利用量、そのほか再生資源の利用に関する事項を記述する。（表・185頁）

再生資源利用促進計画書　資源有効利用促進法において、一定規模以上の指定副産物が搬出される工事について再生資源利用促進計画を作成し、実績値を記入のうえ、工事完了後1年間保存することが義務づけれられている計画書。計画書には指定副産物の種類ごとの搬出量、再資源化施設または他の工事現場などへの搬出量、その他指定副産物に係る再生資源の利用の促進に関する事項を記述する。（表・185頁）

再生棒鋼（さいせいぼうこう）鋼材の製造途上で発生する端材や廃材を再圧延して製造した鉄筋（棒鋼）。製造工程は簡単であるが、物理的性質には劣る。JIS G 3117により「鉄筋コンクリート用再生棒鋼」として規格化され、コンクリートの補強に使用されている。→SDR、SRR

再生木材　廃棄物として発生した木質系原料（微粉）および熱可塑性プラスチック（ポリプロピレンなど）を再生、複合したもので、リサイクルが容易な資源循環型素材の一つ。耐久性に優れ、仕上材や屋根材として利用されている。JIS A 5741

再生利用認定制度　廃棄物の減量化を推進するため、生活環境の保全上支障

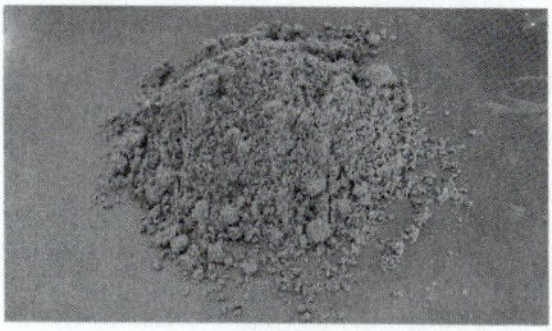

細骨材

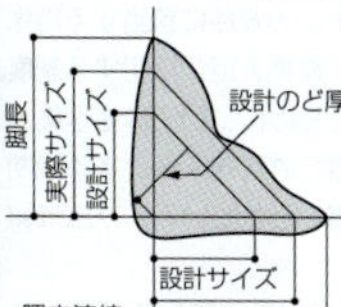

隅肉溶接
サイズ

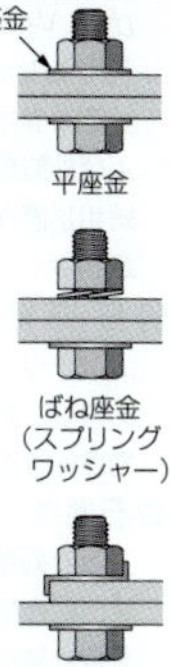

座金

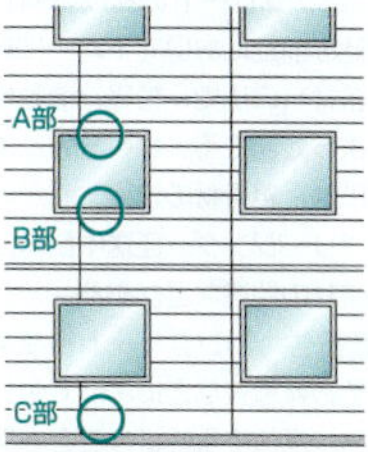

サイディング

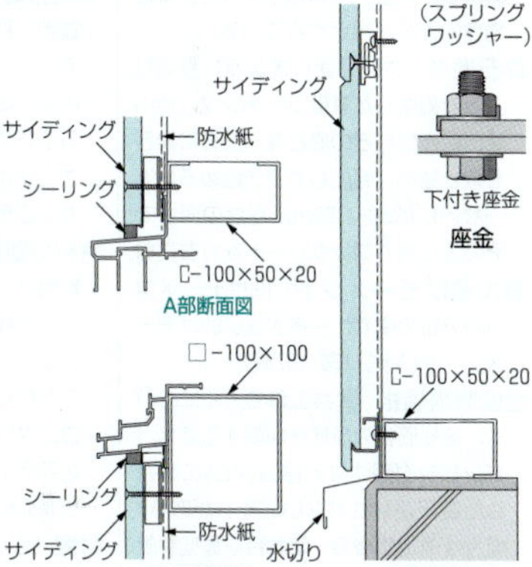

サイディング（詳細図）

等分布加重が作用する場合

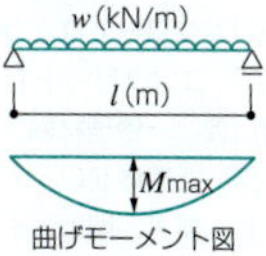

$$M\mathrm{max}=\frac{wl^2}{8}\ (\mathrm{kN\cdot m})$$

最大曲げモーメント

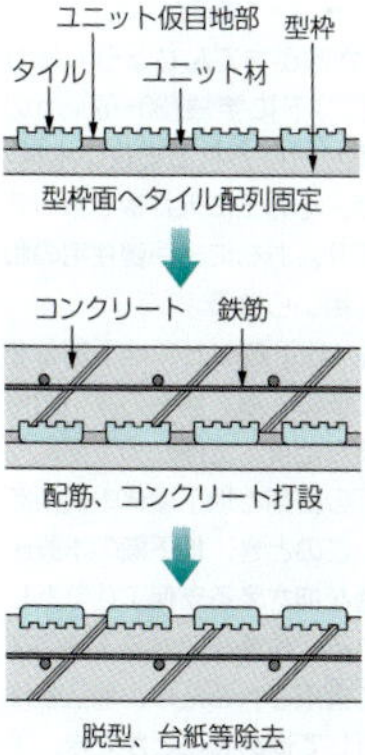

PC板先付け工法

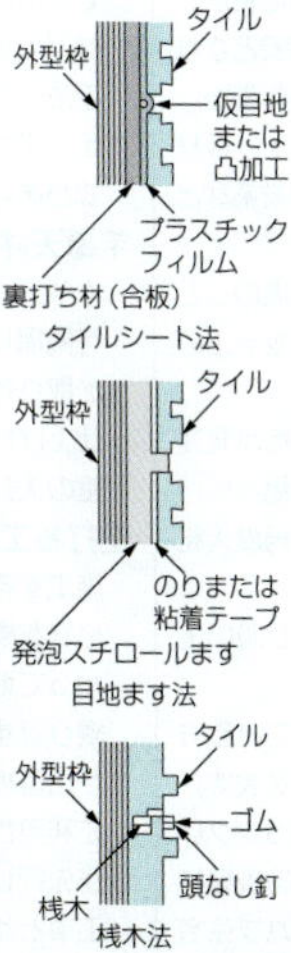

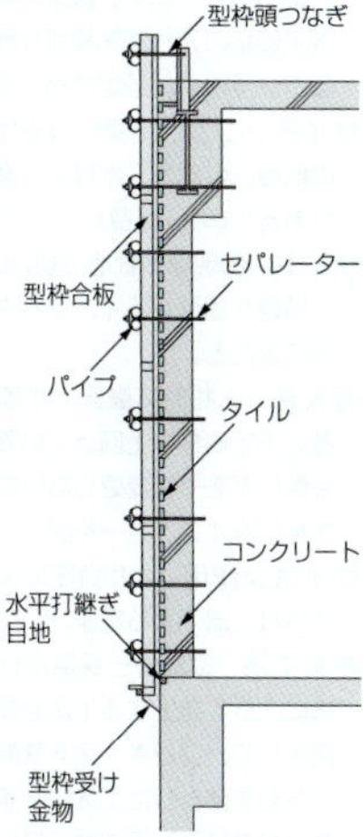

型枠先付け工法

先付け工法（タイル仕上げ）

がないなど一定の要件に該当する再生利用に限って環境大臣が認定する制度。認定を受けたものについては処理業および施設設置の許可を不要とする規制緩和措置が講じられている。→広域認定制度

砕石　工場で岩石を破砕して製造したコンクリート用の粗骨材。JIS A 5005により、粒度、アルカリシリカ反応性、物理的性質が規定されている。

砕石地業（さいせきじぎょう）根切り工事で掘削した基礎フーチング、地中梁、耐圧盤などの底となる部分に砕石を敷き詰め、転圧して突き固める地業。一般的には50～150mm程度の厚さで、その上に捨てコンクリートを打ち込む。

最大曲げモーメント　曲げモーメントの分布の中で、一番大きい曲げモーメントをいう。（図·187頁）

最低制限価格　公共工事の入札において、落札価格の最低を制限する価格。ダンピング受注など「契約内容に適合した履行がなされないおそれがある」場合は予定価格の一定割合を最低制限として設け、その範囲内での最低価格を落札者とすることと「予決令(よけつれい)」で定められている。最低制限価格は、予定価格の75～85％程度が目安とされる。→予決令、予定価格、落札価格

サイディング　外壁に張る仕上げ板材の総称。金属製、木質系、窯業系などがある。（図·187頁）

サイト　①現場の敷地。建設現場のこと。②情報を提供するインターネット上の窓口のこと。

再入札　入札時に最低入札価格が発注者の予定価格を上回っている場合に、条件などを一切変更しないで再度入札を繰り返すこと。→不調

サイホン作用　水が負圧により吸い上げられ、流下する現象。

在来工法　従前から採用されている方法によって施工する工法全般を表す。例として、プレキャスト鉄筋コンクリートを主体とした工法に対する現場打ちコンクリート工法や、プレハブ住宅に対する注文住宅を指して用いられる。

材料支給　工事で使用する材料の一部または大部分を発注者が支給すること。

材料拾い　設計図書、施工図などに基づいて工事に必要な各種材料の数量を種類、寸法別に拾い出すこと。

材料歩掛り（ざいりょうぶがかり）型枠、鉄筋などの各工事の単位数量（単位面積など）、または一定の工事に要する材料の数量。

材料分離　コンクリートの構成材料が運搬、打込み前後において不均一になること。各材料の比重、粒径、流動性の違いによって起こる。材料分離による不具合には、粗骨材の沈降、水が浮き上がるブリージング、圧送中配管における粗骨材の閉塞などがある。

材料分離抵抗性　コンクリート構成材料間で、その質量差などによって生じる相対移動に抵抗する性状のこと。フレッシュ時の材料分離抵抗性を損なうことなく流動性を著しく高めた高流動コンクリート、水中不分離性の混和剤を混合することにより材料分離抵抗性を高めた水中コンクリートなどがある。

材齢（ざいれい）コンクリート打込み後からの経過日数。→管理材齢

サウンディング　抵抗体をロッドなどで地中に挿入し、貫入、回転、引抜きなどの抵抗から土層の性状を調査する手法。コーンペネトロメーター、スウェーデン式、標準貫入試験機などの方式がある。→コーン指数

竿縁天井（さおぶちてんじょう）吊り木や野縁(のぶち)下に竿縁（30～60cmの等間隔に取り付けられる細長い木材）を取り付け、その上に天井板を張って仕上げた天井。おもに一戸建住宅の和室の天井に用いられる。

逆打ち工法　地下階などの地下部分を施工する工法の一種。剛性の高い山留め壁を構築した後、上部から下部に向かって地下の掘削と地下躯体の構築を繰り返す。このとき、地下階の本設床が山留め壁を押さえる支保工(しほこう)として利用される。作業ができる1階の床が先行して構築されるため、地上躯体工事と並行して進めることができ、工期の短縮が可能となる。→掘削工法（図表·131頁）

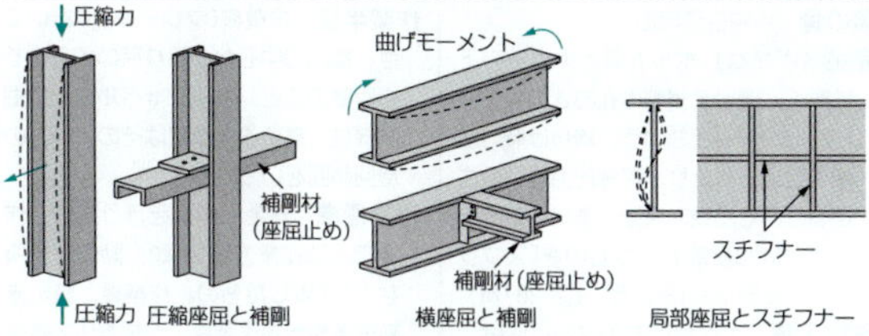

圧縮座屈と補剛
横座屈と補剛
局部座屈とスチフナー

座屈止め

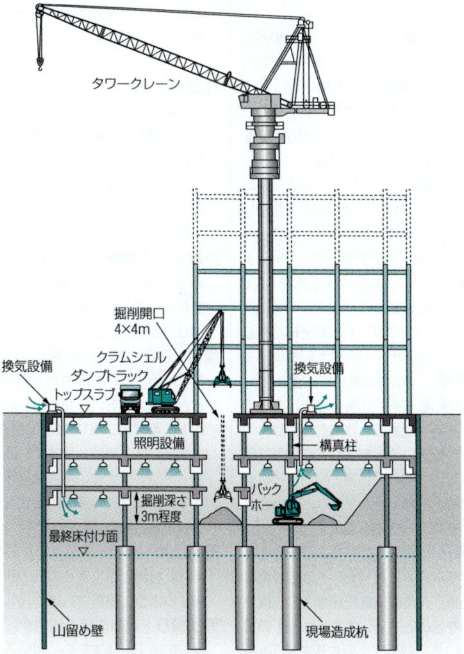

逆打ち工法

逆打ち工法の特徴

長　所	短　所
•地下工事と地上工事を並行して進めるので工期短縮が図れる。 •トップスラブ（1階スラブ）は剛性が高く、山留め工事の安全性が向上する。 •トップスラブ上を、作業ヤード、資材ヤード、駐車スペースに利用できる。 •地下工事中の騒音を低減できる。	•建物自重を支えるための構真柱が必要となる。 •コンクリートの水平打継ぎが階高の中間にもできるため、構造的な一体性や止水性を確保する必要がある。 •掘削開口が限定されるので、掘削効率が低下する。 •施工重機等の乗入れのため、1階梁・スラブを補強しなければならない。

魚の骨　⇨特性要因図

座金（ざがね）ボルト頭とナットの下に敷く、薄い金属製の孔あきの板で、「ワッシャー」ともいう。締付け時の回転を容易にしたり、接触圧力を分散させることで品物の表面が傷付くことを防ぐ。ばね機能をもつものを「スプリングワッシャー」という。（図·187頁）

左官工事　工作物にモルタル、漆喰、プラスターなどを鏝(こて)で塗ったり、吹付けを行う工事の総称。

先送りモルタル　コンクリートのポンプ圧送開始に先立ち、ポンプや配管内面の潤滑性を確保し、閉塞を防止する目的で圧送するモルタル。打ち込むコンクリート中のモルタルと同程度の配合とし、圧送後に廃棄する。

先付け工法　コンクリート打込み前にアルミサッシ枠、タイルなどを型枠に取り付けておき、コンクリート打込みと同時に固定する工法。プレキャスト鉄筋コンクリート部材（PC部材）の工場製作時に、アルミサッシ、タイル、石などをコンクリートと同時に打ち込む。（図·187頁）→後付け工法

作業基準　⇨作業標準

作業計画書　施工計画書の補足として作成する計画書で、作業前打合せ、作業中の管理、建設機械などの配置計画、作業方法、機械の種類・能力、作業者の配置・指揮・命令系統などの内容を記述する。→施工計画書

作業構台　仮設の支柱および作業床などで構成され、材料もしくは仮設機材の集積、または建設機械などの設置や移動を目的とする、高さ2m以上の設備をいう。労働安全衛生規則第575条の2

作業主任者　労働災害防止のための管理を必要とする一定の作業の責任者のことで、労働安全衛生法で事業者に選任を義務づけている。作業主任者を選任しなければならない作業として、地山の掘削、土止め支保工(しほこう)、型枠支保工、足場の組立解体、鉄骨建方(たてかた)などがある。労働安全衛生法第14条、同法施行令第6条（表·193頁）

作業手順　⇨作業標準

作業半径　揚重機（クレーン）においては、旋回の中心から吊り荷の中心までの距離のこと。油圧シャベルなどの掘削機械、高所作業車ではそのアームの旋回範囲をいう。

作業標準　安全に作業を行うため、作業ごとに作業方法（手順、動作、急所など）を表したもの。作業員、特に未熟練者や新規作業員に作業方法の徹底を図り、事故防止に役立てる。安全のみならず、作業効率の向上をあわせて検討し、作成されている。「作業手順」「作業基準」ともいう。

作業床（さぎょうゆか）高所などで作業するときに、安全かつ迅速に行えるよう足場などを組んで設置した床の総称。高さ2m以上のところで作業をする場合は、墜落防止のため作業床を設けることとなっている。労働安全衛生規則第518条

酢酸ビニル樹脂（さくさん―じゅし）無色透明な熱可塑性樹脂で、接着剤や塗料の基材として用いられる。略して「酢ビ」ともいう。

座屈　細長い部材が材軸方向に圧縮力を受けるとき、その力がある値を超えると突然、横方向にたわみ、圧縮力が低下する現象。同じ断面の部材では長さが長いほど座屈しやすく、断面二次モーメントが大きい場合は座屈しにくくなる。また、端部の固定状況によっても左右される。

座屈止め　座屈を回避するための補強部材。材軸と直交する方向の移動を拘束するように設置される。（図·189頁）

下げ振り　鉛直の精度測定や、定点を同一鉛直上に移すために用いる道具。水糸などの先に円錐形のおもりを付けたものを吊り下げて使用する。

簓（ささら）鉄筋コンクリート階段などにおいて、段型に見える側面。

簓桁（ささらげた）階段において、踏板を両側からはさむ板。（図·195頁）

指金（矩）（さしがね）大工道具の一つ。金属製でL字形の物差し。両方の辺の内外に目盛りがあり、材木などの長さを測るのに使われる。また角は直角を測るために使われる。「矩(かね)」「矩(曲)

座屈長さ

水平移動に対する条件	拘　束			自　由	
回転に対する条件	両端ピン	両端固定	一端ピン他端固定	両端固定	一端ピン他端固定
座屈形	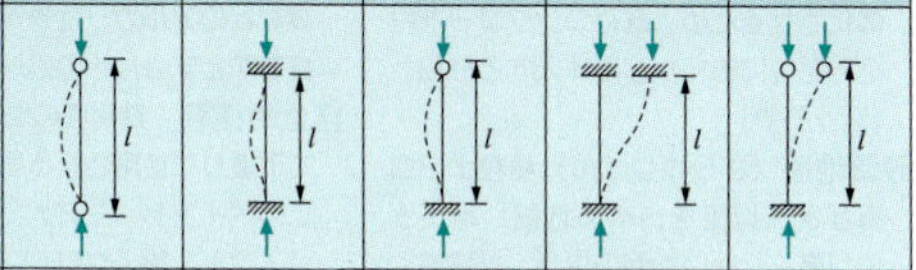				
l　理論値	l	$0.5l$	$0.7l$	l	$2l$

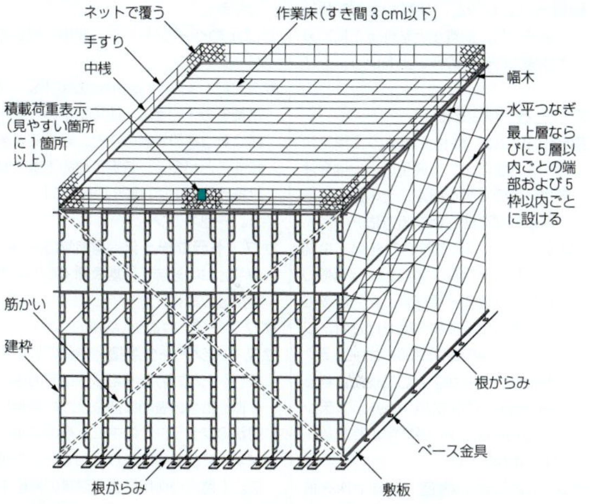

作業構台

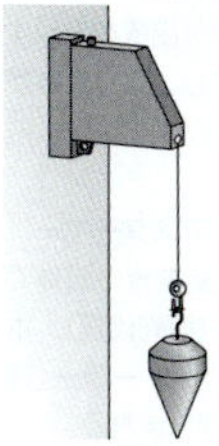

下げ振り

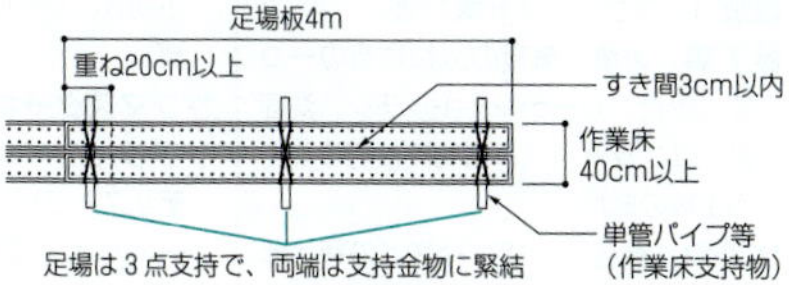

標準足場板を使用する場合

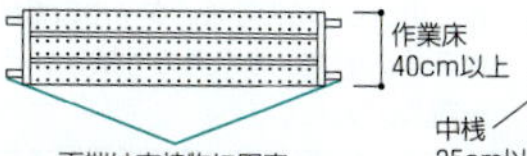

鋼製布板を使用する場合

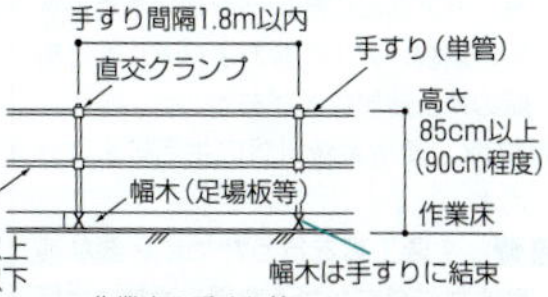

作業床の手すり等

作業床

尺(かねじゃく)」などともいう。(図·195頁)

差し筋　コンクリート構造物の壁、床スラブなどを打ち継ぐ際に、打込み時間差があるコンクリートを構造的に一体化させるため、既存コンクリート打込み部分にあらかじめ挿入する鉄筋。(図·195頁)

砂質地盤（さしつじばん）粗粒土の含有が80%以上を占める地盤。地下水位が高く、緩い地盤の場合、地震時に液状化現象が起きる可能性がある。

砂質土（さしつど）地盤や土質を極端に単純化し、砂質土と粘性土とに二分する場合の砂分の多い土をいう。→粘性土

差しとろ　⇨注とろ

指値（さしね）資材や請負の金額を決定する方法の一つ。買手あるいは発注者が金額の上限を指定、その額に納得しなければ不成立となる方法。

SUS（サス）JISにおいて熱間、冷間圧延したステンレス鋼板および鋼帯の材料種別を表す分類記号。記号の後に付ける番号で組成別に区分けされ、フェアライト系のSUS430、オーステナイト系SUS304が主として使用される。鋼(steel)、特殊使用(use)、ステンレス(stainless)の頭文字よりなる。JIS G 4304、4305

サスペンション構造　屋根や床を構造支柱から吊り下げることによって、構造体に引張り応力が支配的となるようにした構造。「吊り構造」ともいう。

雑壁（ざつかべ）⇨非耐力壁

雑工事　建築工事費の分類項目の一つで、家具、カーテン、キッチン、洗面台、ユニットバス、可動間仕切りなどの工事の総称。

サッシ　框(かまち)、桟、枠などの棒状部材によって組み立てられた建具の総称。窓、ドアなどの開口部を構成する。木製、鋼製、アルミ製およびアルミと樹脂の複合建具などがある。

雑排水　便所系統以外の生活排水。→汚水

雑費　主要工事を行うために必要な補助的な作業にかかる費用。通常は金額的に少ないものを一式で計上することが多い。

サニタリー　洗面所、浴室、トイレなど、衛生設備のあるスペースの総称。

錆止め処理　金属の表面をめっき、塗装などのアルカリ性物質で被覆し、腐食を防止するための処理。

錆止め塗料　鉄鋼面の防錆を目的として下塗りに使用される塗料。鉛丹さび止めペイント、シアナミド鉛さび止めペイント、鉛・クロムフリーさび止めペイント、一般用さび止めペイントなどがある。

さび止めペイント　⇨一般用さび止めペイント

サブコン　sub-contractorの略。元請業者の下で土木・建築工事の一部を請け負う建設業者のこと。設備業者を指すことが多く、特定工種の工事を請け負う場合には「専門工事業者」ともいう。→ゼネコン

サブストラクチュア　建造物の基礎構造や土台の意味で、地表面より下の建築部分の総称。

サブフープ　⇨副帯(ふくおび)筋

サブマージアーク溶接　電気の放電現象(アーク放電)を利用した自動溶接の一種。継手の表面に盛り上げた微細な粒状のフラックスの中に、裸の溶接ワイヤーを自動的に送り込んで行う溶接法。大電流の使用による溶接の高能率化や良好なビード外観、内部欠陥の減少など、安定した良好な品質を得やすい利点を有する。ただし、溶接姿勢が下向き、水平方向に限られる。(図·197頁)

サブマスターキー　⇨マスターキー

サプライヤー　建材供給業者の総称で、ディストリビューター(販売代理)、ホールセラー(卸売業)、ディーラー(建材店)と呼ばれるものが含まれる。

三六（さぶろく）通常、3尺(91cm)×6尺(182cm)の定尺合板や定尺パネルに用いる寸法の呼称。タイルの場合は3寸6分(109mm)角の寸法をいう。→四八(しはち)

サムターン　鍵を用いずに指で回すだけで施錠できるつまみ状のひねり金物。玄関の内側や室内側からの戸締りに用

作業主任者が必要な作業

作業の種類	業務内容	必要な資格	準拠条項
木材加工用機械作業	丸のこ盤、帯のこ盤等木材加工用機械を5台以上有する事業場	技能講習修了者	安衛令 第6条第6号 安衛則 第129条
型枠支保工の組立等作業	型枠支保工の組立、解体	技能講習修了者	安衛令 第6条第14号 安衛則 第246条
ガス溶接作業	アセチレン溶接装着またはガス集合溶接装置を用いて行う、金属の溶接、溶断、加熱	免許者	安衛令 第6条第2号 安衛則 第314条
地山の掘削作業*	地山の掘削（掘削面の高さが2m以上）	技能講習修了者	安衛令 第6条第11号 安衛則 第359条
山留め支保工作業*	山留め支保工の切梁または腹起しの取付けまたは取外し	技能講習修了者	安衛令 第6条第10号 安衛則 第374条
はい工作業	高さ2m以上のはい付け、はいくずし	技能講習修了者	安衛令 第6条第12号 安衛則 第428条
建築物の鉄骨の組立等作業	建築物の骨組または塔であって金属製の部材により構成されるもの（高さ5m以上）の組立、解体、変更	技能講習修了者	安衛令 第6条第15号の2 安衛則 第517条の4
木造建築物の組立等作業	軒の高さ2m以上の木造の建築物の主要構造部の組立	技能講習修了者	安衛令 第6条第15号の4 安衛則 第517条の12
コンクリート造の工作物の解体等作業	コンクリート造の工作物の解体、破壊（高さ5m以上）	技能講習修了者	安衛令 第6条第15号の5 安衛則 第517条の17
足場の組立等作業	吊り足場、張り出し足場または高さ5m以上の足場の組立、解体、変更	技能講習修了者	安衛令 第6条第15号 安衛則 第565条
有機溶剤取扱等作業	屋内作業または、タンク内部その他の場所で有機溶剤とそれ以外のものとの混合物で、有機溶剤を当該混合物の重量の5%を超えて含有するものを取り扱う作業	技能講習修了者	安衛令 第6条第22号 有機則 第19条
鉛作業	鉛ライニング作業および含鉛塗料が塗布された鋼材の溶接、溶断、切断、加熱または含鉛塗料の掻き落し	技能講習修了者	安衛令 第6条第19号 鉛則 第33条
特定化学物質等作業	特定化学物質等の製造、または取扱い	技能講習修了者	安衛令 第6条第18号 特化則 第27条
エックス線透過写真撮影作業	放射線照射装置を用いて行う透過検査	免許者	安衛令 第6条第5号 電離則 第46条
酸欠作業（第一種、第二種）	井戸、ピット、暗きょ、マンホールの内部	技能講習修了者	安衛令 第6条第21号 酸欠則 第11条

*平成18年4月1日より、「地山の掘削作業主任者」と「土止め支保工作業主任者」が「地山の掘削及び土止め支保工作業主任者」として技能講習が統合。

安衛令：労働安全衛生法施行令
安衛則：労働安全衛生規則
有機則：有機溶剤中毒予防規則
鉛　則：鉛中毒予防規則
特化則：特定化学物質等障害予防規則
電離則：電離放射線障害防止規則
酸欠則：酸素欠乏症等防止規則

いられ、外側からは鍵で開け閉めする。

鞘管（さやかん）配管の外側に二重に設けた管。土中やコンクリート中に配管を敷設する場合の保護に用いられ、VP管などの樹脂管が使われる。

鞘管ヘッダー方式（さやかん—ほうしき）ヘッダーから単独でさや管を通して、各器具へ樹脂系の材料で配管する方式。集合住宅で多用される。

皿板（さらいた）鋼製サッシの下枠、または下枠に付く水切りや膳板(ぜんいた)。

さらかん ⇨工事監理

猿梯子（さるばしご）2本の垂直材に足掛かりの横木を一定間隔で組み込んだ、ごく一般的な簡便なはしご。→ラダー

砂礫土（されきど）砂と礫(砂利)が混ざった土のこと。構成により礫粒土、砂粒土に区分される。透水性が良く、地耐力に優れている。

3R Reduce(減らす)、Reuse(繰り返し使う)、Recycle(再資源化)の3つの語の頭文字をとった言葉。環境配慮に関するキーワードである。リデュース(ごみの発生抑制)、リユース(再使用)、リサイクル(ごみの再生利用)の優先順位で廃棄物の削減に努めるのが良いという考え方を示している。→4R

3S運動 "整理""整頓""清掃"の頭文字をとったもので、現場での安全は整理整頓に始まり、整理整頓に終わることからこの運動を推進している。3S運動に"清潔"を加えたものが「4S運動」、4S運動に"しつけ"を加えたものが「5S運動」。

三角スリング パネルなどの荷揚げ用に使う吊り具。ワイヤーロープと金物で安定した2点吊りができるように工夫されている。(図·197頁)

桟木（さんぎ）型枠を構成するせき板(コンクリートパネル)を押さえるための木材。

産業廃棄物 事業活動にともなって生じた廃棄物のうち、燃えがら、汚泥、廃油、廃酸、廃アルカリ、廃プラスチック類その他政令で定めたものをいう。略して「産廃」という。→一般廃棄物

サンクンガーデン 周囲の道路や地盤より低い位置につくられた地下の広場や庭園のこと。立体的な景観を楽しんだり、地下室に光を採り入れる目的でオフィスビル、ホテル、学校、都市公園などに設けられている。

酸欠 空気中の酸素濃度が18%未満の環境におかれた場合に生ずる酸素欠乏症のこと。地中に掘った穴の中や建物の地下ピット、古井戸などには酸素濃度の低い空気が存在することがあるため、作業員の事故につながるおそれがある。通常、空気中の酸素濃度は約21%であるが、著しく酸素濃度の低い空気は一呼吸するだけでも死に至ることがあり、たいへん危険である。→酸素欠乏症等防止規則

酸欠則 ⇨酸素欠乏症等防止規則

残コン 残コンクリートのことで、コンクリートのポンプ圧送で、ホッパーや配管内に残るコンクリートをいう。高層建物など配管距離が長い場合は残コンの数量も多くなり、仮設での利用など処理方法も具体的に検討しておく必要がある。

残コンクリート ⇨残コン

三軸圧縮試験 土のせん断試験法における直接試験法と間接試験法のうち、間接試験法の代表的なもので、圧縮応力を与えることにより間接的にせん断応力を作用させる試験のこと。深い土層の土の支持力に近い値を求め、地盤の強度安定性を算定するときに用いる。三軸圧縮試験機を使用し、(1)非圧密非排水試験(UU試験)、(2)圧密非排水試験(CU試験)、(3)圧密排水試験(CD試験)の3つの試験法がある。

三四五（さんしご）⇨大矩(おおがね)

三斜法（さんしゃほう）土地の面積の計算方法の一つ。多角形からなる土地を最小単位の多角形である三角形に分割し、それぞれの三角形について「底辺×高さ÷2」により面積を求め、それらの三角形の面積の合計が土地全体の面積となる。土地を三斜法によって求積することを「三斜を切る」という。

サンジングシーラー 木材塗装の透明仕上げにおける中塗り塗料。目止め

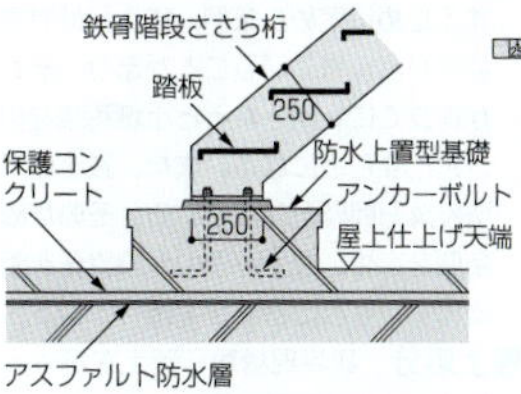
鉄骨階段ささら桁
踏板
250
保護コンクリート
防水上置型基礎
アンカーボルト
250
屋上仕上げ天端
アスファルト防水層
ささら桁

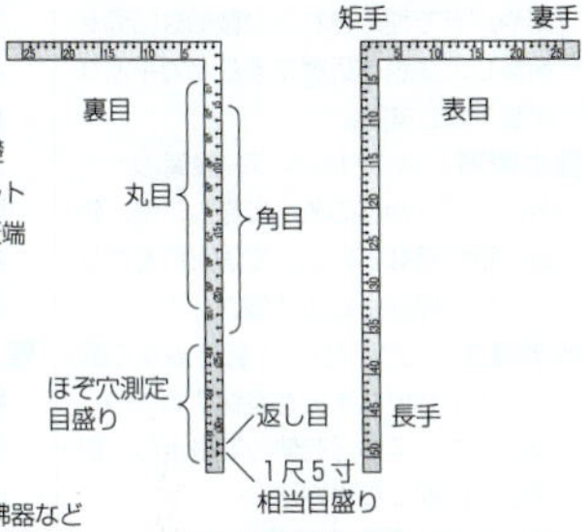
矩手
妻手
裏目
表目
丸目
角目
ほぞ穴測定目盛り
返し目
長手
1尺5寸相当目盛り
指金（矩）

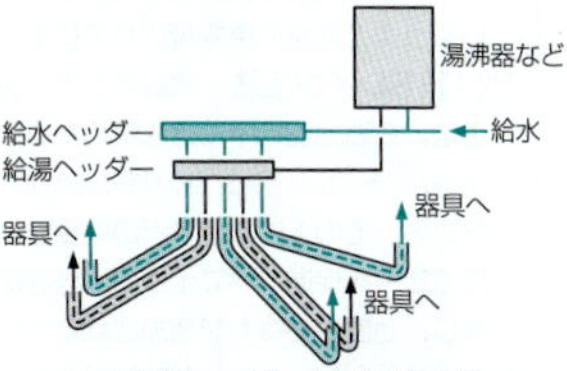
湯沸器など
給水ヘッダー
給水
給湯ヘッダー
器具へ
器具へ
器具へ
さや管ヘッダー方式（概念図）

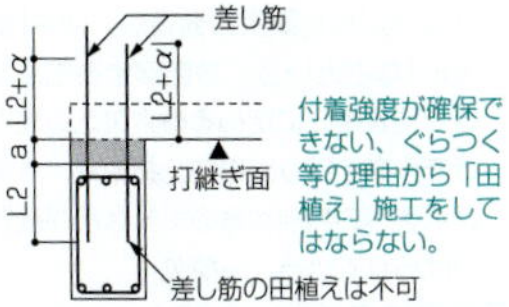
差し筋
L2+α
L2+α
a
L2
打継ぎ面
付着強度が確保できない、ぐらつく等の理由から「田植え」施工をしてはならない。
差し筋の田植えは不可
置きスラブと基礎梁の打継ぎ補強筋

差し筋

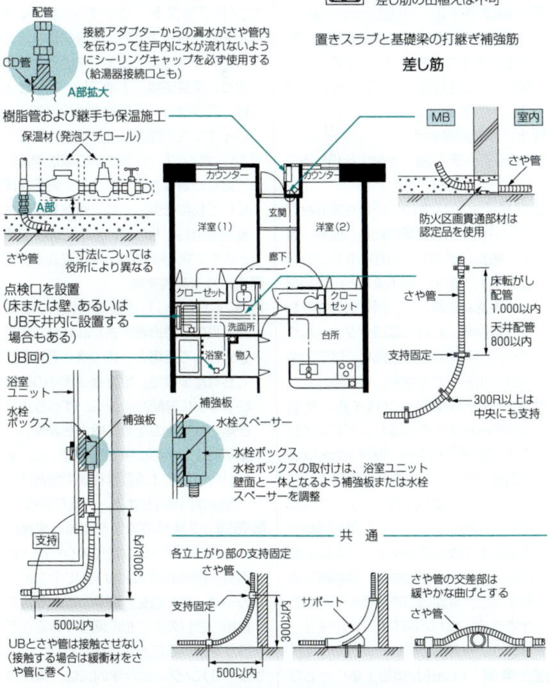
配管
CD管
A部拡大
接続アダプターからの漏水がさや管内を伝わって住戸内に水が流れないようにシーリングキャップを必ず使用する（給湯器接続口とも）
樹脂管および継手も保温施工
MB
室内
保温材（発泡スチロール）
A部
L
さや管
L寸法については役所により異なる
さや管
防火区画貫通部材は認定品を使用
カウンター
カウンター
洋室(1)
玄関
洋室(2)
廊下
点検口を設置（床または壁、あるいはUB天井内に設置する場合もある）
クローゼット
クローゼット
洗面所
台所
浴室
物入
UB回り
さや管
床転がし配管 1,000以内
天井配管 800以内
支持固定
300R以上は中央にも支持
浴室ユニット
水栓ボックス
補強板
補強板
水栓スペーサー
水栓ボックス
水栓ボックスの取付けは、浴室ユニット壁面と一体となるよう補強板または水栓スペーサーを調整
支持
300以内
500以内
UBとさや管は接触させない（接触する場合は緩衝材をさや管に巻く）
共　通
各立上がり部の支持固定
さや管
支持固定
300以内
500以内
サポート
さや管の交差部は緩やかな曲げとする
さや管
さや管ヘッダー方式（集合住宅の施工例）

さ

剤やパテで埋めきれない微細な凹面を補修し、塗膜を研磨することで平滑な塗装下地とする。

散水障害　スプリンクラー設備のヘッド、ノズルからの放水に際し、壁、建具、垂れ壁などによって消火に有効な放水に支障が生じる状態。

散水養生　コンクリート打込み後の硬化作用に必要な水分を確保するため、表面にホースなどを使って散水し、湿潤状態に保つ養生方法。

酸素欠乏症等防止規則　酸素欠乏症等防止の安全基準を労働安全衛生法に基づき定めた厚生労働省令。通称「酸欠則」などという。労働安全衛生法施行令別表第6に定める酸素欠乏危険場所で作業を行う際の防止措置や、作業従事者への特別教育の実施などが義務づけられている。→酸欠

三丁掛けタイル　寸法227mm×90mmのタイルの通称。れんがの長手面と同寸法である二丁掛けタイル(227mm×60mm)に対して、成(せい)1.5枚分の寸法に相当する。

残土　⇨建設発生土

サンドイッチ工法　⇨耐火仕切り板工法

サンドイッチパネル　心材を表面材でサンドイッチした板の総称。断熱、耐火、吸音、耐力などの性能をもつ心材と、美観、耐水、耐汚染などの性能をもつ表面材を複合し、両者の性能をもたせた材料。心材にはロックウールや発泡ポリスチレン、表面材にはフレキシブルボードなどが用いられる。

サンドコンパクションパイル　軟弱地盤の改良工法であるサンドドレイン工法で採用される杭。直径40cmほどの鋼管(ケーシング)を地中に貫入させ、所定の深さに達したらケーシング内部に砂を補給する。こうして締め固めた砂杭をある間隔で形成することにより周囲の地盤を締め固める。砂地盤に適用すると、地震時の液状化を防ぐことができる。「サンドパイル」「砂杭」ともいう。→締固め杭

残土条例　自治体が建設工事にともなって発生する残土の適正な処理を促進するために定めた条例。残土には有害物質が含まれていることがあり、それが埋立てに利用されると土壌汚染を引き起こすことになる。また、残土の不法投棄も問題となっている。そのため条例を定め、残土処理の元請責任を明確化するなどの措置を実施している。

残土処分　建設現場から残土を場外へ搬出して処分すること。適正な残土処分は、自然環境や生活環境を保全していくうえで非常に重要視されている。

サンドドレイン工法　軟弱地盤の改良工法。軟弱地盤の中に透水性のある砂杭(サンドコンパクションパイル)を打ち込み、その上に盛土などの荷重をかけて圧密を促進させて土中の水分を排除し、地盤の支持力を増加させる。

サンドパイル　⇨サンドコンパクションパイル

サンドブラスト　コンプレッサーによる圧縮空気によって、表面に砂などの研磨材を吹き付ける加工法。鉄部の錆取り、塗装剥離、下地処理、石材仕上げ、コンクリート打継ぎ面の目荒し、レイタンスの除去などに使用される。

サンドポンプ　泥分や砂の輸送用として適した渦巻き状のポンプ。羽根を厚くして枚数を少なくし、耐摩耗性の材質を使用したもので、水底の泥砂を水とともに吸い上げる。→自吸式ポンプ

産廃　⇨産業廃棄物

桟橋（さんばし）作業現場において、作業員の昇降通路、または材料の運搬通路として足場と一体の構造で組み立てられた仮設物。足場板は建地の梁間いっぱいに隙間なく並べ、すべり止めと落下物防止のために幅木を設置し、墜落防止のために手すりを設ける。足場の各段に通ずる登り桟橋の場合は、勾配を30°以内とする。→登り桟橋

散布図　2種類の項目を縦軸と横軸にとり、プロット(打点)により作成される図。品質管理におけるQC7つ道具の一つ。散布図を作成することで、2種類の項目の間に相関関係があるかどうかを調べることが可能である。

サンプリング　統計学的には、無作為抽出された偏りのないサンプルの調査

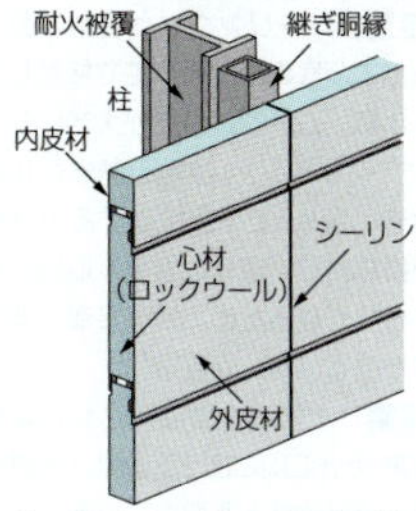

サンドイッチパネル(外壁の納まり例)

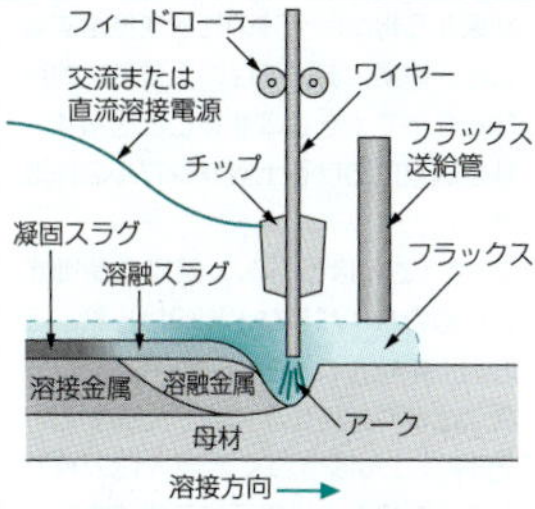

サブマージアーク溶接

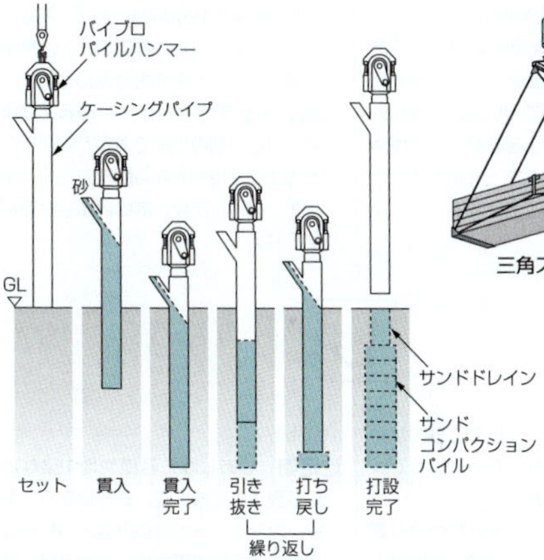

サンドコンパクションパイル

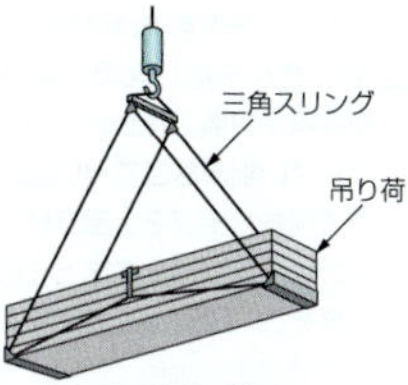

三角スリング

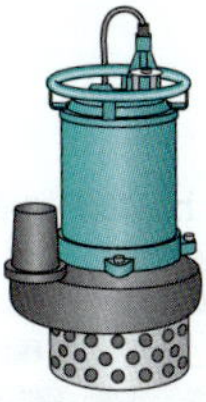
サンドポンプ

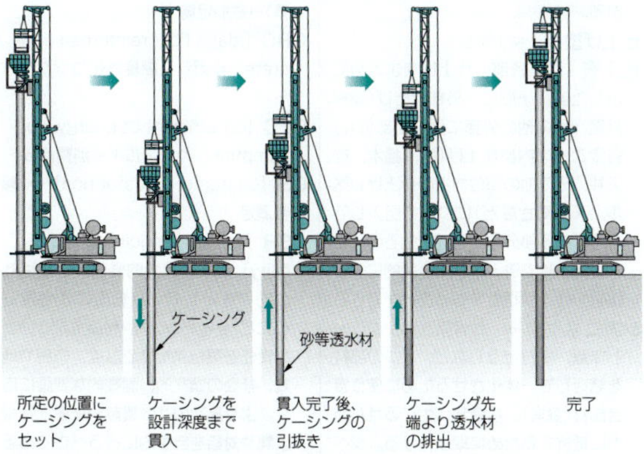

サンドドレイン工法

結果から母集団全体の性状を推定すること。建築においては、土質工学的目的をもって土を採取することを指す。地盤調査における土質サンプルの採取など。

三方弁（さんぽうべん）流量を制御するためのバイパスなどに設けられ、三方向に接続されるもの。各流路からの合流比率や分流比率により制御する。

三方枠（さんぽうわく）出入口の枠で、左右の竪枠と上枠の三方で構成されるものの総称。エレベーターの出入口の枠のことを表す場合が多い。

三又（さんまた）現場で組み立てる簡便な揚重設備。移動式クレーンが使用できない場所などで用いる。３本の丸太や鋼管パイプを上部で結束して滑車やチェーンブロックなどを吊り下げ、下部を三方に開いて固定する。→二又(にまた)

三面接着　シーリング材が目地部分の左右および底の三面すべてで接着している状態。ムーブメントが大きいワーキングジョイント（目地の動きが比較的大きい目地）で三面接着すると伸縮性が損なわれ、部材の膨張、収縮に対応できなくなるため、二面接着にする必要がある。→二面接着

残留塩素　水道水中に注入させた塩素の端末（吐出口）における濃度。水道法では0.1mg/l以上と定めている。

残留応力　物体に作用する外力が取り除かれた後に残る応力。また、溶接において収縮するか、拘束状態で溶接する場合にその付近に生じる応力。

三路スイッチ（さんろ―）ある１箇所で点灯し、別の場所で消灯でき、またその逆の使用もできる配線方式のスイッチ。廊下、階段、広い部屋などで用いられる。

し

仕上工事費　内装、外装の工事にかかる費用のことで、仕上材料によっては価格に大きな違いがでる。

仕上げ墨　各種仕上工事の取付け位置を示す墨。鋼製建具の取付け位置墨、内部間仕切り墨、階段仕上げ墨などがある。

仕上げ塗り　⇨上塗り

仕上表　建築各部の仕上げをまとめて示した表。一般に、外部仕上げ（屋根、外壁、その他の外部に面した部位）、各室ごとの内部仕上げ（床、幅木、壁、天井、その他の部位および仕上げレベル、天井高さなど）について記入してある。ある部分の仕上げを知るのにこの図面１枚で済み、また全般的にその建物の仕上げ程度を知ることができる。

シアコネクター　鉄骨梁とコンクリート床版、木材どうしなど、２つの部材を結合して一体化させるために使う接合部材（金具）。接合部に生じるせん断力に抵抗するために取り付ける。ジベル、スタッドなどがある。→スタッドボルト

地足場（じあしば）基礎や地中梁などの基礎工事において、鉄筋組立て、型枠、コンクリート打込みなどの材料の運搬や通行に使用される仮設足場。地面に沿って水平に設置する。（図·201頁）→鉄筋足場

GRC［glass fiber reinforced concrete］⇨ガラス繊維強化コンクリート

CEC［co-efficient of energy consumption］⇨エネルギー消費係数

CS［customer satisfaction］⇨顧客満足

CSR［company social responsibility］企業の社会的責任。企業は社会的存在として、最低限の法令遵守（コンプライアンス）や利益貢献といった責任を果たすだけでなく、市民や地域、社会の顕在的、潜在的な要請に応え、より高次の社会貢献や配慮、情報公開や対話を自主的に行うべきであるという考えのこと。

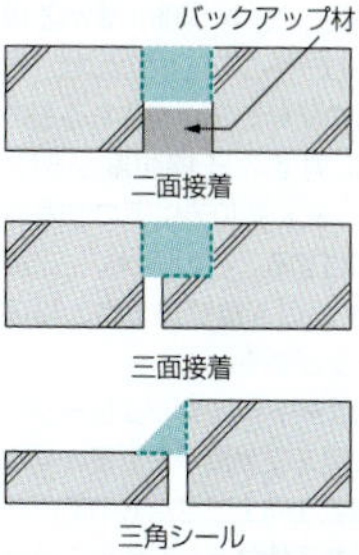

シール接着の種類

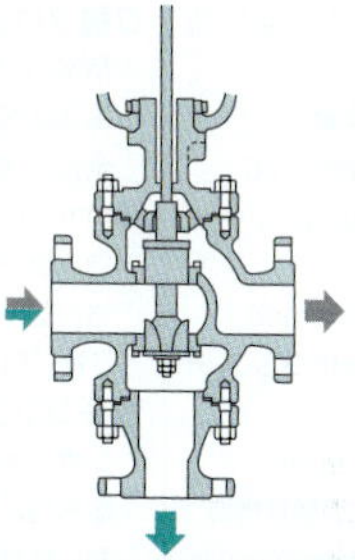
三方弁（分流式）

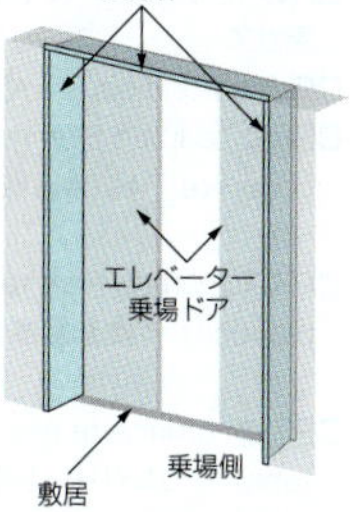

三方枠

花こう岩の場合のシアコネクター最小本数（目安）

使用部位高さ（m）		24未満	24～50未満	50～160未満
風荷重（kN/m^2）		4.0未満	4.0～4.8未満	4.8～6.4未満
石面積とシアコネクター本数・配置	0.5m^2未満	 4個		
	0.5～1m^2未満	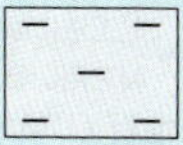 5個	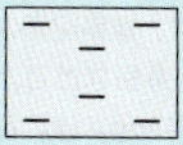 6個	 8個

石の定着金物（例）

項目	シアコネクター	かすがい	メカニカルアンカー（ホークアンカー）
材質 形状 寸法	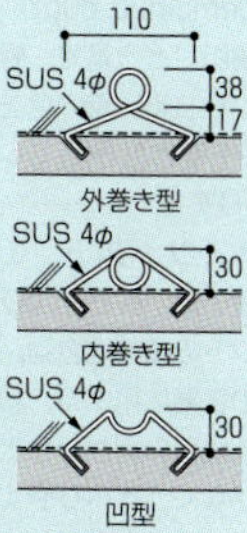	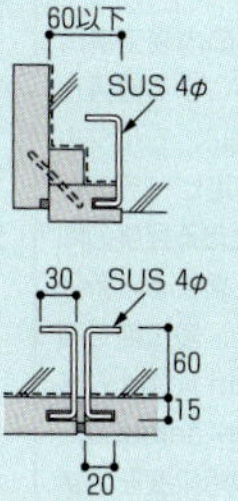	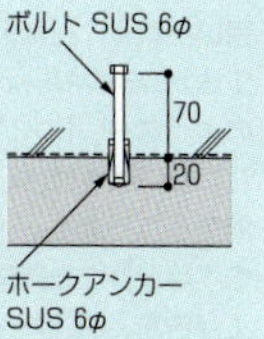
用い方	一般部に使用。	コーナー物、笠木や上げ裏等の細長い石に使用。	石厚70mm以上の場合に使用。へりあきは150mm以上確保。
定着方法	だぼ穴への接着剤（石裏面処理の塗布剤等）充填とシアコネクター爪の挿入により定着させる。	だぼ穴への接着剤（石裏面処理の塗布剤等）充填とかすがいの挿入により定着させる。	定着用穴にアンカー（インナー＋アウター）を挿入し、木槌等で軽く叩き込む。次に押えリング付きの首付きアンカーボルトを挿入し、拡径して摩擦力を確保するためにトルクを加えて定着させる。

GHG [green house gas] ⇨温室効果ガス

CF [carbon fiber] ⇨炭素繊維

CFRC [carbon fiber reinforced concrete] ⇨炭素繊維強化コンクリート

CFRP [carbon fiber reinforced plastics] ⇨炭素繊維強化プラスチック

CFT造 [concrete filled steel tube] ⇨コンクリート充填鋼管構造

CM [construction management] ⇨コンストラクションマネジメント

CMr [construction manager] ⇨コンストラクションマネジャー

CMアットリスク ⇨アットリスクCM

CM方式 ⇨ピュアCM

CL [clear lacquer] ⇨クリヤラッカー

GL [ground line] 地盤の高さ、あるいはその高さを表す線。建築図面の断面図あるいは矩計(かなばかり)図などで、基準とした地盤面の位置を示す線。設計段階においては設計GLを定め、建物の高さ関係の基本レベルとする。工事段階ではBM(ベンチマーク)を定めて設計GLのレベルを確定させる。→ベンチマーク

GL工法 RC造の内部壁の内装工事に用いられる、石膏ボードによる直張り工法。コンクリート壁面に、モルタルのようなGLボンドを一定ピッチでだんご状に塗り付け、壁とある程度の隙間をとり石膏ボードを圧着する。多少の不陸(ふろく)にも調整でき、短工期で施工が容易。GLはgypsum liningの略。

COD [chemical oxygen demand] 化学的酸素要求量。水の汚染度を示す指標で、水中の有機物をすべて酸化させるのに必要な酸素量。水1 *l* 当たりの酸素要求量をmg/*l* またはppmで表す。

C管 ⇨薄鋼(うすこう)電線管

G管 ⇨厚鋼(あつこう)電線管

シーケンス制御 一定の順序で機器などの状態を段階的に設定していく制御方法。→フィードバック制御

C種ブロック JIS A 5406に定める建築用コンクリートブロックのうち、圧縮強度区分の記号で16と表されるもの。全断面積に対する圧縮強度が8 N/mm²以上、吸水率10%以下の空洞ブロックが相当する。このほかに、圧縮強度区分が08のA種ブロック、12のB種ブロックがある。

シージングボード インシュレーションボードにアスファルトを含浸させて耐水性、強度を向上させたもので、おもに外壁断熱下地材として使用される。JISでは密度0.4g/cm³未満としている。JIS A 5905

シース プレストレストコンクリート部材の緊張力をポストテンションで導入する際に緊張材のダクトを形成するためのさや。グラウトをシース内に注入し、後で付着を生じさせる場合には節付けまたは波付けした鋼製シースを用いる。付着を生じさせないアンボンド工法には鋼製あるいはプラスチック製を用いる。

地板(じいた) 床面と面一(つらいち)の板敷きを指す一般呼称。おもに床の間や床脇などに用いられる。→床の間(図・347頁)

Cチャン ⇨リップ溝形鋼

CD管 [combined duct] 耐燃性のない合成樹脂可とう管で、躯体打込みなどに用いられる。管の色をオレンジ色にしてPF管と区別している。JIS C 8411 →PF管

シートアスファルト 5mm以下の粒度の良い砂、砕石およびアスファルトセメントの加熱混合物。アスファルト舗装の表層に用いる。細骨材を使用するため肌目の細かい仕上げとなるが、安定性がなく、すべりやすくなるため現在ではあまり使用されない。

シートゲート 工事現場などの出入口に設置する、シートを張った蛇腹状のゲート。ゲートの柱、梁が軽量で開閉が容易。→パネルゲート

シートパイル 根切り工事の山留めや止水のため、周囲に連続して打ち込む鋼製矢板で、「鋼矢板」ともいう。→シートパイル工法

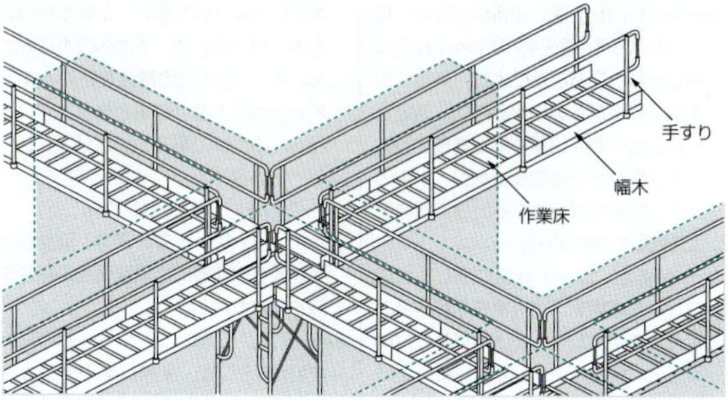

地足場

直張り用接着剤の間隔 (mm)

施工箇所	接着剤の間隔
ボード周辺部	150～200
床上1.2m以下の部分	200～250
床上1.2mを超える部分	250～300

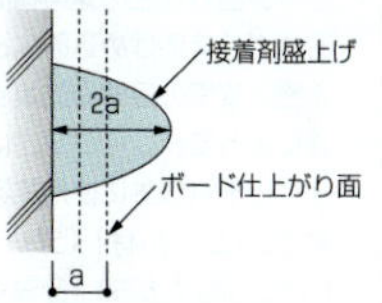

石膏系直張り用接着剤の盛上げ高さ

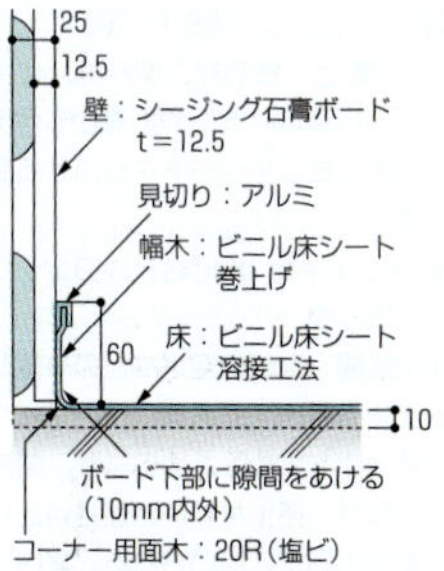

石膏ボード直張り(GL)工法の納まり例

GL工法

シートゲート

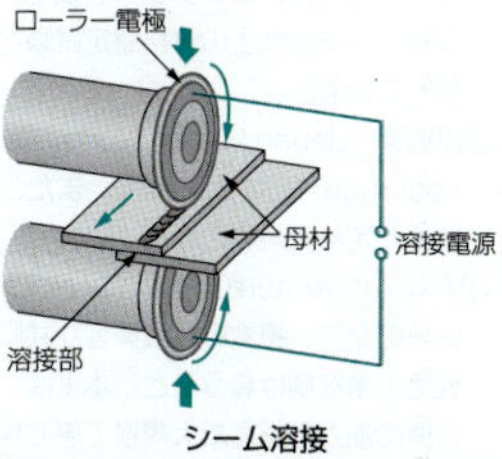

シーム溶接

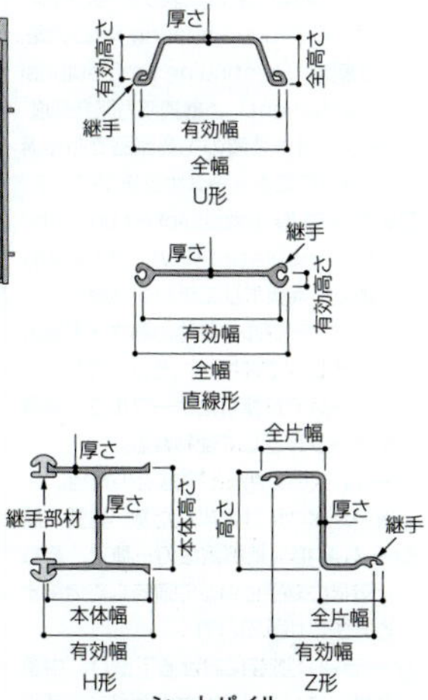

シートパイル

シートパイル工法　山留め工法の一種。シートパイル(鋼矢板)の１枚１枚を連続して打ち込むことにより、溝型に加工した鋼板が互いにかみ合い、連続した止水性のある山留め壁を構成する。軟弱地盤や地下水の多い地盤、水中の仕切りなどに採用される。→山留め壁工法(図表·497、499頁)

シート防水　シート状に成形した合成ゴム、合成樹脂、合成繊維などを主原料とした防水シートを下地に張り付ける工法。固定方法としては、接着工法、機械式固定工法、密着(湿式)工法などがある。「合成高分子系ルーフィング防水」ともいう。JIS A 6008

シート養生　鉄筋材、型枠材、仕上材などの各種資材を雨や損傷から保護するためにビニルシートをかぶせる養生方法。

CB［concrete blocks］⇨コンクリートブロック

CBR試験　道路や空港などの車輪荷重を支える路床土、あるいは路盤材料の支持力比を求めるための試験。舗装厚さの設計、盛土材料や路盤材料としての適否の判定に用いられる。室内試験と現場試験があり、室内試験には乱した土の供試体による試験と、乱さない土の供試体による試験がある。CBRとは、California bearing ratioの略。

CPD制度［continuing professional development］⇨継続能力開発制度

シーブ　滑車装置の主要部品である溝車(みぞぐるま)のこと。→スナッチブロック

CVケーブル［crosslinked polyethylene insulated (PVC sheeted) cable］架橋ポリエチレン絶縁ビニルシースケーブルの略称。導体を架橋ポリエチレンで被覆し、その外周をビニルシースで被覆したケーブルで、強電用ケーブルとして使われる。

シーム　①板やパイプなどの継目。②厚い地層中にはさまれた薄い異質の層。

シーム溶接　抵抗溶接の一種で、重ねた母材の継手に沿って連続して溶接する方法。(図·201頁)

シーラー　塗装における下塗り、中塗り材。コンクリートなどセメント系素地では下塗り材を指し、下地からのアルカリやシミ止め、下地への吸込み止め、脆(ぜい)弱下地の補強を目的とする。木材では、下塗りの場合をウッドシーラー、中塗りの場合をサンジングシーラーという。

シーラント　⇨シーリング材

シーリングキャップ　天井、壁から配管を取り出す際に、配管周囲の隙間を隠す化粧カバー。

シーリング工事　コンクリートの打継ぎ目地、PC板、金属パネルのジョイント部、サッシ回りなどにおいて、気密、水密状態の確保、防音、断熱などを目的として、部材接合部の目地や隙間をシーリング材(充填材)などでふさぐ工事。

シーリング材　プレキャストコンクリート板や金属パネルのジョイント部、サッシ回りなどの建築構成材の目地部分やガラスのはめ込みなどに使用する、水密、気密の目的で充填する材料。用途によってグレイジングに使用するタイプとそれ以外に使用するタイプとがある。「シール材」「シーラント」ともいう。JIS A 5758 (図表·203、205頁)

シール材　⇨シーリング材

シールドジョイント　⇨クローズドジョイント

仕入原価　建設現場において、材料または労務を使用する際に必要な原価のことで、その中に購入原価、流通経費、管理経費を含んだものをいう。仕入原価を狭義に使う場合は、建材業者から購入する際の店頭引渡し価格をいう。

JCI［Japan Concrete Institute］日本コンクリート工学会の略称。コンクリート関連の調査・研究、機関誌の発行などのほか、コンクリート技士、コンクリート診断士の資格認定試験を実施している。

JWWA［Japan Water Works Association］日本水道協会。また、同協会が定めた規格の略称。

JV［joint venture］ジョイントベンチャーの略で、複数の建設業者が共同責任で工事を請け負うこと。本来は、一企業の能力を超えた大規模工事で採用

シートの種類別接合方法[13]

シートの種類	接合方法	平場の接合幅	平場と立上がり		
			接合幅	接合位置	接合順序
加硫ゴム系シート	接着剤による場合（テープ状シーリング併用）	長手・幅100mm	150mm	立上がり面	平場先行
塩化ビニル樹脂系シート	溶剤溶着による場合、または熱融着による場合	長手・幅40mm	40mm	平場部	平場先行
エチレン酢酸ビニル樹脂系シート	ポリマーセメントペーストによる場合	長手・幅100mm	100mm	平場部	立上がり先行

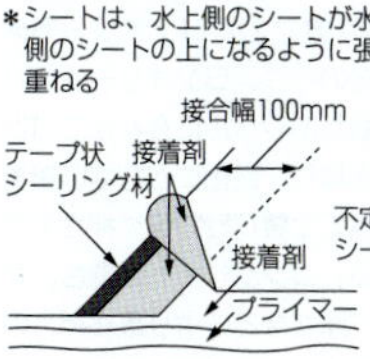

接合部の納まり（加硫ゴム系シートの場合）[14]

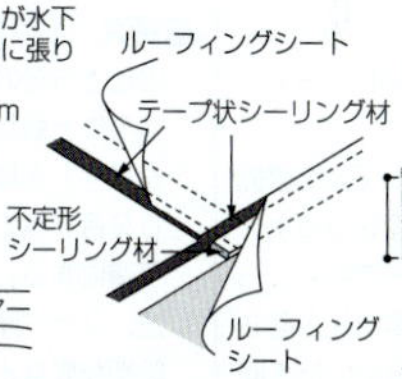

3枚重ねの処理例（加硫ゴム系シートの場合）[15]

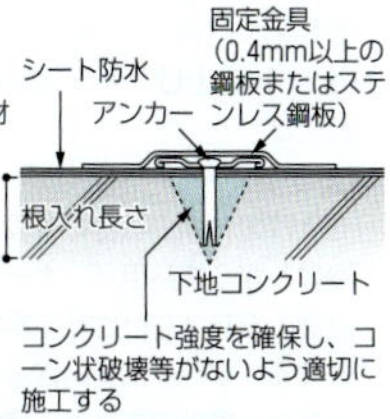

シート防水の機械的固定方法

シート防水

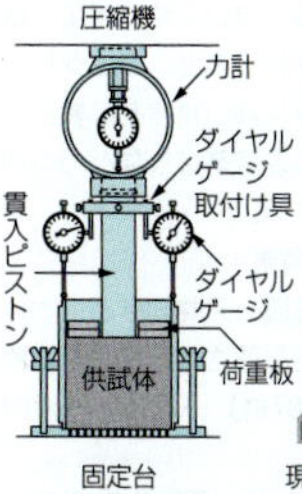

室内CBR試験

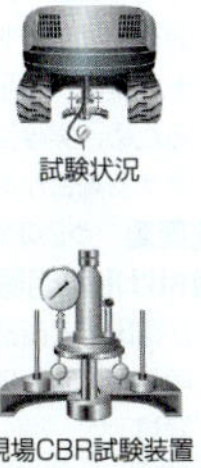

現場CBR試験

CBR試験

現場CBRの概略値

路床土の種類	現場CBR（%）
• 粘土、シルト分が多く、含水比の高い土 • 含水比の高い火山灰質粘性土	3未満
• 粘土、シルト分が多く、含水比が比較的低い土 • 含水比のあまり高くない火山灰質粘性土	3~5
• 砂混じりの粘性土	3~7
• 粘土混じりの砂質土 • 含水比が低い砂混じりの粘性土	7~10
• 砂質土	7~15
• 粒径幅の広い砂	10~30

シーリング材の打継ぎ

先打ち	記　号	後打ち				
		シリコーン系	変成シリコーン系	ポリサルファイド系	ポリウレタン系	アクリル系
シリコーン系	SR-1·2	○*1	×	×	×	×
変成シリコーン系	MS-1·2	○*2	○*2	×	×	×
ポリサルファイド系	PS-2	○	○	○	○	○
ポリウレタン系	PU-1·2	○	○	○	○	×
アクリル系	AC-E	×	○	○	○	○

○：打継ぎ可能／×：打継ぎ不可

*1　1成分形シリコーン系高モジュラスタイプが先打ちの場合には、同材以外と打ち継ぐことができない。

2　カットして新しい面を出し、専用タイプのプライマーを塗布すれば打ち継ぐことができる。

される請負方式であり、技術力の補完、危険の分散などを目的としたものだが、わが国では中小企業救済の目的ももっている。「共同請負」ともいう。

JV委員会　JV(ジョイントベンチャー)において、実行予算、予定利益、職員の人員構成、賃金、労働時間、そのほか工事の運営に必要な事項を協議決定する委員会。それぞれの会社から選任された複数の委員で構成される。

J-REIT（ジェーリート）⇨REIT(リート)

ジェット仕上げ　⇨ジェットバーナー仕上げ

ジェットバーナー仕上げ　石材の表面仕上げの一種。石材の表面を冷却水をかけながら加熱用バーナーで照射し、表面の石をはじけさせて粗い仕上面をつくる。すべりにくいざらついた表面となり、屋外の床などに使用される。単に「ジェット仕上げ」あるいは「バーナー仕上げ」ともいう。(表·207頁)

シェル　貝殻のように厚さが薄い曲面の板のことで、「シャーレン」ともいう。これを適切な方法で支持すれば外力を面内応力で伝導できるため、大スパンの屋根などに適用される。(図·207頁)

塩焼きタイル　タイルのうわぐすり、釉薬(ゆうやく)として食塩を用いた施釉(せゆう)タイル。食塩のナトリウム分と素地が反応し、赤褐色のうわぐすりとなる。表面にきめの粗いガラス状の皮膜ができる。塩焼きのことを「食塩釉(ゆう)」ともいう。

市街化区域　都市計画法で定められる、既成市街地およびおおむね10年以内に優先的に市街化を図るべき区域。住居、商業、工業その他の用途地域が定められている。都市計画法第7条第2項、同法第13条第1項7号

市街化調整区域　都市計画法に基づいて定められる、市街化を当面抑制すべき区域。建築の用に供する目的の開発行為に対しては厳しい規制がある。都市計画法第7条第3項、同法第13条第1項7号

市街地再開発促進区域　市街地の再開発などを促進するために定められる区域で、駅前再開発などがこれに当たる。区域内所有者らは、定められた日から5年以内に促進区域の目的に沿った再開発事業を行わなければならない。都市再開発法第7条第1項、大都市地域における住宅及び住宅地の供給の促進に関する特別措置法第5条第1項、第24条第1項、地方拠点都市地域の整備及び産業業務施設の再配置の促進に関する法律第19条第1項のそれぞれに位置づけられる。

直押え（じかおさえ）コンクリート床の仕上方法の一つ。コンクリートの打込みにともないレベルに合わせてコンクリートを均し、硬化にともない締まり具合を見て金鏝(かなごて)で強く押さえて平滑にする。コンクリートの調合、気温、スラブ厚さなどにより最終押えの時期が異なる。

直仕上げ（じかしあげ）床、壁、天井などの打ち込んだコンクリート面に、モルタル塗りやボード張りなどの下地処理を省き、直接クロスやタイル、塗装仕上げなどを行うこと。コンクリートの垂直、水平に高い精度を必要とするため、実際は左官薄塗りなどの処理をする場合がある。

死荷重　⇨固定荷重

直付け形照明器具　天井面などに本体が露出して直接設置されるタイプの照明器具。(図·207頁)→埋込み形照明器具

直天井（じかてんじょう）上階のスラブ下のコンクリート面に、ボードなどの下地を設置せずに直接クロスや吹付けなどの天井仕上げを施すこと。同じ階高でも二重天井より高い天井高さを確保することが可能である。

直張り工法　⇨GL工法

敷居（しきい）襖、障子などの木製建具を建て込むための開口部下部に取り付ける水平材。溝やレールが取り付く場合のほかに、床仕上げを見切る場合にも設置される。(図·207頁)→鴨居(かもい)

敷板（しきいた）①材料などを置く場合に、物の下に敷く板。②クレーンのアウトリガー下に設置する板。③土間

シーリング材の特徴

シーリングの種類		記号	おもな特徴と注意事項	
シリコーン系	1成分形	SR-1	ガラス耐光接着性が良く、ガラス回りに使用できる。 雨掛かり外部に使用すると目地周辺を汚染する。	他基材を打ち継ぐことが難しい。
	2成分形	SR-2		動的追従性、耐候性にきわめて優れ、動きの大きい目地に使用できる。他基材を打ち継ぐことが難しい。
変成シリコーン系	1成分形	MS-1	ガラス耐光接着性が劣るため、ガラス回りでは使用しない。	復元性が乏しいので動きの大きい目地には不適。
	2成分形	MS-2		動的追従性、耐候性に優れ、動きの大きい目地に使用できる。
ポリサルファイド系	2成分形	PS-2	石材等の多孔質で汚染を生じにくい。動的追従性でやや劣るため、動きの大きい目地では使用を控えること。ガラス回りでの使用は可能であるが、耐光接着性はSR-2より劣る。	
ポリウレタン系	1成分形	PU-1	表面耐候性が劣るため、表面の塗装が必要。	動きの大きい目地では使用を控えること。少量の部位（ダメ工事や部分補修等）に使用する。
	2成分形	PU-2		動きの大きい目地では使用を控えること。

表面耐候性：屋外においてシーリング材表面の日光・雨雪などの自然条件を受けて、時間経過にともなって生じる材料の物理的・科学的変化に対する抵抗の程度のこと。
ガラス耐光接着性：ガラス面を透過する太陽光（紫外線）に耐える接着性の程度のこと。
2成分形ポリイソブチレン系シーリング材：非汎用品。耐汚染性・変退色性に優れているが、接着性はプライマーに依存する傾向が大きい。仕上材（被着体、塗装性）との相性や他シーリング材との打継ぎ可否等を含め、事前に確認・検討を行うこと。

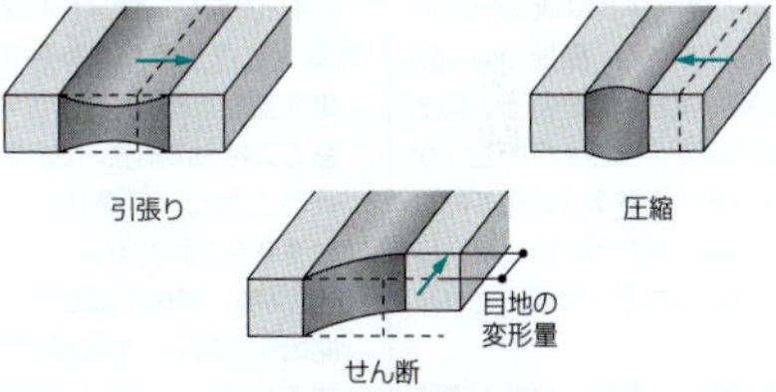

シーリング材の変形性状

シーリング材の設計許容変形率

(%)

シーリングの種類		記号	耐久性の区分*	引張り		圧縮		せん断	
				長期	短期	長期	短期	長期	短期
シリコーン系	1成分形	SR-1HM	9030G	(10)	(15)	(10)	(15)	(20)	(30)
		SR-1LM	10030 9030	15	40	15	30	30	60 (40)
	2成分形	SR-2	10030	25	45	25	30	30	60 (40)
変成シリコーン系	1成分形	MS-1	9030 8020	10	15	10	15	15	30
	2成分形	MS-2	9030	20	40	20	30	30	60
ポリサルファイド系	2成分形	PS-2	9030 8020	15	30	10	20	20	40 (30)
ポリウレタン系	1成分形	PU-1	9030 8020	10	20	10	20	20	40
	2成分形	PU-2	8020						

*JIS A 5758（建築用シーリング材）附属書2（参考）の区分による。
1）長期は熱による伸縮の許容値を示す。短期は風、地震による伸縮の許容値を示す。
2）（　）内の数値は、グレイジングの場合を示す。

などの上に直接組む転(ころ)ばし床を構成する床板。

敷角（しきかく）①足場支保工(しほこう)、型枠支保工などの支柱の沈下防止のために、その下部に設置する角材。②仮設材や材料を仮置きする際、揚重のためのワイヤーなどを仕込みやすいよう荷を浮かせるために敷き並べる角材。

敷瓦（しきがわら）床敷き用につくられた瓦。中国を含む東洋建築で用いられる。日本では寺院、和風住宅の土間などに用いられ、表面に模様を施したものがある。

敷桁（しきげた）柱頭を連結し、小屋梁または根太(ねだ)などを受ける桁。→軸組構法(図·209頁)

磁器質タイル　高温焼成された、素地が透明に近く緻密で硬いタイル。内・外装や床に使用される。JIS A 5209(2009)においてⅠ類に分類される。

敷地　建築基準法では、「1の建築物又は用途上不可分の関係にある2以上の建築物(母屋と離れなど)のある一団の土地」と定義している。敷地の面積は水平投影面積により算定される。同法では、建築物の安全上および衛生上から敷地が備えるべき基準を定めており、敷地の取り扱いに当たっては、所有権、借地権、地目(ちもく)などは問題にされない。

敷地境界線　敷地と敷地、敷地と道路、水路などとの境界となる線。→隣地境界線

敷地調査　工事着工に当たり、上下水道、ガス管、電線などの埋設配管、土壌汚染物質、遺跡、既存杭など地中障害の有無や、地盤の状況、降雨時の排水経路、敷地外への土砂流出のおそれなどを調査すること。調査結果を受け、安全、環境上問題なく工事が進められるよう、必要に応じて関係法令を遵守し、一時移設や撤去、補強、準備工事などを行う。

敷とろ　「敷モルタル」ともいう。石、れんが、タイルなどの張付けにおいて、あらかじめ最下段の材料を据えるために敷き込むモルタル。

敷バタ　外壁の型枠を建て込む際に、最下部の枕として敷き込む角材。

識別マーク　⇨圧延マーク

敷目板（しきめいた）床板、壁の羽目(はめ)板、天井板などの板張りにおいて、板の継目の下や裏、また目透かし張りにするときの目地底に当てる細い板。単に「目板」ともいう。(図·209頁)

敷目板張り（しきめいたばり）⇨目透かし張り

敷面（しきめん）⇨腰掛け①

敷モルタル　⇨敷とろ

支給材　請け負った工事において、発注者から支給される工事用材料。発注者が一括発注することでコストダウン、一定品質の確保などが図られる。→材料支給

自吸式ポンプ　起動によりポンプ自身で吸込み管の空気を排出し、揚水、排水ができるポンプのこと。一般の渦巻きポンプでは、起動する前に呼び水によってポンプの吸込み管から空気を抜いてポンプ内に水を満たす必要がある。(図·209頁)→サンドポンプ

地業（じぎょう）建築物や構造物の基礎を支える地盤に施す工事の総称。地盤の支持力の増強、沈下防止のために行う工事で、割栗(わりぐり)地業、杭地業、砂地業などがある。

始業点検　機械工具を使用する作業を開始する前に、それが正常に運転作動するかどうかを調べる行為。玉掛けワイヤーなど、工具や設備によっては法律で始業点検を義務づけている。

仕切り弁　弁体(仕切り板)が流れに対して直角に稼働し、流体の流れを遮断する弁のことで、「ゲート弁」ともいう。全開または全閉として使われるため、流量調整には向かない。(図·209頁)

軸足場　吹抜け上部などの高所作業を行うために建物内部に設置する足場のこと。脚立による足場とは異なる。→脚立足場

地杭（じぐい）建物の地縄や掘削工事に際し、建物の外周や基準心を表すために地面に打ち込む短い木杭。→水盛遣方(図·481頁)

軸組　柱、梁、筋かいなどで構成された架構の骨組。

石材の仕上げ（加工方法）

仕上げの種類		硬石	軟石	擬石	大理石	花こう岩	テラゾー
磨き仕上げ	粗磨き仕上げ	○		○	○	○	○
	水磨き仕上げ	○		○	○	○	○
	本磨き仕上げ	○			○	○	○
	艶出し本磨き仕上げ	○			○	○	○
粗面仕上げ	割肌仕上げ	○	○				
	こぶ出し仕上げ	○	○				
	のみ切り仕上げ	○					
	びしゃん仕上げ	○	○				
	小叩き仕上げ	○	○	○			
	挽き肌仕上げ	○	○				
	ジェットバーナー仕上げ	○					
	ジェットポリッシュ（J＆P）仕上げ	○					
	サンドブラスト仕上げ	○					

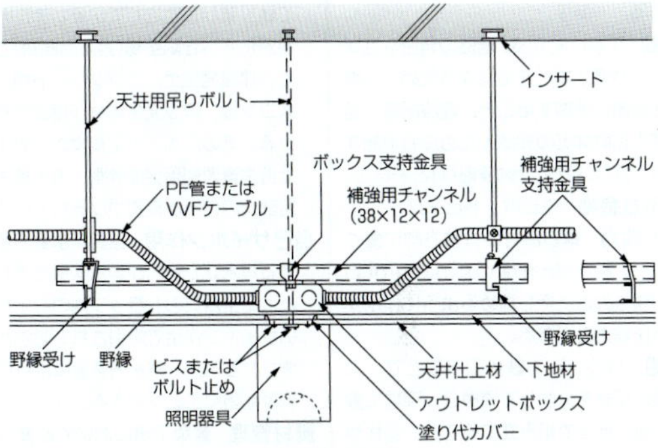

直付け形照明器具

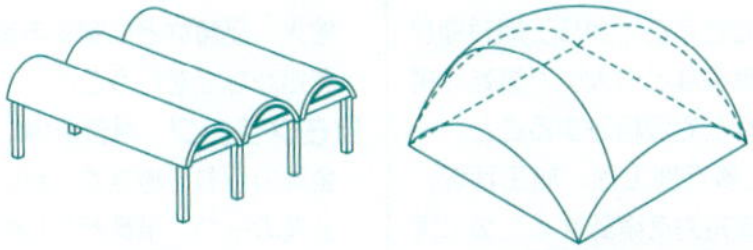

筒形シェル　　EP（楕円放物面）シェル

シェル

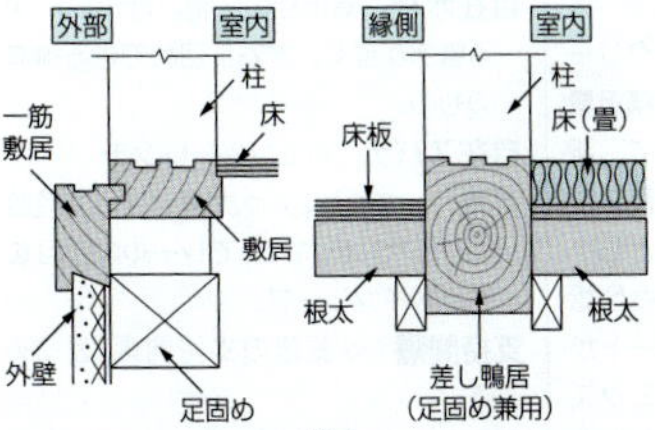

敷居

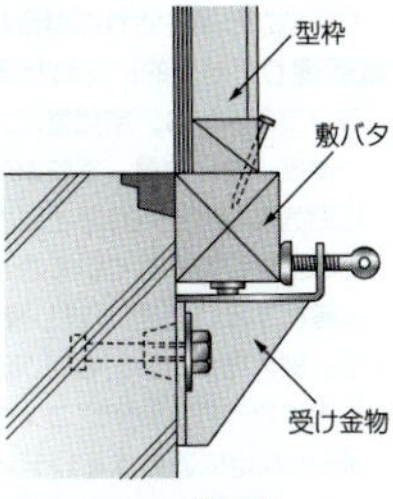

敷バタ

し

軸組構法 柱や梁、小屋組といった建物の骨格になる部分を軸材で構成した構法の総称。木造などの在来工法を指すことが多い。耐震性の強化を目的とする大幅な法改正により、耐力壁の量とバランスの良い配置、柱の接合金物の使用が規定された。

軸組図 構造図の一つで、建物の構造部材を立面的に表したもの。各フレームごとに基礎、柱、間柱、梁、壁、筋かいなどを示す。

仕口（しぐち）2つ以上の部材を直交させて組み合わせて接合する方法。またはその接合部。構造的に強固となるように、さまざまな種類の接合方法がある。→継手

試掘 工事に先立ち、地盤の精密な性状、水位や湧水などを確認するため、一部を実際に掘削すること。埋設配管、埋蔵文化財などの確認のためにも実施する。「試し掘り」「試験掘り」ともいう。

軸吊り金物 ⇨ピボットヒンジ

軸方向力 構造部材の材軸方向に働く応力。材を引き伸ばすように作用する引張り力と、押し縮めるように作用する圧縮力とがある。

地組（じぐみ）①鉄骨工事などで、大型の部材を分割して運搬し、現場に搬入後、地上で組み立てること。②柱や梁などの鉄筋を地上のヤードで組み立てること。組立作業が効率化し、またプレハブ化できることから工期短縮が図れる。③橋梁などの大型で複雑な構造物を工場などで仮組みすること。

試験杭 杭工事で施工性、施工状況、支持地盤、支持力を確認するために実施する試験用杭。通常、実際に使用される杭から選定される場合が多い。

試験練り 計画的に定めた調合で、スランプ(フロー)、空気量、コンクリート温度、塩化物量、気乾単位容積重量、圧縮強度(調合強度)などについて、所定の品質が得られていることを施工前に確認することで、「試し練り」ともいう。納入先生コン工場がJIS適合性認証工場で、打込み予定コンクリートがJISの規定に適合するレディーミクストコンクリートであれば、工事監理者の了解を得たうえで試し練りを行わなくてもよい。(図·211頁)

資源の有効な利用の促進に関する法律 ⇨資源有効利用促進法

試験掘り ⇨試掘

資源有効利用促進法 正式名称は「資源の有効な利用の促進に関する法律」。3R(リデュース、リユース、リサイクル)の促進により循環型経済システムの構築を目指すもので、従来の「再生資源利用促進法(リサイクル法)」が改正、改題され2001年に施行された。本法において、土砂、コンクリート塊、アスコン塊の再生資源または再生品を利用すべき業種(特定再利用業種)として建設業が指定されている。また、再資源化すべき副産物(指定副産物)として、建設発生土、コンクリート塊、アスコン塊、建設発生木材が指定されている。そのため、一定規模以上の工事で再生資源利用促進計画、再生資源利用計画の作成が義務づけられている。

自己サイホン作用 器具排水管や連結する排水立て管内が満水状態で流れると、衛生器具のトラップ内の封水が強いサイホン作用で吸引されて封水が破壊される現象。排水通気管によりこの現象を防ぐことができる。

資材管理 建築工事において必要な材料(仮設材も含む)の量を把握し、工事の工程に支障がないよう、その購入、搬入、品質などに関する事務処理、財務処理などを行うこと。

自在クランプ 単管足場における付属金具のうち、組立てに用いられる緊結金具の一つ。単管どうしの組合せ角度が自由に調整できる。→クランプ(図·135頁)

自在水栓 給水栓の一種。吐出口に至る管部が長く、左右に回転できる構造のもの。

自在スパナ ⇨モンキーレンチ

支索（しさく）① ⇨虎綱(とらづな) ②索道(ロープウェイなど)でレールの役目をするメインロープ。

支持間隔 ⇨配管の支持間隔(表·385頁)

支持杭 軟弱な地盤を貫通して硬質な

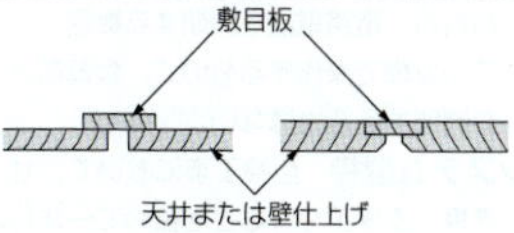

敷目板

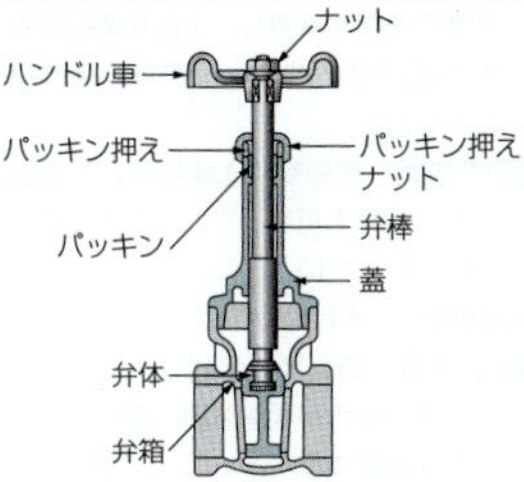

仕切り弁（ゲート弁）

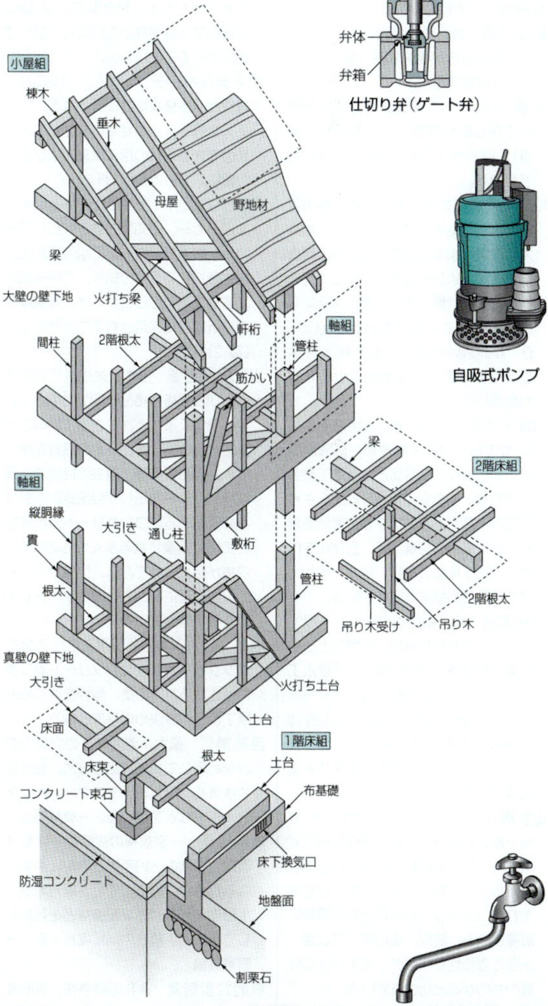

自吸式ポンプ
軸組構法
自在水栓

地盤に先端を支持し、上部構造の荷重を伝達させせる杭。→摩擦杭、基礎杭（図·107頁）

支持地盤　構造物の上部構造、下部構造の荷重を支持することができる地盤。「支持層」ともいう。

支持層　⇨支持地盤

自主検査　各工種、工程ごとに、施工した業者自らが要求事項に適合しているかを確認すること。

支承（ししょう）理論上の支点を実際に工作したもので、ピン支承（ピン支点）、ローラー支承（ローラー支点）などがある。

地震力　構造物が地震による地盤の揺れにより振動する際に受ける力。地震力は地震による加速度と建築物の自重、積載荷重および積雪荷重を乗じて得られる。構造計算では、地震による加速度を地震層せん断力係数（$C_i=Q_i/W_i$、Q_i：i階の層せん断力係数、W_i：i階より上階の重量）として各階ごとの地震力が求められる。

JIS（ジス）Japan Industrial Standardの略。日本工業規格。経済産業省工業技術院が事務局となって工業会や学会などに委託したJIS原案を主務大臣の決裁を得て制定する国家制定規格。鉱工業品の品質改善、合理化を目的に、鉱工業品の種類、形式、形状、寸法、品質の標準を定めている。

止水工法　地下水処理の一つ。一般的には、ひび割れや継目、隙間などからの漏水現象を止める工法で、「遮水工法」ともいう。山留め工事ではシートパイル工法、SMW工法（ソイル柱列山留め壁工法）などがあり、コンクリート壁などからの止水では薬液注入工法などがある。

止水板（しすいばん）コンクリートの地下部分における打継ぎ部分からの漏水を防ぐ目的で打継ぎ箇所に埋め込まれる板状の材料。一般に、先に打ち込まれるコンクリートの打込みと同時に設置される。鉄製、塩ビ製、ゴム製、水反応膨張性材料など、さまざまな材質のものが商品化されている。

ジスコン　高圧、特別高圧の電路に使われる、電路電圧を開閉する機器。ジスコン棒で操作するもので、負荷電流を開閉する能力はない。

システム型枠　型枠工事において、せき板、支保工（しほこう）などを含めて一体化、大型化、ユニット化することによって作業効率を向上させた型枠。RC造の超高層集合住宅などの現場打ち部分で使用されることが多い。

システムキッチン　流し、コンロ台、調理台、各種収納ユニットなど、スペースや好みに合わせてさまざまに組合せのできる既製の厨房家具および設備の総称。（図·211、213頁）

システム天井　天井の仕上材と照明、スピーカー、感知器、空調吹出し口といった設備機器を一体に組み込んで工場生産される天井の総称。工期短縮と品質向上を図ることができ、大規模な事務所などに採用されることが多い。（図·213頁）

JIS認定工場　日本工業規格で規定されるJIS規格合格品と認定されたJIS製品をつくることができる工場のこと。認定を受けるには、一定の品質を保つに十分な品質管理と過去の継続的品質管理データを提示して製品認定を受ける必要がある。コンクリート、鉄骨など工場で製産される多くのものにJIS規格が定められており、生コンクリート製造工場においては取得すべき必須のものとなっている。

地墨（じずみ）建設工事における捨てコンクリート、床コンクリート面に墨付けされる基準の墨。型枠をはじめ各種工事の位置決めの基準となる。

自然換気　風力、浮力などの自然力のみを利用して換気を図る方法。開放窓や換気孔、排気塔、モニター、ベンチレーターなどを用いる。→機械換気

事前協議　一定規模の建築物を建築する際、通常の法的手続きの前に必要となる打合せ、協議のこと。周辺地域の生活環境への適正な配慮などを目的として、法的手続きの前に実施する。→同意協議

事前公表制度　入札の競争性、透明性、客観性を高めるために、入札に先立ち

試し練り作業（1バッチ（1種類）約30分）	材料計量	調合（配合）計画書に基づいて工場側であらかじめ準備した所定量の各材料を、立会い時に再計量して全員で確認する。供試体6本の場合、計量準備材料＝30l/1バッチ分。
	練混ぜ	小型ミキサーに計量済みの材料を所定の順番に投入し、所定の時間練り混ぜを行う。 所定の順番：砂利→砂→セメント→水 （混和剤は計量後、水に混ぜておく） 所定の時間：傾胴型ミキサーでは180秒程度 2軸型ミキサーでは120秒程度
	フレッシュコンクリート試験	スランプ、フロー、空気量、塩化物イオン量、コンクリート温度、気温等を測定する。 同時に、目視、スコップ扱い等により粘度やがさつき加減（ワーカビリティー）などのフレッシュコンクリートの性状を確認する。
	供試体作製	フレッシュコンクリートの試験に合格したら、所定の本数の圧縮強度試験用供試体（テストピース）を作製する。試し練りでは通常、1週および管理材齢強度試験用の各3本で、計6本作製。 形状・寸法はJIS規格による。建築工事では通常、φ100×H200mmの型枠を使用する。
硬化コンクリートの試験	供試体キャッピング	供試体のコンクリートが硬化後、圧縮試験に備え上面を平滑に仕上げる。セメントペーストの塗付けによる方法や研磨方式による方法が多く採用されている。
	供試体の養生	所定の材齢に至るまで、所定の養生を行う。一般の試験練りでは、キャッピング硬化後に脱型し、標準水中（水温20℃）での養生が多く行われる。
	1週強度試験	供試体の材齢が1週に達したら圧縮強度試験を行い、強度の発現状況を確認する。また管理材齢強度の予測を立てる。
	管理材齢強度試験	供試体の材齢が管理材齢に達したら圧縮強度試験を行い、調合計画の呼び強度以上（平均強度の目標値は配合強度相当）であることを確認する。不合格の場合は調合計画からやり直す（管理材齢は一般に28日である）。
	試験結果報告書	管理材齢試験まで完了したら、試し練りの全体の経過を記録した報告書を生コン工場が作成する。

＊1バッチ：1回に混練するコンクリートの量。

試験練り（試し練り）要領

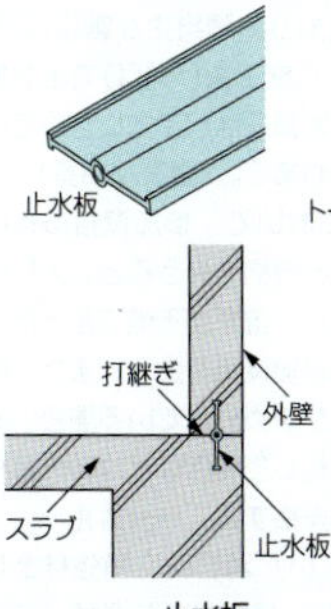

止水板

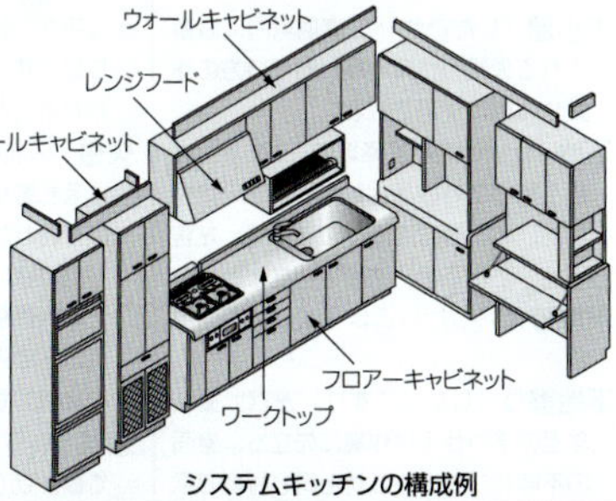

システムキッチンの構成例

建設工事の設計金額、予定価格、最低制限価格などを公表すること。

自然再生推進法　開発などで損なわれた湿原や干潟、河川などの自然環境を取り戻すため、行政機関、地域住民、NPO、専門家らの参加により行われる自然再生事業を推進することを目的として制定された法律。施行は2003年1月。

事前審査　①市街化区域内で一定規模(面積)以上の開発行為について、開発許可申請に先立ち事前に審査を行い、開発の適否を許可権者が判断すること。②アスファルト混合物の品質を事前に第三者機関が審査し、認定する制度。③さまざまな認定、許可を受ける際に義務づけられている事前の調査。例えば、ISO認証取得、住宅性能評価取得、住宅ローンなど。

事前相談　市街化区域内で一定規模(面積)以上であるが事前審査を要する規模には満たない開発行為の場合、その適否について、開発許可申請に先立ち申請受付担当者と相談すること。

下請負　施主と工事契約をした元請業者が、その工事の一部をさらにほかの職別工事業者あるいは設備工事業者に請け負わせること。

下請業者　⇨協力会社

下請名義人　⇨名義人

下方（したかた）⇨職方

下筋　⇨下端(したば)筋

下拵え（したごしらえ）型枠、木工事、石工事などに使用する材料を、現場取付けに先行して必要な寸法、形状に加工すること。

下小屋（したごや）工事現場内に設置される仮設の作業小屋。各種職方の作業や休息に使用される。

下地　仕上げを施す素地のこと。または仕上材の取付けを容易にし、その効果を助けるための面。クロス下地、左官下地、防水下地、塗装下地などという。

下地拵え（したじごしらえ）⇨素地調整

下地擦り（したじこすり）左官、塗装などの塗り仕上げ作業に先立ち、素面の不陸(ふろく)を下塗り材と同じ材料で平滑にする作業のこと。単に「こすり」、また左官工事では「こすりを入れる」などと使う。

下地モルタル　塗装、タイル張り、石張りといった仕上工事において、塗り仕上作業を円滑に行う目的で素地に施すモルタルの総称。

下職（したしょく）⇨職方

下塗り　塗装工事、左官工事、塗膜防水工事などの塗り仕上げにおいて、材料を重ね塗りする場合の一番最初に行う作業。またはその塗り面。

下端（したば）部材や製品の部分における一番下の面のこと。梁下端、窓下端などのように使用される。→天端(てんば)

下端筋（したばきん）鉄筋工事において、梁やスラブなどの水平材の下側の部位に配置された鉄筋のこと。「下筋」ともいう。→上端(うわば)筋

下向き溶接　四種類ある溶接姿勢のうち、下向きの姿勢により行う溶接をいう。下向き溶接はほかの溶接姿勢と比較して安定した品質を得ることができる。→溶接姿勢(図・507頁)

自着工法　⇨冷工法防水

支柱　物を支えるために使用する柱。サポート。→パイプサポート

地鎮祭（じちんさい）建物の工事着工前に行う儀式。敷地の汚れを清め、神の加護と工事の安全を祈願するためのもので、神職が祭事を執り行う。敷地の中央に注連縄(しめなわ)を張って祭壇の左側に盛砂(もりずな)をし、その中央に鎮物(しずめもの)を納める。設計者(工事監理者)が鎌で草を刈り、建築主が鍬(くわ)で土に手をつけ、施工者が鋤(すき)で土を掘り起こす。地鎮祭は起工式に含めて行われることもある。(図表・215頁)

失格　入札において、参加資格あるいは落札者たる資格を失うこと。入札時間に遅れたり、書類が不備であったりした場合に参加資格を失う。また、最低制限価格が決められている場合、それ以下で入札した場合などは、一番札であっても失格する。→一番札

漆喰（しっくい）消石灰に補強材として砂、苆(すさ)、貝灰などを混ぜ、布海

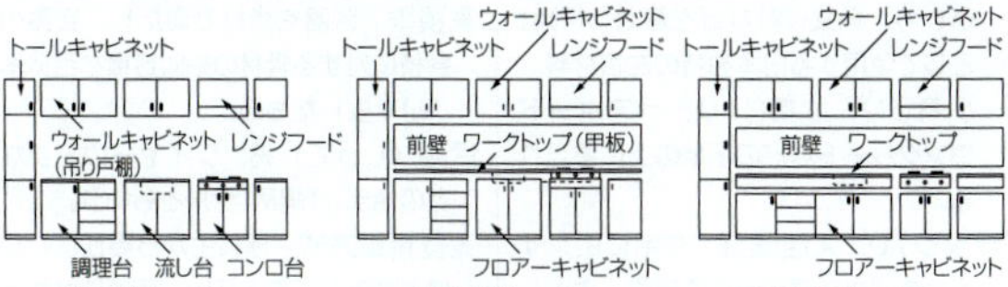

1種S型キッチン　2種H型キッチン　3種M型キッチン

S：Sectional／H：Horizontal／M：Medial

システムキッチンの種類

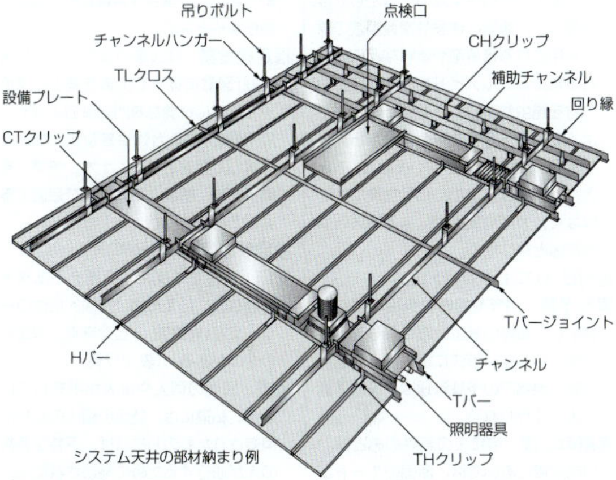

システム天井の部材納まり例

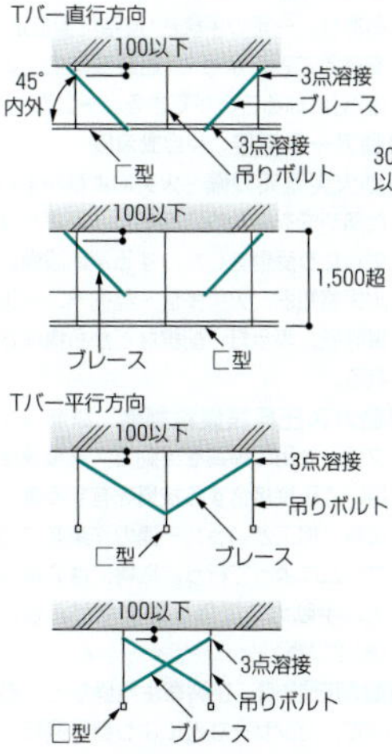

ブレースの取付け要領

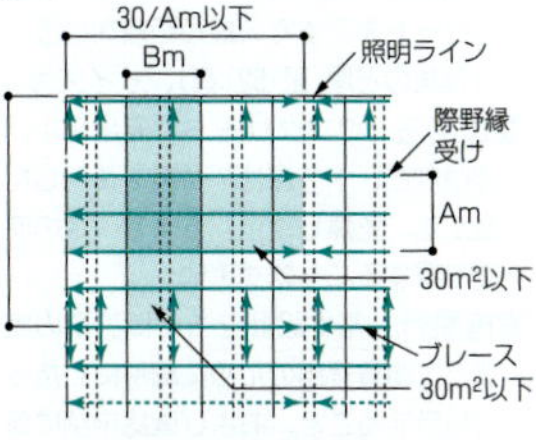

ブレースの割付け

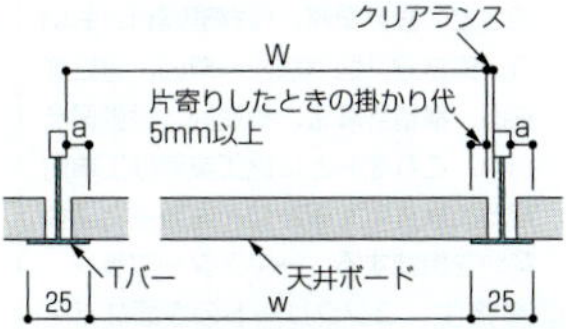

W：乗せ架け部材の寸法
w：Tバーの内法寸法
a：Tバーの最大掛かり寸法

乗せ架け部材の寸法

システム天井

苔(ふのり)、角又(つのまた)などを膠着(こうちゃく)材として使用する日本独特の左官材料。小舞(こまい)、木摺(きず)り、ラスボード、コンクリートなどの下地の上に塗られる。

シックハウス症候群　住宅に由来するさまざまな健康障害の総称。主として住宅室内の空気質に関する問題が原因で発生する体調不良を指す場合が多い。室内空気の汚染源の一つとしては、家屋など、建物の建設や家具製造の際に利用される接着剤や塗料などに含まれるホルムアルデヒドなどの有機溶剤、木材を昆虫やシロアリといった生物による食害から守る防腐剤などから発生する揮発性有機化合物(VOC)があるとされている。また、化学物質だけではなく、カビや微生物による空気汚染も原因となり得る。

地付け（じつけ）⇨パテ飼い

実行予算　請負契約時の見積内容を再検討し、実際の施工計画に即して現場で管理しやすい形式に組み直した予算。実際の現場での予算管理は、実行予算によって行われる。

実際のど厚　溶接後の実際ののど厚。隅肉溶接においては、断面のルートからビード表面までの最短距離をいう。→理論のど厚(図･521頁)、サイズ②

湿式工法　コンクリート、モルタル、漆喰など、水を混ぜた材料を使用した施工法。乾燥し硬化するまで一定の時間を要する。→乾式工法

実施設計　基本設計をもとに工事の実施と工事費算出のために細部にわたって設計すること、および確認申請に係る関係機関との打合せと申請図書の作成などの設計業務。「詳細設計」ともいう。実施設計図は意匠一般図、意匠詳細図、構造計算書、構造図、設備図をいい、これをもとに施工業者は工事内容と工事費用を確定し、建築主と請負契約を締結する。→マスタープラン

湿潤養生　コンクリートの表面などを湿潤状態に保ち、水分の不足による圧縮強度不足、表面のひび割れ発生などを防止するために実施する養生方法。(図表･215､217頁)

実積率　容器を骨材で満たし、容器の容積に対する骨材の絶対容積を百分率(%)で表したもの。

尻手（しって）縄、ワイヤーロープなどの端部。「縄尻(なわじり)」ともいう。

実費精算方式　建築主から委任された建設業者が工事を行い、工事にかかった実費用とあらかじめ定められた手数料を報酬として建築主から受け取る契約方式。この場合は請負契約ではなく委任契約となる。

指定建設業　建設業のうち、施工技術(設計図書に従って工事を適正に実施するために必要な専門知識およびその応用能力)の総合性や普及状況などを考慮して指定された、土木、建築、管、鋼構造物、舗装、電気および造園工事業の７業種のこと。

指定サイズ　⇨サイズ②

支点　構造物を支え、荷重を下部構造、地盤などに伝える点。理論的にはローラー支点(可動端)、ピン支点、固定端の３つがある。(表･217頁)

私道　民間の個人や法人が所有している道。私道には、特定の個人のために築造されたものもあれば、不特定多数の人が通行するために築造されたものもあり、一定の手続き(道路位置指定)を経ることによって「建築基準法上の道路」になることができる。→公道

自動アーク溶接　⇨自動溶接

自動火災報知設備　火災により発生した熱や煙を自動的に感知し、警報を発生したり受信をしたりする消防設備。火災感知器、火災受信・発信器、火災警報機、表示灯、配線などから構成される。

自動ガス圧接技量資格者　鉄筋コンクリート用の棒鋼を自動ガス圧接機を用いて圧接接合する技量を有する者。加熱、加工といった一連の作業をプログラムによって行う。取得には２種以上の手動ガス圧接技量資格が必要。(表･217頁)

自動制御設備　空調衛生設備などにおいて、センサーなどにより自動運転、自動監視、警報などを行う設備動作系の総称。

式祭の内容確認事項（例）

項　目	内　　容
概　要	①式祭日時決定しだい建設地の氏神神社に依頼。 ②司祭神職に、あらかじめ祝詞に入れる工事名称、建築主名、設計者名、施工者名を示し、打合せを行う。 ③献酒は最下段に、祭壇に向かって右側に建築主、左側に設計者および施工者のものを供える。 ④進行係は建築主側が担当するべきものであるが、建築主の意向により依頼される場合がある。進行係を依頼された場合、最初に式を執り行う旨を告げる。後は式次第の順序により神職が進行するが、玉串奉奠（たまぐしほうてん）のときのみ召し立てを行う。
建築主確認事項	①式祭の名称／②日取り（時間・内容・規模、パーティーの有無）／③斎主／④神職／⑤祝詞の内容／⑥参列者／⑦案内状の差出人／⑧服装／⑨式次第／⑩各種行事所役／⑪玉串奉奠者および順序／⑫お供物／⑬直会（なおらい）*の進行／⑭近隣関係、関係官庁への挨拶／⑮式場、直会場の座席の確認
神社（神宮）との打合せ事項	①式祭の正式名称／②式祭の日時、場所／③工事の規模、建築主、参列者の人数、玉串の本数／④祝詞の内容／⑤式次第／⑥神職の式場までの手配・方法（帰りとも）／⑦斎場やお供物の検分／⑧直会における神酒拝戴（乾杯）の方法等

*直会：神前に供えた神酒を瓦笥で乾杯すること。

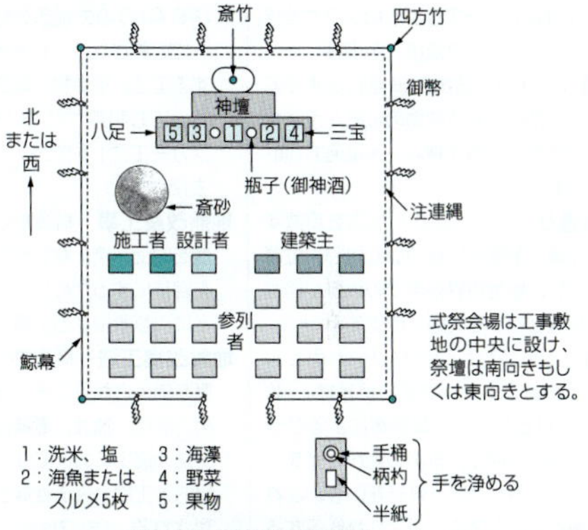

式祭会場（地鎮祭の配置例）

湿潤養生の種類と特徴

種　類		特　徴
湿潤養生の方法	噴霧	直接散水するとコンクリート表面が傷つく場合は、スプレー等で水を噴霧して表面の乾燥を防ぐ。
	散水	人力あるいはスプリンクラーによる散水、むらが出ないよう均質に散布する。自動的な常時散水が望ましい。
	シートによる覆い	コンクリートに十分散水し、その上にシートを密着させる。水の供給は状況に応じ、1回／日以上とする。
	濡れマット、湿布等による覆い	マット、麻布等透水性のあるものでコンクリート表面を覆い、その上から散水する。散水量が不足すると、覆いそのものがコンクリートの水分を吸収するおそれがある。
	型枠への散水	木製型枠を使用し、気温が高く乾燥が早い場合は、型枠に散水する。
被膜養生の方法	不透水性シートによる覆い	コンクリートからの水分の蒸発を防ぐ方法で、養生水が得られない場合や養生作業の能率を向上させたい場合に用いる。
	膜養生剤の散布（塗布）	コンクリートの表面仕上げ終了後、できるだけ早い時期に膜養生剤を散布し、水分の蒸発を防ぐ。初期の乾燥防止、特に高強度コンクリートに対して有効である。

自動電撃防止装置　感電を防止する目的で溶接機に設置される装置。アークを出さないときは、溶接機の二次無負荷電圧を下げて電撃の発生を防止する。労働安全衛生規則により取付けが義務づけされている。

自動閉鎖装置　防火戸や防火シャッターなどで、火災発生時にヒューズやセンサーによって閉鎖へ導く留め金具。「自閉式防火戸」ともいう。

自動溶接　溶接ワイヤーの送りが自動化されており、連続的に溶接が進行するが、溶接中の状況判断や対応についてはオペレーターが行う溶接。エレクトロスラグ溶接やサブマージアーク溶接を指す場合が多い。「自動アーク溶接」ともいう。→エレクトロスラグ溶接、サブマージアーク溶接、手溶接

地縄（じなわ）建築工事を開始する前に、敷地に対する建物の位置を示すために張りめぐらす縄。→水盛遣方（図・481頁）

地縄張り（じなわばり）地縄を設置する作業。配置図に基づいて建物の位置を示し、敷地境界線までの距離が図面と相違ないかを実際に確認する。

死石（しにいし）コンクリート用としては軟質で、欠けやすい粗骨材。「軟石(なんせき)」ともいう。黄銅棒によるひっかき硬さ試験で、黄銅の色が付かず、ひっかき跡ができる骨材をいう。これを多く含むと強度、耐久性が低下する。

屎尿浄化槽（しにょうじょうかそう）汚水、雑排水などを微生物（好気性菌）により分解し、定められた河川の放流水質までに浄化する設備。単に「浄化槽」ともいう。

シネマコンプレックス　同一の施設に複数のスクリーンがある映画館のこと。略称「シネコン」。法令による明確な定義はないが、通商産業省（現経済産業省）が1998年にまとめた映像産業活性化研究会報告書において、(1) 6以上のスクリーンを有する、(2) 3以上のスクリーンを共有する映写室がある、(3)チケット販売窓口やロビーなどを共有する、(4)総入替え制を採用して立見なし、と定義されている。

しの　丸太足場などを緊結する番線を締めたり、鉄骨などのボルトの孔合せに使用する先のとがった棒状の工具。現在は、ラチェットレンチの片側がしの状になっているものを鳶工(とびこう)などが多く使用している。→ラチェットレンチ

四八（しはち）合板、パーティクルボードなどの板状製品に用いる寸法の呼称で、4尺（122cm）×8尺（243cm）の寸法の製品。「よんぱち」ともいう。→三六(さぶろく)

支払いボンド制度　⇨ボンド制度

地盤アンカー工法　山留め壁などの構造物に発生する応力、変形を軽減するために、背面側の良質地盤に引張り材（PC鋼材）の先端部をセメントペーストで定着させ、これを反力として支持する工法。構造物の転倒や浮き上がり防止にも利用されている。「アースアンカー工法」「グラウンドアンカー工法」ともいう。

地盤改良工事　構造物の支持地盤の強度を向上、また軟弱な土質の掘削工事を容易にするために、地盤を固化材などにより改良する工事。

地盤改良工法　構造物の支持地盤の強度を向上させる工法。圧密脱水、締固め、固化、補強、置換の種類がある。工法の選定においては、地盤の性状、目的、工期、経済性などを考慮して検討される。（表・219頁）→サンドドレイン工法、薬液注入工法、締固め杭

地盤係数　地盤面に載荷したときの単位面積当たりの荷重P（N/cm^2）を、そのときの沈下量S（cm）で除した係数（$K=P/S$（N/cm^3））。軟弱な粘土層で20未満、砂層で80～100の値をとる。「K値」「Kバリュー」ともいう。

地盤調査　構造物などを建てる際に必要な地盤の性質の把握などを目的として地盤を調査すること。ボーリングによるサンプリングや地下水位測定、標準貫入試験などを行う。「土質調査」ともいう。（表・219頁）→土質試験

地盤面　建築物が周囲の敷地と接する位置の平均の高さをいう。傾斜地に建てられた建築物で、高低差が3m以

コンクリート打込み後に必要とされる湿潤養生期間および湿潤養生を打ち切ることができる圧縮強度

計画供用期間の級＼セメントの種類		早強ポルトランドセメント	普通ポルトランドセメント	中庸熱ポルトランドセメント	低熱ポルトランドセメント、高炉セメントB種、フライアッシュセメントB種
短期および標準	期間	3日以上	5日以上	7日以上	
	圧縮強度*	10以上		10以上	−
長期および超長期	期間	5日以上	7日以上	10日以上	
	圧縮強度*	15以上		15以上	−

＊湿潤養生を打ち切ることができるコンクリートの圧縮強度（N/mm^2）。

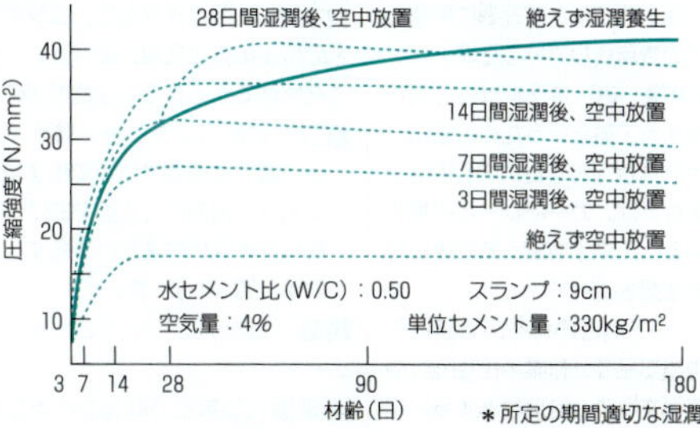

湿潤養生と強度の関係

＊所定の期間適切な湿潤養生を行うことで、コンクリートの圧縮強度は高くなる。初期段階から空中放置したコンクリートは、絶えず湿潤養生したコンクリートの半分以下の強度しか発現しない。

支点の3形態

可動端（ローラー）	回転端（ピン）		固定端（フィックス）
	支点	部材間	
反力数1	反力数2	反力数2	反力数3

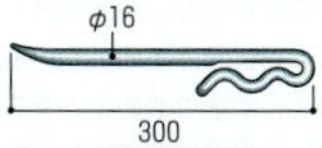

しの

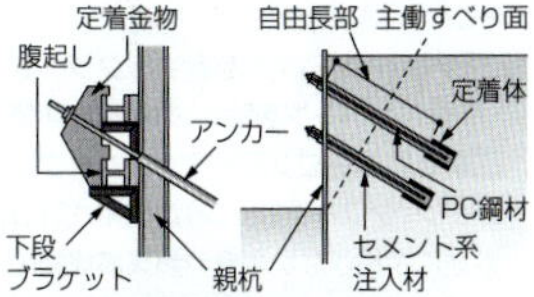

地盤アンカー工法

手動ガス圧接技量資格者の圧接作業可能範囲[16]

技量資格種別	圧接作業可能範囲	
	鉄筋の種類	鉄筋径
1種	SR235、SR295 SD295A、SD295B、 SD345、SD390	径　25mm以下 呼び名　D25以下
2種	SR235、SR295 SD295A、SD295B、 SD345、SD390	径　32mm以下 呼び名　D32以下
3種	SR235、SR295 SD295A、SD295B、 SD345、SD390 SD490*	径　38mm以下 呼び名　D38以下
4種	SR235、SR295 SD295A、SD295B、 SD345、SD390 SD490*	径　51mm以下 呼び名　D51以下

＊SD490を使用する場合は、施工前試験を行わなければならない。

自動ガス圧接技量資格者の圧接作業可能範囲[17]

技量資格種別	圧接作業可能範囲	
	鉄筋の種類	鉄筋径
2種	SR235、SR295 SD295A、SD295B、 SD345、SD390	径　32mm以下 呼び名　D32以下
3種	SR235、SR295 SD295A、SD295B、 SD345、SD390 SD490*	径　38mm以下 呼び名　D38以下
4種	SR235、SR295 SD295A、SD295B、 SD345、SD390 SD490*	径　51mm以下 呼び名　D51以下

＊SD490を使用する場合は、施工前試験を行わなければならない。

内の場合には、その平均の高さとする。また高低差が3mを超える場合には、3m以内ごとの平均の高さとする。設計GLとは意味が異なり、建物の高さ算定の基準となるもの。建築基準法施行令第2条第2項

自費工事　建築工事などの施工に際し、工事用搬入路として歩道、L形側溝など公共物を補強、変更する必要がある場合、また下水道など使用に伴う下水道施設に関する工事を管理者に申請し、施工業者の費用負担で行う工事。

自費工事申請　道路管理者以外の者が道路に関する工事を行うための届出。現場に車を乗り入れるためのL形溝や歩道の切り下げ、ガードレールの撤去などがある。工事は申請、承認後に行う。道路法第24条

ジブ　クレーンなどの荷を吊る腕に該当する構成部品で、作業半径(距離)や高さを確保することを目的とする。起伏、伸縮、旋回の機能のすべて、またはいずれかを有している。移動式クレーンや高所作業車では「ブーム」とも呼ばれる。→ジブクレーン、移動式クレーン

ジブクレーン　ジブを有するクレーン(移動式クレーンを除く)の総称。建築工事ではおもにクライミング式ジブクレーン(タワークレーン)が使用される。敷地に余裕がない場合や超高層建物の揚重機械に適す。(図表·221頁)→ジブ、クレーン、移動式クレーン

地袋（じぶくろ）床に接してつくられる高さの低い戸棚。和室の窓の腰壁部分や床の間の違い棚の下などに設けられる。→床の間(図·347頁)

自閉式防火戸　⇨自動閉鎖装置

ジベル　接合する木材の間に挿入し、ずれを防止する接合材。両材間へのはめ込み力、ボルト締付けなどによって生じるジベルの回転抵抗により接合する。また、鋼とコンクリートの結合に用いるスタッドジベルなどがある。

四辺固定スラブ　⇨周辺固定スラブ

支保工（しほこう）上部または横からの荷重を保持するために設置される仮設構造物の一般的な呼称。型枠支保工、山留め支保工、PC部材(梁、スラブ)の支保工などがある。→型枠支保工、山留め支保工

支保工転用計画（しほこうてんようけいかく）型枠転用計画とともに検討される型枠支保工の転用計画。投入時期、数量、解体時期と搬出計画が躯体工程に影響する。(図·223頁)→サイクル工程

支保工の存置期間（しほこうのそんちきかん）型枠支保工で、コンクリートの所定の強度発現が確認され、支保工を解体できるまでの設置期間のこと。

絞り　鉄筋コンクリート構造において、途中階で柱断面寸法が変化する場合、変化する方向に柱主筋を曲げ、鉄筋の軸線を所定の寸法だけずらすこと。→継手位置(図·321頁)

縞板（しまいた）⇨チェッカードプレート

縞鋼板（しまこうはん）⇨チェッカードプレート

指名競争入札　発注者があらかじめ指名した業者だけを対象として行う入札形式。公共工事で広く採用されているが、談合を誘発するとの批判があり、一般競争入札や公募型指名競争入札などの透明性や公平性の高い入札形式が増えてきている。2006年3月に国土交通省は同省発注工事の指名競争入札を原則として取りやめると発表している。ただし、災害復旧工事などは除外。→一般競争入札、公募型指名競争入札

指名停止　公共工事において、発注者が工事請負有資格者の指名を一定期間停止すること。当該工事契約に関して虚偽記載、過失による粗雑工事、工事事故があったり、贈賄、独占禁止法違反行為、談合、不誠実な行為を行った場合に、発注者の基準に基づいてその業者の指名を一定期間停止する。

指名願　公共工事の入札参加を希望する建設業者が地方自治体に対して提出する書類。経営規模や経営に関する客観的事項の審査を受けられるように、会社の内容、実績などを知らせるため各種書類を添付する。

締固め　①盛土や埋戻し土の強度を増

地盤改良工法による適用

施工対象		浅層地盤				深層地盤				
施工法		良質材による置換	締固め処理	安定剤による処理	補強材による処理	圧密沈下促進	締固め処理	排水促進	安定剤による処理	地下水の処理
工法の種類	圧密脱水					■	■	■		■
	締固め		■				■			
	固化			■					■	
	補強				■					
	置換	■								
工法の目的	支持力の増大	■	■	■	■	■	■		■	■
	変形の防止	■	■	■	■	■	■		■	■
	土圧の軽減								■	■
	斜面の安定								■	
	液状化の防止	■	■	■ *			■ *	■	■	■
	止水・排水					■	■ *		■	■
	廃棄物の処理	■	■	■ *						
適用土質	有機質土	▩		▩	▩	▩	▩		▩	▩
	火山灰質粘性土	▩		▩	▩	▩	▩		▩	▩
	高塑性粘性土	▩		▩	▩	▩	▩		▩	▩
	低塑性粘性土	▩	▒	▩	▩	▩	▩		▩	▩
	シルト質土	▒	▩	▩	▩	▩	▩ *		▩	▩
	砂質土		▩	▩	▒		▩ *	▩	▩	▩
	礫質土		▩							▩

■：適用／▩：適用可能／▒：やや適用可能
＊工法によっては適用不可の場合がある。

ジベル

砂と粘土の工学的な性質比較

<table>
<tr><td rowspan="2">土 質 名</td><td rowspan="2">コロイド</td><td rowspan="2">粘土</td><td rowspan="2">シルト</td><td colspan="2">砂</td><td rowspan="2">礫</td></tr>
<tr><td>細砂</td><td>粗砂</td></tr>
<tr><td>粒 径
(mm)</td><td>0.001</td><td>0.005</td><td>0.075</td><td>0.042</td><td>2.0</td><td></td></tr>
<tr><td>透 水 性</td><td colspan="6">低 い ←→ 高 い</td></tr>
<tr><td>圧 縮 性</td><td colspan="6">大きい ←→ 小さい</td></tr>
<tr><td>圧密速度</td><td colspan="6">遅 い ←→ 速 い</td></tr>
<tr><td rowspan="2">土の構造</td><td colspan="3">綿毛構造 → 蜂の巣構造</td><td colspan="3">単粒構造</td></tr>
<tr><td colspan="2">綿毛構造</td><td colspan="2">蜂の巣構造</td><td colspan="2">単粒構造</td></tr>
<tr><td>特 徴</td><td colspan="2">・強度は粒子間の粘着力により決まる
・空隙は大きい</td><td colspan="2">・強度は粒子間の粘着力と粒子の接触により決まる
・関東ローム層など</td><td colspan="2">・強度は粒子相互のかみ合わせである摩擦力により決まる
・隙間は小さい</td></tr>
<tr><td>模 式 図</td><td colspan="2">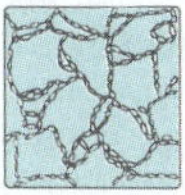</td><td colspan="2">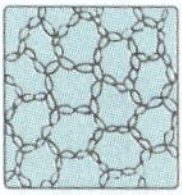</td><td colspan="2">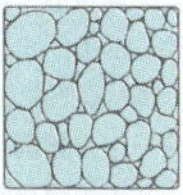</td></tr>
</table>

すために、突き固め、転圧、水締めなどを行うこと。→コンパクター、ランマー　②コンクリート打込み時にバイブレーター、突き棒などで型枠の隅々までコンクリートを密実に充填すること。(図·225頁)

締固め杭　地盤改良、締固めを目的として打ち込む杭。安定した地盤まで砂杭を構築し、柱状に地盤を改良したりする。→サンドコンパクションパイル

締切り　水中や水位が高い地盤に構造物を設置する際、作業に先行して水をせき止めるシートパイルや土嚢(どのう)などで設けた仕切り。

シャーリング　鋼板や鋼棒を上下2つの刃の間にはさみ、上から圧力を加えてせん断加工(切断)する機械工具。また、この工具を用いて切断することもいう。

シャーレン　⇨シェル

遮音性能　空気音と固体音を遮る能力の高さ。マンションの界壁の性能を表す場合によく用いられ、住宅性能表示制度では等級でランク付けされている。

遮音等級　空気音と固体音を遮る能力の高さを「遮音性能」、そのレベルを表す指標を「遮音等級」という。空気音の遮音等級は、壁や窓の外側と内側でどれだけ音圧レベルの差があるかを意味する「D値」、固体音の床衝撃音の遮音等級は「L値」で表す。(図表·223頁)

遮音壁(しゃおんへき) 騒音を発生する施設から周辺の環境を守るために設置される壁をいう。道路、鉄道、工場など、騒音源自体を抑制できない場合によく使われる。また、マンションの界壁(戸境壁)も遮音壁である。

借地借家法(しゃくちしゃくやほう) それまでの、実質的に無期限になっていた借地権に期限を設け、賃貸市場の活性化を図るために1991年に制定された法律。土地の賃借権および建物の所有を目的とする地上権の存続期間、建物の賃貸借契約の更新、効力などを定めている。

弱電　電気設備のうち、放送設備、インターホン設備、テレビ設備、電話設備、防災設備を取り扱う48V未満の電気機器、電気設備をいう。→強電

決る(しゃくる) 木材などの2つの部材を接合させるため、刻みや溝などを付けて加工すること。(図·223頁)

しゃこ　⇨シャックル

JAS(ジャス) Japan Agricultural Standardの略。日本農林規格。農林水産省が所管する物資や建築材料などの品質の向上と安定のための規格。製材品、普通合板、特殊合板、構造用合板、難燃合板、集成材、積層床板、フローリング類などが制定されている。

JASS(ジャス) Japan Architectural Standard Specificationの略。日本建築学会の建築工事標準仕様書。建築の品質の確保、向上、合理化を目的として工事別に示した施工標準。

遮水工法　⇨止水工法

斜線制限　建築物の高さを制限するために設けられた規制で、道路斜線、隣地斜線、北側斜線がある。敷地に接する道路幅や隣地境界線と建築物の距離によって、建築可能範囲が用途地域別に規制される。塔屋などについては緩和規定がある。建築基準法第56条第1項

遮断型最終処分場　周囲をコンクリートで固め、雨水の浸入を防ぐ覆いを設けるなど、有害物質の流出を遮断した廃棄物の最終処分場。水銀、カドミウム、鉛、六価クロム、ヒ素などの有害物質の処分が対象である。(図·225頁)

尺角(しゃっかく) 木材の一辺が一尺(約30cm)の角材。建設現場では、角材のことを総称して表す場合に使う。

ジャッキ　重量物の支持、垂直移動やPC鋼線などの緊張に使われる、伸縮機構を有する機械装置。機構によってねじ式(ジャーナルジャッキ、キリンジャッキ)、油圧式(オイルジャッキ、プレロードジャッキ)、空圧式、水圧式などがある。(図表·225頁)

ジャッキベース　枠組足場の柱脚部に使用される、高さ調整ができる仮設材。脚部の滑動防止としても用いられる。(図·225頁)

シャックル　ワイヤーロープなどの端末をアイボルトやリング金物に取り付

ジブクレーンの分類（クレーン等安全規則関連通達の分類による）

大分類	中分類	小分類	細分類	一般的な名称等
ジブクレーン	ジブクレーン	クライミング式ジブクレーン		タワークレーン 小型で枠組足場に設置するものは、「足場用ジブクレーン」と呼ばれる場合もある。
		低床ジブクレーン	低床ジブクレーン	固定形（式）低床ジブクレーン 単に「ジブクレーン」と呼ばれる場合もある。
				走行形（式）低床ジブクレーン 「走行形（式）ジブクレーン」と呼ばれる場合もある。
			ポスト形ジブクレーン	–
		塔形・門形ジブクレーン		–
	つち形クレーン	クライミング式つち形クレーン		水平（式）タワークレーン 水平ジブクレーン、トンボクレーンと呼ばれる場合もある。
		ホイスト式つち形クレーン		–
		トロリ式つち形クレーン		–
	引込みクレーン			–

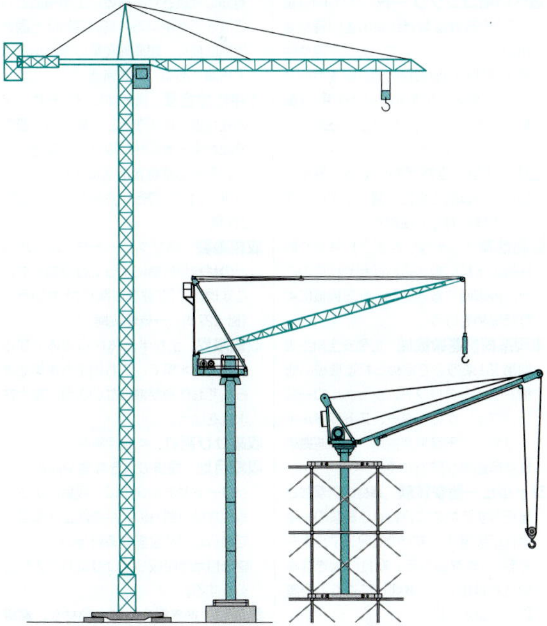

水平タワークレーン　小型タワークレーン　足場用ジブクレーン

ジブクレーン

けるために用いられるU字形の金具。ねじ込みピンタイプとボルトナットタイプの2種類に大きく分けられる。「しゃこ」ともいう。（図·223頁）

社内竣工検査　完成した建築物を顧客に引き渡す前に社内の技術者により行われる最終検査。指摘を受けた不具合箇所は、引渡し前に確実に是正することが求められる。→社内中間検査

社内中間検査　建築物が顧客の要求事項に適合した状態で引き渡せることを確実にするために、部分完成の段階で社内の技術者により行われる検査。一般的には躯体、仕上げの早期の段階で実施する。→社内竣工検査

シャフト　エレベーターや設備配管のため、建物の縦方向に高く、細長く貫通しているスペース。「エレベーターシャフト」「パイプシャフト」と呼ばれ、縦坑、換気坑、通気管などを指す。

遮へい用コンクリート　バライト（重晶石）や磁鉄鉱など比重の重い骨材を用いたコンクリートで、ガンマ線や中性子線などの放射線の遮へいを目的とする。通常、比重3.2～4.0程度。「重量コンクリート」ともいう。→コンクリート（表·171頁）

地山　天然の自然状態にある、掘削、切り取り以前の地盤。盛土や埋戻しをした地盤に対して使用する。

砂利地業（じゃりじぎょう）基礎や耐圧盤の下部に敷き込む砂利や採砕のこと。掘削面に敷き込み、転圧機械により締固めを行う。

車両系荷役運搬機械　労働安全衛生規則第151条の2で定められる機械の総称。フォークリフト、ショベルローダー、フォークローダー、ストラドルキャリヤー、不整地運搬車、構内運搬車、貨物自動車が該当する。

シャルピー衝撃試験　鋼材の衝撃強さを把握するために行われる試験の一種。鋼材が破壊するまでの吸収エネルギーで靭(じん)性を調べる。靭性の大きな構造材料は脆(ぜい)性破壊しにくく、耐震設計上望ましい。

じゃんか　コンクリートの表面に見られる打込み不良の一つ。砂利が露出し、強度が下がってもろくなっている状態。締固め不足、セメントペーストと砂利の分離、型枠の隙間からのペースト流出などがその原因である。「豆板」「巣」「あばた」などともいう。（表·227頁）

ジャンクションボックス　電線やケーブル、管路を接続する際に電線などの接続部を収納するための蓋付きの箱。広義に分電盤キャビネット、端子箱などを含む。狭義にフロアダクト用付属品をいう。

集合管継手　排水を渦巻き状にガイドし、排水立て管内において、配管の中心部に通気層を設けてスムーズな排水流下を可能にする排水継手。各フロアの排水立て管と横引き管との接続位置に設けられ、逃し通気、回路通気が省略できる。（図·227頁）

柔構造　建物の固有周期を長くすることで受ける地震力を小さくし、地震に有効に抵抗させる構造。上部構造としてはS造を用いる。高い建物ほど固有周期は長く、超高層建築のほとんどは柔構造である。→剛構造

十字形接合部　構造体における柱と梁の接合部の形状を示し、建物の一般階で左右梁2本に柱が取り付く部分をいう。部位の取付き形状により「L字形」「T形」「ト形」の各接合部がある。（図·227頁）

収縮亀裂　コンクリートやモルタルなどの材料が収縮によってひび割れを起こす現象。「収縮ひび割れ」ともいう。（図·227頁）→乾燥収縮

収縮限界　土が半固体から固体になるときの含水量で、これ以上含水量を減らしても体積が減らないような最大含水比をいう。

収縮ひび割れ　⇨収縮亀裂

収縮目地　面積の大きな壁や床のコンクリートやモルタルに、収縮による不規則なひび割れの発生を防止する目的であらかじめ設置する目地のこと。収縮を目地で吸収し、ひび割れが入りにくくする。

集成材　挽き板または小角材を、繊維方向を長手にそろえて接着剤で重ね張りし、角材や厚板材としたもの。日本

建物・室用途別遮音等級と測定部位[18)]

建築物	室用途	部　位	適用遮音等級			
			特級	1級	2級	3級
集合住宅	居室	隣戸間界壁 隣戸間界床	D-55	D-50	D-45	D-40
ホテル	客室	客室間界壁 客室間界床	D-55	D-50	D-45	D-40
事務所	業務上プライバシーを要求される場所	室間仕切り壁 テナント間界壁	D-50	D-45	D-40	D-35
学校	普通教室	室間仕切り壁	D-45	D-40	D-35	D-30
病院	病室（個室）	室間仕切り壁	D-50	D-45	D-40	D-35

［適用等級］特級：遮音性能上特に優れており、特別に高い性能が要求される場合の水準／1級：遮音性能上優れており、日本建築学会が推奨する好ましい水準／2級：遮音性能上標準的であり、一般的な水準／3級：遮音性能上やや劣り、やむを得ない場合に許容される水準

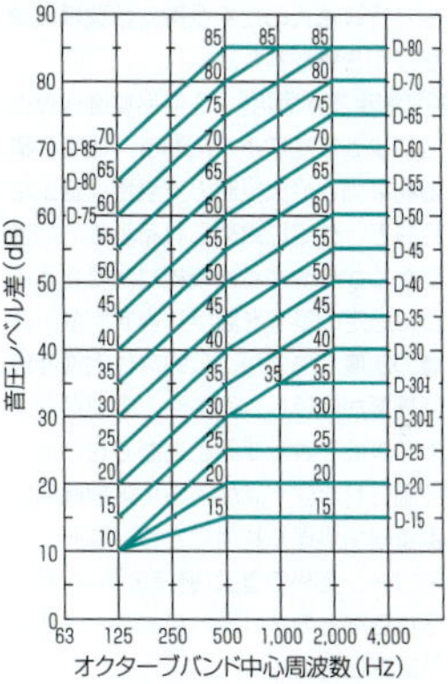

空気音の遮音等級（D値）

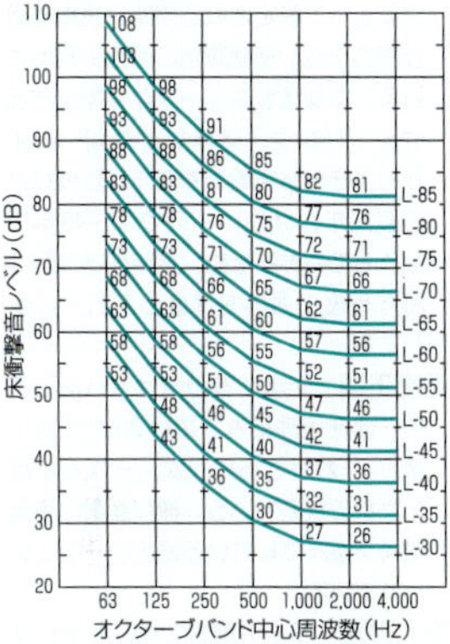

固体音の遮音等級（L値）

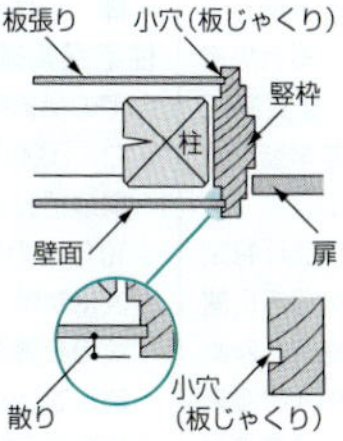

しゃくる

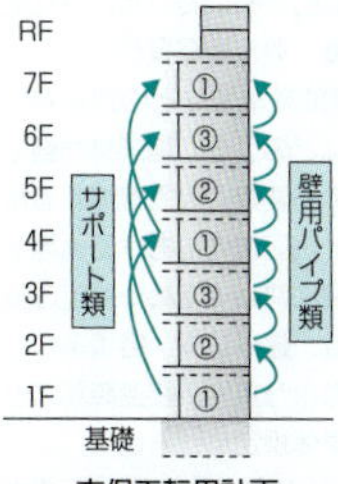

支保工転用計画

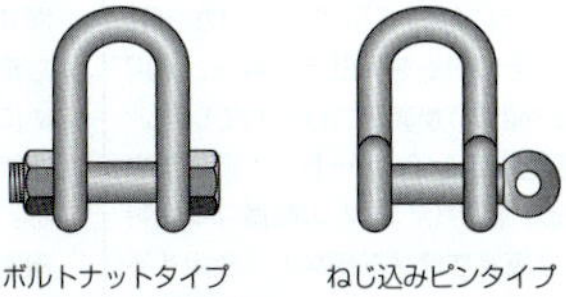

安全係数：5以上

シャックル

し

農林規格(JAS)においては、造作用、化粧ばり造作用、化粧ばり構造用、構造用に区分される。積層材、合板とは区別される。(図・227頁)

修繕　建物の部位や建築設備などの劣化した性能や機能を、原状あるいは実用上支障のない状態まで回復させること。ただし、保守の範囲に含まれる定期的な小部品の取替えなどは除く。

修繕周期　建築物の部位や建築設備などの劣化の進行に対し、部分修理、塗替え、全面更改が必要とされる時期の目安として設定される期間。長期修繕計画の作成や修繕費用の算出に利用される。鉄部塗装は5～6年、屋上防水やシーリング、外壁などは10～12年がおよその修繕周期である。設備などの耐用年数は長いもので35～45年になるものもあるため、長期修繕計画は25年程度のものを準備しておく必要がある。

重層下請　元請業者の請け負った工事の一部を下請業者が請け負い(一次下請)、それがさらに二次、三次と下請化される状態をいう。建設産業の下請機構を複雑にしている要因の一つといわれている。

重大災害　厚生労働省では、一時に3人以上の死傷者を伴う労働災害を「重大災害」として、他の災害と区別して取り扱っている。事業者は、重大災害が発生した場合は遅滞なく様式第22号による報告書を所轄労働基準監督署長に提出しなければならない。

住宅瑕疵担保履行法　正式には「特定住宅瑕疵担保責任の履行の確保等に関する法律」で、2009年10月施行。新築住宅の構造上主要な部分と雨水の浸入を防止する部分などの基本的構造の欠陥に対して、消費者保護の観点から、売主などに対して引渡しの日から10年間、その瑕疵を保証する責任と費用(保険か供託)が義務づけられている。

住宅基礎用コンクリート　木造建築物の基礎、門扉(もんぴ)などの軽微な構造物および簡易な機械基礎などに使用するコンクリート。取り扱いが簡易であり、特に高度の技術力を要せずに一定の品質が確保される仕様となっている。従来「簡易コンクリート」と呼ばれていたが、JASS 5(2009年版)より名称変更された。→コンクリート(表・171頁)

住宅金融公庫　「住宅金融公庫法」に基づき1950年6月に設立した、国土交通省・財務省所管の特殊法人政策金融機関。住宅の建設および購入に必要な資金で、一般金融機関が融資することが困難とするものに資金の融資などをすることを目的とする。2007年3月31日に廃止され、同年4月1日より独立行政法人の住宅金融支援機構に業務が引き継がれた。

住宅性能表示制度　住宅品質確保促進法によって制定された制度。住宅の構造的な強さや火災時の安全性、省エネ性など、住宅に求められる基本的な性能をわかりやすく比較検討ができるように一定の基準を設けて表す制度。任意の制度であるが、公的な住宅性能評価機関が評価し、売主や工事請負者はその評価を表示することができ、また、評価された住宅は住宅紛争処理機関による紛争処理も利用できる。なお、住宅ローン金利の優遇(優遇金利)が受けられるなどのメリットがある。→住宅品質確保促進法

住宅の品質確保の促進等に関する法律　⇨住宅品質確保促進法

住宅品質確保促進法　正式名称は「住宅の品質確保の促進等に関する法律」で、2000年施行。新築住宅の主要な構造部および雨水の浸入を防ぐ部分の10年間の瑕疵(かし)担保責任、住宅性能表示制度、トラブル処理の紛争処理機関の設置の3つの柱からなっている。略して「品確法」ともいわれる。→住宅性能表示制度、瑕疵担保責任

集団規定　建築基準法などの建築物に関する規定などのうち、建築物が健全な都市環境の一要素として機能するために、都市計画区域内における土地や建築物相互間に関して定めた規定の総称。用途地域、建ぺい率、容積率、斜線制限、日影(ひかげ)規制、接道義務などがある。→単体規定

自由地下水　比較的地表に近い不透水

ジャッキの種類

機構別分類	ジャッキの種類
ねじ式（スクリュー式）	ジャーナルジャッキ、キリンジャッキ等
油圧式	オイルジャッキ、プレロードジャッキ、センターホールジャッキ
その他（空圧式、水圧式等）	−

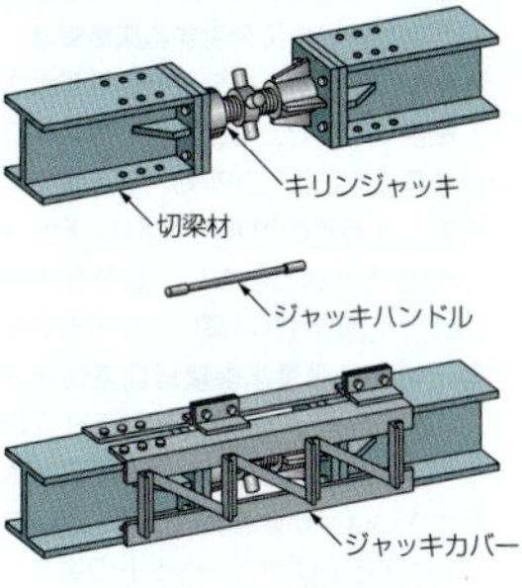

キリンジャッキ（切梁支保工用）

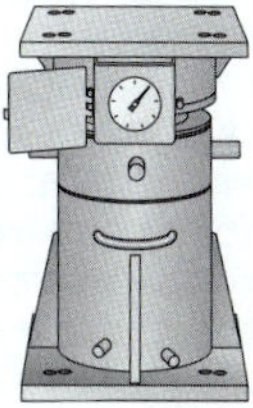

プレロードジャッキ（切梁支保工用）

ジャッキ

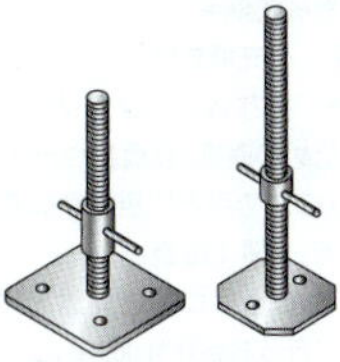

ジャッキベース

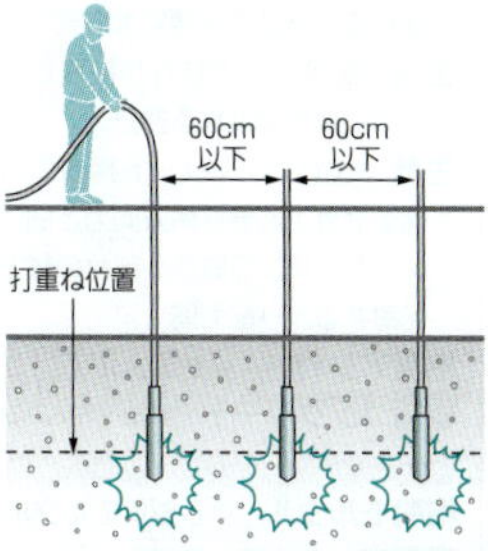

バイブレーターの挿入間隔は60cm以下

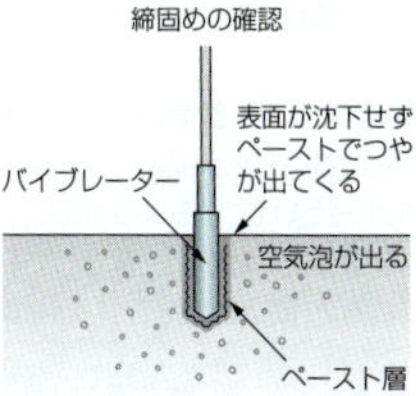

バイブレーターの加振時間は１箇所当たり5〜15秒とする

締固め

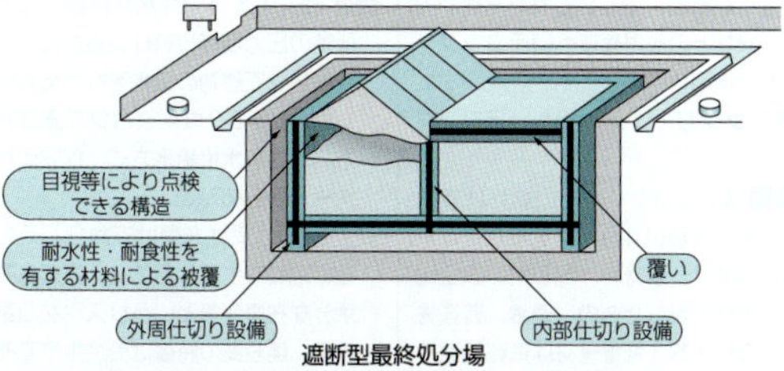

遮断型最終処分場

層の上に存在し、地表からの浸透水などの影響を受けて水位が変動する地下水。（図·229頁）→被圧地下水

集中荷重　部材の１点に集中して働く荷重。（図·229頁）

充填コンクリート　型枠コンクリートブロックや鋼管内部に打ち込むコンクリートの総称。

充填式継手　鉄筋の機械式継手の一種。鋼管と異形鉄筋の間にモルタルなどの接着剤を充填し、固定する方法。ねじ継手と異なり、鉄筋の節形状を問わず心位置の異なる鉄筋を接合できる。鉄筋と鋼管のクリアランスが大きいため、鋼管の太さや長さが大きくなる傾向にある。「充填継手」ともいう。（図·229頁）→機械式継手

充填継手　⇨充填式継手

シュート　打ち込むコンクリートを流し送るための道具。鉄板製やFRP製で、樋(とい)状の斜め用と円錐管状の垂直用とがある。（図·229頁）

修祓式（しゅうばつしき）建物完成後、使用前に行うお祓(はら)いの儀式。

充腹材　H形鋼やI形鋼の梁、柱のように、ウェブの部分に孔などがなく、隙間のない鋼板で形成されている材料の総称。

周辺固定スラブ　鉄筋コンクリートの構造物において、大梁または小梁により四辺を囲まれているスラブのこと。床スラブと梁は同時に一体として打ち込まれる。「四辺固定スラブ」ともいう。（図·229頁）

重量骨材　骨材の比重による区分の一種。通常のものと比べて高密度の骨材。鉄、鋼、磁鉄鉱、砂鉄、褐鉄鉱、赤鉄鉱、バライト（重晶石）、玄武岩、蛇紋岩などがある。主としてガンマ線や中性子線などの放射線遮へい用コンクリートに使用される。

重量コンクリート　⇨遮へい用コンクリート

重量調合　コンクリートの調合において、単位容積（$1m^3$）に対するセメント、水、粗骨材、細骨材、混和剤の調合比率を重量で表したもの。通常、普通骨材は表乾状態、軽量骨材は気乾状態の重量を用いる。→容積調合

重量木構造　耐火性能の向上を目的として、各部材の寸法を大きくした木構造。「ヘビーティンバーコンストラクション」ともいう。

重量床衝撃音　床衝撃音の一つ。人が飛び降りたときなど、重くて軟らかい物が落ちたときに発生する床衝撃音。重量床衝撃音は床の質量と剛性が大きく影響するので、その防止には床スラブを厚くすることが有効。直下階の室で聞こえる音の遮断性能は「Li、Fmax、r、H(1)–50」などと表し、数値が少ないほうが遮断性能は高い。床の部材性能としての重量床衝撃音低減性能は「ΔLH（Ⅰ）－１～４等級」、「ΔLH（Ⅱ）－１～４等級」などと表し、等級の数値が大きいほうが低減性能が高い。なお、（Ⅰ）は床仕上げがカーペットの場合、（Ⅱ）は二重床の場合である。→床衝撃音遮音性能（表·505頁）

重力式給水方式　高架水槽給水方式をいい、位置水頭を利用して重力の作用により給水することからこのように呼ばれる。→高架水槽給水方式

主管　配管系統で枝管が接続しているその主要幹線となる部分。

主筋　鉄筋コンクリート構造において、構造計算上必要な軸方向力と曲げモーメントに抗する鉄筋。部材の軸方向に配置する。→配力筋

樹脂アンカー　⇨ケミカルアンカー

樹脂コンクリート　⇨レジンコンクリート

樹脂モルタル　⇨レジンモルタル

受信機　感知器、発信機からの火災信号を受信し、火災発生場所の表示や警報を発信する盤。

受水槽　上水道や井水を供給する際、所定の圧力が得られない場合に、一時貯留させて建物の給水を行うためのタンク。（図·229頁）→ポンプ直送給水方式、高架水槽給水方式、保守点検スペース（図·467頁）

受注生産　受注を受けてから、その仕様に応じて生産すること。過剰生産や余分な在庫保管というリスクを回避できる。建設業の特徴は受注生産である

じゃんかの程度と補修方法

程　　度	補修方法
砂利が露出し、表層の砂利を叩くと剥落するものがあるが、砂利どうしの結合力は強く、連続的にばらばらと剥落することはない（深さ30mm以下）。	不良部分をはつり取り、健全部分を露出。ポリマーセメントペーストなどを塗布後、ポリマーセメントペーストなどを充填する。
鋼材のかぶりからやや奥まで砂利が露出し、空洞も見られる。砂利どうしの結合力は弱まり、砂利を叩くと連続的にばらばらと剥落することもある（深さ30～100mm）。	不良部分をはつり取り、健全部分を露出。無収縮モルタルを充填する。
コンクリートの内部に空洞が多数見られる。セメントペーストのみで砂利が結合している状態で、砂利を叩くと連続的にばらばらと剥落する（深さ100mm以上）。	不良部分をはつり取り、健全部分を露出。コンクリートで打ち換える。

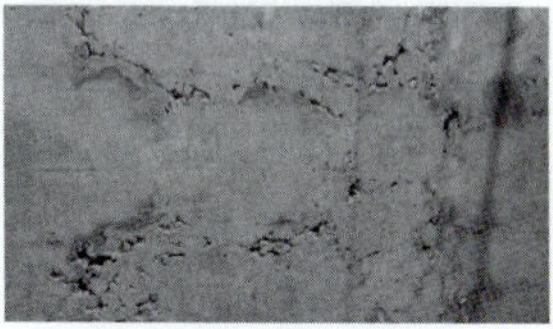
じゃんか

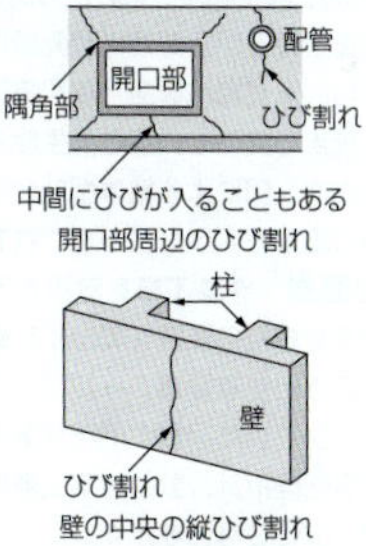

収縮亀裂

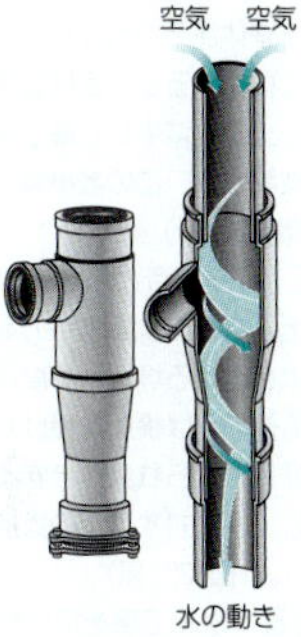

集合管継手

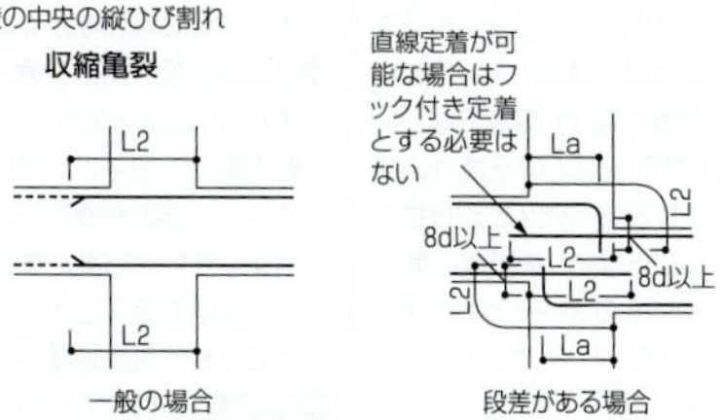

十字形接合部（一般階）

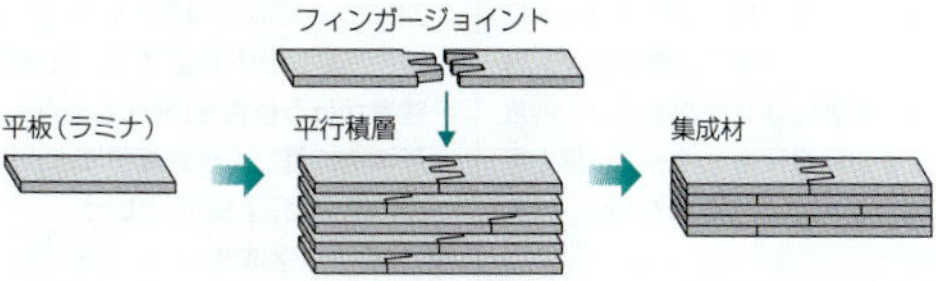

集成材

が、さまざまな顧客からの受注内容に異なる対応を迫られることになり、効率的な生産計画を立てることは難しい。「注文生産」ともいう。

受電　電力会社から電気の供給を受けること。

手動ガス圧接技量資格者　鉄筋コンクリート用の棒鋼を、酸素アセチレン炎を使用して圧接接合する技量を認定する検定試験を受けて資格を有する者。棒鋼の径により1種から4種までの区分がある。（表·217頁）→自動ガス圧接技量資格者

受動型センサー　⇨パッシブセンサー

主働土圧（しゅどうどあつ）土を押さえている壁体がその土圧により反対側に水平に移動すると、土は膨張または移動し、土圧が減少して最小値となりすべり破壊する。この最小値の土圧をいう。（図·231頁）

受働土圧（じゅどうどあつ）擁壁(ようへき)などが土圧などによる水平力を受けて移動しようとする場合、今度はそれに押される側の土は横圧を受けて収縮し、上方へ押し上げられようとする。この土の押し上げに対する土の抵抗力のことをいう。（図·231頁）

主任技術者　建設工事を請け負った建設業者が、当該工事の施工の技術上の管理をするために置く技術者。建設業法により、外注総額3,000万円（建築一式工事の場合は4,500万円）未満の元請工事現場、および下請負に入る建設業者が現場に配置しなければならない。外注総額3,000万円以上の元請負の現場には、主任技術者に代えて監理技術者の配置が必要となる。建設業法第26条、同法施行令第27条→監理技術者

シュミットハンマー　⇨コンクリートテストハンマー

シュミット法　コンクリート強度の非破壊推定試験の一種。コンクリートにシュミットハンマーで打撃を与え、返ってきた衝撃の強さを測ることで強度を推定する反発硬度法の一つ。推定可能な強度範囲は10〜60N/mm^2。（図·231頁）

主要構造部　壁、柱、床、梁、屋根または階段のこと。建築の構造上重要でない間仕切り壁、間柱、付け柱、揚げ床、最下階の床、回り舞台の床、小梁、庇、局部的な小階段、屋外階段その他これに類する建築物の部分は除く。建築基準法第2条5号

聚楽（じゅらく）和風建築の土壁仕上げの一つ。黄褐色の壁土にわずかに黒点や錆色が出ており、温かみのある独特の風合いが特徴。左官塗り仕上げの一つとして茶室などの壁に広く用いられてきた。

循環型社会形成推進基本法　循環型社会の形成を促進する基本的な枠組みとなる法律。形成すべき循環型社会を「廃棄物の発生抑制、循環資源の循環的な利用、適正な処理の確保によって天然資源の消費を抑制し、環境負荷ができる限り低減される社会」と規定。発生抑制（リデュース）、再使用（リユース）、再生利用（リサイクル）、熱回収、適正処分という処理の優先順位を明確にし、事業者は製品が使用済みになった後まで責任を負う拡大生産者責任の原則や、国による循環型社会形成のための施策の明示などが示されている。

準拠図書　建築工事を建設するうえで、標準や規格の要請を満たすためによりどころとする図書。一般に、設計図書のなかで当該図書の明記がある。建築工事監理指針、公共建築工事標準仕様書、JASSなどを示す。

準工業地域　都市計画法（第9条第10項）による用途地域の一つで、おもに軽工業の工場など、環境悪化のおそれのない工場の利便を図る地域。その他倉庫、住宅、店舗、事務所、学校、病院、遊戯施設など多様な用途の建物が建てられる用途地域。

竣工検査　工事完了後に施工者、設計監理者などが実施する検査で、施工状態について設計図書との齟齬(そご)や不具合がないかを確認する。最終的に発注者が行う検査を「発注者検査」、建築基準法に基づく検査機関による検査については「完了検査」という。

竣工式　⇨落成式

竣工図　工事中に発生した設計変更な

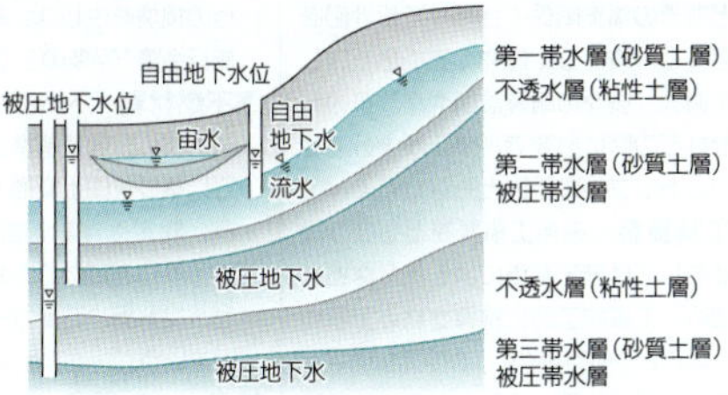

自由地下水

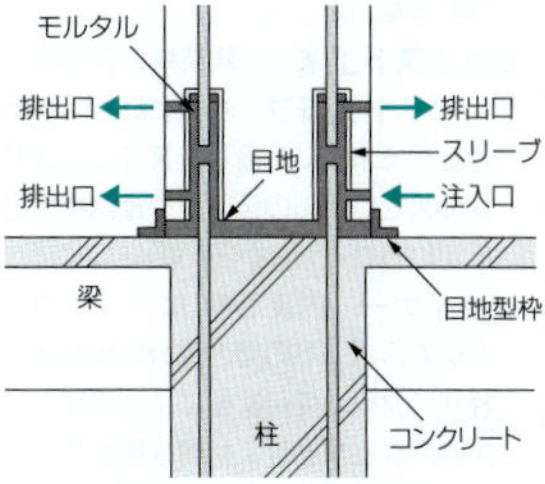

モルタル充填式継手（例）

集中荷重

斜め用シュート

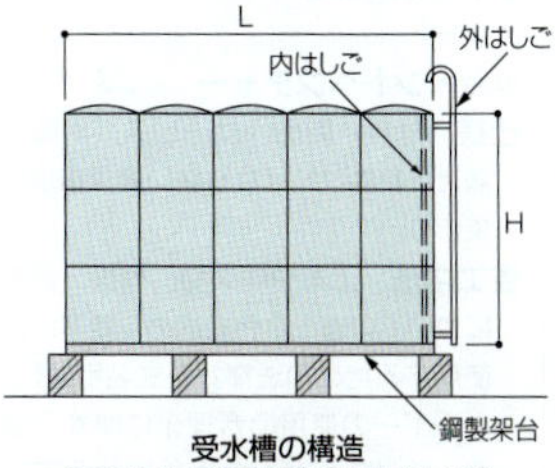

受水槽の構造
（ステンレス鋼板製パネルタンク）

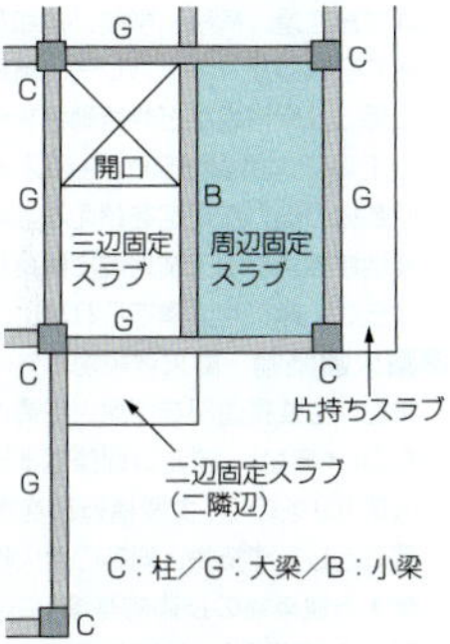

周辺固定スラブ

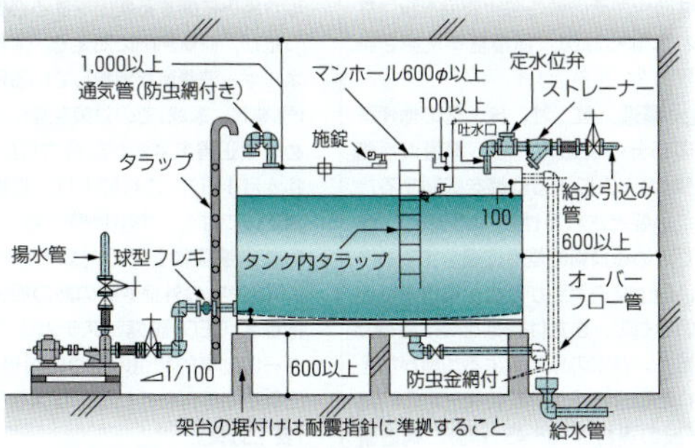

受水槽

どをその事実関係に合わせて設計図を修正し、竣工した建物の完成形を表した図面。後々の耐震診断や増改築の設計などの際に必要で、修正が十分でないとトラブルの原因ともなり得る。

竣工精算金　追加工事費をともなう設計もしくは施工変更による代金なども含めて工事竣工時に精算される工事代金のこと。前渡金(ぜんときん)や中間払いなど、すでに受領している代金と合わせて請負代金の額となる。

竣工引渡し書　⇨工事引渡し書

準住居地域　都市計画法(第9条第7項)による用途地域の一つ。道路の沿道などにおいて、住居と調和した環境を保護するための地域。「準住居」ではあるものの、第二種住居地域以上の種類の用途の建物が建てられる。店舗(10,000m^2以下)、事務所、ホテル、ぱちんこ屋、病院、学校、倉庫などは建てられるが、キャバレー、風俗営業に係る公衆浴場などや原動機を使用する工場で作業場が50m^2を超えるもの、原動機の出力が規定を超える工場、商業地域および準工業地域に建築してはならない建築物は建てられない。

準耐火建築物　耐火建築物以外の建築物で、主要構造部を準耐火構造としたもの(イ準耐)、または建築基準法施行令第109条の3「主要構造部を準耐火構造とした建築物と同等の耐火性能を有する建築物の技術的基準」に適合したもの(ロ準耐)。いずれの場合も、外壁の開口部で延焼のおそれのある部分には防火戸その他の防火設備を設けなければならない。建築基準法第2条9号の3

準耐火構造　壁、柱、床、その他建築物の部分の構造のうち、準耐火性能(通常の火災による延焼を抑制するために必要とされる性能)に関して、政令で定める技術的基準に適合するもので、国土交通大臣が定めた構造方法を用いるもの、または認定を受けたものを指す。通常の火災による加熱が加えられた場合に、加熱開始後一定の時間(一般の場合は30〜45分間)、構造耐力上支障のある変形や溶融、破壊その他の損傷を生じないもの。建築基準法施行令第107条の2(表·233頁)

準不燃材料　不燃材料に準ずる防火性能を有し、建築基準法施行令第1条5号に基づき国土交通大臣が認定した材料。判定は建設省告示第1401号に掲げる要件を満たしたものとする。木毛セメント板、石膏ボードなどの建築材料をいう。

純ラーメン構造　柱と梁だけで構成されるラーメン構造で、筋かいや耐震壁をもたない。

ジョイスト工法　⇨親杭横矢板工法

ジョイストスラブ　小梁(床根太)を敷き並べるように配置したスラブ。スパンの大きいビルのスラブや道路橋などに用いられる。(図·235頁)

ジョイナー　内装工事のボード張りにおいて、ボードの接合部分に設置する棒状の材料。使用部位により目地用、出隅用などがあり、材質は樹脂製、アルミ製などがある。(図·235頁)

ジョイントプレート　⇨スプライスプレート

ジョイントベンチャー　⇨JV

仕様　材料、製品、サービスが明確に満たされなければならない要求事項の集まり。

省エネ法　工場や建築物、機械・器具についての省エネ化を進め、効率的に使用するための法律。正式名称は「エネルギーの使用の合理化に関する法律」。2,000m^2以上の大規模な住宅・建築物の場合のみ、建設時に省エネの取り組みに関する届出をする必要があったが、産業部門に加えて、大幅にエネルギー消費量が増加している民生部門(業務、家庭)での対策を強化するため、改正省エネ法が施行された(2009年4月1日)。これにより大規模建築物だけでなく、中小規模(300m^2以上)の特定建築物もその対象となった。PAL(建物の外壁や窓の熱の損失防止指標)、CEC(設備システムのエネルギーの効率的利用のための指標)の算出や定期報告を行わなければならない。(表·235頁)

消音内張り　ダクトの内側にグラスウ

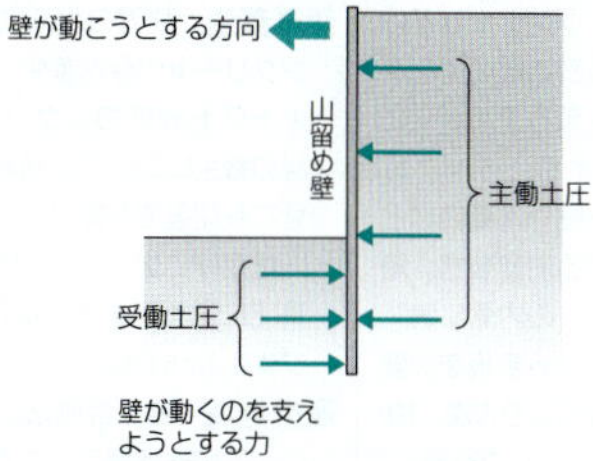

主働土圧・受働土圧

反発硬度によるコンクリートの圧縮強度の測定

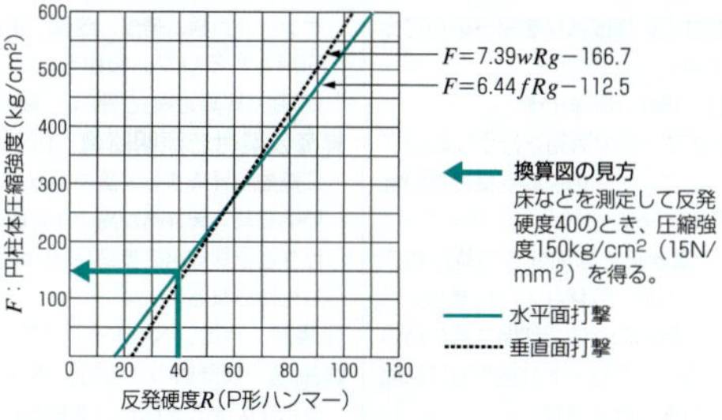

反発度−圧縮強度基準換算図

シュミット法

準耐火建築物となりうるための性能・表示

<table>
<tr><th colspan="2">主要構造部の構造</th><th colspan="2">準耐火建築物となりうるための性能</th></tr>
<tr><td rowspan="2">主要構造部を準耐火構造としたもの</td><td>準耐火建築物</td><td rowspan="4">外壁の開口部で延焼のおそれのある部分に、防火戸等の防火設備を設ける</td><td>•主要構造部を準耐火構造
•地上部分の層間変形角は、原則として1/150以内</td></tr>
<tr><td>1時間耐火の準耐火建築物</td><td>•主要構造部の準耐火性能を1時間以上
•地上部分の層間変形角は、原則として1/150以内</td></tr>
<tr><td rowspan="2">主要構造部を準耐火構造と同等のものとしたもの</td><td>外壁耐火の準耐火建築物</td><td>•外壁を耐火構造
•屋根を建築基準法第22条第1項の構造
•延焼のおそれのある部分の屋根で、屋内で発生する通常の火災の火熱に対して、20分間の遮炎性を有すること</td></tr>
<tr><td>不燃構造の準耐火建築物</td><td>•柱と梁を不燃材料、その他を準不燃材料とする
•外壁の延焼のおそれのある部分を防火構造
•屋根を建築基準法第22条第1項の構造
•床を準不燃材料でつくり、3階以上の階の床またその直下天井は、屋内で発生する通常の火災に対して、火熱開始後30分間の非損傷性・遮熱性を有するもの</td></tr>
</table>

ールマット、パンチングメタルなどの吸音材を張り付け、吸音拡散によりダクト内伝播音の低減を図る工法。

常温工法 ⇨冷工法防水

消音チャンバー 空調機や送風機などのダクト経路内に設ける消音装置。箱形容器であるチャンバーの内側に消・吸音材を内張りしたりじゃま板を設置したもので、吸音拡散により制気口からの騒音を低減できる。（図·235頁）

障害物調査 敷地調査のうち、特に地中埋設物、配管に関する調査。台帳に記載のない配管や、既存図に記載のない基礎、杭などが存在することもあるため、試掘などを行い万全を期す必要がある。

消火栓箱 ⇨消火栓ボックス

消火栓ボックス 消火栓箱。屋内消火栓や屋外消火栓で、ホースやノズル、総合盤などの構成部材を組み込んだ金属製の箱。

浄化槽 ⇨屎(し)尿浄化槽

消火ポンプ 消火活動を行うための送水用ポンプ。火災の影響を受けない場所に設置する。

定規 ①直線または曲線を引くための道具。②丸鋸(まるのこ)盤などの作業台上に固定し、目的の寸法で切断するための道具。③コンクリート打込み時に床面の当たりをつける道具。

定規摺り（じょうぎずり）左官工事のコンクリート床押えやモルタルの塗り壁において、面の精度を向上させるために、定規と呼ばれるまっすぐな木ですり合わせして凹凸をなくすこと。

仕様規定 仕様について具体的に定められている規定。必要な性能を満たすために材料、工法、納まりなどを定めたもので、例としては階段寸法や耐火被覆材の厚みなど。→性能規定

蒸気トラップ 蒸気配管や蒸気を利用する機器内に発生した凝縮水と空気とを蒸気から分離し、蒸気は流さずに凝縮水のみを流す装置。（図·235頁）

定規掘り 山留め工事において、親杭H鋼やシートパイルを所定の位置に打ち込む際の定規となる鋼材などを据え付けるために掘削すること。

蒸気養生 高温の水蒸気の中で行うコンクリートの促進養生。おもに、プレキャスト鉄筋コンクリート（PCa）部材の養生において、初期強度を増大させて長期強度を確保し、その他の諸性能を良好に保つために実施する。高温、高圧による蒸気養生は「オートクレーブ養生」という。

商業地域 都市計画法（第9条第9項）による用途地域の一つで、おもに商業などの業務の利便の増進を図る地域。風俗施設を含めほとんどすべての商業施設、事務所、住宅、ホテル、車庫、倉庫、小規模の工場などが建てられる。延べ床面積規制がなく、容積率限度も相当高いため、高層ビルも建設可能。

昇降足場 枠組足場や単管足場に昇降ステップ、昇降階段を設置して組んだ足場。ビルやマンションの外壁メンテナンス、点検、補修、改修工事などで利用されるリフト機能をもつ足場は「移動式昇降足場」と呼ぶ。（図·235頁）

昇降装置付き照明器具 保守のために電動で昇降する装置が組み込まれた照明器具。天井高が高い体育館、吹抜けなどで保守用の歩廊がない場合に取り付けられる。

昇降路 ⇨エレベーターシャフト

詳細図 設計図のうち特定部分の詳細を示す図面の総称で、平面詳細図、断面詳細図、部分詳細図などがある。

詳細設計 ⇨実施設計

仕様書 建物の規模、構造、材料、設備、工事範囲が表示された図面または書類。設計概要書、特記仕様書、仕上表などをいう。→特記仕様書

上棟式（じょうとうしき）工事途中の一つの区切りで行われる建築儀式の一つ。木造は棟木(むなぎ)を取り付けるとき（棟札に工事の主旨や建物名、上棟年月日、建築主名を書き、棟梁が棟木に奉置する）、S造は鉄骨工事完了時、RC造は躯体コンクリート打込みが完了したときにそれぞれ行う。「棟上(むねあげ)式」ともいう。

照度基準 JISで定められた明るさの基準。視作業の最適環境を勘案し定めたもの。

耐火構造・準耐火構造、防火構造・準防火構造の技術的基準

<table>
<tr><th colspan="3" rowspan="4">建築物の部分
（主要構造部）
性能</th><th colspan="5">壁</th><th rowspan="4">床</th><th rowspan="4">梁</th><th rowspan="4">柱</th><th colspan="3">屋根</th><th rowspan="4">階段</th></tr>
<tr><th colspan="2">耐力壁</th><th colspan="3">非耐力壁</th><th rowspan="3">屋根（軒裏を除く）</th><th colspan="2">軒裏</th></tr>
<tr><th rowspan="2">間仕切り壁</th><th rowspan="2">外壁</th><th rowspan="2">間仕切り壁</th><th colspan="2">外壁</th><th rowspan="2">延焼のおそれのある</th><th rowspan="2">左以外の外壁</th></tr>
<tr><th>延焼のおそれのある</th><th>左以外の外壁</th></tr>
<tr><td rowspan="5">耐火性能に関する技術的基準
建築基準法施行令第107条</td><td rowspan="3">通常の火災による非損傷性
第1号</td><td>最上階および2以上4以内の階</td><td colspan="2">1時間</td><td>—</td><td>—</td><td>—</td><td colspan="3">1時間</td><td colspan="4">30分</td></tr>
<tr><td>最上階から5以上14以内の階</td><td colspan="2">2時間</td><td>—</td><td>—</td><td>—</td><td colspan="3">2時間</td><td colspan="4">30分</td></tr>
<tr><td>最上階から数えて15以上の階</td><td colspan="2">2時間</td><td>—</td><td>—</td><td>—</td><td>2時間</td><td colspan="2">3時間</td><td colspan="4">30分</td></tr>
<tr><td colspan="2">通常の火災による遮熱性
第2号</td><td colspan="4">1時間</td><td>30分</td><td>1時間</td><td>—</td><td>—</td><td colspan="3">—</td><td>—</td></tr>
<tr><td colspan="2">屋内火災による遮炎性
第3号</td><td>—</td><td>1時間</td><td>—</td><td>1時間</td><td>30分</td><td>—</td><td>—</td><td>—</td><td colspan="3">30分</td><td>—</td></tr>
<tr><td rowspan="3">準耐火性能に関する技術的基準
建築基準法施行令第107条の2</td><td colspan="2">通常の火災による非損傷性
第1号</td><td colspan="2">45分</td><td>—</td><td>—</td><td>—</td><td colspan="3">45分</td><td>30分</td><td>—</td><td>—</td><td>30分</td></tr>
<tr><td colspan="2">通常の火災による遮熱性
第2号</td><td colspan="4">45分</td><td>30分</td><td>45分</td><td>—</td><td>—</td><td>—</td><td>45分</td><td>30分</td><td>—</td></tr>
<tr><td colspan="2">屋内火災による遮炎性
第3号</td><td>—</td><td>45分</td><td>—</td><td>45分</td><td>30分</td><td>—</td><td>—</td><td>—</td><td colspan="3">30分</td><td>—</td></tr>
<tr><td rowspan="2">防火性能に関する技術的基準
建築基準法施行令第108条</td><td colspan="2">周囲の火災による非損傷性
第1号</td><td>—</td><td>30分</td><td>—</td><td>—</td><td>—</td><td>—</td><td>—</td><td>—</td><td colspan="3">—</td><td>—</td></tr>
<tr><td colspan="2">周囲の火災による遮熱性
第2号</td><td>—</td><td>30分</td><td>—</td><td colspan="2">30分</td><td>—</td><td>—</td><td>—</td><td>—</td><td colspan="2">30分</td><td>—</td></tr>
<tr><td rowspan="2">準防火性能に関する技術的基準
建築基準法施行令第109条の7</td><td colspan="2">周囲の火災による非損傷性
第1号</td><td>—</td><td>20分</td><td>—</td><td>—</td><td>—</td><td>—</td><td>—</td><td>—</td><td colspan="3">—</td><td>—</td></tr>
<tr><td colspan="2">周囲の火災による遮熱性
第2号</td><td>—</td><td>20分</td><td>—</td><td colspan="2">20分*</td><td>—</td><td>—</td><td>—</td><td colspan="3">—</td><td>—</td></tr>
</table>

*裏側が屋内に面する外壁。

し

場内運搬　⇨小運搬(こうんぱん)

消防検査　所轄消防署が消防法第７条に基づいて行う検査。中間検査では天井内など隠ぺい部の防火上の区画形成などを確認し、竣工検査では建物に設置された消防設備や避難設備などを作動を含めて検査する。大規模な建物では竣工検査が数日にわたることもある。消防の検査済証を受けないと、建築の検査済証も発行されない。→検査済証

消防法　1948年７月24日制定の法律で、火災を予防、警戒、鎮圧し、国民の生命、身体、財産を火災から保護するとともに、火災、地震などの災害による被害を軽減し、もって安寧秩序を保持し、社会公共の福祉の増進に資することを目的としている。火災予防、消火設備など消火活動および災害対応に関する内容が示されており、建物を「防火対象物」と位置づけて消防設備などの設置を定めている。下位の法令として、消防法施行令、消防法施行規則、危険物の規制に関する政令がある。(表·237頁)

上ボルト　熱間鍛造黒皮からの仕上げ程度により分類したボルト。座面、軸部および頭部上面を仕上げた中ボルトよりも仕上げ程度が上等。JIS B 1180

常傭（じょうよう）元請が下請契約以外に(下請から)労務提供を求め、仕事の出来高に関係なく勤務時間、日数に応じて賃金が支払われる方式、もしくは労働者をいう。

省令　各大臣が発する命令で、手続きや技術的細目などを定めている。行政関係では法律、政令の委任に基づき定められ、こうした省令は一般に「○○法施行規則」と称されている。

条例　地方公共団体(都道府県、市町村など)が制定する法律。法令の範囲内で定められる。

ショートサーキット　排気口と給気口が近接し、排気が直接給気に混ざり合って換気機能を果たさない状態。(図·241頁)

ショートビード　極端に短いビードのこと。母材が急冷されて収縮するために溶接割れの原因になる。→ビード

初期強度　凝結硬化過程にある初期段階におけるコンクリートの強度。一般に打込み後２、３日程度の材齢の強度を指す。打込み後の気温、養生方法、型枠の解体など、さまざまな要因と密接な関係をもつ。→長期強度

初期緊張力　プレストレスを導入する作業が完了した直後のPC鋼材に与えられた緊張力(引張り力)のこと。一般に、時間の経過につれてコンクリートの収縮や鋼材のリラクゼーションなどにより緊張力が減少する。その減少を考慮し必要な緊張力を決め、初期には大きめの緊張力を与えておく。

初期凍害　コンクリートの凝結硬化過程(初期)に凍結融解作用を受けて強度低下や破損を起こす現象。

初期養生管理用供試体　コンクリート強度試験体において、高強度コンクリート、寒中コンクリートなど、初期強度の発現状況を確認するために採取される試験体。→供試体

食塩釉（しょくえんゆう）⇨塩焼きタイル

職方　建築関係などで特定の技術をもった技能者の総称。大工職、左官職、鳶(とび)職、石工職など。「下方(したかた)」「下職(したしょく)」ともいう。

植栽　建物の外周や屋上などに、一定の計画のもとに草木を植えること。(表·239、241頁)

職長　建築現場において、作業中の労働者を直接、作業指示、指導、監督する者。労働安全衛生法第60条で、職長に対して安全衛生教育を行うことと規定しているが、作業主任者のような資格などの法的規制はない。→作業主任者

諸経費　通常、工事価格における一般管理費を指すが、現場経費も含む場合がある。

暑中コンクリート　コンクリートのスランプ低下や水分の急激な蒸発などのおそれがある気温の高い時期に施工されるコンクリート。コールドジョイント、ひび割れ、強度の低下などの問題が起こりやすいため、その防止対策として、コンクリート温度が高くならな

ジョイストスラブ

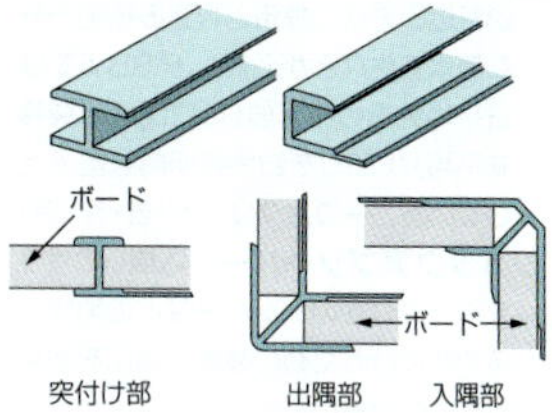

ジョイナー

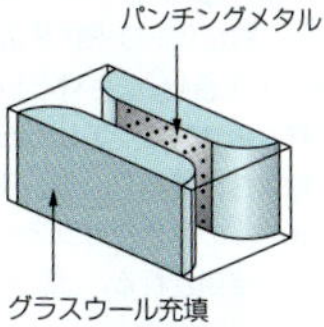

消音チャンバー
（マフラー型）

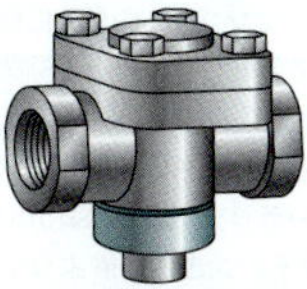

蒸気トラップ

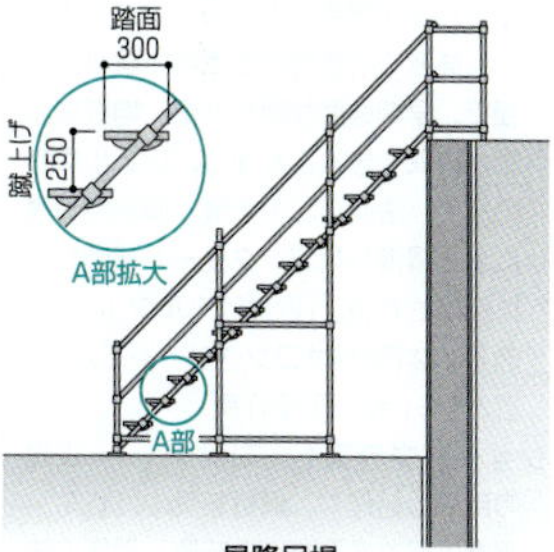

昇降足場

省エネ措置の届出が必要な対象部位・設備（大規模修繕等の場合*）

対象部位・設備		一定規模以上の改修	全体の1/2以上の改修	1フロアすべての改修
屋根・床・壁	屋根	改修を行う屋根・壁・床の面積の合計が2,000m²以上	改修を行う屋根の面積が屋根全体の1/2以上	－
	床		改修を行う床の面積が床全体の1/2以上	－
	壁		改修を行う壁の面積が外壁面積の1/2以上（近接隣地の壁面を除く）	－
空調設備	熱源機器	定格出力合計が300kW以上	定格出力合計が全体の1/2以上	－
	ポンプ	定格流量合計が900ℓ/min以上	定格流量合計が全体の1/2以上	－
	空調機	定格風量合計が60,000m³/h以上	定格風量合計が全体の1/2以上	1つの階に設置されているすべての空調機を交換する場合
換気設備		定格出力合計が5.5kW以上	定格出力合計が全体の1/2以上	－
照明設備		改修を行う床面積の合計が2,000m²以上	改修を行う床面積の合計が全体の1/2以上	1つの階の居室に設置されているすべての照明設備を交換する場合
給湯設備	熱源機器	定格出力合計が200kW以上	定格出力合計が全体の1/2以上	－
	配管設備	交換する配管長さが500m以上	交換する配管長さが全体の1/2以上	－
昇降機設備		交換する昇降機が2基以上		－

*省エネ措置の対象は、第一種特定建築物（床面積の合計が2,000m²以上）と、第二種特定建築物（床面積の合計が300m²以上2,000m²未満）で、建築物の用途や規模により、届出内容、担保措置、定期報告の有無等が異なる。また、大規模修繕等の届出対象は第一種特定建築物のみ。

い打込み方法の採用と打込み後の十分な散水養生などが必要。JASS 5では日平均気温の平年値(15日間の単純移動平均)が25℃を超える期間を基準としている。→コンクリート(表·171頁)

ショックアブソーバー　内倒しのサッシや天井付きのダンパーなどの開放を緩やかに行うための装置。油圧を利用したものが多い。

ショットクリート　コンクリートやモルタルを圧縮空気とともにホースで送り、高速で吹き付ける工法。型枠が不要で、早期強度が期待でき、均質な施工が確保できることから、シェル構造の施工、法面(のりめん)の被覆、凍結や塩害により損傷したコンクリート補修などに使用される。「吹付けモルタル工法」あるいは「吹付けコンクリート工法」などともいう。(図·241頁)

ショットブラスト　コンクリート表面の目荒し処理や、鋼材表面のけれん、研磨処理をするための装置。鋼鉄の微粉粒を高圧空気とともに表面に吹き付ける。

所要数量　建築数量積算基準で区別する数量の一つ。例えば、鉄筋や木材は市場において定尺寸法で取り引きされるため、現場施工の際に切り無駄が生じる。また、コンクリート打込み時のこぼれなどもあり、実際の施工上やむを得ない切り無駄や損耗などを含む予測数量のこと。→設計数量、計画数量、施工数量

じょれん　砂利、砂、土、コンクリートのかき均しや収集に用いる鍬(くわ)状の工具。(図·241頁)

シリカセメント　クリンカーと二酸化ケイ素(SiO_2)含有量60%以上のシリカ質混合材を粉砕してつくるセメントで、この含有量によってA種～C種までである。「珪(けい)酸セメント」とも呼ばれ、初期強度は小さいが耐薬品性、水密性に優れ、石灰分の溶出が少ない。JIS R 5212

シリカフューム　金属シリコンやフェロシリコンを電気炉により精錬する過程において発生する排ガス中に含まれる超微粒子。セメント粒子より小さい球形状をしており、SiO_2(二酸化ケイ素)含有量が高く、非晶質であるためポゾラン活性が高い。高強度コンクリート用の混和材として注目されている。→ポゾラン、混和材(表·183頁)

シリコーンシーラント　シリコーン(シロキサン結合[Si-O-Si]を主骨格とした高分子化合物)を主材としたシーリング材。化学的に安定しており、耐熱性、耐候性に優れている。各種カーテンウォールの目地やガラスのシーリングなどに使用される。JIS A 5758、JASS 8

シリンダー錠　円筒の中にスプリングの付いたタンブラー(小柱状のピン)を数本並べ、タンブラーの刻みに合った鍵を入れて回転させることで開閉する錠。「シリンダー箱錠」ともいい、握り玉に組み込まれたものは「円筒錠」といわれる。→ラッチボルト(図·515頁)

シルト　粒子の大きさが砂より小さく粘土より粗い土壌または堆積物。地質学では粒径1/16～1/256のものを指す。シルト層は圧縮性が高く支持力が低いため、支持地盤としては軟弱層に位置づけられることが多い。また、飽和した緩いシルト地盤では液状化が発生しやすい。

白ガス管　⇨配管用炭素鋼鋼管

シロッコファン　「多翼送風機」ともいい、羽根車に短い前向きの羽根をもつ遠心送風機。運転音が小さく、大きい風量が出せるため、空調用としては最も多く使われている。

塵芥処理設備（じんかいしょりせつび）建物内で発生したごみを発生源からごみ集積場まで移動し、建物外へ搬出するまでの中間処理設備。ごみカート、ダストシュート、空気圧を利用したごみ輸送管、ごみ圧縮装置、ディスポーザー、焼却炉などの装置がある。

真壁（しんかべ）木造建築の和室を構成する伝統的構法の壁。柱を化粧として室内に見せて仕上げる。→軸組構法(図·209頁)

心関係図（しんかんけいず）⇨心線図

人感センサー　人間の動きや熱などから検知する検出器。照明、換気扇、手

消防設備設置基準一覧（消令別表第1（5）項ロ 共同住宅・寄宿舎等）

設置条件		消防設備等	詳細条件・備考	参照法令
延床面積	500m^2	自動火災報知設備		消令第21条
	700m^2	屋内消火栓設備	準耐火≧1,400m^2、耐火≧2,100m^2	消令第11条
	3,000m^2	屋外消火栓設備	準耐火≧6,000m^2、耐火≧9,000m^2	消令第19条
	50,000m^2	総合操作盤		消規第12条 第1項第8号
地階・無窓階床面積	全部	誘導灯		消令第26条
	150m^2	屋内消火栓設備	準耐火≧300m^2、耐火≧450m^2	消令第11条
	300m^2	自動火災報知設備		消令第21条
	5,000m^2 （地階）	総合操作盤	消防署長が必要と認めるもののみ	消規第12条 第1項第8号
階の規模	地上３階	非常警報設備	放送設備付加	消令第24条
	地上３階	自動火災報知設備	300m^2以上の階	消令第21条
	地上４階	屋内消火栓設備	一般≧150m^2・準耐火≧300m^2・ 耐火≧450m^2の階	消令第11条
	地上５階	連結送水管	延床面積6,000m^2以上のみ	消令第29条
	地上７階	連結送水管	すべて	消令第29条
	地上11階	非常コンセント設備	11階以上のみ	消令第29条の2
	地上11階	スプリンクラー設備	11階以上のみ	消令第12条
	地上11階	自動火災報知設備		消令第21条
	地上11階	非常警報設備	放送設備付加	消令第24条
	地上11階	誘導灯	11階以上のみ	消令第26条
	地上11階	総合操作盤	延床面積≧10,000m^2で消防署長が 必要と認めるもののみ	消規第12条 第1項第8号
	地上15階	総合操作盤	延床面積≧30,000m^2	消規第12条 第1項第8号
収容人員	20人	非常警報設備	地階・無窓階	消令第24条
	50人	非常警報設備	一般階	消令第24条
	300人	非常警報設備	放送設備付加	消令第24条
	収容人員＝居住者数			

*1　設置条件の各数字は、最低適用基準を示す。
　2　特殊条件等により上表のほかに必要となる設備があるので注意すること。

消令：消防法施行令
消規：消防法施行規則

洗いの水栓、便器洗浄などを自動で「入」「切」する機能に用いられる。

新技術情報提供サービス ⇨NETIS（ネティス）

新QC7つ道具 品質管理および品質改善を実施していくための手法。従来のQC(quality control)手法は、主として数値で得られるデータ(数値データ)の処理を対象としていたが、営業や事務部門では、数値だけでなく言葉で表現されたデータ(言語データ)がうまく整理でき、精度の高い情報として取り出せる手法が必要になっていた。こうした経緯により、新しくまとめられたQC手法を「新QC 7つ道具」と呼ぶようになった。→QC 7つ道具

真空コンクリート工法 コンクリートを打ち込んだ直後に真空マットで覆い、硬化するのに不要な水分を真空ポンプで吸引除去するとともに、表面に圧力をかけて締め固める工法。圧縮強度の増加、耐摩耗性の増加となり、勾配路面のすべり止め用のコンクリート舗装などに採用される。（図·241頁）

真空引き 冷媒配管の中の空気を抜き取り、配管の中を真空乾燥させる作業。水分を含んだ空気や不純物が混入すると、コンプレッサーを詰まらせたりして故障の原因となる。

シングル ①屋根を葺くのに用いる薄板。②表面に着色砂を使用したアスファルトルーフィング系の屋根葺き材である「アスファルトシングル」を略して「シングル」と呼ぶ。曲面加工が容易、軽い、割れないなどの特徴がある。（図·243頁）

シングル配筋 鉄筋コンクリート構造の壁やスラブといった板状部材の鉄筋工事で、鉄筋を1段あるいは1列に配筋すること。→ダブル配筋

シングルレバー水栓 レバーの上げ下げや左右の振りによって湯水の量や温度を調整する湯水混合栓。（図·243頁）

人孔（じんこう） マンホールのことで、人間がタラップで下がって点検できる排水ます。おもに60cm以上の深さの場所に用いられる。

人工軽量骨材 人工的に製造された軽量の骨材(細骨材、粗骨材)。頁岩(けつがん)、膨張粘土、フライアッシュ、高炉スラグなどを粉砕焼成する。絶乾比重は細骨材で1.8未満、粗骨材で1.5未満。形状が丸いものと角ばったものがある。略して「ALA」ともいう。

人工地盤 都市において、土地利用の有効化や人と車の動線分離による歩行者の安全確保などを目的として土地の上空に人工的に構築された、地盤のように機能する構造物の総称。駅前広場、ショッピングゾーン、遊歩道など主として歩行者専用の空間として利用されている。（図·243頁）

心材 木材の中心近くにある部分で、辺材に比べて色調が濃く、硬いことが多い。「赤身(あかみ)」ともいう。樹脂分が多いため腐朽や虫害に強く耐久性にも優れ、削ると光沢がでる。乾燥による変形は少ないが、割れに対して注意が必要。（図·243頁） →辺材

伸縮継手 ⇨エキスパンションジョイント

伸縮ブラケット 枠組足場の建枠や単管足場などに取り付け、張り出させて足場板などを設置し作業床をつくるためのブラケット。伸縮するため、設置場所に合わせて調整することができる。（図·243頁）

伸縮目地 コンクリートなどで、温度変化などによる伸縮、膨張によって発生する亀裂の影響を最小限に抑えるために、一定区画ごとに設ける変形を吸収する目地。（図·243頁）

心(真)々 2部材間の中心から中心までの寸法。「柱心々」「壁心々」のように使われる。（図·245頁） →内法(うちのり)、外法(そとのり)

心墨（しんずみ） 建物に製品を取り付けるための基準とする位置を示す墨のうち、部材の中心を表すもの。

靭性（じんせい） 粘り強さのこと。鋼材などのように、弾性限界を超えても破壊までに大きく変形する材料の性状をいう。→脆(ぜい)性

心線図 各通り心の寸法関係、および通り心と柱、壁の位置関係を1枚に表現した図面。SRC造の設計図の一部

樹木・地被類の移植適期概見表（東京地方）

			樹　種	1月	2	3	4	5	6	7	8	9	10	11	12
高中木	常緑樹	針葉樹	アカマツ	■	■	■	■							■	■
			クロマツ	■	■	■	■							■	■
			カイズカイブキ		■	■	■	■							
			ヒマラヤスギ カヤ・モミ	■	■	■	■							■	■
			ヒバ・サワラ		■	■	■						■	■	■
			マキ類			■	■	■				■	■		
			ダイオウショウ コウヨウザン			■	■								
		広葉樹	クス・ヤマモモ カシ類				■		■			■			
			マテバシイ・シイ ツバキ・サンゴジュ			■	■		■			■	■		
			モッコク・モクセイ ネズミモチ・モチ			■	■		■			■	■		
		竹　類	竹類・シュロ				■	■	■			■			
	落葉樹	針葉樹	メタセコイヤ	■	■	■								■	■
		広葉樹	イチョウ	■	■	■								■	■
			サクラ・ヤナギ プラタナス・ウメ		■	■									
			ハクモクレン センダン		■	■								■	■
			サルスベリ ザクロ				■	■							
低木（灌木）	常緑樹	針葉樹	キャラボク ハイビャクシン	■	■	■	■							■	■
			イブキ		■	■	■							■	■
		広葉樹	キョウチクトウ				■	■	■			■			
			アオキ・ヤツデ カンツバキ			■	■	■	■			■	■		
			トベラ・ウバメガシ ツゲ・ハマヒサカキ シャリンバイ・クチ ナシ・ジンチョウゲ				■	■	■			■	■		
			ツツジ・アベリア			■	■	■	■			■	■		
	落葉樹	広葉樹	ユキヤナギ レンギョウ・ハギ	■	■	■								■	■
芝・地被類			ヘデラ（鉢作り品）			■	■	■	■	■		■	■		
			コウライシバ			■	■					■			

■：最適期／　：準適期／　：不適期

根の良否により、適期も変わってくることに注意を要す。

として描かれることが多い。「心関係図」ともいう。

人造石　天然石に模してつくった人工石、花崗(かこう)岩、石英、大理石、蛇紋岩などの砕石や細粒粉に黄土、弁柄などの顔料を混ぜて塗装または成形した人工石。これには表面仕上げとして小叩き、研ぎ出しなどがある。そのほか、花崗岩の砕石を合成樹脂で固めたもの、合成樹脂と顔料で大理石模様をつくったもの、石膏に樹脂を含浸させたものなどある。→石材(表·267頁)

人造石塗り研ぎ出し仕上げ　⇨人研(じんと)ぎ

深礎工法　人力掘削による場所打ち杭工法の一種。傾斜地や狭い場所など、機械施工が困難なところで用いられる。鋼製波板とリング枠(ライナープレート)で山留めを行いながら、所定の深度まで掘り進める。支持地盤の確認、コンクリートの打込み状況などを直接観察しながら施工が可能。(図·245頁)

シンダーコンクリート　溶鉱炉における炭がら(石炭燃滓)を骨材とした軽量コンクリート。屋根(歩行用)の防水層の押えなどに用いる。「炭がらコンクリート」「アッシュコンクリート」ともいう。現在は防水層の押えに用いる軽量コンクリートや普通コンクリートのことも、こう呼んでいる場合が多い。

新耐震設計法　1981年に施行された改正建築基準法施行令において全面改正され新しくなった耐震設計法。従来の設計法である許容応力度設計法に加え、構造種別、高さに応じた層間変形角、保有水平耐力などの確認を行う二次設計が新たに導入された。(表·542頁)

心出し　墨出しの際、建物の基準となる通り心、柱心、壁心などを印すこと。

伸頂通気管　排水立て管の頂部から取り出し、外部に解放する通気管。→逃し通気管、ループ通気管、排水通気方式(図·389頁)

振動規制法　建設工事ならびに工場、事業場において発生する振動規制と、道路交通振動にかかわる要請の措置を定めたもの。特定建設作業の開始7日前に市町村に届出が必要。特定建設作業の敷地境界線で75dB(デシベル)を超えないことや、地域時間帯による環境基準が決められている。→騒音規制基準(表·277頁)

浸透性塗布防水　防水材をコンリート表面に塗布して内部に浸透させ、表面付近に防水層をつくる工法。躯体そのものに防水性を付与するため、エレベーターピット、受水槽、防火水槽などの高水圧に耐える必要がある場所に使用する。

浸透探傷試験　⇨カラーチェック

振動ドリル　ドリルビットの軸方向または回転方向に打撃による振動を与え、コンクリートなどへの穴あけ(一般的には直径数mm程度まで)を行う工具。本体を力強く押し付けないと能率が悪いが、一般的には安価である。→ハンマードリル

浸透トレンチ　⇨雨水(うすい)浸透管

振動パイルハンマー　⇨バイブロハンマー

振動ローラー　地盤の絞固め機械の一種。自重のほかにドラムまたは車体に取り付けた起振体を振動させ、自重の1～2倍程度の起振力を付加することにより絞固め効果を上げる。自走式、牽引式、ハンドガイド式がある。(図·245頁)

人研ぎ（じんとぎ）「人造石塗り研ぎ出し仕上げ」の略。セメントに大理石粒や顔料を練り混ぜて鏝(こて)塗りした面を、硬化後に研磨して艶(つや)出し仕上げを施したもの。種石は通常5mm未満の砕石を使用するが、大きな大理石粒を使用したものは「テラゾー塗り」と呼ぶ。

針入度　アスファルトなど粘性物の硬さを示す数値。恒温水槽内で一定温度に保った試料に、規定の針が一定時間内に進入する長さを測定し数値化する。JIS K 2207

塵肺（じんぱい）粉塵を吸引することによって起こる職業病の総称。粉塵の種類により珪(けい)肺、炭肺、石綿肺などがある。トンネル掘削、ロックウール吹付けあるいはセメント、陶磁器製造などの作業員にみられる。

植栽基盤の基準面積　(m²)

樹　高		1本当たり基準面積	群落植栽基準面積
高中木	12m以上	113.0（12m）	植栽地面積
	7〜12m	78.5（10m）	
	3〜7m	19.6（5m）	
低　木（灌木）	1〜3m	1.76(1.5m) 4.9*(2.5m)	
	1m未満	0.28(0.6m)	
芝・地被類		植栽地面積	

1）一般的な場合は＊印を適用する。また、（　）内は直径を示す。
2）植栽が点在する場合は、1本当たり基準面積を適用する。
3）群落植栽や花壇等の対象となる基準面積が重複する場合は、その面積を控除する。
4）植栽間隔によっては、改良地と改良地の間に空白域が生じる。空白域が小面積の場合は、施工性の面から全面改良として算出する。
5）植栽後一定期間（5年程度）を経過し、よりおう盛な生長を望む場合は、樹勢を判断のうえ、メンテナンス作業の一環として植栽基盤の整備範囲の拡大を行う。

じょれん

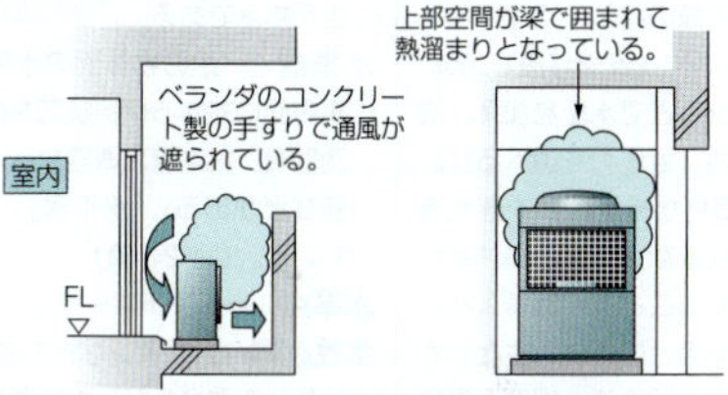

エアコン室外機の設置場所の検討不足により通風障害を起こした例

ショートサーキット

乾式吹付け工法

湿式吹付け工法

ショットクリート

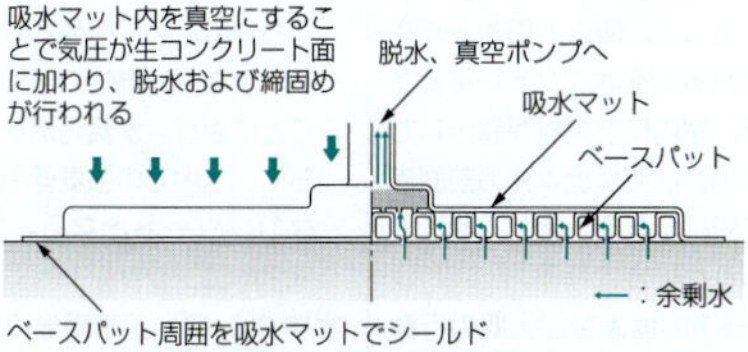

真空コンクリート工法

シンブル　ワイヤーロープの保護を目的とした金物。ワイヤーロープを折り曲げたアイ(輪)の内側にはめ込んで使用する。(図·245頁) →アイスプライス

真矢（しんや）モンケン(おもり)の打撃による杭打ち設備において、モンケンの昇降をガイドする鋼製の棒。これを使用した杭打ちを「真矢打ち」という。(図·245頁) →モンケン

す

巣　⇨じゃんか

水圧試験　①取付け後に保温被覆を行う配管、隠ぺい埋設される配管などに対して、施工完了時に管路全体の水密性、安定性を確認するために行う試験。水圧試験基準、最小保持時間、判定基準などは試験対象の材料、用途によって定められている。(表·247頁)　②ボイラーやタンクなどで水圧を加え、異常や変形の有無、耐圧力を調べる試験。

随意契約　①価格が折り合わず落札者がない場合、最低額入札者と発注者が協議して契約すること。②競争入札によらない特定業者との契約。主として公共工事の場合の呼称で、民間工事の場合は「特命契約方式」という。

スイーパー　掃除機のこと。現場の床掃除で使用するものは、メインブラシとサイドブラシを回転させごみを内蔵のホッパーに回収する機構で、電動式とエンジン式があり、さらに手押しタイプと搭乗タイプがある。バキュームでごみを吸い取る真空掃除機とは区別される。(図·245頁)

随契（ずいけい）随意契約の略。

水撃作用　⇨ウォーターハンマー

水硬性　水と反応して硬化する性質。セメントがその代表。→水和反応

吸込み口　空調された室内の空気を空調機に戻すための開口。空調機が専用の機械室にあって、吸込み口が天井や壁に設置される場合はダクトが接続され戻される。室内に空調機が露出して設置される場合は空調機本体の前面または側面に設けられる。また、吸込み口にはがらりが設置される。

水質汚染　経済の増大など人間の行動によって水質が悪化すること。水は本来、自然循環の過程で浄化されるが、その自然浄化力を上回る量の有機物や有害な物質が循環プロセスに入り込むと水質汚染が起きる。おもに生活排水と産業廃棄物が原因になりやすく、現在の水質汚染の原因の約60〜70%が生活排水である。

水準器　一定の物体面の水平面または垂直面に対する傾斜状況を確認する計測器具。気泡管水準器やレーザー水準器などがある。「水平器」「レベル」ともいう。(図·245頁)

水準点　⇨ベンチマーク①

水性塗料　カゼインなどの膠着(こうちゃく)剤に顔料を混合した、水で薄めて用いられる塗料の総称。水に溶けやすく、有機溶剤を使わない、またはその使用量を大幅に低減して代替した塗料。有機溶剤の揮発量を低減できるため、近年、環境面で注目されている。

水中コンクリート　水中または安定溶液中に打ち込む場所打ち杭や連続地中壁などに用いるコンクリート。水または安定液を満たしながら掘削を行った後、トレミー管を用いてこれらの安定液とコンクリートを置き換えて打ち込む。単位水量、単位セメント量、水セメント比などがJASS 5で規定されている。→コンクリート(表·171頁)

水中不分離性コンクリート　水中で打ち込むために開発されたコンクリート。水中不分離性の混和剤を混合することにより、水質汚濁を防止するとともに、水中での強度低下が少ない均質なコンリートとなる。(写真·249頁) →水中コンクリート

水中ポンプ　工事現場の溜まり水や湧水の排水などに使用するポンプ。防水

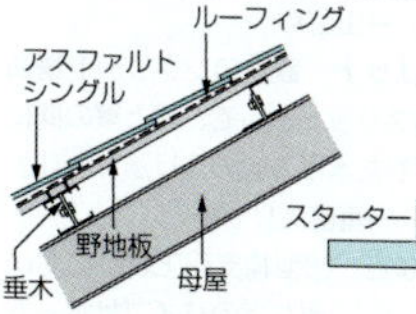

アスファルトシングル葺き
の納まり例

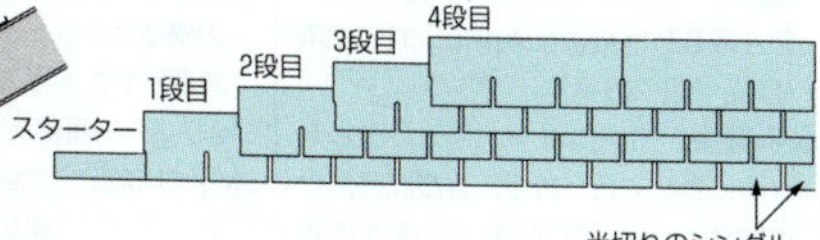

アスファルトシングルの張り方

シングル

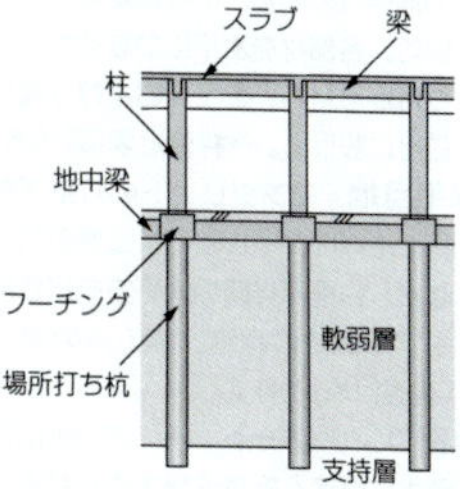

人工地盤

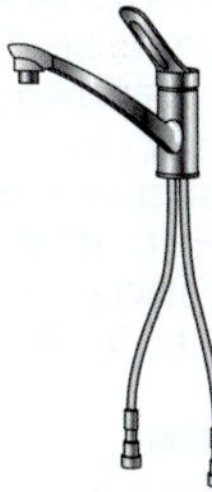

シングルレバー水栓

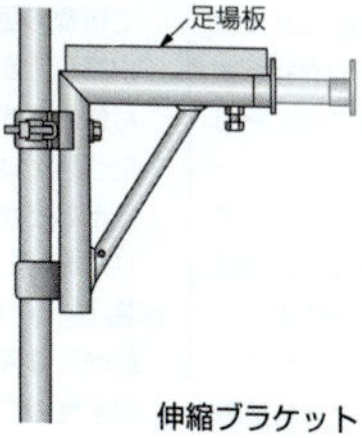

伸縮ブラケット

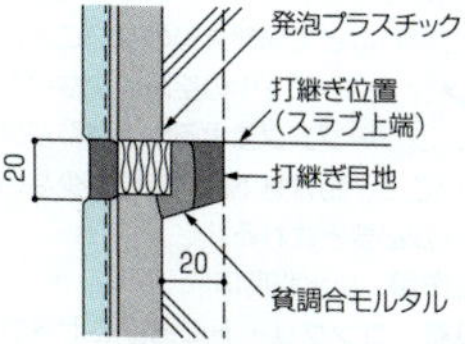

水平打継ぎ目地(横目地)

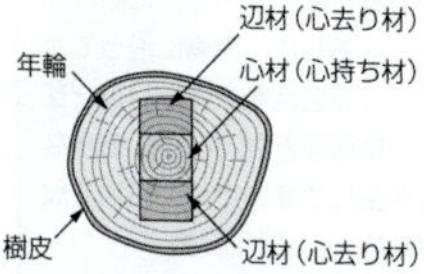

心材・辺材

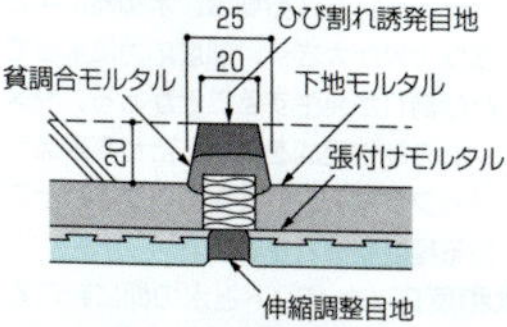

ひび割れ誘発目地(縦目地)

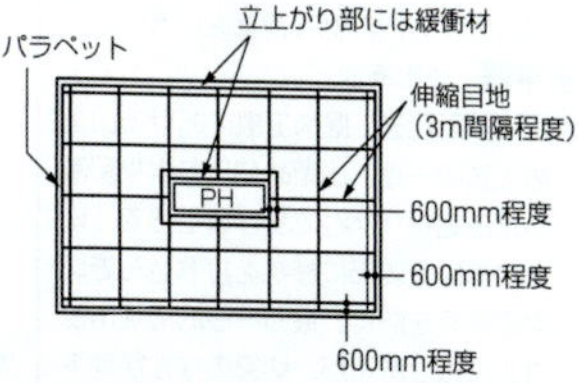

防水押えコンクリート伸縮目地割り例[19]

伸縮目地

された電動モーターとポンプを内蔵し、電源キャブタイヤケーブルと排水ホースを取り付けたまま水中に入れて使用する。(図·245頁)

水中養生　コンクリートやモルタルを水中に浸して行う養生。強度試験用の供試体を水温20℃前後で実施する場合の養生を「標準養生」と呼ぶ。→現場水中養生、標準養生

垂直墨出し器　床のポイントを天井に移すための墨出し器具。現在はレーザー光線を使用した水平垂直兼用の墨出し器が多く使用されている。

垂直スリット　鉄筋コンクリート構造の構造スリットとして、柱と壁の間に設置された垂直方向のスリットで、「鉛直スリット」ともいう。(図·247頁)→水平スリット

垂直目地　⇨水平目地

水頭(すいとう)⇨ヘッド①

水道直結給水方式　⇨直結給水方式

水封　トラップに水を貯えることによって、排水管などから臭気や異物が室内に侵入するのを防止すること。→排水トラップ(図·389頁)

水封トラップ　水封することによって機能を果たすトラップ。トラップのほとんどがこの形式をとる。→排水トラップ(図·389頁)

水平打継ぎ目地　コンクリート打込みにおける打継ぎ部で水平方向に設ける目地のこと。おもに、階高に沿って水平に配置される目地を表す。打継ぎ部は構造上の接合部となるほか、漏水などの欠陥を生じやすいため、目地を設けて処理を施す。(図·247頁)

水平荷重　水平方向の荷重のことで、地震荷重、風荷重、また土圧、水圧などの水平方向に働く荷重をいう。

水平器　⇨水準器

水平切梁工法　掘削工事における山留め工法の一種。山留め側圧を水平配置した圧縮材(切梁)で受ける工法で、切梁自体は交差部に棚杭を打ち込んで切梁の座屈を防ぐ。最も一般的に採用される工法であるが、切梁の存在が地下躯体工事に影響を及ぼすため、打継ぎ計画などに配慮が必要となる。(図·247頁)→山留め

水平スリット　鉄筋コンクリート構造の構造スリットとして、梁と壁の間に設置された水平方向のスリット。(図·247頁)→垂直スリット

水平つなぎ　①型枠支保工(しほこう)において、スラブ、梁などのパイプサポート(支保工)が打込み荷重により移動、崩壊するのを防ぐために設置する横方向の補強材の総称。②枠組足場などにおいて、各部材を水平につなぐために取り付ける材料。最上層および5層以内ごとに設ける。→枠組足場(図·535頁)

水平目地　コンクリートの打継ぎ部、壁仕上げのタイル、石、金属製パネルなど、各種部材間の水平方向接合部に生ずる目地の総称。縦方向の場合は「垂直目地」と称す。

水密コンクリート　特に高い水密性や漏水に対する抵抗性が求められるコンクリート。JASS 5では、調合に際して所要の品質が得られる範囲内で単位水量をできるだけ小さくし、単位粗骨材量をできるだけ大きくすること、また、水セメント比を50%以下とすることなどが規定されている。→コンクリート(表·171頁)

水密性　材料のもつ性質の一つで、一般的には吸水性、透水性などを含めた耐水性のこと。コンクリートにおける水密性を高めるには、品質が均等で、ひび割れなどの局部欠陥のないこと、セメントペースト中の空隙が少ないこと、ブリージングによる水途(みずみち)が少ないこと、粗骨材下面の空隙が少ないことが必要とされる。

水和作用　⇨水和反応

水和熱　コンクリートにおけるセメントと水の反応熱のこと。多量のコンクリートを打ち込む場合、水和熱による温度上昇が大きく、温度応力によってひび割れが発生することがある。セメントの鉱物組成を変更したり高炉スラグやフライアッシュを混合することで、ある程度制御できる。

水和反応　セメントと水の間に起こる化学反応および物理的な相互作用のことで、「水和作用」ともいう。水和反応

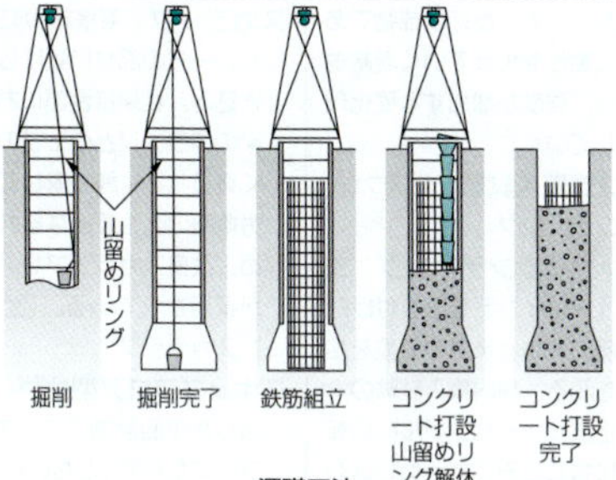

深礎工法

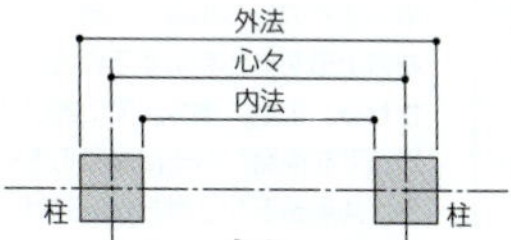

心々

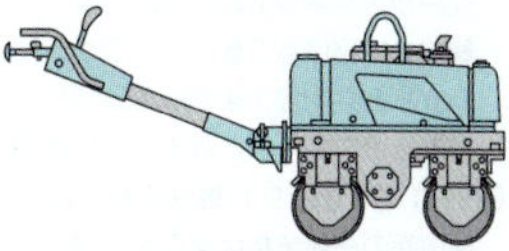

ハンドガイド式振動ローラー

振動ローラー

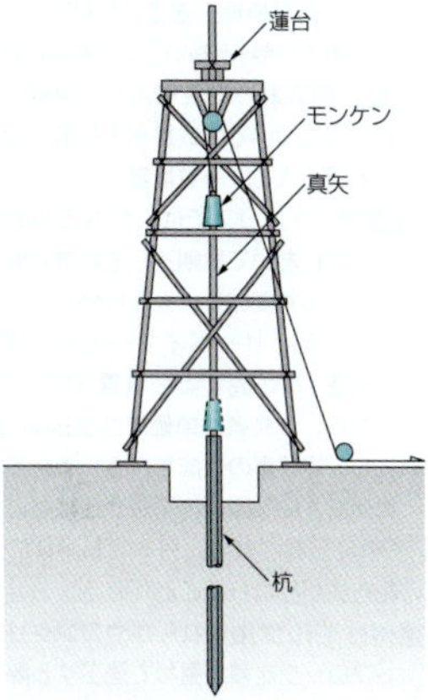

真矢

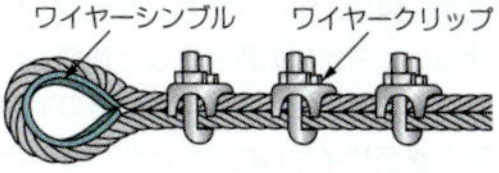

シンブル

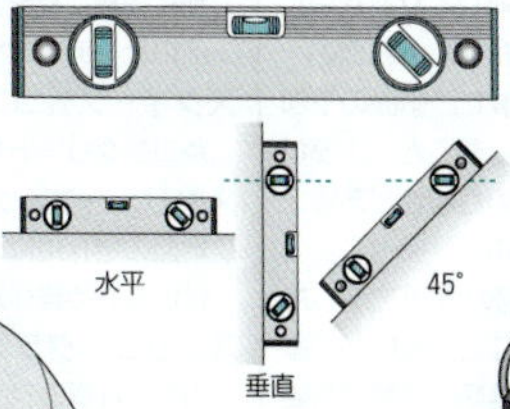

水準器

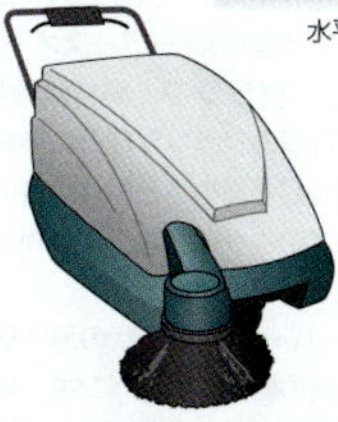

手押し式

スイーパー

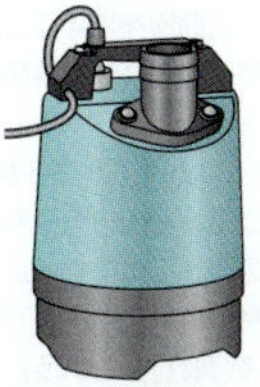

水中ポンプ

す

の進行にともなって、反応生成物である水和物は流動性を失っていく凝結現象から、さらに強度が増加する硬化現象へと推移していく。

スウェーデン式貫入試験　⇨スウェーデン式サウンディング

スウェーデン式サウンディング　先端にスクリューポイントを取り付けたロッドの頭部に100kgまでの荷重を加えて貫入量を測る、静的貫入試験の一種。貫入が止まったらハンドルに回転を加え地中にねじ込み、1ｍねじ込むのに必要な半回転数*Nsw*を測定。*Nsw*から*N*値が換算できる。「スウェーデン式貫入試験」ともいう。（図·249頁）

数量公開入札　発注者より工事費用見積細目についての数量を入札前に提示して行う入札。→数量書

数量書　イギリスでは、公共工事の発注契約において原則として数量公開入札が行われており、入札に際してクオンティティサーベイヤー（QS：積算技術者）が作成する数量書（BQ）が提示され、入札者は単価だけをBQに記入して見積書の作成を行う。また通常、単価記入に必要な施工法や仕様などもBQに記載される。日本でも同様の入札方式が行われることがある。

据付けモルタル　れんがやコンクリートブロックを積み重ねて施工する際や、アスファルト防水層の押えコンクリートに用いる伸縮目地材を固定する際に使用するモルタル。総じて材料を固定する際に使用するモルタルの総称。

透かし掘り　掘削工事で、側面の下部を上部より深く掘り込むこと。上部が不安定となり、崩壊の危険性がある。「たぬき掘り」とも呼ぶ。

姿図（すがたず）建物の外観を示した図面。立面図を指すことが多いが、室内展開図、家具や機器類の外観図も姿図の一種である。

眇漏り（すがもり）屋根の雨漏り現象の一つで、室内の暖房熱でとけた雪が軒先の凍った氷にせき止められ、屋根葺き材の継目から入って雨漏りすること。「眇漏れ」ともいう。

眇漏れ（すがもれ）⇨眇漏り

スカラップ　溶接線の交差をさけるため、一方の部材に設けられる扇形の欠き込み。柱梁接合部において、H形鋼梁のフランジとウェブの交点などによく見られる。繰り返し荷重の下では疲労亀裂の発生源となるおそれがあるため、改良スカラップやノンスカラップが採用されている。（図·249頁）→ノンスカラップ

スキップフロア型住戸　床を1/2階ずらした平面計画のことで、「ステップフロア型住戸」ともいわれる。空間に変化がつき、動線が短縮される。傾斜地の場合のレベル差や、階高が低い車庫の上部を有効利用する場合にも採用される。また、集合住宅においては共用廊下を何層かおきに設ける形式をいう。共用廊下を2層おきに設け、上下階の住戸には階段を使う3層スキップ、住戸がメゾネット形式で共用廊下を1層おきに設ける2層スキップがあり、いずれも共用廊下まではエレベーターによるアプローチとなる。（図·249頁）

鋤取り（すきとり）掘削工事において、掘削面の一部または全面を平坦に削り取ること。

数寄屋造り（すきやづくり）茶の湯の茶席、勝手、水屋(みずや)などが備わった建築。室町時代の書院造りと朝鮮の民家に源流をもち、千利休が簡素の美の原点をデザインした茶室とが合体した建築で、安土桃山時代から江戸時代初期に完成。桂離宮、修学院離宮などがその代表的な建築物である。

スクイーズ式コンクリートポンプ　⇨コンクリートポンプ車

スクリューオーガー　杭工事などで、地盤の掘孔用にアースオーガーに取り付けられる錐(きり)。→アースオーガー

スクリュークランプ　鋼材専用の吊り治具。H鋼のフランジなどに装着する。固定用ねじを締めると鋼材に食い込んで外れないように先端部などが加工されている。（図·249頁）

スクレーパー　①へら状の刃に柄を付けた工具の総称。錆やペンキ、付着したモルタルなどの削り落し作業に用いられる。形状は用途によりさまざまで、

試験圧と測定時間

系統	試験対象	水圧試験最低基準*	保持時間
給水・給湯	給水装置部分	1.75MPa（給水事業者が規定する場合はその値による）	60分
	揚水管	ポンプ揚程の2倍 （最低1.75MPa）	60分
	高置タンク以下の配管	静水頭の2倍 （最低1.0MPa）	60分
	ポリブデン管 架橋ポリエチレン管	0.75MPa 判定基準60分後0.55MPa（メーカーによる自立基準がある）	60分
	器具圧	器具の耐圧性能以下 0.75MPa	60分
排水	ポンプアップの排水管	ポンプ揚程の2倍 最低0.75MPa	60分
消火	①ポンプに連結する配管	ポンプ締切り圧力の1.5倍	60分
	②送水口に連結する配管	設計送水圧力×1.5倍	60分
	①と②を兼用する配管	①、②のうち大きい値	60分
空調	蒸気配管	最高使用圧力の2倍 （最低0.2MPa）	60分
	冷温水配管	最高使用圧力の1.5倍 （最低1.0MPa）	60分
油	油配管	最高使用圧力の1.5倍 （空気圧試験）	30分

*圧力は配管の最低部におけるもの。

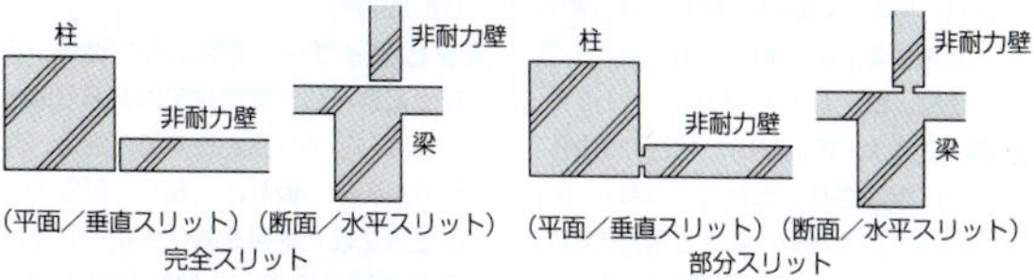

(平面／垂直スリット)
(断面／水平スリット)
完全スリット

(平面／垂直スリット)
(断面／水平スリット)
部分スリット

垂直スリット・水平スリット

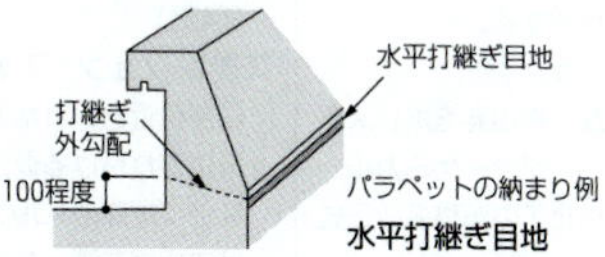

パラペットの納まり例

水平打継ぎ目地

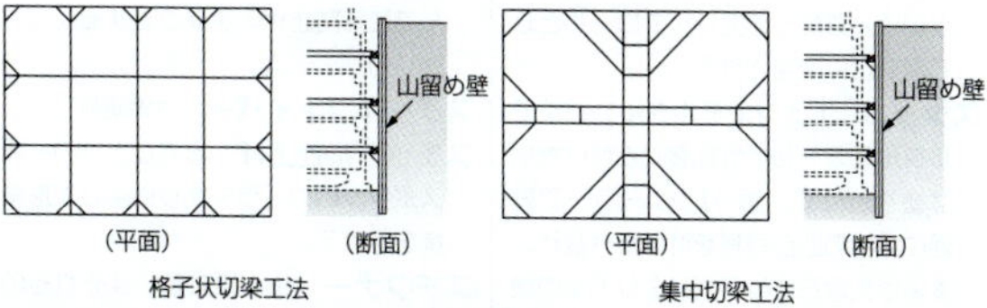

(平面)
(断面)
格子状切梁工法

(平面)
(断面)
集中切梁工法

水平切梁工法

す

細長いものからへら部分が幅広いものまである。(図・249頁) →皮すき、けれん棒　②土砂を削り取りながら移動する整地用の重機。

スケーリング　①コンクリートやモルタルの表面が剥離すること。②鋼材表面の黒皮や錆、古い塗装などを削り落とすこと。

スケール　①長さや角度を測る目盛りを付けた計測器具。図面などの縮尺目盛り。物差し。②規模、大きさなどの基準、尺度。③鋼材表面の黒色酸化鉄。金属表面の酸化皮膜。

スケルトン　柱や梁など建築物の骨組のこと。

スケルトンインフィル　建築物を構造体(スケルトン)と内装・設備(インフィル)に分けて考え、構造体をいじらずに内装・設備の更新がしやすい建築物をつくる考え方。これらを分離させることで、耐久性と可変性が得られる。略して「SI」といい、この考え方を採用した住宅を「SI住宅」という。→インフィル

苆(すさ)塗り壁の補強および亀裂防止のため、塗り材料に混入する繊維質材料。材料の収縮を分散し、ひび割れを防止するもの。わら、麻、紙、ガラス繊維、獣毛などを用いる。

筋違(交)い(すじかい)柱と柱の間に斜めに設置される部材で、「ブレース」ともいう。地震や台風など横方向の応力に対抗するため、建築物や足場に設置する。木造では圧縮材、鉄骨造では引張り材として作用する。

スターラップ　⇨肋(あばら)筋

スタイロフォーム　押出発泡ポリスチレンの製品で、ザ・ダウ・ケミカル・カンパニー／ダウ化工の商標名。正式名称は「押出法ポリスチレンフォーム」という。難燃性の発泡スチロールとして断熱材に使用される。

スタッコ　セメントモルタルや石灰モルタルを5～10mm程度吹き付けまたは塗り付けて、鏝(こて)やローラーで表面に大柄の凹凸模様を付けた外装材。本来は大理石に似せたイタリア産の塗装材で、消石灰に大理石粉、粘土粉を混入したもの。「セメントスタッコ」「スプレースタッコ」「スタッコ吹付け」ともいう。

スタッコ吹付け　⇨スタッコ

スタッド　①⇨スタッドボルト　②軽量鉄骨下地における縦材をいう。→鋼製下地(図表・159頁)

スタッドボルト　鋼とコンクリートの合成構造において、ずれ止めなどシアコネクターとして使用される部材。単に「スタッド」ともいう。→頭付きスタッド、シアコネクター

スタッド溶接　スタッド材と母材の間に溶接電流を通じて接触部を溶融、接合させる方法。合成梁のシアコネクターなどの溶接に用いる。また、航空機、船舶、自動車など建築以外でも応用されている。スタッド溶接はアークスタッド法やサブマージアークスタッド法などの分類があるが、建築分野ではおもにアークスタッド溶接が使用される。

スタッフ　水準測量を行うとき、レベルの望遠鏡の水平視線高さを示すための目盛りを印した標尺で、「箱尺」ともいう。箱型で引き出せるようになっており、一般には3m程度の長さとなる。(図・251頁)

スタビライザー　地盤改良の機械。不良土に散布した改良材を回転刃で混合、かくはんしながら走行する。混合、かくはんの後、仮転圧、整地、転圧のプロセスを経て地盤を強化安定させる。この機械を使用した地盤改良工法を「スタビライザー工法」という。(図・251頁)

スタンション　工事中、高所作業や開口部付近といった墜落の危険がある場所に取り付ける仮設の手すり支柱。床スラブ端部やバルコニーなどに取り付けて親綱を張ったり、単管パイプを組んで墜落防止用の手すりとする。(図・251頁)

スチールファイバー　⇨鋼繊維

スチップル仕上げ　塗装仕上げの一種。スポンジのローラー塗りにより波形模様を付ける。

スチフナー　柱、梁あるいはそれらの接合部などにおける座屈防止、局部的

水中不分離性コンクリート

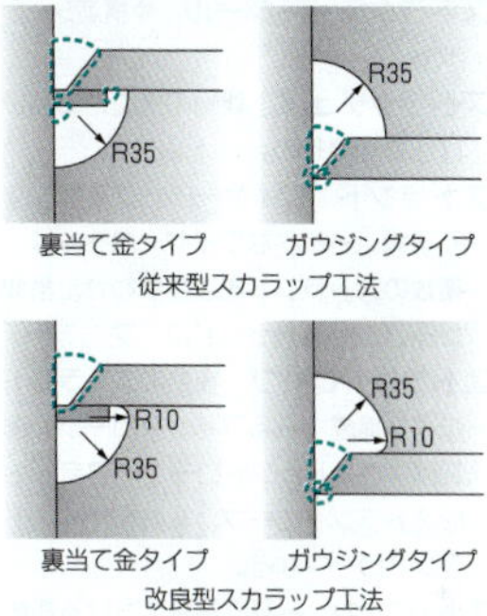

裏当て金タイプ
ガウジングタイプ
従来型スカラップ工法

裏当て金タイプ
ガウジングタイプ
改良型スカラップ工法

スカラップ

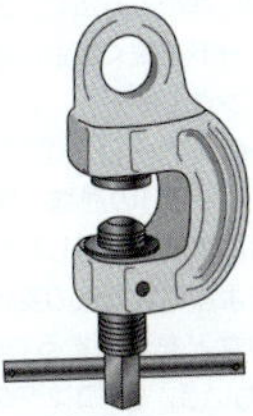
スクリュークランプ

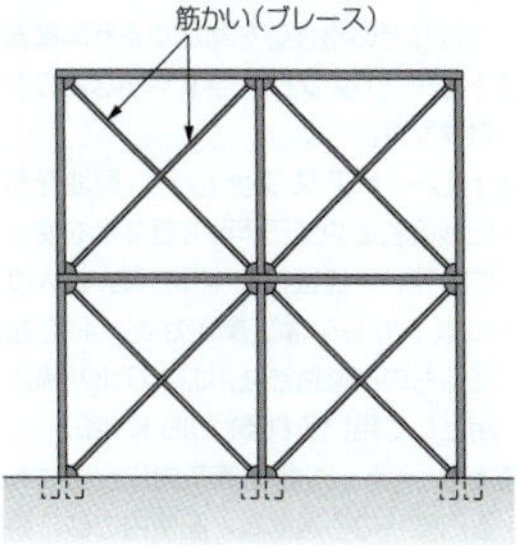

筋かい(ブレース)

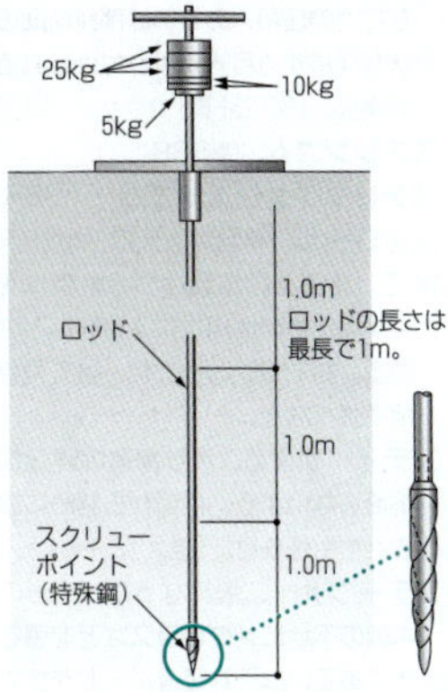

スウェーデン式サウンディング

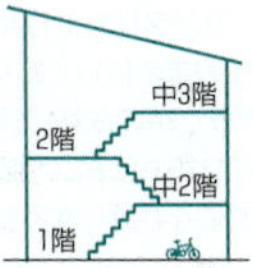

スキップフロア型住戸

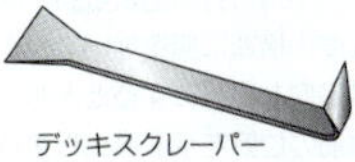
デッキスクレーパー

スクレーパー

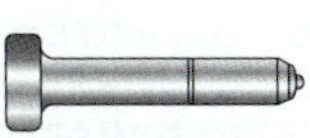
頭付きスタッド
スタッドボルト

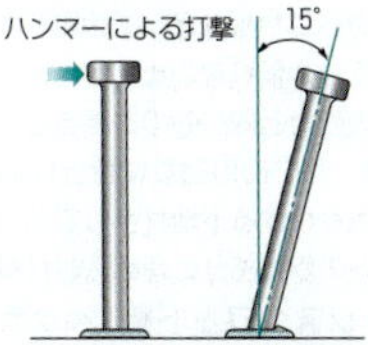

スタッドの打撃曲げ試験

な応力の緩和、あるいは部材断面の形状を保持する目的で取り付けられる補強鋼板。(図·251頁)

スチレンゴム　⇨SBR

スチレンブタジエンゴム　⇨SBR

スチロール　⇨発泡スチロール

捨て　施工上の作業性や、納まりを良くするために使用される材料などの接頭語。捨てコン、捨て杭、捨て型枠、捨て張りなど。

ステイ　膜構造、吊り構造の建造物が倒壊しないよう、頂部から斜めに設置された引張り材。「控え」ともいう。

ステープル　二股になったU字形の釘。木製の下地にメタルラスなどを張るとき、あるいは天井吸音ボードを捨て張りの上に張るときなどに用いる。JIS A 5504

捨て型枠　コンクリート打込み後も解体せず、そのままにしておく型枠。

捨て筋　段取り用の鉄筋(補助筋)。鉄筋の組立てに際して組立精度を確保したり、組立てを容易にするための鉄筋。

捨てコン　「捨てコンクリート」の略称。掘削底に、基礎工事が正しい形で施工できるよう平滑に打ち込まれる、厚さ50mm程度の構造に関係ないコンクリート。基礎底を平滑にするとともに、型枠、鉄筋の位置を示す墨出しを行うためのもの。「捨て」という呼び名からおろそかにされがちであるが、建物の基準となる重要なものである。

捨てコンクリート　⇨捨てコン

ステップフロア型住戸　⇨スキップフロア型住戸

捨て張り　①仕上材の下にさらに板を張ること。仕上げの精度を高め、仕上材への応力を分散させるためなどに使用される。天井岩綿吸音板の下地として張る石膏ボード、フローリング下地に張るベニヤ板など。②金属パネルなどの反りや暴れを防止するため、裏面にも表面材と同じものを張ること。

捨て枠　開口部の回りに仕上げの化粧枠を取り付ける下地材として、コンクリートの躯体部分に埋め込む材料。

ステンレスクラッド鋼　⇨クラッド鋼

ステンレスシート防水　一定幅のステンレス板を現場で溶接して防水層とする屋根防水。耐久性、耐凍害性、メンテナンスフリーなどの特長がある。

ストール形小便器　両側についたて状の側壁のある小便器。壁掛け型と床置き型がある。

ストックヤード　工場や工事現場で、材料、資材などを保管する場所。

ストラクチャーシール　⇨構造シーラント

ストラクチュア　建物の構造、あるいは建物そのもの。

ストランド　ワイヤーロープを構成する子縄。一般的なワイヤーロープは、複数のストランドをより合わせた構成が多い。→ストランドロープ

ストランドロープ　複数のストランドにより構成されるワイヤーロープ。例えば、6ストランドロープ、フラット形ストランドロープ、非自転性4ストランドロープなど。

ストリングビード　溶接における運棒方法の一種。溶接線に沿って溶接棒を直線的に進める方法で、主として幅の狭いビードを置く場合に用いる。→ウィービングビード

ストレインゲージ　①「ワイヤーストレインゲージ」の通称。建築材料や構造部材の表面に接着したゲージの微小変形による電気抵抗の変化を増幅し、ひずみなどを測定するもの。「ひずみ計」ともいう。②「コンタクトストレインゲージ」の通称。コンクリート供試体などの表面の2点に鋼球を打ち込んで、その距離の変化を読み取り、弾性係数などの物性値を測定する計測機器。

ストレージタンク　温水や油などの貯蔵タンク。

ストレートアスファルト　原油を常圧蒸留装置や減圧蒸留装置などを使って処理した残留瀝青(れきせい)物質。針入度40以下のものは工業用など、40を超えるものは道路舗装用および水利構造用として用いられる。JIS K 2207

ストレーナー　①配管系内に設置される円筒状のろ過器具。配管内の砂、錆、ごみなどを除去する。(図·251頁) ②

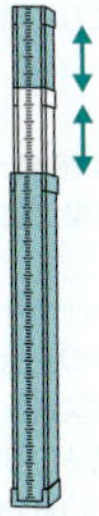

スタッフ

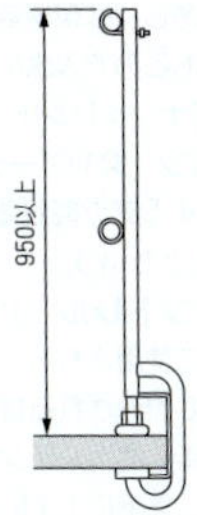

スタンション

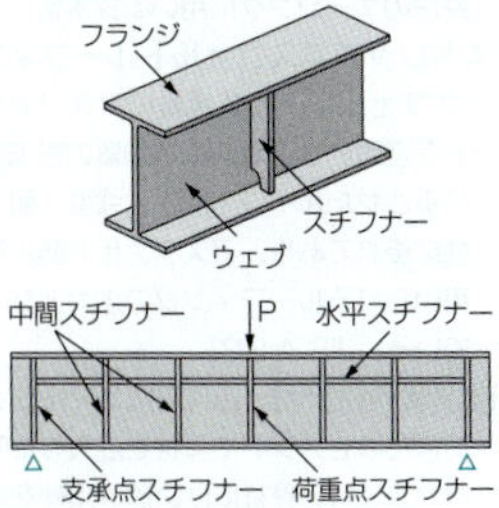

スチフナー

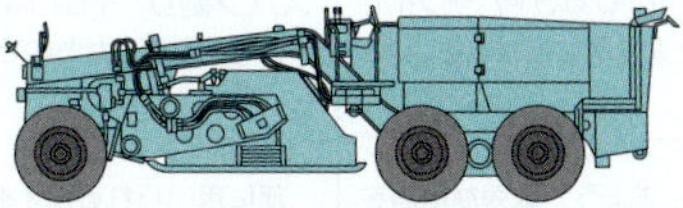

スタビライザー

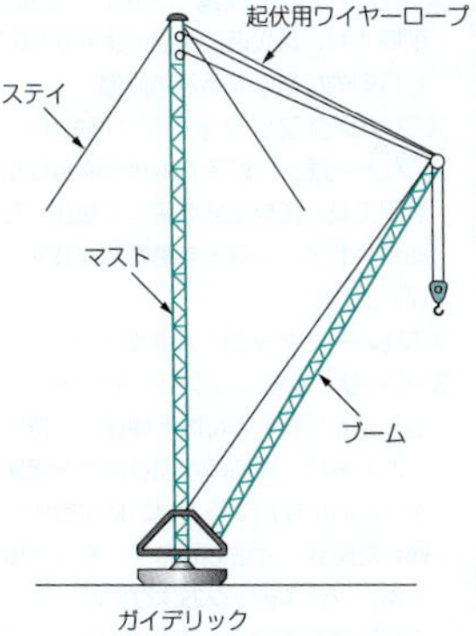

ステイ

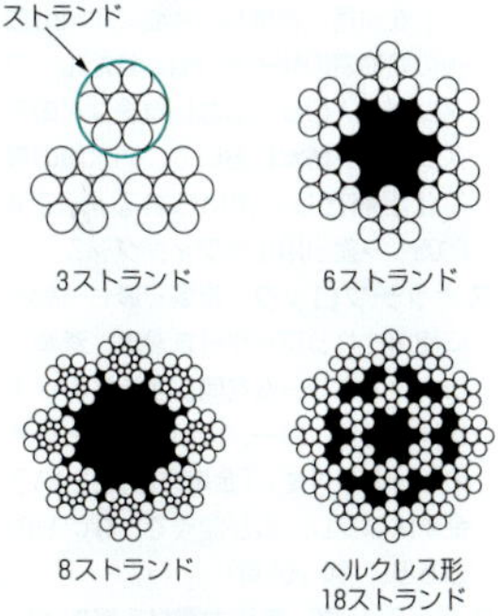

ストランドロープ

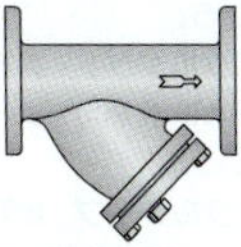

ストレーナー

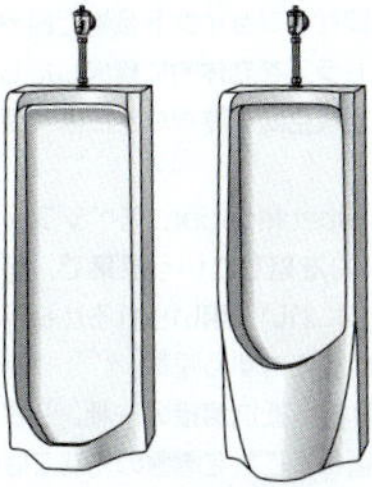

ストール形小便器

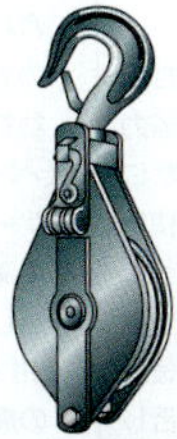

スナッチブロック

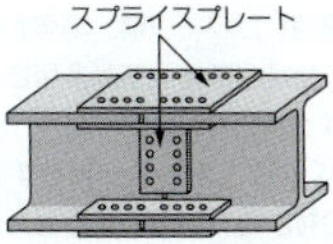

スプライスプレート

井戸のケーシングに用いる採水管。

ストレッチアスファルトルーフィングフェルト　合成繊維にアスファルトを浸透させ、表面に鉱物質の粉末を付着させたルーフィング。強度、耐久性に優れており、アスファルト防水に用いられるルーフィングの主力となっている。JIS A 6022

砂壁状吹付け材　合成樹脂エマルションまたはセメントに骨材を混入した吹付け塗装材。骨材にけい砂や川砂を用いた内外装用、自然石や陶磁器粒などを用いた外装用、ひる石やパーライトなどを用いた天井用などがある。JIS A 6909

砂杭　⇨サンドコンパクションパイル

砂地業（すなじぎょう）軟弱な地盤を改良するため、軟弱部分を取って砂で置換する簡易な地業のこと。

砂付きルーフィング　原紙にアスファルトを浸透、被覆し、片面に1mm前後の鉱物質の粒子を付着させたルーフィング。人の歩行しない屋根などのアスファルト防水において、防水層の最終仕上層として用いられる。JIS A 6005　→露出用ルーフィング

スナッチブロック　現場で最も一般的に使用されるフック付き滑車。滑車ブロックのフレームを開放するスナッチ機構を有し、ロープの中間部でも滑車のセットが可能。「金車(きんしゃ)」ともいう。金車にはフレームが開放できないものもある。（図·251頁）

スパイラル筋　高張力鋼材を螺旋状に加工した鉄筋のことで、「らせん鉄筋」ともいう。

スパイラルダクト　鋼板を螺旋状に巻いた形状の空調用ダクト。「丸ダクト」ともいう。

スパイラルフープ　建築物の耐震性能の向上、工期の短縮、鉄筋工事の省力化を目的として使用される、螺旋状に連続したフープ筋。高張力鋼材を使用したせん断補強筋が多用されるようになってきている。

スパッタ　溶接中に飛散する溶融金属の粒。これが付着すると外観上見苦しいばかりでなく、超音波探傷試験や塗装あるいは現場継手の障害になる場合があるので入念に除去する。

スパナ　⇨レンチ

スパン　梁やアーチなどの構造物を支持する支点間距離のこと。「梁(張り)間」ともいう。

スパンドレル　①天井や壁の仕上材として使用される、アルミ板を押出成形して製作される材料。アルミスパンドレル。②カーテンウォール構法において、外壁に上下に連なる2つの窓や開口部の間の壁。（図·255頁）

スパン割り　平面的な柱の位置、柱間の寸法を示したもので、「柱割り」ともいう。

スプライスプレート　高力ボルト接合部に用いられる添え板。「ジョイントプレート」ともいう。（図·251頁）

スプリンクラー設備　天井や小屋裏に配置され、火災時に室温の上昇を感知し自動的に散水する消防設備。

スプリングワッシャー　⇨座金(ざがね)

スプレーガン　ピストル状の吹付け塗装用工具。圧縮空気を使って加圧した塗料やセメントなどを噴霧し塗装する。（図·257頁）

スプレースタッコ　⇨スタッコ

スペーサ　鉄筋コンクリート工事で、組み立てた鉄筋の位置を確保、支持するとともに、鉄筋のかぶり厚さを確保するために使用する器具。使用箇所に適した形状、寸法のものが、モルタル、金属、プラスチックおよび鉄線によって製造されている。（図·255頁）→バーサポート(表·381頁)

スペースフレーム　立体骨組。膜構造、吊り構造、折板(せっぱん)構造などを除き、主として線材をジョイント金物で組み合わせてトラスを立体的に構成したもので、大規模空間や屋根などによく使われる。

スペック　specification(スペシフィケーション)を略していう言葉で、特に海外工事において用いられる仕様書、もしくは仕様に対する呼称。

スポット溶接　抵抗溶接の一種。2枚の鋼板を重ねてこれを電極の先端ではさみ、電流を流して加圧しながら接合

スパイラルダクトの吊り金物仕様および吊り間隔

呼称寸法（mm）	吊り金物		支持金物	最大吊り間隔（mm）
	平鋼寸法（mm）	棒鋼（径）（mm）	山形鋼寸法（mm）	
1,250以下	25×3	9	25×25×3	3,000

鉄板ビスの本数

ダクト直径（mm）	鉄板ビスの本数
150以下	3以上
175～300	4以上
350以下	6以上

継手の差込み長さ（*l*）

ダクト直径（mm）	差込み長さ（mm）
315以下	60以上
315を超え800以下	80以上
800を超え1,250以下	100以上

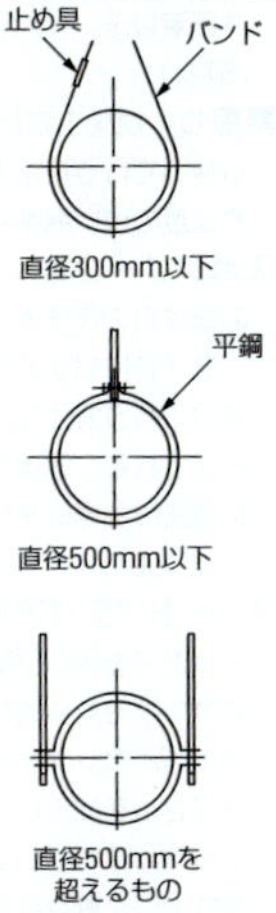

スパイラルダクト（支持方法）

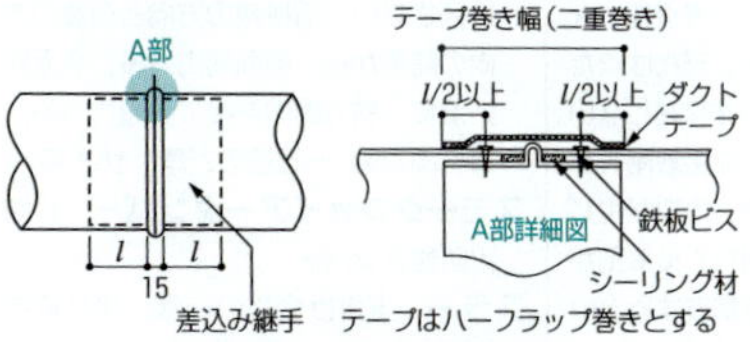

スパイラルダクトの接合方法

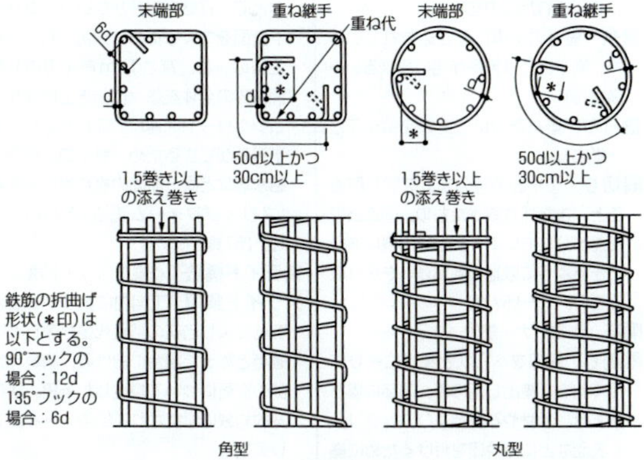

スパイラルフープ

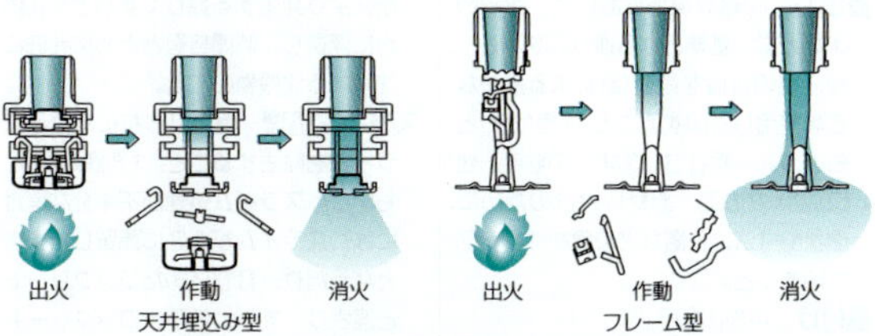

スプリンクラー設備（閉鎖型スプリンクラーヘッド）

する溶接法。「点溶接」ともいう。(図·257頁)

素掘り 掘削工事において、山留めをしないで行う掘削のこと。良質な地盤や深度の浅い掘削で採用される。

スポンサー企業 JV工事におけるその構成員の代表者。役割の形態は、単に発注者に対する窓口のみで、運営は共同で行う方式から、運営のすべてを一任される方式まで多様だが、おおむね運営の主導権をもつ。「JVの代表企業」ともいう。

スマートマテリアル 自己修復能力をもつ未来志向の建築材料。現在はまだ概念だけで具体的なものは存在しない。例えば、コンクリート中に接着剤入りカプセルを混入しておき、亀裂が生じたら自力でカプセルが割れて接着剤が流れ出し、亀裂部を自ら修復するといったことがイメージされている。

墨 墨出し作業で、墨刺しや墨糸によって印された線の総称。

墨糸 墨壺の糸車に巻き込まれている糸。絹糸または麻糸が用いられる。→墨壺(つぼ)

墨打ち 墨糸を用いて直線を引くこと。→墨出し

隅切り ①平面の角の部分を切り取ること、また切り取ったもの。②道路の交差部分において、安全で円滑に通行できるように敷地の隅部(角)を切り取ること。(図·257頁)

隅筋 ⇨コーナー筋①

墨刺し 端部をへら状と棒状に削り細かく割った墨出し用の筆。端部に墨を含ませ、木材や石材およびコンクリート表面などに線や印を付けるために墨壺とセットで使用される。→墨壺(つぼ)

墨出し ①建設現場において、実際の床などに、基準となる通り心を示し、柱、壁の位置を墨壺(つぼ)による墨糸などを使用して印すること。「墨付け」ともいう。→墨打ち ②木材の継手、仕口(しぐち)の加工、部材取付けのために、形状や寸法、位置などの線を部材表面に印すこと。

墨付け ⇨墨出し①

墨壺(すみつぼ) 大工や石工などが印を付ける(墨出し)のに用いる道具。壺の中に墨汁を含んだ真綿を入れ、その中に墨糸を引き通して墨を付けたうえで、墨糸を材に張り渡してはじいて直線を付ける(墨打ち)。壺はケヤキなどの木材でつくられるが、最近は合成樹脂製のものも多く使用されている。

隅肉溶接 三角形の断面形状をもった隅肉継手で接合する溶接方法。せん断力により荷重を伝達するが、強度は突き合せ溶接の半分程度となるため、繰り返し衝撃荷重を受ける部材の接合には適さない。溶接線の方向と荷重の方向の関係から、前面隅肉溶接、側面隅肉溶接、斜方隅肉溶接に分類される。(図·257頁) →理論のど厚、サイズ

スモークファイアーダンパー ⇨防火防煙ダンパー

スラー 玉掛け合図の一種。吊り荷を下げる合図を意味する。→ゴーヘイ

スライディングフォーム工法 外壁などで、打継ぎ部分がないコンクリート壁面をつくるために採用される型枠工法の一種。高さ1.2m前後の内外両面型枠の全体を徐々に引き上げながらコンクリートを連続的に打ち込む。上下滑動ができるため、サイロ、煙突、給水塔など同一断面の構造物に適する。「スリップフォーム工法」ともいう。(図·257頁)

スライド構法 ⇨縦壁スライド構法

スライド条項 工期内に賃金や物価の変動により当初の請負代金が著しく不適当となった場合における、請負代金額の変更について規定した条項。請負契約約款に記載されている。→インフレ条項

スライム 場所打ち杭工法における掘削により発生する掘りくずなどが孔内水に浮遊し、時間経過とともに孔底に沈積する沈殿物のこと。

スライム処理 場所打ち杭におけるスライムを除去すること。「孔底処理」ともいう。スライム処理が不十分な場合には、スライムが孔底に残留したままとなったり、打ち込んだコンクリートと混ざり、支持力低下、コンクリートの強度低下および断面欠損の要因とな

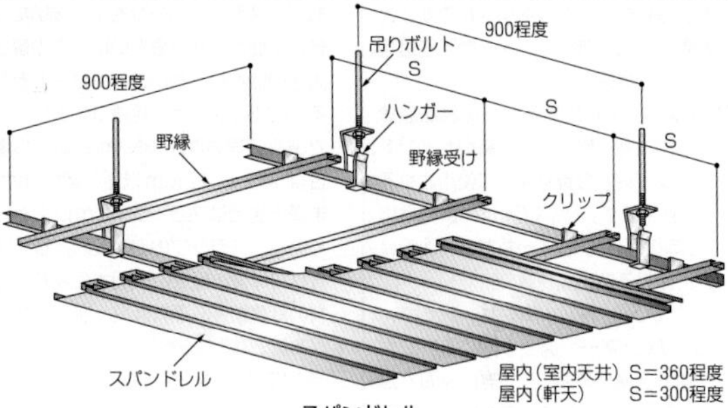
900程度
吊りボルト
900程度
S
ハンガー
S
野縁
野縁受け
S
クリップ
スパンドレル
屋内（室内天井）S＝360程度
屋内（軒天） S＝300程度

スパンドレル

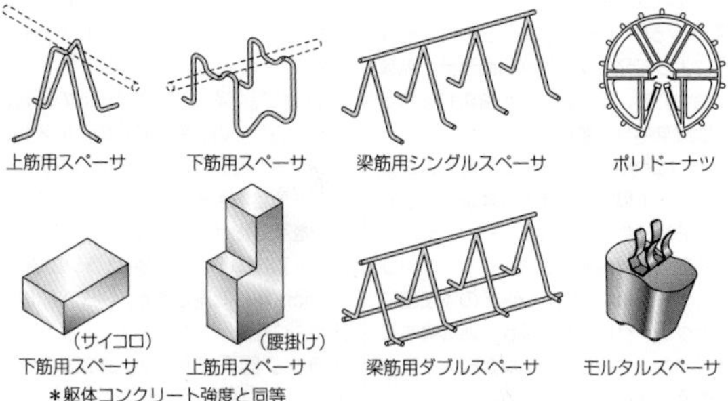
上筋用スペーサ
下筋用スペーサ
梁筋用シングルスペーサ
ポリドーナツ
（サイコロ）
下筋用スペーサ
（腰掛け）
上筋用スペーサ
梁筋用ダブルスペーサ
モルタルスペーサ
＊躯体コンクリート強度と同等

スペーサ

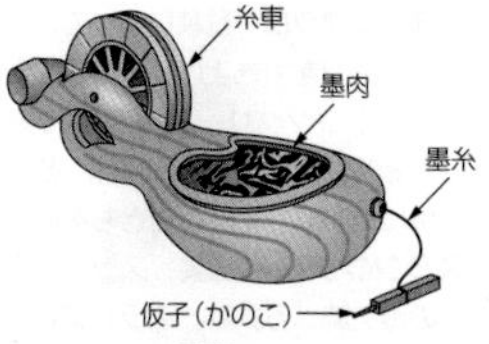
糸車
墨肉
墨糸
仮子（かのこ）

墨壺

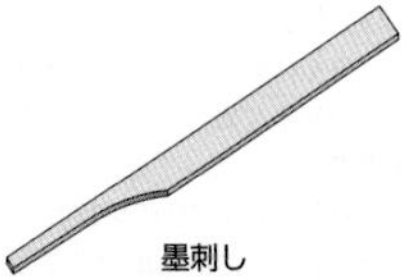

墨刺し

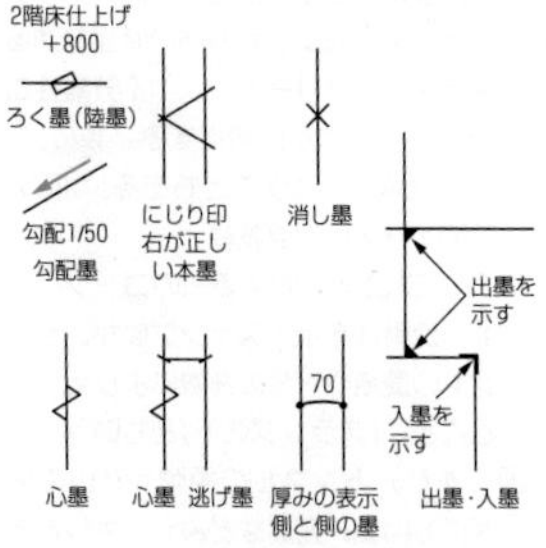
2階床仕上げ
＋800
ろく墨（陸墨）
勾配1/50
勾配墨
にじり印
右が正しい本墨
消し墨
出墨を示す
入墨を示す
70
心墨
心墨 逃げ墨
厚みの表示
側と側の墨
出墨・入墨

墨の記号

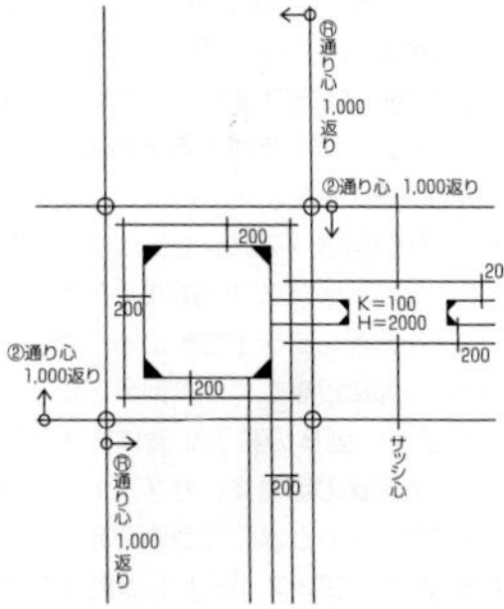
Ⓗ通り心 1,000返り
②通り心 1,000返り
200
200
K＝100
H＝2000
200
②通り心
1,000返り
200
Ⓗ通り心 1,000返り
200
サッシ心

墨出し（例）

り、鉄筋の共上がりを引き起こすことがある。（図·257頁）→一次孔底処理、二次孔底処理

スラグ　①高炉で鉱石から金属を製錬する際に残る残滓(ざんさい)。高炉セメント、コンクリートの骨材などに使用される。「高炉スラグ」「鉱滓(こうさい)」、また俗に「金滓(かなくそ)」ということもある。②溶接部に生じる非金属物質。

スラグセメント　⇨高炉セメント

スラグハンマー　スラグ(溶接部に生じる非金属物質)など、溶接表面で溶接品質の妨げになるような物質を除去するハンマー。

スラッジ　下水、上水、工場排水処理によって発生する泥状の固形分。無機物中心で、重金属などが含まれる場合は廃棄処分が難しい。

スラッジ水　レディーミクストコンクリート工場で発生する洗浄排水から骨材を除いた水を回収水といい、そのうちスラッジ固形分を含んだものをいう。スラッジ水中の固形分はその添加量によりコンクリートの性状に悪影響を及ぼすため、JIS A 5308において濃度管理法が規定されている。

スラブ　鉄筋コンクリート構造の床版のこと。

スラブ打込み配管　コンクリート床スラブに直接埋め込む配管。サイズや離隔寸法の基準を厳守する必要がある。→電線管、CD管、PF管、鞘(さや)管

スラブ階段　1スパンの階段が、上端(うわば)と下端(したば)にある小梁で支えられた形式のもの。階段の各段がスラブとして考えれている。（図·259頁）

スラブ筋　鉄筋コンクリート構造の床版に鉛直荷重を支持するために配置される鉄筋の総称。

スラブ段差部　マンションなどの建物で、ユニットバスなどの排水配管の水勾配を確保して床上に納めるために、床の一部に段差を付けた部分をいう。

スラリー　固体の粒子を液体に入れてできる泥状の流動体。セメントスラリーはセメントと水の混合液である。

スランプ　コンクリートの流動性を表す数値で、「スランプ値」と呼ぶこともある。スランプコーンを引き抜いたときに上面が下がる量をいい、この値が大きいほど軟らかいコンクリートとなる。JASS 5では、普通コンクリートで調合管理強度が33N/mm^{2}以上の場合はスランプ21cm以下、33N/mm^{2}未満の場合はスランプ18cm以下としている。スランプの変動要因としては、骨材の粒度・粒径、表面水の変動、材料の計量誤差、運搬時間、空気量などがある。（図·259頁）

スランプコーン　スランプ試験に用いる鉄製の容器。上端内径10cm、下端内径20cm、高さ30cmの円錐台の形状で、上端の両側に引き上げるための把手が付いている。（図·259頁）

スランプ試験　コンクリートの流動性を知るための試験。鉄板の上にスランプコーンを置き、その中にコンクリートを所定の手順で詰め、スランプコーンを引き上げて抜いた後に、コンクリート頂部の下がった値(スランプ値)を0.5cm単位で測定する。JIS A 1101

スランプ値　⇨スランプ

スランプ低下　⇨スランプロス

スランプフロー　フレッシュコンクリートの流動性の程度を表す指標の一つ。スランプフロー試験において、スランプコーンを引き上げた後の、円形に広がったコンクリートの直径(2方向を計測)で表す。「フロー値」、あるいは単に「フロー」と呼ぶこともある。

スランプフロー試験　スランプフローの値を調べる試験。スランプ試験と同様に行い、コンクリートの動きが止まった後に、広がりが最大と思われる直径と、その直交する方向の直径を測る。高流動コンクリート、水中不分離性コンクリートなどに適用する。単に「フロー試験」ということもある。JIS A 1150　→スランプ試験

スランプロス　固まる前のコンクリートの流動性を示すスランプ値が、セメントの凝結や水分の逸散により低下すること。「スランプ低下」ともいう。

硝（ずり）トンネルの掘削や鉱山の発掘において、発破などよって生じる岩石のくず。

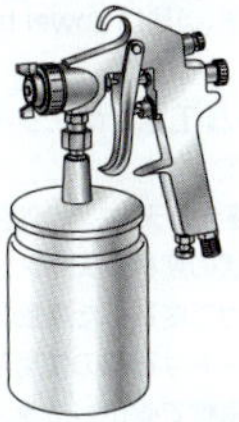

スプレーガン

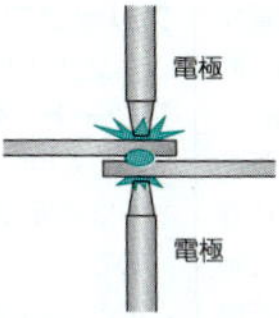

スポット溶接

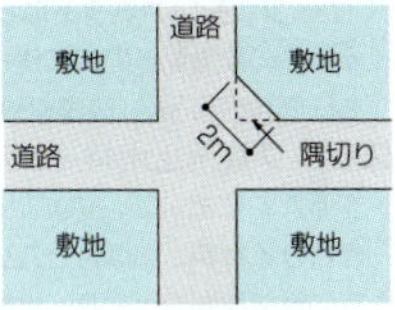

隅切り

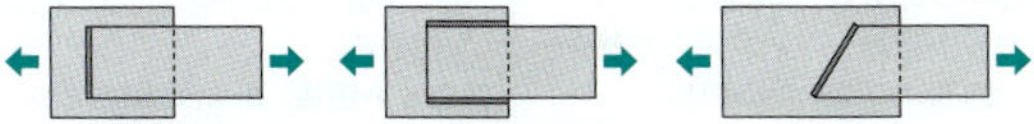

前面隅肉溶接　側面隅肉溶接　斜方隅肉溶接

隅肉溶接（応力伝達形式による分類）

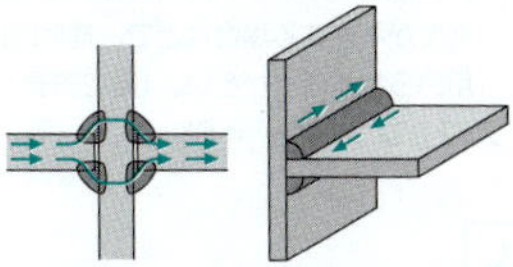

力が溶接部から迂回するように相手の板に流れる

溶接線に平行に作用する力の伝達

隅肉溶接と力の流れ

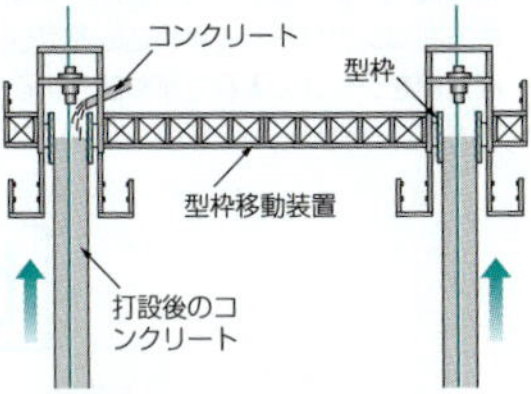

スライディングフォーム工法

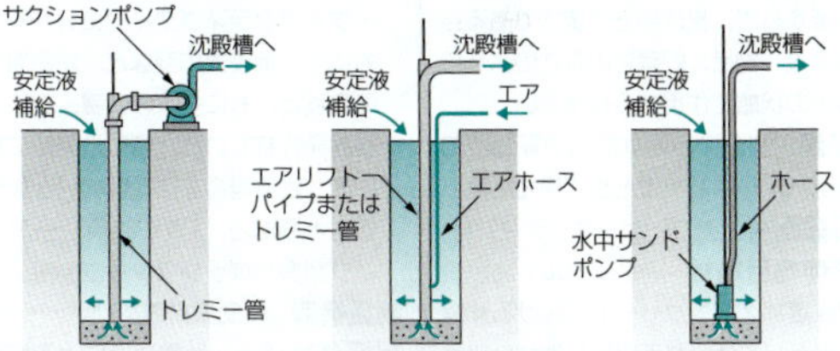

サクションポンプ方式　エアリフト方式　サンドポンプ方式

スライム処理（孔底処理）

スラブ打込み配管の施工方法（例）

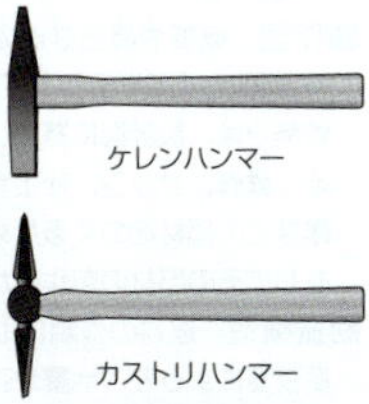

スラグハンマー

擦り合せ　部材の接合面を互いに平滑にして密着させること。

スリーブ　配管やダクトなどを貫通するための設備躯体開口に使われる、おもに筒状の部品。（図表·259、261頁）

スリーブ管用止水材　止水を必要とする部位において、VUスリーブに巻き付ける材料。つば付きスリーブと同等の性能をもつとされ、水膨張性の樹脂などを原材料としている。

スリーブ箱入れ　⇨箱抜き

スリット目地　コンクリートの壁や仕上面に設ける幅の狭い隙間。

スリップバー　コンクリート床版の目地において、両方の面を同一に保つために目地を横断して入れる鋼棒。その片方をコンクリートに埋め込み固定し、反対側をシースに入れて可動部とすることでコンクリートの膨張、収縮に対応する。和製英語（英語はdowel bar）。（図·263頁）

スリップフォーム工法　⇨スライディングフォーム工法

スレート　屋根葺き、天井、内外装材として用いる板状の建材。天然スレートは粘板岩が圧力で変質した高価なもので、人工スレートは石綿の使用禁止にともない代替繊維で強化したセメント板である。形状には波板と平板があり、平板は「フレキシブルボード」ともいわれる。

スロット溶接　重ね合わせた2つの部材の一方に溝状の孔をあけ、その中を溶接することで接合する溶接法で、「溝溶接」ともいう。隅肉溶接だけでは強度が不足する場合などで、補助的に用いられることが多い。（図·263頁）

スロップシンク　⇨SK

せ

静荷重　建物の構造設計などで荷重を評価する際、構成部分の重さである自重や人、物品、貯蔵物の重さのように、静止の状態で作用する荷重をいう。

制御盤　制御に必要な計器や警報回路、表示パネルなどをまとめて備えた盤。

成形緩衝材　⇨コーナークッション材

成形伸縮目地材　アスファルト防水層の保護押えコンクリートに設ける伸縮目地として使われる既製目地材の総称。（図·263頁）

制限付き一般競争入札　入札参加資格に地域要件や企業規模などを加えて参加者を制限した一般競争入札。→一般競争入札

製作図　機械や部品などの製作に用いる図面で、「工作図」「加工図」ともいう。建築では、設計図に基づいて作成される、鉄骨、サッシ、仕上金物、石、造作などの部材をつくるための図面で、おもにその部材の製作者が作成する。

制振構造　建物の骨組に取り付けた制振装置によって、地震や強風時に作用する外力による加速度や変形を制御しようとする構造。大きくはパッシブタイプとアクティブタイプに分かれ、風対応型、地震対応型など、超高層建築の発展とともに多くの装置、システムが開発されている。特に地震時に有効に働かせる場合を「制震構造」と表記することもある。（表·263頁）→アクティブ制振、パッシブタイプ制振

制震構造　⇨制振構造

制振ダンパー　地震や風による振動エネルギーを吸収する装置。超高層建築の発展とともに地震、風対策として、制振部材の粘性減衰エネルギー、または塑性履歴エネルギーの消散を利用したさまざまな種類が開発されている。（図·263頁）→オイルダンパー

脆性（ぜいせい）構造物またはその部材に外力が働いた場合、生じる変形が大きくなる前に破壊する性質。→靭(じん)性

脆性破壊（ぜいせいはかい）構造物またはその部材に外力が働いた場合の脆性的な破壊をいう。

製造物責任法　⇨PL法

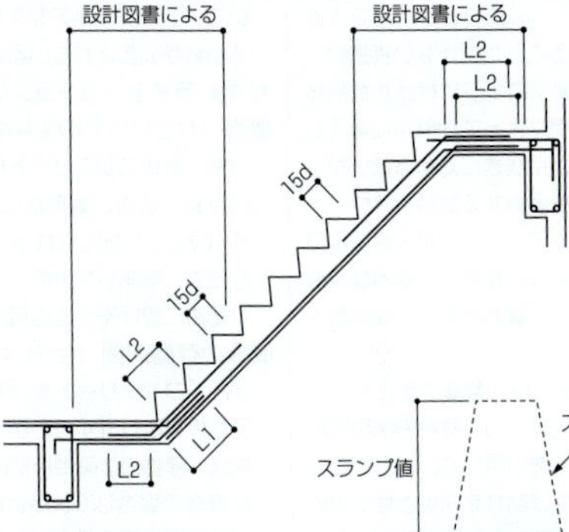

折れ曲りスラブ型式
スラブ階段

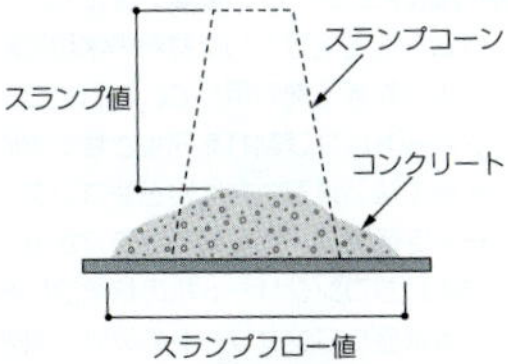

スランプ値

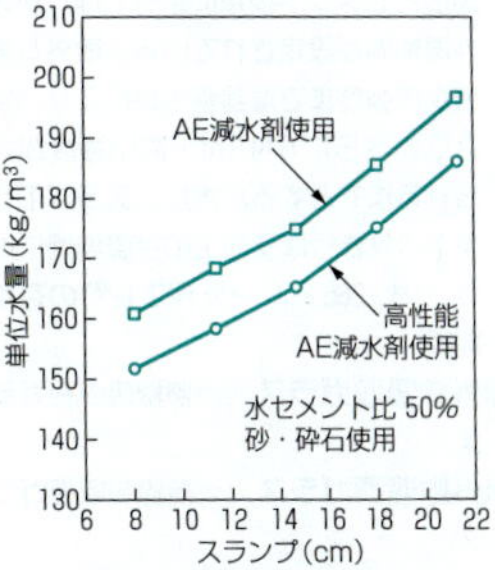

スランプと単位水量の関係（例）

スリーブ

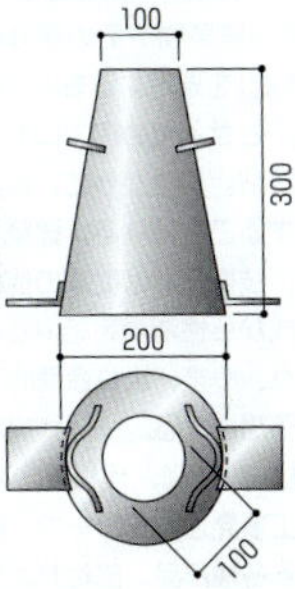

スランプコーン

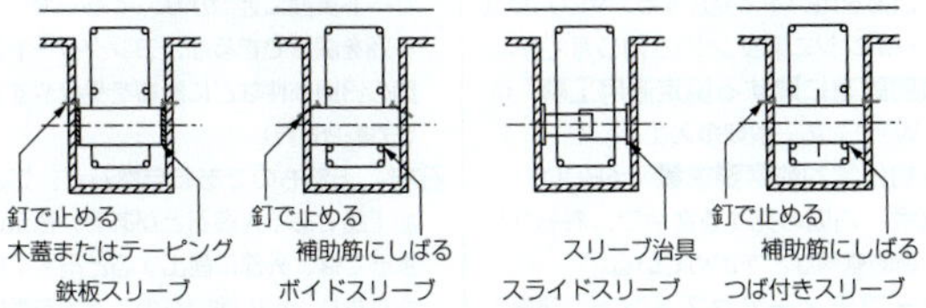

RC梁のスリーブ取付け方法

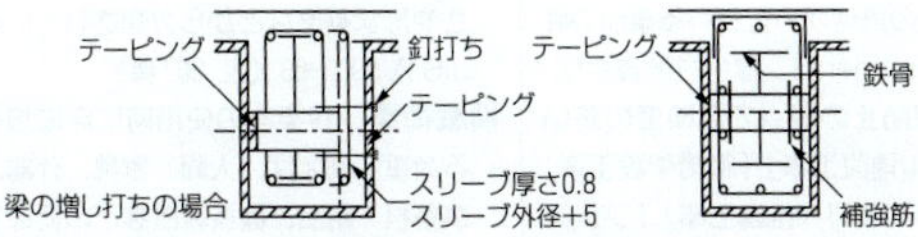

SRC梁のスリーブ取付け方法

静定構造物　力の釣り合いだけで支点反力を求めることができない構造物。

静的貫入試験　ロッドに付けた抵抗体を静的な荷重によって地盤中に挿入し、貫入、回転、引抜きに対する抵抗から地盤の状況を調査する試験。スウェーデン式サウンディング、ポータブルコーン貫入試験などを指す。動的な荷重を用いる貫入試験もある。→標準貫入試験

静的破砕工法　けい酸塩や酸化カルシウム塩を主成分とした材料の水和反応による膨張圧を利用して、岩石やコンクリートにひび割れを発生させて破砕する工法。飛石もなく岩石やコンクリートを低騒音、低振動で破砕できる。場所打ちコンクリート杭の杭頭部における余盛りコンクリートの破砕、撤去や建物解体などに使用される。（図·265頁）→杭頭(くいとう)処理工法

性能規定　建築物やその部分に求められる「性能」を規定するものであり、性能を満足させるためのプロセスは問わない設計法。したがって、設計の自由度が高まることとなる。建築基準法の改正で、技術基準は従来の仕様規定中心の構成から性能規定を中心とした構成になり、今後、より合理的で多様な設計が予想される。→仕様規定

性能発注　設計図、仕様書の規定によらない工事発注方式の一つ。建築物を構成する各種部品、部材および建物全体の性能を指示することにより、設計図書を用いずに発注する。VE(バリューエンジニアリング)と同じ考え方。

政府調達に関する協定適用工事　⇨WTO対応一般競争入札

生物化学的酸素要求量　⇨BOD

政令　内閣の発する命令で、おもな技術的基準などを定めている。

セーフティーアセスメント　建設工事の着工、設備機器の新設、更新に際し、安全の見地から行われる事前の評価(assessment)。厚生労働省より、労働災害防止の観点で危険度の高い「トンネル建設工事」「鋼橋架設工事」「シールド工事」「推進工事」「プレストレストコンクリート工事」などについて、セーフティアセスメントに関する指針が公表されている。

セオドライト　⇨トランシット

堰板（せきいた）①型枠の構成部分のうち、直接コンクリートに接する面状の材料。合板、鋼製などがあり、「型枠パネル」とも呼ばれる。②土木工事などで、掘削した土の流出、崩壊を防ぐために設ける土止め用の板。

堰板の存置期間（せきいたのそんちきかん）コンクリートを打ち込んだ後、せき板を取り外すことができるまでの期間。建物の計画供用期間が短期および標準の場合は5 N/mm^2、長期および超長期の場合は10N/mm^2以上の圧縮強度が得られるまで存置する。平均温度とセメント種類によっては、別途、存置期間が設定されている。取外し後、所定の強度まで湿潤養生が行えない場合は、さらに5 N/mm^2高い強度が得られるまでとする。また、スラブ下や梁下のせき板は支保工の存置期間に従う。（表·265頁）→支保工(しほこう)の存置期間

赤外線吸収ガラス　⇨熱線吸収板ガラス

赤外線遮断ガラス　⇨熱線吸収板ガラス

赤外線法　赤外線カメラでコンクリート表面を撮影し、温度分布を示す画像から表面温度の差をとらえて、外壁表面のモルタルやタイルの剥離、空洞などの欠陥箇所を見つける方法。コンクリート表面に近づかなくても一度に広範囲を調査できるが、コンクリート表面の日照条件などに影響を受けやすい。（写真·265頁）

石材　天然ものである自然石と、二次加工品である人造石とがある。種類によっては、外部に露出すると雨水に侵されたり、火に弱いもの、凍害を受けやすいものもある。石材は、岩石の硬さや形状基準などから分類されている。JIS A 5003-63（表·267頁）

積載荷重　建築物の使用時に床に加わる荷重。例えば、人間、家具、什器、事務机·用品、機械装置などの荷重で、構造設計上は建物用途および計算の目

スリーブ使用材料

施工場所	使用区分・条件	スリーブ材料の種類						備考
		紙ボイド	塩ビ管	塩ビ管＋止水材	亜鉛鋼板スライドスリーブ	つば付き鉄管スリーブ	金属枠 木型枠	
地中外壁・地中梁	両面「土中」の場合	△	◎					
	土中・ピット間			◎		◎		
	ピット・ピット間	○	◎					
	水槽・ピット間／水位上			◎		◎		
	水槽・ピット間／水位下			◎		◎		実管打込みで止水を図る方法も有効
梁	内部	○	○					
	外部／雨掛かりあり部		○	◎	◎*			
	外部／雨掛かりなし	○	○					
壁	内部	○	○					
	外部／雨掛かりあり部			◎	◎*			
	外部／雨掛かりなし	○	○					
	消火栓箱、埋込み盤等						○	
床	一般	○	○					
	防水床貫通			○		◎		実管打込みで止水を図る方法も有効
	ダクト	○	○		○		○	ダクト実管打込み方法も可能
	配管群						○	

◎：推奨材料・工法
＊止水仕様で、つばまたは止水テープ等の材料を使用。

スリーブ寸法／給排水衛生・空調・換気設備（参考／mm）

配管諸元				スリーブ*			
管呼び径	鋼管外形	塩ビ管外形	被覆なし	被覆厚			
				20	25	30	40
15	21.7	22.0	50	75	75	100	150
20	27.2	26.0	75	75	100	125	150
25	34.0	32.0	75	100	100	125	175
32	42.7	42.0	75	100	100	125	175
40	48.6	48.0	100	100	125	125	175
50	60.5	60.0	100	125	125	150	200
65	76.3	76.0	125	125	150	150	200
80	89.1	89.0	150	150	150	175	250
100	114.3	114.0	150	175	175	200	250
125	139.8	140.0	200	200	200	250	300
150	165.2	165.0	200	250	250	250	300
200	216.3	216.0	250	300	300	300	350
250	267.4	267.0	300	350	350	350	400

＊地中梁など、梁幅が広く勾配のある配管を通す場合、
3サイズ上のスリーブを選定するなどの配慮が必要。

スリーブ寸法／電気設備（参考／mm）

電気配管				スリーブ		
薄鋼	厚鋼	CD	外形	スリーブ呼び径	ボイド外形	塩ビ管外形
31	28		33.3	50	54	60
39	36		41.9	65	—	76
51	42		50.5	65	—	76
63	54		63.5	75	80	89
75	70		76.2	100	106	114
	82		87.9	125	131	140
	92		100.7	125	131	140
	104		113.4	150	157	165
		16	21	50	54	60
		22	27.5	50	54	60
		28	34	50	54	60
		36	42	65	—	76
		42	48	65	—	76
		54	60	75	80	89

的によって積載荷重が区別され設定されている。「活荷重(L.L)」ともいう。

積算　設計図書に基づき、建築物の生産に必要な工事費を各部分計算(数量×単価)の集積の形で予測すること。従来、建築物の各部分数量の算出を「積算」といい、それに単価を掛けて工事費を求めることを「見積」とする考え方もある。→見積

積算温度　コンクリート打込み後から管理材齢までの「日平均気温＋10℃」を累積した値。加熱、保温養生する場合は、日平均気温に替えて養生温度を用いる。コンクリート打込み後91日までの積算温度(M_{91})が840°D·Dを上回る必要があり、下回る場合は調合強度を上げるか、養生方法を変更するなどの対策が必要となる。→寒中コンクリート

積算価格　設計図書や積算用資料に基づき算出された金額。これをもとに入札などが行われ工事価格が決定される。

積雪荷重　積雪の単位荷重に、その地方の垂直最深積雪量を乗じた値。単位荷重は積雪量1cmごとに$20N/m^2$以上で、多雪区域は特定行政庁が別途定める。建築基準法施行令第86条

積層工法　RC造やSRC造の構造体や外壁などを一層(1階ないし数階を単位に)ごとに下層階から順次組み立て、仕上げ、設備などの工事までを同時に行って完了させていく工法。部材のプレハブ化により現場労務の省力化、工期の短縮、品質の向上、繰り返し作業による熟練によって生産性の向上が図られ、安全の確保につながるなどの特徴をもつ。(図·265頁)→建逃げ工法

積層ゴム　⇨高減衰積層ゴム

責任施工　工事を請け負った者が、その工事を完成するまでの一切の責任を負って工事を実施すること。当然、瑕疵(かし)担保責任も負担する。元請にとっては下請のこの能力を重視する。

石綿（せきめん）⇨アスベスト

石綿含有産業廃棄物（せきめんがんゆうさんぎょうはいきぶつ）建築物を含む工作物の新築、改築または除去にともなって生じた産業廃棄物であって、石綿をその重量の0.1%を超えて含有するものをいう。作業に当たっては、作業計画の作成、特別教育、作業主任者の配置などが必要。→アスベスト(図·11頁)

石綿障害予防規則（せきめんしょうがいよぼうきそく）石綿による健康障害の予防対策の一層の推進を図ることを目的として、2005年に労働安全衛生法に基づいて定められた厚生労働省令。アスベスト(石綿)による肺がん、中皮腫など健康障害が発生するおそれがあるため従来から法規制が行われてきているが、建材に石綿を使用した建築物の解体が増加し、そのピークは2020年から2040年頃と想定されている。また、建築物に吹き付けられた石綿も損傷、劣化により居住者が石綿にばく露するおそれも考えられることから、建築物等の解体等の作業においてはばく露防止対策を講じる必要がある。→アスベスト飛散防止

セクション　⇨断面図

施工管理　工事着工から竣工まで、契約書や設計図書に基づき工程計画、施工計画を立案、作成し、発注者(建築主)の要求を満たした品質の高い建築物を提供するための管理。品質、原価、工程、安全、工事周辺環境などに対する管理を行う。

施工管理技術検定　建設業法第27条に基づき国土交通大臣から指定を受けた建設業振興基金が行う技術検定。「建築施工管理技術検定試験」と、「電気工事施工管理技術検定試験」の2種があり、建設工事に従事する技術者の技術力の向上を図ることを目的としている。

施工計画　設計図書に記載された条件や契約条件に基づいて、施工機械や仮設設備の検討および施工方法の検討を行い、工事計画を立てること。工事内容の調査、敷地条件の調査、予算·工期の検討、躯体工事の工法の検討、材料数量のチェックなどを行う。

施工計画書　各工事の施工に際し、施工計画を図面化、書類化したもの。交通規制、仮設構造物から各種工事の検査手順に至るまで、さまざまな計画書

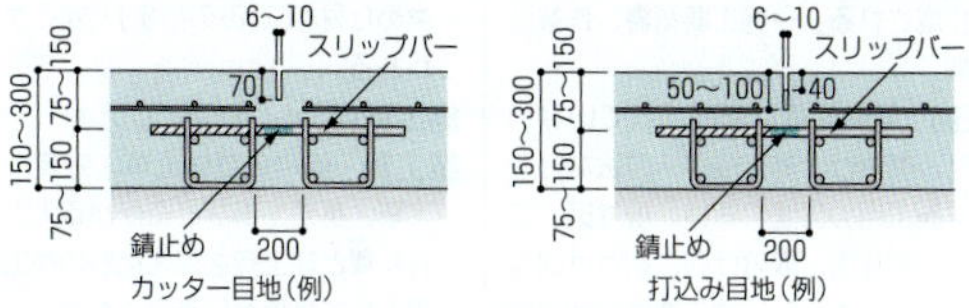

カッター目地(例)

打込み目地(例)

スリップバー

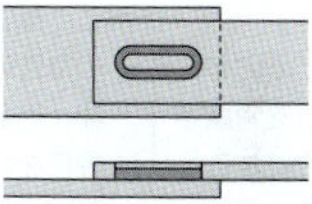

スロット溶接

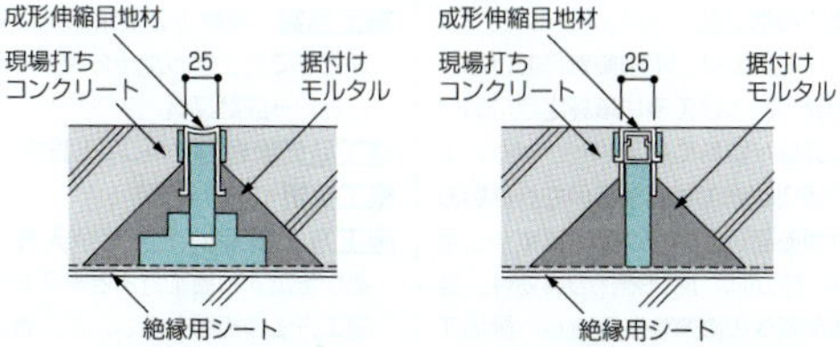

成形伸縮目地の納まり例(アスファルト防水・保護仕様)[20]

耐震構造、制振構造、免震構造の特徴

		耐震構造	制振構造		免震構造
			履歴系	粘性系	
対象建物	中低層(〜10階)	●	●	●	■
	高層(10階〜20階)	●	■	■	■
	超高層(20階〜)	●	■	■	●
大地震時の構造安全性		●	■	■	■
加速度応答低減効果	中小地震	▲	▲	●	●
	大地震	▲	▲	●	■
大地震後の復旧容易性		▲	●*A	■	■
メンテナンス		■	●	▲*B	▲*C
コスト		■	■	●	▲

[凡例] ■:非常に優れる/非常に適する
●:優れる/適する
▲:やや劣る/やや不適
*A:大地震後に交換する場合がある。
*B:定期点検が必要な場合がある。
*C:現状では定期点検が必要。

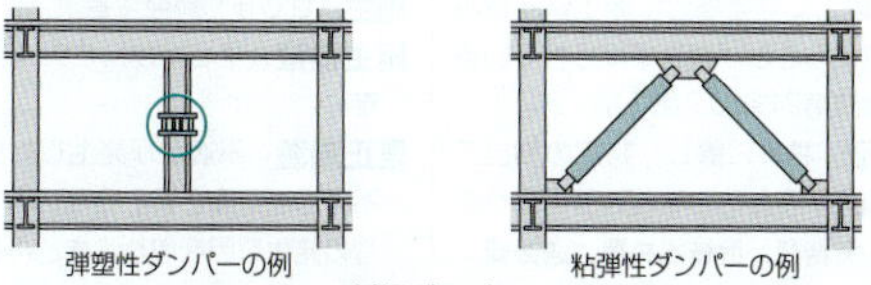

弾塑性ダンパーの例
粘弾性ダンパーの例

制振ダンパー

が作成される。→施工要領書、作業計画書

施工図　設計図書に記載されていない現寸、割付け、施工順序、方法などを示す施工用の図面の総称。現寸図、工作図、型枠図、取付け図、割付け図などがある。主として施工準備段階で作成され、資機材、労務の手配を行うための資料ともなる。

施工数量　実際に施工するために必要な材料や労務の数量。歩止りを考慮するため、設計数量よりも大きくなる。→設計数量、計画数量、所要数量

施工体制確認型総合評価方式　公共工事の極端な低入札によるダンピング受注においては、下請業者における赤字の発生および工事成績評定点における低評価が顕著になる傾向があり、工事の適切な施工体制が確保されないおそれがあることから、技術提案や企業評価のほかに、品質確保の実効性、施工体制確保の確実性を審査し、評価する総合評価落札方式。この方式は、標準型および簡易型総合評価方式に適用される（技術評価点数＝標準点＋加算点＋施工体制評価点）。低価格入札の業者から提出された追加資料およびヒアリングにおいて施工体制が十分に確保されていると認められない場合は、施工体制評価点の満点に対する比率に応じて、技術提案、企業評価、技術者評価の加算点を減ずるものとする（施工体制評価後の加算点＝開札時の加算点×（施工体制評価点÷30点））。

施工体制台帳　下請、孫請など工事施工を請け負うすべての業者名、各業者の施工範囲および技術者氏名などを記載した台帳をいう。特定建設業者は、発注者から直接請け負った建設工事を施工するために締結した下請契約の総額が3,000万円（建築一式工事は4,500万円）以上になる場合に施工体制台帳を作成することが義務づけられている。建設業法第24条の7第1項

施工単価　積算に際し、特定の細目工事を施工するための単位数量当たりの費用。労務費、機械器具費、運搬費、下請経費などを含んでおり、材料費を含めた「材工込みの単価」とするケースがある。

施工軟度　⇨ワーカビリティー

施工費　建物の躯体工事、外装・内装工事、基礎工事などにかかる人件費。材料費と施工費を加えたものが工事費用として見積書に表示される。

施工評価　建築工事や土木工事において、施工業者自らが行う施工に関しての良否の評価。組織、建物の品質、性能、安全、近隣問題など種々の面から評価を行う。施工業者が発注者などの顧客に対して行うアンケートなどによる施工評価も含む。

施工品質　設計上の要求品質に対して、建物ができ上がった後の実際の品質のこと。→設計品質

施工品質管理表　⇨QC工程表

施工変更　⇨設計変更

施工方法提案型指名競争入札　発注者が想定する施工方法と提案を求める施工方法の範囲を示し、施工者からの提案を審査して入札参加者を決定する入札方法。施工者の技術力や施工方法を取り入れることで費用、工事期間などの改善が図れる。

施工面積　建築基準法の法定面積（延べ床面積）に含まれないバルコニー、ピロティなどの面積を延べ床面積に加えた面積。建物の単位面積当たりの建築費、積算数量の歩掛りの基準として使われる面積であるが、その範囲については法的に定まったものはない。

施工要領書　工種ごとに、その工事についての使用材料、施工方法、検査方法、安全管理などの詳細を記述した計画書のこと。施工計画書を補足するものとして、より具体的な施工手順を記載する。下請業者が元請へ提出するものと、元請が監理者へ提出するものとがある。→施工計画書

施主（せしゅ）⇨発注者

施主検査（せしゅけんさ）⇨発注者検査

是正処置　不適合が発生したら、同じ不適合が二度と起こらないように不適合の発生原因を取り除き、再発防止を図ること。

基礎・梁側・柱・壁のせき板の存置期間を定めるためのコンクリートの材齢
（平均気温が10℃以上の場合）[21]

セメントの種類 ／ 平均温度	コンクリートの材齢（日）		
	早強ポルトランドセメント	普通ポルトランドセメント 高炉セメントA種 シリカセメントA種 フライアッシュセメントA種	高炉セメントB種 シリカセメントB種 フライアッシュセメントB種
20℃以上	2	4	5
20℃未満 10℃以上	3	6	8

基礎・梁側・柱・壁のせき板の存置期間

計画供用期間	せき板の存置期間 （コンクリートの圧縮強度）
短期、標準	5（10）N/m²
長期、超長期	10（15）N/m²

供用限界期間：建物を継続使用したい場合は、この期限内に構造体の大規模な修理を行えば、さらに延長使用可能となる期間。

注 1）（　）内は、せき板取り外し後、湿潤養生しない場合（必要とする湿潤養生期間は、217頁・表「コンクリート打込み後に必要とされる湿潤養生期間および湿潤養生を打ち切ることができる圧縮強度」参照）。
2）平均気温が10℃以上の場合は、上表「基礎・梁側・柱・壁のせき板の存置期間を定めるためのコンクリートの材齢」参照。
3）スラブ下や梁下のせき板は、支保工の存置期間による。

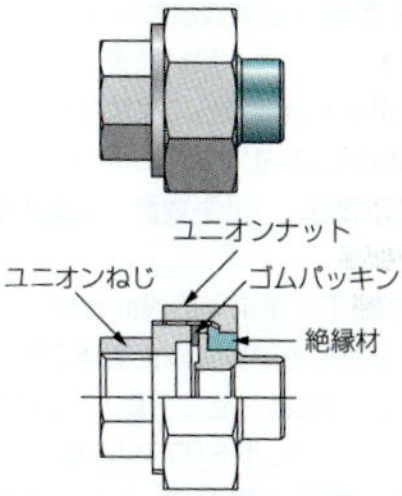

絶縁ユニオン

絶縁継手

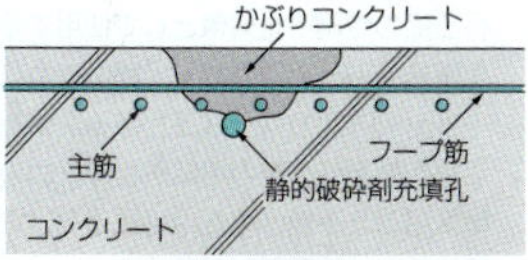

静的破砕工法

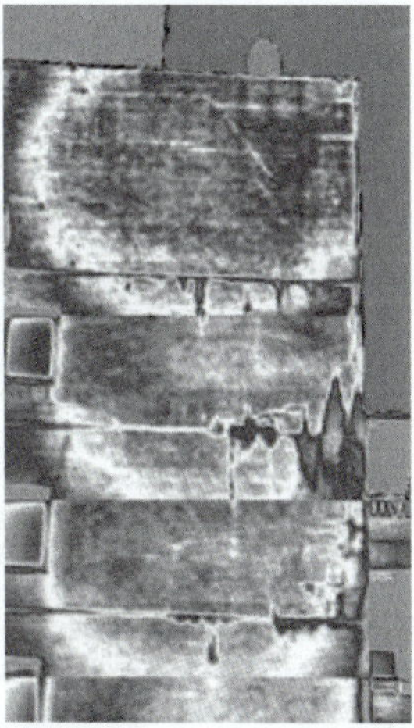

建物の外装材（タイル、モルタル等）の剥離部（空気層がある）と健全部（密着している）とでは、太陽の日射によって表面温度に差が生じる。熱伝導の違いを赤外線サーモカメラで撮影した画像（写真の濃淡部分）を用いて、外装材の剥離分布などを診断することができる。

赤外線法
（タイルの浮き確認）

積層工法

絶縁工法　アスファルト防水やウレタン防水において、下地のひび割れや膨張、収縮などによる防水層の切断を防ぐため、下地と防水層を部分的に接着する工法。アスファルト防水の場合、あなあきルーフィングの使用などにより可能となる。→密着工法

絶縁継手　異種金属の接合において、電位差による腐食を防止するために用いる継手。(図·265頁)

絶縁用防護具　架空電線付近で工事を行う際の感電防止対策として使用する防護具をいう。線カバー、がいしカバー、シート状カバーなどがある。また、活線作業を行う際の感電防止のための電気用ゴム手袋、電気用絶縁上衣、絶縁シート、検電器などを示す。

石灰アルミナセメント　⇨アルミナセメント

絶乾状態　⇨絶対乾燥状態

炻器質タイル(せっきしつ—)　1,200℃前後で焼成された、硬質で吸水性が小さく、透光性に乏しいタイル。打音は澄んだ音がする。素地が有色で、素焼きのまま使用されることが多い。JIS A 5209(2009)においてⅡ類に分類される。

設計　建築物に要求される機能や性能を検討し、建設するための仕様を決定することで、企画の段階から設計作業、工事施工段階における設計行為までをいう。そのなかで、国土交通省告示第15号では、改定前の基本設計、実施設計に加えて、実施設計をもとにした工事施工段階における設計行為(設計意図をより詳細に示すための設計、設計内容をより明確にするための設計、設計変更などにかかわる設計)の3つのプロセスを設計業務としている。

設計被り厚さ(せっけいかぶりあつさ)　かぶり厚さとは、鉄筋に対して覆っているコンクリートの厚みをいい、コンクリートの部位やコンクリートの仕上面の状況により最小かぶり厚さが規定されている。この最小かぶり厚さを満足するために、施工上の誤差を加味したかぶり厚さを設計かぶり厚さという。JASS 5では、加味する誤差を10mm(曲面部材は20mm)としている。(図·269頁)

設計監理　本来は、設計と監理(工事監理)は別業務であるが、一般的に設計監理といった場合、設計業務＋工事監理、もしくは設計者が行う工事監理を指す。

設計監理契約　建築物の設計図書を作成することは建築士の業務であるが、その建物の施工に際し、その設計図書どおりに施工されるよう監理も同時に行うことが多い。その設計と工事監理を委任する契約のことをいい、設計と工事監理の双方の業務を一体的に行うもの。

設計基準強度　コンクリート構造部材の構造計算に際して採用した、基準となるコンクリートの圧縮強度。Fc〔N/mm^2〕で表す。

設計クライテリア　設計基準値のこと。建物をどのようなスタンスで設計するかということで、例えば中地震時には建物は許容応力度以下、層間変形角1/200以下とする、大地震時には部材の塑性は許すが層の塑性率2以下、層間変形角1/100以下とするなど。

設計サイズ　⇨サイズ②

設計数量　建築数量積算基準で区別する数量の一つ。設計図書に示された寸法、またはそれらの寸法から算出される各部分の寸法などに基づいて求められる数量。→計画数量、所要数量、施工数量

設計施工　建築物の設計と施工を同一の業者あるいは共同企業体に発注する方式。「設計・施工一貫方式」のこと。「デザインビルド(DB)」ともいう。

設計・施工一貫方式　⇨設計施工

設計・施工分離方式　建築工事に際し、設計事務所などが設計を行い、建設業者が施工を担当する方式。建設業者が設計と施工を同一の組織内で行う「設計・施工一貫方式」と区別される。

設計説明書　建築物の設計品質のうち、発注者の要求事項や設計者の重視していることを記述した説明書。品質管理活動として新たに仕様書の付属図書として位置づけられるよう、日本建築士

石材の分類

分類			組成	特性	用途
天然石	変成岩：地殻の変動で熱や圧力を受けて変質したもの。物理的な性質は硬度の大きいほうが優れる。	大理石（堆積岩系）	一般に石灰岩や白雲石（ドロマイト）が変成作用を受けて結晶質（方解石）となったもの。トラバーチンは、地熱湯の中の成分が沈殿してできた石灰質岩の一種である	石質は緻密で固く、磨けば美しい模様と光沢を表す。純白なものの色調は白色を呈して美しい	外気にさらすと風化しやすいため、雨掛かり部は適さない。内部塗装用、張り石や床舗装など。白大理石、霰、縞サラサ、トラバーチン、オニックス、淡雪ほか。
		蛇紋岩（火成岩系）	かんらん岩が熱と圧力を受けてできたもの。	一般に黒緑色で、紋様が蛇皮に似ている。	貴蛇紋、蛇紋、青葉。
	火成岩：火山作用によって地中より噴き出して固まったもの。物理的な性質は硬度の大きいほうが優れる。	花こう岩（深成岩）＊御影石ともいう	結晶火成岩で、組成の大部分は石英と長石、これに少量の雲母と角閃石が入っているもの。	石質は緻密で固く、耐磨耗性、耐久性に富み吸水率は小さい。大きな材が得られやすく、加工にやや難点がある。有用色材の代表的なもので磨けば光沢を発し色調も美しい。	外装用張り石、柱、彫刻や階段石など。稲田、万成、浮金ほか。
		安山岩（火山岩）	細かい結晶質またはガラス質で、主成分は斜長石で雲母、角閃石、輝石を含む。	石質は緻密なものから粗なものまであって、花こう岩のような大塊は得られない。	外装用張り石、床舗装材に適する。鉄平石、新小松石、白河石、月出石、間知石。
		石英粗面岩（流紋岩）	噴出岩の一つで、花崗岩と同じような化学成分をもつ。	石質は粗く、堅硬・耐久性がある。	抗火石、竜山石、鬼御影。土木・建築用。
	水成岩（堆積岩）：地層の崩壊により岩石や貝殻、珊瑚などが水に沈んで堆積したもの。	粘板岩 泥板岩	地殻変動によってできたもの。	堅硬・緻密なもの。	雄勝スレート、赤間石。屋根瓦・石碑・硯石など。
		砂岩	砂、砂利や粘度などが堆積して圧力によって固まったもの。	耐摩耗・耐久性に劣る。磨いてもつやがでない。	多胡石、日の出石、高島石。建築用石材として多用。
		凝灰岩	火山噴出物や安山岩の破片が堆積してできたもの。	耐火性に優れるが、耐久性や吸水時の強度に劣る。	大谷石、院内石、沢田石、鹿沼石、建築用材として多用。
人造石	大理石を種石とした人造石	テラゾー	種石の粒度は、6～12mm目ふるいを通過したもの（種石は粒度 6 mm以下のものは、人造研出しという）。	色調は大理石を模して美しく、加工性に富み、自由な形状のものが得られる。仕上がりは自然石より劣り安価である。	テラゾーブロックでは、平物、甲板、大スクリーン、階段ボーダーほか。テラゾータイルではテラタイル、トーテラなど。大理石に準じて内装用、床舗装用など。
	大理石以外の花こう岩や安山岩を種石とした人造石	擬石	セメント、顔料、砂、砕石などを原料として人工的に作製したもの。	色調は大理石よりも劣り、自然石の色合いをもっている。加工性に富み、自由な形や寸法が得られる。	自然石と同じく、内・外装用の壁面や床舗装用など。

会連合会が提案している。

設計図書　建築物や工作物を建設する場合に、その施工や製作のために必要な内容を記した設計図、仕上表、仕様書などの図面や書類のこと。建築士法第2条第6項では、設計図書のことを建築物の建築工事実施のために必要な図面(現寸図の類を除く)および仕様書と規定している。具体的には、一般図、詳細図、構造図、設備設計図、外構図、仕上表、仕様書などからなる。

設計入札　①建物の設計とその設計に基づく工事金の両者を合わせて入札する競争入札方式。②設計者の決定を設計料の入札で行うこと。公共建築で実施される。

設計品質　建物の設計において設計者が意図し、設計図書に表現された要求品質。まだ実現していない品質であり、「ねらいの品質」ともいわれる。これに対し、実際にでき上がった建物の品質を「施工品質」という。

設計変更　すでに決定した設計内容を変更すること。契約金額の変更をともなう場合はそのつど増減見積を行うが、民間工事の場合は変更部分の契約が未締結のまま工事が完了し、後でトラブルとなることがある。軽微な設計変更では契約金額の増減はしない旨を仕様書などでうたう場合もある。また、工事代金の変更をともなわない設計変更を「施工変更」といって区別する場合もある。

石膏プラスター　焼石膏を主成分とし、必要に応じて消石灰、ドロマイトプラスター、粘土および粘着材などを混入した左官材料。硬化が早く、ひび割れが少ない。JIS A 6904により現場調合プラスター(下塗り用)、既調合プラスター(下・上塗り用)に区分される。

石膏ボード　半水石膏を心に、その両面を厚紙で被覆し形成した内装材。防火、防音性に優れ、温度、湿度による伸縮が少なく施工が容易だが、衝撃や湿気に弱い。天井、壁の下地材として広く使用されている。「プラスターボード」「ウォールボード」ともいう。JIS A 6901

石膏ラスボード　石膏ボードの表面に長方形のくぼみを付けた石膏プラスター塗壁の下地材。通称「ラスボード」ともいう。JIS A 6901

絶対乾燥状態　コンクリートの成分である骨材(粗骨材、細骨材)の含水状況を示すもので、まったく水分が含まれていない状態。軽量骨材の比重や骨材の吸水率、含水率の算出に使用される。「絶乾状態」と略す。→骨材(図・165頁)

絶対高さ制限　建築基準法の集団規定の一つ。都市計画で定める第一種低層住居専用地域、第二種低層住居専用地域内における建築物の絶対的な高さの限度を定めた制限。10mまたは12mのうち各地域の都市計画によって決められるもので、隣地斜線制限は適用されない。塔屋などについては緩和規定がある。建築基準法第55条第1項 →北側斜線制限(図・109頁)

接地　⇨アース

接地工事　安全のため機器、電路などを大地に接続する工事。電気設備に関する技術基準を定める省令(通称「電気設備技術基準」)において、A種、B種、C種、D種の工事が規定されている。(図表・271頁)

接着強度試験　タイルの接着強度を抜取りによって調べる試験。建研式簡易引張試験機による方法が一般的で、結果の判定は、引張り強度が0.4N/mm^2以上の場合を合格としている。この試験とタイルの浮きの有無を全面にわたって確認する打診検査によって、タイル施工の接着性能の良否を評価する。

接着剤張り工法　主として内装タイルや石の張付けに用いられる工法。平坦なモルタルやボード面に合成ゴム、エポキシ樹脂などの有機接着剤を塗り付けて、その上にタイルを取り付けるもの。また、外壁面のタイルの剥離、剥落防止対策として、下地躯体の変形に追従しやすい弾性接着剤を用いて外部に張り付ける工法も用いられるようになっている。施工の際は、下地面を乾燥させることが重要となる。→タイル工事(表・293頁)

接道義務　建築基準法第43条の規定で、

＊1　本図は、外部仕上げが耐久性上有効な仕上げの場合を示す。
　2　図中に示したかぶり厚さの数値の単位はmm。

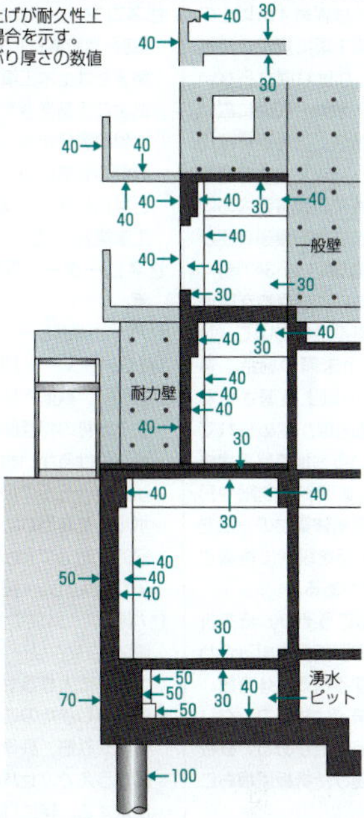

鉄筋の設計かぶり厚さ（例）／標準・長期の場合

- 設計図書
  - 特記仕様書 ―― 特殊な工法や特殊な材料などを記載する
  - 設計図
    - 設計の仕様と仕上表など
    - 一般図（求積表・配置図・平面図・立面図・建具表など）
    - 各部の詳細図・矩計図など
    - 構造図（鉄骨図・配筋図など）
    - 各種設備図
  - 現場説明書（質問回答書も含む）

設計図書の優先順位は以下のように定められている（JASS 1-1.4）
①現場説明書と現場説明に対する質問回答書　②特記仕様書　③設計図　④標準仕様書
＊確認申請書、工事予算書、施工図は含まれない。

設計図書

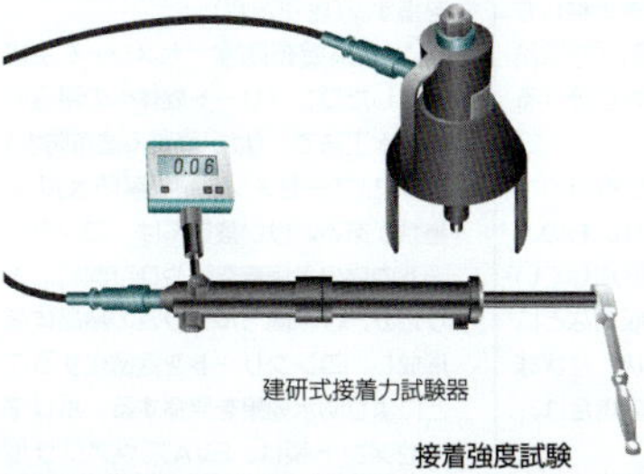

建研式接着力試験器

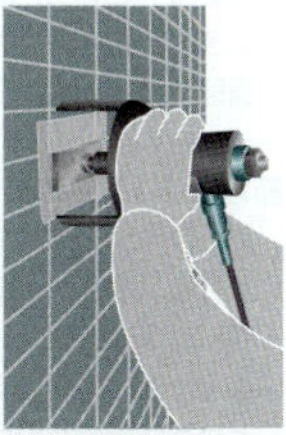

試験状況

接着強度試験

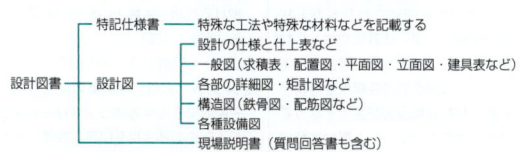

原則、建築物の敷地は幅員４ｍ以上の道路(同法第42条第１項に規定する道路)に２ｍ以上接しなければならない。ただし例外として、敷地の周囲に広い空地(くうち)がある場合など、特定行政庁が交通上、安全上、防火上および衛生上支障がないと認めて建築審査会の同意を得て許可したときは、接道義務が緩和される。→道路規定(図·343頁)

セットバック　敷地および建物を後退させること。建築基準法において、(1)前面道路が幅員４ｍ未満の場合、道路の中心線から２ｍ以上後退させる(二項道路)、(2)壁面線が定められている道路に面している宅地で壁面線まで後退させる、(3)道路斜線制限や日影規制によって中高層建築物の一部を後退させる(建物上部を段状に後退させる)、などの規定がある。

折板構造（せつぱんこうぞう）紙を折り曲げるような形で平面板を組み合わせて構造体を架構する構造。体育館、劇場など大空間建築では鉄筋コンクリートの折板を用いることがある。鉄板を連続Ｖ形に折り曲げた折板屋根もこれに該当する。

折板屋根（せつぱんやね）板を折り曲げＷ形やＶ形を連続させた断面形状をもつ屋根。工場、体育館やホールなどの大空間をつくるために用いられる。ガルバリウム鋼板や塗装鋼板を材料として加工した金属屋根が主流となっているが、鉄筋コンクリート製や木製のものもある。(図·273頁)

設備図　給排水、給湯、ガス、暖冷房、電気・電話などの設備について、配管・配線、機器や器具類の設置位置を平面図上に示した図面などを総称していう。「給排水・衛生設備図」「空調設備図」「電気設備図」などと呼び分けることもある。

節理（せつり）岩石にできた規則的な割れ目のうち、ずれを伴わないもの。ずれをともなう「断層」とは区別していう。マグマが冷却する際の収縮などによる力で起こる。方状、板状、柱状などがあり、例えば板状節理の場合は、石が板状にはがれやすい。

ゼネコン　general contractorの略で、「総合建設業者」のこと。一般的には建築または土木工事一式を元請し、職別および設備業者を下請にして工事管理全般の責任をもつ。ただし、設備工事専門の元請については通常、ゼネコンとはいわない。「総合請負業者」「総合工事業者」ともいう。→サブコン

ゼネレーター　仮設用発電機の電源装置。

セパ　⇨セパレーター

セパレーター　RC造の梁、壁などにおいて、鉄筋と型枠の間隔、また相対する型枠の相互間隔を保持するために取り付けるかい物。鋼製、薄鉄板、パイプ製、モルタル製などがある。タイボルトを兼用した丸セパレーターが一般的。略して「セパ」、あるいは「隔て子」ともいう。(図·273頁)

セパ割り　外側の型枠と内側の型枠の間隔(コンクリート躯体厚)を一定に保つために入れるセパレーター(セパ)の配置のしかたのこと。コンクリートの側圧や鉄筋、鉄骨との納まりの検討をしたうえで、セパの種類、配置間隔を決定する。特に打放しコンクリート仕上げの場合は、このセパの跡が表面に現れるため、美観上の配慮が必要となる。(図·273頁)

セミハードボード　⇨MDF

セメント　広義には無機質結合材で、一般的にモルタルやコンクリートをつくるための結合材をいう。狭義には石灰石や石膏、粘土を焼成し粉末にしたもので、ポルトランドセメント、混合セメント、特殊セメントに大別されるが、通常、普通ポルトランドセメントを指す。(表·275頁)

セメント系塗布防水　セメントを主成分としたコンクリート躯体への浸透形の防水工法で、「けい酸質系塗布防水」と「ポリマーセメント系塗膜防水」の２種類がある。けい酸質系は、コンクリート内部の毛細管空隙やひび割れに入り込み、けい酸カルシウムの結晶体を形成し、コンクリートを緻密化することにより防水効果を発揮する。ポリマーセメント系は、EVA系やアクリル

接地の種類と接地抵抗値

接地の種類	適用機器	接地抵抗値
A種接地	高圧機器	10Ω以下
B種接地	高圧変圧器の低圧側中性点	(150/I)以下 注)
C種接地	300V超の低圧機器	10Ω以下
D種接地	300V以下の低圧機器	100Ω以下

注 1) I は、変圧器高圧側の一線地絡電流を示す。
2) 2秒以内に自動的に高圧電路を遮断する装置を設ける場合、(300/I)以下。
3) 1秒以内に自動的に高圧電路を遮断する装置を設ける場合、(600/I)以下。

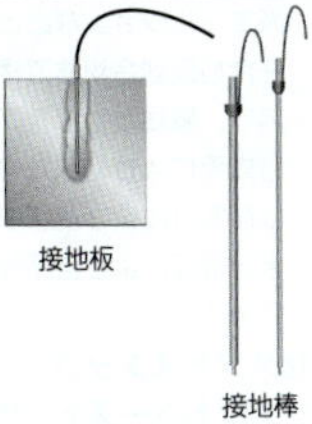

接地板・接地棒

せ

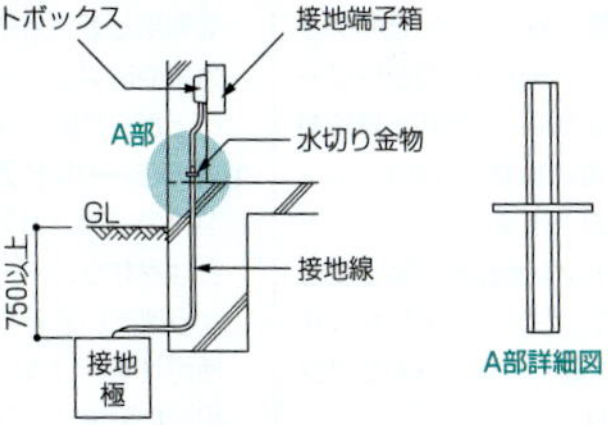

接地端子箱が地上にある場合

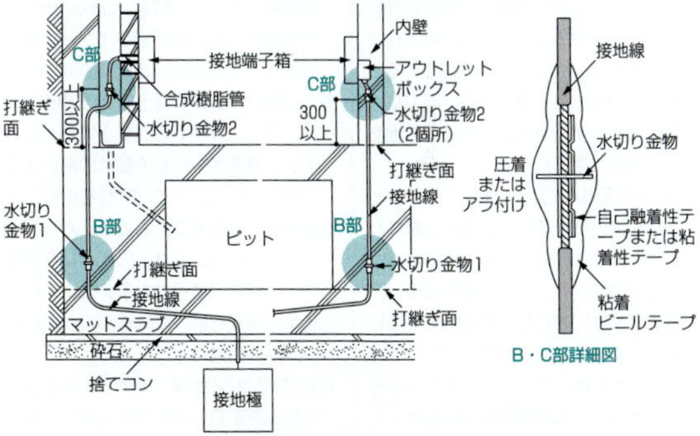

接地端子箱が地下にある場合

接地工事

接地工事の目的と種類

目 的	方 法	種 類	対象施設	
対地電圧の低減	系統接地	B種接地工事	特別高圧または高圧電路と低圧電路とを結合する変圧器の中性点、または一端子等	
	機器設置	A種接地工事	特別高圧および高圧	機械器具の金属製外箱等
		C種接地工事	300V超過	
		D種接地工事	300V以下	
雷害の防止	雷保護接地	A種接地工事	避雷器、放電筒等	
		A型接地極	雷保護設備	
		B型接地極		
機能上の接地		用途別	機能上回路の一部として必要な箇所	

系エマルションなどとセメントや骨材を含む既調合粉体で構成されている材料で、躯体浸透と表面塗膜形成との複合効果により防水効果を発揮。また、ひび割れにより塗膜が切れた場合でも水分吸収により自閉性能を有するものもある。

セメントスタッコ　⇨スタッコ

セメントペースト　セメントと水、場合によっては混和剤を加えて練り混ぜたのり状の物質。俗に「のろ」ともいう。

セメント水比（—みずひ）コンクリート中またはモルタル中の使用水量に対するセメント量の重量比（C/W、C：セメント量、W：水量）。水セメント比の逆数。セメント水比は圧縮強度と比例関係にあり、セメント水比が大きいと圧縮強度は高くなる。→水セメント比（図·481頁）

セメントミルク　水にセメントを練り混ぜたミルク状の液体。これに細骨材が加わるとモルタル、さらに粗骨材が加わるとコンクリートに区分される。杭のプレボーリング工法で、既製杭の根固めやソイルセメント連続壁の地盤改良などに用いられる。

セメントミルク工法　既製コンクリート杭を用いた埋込み杭工法に分類されるプレボーリング工法の一種。オーガーと先端ビットにより地盤を掘削し、所定の深度に達したら根固め液に切り替えて支持層の土砂を掘削、かくはんする。その後、スパイラルオーガーを引き上げながら杭周固定液（セメントミルク）を注入し、先端閉塞型のコンクリート杭を自沈、圧入または軽打により所定深度に定着させる工法。（図·275頁）

セメントモルタル　⇨モルタル

セラミックス　狭義には磁器のように粉を固めて焼いた非金属の固体材をいう。広義には窯業で生産される製品の総称。非金属、無機の固体材で、セメント、ガラス、宝石、ホーローあるいは人工原料を使ったファインセラミックスや光ファイバーまで含まれる。語源はギリシア語で陶器を意味した。

セラミックスファイバー　アルミナ（Al_2O_3）とシリカ（SiO_2）を主成分とする人造鉱物繊維の総称。非晶質（ガラス質）および結晶質に大別される。軽量で耐熱性に優れ、窯炉の天井、炉壁の耐火材、断熱材、充填材などに用いられる。

セラミックタイル　⇨陶磁器質タイル

セルフクリーニング効果　酸化チタン光触媒が紫外線を吸収することで示す親水性と有機物を分解する効果。これを利用して、外壁表面に付着した排気ガスや油などの汚染物質を自然に浮かび上がらせ除去する。

セルフシールドアーク溶接　アーク溶接の一種。ガスシールドアーク溶接とは異なり、アークや溶着金属を大気から遮へいするためのシールドガスを使用せず、フラックス入りワイヤーを用いた溶接法。フラックス入りワイヤーは、金属外皮の内部にアーク安定剤、脱酸剤、スラグ形成剤、金属粉末などが充填されている溶接ワイヤー。建築鉄骨への使用実績は比較的少ない。

セルフレベリング工法　床工事において、コンクリートスラブ上にセメント系や石膏系を用いた流動性の高い上塗り材（セルフレベリング材）を流し、平滑な床下地面をつくる工法。カーペットやフローリングなどの仕上材を直張りする場合に使用される。流し込んで簡単に均す程度のため省力化が図れる。（写真·275頁）

ゼロエミッション　産業活動から排出される廃棄物などすべてを他の産業の資源として活用し、全体として廃棄物を出さない生産のあり方を目指す構想、考え方であり、1994年に国連大学が提唱した。

世話役　親方制度の名残りで、職人グループの長を指す名称。仕事の分担、作業についての指導や賃金の受け渡しが主たる役目である。→職長

繊維強化コンクリート　高強度繊維を補強材として混入したコンクリート。略称は「FRC」。混入される繊維によりGRC（ガラス繊維）、CFRC（炭素繊維）、SFRC（スチール繊維）、PFRC（合成繊維）などの種類がある。曲げ、

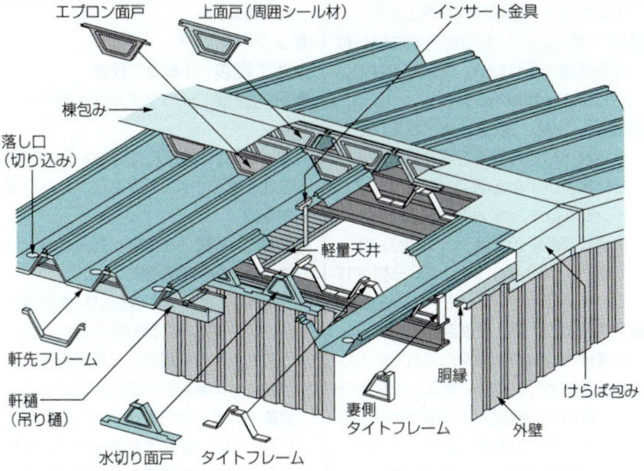
エプロン面戸
上面戸（周囲シール材）
インサート金具
棟包み
落し口
（切り込み）
軽量天井
軒先フレーム
軒樋
（吊り樋）
水切り面戸
タイトフレーム
妻側
タイトフレーム
胴縁
外壁
けらば包み

折板屋根

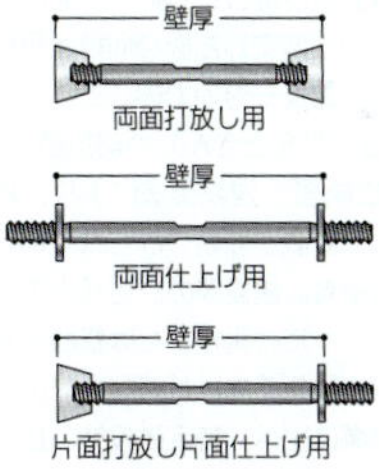
壁厚
両面打放し用
壁厚
両面仕上げ用
壁厚
片面打放し片面仕上げ用

セパレーター

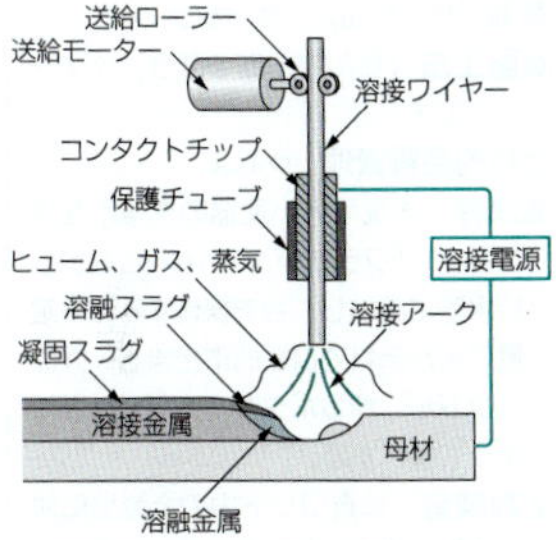
送給ローラー
送給モーター
溶接ワイヤー
コンタクトチップ
保護チューブ
溶接電源
ヒューム、ガス、蒸気
溶融スラグ
溶接アーク
凝固スラグ
溶接金属
母材
溶融金属

セルフシールドアーク溶接

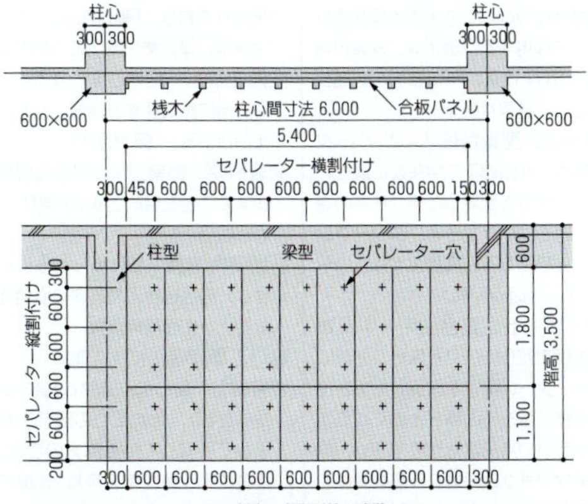
柱心
300 300
柱心
300 300
600×600
桟木
柱心間寸法 6,000
合板パネル
600×600
5,400
セパレーター横割付け
300 450 600 600 600 600 600 600 600 600 150 300
柱型
梁型
セパレーター穴
セパレーター縦割付け
300 600 600 600 600 600 200
600
1,800
1,100
階高 3,500
300 600 600 600 600 600 600 600 600 600 300

セパ割り（壁型枠の例）

引張り強度や耐摩耗性が向上する。

膳板（ぜんいた）窓の室内側に取り付ける額縁の下枠部分。腰壁仕上げの見切り材。→額縁(図·81頁)

繊維板　木材、藁(わら)、綿、パルプなどを繊維化し、接着剤を混ぜて圧縮成形した板。JIS A 5905では、密度によりインシュレーションボード(0.35g/cm^3未満)、MDF(0.35g/cm^3以上)、ハードボード(0.8g/cm^3以上)に分類されている。「ファイバーボード」ともいう。

線入り板ガラス　金属製の平行線を、金属線の方向が製造時の流れ方向となるようにガラス内部に挿入した板ガラス。破損時の飛散防止効果や意匠上の目的で採用されるが、防火ガラスとしては使用できない。JIS R 3204　→板ガラス(表·27頁)

潜函（せんかん）⇨ケーソン

潜函工法（せんかんこうほう）⇨ケーソン工法

全社的品質管理　⇨TQC

洗浄弁　水洗用大小便器の洗浄水を流す弁で、「フラッシュバルブ」ともいう。給水管に直結し、弁を操作すると一定量の水が流れて自動的に止まる。弁はハンドル、押しボタン、ペダルなどによって操作する。

全数検査　検査ロット中の全製品に対して行う検査。欠陥を見落とすと重大な不適合につながるときや、製品の出来形がひとつひとつで大きく異なる場合などに採用する。例えば、鉄骨現場溶接部のUT検査、PCa部材の製品検査など。→抜取り検査

センターコア型集合住宅　エレベーター、階段、共用廊下を中央部に置き、外周部に住宅を配置した集合住宅の通称。北向き住戸ができる。タワーマンションと呼ばれる超高層住宅はこの形式が多い。(図·277頁)

センターボイド型集合住宅　中央部に吹抜け空間(ボイド)を置き、北側にエレベーター、階段を配置した集合住宅の通称。基準階面積が大きくなるが住戸プランの自由度も比較的高く、タワーマンションと呼ばれる超高層住宅はこの形式とセンターコア型がほとんどである。

センターポンチ　⇨ポンチ

全体工程表　⇨総合工程表

選択的聴取　⇨カクテルパーティー効果

先端小梁（せんたんこばり）片持ち梁先端を結ぶ小梁。(図·277頁）→小梁終端部

剪断弾性係数（せんだんだんせいけいすう）⇨横弾性係数

剪断破壊（せんだんはかい）構造物の柱、梁、壁などの部材に外力にともなう応力が生じた場合に、せん断応力度が先にせん断耐力に達したことによる破壊をいう。他の破壊性状に比べて脆(ぜい)性的で、急激に耐力を失う。X形のひび割れが特徴で、部材のせん断スパン比が小さいとせん断破壊が生じやすくなる。

剪断力（せんだんりょく）部材内部の軸方向と直交した面(断面)と平行に逆方向へ働く一対の力のこと。

前渡金（ぜんときん）⇨前払金

専任技術者　建設業法により、営業所ごとに設置が義務づけられている専任の技術者。建設業の許可基準の一つであり、一定の資格または経験を有する者で、専任でなければならない。一般建設業に比べ、特定建設業の技術者の資格要件は加重されている。建設業法では「専任の者」「専任の技術者」と表記されており、「専任技術者」というのは通称。建設業法第7条、第15条

全熱交換器　給気と排気の顕熱と潜熱を同時に熱交換する機器。回転型と静止型がある。(図·277頁)

全般照明　部屋全体の照度を均等に確保することを目的とする照明方式。→局部照明

前面隅肉溶接（ぜんめんすみにくようせつ）溶接線が応力方向に直角な隅肉溶接。→側面隅肉溶接

専門工事業者　⇨サブコン

専有部分　区分所有建物(分譲マンションなど)で、それぞれの区分所有者が単独で所有している部分のこと(区分所有法第1条、第2条)。分譲マンションでは各住戸の内部を指す。→共用

各種セメントの特性とおもな用途

種類／記号		特　性	用　途
ポルトランドセメント	普通ポルトランドセメント／N	一般的なセメント	一般のコンクリート工事
	早強ポルトランドセメント／H	①普通セメントより強度発現が早い ②低温でも強度を発揮 ③水和熱が大きい	緊急工事・冬期工事、コンクリート製品
	超早強ポルトランドセメント／UH	①早強セメントより強度発現が早い ②低温でも強度を発揮 ③水和熱が大きい	緊急工事、冬期工事
	中庸熱ポルトランドセメント／M	①普通セメントより水和熱が小さい ②乾燥収縮が小さい	マスコンクリート、 高流動コンクリート、 高強度コンクリート
	低熱ポルトランドセメント／L	①初期強度は小さいが長期強度が大きい ②水和熱が小さい ③乾燥収縮が小さい	マスコンクリート、 高流動コンクリート、 高強度コンクリート
	耐硫酸塩ポルトランドセメント／SR	海水中や温泉近くの土壌・下水・工場排水中の硫酸塩に対する抵抗性が大きい	硫酸塩の浸食作用を受けるコンクリート
高炉セメント	A種／BA	普通セメントと同様の性質	普通セメントと同様に用いられる
	B種／BB	①普通セメントより初期強度は小さいが材齢28日強度は同等 ②耐海水性、化学抵抗性が大きい	マスコンクリート、海水・硫酸塩・熱を受けるコンクリート、水中および地下構造物コンクリート
	C種／BC	①普通セメントより初期強度は小さいが長期強度は大きい ②普通セメントより水和熱が小さい ③耐海水性、化学抵抗性が大きい	マスコンクリート、海水・土中・地下構造物コンクリート
フライアッシュセメント	A種／FA B種／FB	①普通セメントよりワーカビリティーがよい ②普通セメントより初期強度は小さいが、長期強度は大きい ③乾燥収縮が小さい ④水和熱が小さい	普通セメントと同様な工事、マスコンクリート、水中コンクリート
普通エコセメント／E		下水汚泥、都市ごみ焼却灰等を原料として使用した環境配慮型セメント	普通セメントと同様（高強度コンクリートを除く）な工事

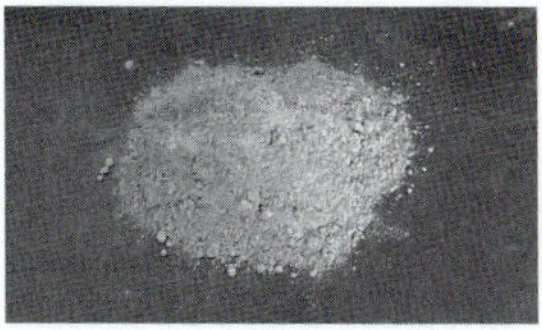

セメント

セルフレベリング工法（施工状況）

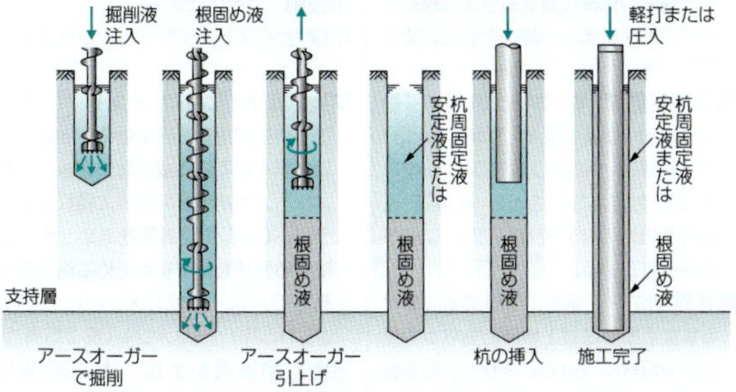

セメントミルク工法

部分②、専用使用権

専用使用権　区分所有建物で、共用部分などの一部について特定の区分所有者が排他的に使用する権利。バルコニー(ベランダ)などが対象となる。→共用部分②

栓溶接（せんようせつ）2枚重ねた鋼材の一方に孔をあけ、その孔の周囲あるいは孔の全部に溶着金属を盛ることで接合する溶接法。「プラグ溶接」ともいう。

専用部分　賃貸ビルで、賃借人が専用に使用する部分。専用部分が賃貸借契約の対象となるが、建物構成によりエレベーターホール、便所などの共用部分を専用部分に算入することがある。→共用部分①

専用床面積　共同住宅における専有部分とバルコニー部分の床面積の和。階段、共用廊下、ホールなどの共用部分は含まない。

そ

ソイルセメント　セメント系懸濁(けんだく)液と土中の砂、礫(れき)、粘度などを練り混ぜたもの。硬化するとかなり強度がでるため、既製杭の周囲の根固め、路盤の安定処理、トンネルの覆工背部の裏込めなどに使用される。「ソイルモルタル」ともいう。

ソイルセメント壁　⇨SMW

ソイル柱列山留め壁　⇨SMW

ソイルモルタル　⇨ソイルセメント

造園　一般的には庭園や公園の設計、施工、管理をいうが、大きくは都市計画や土地開発などにおいて美しい景観をつくり出すための一連の行為をいう。「ランドスケープアーキテクチャー」ともいう。

騒音環境基準　環境基本法第16条第1項の規定に基づくもので、音に係る環境上の条件について生活環境を保全し、人の健康の保護に資するうえで維持されることが望ましい基準として定められている。

騒音規制基準　騒音規制法に基づく騒音の規制に関する基準。基準値(85dB)、作業時間(区域により異なる)、作業日数(6日を超えないこと)、作業日(日曜日その他の休日でないこと)などが定められている。

騒音規制法　工場および事業場における事業活動、建設工事にともなって発生する騒音についての規制、自動車騒音に係る許容限度などを定めた法律。特定の工場や事業場の設置、または特定建設作業の施工に当たっては、それぞれ事前に市町村長への届出が必要となる。都道府県条例によって区域や時間帯ごとの規制基準が定められており、そのほか飲食店営業など深夜の騒音、拡声器による騒音などは地方自治体が必要な規制を行える。

総括安全衛生管理者　一定の規模以上の事業場において選任が義務づけられている、事業を実質的に統括管理する者。安全管理者、衛生管理者を指揮するとともに、労働者の危険または健康障害を防止するための指揮などの業務を統括、管理する。労働安全衛生法第10条

層間変位　地震、風などの水平外力が作用した際、各階に生じる水平方向の相対変位量をいう。

早強剤　⇨硬化促進剤

早強セメント　⇨早強ポルトランドセメント

早強ポルトランドセメント　冬期の工事や工期短縮を図るため、強度の発現が早くなるよう成分調整を施したセメント。初期強度の発現に優れるエーライト(C_3S)の含有量を高め、水と接触する面積を多くするために粉末度を高めている。「早強セメント」ともいう。JIS R 5210　→セメント(表・275頁)

双曲放物線面シェル　薄い曲面板から成る構造部材で、水平に切断すると

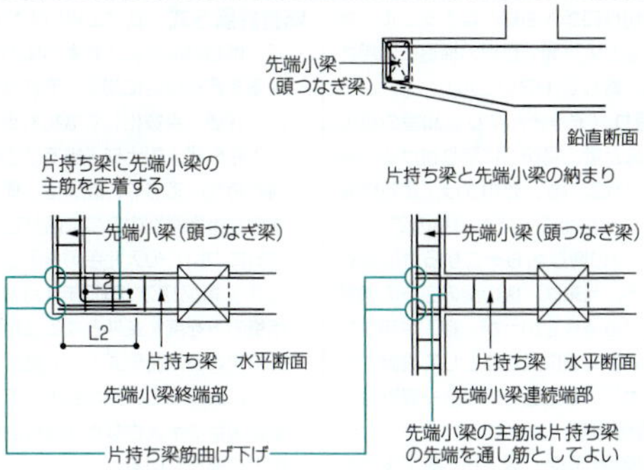

先端小梁

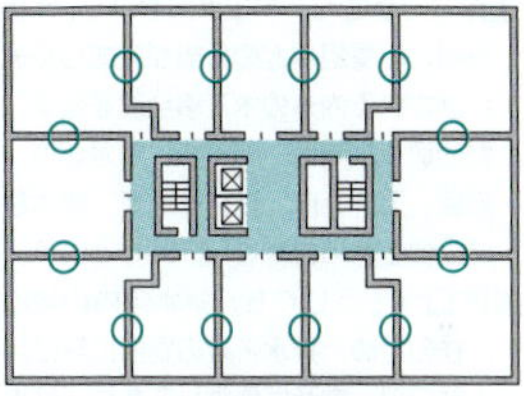

センターコア型集合住宅

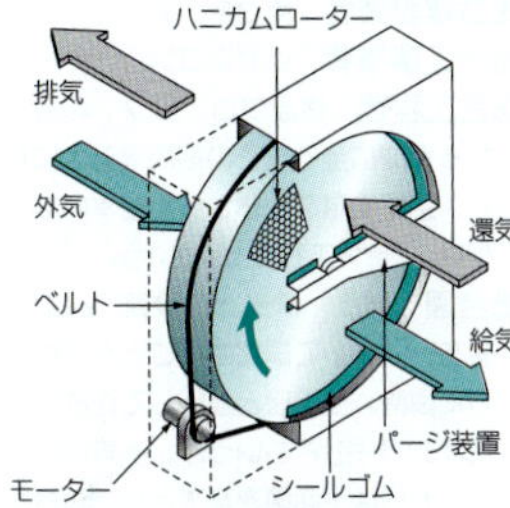

全熱交換器

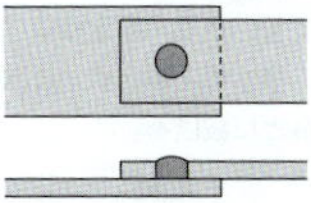

栓溶接

騒音の規制基準

時間区分／区域区分		昼間	朝夕	夜間
		8～19時	6～20時 19～22時	22～6時
第1種		45dB	40dB	40dB
第2種		50dB	45dB	40dB
第3種	1	65dB	60dB	50dB
	2	60dB	55dB	50dB
第4種		70dB	65dB	60dB

第1種区域：第一・二種低層住居専用地域、第一・二種中高層住居専用地域／第2種区域：第一・二種住居地域、準住居地域／第3種地域1：近隣商業地域、商業地域、準工業地域／第3種地域2：都市計画区域で用途地域の定められていない地域／第4種地域：工業地域

特定建設作業にともなって発生する
騒音・振動に関する規制基準*1（抜粋）

規制種別	区域の区分	規制基準	
		騒音規制	振動規制
基準値*2	1号・2号	85dB	75dB
作業時間	1号	午前7時～午後7時まで	
	2号	午前6時～午後10時まで	
1日当たりの作業時間	1号	10時間以内	
	2号	14時間以内	
作業日数	1号・2号	連続6日以内	
作業日	1号・2号	日曜日その他の休日ではないこと	

［1号区域］第一種・第二種低層住居専用地域、第一種・第二種中高層住居専用地域、第一種・第二種住居地域、準住居地域、近隣商業地域、商業地域、準工業地域、用途地域として定められていない地域および工業地域のうち学校・病院等の周囲おおむね80m以内の地域。

［2号区域］工業地域のうち学校・病院等の周囲おおむね80m以外の地域。

*1　上表は、厚生省・建設省告示第1号（昭和43年11月27日）および振動規制法施行規則別表第1に準拠する。また、特定建設作業とは、建設工事として行われる作業のうち著しい騒音を発生する作業で、杭打ち機・びょう打ち機・削岩機・空気圧縮機・コンクリートプラント・バックホー・トラクターショベル・ブルドーザーを使用する作業をいう。

2　基準値は、特定建設作業の場所の敷地の境界線での値。なお、各自治体において、条例等により法基準よりも厳しい規制を設けている場合がある。

その切り口が双曲線となるシェル。体育館など大空間の屋根の構造に応用される。略して「HPシェル」。

雑巾摺り（ぞうきんずり）和室の板張りの床と壁の見切りに取り付ける、幅15mm程度の板。雑巾がけによる壁面の汚れを防止するためのもので、「雑巾摺り」の呼び名もそこから付けられている。元来は、床の間の三方の壁裾に用いる薄板をいうが、押入や簡易な板の間の壁裾に見切りとして設置される縁木(ふちぎ)のこともいう。→畳寄せ

総合請負業者 ⇨ゼネコン

総合仮設計画図 着工から竣工までの全工事工程の仮設計画を表した図面。

総合建設業者 ⇨ゼネコン

総合工事業者 ⇨ゼネコン

総合工程表 建設プロジェクトの着工から完成に至るまでの期間を対象にして、主要工事を主体とした基本的な工程表。「全体工程表」ともいう。

総合図 意匠、構造、各設備の設計情報を一元化して調整することを目的とした図面。施工図と並行して作成する。「プロット図」ともいうが、一般的にプロット図は平面図を基本とし、総合図は平面図、展開図、天井伏図、総合立面図、総合外構図を基本として作成される。

総合設計制度 都市計画で定められた制限に対して、建築基準法で特例的に緩和を認める制度の一つ。一定割合以上の公開空地(くうち)の確保により市街地環境の整備改善に資する計画を評価し、容積率、高さ制限、斜線制限などを緩和するもので、具体的にどういう条件でどこまで緩和を認めるかは、それぞれの許可権限をもつ特定行政庁で基準（一般型総合設計制度、市街地住宅総合設計制度など）を定めている。建築基準法第59条の2

総合発注 ⇨一括発注

総合盤 ⇨機器収容箱

総合評価一般競争入札 一般競争入札による入札において、落札者の決定を価格だけでなく、技術提案などを含めた総合評価方式によって決める入札形式。→一般競争入札、総合評価方式

総合評価方式 公共工事の入札において、価格のほかに入札者の能力や技術提案を審査項目に加え、それらを総合的に評価、点数化して落札者を決定する入札形式。国土交通省では工事の技術的特性に応じて、簡易型、標準型、高度技術提案型の3つに区分し、それぞれについての入札手順を示している。公共工事品確法（2005年4月施行）で、価格のみを落札条件とする価格競争方式に代わる入札形式として推奨され、地方自治体にも採用が拡大しているが、審査項目や手続きなどは各自治体が独自に作成している。

倉庫渡し ⇨置場渡し

造作（ぞうさく）木工事において、床組、軸組、小屋組などの骨組が完成した後に施される内外の木工事全般を指す。間仕切り、階段、開口枠、鴨居(かもい)、敷居、天井、床、造付け家具、幅木など、仕上材の総称を「造作材」という。

掃除口（そうじぐち）排水管内の掃除、点検のため、排水系統の要所に設けた小開口部。常時は閉鎖してあり、排水管が詰まったときに掃除器具を差し込む。横走り配管の起点や途中、45°以上の方向、立て管の底部、排水横管の合流する箇所、排水横主管と敷地排水管の接続箇所などに設ける。

掃除流し ⇨SK

送水口 消防ホースの接続口。建物の一階外壁または屋外に自立して設置される。消防ポンプ車のホースを接続し、連結送水管を利用して上階へ送水する。「連結送水口」「サイアミーズコネクション」ともいう。

増築 既存建築物の床面積を増加させる建築行為。上階を設ける上増築、横方向に広げる横増築、別の棟を建築する別棟増築がある。

挿入筋構法 ⇨縦壁挿入筋構法

送風機 気体に運動エネルギーを与えたり、圧力をかけ移動させるための流体機械。ファン。圧縮比が2未満のものをいう。（図·281頁）

層別 データを得る場合に要求される思考法の一つ。全体をいくつかの層別に分類してデータを取得することで、

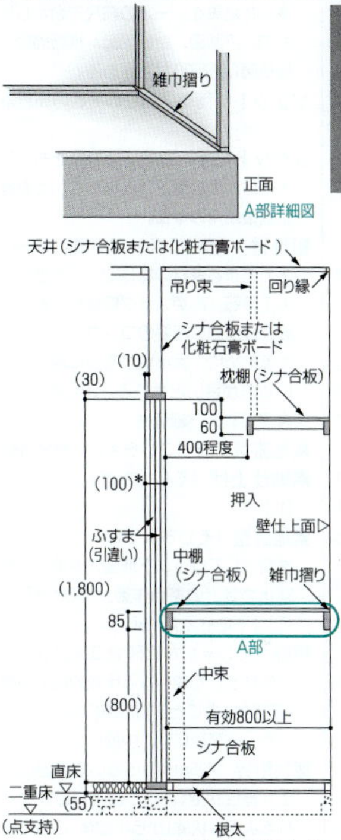

*集合住宅の場合は80程度とする。

和室の造作（押入）の納まり例

雑巾摺り

粗骨材

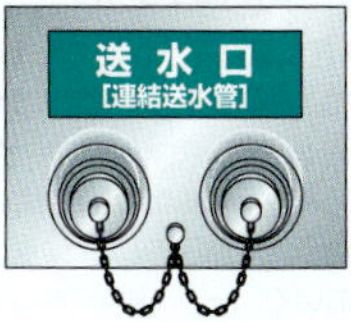

送水口

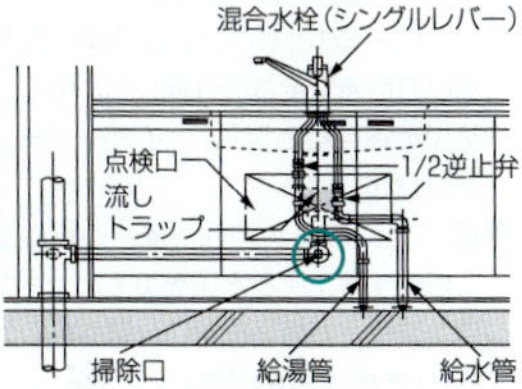

前面断面図

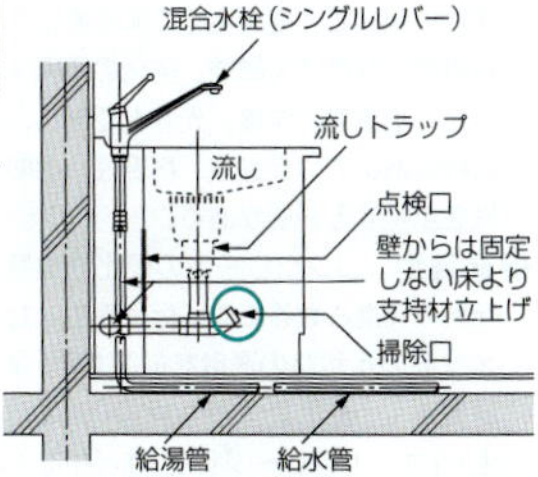

側面断面図

掃除口

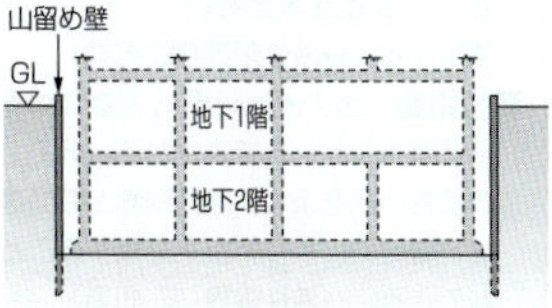

総掘り

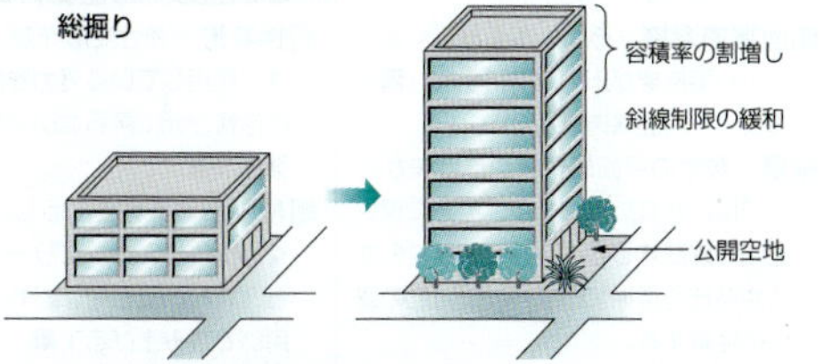

総合設計制度（概念図）

情報を正確に理解することができ、原因判別を容易にする。QC 7つ道具の一つ。

総掘り 柱下、基礎梁下および床下の区別なく、建物下を全面にわたって根切り(掘削)すること。「べた掘り」ともいい、壺(つぼ)掘りや布掘りに対していう言葉。(図·279頁)

添え板 ⇨スプライスプレート

添え巻き スパイラル筋の端部の定着方法で、鉄筋を添える形で二重に巻くこと。

ゾーニング ①都市計画で使われる土地利用の地域地区制のこと。②空気調和において、一つの建物の中を複数の区域に分け、おのおの別個の空調機を使って空調すること。「ゾーニングコントロール」ともいう。③建築防災計画における安全域の性能レベルのこと。防災地域のことは「ファイアーゾーニング」という。

側圧（そくあつ）①地下壁、山留め壁に作用する土圧と水圧を加えた力。②コンクリート打込み時に、壁や柱の型枠(せき板)に加わる力。

促進試験 材料や製品などの性能や耐久性に関して、経時変化による劣化を短時間で評価する試験。劣化の原因は主として温度、湿度、光などであり、試験においては促進性、再現性、相関性を重視する必要がある。

促進養生 コンクリートの硬化や強度発現を促進させるために行う養生。セメントの水和熱の逸散を抑制する「保温養生」、硬化を促進させる「蒸気養生」「オートクレーブ養生」などがある。

側壁（そくへき）①トンネルのアーチなどを支える下側面の壁。②暗渠などの両側面の壁。→暗渠(あんきょ)

側面隅肉溶接（そくめんすみにくようせつ）溶接線が応力方向に平行な隅肉溶接。→前面隅肉溶接

測量 敷地の平面的形状や高低差が設計図に示されたとおりか、実際に現地を測り確認すること。図面どおりの寸法や高低を現地に印す「墨出し」との違いに注意する。

測量図 地形、地物の形状・高低を計測した結果を、一定の縮尺で図示したもの。平面図、縦断面図、横断面図、地積図(求積図)などがある。

ソケット 両端めねじの筒状の単管継手。

ソケット継手 両端にめねじをもった、または両端が受け口となっている直線配管接続用の単管。

粗骨材 5 mmふるいに重量で85%以上とどまる骨材の総称で、天然砂利、人工砕石、高炉スラグ粗骨材などがある。経済的に所要のコンクリートをつくるために、大小粒が適当に混合しているのが良いとされる。JASS 5（写真·279頁）→細骨材

素地拵え（そじごしらえ）⇨素地調整

素地仕上げ（そじしあげ）⇨生地(きじ)仕上げ

素地調整（そじちょうせい）塗装前の準備として行う、下地面の清掃、研磨、錆止めなどの準備作業。「素地拵(こしら)え」「下地拵え」ともいう。

粗砂（そしゃ）左官砂やコンクリートの骨材として使われる比較的粗めの砂(細骨材)のこと。「荒目砂(あらめずな)」ともいう。→細砂(さいしゃ)、中砂(ちゅうしゃ)

塑性限界 425μmのふるいを通過した土が塑性状態(こねて自由に形がつくれるような状態)から半固体(こねると割れてしまう状態)に移るときの含水比。土の塊を手のひらで転がしながら直径 3 mmのひも状にしたときに切れぎれになる含水比をいう。w_p(%)で表示する。→液性限界(表·45頁)

塑性指数 土の液性限界w_Lと塑性限界w_pの差をいい、I_pで表される。その土の塑性の幅を示す。液性限界との関連で、塑性図により粘土を分類することができる。→液性限界(表·45頁)

塑性変形 弾性変形を超える外力が働き、作用している外力を除いても物体の形状が元に戻らない変形のこと。→弾性変形

組積工事（そせきこうじ）構造物をつくるために、コンクリートブロック、石、れんがなどを、おもにモルタルを用いて積み上げる工事。

息角（そっかく）⇨安息角

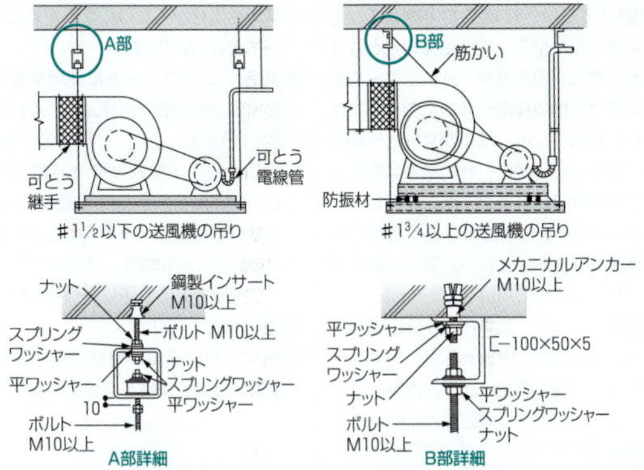
A部
可とう
電線管
可とう
継手
#1½以下の送風機の吊り
B部
筋かい
防振材
#1¾以上の送風機の吊り
ナット
鋼製インサート
M10以上
ボルト M10以上
スプリング
ワッシャー
ナット
スプリングワッシャー
平ワッシャー
平ワッシャー
10
ボルト
M10以上
A部詳細
メカニカルアンカー
M10以上
平ワッシャー
スプリング
ワッシャー
[−100×50×5
ナット
平ワッシャー
スプリングワッシャー
ナット
ボルト
M10以上
B部詳細
送風機の据付け（床スラブから吊り下げる場合）

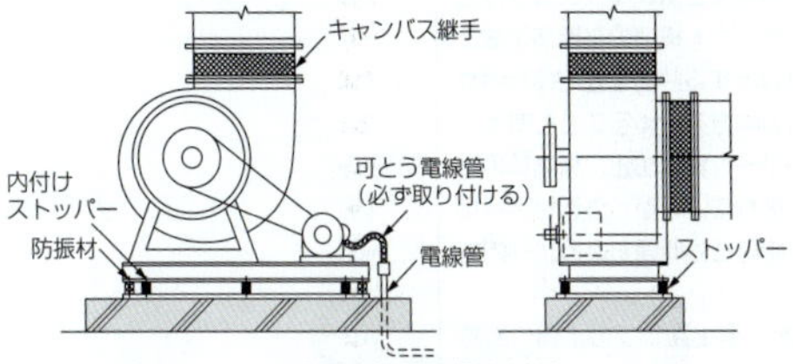
キャンバス継手
内付け
ストッパー
防振材
可とう電線管
（必ず取り付ける）
電線管
ストッパー
床置き送風機の据付け方法

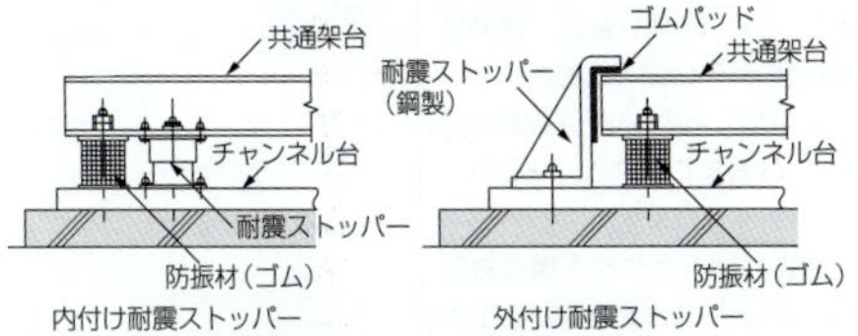
共通架台
チャンネル台
耐震ストッパー
防振材（ゴム）
内付け耐震ストッパー
ゴムパッド
耐震ストッパー
（鋼製）
共通架台
チャンネル台
防振材（ゴム）
外付け耐震ストッパー
送風機の据付け（床置きの場合）

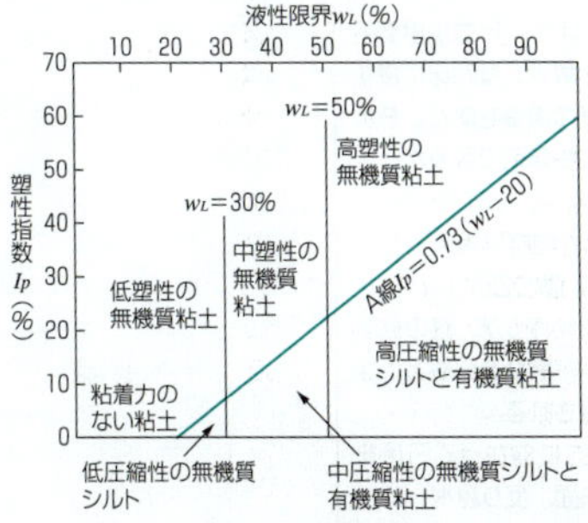
液性限界w_L（%）
10 20 30 40 50 60 70 80 90
70 60 50 40 30 20 10 0
塑性指数I_P（%）
w_L=50%
高塑性の
無機質粘土
w_L=30%
中塑性の
無機質
粘土
低塑性の
無機質粘土
A線I_P=0.73（w_L−20）
高圧縮性の無機質
シルトと有機質粘土
粘着力の
ない粘土
低圧縮性の無機質
シルト
中圧縮性の無機質シルトと
有機質粘土
塑性図

袖壁（そでかべ）建築物の構造体から突き出した壁で、集合住宅の柱とはき出し窓の間の小壁や、バルコニー部分の隔壁で構造体と一体的につくられたものが該当する。袖壁が柱材と一体的につくられる場合、柱の剛性が増加して計算外の地震時せん断力が加わり、脆(ぜい)性破壊の原因になることがある。構造スリットはこれら計算外の剛性増加を防ぐために用いる。

外勾配（そとこうばい）外壁に貫通する配管、配線、ダクトなどに対し、雨水などの浸入防止のため、建物の外部に向かって下がり勾配をとること。

外ダイアフラム　⇨ダイアフラム①

外断熱工法　建物躯体の外側に断熱材を配置する断熱工法。マンションなど鉄筋コンクリート構造の外断熱工法と、木造を中心とする戸建て住宅の外張り断熱工法の両方を含めることもある。省エネルギー、結露防止、構造体の劣化緩和に優れているが、外装材の劣化や耐火性能などの問題もある。→内断熱工法

外断熱防水　屋上スラブの上面に断熱層と防水層を設ける外断熱工法。

外面（そとづら）部材や製品、建築物の部位などの外側の面の総称。

外法（そとのり）向かい合う2部材間の外側から外側までの寸法。→心々、内法(うちのり)

外防水　建物の地下室や地下構造物の地下外壁の外側に防水層を設ける工法。内防水に比べて防水効果が確実に得られる。→内防水

ソフト幅木（―はばき）ビニル樹脂系材料でつくられた幅木。壁が床に接する基部に張り、壁の損傷を防ぐ。モルタルやボード面に接着剤で張るだけなので施工性が良い。

空締め（そらじめ）⇨空(から)締め

空錠（そらじょう）握り玉やレバーハンドルで扉の開閉を行うが、鍵の機能を有しない錠前。戸締りを必要としない室内の扉に使用される。

反り（そり）①上方に向かって凹状をなした線または曲面。反り屋根、反り破風(はふ)などがある。→起(むく)り　②板状の仕上材が弓なりに変形すること。→木表（図表·103頁）

粗粒率　コンクリートに使用する骨材の粒度分布を表す指標。各ふるい40、20、10、5、2.5、1.2、0.6、0.3、0.15mm（土木学会標準示方書ではこれに80mmを加えた計10個）にとどまる試料の質量百分率の和を100で割って求める。砂利は6～7程度、砂が2～3程度である。「FM」とも略す。

ぞろ　⇨面一(つらいち)

損料　工事に必要な機械器具や仮設材など、借りて使用する場合の使用料。

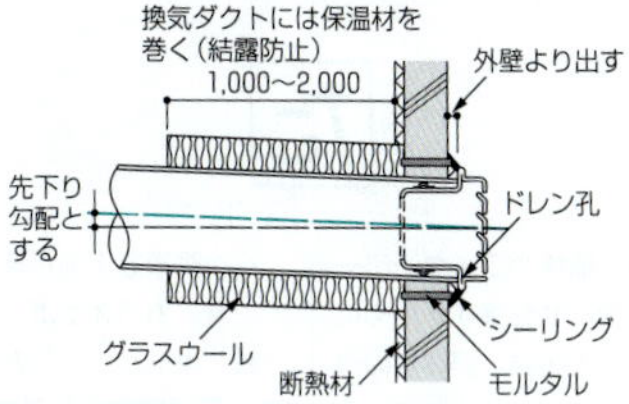

排気用ベントキャップの例

外勾配

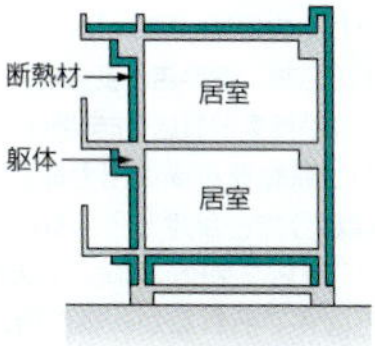

外断熱工法

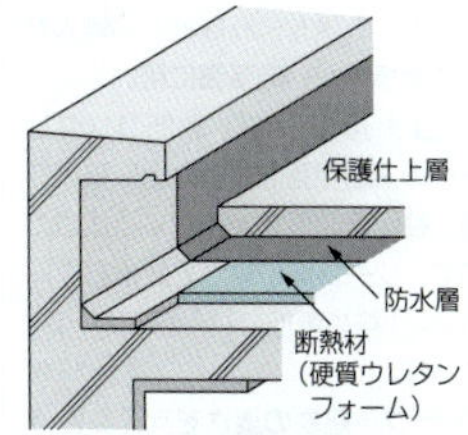

保護仕上げの納まり例

外断熱防水

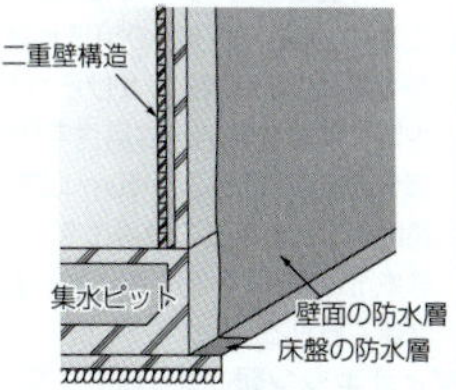

躯体面への防水施工

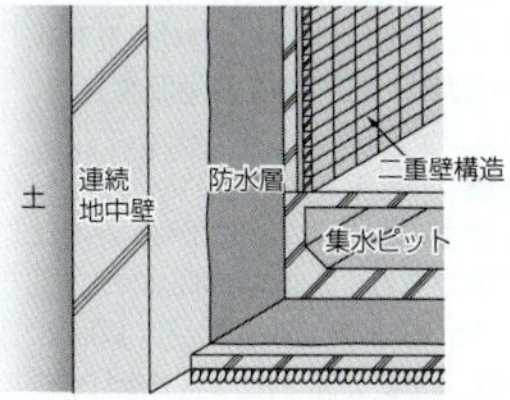

連続地中壁面への防水施工

外防水

地下防水工法の分類

地下防水工法		具体的な防水工法
外防水工法	後付け（後やり）工法	有機系：改質アスファルトシート防水・トーチ工法、非加硫ブチルゴム系シート防水、EVA系シート防水、超速硬化ウレタン樹脂吹付け防水、ゴムアスファルト系吹付け防水 無機系：ポリマーセメントモルタル系塗膜
	先付け（先やり）工法	
内防水工法	内壁防水工法	有機系：EVA系シート防水 無機系：ポリマーセメントモルタル系塗膜防水、ケイ酸質塗布防水 部分防水工法：止水板→非加硫ゴム系、塩ビ系／水膨張止水材→合成ゴム系、合成樹脂系、ベントナイト系／クラウト系止水材→無機質系、合成樹脂系
	二重壁工法（部分防水工法併用）	

た

ターンバックル　鋼棒やワイヤーロープなどの長さの調節や緊張するために使用されるねじ式の金具。胴体枠の両端にそれぞれ右ねじ、左ねじをねじ込んだもので、枠を回転させ、ねじ棒相互の間隔を変えて張り具合を調整する。S造や木造の建方(たてかた)などで、建入れ直しや鋼棒筋かいの緊張に用いる。

ダイアゴナルフープ　鉄筋コンクリート柱の主筋相互を対角線上に結ぶ補強筋。柱配筋の形状を固定するためのもので、フープ筋に対して数段おきに入れる。「斜め帯筋」「ダイアフープ」ともいう。

耐圧スラブ　建物の重さを支える直接基礎(べた基礎)としてのマット状のスラブ、または杭基礎の場合などで建物の重さを支えないが、地下水圧などに対して抵抗させる目的で建物の最下部に設けるスラブを指す。「耐圧盤」ともいう。

耐圧盤　⇨耐圧スラブ

ダイアフープ　⇨ダイアゴナルフープ

ダイアフラム　①鋼管柱などにおいて、梁フランジ位置の高さに水平に設ける板材。鋼管内部に設ける場合を「内ダイアフラム」、鋼管の外側に設ける場合を「外ダイアフラム」、また梁フランジ位置において一度鋼管柱を切断し、ふたをするように設ける場合を「通しダイアフラム」と呼ぶ。②シェル構造における補強材で、シェル部分の妻部の補強材および支点中間部に設ける隔壁のこと。③空調関連で、感温膨張弁など各種の弁やポンプなどの部品に用いられる金属製薄膜をいう。

ダイアフラムポンプ　⇨達磨(だるま)ポンプ

第一種住居地域　都市計画法(第9条第5項)による用途地域の一つで、住居の環境を保護するための地域。学校、病院などのほか、3,000m^{2}以下の店舗、事務所、ホテルや環境影響の小さいごく小規模な工場が建てられる。ぱちんこ屋、カラオケボックス、劇場、映画館、キャバレーなどは建てられない。

第一種中高層住居専用地域　都市計画法(第9条第3項)による用途地域の一つで、中高層住宅の良好な住環境を守るための地域。500m^{2}以下かつ2階以下の店舗、理髪店、美容院、自転車店、家庭電気器具店(作業場は50m^{2}以下かつ原動機設備は出力総計が0.75kW以下)などが建てられる。学習塾、銀行の支店、学校、病院、老人ホームなどは建てられるが、事務所、ホテル・旅館、遊戯施設・風俗施設などは建てられない。

第一種低層住居専用地域　都市計画法(第9条第1項)による用途地域の一つで、低層住宅の良好な住環境を守るための地域。12種類の用途地域のなかで最も厳しい規制がかけられている。生活に関連する店舗併用住宅(非住宅部分の床面積の合計が50m^{2}以下)、事務所、学習塾などの併用住宅、学校、診療所(病院は不可)、老人ホームなどは建てられる。

ダイオキシン類　ポリ塩化ジベンゾパラジオキシン、ポリ塩化ジベンゾフラン、ダイオキシン様ポリ塩化ビフェニルの総称。生物濃縮性が高く、生殖異常など強い毒性を示す。塩化ビニルなどの塩素化学物質が入ったごみを300～600℃で焼却するとダイオキシンが生成する。ダイオキシン類対策特別措置法により規制が定められている。

耐火カバー　和風便器の床下突出部を覆う無機繊維強化セメント製のカバー。一時間耐火相当の耐火性能をもつ。

耐火建築物　所定の耐火性能を有する建築物をいい、建築基準法第2条第1項9号の2で定める条件に適合するもの。「主要構造部が耐火構造であること、または政令で定める技術的基準に適合するものであること」、「外壁の開

ターンバックル

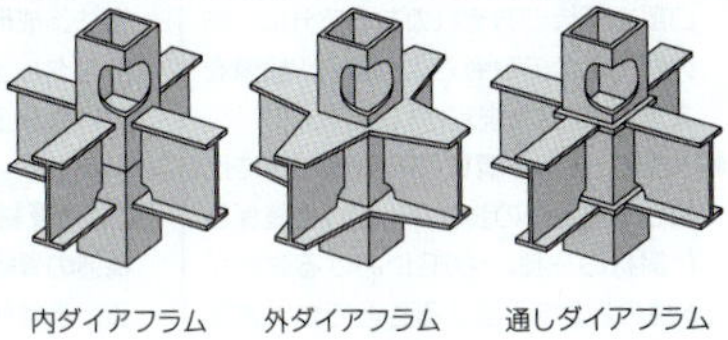

ダイアフラム

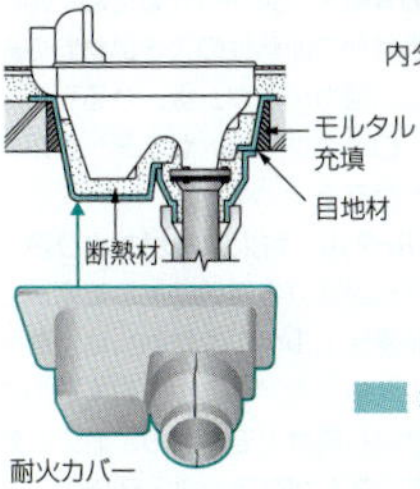

耐火カバー

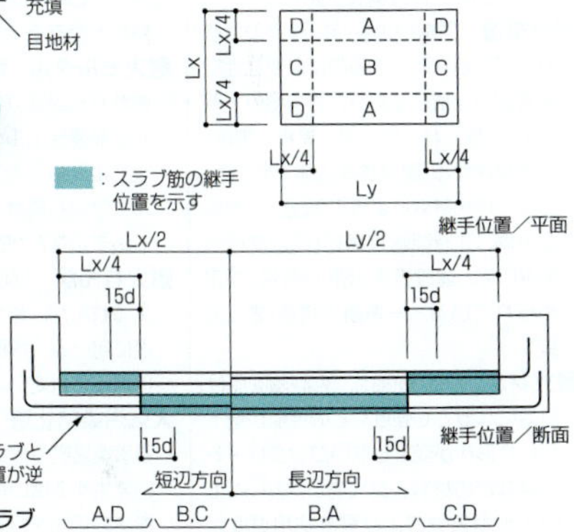

耐圧スラブ

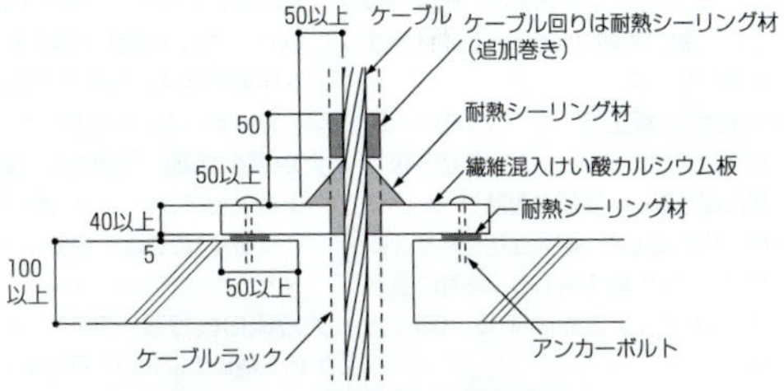

片側工法（ケーブルの防火区画貫通処理）

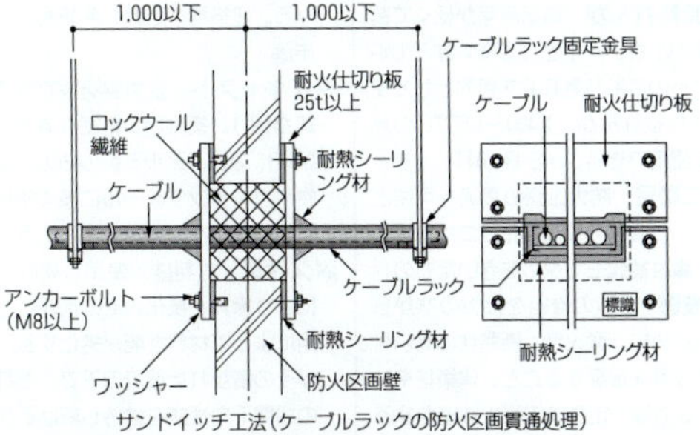

サンドイッチ工法（ケーブルラックの防火区画貫通処理）

耐火仕切り板工法

た

口部で延焼のおそれのある部分に、防火戸その他の政令で定める防火設備を有すること」と規定されている。

耐火鋼　通常の鋼材（SS400など）に比較して高温時の強度を一定以上確保した鋼材の一種。600℃における耐力が*F*値の2/3を保証することで耐火被覆の低減を可能としている鋼材が製品化されている。「FR鋼」ともいう。

耐火構造　通常の火災時に建物の倒壊および延焼を防止するのに必要な性能を考慮した構造であり、建築物の主要構造部（壁、柱、床、梁、屋根、階段）に適用させる（建築基準法第２条７号）。部位と建物階数によって30分、１時間、２時間、３時間耐火構造（同法施行令第107条、建設省告示第1399号）が定められている。→準耐火構造（表・233頁）

耐火材料　一定時間中、火や熱を受け、高温になっても強度などの性能が低下したり形状が変形しないコンクリート、石材などの材料。耐火物（1,500℃以上の定形耐火物および最高使用温度が800℃以上の不定形耐火物、耐火モルタル、耐火断熱れんが）として区別する場合もある。

耐火仕切り板工法　ケーブルの防火区画貫通処理において、耐火仕切り板で開口部を覆い、隙間を耐熱シーリング材で埋める工法。耐火仕切り板を片側だけ張る「片側工法」と、両面に張る「サンドイッチ工法」がある。（図・285頁）

ダイカスト　⇨ダイキャスト

耐火断熱れんが　熱伝導率が低くて蓄熱量の小さい、主として窯炉などの炉壁からの放散熱量軽減を目的として使用されるれんが。1,400〜1,500℃の高温に使用できる。JIS R 2611

耐火二層管　防火区画の貫通を可能とした、二層式の硬質塩化ビニル管。外周に繊維補強モルタルを巻いたもの。

耐火被覆　S造の骨組を火災の熱から守るために、耐火性、断熱性の高い材料で鉄骨を被覆すること。建築基準法上、S造は一定基準の耐火被覆をすることで耐火構造とみなされる。吹付け工法、成形板張付け工法、巻付け工法、モルタル塗付け工法などがある。近年では塗装工法（耐火塗料）も採用されている。

耐火被覆材　柱、梁などからなる鉄骨構造の骨組を火災から守るために用いる、不燃かつ断熱性の大きい材料の総称。けい酸カルシウム板、ひる石モルタル、ロックウール、セラミック系材料などがある。

耐火モルタル　耐火れんがおよび耐火断熱れんが積みの目地材として用いられる熱硬性モルタルの総称。粘土質耐火モルタル、高アルミナ質耐火モルタル、けい石質耐火モルタル、耐火断熱モルタルなどがある。JIS R 2501

耐火れんが　1,580℃以上の高温度に耐えるれんが。煙突、暖炉、工業窯炉などに用いる。各種の形状がJIS R 2101に規定されている。

大気汚染防止法　工場、事業場における事業活動や建築物の解体等にともない発生するばい煙、揮発性有機化合物、粉塵の規制を目的とした法律。建設現場ではアスベストの除去作業が対象となり、「特定粉塵排出等作業実施届書」を作業開始14日前までに都道府県知事に提出することが義務づけられている。

大規模の修繕　建築物の主要構造部の１種以上について行う過半の修繕（つくり替え）のこと。建築基準法第２条14号

大規模の模様替　建築物の主要構造部の１種以上について行う過半の模様替で、過半を超えると確認申請が必要となる。建築基準法第２条15号　→確認申請

ダイキャスト　金属製鋳型で製造する鋳物（いもの）。複雑かつ精密な薄肉鋳物の製造に適し、アルミ製のものが建具金物やカーテンウォールに多く使用されている。「ダイカスト」ともいう。

耐久性能　材料は、使用し続けることにより摩耗、風化、その他繰り返し作用によって材料性能が劣化する。材料がその置かれた環境の下で、どれだけの期間その性能を維持し続けるかを示す性能をいう。各物理的性能に関し、

耐火被覆工法の種類

(mm)

種類	半乾式吹付けロックウール	湿式吹付け			
		湿式吹付けロックウール	軽量セメントモルタル	シリカ・アルミナ系	石膏系
構成材料	ロックウールセメント	ロックウールセメントひる石等	セメントパーライト等	水酸化アルミニウムセメント等	石膏、古紙発泡スチロール等
施工法	水と混合しノズルで吹付け	水と混合して吹付けまたはこて塗り			
施工時周辺養生	作業階の養生が必要	周辺の養生が必要			
竣工後粉塵	少し発生する	発生しない			
耐火構造指定の区分	個別	個別	告示	個別	個別
柱1時間	10~25	15~30	30~40	20~25	20~25
柱2時間	23~45	30~40	50~60	35~40	35~45
柱3時間	65	40~50	70~80	40~55	50~65
梁1時間	12~25	15~25	30~40	20~25	20~25
梁2時間	23~45	30~35	50~60	35~40	35~45
梁3時間	35~60	40~45	70~80	40~55	50~65

種類	成形板張り	巻付け	耐火塗料
構成材料	繊維混入けい酸カルシウム板	セラミックファイバーロックウール等	熱発泡性塗料
施工法	接着剤、ビスで取付け	巻き付けてピンで固定	吹付け、刷毛、ローラー
施工時周辺養生	養生は不要	養生は不要	周辺の養生が必要
竣工後粉塵	発生しない	発生しない	発生しない
耐火構造指定の区分	個別	個別	個別
柱1時間	15~25	13~43	1~5
柱2時間	25~45	37~60	1~5
柱3時間	35~63	57~95	–
梁1時間	15~25	13~38	1~5
梁2時間	25~42	32~60	1~5
梁3時間	35~63	57~90	–

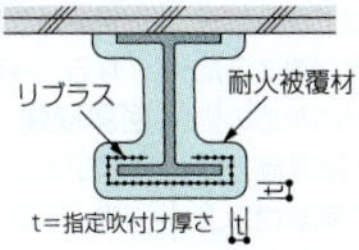

フランジ下面の剥落防止方法

耐火被覆

耐根シートの種類

耐根方法	透水性	材料の特性・特徴
物理的に耐根	不透水性系シート	ポリエチレンフィルム(0.4mm)などを使用し、植栽基盤の排水層の下に敷設または接着。接合部はオーバーラップを十分にとる。立上がり部は接着する。
	透水性系シート	厚さ5~10mmの不織布などを使用し、植栽基盤の排水層の上に敷設。工法によっては下に敷設することもある。
化学的に耐根	透水性系シート	化学物質で根の侵入を防止するシート(20~30年有効)を使用し、植栽基盤の排水層の上に敷設する。

た

固有の耐久性能がある。

耐久設計基準強度　構造物などの計画供用期間（短期、標準、長期、超長期）において、耐久性を確保するために必要なコンクリートの圧縮強度をいう。Fd〔N/mm^2〕で表す。JASS 5　→コンクリートの圧縮強度

耐久年数　⇨耐用年数

耐候性鋼　錆の進行とともに、その錆が安定した緻密な防食皮膜となって母材を保護し、普通鋼材より腐食しにくくした鋼材。普通鋼材に銅、クロム、マンガンなどを加えて製造する。塗装を省くことができる。

耐候性塗装鋼板　合金めっきや高級塗料で耐候性を高めた薄鋼板の総称。フッ素樹脂、ウレタン樹脂系など普通のカラー鉄板と比べ寿命がはるかに長い。

太鼓落し（たいこおとし）丸太の二面を平行に切り落とし、小口(こぐち)が太鼓形になった木材。造作用に用いる。通常、丸太の小屋梁は両端部分を太鼓落しにして仕口(しぐち)を容易にする。

耐根シート（たいこんー）屋上緑化において、植栽用の土壌の下に設置して、植栽した植物の根によって屋上の防水層などが損傷するのを防ぐシート。不透水性系と透水性系に大別され、さらに物理的なものと化学的なものに分類される。（表·287頁）

耐震改修促進法　正式には「建築物の耐震改修の促進に関する法律」といい、地震による建築物の倒壊などから国民の生命、身体および財産を保護するため、建築物の耐震改修促進のための処置を講ずる法律。1995年12月施行。特に多数の者が利用する一定規模以上の建物を「特定建築物」とし、所有者は現行の耐震基準と同等以上の耐震性能を確保するよう耐震診断や改修に努めることが求められている。また、耐震改修計画が同法に適合し認定を受けると、耐震改修に関する一定の規制緩和や公的融資の優遇などを受けられるなどの緩和措置も規定されている。2006年の改正により特定建築物の対象が拡大され、特定行政庁による耐震改修促進計画の策定が義務づけられた。（表·542頁）

大臣許可　⇨国土交通大臣許可

耐震構造　建物が受ける地震力を免震装置を用いて減らしたり、制振装置を用いて吸収することなくその地震力を外力として与え、その建物の構造部材で抵抗するように設計された構造。→制振構造（表·263頁）

耐震診断　老朽化した建物や旧耐震設計法で設計された建物など、すでに建っている建物の保有する耐震性能を調査および計算により評価すること。まず簡易な診断を行い、それにより耐震性に疑問がある場合はさらに精密な診断を行う。その結果、耐震補強が必要な場合はその方法を策定する。

耐震ストッパー　地震時に規定以上の振り幅が生じた場合に機器が転倒したり飛び出さないように取り付ける治具。

耐震スリット　⇨構造スリット

耐震対策　建築物の耐震性能を確保するための方策。建物の構造の耐震性能は建築基準法に決められているが、さらに免震構造を取り入れるなど、性能を維持していくためのさまざまな工夫をする。非構造部材の落下や家具の転倒防止、避難訓練なども含まれる。

耐震壁（たいしんへき）構造体の一部として、おもに地震時の水平荷重に耐えて効果的に抵抗する壁。平面的および上下方向にバランス良く配置することで柱や梁の水平力負担が軽減され、経済的で無理のない構造計画が可能となる。→耐力壁

耐震補強　建物が保有する耐震性能が不足する場合に、建物構造体に行う補強。震度6強の大規模地震に対して建物の倒壊を防止する。耐震壁の増設、増し打ち、開口閉塞、鋼板巻きや炭素繊維シート巻きによる柱のせん断補強、鉄骨ブレース補強、レトロフィット免震補強工法やオイルダンパーなどの設置による制振補強工法などがある。

耐震リフォーム　住宅の耐震性を高めて、人命と財産を守るための補強工事をいう。基礎部分の補強、建物重量の軽減化（瓦屋根の金属板化）、壁の増設、補強金物による固定など。これにとも

多数の者が利用する特定建築物（耐震改修促進法施行令第2条）

用　途	規　模
幼稚園／保育所	階数≧2かつ床面積合計≧500m^2
小学校等（小学校、中学校、中等教育学校の前期課程、特別支援学校）／老人ホーム／老人短期入所施設、福祉ホームその他これらに類するもの／老人福祉センター、児童厚生施設、身体障害者福祉センターその他これらに類するもの	階数≧2かつ床面積合計≧1,000m^2
学校（幼稚園および小学校を除く）／病院、劇場、観覧場、集会場、展示場、百貨店、事務所／ボーリング場、スケート場、水泳場その他これらに類する運動施設／診療所／映画館、演芸場／公会堂／卸売市場、マーケットその他の物品販売業を営む店舗／ホテル、旅館／賃貸住宅（共同住宅に限る）、寄宿舎、下宿／博物館、美術館、図書館／遊技場／公衆浴場／飲食店、キャバレー、料理店、ナイトクラブ、ダンスホールその他これらに類するもの／理髪店、質屋、貸衣装屋、銀行その他これらに類するサービス業を営む店舗／工場／車両の停車場または船舶・航空機の発着場（旅客の乗降または待合い用のもの）／自動車車庫その他の自動車または自転車の停留または駐車のための施設／保健所、税務署その他これらに類する公益上必要な建築物	階数≧3かつ床面積合計≧1,000m^2
体育館	床面積合計≧1,000m^2

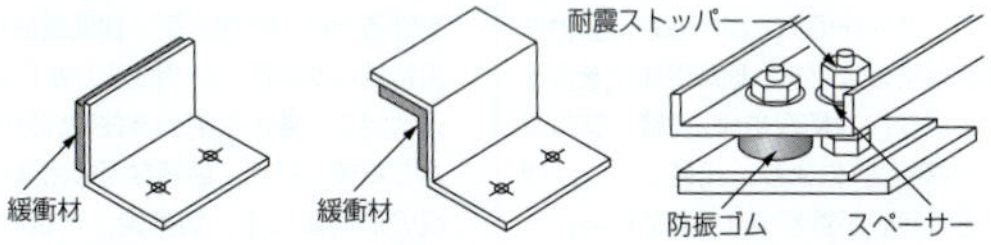

L形プレート形耐震ストッパー（移動防止形）　クランクプレート形耐震ストッパー（移動・転倒防止形）　通しボルト形その他の耐震ストッパー（移動・転倒防止形）

耐震ストッパー

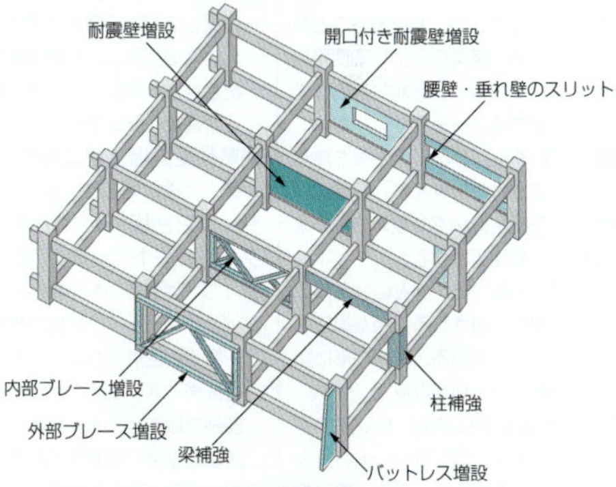

耐震補強

代替型枠（金属製の例）

丸棒加工材　太鼓落し　半割　三面落し　押角

木材の挽き方

なう市町村の補助制度、所得税控除措置などがある。

耐水合板　⇨1類合板

代替型枠　熱帯雨林の減少といった地球環境に影響を及ぼさないよう、一般に使用される合板型枠に代わる型枠の総称。金属製、プラスチック製、薄肉プレキャストコンクリート板、廃棄物の再利用材などによる型枠がある。（図・289頁）

代替フロン　オゾン層を破壊するとして全廃されたフロンの替わりに開発製造されたガス。ハイドロフルオロカーボン（HFC）とハイドロクロロフルオロカーボン（HCFC）があるが、強力な温室効果ガスであり地球温暖化を促進する。フロン回収破壊法（現・フロン排出抑制法）により、代替フロンは使用後の回収が義務づけられている。

台付け　⇨台付けワイヤー

台付けワイヤー　トラックの荷台に積荷を固定させるなど、物の固定専用のワイヤーロープ。形状は玉掛け用のワイヤーに酷似するが、物を吊ることができないため、確実に区別して使用しなければならない。「台付け」と略していうこともある。→玉掛けワイヤー

帯電防止タイル　静電気の帯電を防ぐように製造された床タイル。静電気が障害となる精密機械室や電算機室の床仕上材として使用される。

タイトフレーム　工場などの鉄骨構造建物の屋根に使用される折板を梁に取り付けるために用いる、折板の形に加工した帯鋼。→折板（せっぱん）屋根

台直し　位置のずれが生じた鉄筋やアンカーボルトを、コンクリート打込み後に曲げ加工を加えて正規の位置に修正すること。このとき、曲げる勾配は1/6以下とする。

第二種住居地域　都市計画法（第9条第6項）による用途地域の一つで、おもに住居の環境を保護するための地域。10,000m^2以下の店舗、事務所、ホテル、学校、病院、ぱちんこ屋などや、環境影響の小さいごく小規模な工場が建てられる。

第二種中高層住居専用地域　都市計画法（第9条第4項）による用途地域の一つで、おもに中高層住宅の良好な住環境を守るための地域。兼用住宅、店舗、事務所などに対しては規模の制限、工場に対しては用途と規模の制限がある。学校、病院、老人ホーム、車庫などは建てられるが、ホテル・旅館、ぱちんこ屋、カラオケボックス、劇場、映画館、キャバレー、風俗営業に係る公衆浴場、倉庫（倉庫業）などは建てられない。

第二種低層住居専用地域　都市計画法（第9条第2項）による用途地域の一つで、おもに低層住宅の良好な住環境を守るための地域。第一種低層住居専用地域に次ぐ厳しい規制のかかった用途地域で、兼用住宅の非住宅部分の用途と規模の規制、店舗などの用途と規模の規制がある。幼稚園、学校（小中高）、診療所はよいが、大学、事務所、病院などは建てられない。

代人（だいにん）⇨現場代理人

耐熱シーリング材　防火区画貫通部の埋戻しにおける認定工法で用いる材料。火災時の加熱により体積膨張しはじめ、配管などが溶融してできる隙間をふさぎ、延焼を防止するシーリング材。

耐熱性硬質塩化ビニルライニング鋼管　⇨硬質塩化ビニルライニング鋼管

タイプ2合板　⇨2類合板

タイプレート　⇨帯板（おびいた）

タイプ1合板　⇨1類合板

タイヤローラー　地盤の締固め機械の一種で、空気入りタイヤを多数装着した機械。3～5本のタイヤを配置した前輪で操舵し、4～6本のタイヤを配置した後輪で駆動するものが一般的。機械重量の静的圧力によりタイヤの特性を生かして効果的に締め固める。盛土路床および路盤の二次転圧、アスファルト舗装の表層仕上げに適している。

代用特性　要求される品質特性を直接測定するのが困難な場合、その代わりとして使用するほかの品質特性のこと。

耐用年数　減価償却の対象となる資産において利用が可能な年数。建築物自体の物理的寿命を根拠にした「物理的耐用年数」、社会的寿命を根拠にした

台付けワイヤーロープと玉掛けワイヤーロープ

種　類	用　途	ワイヤーロープ規格	端部加工方法	安全率
台付け ワイヤーロープ	荷の固定のみ使用可 荷の吊上げ厳禁	規定なし	巻き差し(丸差し) かご差し(丸差し) ロック止め	4
玉掛け ワイヤーロープ	荷の吊上げ 荷の固定	JIS規格品	巻き差し(段落とし) かご差し(段落とし) ロック止め	6

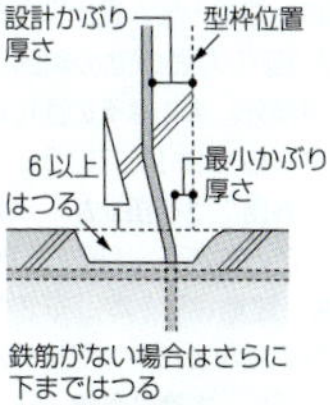

台直しの例

タイヤローラー

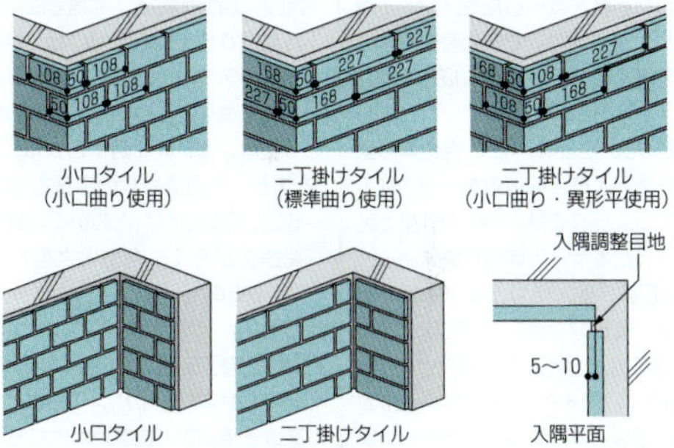

小口タイル
(小口曲り使用)

二丁掛けタイル
(標準曲り使用)

二丁掛けタイル
(小口曲り・異形平使用)

小口タイル
二丁掛けタイル
入隅平面

タイル割り

竹の子

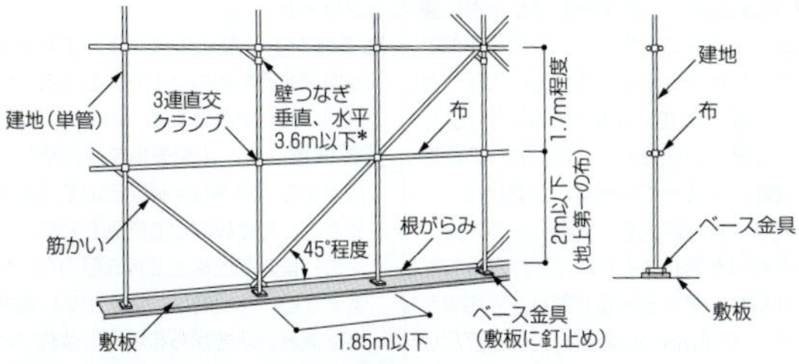

*安衛則第570条では、壁つなぎの間隔は垂直方向5m以下、水平方向5.5m以下。

抱き足場

「社会的耐用年数」、法律上の原価償却を定めた「法定耐用年数」、家賃や分譲価格を設定する際の建物の償却期間として定められる「償却用耐用年数」がある。法定耐用年数は通常の使用、一般に行う修繕を前提に算定される。「耐久年数」「耐用命数」ともいう。

耐用命数　⇨耐用年数

大理石　石灰岩が高温、高圧を受けて再結晶し、粗粒化してできた岩石。主成分は$CaCO_3$。建築物の内装材として利用されている。色調、模様など種類がきわめて豊富。イタリア、中国などが名産地だが、日本でも産出される。

耐硫酸塩ポルトランドセメント　セメント中のアルミネート相(C_3A)は硫酸塩に対する抵抗性が弱いことから、C_3Aの含有量を減らしたセメント。海水中や、温泉地付近で耐硫酸性が求められる場所に使用する。JIS R 5210 →セメント(表·275頁)

耐力壁（たいりょくへき）構造体の壁で、鉛直および水平荷重を負担させる目的でつくられる壁。間仕切り壁と区別する。耐震壁とほぼ同じ意味。

タイル工事　壁、床などにタイルをモルタル、接着剤で張り付けて仕上げる工事の総称。タイル割り(取付け位置の墨出し)、タイルごしらえ(タイルの切断加工など準備工事)、クリーニングなども含む。

タイル割り　タイルの寸法に合わせ、壁や床面に張り方の割付けをすること。目地で調整し、左右もしくは上下両端のタイルが同寸法で、かつ小さな切り物を使わないようにする。(図·291頁)

タイロッド　①最上階の梁が山形に屈折した形状の山形ラーメンの柱頭部どうしの開きを防止するための引張り材。②勾配が大きい屋根の母屋(もや)どうしを連結し、弱軸方向(勾配方向)の変形を防止するための鋼材。③胴縁(どうぶち)で支持スパンが大きい場合、鉛直方向のたわみを防止するために胴縁どうしを連結し、梁から吊るす鋼材。④切梁を用いない山留めに際し、矢板と腹起しを山側に引張り、支保工(しほこう)の役割をもたせた棒材。途中にターンバックルを挿入して締め付ける。

田植え　コンクリート打込み直後に、鉄筋やアンカーボルトを所定の位置に埋め込む作業。付着強度が確保できない、ぐらつくなどの理由から田植え施工をしてはならない。

ダウンライト　光の方向を下に向けた照明器具。埋込み型と露出型がある。

抱き　開口部の左右の壁の側面における見込み部分。またはその面に取り付ける部材もしくは寸法をいう。一般に建具から外側だけを指すが、縦枠の前面をいうこともある。(図·295頁)

抱き足場　建地(たてじ)1本、布2本で建地丸太を両側から布丸太で抱くように結束した足場。木造2階建くらいに適する。(図·291頁)

宅地造成等規制法　宅地造成にともなう崖崩れや土砂の流出のおそれがある土地の区域内において、宅地造成に関する工事などについて必要な規制を行う法律。1961年1月7日公布。

ダクト　空調や換気の空気を搬送する管路。「風道(ふうどう)」ともいう。材質は亜鉛鉄板が多く、角型と丸型がある。(図·295頁)

たけかん　⇨工事管理

打撃式杭打ち機　ドロップハンマーやディーゼルパイルハンマーなどの打撃装置を用いて、杭を地中に打ち込む機械。打撃にともなう振動騒音が大きく、市街地での使用には制約が多い。→ディーゼルパイルハンマー

竹の子(筍)　給排水、給気用のビニルホース接続用継手。(図·291頁)

多孔質コンクリート　⇨ポーラスコンクリート

たこベンド　配管の熱膨張による伸縮を吸収するための継手で、たこの形状(Ω)に曲りを設けたもの。(図·297頁)

打診検査　タイルやモルタル外壁などの浮きの有無を打診棒を用いて調査すること。打診棒などで壁面を打診し、その打音の高低などで浮き部の有無を判断する。一般的に、浮きがない場合には清音、浮きがある場合には鈍い音を発する。打診検査以外にも、超音波や赤外線を用いた診断方法がある。

壁タイル後張り工法

(mm)

工法	適用タイル	部位	工法概要	施工手順図	仕上がり状況
積上げ張り	四丁掛け以下	内壁	タイル裏面にモルタルを塗り付け、モルタル下こすり面に押し付けて張る。	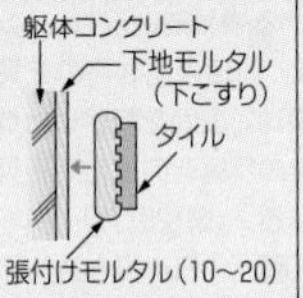	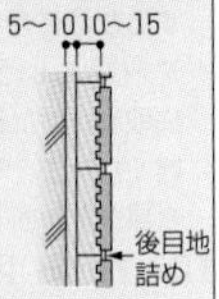
改良積上げ張り	四丁掛け以下	外壁・内壁	タイル裏面にモルタルを積上げ張りより薄く塗り付け、木ごて押えをした下地モルタル面に押し付けて張る。	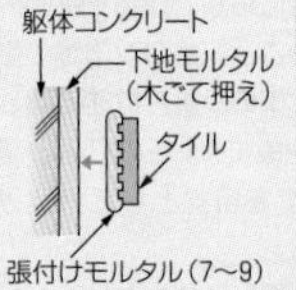	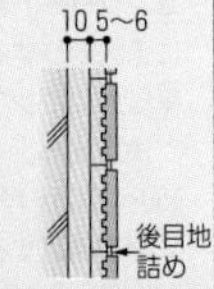
改良圧着張り	三丁掛け以下	外壁・内壁	木ごてで平坦に押えた下地モルタル面に張付けモルタルを塗り付け、タイル裏面にも張付けモルタルを塗り付け、タイルをもみ込む。	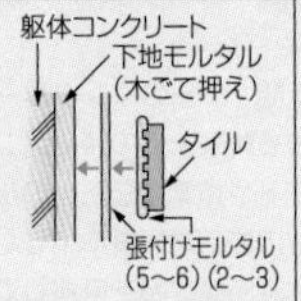	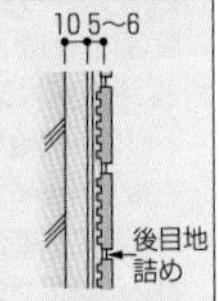
密着張り(ビブラート工法)	三丁掛け以下	外壁・内壁	木ごてで平坦に押えた下地モルタル面に張付けモルタルを塗り付け、専用の電動工具で振動を加えながらタイルを埋め込むようにして張る。	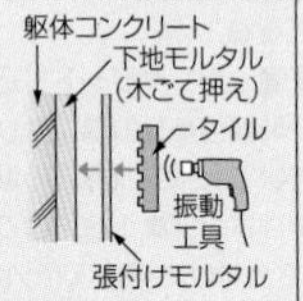	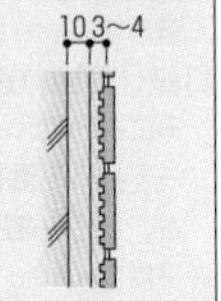
モザイクタイル張り*	50四丁以下	外壁・内壁	木ごてで平坦に押えた下地モルタル面に張付けモルタルを塗り、その上に表紙張りしたタイルを押し付けて張る。	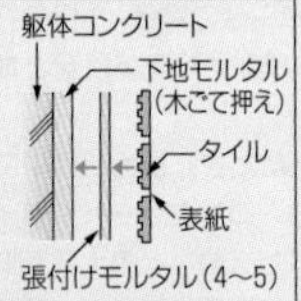	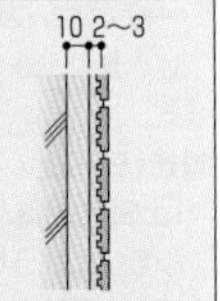
マスク張り	50二丁以下	外壁・内壁	木ごてで平坦に押えた下地モルタル面に、マスクをガイドとしてタイル裏面に張付けモルタルを塗り付けたタイルユニットを押し付けて張る。	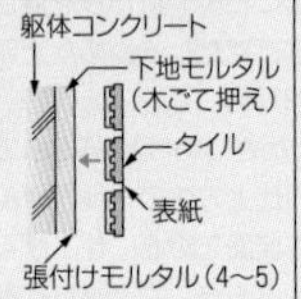	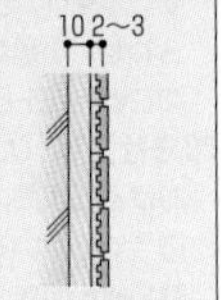
接着剤張り	400角以下	内壁	金ごてで平坦に押えた乾燥したモルタル面に、櫛目ごてを用いて接着剤を塗り付け、タイルユニットを押し付けて張る。	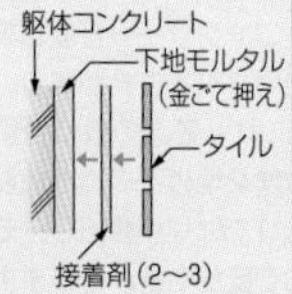	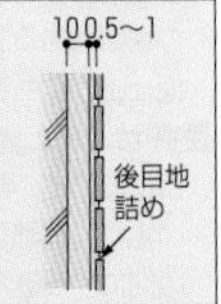

*張付けモルタルを二度に分けて塗る場合もある。

(図·297頁) →赤外線法

打診棒　外壁タイルなどの浮き状態やモルタル仕上面の剥離箇所などを打診するために用いる道具で、「パルハンマー」ともいう。伸縮可能な棒の先端に取り付けた鋼球で表面を転がしたり軽くたたき、その反響音の変化で不具合部分を診断する。(図·297頁)

打設(打込み)区画　1日に打ち込めるコンクリート量に応じて建物を平面的に工区割りすること。生コン工場の生産能力やポンプ車の設置台数を考慮して決定する。一般に、1日の打込み量150～250m^{3}程度を目安として打込み区画を検討する。

打設(打込み)計画　⇨コンクリート打設(打込み)計画

打設(打込み)時間　1日のコンクリート打込み開始から終了までの時間。コールドジョイントや作業遅延防止のため、打込み部位の施工難易度に応じた打込み速度や休憩時間などを考慮して管理する。→打重ね

打設(打込み)速度　コンクリート打込みにおいて、一時間当たりのコンクリート打込み量をいう。ポンプ打設の場合、打込み速度はポンプ車1台付けで平均20m^3/h、2台付けで平均30m^3/h。一般にポンプ車1台の場合、1日の打込み量は150～250m^{3}程度が目安となる。

叩き(三和土)（たたき）現代では単に「土間」を意味し、コンクリートやタイルで仕上げられた玄関などの土間を指す。本来は、土に石灰やにがりを混ぜ合わせ、小槌などでたたき固めた土間のこと。(図·297頁)

叩き仕上げ（たたきしあげ）石工事における石表面の仕上方法の一種。げんのうでたたいて表面を粗面に仕上げる。びしゃん叩き、小叩き、こぶ出しなどの種類がある。コンクリート打放し表面仕上げにも使用されることがある。

畳寄せ　壁と床に敷く畳との取り合い部において、隙間を埋めるための細長い木材。真壁(しんかべ)では柱が露出し、その間に引っ込んで壁ができ、そのまま畳を敷くと隙間があいてしまう。また、大壁(おおかべ)でも入口や押入などの枠材との取り合いをすっきりさせるために取り付けられる。(図·297頁)

建ち　①垂直性。垂直でない場合を「建ちが悪い」という。→建入れ　②建物の高さ。「建ちが高い」などと使う。

立会い検査　契約図書の記載どおりになっているかどうか、資材や建物自体を受け取る前に発注者側で行う、品質や出来形、数量に関する検査。

立上がり　部材が水平面から折れて垂直方向に上がること。防水層の立上がりといえば、パラペットなどに沿った垂直面の防水層をいう。

脱気装置　防水層内の湿気を外部に排出するため、一定面積ごとにパイプ(ベンチレーションパイプ)を設けたり、パラペットや軒先まで水蒸気を導く材料により外部に水蒸気を排出する装置の総称。防水層の場合、防水下地のコンクリートに含まれる水分が太陽の直射などにより水蒸気になった際、この水蒸気を排出して防水層のふくれを防止する。(図表·297頁)

タックフリー　シーリング材の硬化時間のこと。充填したシーリング材に触れても付着しなくなるまでの時間。

脱型（だっけい）コンクリートが硬化した後に型枠を取り外すこと。

タッチアップ　塗装工事などで、一度仕上げたところを部分的に修整塗りすること。また、工場塗装した鉄骨の塗装面の傷や塗り残し部分を現場で塗装すること。

立(建)端（たっぱ）建物の高さのこと。転じて、一般に高さ、あるいは丈を示す現場用語。

竪穴区画　階段や吹抜け、エレベーターのシャフト、ダクトスペースのように縦方向に抜けた空間部分(竪穴)の防火区画をいう。火災時、煙突化現象によって有害な煙や火炎の熱を容易に上階に伝えないよう、また階段は避難時の重要な経路であることから、三層以上の吹抜け部分はすべて防火区画が必要。竪穴区画が建築基準法に組み込まれた1969年以前の建築物では竪穴区画がない場合があるため、既存遡及を

タイルの劣化現象別適用補修工法[22)]

劣化現象		劣化の程度ほか	適用補修工法
浮き	浮き位置 タイル／張付けモルタル	モザイクタイル～50二丁タイル	部分張替え工法
		小口以上	アンカーピンニング注入併用工法
	浮き位置 張付けモルタル／躯体 張付けモルタル／下地モルタル 下地モルタル／躯体	補修後10年以上の耐用を期待	
		小面積（0.5m²以内）または暫定的な補修	アンカーピンニング注入併用工法
	浮き位置 躯体コンクリートを含めた浮き	構造耐力に関係しないコンクリートの劣化	アンカーピンニング注入併用工法
		構造耐力に関係するコンクリートの劣化	別途の方法による
ひび割れ	タイル目地のひび割れ	ひび割れ幅0.2mm以上または目地モルタルの脱落	目地ひび割れ補修工法
	タイル張りのひび割れ	タイル張りのひび割れ幅0.2mm以上の場合	部分張替え工法
	躯体コンクリートのひび割れを含むタイル張りのひび割れ	動きのないひび割れ	タイル除去・ひび割れ注入工法
		動く可能性のあるひび割れ	タイル除去・ひび割れシール工法
剥落	タイル単体の剥落	軽微な凍害による部分欠損は除く	部分張替え工法
	タイル張りのひび割れ 剥落	通常の打撃により脱落する箇所を含む	

＊打放しに薄塗り補修でタイル下地とし、下地モルタルを省略することもある。

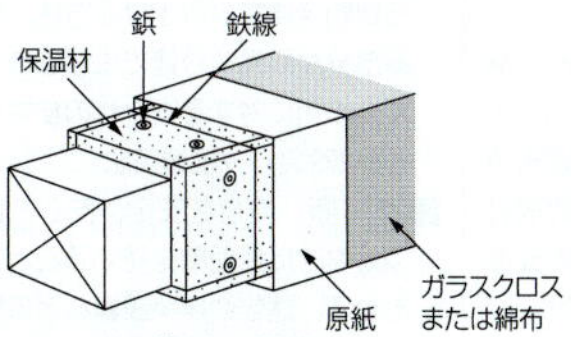

ダクトの保温

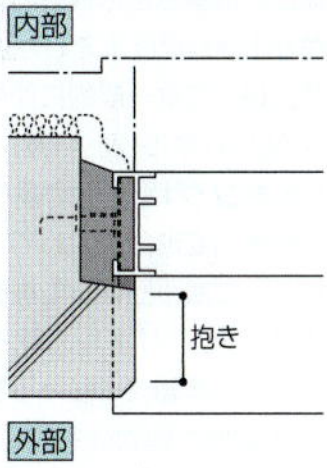

抱き

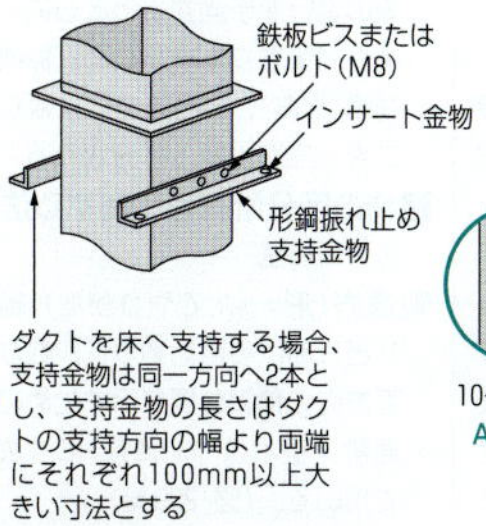

床に貫通するダクトの支持（例）

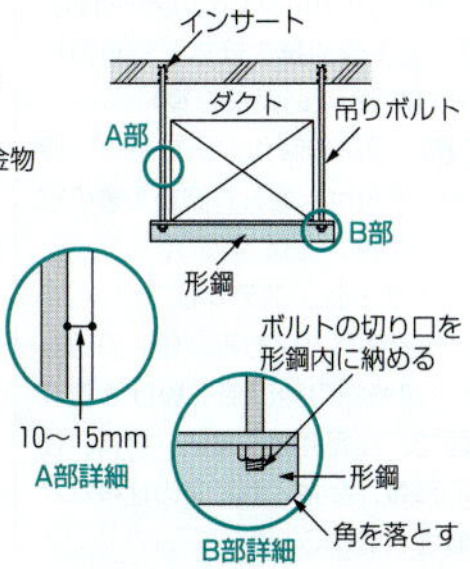

吊り金物によるダクトの支持（例）

受けるときは注意が必要。建築基準法施行令第112条第9項

建入れ（たていれ）軸組、型枠、サッシ、鉄骨などを所定位置に正しく設置すること。また、その際の垂直、水平の正確さ、位置寸法（建入れ精度）のこと。

建入れ直し　鉄骨の建込みが終わったとき、柱、梁などの倒れ、水平度、出入り、曲りなどを測量機器で計測しながら治具を使って修正すること。（図·299頁）→ターンバックル（図·285頁）

建方（たてかた）現場での鉄骨部材やプレキャスト部材の組立て、取付け作業をいう。

縦壁スライド構法　パネルの下部を固定、上部を面内方向に可動とすることにより、大地震動時における層間変形角が1/100程度の建物に対応できる乾式の取付け構法。「DS（dry slide）構法」ともう。（図·299頁）→ALCパネル（表·43頁）

縦壁挿入筋構法　ALCパネル間の縦目地空洞部に鉄筋を挿入し、この空洞にモルタルを充填してパネルを取り付ける構法。地震などの構造躯体の層間変形角が1/300程度までしか追従しないため、現在では一般的に使用されない。→ALCパネル（表·43頁）

縦壁ロッキング構法　地震などの構造躯体の層間変形角に対して、パネルが1枚ごとに微小回転して層間変形角に追従するALCパネルの乾式の取付け構法。大地震動時における層間変形角が1/75程度の建物にも対応できる。「DR（dry rocking）構法」ともいう。（図·299頁）→ALCパネル（表·43頁）

立て管　給水管や排水管などで垂直に配管された管。（図表·303頁）

建具工事　建具の製作、吊り込み、建具金物の取付け、建入れ調整工事の総称。建具には、金属製（アルミサッシ、スチールサッシ、ステンレスサッシ）、木製、樹脂製などがある。（図·301頁）

建具表　建築物の開口部に設ける建具の図面で、立面姿図、寸法、材質、仕上げの種類、金物、ガラスの仕様などが記載されている。

竪子（たてこ）手すり、格子あるいは障子における縦方向の組子(くみこ)、竪桟。

建地（たてじ）丸太足場や単管足場、仮囲いなどにおける縦方向に配置された部材、柱材。

立て（縦）墨　柱や壁に印す垂直方向の墨の総称。→陸墨(ろくずみ)（図·531頁）

建付け　建具と隣接する部材との納まり具合のこと。柱と建具の間に隙間ができたり、開閉の具合が良くない状態を「建付けが悪い」という。

建坪（たてつぼ）敷地の中で、建物の1階部分が占める床面積を坪単位で表したもの。建築面積と同義で用いることが多い。→延坪(のべつぼ)

竪樋（たてどい）壁や柱に沿って縦に雨水を導く樋。一般的に軒樋で受けた雨水は呼び樋で受け、それに竪樋を接続する。曲りが多くなると流水の抵抗が大きくなって流量の低下をきたすため、なるべく直管であることが望ましい。→樋、軒樋(のきどい)、呼び樋

建逃げ工法　鉄骨やプレキャスト部材の建方(たてかた)方式の一種。敷地が狭く、揚重機を設置できる施工スペースが十分に確保できない場合に使用される方法。建物の片側から部材を上層部まで組み上げ、建方揚重機を移動させながら建物全体を組み上げる方法。先行する部分が屏風(びょうぶ)建てになることが多く、転倒に対する安全性の検討が必要。（図·299頁）→積層工法

建物診断　建物を安全、安心、快適かつ効率的に長期間維持することを目的として、建物や建築設備などの性能や機能を定量的、定性的、定期的に調査、測定し、その程度を評価、判断して将来の進行を予測するとともに、必要により対策を立案すること。診断の目的、精度（程度）、実行者などにより、一次、二次、三次診断と区分される。

建物の区分所有等に関する法律　⇨区分所有法

竪遣方（形）（たてやりかた）組積工事などにおける目地割り、段数など、垂直方向の積み位置を示すための遣方。通常、垂木(たるき)や貫(ぬき)に寸法を刻んで用いる。（図·299頁）

棚揚げ　機械や設備類を用いない手掘

脱気装置の種類と概要[23)]

形　式	型	材　質	取付け間隔	備　考
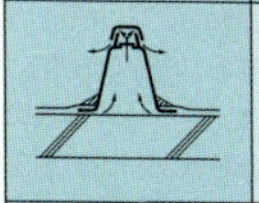	平場部脱気型	ポリエチレン ABS樹脂 ステンレス 鋳鉄	防水層平場25～100m²に1個程度	防水面積の大きい場合など、必要に応じて立上がり部脱気型装置を併用することもできる
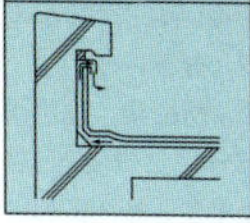	立上がり部脱気型	合成ゴム 塩ビ ステンレス 銅	防水層立上がり部長さ10m間隔に1個程度	防水面積の大きい場合など、必要に応じて平場部脱気型装置を併用することもできる

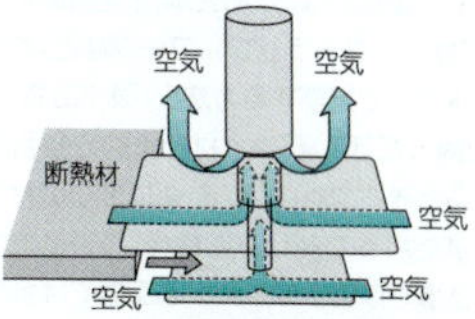

脱気装置による脱気効果模式図

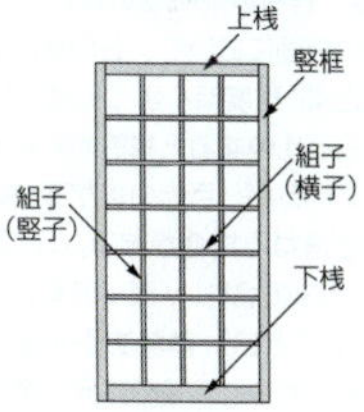

水腰障子の例
竪子

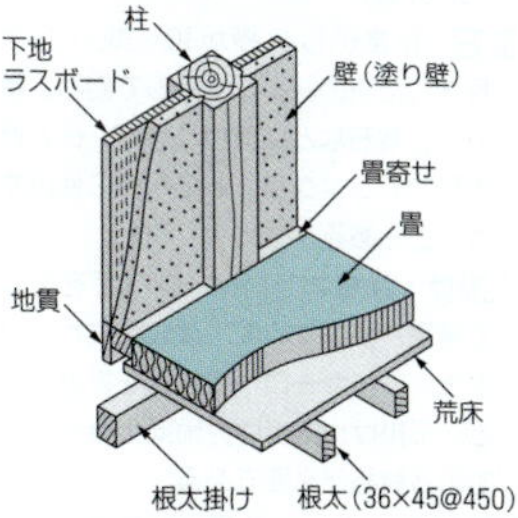

畳寄せ

打診棒
（パルハンマー）

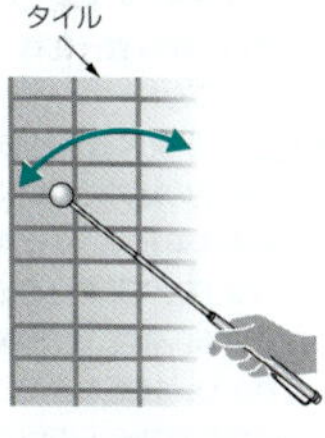

パルハンマーで打診する
打診検査

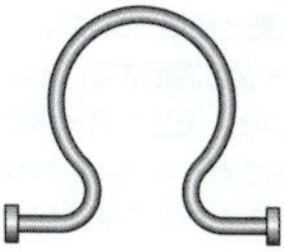
たこベンド

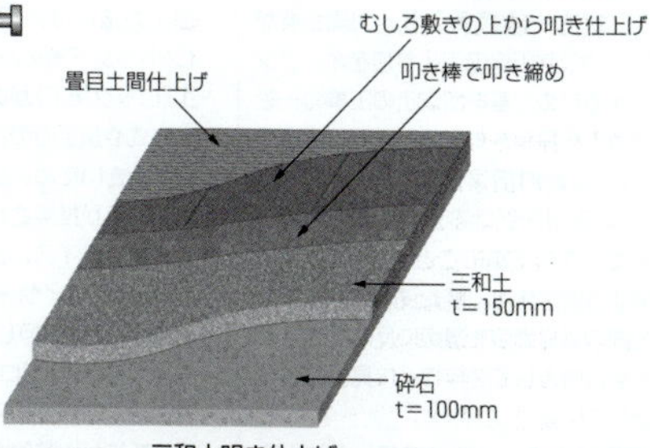

三和土叩き仕上げ

り作業の際、掘り取った土砂を地表面まで搬出するため、上段に設けた棚までいったんスコップで跳ね上げること。

棚足場　①前後に設けた2組の足場間に腕木を渡し、その上に棚板を敷き並べて作業床としたもの。②天井や高い壁の仕上工事や設備工事作業などを行うため、水平に板を架け渡した面積の広い足場。

棚杭　⇨切梁(きりばり)支柱

谷落し積み　⇨谷積み

谷積み　石積みや石垣の積み方の一種。石材の表面において、石の接合部が水平面と45°程度傾くように積む積み方。布積みと比較すると構造的に堅固で安定しているが、目地の線が不規則で、美観を損ねる場合がある。「谷落し積み」が本来の名称。(図·303頁)

谷樋（たにどい）傾斜する2面の屋根が交差してつくる谷の部分に設ける樋の総称。漏水が発生しないよう、雨仕舞(あまじまい)に注意が必要。

たぬき掘り　⇨透かし掘り

種石（たねいし）人造研ぎ出し塗りやテラゾーなどに美観上の目的で用いる大理石、蛇紋岩、花崗(かこう)岩の砕石や玉石のこと。

多能工　作業間の手待ち防止や作業能率の向上のために、いくつかの関連性のある作業をこなす技能者のこと。プレハブ工法や工業化工法などで採用されている。通常、製造業で広く使う言葉であり、技術を習得して熟練度が高いばかりでなく、応用力、判断力、融通性を兼ね備えた熟練工あるいは中堅技術者を意味する。

WTO対応一般競争入札　外国企業が日本の公共工事の入札参加をオープンにするため、基準額以上の工事の一般競争入札採用を規定した世界貿易機関(WTO)政府調達協定(1996年1月発効)の適用を受ける公共工事の入札。また、この工事のことを「政府調達に関する協定適用工事」と呼ぶ。基準額は、各国の通貨価値を適切に反映させることを目的として2年ごとに見直しを実施している。

ダブルナット　ボルトの緩みを防止するため、最初のナットにもう一つ加えて二重に締め付けるナット。鉄骨工事などで使用され、振動などでボルトが緩むときに効果がある。(図·303頁)

ダブル配筋　鉄筋コンクリート構造の壁やスラブといった板状部材の鉄筋工事で、鉄筋を2段あるいは2列に配筋すること。→シングル配筋

ダブル巻き　斜め柱、斜め梁、柱や梁でサイズが異なる部分(ハンチなど)などのように応力が集中する箇所において、主筋のはらみ出し防止を目的に、帯筋(スターラップ、フープなど)を2本並べて配筋する方法。(図·303頁)

太枘（だぼ）石や木材を重ねて接合するとき、ずれ止めのために2つの材にまたがって差し込む枘(ほぞ)のこと。木工事では堅木の木片、石工事では金物を使用する。(図·303頁) →石工事(表·27頁)

玉石（たまいし）径が10～30cmの丸形をした石の総称。主として礎石、積み石、敷石などに使われるが、砕石機で砕いてコンクリートの骨材に使用することもある。

玉掛け　重量物をクレーンなどを使って揚重、移動する際、重心を失わないようにワイヤーロープなどを掛けること。玉掛け作業者は労働安全衛生法に定める資格が必要である。

玉掛けワイヤー　玉掛けに使用するワイヤーロープ。クレーン等安全規則で安全係数(切断荷重／使用荷重)が6以上のワイヤーロープを選定することが義務づけられている。両端がアイ(輪)加工されているものが一般的。おもな加工方法には、アイスプライス加工(ストランド差込み加工)と圧縮止め加工(ロック加工)がある。前者は差込みの方式や加工者の技能によって強度の差が大きいため、品質が安定した圧縮止め加工が推奨される場合が多い。→アイスプライス、台付けワイヤー(表·291頁) →ワイヤーロープ(図·535頁)

玉形弁　弁座に押し付けて流体の閉鎖を行う弁で、「グローブ弁」ともいう。流体の通路が弁箱の中でSの字状となる。抵抗が比較的大きいが、流量調整

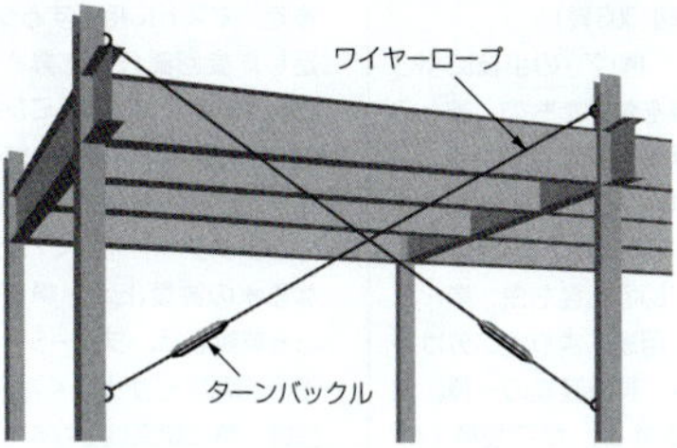

建入れ直し

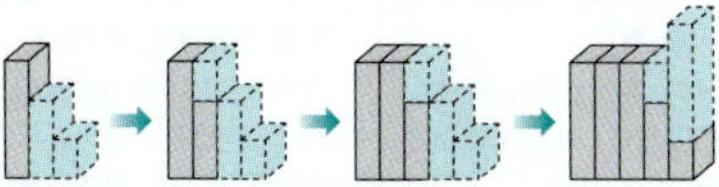

建逃げ工法

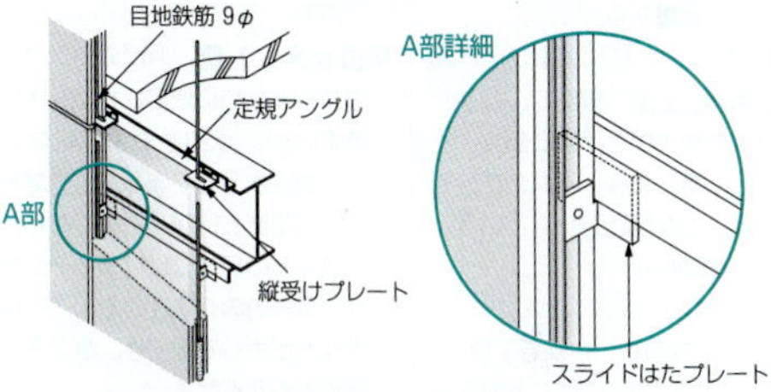

縦壁スライド構法の取付け例（ALCパネル・外壁）

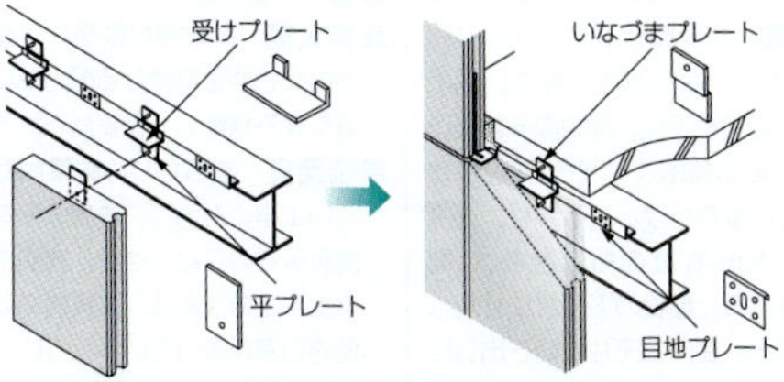

縦壁ロッキング構法の取付け例（ALCパネル・外壁）

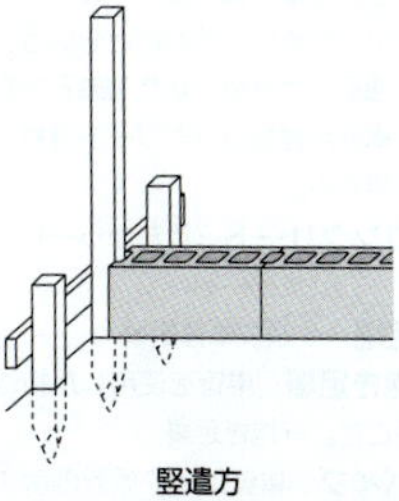

竪遣方

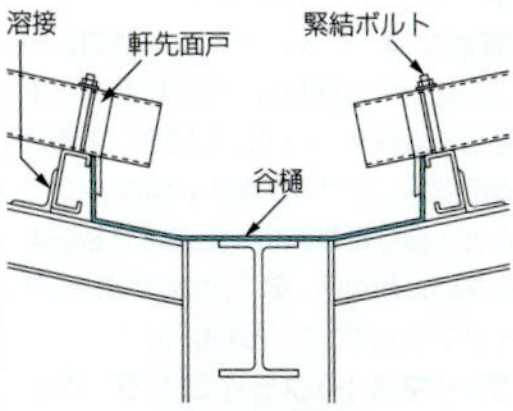

谷樋（折板構造）

がしやすい。(図·303頁)

玉串(たまぐし)榊(さかき)の小枝に小さな紙片または麻を付けたもの。神への捧げ物として地鎮祭でも使われる。

玉砂利 日本建築の庭、外構に敷く石。慣習上、三分、五分、八分などに大きさが分けられている。色も白、黒、五色と各種あり、用途により使い分ける。

ダムウェーター 昇降装置の一種。建築基準法で規定する、かご面積1m^{2}以下、かご天井高さ1.2m以下、積載重量500kg以下で人が乗れない小荷専用昇降機。(図·305頁)

駄目穴(だめあな)施工上の必要性からあけられた開口部で、使用後はふさがれる。工事用クレーンやリフトの設置、型枠材の荷揚げなどに使用され、スラブなどに設置する。

駄目工事(だめこうじ)工事がほとんど完成した竣工直前の段階で、わずかに残された未仕上げ、手落ち部分、不具合部分の工事の総称。不具合部分を手直しすることを「駄目直し」という。

試し練り ⇨試験練り

試し掘り ⇨試掘

駄目直し(ためなおし)⇨駄目工事

駄目回り(だめまわり)施工上の不具合(駄目)を点検するために見回ること。

多翼送風機 ⇨シロッコファン

垂木(たるき)小屋組の一部で、屋根の野地板のすぐ下に、屋根の一番高いところである棟木(むなぎ)から桁(けた)にかけて斜めに取り付けられる部材。通常4cm×4.5cm程度のものを45cm間隔で設置する。屋根の下地材に打たれる野垂木と、室内の天井にむき出しに見える化粧垂木とがある。→軸組構法(図·209頁)

達磨(だるま)⇨達磨ポンプ

達磨ポンプ(だるまー)皮革やゴムの隔膜を上下に動かし、吸上げ弁を上下させて流体を吸い上げる機器。工事現場の排水に使う電気動力の膜ポンプのこと。砂などが混じった泥水でも詰まらない点が長所。単に「達磨」、また「ダイアフラムポンプ」ともいう。

タワー(マスト)クライミング タワークレーンにおけるクライミングの呼称で、マストに相当するタワーを継ぎ足し、旋回部分を上昇させる方式。(図·303頁)→クライミング

たわみ継手 ⇨可撓(かとう)継手

単位水量 表乾状態の骨材を用いて1m^{3}のコンクリートをつくるために必要となる水の質量(kg)。単位水量が増えると乾燥収縮、ブリージング、打込み後の沈降などが大きくなり、RC造の品質、特に耐久性上好ましくない性質が多くなる。また、単位水量の多いコンクリートはセメント量も多くなり、品質上好ましくない。そのため、JASS 5では単位水量の上限を185kg/m^{3}と定めている。近年の加水問題への対策として、受入れ時に単位水量測定を行うこともある。→スランプ(図·259頁)

単位セメント量 1m^{3}のコンクリートをつくるために使用されるセメントの質量(kg)。水和熱および乾燥収縮を防ぐ観点からはできるだけ少なくすることが望ましいが、過小であるとコンクリートのワーカビリティーが悪くなり、型枠内の充填性の悪化、豆板の発生などが生じて水密性、耐久性の低下を招きやすくなる。

段裏 ⇨上げ裏

段押え筋 階段部の鉄筋で、稲妻(いなづま)筋の支持や主筋になる配力筋に接して直交する鉄筋。→稲妻筋(図·29頁)

単価請負 あらかじめ数量が把握しにくい工事において、単価のみを定める請負契約のこと。通常、総額請負による土木工事などは、実質的には単価請負的色彩が濃いといわれている。

炭殻(たんがら)石炭やコークスの燃料がら。軽量コンクリートの骨材として使用される「アッシュ」ともいう。高温で通気させ燃焼させた溶融石炭がらは、構造用軽量コンクリート骨材として使用する。

炭殻コンクリート(たんがらー)⇨シンダーコンクリート

単管足場 ⇨鋼製単管足場

単管抱き足場 単管を使用した抱き足場のこと。→抱き足場

単管パイプ 単管足場や仮設の手すり

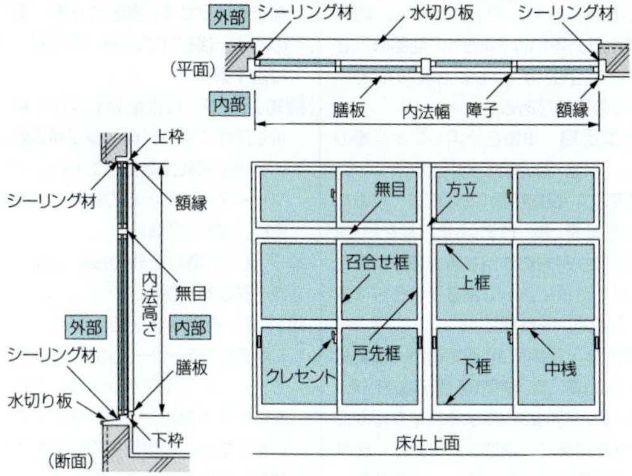

アルミニウム製建具の各部名称

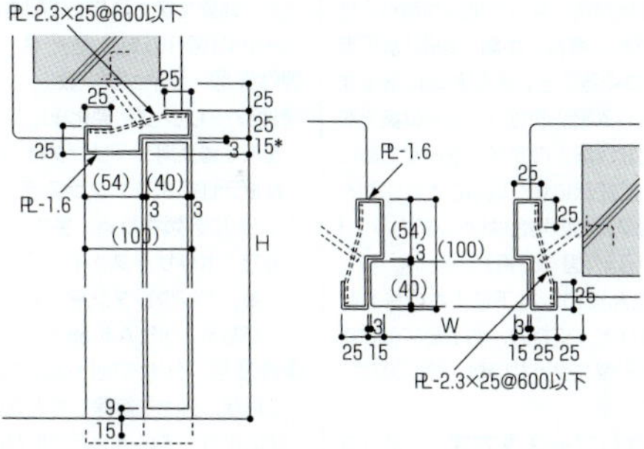

＊コンシールド型ドアクローザーを取り付ける場合には20必要。

鋼製建具・RC壁納まり（片額縁・枠見込み100mmの例）

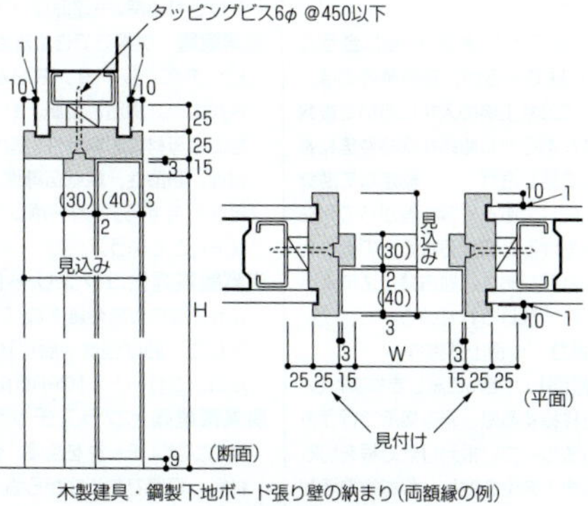

木製建具・鋼製下地ボード張り壁の納まり（両額縁の例）

に用いる材料。外径48.6mm、肉厚2.9mmあるいは2.4mmの亜鉛めっき鉄管で、長さは1、1.5、2.3、4.5、6mなどの種類がある。

単管本足場　単管を使用した本足場のこと。(図·305頁)→本足場

短期応力　長期荷重(固定荷重、積載荷重)に地震、風、積雪(多雪区域を除く)などの一時的に作用する荷重を組み合わせた荷重によって構造物の各部に生じる応力。→長期応力

短期荷重　長期荷重(固定荷重、積載荷重)に地震、風、積雪(多雪区域を除く)などの一時的に作用する荷重を組み合わせた荷重で、構造設計における部材応力計算時に使われる。→長期荷重

段切り　①法(のり)勾配をつけて掘削する際に法足が長くなって地山が崩れる危険性がある場合、中間に段形(水平部分)をつくること。②傾斜地に盛土する場合や既設法面(のりめん)に腹付け盛土をするとき、盛土のすべりを防ぐために前もって段状に切り取ること。①②とも、岩盤掘削の場合は「ベンチカット」ともいう。(図·305頁)

単杭（たんぐい）柱下に1本の杭を配置するなど、支持力、沈下量などで隣接杭の影響を受けない杭。(図·307頁)→群杭

タンクなしブースタ方式　⇨ポンプ直送給水方式

タンクレス給水方式　⇨ポンプ直送給水方式

談合（だんごう）本来は「話し合うこと」の意味であるが、建設業界では、主として公共工事の入札において複数の業者があらかじめ応札価格や落札者について話し合うこと。協定して請負入札に応じ、あとで落札者からの利益配分を受けると罰せられるもので、刑法に談合罪があり、独占禁止法によっても談合は禁じられている。

だんご張り　⇨積上げ張り

断根式根回し（だんこんしきねまわし）樹木を移植する際、現存場所で行う根回し方法の一つ。根元付近で根を切断して新根の発生を促し、移植後の活着や育成を容易にする。溝掘式のように根巻きは行わず、側根を切断するだけの方法。浅根性で細根、密生根の樹種に適する。

段差スラブ　設備配管や床仕上材の納まり条件により、床スラブ構造躯体に部分的に高低差を付けたもの。バリアフリー化を目的として設置する場合が多い。(図·307頁)

端子盤　弱電用配線の接続に使用する端子を収めた盤。

単純梁　梁の一端を回転支点、他端を可動支点(ローラー支点)とする2支点で支えられた1スパンの梁。モデルを簡略化するため、あるいは安全側で検討するため、仮設計算では多用される。(図·307頁)

単スパン梁　大梁や小梁の配置において、連続せず1スパンに配置された梁。→小梁(図·167頁)、連続梁

弾性係数　⇨ヤング係数

弾性シーリング　硬化後にゴム状弾性を示す建築用シーリング材の総称。弾性復元性により、クラス25、20、30S、12.5Eに分類される。主成分による区分で、ポリサルファイド系、シリコーン系、ポリウレタン系、アクリル系などがある。JIS A 5758

弾性変形　外力を受けたときの物体の変形が、外力を解除したときに元の形状に戻り、その外力と変形が比例する変形。→塑性変形

段窓（だんそう）上下に連続して取り付けられる窓。→連窓(れんそう)（図·527頁）

炭素繊維　炭素でできた繊維。PAN系、ピッチ系、レーヨン系があり、PAN系が主流。樹脂、金属、セラミックスなどの母材に耐摩耗性、耐熱性、耐伸縮性、耐酸性、電気伝導性、耐張力などを付与する。「カーボンファイバー(CF)」ともいう。

炭素繊維強化コンクリート　直径10μm程度の炭素繊維を数パーセント混入して、曲げ強度や脆(ぜい)性を改善したコンクリート。「CFRC」と略す。

炭素繊維強化プラスチック　炭素繊維にプラスチックを含浸、硬化させた材料。軽量でありながら強度特性に優れ、自動車、家電、飛行機などの材料

立て管の支持間隔

管種			間隔
鋳鉄管	直管		1本につき1箇所
	異形管連続	2個	いずれか1箇所
		3個	中央の1箇所
鋼管 ステンレス鋼管・銅管 硬質塩化ビニル管・鉛管			各階1箇所以上

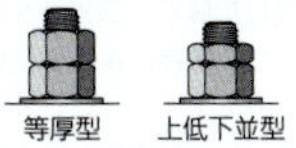

ダブルナット

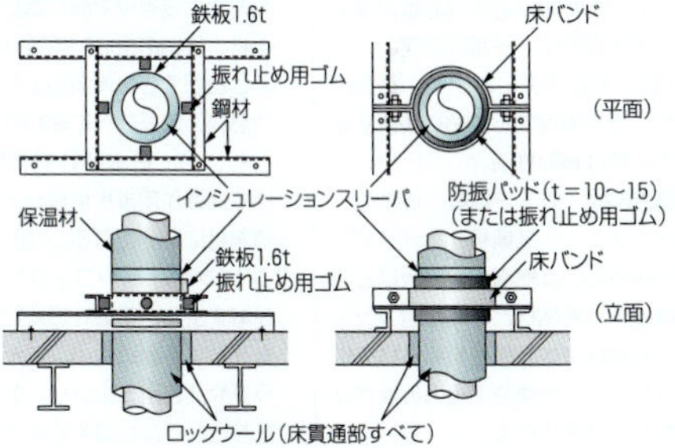

立て管の振れ止め支持

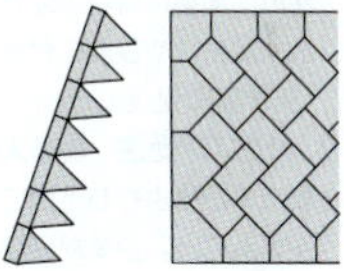

谷積み

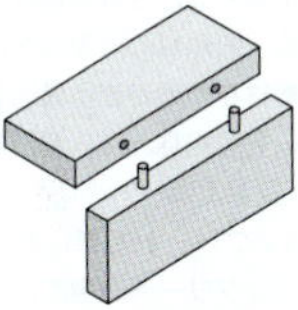

太枘（だぼ）

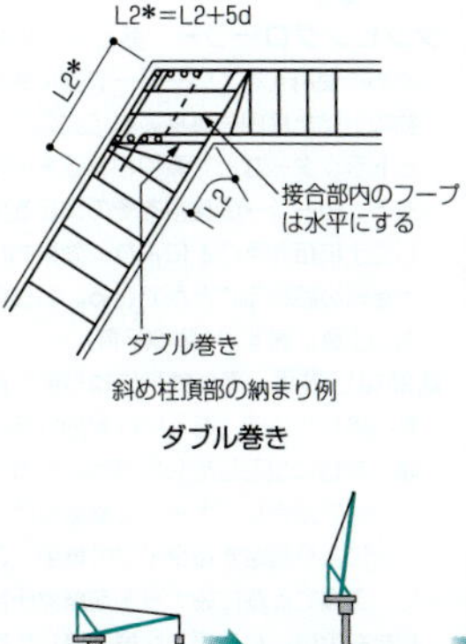

斜め柱頂部の納まり例

ダブル巻き

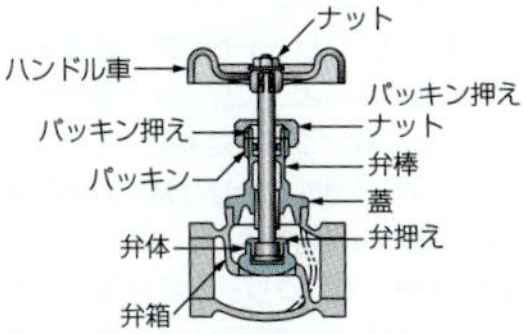

玉形弁

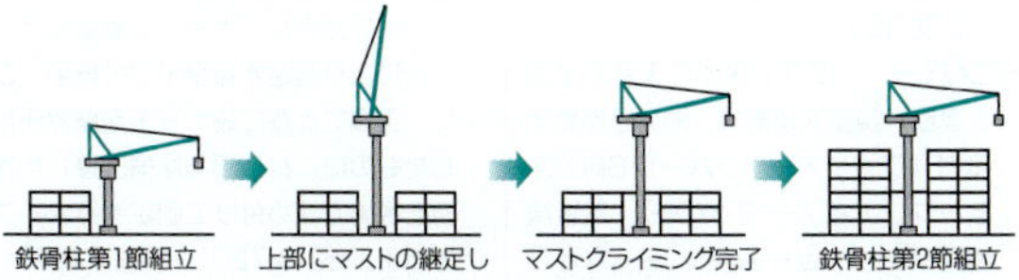

タワー（マスト）クライミング

に使用される。「CFRP」と略す。

炭素当量　鋼材の化学成分を炭素に換算して表した値で、溶接性を判定する指標の一つ。溶接による硬化性が判断できる。

単体規定　建築基準法の実体規定のうち、個々の建築物および建築物の定着している敷地が、安全・快適さを維持機能していくために必要な最低限度の構造の規定をいう。→集団規定

段取り筋　配筋作業において、鉄筋の形状や位置を確保するために設置する施工上必要な補助鉄筋。

断熱亜鉛鉄板　めっき鋼板、塗装めっき鋼板、ステンレス鋼板、塗装ステンレス鋼板あるいは樹脂化粧鋼板などの基材鋼板に、断熱材として発泡プラスチック断熱材または無機質断熱材を付着させたもの。倉庫や工場の折板(せっぱん)屋根などに使用される。

断熱インサート　断熱材を張り付ける壁や天井にボルトなどを取り付ける際に用いられる、断熱材の厚み分を加えた長さで断熱材を固定できる機能をもったインサートの総称。(図・307頁)

断熱工事　⇨保温工事

断熱養生　コンクリート工事において、打込み後のコンクリートの内部と表層部との温度差が大きくならないように、断熱型枠や断熱シートなどを用いて硬化中のコンクリートが発する熱量を極力放熱しないように保温する養生方法。寒冷地における凍害対策や、マスコンクリートの温度応力ひび割れ対策に使用する。→保温養生

タンパー　コンクリート打込み直後の床、土間などの表面をたたく道具。表面亀裂の発生防止や骨材の浮き上がり防止の目的がある。把手の付いた木製または金属製の簡単なものや、エンジンを搭載し振動を与えるものもある。(図・307頁)

ダンパー　①ダクト途中に入れて空気を遮断、調整する器具。防災と連動するFD(ファイアーダンパー)、SFD(スモークファイアーダンパー)、風量調整用VD(ボリュームダンパー)などがある。②振動エネルギーを吸収する制振装置。→制振ダンパー

段鼻筋（だんばなきん）RC造の階段配筋において、階段の踏面(ふみづら)と蹴上げ面に沿って配筋される、稲妻(いなずま)筋の先端部分をつなぐ鉄筋。→稲妻筋(図・29頁)

単板積層材（たんぱんせきそうざい）丸太から薄くむいた何枚もの単板を繊維方向に接着剤で張り合わせてつくった材。狂いの少ない均質な長大材を得ることができ、湾曲加工も可能。扉枠や窓枠、家具などに使われる。「LVL」ともいい、日本農林規格(JAS)においては造作用単板積層材と構造用単板積層材に区分される。(図・307頁)

タンピング　土やコンクリートの密度が増すよう、荷重を加えたり衝撃や振動を与えて締め固めること。特に床スラブや舗装用コンクリートにおいて、打ち込んでから固まるまでの間に表面をたたいて均一にし、密実にすること。沈み、亀裂、骨材の浮き上がりを防止し、水密性や鉄筋の付着力が向上する。「突き固め」ともいう。

ダンピング受注　競争入札時に、業者が市場価格よりも不当に低い価格で受注すること。企業が受注高を確保するため作為的に採算を度外視して行われる場合がある。→最低制限価格、調査基準価格

タンピングローラー　盛土などの締固めに使用する、ローラー表面に突起物の付いた締固め機械。自走式のものとトラクターなどで牽引されるものがある。ローラーの重量をその突起を介して土に伝えることにより、効果的に土を締め固めることができる。粘性の高い土質に適す。(図・307頁)

端部ねじ継手　異形鉄筋にねじ部を摩擦圧接したもの、あるいは異形鉄筋の端部をねじ加工したものどうしをカップラーで接合し、ナットで締め付けることにより固定するタイプの継手。また、工場で片側に袋ナットを摩擦圧接したものに、ねじ部を摩擦圧接した鉄筋を現場で締め付けて固定するタイプもある。(図・307頁)→機械式継手

暖房負荷　⇨負荷

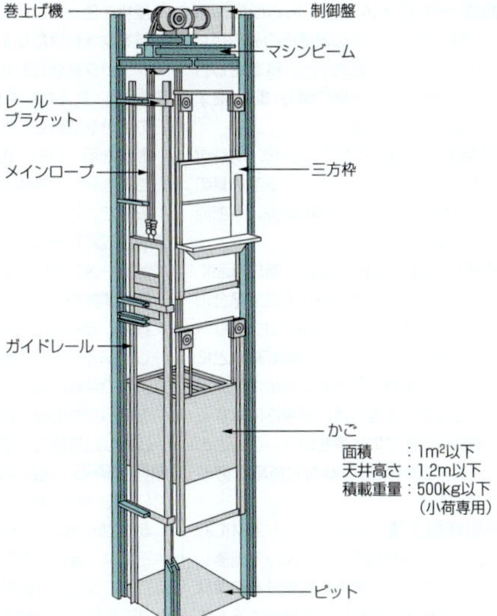
巻上げ機
制御盤
マシンビーム
レール
ブラケット
メインロープ
三方枠
ガイドレール
かご
面積　：1m²以下
天井高さ：1.2m以下
積載重量：500kg以下
（小荷専用）
ピット
ダムウェーター

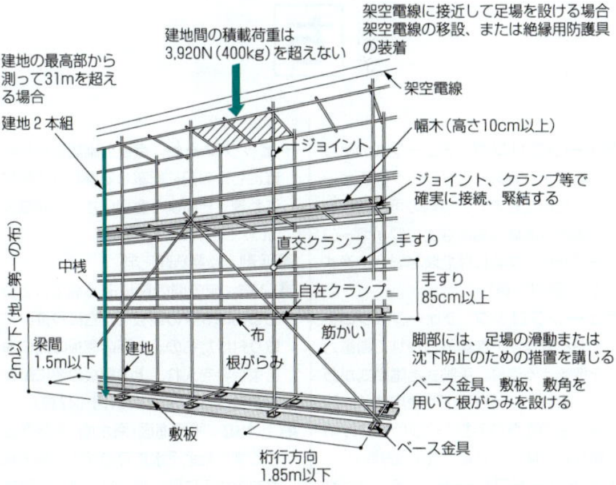
建地間の積載荷重は
3,920N（400kg）を超えない
架空電線に接近して足場を設ける場合
架空電線の移設、または絶縁用防護具
の装着
建地の最高部から
測って31mを超え
る場合
建地２本組
架空電線
幅木（高さ10cm以上）
ジョイント
ジョイント、クランプ等で
確実に接続、緊結する
2m以下（地上第一の布）
直交クランプ
手すり
中桟
手すり
85cm以上
自在クランプ
布
筋かい
梁間
1.5m以下
建地
根がらみ
脚部には、足場の滑動または
沈下防止のための措置を講じる
ベース金具、敷板、敷角を
用いて根がらみを設ける
敷板
ベース金具
桁行方向
1.85m以下
単管本足場

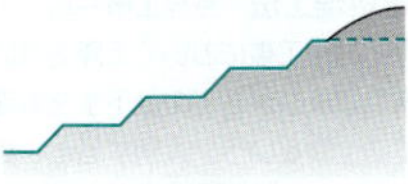
段切り

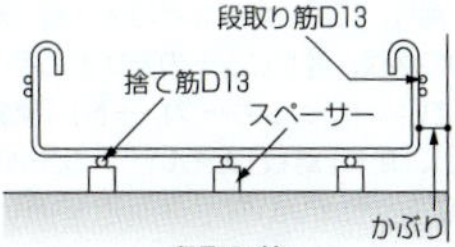
段取り筋D13
捨て筋D13
スペーサー
かぶり
段取り筋

断面一次モーメント　ある断面のある軸について、その断面内の微小領域ΔAと軸からの距離yとの積を足し合わせたもので、断面の図心(重心)を求めるために使用する。

断面欠損　貫通孔やボルト孔、切り欠きなどによってコンクリートや鉄骨の部材断面に生じた欠損の総称。→断面欠損率

断面欠損率　断面欠損した部材断面において、元の断面に対する欠損部分の長さ、面積、体積の比率。コンクリートの壁などに発生する乾燥収縮などによるひび割れを防止するために誘発目地を設置する場合は、壁厚さに対する誘発目地深さの比率をいう。このとき、一般に20%以上の断面欠損率を必要とする。

断面修復工法　コンクリート部材において、ひび割れや劣化によって剥落した部分やはつり落とした部分を修復材で元の形状に埋め戻して補修する方法。型枠を使って材料を流し込んだり、材料を吹き付けたりする方法がある。→クラック補修(図・133頁)

断面図　見えない部分を示すため、その部分を切断したと仮定して切断部の形状を示す図面。建物を縦に切ったところを表し、各部の高さ関係を示す一般図で、「セクション」ともいう。

断面二次モーメント　部材断面の曲げモーメントに対する変形のしにくさを表す数値で、断面形状により決められる。部材断面の重心軸(応力が均衡している軸)から材断面各部分の重心までの距離の二乗に断面の各単位面積を乗じたものを、材断面全体について合算した数値として計算される。

単粒度砕石　道路用砕石の一種。S-80(1号、80～60mm)からS-5(7号、5～2.5mm)に区分される。道路用砕石には、ほかにクラッシャラン、スクリーニングス、粒度調整砕石がある。JIS A 5001　→砕石

ち

チーズ　⇨T

チェーンスリング　チェーン式の吊り治具。吊り金具と吊りフックをチェーンで結んだもので、接触の可能性が高い場所や高温な場所など、ワイヤーロープを使用するには危険な場合に適する。(図・309頁)

チェーンブロック　チェーンスプロケットと減速ギアを組み合わせて揚重力を増幅する道具。手動式と電動式があり、梁などに吊り下げて使用する。設備機械の設置や外壁PC版の取付け調整などに使用される。(図・309頁)

チェッカードプレート　表面にすべり止めとして縞(しま)模様状の凹凸を付けた鋼板。工場や倉庫などの床、屋外階段の踏板、溝やピットの蓋などに用いられる。「チェッカープレート」「縞鋼板」、単に「縞板」ともいう。(図・309頁)

チェッカープレート　⇨チェッカードプレート

チェックシート　点検、確認項目を明確にし、事前に記載して漏れなく簡単に整理できるよう定型化された調査表。QC 7つ道具の一つ。

遅延剤　⇨凝結遅延剤

違い棚　床の間の脇にある棚で、2枚あるいは3枚の棚板を左右に段違いに取り付けたもの。上下の棚板の間に海老束(えびづか)を入れ、上の棚板の端に筆返しを付ける。→床の間(図・347頁)

地下水位　平均海面(海水面)を基準として測った地下水までの深さ。地下水位を求めるには、ボーリング孔や鋼管を打ち込み、孔内の水面までの深さを測定する。(図・309頁)

地下水処理工法　基礎工事や地下工事の際、掘削工事において支障を及ぼす湧水や溜まり水などの地下水を処理する工法全般をいう。大別すると、排水工法、止水(遮水)工法、揚水した地下

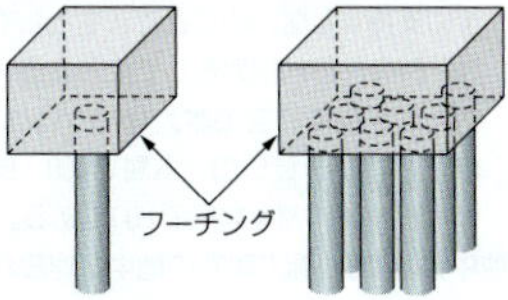

単杭　群杭

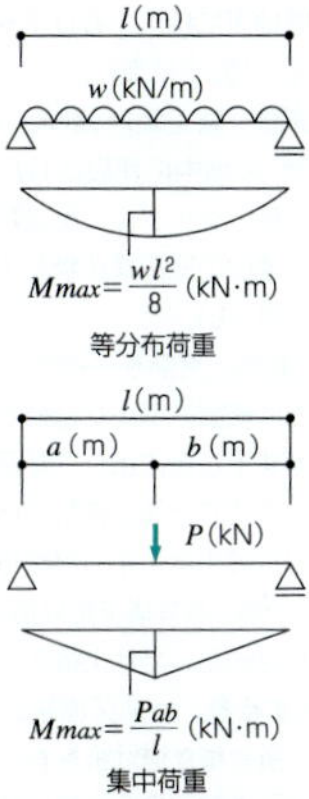

単純梁

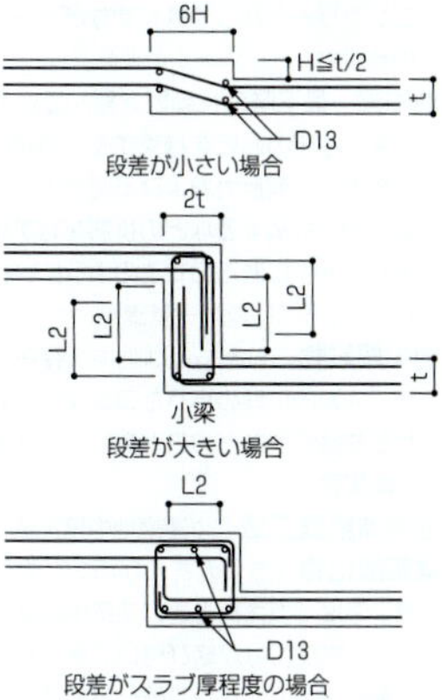

段差スラブ

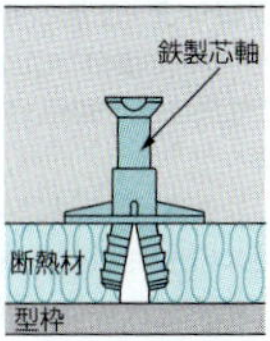

断熱インサート

タンパー

タンピングローラー

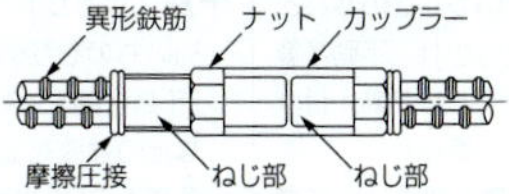

端部ねじ継手

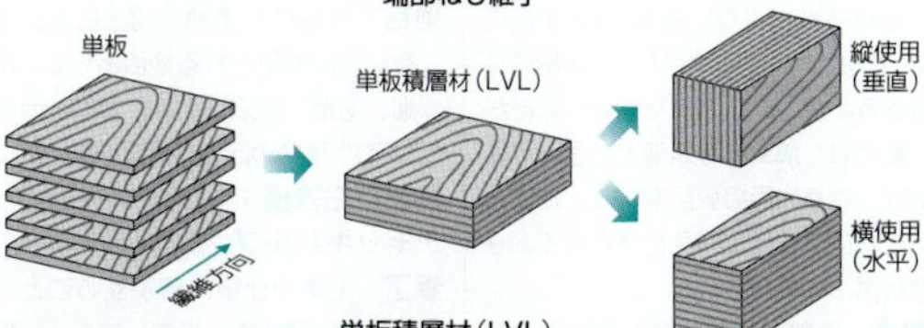

単板積層材(LVL)

水を再度地下に排水するリチャージ工法がある。(図·311頁)

地下埋設物　施工範囲(敷地内や近接する路面)の地中に埋設された給排水管、ガス管、ケーブルの配管類をいう。ただし、地中の既設構造物および工作物は含まれない。

蓄熱槽　温熱、冷熱を一時的に蓄える水槽または装置。蓄えた温熱をピーク時に利用することにより、熱源設備の容量を小さくできる。また、ピークシフトにより省エネルギーが図られる。

地権者　土地の所有権または借地権(建物所有を目的とした地上権または賃借権)を有する者。土地区画整理法第25条では、所有権か借地権を有する者でなければ区画整理の組合員になれないとしている。

地先境界ブロック　土地の境界に設置するコンクリート製のブロック。JIS A 5371で寸法などが規定されている。(図·311頁)

知事許可　⇨都道府県知事許可

地上権　他人の土地に建物や樹木などを所有するために生じる、その土地を借用して使用する権利。建物の所有を目的とする地上権については借地法の制限を受ける。地上権と賃借権のおもな違いは、地上の所有物の譲渡、転貸にともない、前者が地主の承諾なしに権利移転しうることである。→空中権

地籍図（ちせきず）国土調査法に基づく地籍調査により、各筆(ひつ)の土地について所有者、地番、地目(ちもく)ならびに境界および地積(ちせき)の調査測量を行った成果を地籍図という。この写しと地籍簿が登記所に送付され、不動産登記法の規定による地図として備え付けられる。→地籍簿、一筆(いっぴつ)

地籍簿（ちせきぼ）国土調査法に基づく地籍調査により、各筆(ひつ)の土地について所在、地番、地目(ちもく)、地積(ちせき)、所有者の住所、氏名または名称などが記載された成果を地籍簿という。地籍簿は、主務大臣の認証を得て、地籍図とともに登記所に備え付けられる。→地籍図、一筆(いっぴつ)

地耐力　地盤が建築物などの重さを安全に支持する耐力のことで、主として設計時の許容地耐力として使われる。例えば、長期許容地耐力(kN/m²)は、岩盤で1,000、硬いローム層で100、礫(れき)層で300、密実な砂で200である。

地中障害物　施工範囲の地中に埋設されており、障害となり撤去する必要があるもの。以前の建物の基礎、浄化槽、コンクリートがらや鉄くずなど。→地中埋設物

地中梁　最下階の柱脚間を結んでいる大梁。柱脚の回転を拘束すると同時に、水平力、地盤反力および不同沈下による応力に抵抗するなどの役割を有する。多くは地中にあるのでこのようにいわれる。(図·311頁)→基礎梁

地中埋設物　もともとは地中に存在せず、人為的に埋められたコンクリートがらや鉄くずなどのことをいう。→地中障害物

地中連続壁工法　⇨連続地中壁工法

窒素酸化物（ちっそさんかぶつ）物が高い温度で燃えたときに空気中の窒素(N)と酸素(O_2)が結び付いて発生する一酸化窒素(NO)や二酸化窒素(NO_2)などをいう。特に二酸化窒素は高濃度で、人の呼吸器(のど、気管、肺など)に悪い影響を与えるため、国では排出量を少なくするための環境基準を設けている。また、窒素酸化物は光化学スモッグや酸性雨の原因にもなる。

チッピング　①コンクリート表面の突起物をはつって仕上げること。②溶接部表面のスラグを除去すること。③鋼板の縁を削り取ること。(図·311頁)

千鳥（ちどり）ジグザク形を指す。2列のものを互い違いに配置することを「千鳥配置」、床合板や壁の石膏ボードなどの強度を増すために互い違いに張ることを「千鳥張り」という。

地目（ちもく）土地の用途区分。土地登記簿に明記される地目として、田、畑、宅地、池沼、山林、原野、雑種地など21種類の区分が定められている。

着色亜鉛鉄板　⇨カラートタン

チャッキバルブ　⇨逆止弁

着工　工事や仕事に着手すること。形式的には契約書に指定してある工期の

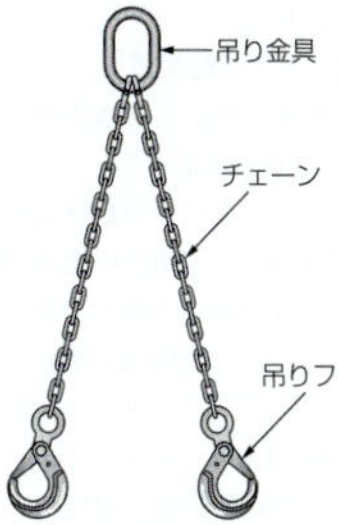

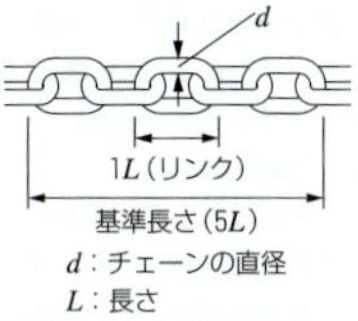

不適格な吊りチェーンの使用の禁止

1. 伸びが製造時の長さの5％を超えるもの。
2. リンクの断面の直径の減少が、製造時の断面の10％を超えるもの。
3. き裂があるもの。

チェーンスリング

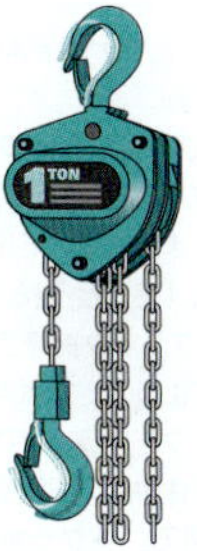

チェーンブロック（手動式）

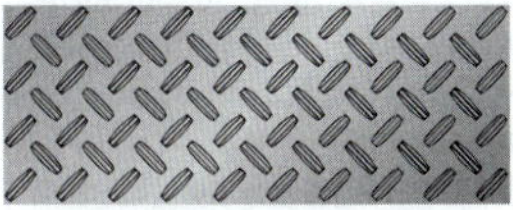

チェッカードプレート

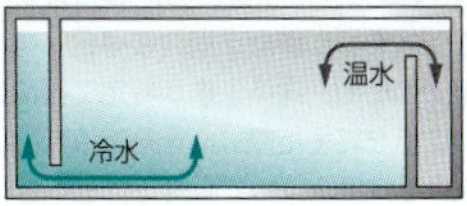

温度成層型蓄熱槽

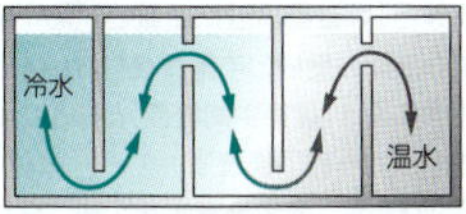

連続槽形蓄熱槽

蓄熱槽

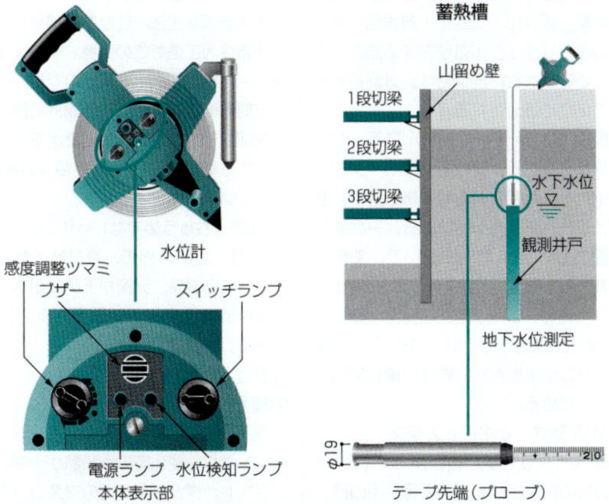

地下水位測定

第1日目が着工日となるが、一般的には根切り工事、杭がある場合は杭工事の開始を着工とすることが通例。

チャンネル　⇨溝形鋼

チャンバー　送風機の出口、吹出し口などに設ける箱状の容器。気流の混合と分岐、方向転換を目的とし、消音の効果もある。

チャンバー法　建築材料から放散されるホルムアルデヒドを含む揮発性有機化合物(VOC)の放散量を測定する方法。JIS A 1901に規定。円筒状のステンレス製容器(20ℓ)に165mm角の試験体を設置し、一定時間に放散されたガスを採取してガスクロマトグラフ質量分析装置(GC/MS)により分析する。

中央監視室　各装置の中央監視と遠隔制御を行う部屋。

中間検査　完了検査における検査項目を少なくし、また不適合の早期発見、是正のため、建築工事が特定工程に係る工事を終えた際に、建築基準法第7条の3、第7条の4の規定に基づき行う検査。特定工程(例：2階の床の配筋など)は確認済証に記載されるため、よく確認し受検の申請が遅れないよう注意する。「建築中間検査」と呼ぶこともある。→完了検査

中間処理場　産業廃棄物を工場、建設現場などの排出事業者から受け入れて、減量・減容化、安定化・無害化、分別処理、リサイクル処理をする施設。ここで処理された廃棄物は、最終処分場で埋立て処分される。

柱間帯（ちゅうかんたい）フラットスラブにおいて、受ける曲げモーメントが大きい範囲である柱列帯以外の、曲げモーメントが小さい部分。→柱列帯

中間払い　請負契約において、部分工事の出来形査定を実施して、工事途上で代金の一部を支払うこと。「部分払い」「出来高(できだか)払い」ともいう。中間払いの出来形と支払額は、請負契約の中で定める。

中空スラブ　⇨ボイドスラブ

中砂（ちゅうしゃ）粒径が1.2～2.5mmのものが大部分を占める骨材用の砂。「中目砂(ちゅうめずな)」ともいう。→細砂(さいしゃ)、粗砂(そしゃ)

柱状図　⇨土質柱状図

中水（ちゅうすい）排水の再生水。雑用水に再利用する。

中性化　コンクリートが空気中の二酸化炭素によってアルカリ性を失い、中性に近づく現象。中性化が躯体内部の鉄筋位置まで進行すると鉄筋に錆が生じ、膨張してコンクリートのひび割れや剥落が生じる。(図·313頁)

鋳鉄管　鋳鉄製の管。耐圧性、防食性が高く、おもに上水、下水などで用いられる。

柱頭（ちゅうとう）柱部材の上端部。→キャピタル

注とろ　石積み、ブロック積みで、軟練りモルタルを石裏などの空隙に流し込むこと。また、そのモルタルのこと。「つぎとろ」「差しとろ」ともいう。

注入工法　クラック補修工法の一種。専用器具によって、エポキシ樹脂やセメントミルクをクラック(ひび割れ)に注入し、躯体耐力の回復や中性化進行の防止を図る。→クラック補修(図·133頁)

注入コンクリート　⇨プレパックドコンクリート

注入補修　仕上げタイルやモルタルに生じた浮きや剥離を補修する工法で、エポキシ樹脂やセメントペーストを注入する補修工法。ひび割れ補修に使用する注入工法もこの一種。→注入工法

チューブ構造　超高層建物で柱のない空間を確保するため、建物外周部に柱を細かく配置して、筒型で水平力に抵抗する構造システム。「外殻(がいかく)構造」ともいう。

中目砂（ちゅうめずな）⇨中砂(ちゅうしゃ)

注文書　工事の施工、資材納入などを依頼する書類。元請が下請に出し、下請は請書を提出して契約の締結が完了する。→請書(うけしょ)

注文生産　⇨受注生産

中庸熱ポルトランドセメント（ちゅうようねつ―）普通ポルトランドセメントよりも硬化時の水和熱が少ないセメント。ダム工事などのマスコンクリートを打つ場合に用いられる。エーラ

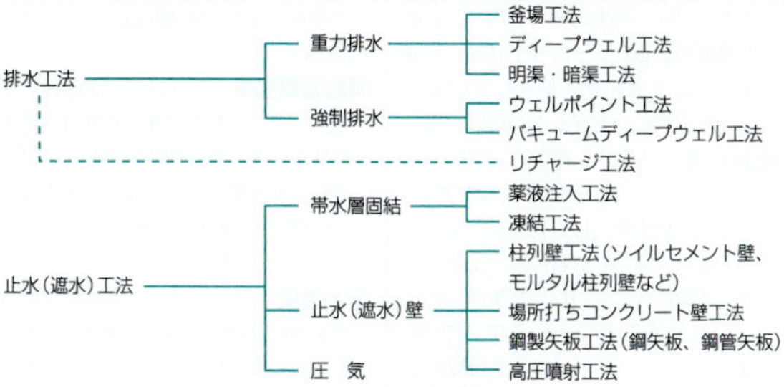

地下水処理工法の種類

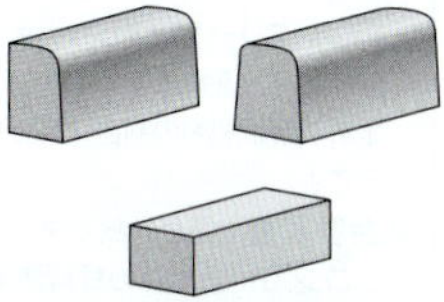

地先境界ブロック（JIS A 5371）

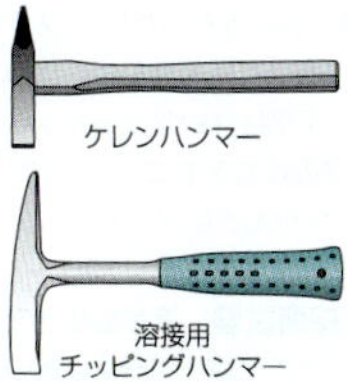

チッピング

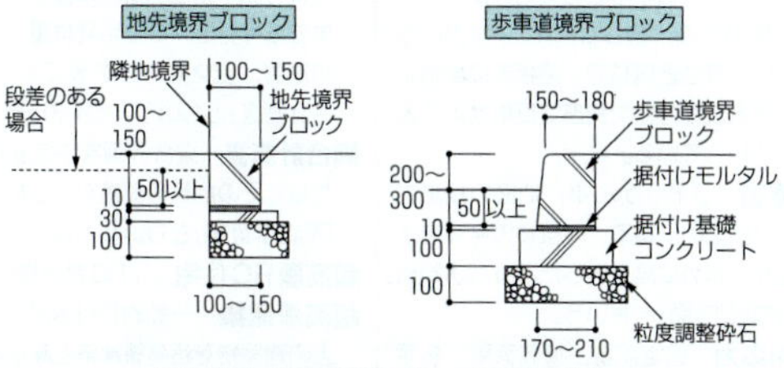

地先境界・歩車道境界ブロックの設置（例）

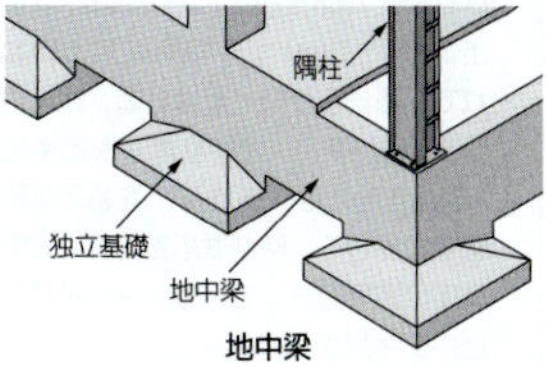

地中梁

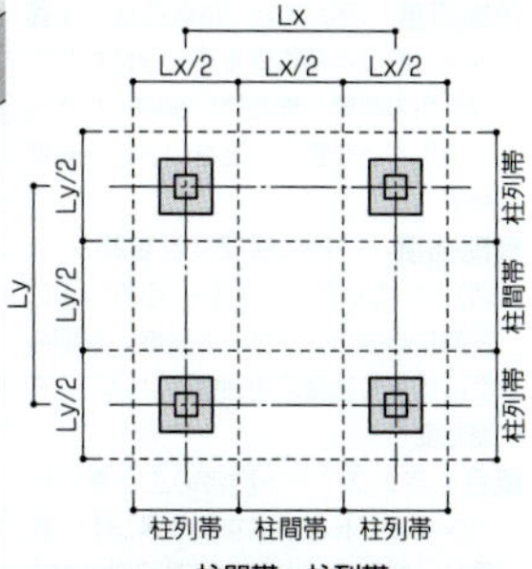

柱間帯・柱列帯

イト(C_3S)、アルミネート相(C_3A)含有量を減らし、ビーライト(C_2S)を増やすことで水和熱を抑制している。JIS R 5210 →セメント(表·275頁)

柱列工法 場所打ち鉄筋コンクリート杭や既製杭、鋼管杭を地中に連続的に並べて山留め壁として利用する工法。杭のラップ施工であるため、止水には使用する材料に合わせた方策が必要。「パイル柱列工法」ともいうが、近年では柱列状にソイルセメントを造成して心材にH形鋼を用いるタイプのSMW工法を指す。→SMW

柱列帯(ちゅうれつたい) フラットスラブにおいて柱を含んだ帯状の部分をいい、梁形はないがラーメン構造における梁の役割をもつ。他の部分(柱間帯)よりも大きな曲げモーメントを受ける。→柱間帯(図·311頁)

超音波探傷試験 溶接部などの非破壊検査方法の一種。20kHz以上の周波数をもつ音波を超音波といい、それを検査対象に放射することで溶接部の欠陥を検出する。略して「UT」。検出の原理は山びこと同じで、溶接部に発信した超音波が溶接欠陥部で反射することを利用している。

鳥瞰図(ちょうかんず) 地図の技法および図法の一種で、建築物の全体を上空から斜めに見下ろしたような透視図。「俯瞰(ふかん)図」ともいう。

長期応力 固定荷重、積載荷重、多雪地域における積雪荷重などの長期荷重によって構造体の各部に生ずる応力。→短期応力

長期荷重 固定荷重、積載荷重、多雪地域における積雪荷重を組み合わせた設計用の荷重。構造物に長期にわたって作用する荷重のことをいう。→短期荷重

長期強度 一般に管理材齢を28日(4週)としているのに対し、それ以上の長期材齢のコンクリート強度。初期強度に比べて強度の増進は少ない。→初期強度

調合 コンクリート調合のことをいい、コンクリートを構成するセメント、粗骨材、細骨材、水および混和剤の割合を指す。土木では「配合」という。→計画調合

調合管理強度 コンクリートの調合強度を定め、これを管理する場合の基準となる強度。設計基準強度および耐久設計基準強度の大きいほうの値に構造体強度補正値(*mSn*)を加えた値。*Fm*〔N/mm^2〕で表す。

調合強度 コンクリートの調合を定める場合に目標とする圧縮強度。目標を定める際に、強度のばらつきを考慮した割り増しを行っている。*F*〔N/mm^2〕で表す。

調合計画 強度、ヤング係数、ワーカビリティー、耐久性など、所定の品質のコンクリートが得られるように、コンクリートを構成するセメント、骨材、水および混和剤の割合(調合)を計画すること。

調合計画書 調合計画で決定された、生コン1m^3当たりの材料使用量(kg/m^3)を記載したもの。水セメント比、細骨材比、単位水量、単位セメント量、単位細骨材量、単位粗骨材量、単位混和剤量、空気量などを表記する。「配合計画書」ともいう。(図·315頁)

調合計算書 調合計画を決定するに当たり、その計算の根拠を示したもの。「配合計算書」ともいう。(図·315頁)

超高層RC住宅 ⇨RC超高層住宅

超高層建築 一般的には高さ100m以上の建築物を超高層建築と呼ぶ場合が多いが、高さについて統一された基準はない。1968年竣工の霞が関ビル(地上31階、113m)がその第一号といわれている。事務所ビルはS造、住宅用はRC造が多い。建築基準法第20条第1項第1号では、高さ60mを超える建築物に対して、時刻歴応答解析や大臣認定の取得を課している。→ハイパービルディング

調光装置 電灯の明るさを変化させる装置。

調合ペイント そのままで使用できるようにすでに調合された塗料のことで、液状、自然乾燥性をもつ。油性調合ペイントと合成樹脂調合ペイントとがあり、前者を「OP(オイルペイント)」、

中性化

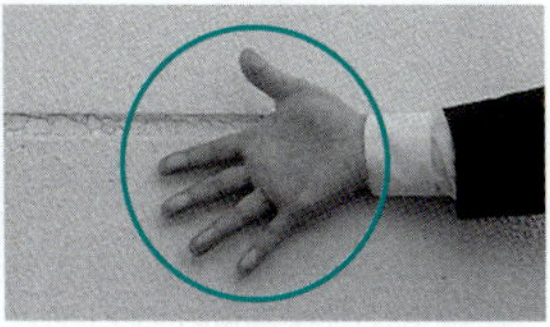

トップコートのチョーキングの進行

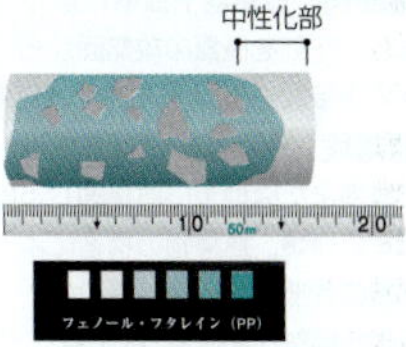

コア抜き法による
中性化深さとpHの確認

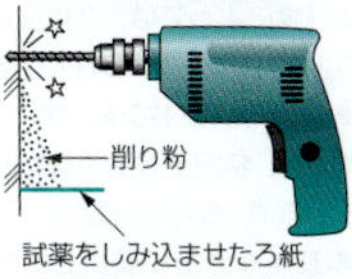

ドリル法による中性化測定

中性化測定

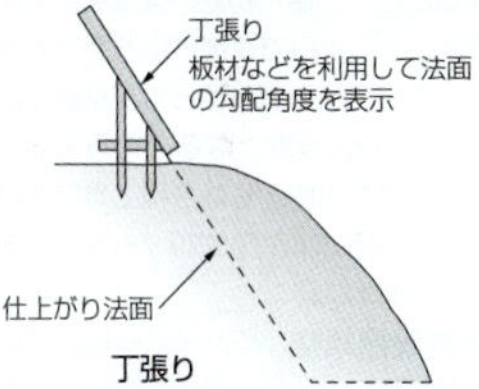

丁張り

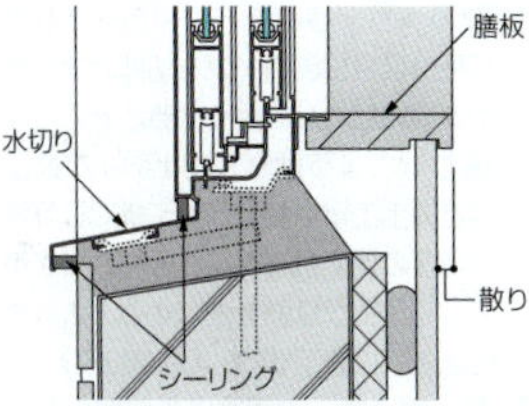

アルミサッシのRC造納まり例

散り

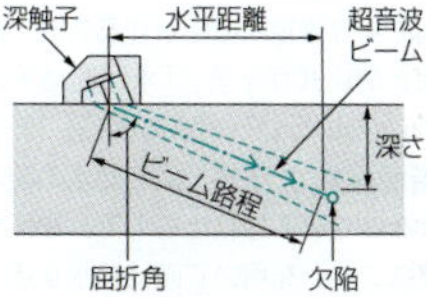

超音波探傷の原理

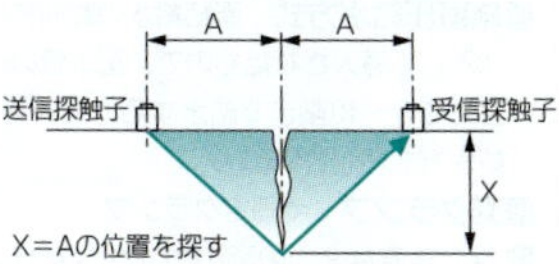

超音波探傷試験
（ひび割れ深さの測定）

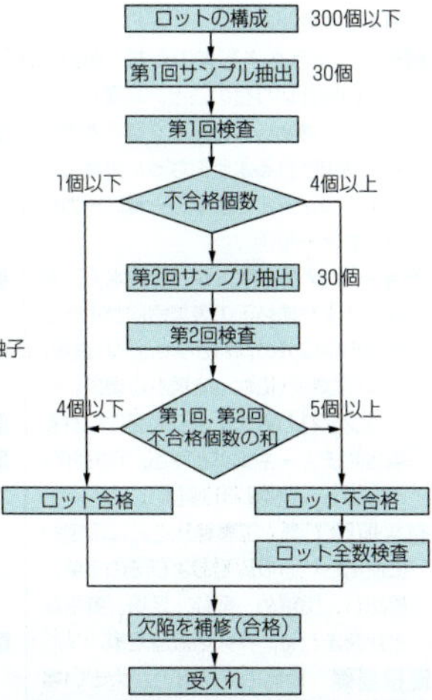

超音波探傷試験（鉄骨溶接部抜取り検査）

後者を「SOP」ともいう。JIS K 5511、5516

調査基準価格 予定価格の7/10～9/10の範囲内で工事ごとに設定する価格。→低入札価格調査制度

超早強ポルトランドセメント エーライト(C_3S)を早強ポルトランドセメントよりさらに増加し、粒度を細かくすることで、硬化初期の強度を高めたセメント。1日で普通ポルトランドセメントの7日強度が得られ、材齢1日で20N/mm^2程度となる。緊急工事や工期短縮を目的とした各種工事に採用されている。JIS R 5210 →セメント(表·275頁)

超々高層建築物 ⇨ハイパービルディング

蝶取り(ちょうとり)介錯ロープなどが長い場合に、ロープを切断せずに途中で蝶結びにして短くすること。

丁張り(ちょうはり)切土および盛土などの土工事や擁壁(ようへき)工事で行う法面(のりめん)の勾配角度表示。板材などを使用して仕上がり面を表示する。法肩または法尻に表示する。(図·313頁)

丁番 扉、窓、引戸などの開閉の軸となる金物。一片を建具に、他の一片を枠に取り付ける。形状や機能によって種々のものがある。

帳壁(ちょうへき)壁のうち、耐力壁でない間仕切り壁のこと。高層ビルにおいて、建物自体の重量を軽くするために使用されるようになった外壁のカーテンウォールも帳壁の一種。→カーテンウォール①

チョーキング 紫外線、熱、水分、風などにより塗装面の表層樹脂が劣化し、塗料の色成分の顔料がチョーク(白墨)のような粉状になって現れる現象。シーリング材の劣化により表面に現れる場合もチョーキングと呼ぶ。「白亜化」ともいう。(写真·313頁)

直接仮設工事 工事種別ごとに限定的に使用される仮設物およびその工事。墨出し、山留め、型枠、足場、養生などが含まれる。→共通仮設工事

直接基礎 地盤の支持耐力が大きい場合に使用される基礎形式。杭などを用いず建物の荷重を直接地盤へ伝達させる基礎の形式。べた基礎、布基礎、独立基礎(フーチング形式)などがある。

直接工事費 材料費、労務費、機械経費などのように、工事の目的に直接使われる費用のこと。→間接工事費

直接照明 光源からの直接光が作業面を照らす照明方式。→間接照明

直接暖房 放熱器や放射パネルなどにより、空気を機器の放熱面からの放射熱で直接暖める暖房方式。→間接暖房

直通階段 建築物の避難階以外から、避難階または地上に直接通じる階段。居室の種類、建築物の構造によって、居室の各部分から直接階段の一つに至る歩行距離が制限されている。また居室の用途、建築物の構造、居室などの床面積規模によっては、2以上の直通階段の設置が義務づけられている。建築基準法施行令第120条、第121条 →避難階段、特別避難階段(表·345頁)、2方向避難(表·369、371頁)

直用 事業主が直接に雇用し、賃金管理および各種の保険手続などを行っている労働者のこと。元請直用の労働者はまれで、ほとんどは下請負業者に雇用されている。

直結給水方式 水道本管からの直接圧力により建物内に給水する方式。直圧式と増圧式がある。「水道直結給水方式」ともいう。→給水方式(図·115頁)

直結増圧給水方式 直結給水の範囲拡大として導入されたもので、増圧ポンプユニットを用いて直結給水する。→給水方式(図·115頁)

直結直圧給水方式 直結給水の範囲拡大として導入されたもので、配水管の圧力で5～10階まで給水する方式。→給水方式(図·115頁)

直交クランプ ⇨固定クランプ

散り 垂直な2つの面のわずかなずれの部分や、そのずれ幅を指す。壁仕上面と額縁、ドア枠などの造作材、真壁納まりの柱、和室造作材の壁からの出幅寸法など。→散り決り(図·317頁)

散り決り(ちりじゃくり)塗り壁と接する額縁、回り縁(ぶち)、畳寄せ柱などに設ける溝のこと。乾燥で隙間ができ

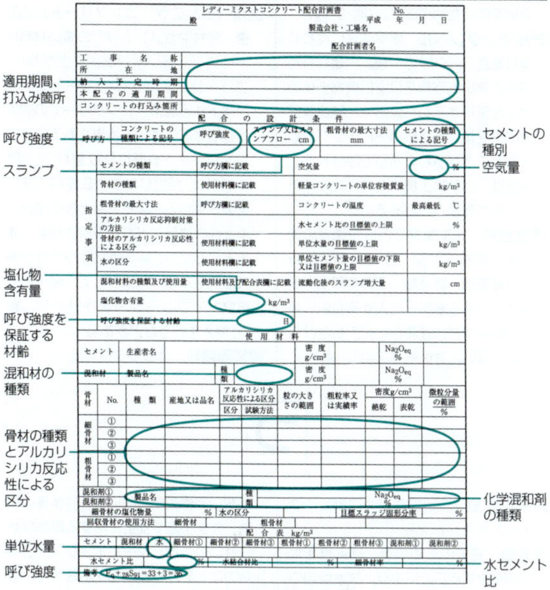

レディーミクストコンクリート配合計画書　No.

殿　平成　年　月　日

製造会社・工場名

配合計画者名

工事名称	
所在地	
納入予定時期	
本配合の適用期間	
コンクリートの打込み箇所	

配合の設計条件

呼び方	コンクリートの種類による記号	呼び強度	スランプ又はスランプフロー cm	粗骨材の最大寸法 mm	セメントの種類による記号

指定事項				
	セメントの種類	呼び方欄に記載	空気量	%
	骨材の種類	使用材料欄に記載	軽量コンクリートの単位容積質量	kg/m³
	粗骨材の最大寸法	呼び方欄に記載	コンクリートの温度	最高最低 ℃
	アルカリシリカ反応抑制対策の方法		水セメント比の目標値の上限	%
	骨材のアルカリシリカ反応性による区分	使用材料欄に記載	単位水量の目標値の上限	kg/m³
	水の区分	使用材料欄に記載	単位セメント量の目標値の下限又は目標値の上限	kg/m³
	混和材料の種類及び使用量	使用材料及び配合表欄に記載	流動化後のスランプ増大量	cm
	塩化物含有量	kg/m³		
	呼び強度を保証する材齢	日		

使用材料

セメント	生産者名			密度 g/cm³		Na_2O_{eq} %	
混和材	製品名		種類	密度 g/cm³		Na_2O_{eq} %	

骨材	No.	種類	産地又は品名	アルカリシリカ反応性による区分 区分	試験方法	粒の大きさの範囲	粗粒率又は実績率	密度g/cm³ 絶乾	表乾	微粒分量の範囲 %
細骨材	①									
	②									
	③									
粗骨材	①									
	②									
	③									

混和剤① 混和剤②	製品名	種類		Na_2O_{eq} %	
細骨材の塩化物量	%	水の区分		目標スラッジ固形分率	%
回収骨材の使用方法	細骨材		粗骨材		

配合表 kg/m³

セメント	混和材	水	細骨材①	細骨材②	細骨材③	粗骨材①	粗骨材②	粗骨材③	混和剤①	混和剤②

水セメント比	%	水結合材比	%	細骨材率	%

備考 $F_q + {}_{28}S_{91} = 33 + 3 = 36$

調合（配合）計画書（例）

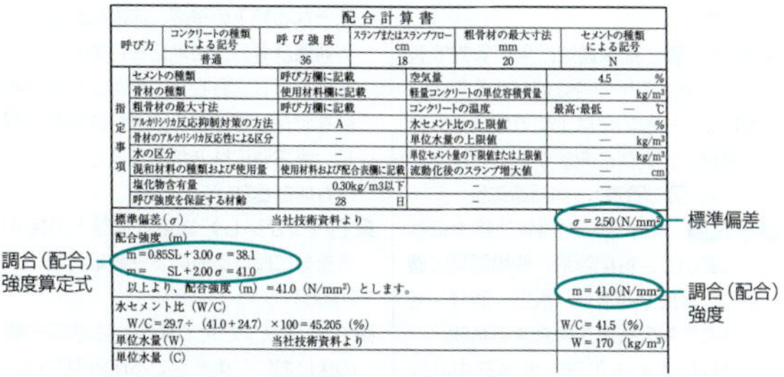

配合計算書

呼び方	コンクリートの種類による記号	呼び強度	スランプまたはスランプフロー cm	粗骨材の最大寸法 mm	セメントの種類による記号
	普通	36	18	20	N

指定事項				
	セメントの種類	呼び方欄に記載	空気量	4.5 %
	骨材の種類	使用材料欄に記載	軽量コンクリートの単位容積質量	— kg/m³
	粗骨材の最大寸法	呼び方欄に記載	コンクリートの温度	最高・最低 — ℃
	アルカリシリカ反応抑制対策の方法	A	水セメント比の上限値	— %
	骨材のアルカリシリカ反応性による区分	−	単位水量の上限値	— kg/m³
	水の区分	−	単位セメント量の下限値または上限値	— kg/m³
	混和材料の種類および使用量	使用材料および配合表欄に記載	流動化後のスランプ増大値	— cm
	塩化物含有量	0.30kg/m3以下	−	—
	呼び強度を保証する材齢	28 日	−	—

標準偏差（σ）　当社技術資料より	σ = 2.50（N/mm²）
配合強度（m） m = 0.85SL + 3.00σ = 38.1 m = SL + 2.00σ = 41.0 以上より、配合強度（m）= 41.0（N/mm²）とします。	m = 41.0（N/mm²）
水セメント比（W/C） W/C = 29.7 ÷（41.0 + 24.7）× 100 = 45.205（%）	W/C = 41.5（%）
単位水量（W）　当社技術資料より	W = 170（kg/m³）
単位水量（C）	

調合（配合）計算書（例）

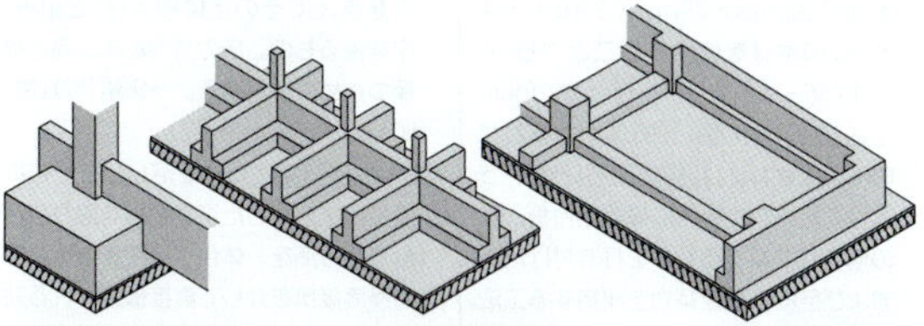

独立（フーチング）基礎　布基礎（連続基礎）　べた基礎

直接基礎

るのを防ぐための工夫。(図·317頁)

チルチングレベル　水準測量に使われる計測器(レベル)の一種。内蔵された感度の高い気泡管を目安に機器全体の水平を整準するねじ以外に、望遠鏡部分のみを傾けるためのチルチングねじをもつことからこの名称で呼ばれる。最近は、自動補正機構を備えたオートレベルが普及しつつある。

賃金台帳　各事業場ごとに労働者の使用者に義務づけられている、賃金計算の基礎事項、賃金額、その他厚生労働省令で定める事項を記入する台帳。賃金支払のつど、遅滞なく記入しなければならない。労働基準法第108条

沈降（ちんこう）コンクリート打込み後、骨材やセメントなどの重い材料は下に沈み、軽い水が表面に上がり(=ブリージング)、コンクリートの表面が沈下する現象。コンクリートの沈下が鉄筋などによって拘束されることでコンクリート表面にひび割れ(=沈降ひび割れ)が生じたり、鉄筋の下部に空洞が生じる。また、梁と床の境目、梁と柱の境目など打込み深さが変化するところでも沈降の差によってひび割れが発生する。対策として、硬化前に再度バイブレーターをかけたり、鏝(こて)押えを行うなどがある。

賃貸面積比　⇨レンタブル比

つ

対束小屋組（ついづかこやぐみ）⇨クイーンポストトラス

通気管　通気のための管。通気管を大気に開放することにより、排水管内の排水と空気が入れ替わり、排水の流れを円滑にする。→排水通気方式(図·389頁)

通気立て管　排水通気に用いる立て管。各階の衛生器具の通気管がある場合に設ける。一般的には上部で伸頂通気管に接続し、大気に開放する。→排水通気方式(図·389頁)、伸頂通気管

通水試験　給水管、給湯管、排水管などにおいて、各配管系、使用器具に適応した水量で通水し、水圧、漏れ、その他の異常の有無を検査する試験。

ツーバイフォー工法　北米を中心に行われている木造住宅工法。おもに、断面が38mm×89mm(2inch×4inch)の木材を使用することから「2×4(ツーバイフォー：two by four)工法」と呼ばれる。1965年頃からわが国に導入され、「枠組壁工法」ともいう。木材で組まれた枠組に構造用合板、その他これに類するものを打ち付けた床および壁により建築物を建築する工法。

通風湿球湿度計　⇨アスマン乾湿計

ツールボックスミーティング　現場において作業開始前に行う作業員の配置、作業手順や安全に関する簡単な話し合いのこと。ツールボックスは道具箱のことで、作業現場を意味する。略して「TBM」。

通路誘導灯　誘導灯の一種で、避難経路となる廊下の壁面、床面に設置される通路誘導灯。白地に緑色で避難口の方向を示し、合わせて避難上有効な照度を確保している。誘導灯は常時点灯し、停電時には非常用電源で点灯しなければならない。

束石（つかいし）床束と地盤との接する部分に設けるもの。→軸組構法(図·209頁)

束立て床（つかだてゆか）木造の一階の床において束を立てる床組の方法。束石(つかいし)の上に床束(ゆかづか)を立て、大引きを支えてその上に根太(ねだ)を組み、床を張るもの。床の防湿と床の高さを保つために使用する。→床組(ゆかぐみ)(図·503頁)

突き合せ溶接　母材を溶かし、そこに溶接棒を溶かした溶着金属を溶かし込んで接合部を一体化する接合方法。応力が溶接部を介して直接伝達される効率の高い継手で、柱、梁接合部の梁フランジの溶接など主要な部材の接合に

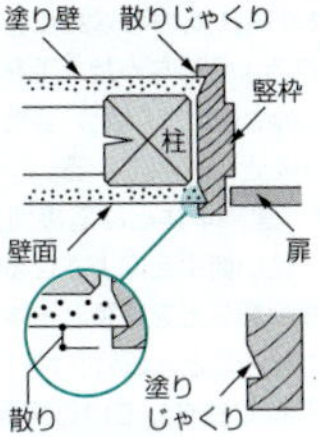

散りじゃくり

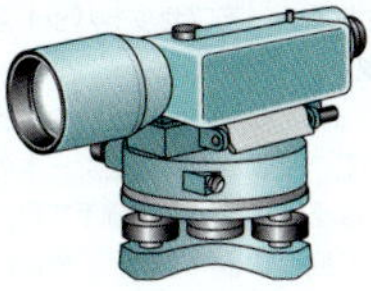

チルチングレベル

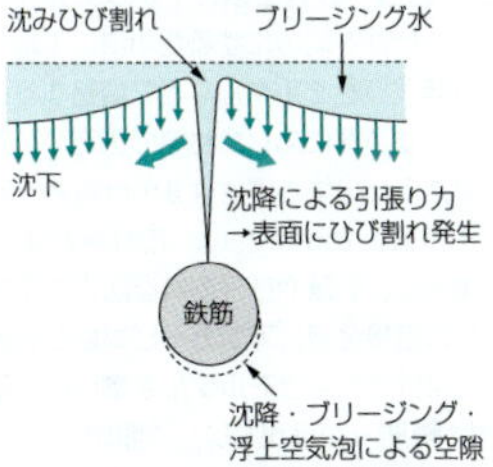

鉄筋や配管上部に発生する沈みひび割れ

沈降ひび割れ

通路誘導灯

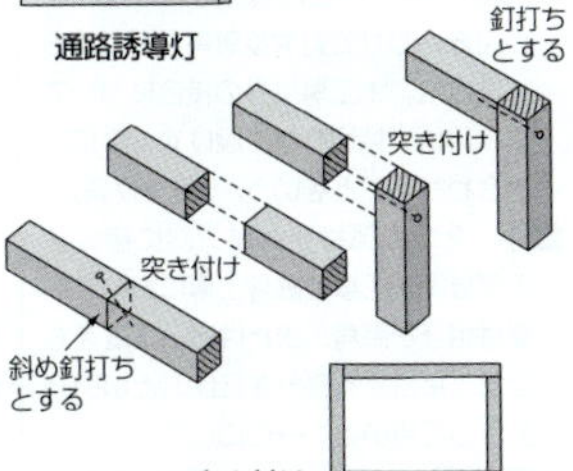

突き付け

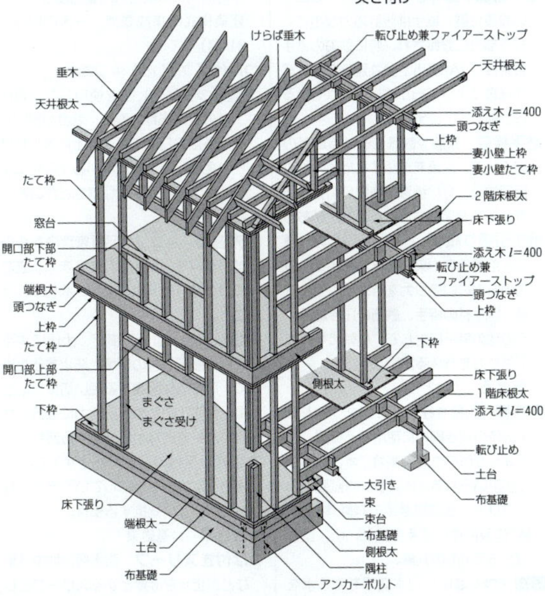

ツーバイフォー工法

使用される。→アプセットバット溶接

突き固め　⇨タンピング

継ぎ杭　コンクリート既製杭や鋼管杭において、所要長さが大きく一本の杭だけでは不足する場合、継手を設けて連結して施工する杭をいう。先に打ち込まれる杭を「下杭」、中間を「中杭」、最後を「上杭」という。

つき代（つきしろ）「つけ代」「塗り代」ともいい、左官工事で下地の上に塗り付けるモルタル厚さのこと。

突き付け　木工事において、2つの材を枘(ほぞ)などの仕口(しぐち)を設けず、単に突き合わせて釘や接着剤などで接合する方法。木工事以外の接合についても、目地や見切り材を設けず、単に突き合わせることをいう。（図·317頁）

継手　2つの部材を材軸方向に接合する部分。木工事や鉄骨工事においては、部材相互を直角、またはある角度をもたせて接合する部分を「仕口」といい、区別して用いる。→仕口(しぐち)

継手位置　部材どうしを接合する継手の設置位置。継手は設計応力が小さくなる部分に設置され、特に鉄筋の継手位置は、JASS 5や公共建築工事標準仕様書によって細かく規定されている。（図·321、323、325頁）

継手検査　鉄筋や鉄骨における継手の施工状況、品質を確認するための検査。目視検査、打診検査、抜取り引張り検査、超音波探傷検査などの方法がある。

継手引張り試験　①溶接の試験の一種で、溶接部を中央に置き、溶接線と直角の方向に引張り力を与える引張り試験。②木材の継手、鉄筋の圧接継手、その他の継手に対して、材軸に平行に引張り力を与える試験。

つぎとろ　⇨注とろ

突き棒　①壁や柱などコンクリート打込み時の突き固めに使用する道具。長さ3～5mの丸竹、割竹、木、鉄棒などが用いられる。②スランプ試験やコンクリート強度試験用の試験体（供試体）作製に使用する直径16mm、長さ500～600mmの丸鋼。

蹲踞（つくばい）日本庭園を飾る水をたたえた庭石。茶会で手を清めるために使われたものが、次第に装飾的に用いられるようになった。手を清めるときにしゃがむ（つくばう）姿勢から名前が付いたといわれている。

造付け　建築本体とは直接関係ないもので、使い勝手を向上させるため、例えば家具類などを建築と一体して固定してつくること。「造付け家具」に対し、製品として独立している家具を「置き家具」という。

つけ送り　左官工事の下塗りに先立ち、仕上げ厚を均等にするために、下地の不陸(ふろく)をモルタルなどで調整すること。塗り厚に応じた材料の選定が必要。また1回の塗り厚さは9mm以内、厚さは最大25mmとし、これを超える場合は、剥落やひび割れを防止するための溶接金網、アンカーピンなどを取り付けたうえでモルタルを塗り付ける。

付け鴨居（つけがもい）⇨鴨居

付け書院　書院造りの床の間脇に、縁側に張り出してつくられる明かり取り。室町時代に形成された書院造りという建築様式の構成要素。→床の間（図·347頁）

つけ代（つけしろ）⇨つき代

土壁（つちかべ）土を使用した左官仕上げの壁の総称。湿度、温度が安定し、高温多湿の日本の気候風土に適した壁といえる。上塗りに用いる土の色により、錆壁や聚楽(じゅらく)壁などがある。（図·325頁）

筒先管理　生コンの品質管理のための試料採取を、型枠に打ち込まれる直前にコンクリートポンプ車の筒先で行うこと。

突張り　①山留め工事で、土圧による矢板や腹起し材の倒壊を防止するために水平方向に配置する短い切梁。②足場転倒防止のための圧縮力に抵抗させる、水平方向などに配置する部材。

つなぎ　足場の倒壊を防止するために建物と足場とを締結している部材。おもに引張りに抵抗する部材。

つなぎ梁　⇨基礎梁

つば付きスリーブ　防水層、地中外壁など、止水を必要とするスリーブとして用いられる、鋼管に50mmほどの

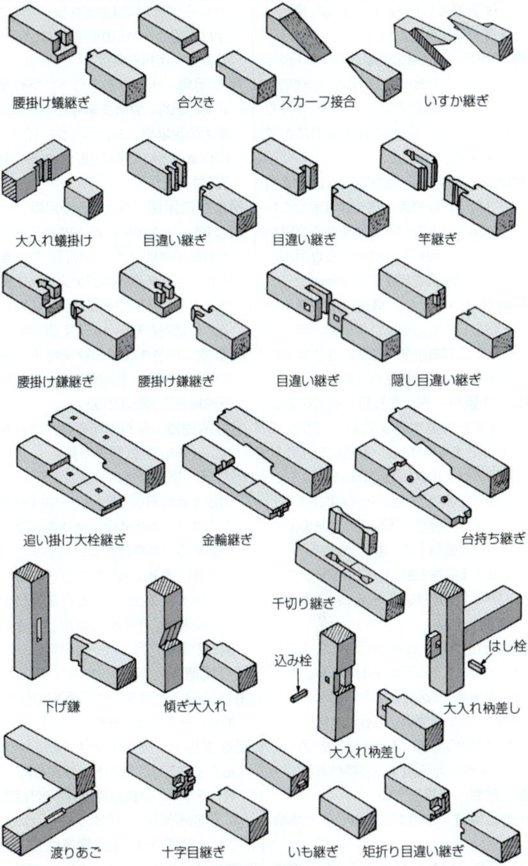
腰掛け蟻継ぎ
合欠き
スカーフ接合
いすか継ぎ
大入れ蟻掛け
目違い継ぎ
目違い継ぎ
竿継ぎ
腰掛け鎌継ぎ
腰掛け鎌継ぎ
目違い継ぎ
隠し目違い継ぎ
追い掛け大栓継ぎ
金輪継ぎ
台持ち継ぎ
千切り継ぎ
下げ鎌
傾ぎ大入れ
込み栓
はし栓
大入れ枘差し
大入れ枘差し
渡りあご
十字目継ぎ
いも継ぎ
矩折り目違い継ぎ

継手と仕口

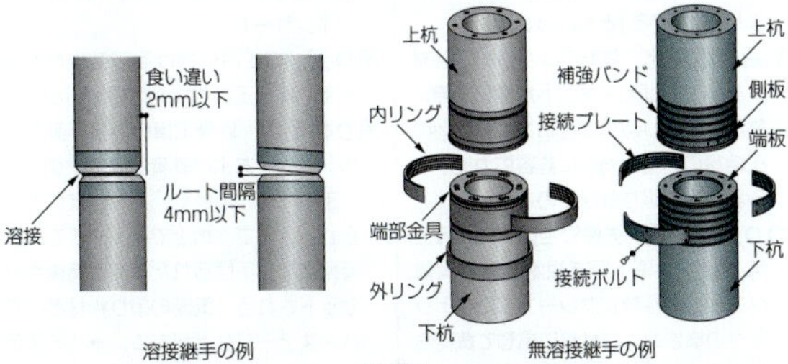
食い違い
2mm以下
ルート間隔
4mm以下
溶接
上杭
内リング
端部金具
外リング
下杭
補強バンド
接続プレート
接続ボルト
上杭
側板
端板
下杭

溶接継手の例　　無溶接継手の例

継ぎ杭

つばを溶接したもの。(図·321頁)→スリーブ管用止水材

坪(つぼ)①面積の単位。1間×1間＝1.818m×1.818m＝3.305m^2。②体積の単位。立坪のことで、1立坪＝6尺立方で約6m^3。③小さな中庭のことで、「坪庭(つぼにわ)」の略。

坪庭(つぼにわ)塀や垣根、建物で囲まれた小さな庭園。古くは町家づくりの主屋(おもや)と離れとの間にある庭園を指したが、現代では建物にとり囲まれた小さな庭園を指すことが多い。

壺掘り(つぼほり)構造物の基礎や地下室をつくるために、構造物の形に合わせて必要最小限の寸法、深さまで掘削すること。→布掘り、総掘り

積上げ張り　古くから行われているタイル張りの基本的な工法で、「だんご張り」ともいわれる。裏面にだんご状の張付けモルタルをのせたタイルを、下地の下部から上部へ一段ずつ積み上げるように行う。下地の精度を必要とせず、収縮も小さいが、熟練を必要とするうえ能率も悪い。白華が多いので外壁には適さない。→タイル工事(表·293頁)

詰めモルタル　隙間やだめ穴をふさぐために充填するモルタルの総称。充填性(充填率)が必要となる場合は、無収縮モルタルを使用する必要がある。また、隙間の間隔によっては流動性の高いモルタルを使用する必要がある。

積り合せ　⇨見積合せ

艶出し磨き(つやだしみがき)⇨本磨き

面一(つらいち)相接する2つの部材の表面に段差がなく、面がそろった納まり方。「ぞろ」ともいう。

釣合い鉄筋比　鉄筋コンクリート部材において曲げモーメントが働いた際、鉄筋の引張り応力度とコンクリートの圧縮縁応力度が同時に許容応力度となる場合の引張り鉄筋比のこと。

つり上げ荷重　労働安全衛生法施行令第10条第1項1号で規定される荷重。クレーン、移動式クレーンまたはデリックの構造および材料に応じて負荷させることができる最大の荷重。一つのクレーンまたは移動式クレーンにつり上げ荷重は一つしか存在しない。→定格荷重、定格総荷重

吊り足場　上部から吊り下げた作業用足場の総称。鉄骨工事などでの高所作業用の足場や、エレベーターピット内の作業床として多く用いられる。(図·327頁)

吊りかご足場　⇨ユニット足場

吊り環(つりかん)屋上のパラペットや塔屋の外壁などに取り付けた金属製の輪。ビル外壁のメンテナンスに使用するゴンドラやロープの保持に使われる。「丸環」ともいう。(図·325頁)

吊り木　吊り木受けの横架材より垂直に設けられる、天井面を支える部材。→軸組構法(図·209頁)

吊り木受け　吊り木を取り付ける水平材。→軸組構法(図·209頁)

吊り子　屋根葺きの金属板を下地板に固定する短冊状の金物。一端は金属板のこはぜに巻き込み、他端を釘で下地に留める。瓦棒葺きにおいては、瓦棒の位置にチャンネル型吊り子を取り付け、キャップと吊り子と金属板とをはぜに組んで、下地への固定と同時に金属板の接続も行う。→瓦棒葺き

吊り構造　⇨サスペンション構造

吊り込み　材料を吊って所定の位置に取り付けることの総称。

吊りボルト　天井インサートにねじ込んで吊り下げるボルト。設備機器、配管、ダクト、軽量鉄骨天井下地(LGS)などを吊る際に使用するもの。クリップにより留めることで電線やケーブルの支持にも使用する。また、荷重に合わせてサイズを変更する。(図·325頁)→インサート

吊り元　開き戸における丁番の付く側。把手や握り玉の付く側は「手先」という。

吊り枠足場　鉄骨工事の溶接作業やボルト締め、および鉄骨鉄筋コンクリート工事における鉄筋、型枠作業に用いられる足場で、地上で組み立てて、鉄骨梁に吊り下げられた状態で揚重されセットされる。既製の吊り枠材としてハイステージなどがある。→ハイステージ(図·391頁)

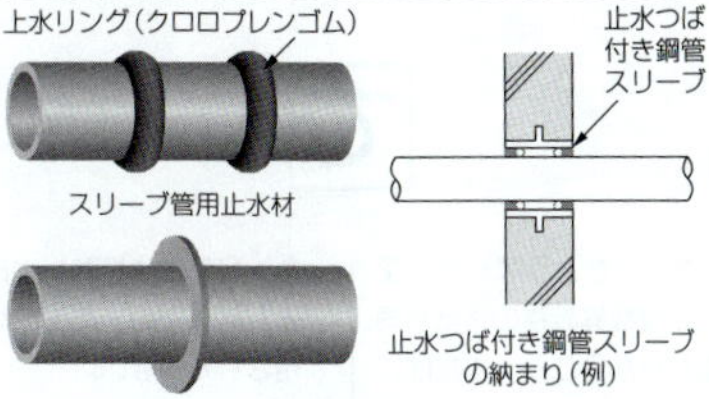
上水リング（クロロプレンゴム）
スリーブ管用止水材
止水つば
付き鋼管
スリーブ
止水つば付き鋼管スリーブ
の納まり（例）

つば付きスリーブ

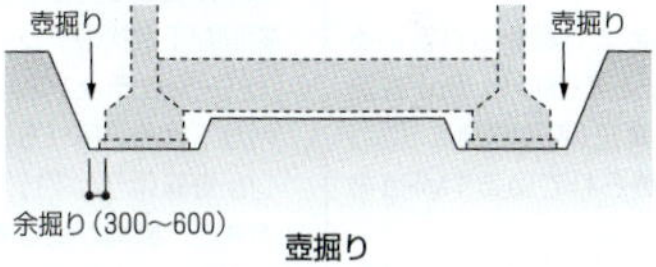
壺掘り
壺掘り
余掘り（300〜600）

壺掘り

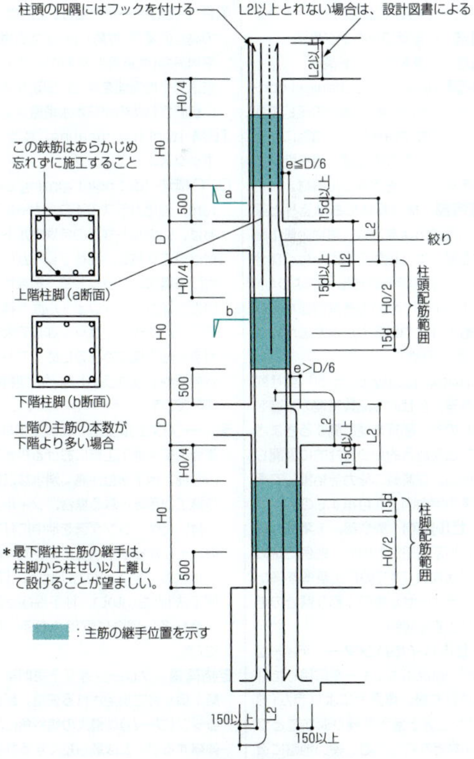
柱頭の四隅にはフックを付ける
L2以上とれない場合は、設計図書による
L2以上
H0/4
H0
500
D
この鉄筋はあらかじめ
忘れずに施工すること
e≦D/6
a
15d以上
L2
絞り
柱頭配筋範囲
H0/2
15d
上階柱脚（a断面）
b
下階柱脚（b断面）
上階の主筋の本数が
下階より多い場合
e>D/6
柱脚配筋範囲
＊最下階柱主筋の継手は、
柱脚から柱せい以上離し
て設けることが望ましい。
：主筋の継手位置を示す
150以上
150以上

柱主筋の継手位置

て

出合い丁場（であいちょうば）同じ工事現場において複数異職種の作業が同一時間帯に重なり合うこと。または、複数の請負業者が同時に作業すること。

手あき ⇨手待ち

低圧 ①電気事業法で定められている電圧の種別。交流600V以下、直流750V以下。→高圧(表·153頁) ②ガス事業法で定められている1MPa未満の圧力。

T 三方向に分岐されるT形の継手。「チーズ」ともいう。(図·327頁)

DR構法 ⇨縦壁ロッキング構法

DS構法 ⇨縦壁スライド構法

TMCP鋼 [thermo mechanical control process steel] 鋼材の圧延工程において温度や時間などを精密に制御することで、厚板の強度、溶接性、塑性変形能力などを改善した鋼材。

T形接合部 構造躯体における柱と梁の接合部の形状を示し、建物の最上階で左右梁2本に柱が1本取り付く部分をいう。部位の取付き形状により「ト形」「L形」「十字形」の各接合部があり、部材耐力評価や鉄筋の定着方法が異なる。(図·327頁)

TQC [total quality control] 全社的品質管理。全社的な品質管理の推進を行うもので、品質管理に関するさまざまな手法を総合的かつ全社的に展開して適用し、従業員の総力を結集してその企業の実力向上を目指すもの。

ディーゼル規制 東京都、千葉県、埼玉県、神奈川県において、条例で定める粒子状物質(PM)の排出基準を満たさないディーゼル車の1都3県での走行を禁止する規制。

ディーゼルパイルハンマー ディーゼル機関の燃焼エネルギーを応用した打撃式杭打ち機。爆発力によりラム(おもり)が上昇と落下を繰り返すことでパイルなどを打ち込む。硬い地盤に適するが、軟弱地盤では能率が悪い。また、打撃音や振動が大きく油の飛散をともなうため、都市部や住宅地では使用されていない。

Tバー 主としてシステム天井で天井パネルを取り付けるのに用いられる、断面がT字状のフレーム。吊りボルトTバー受けチャンネルなどで躯体から吊り下げる。吊り方式には、設備ゾーンが野縁(のぶち)と平行に流されるライン方式と、野縁が同じ高さで交差するクロス方式がある。

T.P. Tokyo Peilの略称。日本の土地の高さの基準(標高0m)となる東京湾平均海面(東京湾中等潮位)を表す記号。東京湾平均海面を地上に固定するために設置されたのが日本水準原点である。

TBM [tool box meeting] ⇨ツールボックスミーティング

DPG構法 [dot point glazing system] 強化ガラスの4コーナーに孔をあけ、皿ボルトなどの特殊ボルトを取付け点で支持し、構造フレームに取り付ける構法。フラットで、透視性の高いガラスカーテンウォール面を構成することができる。サッシなしで大きなガラス面を構成できるため、アトリウム外壁やトップライトなどに使われる。(図·327頁)

ディープウェル工法 建設工事などの基礎工事や地下工事における排水工法の一種。地下水位が高く湧水などにより施工が困難となる場合、フィルターが付いたケーシング管を地中に打ち込み、そこから地下水をポンプでくみ上げ排水し、地下水位を下げる。「深井戸工法」ともいい、地下掘削が深く水量が多い場合に採用される。(図·327頁)

定格荷重 クレーン等安全規則第1条第1項6号で規定される荷重。起伏するジブ(ブーム)は最大の傾斜角にし、伸縮するブームは最も短くするなどの状態で構造規格に定める諸条件の範囲主筋本数の少ない位置に設ける。

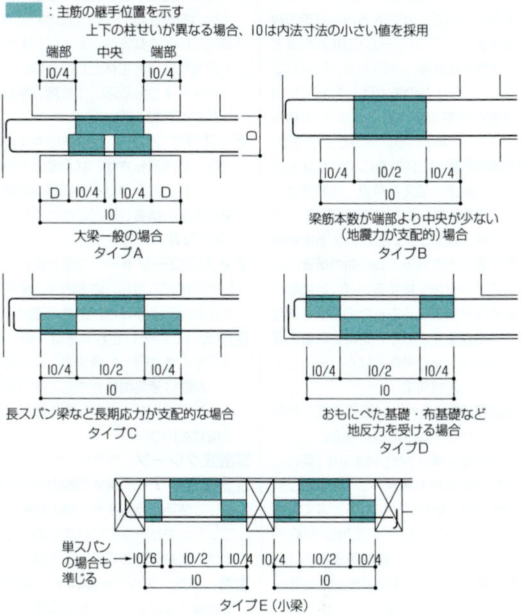

梁主筋の継手位置

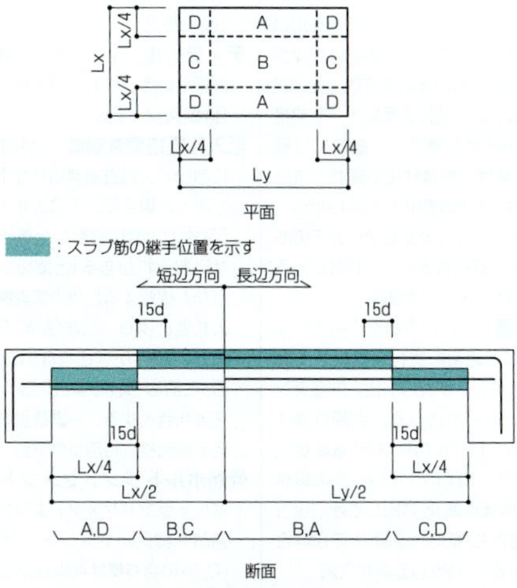

スラブ筋の継手位置

内において算定された最大値をいう。実際につることができる荷の質量の限度を表し、ジブ(ブーム)の傾斜角などにより変化する。タワークレーン(ジブクレーン)などの能力は、おもに定格荷重と作業半径によるグラフ(定格荷重曲線)で表される。→つり上げ荷重

定格総荷重　定格荷重にフックなどつり具の質量を加えた荷重。移動式クレーンの能力は、おもに定格総荷重と作業半径およびブーム長さによる定格総荷重表で表される。つり荷の重量に応じてフックを交換するつど、定格総荷重表から該当するフックの質量を減じて定格荷重を求める。定格総荷重の最大値がつり上げ荷重となる。→つり上げ荷重、定格荷重

定期借地権　借地借家法で成立した制度で、期限を設けた借地権のこと。一般定期借地権は契約期間50年(契約に定めれば長期も可能)で、借地者は契約完了時に更地(さらち)にして返還する義務がある。このほか、事業用借地権(10年以上50年以下)、建物譲渡特約付き借地権(30年以上建物付きで土地を返却)がある。(図·329頁)

ティグ溶接　アーク溶接に分類される溶接で、シールドガスとしてアルゴンやヘリウムなどのイナートガスを用い、電極にはタングステンあるいはタングステン合金を用いる溶接方法。他のアーク溶接による溶接金属に比べて溶接金属の清浄度が高く、一般的には靭(じん)性、延性、耐食性にも優れ、また溶接金属の表面が酸化しにくいため、スラグがほとんど発生せずに光沢のあるビードが得られるという特徴がある。(図·329頁)→アーク溶接

低降伏点鋼（ていこうふくてんこう）SS400など通常の鋼材に比較して降伏点を低くした鋼材の一種。制振ダンパーなどに多用される。引張り強さ225N/mm^{2}レベルの鋼材を「低降伏点鋼」と呼び、100N/mm^{2}レベルの鋼材を「極低降伏点鋼」と区別して呼ぶ場合や、両者とも「低降伏点鋼」と呼ぶ場合などがある。→極(ごく)低降伏点鋼

泥水（でいすい）ボーリングや場所打ち杭の削孔に際し、孔壁の崩壊防止や土砂の搬出を目的として孔内に充填する比重の大きな流体。水とベントナイト懸濁(けんだく)液を主体としたものに、孔壁条件により分散剤、加重剤、ポリマー類などを加える。

ディスクサンダー　円盤状のやすりを電動で高速回転させ、材料表面を研磨する工具。コンクリート表面の研磨や鋼材表面の錆落しなどに使用される。(図·329頁)

ディスクロージャー　企業が投資者や取引先などに対し、経営内容、業績の変化を開示すること。企業内容開示。

定礎式（ていそしき）本来は、礎石を据えるときに行った儀式のことであるが、現在は建築関係者や竣工年月日を記した定礎板を所定の位置に取り付ける儀式をいう。

定置式クレーン　⇨クレーン

定置式ミキサー　現場の場内などに設置して使用するミキサー類の総称。トラックミキサーなどの自走移動するミキサーと対比させて用いる用語。

定着　鉄筋、アンカーボルトや鉄骨が引き抜けないように、規定の長さを確保して接合部の相手側のコンクリートに固定すること。「アンカー」ともいう。(図·329頁)

ディテール　全体に対して特定部分の詳細をいう。これを図面化したものを「詳細図」という。

低入札価格調査制度　公共工事の入札において、調査基準価格を下回る入札があった場合に、その入札者によって「契約の内容に適合した履行がなされないおそれがある」と認められるかどうかを確認するための調査制度。その入札者により、当該「契約の内容に適合した履行がなされないおそれがある」と認められる場合には、次順位者を落札者とする。→調査基準価格、最低制限価格、特別重点調査

低熱ポルトランドセメント　中庸熱ポルトランドセメントよりさらに水和発熱を抑えたセメント。ビーライト(C_2S)の含有量は40%以下。初期材齢は低いが長期強度の発現性は良好。大

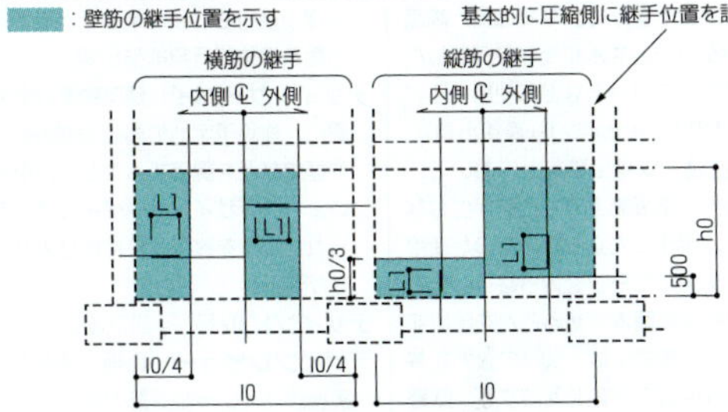

土圧壁筋の継手位置

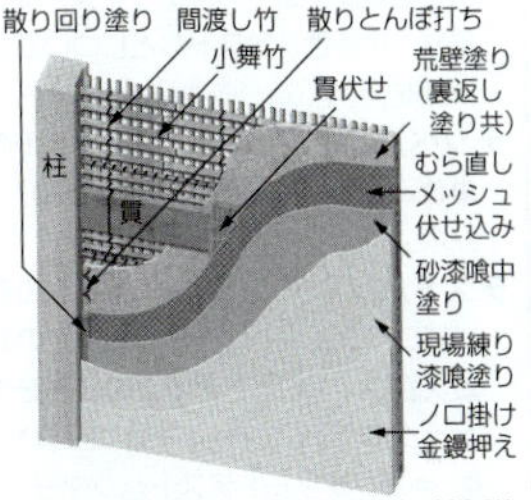

現場練り漆喰塗りノロ掛け磨き仕上げ（内壁）

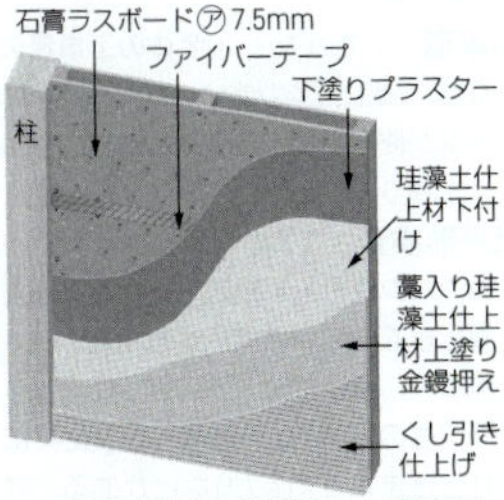

珪藻土仕上材金鏝押え仕上げ（内壁）

土壁

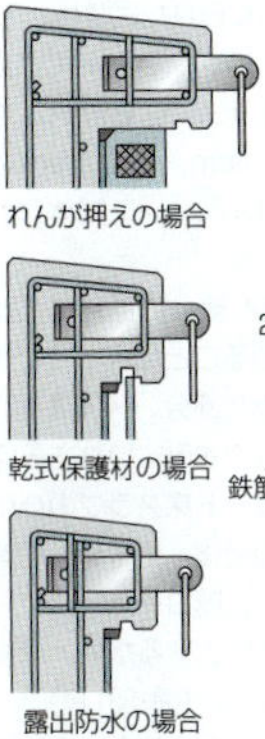

パラペット回りの吊り環

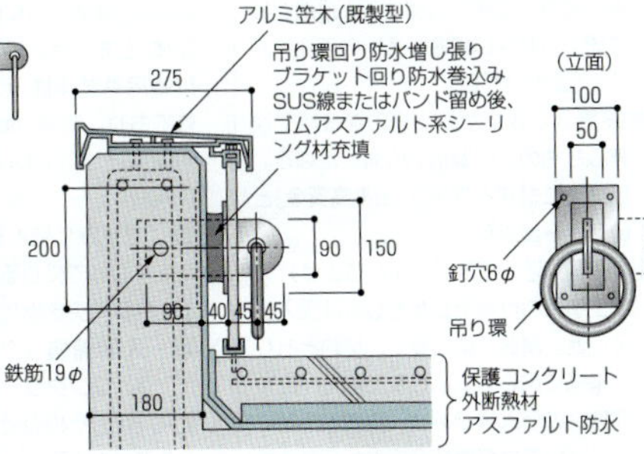

パラペットにコンクリートあごがない場合の吊り環の納まり例

吊り環

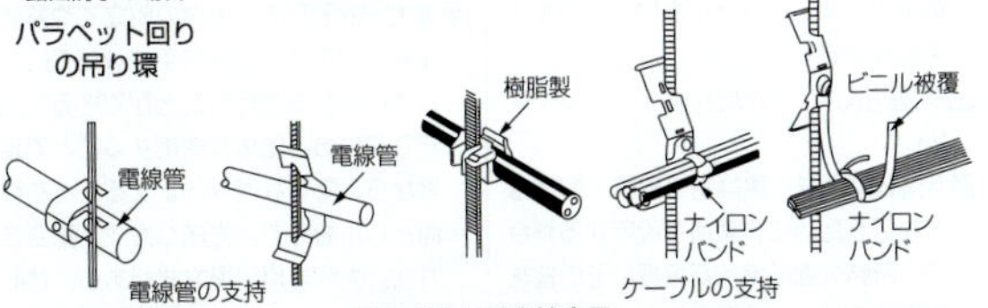

吊りボルト用支持金具

量のセメント量が必要な高強度、高流動コンクリートや水和発熱を抑制したいマスコンクリートなどに使用する。JIS R 5210　→セメント（表·275頁）

テープ合せ　鉄骨工事などにおいて、工場製作と現場施工で寸法差が生じないよう、製作に先立ちおのおのが使用するスチールテープを持ち寄り、その誤差が許容範囲内であることを確認すること。一般的には、50Nの張力を与えて5m単位で誤差を測定する。鉄骨工事ではJIS B 7512による1級のものを用いる。

出来形（できがた）①全体の工事量のうち、施工完了の部分。→出来高　②作業が終了してでき上がった形の状態、仕上がりのこと。

出来形検査（できがたけんさ）打込み後のコンクリート構造躯体が基準値を満たしているかを確認する検査。基準値には、断面寸法の許容差、仕上がり平坦さの標準値、外観の状況（密実に打ち込まれているか）などがある。寸法検査の場合、プラスマイナス何mm以内という基準値が多いが、出来形検査の場合、マイナス側は断面欠損として認められない場合が多いので注意する。（図表·331頁）

出来高（できだか）出来形を金額で換算したもの。中間払いの対象となる。出来高に対する賃金は「出来高賃金」という。→出来形

出来高勘定（できだかかんじょう）完成工事における支払金もしくは受入金のこと。請負人にとって、契約どおり出来高に応じて支払われた内金が出来高勘定の受入金であり、施主の認定に至らない原材料費などの支払金を含めて未成工事支出金とする。→出来高

出来高査定（できだかさてい）建設工事中の中間払いなどにおいて、工事出来高を査定すること。

出来高払い（できだかばらい）⇨中間払い

適用事業報告　建築物の建設、解体などを行うために作業所を設置する場合に、所轄労働基準監督署長にその旨を報告すること。適用事業とは、特定の法律が適用される事業のことである。労働基準法施行規則第57条

デザインサーベイ　建築物を設計する際に、建設予定地の周辺地域の街並みや歴史などを調査すること。1970年代頃より、デザインサーベイによって得られた要素を建築設計に取り入れる動きが流行した。

デザインビルド　⇨設計施工

デザインレビュー　企画、基本設計、実施設計といった設計の各ステップで設計内容を見直すこと。設計品質の適切性を確認するため、デザイン、機能、品質、生産性、コストなどについての評価を行う。

デシベル　騒音レベル、振動レベルの単位。記号は〔dB〕または〔dB(A)〕。→ホン

テストハンマー　①打撃による音の違いでコンクリート、モルタルなどの剥離状態や、ボルト、ナットの緩みをチェックするハンマー。（図·329頁）②　⇨コンクリートテストハンマー

テストピース　コンクリートや鉄筋などの構造材の性質を調べるために所定の形状、寸法につくられた試験体。「供試体」ともいう。コンクリートの強度試験用供試体はJIS A 1132に規定されており、直径10cm、高さ20cmの円筒形となっている。→供試体（図·117頁）

出隅（ですみ）壁と壁、壁と柱などが角度をもって交わることによってできる、外側に突き出た部分。→入隅（いりすみ）

出隅・入隅補強（ですみ·いりすみほきょう）コンクリート床スラブのひび割れ防止のための補強。屋根や一般階床スラブの出隅·入隅コーナー部に入る斜めひび割れを防止するため、補強鉄筋などを配置する。（図·331頁）

手すり先行工法　足場の組立てや解体作業を、常に二段分の手すりが先行されている状態で行うことができる工法。安心感のある足場を使用することで足場からの墜落などを防止することを目的としたもので、先送り方式、据置き方式、先行専用足場方式がある。（図·333頁）

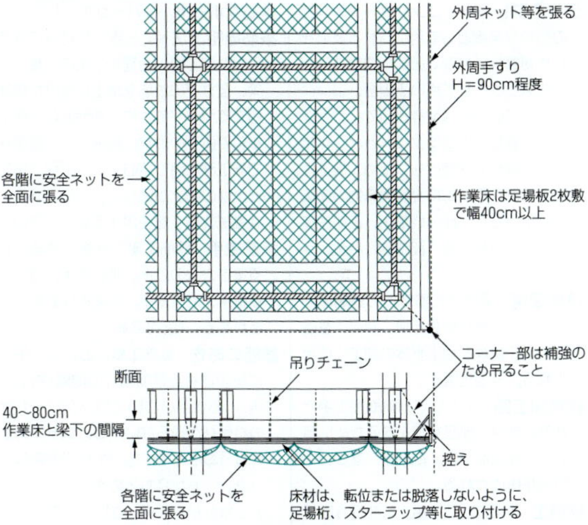

吊り足場の構成

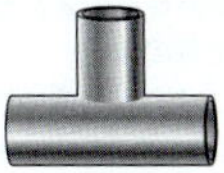

T

吊り足場の吊り方

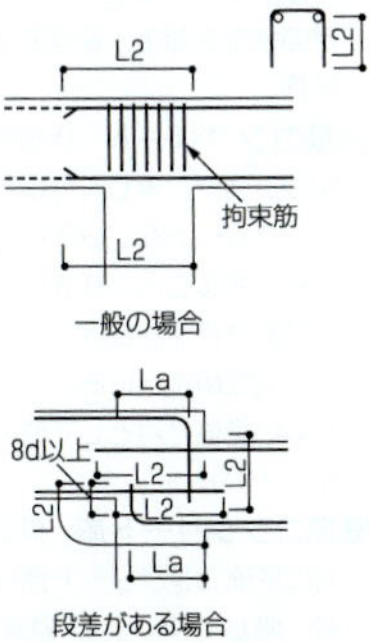

T形接合部（最上階）

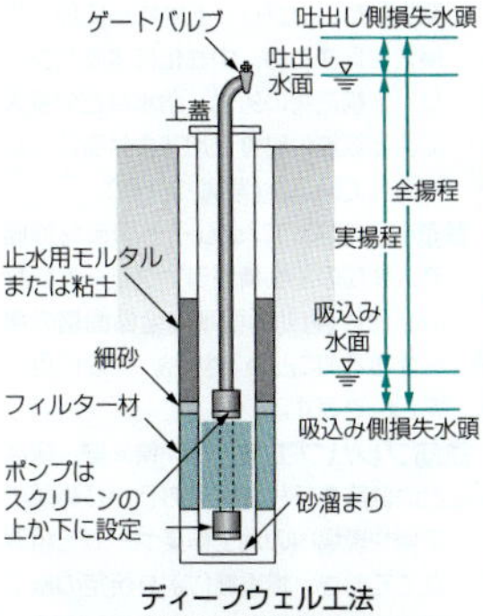

ディープウェル工法
（ポンプの設置位置）

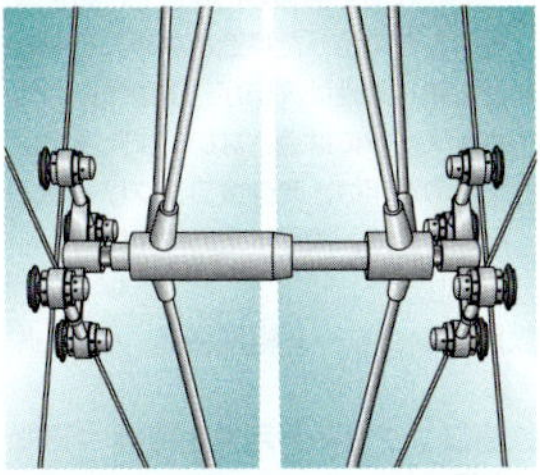

テンションロッド支持ダブルスキン構法
DPG構法

デッキプレート　コンクリートスラブの型枠や床版として用いられる波形をした薄鋼板。冷間で圧延形成される。合成スラブとして用いる場合、コンクリート打込み時は型枠として、コンクリート硬化後はコンクリートと一体化して引張り力を受けもつため、施工性、耐力に優れる。特に高層建築物の床に多く用いられ、床の軽量化、工期短縮などの利点がある。「床鋼板」ともいう。JIS G 3352

鉄筋足場　梁筋や柱筋などの鉄筋組立用につくられた仮設足場。特に、基礎梁や耐圧盤など地下躯体の施工に使用される。→地足場

鉄筋加工図　主として、鉄筋加工場で鉄筋の部材、部品を加工するために用いる工作図をいう。配筋図に基づいて図面が作成される。

鉄筋工　鉄筋の加工、組立てを行う職種。

鉄筋工事　鉄筋コンクリート構造などの建築物の工事で、柱、梁、床、壁などの鉄筋を加工、組立てをする作業の総称。

鉄筋コンクリート　圧縮強度に対して引張り強度が著しく低い(1/10～1/13)コンクリートを、鉄筋により引張り力を負担することで補強したもの。両者の熱膨張係数がほぼ同等であるため、一般温度環境下において一体性を損なわない構造材料として使用できる。略して「RC」。

鉄筋コンクリート造　構造上主要な骨組に鉄筋コンクリート部材を用いた構造。略して「RC造」。鉄筋コンクリート部材は、引張り応力に弱いコンクリートを鉄筋で補強した構造で、相互の短所を補い合った構造となる。鉄骨造と比較し剛性は高いが、重量が重いため大スパンには適さない。また高層建築への適用は、高強度コンクリート、高強度鉄筋、設計手法の開発により可能となった。

鉄筋コンクリート組積構造　⇨RM構造

鉄筋コンクリート用再生棒鋼　⇨再生棒鋼

鉄筋コンクリート用棒鋼　⇨SD

鉄筋サポート　⇨バーサポート

鉄筋地組工法（てっきんじぐみこうほう）鉄筋工事の合理化工法の一種。柱、梁、壁などの鉄筋を地上に設けた鉄筋組立てヤードで主筋、補助筋など部位単位で所要の形状に組み立て、揚重機で施工階に吊り込む工法。工程、品質、安全性の向上が図れる。主筋の継手には機械式継手を使用する場合が多い。

鉄筋継手　鉄筋工事で鉄筋を連続させる接合方法のこと。重ね継手、ガス圧接継手、溶接継手、各種機械式継手などがある。(図・333頁)

鉄筋のあき　鉄筋工事において、平行に配置された鉄筋相互の間隔(内法寸法)。あきが小さいとコンクリート中の粗骨材が通らないため、ジャンカや骨材分離などの欠陥が生じて密実なコンクリートが打ち込めず、コンクリートと鉄筋が一体化しない。必要とされるあき寸法は、鉄筋径の1.5倍以上かつ粗骨材径の1.25倍以上とされている。(図・331頁）→鉄筋の最小間隔

鉄筋の最小間隔　平行に配置された鉄筋相互の最小中心間距離。鉄筋のあき寸法に鉄筋の最外径を加えたもの。(図・331頁）→鉄筋のあき

鉄筋の腐食　コンクリートの中性化が進行して鉄筋位置に達すると、不動態皮膜を破壊して鉄筋を腐食させる。腐食生成物の堆積膨張によりコンクリートのひび割れ、剥離を引き起こし、構造物の性能を低下させる。ひび割れが発生したコンクリートはさらにCO_2の侵入を促すため、中性化によるコンクリート構造物の劣化、雨水などの浸入による鉄筋の腐食を加速させることが知られている。(写真・331頁)

鉄筋比　鉄筋コンクリートの部材断面で、鉄筋の断面積がコンクリート部材の断面積(有効断面積と全断面積の場合がある)に占める割合。一般に百分率(%)で表す。

鉄筋プレハブ工法　柱、梁、壁、床などの鉄筋を部材単位であらかじめ加工工場や現場内の地上作業ヤードで組み立てておき、揚重機により所定の施工部位に吊り込みセットする施工方法。

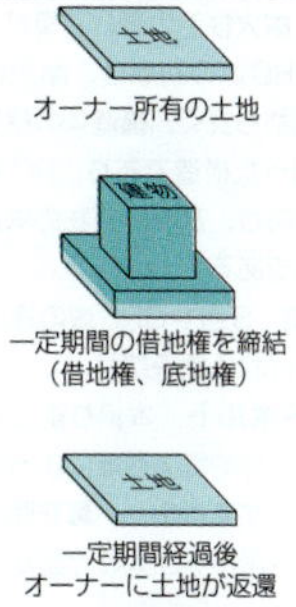

定期借地権

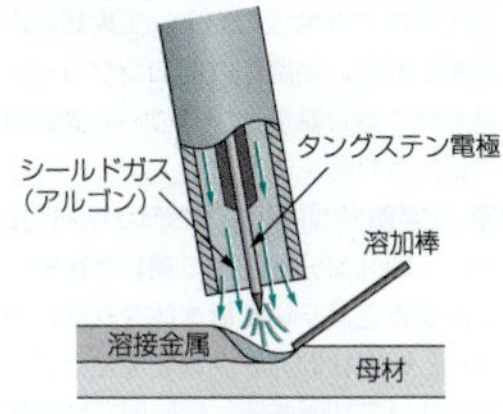

ティグ溶接

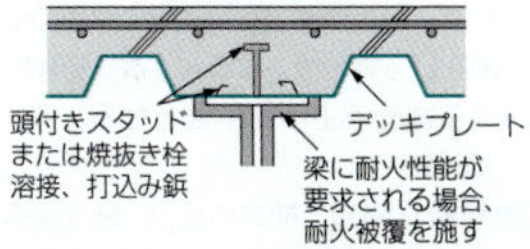

デッキプレート（合成スラブ用）

ディスクサンダー

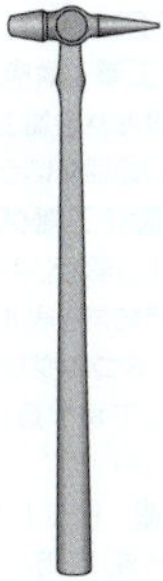

テストハンマー

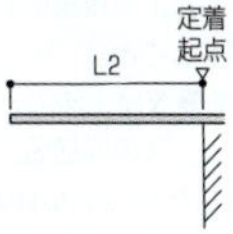

直線定着の長さ
L2[24]

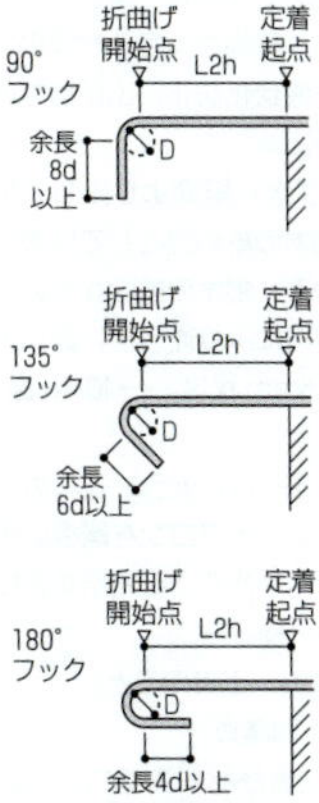

フック付き定着の
長さL2h[24]

鉄筋の定着長さ
（小梁・スラブの下端筋以外）

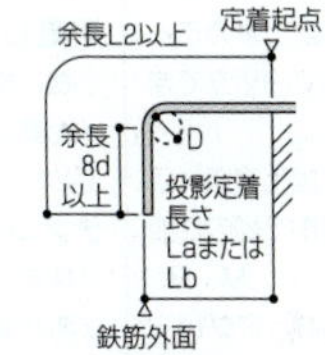

仕口内に90°折曲げ定着
する鉄筋の投影定着長さ
（LaまたはLb）[25]

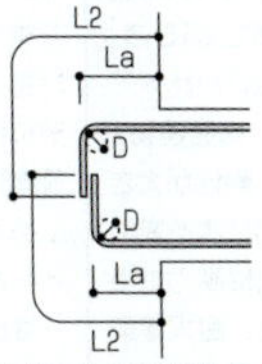

梁主筋の柱内折曲げ定着
の投影定着長さLa[26]

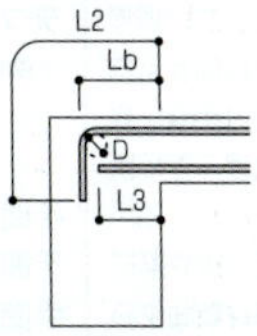

梁・スラブの上端筋の梁内
折曲げ定着の投影定着長さ
Lb[26]

鉄筋の定着長さ
（L2hを満足しない場合）

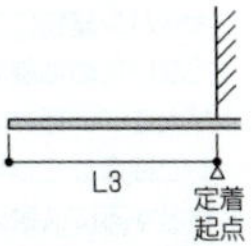

下端筋の直線定着長さ
L3[27]

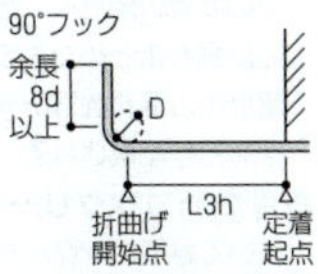

下端筋のフック付き
定着長さL3h[27]

鉄筋の定着長さ
（小梁・スラブの下端筋）

施工精度や安全性の向上、工期短縮の効果がある。高層の鉄筋コンクリート構造物や鉄骨鉄筋コンクリート構造物に採用される。

鉄筋冷間直角切断機　鉄筋のガス圧接を行う端面部分を圧接に適した状態に切断する工具。切断機本体を鉄筋に固定し、円盤状のカッターを電動で高速回転させて切断する。短時間で鉄筋を軸線に対して直角で平滑に切断できるため、圧接作業当日に現場で鉄筋の切断を行う場合は、グラインダー研削による端面仕上げが不要となる。（図・335頁）

鉄骨組立検査　開先の状況、組立溶接の状況や、ダイアフラムと仕口(しぐち)のずれなどを確認する検査のこと。（図・335頁）

鉄骨工事　鋼構造物に係る工事のこと。鉄骨部材の加工から現場での組立てまでの範囲をいう。

鉄骨製作工場グレード　国土交通大臣により認定される鉄骨製作工場の性能評価結果を表す指標。S、H、M、R、Jの5つのグレードがあり、Sグレードの工場が最も規模が大きい。（表・335頁）

鉄骨造　構造上主要な骨組に鋼材（形鋼、鋼管等）を用いた構造。略して「S造」。鉄筋コンクリート造（RC造）と比べて軽量で高靱(じん)性があり、高層建物、大スパン建物に有効だが、剛性が大きくないため地震などの外力による変形が大きい。部材は溶接または高力ボルトで接合してつくる。また、耐火建築物とするには耐火被覆が必要となる。

鉄骨建方計画書（てっこつたてかたけいかくしょ）鉄骨工事において、現場での鉄骨の組立て、建込みに関する施工計画をまとめたもの。建方手順、揚重計画、品質管理、安全管理、工程管理などが記載される。

鉄骨鉄筋コンクリート造　柱や梁において鉄筋コンクリート部材断面中心に鉄骨部材を挿入させた構造。略して「SRC造」。S造はRC造と比較して重量が軽いが、価格が高く火災に弱い。一方、RC造はS造に比べて価格の安さと耐火性能の高さで優れている。このSRC造の利点は、耐火性能が高くて価格も安く、構造体の重量の軽減化を図った構造であり、RC造よりは粘りがあり、高層建築物の構造体として有効である。

鉄骨梁　S造やSRC造の建築物の梁に使用される鉄骨部材。

デッドボルト　本締り錠において、サムターンや鍵の回転によって錠面から出入りするボルト。扉を閉めて受け座の中へボルトが入ると錠が閉まる。→箱錠

出面（でづら）作業に従事している作業員の数。現場に出てきた労務者の員数を会社別、職種別で日ごとに数えることを「出面を取る」といい、賃金支払いの資料として使用される。

手直し　工事途中や引渡し前などの点検、検査において顕在化した設計図書と異なる箇所や施工不良箇所をやり直したり、補修すること。

テノコラム　地盤改良工法の一種で、株式会社テノックスの商品名。共回り防止翼を装着したかくはん装置（特殊オーガー）により、原位置で地盤とセメント系固化材をかくはん、混合し、軟弱地盤を固めてソイルセメント柱を構築する工法。建物を支える地盤の支持力の増大、液状化防止、山留めなどに使用される。

出幅木（ではばき）壁面より出して納める幅木。幅木の納め方としては最も一般的なもので、幅木の壁面からの出は使用する材料により違うが、数mmから厚くて15mm程度。→幅木（図・399頁）

テフロン支承（ーししょう）きわめて摩擦抵抗が少ないテフロンを鋼板に張って、そのすべりやすさを利用するローラー接合の一種。

手間　職人の労力、工賃のこと。

手間請け　⇨手間請負

手間請負　注文者が材料支給および機器貸与を行い、主として作業の完了のみを契約内容とするような請負のこと。「手間請け」「労務請負」ともいう。→労務下請負

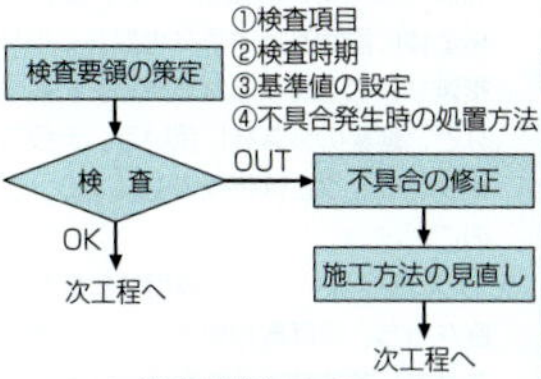

出来形検査のフロー

構造体の位置と断面寸法の許容差の標準値[28]

(mm)

項　目		許容差
位　置	設計図に示された位置に対する各部材の位置	±20
構造体および部材の断面寸法	柱・梁・壁の断面寸法	−5 +20
	床スラブ・屋根スラブの厚さ	
	基礎の断面寸法	−10 +50

コンクリート仕上がりの平たんさの標準値[29]

コンクリートの内外装仕上げ	平坦さ(mm)(凹凸の差)	柱·壁の場合(参考)	床の場合(参考)
仕上げ厚さが7mm以上の場合、または下地の影響をあまり受けない場合	1mにつき10以下	塗り壁 胴縁下地	塗り床 二重床
仕上げ厚さが7mm未満の場合、その他かなり良好な平坦さが必要な場合	3mにつき10以下	直吹付け タイル圧着	タイル直張り じゅうたん直張り 直防水
コンクリートが見え掛かりとなる場合、または仕上げ厚さがきわめて薄い場合、その他良好な表面状態が必要とされる場合	3mにつき7以下	打放しコンクリート直塗装 布直張り	樹脂塗り床 耐摩耗床 金ごて仕上げ床

＊特に、化粧打放しコンクリートは、補修等の手直しができないため、精度管理については工事監理者と十分協議すること。

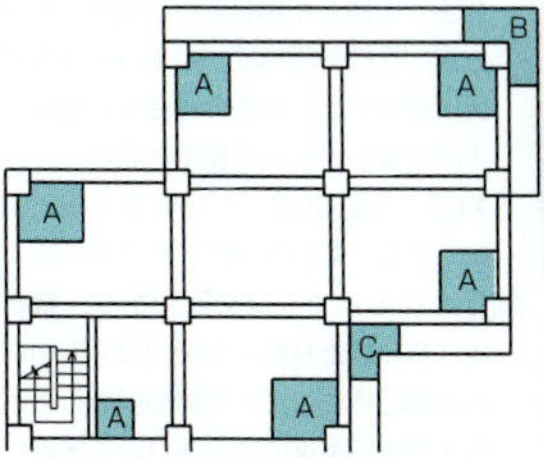

A：出隅部補強
B：片持ちスラブの出隅部補強
C：片持ちスラブの入隅部補強

出隅・入隅補強（補強筋位置）

腐食した鉄筋の膨張によるコンクリートの剥がれ

鉄筋の腐食①

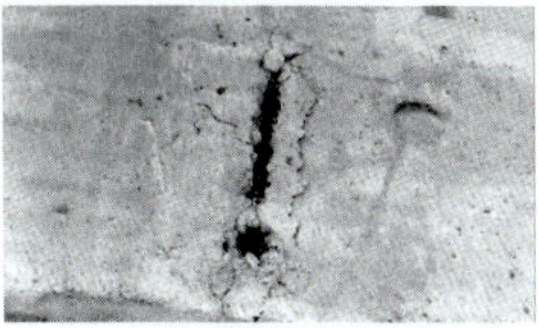

かぶり不足により鉄筋が腐食して膨張し、コンクリートに浮きが発生

鉄筋の腐食②

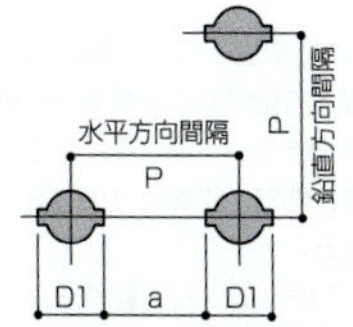

P：鉄筋間隔　a：鉄筋のあき

あき

次のうち大きいほうの数値

- 呼び名の数値の1.5倍
- 粗骨材最大寸法の1.25倍
- 25mm

間隔

次のうち大きいほうの数値

- 呼び名に用いた数値の1.5倍＋最外径
- 粗骨材最大寸法の1.25倍＋最外径
- 25mm＋最外径

鉄筋のあき・間隔の最小寸法

て

手前アンカー　⇨手前定着

手前定着　鉄筋の定着において、所定の位置より手前(短く)で定着すること。「手前アンカー」ともいう。一般には、構造実験などで耐力を確認する必要がある。大梁PCa工法の効率化を図るため、柱幅の中心を超えずに継手なしで梁下端(したば)筋を定着する工法などがある。

手待ち　関連作業の遅れや、材料の不足、作業場所の錯そうなどで、作業員が工事を進められずに待たされること。「手あき」ともいう。

デミングサイクル　計画(plan)、実施(do)、検討(check)、処置(action)という生産プロセスの継続的な繰り返しにより目標の達成を目指す品質管理の手法。アメリカのW.E.デミング博士が提唱。「PDCAサイクル」「管理のサイクル」ともいう。(図·335頁)

デミング賞　品質管理の対一人者、故W.E.デミング博士(米国)の業績を記念して1951年に創設された、TQM(総合的品質管理)に関する世界最高ランクの賞。TQMの進歩に功績のあった民間の団体および個人に授与される。

手元　大工や左官などの職種のなかで専門の技術をもたず、作業の手伝いをする作業者。

手戻り　図面との食い違いや、仕事の手順が間違っていて一度済んでしまった仕事を再度やり直すこと。

デューデリジェンス　直訳すると「当然はらうべき注意、努力(due diligence)」といった意味で、投資やM&Aなどの取り引きに際して行われる、対象企業や不動産、金融商品などの資産の調査活動のこと。不動産では、不動産価値の精査あるいは適正な評価手続きを行うための事前の調査、分析を指し、「デューデリ」と略す。

手溶接　短い溶接棒を使用し、溶接作業を手動により行うこと。アーク溶接はこの方法で行われることが多い。溶接ワイヤーが自動で供給される半自動溶接、溶接機械を使用した自動溶接に対する用語。→自動溶接、半自動溶接

テラコッタ　イタリア語で素焼きの意(terracotta)。現在は、引き金物で構造体に固定するような大型タイルや複雑な模様を有するパラペット、柱頭など、建築の外装材に用いる。テラコッタブロックとは焼物の空洞ブロックのこと。

テラスハウス　各戸が専用の前庭や後庭をもち、ほぼ敷地境界に沿って境壁を共有して連続する低層集合住宅をいう。1戸が2階建の場合が多い。

テラゾー　顔料、白セメントに大理石などの砕石粒を練り合わせて塗り、硬化後、研磨艶(つや)出ししたもの。人造石で、大理石の代用品として壁や床に用いる。工場で板状に製作したものを「テラゾータイル」、現場でじかに塗り、研磨艶出ししたものを「現場研ぎ出しテラゾー」、略して「現テラ」という。→石材(表·267頁)

テラゾータイル　⇨テラゾー

テルハ　⇨モノレールホイスト

テルミット溶接　アルミニウム粉末と酸化鉄によるテルミット反応によって発生する熱を利用して行う溶接。溶接作業が比較的簡単で、ひずみが少ない長所を有する。鉄筋の接合や鉄道レールの溶接などによく使用される。

てれこ　「反対(逆)」を意味する職人用語。また、互い違いにすること。

転圧　乱した土を締め固めたり、敷き均された盛土材料、割栗(わりぐり)や砂利などを転圧機械によって締め固めること。転圧機械の重量による繰り返し圧縮や振動の効果を用いる。静的なものとして、ロードローラー、タイヤローラー、タンピングローラーなどがあり、動的なものとして振動ローラー、振動コンパクター、ランマーなどがある。

電界強度　テレビ電波などの受信点における強さ。

展開図　室内の壁面を描いた設計図で、室内を構成する壁の立面を横並びに展開させて表現する。1室ごとに描き、壁面仕上げ、開口、設備器具の位置などを記入する。

電解着色　アルミニウムの着色法の一種。耐食性を増す電気分解一次の酸化皮膜の生成の後に、二次の電気分解で

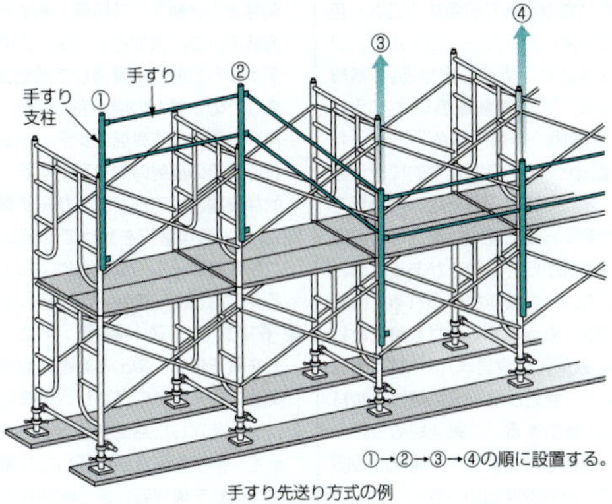

手すり先送り方式の例

手すり先行工法

1層目の組立て

足場の基礎（砕石敷き・転圧・敷板の配置）、ジャッキ型ベース金物の配置

↓

建枠、交差筋かい組立て、脚部の固定
1. 通りの確認
2. 内側ジャッキ型ベース金具の釘止め
3. 水平の確認
4. 外側ジャッキ型ベース金具の釘止め
5. 根がらみの取付け

↓

先送り手すり機材の取付け
1. 先送り手すり機材の取付け
2. 先送り手すり機材の2層目への押上げ

↓

床付き布枠、階段、階段開口部手すりの取付け

2層目以上の組立て

建枠、交差筋かいの取付け

↓

先送り手すり機材の盛替え、上層への盛替え

↓

床付き布枠、階段、壁つなぎ、開口部、妻側手すりの取付け

手すり先送り方式の組立手順（例）

- 鉄筋継手
  - 重ね継手
  - ガス圧継手
  - 機械式継手
    - ねじ方式継手
      - ねじ節鉄筋継手
        - トルク固定方式
        - モルタル充填方式
        - 樹脂充填方式
      - 端部ねじ加工継手
    - 鋼管圧着継手
      - 連続圧着継手
      - 断続圧着継手
    - 充填式継手
      - モルタル充填式継手
      - 溶融金属充填式継手
    - 併用継手
      - ねじ圧着併用継手
      - ねじ充填併用継手
      - 圧着充填併用継手
    - その他
  - 溶接継手
    - エンクローズ溶接
    - フレアグルーブ溶接

鉄筋継手の分類

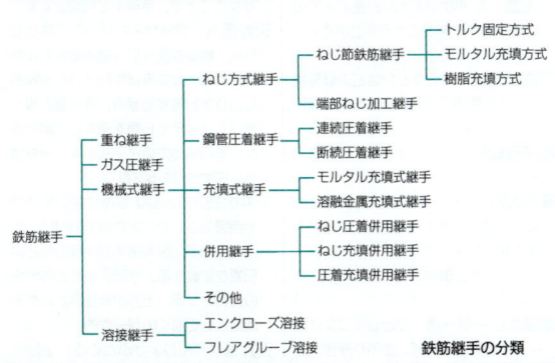

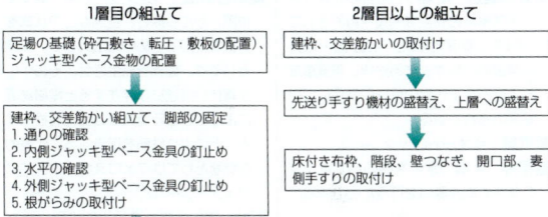

金属酸化物の吸着で着色すること。色はブロンズ、アンバー、ゴールド、ブラックなどで、濃淡も出せる。「電解二次着色」「二次電解着色」ともいう。

電解二次着色 ⇨電解着色

電気亜鉛めっき 電気化学的に行う亜鉛めっき。亜鉛は、鉄と組み合わせて腐食環境におくと亜鉛が優先的に腐食し、鉄を錆から守る働きがあるため、安価で高い防食機能が得られる。亜鉛板を陽極、めっきする素材を陰極として電解液(例えば食塩水)に入れて電流を通すと、亜鉛が電解液に溶けて素材の表面に析出する。溶融亜鉛めっきとともに鋼板の防食に用いられる。JIS H 8610 →溶融亜鉛めっき

電気化学的腐食 ⇨電食①

電気事業法 電気の利用者の利益保護と電気事業の健全な発達を目的として1964年に制定された、わが国の電気事業規制の根本となる法律。電気事業および電気工作物の保安の確保について定められている。

電気錠 ⇨オートロック

電極棒 水槽の水位を感知してポンプの発停や満減警報を行うための棒状のセンサー。(図·337頁)

天空率 建築設計において、遮へいされていない天空の水平面に対する立体角投射率のことをいう。2002年の建築基準法改正において、斜線制限の緩和条件として盛り込まれた。建築基準法施行令第135条の5 (図·337頁)

点光源 光源の大きさが到達点までの距離に比べて無視できるほど小さく、点とみなしてもよい光源。

電磁開閉器 押しボタンなどの簡易操作により電流の入切ができる自動開閉器。「マグネットスイッチ」ともいう。

電子商取引 ⇨エレクトロニックコマース

電子入札 入札参加資格申請、入札公告、応札、開札、落札者決定まで一連の手続きをインターネットで行う入札システム。公共工事の入札に広く活用されている。

電磁波レーダー法 主としてコンクリート中の鉄筋の位置、かぶり厚さ、空洞などの状態を、非破壊で知るための方法の一つ。原理としては、送信アンテナから放射され浸透した電磁波が鉄筋などの物質との境界面で反射され、再び表面に出て受信アンテナで受信されるまでの反射時間を利用する。代表的な機器としてハンディサーチなど。

電磁弁 信号電流を受けて、流体の流れを電磁コイルの電磁力により入切する弁。おもに配管系で用いられる。

電子マニフェスト制度 マニフェストを電子化し、排出事業者、収集運搬業者、処分業者の三者が、情報処理センターを介した通信ネットワークを使って、排出事業者が委託した産業廃棄物の流れを最終処分まで確認するしくみ。(図·337頁) →マニフェスト制度

電磁誘導法 コンクリート中の鉄筋の位置、かぶり厚さ、空洞などの状態を非破壊で知るための方法の一つ。原理としては、磁界を発生させ、その中に良導体(=鉄筋)が存在すると電磁誘導によって起こる電流値の変化を検出することにより鉄筋を探査する。代表的な機器としてはフェロスキャン、プロフォメーターなど。

天井 室内の最も高い上部の面。天井の仕上面は、小屋組や梁などの下端に線材や面材を取り付けて完成する。(図·337頁)

天井足場 天井工事を行うための仮設足場。枠組足場や専用架台を用いて床面に設置する。床面を足場材でかさ上げすることで、手作業を可能とする。

天井勝ち 壁材が天井材の下で納まる形式。簡易な間仕切り壁の納まりに使用される。建築躯体に間仕切りや収納仕切りを設置する場合、柱、壁と取り合うときはどちら側を優先して納めるか、その納め方の序列を示す。→壁勝ち、床勝ち(図·503頁)

天井伏図 (てんじょうふせず) 天井の平面図のことで、天井材の割付け、仕上げ、照明、暖冷房機器点検口などの配置を記載する。平面図などとの照合の便利さから、上方から見透かした平面図として描くのが一般的。

天井懐 (てんじょうふところ) 上階床

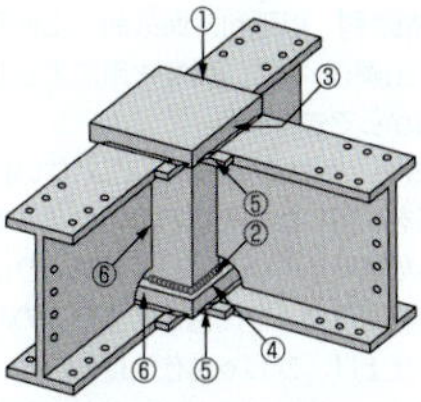

コア・ブラケット組立時の確認事項

①突き合せ部の開先角度、開先面の粗さ・ノッチ深さ、ルートギャップ、ルート面、開先内の清掃、アークストライク(母材全般)
②コア部分の完全溶込み溶接の外観(ビード不整、余盛り、アンダーカット、クレーター、のど厚不足)
③フランジとダイアフラムの食い違い*
④裏当て金の取付け(はだすき、アンダーカット、ショートビード)
⑤エンドタブの取付け(ショートビード、アンダーカット)
⑥組立溶接(ショートビード)

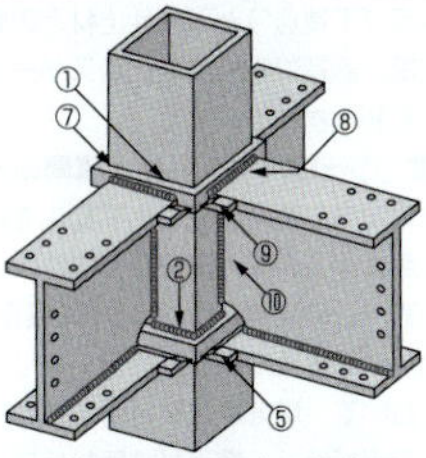

柱シャフト組立時の確認事項

①突き合せ部の開先角度、開先面の粗さ・ノッチ深さ、ルートギャップ、ルート面、開先内の清掃、アークストライク(母材全般)
⑦組立溶接(位置、ビード長)
⑧フランジとダイアフラムの食い違い*の有無および外観
⑨エンドタブの処理
⑩隅肉溶接の脚長

＊国土交通省告示第1464号に基づき、梁フランジは通しダイアフラムを構成する鋼板の厚みの内部で溶接しなければならない。

鉄骨組立検査

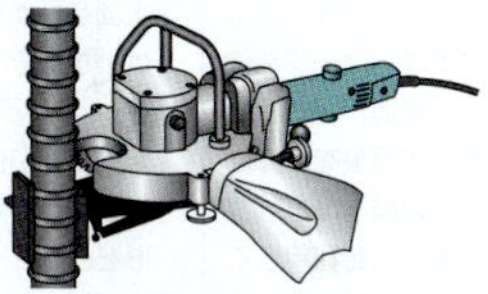

鉄筋冷間直角切断機

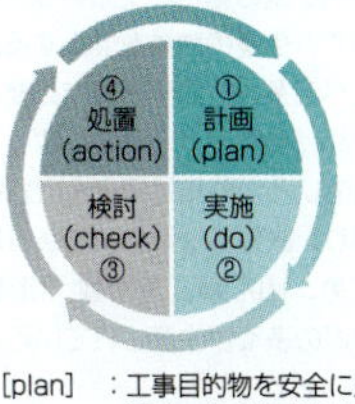

①計画 [plan] : 工事目的物を安全に良く、速く、安く完成させるための計画を立案する。
②実施 [do] : 計画に基づき実施し、あわせて教育・訓練をする。
③検討 [check] : 施工された実情と計画を比較・検討する。
④処置 [action] : 検討の結果、計画からはずれていれば、適切な処置をとる。計画が悪ければ、フィードバックして計画を修正する。

デミングサイクル

鉄骨製作工場のグレード別適用範囲

グレード	建物規模	適用鋼材	適用板厚	溶接姿勢
S	制限なし	制限なし	制限なし	制限なし
H	制限なし	400N 490N 520N	60mm以下(70mm以下)	下向き 横向き 立ち向き
M	制限なし	400N 490N	40mm以下(50mm以下)	下向き 横向き
R	5階以下 延べ床3,000m^2以内 高さ20m以下	400N 490N	25mm以下(32mm以下)	原則 下向き
J	3階以下 延べ床500m^2以内 高さ13m以下かつ軒高10m以下	400N (490N)	16mm以下(22mm以下)	原則 下向き

( )内は、通しダイアフラムの場合を示す。

スラブ下端(したば)と天井仕上材との間の空間。遮音対策措置や配管スペースとして利用される。

電食　①一般には、異種金属間のイオン化傾向の差によって化学変化を起こし腐食する現象。配管腐食の原因の一つで、この腐食を「電気化学的腐食」という。②建築では、鉄筋コンクリートにおいて、電気事故など何らかの原因で電流が流れ、電流が鉄筋からコンクリートに向かって流れると(鉄筋が陽極)、鉄筋が酸化して錆、体積膨張を起こしてコンクリートにひび割れを発生させること。

展色剤　塗料の構成要素の一つ。顔料を分散、展(の)べる液状成分で、「ビヒクル」ともいう。塗膜分と溶剤で構成され、顔料と混ぜて使用する。油性ペイントの油、合成樹脂ペイントの合成樹脂、ラッカーエナメルのクリヤラッカーなど。

テンション構造　ワイヤーロープを使用するサスペンション構造、薄い皮膜を用いるテント構造、床荷重を鋼棒などで吊り下げて支持する構造など、構造物の重量を材の引張り力を利用して支点に伝達させる構造の総称。

電線管　電線を通すための管。「コンジットパイプ」ともいい、金属製や樹脂製のものがある。

でんでん　竪樋(たてどい)を壁体に留めるための輪形をしたつかみ金物。

電動弁　電動モーターにより開閉する弁。流量調整機構をもつものが多い。

天然軽量骨材　火山礫(れき)や軽石(＝浮石)など、天然に産出される軽量の骨材の総称。一般的性状は多孔質、形状が不ぞろい、吸収率が大きいなどの特徴をもつ。

天然砂利　川砂利、海砂利、山砂利、火山礫(れき)など、自然作用によって岩石からできた砂利。

天然石　石材のうち、人工でない自然石を利用したもの。石の目にそって割った割石(わりいし)仕上げ、切断機でひいた挽石(ひきいし)仕上げ、磨き仕上げ、のみ切り仕上げ、びしゃん仕上げ、ジェットバーナー仕上げなど、石の種類のほかに多様な工法がある。大理石、花崗(かこう)岩、砂岩、大理石など、それぞれ多数の品種がある。→石材(表･267頁)

天端（てんば）各部位や部材などの最上面のこと。「上端(うわば)」ともいう。

電波障害　テレビ電波が建物により遮られたり反射して受信障害を起こす状態をいう。

天端ブロック（てんばー）床のコンクリート打込みに際し、所定の床厚の仕上面を示す目安として使用される、12cm角程度のコンクリートブロック。

天袋（てんぶくろ）押入などの上部の天井に近い位置につくられる戸棚。押入上部以外では、天井から吊り下げる形をとる。→床の間(図･347頁)

てんぷら　⇨溝(どぶ)漬け

テンプレート　⇨型板(かたいた)

点溶接　⇨スポット溶接

電炉鋼　電気炉を使ってつくられた純度の高い鋼の総称。主原料は大量のくず鉄で、少量の銑鉄を混入する。高炉に比べて多大な設備投資を必要としないため、多数のメーカーによって製造されている。鉄筋はほとんどが電炉鋼であり、鉄骨部材についてもH形鋼をはじめ、山形鋼、溝形鋼、I形鋼、平鋼などの多くが生産されている。

と

ドアクローザー　一般に扉の上部の框(かまち)に取り付け、開かれた扉を自動的に静かに閉める装置。(図･339頁)

土圧（どあつ）地下構造物などにおいて、土が接する壁などに及ぼす力のこと。主働土圧と受働土圧があり、一般に同じ条件下では後者のほうが大きい。→主働土圧、受働土圧

土圧壁（どあつかべ）建物の地下外壁やドライエリア壁など、土に接し、土

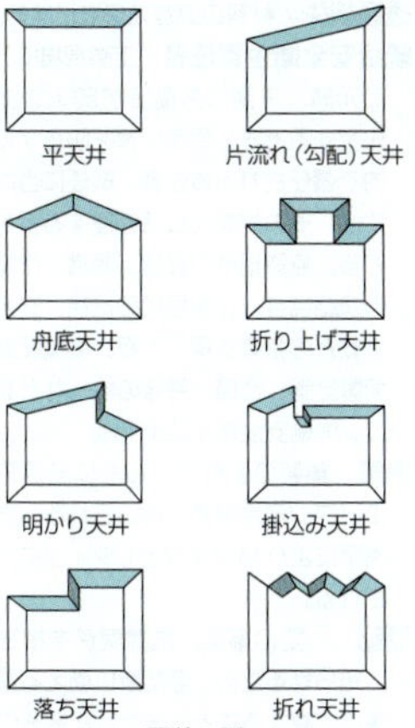

天井の形

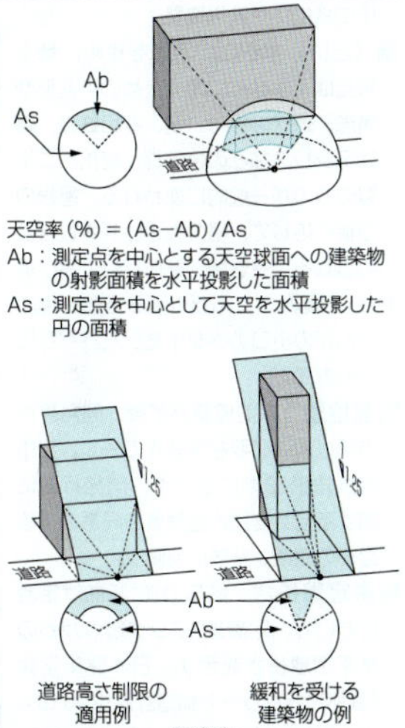

天空率（%）＝（As−Ab）/As
Ab：測定点を中心とする天空球面への建築物の射影面積を水平投影した面積
As：測定点を中心として天空を水平投影した円の面積

天空率

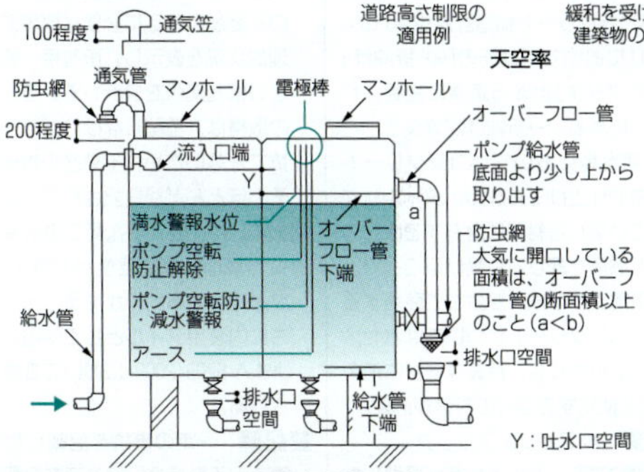

電極棒（受水槽の例）

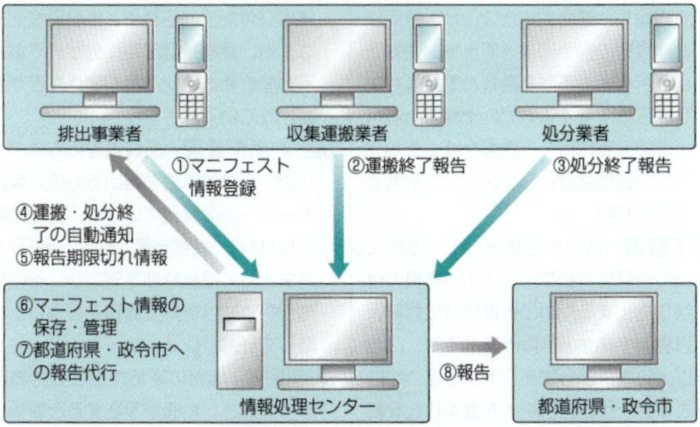

電子マニフェスト制度の概要

圧に抵抗させる構造壁。

樋（とい） 屋根面の雨水を集め、地上または下水などに導くための半丸形や溝形、管状の部材。銅、亜鉛鉄板、鋼、ステンレスなどの金属性か塩化ビニル製のものが一般的に使われる。屋根の面積に応じて、樋の大きさや本数が決められる。→竪樋、軒樋(のきどい)、呼び樋

ドイツ積み れんがの積み方の一種。れんがの小口のみを千鳥(ジグザグ)に積む方式。

同意協議 事前協議終了後、開発許可申請以前に必要な手続きの一つ。都市計画法第32条に基づく、開発行為に関する公共施設の管理者の同意を得るための協議。→事前協議

投影定着長さ 鉄筋の90°折曲げ定着において、定着90°フック起点からの水平定着長さを示す。日本建築学会『鉄筋コンクリート構造計算規準(1999年版)』において、鉄筋の「90°折曲げ」を「90°フック」とする定義に変更されたことによる。→折曲げ定着長さ

凍害 寒冷地において、コンクリート構造物や仕上げモルタル、タイル材が長期にわたり各材料に含有する水分の凍結と融解を繰り返し受けることで、表面剥離やひび割れが生じて破壊すること。コンクリートについては水セメント比を小さくし、良質な骨材に加えAE剤を使用するなどの対策が必要。

等角投影 ⇨アイソメトリック

等価交換方式 土地所有者が提供した土地に不動産会社がビルやマンションを建設し、建物完成後は土地の評価額と建設費の割合によって土地・建物を土地所有者と不動産会社とで共有ないしは区分所有する方式。土地所有者は土地の高度利用、不動産会社は土地代なしの建物建設というメリットがある。(図・341頁)

投下設備 高所から物を投下する際に、物の飛散や跳ねなどによる作業員のけがを防止するための各種装置の総称。労働安全衛生規則第536条では、3m以上の高所から物を投下する場合には、こうした設備と監視人を置くことを義務づけている。

透過損失 材料の遮音効果を示す値。

統括安全衛生責任者 工事現場において元請、下請の労働者が50人以上で作業するとき、労働災害を防止する目的で選任される責任者。選任に当たっては、その現場を統括管理する者をあてる。協議組織の設置、運営、作業間の連絡調整、作業場所の巡視、安全衛生教育の指導支援、工程、機械設備の配置計画、合図、警報の統一などを行う。労働安全衛生法第15条

銅管 銅製の配管で、おもに給湯管やエアコンの冷媒管に用いられる。また、肉厚によりMタイプとLタイプに分類される。

登記 一定の事実、法律関係を第三者に知らせるため、登記所に備える登記簿に記載すること、または記載そのものをいう。不動産登記については、その不動産の特定に必要な事項および物理的状況を表示し、所有権、抵当権などの権利関係を公示している。所有権の取得は、登記しなければ第三者に対抗できないため、不動産の物権変動はそのほとんどが登記されている。

陶器質タイル 多孔質で吸水率が大きく、素地の焼成温度が1,000℃以上のタイル。耐摩耗性が劣ることから、おもに内装用タイルとして使用される。JIS A 5209(2009)においてⅢ類に分類される。

登記簿 一定の事項を記載した公の帳簿で、不動産登記簿や商業登記簿などがあり、登記所に置かれて自由に閲覧、謄本交付が受けられる。不動産登記簿は土地、建物各登記簿に分かれており、不動産の物的状況や権利関係などが記載されている。

統計的品質管理 品質管理の方法のなかで、統計的手法を用いるもの。製品の一つ一つの品質ではなく、生産工程全体(材料、機械装置、作業、製品)を対象として品質特性を測定し、その分布(ばらつき)を見て管理を行うこと。略して「SQC」。

凍結深度 地盤の凍結が生じる地表面からの深さ。地面が凍結すると膨張して地盤が押し上げられる(＝凍上)ため、

と

樋の材料の規格・種別

材　料	規　　格	種　別
溶融亜鉛めっき鋼板	JIS G 3302（溶融亜鉛めっき鋼板および鋼帯）	SGCC
ステンレス鋼板	JIS G 4305、JIS G 4307、JIS G 3320	SUS 304、316
銅板	JIS H 3100（銅及び銅合金の板並びに条）	りん脱酸銅
アスファルトまたは塩化ビニル樹脂被覆鉄板	製造者の規格による	−
鋼管・ステンレス管	JIS G 3452（配管用炭素鋼管） JIS G 3442（水道用亜鉛めっき鋼管） JIS G 3448（一般配管用ステンレス鋼管） WSP　032（排水用タールエポキシ塗装鋼管）	白管 − SUS 304 −
塩化ビニル管	JIS K 6741（硬質塩化ビニル管）	VU
硬質塩化ビニル雨樋	JIS A 5706（硬質塩化ビニル雨どい）	−

銅イオンの流れる竪樋は、銅板・塩化ビニル管または塩化ビニルライニング鋼管を使用する。

樋材料の板厚　(mm)

材　料	軒樋	内樋・谷樋
溶融亜鉛めっき鋼板	0.5以上	2.3以上
ステンレス鋼板	0.4以上	1.5以上
銅板	0.4以上	−
アスファルトまたは塩化ビニル樹脂被覆鉄板	0.5以上	−

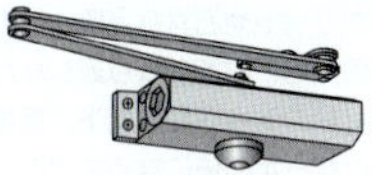

ドアクローザー

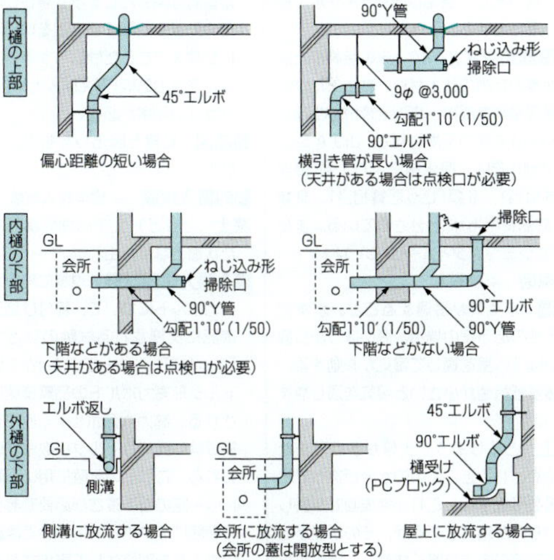

会所に放流する場合
(会所の蓋は開放型とする)

樋の納まり

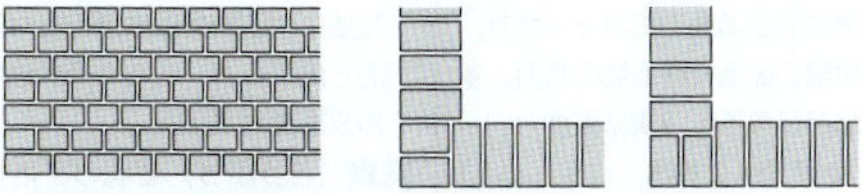

ドイツ積み

建物の基礎の根入れ深さや水道本管からの横引き給水管は、凍結深度より深いところに設置する必要がある。→凍上

凍結防止剤　①路面の凍結を防止するために使用される塩化カルシウムで、「融雪剤」ともいう。コンクリート構造物に凍結防止剤を使用すると、融けた塩化物により鉄筋が発錆する塩害が生じたり、コンクリートの凍結融解抵抗性が低下する。②寒中コンクリートの施工に関し、初期凍害を防止して強度を増進させる混和剤。

凍結融解試験　材料の性能試験の一種。コンクリートや石材など吸水性のある材料の凍結、融解を繰り返しながら、その材料の弾性係数の低下、重量の減少などが一定の値になるまでのサイクル数で求める。コンクリートの同試験はJIS A 1148により水中凍結融解試験方法、気中凍結水中融解試験方法の2種があり、通常は300サイクルの繰り返しとする。

陶磁器質タイル　壁、床の装飾または保護のための仕上材料。粘土または無機質原料を成形、高温で焼成した厚さ40mm未満の不燃材料で、JIS A 5209(2009)では、吸水率によりⅠ類(磁器質相当)、Ⅱ類(せっ器質相当)、Ⅲ類(陶器質相当)に区分されている。また「セラミックタイル」ともいう。

透視図　⇨パース

透湿　水蒸気が透過すること。水蒸気圧差のある壁の場合、高いほうから低いほうへ壁を通して湿気が移動する。透湿抵抗値が小さいと湿気を通しやすい。

凍上（とうじょう）土壌が氷点下まで冷やされると、土中の水分が凍って氷層を形成する。これが地表面で成長したものが霜柱であるが、その氷層が地中でそのまま分厚く成長し、土壌をもち上げる現象をいう。凍上による被害には、道路や鉄道軌道の浮き上がり、地下埋設管の破壊、構造物の傾斜、亀裂発生などがある。→凍結深度

塔状比　⇨アスペクト比

透水係数　土中における水の流れやすさを表す係数で、値が大きいほど水が流れやすい。室内試験と現場試験の2種類の求め方がある。この値が10^{-4}cm/sec程度より大きいと透水性が高いといい、10^{-7}cm/secより小さいとほとんど水を通さないことから不透水層という。粘土で10^{-11}～10^{-9}cm/sec、シルト・砂などで10^{-9}～10^{-5}cm/sec、きれいな砂で10^{-5}～10^{-2}cm/sec程度。→透水層、不透水層

透水層　透水性の高い地層のこと。地層の透水性は、それを構成する粒子間の空隙の多少(貯留性)、間隙の大小(通水性)によって規定され、間隙が大きくて空隙が多いほど透水性が高い。→不透水層

動線計画　動線とは建築物など施設内で人々が動く行動軌跡のことで、空間相互の関連の強さを示す。動線は空間の用途や性格によって定性的な関係として示す場合と、その頻度を考慮して定量的な関係として示す場合があり、その動線を計画することをいう。一般に動線をできるだけ短くするように、また異質の動線(例えば人と車)を交錯させない配慮が必要。

動線図　動線を図化したもの。→動線計画

動的貫入試験　⇨標準貫入試験

凍土（とうど）土中の間隙水が凍結した状態となった土。

導入張力確認試験　現場に納入された高力ボルトについて、締付け施工法の確認に実施される試験のひとつで、「キャリブレーターテスト」ともいう。トルシ形高力ボルトの品質確認に実施される。高力六角ボルト(JIS形)では同試験に代わりトルク係数値試験が行われる。これらの試験に用いる軸力計には一定の首下長さが必要であり、その範囲にないボルトについては試験用のボルトを別発注して実施される。溶融亜鉛めっき高力ボルト等のナット回転法による締付けには行わない。→高力六角ボルト、トルク係数値試験、トルシ形高力ボルト

胴縁（どうぶち）壁面の下地材、仕上材に取り付ける部材。縦横方向に用い

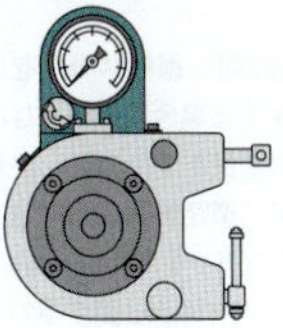

ボルト軸力計

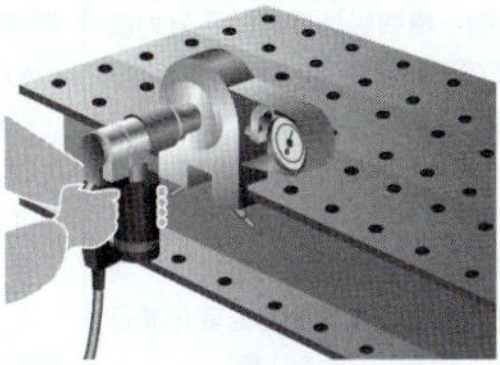

導入張力確認試験状況

導入張力確認試験（キャリブレーターテスト）

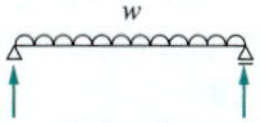

等分布荷重

等変分布荷重

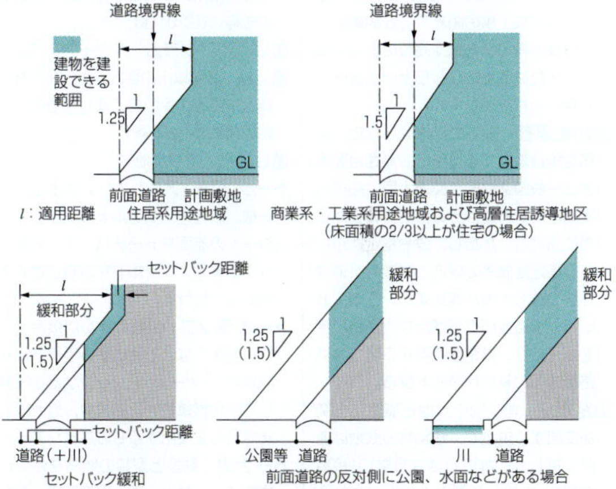

商業系・工業系用途地域および高層住居誘導地区
（床面積の2/3以上が住宅の場合）

前面道路の反対側に公園、水面などがある場合

道路斜線制限

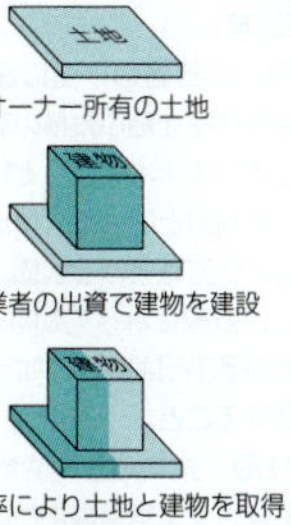

等価交換方式

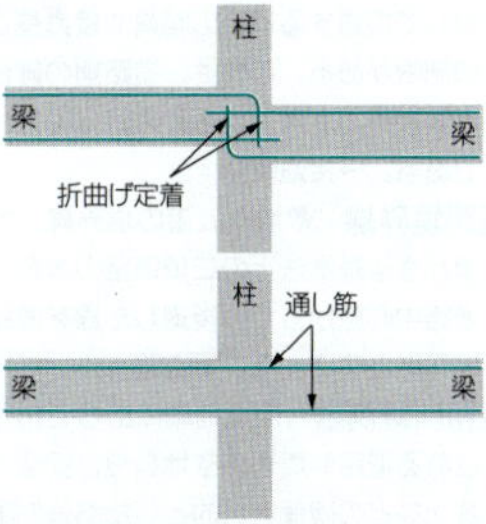

通し筋

られる。→軸組構法(図·209頁)

等分布荷重　構造設計における外力による荷重の分布状態で、線状または平面的に等分布にある状態。梁、スラブなどの自重などが等分布荷重である。(図·341頁)

等変分布荷重　分布荷重において、荷重の大きさが距離に比例して変化する分布荷重をいう。(図·341頁)

等辺山形鋼　L形断面で二辺の長さを等しくした山形鋼。JIG G 3192　→形鋼(図·85頁)

塔屋（とうや）高層の建物などで、エレベーター用の機械室や階段室として屋上から部分的に突出している建物。「ペントハウス(PH)」ともいう。

棟梁（とうりょう）大工の親方のこと。古くは建築工事の組織や工匠組織における技術指導者を示す高位の地位の名称、または武士のかしらという意味にも用いられた。

道路管理者　道路法で認定された、道路を維持管理する責任者。高速自動車道と一般国道は国土交通大臣、都道府県道と市町村道はその自治体の長がこれに当たる。ただし、政令指定都市にある指定区間外の国道と都道府県道は当該の政令市長が管理する。工事において、歩道を切り下げたり、道路に手を加えたり、道路を使用する場合は道路管理者の承認が必要となる。

道路規定　建築物の敷地と道路との関係に関する規定で、建築物の敷地は道路に接していなければならない(接道義務)。また、条例により指定されるように、一定規模以上の建物の敷地に対して接道する道路の幅員や接道長さの制限がある。これは、道路網の確保と災害時の避難消火活動の確保のためである。→接道義務

道路境界線　敷地と公道の境界線。公道が建築基準法上の二項道路の場合は、道路中心線から2m後退した線を道路境界線とする。→二項道路

道路斜線制限　用途地域に応じて指定される道路や周辺の空地(くうち)、安全、採光などの確保を目的とした斜線制限。建築基準法第56条第1項1号（図·341頁)

道路使用許可　重機や車両を道路に停めて作業する場合に必要となる許可。所轄警察署長あてに申請し許可を得るが、事前に道路管理者の同意を必要とする場合が多い。申請後、許可証発行まで1～2週間ほど要するので注意する。道路交通法第77条

道路占用許可　工事現場の仮囲い、足場、防護用の朝顔や構台などを道路上にはみ出して設置する場合や、道路面を掘削する場合などに必要な許可。その道路の管理者(国、都道府県、市区町村)に申請し許可を得る。道路法第32条

通し筋　梁主筋やスラブ筋をアンカーや継手を用いることなく配置した鉄筋の総称。(図·341頁)

通しダイアフラム　⇨ダイアフラム①

通し柱　2階以上の場合、土台から軒桁(のきげた)までを1本の柱で通したもの。→軸組構法(図·209頁)

通し目地　⇨芋目地

トーチ工法　アスファルト防水工法の一種。改質アスファルトルーフィングシートの裏面をトーチバーナーであぶり、改質アスファルトを溶融させて下地に張り付ける。

トーチランプ　鉛管のはんだ接合やビニル管接合などで使用する手持ち加熱器具(バーナー)。ガソリンなどを圧縮して気化燃焼させるものや、カセット式燃料缶を使用するものなどがある。

ドーナツ　鉄筋と型枠の間隔を保つためのスペーサの一種。円環形で、おもにプラスチック製。→スペーサ(図·255頁)

通り　①建物の平面に設けた基準線。通常は柱を結ぶ縦横の碁盤目の線とし、その1本1本を通りという。線自体は「通り心」と呼ばれ、墨出しの基準となる。②直線となる状態。「通りが悪い」とは直線になっていないこと、「通りをみる」とは直線になっているかを確認すること。

通り心　建物の柱列や壁の軸線を通して設定する基準線または中心線。

土方（どかた）⇨土工(どこう)

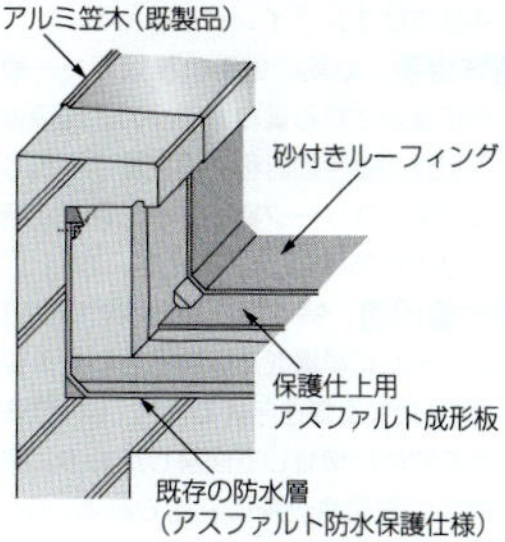

トーチ工法

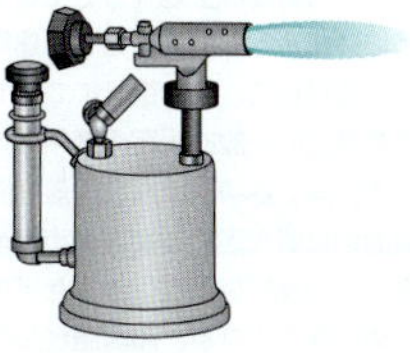

ガソリン式

トーチランプ

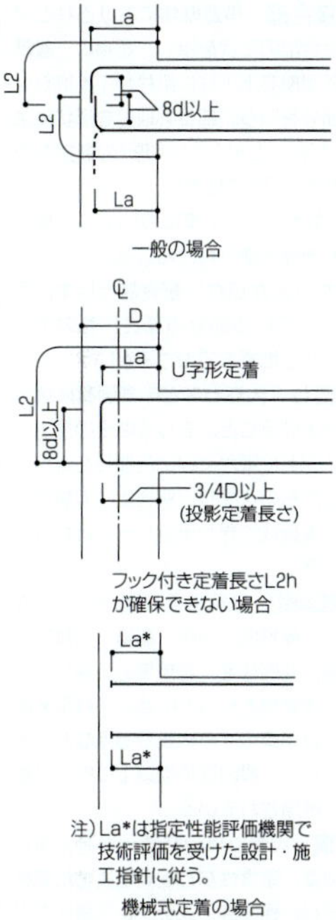

一般の場合

フック付き定着長さL2h
が確保できない場合

ト形接合部（一般階）

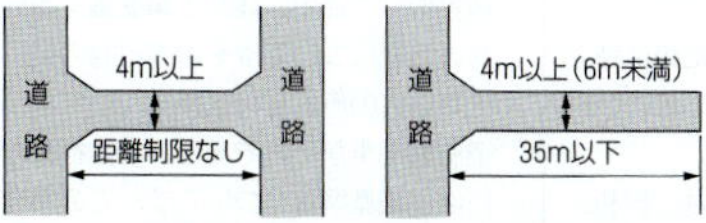

原則道路　　袋状道路の例

道路の種類と基準（例）

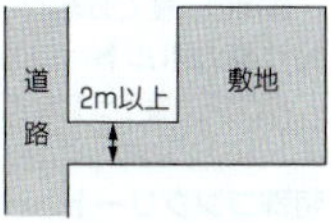

敷地と道路の関係
（接道義務）

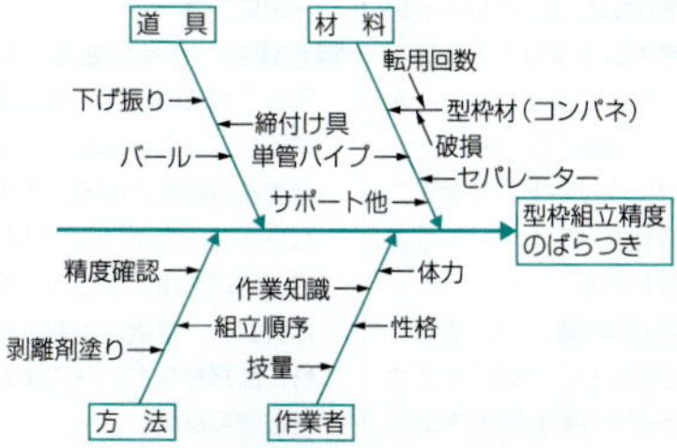

型枠組立精度のばらつきの特性要因図

特性要因図（例）

ト形接合部　構造躯体における柱と梁の接合部の形状を示し、建物の一般階の外周部で上下柱に梁柱が１本取り付く部分をいう。部位の取付き形状により「T形」「L形」「十字形」の各接合部がある。(図·343頁)

どか付け　左官工事において、一度に材料を厚く塗り付けること。

土被り（どかぶり）配管など地中に埋設されている部分の深さ。管の上端(うわば)から地表までの寸法をいう。

研ぎ出し　人造石などの表面を研磨して仕上げること、もしくはその仕上げ。セメントに細かく砕いた種石を混ぜて練ったものを塗り、磨き上げて加工する。人研(じんと)ぎやテラゾーで行われる仕上方法。

特殊建築物　建築基準法第2条2号では、学校、体育館、病院、劇場、百貨店、旅館、共同住宅、遊技場、工場などを特殊建築物と称している。不特定多数の人員が集合する施設であるなどの理由から、一般の建築物以上に厳しい基準が適用されている。

特殊鋼　炭素以外の特殊元素を添加して強度、耐食性などを向上させた鋼材の総称。例えば、ステンレス鋼はクロムやニッケルなどが配合添加された特殊鋼の一種である。

特殊高力ボルト　締付けのために種々の改善が加えられたボルトのこと。→トルシア形高力ボルト

特殊コンクリート　一般には、砂利、砕石、軽量骨材以外の骨材を用いたコンクリートやポリマーセメントコンクリート、レジンコンクリートといったセメント以外を用いたコンクリートの総称。また、寒中コンクリート、暑中コンクリート、マスコンクリート、水密コンクリート、水中コンクリート、プレパックドコンクリート、流動化コンクリート、高強度コンクリートなどを総称する場合もある。

特殊車両通行許可申請　狭い道路に大型車を通行させたり、一定の大きさや重さを超える車(特殊な車両)を通行させる際、道路法に基づく道路管理者の許可を受けるために行う申請。申請手続きはオンラインでも行える。

特殊継手　鉄筋の継手の種類で、一般的に使用される重ね継手、ガス圧接継手以外の継手の総称。溶接継手やねじ式継手、スリーブ継手などの機械式継手などがある。

特性要因図　特性(製品の性能や機能)と、それに影響を及ぼすと思われる要因(特性に影響を与える原因)との関連を系統的に網羅して図解したもの。問題点の整理や改善に有効である。QC７つ道具の一つで、「魚の骨(フィッシュボーン)」ともいう。(図·343頁)

特定街区　地域地区の一つ。街区において良好な環境と形態を備えた建築物とともに有効な空地(くうち)を確保するように、統合的な配慮をもって建築計画される場合に、その街区について、建築基準法の一般的規定の適用に代えて、都市計画で容積率、高さの最高限度、壁面の位置を定める制度。市街地再開発などで良好な環境の確保を推進するために指定される。超高層ビルの多くがこの適用を受けている。都市計画法第８条、第９条、建築基準法第60条→総合設計制度

特定行政庁　建築基準法の運用の責任を担う国の機関委任事務を行う地方行政機関のことで、建築主事を置く市町村の区域についてはその市町村の長、それ以外の市町村の区域については都道府県知事がそれである。特定行政庁には建築基準法についてすべての事務権限をもつ「一般特定行政庁」と、限定された事務権限をもつ「限定特定行政庁」がある。建築基準法第２条35号→建築主事

特定建材　住宅性能表示制度における製造工程において、接着剤などを使用することによりホルムアルデヒドを放散する可能性のある以下の建材をいう。パーティクルボード、MDF、合板、構造用パネル、フローリング、その他木質建材、壁紙、塗料、接着剤、保温材、断熱材など。→ホルムアルデヒド発散建築材料

特定建設業許可　元請として請け負った工事のうち、合計3,000万円以上(建

耐火建築物等としなければならない特殊建築物（建築基準法別表第1）

用途 ＼ 規模 ＼ 耐火の種別		耐火建築物等[*1]とするもの（①～④の用途で下記のいずれかに該当する場合は特定避難時間倒壊等防止建築物とする　⑤⑥の用途で下記のいずれかに該当する場合は耐火建築物とする）		準耐火建築物以上とするもの
		その用途に供する階	その用途に供する部分の床面積の合計	
①	劇場、映画館、演芸場	主階が1階以外、3階以上の階	客席が 200m^{2}以上 屋外観覧席 1,000m^{2}以上	－
①	観覧場、公会堂、集会場	3階以上の階		
②	病院[*2]、病室のある診療所、ホテル、旅館、下宿、共同住宅、寄宿舎、児童福祉施設等	3階以上の階	2階が 300m^{2}以上（病院と診療所は2階に病室がある場合に限る）	－
③	学校[*3]、体育館、博物館、美術館、図書館、ボーリング場、スキー場、スケート場、水泳場、スポーツの練習場	3階以上の階	2,000m^{2}以上	－
④	百貨店、マーケット[*4]、展示場、キャバレー、カフェー、ナイトクラブ、バー、ダンスホール、遊技場[*5]、公衆浴場、待合、料理店、飲食店、物品販売業を営む店舗（>10m^2）	3階以上の階	2階が 500m^{2}以上 または 3,000m^{2}以上	－
⑤	倉庫	－	3階以上の合計が 200m^{2}以上	1,500m^{2}以上
⑥	自動車車庫、自動車修理工場、映画スタジオ、テレビスタジオ	3階以上の階	－	150m^{2}以上（不燃構造の準耐火とする）[*6]
⑦	危険物貯蔵庫（建築基準法施行令第116条の数量以上のもの）			全部

＊1　「耐火建築物等」とは、耐火建築物、準耐火建築物、耐火構造建築物、特定避難時間倒壊等防止建築物をいう。
2　病院は病床数20以上、診療所は病床数19以下（医療法第1条の5）。ここでは病室のあるもの。
3　学校には、幼稚園、専修学校、各種学校等も含む。保育所は児童福祉施設等に当たる。
4　スーパーマーケットは、マーケットではなく「物品販売店」である。マーケットは、共用通路に面して個店が並ぶ形式。
5　遊技場には、ぱちんこ屋、マージャン店などがある。
6　外壁耐火の準耐火建築物（建築基準法施行令第109条の3第1項第一号）は、柱、梁などが木造の場合があるので認められない。

避難階段または特別避難階段を設置しなければならない建築物

条項[*1]	階段		避難階段または特別避難階段	
第1項	5階以上または地下2階以下に通じる直通階段		避難階段または特別避難階段とする[*2]	
第1項	15階以上または地下3階以下に通じる直通階段		特別避難階段とする[*3]	
第2項	1,500m^{2}を超える物品販売店舗	3階以上を売場とするもの	＊4	避難階段または特別避難階段とする[*3]
第3項	1,500m^{2}を超える物品販売店舗	5階以上の売場に通じるもの	＊4	1以上を特別避難階段、その他を避難階段または特別避難階段とする
第3項	1,500m^{2}を超える物品販売店舗	15階以上の売場に通じるもの	＊4	特別避難階段とする[*2]

＊1　建築基準法施行令第122条による。
2　主要構造部が準耐火構造または不燃材料でつくられた建築物で、5階以上の階または地下2階以下の階の床面積の合計が100m^{2}以下である場合を除く。
3　主要構造部が耐火構造である建築物で床面積の合計が100m^2（共同住宅の住戸にあっては200m^2）以内ごとに耐火構造の床や壁、特別防火設備で区画されている場合は避難階段または特別避難階段としなくてよい。
4　各階の売場および屋上広場に通じる2以上の直通階段が必要となる。

築一式の場合は4,500万円以上)の工事を下請に出す場合の建設業法による許可区分。2以上の都道府県で建設業を営む営業所を設ける場合は、国土交通大臣の許可が必要であり、一つの都道府県内だけの場合は都道府県知事の許可が必要となる。→一般建設業許可

特定建設作業　著しい騒音または振動を発生する作業のこと。騒音規制法で定められた杭打ち機、杭抜き機、削岩機、バックホー、ブルドーザーなどの各作業と、振動規制法で定められた杭打ち機、杭抜き機、鋼球を使用した建築物の破壊、舗装版破砕機、ブレーカーなどの各作業をいう。→特定建設作業実施届

特定建設作業実施届　連続して2日以上の特定建設作業を行う際、開始の7日前までに市区町村長に提出する届け。作業時間や敷地境界での規制基準などを遵守する必要がある。振動規制法第14条、騒音規制法第14条

特定建築物　ビル管理法やバリアフリー法、耐震改修促進法などにおいてそれぞれ位置づけられている建築物またはその部分のことで、用途や規模により対応すべき各規定が定められている。

特定工作物　都市計画法に基づく開発許可の対象となる一定の工作物。第一種工作物はコンクリートなどのプラント、危険物の貯蔵施設などをいい、第二種工作物はゴルフコース、レジャー施設、墓園などである。第二種工作物は、市街化調整区域の開発行為の許可基準は適用されない。

特定施設　大気汚染防止法、水質汚濁防止法、騒音規制法、振動規制法などで指定される、有害物質や著しい騒音、振動を発生する施設。

特定住宅瑕疵担保責任の履行の確保等に関する法律　⇨住宅瑕疵担保履行法

特定測定物質　ホルムアルデヒド、アセトアルデヒド、トルエン、キシレン、エチルベンゼンおよびスチレン。この6物質は、室内汚染空気物質として住宅品質確保促進法の住宅性能表示制度における住宅性能評価を取得する際に濃度表示を申請でき、ホルムアルデヒド以外は申請者が選択できる。

特定土地区画整理事業　土地区画整理促進区域内で行う土地区画整理事業。「大都市地域における住宅及び住宅地の供給の促進に関する特別措置法(大都市法)」に基づくもので、集合農地区や共同住宅区の設定、申し出換地など、一般の土地区画整理事業と比較して各種特例が設けられており、国の補助金についても特別の措置がなされる。→土地区画整理促進区域

特定防火設備　⇨防火戸

特定元方事業者　⇨元方事業者

特別管理産業廃棄物　爆発性、毒性、感染性、その他の人の健康または生活環境に係る被害の生じるおそれのある性状を有する産業廃棄物をいい、建設廃棄物の中では廃石綿、廃油、廃PCBなどが該当する。これらは特に厳しい処分基準が定められているので、必ずほかの廃棄物と混合しないように保管、排出し、処分には十分な注意を要する。

特別管理産業廃棄物管理責任者　特別管理産業廃棄物を排出する事業場ごとに、この特別管理産業廃棄物管理責任者を設置しなければならない。この責任者になるためには、一定の資格を有するものでなければならない。

特別高圧　電気事業法で定められている電圧の種別で、7kVを超える電圧をいう。→高圧(表·153頁)

特別重点調査　低入札価格調査制度の適用対象のなかでも特に低価格の入札者を対象に、従来以上に詳細な資料の提出を求めて事情聴取(ヒアリング)を行い、契約内容に適合した履行がなされないおそれがあるか、契約の相手方とすべきかどうかを厳格に調査、確認すること。提出書類に不備がある場合または期限までに書類を提出しなかった場合には、当該入札者の入札は無効となる。また、説明内容に虚偽がある場合や、落札しても工事完了後に実施するコスト調査と異なる内容の場合には、工事成績点が減点され1カ月以上の指名停止処分となる。→低入札価格調査制度

特別用途地区

用途地域		用途制限
1. 特別工業地区	1-1	工業・工業専用・準工業地域内の業種を制限し、公害防止を目的とする地区。
	1-2	準工業・商業・住居系の用途地域内の制限を緩和し、地場産業の保護・育成を図ることを目的とする地区。
2. 文教地区		教育、研究、文化活動の環境の維持向上を図るため、学校や研究機関、文化施設などが集中する地域に指定。風俗営業や映画館、ホテル等の建設を禁止する地区。
3. 小売店舗地区		近隣住民に日用品を供給する店舗が集まっている地区。特に専門店舗の保護または育成を図るため、風俗営業やホテル、デパート等を規制。
4. 事務所地区		官公庁、企業の事務所等の集中立地を保護育成する地区。
5. 厚生地区		病院、診療所等の医療機関、保育所等の社会福祉施設等の環境を保護する地区。
6. 娯楽・レクリエーション地区	6-1	商業地域のうち、劇場、映画館、バー・キャバレー等が集中する歓楽街を指定し、目的に沿った「用途地域」の規制が緩和または強化される地区。
	6-2	おもに住宅地周辺のボーリング場、スケート場等の遊技場を対象とするレクリエーション施設を指定し、目的に沿った「用途地域」の規制が緩和または強化される地区。
7. 観光地区		温泉地、景勝地等、観光地の観光施設の維持・整備を図る地区。
8. 特別業務地区	8-1	商業地で、特に卸売店舗を中心とした卸売業務機能の高い地区。
	8-2	おもに準工業地域のトラックターミナル、倉庫などの流通関連施設地区。
	8-3	幹線道路沿いの自動車修理工場、ガソリンスタンド等のための沿道サービス施設立地を図る地区。
9. 中高層住居専用地区		都心部において、一定地域のビルの中高層階の用途を住宅に限定し、住民の増加・定住化を図る地区。
10. 商業専用地区		店舗、事務所等が集中する市街地でその他の用途を規制し、大規模ショッピングセンターや業務ビルの集約的な立地を保護・育成する地区。
11. 研究開発地区		製品開発研究を主たる目的とする工場、研究所その他の研究開発施設の集積、これらの施設に係る環境の保護および利便の増進を図る地区。

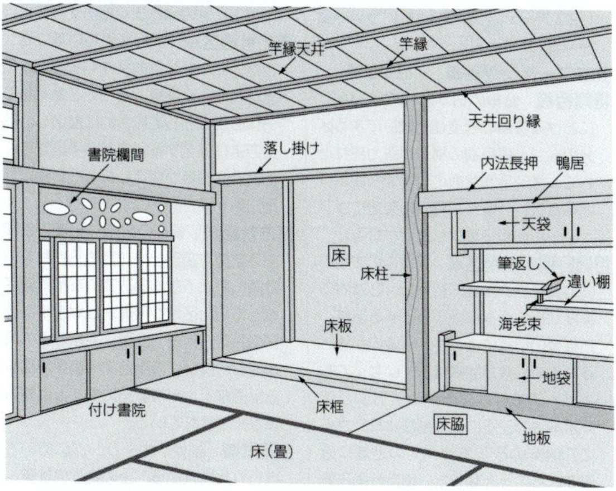

床の間（本床）

特別避難階段　火災時の避難のため特別にその構造が規定されている階段。階段室と一般の部屋の間に付室を設けること、付室には排煙設備を設けるなどで、15階以上の建物あるいは5階以上の物品販売の店舗などに設置が義務づけられている。建築基準法施行令第122条、第123条（表·345頁）→避難階段

特別用途地区　都市計画法(第9条第13項)で定められた用途による区域指定の一つで、用途地域を補完するもの。特別工業地区、文教地区、小売店舗地区、事務所地区、厚生地区などがあり、その指定は地域の実情に即して地方公共団体の条例により行われる。建築基準法第49条（表·347頁）

特命　⇨特命契約方式

特命契約方式　建築主自ら、あるいは設計者、コンサルタントなどと相談しながら建設業者の技術水準、工事消化能力、技術者などを調査し、適当であれば見積をとり、それが予定した工事価格内であれば、競争入札によらず特定の請負者と契約する方式。単に「特命」ともいう。

独立基礎　構造物の重量を地盤に伝達させる基礎の形式の一種。各柱下位置に独立して単独に設けられる基礎。「独立フーチング基礎」ともいう。→直接基礎(図·315頁)

独立フーチング基礎　⇨独立基礎

特類合板　合板の日本農林規格(JAS)における接着の程度(耐久性)による区分の一つ。建築物の構造用耐力部材として、常時湿潤状態の場所でも使用可能な合板。一般に、特類の製造にはフェノール樹脂接着剤が使用される。

特例容積率適用区域　区域内の未利用の容積を他の敷地に転用し、区域内の高度利用の促進を図ろうとする区域。地権者の申請により特定行政庁が認めるもので、敷地は隣接していなくてもよい。2000年の都市計画法および建築基準法の改正により創設され、さらに2004年の改正ですべての地域に適用できることとなった。都市計画法第9条第15項、建築基準法第57条の2

溶込み不足　溶接欠陥の一種。溶接金属が母材に溶融されない欠陥。

土工（どこう）掘削、埋戻し、残土処分、盛土、場内整理などの作業を行う労働者で、比較的単純な労働に従事する職種。ただし、山留め、揚水、揚重などを扱う者は熟練技能者である場合が多い。「土方(どかた)」ともいう。

土工事（どこうじ）地盤の掘削や切取り、埋戻し、盛上げ、整地などの土に関する工事の総称。山留め工事を含む場合もある。

床付け（とこづけ）地盤を設計図の指定した深さまで掘りそろえ、所定の面に仕上げること。その面を「床付け面」という。

床の間　座敷の装飾として、日本間の一角につくられる空間。一般的には「床の間」と呼ばれるが「床」が正式。壁には書画を掛け、床には置物や花を飾る。床柱、床框(とこがまち)、床畳または床板、落し掛けなどで構成される。床の間は単独でつくられるだけでなく、床の間を中心に廊下側に書院欄間と障子をもつ出窓状の付け書院(＝出書院)、反対側に違い棚や袋戸棚(天袋、地袋)のある床脇を備えたものを「本床(本床の間)」という。(図·347頁)

床掘り　構造物の基礎をつくるために地盤を所定の深さまで掘削すること。

都市計画区域　都市計画法に基づき、自然的および社会的条件ならびに人口、土地利用、交通量、その他を勘案して一体の都市として総合的に整備し、開発および保全する必要がある区域で、都道府県知事が指定したもの。都市計画法第5条

都市計画法　都市の健全な発展と秩序ある整備を図るために定められた都市計画に関する基本的法律。都市計画区域と市街化区域や用途地域など地域地区の指定、道路、公園、河川などの都市施設の整備、市街地開発事業に関する計画など、都市計画に関する必要事項が規定されている。

土質試験　試掘やボーリングにおいて得られた試料から、土の物理的性質、化学的性質、力学的性質などを知るた

都市計画法における区域区分

用途地域				用途地域の定義	それぞれに地域の目指す特徴・性格
①	住居系地域	低層住居専用地域	第一種	低層住宅に係る良好な住居の環境を保護	低層住宅の専用地域
②			第二種	主として　同上	小規模店舗等の立地を認める同上
③		中高層住居専用地域	第一種	中高層住宅に係る良好な住居の環境を保護	中高層住宅の専用地域
④			第二種	主として　同上	住宅地に必要な利便性をもった施設の立地を認める中高層住宅の専用地域
⑤		住居地域	第一種	住居の環境を保護	大規模な店舗や事務所・娯楽施設等の立地を制限する住宅地のための地域
⑥			第二種	主として　同上	住宅地のための地域
⑦		準住居地域		道路の沿道としてふさわしい業務の利便の増進を図りつつ、これと調和した住居の環境を保護	自動車関連施設などと住宅が調和をして立地する地域
⑧	商業系地域	近隣商業地域		近隣の住宅地の住民に対する日用品の供給を行うことを主たる内容とする商業その他の業務の利便を増進	近隣の住宅地の住民の利便のために店舗・事務所等が並ぶ地域
⑨		商業地域		主として商業その他の業務の利便を増進	店舗・事務所・官公庁・娯楽施設等の利便を図る地域
⑩	工業系地域	準工業地域		主として環境の悪化をもたらすおそれのない工業の利便を増進	家内工業や軽工業の利便の増進を図る地域
⑪		工業地域		主として工業の利便を増進	工業の利便を増進
⑫		工業専用地域		もっぱら工業の利便を増進	工業の利便の増進を図るための専用地域（工場群・コンビナート等）
⑬	指定のない区域			都市計画区域内の「市街化調整区域」に相当する	
⑭	その他	特別用途地区		用途地域内の特性にふさわしい土地利用の増進、環境の保護等のため、特別の目的の実現を図るための地域	①～⑫の地域にない用途地域を補完するために定めることができる地域

＊①～⑫および⑭は市街化区域に該当。⑬は市街化調整区域で、「白地区域」ともいう。

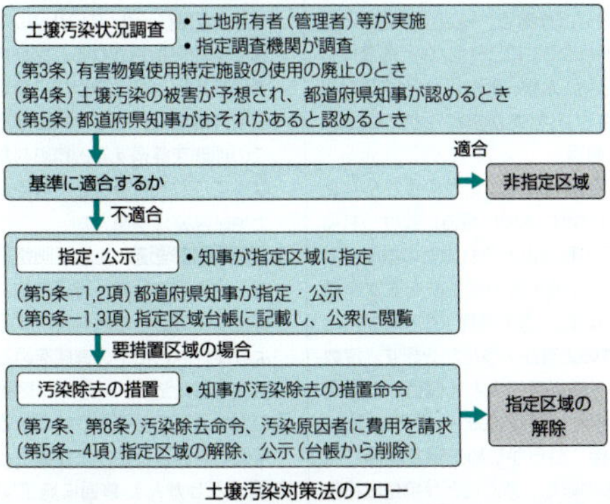
土壌汚染状況調査
• 土地所有者（管理者）等が実施
• 指定調査機関が調査
（第3条）有害物質使用特定施設の使用の廃止のとき
（第4条）土壌汚染の被害が予想され、都道府県知事が認めるとき
（第5条）都道府県知事がおそれがあると認めるとき
基準に適合するか
適合
非指定区域
不適合
指定・公示
• 知事が指定区域に指定
（第5条―1,2項）都道府県知事が指定・公示
（第6条―1,3項）指定区域台帳に記載し、公衆に閲覧
要措置区域の場合
汚染除去の措置
• 知事が汚染除去の措置命令
（第7条、第8条）汚染除去命令、汚染原因者に費用を請求
（第5条―4項）指定区域の解除、公示（台帳から削除）
指定区域の解除

土壌汚染対策法のフロー

めの各種室内試験の総称。例えば、物理的試験によって土の特徴を明らかにでき、化学的試験によって土粒子の科学的成分、鉱物成分、他の物質との反応性などが求められ、力学的試験によって土の強度、変形特性などを知ることができる。→地盤調査

土質柱状図　ボーリング調査の際に採取されるサンプルから判明した地層の垂直分布状況を柱状の断面図で示したもの。調査における掘削情報、孔内水位、標準貫入試験、孔内水平載荷試験などの情報が図示される。「ボーリング柱状図」あるいは単に「柱状図」ともいう。

土質調査　⇨地盤調査

戸決り（とじゃくり）建具を閉めたときに隙間ができるのを防ぐために、柱や戸枠に戸の厚さ分の溝を掘ること。

土壌汚染　人の活動にともなって排出された重金属、有機溶剤、農薬、油などの有害な物質が不適切な取り扱いなどにより漏出したり、排水が地面（土壌）に浸透して土壌や地下水が汚染された状態をいう。典型七公害の一つ。

土壌汚染対策法　土壌汚染の状況の把握、土壌汚染による人の健康被害の防止を目的とした法律（2003年2月15日施行）。ある特定の事由により土壌汚染状況の調査が行われ、汚染が発見された場合は都道府県知事による措置命令に従い措置しなければならない。措置としては立入禁止、舗装、盛土、掘削削除などがある。特定化学物質として、トリクロロエチレンなど揮発性有機化合物、水銀、砒素(ひそ)などの重金属、農薬など26物質が指定されている。（図·349頁）

吐水口空間（とすいこうくうかん）衛生器具などの水受け容器に設けられる吐出口の管端とあふれ縁との垂直距離。

度数率　労働災害の発生率を表す指標の一つ。延べ労働時間100万時間当たり何件の災害があったかを表す。度数率＝（労働災害による死傷者数／労働延べ時間）×1,000,000　→年千人率

塗装鋼板　あらかじめ工場で塗装された鋼板の総称。ほとんどが焼付け塗装で、現場塗装に比べ耐食性能の高い表面処理ができる。カラー鉄板、塩ビ鋼板、フッ素樹脂塗装鋼板などがある。

塗装材料　塗装に用いる流動状態の材料。仕上げや保護（防湿、錆止めなど）を目的として、塗布面に薄い塗膜を形成する。（表·353頁）

土台　柱脚部に設けられた横材のことで、柱から上の構造物の重量を受けて基礎コンクリートに伝達する。布基礎にはアンカーボルトで緊結され防腐処理を施す。→軸組構法（図·209頁）

土丹（どたん）石のように硬い土の総称。粘土層が圧密で非常に固くなり泥岩化したもの。粒度配合もよく、やや粘着力もある。掘削の際の貫入に対して大きく抵抗する地盤の一種であり、「土丹盤」ともいう。

土丹盤（どたんばん）⇨土丹

土地区画整理事業　都市計画区域内の土地について、道路、公園、上下水道などの公共施設の整備改善および宅地利用の増進を図るため、土地区画整理法に従って行われる土地の区画形質の変更および公共施設の新設または変更に関する事業。災害復興や駅前整備、郊外の宅地造成など多くの事例がある。

土地区画整理促進区域　大都市地域で大量の住宅地供給を促すために、「大都市地域における住宅及び住宅地の供給の促進に関する特別措置法（大都市法）」に基づき指定される区域。市街化区域内で大部分が住居系地域にあって、住宅化の進んでいない0.5ha以上の規模の土地に指定される。区域内の地権者は指定日から2年以内に特定土地区画整理事業を行わなければならないが、この期間を経過すると市町村が主体となってこれを行うことになる。→特定土地区画整理事業

土地区画整理法　土地区画整理事業に関し、その施行者、施行方法、費用の負担などの必要事項を規定することにより良好な市街地の造成を図ることを目的とした法律。一般に、区画整理後の宅地は元の面積より狭くなるが、利用価値や資産価値が上がることが多い。

突貫（とっかん）普通に施工すれば当

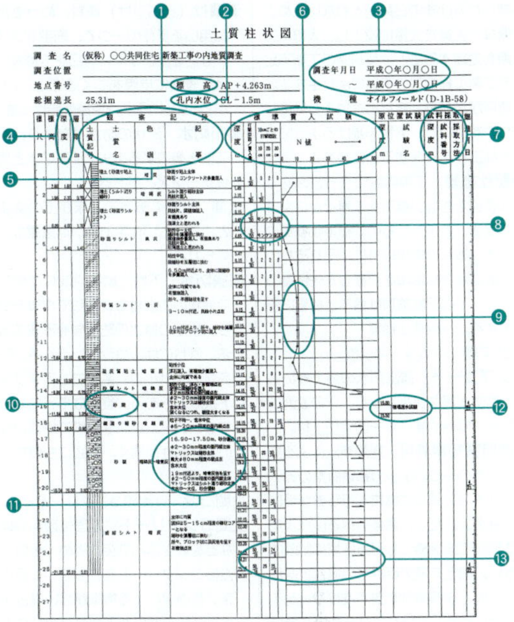

❶調査点の標高。APは荒川のポイントからの高さ。その他、全国共通の標高原点のTP（東京）、OP（大阪）、NP（名古屋）などが使われる。

❷ボーリングの孔内水位を示す。

❸調査年月日から季節による水位の変動、調査時点と工事段階での周囲の状況変化を確認する。

❹深度はボーリング位置の地盤面からの深さを示す。

❺ボーリング担当者の観察記録で、主観は入るが、地盤構成の目安になる。

❻*N*値は、標準貫入試験用サンプラーを30cm打ち込むのに要する打撃数。

❼試料採取にT-1、D-1という記号がある場合は、乱さない土質試料を採取しているため、土質試験のデータがあることを意味している。

❽「モンケン自沈」とは、打撃しなくても貫入したことを示す。

❾*N*値が10程度でも、砂質土の場合は良い地盤とはいえないが、粘性土の場合は比較的良い地盤といえる。

❿粘性土の下にある砂礫層内の地下水は、被圧の可能性がある。

⓫礫径については、記事に記されている寸法の3倍程度の大きさのものがあるといわれている。

⓬現場透水試験の実施を意味する。

⓭*N*値は通常50を限度としている。この層では50回打撃しても16cmしか貫入せず、*N*値は50以上である。

土質柱状図（例）

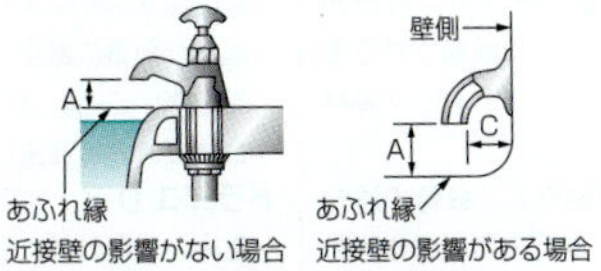

近接壁の影響がない場合

近接壁の影響がある場合

A：吐水口空間　C：壁からの離れ

吐水口空間

然かかるはずの日数がとれないため、機械、人員を大量に投入し、大幅に工期を短縮すること。契約時の工期不足や工事工程管理の不備により生ずる。費用がかかり、また出来栄えも雑になりやすいので、突貫を避けるように十分な工程を確保する必要がある。

特記仕様書　工事内容のうち、図面では表現できない事項を工事ごとに文章や数値で表示したもの。標準仕様書に記される共通事項以外に、それぞれの工事に特有な事項を記載した仕様書のこと。その記載事項は標準仕様書に優先する。→標準仕様書

トップ筋　⇨カットオフ筋

トップコート　露出防水の最上層に塗って防水層を保護したり、床の表面に塗って摩耗やすべりを防ぐ仕上材。

都道府県知事許可　建設業法による許可区分の一つ。1つの都道府県のみに営業所を設置して営業を行う者が受ける許可。ただし、営業し得る区域または建設工事を施工し得る区域に制限はない。国土交通大臣許可の場合と同様に、28工事業種別に許可を受け、5年ごとに更新しなければならない。単に「知事許可」ともいう。→国土交通大臣許可

土止め（どどめ）土手や掘削面などの土砂の崩壊を防止するための工作物、またはその作業をいい、山留めより広義に用いられる。芝を植えたり擁壁(ようへき)をつくったり、山留め壁を構築したりする。→山留め

土止め板（どどめいた）土砂の崩壊を防ぎ、土圧に抵抗するため、垂直の支柱や水平梁の間に挿入する板のこと。

ドバル試験　コンクリート用の骨材の硬さ、すり減り抵抗を調べるための試験方法。30°に傾斜させた鋼製円筒容器の中に骨材と鋼球を入れ、毎分30回転程度の速度で1,000回転させて衝撃とすり減りを与え、すり減った骨材の重量を測定する。

鳶（とび）足場の組立て、鉄骨の建方(たてかた)、基礎工事、杭打ちなどの作業を専門とする職人。高所作業を得意とし、重機類の操作も行う。

溝漬け（どぶづけ）塗料、めっきなどに用いる操作の一つで、刷毛やスプレーなどを用いずに、製品を溶融液に漬けて表面に皮膜をつくること。「てんぷら」ともいう。→溶融亜鉛めっき

塗布防水　液状の防水材を塗り、固めて防水層にする工法。塗膜防水と浸透性塗布防水とがある。

土間　屋内にあって、床が土のままのところ。古い住宅あるいは農家などに見られる。

塗膜防水　下地に刷毛や吹付け機などで液状の防水材を塗布して皮膜をつくり、所定の厚さの防水層を形成する工法。材料には、ウレタンゴム系、FRP系、アクリルゴム系、ゴムアスファルト系などがある。複雑な形状にも対応でき、シームレスな塗膜で継目がないので防水性が高く、美観にも優れる。(図·355頁)

土間コン　⇨土間コンクリート

土間コンクリート　地面に砂利や砕石などを敷き込んで突き固め、その上に直接コンクリートを打ってつくられた床。基礎梁による拘束がない場合が多く、スラブ面の沈下やひび割れ防止のための対策が必要。工場の1階床などに使用される。「土間コン」「土間スラブ」ともいう。

土間スラブ　⇨土間コンクリート

留め　木造の長押(なげし)や額縁などの出隅、入隅で、2枚の小口を見せずに接合する仕口(しぐち)のこと。互いに45°の角度に切って合わせる。(図·355頁)

共吊り　1つの重量物や大型構造物を2つ以上の揚重機で同時に吊り上げること。

とら　⇨虎綱(とらづな)

ドライアウト　モルタル、プラスターなどの塗り材料が、直射日光、風、下地の吸水などにより凝結硬化発生前に水分が急激に減少し、正常な凝結硬化をしないこと。塗り厚が薄くなった場合などは特に発生しやすい。

ドライエリア　地下室の採光、換気のため、地下外壁に沿って設けた空掘りの空間。建築基準法では、一定の条件を満足したドライエリアを設ければ地

塗装仕様一覧

素地 / 塗装の種類	鉄鋼面	亜鉛めっき鋼面	アルミニウム面	コンクリート、モルタル、コンクリート系パネル面[*1]	ボード[*2]、プラスター面	木部
合成樹脂調合ペイント塗り	○	○				○
2液形ポリウレタンクリヤ塗り						○
アクリル樹脂系非水分散形塗料塗り				○	○	
耐候性塗料塗り	○	○	○	○		
つや有合成樹脂エマルションペイント塗り	○	○		○	○	○
合成樹脂エマルションペイント塗り				○	○	○
合成樹脂エマルション模様塗料塗り				○	○	
オイルステイン塗り						○
木材保護塗料塗り						○
マスチック塗料塗り				○		
熱硬化形アクリル樹脂塗料塗り	○	○	○			
熱硬化形ウレタン樹脂塗料塗り			○			
熱硬化形ふっ素樹脂塗料塗り			○			
変性エポキシ樹脂プライマー塗り	○（内部）	○（内部）				
クリヤラッカー塗り						○（内部）
ウレタン樹脂ワニス塗り						○（内部）
ラッカーエナメル塗り						○（内部）
浸透性吸水防止材＋クリヤ塗り				○		

○：適用素地を示す。
＊1　素地のコンクリート系パネル面は、プレキャストコンクリート、ALCパネル、ガラス繊維補強セメントパネル、押出成形セメントパネル、空胴プレストレストコンクリートパネルに適用する。
　2　素地のボード面は、スレートボード、けい酸カルシウム板、石膏ボードに適用する。

素地の乾燥放置期間（目安）

素地材料	夏季	春秋季	冬季
コンクリート	21日	21〜28日	28日
セメントモルタル 石膏プラスター	14日	14〜21日	21日

下室が居室として認められる。(図・355頁)

ドライジョイント　プレキャスト鉄筋コンクリート部材の接合において、モルタルやコンクリートによらずに、ボルト締めや溶接を用いて一体化させる接合方法。→ウェットジョイント

ドラグショベル　⇨バックホー

トラクターショベル　クローラー式やホイール式のトラクターの前面にショベルを取り付けた、土砂の掘削、積込み用の車両系建設機械。安価で機動性がある。

虎尻（とらじり）虎綱の端部およびその緊結処理。→虎綱(とらづな)

トラス　部材の接点がピン接合となっている三角形を基本単位とした構造骨組。節点に荷重が働く場合、各部材には軸方向力のみが生じる。鉄骨屋根や木造屋根に用いられる。

トラックミキサー　⇨生コン車

虎綱（とらづな）自立することができない柱状構造物が転倒しないように、頂部や中間部から3方向以上に向けて張るワイヤーロープなどの支え綱。「とら」「控え綱」「支索(しさく)」などともいう。

トラバーサ　①重心の偏った材料や変形しやすいい材料などを安定した状態で吊るための玉掛け用治具。ビーム状や枠状のものがある。②鉄道、トロッコ車両や天井クレーンのガーダーを軌道敷間やランウェイ間で乗り換えるために横移動させる機構。

トラバース測量　平板もしくはトランシットを用いて既知点から次の測点の方向角と距離を測定し、その測点からまた次の測点を測量していく測量法。

トラフ　①U字溝、道路排水溝、配管・配線などのための溝やボックスをいう。②笠のない直付け用の長方形蛍光灯。(図・357頁)

ドラフト　①隙間風、空調の吹出しなどで、体に違和感を感じる風。②煙突の通風力。

ドラム　機械部品などで円筒形をしたものに対する通称で、一般にリール式の延長コードをいう。ウインチのドラムというと、ワイヤーを巻き取る円筒形の部分を指す。

ドラムトラップ　管路の一部にドラム状の水溜まりをつくった形状のトラップ。封水が破れにくいが、沈殿物が溜まりやすい。非サイホン式トラップの一種。→排水トラップ(図・389頁)

ドラムミキサー　回転するドラムの中にコンクリート材料などを入れてかくはんする機械。ドラムが傾斜した状態で回転するものを「傾胴式」と呼び、生コン車はこれに該当する。また、ドラムを傾けて練り上がった材料を排出する形式のものを「可傾式」という。(図・357頁)

トランシット　水平角と鉛直角とを測定するための機器。水平面を基準にして、望遠鏡の視準線を目標にセットしてできる方向角と高度角とをバーニャ目盛りで読み取る。近年は測定数値がデジタル表示される「セオドライト」が普及し、「トランシット」という言葉から置き換わりつつある。(図・357頁)

取り合い　材料および部材どうしが接触、干渉し合う部分、またはその状態。

鳥居型建地（とりいがたたてじ）仮設枠組足場を構成する一般的建地。鳥居に似た形状をもち、幅・高さ・寸法の違いから数種類ある。(図・357頁)

トリクロロエチレン　発がん性の疑いや地下水汚染で問題となっている物質で、ドライクリーニングや半導体工場で溶剤、洗浄剤として使用されている炭化水素の塩素置換体。1987年5月施行の「化学物質の審査及び製造等の規制に関する法律」により規制の対象となる。

取り下げ金　前受け金や出来高払いを受領すること。「取り下げ」ともいう。

トリハロメタン　クロロホルム、ブロモジクロロメタン、ジブルモクロロメタン、ブロモモルムの総称。自然界では存在せず、消毒用塩素と水中のフミン酸などの有機質とが結合してできる。特に水質汚濁の進行によって浄水場で前塩素処理をする影響で水道水中に存在することが発見された。発がん性を有するため法的な規制がある。

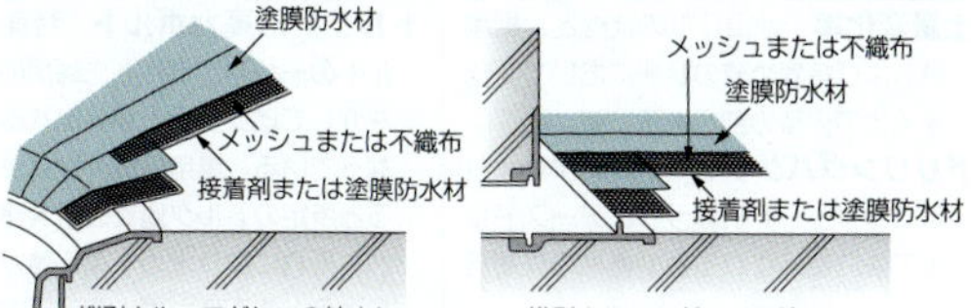

縦引きルーフドレンの納まり

横引きルーフドレンの納まり

塗膜防水

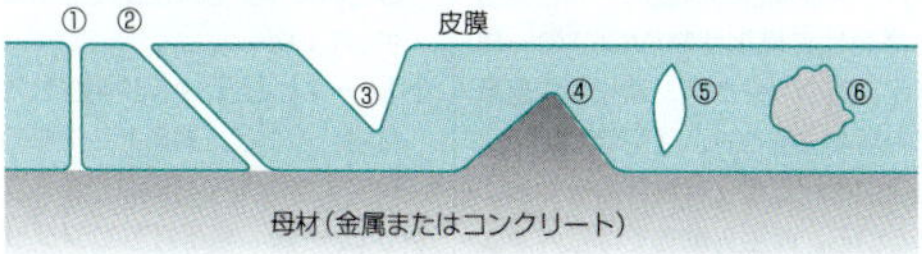

①②：ピンホール、③：傷またはき裂、④：母材の突起、⑤：空孔、⑥：異物の混入

塗膜防水の欠陥例

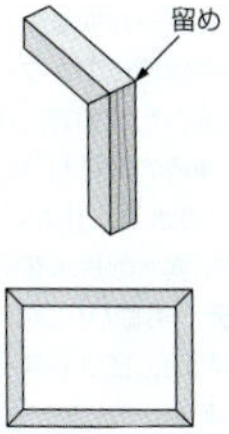

留め

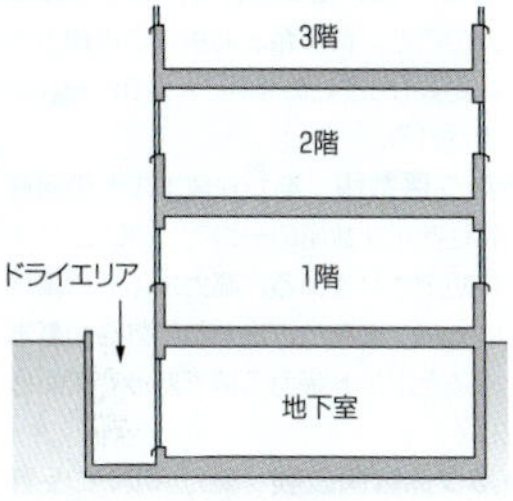

ドライエリア

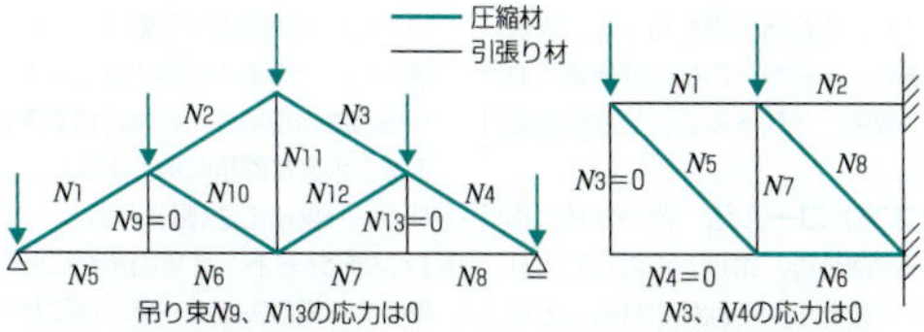

吊り束N9、N13の応力は0

N3、N4の応力は0

単純梁系トラス
（鉛直下向き荷重が作用した場合）

片持ち梁系トラス
（鉛直下向き荷重が作用した場合）

トラス

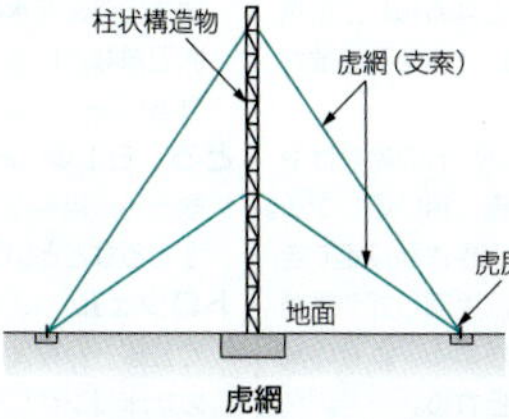

虎網

土量変化率　地山(じやま)の状態と、掘削時および締固め時の状態において変化する土の体積の割合を示す値。

ドリリングバケット　現場で築造されるコンクリート杭のうち、アースドリル工法に使用される掘削機械の先端バケット。

トルエン　キシレンなどと同様に、シックハウス症候群の原因の一つとみられる揮発性有機化合物(VOC)の一種。木材保存剤や油性ニス、建材の接着剤などの溶剤に使われ、住宅室内の空気汚染を引き起こす化学物質の一つといわれている。厚生労働省では室内濃度のガイドラインを0.07ppmと定めている。

トルク　回転軸に対して回転させる偶力のこと。荷重軸と荷重点の接線方向の距離(円運動の半径)×力(m·kg)で表される。

トルク係数値　高力六角ボルトの品質特性を示す数値の一つで、JIS B 1186に規定されている。高力ボルトの締付けトルク値を、ボルトねじ外径の基本寸法とボルト張力の積で割って求められる。

トルク係数値試験　高力ボルトの品質確認などに用いられる試験。高力ボルトをトルクレンチと軸力計を用いて締め付けて、それらの値からトルク係数値を求め、メーカーの検査成績書にあるその数値と比較することで品質確認を行う。

トルクコントロール法　高力六角ボルトの一次締め後、ボルトに対してナットを所定のトルクで回転させることにより必要な張力を導入する締付けの管理方法。トルク係数値が変動した場合は導入張力も変動することから、トルク係数値の変動要因となるねじ部の傷やごみの付着、防錆に注意する必要がある。

トルクレンチ　高力ボルトの締付けや締付け状態の確認検査に用いるレンチ。締め付けるトルクの大きさが設定できるようになっている。手回し式や電動、油圧で作動するものがある。鉄骨の高力ボルトなどに用いられる。

トルシア形高力ボルト　特殊高力ボルトの一種で、ボルト先端部に破断溝を介してピンテールが突出する構造になっている。専用の締付け治具を用いると所定のトルク値で破断溝部が破断し、それによりボルト導入軸力を管理しようとする高力ボルト。日本鋼構造協会規格が定められており、メーカーはこれに準拠し大臣認定を得て一般に供している。

トレーサビリティ　使用された機器、材料、人など、対象としたものの履歴、適用または所在を追跡できること。

トレミー管　場所打ちコンクリート杭などの水中コンクリートや連続地中壁のコンクリートの打込みに用いる、直径15～30cm程度のコンクリート打込み用輸送管。上部にコンクリートを受けるホッパーが取り付けられている。打込み中は常にコンクリート中に2m以上挿入した状態で、徐々に管を引き上げて連続的に打ち込む。

ドレン　排水や水抜きのこと。一般に空調の結露水の排水をいう。

トレンチ　素掘りの溝。配管などを通す躯体利用のピットなどを指していう場合もある。

トレンチカット工法　山留め壁を根切り場周囲に二重に設け、その間を溝掘りして外周部の地下躯体を先行して構築し、この地下躯体で側圧を支えながら内部の根切り、躯体の構築を行う工法。大きな面積の地下工事に採用される。→掘削工法(図表·131頁)

トレンチシート　簡易山留めにおいて使用する鋼製矢板の一種。施工性は良いが、止水効果の点で劣る。(図·359頁)

ドレンチャー設備　延焼防止のため、建物の外部を水幕で覆う装置。軒先、開口部などにヘッド(放出口)が配置される。

とろ　石工事におけるモルタルの俗称。敷とろ、目地とろ、注とろ(つぎとろ)、全とろなどという。→敷とろ、注とろ

トロウェル　コンクリートの床仕上げで金鏝(かなごて)押えを行う機械。硬化し始めた床コンクリートの表面に鉄板製の

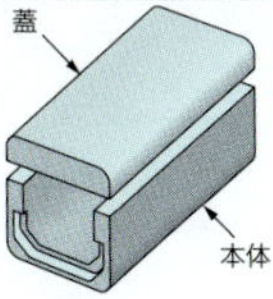

トラフ

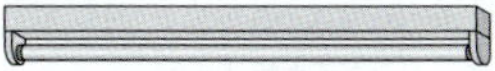

トラフ型直付け照明器具

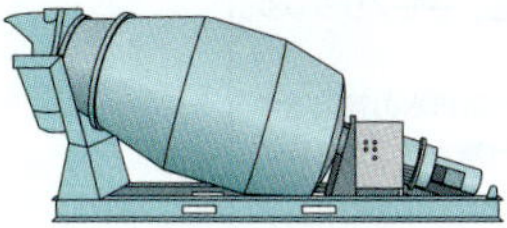

ドラムミキサー（可傾式）

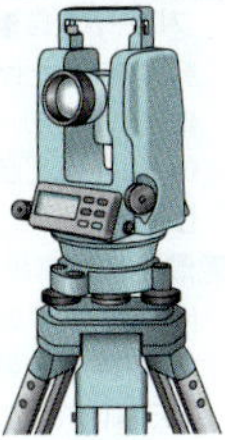

トランシット

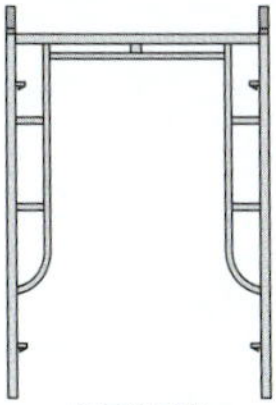

鳥居型建地

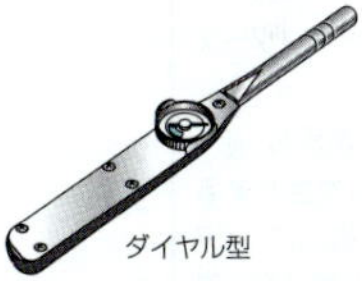

トルクレンチ

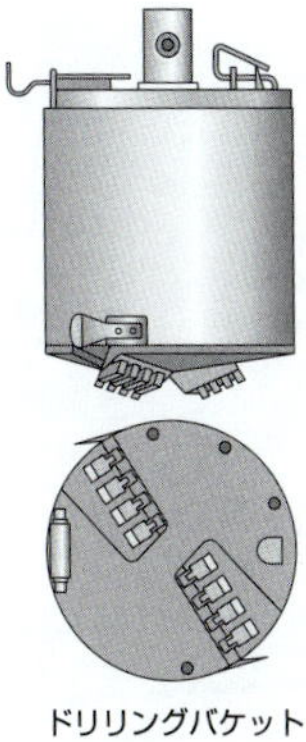

ドリリングバケット

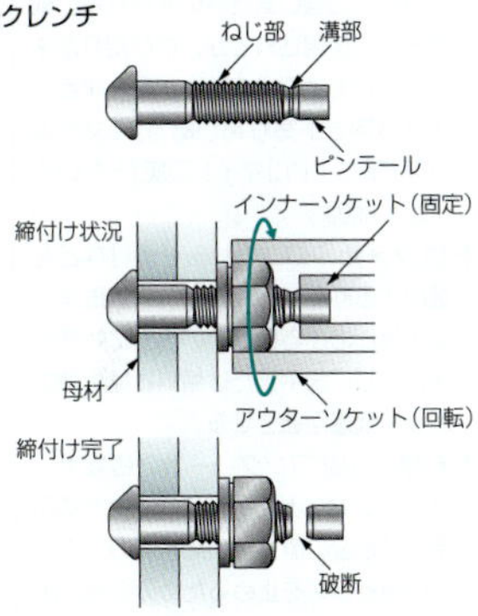

トルシア形高力ボルト

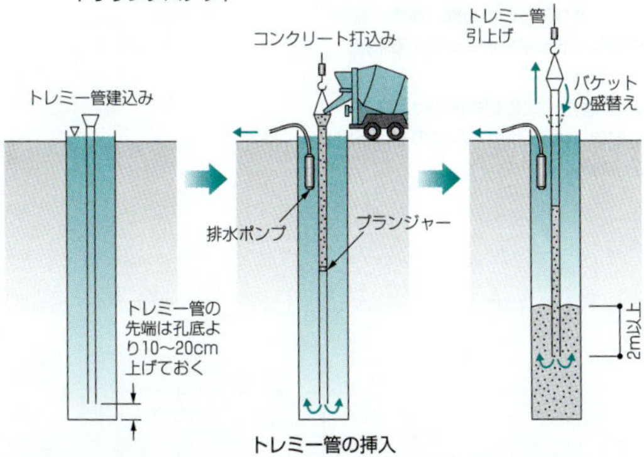

トレミー管の挿入

ブレードを自重で押し付けながら、回転させて仕上げていく。ハンド式と騎乗式のほかに、無人化された床仕上げロボットなどがある。→モノリシック仕上げ

泥溜めます　雨水や雑排水の管路途中に設け、泥や砂を堆積させて取り除くためのます。泥だめ深さは15cm以上とらなければならない。

ドロップハンマー　① ⇨モンケン　②鍛造用の金属加工機械。

ドロマイト石灰　⇨ドロマイトプラスター

ドロマイトプラスター　苦灰石（くかいせき）、その他マグネシア（MgO）を含有するものを焼成、加水後に粉末にした、アルカリ性の強い気硬性の左官材料。壁や天井に使用されるが、ひび割れが生じやすいため砂や苆（すさ）を混入する。上塗り用と下塗り用がある。「マグネシア石灰」「ドロマイト石灰」ともいう。JIS A 6903

トロンメル　コンクリート骨材などを選別する回転式のふるい。円錐形または円筒形のふるいかごの内面に処理物を供給し、水平または傾斜させた軸の回りに低速回転させる。

とんぼ　①床コンクリート、植栽土、グラウンドなどを平滑に均すためのT字形の木製の道具。②防水層の立上がりに張るラスを止めるための金物。防水層へ接着する座とラス結束用の針金とでできている。③構造物をつくる前に、主要な部分の中心線、高さ、掘削位置などを示すときに使用する木杭、木片など。

とんぼばた　梁の型枠を受ける角材。一般的には100mm角程度のものが用いられる。

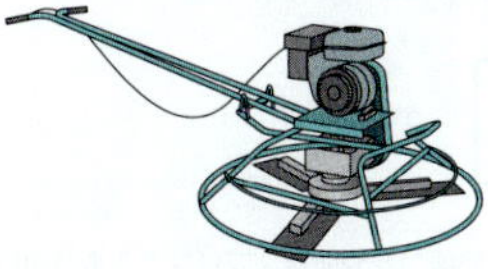

トロウェル

トレンチシート

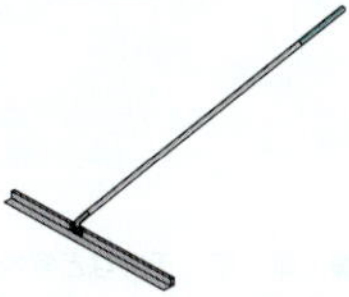

とんぼ

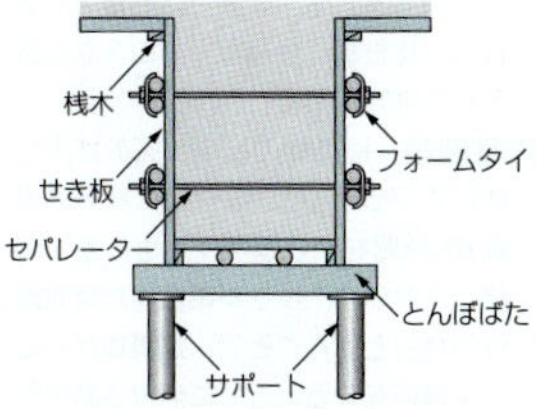

とんぼばた

な

内装工事　床、壁、天井など室内の仕上工事(下地工事を含む)の総称。床ではカーペット、Pタイル、フローリング、畳など。壁、天井では石膏ボード、合板、化粧板、金属板、クロスなど数多くの種類がある。

内装制限　建築物の初期火災の拡大を妨げてフラッシュオーバー(爆発的燃焼)の時間を引き延ばすために室内の壁、天井の仕上げを不燃性または難燃性の材料とすることで、建築物からの安全避難を守るとともに消火活動を促進するための制限。特殊建築物、一定規模以上の建築物、火気を使用する室をもつ建築物、窓のない居室をもつ建築物などが対象。建築基準法第35条の2、同法施行令第128条の4、第129条

内部監査　企業などの組織体における経営目標の効果的な達成に役立つことを目的として、その企業の関係者が合法性と合理性の観点から公正かつ独立の立場で経営諸活動の遂行状況を検討、評価し、これに基づいて意見を述べ、助言、勧告を行うこと。

内部結露　室内の湿り空気が壁の内部に浸入し、外気温の影響で室内よりも温度が低い壁内部で結露すること。建物の耐久性を低下させる原因となるため、壁内部に防湿層を設けて水蒸気の浸入を防止したり、壁内部に通気層を設けて浸入した水蒸気を外部に排出するなどの対策が必要。(図·363頁) →表面結露

内部拘束　部材断面の大きいコンクリート構造物は、セメントの水和熱が蓄積されて内部温度が上昇し、表面と内部の温度差からコンクリート内部に拘束力が発生する。この作用を内部拘束という。内部拘束によるひび割れはコンクリート表面に発生する。(図·363頁) →外部拘束

内部防振方式　設備機器内部の回転機器など、振動源となり得る構成部品に防振ゴムや防振スプリングを取り付けて機器外部への振動伝播を抑える方式。(図·363頁) →外部防振方式

内部摩擦角　地盤が地すべりを起こしたとき、すべりに抵抗するすべり面の摩擦を「内部摩擦」といい、その摩擦抵抗を垂直応力とせん断抵抗力の関係で表したときの直線の横軸との角度をいう。粘土質では小さく、砂質では大きな角度になる。

内分泌撹乱化学物質　⇨環境ホルモン

直会（なおらい）神前への御供え物の御下がりを食す酒宴。または下ろした御神酒。地鎮祭では神前に供えた酒をかわらけ(素焼の杯)でいただいた後、参列者に酒肴をふるまう。

中子（なかご）副帯筋、副あばら筋の俗称。→副肋(あばら)筋、副帯筋

中桟（なかざん）①上下の框(かまち)が付いた建具の中間で横に入れた桟。②型枠パネルの小幅板を継ぐ桟木。

中庭　一つの建物の中に取り込まれた、外部から直接見られないような庭。通風や採光のため、また観賞用として有効である。西欧では「パティオ」とも呼ぶ。→坪庭(つぼにわ)

中塗り　左官工事や塗装工事における下塗りと上塗り(仕上げ)との中間に塗る層、その工程もしくは作業。

中掘り工法　杭打ち工法の一種で、既製コンクリート杭の中空部に挿入したアースオーガーで杭先端の地盤を掘削する方法。掘削土を杭中空部を通して杭頭(くいとう)部から排出し、杭の自重および圧入により所定深度まで杭を沈設する。オーガー先端から根固め液を注入して球根を築造し、根固めの硬化によって支持力を発現させる。(図·363頁)

流れ図　⇨フローチャート

中廊下型集合住宅　廊下の両側に独立した部屋を配置した集合住宅の通称。集合住宅のほか、ホテル、病院などはこの形式が多い。(図·363頁)

用途上内装制限を受ける特殊建築物

建築基準法別表第1(い)欄に掲げる特殊建築物		耐火建築物または建築基準法第27条第1項の規定に適合する特殊建築物(特定避難時間が1時間未満のものを除く)	準耐火建築物または特定避難時間が45分以上1時間未満である特定避難時間倒壊等防止建築物	その他の建築物
①	劇場、映画館、演芸場、観覧場、公会堂、集会場	客席床面積≧400m^2	客席床面積≧100m^2	客席床面積≧100m^2
②	病院と診療所(患者の収容施設がある場合のみ)、ホテル、旅館、下宿、共同住宅、寄宿舎、児童福祉施設等(助産所、婦人保護施設、母子保健施設、有料老人ホーム)	3階以上の床面積合計≧300m^2	2階部分の床面積合計≧300m^2	床面積合計≧200m^2
③	百貨店、マーケット、展示場、キャバレー、ナイトクラブ、カフェー、バー、ダンスホール、遊技場、公衆浴場、待合、料理店、飲食店、物品販売店(>10m^2)	3階以上の床面積合計≧1,000m^2	2階部分の床面積合計≧500m^2	床面積合計≧200m^2
④	自動車車庫、自動車修理工場	原則として、構造・規模を問わず、すべて制限を受ける。 ＊建築基準法第84条の2、同法施行令第136条の9、同法施行令136条の10による「簡易な構造の建築物に対する制限の緩和」から一定の基準に適合する壁を有しない自動車車庫は内装制限を受けない。		
⑤	地階または地下工作物内に設ける居室を①~③の用途に供する特殊建築			

内装制限を受ける箇所と使用材料の燃焼性能

対象となる建築物・場所			制限対象部分と使用材料の燃焼に関する性能		
対象建築物	対象場所	関連法規	対象部分	使用材料*1	関連法規
特殊建築物等	居室	建築基準法施行令第129条第1項	壁および天井*2、3	難燃材料*4	建築基準法施行令第129条第1項第1号
	通路など*5	建築基準法施行令第129条第1項	壁および天井	準不燃材料	建築基準法施行令第129条第1項第2号
自動車車庫または自動車修理工場	室内および通路など*5	建築基準法施行令第129条第2項	すべての壁および天井	準不燃材料	建築基準法施行令第129条第2項
地階または地下工作物内に設ける特殊建築物	室内および通路など*5	建築基準法施行令第129条第3項	すべての壁および天井	準不燃材料	建築基準法施行令第129条第3項
大規模建築物の場合*6	居室	建築基準法施行令第129条第4項	壁および天井*2、3	難燃材料	建築基準法施行令第129条第4項
	通路など*5	建築基準法施行令第129条第4項	壁および天井	準不燃材料	建築基準法施行令第129条第1項第2号
無窓の居室を有する建築物	室内および通路など*5	建築基準法施行令第129条第5項(同第128条の3の2)	すべての壁および天井	準不燃材料	建築基準法施行令第129条第1項第2号
火気使用室等	室内	建築基準法施行令第129条第6項	壁および天井	準不燃材料	建築基準法施行令第129条第1項第2号

＊1 使用材料の燃焼に関する性能は、不燃材料＞準不燃材料＞難燃材料の順に厳しい。したがって難燃材料以上ということは、不燃・準不燃材料も可である。また、それぞれの仕上げに準ずるものとして国土交通大臣が定めた方法のもの(平成12年建設省告示第1439号)。

2 天井(天井がない場合は屋根)と床面から高さ1.2mを超える部分の壁。

3 開口部回りの額縁や回り縁、窓台などは対象外。

4 3階以上の階に居室を有する場合の天井は、準不燃材料とする。

5 「通路など」とは、「地上に通じる主たる廊下・階段・その他の通路」をいう。

6 建築基準法施行令第128条の4第2項、同第3項にある、規模上制限を受ける大規模建築物をいうが、特殊建築物以外の耐火建築物や準耐火建築物で、100m^2以内ごとに防火区画されている高さ31m以下にある居室、病院・ホテル等で高さ31m以下の部分、学校などは除かれる。

な

長押（なげし）柱を水平方向につなぐもの、または和室の壁面に水平に取り付ける化粧材のことをいう。ハンガーやフックを手軽に吊るせるように室内に取り付けられた横木となっている。→鴨居(図·95頁)

投げる　①仕事を下請に出すこと。分割して出すのを「切り投げ」、まとめて全部出すのを「丸投げ」という。→一括請負　②仕事を途中で放棄すること。

馴染み（なじみ）複数の部材が具合良く密着し、取り合うこと。

ナット回転法　高力六角ボルトの締付け工法の一種。ねじの原理に基づきナットを所要量回転させることで締め付ける。JASS 6では本締めのナット回転量として120°という値を示している。

斜め帯筋（ななめおびきん）⇨ダイアゴナルフープ

斜め筋　⇨斜め補強筋

斜めひび割れ　鉄筋コンクリート、鉄骨鉄筋コンクリート構造などの耐震壁、非耐力壁、梁、柱などの部材にせん断力が働き、材軸に対して斜め方向に発生するひび割れの総称。

斜め補強筋　梁、壁、スラブ、基礎などの鉄筋のうち、斜め方向に配置される補強用鉄筋、および開口隅角部のひび割れ防止のために配置される補強用鉄筋のこと。「斜め筋」ともいう。(図·365頁)

生コン　⇨レディーミクストコンクリート

生コン工場　生コンクリート製造設備をもつ工場。

生コン車　ドラムミキサーを搭載し、レディーミクストコンクリート(生コン)が分離しないように、かくはんしながら運搬できる専用の車両。「アジテータートラック」「トラックミキサー」「ミキサー車」ともいう。(図·365頁)

生コンの運搬時間　コンクリート標準示方書およびJASS 5では、練り混ぜ開始から打込み終了までの時間をいう。→練り置き時間

なまし鉄線　軟鋼線材に冷間加工を行った後で軟化のために焼きなましを施した、円形の断面積をもつ鉄線の総称。適用線径は0.10mm以上18mm以下で、鉄筋の結束や仮設材、型枠材の緊結用として使われる。JIS G 3532。「番線」ともいう。

鉛ガラス　多量の酸化鉛(PbO)を含んだガラス。透明度、屈折率、比重が高く、光学ガラスやクリスタルガラスに使用されるほか、X線防護用にも用いられる。

波形スレート　石綿以外の繊維、混和材料からつくられる断面が波形の繊維強化セメント板。耐火、耐水性に優れていることから、外壁、屋根材として用いられるほか、内装材としても使用される。JIS A 5430

波付き硬質ポリエチレン管　配管の形状が波形で、扁平圧強度を高めた可とう性を有するポリエチレン管。電気配線など躯体打込みさや管や保護管として用いられる。

均し（ならし）コンクリート、モルタルなどの表面の不陸(ふろく)などを平滑にすること。例えば、打ち込んだコンクリートの表面を鏝(こて)で平らにすることを「コンクリート均し」という。

均しモルタル（ならし—）床面、屋根面などの仕上げや、鉄骨柱のベースプレート面の水平面調整のために下地コンクリート面に塗るモルタル。土木では、岩着面とコンクリートをなじませる際に使用するモルタルのことも指す。

ナローギャップ溶接　⇨狭開先(きょうかいさき)溶接

縄尻（なわじり）⇨尻手(しって)

縄張り　敷地全体に対する建物位置や敷地境界との距離を示すために、遣方(やりかた)に先立って建物の輪郭どおりに縄やひもなどを張ること。

軟質フレキシブルボード　⇨フレキシブルボード

軟弱地盤　泥や多量の水を含んだ常に軟らかい粘土、または未固結の緩んだ砂からなる地盤の総称。その性質上、土木・建築構造物の支持層には適さない。圧縮性が高く、せん断強度が低いため、地震時には振幅の大きな揺れや砂質土の液状化現象などの被害が発生しやすい。軟弱地盤は河川のデルタ地

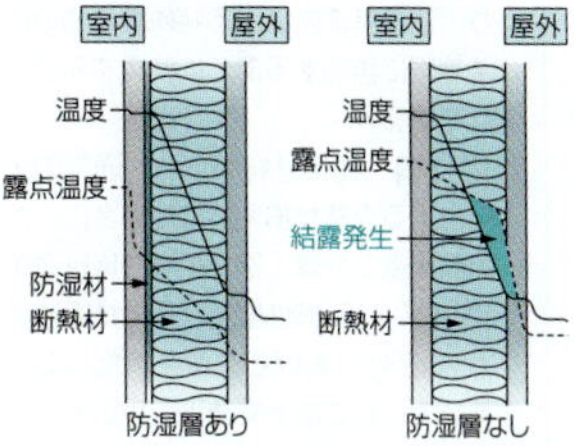

内部結露

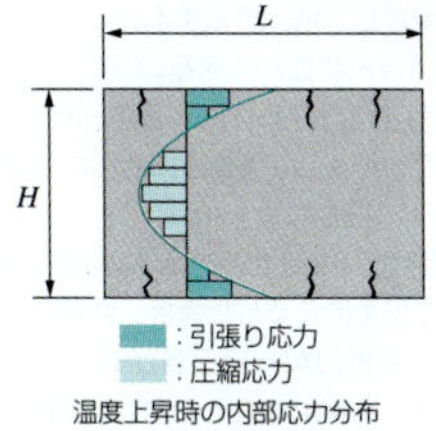

内部拘束

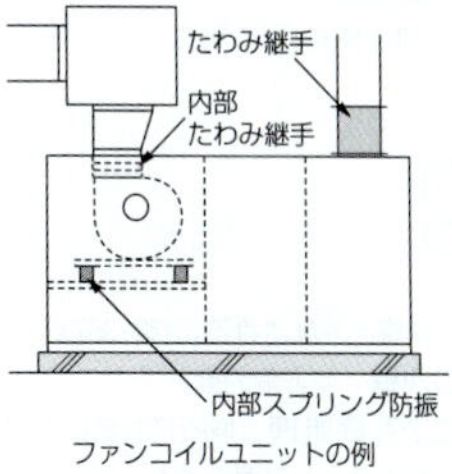

内部防振方式

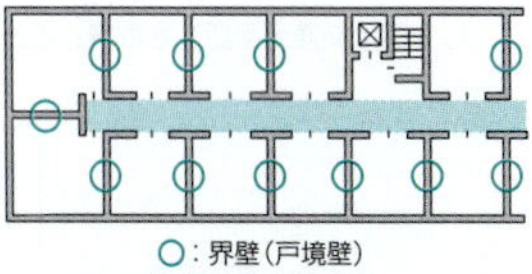

中廊下型集合住宅

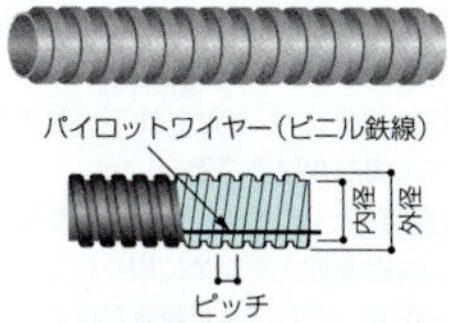

波付き硬質ポリエチレン管

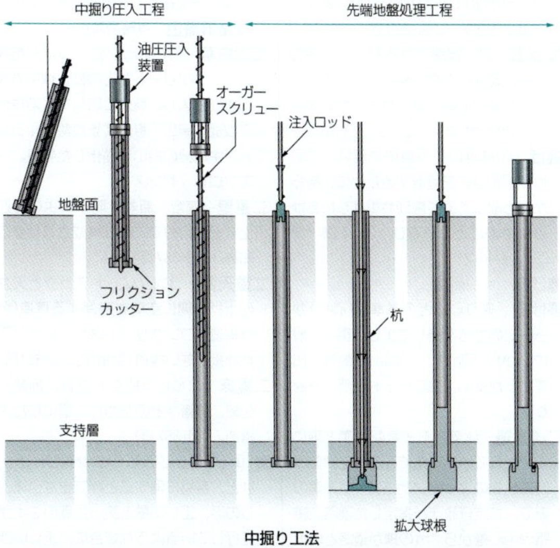

中掘り工法

帯や埋立て地に分布する。

軟石（なんせき）⇨死石(しにいし)

軟練りコンクリート　通常、スランプが15cm以上の流動性に富んだコンクリートの総称。

難燃合板　普通合板を難燃薬剤で処理して燃えにくくした合板。合板の日本農林規格(JAS)で品質が規定されており、基準に適合した製品は「難燃処理」と表示される。難燃合板のうち、厚さが5.5mm以上のものが難燃材料として国土交通大臣認定を取得しており、建築基準法による特殊建築物の内装制限に該当する部分に使用することができる。

難燃材料　建築材料のうち、通常の火災による火熱が加えられた場合に、加熱開始後5分間、建築基準法施行令第108条の2「不燃性能及びその技術的基準」の各号に掲げる要件を満たしているものとして国土交通大臣が定めたもの、または同認定を受けたもの(建築基準法施行令第1条6号)。「不燃材料」「準不燃材料」に次ぐ。

に

荷受け構台　材料などを運搬、揚重する目的で建物の内外に設置する仮設の材料置場。

荷打ち　ケーソンなどを沈下させるために荷重をかけること。

逃し通気管　排水立て管内部の空気の圧力変動を抑えるために取り付ける補助的配管。これにより排水がスムーズに流れる。また、分岐部以降のトラップの封水切れ(破封)防止効果がある。→排水通気方式(図·389頁)

握り玉　扉を開閉させるための把手のうち、球状のものの総称。回転するもの、しないもの、鍵穴付き、サムターン付きなどがある。「ノブ」ともいう。

逃げ　①材料の加工誤差や現場での取付け誤差などを吸収するために、あらかじめ取っておく隙間や重なりにおける余裕のこと。→遊び　②　⇨逃げ墨　③　⇨引照点

逃げ杭　⇨引照点

逃げ墨　通り心などの基準墨(心墨)から一定の寸法を離して出した墨。一般に心から500mm、1,000mm離して出すことが多い。「逃げ」ともいう。→返り墨

二項道路　建築基準法第42条第2項に規定されている道路で、この法律施行時に建物の建っていた幅員4m未満の道で、特定行政庁が指定した道路。道路の中心線から2mの線が道路との境界線とみなされる。(図·367頁)

二次壁　⇨非耐力壁

二次孔底処理　場所打ち杭における二次スライム処理のこと。コンクリート打込み直前に行う濁水交換方式などによってスライムを除去する。ほとんどのスライムは一次孔底処理で除去できるが、多量のスライムが沈殿する場合や沈殿量が安定しない場合などに必要となる一次孔底処理の補助的なもの。

二次電解着色　⇨電解着色

二次白華（にじはっか）いったん乾燥したコンクリートなどの硬化体に外部の水が浸入し、乾燥に際して可溶成分を表面に導出・析出する炭酸カルシウムが主成分の白い結晶化した物質。→エフロレッセンス

二重壁　遮音、断熱、防水および意匠上などの目的で二重に構成された壁の総称。(図·367頁)

二重天井　コンクリートスラブと天井仕上げの間に空間を確保する構造(吊り構造やコンクリートスラブに天井下地が接しない構造)を指す。(図·367頁)

二重床（にじゅうゆか）遮音、断熱、配線、配管などのために二重にした床構造。(図·367頁)

躙印（にじりじるし）コンクリート上など、容易に消すことができない墨出しの際、正しい墨と誤った墨の2本が並行しているような場合に、正しいほ

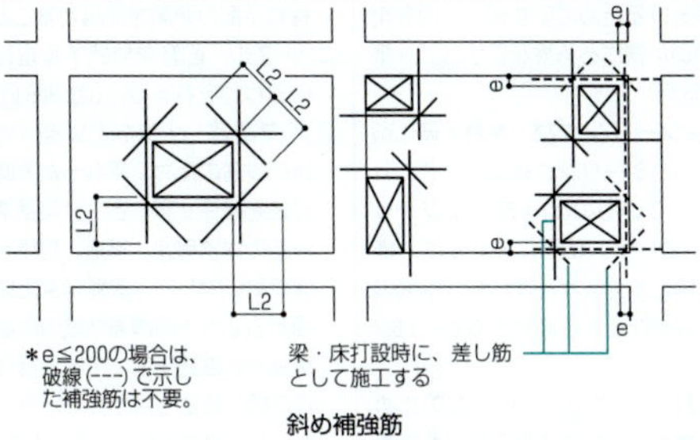

斜め補強筋

生コン車

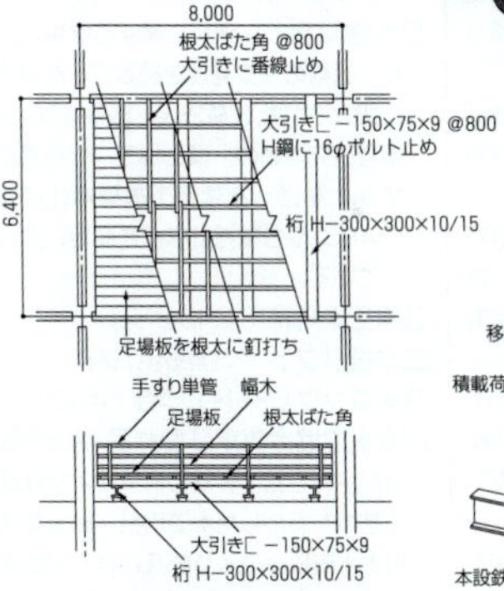

定置式荷受け構台

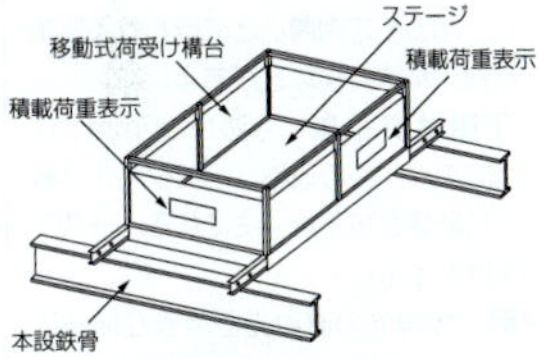

移動式荷受け構台

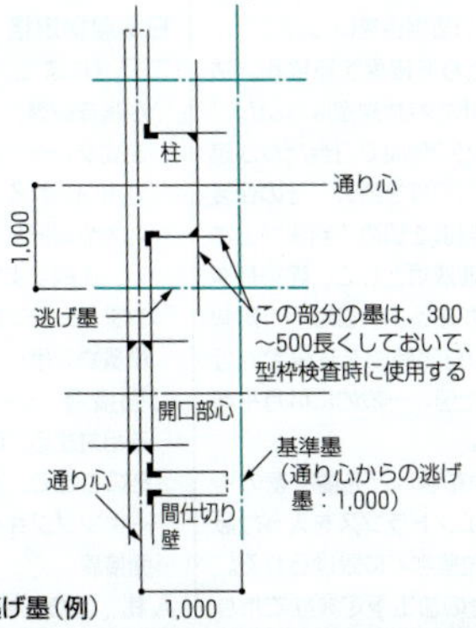

逃げ墨(例)

うを見分けるために示す印。>印を用いて開いた側にある墨を正する。→墨(図·255頁)

2成分系シーリング材　基材と硬化剤が分かれたシーリング材のことで、分かれていないものは「1成分系シーリング材」という。使用に際しては、練り混ぜ時に十分にかくはんし、空気の巻き込みを防止する必要がある。(表·369頁)

二層受け　コンクリートの養生のため、二層にわたって型枠支保工(しほこう)を存置すること。

二段筋　梁などで最外側の主筋よりも一段内側、すなわち二段目に配置される主筋の総称。(図·369頁)

二段巻(撒)き出し　土工事などの盛土において、土を上下二層に分けて盛り上げ、それぞれを仕上げること。

日常点検　建物および建築設備全般について、外観や運転状態の異常の有無を目視を中心に点検し、必要に応じて清掃や手入れを行い常時正常に使用できるよう維持管理すること。これに対し、ある一定期間ごとに行われる定期点検、精密点検などがある。

二丁掛けタイル　寸法が227mm×60mmのタイルの通称。小口タイル2枚に目地幅を加えた寸法になる。→四丁掛けタイル。

日照　太陽光の直射光が地表を照らすこと。日照時間などの観測においては、$1m^2$当たり120W(ワット)以上の直射光が当たっている場合をいう。

日照権　日当たりを確保する権利。法律として明文化された規定はないが、高層建築物などの建設で日当たりが遮られた場合、日照権を認め、その保護あるいは損害賠償を認める判決が出されている。関連法規として、建築基準法に日影規制がある。→日影(ひかげ)規制

日照率　実際の日照時間を気象学的可照時間で除した値。一般的には月平均値で表される。

ニッチ　彫像や花瓶などを置く壁のくぼみ。玄関やエントランスを入った最初に目につく位置などに設けられる。

日程計画　個々の加工予定を立てたり、材料手配の時期を計画すること。

ニップル　配管を接続する短管。両端におねじを有する。(図·369頁)

2方向避難　火災など災害時の避難経路の設置のため、異なった方向に避難経路を確保すること。建築基準法では一定の建物用途、構造、規模を有する建築物に対して、避難階または地上に通ずる2以上の直通階段の設置および居室から直通階段に至る歩行経路の重複区間の長さを規定している。建築基準法施行令第120条、第121条(表·369、371頁)

日本壁（にほんかべ）伝統的な木造建築などで古くから施工されている「土壁(つちかべ)」「漆喰壁」「大津壁」「砂壁」など、日本の伝統的な塗り壁の総称。

日本建築学会　建築に関する学術、技術、芸術の進歩発達を図ることを目的に設立された公益法人。略称は「AIJ」。調査研究活動の一環として、仕様書の標準化を図った建築工事標準仕様書(JASS)や各種指針などを制定、発行している。

日本工業規格　⇨JIS(ジス)

二本構リフト　⇨建設用リフト

日本コンクリート工学会　⇨JCI

日本水道協会認定証登録品　厚生労働省が定める給水装置の構造および材質の基準を満たした水道用品、給水器具。日本水道協会により認証されて認証登録品となる。JWWAのマークが表示される。

日本農林規格　⇨JAS(ジャス)

二又（にまた）現場で組み立てる簡便な揚重設備。「ふたまた」ともいい、移動式クレーンが使用できない場所などで用いられる。上部を結束した2本の丸太や鋼管パイプの脚部を開いて固定し、虎綱で支持する。その頂部に滑車やチェーンブロックなどを取り付け、重量物を吊り上げる。→三又(さんまた)

二面接着　シーリング材が被着体である相対する二面のみで接着している状態のことで、ムーブメントが大きいワーキングジョイントに施工する。→三面接着

入札　請負工事などにおける業者決定

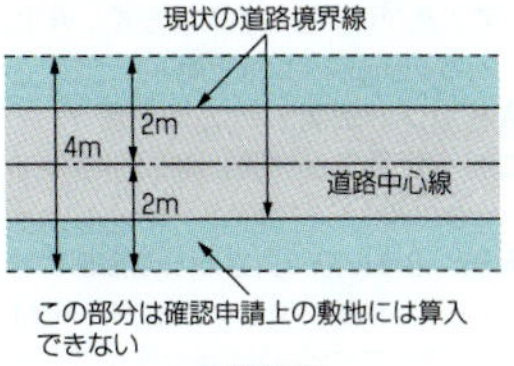
現状の道路境界線
2m
4m
道路中心線
2m
この部分は確認申請上の敷地には算入できない

二項道路

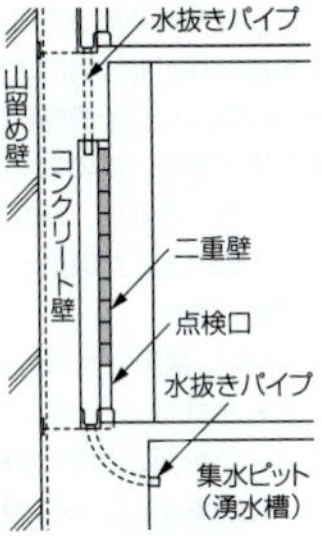
水抜きパイプ
山留め壁
コンクリート壁
二重壁
点検口
水抜きパイプ
集水ピット
（湧水槽）

二重壁（例）

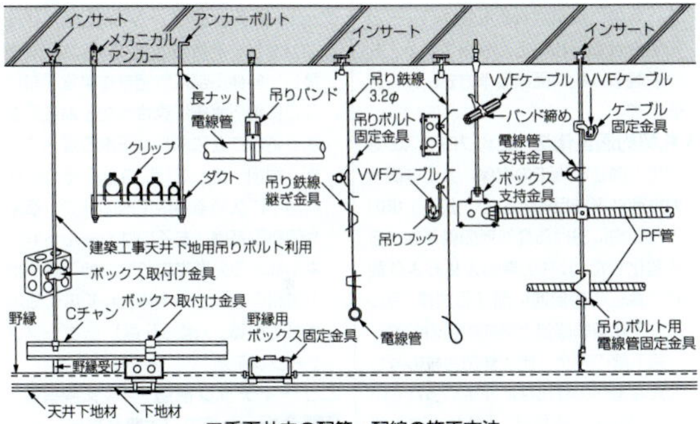
インサート
メカニカルアンカー
アンカーボルト
インサート
インサート
長ナット
吊りバンド
電線管
吊り鉄線 3.2φ
吊りボルト固定金具
VVFケーブル
VVFケーブル
バンド締め
ケーブル固定金具
電線管支持金具
ボックス支持金具
クリップ
ダクト
吊り鉄線継ぎ金具
VVFケーブル
吊りフック
PF管
建築工事天井下地用吊りボルト利用
ボックス取付け金具
ボックス取付け金具
Cチャン
野縁
野縁用ボックス固定金具
電線管
吊りボルト用電線管固定金具
野縁受け
天井下地材
下地材

二重天井内の配管・配線の施工方法

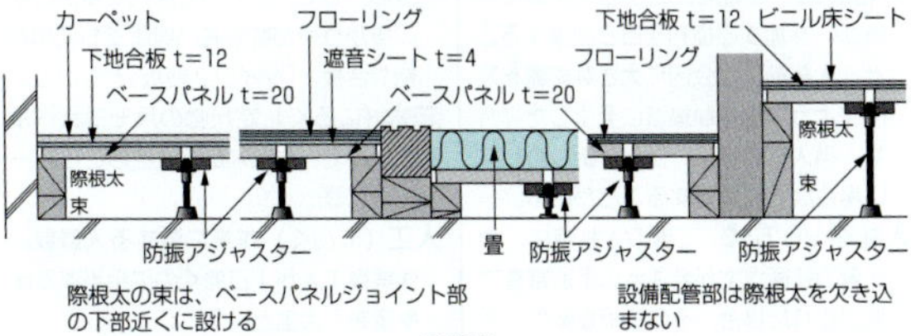
洋室の例
居間・和室の例
廊下・洗面脱衣室の例
カーペット
下地合板 t=12
ベースパネル t=20
フローリング
遮音シート t=4
ベースパネル t=20
下地合板 t=12
ビニル床シート
フローリング
際根太
束
際根太
束
防振アジャスター
畳
防振アジャスター
防振アジャスター
際根太の束は、ベースパネルジョイント部の下部近くに設ける
設備配管部は際根太を欠き込まない

二重床

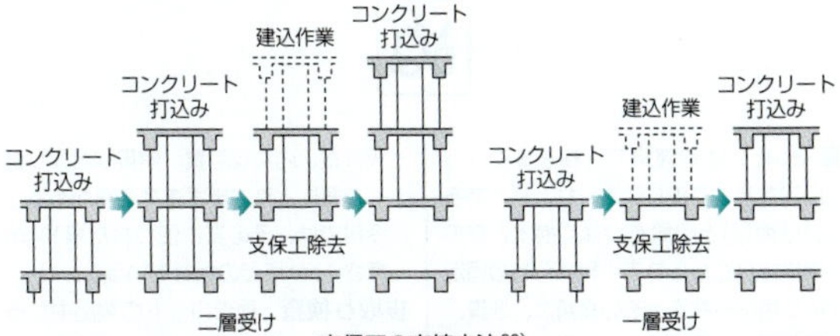
コンクリート打込み
コンクリート打込み
建込作業
コンクリート打込み
支保工除去
二層受け
コンクリート打込み
建込作業
コンクリート打込み
支保工除去
一層受け

支保工の支持方法[30]

方法の一つ。競争者である2以上の請負者が工事金額など発注者の求める要件を提出(＝応札)し、その内容によって請負者を決定する。この場合の決定を「落札」という。会計法、地方自治法により公共工事は入札が原則とされている。→開札、落札

入札形式 入札に採用されるさまざまな形式。入札形式は、(1)入札業者の選定方法による分類として「指名競争入札」と「一般競争入札」、(2)落札業者の決定方法による分類として「価格競争方式」と「総合評価方式」に大別できる。実際に採用される形式は(1)と(2)の組合せで行われる。→指名競争入札、一般競争入札、価格競争方式、総合評価方式

入札契約適正化法 契約プロセスの透明化、適正な施工の確保、公正な競争の推進などを目的として、公共工事の入札契約における発注者の義務などを法制化した「公共工事の入札および契約の適正化の促進に関する法律」のこと。入札契約経過と契約内容の公表、一括下請の禁止、施工体制台帳の写しの発注者への提出などが定められている。2001年4月施行。「公共工事入札契約適正化法」とも呼ばれている。

入札辞退 指名業者などの入札参加業者が、参加する権利を自ら放棄すること。入札前に社会的に大きな影響を及ぼすような事態が業者に発生した場合や、再入札の結果、価格が折り合わない場合などに辞退することがある。

入札時VE方式 工事の入札時に、受注者の技術提案が発注者の事前審査で承認された場合、その技術提案のもとで入札が可能となる入札方式。VEはvalue engineeringの略。

入札ボンド制度 ⇨ボンド制度

ニューセラミックス ⇨ファインセラミックス

入熱 溶接の際、外部から溶接部に与えられる熱量。アーク溶接においては、アークが溶接ビードの単位長さ(1cm)当たりに発生する電気エネルギーH〔J/cm〕で表され、アーク電圧E〔V〕、アーク電流I〔A〕、溶接速度ν〔cm/min〕とすると、$H=60EI/\nu$で与えられる。→パス間温度

ニューマチックケーソン工法 鉄筋コンクリート製の函(躯体)を地上で構築し、躯体下部に気密な作業室を設け、ここに地下水圧に見合った圧縮空気を送り込むことにより地下水の浸入を防ぎ、掘削、排土を行いながらその躯体を地中に沈める潜函工法の一つ。橋梁や建物の基礎、あるいはシールドトンネルなどの発進立坑(たてこう)、地下鉄や地下道路のトンネル本体として広く活用されている。(図·371頁) →オープンケーソン工法

ニューマチック構造 ⇨空気膜構造

2類合板 合板の日本農林規格(JAS)における接着の程度(耐久性)による区分の一つで、主として屋内で多少の水の掛かりや湿度の高い場所でも使用可能な合板。「タイプ2合板」ともいう。

二六(にろく) 定尺物の尺モジュールの一つで、2尺×6尺寸法のこと。→三六(さぶろく)

人工(にんく) 作業に要する人員数。作業員1人が1日働くのに相当する仕事量を1人工という。

ぬ

貫(ぬき) 木造建築で、柱を貫くように穴をあけて差し込み、柱と柱、あるいは束(つか)との間をつなぐ横木。壁の中に塗り込められて小舞(こまい)竹の固定にも用いられる。その種類は、地貫、足元貫、胴貫、腰貫、大貫、小屋貫、天井貫、内法(うちのり)貫、頭貫など取り付く位置によりさまざまな名称がある。今日では、その貫に使われた幅10cm、厚さ1cmほどの板材をいう。

抜取り検査 検査ロットの製品中から偏りなく試料、標本を抽出して行う検

2成分形シーリング材の評価

評価項目＼シーリングの種類		2成分形 シリコーン系 SR-2	2成分形 変成 シリコーン系 MS-2	2成分形 ポリサル ファイド系 PS-2	2成分形 ポリウレタン系 PU-2 (ノンブリード)
美観	目地周辺	−	○	◎〜○	○(露出時)
	目地表面	△	△	◎〜○	△(露出時)
動的疲労性		◎	○	○〜△	△〜−
耐久性区分		10030	9030	9030	8020
表面耐候性		◎	○	○	−
ガラス耐光接着性		◎	用途外	△	用途外
塗装性		−	△	△	◎
表面タック	初期	○	△	○〜△	△
	経時	◎	△	◎	△
作業性		△	◎	○	○

◎：推奨材種／○：使用可／△：製造者への事前確認を要する／−：使用不可

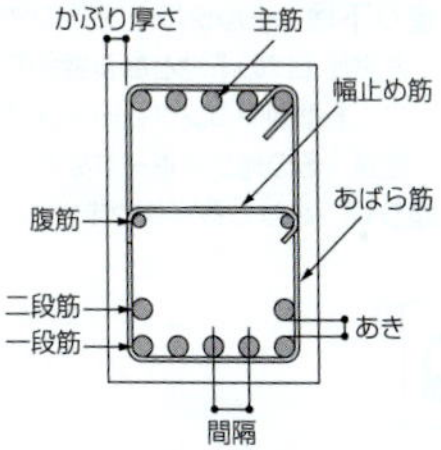

二段筋

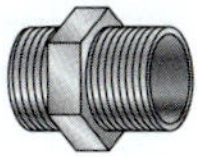
ニップル

居室の各部分から直通階段までの歩行距離

居室の種類等＼建築物の構造			主要構造部が準耐火構造または不燃材料	その他
①*1	無窓の居室(有効採光面積<居室×1/20)、百貨店、物品販売店の類の居室(売場など)		30m以下	30m以下
②*2	病院、旅館、寄宿舎、共同住宅の類の主たる居室		50m以下	30m以下
③	①、②以外の居室		50m以下	40m以下
④	居室および通路の内装を準不燃材料としたもの(14階以下)		①30+10=40m以下 ②50+10=60m以下 ③50+10=60m以下	
⑤	15階以上の居室	居室または通路の内装を難燃または可燃材料としたもの	①30−10=20m以下 ②50−10=40m以下 ③50−10=40m以下	
		居室および通路の内装を準不燃材料としたもの	①30m以下 ②50m以下 ③50m以下	

注) メゾネット型共同住宅(主要構造部が準耐火構造で住戸の階数が2または3のもの)の住戸で出入口のない階については、住戸内専用階段を通って出入口のある階の直通階段までの歩行距離を40m以下とすれば、上表の規定は適用しない。

＊1 345頁・表「耐火建築物等としなければならない特殊建築物」の④参照。

2 345頁・表「耐火建築物等としなければならない特殊建築物」の②参照。

査。製品が一定の形状で大量につくられており不良発生の確率が低いときや、検査が破壊検査となり全数検査が適さない場合に採用される。不合格品が多く出た場合、そのロットからさらに試料を採取し検査する、あるいは全数検査に移行するという検査のやり方もある。生コンクリートの受入検査、圧接部の抜取り検査など。→全数検査

盗み板（ぬすみいた）コンクリート構造において、コンクリートに欠き込みや溝を設けるため、型枠に入れる板。後付けサッシ用の欠き込みなどに使われる。「あんこ」ともいう。

布（ぬの）①水平や長手などを意味する言葉で、布基礎および布丸太という使い方をする。②仮設足場を構成する建地(たてじ)と建地を連結する水平部材で、「布板」「布地」ともいう。

布板　⇨布②

布基礎（ぬのきそ）建築物の構造から発生する応力、建物の重量、垂直荷重などを地盤へ伝達する基礎の形式の一種。構造耐力上一体の構造としてつくられた、逆T字形の断面で帯状に連続した基礎。「連続基礎」ともいう。→直接基礎(図·315頁)

布地　⇨布②

布積み　石積みにおける整層積みの一つで、同じ高さの石を横目地を通して積む積み方。(図·373頁)

布伏せ　漆喰塗りなどにおいて、収縮亀裂の発生しやすい貫(ぬき)表面や柱、鴨居(かもい)の散り回りなどに蚊帳布(かやぬの)や寒冷紗(かんれいしゃ)などを塗り込むこと。

布掘り　布基礎や基礎梁の位置に沿って、帯状またはマス目上に連続的に掘削する根切り方法。→総掘り、壺(つぼ)掘り

塗り下地　モルタルやプラスターなど左官仕上げの下地となる場合のコンクリート壁面やコンクリートブロックの壁面、その他ラスボードなどの下地。

塗り代（ぬりしろ）⇨つき代

ね

根石（ねいし）①石積みまたは石張りにおける、最初に施工する最下段の石。この石が全体の基準となる。②基礎に用いる石。または建物の足元に積む石。

ネイラー　自動釘打ち機。空気圧などで連続して釘を打つことができる。

根入れ　①杭、基礎、掘立て柱などの地中に埋設した部分。②地表面または根切り底から地中埋設部の先端までの貫入深さ。

根枷（ねかせ）門柱、櫓(やぐら)などの工作物や仮囲いにおいて、控え柱の根元に一文字あるいは十文字に組んで地中に埋めた横材。控え柱の沈下、引抜きを防止する役目をもつ。(図·373頁)

根固め　①橋脚などの地中部分を割栗(わりぐり)石を埋めて固めること。②杭基礎の先端をコンクリート、モルタル、セメントミルクなどで固めること。

根固め液　杭基礎の先端を固めるために充填するセメントミルクなどのこと。→セメントミルク工法

ネガティブフリクション　杭の周囲の地盤が沈下することにより、杭に下向きに働く摩擦力のこと。軟弱地盤を貫いて設置した支持杭で生じやすく、杭自体の荷重が増大して杭が破壊された例もある。

根搦み（ねがらみ）足場の建地(たてじ)下部や型枠を支えるパイプサポート下部を横に連結して、足元を固めるための補強材。単管パイプなどが用いられる。→型枠支保工(しほこう)(図·87頁)、単管本足場(図·305頁)

根搦みクランプ（ねがらみ―）サポートの補強に用いる根がらみパイプを連結する金具。(図·373頁)

根切り　基礎や地下構造物をつくるために、地盤面下の土を掘削すること。布掘り(布基礎)、壺掘り(独立基礎)、総掘りなどがある。

根切り工事　構造物の基礎部分、地下

直通階段を2箇所以上設けなければならない場合

	2以上の直通階段を設けなければならないもの（原則）			直通階段が1箇所でもよい場合（例外）
	対象階の用途等	対象階	対象階の居室などの床面積の合計（S）	
①	劇場、映画館、演芸場、観覧場、公会堂、集会場の客席、集会室、その他類似	すべての階	面積に関係なくすべて	なし
②	物品販売店（>1,500m²）の売場	すべての階	面積に関係なくすべて	なし
③	風俗営業等[*1]の客席・客室、その他類似	6階以上の階	すべて	なし
		5階以下の一般階	すべて	*2
		避難階の直上階・直下階	S>100m²（>200m²）	S≦100m²（≦200m²）
④	病院・診療所の病室、児童福祉施設等の主たる用途に供する居室	6階以上の階	すべて	なし
		5階以下の階	S> 50m²（>100m²）	S≦ 50m²（≦100m²）
⑤	ホテル・旅館・下宿の宿泊室、共同住宅の居室、寄宿舎の寝室	6階以上の階	すべて	*2
		5階以下の階	S>100m²（>200m²）	S≦100m²（≦200m²）
⑥	その他の居室	6階以上の階	すべて	*2
		5階以下の一般階	S>100m²（>200m²）	S≦100m²（≦200m²）
		避難階の直上階	S>200m²（>400m²）	S≦200m²（≦400m²）

注）（　）内は主要構造部が準耐火構造または不燃材料の場合。

*1
1）キャバレー、カフェー、ナイトクラブまたはバー
2）個室付浴場業その他客の性的好奇心に応じてその客に接触する役務を提供する営業を営む施設
3）ヌードスタジオその他これに類する興行場（劇場、映画館または演芸場に該当するものを除く）
4）もっぱら異性を同伴する客の休憩の用に供する施設
5）店舗型電話異性紹介営業その他これに類する営業を営む店舗

2 各階が次の4条件を満足するもの
1）居室の床面積合計が100m²（200m²）以下であること
2）避難上有効なバルコニーなどが設けられていること
3）設置される1つの直通階段は、屋外の避難階段かまたは特別避難階段であること
4）⑥については、①～⑤以外の用途の階であること

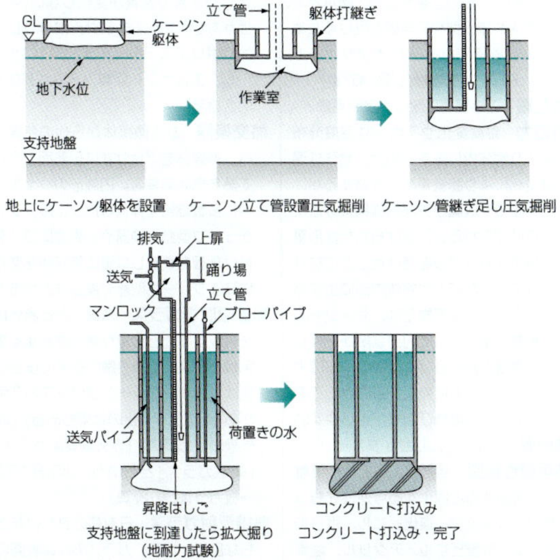

地上にケーソン躯体を設置
ケーソン立て管設置圧気掘削
ケーソン管継ぎ足し圧気掘削

支持地盤に到達したら拡大掘り（地耐力試験）
コンクリート打込み・完了

ニューマチックケーソン工法

躯体を構築するために、地盤面下部を掘削する工事の総称。

根切り底（ねぎりぞこ）構造物の基礎部分や地下躯体を築造するために行う地盤掘削の底にあたる部分。

猫（ねこ）⇨コンクリートカート

ネコ 英語のnegotiation（交渉、折衝、商談）の略語。

猫車（ねこぐるま）⇨コンクリートカート

ネコピース 鉄骨工事において使用する、取付け用のL形金物やアングルピース。

ねじ切り タップを用いてめねじを切ること。「ねじ立て」ともいう。

ねじ立て ⇨ねじ切り

ねじなし電線管 電線類外装を保護するために用いられる管。厚鋼電線管、薄鋼電線管とともにJIS C 8305で規格化されている。管の端にねじが切られていないもので、金属製や樹脂製が用いられる。「E管」ともいう。

根太（ねだ）①床組において、床板を受ける横桟。大引きや床梁の上に一定の間隔で渡される。→軸組構法（図·209頁） ②仮設工事や型枠工事などで、作業床や床版型枠の床板を受けるために入れる横架材。→パイプサポート（図·391頁）、防護構台（図·457頁）

ねた場 工事現場に設けた塗料倉庫。

熱応力 温度変化や不均一な温度分布により物体内に生ずる応力。物体は温度変化により膨張または収縮するが、この膨張や収縮が外部的な拘束などにより妨げられると、妨げられた変形量に相当するひずみを受けたことになり、それに応じた応力が物体内部に生ずる。コンクリート構造物では、セメントの水和熱が蓄積されて内部温度が上昇し、この温度上昇ならびに以後の冷却によりコンクリートに発生する応力。この応力により温度ひび割れが生じやすい。

熱回収 ⇨サーマルリサイクル

熱可塑性樹脂 熱を加えると軟化溶解し、冷却すると固化する可逆性をもったプラスチック。塩化ビニル、ポリエチレン、酢酸ビニル、アクリル、塩素化ポリオレフィンの各樹脂など。

熱間加工 鋼材が加工硬化しない温度範囲で行う加工のこと。これに対し、鋼材が加工硬化する常温域で曲げ加工することを「冷間加工」と呼ぶ。

熱感知器 火災により生じる熱を感知し作動する火災感知器。周囲が一定温度に達した場合に作動する定温式、周囲温度の上昇率が一定の率に達した場合に作動する差動式、定温式と差動式の性能を併せもつ補償式がある。→煙感知器

熱橋（ねつきょう）無限大の平面壁に比べ、外壁の隅角部、壁の中の柱など表面積の違いや熱伝導率の異なる部材で壁体を構成した場合に、熱の流れやすい部分をいう。「ヒートブリッジ」ともいい、断熱不良によっても生じる。

ネッキング 弾性シーリングなどの弾性材が、引張り応力を受けてくびれる現象。

熱源機器の保温施工 機器表面から周囲への放熱を防ぐ目的で行う保温工事。保温材としてグラスウール、発泡樹脂カバーが用いられる。

熱硬化樹脂 成形後、再加熱しても硬化したままで性質が変化しない（可逆性がない）プラスチック。ポリウレタンやポリエステル、メラミン、フェノール、エポキシ、尿素、アルキドなどの各樹脂。

熱交換器 ある熱媒体から他の熱媒体へ、熱媒体を混合せずに伝熱面を介して熱を伝える装置。円筒形のシェルの中に多数細管を挿入したシェルアンドチューブ型熱交換器や、表面に凹凸を付けた板を積層し板管に熱媒体を交互に流すプレート型熱交換器などがある。

熱線吸収板ガラス 熱線である赤外線を吸収することにより熱を遮断する着色板ガラス。空調設備の軽減に役立つ。色はブルー、グレー、ブロンズの3色があり、デザイン上の効果もある。「赤外線吸収ガラス」「赤外線遮断ガラス」「吸熱ガラス」ともいう。JIS R 3208 →板ガラス（表·27頁）

熱線反射ガラス 日射熱の遮へいをおもな目的として、ガラスの片側表面に金属酸化物を焼き付け、太陽熱の反射

布積み

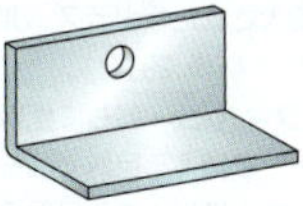

ネコピース（例）

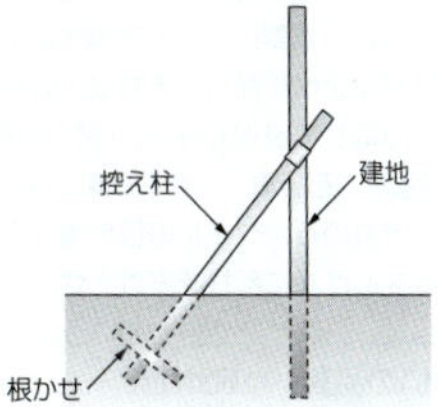

根かせ

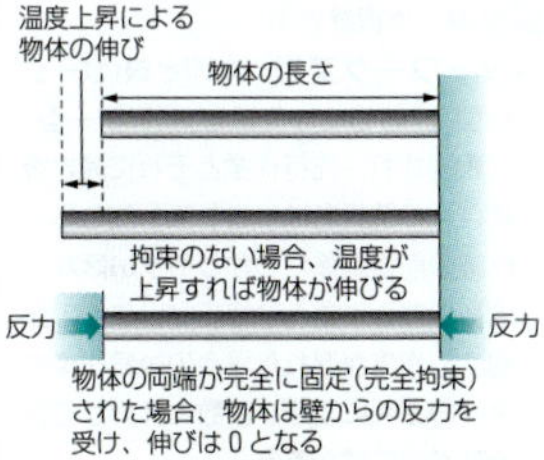

熱応力

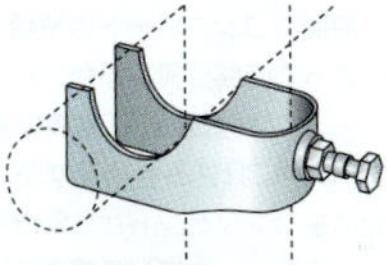

根がらみクランプ

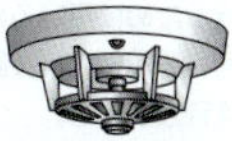

定温式スポット型熱感知器

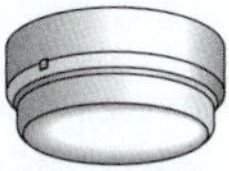

差動式スポット型熱感知器

熱感知器

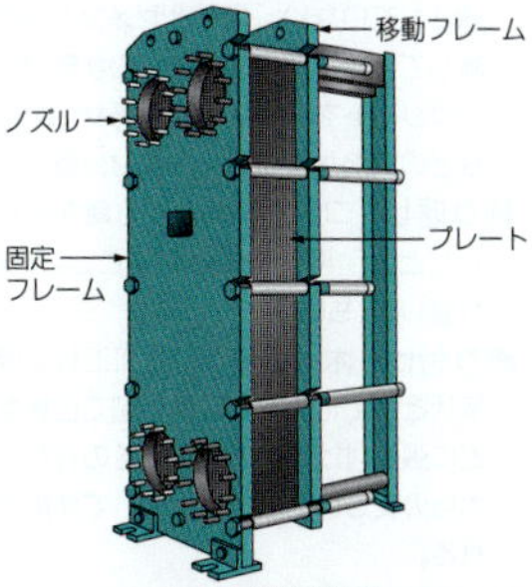

プレート型熱交換器

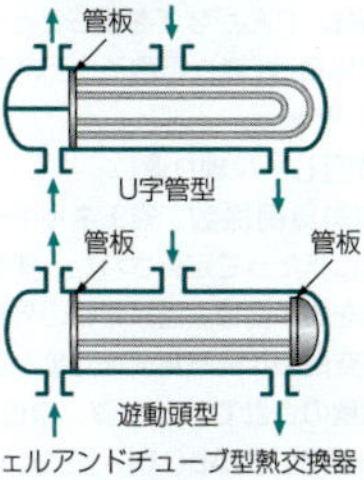

シェルアンドチューブ型熱交換器

熱交換器

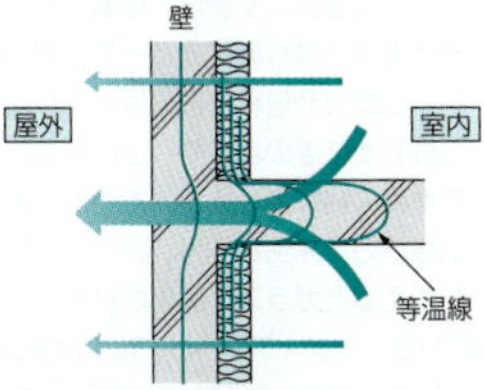

熱橋

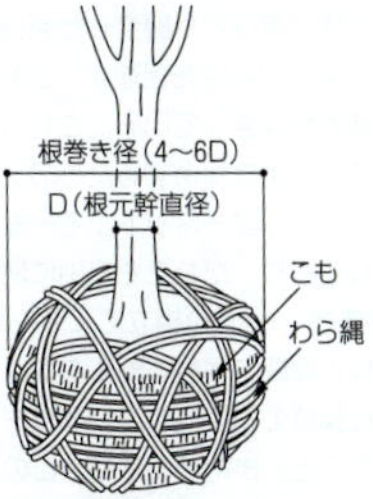

根巻き

率を増大させた板ガラス。JIS R 3221 →板ガラス(表・29頁)

熱反射フィルム　おもに夏期の冷房エネルギーを抑える目的で貼られるフィルム。室内に侵入する日射の一部を反射し、室内の熱負荷を軽減する。

根包み　⇨根巻き③

ネットワーク工程　丸印と線(サークル型)、もしくは矢印と線(アロー型)で表現され、先行作業とそれに続き後続作業の関係をはっきり表したもの。作業の前後関係がわかりやすいほか、余裕のある作業と余裕のない作業の区別や、作業が遅れた場合の後続作業や全体の工程に及ぼす日数の計算ができるなどの特徴がある。

熱負荷　空調設備の設計やシミュレーションを行うために用いる熱量。一般に室内負荷、外気負荷、装置負荷、熱源負荷の4種類がある。

熱膨張係数　一定の圧力の下で温度を変化させたときに、材料の長さが増加する割合のこと。熱による体積または長さの増大の割合を示す物体固有の量で、一般には温度の関数として、体積膨張率や線膨張率で表される。

熱割れ　窓の板ガラスが日光の直射を受けて引き起こす現象。照射された部分は高温となり膨張する一方、周辺のサッシ部分や日影の部分はあまり温度上昇せず低温のままで、この低温部が高温部の熱膨張を拘束することにより引張り力が発生し、ガラスのもつ強度を超えるとガラスが破壊される。

NETIS（ネティス）new technology information systemの頭文字をとった呼称。新技術情報提供システム。民間企業などが開発した新技術を公共工事への活用を促進する目的で国土交通省が運営している、これらの情報を共有および提供するためのデータベース。インターネット上で一般に公開されており、だれでも自由に閲覧できる。

根巻き　①型枠組立てにともない、敷桟の隙間を埋めるモルタル。②鉄骨の柱脚部の固定度をコンクリートで高めること。またその状態。このコンクリートを「根巻きコンクリート」という。③木造柱の地面と接する部分の腐食を防止するため、モルタルや石などの材料を使って巻き付けること。またその材料。「根包み」ともいう。④樹木の運搬や移動などを行う際に、根の乾燥を防ぎ、かつ根鉢(ねばち)が崩れないように、その周囲をわら縄などで巻いて荷造りすること。作業は、1人で運べる小木では掘り上げてから、それ以上のものは掘り取りの過程で行う。(図・373頁)

眠り目地　石工事、タイル工事において、それぞれの石、タイルの目地幅なしで、隙間をあけずに部材を密着させたときの目地。「盲(めくら)目地」ともいう。

ねらいの品質　⇨設計品質

練り置き時間　生コンクリートの工場における練り混ぜ後から打込み開始までの時間。コンクリートの種類、外気温によって時間は異なるが、普通コンクリートで外気温25℃未満の場合、120分以内に打込みを終了する。輸送時間は生コンプラントから90分程度を目安にする。→生コンの運搬時間

練りが浅い　コンクリートが十分に混練されていない、骨材とセメントが分離している状態のこと。この状態でコンクリートを打ち込むと、骨材の分離などの欠陥が生ずる。→骨材分離

練り返し　コンクリートが分離を起こしたとき、再度混練し直すこと。「練り直し」ともいう。

練り付け　木材を薄く切断加工して厚紙状とした化粧板を、接着剤で合板などに張り付けること、またその材料。木目の美しい高級内装材として使用される。

練り積み　モルタルを接着剤に使って石材、れんがなどを積むこと。特に石の場合は「練り石積み」という。→空(から)積み

練り直し　⇨練り返し

年間熱負荷係数　省エネルギー法の施行に当たって定義された、建物の断熱性を表す指標。当該建物の外界に接する空間の年間熱負荷を対象となった床面積の合計で除した値。単位は〔MJ/m^2・年〕。「PAL(パル)」ともいう。

粘性土（ねんせいど）粘りのある土。

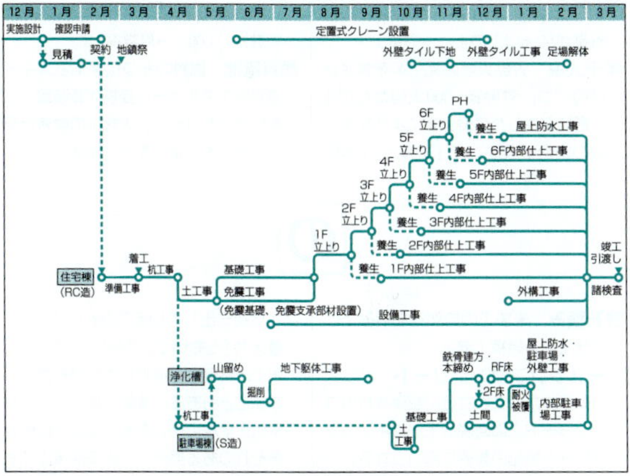

ネットワーク工程表(例)

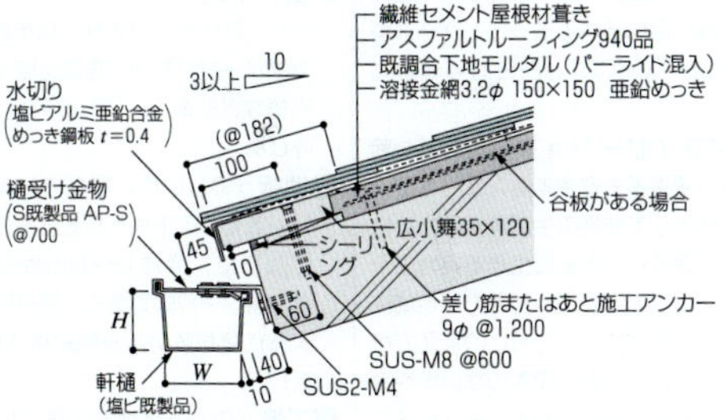

繊維セメント屋根材葺き(RC下地)の納まり例

軒樋

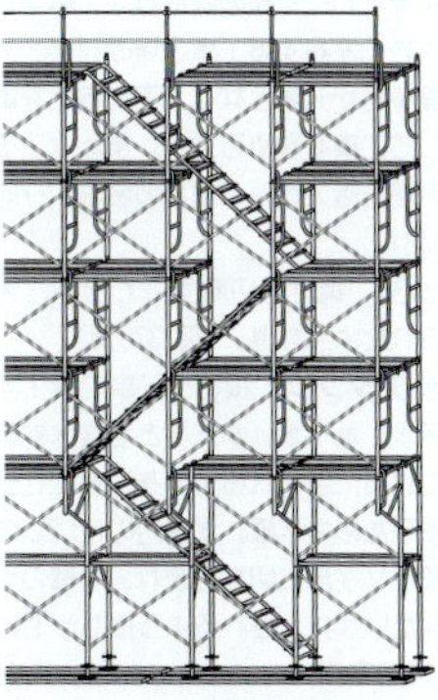

登り桟橋

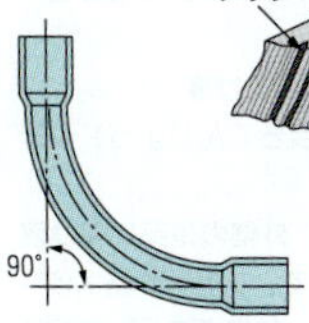

硬質塩化ビニル管の例

ノーマルベント

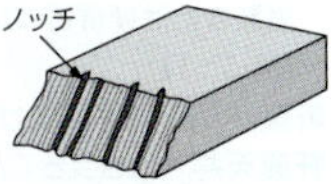

ノッチ

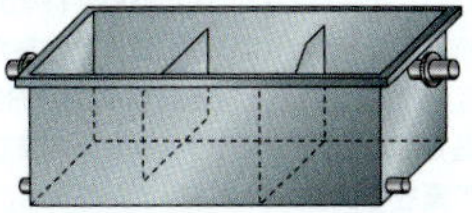

ノッチタンク

細粒土(粒径75μm以下の土粒子)の含有量が50%以上の土。→砂質土

年千人率　労働災害の発生率を表す指標の一つ。労働者1,000人当たりの1年間に発生した労働災害による死傷者数の割合で表す。年千人率＝(1年間における死傷者数／1年間の平均労働者数)×1,000　→度数率

燃料電池　燃料のもつ化学エネルギーを電気エネルギーに変換する装置。一般に水素を供給し、大気中の酸素と反応させて水と電気を取り出す。

の

野石積み　未加工の自然石を積み上げて仕上げる組積工事。

ノースランプコンクリート　ゼロスランプまたはこれに近い超硬練りのコンクリート。即時脱型工法によるコンクリート製品の製造に用いられる。

ノーヒューズブレーカー　交流690V以下、直流500V以下の低圧屋内電路の保護に用いられるモールドケース型遮断器。「MCCB」と記される場合もある。

ノーマライゼーション　高齢者も若者も、障害者も健常者も、すべての人が人間として普通の生活を送るために、ともに暮らし、ともに生きる社会こそノーマルであるという考え方。地域においても住宅においてもこの考え方が普及してきている。段差のない街や家づくりもその一つである。→バリアフリー

ノーマルベント　管を直角に曲げた、鋼製または硬質ビニル製の電線管。(図·375頁)

軒裏（のきうら）⇨上げ裏

軒裏天井（のきうらてんじょう）⇨軒天(のきてん)

軒桁（のきげた）外壁の頂部に架け渡される水平部材で、小屋梁や垂木(たるき)などを支える。→軸組構法(図·209頁)

軒高（のきだか）木造ではGL(グランドライン)から建築物の小屋組の上端(うわば)、またはこれに代わる横架材を支持する2階敷桁(しきげた)の上端までの高さ。S造では桁梁の上端までの高さ、RC造では地盤面からパラペット天端までの高さをいう。

軒天（のきてん）屋根面の裏側で外壁から突き出している部分のこと。「軒裏天井」ともいう。2階以上の階の床裏で、外気に直接面した部分も含んで呼ぶこともある。準耐火構造の建物や準防火地域に建てる木造建築で延焼のおそれのある部分は、建築基準法によって防火制限を受ける。

軒樋（のきどい）屋根の雨水を受けるために軒先へ付ける樋。樋を露出する外樋が一般的だが、意匠上隠すための内樋などもある。(図·375頁）→竪樋、呼び樋

野地板（のじいた）屋根の瓦葺きやスレート葺きの下地として垂木(たるき)の上に張る板。厚さ12〜15mmのスギ板の使用が一般的である。最近は合板による代替が多い。→軸組構法(図·209頁)

野丁場（のちょうば）①周辺に家屋などのない広々とした工事現場のこと。②現場の施工条件に多くの仮設施設を必要とし、仮設の段取りが工事全体を大きく左右する工事現場のこと。③建設業者が元請となり、下請職人を調達して工事を進める方式。または、その現場を職人が呼ぶ場合の名称。→町場(まちば)

ノッチ　鋼材の切断面にできる、えぐられたような傷。(図·375頁)

ノッチタンク　根切り工事で発生する雨水、地下水、湧水などを排水する際、これらに含まれる土砂を沈殿させ分離するための水槽。水槽内の仕切りの上部がV字形に切り込まれ、水槽のうわ水だけが排水されるようになっている。(図·375頁)

野積み（のづみ）資材などを屋外で野

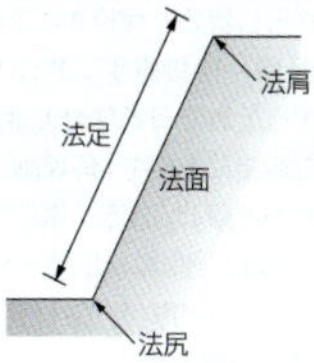

法（のり）

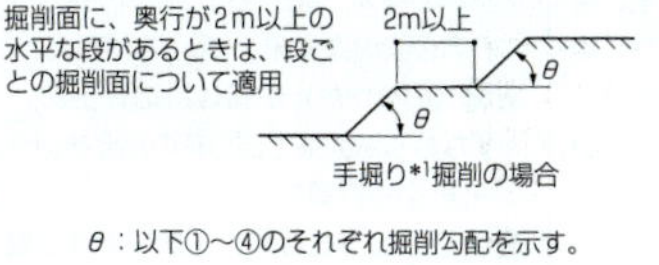

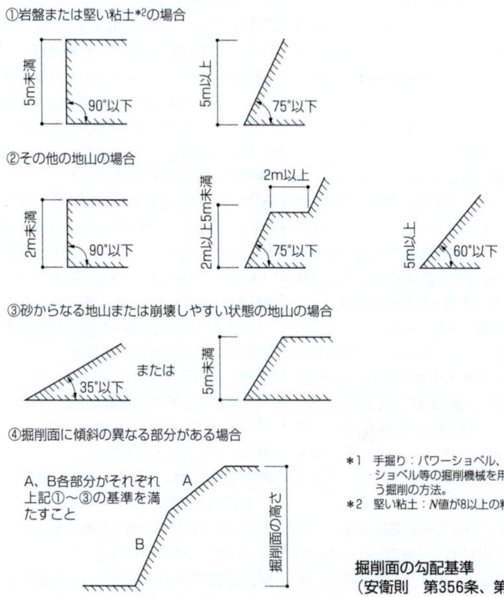

＊1　手掘り：パワーショベル、トラクターショベル等の掘削機械を用いないで行う掘削の方法。
＊2　堅い粘土：N値が8以上の粘土。

掘削面の勾配基準
（安衛則　第356条、第357条）

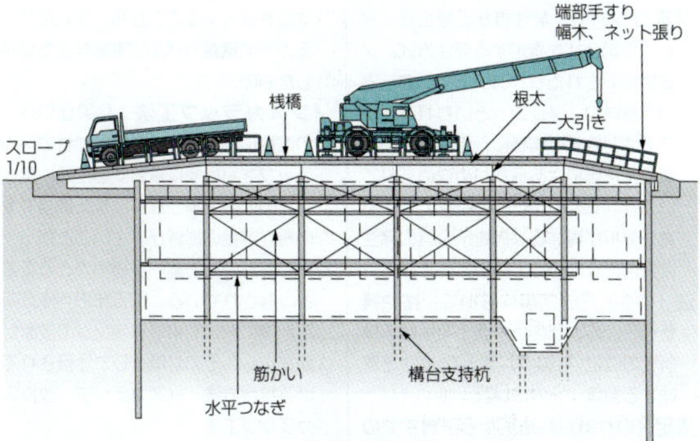

乗入れ構台

ざらし状態で保管すること。

のど厚　溶接継手において応力を伝達するために有効な溶接金属の寸法。隅肉溶接においては「理論のど厚」と「実際のど厚」がある。単にのど厚というときは、理論のど厚を指す場合が多い。→理論のど厚(図·521頁)

ノブ　⇨握り玉

野縁（のぶち）天井仕上材を取り付けるための下地材として、30〜45cmほどの間隔で配置される材料。木材以外にアルミ製や軽量鉄骨製のものなどもある。→鋼製下地(図表·159頁)

延坪（のべつぼ）坪単位で表した延べ面積。→建坪(たてつぼ)

延べ面積　建築物の各階の床面積の合計。地下階、屋根階は含む。ただし、容積制限のときは、一定割合の車庫、駐車場、マンションの共用廊下は除外される。「延べ床面積」ともいう。建築基準法施行令第2条第1項4号

延べ床面積　⇨延べ面積

登り桟橋（のぼりさんばし）作業員が足場を昇降するために設ける斜めの仮設用通路。勾配は30°以下、15°以上のときはすべり止めを設ける。また、手すりを取り付け、7mごとに踊り場を設けることが法的に義務づけられている。(図·375頁)

呑み込み（のみこみ）部材の接合、取り合いにおいて、一方の部材が他の部材に入り込んだり重なり合う部分。またはその長さ。

ノミコン方式　発注者が元請会社に対して下請会社を指定する発注方式。ノミネートされたサブコントラクターという意味で、ノミコンといわれる。コストオン方式と同様に、下請会社に対する工事価格はあらかじめ決められているが、瑕疵(かし)担保や品質に対する責任分担が異なる。外資系企業の発注に採用されている。→コストオン

法（のり）①土工事において、崖や擁壁(ようへき)、および切土や盛土で生じる傾斜面のこと。(図·377頁) ②長さを意味する言葉。→内法(うちのり)

法足（のりあし）法尻から法肩までの傾斜の長さ。→法(図·377頁)

乗入れ構台　土工事における根切りや地下躯体工事に際して、土砂の搬出や材料の搬入、搬出を行う車両が乗り入れる仮設の作業床。(図·377、379頁)

法肩（のりかた）法面(のりめん)の最上部。すなわち法面最上部の角の部分をいう。→法(図·377頁)

法切り（のりきり）土工事における根切りや切土に際し、掘削壁面を傾斜させること。法面(のりめん)の安定、掘削地盤面周辺の崩壊を防止する目的で行う。

法勾配（のりこうばい）土工事において、切土や盛土における傾斜面の勾配。根切りにおいては「掘削勾配」ともいう。(図·377頁)

法先（のりさき）⇨法尻(のりじり)

法尻（のりじり）法面(のりめん)の最下部の立上がり部分。すなわち法面最下部の角の部分をいう。この立上がり点を「法先(のりさき)」という。→法(図·377頁)

法付け（のりづけ）土工事において、法面(のりめん)をつくりながら行う掘削作業。

法面（のりづら）⇨法面(のりめん)

法面（のりめん）土工事において、切土や盛土における傾斜の表面。「のりづら」ともいう。→法(図·377頁)

のろ　⇨セメントペースト

のろ引き　セメントペーストを刷毛で塗ること。コンクリートの表面仕上げ、あるいは接着性を増すためのモルタル、コンクリート下地に施される。

ノンアスベスト　アスベストを含まない建材のことをいう。アスベストが人体に有害であることから、それに代わるガラス繊維やパルプ繊維などを使用したもの。

ノンスカラップ工法　柱梁仕口(しぐち)の溶接において、H形鋼梁部材のスカラップを設けずに接合する工法。梁ウェブの断面欠損がなく、また裏当て金の組立溶接の影響が小さいことから、その部分の応力集中が緩和できる工法とみなされている。1995年の兵庫県南部地震において梁端フランジの破断が顕在化し、その対策として注目されている接合方法。→スカラップ、改良スカラップ工法

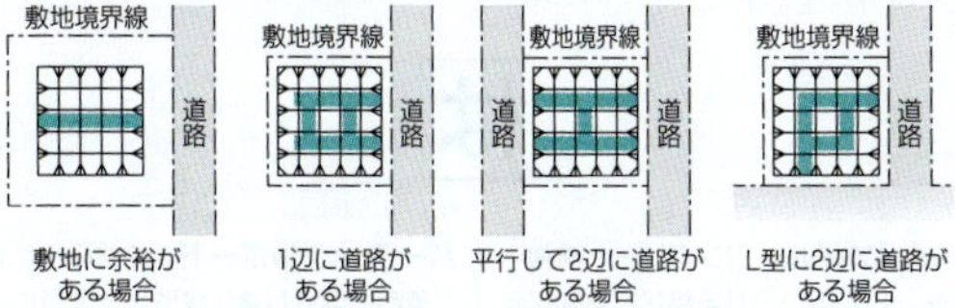

敷地に余裕がある場合
1辺に道路がある場合
平行して2辺に道路がある場合
L型に2辺に道路がある場合

乗入れ構台の配置と幅員の考え方

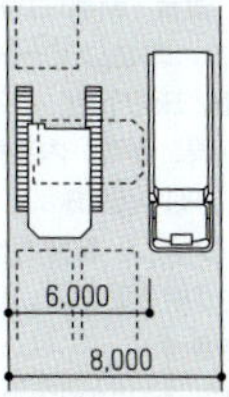

8m幅の乗入れ構台の計画

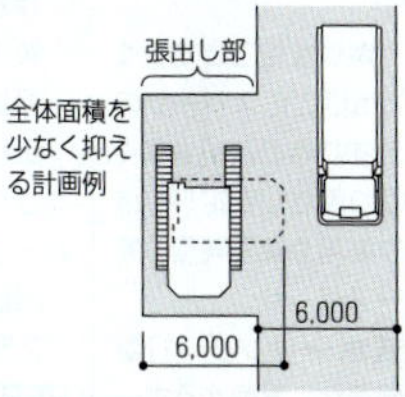

クラムシェルの作業位置の固定

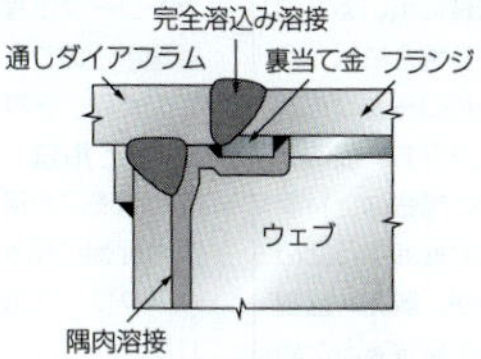

ノンスカラップ工法

は

バーインコイル　コンクリート補強用鉄筋として用いられる棒状に熱間圧延された鋼材で、コイル状に巻かれてたもの。JIS G 3191

バー型スペーサ　鋼線を加工してつくった長さ30〜90cmほどのスペーサの総称。鉄筋からはずれることが少なく、コンクリートかぶり厚さが安定して確保できる。スラブ筋用や梁下端(したば)筋用などがある。→スペーサ

パーカッション式ボーリング　打撃力により岩盤を破壊し、掘削するボーリング方法。深度が浅く、砂岩や泥岩など比較的柔らかい岩質に用いる。深部や硬い基岩を掘削する場合には、回転力と打撃力を併用したロータリーパーカッション式ボーリングも一般的。調査ボーリングで用いる場合は、打撃により地盤を壊すことで掘進するためコアの採取はできないが、観測、監視を主目的とした計器類を設置するための掘削は可能である。→ボーリング

パーゴラ　角柱や円柱で支持され、屋根部分を格子状に組んだ棚。フジなどつる状の植物をはわせて歩道、通路、テラスなどに日陰を演出する。

バーサポート　鉄筋のかぶり厚さの確保や鉄筋の支持を目的とした補助材。鋼製、コンクリート製、プラスチック製、ステンレス製などがある。「鉄筋サポート」ともいう。→スペーサ

パース　建物の内観あるいは外観をある視点から見た完成予想図。「透視図法」と呼ばれる作図法によって立体的に表現され、着色されることが多い。「透視図」ともいう。

バーチャート　縦軸に作業項目や工種、横軸に時間をとり、各作業の開始から終了までの時間を棒状で表した工程表。見やすくわかりやすいなどの長所があるが、各作業の関連性や作業の余裕度がわかりにくい短所もある。「棒工程表」などともいう。→ガントチャート

パーティクルボード　木材の小片を接着剤と混合し熱圧成形した木質ボードの一種。大きくて厚い板が取れ、加工が容易、遮音・断熱性が良いなどの性質をもつ。厚さは10〜40mm程度で、屋根、壁、床の下地、あるいは表面加工して家具、建具、内装材として使用される。JIS A 5908

パーティション　部屋の仕切り、衝立、間仕切りのこと。あるいは、仕切られた空間を指す。

PERT（パート）program evaluation and review techniqueの略で、ネットワーク工程表を用いた工程計画、管理手法のこと。科学的工程管理として広く用いられている。

ハートビル法　「高齢者、身体障害者等が円滑に利用できる特定建築物の建築の促進に関する法律」の通称で、バリアフリー法の施行にともない廃止された。→バリアフリー法

ハードボード　主として木材などの植物繊維を形成した密度が0.8g/cm^{3}以上の硬質繊維板。正式には「ハードファイバーボード」といい、油樹脂などの特殊処理や表面処理を施して、内装材や外装材として使用する。JIS A 5905

バーナー仕上げ　⇨ジェットバーナー仕上げ

ハーフPC板　床スラブの下端(したば)筋と下弦材の入った薄肉(厚さ70mm程度)のプレキャストコンクリート板。上端(うわば)筋を配筋してコンクリートを打ち込み、一体化することで床スラブを形成する。

バーベンダー　鉄筋を曲げるための加工機械。手動式や電動式がある。略して「ベンダー」ともいう。→曲げ台

パーマネント工法　梁や床スラブの支保工(しほこう)（サポート）を固定したまま、大引きや根太(ねだ)、せき板、その他の支保工を早期に解体する工法。

バーミキュライト　⇨蛭石(ひるいし)

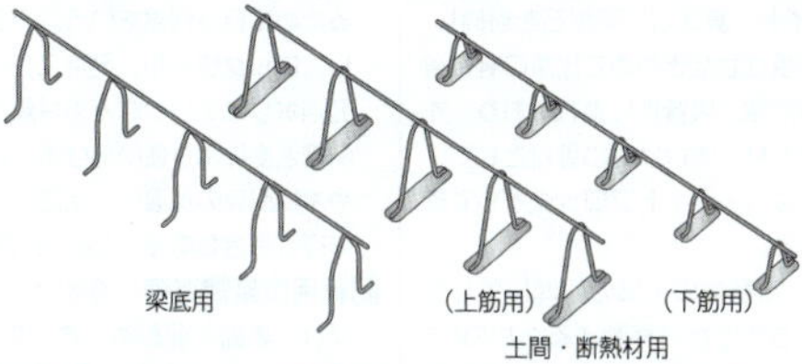

バー型スペーサ

バーチャート（例）

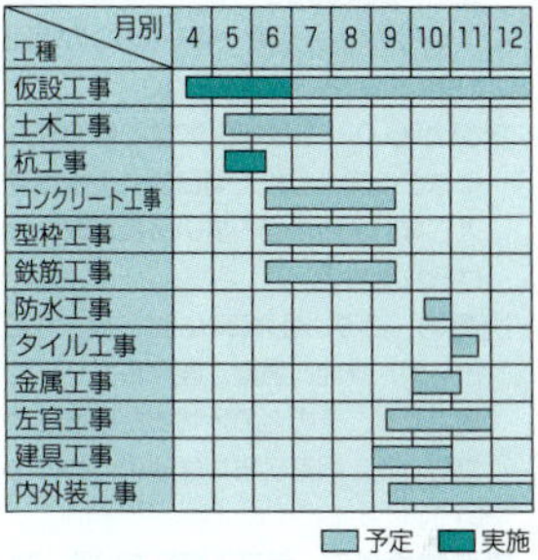

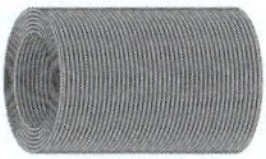
バーインコイル

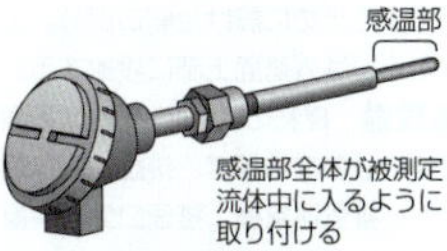

配管温度検出器

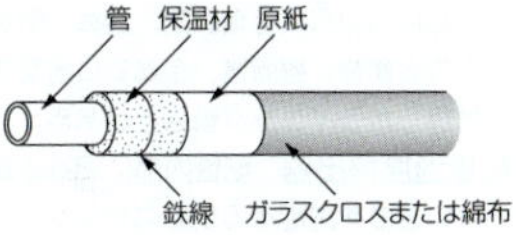

配管の保温

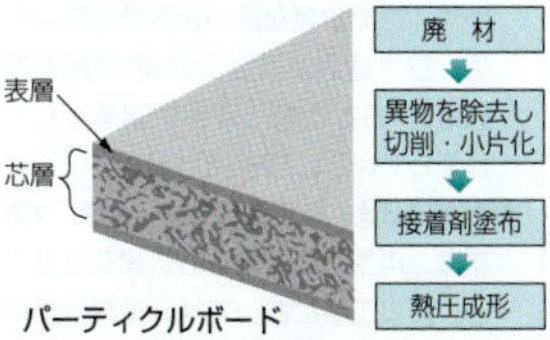

パーティクルボード

鉄筋サポートおよびスペーサ等の種類・数量・配置の標準[31)]

部　位	スラブ	梁	柱
種　類	鋼製・コンクリート製	鋼製・コンクリート製	鋼製・コンクリート製
数量または配置	上端筋、下端筋 それぞれ1.3個/m^2程度	間隔は1.5m程度 端部は1.5m以内	上段は梁下より0.5m程度 中段は柱脚と上段の中間 柱幅方向は 1.0mまで2個 1.0m以上3個
備　考	端部上端筋および中央部 下端筋には必ず設置	側梁以外の梁は上または下に設置、側梁は側面の両側へ対称に設置	同一平面に点対称となるように設置

部　位	基礎	基礎梁	壁・地下外壁
種　類	鋼製・コンクリート製	鋼製・コンクリート製	鋼製・コンクリート製
数量または配置	面積 4 m^2程度　8個 16m^2程度　20個	間隔は1.5m程度 端部は1.5m以内	上段梁下より0.5m程度 中段上段より1.5m間隔程度 横間隔は1.5m程度 端部は1.5m以内
備　考		上または下と側面の両側へ対称に設置	

*1　表の数量または配置は5〜6階程度までのRC造を対象としている。
2　梁・柱・基礎梁・壁および地下外壁のスペーサは、側面に限りプラスチック製でもよい。
側面以外の箇所では、剛性、強度、安全性、耐久性などを確認して用いる。
3　断熱材打込み時のスペーサは、支持重量に対してめり込まない程度の接触面積をもったものとする。

パーライト　真珠岩、黒曜石を粉砕し、焼成膨張させたきわめて比重の軽い骨材。断熱性、吸音性に優れており、左官の塗り材、吹付け材の骨材として、あるいはパーライトブロックとして使用される。

バール　重量物の下部の隙間に差し込んで持ち上げたり移動するための「てこ」として使用される鋼製の工具。長さ0.5〜1.5mくらいの鋼棒の片端を曲げ、両先端は平坦に加工された鏨(たがね)状や釘抜き状のものが一般的。型枠の解体作業にも使用する。俗に「かじや」ともいう。

排煙口　火災時に発生する煙を外部へ排出するために設けた開口部分。天井面あるいは外壁面上部に設置する。

排煙設備　建物の火災時における強制排煙に必要な防煙壁、排煙口、排煙ダクト、排煙送風機、排煙口開放装置などの総称。

配管　液体、ガスなど流体を供給するために用いられる管。鋼、鋳鉄、銅などの金属管、樹脂管、金属管に樹脂を被覆したライニング管などがある。

配管温度検出器　配管内部に流れる媒体の温度を測定するためのセンサー。一般的に熱電対、白金測温抵抗体、サーミスタが用いられる。(図·381頁)

配管材料　配管の材料は、鋼、鋳鉄、銅などの非鉄金属、プラスチック、コンクリートなどに分類される。

配管の支持間隔　配管の種類により支持間隔は異なるが、2mもしくは3mをとる。振れ止め支持間隔は、6mもしくは8m、または12mをとる。(表·385頁)

配管の電気的絶縁　配管の電食を防止するために電気的絶縁を施すこと。配管を、電気を通さない樹脂管やライニング鋼管にしたり、防食テープを巻くなど。

配管の塗装　配管に施す塗装は、錆の防止目的で行う。また、労働安全の見地から、配管内部の物質を識別するための目的で、JIS Z 9102に従い色分けで塗装する場合もある。

配管の保温　配管からの熱損失を抑えるために行う保温をいう。グラスウール、ロックウール、発泡スチロール、発泡ポリエチレンなどの材質があり、配管温度により使い分ける。冷水配管や冷媒配管の保温は、結露防止のために行う場合もある。(図·381頁)

配管用炭素鋼鋼管　通称「ガス管」と呼ばれ、表面に亜鉛めっきを施した「白ガス管」と、施さない「黒ガス管」がある。水、ガス、空気、油、蒸気などの運送に広く使用される。一般に、圧力1MPa以下、温度−15〜350℃の範囲で用いられる。JIS G 3452

排気がらり　空気を排気する目的で外壁などに設けられた開口部。雨水が浸入しないように幅の広い帯板が取り付けられたもの。

廃棄物　ごみ、粗大ごみ、燃え殻、汚泥、ふん尿、廃油、廃酸、廃アルカリ、動物の死体、その他の汚物または不要物であって、固形状または液状のものをいう。

廃棄物原単位　新築工事において、排出する廃棄物量を延べ床面積で除した値。日本建設業連合会建築本部(旧建築業協会)が継続して実態調査をして公表している。(表·387頁)

廃棄物処理　廃棄物を分別、保管、収集、運搬、再生、処分などの処理を行うこと。建設工事においては元請業者が排出事業者としての責任をもち、適正に処理を行う。→排出事業者(図·387頁)

廃棄物処理委託業者　廃棄物の処理委託を受けた業者。廃棄物の処理には、収集運搬業者、中間処理・最終処分業者があるが、処理を委託する場合にはそれぞれ委託契約を交わさなければならない。→マニフェスト制度

廃棄物処理法　正式名称は「廃棄物の処理及び清掃に関する法律」。廃棄物の排出抑制と適正な処理、生活環境の清潔保持により、生活環境の保全と公衆衛生の向上を図ることを目的とした法律。事業者としては、廃棄物のマニフェストによる適正処理が求められる。→マニフェスト制度

廃棄物の処理及び清掃に関する法律
⇨廃棄物処理法

配管の電気的絶縁方法

直管部		継手部		適用			
管材	防食被覆	継手材	防食被覆	給水	消火	排水	冷却水
水道用内外面硬質塩化ビニルライニング鋼管 水道用硬質塩化ビニルライニング鋼管	不要	小口径：合成樹脂被覆ねじ込み式管継手	大口径：ペトロラタム＋防食テープ	◎		○	○
水道用内外面ポリ粉体ライニング鋼管 水道用ポリ粉体ライニング鋼管	①防食テープ二重巻き ②ペトロラタム＋防食テープ	ねじ込み式可鍛鋳鉄製管継手	ペトロラタム＋防食テープ	○		○	○
外面硬質塩化ビニルライニング鋼管	不要	小口径：合成樹脂被覆ねじ込み式管継手	大口径：ペトロラタム＋防食テープ		◎	◎	◎

配管材料の種類（共通配管）

呼称	規格		用途
	名称	備考	
鋼管	配管用炭素鋼鋼管	SGP 白管	消火、排水、通気、ガス、冷温水、冷却水
	圧力配管用炭素鋼鋼管	STPG 370 白管 Sch 40	消火、冷温水、冷却水
塩ビライニング鋼管	水道用硬質塩化ビニルライニング鋼管	SGP-VA （一般配管用） SGP-VB （一般配管用） SGP-VD （地中配管用）	給水、冷却水
耐熱性ライニング鋼管	水道用耐熱性硬質塩化ビニルライニング鋼管	HTLP	給湯、冷温水
ポリ粉体鋼管	水道用ポリエチレン粉体ライニング鋼管	SGP-PA （一般配管用） SGP-PB （一般配管用） SGP-PD （地中配管用）	給水、冷却水
ステンレス鋼管	一般配管用ステンレス鋼管	SUS 304	給水、給湯、冷温水
外面被覆鋼管	消火用硬質塩化ビニル外面被覆鋼管	SGP-VS （地中配管用） STPG 370 VS 白管Sch 40 （地中配管用）	消火
	消火用ポリエチレン外面被覆鋼管	SGP-PS （地中配管用） STPG 370 PS 白管Sch 40 （地中配管用）	
銅管	銅および銅合金継目無管	M型 L型	給水、給湯、冷媒管
被覆銅管	銅管の外面に、ポリエチレン塩化ビニルを押出し被覆したもの	M型 L型	給水、給湯、冷媒管
保温付き被覆銅管	銅管の外面に発泡断熱材被覆銅管で被覆したもの	M型 L型	給水、給湯、冷媒管
ビニル管	硬質塩化ビニル管	VP、VUまたはHIVPまたはHTVP	給水、排水、通気、換気
	耐火二層管	FDPV	排水、通気、換気

パイキャビネット　キャビネット内に開閉器を収め、配線の形状がπ形をした自立型高圧キャビネット。電力引込み線の電力会社側と需要家側の境界に設置される。

配筋　鉄筋コンクリート構造、鉄骨鉄筋コンクリート構造などにおいて、鉄筋を所定の位置に組み立てること。

配筋検査　鉄筋コンクリート工事において、配筋が設計指示どおりに行われているかを検査すること。コンクリート打込み前や壁型枠でふさがれる前に、監督員や設計監理者が検査する。検査項目は多岐にわたるが、おもに鉄筋の種類・径・本数・ピッチ・位置、かぶり厚さ、継手位置、定着状態などで、不適合は必ず是正し、その後にコンクリートを打ち込む。

配筋図　RC造またはSRC造建築物の構造図面の一つで、柱、梁、スラブなど各部材の鉄筋位置、鉄筋の寸法、かぶり厚さ、定着、継手位置などを示す。

配合　⇨調合

配合計画書　⇨調合計画書

配合計算書　⇨調合計算書

はい作業　①荷を重ねる作業、または積み重ねてある荷を取り崩す作業のこと。②荷の高さが2m以上の荷の積上げ、積卸しを行う作業。

排出事業者　廃棄物処理法では、事業活動にともなう廃棄物の処理責任は排出事業者にあるとして、生じた廃棄物を自らの責任で適正に処理しなければならない。なお、建設工事にともない生ずる廃棄物処理については、その建設工事の元請業者が排出事業者となる。(図·387頁)

排水基準　水質汚濁防止法、生活環境の保全等に関する条例および上乗せ条例に規定されている、工場または事業場からの排水の規制を行うための基準であり、カドミウム、シアン、アルキル水銀などの有害物質やBODなどの生活環境項目が規定されている。

排水工法　雨水、地下水、湧水などを処理する工法。→ウェルポイント工法、釜場工法、ディープウェル工法

排水槽　自然流下で排除できない建物内、敷地内の排水を集め、ポンプなどによって排除するために設ける槽をいう。汚水槽、雑排水槽、湧水槽などがある。また、小型のものを「排水ピット」という。(図·387頁)

排水立て主管　建物、敷地内で生じる排水を排除するために設ける重力式排水の配管のうち、縦方向に設置された配管。→排水通気方式(図·389頁)

排水通気方式　建物、敷地内で生じる排水を排除するために設ける重力式排水の配管システム。単一立て管方式、全通気一立て管方式、全通気二立て管方式がある。(図·389頁)

排水トラップ　排水管の起点または途中に設けられる水封トラップで、配管中の悪臭ガスが室内へ逆流するのを防止する装置。Sトラップ、Pトラップ、Uトラップ、わんトラップ、ドラムトラップ、ボトルトラップなどの種類がある。(図·389頁)

排水ドレン　建物およびその敷地内の雨水、汚水、雑排水などを所定の排水設備へ導くために、床面や溝などの排水口に設けて排水管に接続させる部品。(図·391頁)

排水ピット　⇨排水槽

排水ます　⇨会所ます

排水溝(はいすいみぞ)雨水や冷暖房機械のドレン水などを流すために、屋外階段、廊下、バルコニーなどの床に設けた溝の総称。(図·391頁)

排水用塩化ビニルコーティング鋼管　配管用炭素鋼鋼管の内面に硬質塩化ビニルをライニングしたもの。原管が黒管、水配管用亜鉛めっき鋼管および黒管の外面に硬質塩ビ管を被覆したものがある。呼び径は15〜150A、最高使用圧力は1MPa。

排水用タールエポキシ塗装鋼管　鋼管内面にタールエポキシ樹脂を塗装した配管。

排水横枝管　垂直方向に設置される立て管から分岐して水平方向に設置される配管、ダクトの総称。一般的に排水設備の水平方向の排水配管を指す場合が多い。「横枝管」「横走り排水管」ともいう。→排水通気方式(図·389頁)

配管材料の種類（共通配管）　（つづき）

呼称	規格 名称	規格 備考	用途
排水用塩ビライニング鋼管	排水用硬質塩化ビニルライニング鋼管	DVLP	排水、通気
排水用コーティング鋼管	排水用タールエポキシ塗装鋼管	－	排水、通気
	排水用塩化ビニルコーティング鋼管	－	排水、通気 給水、冷却水
鋳鉄管	メカニカル形排水用鋳鉄管	－	排水、通気
鉛管	排水・通気用鉛管	－	排水、通気
コンクリート管	遠心力鉄筋コンクリート管	外圧管1種のB形	排水
その他	架橋ポリエチレン管 ポリブテン管	－	給水、給湯、ガス

支持ボルト一本吊りによる配管の支持間隔と吊りボルト径

管種	呼び径	支持間隔(m)	吊りボルト
鋼管	100A以下	2.0	M10
	125～200A	3.0	M12
	250A以上	3.0	M16
ステンレス鋼管	100A以下	2.0	M10
	125～200A	3.0	M12
	250A以上	3.0	M16
銅管	80A以下	1.0	M10
	100～150A	2.0	M10
	200A以上	2.0	M12
ビニル管	80A以下	1.0	M10
	100～125A	2.0	M10
	200A以上	2.0	M12
ポリエチレン管	80A以下	1.0	M10
	100～125A	2.0	M10
	200A以上	2.0	M12
鋳鉄管	100A以下	1.6	M10
	125～200A	1.6	M12
	250A以上	1.6	M16
耐火二層管	40～100A	1.5	M10
	125A以上	1.5	M12

注）鋳鉄管は上記のほか、異形管1本につき1箇所支持する。

形鋼などによる横走り配管の振れ止め支持間隔

管種	呼び径	振れ止め支持間隔(m)
鋼管	65～100A	8.0
	125A以上	12.0
ステンレス鋼管	65～100A	8.0
	125A以上	12.0
銅管	25～40A	6.0
	50～100A	8.0
	125A以上	12.0
ビニル管	25～40A	6.0
	50～100A	8.0
	125A以上	12.0
ポリエチレン管	25～40A	6.0
	50～100A	8.0
	125A以上	12.0

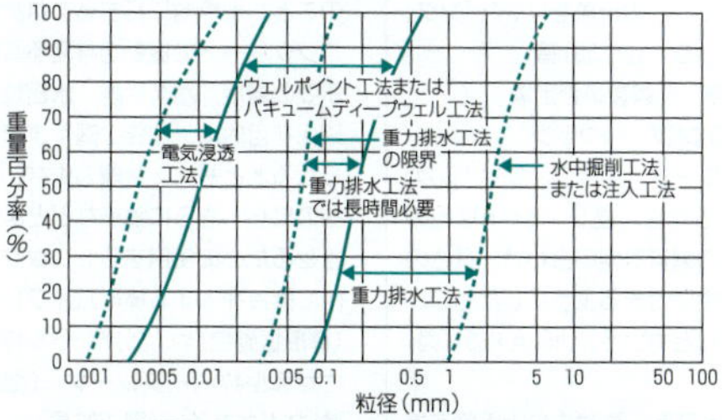

0.005	0.075	0.425	2.0	4.75	19	75			
コロイド	粘土	シルト	細砂	粗砂	細礫	中礫	粗礫	コブル
			砂		礫			

土粒子の径と排水工法の適用範囲[32]

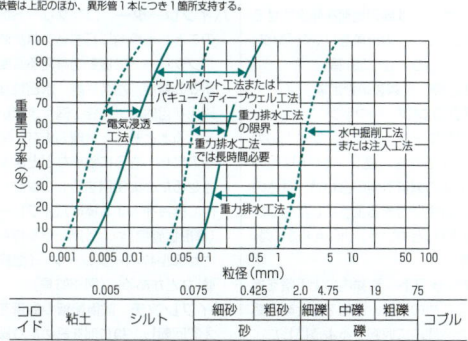

ハイステージ　鉄骨工事のボルト締めや溶接作業に用いる吊り枠足場の一種。組立ては、鉄骨の柱、梁部材の建方(たてかた)時にセットする方法が多い。（図·391頁）

廃石綿等（はいせきめんとう）特別管理産業廃棄物で、工事現場などから排出されるアスベスト含有吹付け材、アスベスト含有保温材などがこれに当たる。なお、アスベスト含有とはアスベスト含有率が0.1%以上のものをいう。→アスベスト

ハイタンク　天井近くに陶器などの水槽を置き、水の位置エネルギーで便器を洗浄するためのタンク。

配置図　一般に、製品などの配置と相互の位置関係を示す図面のことで、建築では、敷地と道路、敷地と建物や工作物などの位置関係を示す図面をいう。

ハイテンションボルト　⇨高力六角ボルト

ハイパービルディング　高さ1,000m以上の建築物を指し、「超々高層建築物」ともいう。世界で高さ1,000m以上の建築物は存在しないが、ハイパービルディング研究会（事務局・日本建築センター、建築技術研究所）では、地球環境に調和した高さ1,000m、面積1,000ha、寿命1,000年の縦型都市を実現することが研究目的とされている。

パイピング　緩い地盤の掘削をする場合、周辺背面の土砂が湧水とともに流失し、周壁の背面に空隙がしだいに広がり、やがては周辺地盤を陥没させる結果になる。この現象を「パイピング」と呼んでいる。（図·391頁）

パイプ足場　⇨鋼製単管足場

パイプクランプ　⇨クランプ

パイプサポート　スラブ、梁などの型枠を支える支柱。径5～6cmほどの上下2本の鋼管を組み合わせ、長さの調整が自由にできるようにしたもの。「鋼管支柱」ともいう。JIS A 8651（図·391頁）

パイプシャフト　建物内の上下階を接続するための配線、配管をまとめて閉鎖した空間内に収容するようにした、上下階をつなぐ鉛直の筒状部分。「パイプスペース（PS）」ともいう。

パイプスペース　⇨パイプシャフト

パイプ切断ねじ切り機　動力を用いたパイプねじ切り機で、パイプカッターとリーマーとが付属している。ダイヘッドには手動切上げ式と自動切上げ式がある。「パイプマシン」ともいう。（図·393頁）

パイプバイス　設備配管などのパイプのねじ切り、あるいは切断加工を行う際に固定するための専用の万力。作業に適した高さの三脚や作業台に取り付けて使用する。（図·393頁）

パイプマシン　⇨パイプ切断ねじ切り機

廃プラスチック　使用後に廃棄された各種のプラスチック製品とその製造過程で発生したくずなど、廃タイヤを含むプラスチックを主成分とする廃棄物。焼却した場合の発熱量が高く、塩化水素ガスを発生するため、炉壁の損傷やダイオキシン生成の危険が大きい。ほとんどの自治体では不燃または焼却不適ごみに分けて埋め立てるが、かさばるために埋立て効率が悪く、処分場のひっ迫に拍車をかけている。また、埋め立てても自然には分解されず半永久的に残るため、地盤が安定せず跡地利用が妨げられるほか、廃塗料や廃インクなどからは安定剤や重金属が溶出して土壌や地下水を汚染する懸念もある。（表·393頁）

ハイブリッド構造　⇨混合構造

バイブレーター　コンクリート振動機のこと。型枠内に打ち込まれた直後のコンクリートに振動を与える装置で、所要の強度、耐久性能、水密性（能）の確保を目的に、型枠の隅々までいき渡らせるとともに、空隙の少ない密実なものにし、さらに鉄筋などとよく密着させるために使用する。コンクリート内に直接挿入する棒形バイブレーター（棒形振動機）や、外部から型枠を振動させる型枠バイブレーター（型枠振動機）などがある。（図·393頁）

パイプレンチ　設備配管の鋼管をくわえて回転し、ねじ部を締めたり緩めたりする場合などに使用するレンチ。管

構造別・規模別・用途別廃棄物原単位[33]（例）

構　造	延べ床面積（m^2）	事務所		集合住宅	
		発生原単位（kg/m^2）	混廃原単位（kg/m^2）	発生原単位（kg/m^2）	混廃原単位（kg/m^2）
S造	1,000m^2未満	29	15	−	−
	3,000m^2未満	35	13	22	8
	6,000m^2未満	41	10	14	9
	10,000m^2未満	33	8	−	−
	10,000m^2以上	36	5	21	3
	計	35	9	18	6
RC造	1,000m^2未満	39	30	40	19
	3,000m^2未満	31	16	41	17
	6,000m^2未満	26	11	42	15
	10,000m^2未満	42	16	38	11
	10,000m^2以上	30	2	30	7
	計	32	14	37	13
SRC造	1,000m^2未満	26	13	−	−
	3,000m^2未満	24	15	35	22
	6,000m^2未満	75	6	78	21
	10,000m^2未満	38	2	23	12
	10,000m^2以上	45	11	23	7
	計	46	8	32	14
全構造	1,000m^2未満	30	16	40	19
	3,000m^2未満	33	14	40	18
	6,000m^2未満	44	9	42	15
	10,000m^2未満	36	8	37	11
	10,000m^2以上	37	6	29	7
	計	36	10	36	12

＊1　各構造の「計」の原単位は、それぞれの加重平均を示す。
　2　発生原単位は、作業所で発生した副産物の総量をいう。
　3　混合廃棄物原単位は、混合廃棄物として中間処理施設・最終処分場へ排出したものをいう。

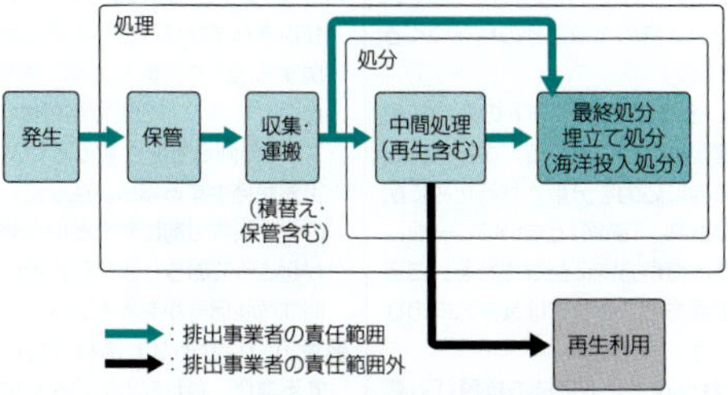

廃棄物処理の形態と排出事業者の責任範囲

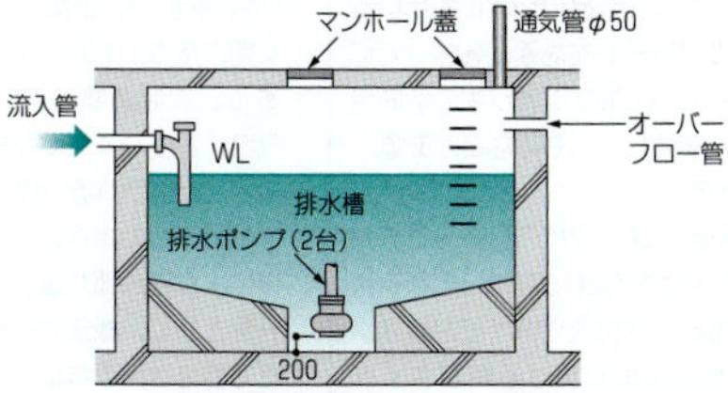

排水槽

をくわえる働きは一方向の回転のみ有効な構造となっている。くわえるための歯により鋼管に無数の傷が残るので、使用箇所の配慮が必要となる。略して「パイレン」ともいう。(図·393頁)

バイブロパイルハンマー　⇨バイブロハンマー

バイブロハンマー　主として鋼矢板、H鋼、鋼管、コンクリート矢板などのパイル(杭)に上下振動を与えて打込みと引抜きを行う機械。クレーンなどで吊って使用する。打込みは振動と自重により、引抜きは振動とクレーンなどの巻上げによって行われる。振動があるので、都市部、住宅地での施工には制約が多い。「振動パイルハンマー」「バイブロパイルハンマー」ともいう。(図·393頁)

バイブロフローテーション工法　緩い砂質地盤の改良工法。バイブロフロットと呼ばれる先端に振動を発生して水を噴射する装置がある棒を振動と水噴射の力で押し込み、所定の位置に達したら水噴射を横方向に変えて穴を広げると同時に周囲を締め固め、空間ができたところに上から砂を補充しながら棒を抜き上げていき、棒よりも一回り大きい3倍の体積の砂の柱をつくる。(図·395頁)

配力筋　鉄筋コンクリートのスラブ配筋や壁配筋などにおいて、主筋方向以外の方向に応力を分散させるために配置する鉄筋。「副筋」ともいい、一般には主筋と直角方向に配置される。四辺固定の長方形スラブでは長手方向の鉄筋をいう。→主筋

パイルカッター　PC抗の杭頭(くいとう)処理に使用する機械。そのほか電柱やコンクリート二次製品の切断にも用いる。円盤状のブレードを高速回転させて切断するものや、油圧ジャッキで切断用のエッジを押し込むものなどがある。(図·395頁)

パイルキャップ　①杭の打込みでハンマーの打撃が先端まで有効に伝わるように、あるいは杭頭(くいとう)が破損しないように杭頭に取り付ける鋼製キャップ。②PC杭の杭頭処理完了後に杭頭部に取り付けるプラスチック製キャップ。基礎部のコンクリート打込みの際、杭中にコンクリートが入るのを防止する。「杭キャップ」ともいう。(図·397頁)

パイルスタッド工法　既製コンクリート杭と基礎スラブの接合において、溶接性に優れたパイルスタッド筋(異形棒鋼)を杭頭(くいとう)鋼板に直接スタッド溶接することにより、既製コンクリート杭と基礎スラブとを接合する工法。(図·395頁)

パイル柱列工法　⇨柱列工法

パイルドライバー　大型杭打ち機の基本となるベースマシン。一般に走行装置と杭や各種装置の巻上げ機構を備えた上部旋回体と、杭を正確に打ち込むためのガイドを有するリーダーを具備したものをいう。打ち込む杭などの仕様に応じた多種多様の装置(パイルハンマー、アースオーガーなど)をリーダーに装着して使用する。(図·395頁)

パイレン　⇨パイプレンチ

バインド線　碍子(がいし)などに電線をしばり付けるのに用いるビニル被覆された金属線。

ハインリッヒの法則　アメリカの安全技術者ハインリッヒが提言した災害に関する法則で、重大災害、軽度の災害、ヒヤリ・ハットの災害徴候は、1：29：300の割合で発生するとしたもの。災害が発生する場合、往々にして一つの重大災害の前に何十という軽い災害が起こっており、また何百という予兆的な危険信号があるというもの。

馬鹿穴(ばかあな)部材をねじで接合する場合、ねじ穴のある部材に対してねじのない側の穴(ねじ外径より大きい穴)をいう。また、規定以上に大きく開けたボルト穴を指していうこともある。穴を必要以上に大きくすると“がた”が生じて精度が劣る。

馬鹿になっている(ばかになっている)部材どうしの接合において、部材の損傷により接合部が緩んでしまうこと。一例として、機器類の組立て時に、組立て締付け用のボルトやナットのねじ山が損傷して締付けができなくなるこ

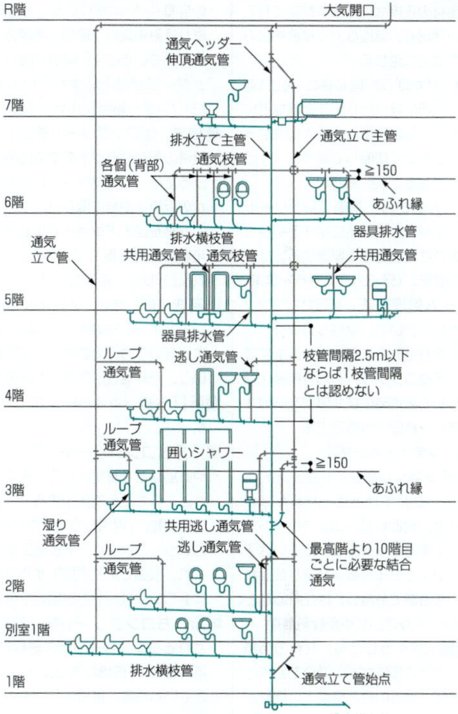
R階
大気開口
通気ヘッダー
伸頂通気管
7階
排水立て主管
通気立て主管
通気枝管
各個(背部)
通気管
≧150
6階
あふれ縁
器具排水管
排水横枝管
通気
立て管
共用通気管
通気枝管
共用通気管
5階
器具排水管
ループ
通気管
逃し通気管
枝管間隔2.5m以下
ならば1枝管間隔
とは認めない
4階
ループ
通気管
囲いシャワー
≧150
あふれ縁
3階
湿り
通気管
共用逃し通気管
逃し通気管
最高階より10階目
ごとに必要な結合
通気
ループ
通気管
2階
別室1階
排水横枝管
通気立て管始点
1階
排水横主管

排水通気方式

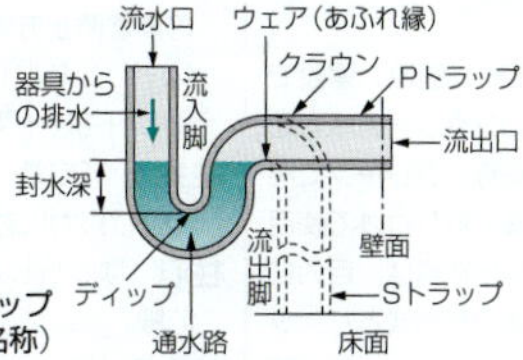
流水口
ウェア(あふれ縁)
クラウン
Pトラップ
器具から
の排水
流入脚
流出口
封水深
流出脚
壁面
ディップ
Sトラップ
通水路
床面

排水トラップ
(各部の名称)

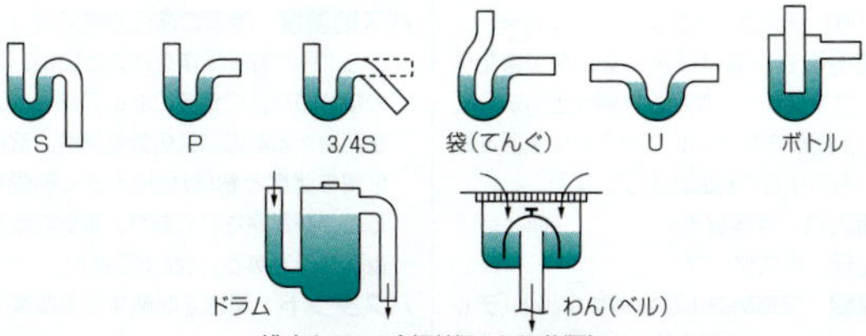
S
P
3/4S
袋(てんぐ)
U
ボトル
ドラム
わん(ベル)

排水トラップ(形状による分類)

と。部材の正確な位置決めがなされていない状況で、無理な力で接合を試みたときなどに生じる。

馬鹿棒（ばかぼう）同じ長さ(高さ)を多数の箇所に繰り返し記すときなどに用いる棒。工事現場にある木切れなどを必要な長さに切断して簡便につくることができる。(図·397頁)

袴筋（はかまきん）基礎コンクリートの浮き上がりや偏心時に生ずる引張り力に抵抗させるために配置する、はかま状の鉄筋。(図·395頁) →ベース筋

バキューム処理工法　場所打ちコンクリート杭において、余盛りコンクリート部分を打込み時にバキューム車で吸引し、不良コンクリート部分を硬化前に処理して掘削時の杭頭処理を削減する工法。→杭頭(くいとう)処理工法

白亜化　⇨チョーキング

白色セメント　⇨ホワイトセメント

剥離（はくり）下地と仕上材料がはがれること。例として、コンクリートとその上に塗るモルタル層、あるいは下地モルタルとタイルおよび塗り仕上材などの接着層で分離し、はがれること。

剥離剤（はくりざい）⇨型枠剥離剤

暴露試験（ばくろしけん）材料の自然環境における性能などの調査を目的とした試験。屋外の自然環境下に建材、塗料などの試験体をさらして、耐候性や化学的性質、物理的性質の経時変化を調べる。

バケット　バケツと同じ語源。建設では、鉱石、土砂、コンクリートなどを入れて運ぶ容器の総称。クレーンで吊ったり各種の運送機に取り付けて使用される。積載物の排出機構は、目的に応じてバケット全体の転倒式とバケット底部の開閉式などがある。(図·395頁) →グラブバケット、ホッパー

刷毛引き（はけびき）モルタルまたはコンクリートなどの表面仕上方法。仕上面がまだ硬化しないうちに表面を刷毛でなでて粗面仕上げとする。

箱入れ　⇨箱抜き

箱尺　⇨スタッフ

箱錠　空締めおよび本締めボルト(デッドボルト)を組み込んだ箱形の錠。戸の竪框(たてがまち)に彫り込んで取り付ける彫り込み箱錠が一般的。本締めボルトが付いているので「本締り箱錠」、シリンダー錠が組み込まれているものは「シリンダー箱錠」という。(図·397頁)

箱抜き　①コンクリート造の床や壁に設備の配管やダクトのための開口を設けるため、コンクリート打込み前に箱状の仮枠を型枠に取り付けておくこと。②機械基礎のアンカーボルト埋設用に箱状の仮枠を取り付けること。「箱入れ」「スリーブ箱入れ」ともいう。

端あき（はしあき）ボルト接合部において、ボルト孔の中心から材の端までの距離のうち、力の作用方向の距離をいう。→縁端(えんたん)距離(図·55頁)

場所打ち杭　⇨場所打ちコンクリート杭

場所打ちコンクリート　コンクリートや鉄筋などを材料として、現場で型枠などに打ち込んで施工するコンクリートの総称。「現場打ちコンクリート」ともいう。コンクリート製造工場で製作され、現場で組立て施工するプレキャストコンクリートと対比した用語。

場所打ちコンクリート杭　現場で築造されるコンクリート杭の総称で、「場所打ち杭」「現場打ちコンクリート杭」ともいわれる。機械または人力で掘削を行い、鉄筋を挿入してコンクリートを打ち込む。掘削方法あるいは掘削孔の崩壊防止方法の違いにより、「アースドリル杭」「BH杭」「リバース杭」「ベノト杭」「深礎杭」などがある。

柱主筋　RC造、SRC造において、柱の曲げ応力に対して働く主たる鉄筋。

柱心（はしらしん）柱の平面寸法の中心線。

柱割り（はしらわり）⇨スパン割り

パス間温度　溶接の進行方向に沿って行う1回の溶接操作をパスといい、この複数のパスの溶接において次のパスを開始する前のパスの最低温度。溶接金属の強度と靭(じん)性に大きく影響することが指摘されており、重要な溶接管理項目である。(表·395頁)

バスダクト　電線を収納する金属製ダクト。

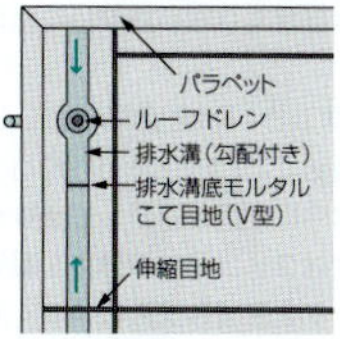

屋上（保護コンクリートおよび
排水溝底）目地割り例

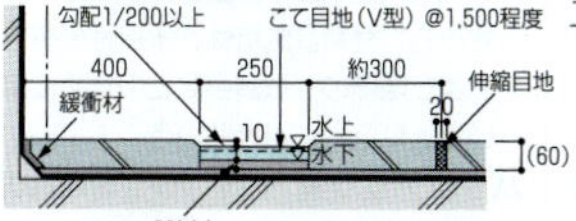

保護防水溝部納まり例

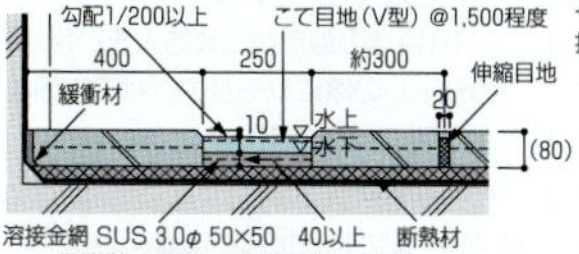

保護防水断熱工法溝部納まり例

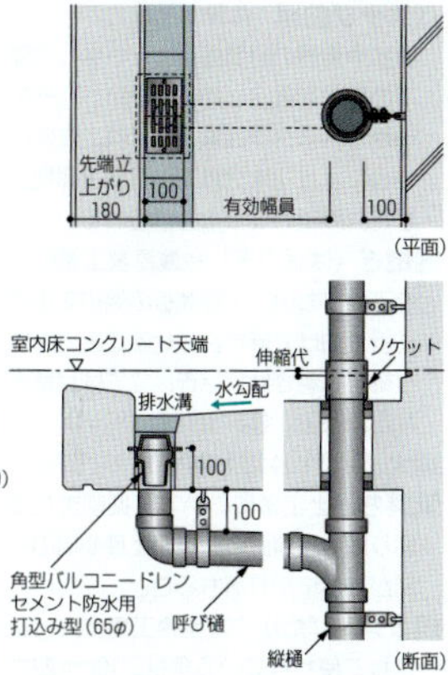

呼び樋によるバルコニー排水納まり例

排水ドレン

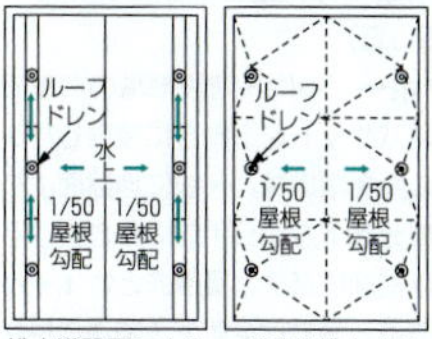

排水溝設置による
排水方法

標準的排水方法

排水溝

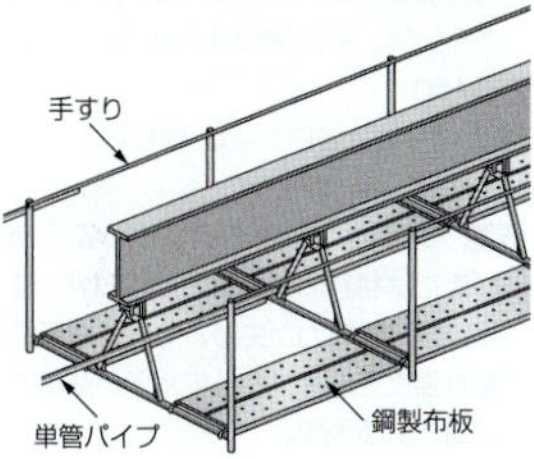

ハイステージ

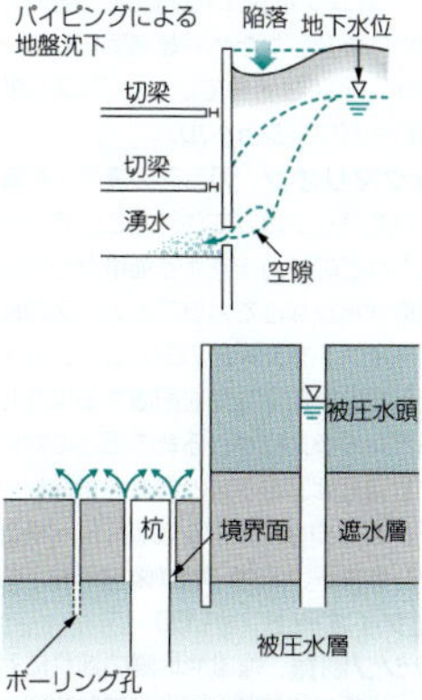

境界面に沿って発生するパイピング

パイピング

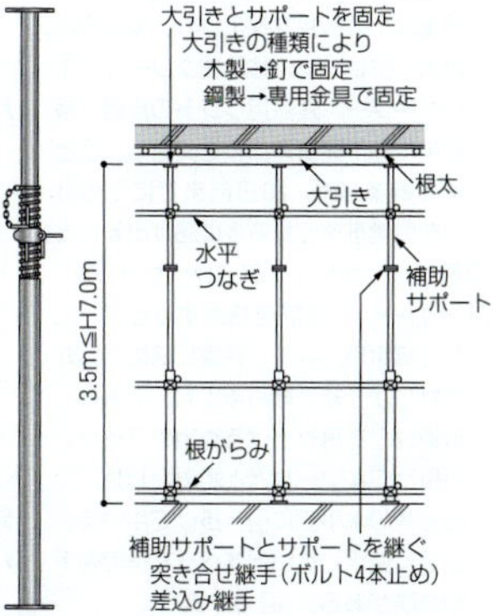

パイプサポート

バスタブ曲線 故障率曲線のことで、機械や装置の時間経過にともなう故障率の変化を表示した曲線をいう。その形からバスタブ曲線と呼ばれ、時間の経過により初期故障期、偶発故障期、摩耗故障期の３つに分けられる。

鉤継ぎ（はぜつぎ）金属屋根工事の板金工事において、金属板の端辺を小さく折り曲げて継ぎ合わせること。小はぜ継ぎ、巻きはぜ継ぎ、立てはぜ継ぎなどがある。（図·397頁）

端太（ばた）⇨端太角(ばたかく)

肌落ち 土工事において、掘削または切り取った斜面の表層の土砂や岩の一部が自然に崩れ落ちること。

端太角（ばたかく）型枠工事の支持材として使われている角材。10cm四方のスギ、マツ、ヒノキの角材がよく使われており、重機の支持台や仮設道路の路盤などにも用いられる。「端太材」あるいは、単に「端太」ともいう。（図·397頁）

端太材（ばたざい）⇨端太角(ばたかく)

肌分かれ ⇨浮き

破断 外力が加わることによって、部材または材料に引張り力(圧縮力)、あるいはせん断力が生じ、その応力が引張り強度を超え、さらに変形が進んで切断される現象。

88条申請 労働安全衛生法第88条第２項、労働安全衛生規則第88条および別表第７により、所定の規模や定格荷重以上の型枠支保工(しほこう)、架設通路、足場、クレーン、移動式クレーン、エレベーター、建設用リフトの設置、移転または主要構造部分を変更しようとする事業者が、30日前までにその計画を労働基準監督署長に届け出ること。

白華（はっか）⇨エフロレッセンス

ハッカー ①鉄筋を結束するとき、これを結束用のなまし鉄線に絡め、回転させながら絞り締める工具。②鋼板、形鋼などを吊り上げる専用のフック。玉掛けワイヤーなどと組み合わせ、つめを荷の水平面に引っ掛けて用いる。正しく使用しないとすべって荷の落下の危険がある。（図·397頁）

伐開除根（ばっかいじょこん）樹木、竹、雑草などを刈り取り抜根し、整地すること。

曝気（ばっき）水を空気にさらして行う処理法で、「エアレーション」ともいう。水中に空気を連続して送り続けると活性バクテリアが増殖し、凝集してブロックを形成し沈殿しやすくなる。

パッキン ⇨パッキング

パッキング 部材どうしの接触面にはさみ込む材料。気密性、水密性の確保および隙間の寸法調整などのために用いる。「パッキン」ともいう。

バックアップ材 シーリングの目地底に詰める合成樹脂系の発泡材料。深い目地を浅くしたり、ワーキングジョイント(目地の動きが比較的大きい目地)のシールの際にシーリング材の三面接着を防ぐために用いる。（図·397頁）→二面接着

バックセット 箱錠の面座から握り玉の中心までの距離。→ラッチボルト（図·515頁）

バックホー 車両系建設機械の一種で、掘削用バケットを下向きに装着したショベル系掘削機械。一般に地盤面より低い部分を下方から手前にかき上げるような掘削に適す。履帯式とホイール式がある。労働安全衛生法関連法規などでは「ドラグショベル」というが、日常ではあまり使用されない。また、国内では「ユンボ」という商品名の製品が初期に普及したため一般名詞化しているが、正式な名称ではない。（図·399頁）→パワーショベル

バックマリオン ガラスの裏側に配置されたサッシの方立(ほうだて)のことで、風圧力などの外力を支える強度をもつ。連窓サッシなどでガラスとガラスの縦ジョイントをシールのみとし、ジョイント部の裏側に方立を配置する場合もある。ガラスにかかる負の風圧に対応する場合は、ガラスと方立を構造シーラントでつなぐ。（図·397頁）→構造シーラント、SSG構法(図·45頁)

発光ダイオード ⇨LED

パッシブ制振 強風や地震の揺れに対して、建物の頂部などに設置した制振装置が受動的に作動するシステム。振

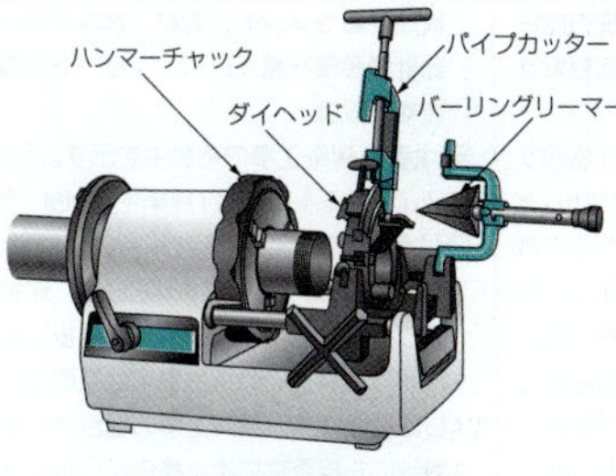

パイプ切断ねじ切り機

パイプバイス

廃プラスチック類の処理方法

処理方法	具体例（用途）・行先
マテリアルリサイクル プラスチック製品として再生利用	日用品、擬木、その他再生材
ケミカルリサイクル 廃プラスチック類を元の石油や基礎化学原料に戻してから再生利用	石油類、高炉還元剤、コークス 炉化学原料
サーマルリサイクル 熱回収	RDF*1、RPF*2
単純焼却・埋立て	ごみ焼却炉、埋立て処分場

*1　RDFは、Refuse Derived Fuelの略称。可燃性廃棄物を破砕、圧縮成形することによりつくられる固形燃料のことで、一般廃棄物からも製造されている。
2　RPFは、Refuse Paper & Plastic Fuelの略称。おもに産業廃棄物のうち、マテリアルリサイクルが困難な古紙およびプラスチックを原料とした高カロリーの固形燃料のことで、最近ではRPFが主流となっている。

軽便バイブレーター（コードレスタイプ）

軽便バイブレーター（フレキシブルタイプ）

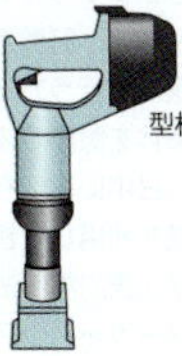

型枠打ち用バイブレーター（コードレスタイプ）

バイブレーター

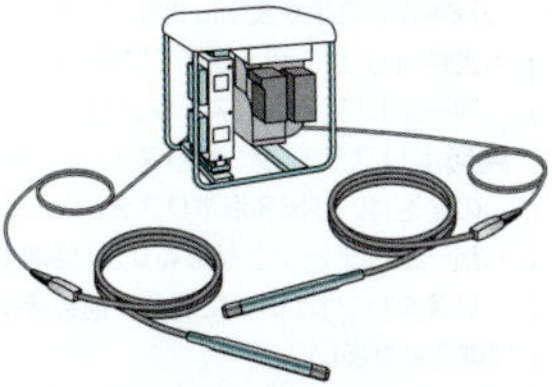

コンクリート打設時に使用する棒状バイブレーターの一種で、高周波誘導電源を内蔵した振動筒と周波数変換器（コンバーター）から構成される。

高周波バイブレーター

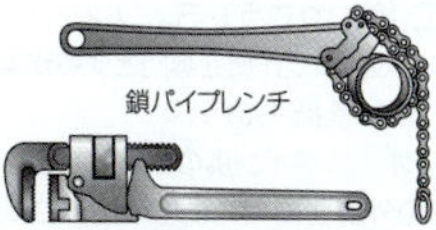

パイプレンチ

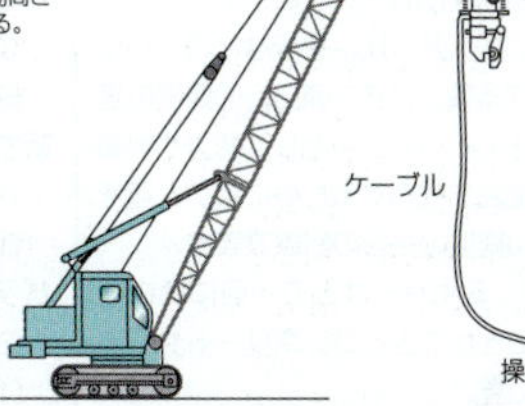

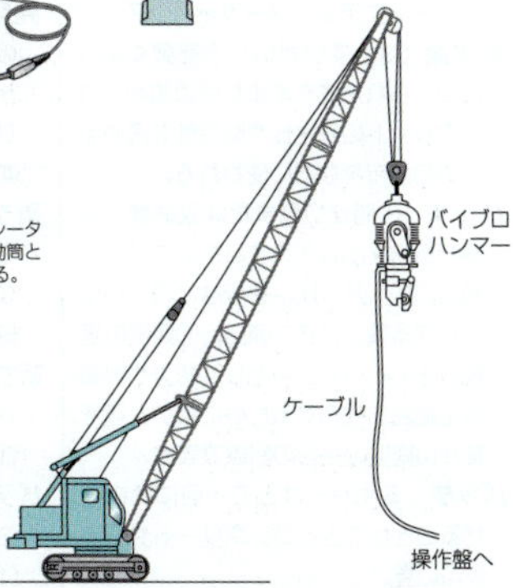

バイブロハンマー

り子や水槽の水などが建物と逆方向に動き、結果として建物の揺れを軽減する。→アクティブ制振

パッシブセンサー　遠赤外線を感知する装置のことで、「受動型センサー」とも呼ばれる。物体から発せられる赤外線を受信し、制御情報を発信する。代表的なものの一つが人感センサーで、人体の有無(制御情報)を検知できることから、防犯目的のほか、照明器具と連動させるなど省エネルギーの目的で利用できる。

パッシブソーラーシステム　太陽熱の利用形態の一つで、ポンプやファンの動力を用いず受動的な方法で熱を利用するシステム。コンクリートなど熱容量の大きな建築構成部材にいったん蓄熱して時間遅れで室内へ放出する暖房利用方法や、太陽熱集熱パネルに水を自然循環させて給湯に利用する方法などがある。→アクティブソーラーシステム

パッシブソーラーハウス　機械力に頼らず、建築の工夫で自然エネルギーをおもに住宅で利用する住宅形式をいう。熱容量の大きなコンクリート外壁に太陽熱を蓄え、室内側へ時間遅れで放熱させて夜間に暖房を行う方法、床下に砕石などの蓄熱体を設けて夜間の冷たい外気を蓄え、日中に冷気を利用する方法、自然通風を利用して快適性を向上させる方法が代表的な手法である。→アクティブソーラーハウス

撥水剤（はっすいざい）水を弾くようにつくられた塗布剤または添加剤。コンクリートの防水性や防汚性を高めるための塗布剤などに使われる。

ハッチ　①間仕切りまたは収納棚の両側から物を出し入れするために設けた開口。②天井、床、屋根などの人が出入りする覆い付きの開口。③図面の表現方法の一つで、主として陰影や断面、特定範囲を強調するために用い、通常、細かい間隔の平行の斜線で表す。

バッチ　ミキサーなどで1回に練り混ぜることができるコンクリートやモルタルの量。

バッチャープラント　コンクリートを構成するセメント、骨材、水などの自動計量装置を整え、コンクリートを製造する設備。

発注者　建築工事の依頼主を示す。「クライアント」「施主」「建築主」ともいう。

発注者検査　発注者自らにより行われる建物検査。民間工事の場合は、建物完成時の社内検査指摘事項是正後に受検する。検査での指摘事項は原則是正して引き渡す。公共工事の場合は、中間時にも検査官による検査が行われる(複数回中間検査がある場合もある)。「施主検査」「建築主検査」ともいう。

バットレス　①アーチやヴォールトを支えるため、外壁から直角に一定の間隔で突き出た控えの壁。②壁に加わる側圧に抵抗し、倒壊防止のための壁から突き出した補強の壁。(図·399頁)③連続する地中梁の段差、または地中梁と基礎に段差がある場合、応力伝達のために設ける斜めの補強部材のこと。

発泡コンクリート　発泡剤(アルミ粉など)や起泡剤(タンパク質系、界面活性剤系など)を用いて多量の気泡を含ませ軽量化したコンクリート。

発泡スチロール　ビーズ状に発泡させたポリスチレン樹脂を加熱発泡させて成形した合成樹脂材料。きわめて軽量で断熱性、耐水性に優れるが、耐熱性に劣る。畳床や表面に化粧材を張った天井材などに用いられている。「スチロール」「フォームスチレン」ともいう。

発泡ポリスチレン　ポリスチレン樹脂の発泡材。押出発泡ポリスチレンとフォームスチレンとがあるが、「発泡ポリスチレン」といった場合、前者を指すことが多い。

斫り（はつり）石、コンクリートなどの表面部分や側面の凸部分、不要部分などをのみや鏨(たがね)、専用の工具や機械などを用いて削ること。

斫り工（はつりこう）石、コンクリートなどのはつり作業を専門とする作業者。「斫り屋」ともいう。

パティオ　スペイン風の中庭のこと。住宅の外部空間で、住宅の内部空間(食堂、応接室、居間など)と一体的に使うことを意図して計画された庭空間。

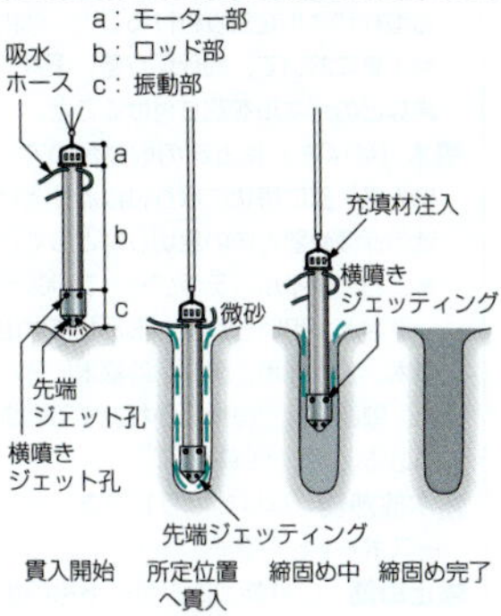

バイブロフローテーション工法

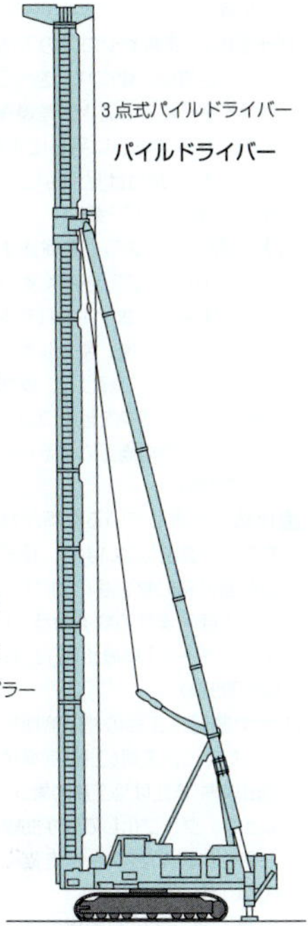

パイルドライバー

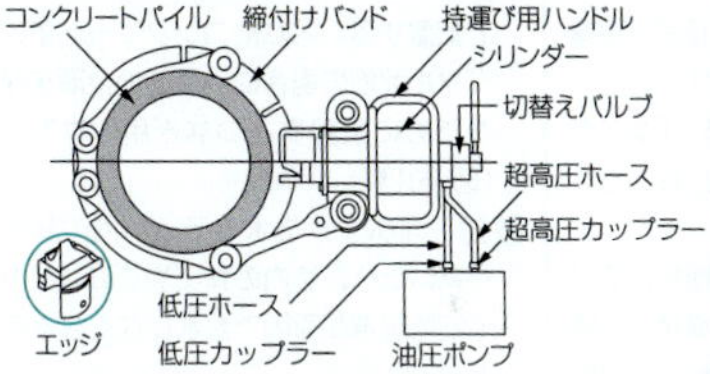

パイルカッター

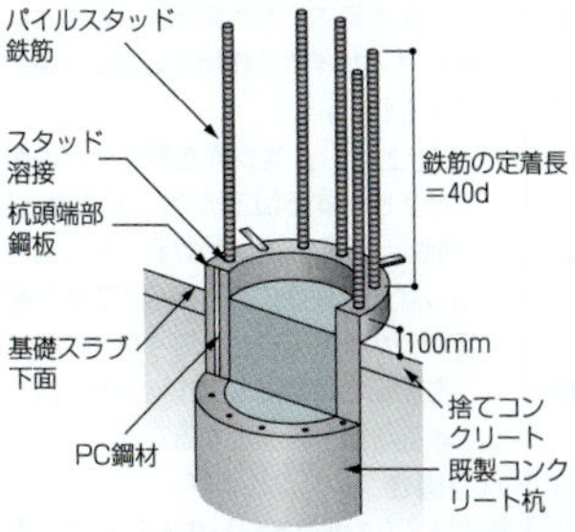

パイルスタッド工法

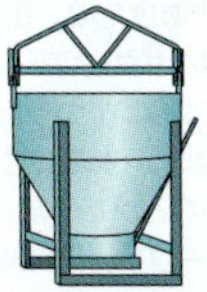

コンクリートバケット

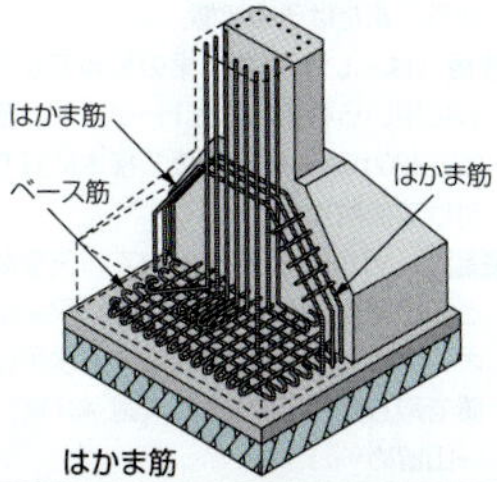

はかま筋

溶接材料と入熱・パス間温度

鋼材の種類	溶接材料	溶接入熱	パス間温度
400N級	JIS Z 3211, 3212	40kJ/cm以下	350℃以下
	YGW-11、15		
	YGW-18、19		
	JIS Z 3211		
	YGA-50W、50P		
490N級	JIS Z 3212	40kJ/cm以下	350℃以下
	YGW-11、15	30kJ/cm以下	250℃以下
	YGW-18、19	40kJ/cm以下 (30kJ/cm以下)	350℃以下 (250℃以下)
	JIS Z 3214	40kJ/cm以下	350℃以下
	YGA-50W、50P		
520N級	YGW-18、19	30kJ/cm以下	250℃以下

(　)内は490NのSTKR・BCPの場合を示す。

→中庭

パテ飼い　塗装やクロスの下地の不陸(ふろく)や目違い、傷にパテをへらで塗り付けて平らにすること。乾燥後、サンドペーパーでさらに平らにする。「パテしごき」「地付け」ともいう。

パテしごき　⇨パテ飼い

ハト小屋　屋上スラブを貫通する設備配管の雨仕舞(あまじまい)を良くするために設備配管を集合させ、これを覆うようにつくられた小屋。屋上防水の納まりを良くする目的で設ける。既製品パネル組立式や、型枠を組みコンクリートを打ち込む現場施工によるものがある。(図·399頁)

歯止め　停車している車両が勾配の影響などで逸走しないよう、車輪と車輪接地面の間に物を噛(か)ませること。もしくは噛ませる物をいう。「タイヤストッパー」「車輪止め」ともいう。(図·399頁)

バナナ曲線　工程の進度管理を適切に行うために、工期(工程)を横軸、工事の出来高(または施工量の累計)を縦軸にとり、グラフ化して表す曲線のこと。一般的に緩いS字カーブを描くといわれている。(図·399頁)

ハニカムビーム　H形鋼のウェブに六角形の孔をあけた梁。圧延H形鋼のウェブをジグザクに切断加工して、それを溶接でつないでつくると、同じ鋼材量でも梁成(せい)を増して曲げ抵抗を大きくすることができる。(図·399頁)

パニックオープン　火災時や大地震時に扉を一斉に開放、開錠すること。

はね出し　一方が壁や柱梁に支えられ、他方がそこから突き出している状態。

パネルゲート　工事現場出入口に設ける仮設用扉の一つ。両サイドに鉄骨柱を設け、幅45cmほどの板状の材料(パネル)を連続してハンガーレールで吊り、屏風(びょうぶ)のように折りたたんで開閉できるようにしたもの。(図·401頁)
→シートゲート

パネルゾーン　ラーメン構造などの構造体で、柱と梁が交差する部分。「仕口(しぐち)」ともいう。(図·401頁)

パネル割り　①型枠工事の際、使用する型枠パネルを割り付けること。②内装工事において、間仕切り壁、天井、床などのパネルを割り付けること。

幅木（はばき）壁と床の取り合いで、壁の最下部に帯状に取り付ける仕上材。壁の保護や壁と床の見切り材として、木、石、タイル、テラゾー、プラスチックなどが用いられる。形としては出幅木、入り幅木、面一(つらいち)幅木に分かれ、壁と同材で目地分かれとする場合もある。(図·399頁)

幅木放熱器（はばきほうねつき）⇨ベースボードヒーター

幅止め筋　①鉄筋コンクリート梁の腹筋の間に架け渡した補助鉄筋。鉄筋の梁幅を整えて配筋全体を固定する目的で配置する。②鉄筋コンクリート壁のダブル配筋の場合に、壁筋の位置を保つために配置するつなぎ用の鉄筋。(図·401頁)

破封（はふう）排水トラップ内の封水が乾いたり、管内の負圧やごみなどの毛細管現象が原因で封水がなくなることをいう。

破封防止（はふうぼうし）通気管を設け、配水管内部を大気圧にすることにより誘導サイホン作用を低減し、破封防止を行う。

バフ仕上げ　金属表面を磨き光沢のある仕上げとする加工法で、「バフ磨き」「鏡面仕上げ」ともいわれる。布、皮、ゴムなど柔軟性のある素材でできた軟らかいバフに砥粒を付着させ、このバフを回転させながら工作物に押し当てて表面を磨いて加工する。

バフ磨き　⇨バフ仕上げ

嵌殺し（はめごろし）主として採光用に用いられる、開閉しない固定された建具。またはその状態。

散板（ばらいた）柱、梁の型枠でせき板に用いられる、厚さ15～20mm、幅90～120mmの長尺の板。桟木に打ち付けて使用する。

腹起し　山留め工事において、矢板などの山留め壁にかかる土圧を切梁に伝えるため、山留め壁面に接して水平位置で取り付ける横架材。(図·401頁)
→山留め

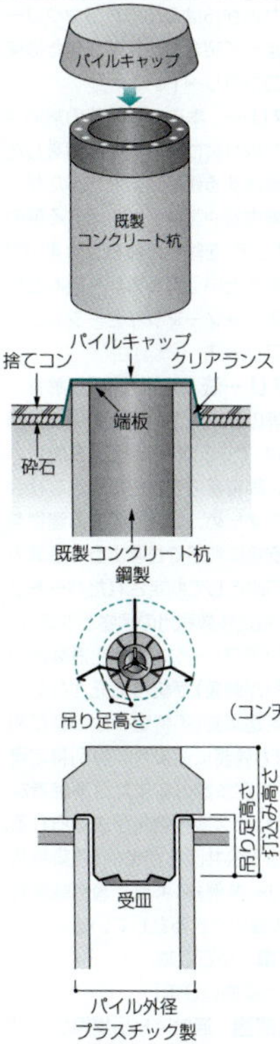

パイルキャップ

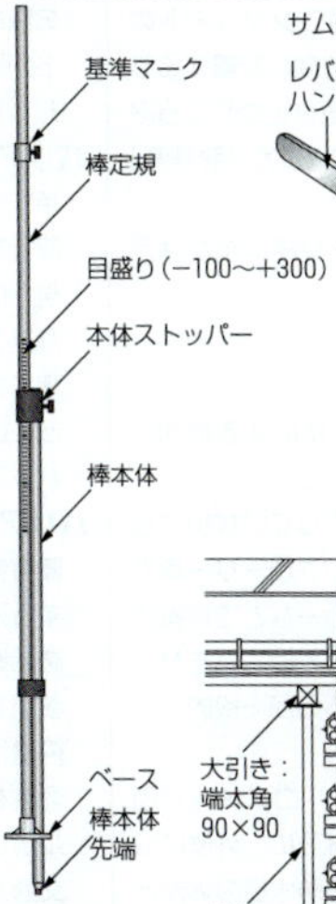

馬鹿棒
（コン天レベル用市販品）

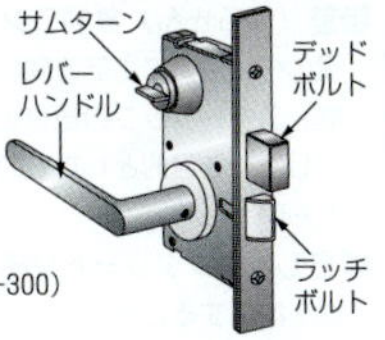

箱錠

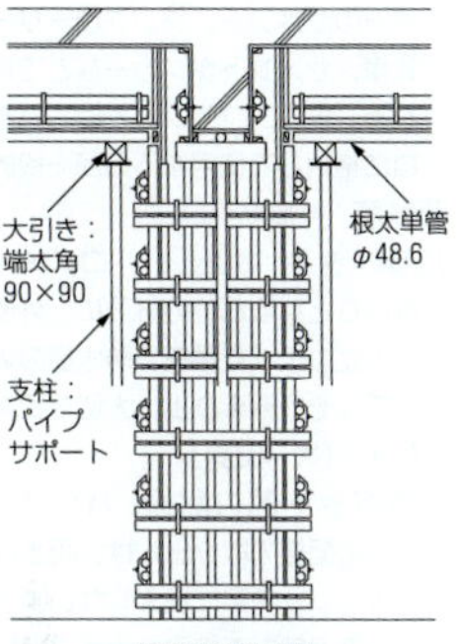

柱型枠の構成例
端太角

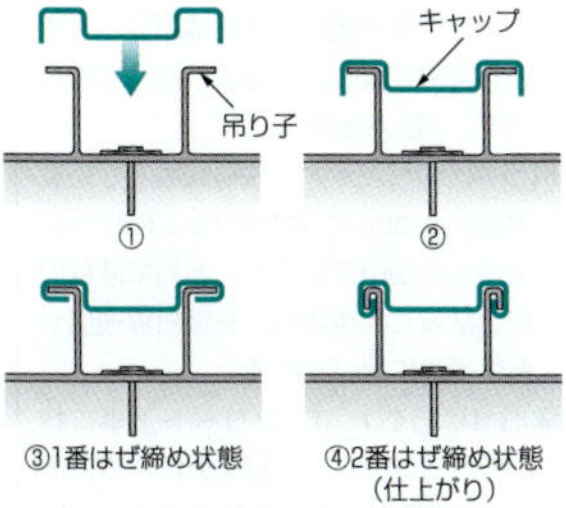

はぜ継ぎ

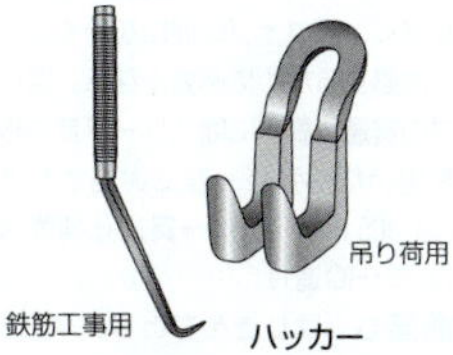

ハッカー

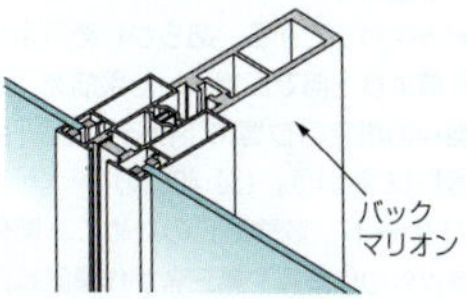

バックマリオン

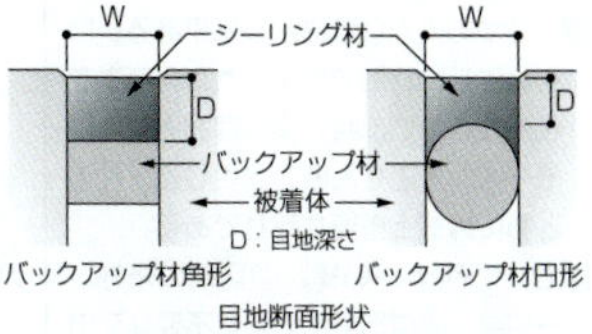

バックアップ材

腹筋（はらきん）鉄筋コンクリートの梁の中腹部分に主筋方向に配置する鉄筋。スターラップの振れ止めやはらみ出し防止を目的としたもの。「腹鉄筋」ともいう。

ばらし　コンクリート型枠、または足場を解体すること。

ばらし屋　⇨解体工

バラス　⇨バラスト

バラスト　敷材などに使用する砂利。略して「バラス」ともいう。

ばらセメント　袋詰めしていないばら積みのセメント。タンクローリー車や貨車、セメントタンカーなどで運搬される。生コンプラントではこれをサイロに格納して使用するのが一般的。

腹鉄筋　⇨腹筋(はらきん)

パラペット　屋上、バルコニーなど雨掛かりとなる部分の外周に、外壁に沿って立ち上げた腰壁。防水層の端部として、その納まり上、大切な役割を果たす。（図·403頁）

パラペット部の配管　パラペット部からの配線の取り出しは、雨水などがパラペット内部に浸入しないように行う。電線管を直接取り出す場合は水平に取り出し、先端にはエントランスキャップを取り付け施工する。また、プルボックスを用いる場合はパラペットあご部に設置し、下方より配管を取り出す。（図·403頁）

パラボラアンテナ　放物曲面をした反射器（parabolic refrecter）をもった指向性の鋭いアンテナ。おもに波長の短い電波で利用され、多重無線通信や衛生通信に用いられる。

孕む（はらむ）コンクリート工事において、コンクリート打込みにより、その圧力で型枠がふくれ出ること。→コンクリート打設（打込み）（図·177頁）

梁　2つの支点（柱）により水平あるいはそれに近い状態で支えられた、荷重を伝達する構造部材。梁にはおもに曲げモーメントとせん断力が生じる。柱とともに構造上重要な部材である。

ばり　①突っかい棒。②切梁の略称。→切梁　③成形品にできた不要な突出物。「ばりを除く」などと使う。④型枠の隙間などからはみ出したコンクリートが固まって突き出た状態。または突起したコンクリート。

バリアフリー　本来は、段差の解消や手すりを取り付けるなどの配慮をした設計を意味する建築用語であったが、現在は障害者や高齢者が生活する際の障壁（バリア）を除き、暮らしやすい環境をつくるという考え方が一般的となっている。→ノーマライゼーション、バリアフリー法

バリアフリー法　正式には「高齢者、障害者等の移動等の円滑化の促進に関する法律」で、2006年6月21日制定。高齢者、障害者の自立と積極的な社会参加を促すため、公共性のある建物を円滑に安全に利用できるような整備の促進を目的として制定されたハートビル法（不特定多数利用の建物が対象）と、交通バリアフリー法（駅や空港などの旅客施設が対象）が統合拡充されたもの。特定建築物（不特定多数の者が利用）は努力義務に留まり、特別特定建築物（不特定多数の者または高齢者などが利用）では適合義務が求められる。また、地方公共団体が条例（建築物バリアフリー条例）によって適合義務対象を拡大強化できるとしている。

張り石工事　⇨石工事

梁落し　⇨梁筋(はりきん)落し

梁貫通孔補強　通常はH形鋼梁ウェブの開口に対する補強のこと。階高の制限などから梁下に設備配管を通す空間がなく、梁ウェブに開口をつくることで対処するために必要となる。梁ウェブの貫通孔周辺にはスリーブ管や板材を用いた補強が一般に実施される。（図·405頁（S造））→貫通孔補強（図·101頁（RC造））

梁筋落し（はりきんおとし）RC造の梁配筋において、スラブと梁の型枠が組み終わってから、あらかじめ所定の位置より上部で仮組みした梁筋を、梁型枠の所定の位置に下げること。「梁落し」ともいう。（図·405頁）

バリケード　危険防止のために、関係者以外の作業員や第三者が作業区域内に侵入できないように設けた柵(さく)。

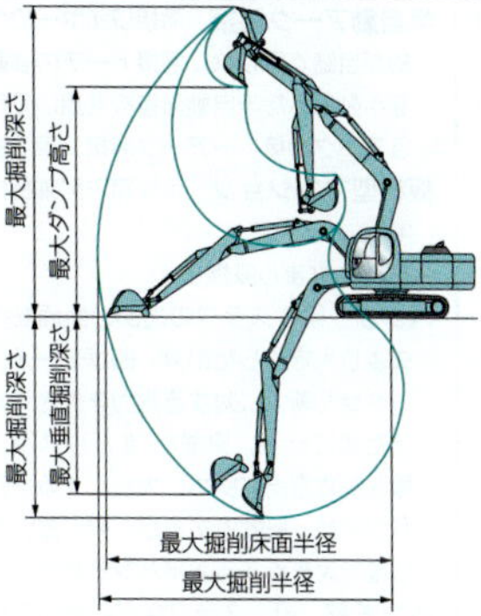

バックホー

バットレス

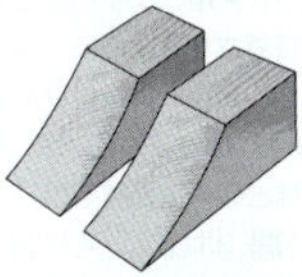

歯止め

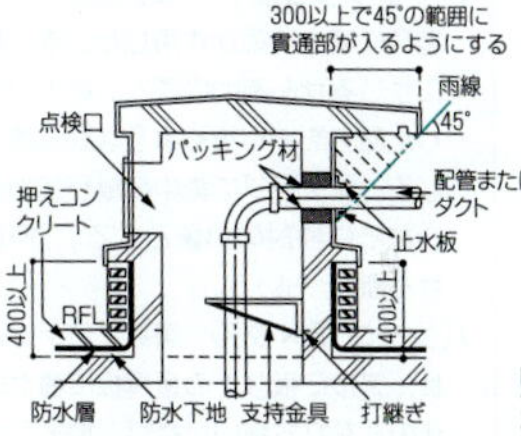

ハト小屋回りの防水処理（例）

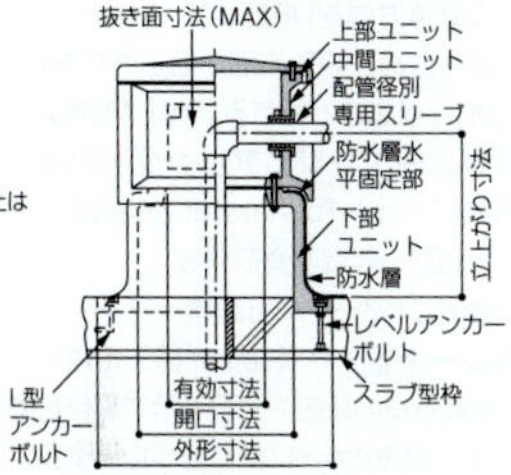

既製ハト小屋回りの防水処理（例）

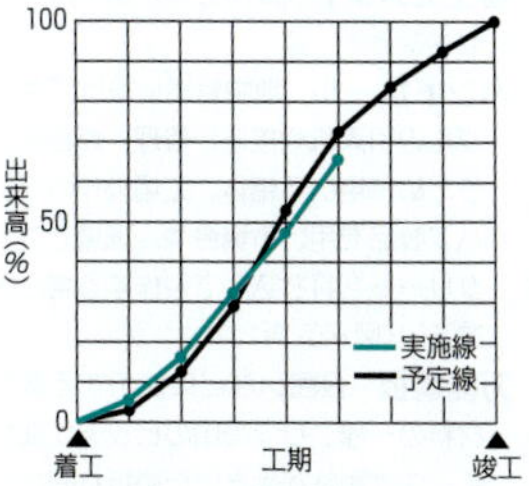

バナナ曲線

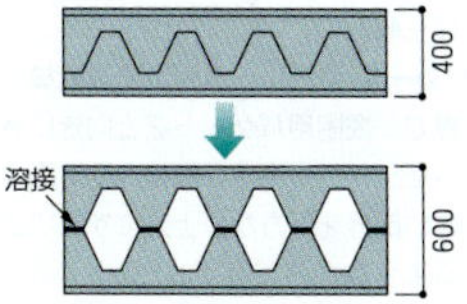

ハニカムビーム

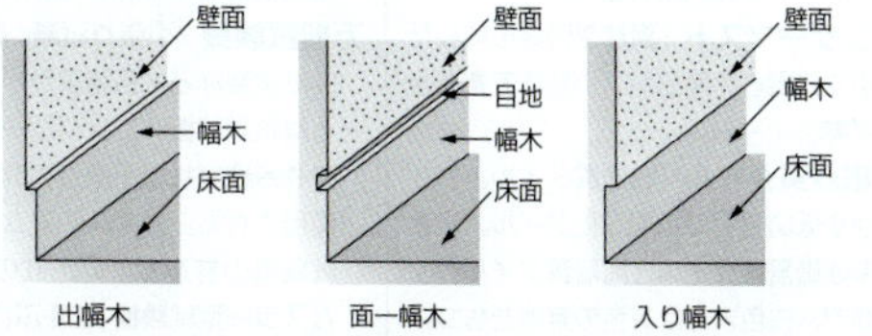

幅木

張り代（はりしろ）各種仕上工事において、タイルや石、その他仕上材料などを張る場合に必要な、下地表面から仕上面までの厚さ。

張出し足場 仮設工事において足場の足元を浮かす必要がある場合に、建物の躯体から梁を突き出して、その上に組み立てる足場のこと。（図·403頁）

張付けモルタル タイルなどを張る際、下地と接着させるために、タイル張付け用として下地に塗り付けたモルタル。

梁伏図（はりぶせず）柱、梁、小梁、壁、スラブなどの構造部材を示した平面図。

梁（張り）間（はりま）スパン。木造やS造における小屋梁と平行な方向のこと。あるいは小屋梁の支点間。梁間との直角方向を「桁行(けたゆき)」という。RC造も含め、矩形平面の短辺方向を「梁間」と呼ぶこともある。（図·403頁）

バリューエンジニアリング ⇨VE

PAL（パル）［perimeter annual load］⇨年間熱負荷係数

パルハンマー ⇨打診棒

パレート図 不良品数や損失金額など、品質不良の原因や状況を示す項目を層別して値の大きい順に並べた棒グラフで表し、その累積百分率を折れ線グラフで示した図。QC 7つ道具の一つ。（図·403頁）

パワーショベル 車両系建設機械の一種で、掘削用バケットを上向きに装着したショベル系掘削機械。地盤面より高い部分を下方から上方にすくい上げるような掘削に適す。「ローディングショベル」ともいう。また、ショベル系掘削機械類の総称として使用されることもある。→バックホー

パンク コンクリート打込みの際にその側圧によって型枠が破壊され、コンクリートが流れ出ること。

パンザーマスト 鋼材を円筒形にした組立式電柱の商品名。小型車で運搬が可能。

半磁器質タイル 磁器質タイルよりもやや低い温度で焼成したタイル。吸水率は磁器質タイルと陶器質タイルの中間で、白色または有色の素地をもつ。内装の壁、床などに使用される。

半自動アーク溶接 溶接ワイヤーの供給が自動で行われ、溶接トーチの移動を手動にした半自動溶接機を用いて行うアーク溶接。→アーク溶接、手溶接

板状型マンション ⇨片廊下型集合住宅

番線 ⇨なまし鉄線

ハンチ 梁やスラブの端部の断面を中央より大きくした部分。曲げモーメントやせん断力に対する耐力を大きくするために行う。梁成(せい)またはスラブ厚を高さ方向に斜めに大きくする垂直ハンチが一般的であるが、梁においては幅を大きくする水平ハンチもある。

ハンチ筋 梁、スラブなどの端部に設けるハンチに入れる鉄筋。（図·405頁）

パンチングシアー 板状部材に対して直角に集中荷重が作用したとき、板内に生じるせん断力のこと。荷重の作用した部分を押し抜くようなせん断力となる。床スラブに集中荷重が加わる場合などに検討の対象となる。「押抜きせん断」ともいう。

パンチングメタル 鋼板、ステンレス板、アルミ板などの金属板に種々の形状の孔を打ち抜いた材料。換気孔や排水溝の蓋などに使われる。（図·405頁）

礬土セメント（ばんどー）⇨アルミナセメント

ハンドホール 地中管路に設けてケーブルの引入れや接続、修理、点検を行うために用いる箱体。工場製作のプレハブ製品を用いる場合や、現場でコンクリートを打ち込んで製作する場合がある。（図·407頁）

万能鋼板 仮囲いなどに使用する鋼製材料の一種。リブの山のピッチが細かく、曲げ剛性が大きいため折れ曲がりにくいが、表面の凸凹が多いため文字などは書きにくい。（図·405頁）

万能試験機 引張り試験、圧縮試験、曲げ試験など、各種試験が一台でできる材料試験機。コンクリートの圧縮試験や各種鋼材の引張り強度試験などに使用される。スイスのアムスラー社製試験機の普及で、同形式のものを「アムスラー型試験機」と呼ぶことがある。

反応性骨材 セメントに含まれる酸化

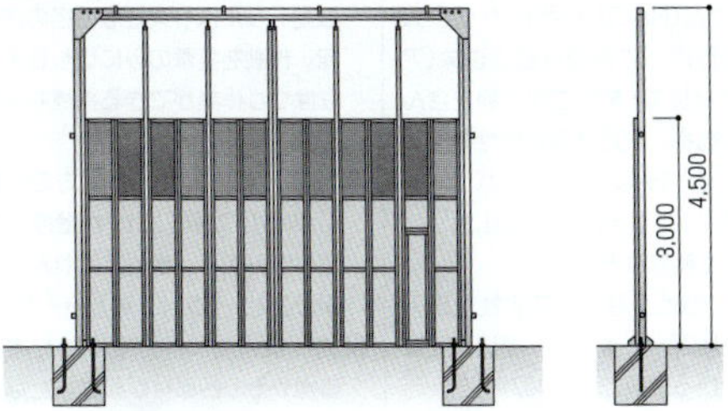

パネルゲート

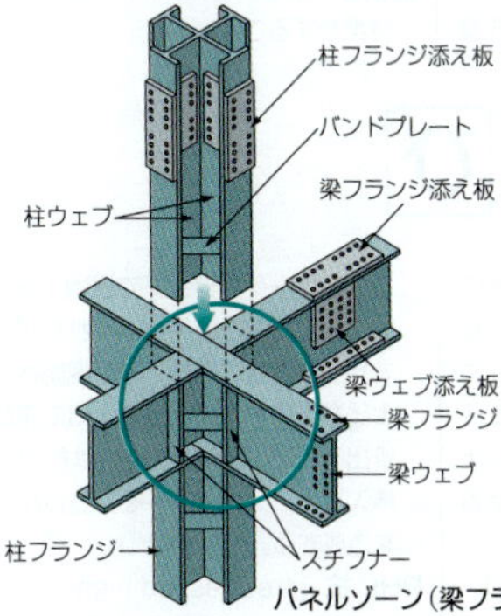

パネルゾーン（梁フランジ貫通式）

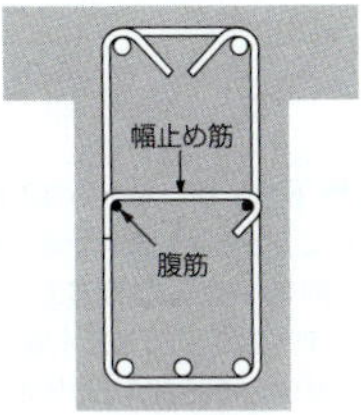

幅止め筋

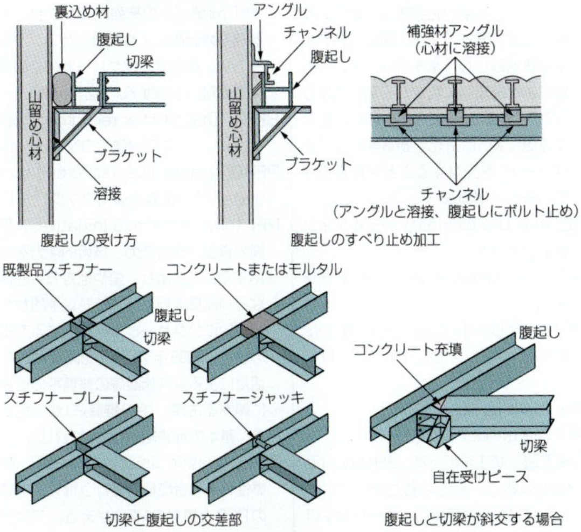

腹起しの受け方

腹起しのすべり止め加工

切梁と腹起しの交差部

腹起しと切梁が斜交する場合

腹起し

ナトリウム(Na_2O)や酸化カリウム(K_2O)と反応して悪質な膨張現象(アルカリ骨材反応)を起こす鉱物を含んだ骨材の総称。反応する可能性のある鉱物として、石英、クリストバライト、トリジマイト、オパール、火山ガラス、雲母、粘土鉱物などがある。

盤ぶくれ　粘性土など不透水性土層下位の被圧地下水によって、根切り底面が持ち上がる現象。(図・407頁)

ハンマードリル　ドリルビットの軸方向に打撃を与えながら回転し、コンクリートや石などへの穴あけを行う工具。振動ドリルより大きな口径の削孔が可能。作動を打撃のみに切り替え、簡単なはつり作業ができる機種もある。→振動ドリル

半枚積み　れんがの積み方の一種。れんがの小口幅(10cm)が壁厚になるよう平積みする。半枚とはれんがの小口幅のこと。(図・407頁)→一枚積み

反力　構造物が外力を受けた場合、構造物やその各部材が移動または回転しないように支点に働く抵抗力をいう。

番割り　作業の開始前に作業員の役割分担をすること。

ひ

被圧地下水　加圧層という不透水性の地層に上下をはさまれた地下水で、地下水面をもたない。直接大気と接しておらず、その水圧(被圧水頭)は大気圧より高い。被圧水頭が被圧帯水層の上端(うわば)より高ければ被圧地下水である。→自由地下水(図・229頁)

PRTR法　[Pollutant Release and Transfer Register]　特定化学物質の環境への排出量の把握等及び管理の改善の促進に関する法律の通称。特定化学物質を取り扱う事業者は、その排出量および廃棄物に含まれる量を把握し(PRTR制度)、ほかの事業者に出荷する際にMSDS(化学物質等安全データシート)を交付することを義務づけている。→MSDS

BE　[building element]　⇨ビルディングエレメント

PS　[pipe space/shaft]　⇨パイプシャフト

PSコンクリート　[prestressed concrete]　⇨プレストレストコンクリート

BH　[built-up H]　⇨ビルトH

PH　[penthouse]　⇨塔屋(とうや)

BH工法　杭工法の一種。BHはboring holeの略で、強力な動力をもつボーリングマシンを使用し、ボーリングロッドの先端に取り付けたビットを回転させ、ノーケーシングで掘削する。掘削には安定液を使用し、これをポンプでビット先端に送り込み、掘削された土砂を上昇水流によって孔口に運び、排出する。 掘削終了後に鉄筋かごを挿入し、コンクリートを打ち込んで杭を造成する。(図・409頁)

PHC杭　[prestressed high-strength concrete]　設計基準強度80N/mm^2以上の高強度コンクリートを遠心締固めにより築造したコンクリート杭。高強度コンクリートのため高軸方向耐力を有する。(図・407頁)

BFRC　[basalt fiber reinforced concrete]　⇨ビニロン強化コンクリート

PFRC　[plastic fiber reinforced concrete]　⇨合成繊維強化コンクリート

PFI　[private finance initiative]　民間の資金、経営能力、技術的能力を活用することにより、国や地方公共団体などが直接実施するよりも効率的かつ効果的に公共サービスを提供する方式のこと。1999年7月に「民間資金等の活用による公共施設等の整備等の促進に関する法律」(PFI推進法)が制定され、基本的な枠組みが設けられた。

PF管　[plastic flexible conduit]　耐燃性のある合成樹脂可とう管で、単層のPFSと複層のPFDがある。コンクリート打込みの電線管として用いる場

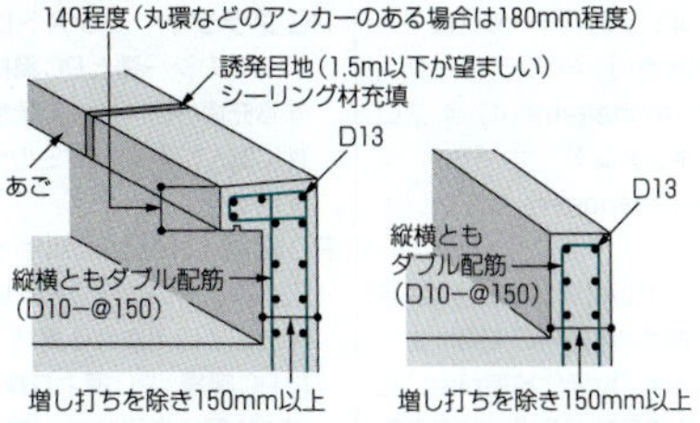

パラペットの構造（左：あご付き、右：あごなし）[34]

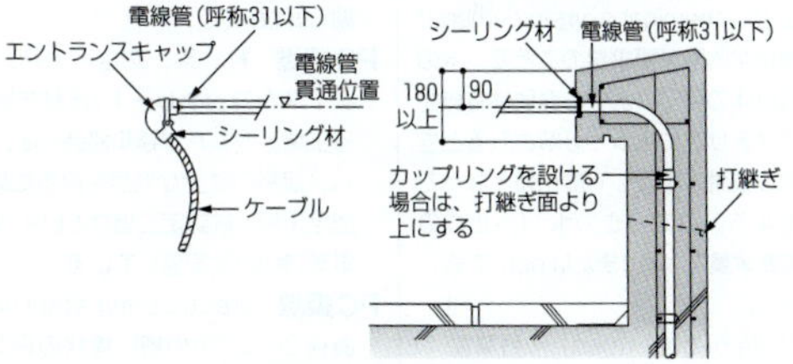

エントランスキャップを使用する場合

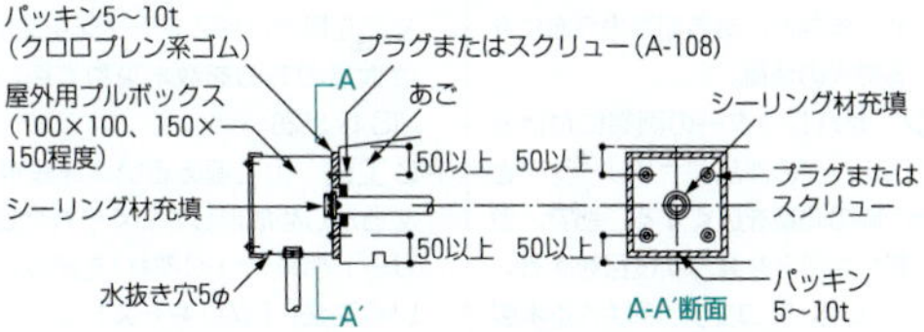

屋外用プルボックスをパラペットのあごに取り付ける場合

パラペット部の配管

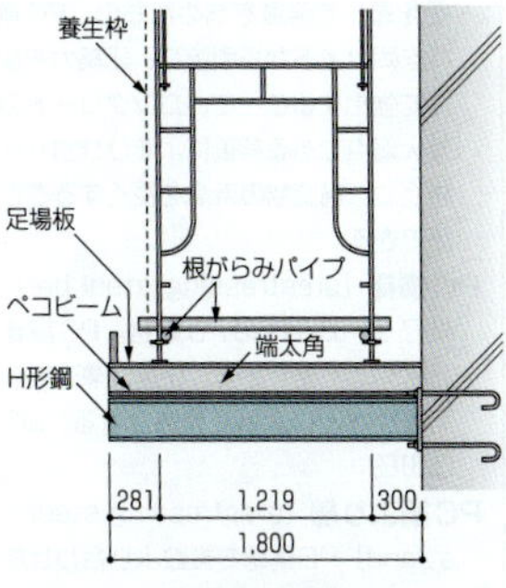

張出し足場

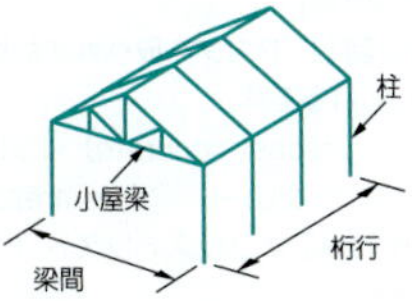

梁間

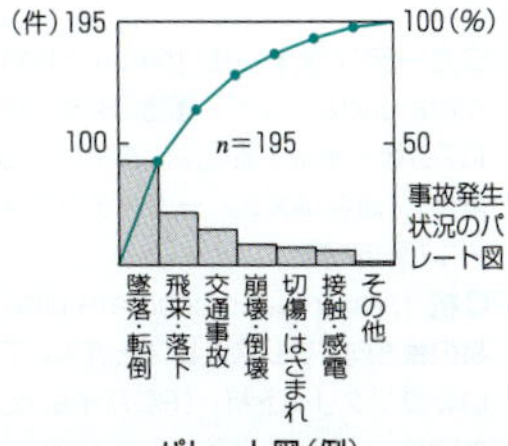

パレート図（例）

合が多い。JIS C 8411　→CD管

BM [bench mark] ⇨ベンチマーク

PM [project management] ⇨プロジェクトマネジメント

PMr [project manager] ⇨プロジェクトマネジャー

PL法 [Product Liability Act] 製造物責任法の通称。製造物の欠陥により人の生命、身体、財産に被害が生じた場合に、製造業者などの損害賠償の責任について定めた法律。

BOD [biochemical oxygen demand] 生物化学的酸素要求量のことで、水の汚れ自体の目安。水中の腐敗性有機物がバクテリアによって分解されるとき、周囲の酸素を吸収して酸化物となって安定する。このときの水1l当たりの酸素要求量をmg/lまたはppmで表したもの。

BQ [bills of quantities] ⇨数量書

ピークロード　尖頭(せんとう)負荷のことで、一日や一年など、ある期間のうちに発生する最大の負荷。

Pコン　セパレーターの両端に付けるプラスチックの部品。セパレーターと型枠の間の面積を広くすることで、型枠の割れや凹みを減らす役目をする。かつては「木(もっ)コン」と呼ばれる木製品が使われていたが、現在ではプラスチック製のものが主流になっている。(図·409頁)

Pコン回し　Pコンを取り外すために用いられる工具。

PC　①[precast concrete] ⇨プレキャストコンクリート　②[prestressed concrete] ⇨プレストレストコンクリート

PCa [precast] ⇨プレキャストコンクリート

PCカーテンウォール [precast concrete curtain wall] 建物の外壁などにPC板を使用する工法。またはその壁名。(図表·409頁) →カーテンウォール(図·69頁)

PC杭 [prestressed concrete pile] 杭の軸方向にプレストレスを導入しているコンクリート杭。「PCパイル」ともいう。

PCグラウト　プレストレストコンクリートのシースとPC鋼材の間に注入する充填材。一般に充填性の高い流動性に富んだセメントミルクの充填材を使用する。

PC鋼材 [prestressing steel] プレストレストコンクリートにおいて緊張材として使用される鋼材。おもなものにPC鋼線、PC鋼より線、PC鋼棒など。性質は高強度で、弾性限界、耐力または降伏点が大きく、適度な伸びと靭(じん)性がある。

PC工場　柱、梁、床などのPC(プレキャストコンクリート)部材を製造する工場。プレハブ建築協会では、プレハブ建築の健全な発展を図るため、N認定工場、H認定工場などいくつかの事業(制度)を実施している。

PC鋼線 [prestressing steel wire] 直径2～8mmの細い線状のPC鋼材。通常、プレテンション方式には小径のものを用い、ポストテンション方式には太径のものを数本束ねて用いる。JIS G 3536

PC工法　①工場あるいは建設現場であらかじめ成形してつくられたコンクリート部材(＝PC部材)を組み立てていく工法。「プレキャストコンクリート(PC)工法」というが、以下②の用法と区別するために「PCa工法」と呼ぶことが多い。PC部材は柱、梁、床や壁など用途や部位に応じて成形される。②プレストレストコンクリートを使用した工法。コンクリートの中に鋼材などを通して強度を高めたもの。PC鋼材を両サイドから引張り、圧縮力を加えて強化することで、コンクリートの最大弱点である荷重によるひび割れを防止し、構造物の寿命を長くすることができる。

PC鋼棒 [prestressing steel bar] 直径9～33 mmのPC鋼材。PC鋼線と比べて太径である。圧延、熱処理、引抜きなどによって製造される。JIS G 3109

PC鋼より線 [prestressing steel strand] PC鋼線を複数より合わせたPC鋼材で、「PCストランド」ともいう。

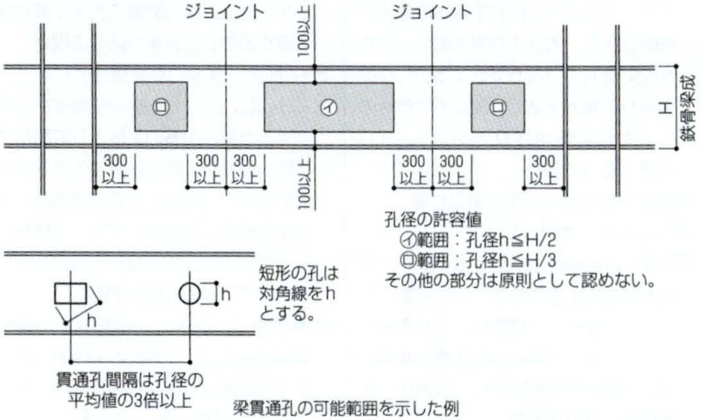

梁貫通孔の可能範囲を示した例

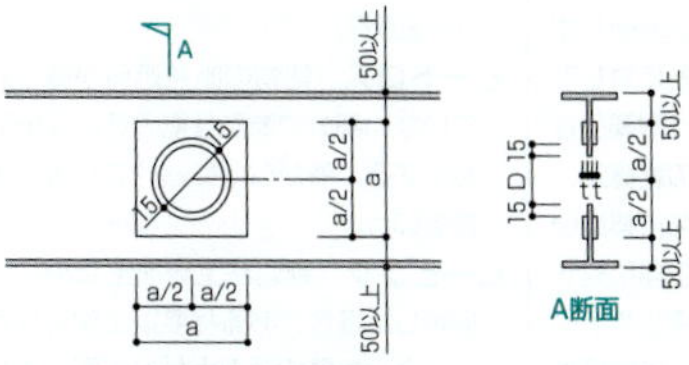

D、t、aは特記による。

*梁せいの大きさに比べて小径の場合は補強を必要としないが、すべて特記による。

2面プレート式の例

梁貫通孔補強

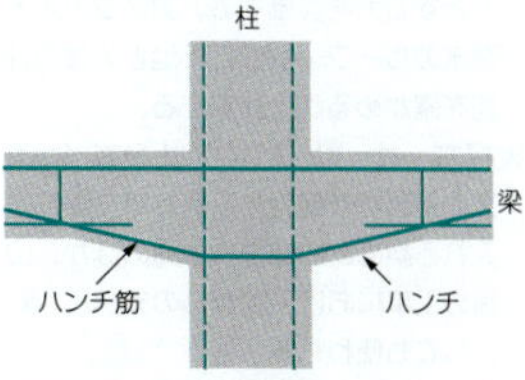

ハンチ筋

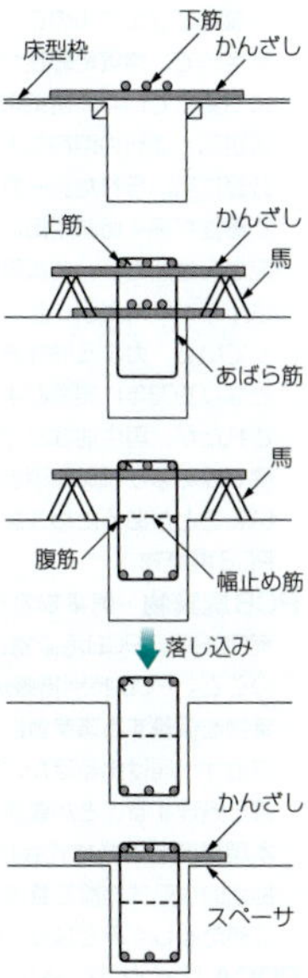

梁筋落し

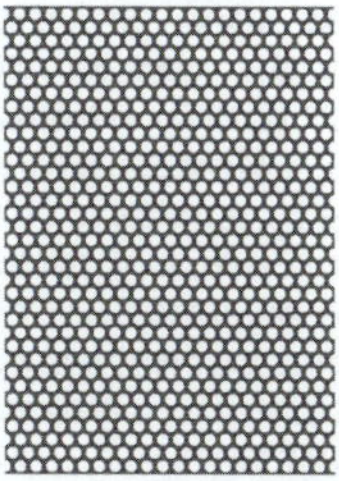

パンチングメタル

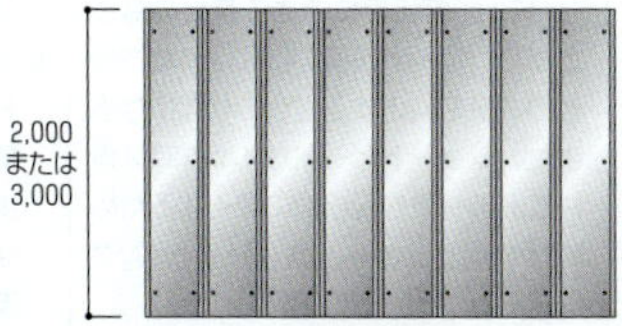

万能鋼板

2本、3本、7本および19本の鋼より線のほかに、太径より線がある。付着性能に優れているうえ、1本当たりの引張り荷重が大きいため、PC鋼材の主流として使用されている。JIS G 3536（図·411頁）

PCストランド　⇨PC鋼より線

PCパイル　⇨PC杭

PC板［precast concrete panel］工場や現場内工場で製造された鉄筋コンクリート製の床、壁部材。これらをクレーンを用いて組み立て建物を構築する。現場内作業が減少し、省力化、工期短縮に効果がある。

PCB［polychlorinated biphenyl］ポリ塩化ビフェニルのこと。熱に対して安定的で、電気絶縁性が高く耐薬品性にも優れている。電気機器の絶縁油、可塑剤、塗料の溶剤など非常に幅広い分野に用いられた。一方、生体に対する毒性が高く脂肪組織に蓄積しやすい。発がん性があり、皮膚障害、内臓障害、ホルモン異常を引き起こすこともわかっている。カネミ油症事件がきっかけとなり1973年に製造および輸入が禁止されたが、再生油などの経路で、低濃度ではあるが1990年頃まで含有されていることがあるため注意を要する。→PCB廃棄物

PCB廃棄物　廃棄物処理法に定める廃PCB等、PCB汚染物、PCB処理物のこと。PCB特別措置法で、PCB廃棄物を保管する事業者には保管状況を自治体へ届け出るほか、2016年までに適正処理することが義務づけられ、日本環境安全事業株式会社（JESCO）が拠点的な処理施設を整備し、処理業務にあたるしくみとなっている。

PDCAサイクル　⇨デミングサイクル

ビード　①溶接部にできる帯状の盛り上がり。ビード表面の状態は溶接技能者の技量を判定する場合の参考になる。また、ショートビード（短い溶接）は鋼材表面の材質を局部的に硬くするため、割れの原因となる。（表·411頁）　②グレイジングビードの略称。

ヒートアイランド　冷房設備の排出熱や車の排気ガスの影響で気温が高くなる都市部のこと。またはその現象。

ヒートブリッジ　⇨熱橋(ねつきょう)

ヒートポンプ　冷凍機の凝縮器から発生する熱を、加熱の手段として利用する場合の呼称。低温熱源器の熱を蒸発器で吸収し、高温にして凝縮器から放出するので、あたかもポンプで熱をくみ上げるようなことから、この名前で呼ばれている。略称「HP」。

Pトラップ　洗面器、便器などの衛生器具の管トラップ方式の一つで、壁を水平に貫通し配管を行えるもの。P字の形状をしている。→排水トラップ（図·389頁）

ヒートロス　建物の断熱処理が施されていない部分や断熱性能の低い部分で発生する、熱がむだに逃げてしまう現象をいう。

ヒービング　軟弱粘土層を土止めして掘削した場合、ある程度以上深くなると、土止め壁背面の土が掘削面にまわり込んで根切り底面を押し上げる現象。（図·411頁）

ピーリング試験　材料相互の接着性の良し悪しを調べる試験で、剥離させようとする力を評価する。アスファルト防水のルーフィングと下地との接着性能を確かめることができる。

火打ち　柱、梁、桁(けた)、土台などが直交する部材を補強する目的で交差部に入れる斜め材の総称。木造のほか、山留め工事における腹起しの支保工(しほこう)としても使われる。

火打ち土台　土台の隅角部、T形部などに設けられる、土台を補強する部材。→軸組構法（図·209頁）

火打ち梁　小屋組の隅角部に45°に取り付けた部材。地震や強風などの横力に対して抵抗する。→軸組構法（図·209頁）、山留め壁工法（図·497頁）

ビオトープ　生物が互いにつながりをもちながら生息している空間を示す言葉だが、開発事業などによって環境の損なわれた土地や都市内の空地、校庭などに造成された、生物の生息、生育環境空間を指していうことがある。近年、都市的な土地利用が急速に進行し、

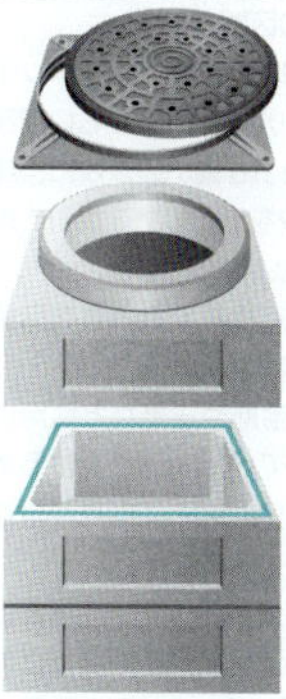

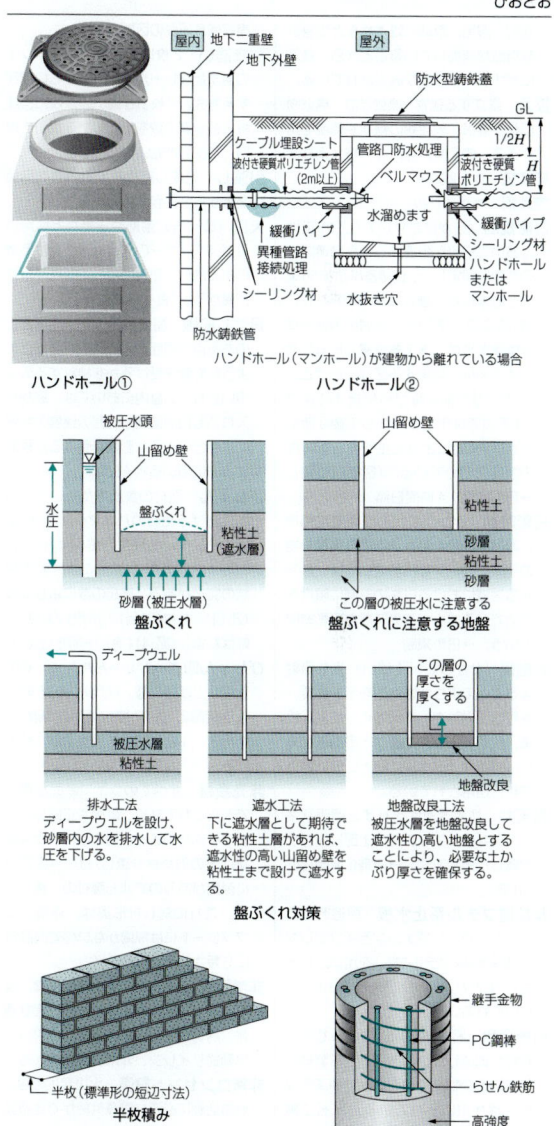

ハンドホール①

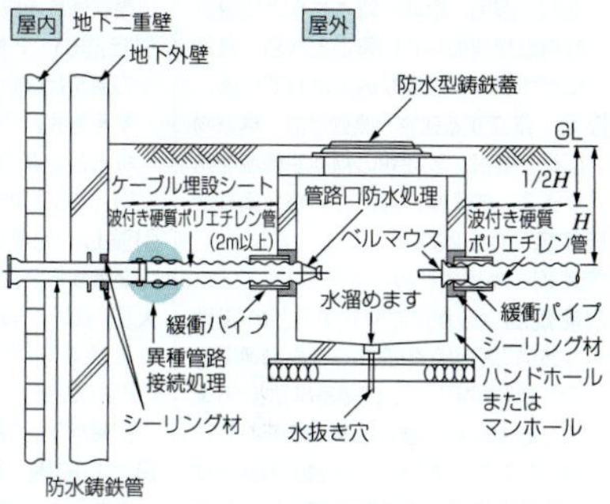

ハンドホール（マンホール）が建物から離れている場合

ハンドホール②

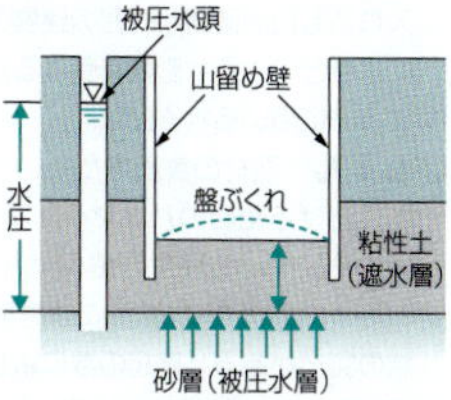

盤ぶくれ

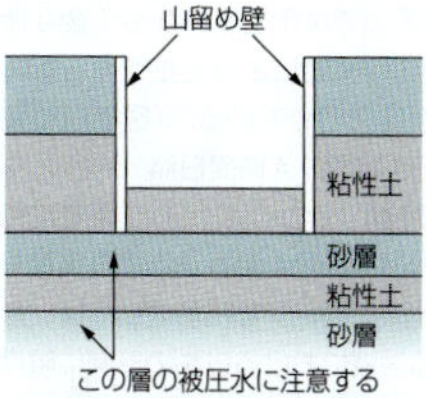

盤ぶくれに注意する地盤

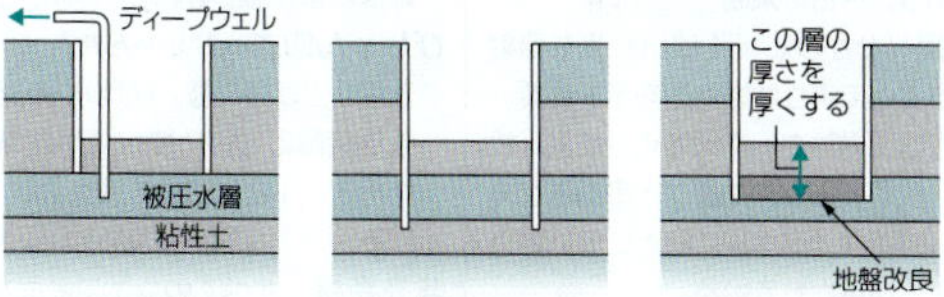

排水工法
ディープウェルを設け、砂層内の水を排水して水圧を下げる。

遮水工法
下に遮水層として期待できる粘性土層があれば、遮水性の高い山留め壁を粘性土まで設けて遮水する。

地盤改良工法
被圧水層を地盤改良して遮水性の高い地盤とすることにより、必要な土かぶり厚さを確保する。

盤ぶくれ対策

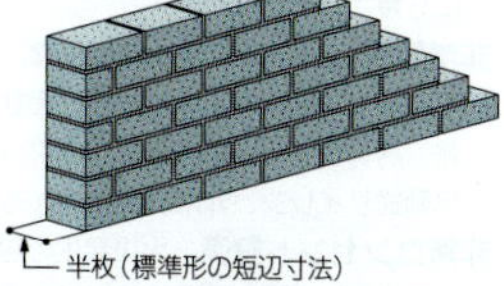

半枚積み

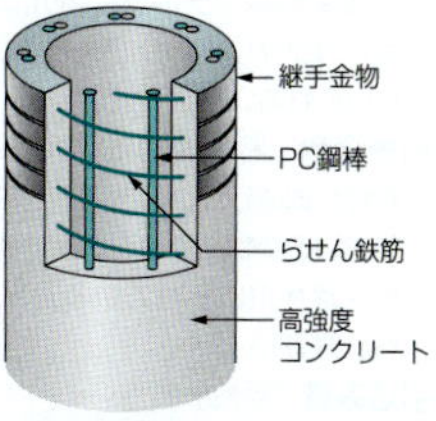

PHC杭

池沼、湿地、草地、雑木林などの身近な自然が消失していることから、各地にビオトープ整備が導入されている。

控え　直立する建物、擁壁(ようへき)、構造物、部材、機械、装置類の傾斜や倒壊を防ぐ支え。控え壁、控え柱、控え綱など。

控え杭　⇨引照点

控え綱　⇨虎綱(とらづな)

日影規制（ひかげきせい）住宅市街地において日照を阻害する中高層建築物の制限を規定した、建築基準法第56条の2および同法施行令第135条の12、第135条の13をいう。住居系用途地域、近隣商業地域、準工業地域で地方公共団体の条例で指定する区域における、冬至日の午前8時から午後4時まで(北海道では午前9時から午後3時まで)に建築物によって生ずる日影時間の限度を定めている。(図表·413頁)→日影時間、4時間日照

日影時間（ひかげじかん）住宅市街地において日照を阻害する中高層建築物の制限を規定する日影規制では、規制する区域における日影の時間に限度を定めているおり、この時間を日影時間という。→日影規制

光触媒（ひかりしょくばい）光を照射することにより触媒作用を示す物質。有害物質の除去、空気浄化、脱臭、殺菌、抗菌、防汚、防曇などの働きがあり、外壁材、タイル、鏡といった内外装材に適用されている。

光天井　拡散透過性を有する照明パネルを天井面に張り、その上部に光源を配置した照明方式。→建築化照明(図·151頁)

非加硫ブチル系止水板　製造時に硫黄を用いずイソブチレンとイソプレンの共重合体(ブチルゴム)を用いた止水板。コンクリートの打継ぎ部の止水に用いられる。

引き金物　石工事に用いられるもので、石材が剥落しないように下地に緊結させている金物。亜鉛引き金物やステンレス線が用いられている。→石工事(表·27頁)

引込み管　⇨給水管②

引込み電線路　送電網の分岐点から受電設備高圧側の区間を指す。

引き違い　2枚以上の建具を2本以上の溝またはレールに沿って左右に開閉する方式。2枚引き違いのほかに、建具枚数や溝の数を増やした3枚引き違い、4枚引き違いなどもある。

引渡し　完成した建築物の占有を請負業者から発注者へ移転すること。

火口（ひぐち）溶断や圧接などに用いるガスバーナーの先端に取り付ける炎の出る部分。用途に応じて形状や構造が異なる。(表·411頁)

日差し曲線　屋外において、地平面上のある点が周囲の建物日照時間にどのような影響を受けるかを検討するのに用いられる。屋内においては、窓から入り込む日照時間が周囲の建物の状況によりどのような影響を受けるか検討するのに用いられる曲線。

びしゃん　石材の表面をたたいて平滑に仕上げるためのハンマー。20cm前後の柄に15cm程度の槌(つち)が付き、3.6cm四方の槌の端面には碁盤の目状の突起がある。突起の数により5枚(25目)、8枚(64目)、10枚(100目)と呼ばれる。(図·411頁)→叩き仕上げ

びしゃん叩き（びしゃんたたき）石の表面仕上げの一種。「びしゃん」と呼ばれる突起の付いた槌(つち)で軽く細かくたたき、小さな凹凸を残すように仕上げる。

非充腹材　すべてのウェブ断面が鋼材で充たされてなく、隙間や空間などを有する部材のこと。例えば、トラス部材はその斜め材や束(つか)材以外の部分に隙間があるので非充腹材の一種である。これに対しH形鋼は、通常ウェブプレートには隙間がないので充腹材に分類される。→ラチス

非常警報設備　火災発生時に音響、音声により建物内の人々に対し的確な通報、誘導をするための設備。非常ベル、自動式サイレン、非常放送設備がある。

非常コンセント設備　火災発生の際、消防活動に必要な電源供給ができる設備。消防隊が有効に消火活動できる場所に設置する。

非常電源　常用電源が停電した場合で

PC板の製作精度の許容値（例）（mm）

項　目	許容差
辺長	±3
対角線長の差	5
板厚	±2
開口部内法寸法	±2
ねじれ、反り	5
曲がり	3
面の凹凸	3
先付け金物の位置	5

接合部の機構図

工法	シングルシールジョイント工法	ダブルシールジョイント工法（排水機構なし）	ダブルシールジョイント工法（排水機構あり）
概念図	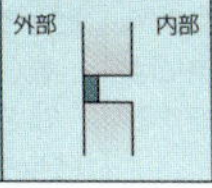	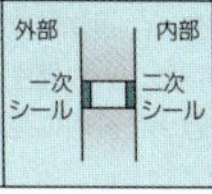	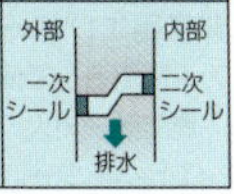

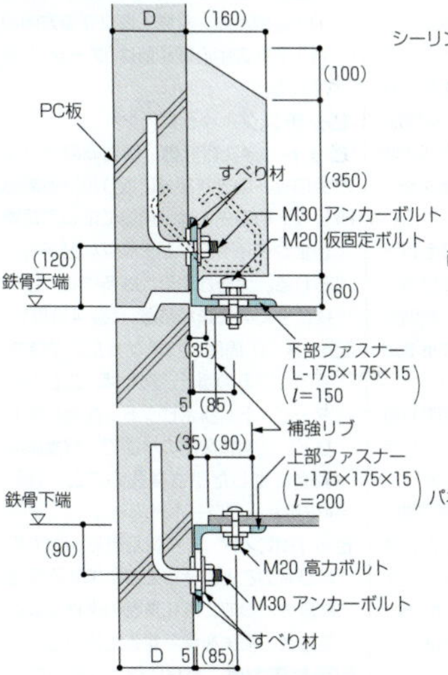

ロッキング方式の納まり例

PCカーテンウォール

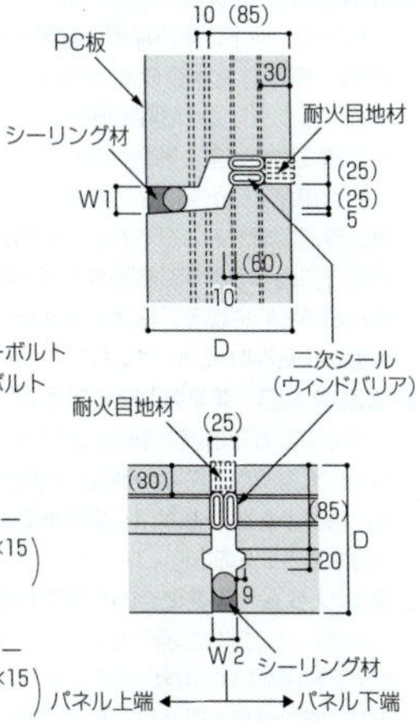

W1（横目地幅）、W2（縦目地幅）は外壁の変形量（層間変位）に応じた目地幅とする

目地の納まり例

PCカーテンウォール

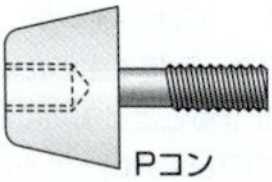

Pコン

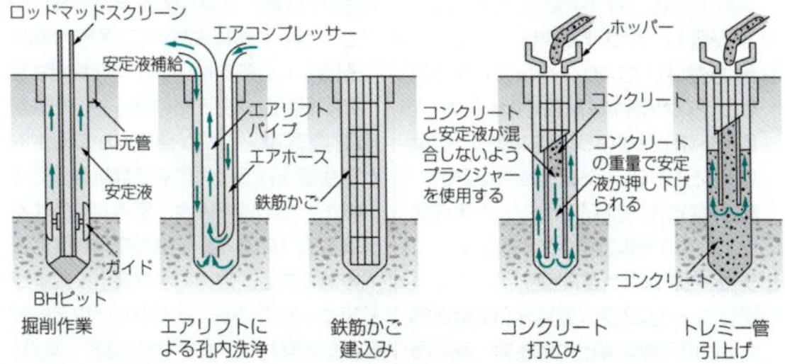

BH工法

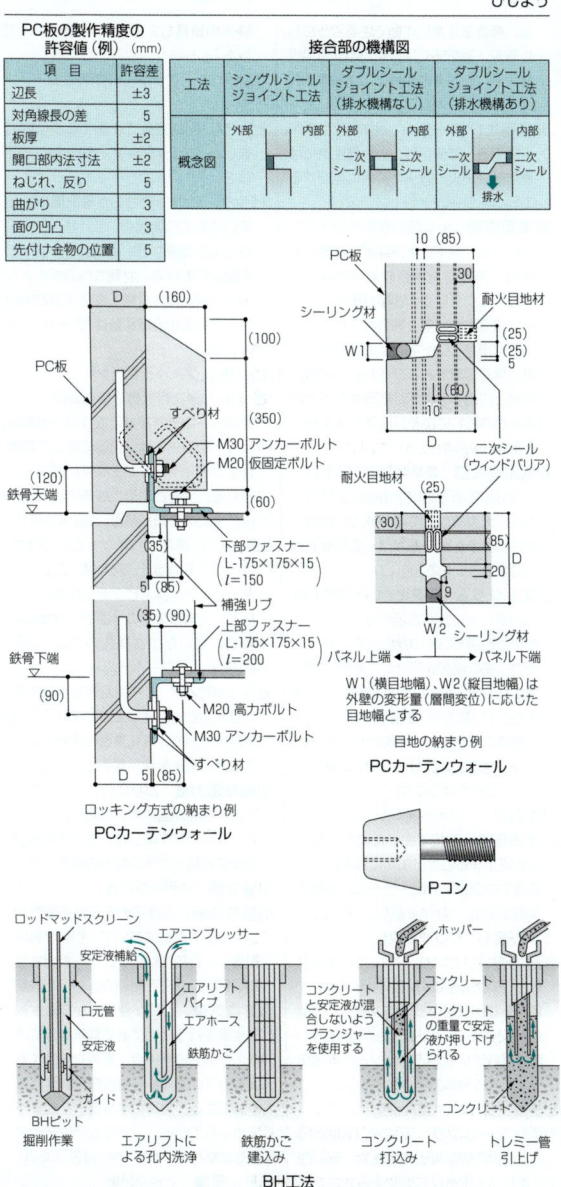

も、機器を正常に作動できるようにした電源。消防法では非常用電源専用受電設備、自家発電設備または蓄電池設備がある。

非常用エレベーター　平常時には乗用、人荷用として使用し、火災発生時には消防隊の消火、救出作業用に運転するエレベーター。

非常用照明　火災時の避難を助けるために居室、廊下、階段などに設置する照明。停電した場合、30分間以上、床面1ルクス以上の照度が確保できる。特殊建築物の居室、階数が3以上で延べ床面積が500m²を超える建築物の居室、無窓の居室およびこれらの居室から地上に通ずる廊下、階段などへの設置が定められている。建築基準法施行令第126条の4

非常用進入口　建築物の高さ31m以下の部分にある3階以上の階に設ける、おもに火災時の消防隊の消火、救助活動に供するための進入口。建築基準法施行令第126条の6

ヒストグラム　数量化できる要因や特性のデータについて、そのデータが存在する範囲をいくつかの区間に分け、その区間の幅を底辺とし、その区間に含まれるデータの度数に比例する面積をもつ柱(長方形)を並べた図。QC7つ道具のなかでもよく使われる手法。

ピストン式コンクリートポンプ　⇨コンクリートポンプ車

ひずみ計　⇨ストレインゲージ①

ひずみ取り　溶接で生じた変形を取り除き矯正すること。加熱による矯正、常温でのプレスやローラーによる矯正などがある。「ひずみ直し」ともいう。

ひずみ直し　⇨ひずみ取り

非耐力壁（ひたいりょくかべ）構造計算上、外力(通常は地震時の水平力)を負担しない壁をいう。「二次壁」「雑壁(ざつかべ)」ともいう。フレーム内の非耐力壁は構造スリットでフレームと縁を切り、ねじれや応力集中を防ぐ。

ビチューメン　⇨瀝青(れきせい)

引掛けシーリング　天井内の配線と吊り下げ形照明器具との接続器。天井面に差し込み引掛けて固定するもので、器具の重量も支える。「引掛けローゼット」ともいう。

引掛けローゼット　⇨引掛けシーリング

ピック　圧縮空気で作動する小型削岩機(コールピックハンマー)を略した呼び名。

ピッチ　①同形のものが等間隔に並んでいるものの間隔をいう。柱、鉄筋、ねじ山の間隔など。②高力ボルトなどの配列における、材軸方向のボルト孔の中心間距離。材軸と直交する方向のボルト孔の中心間距離は「ゲージ」と呼ばれる。

ピッチング　⇨孔食(こうしょく)

ビット　穿孔(せんこう)機、削岩機のドリルやロッドの先端部分に取り付ける部品。ビットの刃先には、用途に応じて超硬合金やダイヤモンドチップなどが用いられる。大きさや形状は多様で、目的別に多くの種類がある。(図·413頁)

ピット　①周囲より下がった穴や溝などのくぼみの部分。例えば、エレベーターピット、排水ピット、配管ピットなど。②溶接欠陥の一種で、溶接部の表面に生じた小さな孔のこと。(図·413頁)→ブローホール

ビッドボンド　入札保証あるいは入札保証金のこと。建設工事に関する保証制度の一つで、落札業者の失格による発注者の損失を保証するためのもの。

引張り応力度　部材に外力が働いたときに、ある断面において互いに引き合う方向に力が作用したときのその断面の単位面積当たりの軸方向力をいう。

引張り筋　⇨引張り鉄筋

引張り鉄筋　曲げ応力を受ける鉄筋コンクリート部材において、引張り側に配置した鉄筋をいい、応力を負担させる。「引張り筋」ともいう。→圧縮鉄筋

必要換気量　人間が健康的かつ衛生的に生活を行うために必要な新鮮外気導入のための換気回数。室内で発生する炭酸ガスの濃度、浮遊粉塵の濃度により算定する。法律により最小換気量が定められている。→ホルムアルデヒド発散建築材料、機械換気(図表·103頁)

ビティ足場　⇨枠組足場

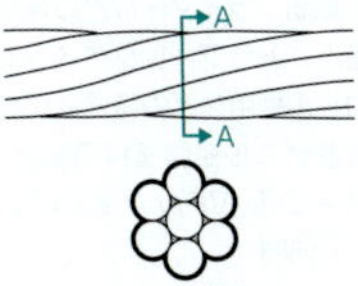

A−A断面
7本よりPC鋼より線
PC鋼より線

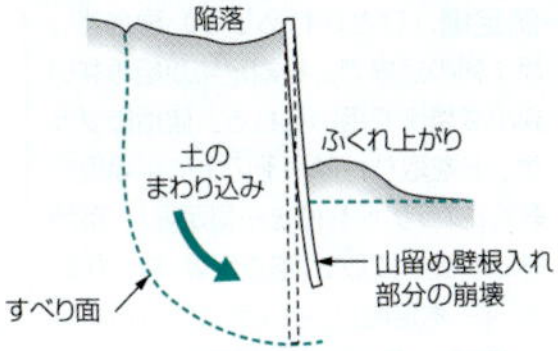

ヒービング

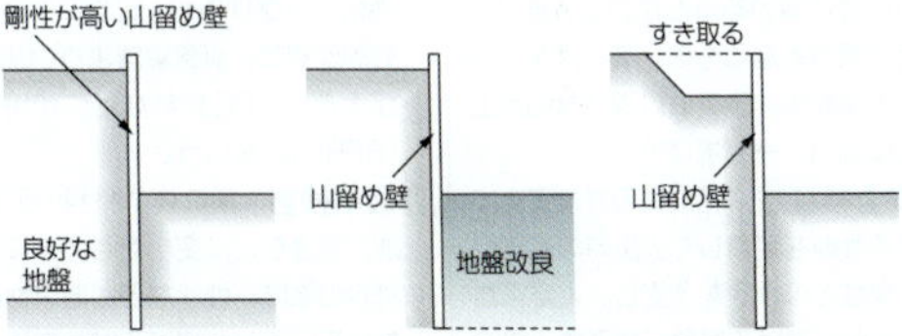

剛性の高い山留め壁を良好な地盤に根入れする。またはすべり面より深く入れる。

根切り底以深を地盤改良する。

山留め周辺をすき取り、掘削場内外の重量差を小さくする。

ヒービング対策

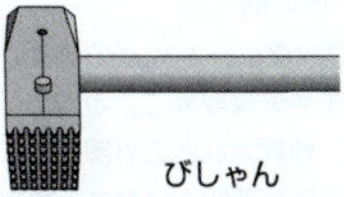
びしゃん

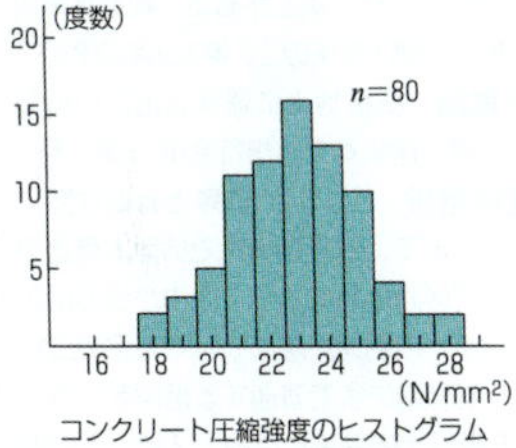

コンクリート圧縮強度のヒストグラム
ヒストグラム(例)

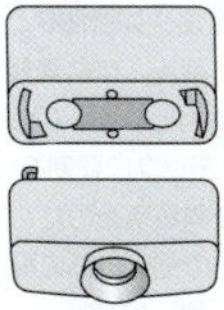
引掛けシーリング

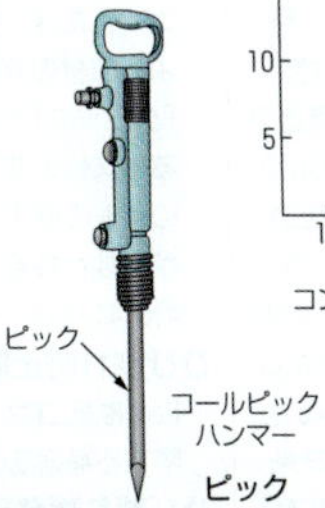

ピック

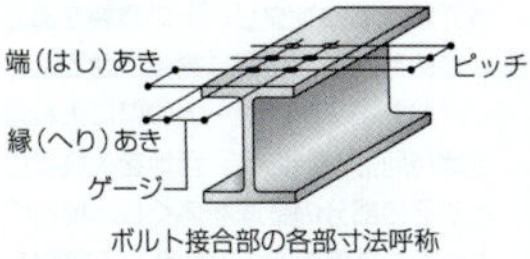

ボルト接合部の各部寸法呼称
ピッチ

組立溶接の最小ビード長さ

板厚(mm)	組立溶接の最小ビード長さ(mm)	
	手溶接・半自動溶接	自動溶接
t≦6	30	40
6<t<25	40	50
t≧25	50	70

バーナーの標準的な火口数(鉄筋圧接用)

呼び名	リングバーナー/火口数		角かにバーナー/火口数	
D19	8以上	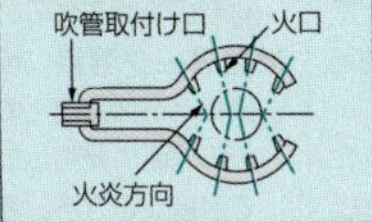	8	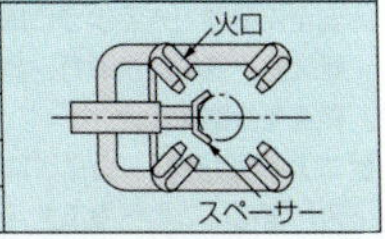
D22	8以上		8	
D25	8以上		8	
D29	10以上		8	
D32	10以上		8	

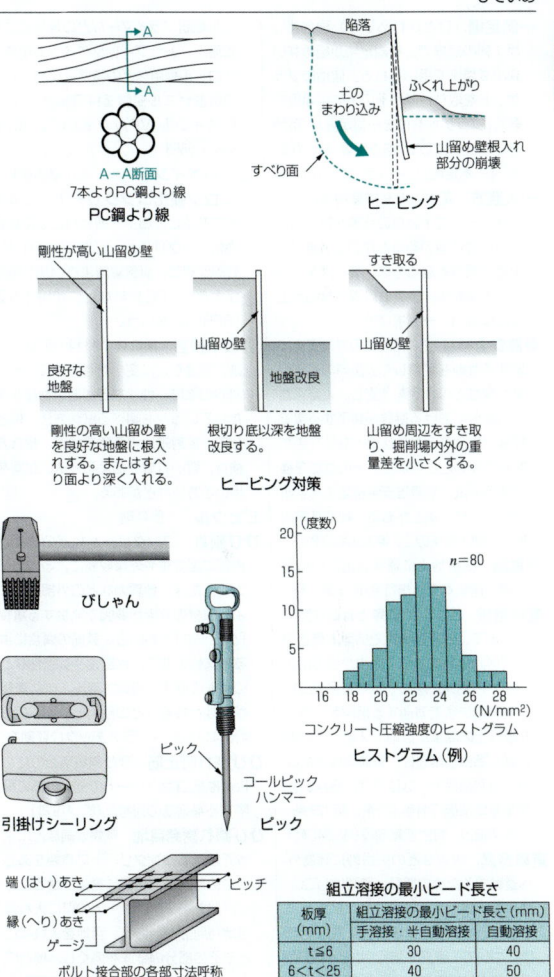

一側足場（ひとかわあしば） 建地(たてじ)が１列の足場で、枠組足場が組めない狭小な場所で用いられる。建地にブラケットを取り付け、その上に足場板を敷く「ブラケット付き一側足場」、布地を２本合せにした「抱き足場」などがある。「一本足場」ともいう。（図·415頁）

一人親方 雇用者とも被雇用者ともならず、一人で下請負の仕事を行うもの、あるいは仕事のあるときのみ労働者を集めて親方となるもの。前者はダンプカーの運転手、後者は町場(まちば)の大工などに多い。→町場(まちば)

避難安全検証法 建築物の避難安全に関する性能を定義して火災時の避難行動や煙などの性状を予測し、避難経路の各部分における避難が終了するまで煙などにより危険な状態となるか否かを評価することにより、その性能を検証する方法。階避難安全検証法と全館避難安全検証法とがある。建築基準法施行令第129条の２、第129条の２の２

避難階 直接地上に通ずる出入口のある階。建築基準法施行令第13条１号

避難階段 火災時に避難上有効な階段のことで、建築基準法では耐火構造の壁で区画されており、屋内からの出入口までの到達距離についても定められた避難階にまで直通する階段をいう。５階以上の階または地下２階以下の階に通じる直通階段は、避難階段または特別避難階段としなければならない。建築基準法施行令第122条、第123条 →直通階段、特別避難階段（表·345頁）

避難器具 火災などの災害時に建物外へ避難するための器具。避難はしご、緩降機、救助袋、すべり台、タラップなどがある。防火対象物の２階以上の階について、消防法施行令に設置基準および点検周期が定められている。

避難口誘導灯 誘導灯の一種で、脱出可能な出口を表示した照明装置。

避難動線 火災や地震などの非常時に安全に避難できるように確保された避難経路。避難口誘導灯、誘導灯の誘導標識を設置する。

ビニル樹脂塗料 塩化ビニル樹脂ワニス、塩化ビニル樹脂エナメル、塩化ビニル樹脂プライマーなどの塩化ビニル樹脂と、トラフィックペイント用やスチロール板用などの特殊な塗料としての酢酸ビニル樹脂塗料の総称。「ビニルペイント（VP）」ともいう。JIS K 5581〜5583

ビニルペイント ⇨ビニル樹脂塗料

ビニロン強化コンクリート 合成繊維であるビニロンを補強材とした繊維強化コンクリート。ビニロン繊維は比較的安価で、炭素繊維より引張り強度が大きく、PC部材などに使用される。「BFRC」ともいう。

非破壊検査 構造体や材料の形状、寸法、強度などに変化を与えずに、その材料の強度、性状などが要求性能を満たしているかを調べる試験方法。例として、放射線による透過検査、超音波検査、軽い打撃を加える方法、試薬を用いる方法などがある。

ビヒクル ⇨展色剤

ひび割れ コンクリートなどの表面と内部の温度差や乾燥収縮による内部応力、または、地震力などの外部応力による部材の変形が要因で発生する亀裂。「クラック」ともいう。鉄筋の腐食による耐久性の低下、水密性や気密性などの機能の低下、過大な変形、また美観が損なわれるなどの原因となる。（図·415、417頁） →プラスチックひび割れ

ひび割れ防止筋 ひび割れ防止のために、鉄筋コンクリートの躯体内部に配置する補強筋の総称。（図·419頁）

ひび割れ誘発目地 乾燥収縮などによって起こるコンクリートの亀裂をあらかじめ想定した位置に発生させるために、おもにコンクリートの壁に入れる目地（断面欠損部分）。目地を入れることでその部分の壁厚を薄くし、場合によっては鉄筋もそこで切断して亀裂を入りやすくしたもの。単に「誘発目地」ともいう。（図表·419頁）

被覆 保温、保冷、耐火などの目的で材料の表面を他の材料で覆うこと。

被覆アーク溶接 被覆剤を塗布した溶接棒と被溶接物との間に電圧をかけ、その間隙に発生したアーク熱を利用して溶接する方法。溶接棒の送りとホル

日影規制

地域または地区	制限を受ける建築物	平均地盤面からの高さ（m）	区分	敷地境界からの水平距離（l）における日影規制時間（　）内は北海道地区に適用	
				5 m＜l≦10m	l＞10m
第一種・第二種低層住居専用地域	軒高７mを超える建築物または地階を除く階数３以上の建築物	1.5	(一)	3(2)	2 (1.5)
			(二)	4(3)	2.5(2)
			(三)	5(4)	3 (2.5)
第一種・第二種中高層住居専用地域	高さ10mを超える建築物	4または6.5	(一)	3(2)	2 (1.5)
			(二)	4(3)	2.5(2)
			(三)	5(4)	3 (2.5)
第一種·第二種住居地域、準住居地域、近隣商業地域、準工業地域	高さ10mを超える建築物	4または6.5	(一)	4(3)	2.5(2)
			(二)	5(4)	3 (2.5)
用途地域の指定のない区域	軒高７mを超える建築物または地階を除く階数３以上の建築物	1.5	(一)	3(2)	2 (1.5)
			(二)	4(3)	2.5(2)
			(三)	5(4)	3 (2.5)
	高さ10mを超える建築物	4	(一)	3(2)	2 (1.5)
			(二)	4(3)	2.5(2)
			(三)	5(4)	3 (2.5)

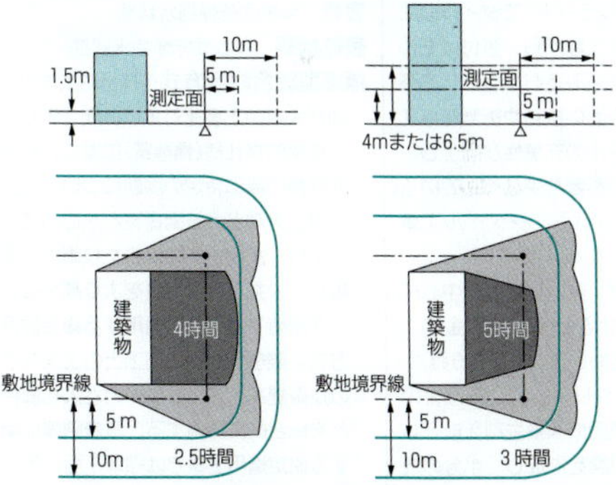

第一種低層住居専用地域（二）の例　第二種住居地域（二）の例

日影規制（等時間日影図の例）

ビット

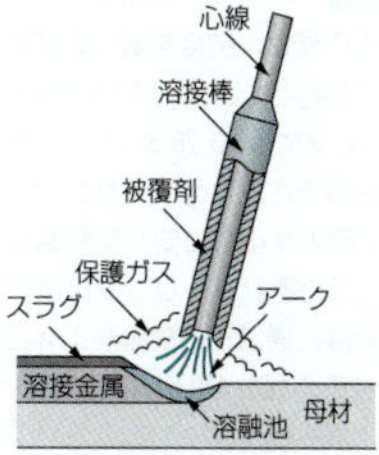

被覆アーク溶接

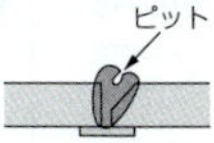

ピット

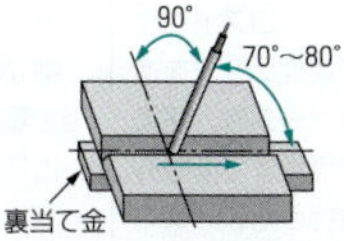

被覆アーク下向き溶接

避難口誘導灯

ダーの移動を、アークを確認しながら溶接者が手動で行うもの。設備費が安く手軽にできる利点があるが、品質が溶接者の技量に大きく左右されるため、他の溶接法に比較して能率が悪いといわれている。（図·413頁）

被覆銅管　銅管外部に発泡ポリエチレンや塩化ビニルを被覆した配管。断熱性に優れ、給水・給湯管、冷媒配管に用いられる。

被覆養生　コンクリート打込み後に、養生マットや水密シートなどでコンクリートの露出面や型枠面を覆い、打ち込まれたコンクリートから日光の直射や風などによる水分の逸散を防ぐ養生方法。コンクリートの品質を確保し、湿潤状態を保たせコンクリートの硬化を促進する。→保温養生

ビブラート工法　タイルの施工法の一つ。張付けモルタルを下地に塗り付け、専用の工具（ビブラート）でタイル面に振動や衝撃を与えながら、張付けモルタルにタイルを包み込むようにして張る工法。タイル面に振動や衝撃を与えることでモルタルの充填性が向上し、塗り置き時間の影響を少なくしている。「密着張り」ともいう。→タイル工事（表·293頁）

ピボットヒンジ　重い扉を竪軸中心に容易に回転させるための開閉金物。「軸吊り金物」ともいう。（図·419頁）

被膜養生　コンクリート打込み直後のコンクリート表面に膜養生剤を散布して保水性の高い膜を形成し、水分の逸散を防止する養生方法。暑中や乾燥時のコンクリート水分の逸散によるプラスチックひび割れの抑制に有効である。湿潤養生が困難な場合や、ブリージングの少ない高強度コンクリートに多く用いられる。→膜養生剤

BIM（ビム）building information modelingの略。コンピュータ上に作成した建物の3次元モデルに、コストや仕上げ、管理情報などの属性データを追加した建築物のデータベースを、建築の設計、施工から維持管理までのあらゆる工程で情報活用を行うための情報システム（狭義には「3次元CAD」）であり、かつ、それにより実現する建築の新しいワークフローのことをいう。

ピュアCM　コンストラクションマネジメント（CM）方式による建設生産、管理方式の一つ。コンストラクションマネジャー（CMr）が発注者とコスト・プラス・フィー契約を結び、発注者の補助者として設計の検討や工事発注方式の検討、品質、工程、コスト管理などのマネジメント業務の全部または一部を行う。設計者、施工者は発注者と契約を結ぶ。日本では圧倒的にピュアCM方式の採用が多く、単に「CM方式」という場合は「ピュアCM方式」であることが多い。→アットリスクCM

ヒューム管　鋼管の中に鉄筋を組んでコンクリートを流し込み、遠心力で強力に締め固めた強度のあるコンクリート製の管。正式には「遠心力鉄筋コンクリート管」という。（図·419頁）

表乾　⇨表面乾燥飽水状態

表乾状態　⇨表面乾燥飽水状態

標準型総合評価方式　技術的工夫の余地が大きい工事を対象に、発注者が示す標準的な仕様（標準案）に対し、社会的要請の高い特定の課題について施工上の工夫などの技術提案を求めることにより、民間企業の優れた技術力を活用し、公共工事の品質をより高めることを期待する場合に適用する総合評価方式。競争参加者に施工上の工夫などの技術提案を求め、技術力と入札価格とを総合的に評価する。政府調達に関する協定適用工事では標準Ⅰ型、それ以外の工事では標準Ⅱ型が適用される。Ⅰ型とⅡ型では評価項目などが異なる。→総合評価方式

標準貫入試験　ボーリング孔を利用して行う、土の硬さ、密度を調べる試験。「動的貫入試験」ともいう。63.5±0.5kgのおもり（モンケン）を76±1cmの高さから自由落下させ、先端のサンプラーが30cm貫入するのに要した打撃回数（*N*値）を求める。ボーリングによる土質調査では、通常この試験が1mごとに行われる。（図·419頁）→サウンディング、ボーリング

標準砂（ひょうじゅんさ）セメントの

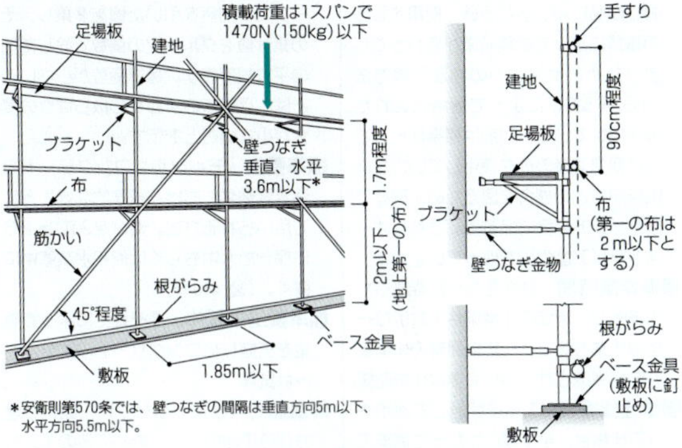

＊安衛則第570条では、壁つなぎの間隔は垂直方向5m以下、水平方向5.5m以下。

ブラケット付き一側足場

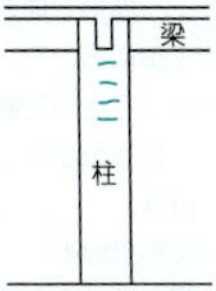

①鉄筋腐食による
ひび割れ(1)

かぶり厚さ不足が原因で、帯筋に沿ってひび割れ、剥離が生じている場合。

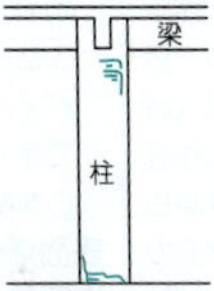

②鉄筋腐食による
ひび割れ(2)

柱頭部や柱脚部で、鉄筋がかたよってかぶり厚さ不足となり、ひび割れ、剥離が生じている場合。

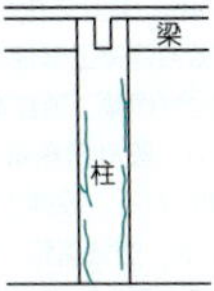

③鉄筋腐食による
ひび割れ(3)

コンクリート中に塩化物を多量に含んでおり、主筋に沿ってひび割れが生じている場合。

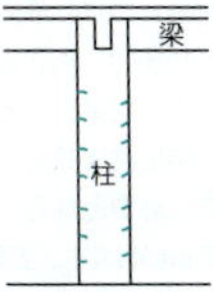

④乾燥収縮ひび割れ

柱の角に横方向のひび割れが生じる。

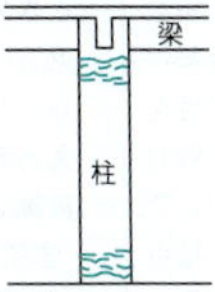

⑤曲げひび割れ

地震時に柱頭あるいは柱脚部分に曲げひび割れが生じた例。

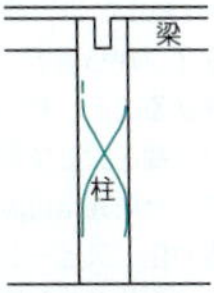

⑥せん断ひび割れ

地震時に斜め方向にせん断ひび割れと、主筋に沿った付着ひび割れが生じた例。

柱のひび割れ形状と原因[35]

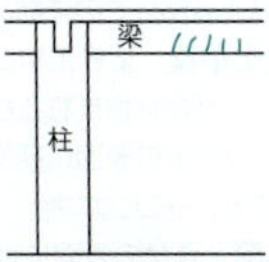

①曲げひび割れ

曲げモーメントを受けている梁では、微細なひび割れは許容されている。

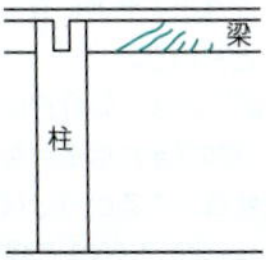

②せん断ひび割れ

不同沈下や地震時にせん断力を受けた場合に、斜めに入るひび割れ。

梁のひび割れ形状と原因①[36]

ひ

強さ試験に用いられる砂。使用する砂の種類によって試験結果が変わってしまうため、セメントの物理試験方法(JIS R 5201)によって規格化された砂を用いている。以前は標準砂として山口県豊浦産の砂を使用していたが、国際規格との整合を図るため、現在ではセメント協会で品質確認されたオーストラリア産の砂を使っている。

標準作業時間 適性をもった習熟した作業者が、所定の作業条件下および一定の作業方法で、一定の品質の作業を一定量完成させるのに必要な作業時間。

標準仕様書 各工事に共通して適用される仕様書。全工程にわたって建築工事、設備工事の品質性能が詳細に記述されている。国土交通大臣官房庁営繕部監修『公共建築工事標準仕様書』、日本建築学会『建築工事標準仕様書』(略称JASS)、設計事務所独自の仕様書などが使われる。設備工事に関するものとしては、空気調和・衛生工学会の『空気調和・衛生設備工事標準仕様書』(略称HASS)、国土交通省営繕部監修『公共建築工事標準仕様書(電気設備工事編、機械設備工事編)』などがある。「共通仕様書」と呼ぶこともある。

標準設計 あらかじめ設計された複数の標準タイプから選択して対象建築物の設計をすること。意匠的に独創性をもたない空間を設計する場合や一般的な納まりなどに適用可能な設計手法で、設計の省力化、スピードアップ、技術レベルの統一などを目的としている。

標準歩掛り(ひょうじゅんぶがかり) 建築工事を構成する部分工事における一単位当たりの標準的な労務量と資材量。積算に用いるもので、これまでの施工実績データなどを参考に算出する。「歩掛り標準」ともいう。

標準ふるい 鉱工業などの分野において、原料、中間製品または最終製品となる粉粒体状物質のふるい分け試験に用いるふるい。JIS Z 8801で規定している。→ふるい分け試験

標準偏差 品質管理において、品質のばらつき度合いを判断する手法。あるグループの個々の測定値からそのグループの平均値を引いた値を2乗し、その集計値をグループの個数で除した値の平方根で表す。標準偏差が小さいことは、平均値のまわりの散らばりの度合が小さいことを示す。

標準養生 モルタルやコンクリートの強度試験体における標準的な養生として用いられる方法。温度を20℃±2℃に保った水中もしくは飽和水蒸気中に置く。(図・419頁)

標準養生供試体 標準養生によって養生を実施したコンクリートの試験片。→供試体

屏風建て(びょうぶだて) ①鉄骨の建方(たてかた)工法の一つ。始めに奥の1スパンを最上階まで組み上げ、次にその手前の1スパンという順番で建方を行う工法。②山留め工事において、シートパイルなどの矢板の打込みを数枚並べて建て込むこと。打込みが斜めになるのを防ぐために行う。

表面活性剤 ⇨界面活性剤

表面乾燥飽水状態 骨材の表面に付着した水がなく、骨材の中の若干の空隙が水で埋まった状態。実際には、水に浸けておいた湿潤状態の骨材の表面水を完全に拭い去った状態のこと。このときの骨材の比重、つまり表乾比重が必要になることが多い。例えばコンクリートを練るとき、セメントと水を加える際に骨材の中に含まれている水を計算に入れるのに必要となる。一般に「表乾状態」、あるいは単に「表乾」と呼ばれる。→骨材(図・165頁)

表面結露 室内の湿り空気が壁、天井、床、窓ガラスなど低温の室内側表面に触れたとき、その部分が室内空気の露点以下であると表面で結露する現象。目に見える部分での結露。→内部結露

表面硬化不良 型枠工事において、合板製コンパネに含まれる樹液が原因でコンクリートの表面に硬化不良が発生すること。→コンパネ

表面水率 骨材の表面に付着している水量を、表乾状態(表面乾燥飽水状態)の骨材の質量百分率で示したもの。

表面塗布工法 コンクリートに表面含浸材を塗布する工法。主成分である浸

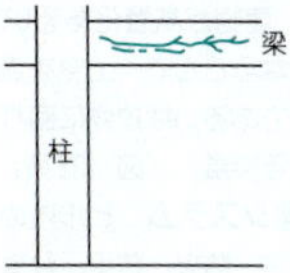

③アルカリ骨材反応によるひび割れ

梁の中心部に水平方向に顕著なひび割れが生じる。

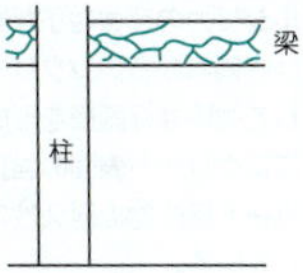

④凍結融解作用によるひび割れ

外部に面した部材に亀甲状のひび割れが生じる。

梁のひび割れ形状と原因②[36]

①乾燥収縮ひび割れ(1)

腰壁や垂れ壁には、垂直方向のひび割れが入りやすい。

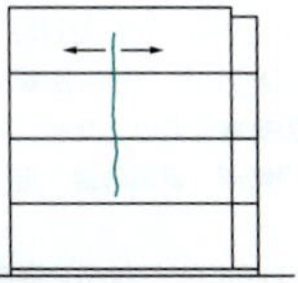

②乾燥収縮ひび割れ(2)

大きい壁では、乾燥収縮によって、縦に引張りひび割れが生じる。

③不同沈下によるひび割れ

大きな壁では不同沈下によって、逆ハ字型のひび割れが生じる。

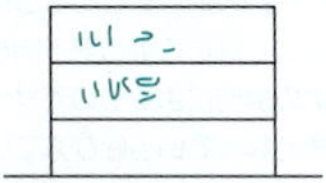

④鉄筋腐食によるひび割れ

鉄筋腐食によるひび割れは、かぶり厚さが小さいところではコンクリートが剥離し、鉄筋の露出をともなうことが多い。

壁のひび割れ形状と原因[37]

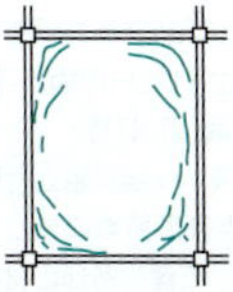

①大たわみによるスラブの曲げひび割れ(1)

上面で梁に接するように円弧状にひび割れが生じる。

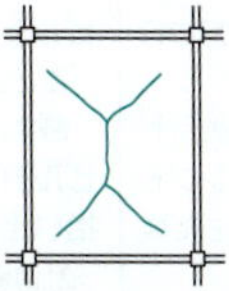

②大たわみによるスラブの曲げひび割れ(2)

下面では対角線上にひび割れが生じる。

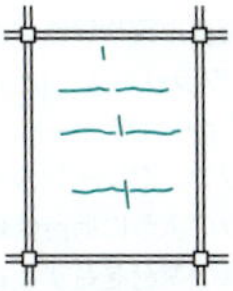

③スラブの乾燥収縮によるひび割れ

乾燥収縮ひび割れは、短手方向と平行の方向に入る。

スラブのひび割れ形状と原因[38]

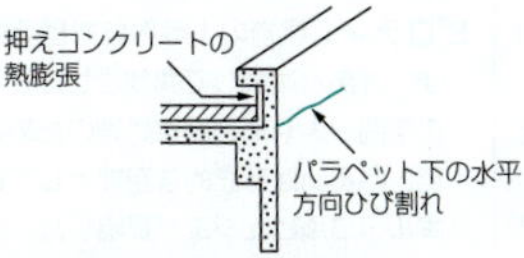

①押えコンクリートの熱膨張によるひび割れ

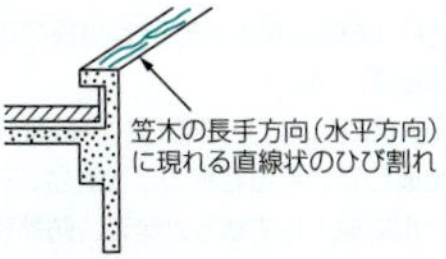

②凍害によるひび割れ

パラペット回りのひび割れ形状と原因[39]

透性コロイダルシリカの超微粒子が表面および微細ひび割れからコンクリート内部に浸透して強固な保護層を形成するもので、コンクリート表面の強化およびコンクリート構造物の耐久性の向上を目的としている。

避雷器（ひらいき）⇨アレスター

避雷針（ひらいしん）避雷設備のうち、建築物などの先端部分に設ける突針。受電部にあたり、ここで落雷を受け止め、接地に雷電流を導き建築物などへの被害を防止する。(図·421頁)

避雷設備（ひらいせつび）雷撃による建物などの被害を避けるために設ける設備で、受電部、避雷導線、接地極からなる。

避雷導線（ひらいどうせん）避雷設備の一部で、避雷針と接地極を接続する導線。(図·421頁) →棟上げ導体

開き勝手　丁番を扉の左右どちらに付けるかによって決まる扉の開く向きのこと。日本の慣例によるものでサッシ協会の標準となっている呼び方では、丁番の見える側に立った人から見て、右側に見えるものを「右勝手」、左側に見えるものを「左勝手」という。(図·423頁)

平鋼（ひらこう）帯状の形状をした鋼材。鋼材として市販されるほか、加工して軽量形鋼や鋼管などにも使用される。「フラットバー」ともいう。

平ボディー（ひら―）一般の運搬用トラックで、クレーンの搭載やダンプトラックのように荷台傾斜機能をもたない標準の荷台を有するもの。

平ラス（ひら―）メタルラスの一種。平らな菱形網目をした一般的なもの。左官工事の塗り下地やコンクリート下地として使用する。JIS A 5505（図·423頁）

びり　砂利に混入している小径の砂利や砂をいう。

蛭石（ひるいし）黒雲母(うんも)の葉片を焼成してつくる軽量の二次鉱物。モルタルに混入して塗ると吸音、防熱効果がある。鉄骨の耐火被覆の原材料としても使用される。「バーミキュライト」ともいう。

ビル風　建物が高層化あるいは高層ビル群となることで、上空を流れる強い風が下方あるいは建物に回り込んで吹いてくる突風。(図·423頁)

ビル管理システム　ビル内の空調、電気、衛生、防火、防犯、駐車場などの設備をコンピュータで総合的に管理し、管理人の省力化を図る中央管制装置。

ビル管理法　「建築物における衛生的環境の確保に関する法律」の略称。室内空気の温湿度、浮遊粉塵濃度、一酸化炭素や二酸化炭素の濃度の許容範囲、水の残留塩素量などを定めている。

ビルディングエレメント　建物の構成要素、機能要素、生産要素などをいい、屋根、床、外壁、内壁、柱、梁、基礎などのこと。

ビルトアップメンバー　数種の形鋼、鋼板などを組み合わせてつくられた組立部材。トラス柱、ラチス梁、プレートガーダーなどのほか、溶接により組み立てられたビルトHのような形鋼も含まれる。

ビルトイン　建築段階からあらかじめ家具や設備が壁面などに組み込んで用いられる方式、すなわち造付けのこと。収納家具や設備機器が建物の構造部分、または床壁天井の仕上げ部分と一体化するように設置されていることを指す。

ビルトH　ウェブとフランジを溶接することで製造されたH形鋼。「BH」と略す。→H形鋼(図·47頁)

ビルトボックス　⇨溶接組立角形鋼管

拾い出し　工事費の積算に先立ち、設計図書に基づいて建物各部の材料や手間などの数量を算出すること。

疲労破壊　繰り返し作用する応力によって、材料が破断強度よりも低い応力値で破壊する現象。金属疲労などがその代表例。

ピロティ　建物の1階部分を壁で囲わず、外部と連続して開放させた柱だけの空間。人や車の動線処理のための空間、あるいは意匠的な空間として建築家ル・コルビュジエが提唱した。また、耐力壁などの量が上階と比較して急激に少なくなっている階をピロティ階といい、水平剛性、水平耐力が不足する

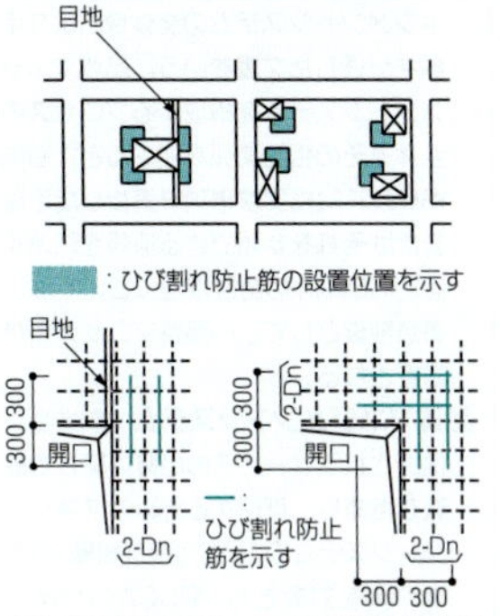

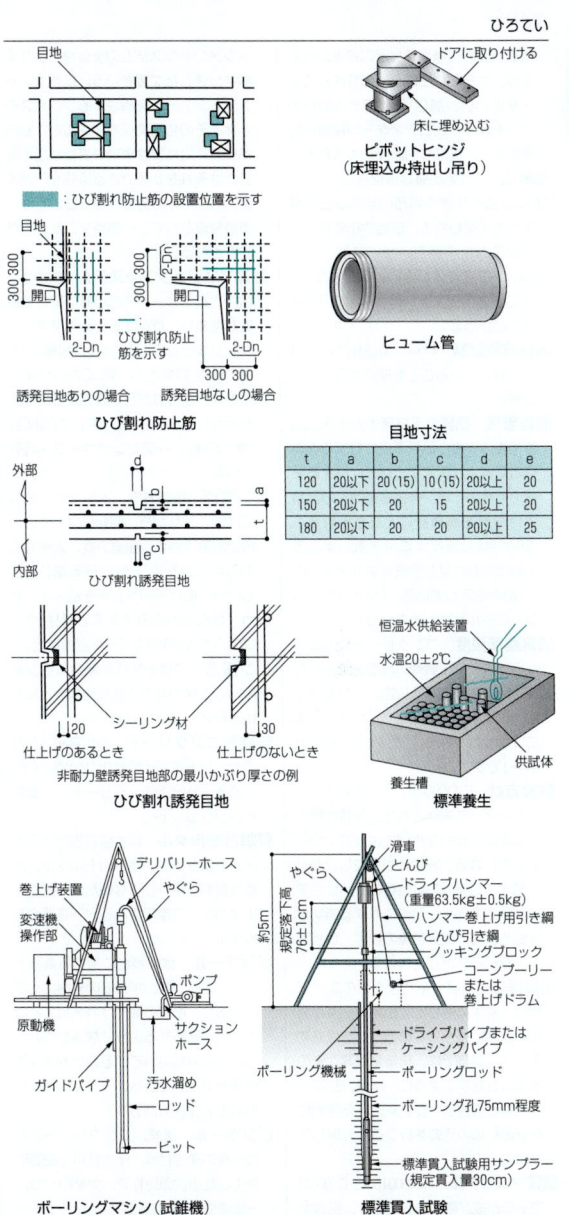

誘発目地ありの場合　誘発目地なしの場合

ひび割れ防止筋

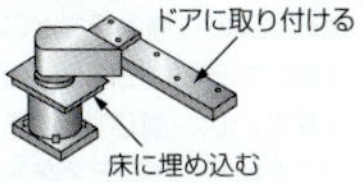

ピボットヒンジ
（床埋込み持出し吊り）

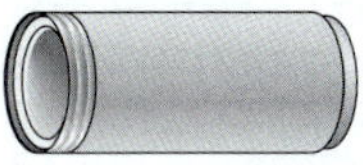

ヒューム管

目地寸法

t	a	b	c	d	e
120	20以下	20(15)	10(15)	20以上	20
150	20以下	20	15	20以上	20
180	20以下	20	20	20以上	25

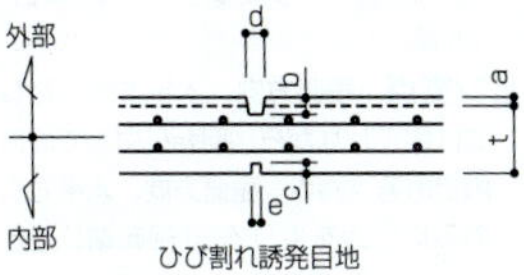

ひび割れ誘発目地

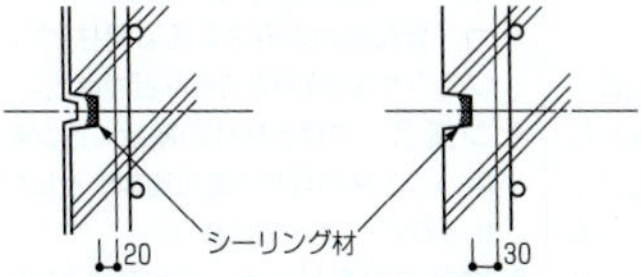

仕上げのあるとき　仕上げのないとき

非耐力壁誘発目地部の最小かぶり厚さの例

ひび割れ誘発目地

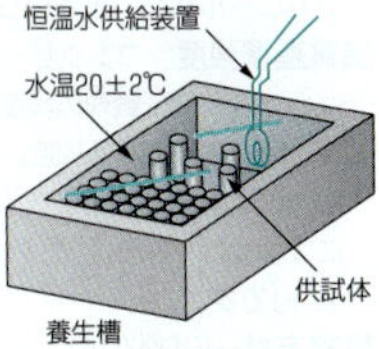

標準養生

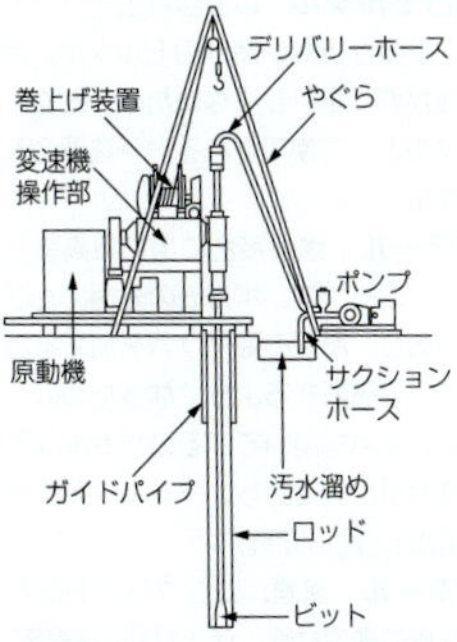

ボーリングマシン（試錐機）

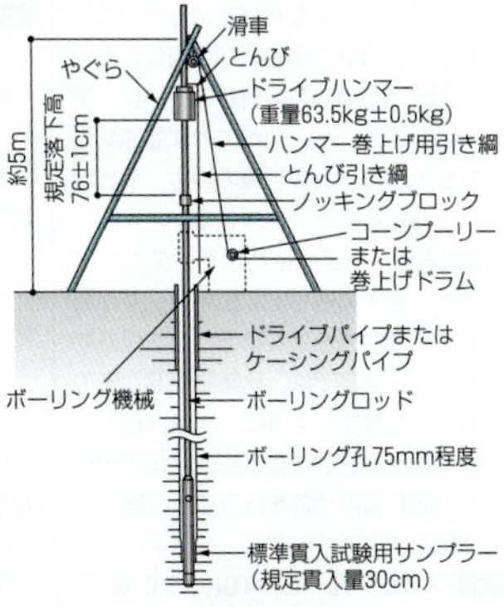

標準貫入試験

ため地震時に層崩壊などの被害が発生する。さらに、ピロティの柱はピロティ柱といい、脆(ぜい)性破壊する例が多いことから、ピロティをもつ建物は耐震設計上、高度な判断が求められる。

品確法 ⇨住宅品質確保促進法

ぴんころ 歩道や斜路のすべり止め舗装などに使われる、斑岩や花崗(かこう)岩を加工した小舗石。サイズは一辺が90mmの立方体が中心。デザイン上、施工は鱗(うろこ)張りや同心円状の円形張りなどがある。

品質確認試験 材料、製品が所定の品質を有していることを確認するための試験。

品質管理 品質の不良発生の予防、品質検査の実施、品質不良に対する適切な処置および再発防止などに関する一連の活動のこと。非生産部門での業務遂行の質を高めることも含まれる。JISでは「品質要求事項を満たすことに焦点を合わせた品質マネジメントの一部」と定義している。「クオリティコントロール(QC)」ともいう。

品質基準強度 コンクリートの品質のばらつきや施工管理の程度を考慮した施工時の基準となる強度。設計基準強度と耐久基準強度のうち、大きいものに $3N/mm^2$ を加えたもの。Fq(N/mm^2)で表す。

品質方針 ISO9001のトップマネジメントによって表明された、品質に関する組織の全体的な意図および方向づけと定義される。経営者が公表した品質に関する企業(組織)目標あるいは企業(組織)の方向性。目的に対する適切性、継続的改善、品質目標の設定、レビューの枠組みなどが含まれる。

品質保証 顧客や権利保有者のニーズ、期待、要求に対して、製品の品質が所定の水準に適合していることを保証すること。建築では、建築物が発注者の要求に合致するように、営業、設計、施工などの各部門が組織的、体系的に保証のための活動を行うこと。略して「QA」。

品質マニュアル ISO9001(JIS Q 9001)でその作成が要求されており、品質マネジメントシステムの全体像および手順を記述した文書をいう。品質マネジメントシステムを構成するプロセスの全体とその相互関係を述べるとともに、ISO9001規格要求事項を満たした手順またはそれを参照できる情報を記述する。ISO9001の認証取得においては、書類審査としてこの品質マニュアルが審査される。

品質マネジメントシステム 製造物や提供されるサービスの品質に関して組織を指揮し、管理するためのマネジメントシステムのこと。会社(組織)の仕事の質を対象とし、PDCAのサイクルを繰り返しながら顧客満足度の向上を追求していくしくみ。略して「QMS」。(図·423頁) →デミングサイクル(図·335頁)

ピン支点 垂直方向、水平方向に対しては固定しながら、回転に対しては自由である支持点。垂直方向、水平方向のみに反力を生じる。「回転端(たん)」ともいい、曲げモーメントを伝えず、軸力、せん断力のみを伝える間柱(ウェブのみを接合)の支持点などが該当。

ピン接合 部材と部材の接合にピンを用いて部材相互を回転可能な形とした接合形式。(図·423頁)

貧調合コンクリート 単位容積当たりのセメント量が比較的少ない調合(150～$250kg/m^3$)のコンクリート。→富調合コンクリート

貧調合モルタル 単位容積当たりのセメント量が少ない調合のモルタル。流動性が低く垂れが少ないため、左官モルタルとして使用される。→富調合モルタル

ピンテール 摩擦接合に用いる高張力ボルトの一つで、ボルトの先端にくびれがあり、所定の締付け力を加えるとそこから破断するようになったもの。このしくみを用いているのがトルシア形高力ボルトである。→トルシア形高力ボルト(図·357頁)

ピンホール 塗膜、コンクリートなどの各種の構造材料、仕上材料の表面に発生した小穴の総称で、欠陥の一つ。→塗膜防水(図·355頁)

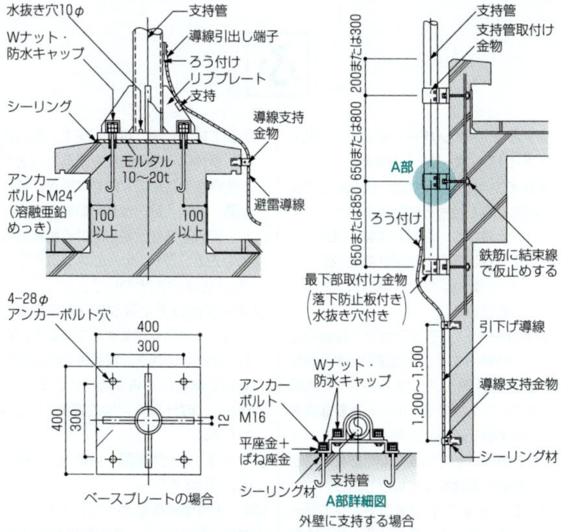
水抜き穴10φ
Wナット・
防水キャップ
シーリング
アンカー
ボルトM24
（溶融亜鉛
めっき）
支持管
導線引出し端子
ろう付け
リブプレート
支持
導線支持
金物
モルタル
10～20t
避雷導線
100
以上
100
以上
4-28φ
アンカーボルト穴
400
300
400
300
12
ベースプレートの場合
アンカー
ボルト
M16
平座金＋
ばね座金
シーリング材
Wナット・
防水キャップ
支持管
A部詳細図
外壁に支持する場合
200または300
650または800
650または850
1,200～1,500
支持管
支持管取付け
金物
A部
ろう付け
鉄筋に結束線
で仮止めする
最下部取付け金物
（落下防止板付き
水抜き穴付き）
引下げ導線
導線支持金物
シーリング材

避雷針（支持管）の取付け

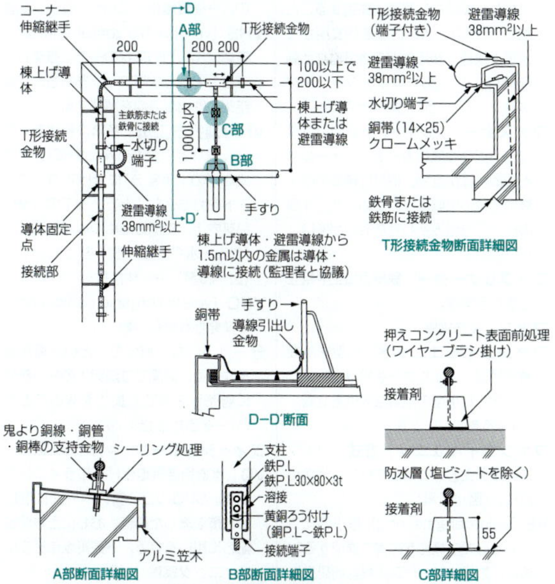
コーナー
伸縮継手
棟上げ導
体
T形接続
金物
導体固定
点
接続部
200
主鉄筋または
鉄骨に接続
水切り
端子
避雷導線
38mm²以上
伸縮継手
D
A部
T形接続金物
200 200
1,000以内
C部
B部
D′
100以上で
200以下
棟上げ導
体または
避雷導線
手すり
棟上げ導体・避雷導線から
1.5m以内の金属は導体・
導線に接続（監理者と協議）
T形接続金物
（端子付き）
避雷導線
38mm²以上
避雷導線
38mm²以上
水切り端子
銅帯（14×25）
クロームメッキ
鉄骨または
鉄筋に接続
T形接続金物断面詳細図
銅帯
手すり
導線引出し
金物
D－D′断面
押えコンクリート表面前処理
（ワイヤーブラシ掛け）
接着剤
防水層（塩ビシートを除く）
接着剤
55
C部詳細図
鬼より銅線・銅管
・銅棒の支持金物
シーリング処理
アルミ笠木
A部断面詳細図
支柱
鉄P.L
鉄P.L30×80×3t
溶接
黄銅ろう付け
（銅P.L～鉄P.L）
接続端子
B部断面詳細図

避雷導線（棟上げ導体）の取付け

ふ

ファイアーダンパー ⇨防火ダンパー

ファイバーボード ⇨繊維板

ファインセラミックス 陶磁器など天然の材料を焼き固めた従来のセラミックスと異なり、原料を精製、調合してつくられる緻密で精細な高性能セラミックスの総称。「ニューセラミックス」とも呼ばれる。

ファサード フランス語で、建物の正面の外観のこと。その建物の最も見せ場となる「顔」ともいえる部分で、建築デザインの面ではたいへん重要な要素でもある。通常は玄関のある面をいうが、外観として重要な面であれば建物の側面や背面を示す場合もある。

ファシリティマネジメント 企業がその活動において、所有する土地、建物、設備などを経営的視点から最大効率を目指し、戦略的に管理、運営すること。略して「FM」。また、経営的立場から企画、管理、活用などの総合的な活動に携わっている人を「ファシリティマネジャー」という。(図·425頁)

ファスナー プレキャスト鉄筋コンクリート板や金属製カーテンウォールなどの取付け用金物。取付け精度の確保、層間変位の吸収などのために2〜3個のピースを組み合わせたものが多い。(図·425頁)

ファブリケーター 鉄骨の加工や組立てを行う業者。

ファン ⇨送風機

ファンコイルユニット 小型送風機、熱交換器、フィルターを組み合わせて一体化した小型の温調空気供給装置。(図·425頁)

ファンコイルユニット方式 ファンコイルを主として構成された空気調和方式。(図·425頁)

VE [value engineering] 最小の総コストで必要な機能を確実に達成するために、製品やサービスの機能的研究に注ぐ組織的な手法のこと。建築工事においては、企画、設計、施工、維持管理、解体の一連の機能を最低のコストで実現するために、建物に要求される品質、美観、耐久性などの機能を分析し、実現手法を改善していく組織的活動のこと。「バリューエンジニアリング」「価値工学」ともいう。

フィージビリティスタディ その土地に対し、どんな建築物をつくるのが最もふさわしいかを、採算性を評価尺度として事前に調査すること。略して「FS」、また「採算可能性調査」ともいわれる。

フィードバック制御 自動的に目標値に近づける制御。

VA 水道用硬質塩化ビニルライニング鋼管。SPG-VA。管内面は塩ビの被覆を施し、外面は防錆剤を塗布したもの。→硬質塩化ビニルライニング鋼管

VHS [vertical horizontal shutter] 空調吹出し口の形状の一つ。直交した垂直フィンと水平フィンをもち、空調空気の吹出し方向を調整する。

VH分離打ち工法 各階の躯体をV部(柱、壁などの鉛直部分)とH部(スラブ、梁などの水平部分)に分けてコンクリートを打ち込むことで、施工の合理化、品質向上、工期短縮につなげる工法。「鉛直・水平分離打ち工法」ともいう。(図·425頁) →一体打ち

VOC [volatile organic compounds] ⇨揮発性有機化合物

分一 (ぶいち) 何分の一という縮尺を意味する。図面で寸法記入のない部分に物差しをあてて長さを測ることを「分一を当たる」という。

フィッシュボーン ⇨特性要因図

VD 水道用硬質塩化ビニルライニング鋼管。SPG-VD。管の内外面に塩ビの被覆を施した鋼管。おもに土中埋設配管に用いられる。→硬質塩化ビニルライニング鋼管

VB 水道用硬質塩化ビニルライニング

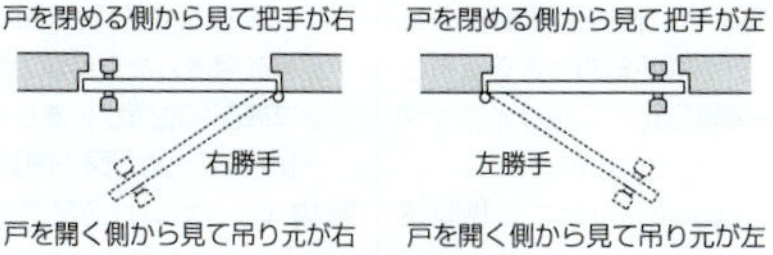

開き勝手

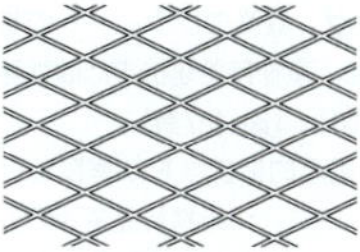
平ラス

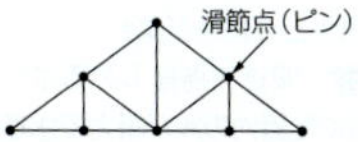

ピン接合（トラス）

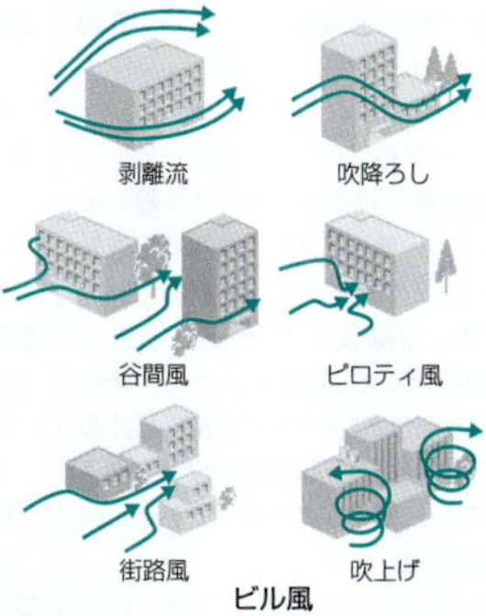

ビル風

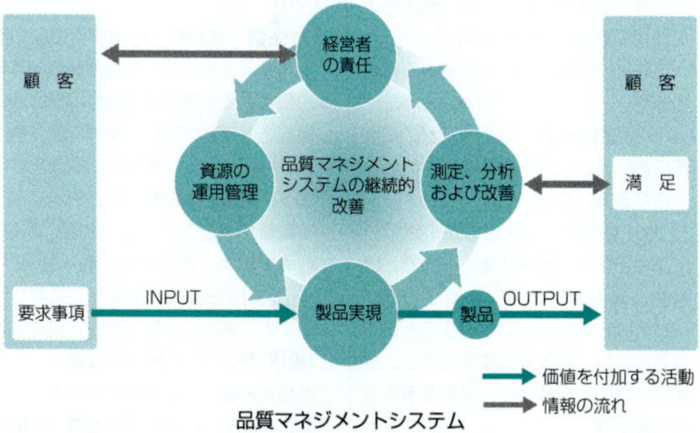

品質マネジメントシステム

コンクリート用ピンホール探知器が使用できるのは、その素地に放電時の電流が流れることが条件で、絶縁性皮膜で覆われたコンクリート素地の水分の含有程度を表示する。

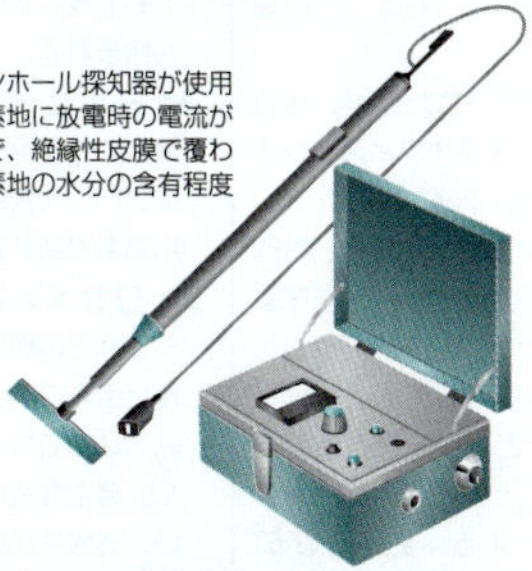
ピンホール探知器（コンクリート用）

鋼管。SPG-VB。管内面は塩ビの被覆を施し、外面は亜鉛めっきを塗布したもの。→硬質塩化ビニルライニング鋼管

VP　①[vinyl paint]　⇨ビニル樹脂塗料　②[vinyl pipe]　ビニル管。→硬質塩化ビニル管

VP管　厚肉の硬質塩化ビニル管。管内圧力0～10MPaまで対応し、高圧に使用できる。JIS K 6741

VVFケーブル　⇨Fケーブル

部位別見積　建築費をとらえる際の分類方法の一種。例えば、見積科目を外部仕上げ(屋根、外壁、外部開口部、外部雑)、内部仕上げ(床、壁、天井、内部開口部、内部雑)のように、建物の部分(部位ともいう)ごとにとらえる見積形式。概算見積や設計段階のコストプランニングなどに便利である。→工種別見積

VU管　薄肉の硬質塩化ビニル管。管内圧力0～0.6MPaに対応し、低圧のみに使用できる。JIS K 6741

フィラー　隙間や穴などを埋める材料の総称。

フィラープレート　ボルトなどの接合部において、板厚を調整するために挿入される薄い板材。

風圧力　風によって住宅などの建築物に加わる圧力。水平荷重の一つで、建築物のある点に作用する風圧力は、「風力係数×速度圧」で求めることができる。また、風圧力は建物の高さ、形状、地域により変わる。建築基準法施行令第87条

封緘養生（ふうかんようじょう）⇨現場封緘養生

ブース　小さく仕切られた部屋。仕切りで区切られた教室やオフィス、レストランの仕切り席、トイレなど。

封水　トラップの水溜まり部分。臭気や異物の侵入を防止する水封機能を果たす。→排水トラップ(図·389頁)

封水深（ふうすいしん）封水トラップの封水部(ウェアとディップとの垂直距離)の深さのこと。通常、50mm以上100mm以下とする。封水深が50mm以下だと管内の気圧変動により封水が破られやすく、100mm以上だと流れを阻害したり自浄力が弱ってトラップ底部に油脂が付着しやすくなる。→排水トラップ(図·389頁)

風袋（ふうたい）商品の外装袋や容器のこと。またはその重量。総重量から風袋を引いた重量が正味重量となる。

フーチング　鉄筋コンクリートの基礎の底盤部。建物荷重を杭または地盤に伝える部分。(図·427頁)

フード　局所的に排気を効率良く行うことを目的に、汚染物質発生源の近くに設けられる囲い付きの吸込み口。(図·427頁)

風道（ふうどう）⇨ダクト

フート弁　吸込み揚程のあるポンプの停止時に配管内の水が重力で水槽に落下することを防止するため、吸込み配管の末端に取り付けられる逆止弁。(図·427頁)

フープ　⇨帯筋(おびきん)

ブーム　⇨ジブ

風力係数　建築物に作用する風圧力を計算するときに用いられる係数。建物の部位の風力を受ける度合いをいい、風向きと建物の形状、屋根勾配、風上、風下などによって異なる。風洞実験によって定める場合を除き、告示によって数値が示されている。建築基準法施行令第87条、建設省告示第1454号

フールプルーフ　作業員がミスをしても災害、事故につながるのを防ぐ装置(機構)をいい、代表的な装置として巻過防止装置、リミットスイッチなどがある。また、操作の順序を誤った場合でも危険な状態に陥らないような装置も含まれる。

フェールセーフ　機械や設備などが故障しても安全が確保される装置(機構)をいい、代表的な装置として感電防止用漏電遮断装置(ブレーカー)がある。

フェロセメント　針金やワイヤーメッシュなどの細い鉄材を高密度に組み込んだ型枠の中に、固練りのモルタルを詰め込んでつくったコンクリートパネル。自由な造形が可能、ひび割れに強い、透水性が低いといった特徴があるが、量産が困難である。

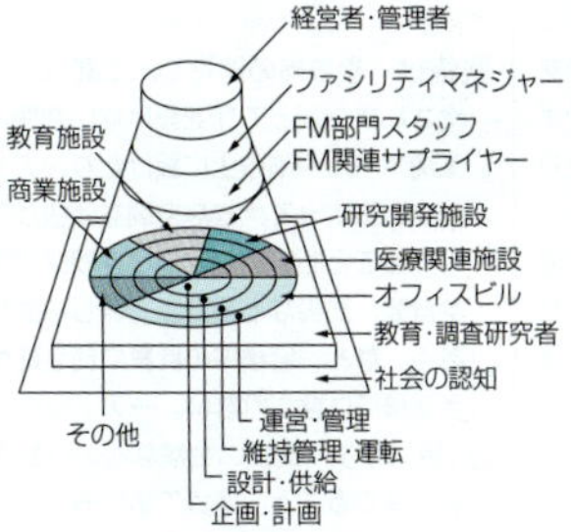

ファシリティマネジメント

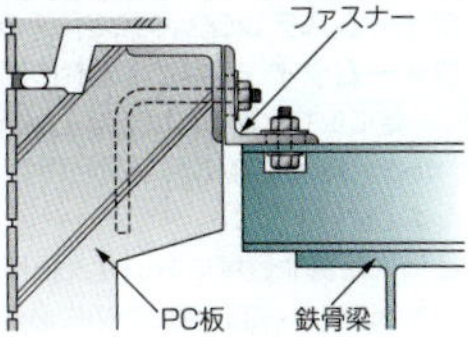

PCカーテンウォール取付けファスナー

ファスナー

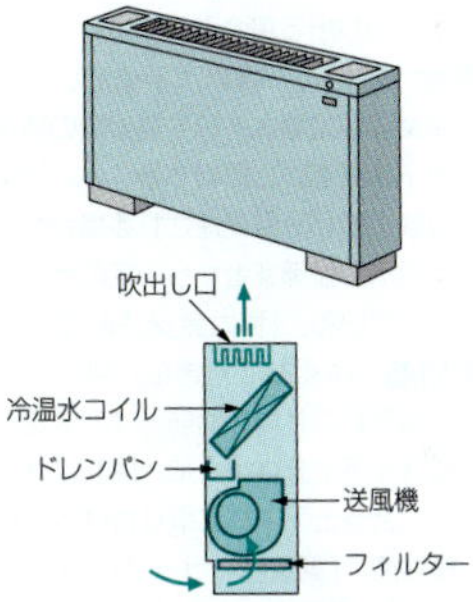

ファンコイルユニット

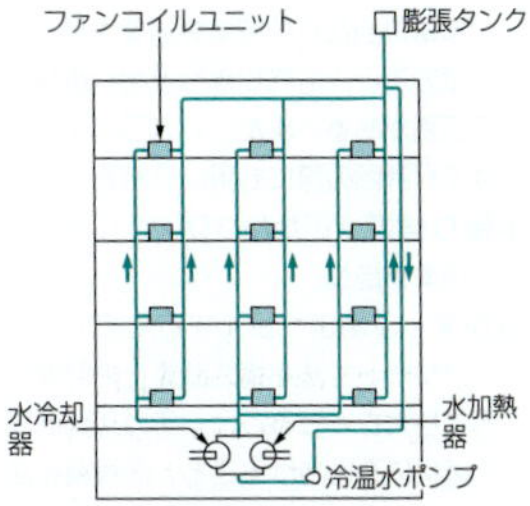

ファンコイルユニット方式

VP管（塩ビ厚肉管）

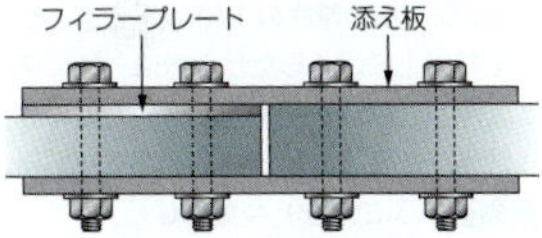

フィラープレート

VU管（塩ビ薄肉管）

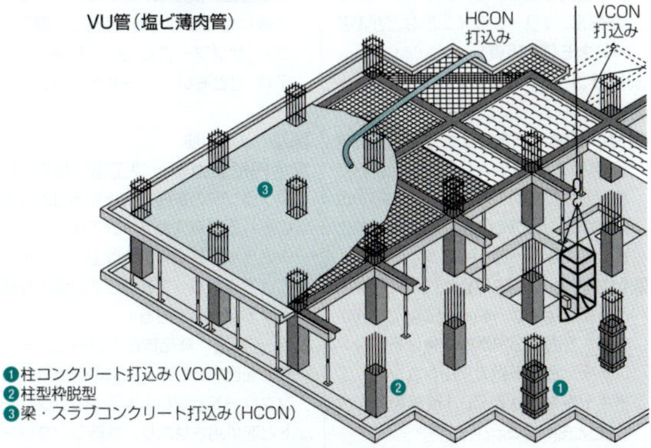

VH分離打ち工法

フォームスチレン　⇨発泡スチロール

フォームタイ　壁などの型枠の間隔を一定に保ち、締め付けておくためのボルト。締付け用パイプを取り付けたりする役目をもつ。

負荷　冷房や暖房において、部屋の温度や湿度を一定に保つために必要な熱量。部屋を昇温させるのに必要な熱量を「暖房負荷」、冷却するのに必要な熱量を「冷房負荷」という。

深井戸工法　⇨ディープウェル工法

歩掛り（ぶがかり）建築工事や土木工事などで、各部分工事の原価計算に用いる単位当たりの標準労務量や標準資材量のこと。労務歩掛りと材料歩掛りの区別がある。また、これらの歩掛りは工程計画の際にも用いられる。

歩掛り標準（ぶがかりひょうじゅん）⇨標準歩掛り

ふかす　①納まり良くするために、コンクリート寸法を構造計算上の必要寸法より大きくとること。②ガス切断器で鋼材に孔をあけること。③見積金額を実際のものより余分に見込むこと。

深目地仕上げ　タイルの目地深さは通常、タイルの厚さの1/2以下であるが、それ以上に深くした仕上方法。特に密着張りでは、タイルの浮きや剥離の危険性があることから施工上注意が必要。

俯瞰図（ふかんず）⇨鳥瞰(ちょうかん)図

吹出し口　空調機で調整された空調空気を室内に供給する開口。アネモ形、VHS形、ブリーズライン形などがある。→アネモ(図・15頁)

吹付けコンクリート工法　⇨ショットクリート

吹付け石綿（ふきつけせきめん）石綿(アスベスト)とセメントを一定割合で水と混合して吹付け施工したもの。飛散性が高く、1980年以降は使用が禁止されている。→アスベスト

吹付けタイル　建築物の外壁に吹き付ける複層仕上材。タイルに似た光沢があり、表面に凸凹模様を付ける。セメント系、合成樹脂エマルション系、エポキシ系などがある。「複層模様吹付け材」ともいう。

吹付けモルタル工法　⇨ショットクリート

吹抜け　複数階の建物で、二層以上の高さにまたがって床を設けない空間。玄関ホールや階段上に設けたり、アトリウムによって大きな空間を吹抜けでつくることもある。吹抜け空間は空調や音響、防災など設計上で難しい面がある。なお、容積率の計算に使う延べ床面積には含まれない。→アトリウム

分(歩)切り　支払い金額などの端数を切り捨てること。請負工事において見られる値引きサービスの一種。発注者の要請に基づく場合と、請負者が自主的に申し出る場合とがある。

賦金（ぶきん）建築工事において、元請業者が足場などの共通仮設の使用料を下請業者から徴収すること。建築と設備工事が分離発注される場合も、建築元請が設備業者から一定の比率で徴収している。「協力金」ともいう。

副肋筋（ふくあばらきん）梁の上下の主筋を囲む外周の肋筋だけではせん断補強が不十分な場合に、隅筋以外の向かい合う上下主筋に取り付けるせん断補強筋。「副スラーラップ」、また俗に梁の「中子(なかご)」ともいう。(図・429頁)

幅員（ふくいん）通行、交通に供する廊下、階段、道路などの横方向の有効長さ(幅)をいう。

副帯筋（ふくおびきん）柱筋を囲む外周の帯筋だけではせん断補強が不十分な場合に、隅筋以外の向かい合う主筋に取り付けるせん断補強筋。「副フープ」「サブフープ」、また俗に柱の「中子(なかご)」ともいう。→ダイアゴナルフープ

副筋　⇨配力筋

複合円形スカラップ工法　地震時の梁フランジの破断を防止する目的で用いられる改良スカラップ工法の一つ。スカラップ底にr＝10以上のアールを設けてスカラップ底のひずみ集中を緩和するねらいがある

複合化工法　高品質化、ローコスト化などを目的として、在来の現場打ちコンクリートとプレキャストコンクリートとを併用させたり、鉄筋コンクリート構造、鉄骨構造、PCなどの異種構

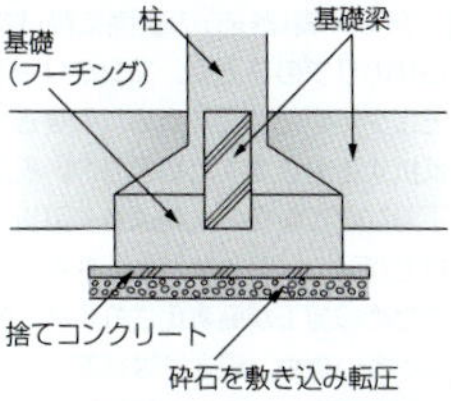

フーチング

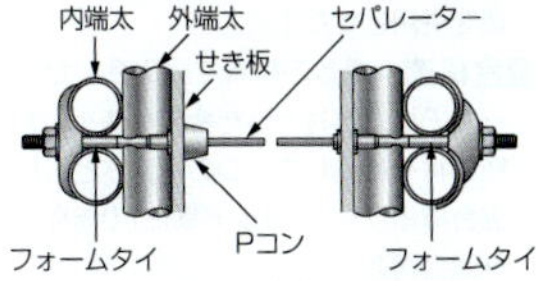

フォームタイ

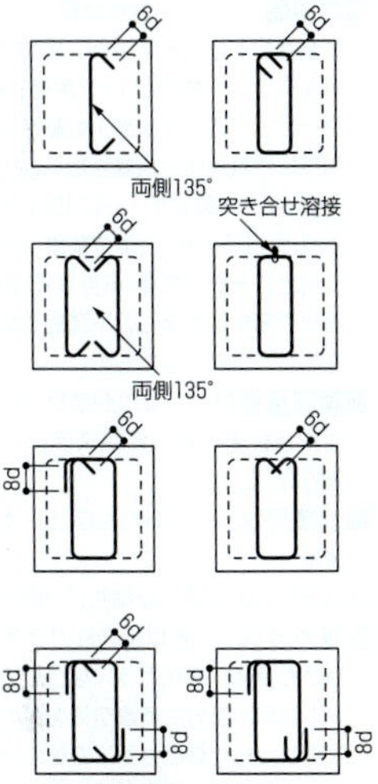

副帯筋（副フープ）

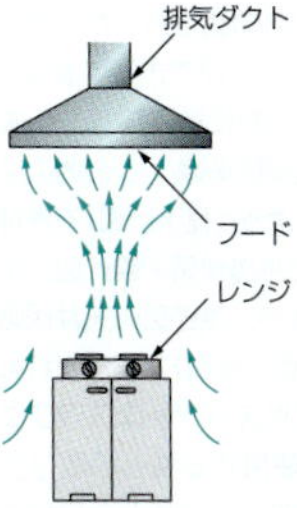

フード

フート弁

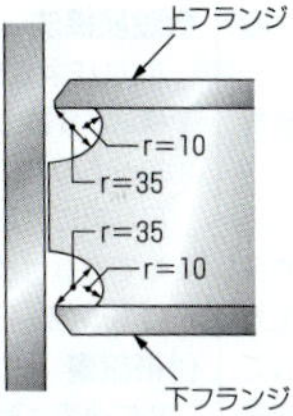

複合円形スカラップ
（工場溶接）

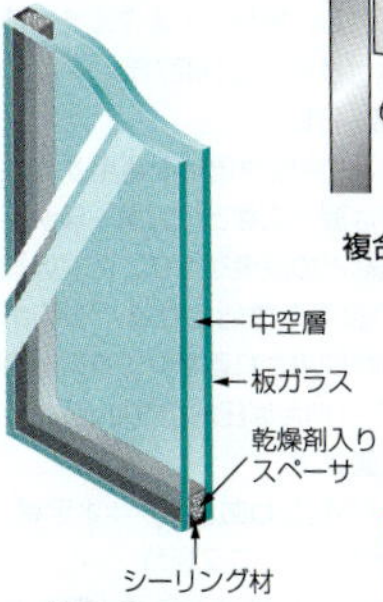

複層ガラス

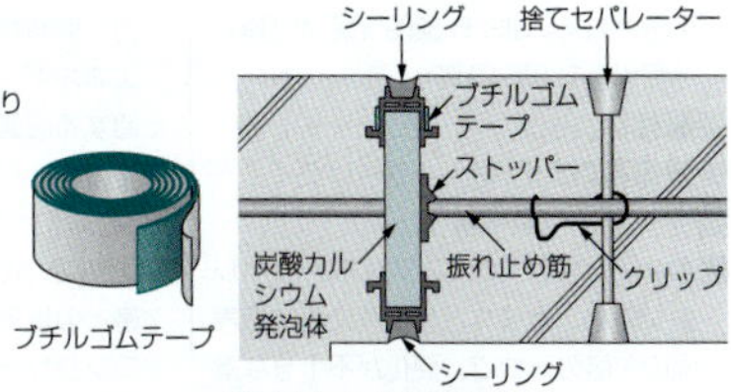

構造スリット材での使用例
ブチルゴムテープ

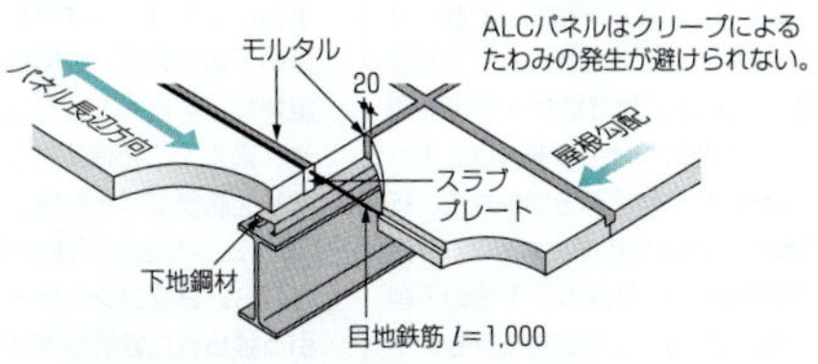

敷設筋構法の取付け例（ALCパネル・屋根）

造を併用させた工法。

複合構造　複数の材料を組み合わせて一つの構造部材とした合成構造と、異種部材を連結して一つの構造体とした混合構造(ハイブリッド構造)の総称。→混合構造

複合材料　⇨コンポジット材料

複合単価　材料費、雑材料費、小運搬費、労務費などを含んだ単価。平均的な技能を有する作業員が1日(実働8時間)で行うことのできる施工数量をもとに割り出された単位数量当たりの労務数(例えば、作業員が1日に10m^2施工できれば0.1人/m^2)と単位数量当たりに使用される資材の量(歩掛り)に資材単価や労務単価を乗じ、下請経費率などを加えて工費としたもの。

副産軽量骨材　工場の副産物から製造される軽量骨材。膨張スラグ、炭殻(たんがら)など。

輻射暖房（ふくしゃだんぼう）⇨放射暖房

副スターラップ　⇨副肋(あばら)筋

複層ガラス　2枚以上の板ガラスや合わせガラス、強化ガラスなどの加工ガラスの間隙部分に乾燥空気を満たして気密性をもたせたガラスの総称。断熱性に優れた断熱複層ガラスや日射熱を遮へいする日射熱遮へい複層ガラスに区分される。JIS R 3209（図·427頁）→板ガラス(表·29頁)

複層住戸　⇨メゾネット

複層模様吹付け材　⇨吹付けタイル

副フープ　⇨副帯筋(おびきん)

膨れ（ふくれ）①アスファルト・ウレタン防水、塗装などの塗膜に生じる表面の欠陥の一つで、硬化が不十分な塗膜内部に含まれるガスや下地面からの水蒸気、水分、ガスなどが浸入した場合に起こる。②接着剤を使って施工する際、接着不良で表面がふくれる現象。

袋張り　ふすま紙や壁紙などを張る際に、その周囲にだけのりを付ける張り方。下地に張り付く部分が少なく、紙が下地から浮いた状態になるので「浮かし張り」ともいわれる。下地の不陸(ふろく)や凹凸があっても簡易に美しい平滑面が得られる。

節　異形棒鋼(鉄筋)の表面に設けた凹凸状のリブのことで、コンクリートやモルタルの付着性を高め、引抜き力に抵抗する力を増すためのもの。表面が平滑な同じ直径の丸鋼よりも引抜き抵抗力が強く、定着長が短くなる、定着のための加工が簡素化されるなどの利点が多いため、現在では鉄筋コンクリート構造物などの構造用鉄筋として異形棒鋼が用いられる。→異形棒鋼

不静定構造物　力の釣り合いだけで支点反力を求めることができる構造物。

伏図（ふせず）おもに構造部材の配置を表現した平面図の総称。一般的には上から見下ろした形(見下げ図)で表現する。構造図の基礎伏図、梁伏図、小屋伏図など。なお、意匠図の天井伏図は見上げた形(見上げ図)で表現される。

敷設筋構法　屋根スラブや床スラブにALCパネルを使用する場合の取付け構法。S造の梁などに固定した目地プレートの穴に通した鉄筋をパネル短辺目地部に通し、目地にモルタルを充填して取り付ける。(図·427頁) →ALCパネル(表·43頁)

付帯設備　①施設や建物を運用するために必要な扉や窓などの設備一般や、音響機器などの設備を指す。②製造機械などの設備を機能させるために電力・燃料が使用されるが、これ以外のエネルギー(例えば圧縮空気など)を供給する設備。

二側足場（ふたかわあしば）⇨本足場

二又（ふたまた）⇨二又(にまた)

縁石（ふちいし）車道と歩道、安全地帯との境界線として路肩に敷かれる、コンクリートなどでつくられた棒状の石の総称。「えんせき」ともいう。

付置義務　一定規模以上の集合住宅や事務所ビルなどの建築物の建設にともない、周辺地域への影響、都市機能の維持などを目的として、駐車場の設置や、適正人口を確保するための住宅の建設を義務づける制度。

付着　2つの部材が接する面のくっつき具合。鉄筋コンクリートにおいて、引っ張られた鉄筋が抜けないのは付着抵抗のためである。

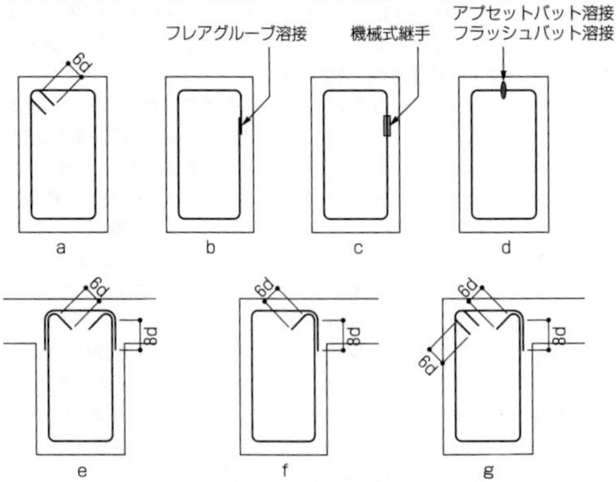

あばら筋の一般形状

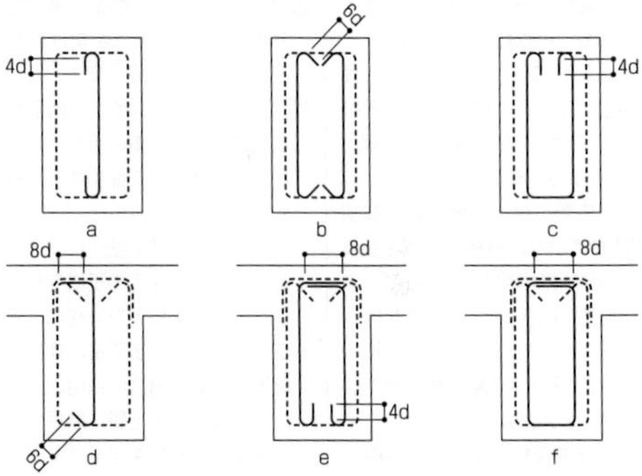

フックを180°で図示しているところは135°フックとしてもよい。

副あばら筋の一般形状

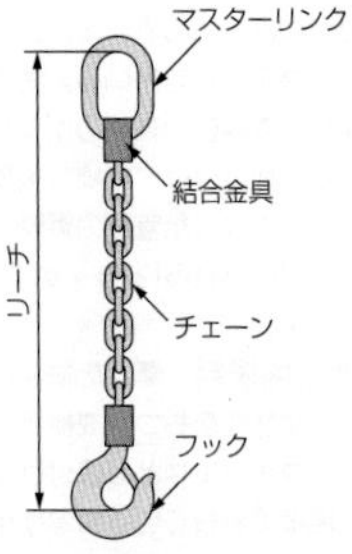

安全係数：5以上

フック
（チェーンスリングに使用した例）

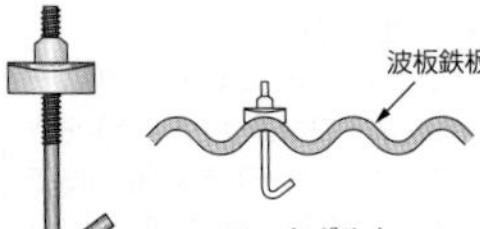

フックボルト

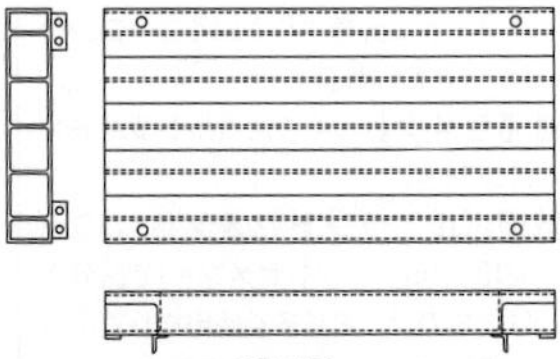

覆工板

付着強度　2つの部材の付着面の強度。鉄筋コンクリートにおける付着力は、セメントペーストの粘性力や、荷重増加によるコンクリートの鉄筋表面の圧力によって生じる。

不調　工事の入札に際し、発注者の予定した価格におさまらず、落札者が決定しないこと。あるいは見積をしたが契約までに至らないこと。

富調合コンクリート　単位容積当たりのセメント量が比較的多い調合(350〜450kg/m^{3}程度)のコンクリート。→貧調合コンクリート

富調合モルタル　単位容積当たりのセメント量が多い調合のモルタル。強度はでるが、ひび割れが発生しやすい。そのため下塗りには富調合モルタル、仕上げには貧調合モルタルを使用することが多い。→貧調合モルタル

ブチルゴムテープ　ブチルゴムを主体とした押出成形シーリング材。自己融着性のものをケーブル接続部の絶縁材として使用する。(図·427頁)

普通合板　広義には、表面に特別な加圧が施されていない合板をいう。狭義には、合板の日本農林規格(JAS)における普通合板をいう。JASでは、合板のうちコンクリート型枠用合板、構造用合板、天然木化粧合板、特殊加工化粧合板以外のものをいう。

普通骨材　軽量骨材、重量骨材や再生骨材に対して、一般的な普通コンクリートに使用される天然骨材(比重が2.5〜2.8程度)をいう。JIS A 5005　→軽量骨材、重量骨材

普通コンクリート　JIS A 5308(レディーミクストコンクリート)で区分された普通コンクリートをいう。JISでは、普通コンクリート、軽量コンクリート、舗装コンクリート、高強度コンクリートに分類されている。→コンクリート(表·171頁)

普通セメント　⇨普通ポルトランドセメント

普通ポルトランドセメント　JIS R 5210(ポルトランドセメント)で区分されたもので、最も多く使用されている一般的なセメント。「普通セメント」ともいう。→セメント(表·275頁)

普通丸鋼　JIS G 3112(鉄筋コンクリート用棒鋼)で区分されるSR235、SR295の節なし鉄筋のことをいう。JISでは丸鋼と異形棒鋼に区分されており、丸鋼はさらに降伏点の区分によりSR235とSR295の2種類に分類される。→異形棒鋼

フック　先端に鉤(かぎ)状のつめをもつ形状のこと。鉄筋先端の折曲げ部分、アンカーボルトの埋込み先端、揚重機械の吊上げ部、開き建具のあおり止め金物などがこれに相当する。(図·429頁)

フックボルト　先端を鉤(かぎ)状に曲げたボルト。波板鉄板、スレートなどを鉄骨に止めるボルト、アンカーボルトなどとして使用される。(図·429頁)

覆工(ふっこう)基礎工事や地下工事などで、GLの高さまたは作業通路の高さにつくる仮設の床。

覆工板(ふっこうばん)地下鉄工事や各種路面掘削工事のほか、仮設構台、桟橋用床板として使用される板。(図·429頁)

プッシュアップ工法　①沈下により傾いてしまった住宅の基礎を反力にして、住宅の土台から上部分をジャッキアップして水平に戻す工法。建物の沈下が終息している場合に採用される。②地上階で建物の最上層、屋根全体を最初に構築し、それをジャッキで押し上げながら、上層から下層に構築していく工法。

ブッシング　①がいしの内部に導体を取り付けたもので、変圧器や遮断器などの端子として用いる。②電線管用付属品。電線管の管端のボックス内突出し部に取り付け、電線の被覆を保護する。③異なった管径の鋼管を接続する際に用いられる「おす・めす」のねじ込み継手。

フッ素樹脂塗料　優れた耐候性、耐薬品性、耐熱性をもつ合成樹脂塗料。カーテンウォールなどの焼付け塗装のほか、現場塗装もできる常温硬化タイプもある。

フットプレート構法　間仕切り壁用のALCパネルの取付け構法。パネル下

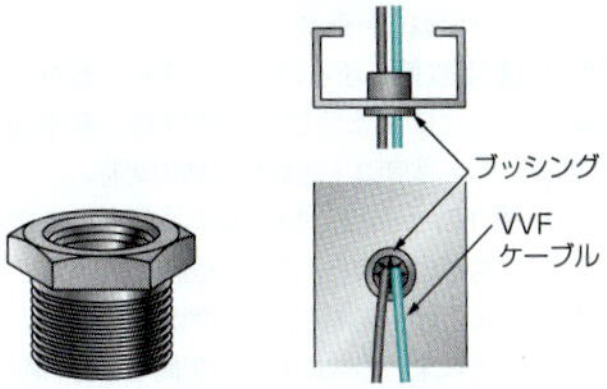

ねじ込み式管継手　スタッドへのブッシングの取付け（例）

ブッシング

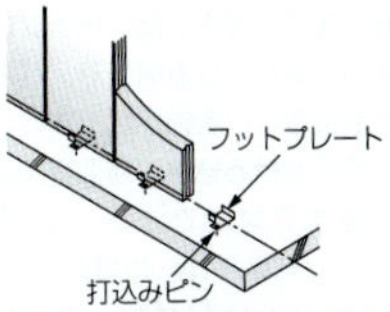

フットプレート構法の取付け例
（ALCパネル・間仕切り壁）

舟

不定形シーリング材の選定（外装）

材料・被着体		部位	1成分形 SR-1(LM)	1成分形 MS-1(LM)	1成分形 PU-1	1成分形 AC-E	2成分形 SR-2	2成分形 MS-2	2成分形 PS-2	2成分形 PU-2
金属系	アルミ	パラペット笠木目地、パネル間目地、サッシ枠回り、サッシ枠ジョイント目地	−	−	−	−	○	◎	−	−
金属系	アルミ	金属板取り合い目地（ECP、PC、花こう岩、タイル）	−	−	−	−	−	◎	○	−
金属系	アルミ	サッシ枠回り（コンクリート等）	−	−	−	−	−	◎	○	△
金属系	アルミ	（ガラス溝外側）	○	−	−	−	◎	−	○	−
金属系	アルミ	（ガラス溝内側）	◎	−	−	−	◎	−	−	−
金属系	アルミ	（花こう岩、タイル）	−	−	−	−	−	◎	◎	−
金属系	アルミ	（ALC）	−	−	△	−	−	◎	−	△
金属系	アルミ	（ポリカーボネート板、アクリル樹脂板）	○	−	−	−	−	−	−	−
金属系	ほうろう焼付け	パネル間目地	−	−	−	−	−	◎	◎	−
金属系	ふっ素焼付け	パネル間目地	−	−	−	−	○	○	−	−
金属系	亜鉛めっき	パネル間目地	−	−	−	−	○	○	○	−
金属系	ステンレス	サッシ枠回り	−	−	−	−	○	○	○	−
コンクリート系	コンクリート、モルタル、PCF	ひび割れ誘発目地、打継ぎ目地（1次シール：目地上塗装無）	−	○	−	−	−	○	◎	−
コンクリート系	コンクリート、モルタル、PCF	（1次シール：目地上塗装有）	−	−	◎	−	−	○	−	◎
コンクリート系	コンクリート、モルタル、PCF	2次シール	−	−	◎	−	−	−	−	◎
コンクリート系	コンクリート、モルタル、PCF	取り合い目地（ECP）	−	○	△	−	−	○	◎	△
コンクリート系	コンクリート、モルタル、PCF	（PC：花こう岩、タイル）	−	−	−	−	−	○	◎	−
コンクリート系	コンクリート、モルタル、PCF	（ALC）	−	○	△	−	−	◎	−	△
コンクリート系	PC	パネル間目地	−	−	−	−	−	○	◎	−
コンクリート系	ECP	パネル間目地	−	○	△	−	−	○	◎	△
石、花こう岩		一般目地、笠木目地	−	−	−	−	−	○	◎	−
タイル		伸縮目地	−	−	−	−	−	○	◎	−
その他	ガラス	突き付け目地	◎ *2	−	−	−	◎	−	−	−
その他	ALC	一般目地	−	◎	△	△ *2	−	◎	−	△
その他	ALC	伸縮目地	−	◎	△	−	−	◎	−	△

◎：推奨材種／○：使用可／△：塗装する場合のみ使用可／−：使用不可
＊1　LM：低モジュラスタイプ／PCF：プレキャストコンクリートフォーム／ECP：押出成形セメントパネル
　2　■：HM（高モジュラスタイプ）を使用／■：縦壁スライド構法の場合のみ使用可

部を床面に固定したフットプレートによって取り付ける構法で、パネル下部表面に取付け金物が露出する。大地震動時における建物の層間変形角1/150程度まで対応できる。(図·431頁)→ALCパネル(表·43頁)

不定形シーリング材　コーキング材や弾性シーリング材など、充填タイプのシーリング材をいう。(表·431頁)

不動産　土地およびその定着物(民法第86条)。定着物とは建物や樹木などをいい、温泉なども含まれる。動産に対する語。土地は連続したものであるため人為的に区別を設け、登記簿上の一筆(いっぴつ)を一個として取り扱う。また日本では、建物は土地とは独立した不動産と考えられ、土地と建物が別の所有者となることも多い。

不動産証券化　不動産が生み出す賃料収入などの収益を裏付け資産にして証券を発行し、投資家から資金を調達する手法。これによって得た資金で不動産を取得し、その不動産の賃料収益や売却費を投資家に還元する。不動産市場への資金流入による市場の活性化を促進するために有効な手法である。J-REIT(日本版不動産投資信託)などの市場が形成されている。

不透水層　透水性の低い地層のこと。未固結の粘度やシルト層などの難透水層と、透水性がきわめて低い固結した割れ目のない岩盤などの非透水層に区分される。→透水層

不同沈下　建物全体が同一な沈下をせず、ある部分が著しく沈下を起こすなど、不均等に沈む現象。その結果、建物に亀裂が生じたり、床面が傾斜したり、建具の機能障害などを引き起こす。原因には、地盤構造の不均一性、建物の偏荷重、伐土部分と盛土部分があること、盛土部分の不十分な転圧、また粘土地盤などで圧密に時間がかかるといったことがあげられる。この現象を防ぐには、的確な地盤調査に基づく杭工事をはじめとした細心の地業が必要。→圧密沈下

不等辺山形鋼　二辺の長さが異なるL形の断面をもつ山形鋼。JIG G 3192→形鋼(図·85頁)

太径鉄筋(ふとけいてっきん)鉄筋の太さによる呼び名の区分で、直径29mm程度以上の異形鉄筋の総称。

懐(ふところ)物に囲まれたところ、内部の意から、2つの面がつくる間、または小空間を指す。例えば、天井と上階床との間にできる空間を「天井懐」という。→天井懐

歩止(留)り(ぶどまり)一般的には、原料(素材)の投入量から期待される生産量に対して、実際に得られた製品生産量の比率のこと。工業分野では、製品の製造数に対する良品数(製造数－不良品数)の比率をいう。建設現場などでは、現場で消費される(納入した)資材量と切りむだなどのロスを除いた実際に使用される数量との比率として用いられることも多い。歩止り100%が理想だが、現実には不可能である。

舟底天井　一方向の中央部を高くして両端に下り勾配を付けた、舟底を逆さにしたような形の天井。おもに和室の意匠として用いられる。特に勾配の強い場合は「屋形(やかた)天井」と呼ぶ。→天井(図·337頁)

舟　①箱形で比較的大きい容器の通称、別称。②左官工事の材料を混練する底の浅い箱の容器。薄鉄板製、木板製のほか、現在は合成樹脂製のものが多く使用されている。(図·431頁)③塗り作業のとき、左官が手元に置く受け皿用の小箱。

不燃材料　建築材料のうち、不燃性能に関して建築基準法施行令第108条の2「不燃性能及びその技術的基準」に適合するもので、国土交通大臣が定めたものまたは国土交通大臣の認定を受けたもの。不燃材料は原則として無機質材料でつくられている。通常の火災時に燃焼を生じず、防火上有害な変形、亀裂、損傷、融解・有害な煙、ガスが生じないものである。建築基準法第2条9号

部分スリット　腰壁、そで壁などと構造骨組との目地部を部分的に薄くし、その骨組に及ぼす影響の軽減を図る絶縁部分、あるいはその形式のこと。そ

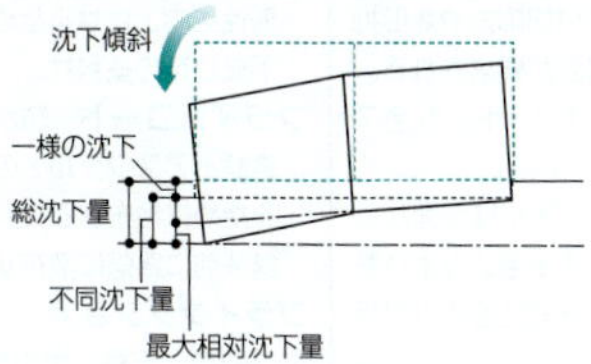

不同沈下（変形角タイプ）

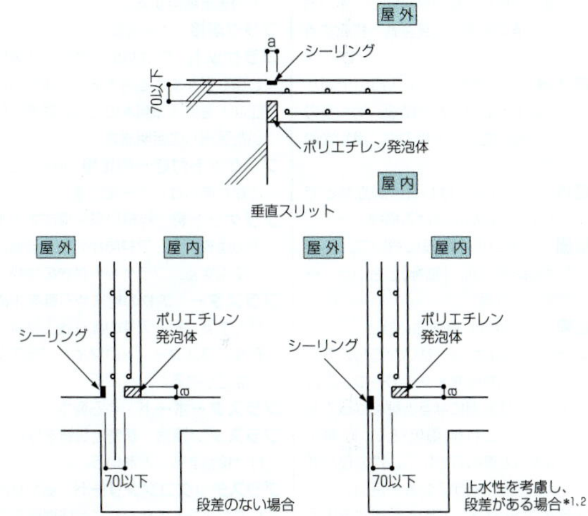

垂直スリット

段差のない場合

止水性を考慮し、
段差がある場合*1、2

*1　鉄筋かぶり厚さ確保・構造体の断面欠損のないように監理者と協議し、梁を下げるなどの対策をとる。
2　梁を下げることができない場合、水平スリットのレベルを上げるなどの方法を検討をする

水平スリット

部分スリット

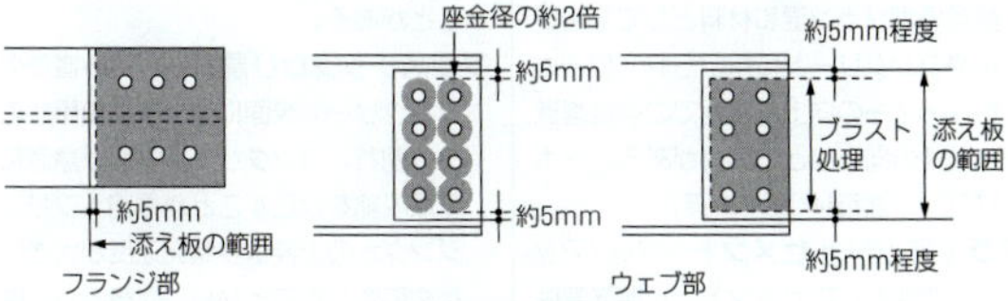

フランジ部

ウェブ部

ブラスト処理

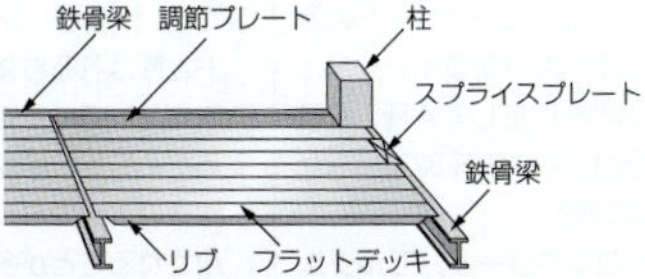

フラットデッキ

の壁が骨組に及ぼす付加応力や変形拘束などについての検討が要求される。(図·433頁)→構造スリット、完全スリット

部分溶込み溶接　片面または両面から溶接され、溶込みが完全溶込みよりも少ない溶接のこと。→完全溶込み溶接

部分払い　⇨中間払い

部分引渡し　請負工事において、完成検査に合格した契約建築物の一部の占有を、請負業者から発注者へ移転すること。

踏込み　①玄関などの出入口の土間から一段上に設けられた踏板。②和室の一角にあって、出入りの際、履物を脱いでおく所。

踏桟（ふみざん）はしご、脚立などで足掛かりのために設ける横桟。

踏面（ふみづら）階段において、足をのせる踏板の面。「踏幅」ともいう。→階段(図·71頁)

踏幅（ふみはば）⇨踏面(ふみづら)

フラース脆化点（ーぜいかてん）アスファルトの特性を表す値の一つ。アスファルトは低温になると硬くなってもろくなる。これを「脆化」といい、脆化が始まる温度のことという。この値が低いほど低温に対する特性が良い。

フライアッシュ　石炭を使用する火力発電所の微粉炭燃焼ボイラーの煙道で集塵機によって回収される粉末状の副産物。粉末度や活性度指数からⅠ種〜Ⅳ種に区分される。球形で良質なけい酸質のポゾラン混和材料としてモルタルやコンクリートに用いられ、ワーカビリティーの向上、長期での強度増進、水密性の向上などの効果がある。→ポゾラン、混和材(表·183頁)

フライアッシュセメント　フライアッシュを混合したセメント。初期強度は低いが、ワーカビリティーや水密性に優れ、発熱も少なくコンクリートの流動性が高い。混合するフライアッシュの割合(5〜30%)に応じてA種、B種、C種に分けられる。JIS R 5213　→セメント(表·275頁)

プライマー　コンクリート、モルタル、各種塗装などの打継ぎ部や接着面の接着性を向上させるために下地面に塗る下塗り用の塗料材。

プライムコート　防水性の向上および路盤とアスファルトのなじみを良くするために散布する材料。アスファルト舗装前に路盤に散布する。

フライングショア　大型の移動式スラブ型枠。支柱、大引き、根太(ねだ)、せき板などが一体となったもので、大組みのまま転用する。

プラグ溶接　⇨栓溶接

ブラケット　①はね出し金具。②張出し床などを支える持ち送り、または窓庇などを支える腕木のこと。③壁に付いた張出しの照明器具。

ブラケット付き一側足場　(ーつきひとかわあしば) ⇨一側足場

ブラケット枠　枠組足場を構成する上下の建枠どうしで枠幅が変化する場合に使用する、ブラケット付きの建枠。

プラスター　鉱物の粉末や石膏を主成分とする、壁、天井の塗り仕上材料。石膏プラスター、ドロマイトプラスターなどがある。

プラスターボード　⇨石膏ボード

プラスタン接合　銅管と鉛管をはんだ付け接合することをいう。

プラスチックコンクリート　結合材としてセメントの代わりに合成樹脂を混入したコンクリート。セメントコンクリートの引張りや曲げに弱い性質や、酸その他の化学薬品に対する抵抗性が劣る性質などを改善するため使用することがある。

プラスチックひび割れ　打込み直後のコンクリート表面に発生する亀甲状のひび割れ。コンクリート表面が急激に乾燥収縮を起こすことが原因。ブリージング水の上昇より蒸発速度が大きいために生じることから、対策としては表面を乾燥させないようにする。

ブラスト処理　ショットまたはグリッドと呼ばれる粒体を鋼部材の摩擦面に吹き付けて、所定の表面粗さを確保するために行う摩擦面の処理方法の一つ。建築では高力ボルト接合の摩擦面に適用されることが多い。適切に処理すれば、高力ボルト接合で必要とされるす

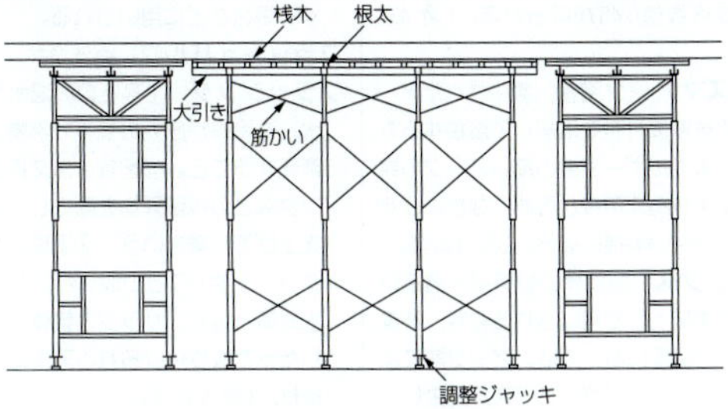

フラインングショア

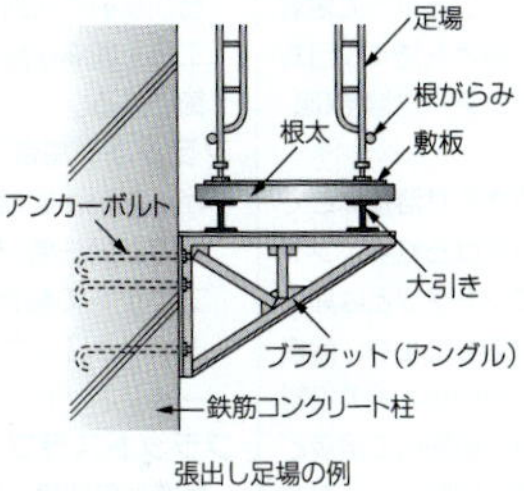

張出し足場の例

ブラケット

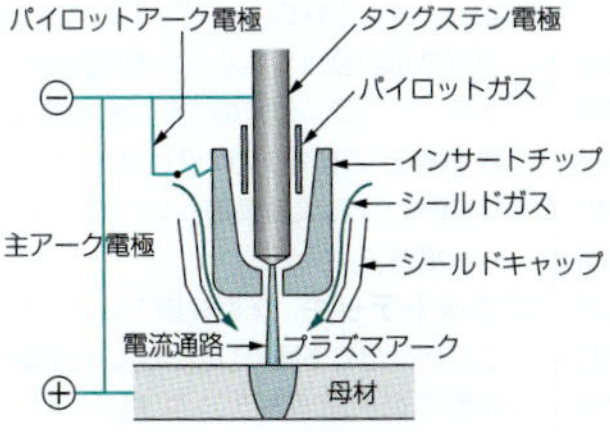

プラズマアーク溶接

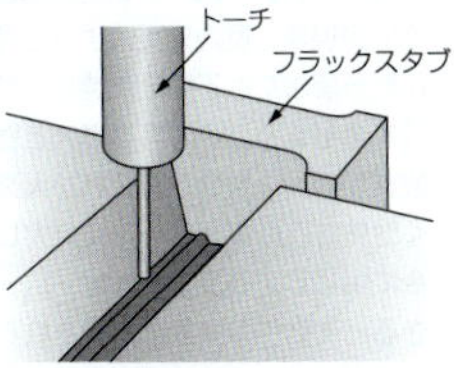

フラックスタブ

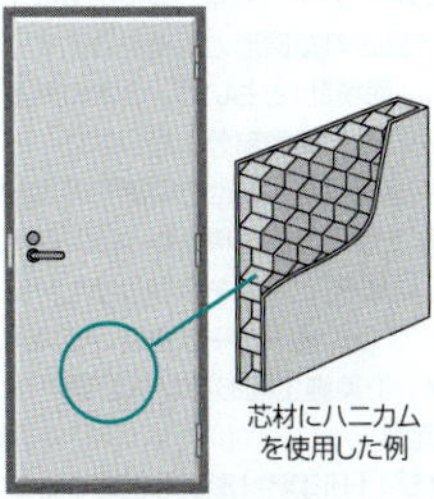

芯材にハニカム
を使用した例

フラッシュドア

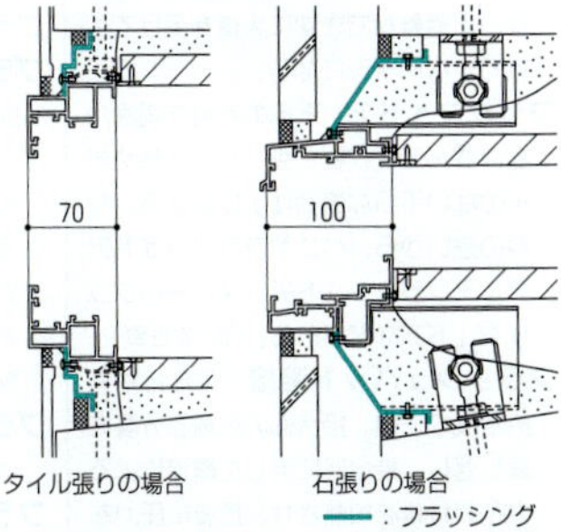

タイル張りの場合
石張りの場合

フラッシング（面付けサッシの納まり例）

べり係数値0.45が得られる。(図·433頁)

プラズマアーク溶接　集中されたアークで被溶接材料を溶解して溶接する方法。エネルギー密度の高いアークの発生により高速溶接が可能になり、ひずみの少ない溶接になる。(図·435頁)

フラックス　溶接棒の被覆剤や溶接時の添加剤として用いられる材料。被覆アーク溶接においては、アーク熱によりフラックスが溶けてガスが発生し、溶接部を空気から遮断して溶着金属の酸化を防ぐ。またスラグとなって溶着金属の表面を覆い、急冷を防ぐ役目も果たす。→サブマージアーク溶接(図·197頁)

フラックスタブ　突き合せ溶接などで溶接部の両端に取り付けられるエンドタブの一種。鋼製エンドタブとは異なり、溶接金属の垂れ落ち防止や、溶接ビードを折り返すためのせき板の役割を果たしている。母材範囲内で溶接ビードを折り返すため、鋼製エンドタブより始終端部に溶接欠陥が発生しやすくなるとの指摘もある。(図·435頁)

フラッシュオーバー　爆発的に燃焼する火災現象。屋内火災によって可燃物が熱分解または不完全燃焼し、可燃ガスを発生する。その可燃ガスと室内の酸素が適当に混合し、それが火炎やふく射熱などによって一気に発火した場合に生じる。フラッシュオーバーが起きると空気中の酸素は消費されて酸欠現象が生じ、また1,000℃を超える高温の環境が一気に広範囲に広がることから、避難ができずに火傷を受けて生存できない状況になる。

フラッシュドア　下地の骨組を両面からはさんで一枚板を張った戸。桟や組子のない平らな表面仕上げとなる。材料の違いから、ベニヤフラッシュドア、アルミフラッシュドア、スチールフラッシュドアなどがある。(図·435頁)

フラッシュバット溶接　突き合せ抵抗溶接の一種。接合面の接触と分離を繰り返し、接合部に流した電流による火花で材料を加熱させ、最後に圧力を加えて圧接する。鉄道のレールを溶接する場合などに用いられる。

フラッシュバルブ　⇨洗浄弁

フラッシング　①高圧の高温水や凝縮水、液冷媒が圧力の低下で沸騰し、再蒸発すること。②配管、熱交換器、タンクなどの残留異物を除去し、清浄度を上げる作業をいう。③現場打ちコンクリートやPCとの取り合いからの漏水対策として、サッシと躯体との間にわたって取り付けられるアルミ成形の板材。(図·435頁)

フラッターエコー　平行な壁面間で、音が反射を何回も繰り返すことをいう。エコー間隔が短く、ほとんど連続して聞こえる。

フラット　集合住宅で、複数階にまたがらない住居(居間、寝室、台所、浴室等が同一階)をいう。イギリスではフラットの集合体をフラッツ(flats)といい、日本のマンションに相当する。→メゾネット

フラットスラブ　鉄筋コンクリートの構造体の架構に梁を用いず、柱で直接スラブを支持する構造。柱には頭部を拡大させた形状のキャピタルやドロップパネルが設けられる。鉛直荷重が大きく、スラブ下までの空間を利用する倉庫などに有効。「無梁(むりょう)スラブ」「無梁板」「無梁板構造」「マッシュルーム構造」ともいう。

フラットデッキ　床型枠施工に用いる、上面が平坦で下面にリブが付いた薄鋼板製の端部閉塞型デッキプレート。RC造やS造などの床および屋根スラブの型枠として使用する。(図·433頁)

フラットバー　⇨平鋼(ひらこう)

プラニメーター　平面上の不定形な閉曲線で囲まれた図形の面積を計測する器械。「面積計」ともいう。2本の腕とそれをつなぐ関節部分とからなり、一方の腕端を固定し、他方の腕先の指針で図形をなぞると面積がわかる。近年では、コンピュータを取り付けたデジタル・プラニメーターが普及している。

プラン　①実施企画あるいは計画。②⇨平面図

フランジ　H形鋼やI形鋼などのウェブをはさむ上下の鋼材。主として曲げ応

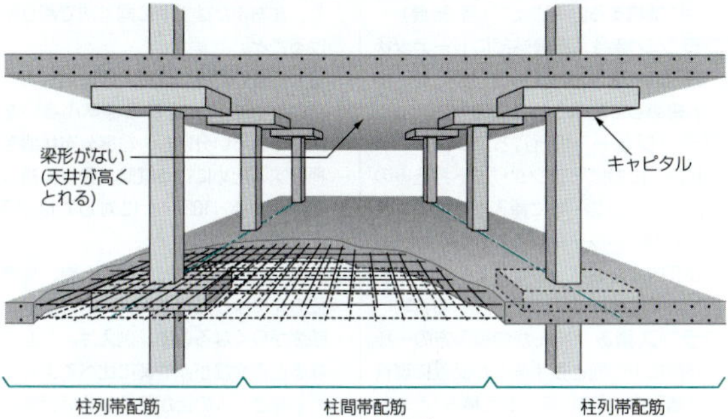

フラットスラブ

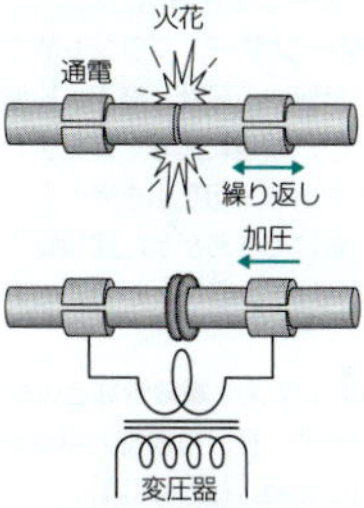

フラッシュバット溶接

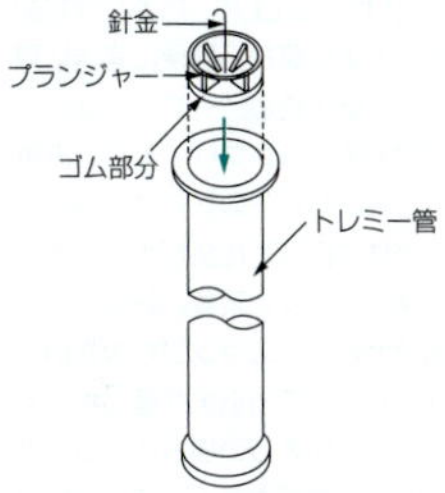

プランジャー

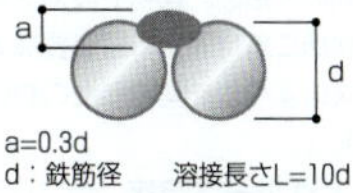

フレア溶接

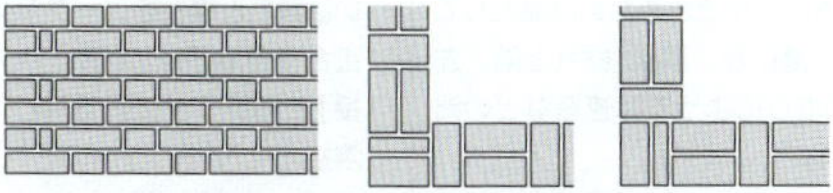
フランス積み（フレミッシュ積み）

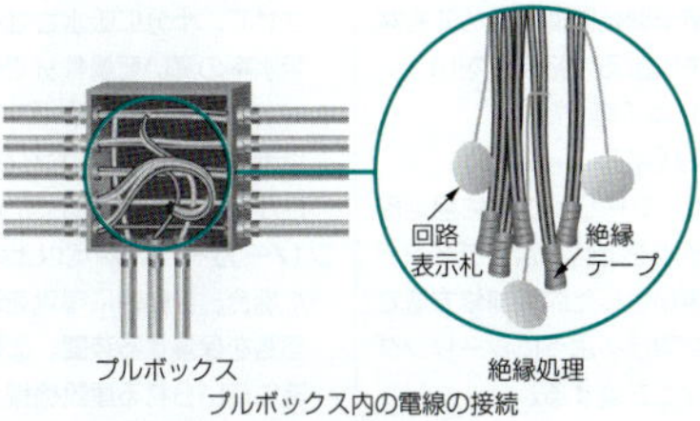

プルボックス

力に抵抗する。→ウェブ(図·35頁)

フランジ接合　配管端部にドーナツ状の円盤を取り付け、円盤どうしをボルト締めして配管を接続する方法。

プランジャー　場所打ちコンクリート杭施工におけるコンクリート打込みの際に、トレミー管に挿入する桶のようなもの。トレミー管内でコンクリートが孔内水と混じって品質低下することを防ぐために使用する。(図·437頁)

フランス積み　れんがの積み方の一種。同段に小口面と長手面とが交互に現れる積み方。「フレミッシュ積み」ともいう。(図·437頁)

プラント　⇨ミキシングプラント

プランニング　建築の設計において、おもに平面計画を行う作業のこと。

フリーアクセスフロア　電源や情報配線が任意の床位置から簡便に室内に取り出せる二重床構造。→OAフロア

ブリージング　コンクリート打込み後、骨材、セメント粒子の沈降や分離によって、骨材に比べて比重が小さい水が表面に浮き出てくる現象。特に水セメント比が大きく、スランプが大きいコンクリートほどこの現象が著しくなる。ブリージングが著しい場合は、コンクリートの沈下量が大きく、沈下ひび割れの原因となる。

フリープラン方式　室内の間取りを自由に変えることができる建築システム。マンションでは水回りを除いて間取りを変えることができるため商品としては価値が高いが、隣接住戸(上階、左右)の間取りによっては遮音などの問題が残る。

フリーフロート　ネットワーク工程表で、ある作業を最早開始時間で始め、後続作業を最早開始時間で始めてもなお、その作業にある余裕時間をいう。

不陸（ふりく）⇨不陸(ふろく)

フリクションパイル　⇨摩擦杭

ブリッジ工法　シーリング材に目地形状の不備や予測を上回るムーブメントが原因で破壊が生じた際の補修方法で、目地部に橋を架けるようにシーリング材を盛り上げて充填する。

振り分け　ある基準点(線)を中心にして、左右または上下に同寸法で割り付けること。

ふるい分け試験　骨材、砂に対して、JIS Z 8801に規定する標準ふるいを用いてふるい分けし、粒度分布状態を把握するために行う試験。骨材に対してはJIS A 1102、土に対してはJIS A 1204が適用される。

プルキンエ現象　光が弱いとき、長波長の光により短波長の光に対して目の感度が良くなる現象。例えば、夕方になると青や緑が赤や黄に比べてよく見えるなど、人の目が暗くなるほど青い色に敏感になる。チェコの生物学者J. E. プルキンエが解明した。

フルターンキー　プラントや工場の企画・計画から設計・施工、設備機械の据付け、試運転指導・保証まで、プロジェクトの一切を引き受ける契約方式。注文者はできあがった建設物のキーを回すだけということからこの名称がついた。

プルボックス　電線管などの配管の分岐箇所や、長い電線管の中継箇所に取り付ける箱。(図·437頁)

フルメンテナンス契約　メンテナンス契約の一形態。建物や設備を常に良好な状態に維持するのに必要なメンテナンスのすべてを契約料金の範囲内で行う方式。

フレアグルーブ溶接　⇨フレア溶接

フレア溶接　おもに鉄筋どうし、あるいは鉄筋と鋼板をアーク溶接を用いて接合する溶接法。「フレアグルーブ溶接」ともいう。(図·437頁) →アーク溶接

プレウェッチング　コンクリート用の骨材などをあらかじめ散水または浸水させて、十分に吸水させること。特に吸水率の高い軽量骨材では、コンクリートの練り混ぜ中やポンプ圧送時に軽量骨材が吸水してコンクリートの流動性が低下するのを防ぐために行う。

ブレーカー　①規定以上の電流が流れた場合、自動的に電流を遮断して電気回路を保護する装置。②建設物の解体時に用いられる建設機械。→油圧ブレーカー

フリーアクセスフロアの種類

タイプ	形状例	備　　考
根太組方式	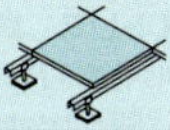	揚げ床仕上がり高さ80mm～ 一般的に高さ大 （例：クリーンルーム等）
共通独立脚方式 （支柱分離型）	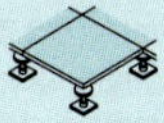	揚げ床仕上がり高さ50mm～ レベル調整可 （例：コンピュータ室等）
脚付きパネル方式 （支柱一体型）	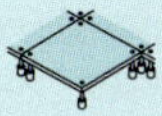	揚げ床仕上がり高さ40～200mm レベル調整可 （例：OA用）
置敷き方式	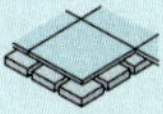	揚げ床仕上がり高さ35mm～ 一般的に高さが最も低い レベル調整不可 （例：OA用）
免震方式	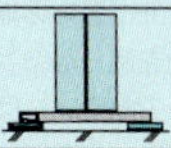	躯体床の上に免震機構を介して下地骨組を設け、その上に床ユニットを載せる（床に搭載する重要な機器類を地震動から保護する）機構 （例：重要機能室等）

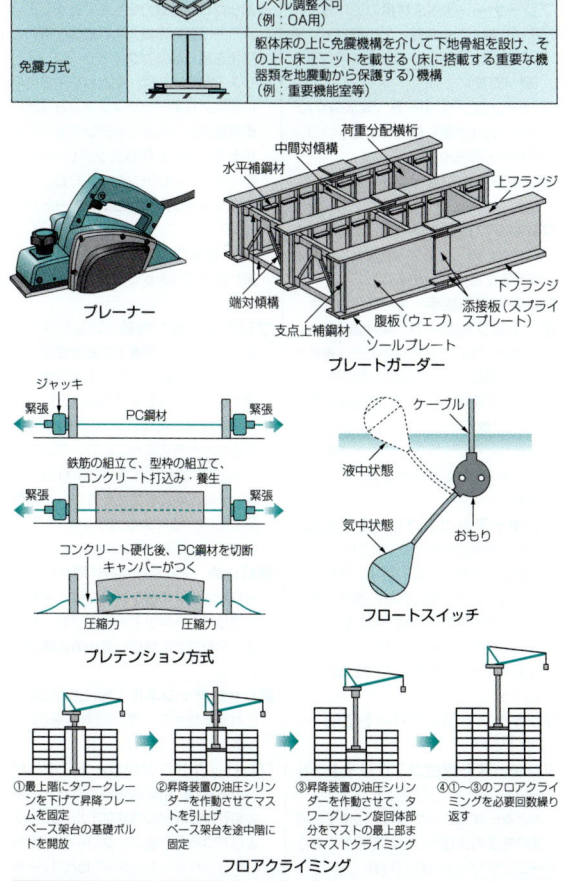

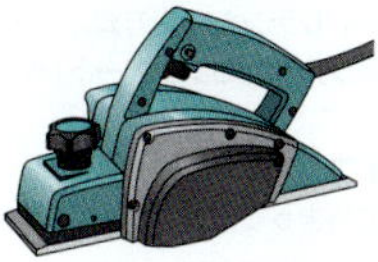

プレーナー

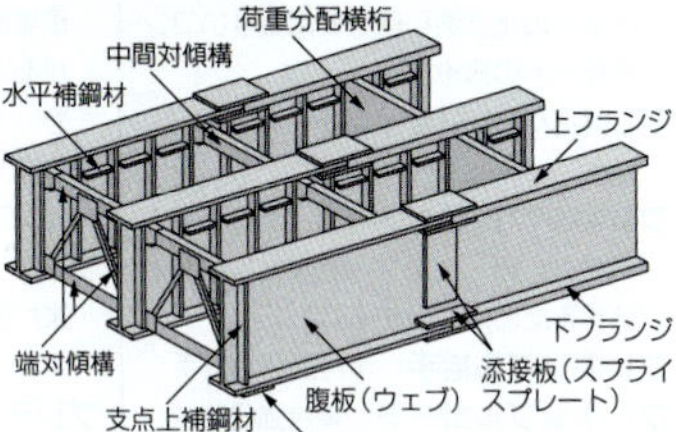

プレートガーダー

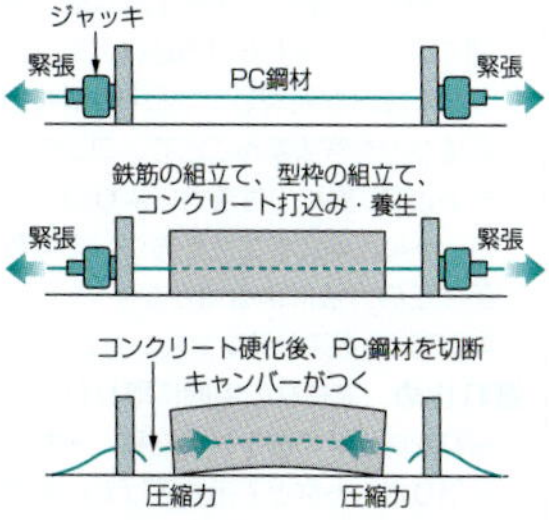

プレテンション方式

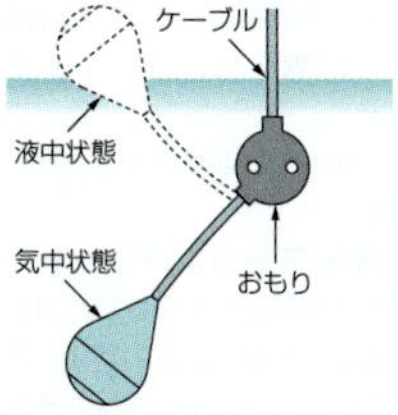

フロートスイッチ

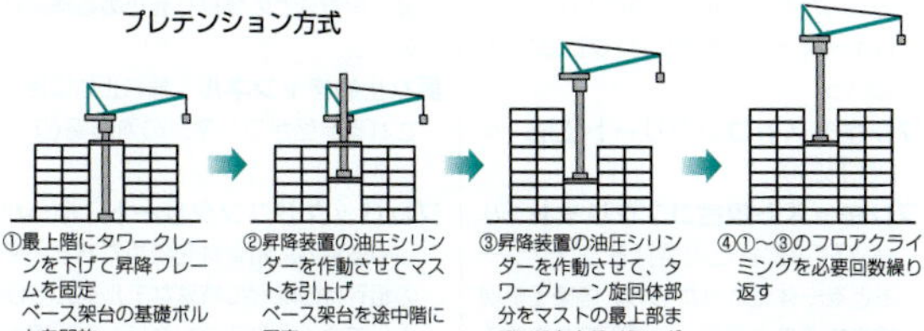

①最上階にタワークレーンを下げて昇降フレームを固定
ベース架台の基礎ボルトを開放

②昇降装置の油圧シリンダーを作動させてマストを引上げ
ベース架台を途中階に固定

③昇降装置の油圧シリンダーを作動させて、タワークレーン旋回体部分をマストの最上部までマストクライミング

④①～③のフロアクライミングを必要回数繰り返す

フロアクライミング

プレーサビリティー　フレッシュコンクリートの性質の一つで、コンクリートの打込みやすさの程度を表す。

ブレース　⇨筋違い(すじかい)

プレートガーダー　橋桁(はしげた)やクレーンガーダーなどに用いられるI形の断面をもった鉄骨組立梁の総称。一般に梁成(せい)がフランジに比べて大きいことから、ウェブ部分をスチフナーで補強する場合が多い。ウェブにトラスを用いたものを「ラチス梁」という。（図・439頁）

プレーナー　①木工材用の工作機械。平削り盤、かんな盤。②小型で手に持って使用する電動かんなの慣用的呼称。（図・439頁）

プレーンコンクリート　減水剤やAE剤などの化学混和剤を使用しないコンクリートの総称。

フレキシブルジョイント　⇨可撓(かとう)継手

フレキシブルダクト　可とう性の大きいダクトで、主ダクトと吹出し口を接続するために使用する。

フレキシブル継手　⇨可撓(かとう)継手

フレキシブルボード　繊維強化セメント板の一種で、セメントと補強繊維を原料に高圧プレスで成形した内外装用ボードの総称。「フレキシブル板（ボード）」と「軟質フレキシブル板（ボード）」があり、平板や軟質板に比べて曲げ強さが大きく、吸水率が小さい。JIS A 5430

プレキャストコンクリート　あらかじめ工場などで製作されたコンクリート製品、部材の総称。壁板、床板、柱や梁などの建築用の部材のほか、側溝などの道路用製品、橋桁(はしげた)など多くのものがある。略して「PC」「PCa（プレキャスト）」、あるいは「プレコン」ともいう。

プレキャストコンクリート工法　⇨PC工法①

プレキャスト複合コンクリート　ハーフPCa部材と現場打ちコンクリートとを一体化させたもの。建築工事現場の施工の合理化に必要不可欠である。→コンクリート（表・171頁）

プレコン　⇨プレキャストコンクリート

プレストレス　鉄筋コンクリート部材における大スパンの梁など、断面に生じる引張り力やたわみを制御するため、あらかじめ与える圧縮力のこと。梁部材に直線に、または中央をたわませるよう配線したPC鋼材を、コンクリート打込みおよび強度発現後に緊張することによってプレストレスを導入する。

プレストレストコンクリート　PC鋼材を用いてプレストレスを導入し、あらかじめ圧縮力を与えておくことにより曲げ耐力の増大や収縮ひび割れの防止を図ったコンクリート。プレストレスの加え方には、主として工場製品に採用されるプレテンション方式と、現場施工によるポストテンション方式がある。「PC」「PSコンクリート」ともいう。→プレテンション方式、ポストテンション方式、コンクリート（表・171頁）

フレッシュコンクリート　混練後、まだ硬化の始まっていない状態のコンクリート。

プレテンション方式　コンクリートにプレストレスを導入する方式の一つ。PC鋼材に引張り力を与えた状態で周囲にコンクリートを打ち込み、コンクリート強度が発現してからPC鋼材の引張り力を解放することで、コンクリートとPC鋼材の付着力によりコンクリートに圧縮力を加える方法。工場製品はこの方法による場合が多い。（図・439頁）→ポストテンション方式

振れ止め　支柱材の中間に取り付けて振れを防止する横架材の総称。天井から吊りボルトなどで吊り下げている機器、配管などの横振れを止める横架材のこと。

振れ止めチャンネル　振れ止めに使用される断面がコの字形の溝形鋼（チャンネル）。

プレパックドコンクリート　あらかじめ型枠内に粗骨材を詰めておき、その粗骨材の隙間に特殊なモルタルを注入してつくられるコンクリート。遮へい用コンクリート、水中コンクリート

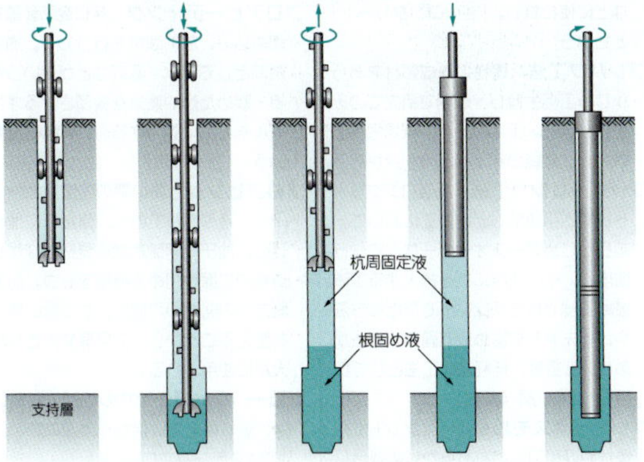

プレボーリング工法

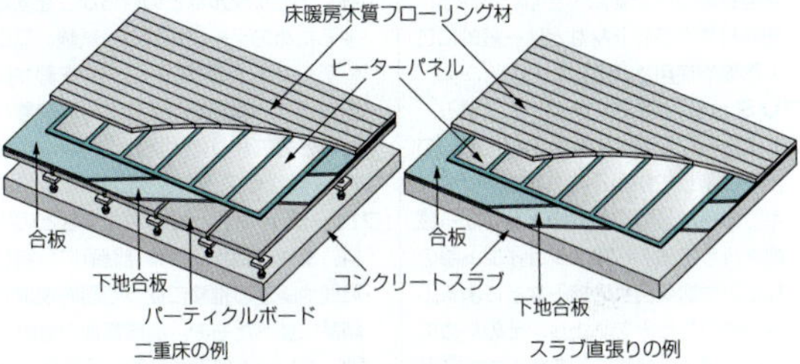

二重床の例

スラブ直張りの例

フロアヒーティング（電気暖房の例）

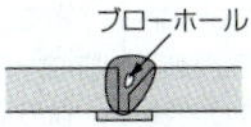

ブローホール

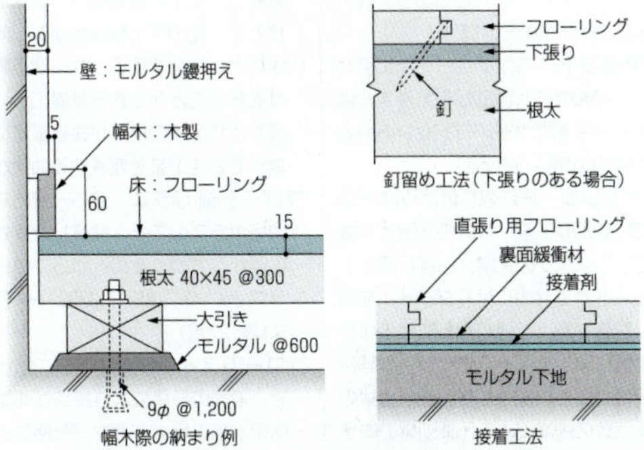

幅木際の納まり例

釘留め工法（下張りのある場合）

接着工法

フローリングボード張り①

などに使われる。「注入コンクリート」ともいう。

プレハブ工法　建物の構成部材をあらかじめ工場生産し、現場で組立てのみを行う工法。工期の短縮、現場労務の省力化、品質の安定などの利点がある。

プレボーリング工法　既製コンクリート杭や山留め杭などの施工において、あらかじめアースオーガーなどで先行掘削し、その孔内に杭を挿入する工法。最終工程で杭をハンマーでたたく方法や、杭先端を根固め液で固める方法があり、低振動、低騒音の工法として採用される。（図・441頁）

プレミックスモルタル　セメントに細骨材や混和剤などをあらかじめ調合して袋詰めしたモルタル材料。現場で水を混ぜるだけで使用できることから、補修材やグラウト材などは一般的にこの形態で使用される。

フレミッシュ積み　⇨フランス積み

プレロード工法　山留め工事において、土圧によってかかる軸力を油圧ジャッキであらかじめ切梁に導入してから掘削を行う工法。切梁のジョイント部のなじみや切梁自身の縮みなどによる山留め壁のたわみを防止し、そのために起こる周辺の地盤沈下を防ぐためなどに採用される。

フロアクライミング　タワークレーンにおけるクライミングの呼称で、旋回部分を鉄骨などの構造体にあずけて機械のベースを引き上げていく方式。「ベースクライミング」ともいう。（図・439頁）→クライミング

フロアダクト　コンクリート床に埋め込んで使用する、断面が長方形または台形の鋼板製ダクト。コンセントや通信配線用に用いられる。

フロアドレン　床に取り付ける排水口。

フロアパネル工法　S造の高層ビルなどで、1スパンの大梁、小梁、デッキプレートや天井内に付くダクト、空調機、配管を地上で地組みしてから所定の位置に取り付ける工法。組合せ部材は現場の条件によって変わる。資材の揚重回数の削減による作業効率の向上と、高所作業の削減を目的に行われる。

フロアヒーティング　床に発熱装置を埋め込み、放射暖房を行うもの。通常、熱源として温水、蒸気などが用いられる。暖めた煙や蒸気を循環させるオンドルもこれに該当する。「床暖房」ともいう。（図・441頁）

フロアヒンジ　重い扉の開閉用金物の一つ。箱形をしており、直接床に埋め込む。油圧で開閉速度を調整しながら自動的に扉を閉める機能をもつ。前後両方向の開閉が可能で、かつ重い扉にも耐えることから、玄関扉や大きな防火戸に使用される。

フロー　①作業の流れのこと。あるいは、流れ図または流れ作業図のこと。②　⇨スランプフロー

フロー試験　①　⇨スランプフロー試験　②モルタルなどの軟らかさを測定するためのテーブルフロー試験。フローテーブル上のフローコーンを静かに引き上げ、震動を与えず3分間静置したときの広がりの大きさ。

フロー値　⇨スランプフロー

フローチャート　機能や作業などの内容、構成を細かい要素（部品）に分割し、時間や論理の推移に従って図的表現で順番に並べたもの。品質管理の分野では、クレーム処理体系図や品質保証体系図などに活用されている。「流れ図」ともいう。

フローティング基礎　船が水に浮かぶように、建築物を地盤に浮かべる考え方による基礎。建物重量と基礎構築で排除される土の重量のバランスをとることで、その下に軟弱層があっても地中応力が増加することなく沈下障害などを防ぐことができる基礎工法。また、排除される土の重量が建物重量に足りなくても沈下量を軽減する効果がある。

フロート板ガラス　最も一般的な透明の板ガラスのこと。融解したすずの上に浮かべてつくることからフロートガラスという。JIS R 3202　→板ガラス（表・27頁）

フロートスイッチ　浮き式のスイッチで、液面の昇降により接点が開閉する。高架水槽の揚水、ポンプ発停などに用いられる。（図・439頁）

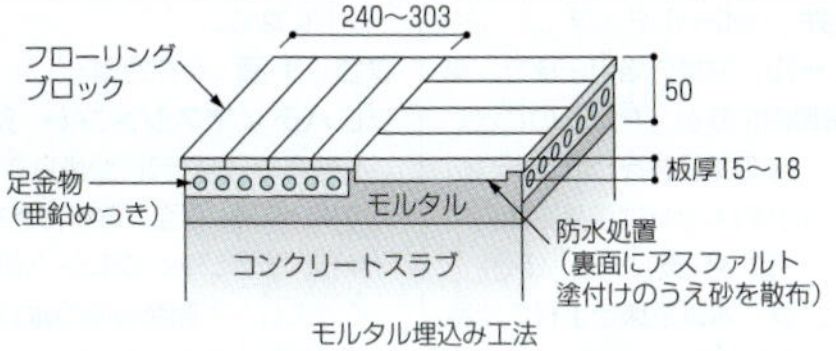

モルタル埋込み工法

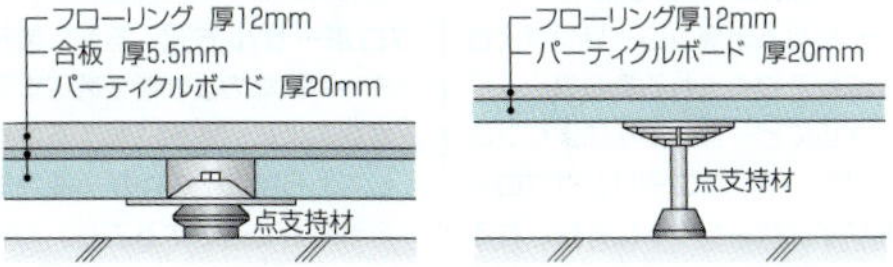

木質二重床の納まり例

フローリングボード張り②

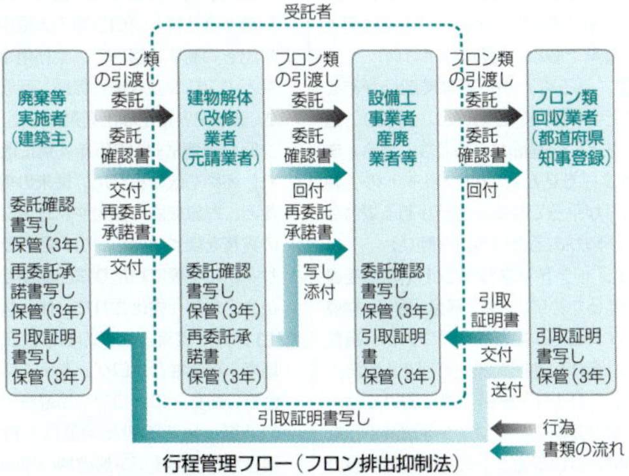

行程管理フロー（フロン排出抑制法）

分別解体等の施工方法に関する基準（建設リサイクル法）

施工方法	①対象建設工事に係る建築物等に関する事前調査の実施（建築物等、周辺状況、作業場所、搬出経路、残存物品、付着物等） ②上記①の調査に基づく分別解体等の計画の作成 ③上記②の計画に従い、工事着手前における作業場所の確保・搬出経路の確保、残存物品の搬出、付着物の除去等の事前措置の実施 ④上記②の計画に従い、工事の施工
手順	建築物 ①建築設備、内装材等の取外し ②屋根葺き材の取外し ③外装材および構造耐力上主要な部分の取壊し ④基礎および基礎杭の取壊し 工作物（建築物以外のもの） ①柵、照明設備、標識等の附属物の取外し ②工作物のうち基盤以外の部分の取壊し ③基礎および基礎杭の取壊し
方法	①手作業または手作業および機械による作業 ②建築設備、内装材、屋根葺き材等の取外しの場合は、原則、手作業による。 分別解体等によって生じた特定建設資材廃棄物について、再資源化等が義務づけられる。ただし、建設発生木材については、工事現場から再資源化施設までの距離が遠い（50kmを超える場合）など、経済性等の制約が大きい場合、再資源化に代えて縮減（適正な施設での焼却等）で足りることになっている。

フロート弁 ⇨ボールタップ

ブローホール 溶接欠陥の一種で、単独で溶接部内に残留した気孔のこと。ブローホールの集合体を「ポロシティ」という。気孔の大部分は溶接金属内に発生する。（図·441頁）→ピット②

フローリング 木質系床仕上材の総称。日本農林規格（JAS）によると、ひき板でつくられる単層フローリングと合板や集成材でつくられる複合フローリング、さらにピースの形状によりフローリングボード、フローリングブロック、モザイクパーケットに分類される。

フローリングボード 1ピースが幅5〜10cmほどの板で、表面をかんな仕上げ、側面をさねはぎ加工した床仕上材。根太(ねだ)や下地板に釘または釘と接着剤で張る。（図·441、443頁）

不陸（ふろく） 平らでなく凹凸があること。「ふりく」ともいう。切取り、盛土などの路盤面が平らでない場合、または打ち込んだコンクリートの上端(うわば)が平らでなく、凹凸がある場合など不陸があるという。→陸(ろく)

プロジェクトマネジメント 目標を達成するために、人材、資金、設備、物資、スケジュールなどをバランスよく調整し、全体の進捗状況を管理する手法。略して「PM」。建築工事においては、工事を効率化してコストを削減するために、プロジェクトの企画段階からプロジェクトマネジャー（PMr）が参画して工事の発注から管理まで行う方式。→コンストラクションマネジメント

プロジェクトマネジャー 開発事業、新規工事（プロジェクト）などの計画と実行において、総合的に運営していく責任者。略して「PMr」、「プロマネ」ともいう。

プロセス管理 プロセスとは設計、購買、施工などの各業務のことで、これらの業務を遂行する際にインプット、アウトプットされる情報を明確にして業務管理を行うこと。例えば、設計であれば、顧客から提示される要求事項、法規などがインプットになり、それに基づいて設計業務が行われて設計図書がアウトプットされ、次工程のインプットになる。

プロット図 ⇨総合図

プロパティマネジメント 建物などの不動産の日常管理（設備制御、保守・点検、清掃、保全、賃料管理業務など）から、テナントのクレーム処理まで広く対応し、不動産価値の維持向上を図る総合的な不動産管理業務。

プロポーザル方式 おもに業務の委託先や建築物の設計者を選定する際に、複数の者に目的物に対する企画を提案してもらい、その中から優れた提案を行った者を選定すること。

プロマネ ⇨プロジェクトマネジャー

フロン排出抑制法 正式名称は「フロン類の使用の合理化及び管理の適正化に関する法律」。フロン類の大気中への排出を抑制する目的で、業務用冷凍機などのフロン回収業者登録、回収量報告、破壊業者指定などを規定した「フロン回収破壊法」が2015年4月に改正され、名称も改められた。従来の規定に加え、対象機器の拡大や管理者に一定の責務を課すなど、フロン類のライフサイクル全般にわたり排出抑制を図るための規制が強化された。（図·443頁）

フロン類 炭素と水素のほか、フッ素、塩素、臭素などハロゲンを多く含む化合物の総称。エアコンや冷蔵庫の冷媒や溶剤として20世紀中盤に大量に使用されたが、オゾン層破壊の原因物質ならびに温室効果ガスであることが明らかとなり、今日ではさまざまな条約、法律によって使用には大幅な制限がかけられている。特にオゾン層破壊に関係が深いフロンを「特定フロン」という。→代替フロン

分散剤 ⇨減水剤

分電盤 鋼製や樹脂製の箱の中に、母線や分岐用過電流保護器などを組み込んだもの。用途により電灯用、動力用がある。

分電盤用仮枠 コンクリート壁などに分電盤を埋め込む場合、コンクリート打込み時に用いる仮型枠。

分筆（ぶんぴつ） 土地登記簿に記載された一つの区域（筆）の所有権を分割し、それぞれの筆ごとに登記し直すこと。

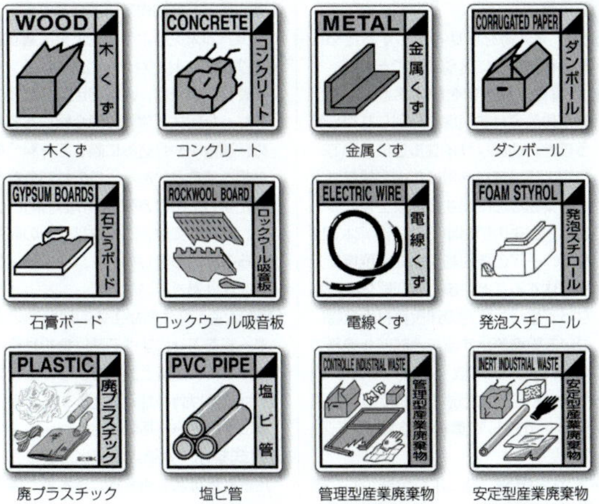

建設廃棄物の分別標識一覧

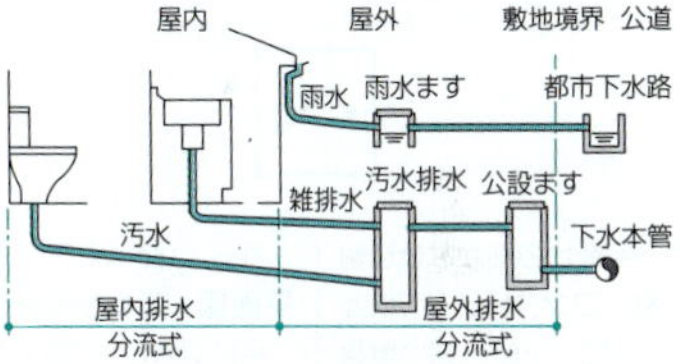

分流式排水

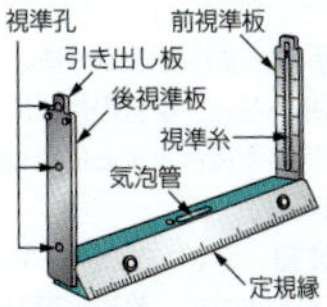

アリダード

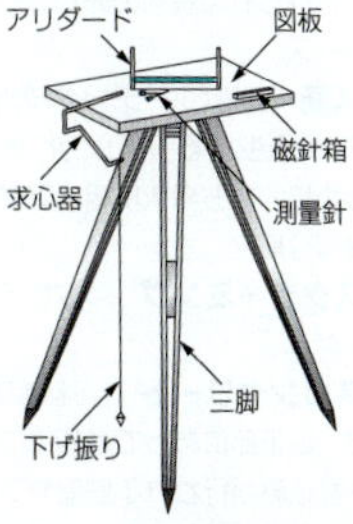

平板測量

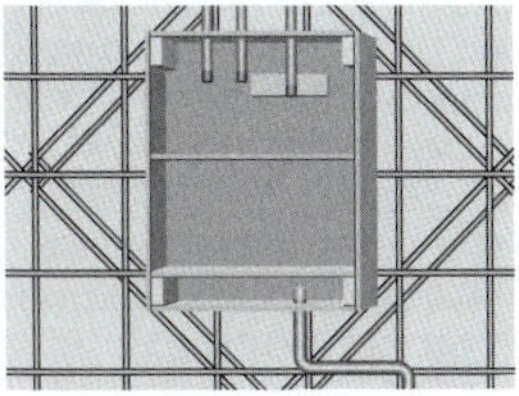

分電盤用仮枠

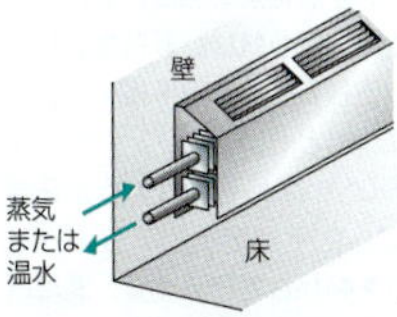

ベースボードヒーター

→一筆(いっぴつ)

分別　廃棄物をリサイクルするために材料種類ごとに区別すること。

分別解体　建築物を解体する際、使用した建設資材を現場で分別しながら行うこと。建設リサイクル法において、特定の建設資材を用いた一定規模以上の建築物などに関する建設工事については、従来のいわゆるミンチ解体ではなく、一定の技術基準に従い現場で分別解体すること、また分別解体にともなって生じた特定の建設資材廃棄物について再資源化することなどが義務づけられている。（表·443頁）

分別ヤード　建設現場における建設廃棄物を分別して集積する場所。（図·445頁）

粉末消火設備　熱により分解して二酸化炭素と水蒸気を発生する重炭酸ソーダなどを消火剤として、空気中の酸素濃度低下と冷却作用により消火を行う設備。油火災および電気火災に適する。

分離対策　コンクリートは、セメント、細骨材、粗骨材、水など比重や粒径の異なった固体と液体の混合物であるため、運搬中や打込みに際して材料分離を起こすことがある。この材料分離を防止するための方策を「分離対策」という。具体的には、コンクリートの高所からの打込みをしない、バイブレーターをかけ過ぎないなど。

分離発注　発注者が1つの建築物の工事一式を1社にすべて請け負わせるのではなく、建築と設備のように工種で分けて請け負わせる発注形式。官庁工事に多い。→一括発注

分流式排水　建物内の排水方式のうち、汚水と雑排水を別系統の排水管で排水する方式。（図·445頁）→合流式排水

へ

ヘアクラック　毛髪状の細かなひび割れ、亀裂の総称。コンクリートの表面に発生する0.1～0.2mm幅の細い亀裂などをいう。

ヘアライン仕上げ　ステンレス鋼の研磨仕上げの一つ。ステンレスの溶接部の余盛り部分をサンダーややすりを使って除去して平滑にした後、研磨して仕上げる方法。

平板（へいばん）①平板測量用の図板。②歩道の敷石などに使用する30cm角程度のコンクリート製の板。コンクリート平板。

平板載荷試験（へいばんさいかしけん）剛な載荷板に荷重を加えて、荷重と変形量の関係から地盤の強度、変形特性を知るために行う試験。載荷板としては通常、直径30cmの円形板を用いる。「載荷板試験」ともいう。

平板測量（へいばんそくりょう）三脚上に固定した平板の上でアリダード（示方規）を動かして行う測量。測量結果は平板上の紙面に適当な縮尺で描かれる。（図·445頁）

平面図　建物を床から一定の高さで水平に切断し、投影した図面。一般に、建築物などの間取りを各階ごとに表現したもの。「プラン」ともいう。

併用継手　機械式継手の一種。溶接と高力ボルトなど、部材の接合に2種類以上の異なる接合方法を併用した継手。→機械式継手

ベース金物　ジャッキベースや固定ベースなどのように、枠組足場の脚部に取り付けられる金物の総称。→ジャッキベース

ベース筋　基礎（フーチング）の底面（ベース）に発生する引張り力に抵抗させるために、もち網状に組んで敷く鉄筋。→袴(はかま)筋

ベースクライミング　⇨フロアクライミング

ベースコンクリート　①建物の基礎のうち、最下部にあって最初にコンクリート打込みが行われる底盤やフーチングコンクリートのこと。②流動化コン

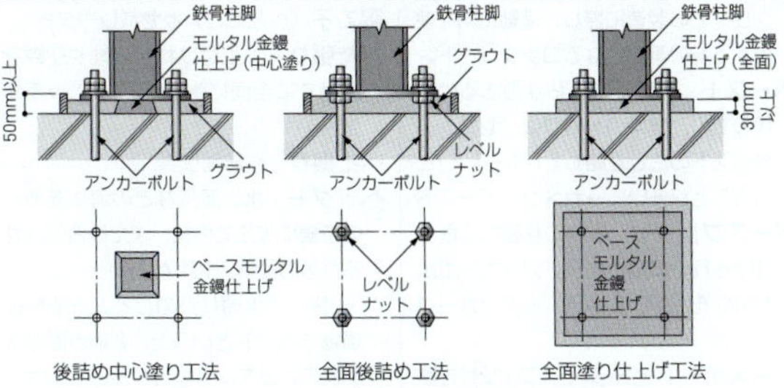

ベースモルタル（柱脚レベルの取り方）

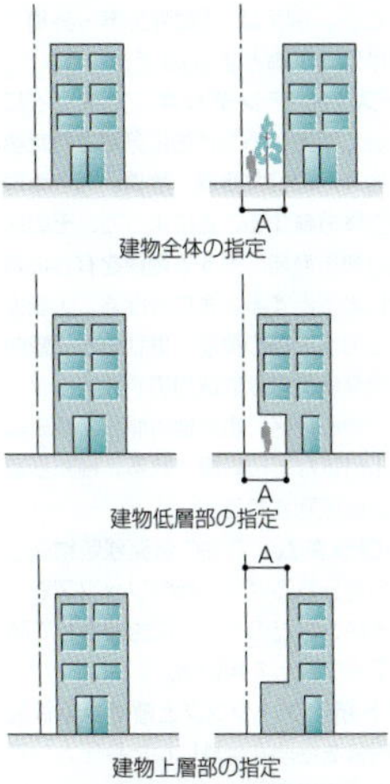

壁面線（指定方式）

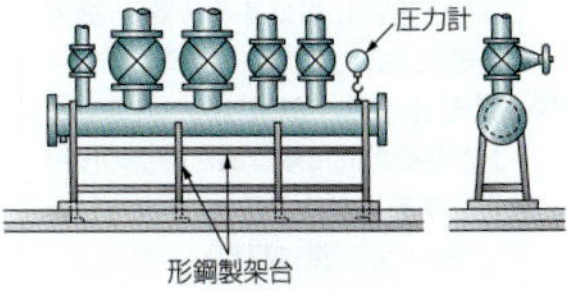

ヘッダー

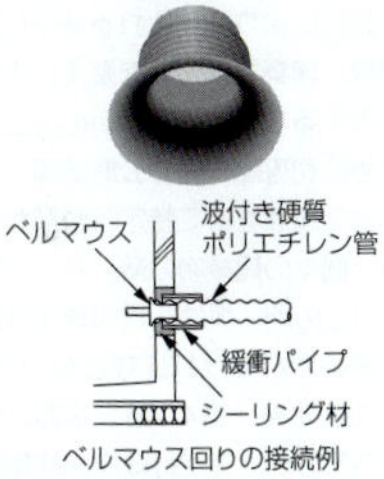

ベルマウス

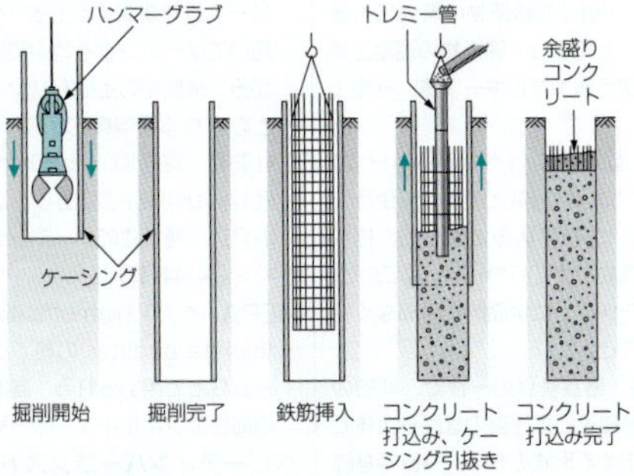

ベノト工法

クリートの製造に際し、流動化剤を使用する前の基本となるコンクリート。

ペースト 可塑性で、粘性のあるのり状のもの。建築の分野では、セメントペーストのことを略して「ペースト」ということが多い。→セメントペースト

ベースプレート 鉄骨の柱脚部に取り付けられる鋼製の底板。アンカーボルト用の孔があいている。→アンカープレート

ベースボードヒーター フィン付き熱交換器と小型鋼板製ケースよりなり、室内の壁下幅木に取り付け、自然対流で温風を室内に供給する装置。「幅木放熱器」ともいう。（図·445頁）

ベースモルタル 鉄骨柱のベースプレートと基礎の間に敷く高さ調整の役目を果たすモルタルのこと。「まんじゅう」ともいう。（図·447頁）

壁面線 道路境界から建物の外壁までの間に一定の空間を確保するため、特定行政庁により指定される建築位置の制限線。建築物の位置を整え、街並みをそろえるなど、都市環境の向上を図るために利害関係者の公開聴聞、建築審査会の同意を得て特定行政庁が指定する。個々の建築物の壁、柱、一定の高さ以上の門、塀は、この線より後退して建築されなければならない（建築基準法第46条、第47条）。なお、地盤面下の部分や、特定行政庁が建築審査会の同意を得て許可した歩廊の柱などについては、その制限を受けない。（図·447頁）

壁面緑化 植物を建築物の壁面に生育させることにより、建築物の温度上昇抑制を図る省エネルギー手法。→屋上緑化

べた 全面の意味。「べた基礎」「べた塗り」「べた張り」などのように使う。

べた打ち ①杭打込みに際して、杭相互の間隔をつめて打つこと。②コンクリートを床などに全面的に隙間なく打ち込むこと。

べた基礎 直接基礎の一種で、建物の荷重を基礎梁と耐圧盤の底面積全体で地盤に伝える形式のもの。→直接基礎（図·315頁）

隔て子（へだてこ）⇨セパレーター

べた張り ①張付け材を目地や空隙を設けずに全面に張ること。② ⇨密着張り①

べた掘り ⇨総掘り

ヘッダー 水、蒸気などの流体を多くの系統に等圧で供給、または合流させるための配管。（図·447頁）

ヘッド ①水頭（すいとう）のこと。一般的に現場でヘッドというと、2地点間の水圧差のことをいう場合が多い。②ポンプの揚程。

別途工事 正規の契約に含めない工事のこと。例えば、「設備工事·外構工事は別途工事とする」などという。

ペデストリアンデッキ 高架などによって車道から立体的に分離された歩行者専用の公共歩廊、陸橋。人と車両を立体分離することによって、その区域の都市機能に対する動線を有効に処理しようとするときに設ける。大規模なものは広場の機能も併せもち、駅前再開発事業の鉄道駅周辺やニュータウンの中心地区、市街地再開発の超高層ビル付近などに設置される。横断歩道橋とは区別される。

ペトロラタム 石油の蒸発残留物などから得られるゼリー状のワックスで、ナイロンなどのシートに含浸させて防食テープとして用いる。

ベノト杭 ケーシングと呼ばれる鉄製の円管を掘削孔全長にわたり圧入して施工する場所打ち鉄筋コンクリート杭。

ベノト工法 大口径の場所打ちコンクリート杭を造成する工法。ベノト機を用いてケーシングを地中に圧入させながら、地盤中の土砂をハンマーグラブと呼ばれる掘削機（フランス·ベノト社開発：直径300〜2,000mmまでの穿孔（せんこう）が可能）で排出し、コンクリート打込み後、このケーシングを引き抜く。（図·447頁）

HEPA（ヘパ）high efficiency particulate air filter の略。クリーンルームなどで用いられる、塵あい除去用の高性能フィルルターの一種。

ベビーティンバーコンストラクション ⇨重量木構造

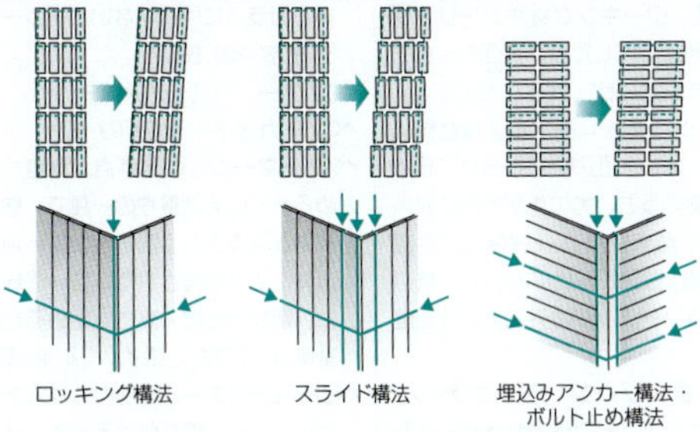

ALCパネルの変形追従のメカニズム（上図）、伸縮目地位置（下図）

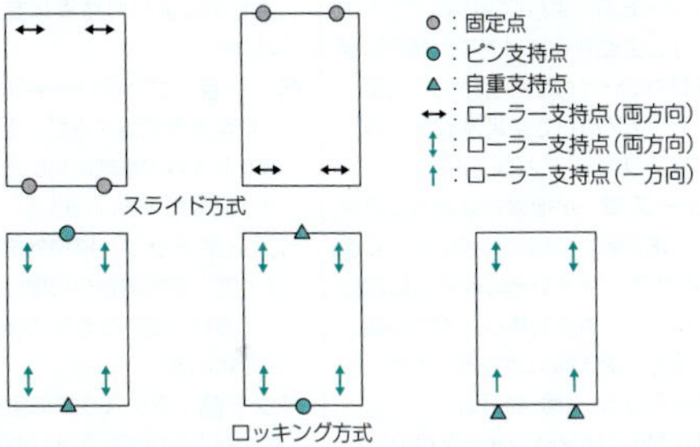

パネル型カーテンウォールのスライドとロッキングの概念図（パネルユニット取付け）

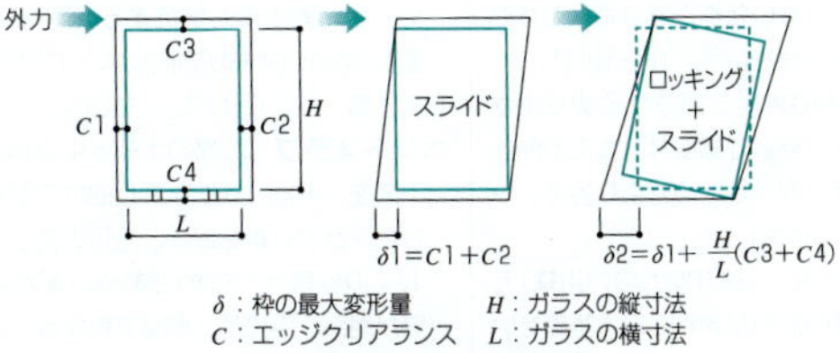

はめ殺しガラスの変形吸収機構

変形追従性

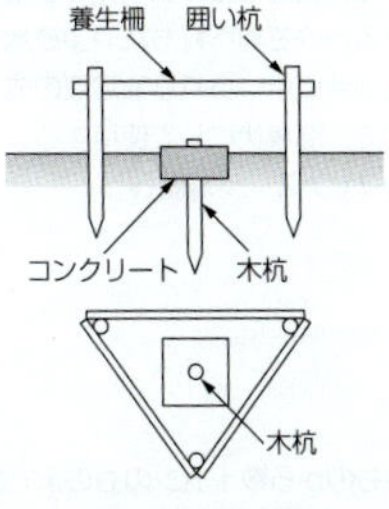

ベンチマーク（例）

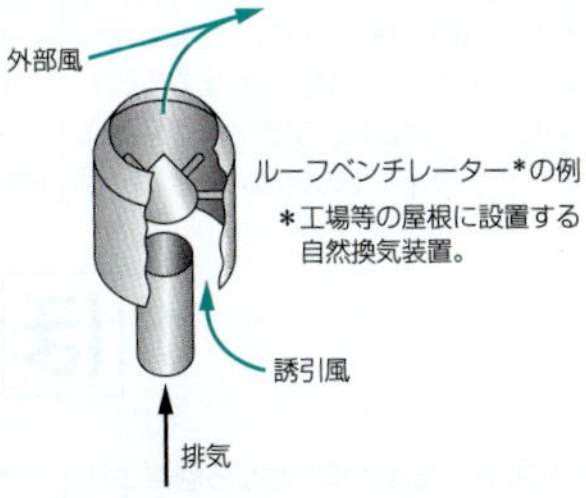

ルーフベンチレーター＊の例
＊工場等の屋根に設置する
自然換気装置。

ベンチレーター

へら押え　コーキング材やシーリング材を目地に充填した後、表面をへらを使ってきれいに仕上げること。

縁あき（へりあき）①ボルト接合部において、ボルト孔の中心から材の縁までの距離のうち、力の作用方向に直角方向の距離をいう。→縁端(えんたん)距離（図·55頁）　②既製杭において、杭の中心からフーチングの外面までの距離をいう。

ペリメーターゾーン　建物(オフィス)の窓際や壁際などで外光や外気による熱的影響を受けやすいエリアのこと。日射や外気温により空調の負荷が大きく、かつ変動するエリアで、熱的影響を受けないインテリアゾーン(内部ゾーン)とは区別して空調制御を行う。→インテリアゾーン(図·33頁)

ヘリューズ管　小便器と壁体内に埋設された洗浄管との接続に用いられる管。

ベルマウス　空気や水の流入口に取り付けられた、丸みを帯びた流路の縮小流入部分。流入時に渦を起こさず、抵抗を減らせる。(図·447頁)

変形追従性　地震時や強風時の建物変形に対し、部材が機能を失わず、かつ応力負担がない状態、すなわち躯体変形への追従性をいう。(図·449頁)

辺材　樹木の外側の部分から切り出された木材。軽量で適度な強度と断熱性をもつが、耐久性は心材より劣る。→心材(図·243頁)

偏心基礎　柱心(軸方向力の作用線)と基礎底面の図心がずれている基礎をいう。偏心による曲げモーメントは地中梁や基礎フーチングで処理する。

変成シリコーンシーリング　弾性シーリング材の一種。シリコーン系に比べ接着性が良く、石などに対する目地汚染もない。耐候性、耐疲労性にも優れ、カーテンウォールの目地に適しているが、ガラスには適さない。→シーリング材(表·203、205頁)

ベンダー　⇨バーベンダー

ベンチカット　⇨段切り

ベンチマーク　①水準点。測量法で定められている測量標の一種で、標高の基準となる点。全国各地に国、地方自治体により設置されている。②施工時に、建物の位置、高さを定めるための基準点。「BM」と略す。(図·449頁)

ベンチレーター　建物内の換気を行うために屋根に取り付ける装置。建物外部の風による誘引作用や、建物内外の温度差により自然換気を行う。(図·449頁)

ベンド管　コンクリートを圧送するときに配管を配置するが、互いにある角度をなす管の接続に用いられる曲率半径が比較的大きい管継手。

ベントキャップ　建物外壁などに設ける給気、排気のための開口部に取り付ける金具。雨除けや虫の侵入防止の目的で用いる。

ベンド筋　梁やスラブの主筋のうち、途中が45°の勾配で折れ曲がったもの。曲げによる引張り力に抵抗するとともに、せん断力にも抵抗する。「折曲げ筋」、あるいは曲げ方向によって「曲げ上げ筋」「曲げ下げ筋」ともいう。

ベンドスラブ　端部の上筋と中央部の下筋を、1本の鉄筋を折り曲げて配筋したスラブ。折曲げは、短辺の長さの1/4の位置が一般的である。配筋間隔が端部、中央部、側部で異なっていることが多い。→餅網(もちあみ)スラブ

ベントナイト　水を吸収して著しく膨潤する微細な粘土。掘削孔の崩壊を防止する目的で場所打ち杭や連続地中壁の掘削時に用いられる安定液の成分の一つで、溶液状にして使用する。

ペントハウス　⇨塔屋(とうや)

ほ

ホイスト　天井や構造物から懸架されるウインチ。巻上げ能力は、100kg程度のものから数十トンのものまである。天井走行クレーンや橋型クレーンの巻

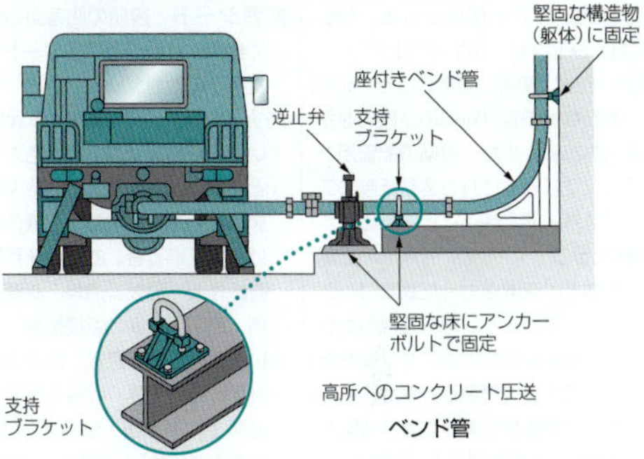

高所へのコンクリート圧送

ベンド管

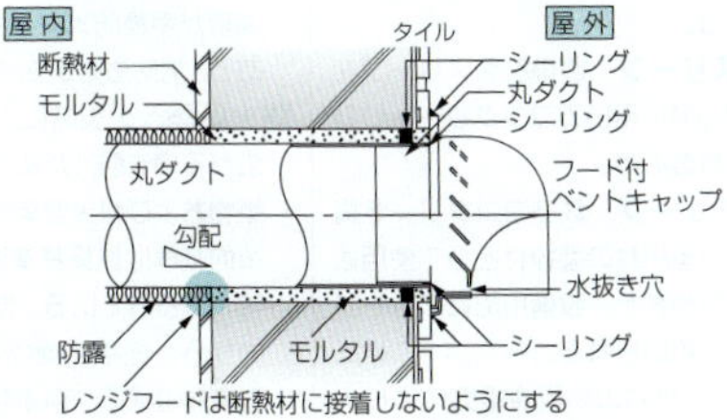

スリーブ抜きによりベントキャップを取り付ける場合

ベントキャップ

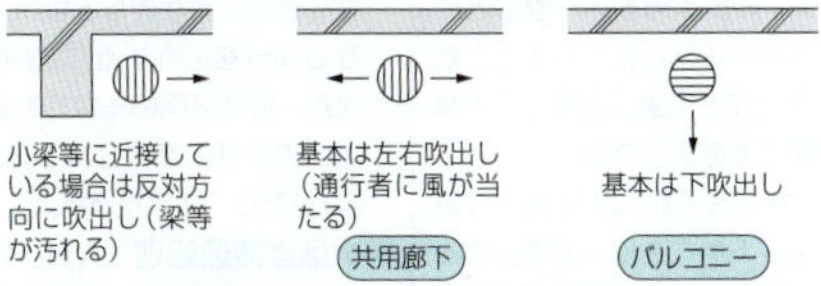

ベントキャップのがらりの向き

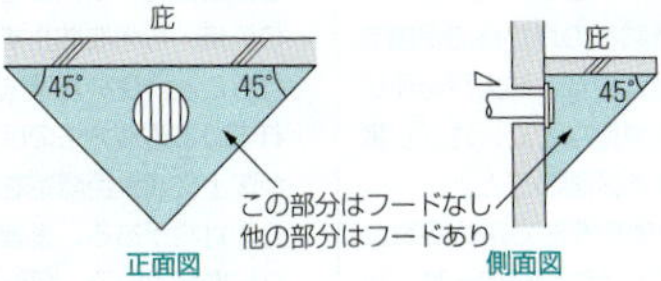

ベントキャップフードの有無

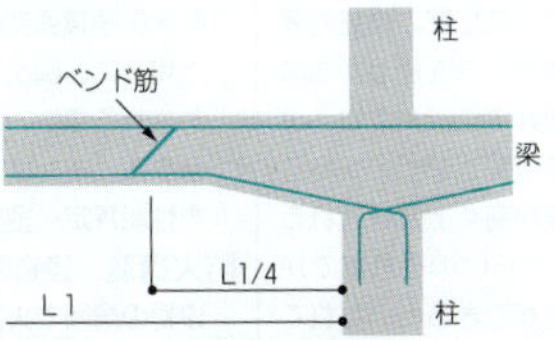

ベンド筋（折曲げ筋）

上げ装置としても使用される。(図·453頁) →モノレールホイスト

ボイド 空隙、隙間、間隙のこと。砂利、砂、砕石などの骨材粒間の空隙率を指す場合もある。また、設備の配管用としてコンクリートに打ち込む紙製のスリーブをボイドと呼ぶこともある。

ボイドスラブ 中央部に円筒形の空洞や矩形などの空洞をもった鉄筋コンクリートスラブのこと。単位面積当たりの重量が減少するため、スラブ厚を増しスパンを大きくできる。集合住宅では、ボイド形状を工夫して遮音効果を向上させたものもある。「中空スラブ」ともいう。

ボイドスリーブ 設備配管スリーブを製作する際に用いるコンクリートに打ち込む紙製の筒。

ボイドチューブ 鉄筋コンクリート構造における円柱の型枠材として使用される厚紙筒製品。設備用配管スリーブ製作にも用いられる。

ボイラー 燃料の燃焼や電気により水を沸騰させ蒸気を得る装置。沸騰させず温水を取り出すものも含む。

ボイリング 砂質土の根切り底などにおいて、上向きの水圧により水とともに砂が吹き上がる現象。山留めの大事故を引き起こす原因となる。

防網設備 物の落下から作業者を守るために、ネットなどを使って防止する仮設物。労働安全衛生規則第537条

防煙区画 火災時の煙の拡大防止、排煙の効率化、避難者の煙からの保護を目的として、間仕切り、防火戸あるいは垂れ壁状の防煙壁などで、煙が拡散しないようにする区画のこと。

防煙垂れ壁 建築基準法で定められた防煙区画を構成する防煙壁の一種。火災時の煙の流動を妨げるために天井から50cm以上下げられた壁。視覚的意味から網入り透明ガラスを使ったものが多く、常時は天井内に収納され、火災時に下りてくる可動式のものもある。火災時の煙は温度が高く上方を流れるので、50~80cmぐらいの垂れ壁でかなり煙を遮ることができるといわれている。

防音シート 臨時の防音用の囲いとして使用される、薄い鉛シートをはさんだ帯状の仮設シート材。

防火管理者 仮設建物や本建築物において、収容人員が50人(老人ホームなどは10人)以上の場合、防火管理上の業務を行うため消防法で選任を義務づけられている者。おもな業務は、消防計画作成、消火、通報、避難訓練の実施、消防用設備の点検整備、火気取扱いの指導監督、避難、防火上の構造・設備の維持管理、収容人員の管理など。分類上、甲種防火管理者(比較的大きな防火対象物)と乙種防火管理者(延べ面積が甲種防火対象物未満のもの)がある。消防法第8条、同法施行令第3条

防火区画 火災時に火炎が急激に燃え広がるのを防ぐための区画。準耐火建築物および耐火建築物に求められ、技術的基準は建築基準法施行令第112条に定められている。防火区画はその目的から、面積区画(水平区画を含み、建築物の構造や用途などによって区画面積は異なる)、竪穴区画、異種用途区画(同じ建物の中に異なる用途が混在し管理形態が異なる場合、用途の異なる部分を区画する)の3種類がある。また、面積区画の一つであるが、11階以上の部分に適用される区画(高層区画)があり、注意が必要。

防火区画貫通処理 火災が発生した場合に、壁、床などの防火区画を貫通する設備部材、またはその周囲から火災の延焼、拡大を防止するための処理を行うこと。建築基準法施行令で指示されている処理方法のほか、各メーカーが国土交通大臣認定を取得した専用の処理材料がある。後者は施工性、納まりに優れている。(図·455、457頁)

防火区画貫通部措置工法完了標識 防火区画貫通部の処理が適切に行われた場合に、国土交通大臣より認定、交付される標識。貫通部ごとに標識を表示する、または一括して建物一棟につき性能評定一括マークを表示する。

防火構造 建物の外壁や軒裏について、建物の周囲で火災が発生した場合に延焼を抑制するための一定の防火性能を

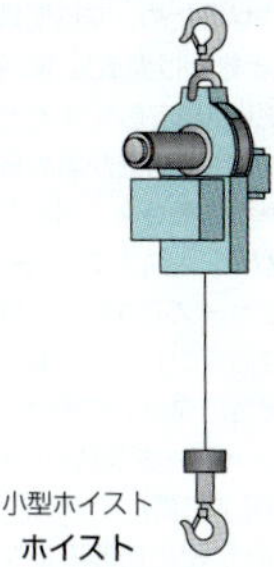

ホイスト

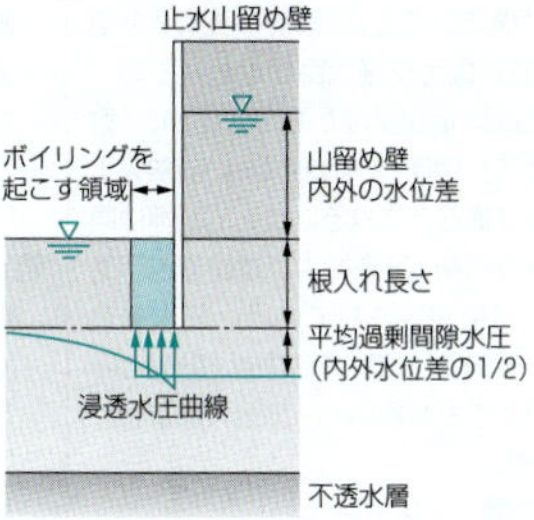

ボイリング

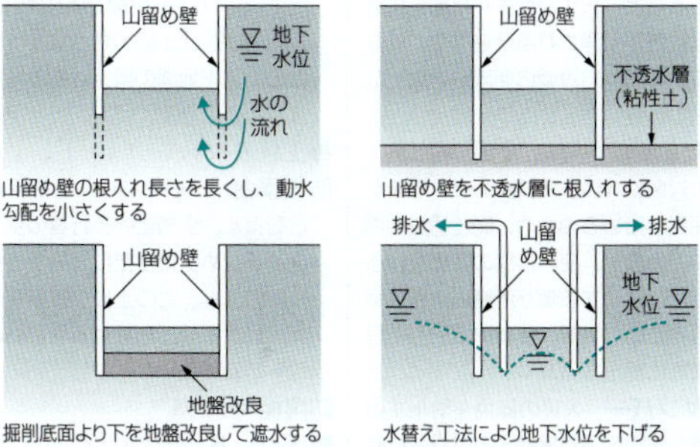

山留め壁の根入れ長さを長くし、動水
勾配を小さくする

山留め壁を不透水層に根入れする

掘削底面より下を地盤改良して遮水する

水替え工法により地下水位を下げる

ボイリング対策

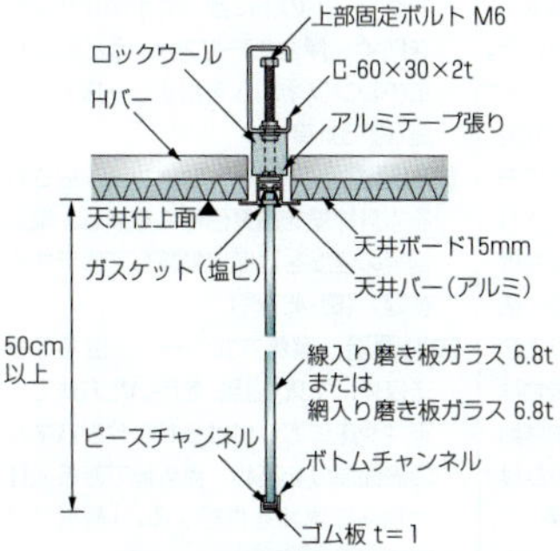

防煙垂れ壁

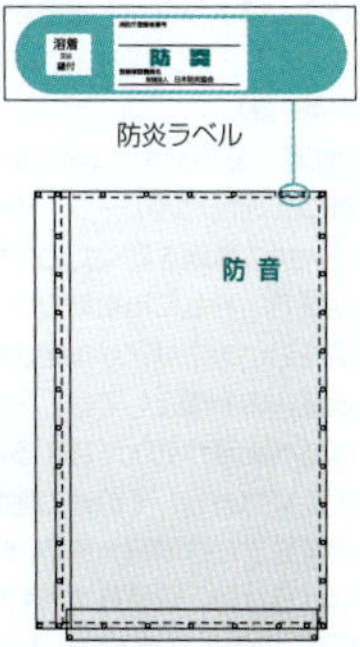

防音シート

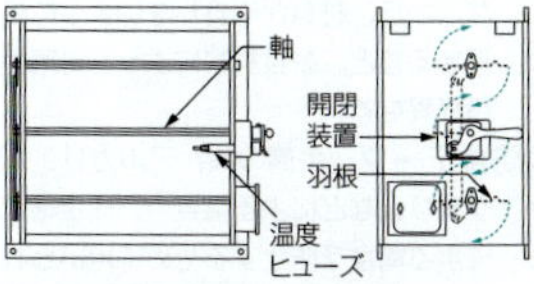

防火ダンパー(FD)

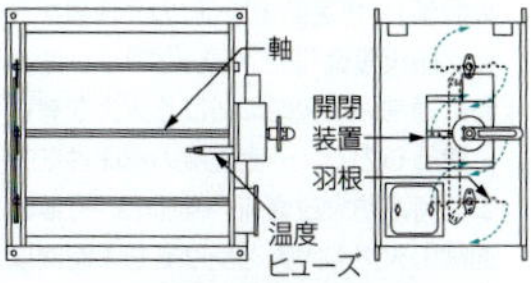

防火防煙ダンパー(SFD)

もつ構造のこと(建築基準法第2条第8号)。国土交通大臣が定めたもの、または認定を受けたものをいい、「耐火構造」「準耐火構造」に次いで防火上有効な構造とされる。技術的基準は同法施行令第108条および建設省告示第1359号に規定されている。防火構造は一般的に「外壁・軒裏防火構造」と呼ばれることも多い。→準耐火構造(表・233頁)

防火設備　⇨防火戸

防火対象物　不特定多数の人の出入りがあるなど、火災が発生した場合に甚大な被害が予測される建造物で、消防法による消防用設備の制限の対象となるもの。

防火対象物使用開始(変更)届出書　防火対象物(建物や建物の一部)を新たに使用し始める場合や、間仕切りや内装などの変更、使用形態の変更を行う場合に、使用する者が所轄消防署に届け出るための書類。使用開始日の7日前までに提出する。

防火ダンパー　火災の延焼を防止するため、防火区画を貫通するダクトに設ける閉鎖装置。温度ヒューズが熱で溶けることによりダクト経路を遮断する。「ファイアーダンパー(FD)」ともいう。(図・453頁)

防火地域　都市計画法(第9条第20項)に基づく地域地区の一つ。市街地における火災の危険を防ぐために指定された地域で、おもに市街地の中心部や幹線道路沿いのエリアが指定される。防火地域内の制限としては、3階以上または延べ面積が100m²超える建築物は耐火建築物とし、その他の建築物は耐火建築物または準耐火建築物としなければならない。建築基準法第61条

防火戸　火災の延焼を防ぐため、防火区画の開口部などに設ける扉で、「防火設備」「特定防火設備」の2種類がある。防火設備(旧乙種防火戸)は、閉鎖時に通常の火災時における火炎を有効に遮るもので、一定程度の密閉性をもつ。特定防火設備(旧甲種防火戸)は、通常の火災の火炎を受けても1時間以上火炎が貫通しない構造で、火災時に確実に閉鎖させるため、常時閉鎖型防火戸(開けたときだけ開放)、随時閉鎖型防火戸(火災や煙を感知すると閉鎖される)の2種類の構造が認められている。建築基準法第2条9号の2ロ

防火防煙ダンパー　防火ダンパーの作動を、温度ヒューズではなく、煙感知器で作動させるダンパーで、竪穴区画を貫通する場合のダクトに設けられる。「スモークファイアーダンパー(SFD)」ともいう。(図・453頁)

箒目　(ほうきめ) 硬化前のモルタルまたはコンクリート面に箒で掃いて付けた筋模様。仕上面の場合はすべり止めとして、下地面の場合は接着性を良くするために施す。

棒工程表　⇨バーチャート.

防護構台　一般的には歩道防護台のことを指す。歩道上の歩行者の安全を確保するため歩道上空に設置する仮設工作物のこと。この上に仮設事務所やキュービクルなどを載せる場合もある。(図・457頁)

防護棚　⇨朝顔

防湿シート　湿気を防ぐために用いるシート。多くは、土に接する1階床コンクリートの下に敷いて土中から湿気を防ぐ、厚さ0.1～0.2mmほどのポリエチレンフィルムを指す。→床下防湿層(図・505頁)

放射温度センサー　物体から放射される赤外線量を電気信号に変換し、電気信号の強度を温度に換算して表示する装置。(図・457頁)

放射暖房　暖房方式の一つ。温熱の移送媒体に空気(温風)を用いた方式で、天井や床に取り付けられた放射パネルの表面温度を高め、赤外線で直接人体や物体に温熱を供給する。「輻射(ふくしゃ)暖房」ともいう。

防食処理　酸、アルカリ、塩分、電食などから、材料が腐食しないように処理すること。耐食材料によって対策手段が異なる。

防食テープ　金属の酸、アルカリ、バクテリアなどによる腐食や、迷走電流による電食を防止するために用いられる、止水性、耐薬品性、絶縁性に優れ

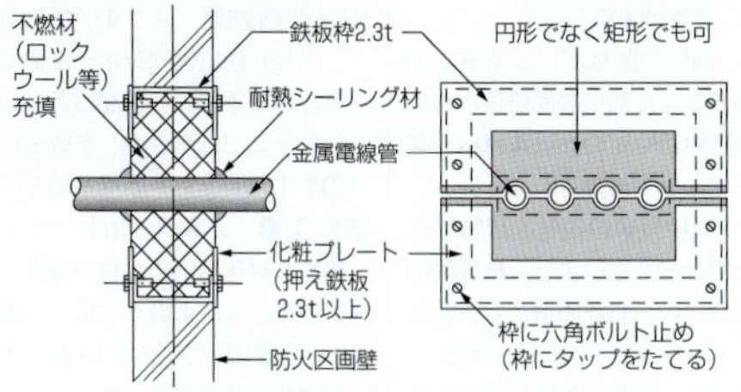

電線管の防火区画貫通処理（枠を使用する場合）

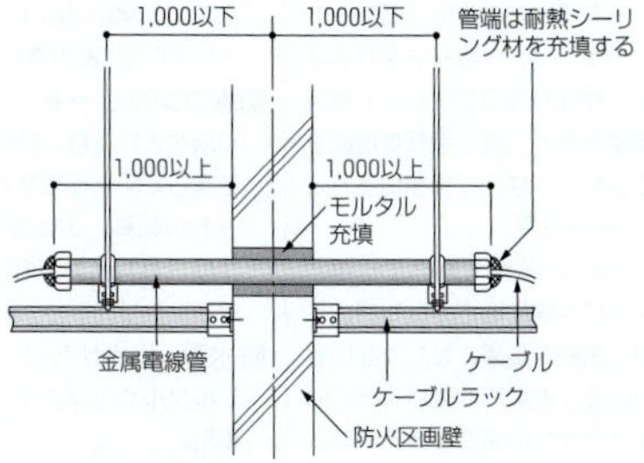

ケーブルの防火区画貫通処理（金属管による工法の場合）

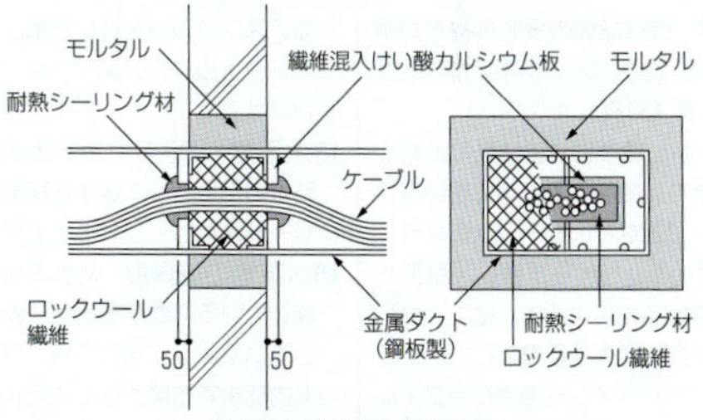

金属ダクトの防火区画貫通処理

防火区画貫通処理（電気設備）

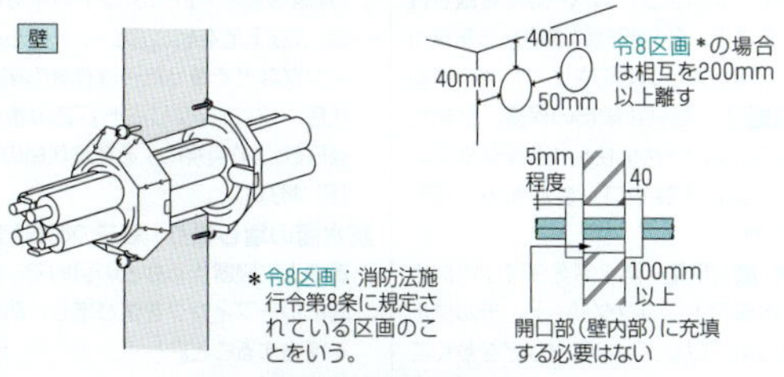

冷媒管の防火区画貫通処理

防火区画貫通処理（機械設備①）

たテープ。(表·459頁)

防食鉄筋　塩分や酸などによる鉄筋の腐食を防止するために表面処理された鉄筋。合成樹脂などの非金属材料や亜鉛めっきによって被覆される。

防振架台　機械設備の振動を建物躯体にできるだけ伝えないよう、機械設備下部に取り付けられる防振ゴム、防振ばねを付加したフレーム。(図·459頁)

防振基礎　機械設備の振動を建物躯体にできるだけ伝えないために打ち込むコンクリート基礎。床上にゴムシートを敷きその上にコンクリートを打ち込む場合や、機械基礎コンクリートを大きくし重量を増す方法、機械基礎回りの床とゴムシートなどで縁を切る方法がある。(図·459頁)

防振ゴム　機器の振動を躯体に伝播させないように中間にはさみ込むゴム。精密機器に振動を伝播させたくない場合にも用いる。振動周波数によってはゴムでは効果がない場合があるので、他の防振設備を用いる必要がある。(図·461頁)

防振材料　機械設備の振動伝播を抑制する材料。防振ゴム、防振ばねなどがある。(表·459頁)

防振シート　建築物や機械類の振動を抑制したり、絶縁するために用いるフェルト、ゴムなどのシート状の材料。

防塵処理(ぼうじんしょり)①摩擦や材料の自然劣化による床、壁など建築部材の表面に発生する塵埃(じんあい)防止の処置をいう。ペイントの塗布やフィルム貼付けなどの方法がある。②原動機の回転部より発生するほこりが外部に放出しないよう、カバーなどを取り付けること。③高粉塵の環境から器具内に粉塵が入り込むのを防ぐための構造。

防振継手　機械接続部の保護、振動伝播の防止のために使用する配管継手。ステンレス製やゴム製がある。(図·461頁)

防水(層)押え　防水層を保護するため防水層の上にコンクリート、モルタル、敷石用ブロック、れんがなどを敷くこと。アスファルト防水の場合に用いられることが多い。

防水型鋳鉄蓋(ぼうすいがたちゅうてつぶた)鋳鉄製マンホール蓋で、防水機能のあるもの。蓋が落とし込まれる枠部分にゴムパッキンを取り付けたものやボルト止めする構造のものがある。

防水工事　アスファルト、シート、塗膜防水材を用いて建物の屋根、床、地下室などに防水層をつくる工事。

防水工事用アスファルト　防水工事に必要な特性をもったアスファルトの総称。用途によって1種～4種に区分されている。JIS K 2207　→アスファルト防水(表·9頁)

防水コンクリート　防水性を高める混和剤を入れたり、ひび割れを防ぐ方法を講じて防水性能をもたせたコンクリートの総称。JASS 5では「水密コンクリート」として規定している。→水密コンクリート

防水剤　防水性を向上させるために、モルタルやコンクリートに混入する混和剤。

防水紙　木造の屋根や壁の防水、あるいはアスファルト防水などに使用されるアスファルトを浸した紙。アスファルトフェルト、アスファルトルーフィングなど。

防水下地　アスファルト防水やシート防水の下地として適する程度のコンクリートまたはモルタル仕上面をいう。

防水下地の乾燥度　防水下地は十分乾燥している必要があるが、表面が乾燥しているように見えても、コンクリート内部まで乾燥するには天候の状況によってかなり時間を要する。乾燥度は次のような方法によって確認する。(1)高周波水分計による下地水分の測定、(2)下地をビニルシートやルーフィングなどで覆った一昼夜後の結露の状態、(3)コンクリート打込み後の経過日数、(4)目視による乾燥状態の確認。(図·463頁)

防水層の増し張り　軽量の機器を防水層の上に設置するなどの目的で、部分的にルーフィングを張り増し、防水層を補強すること。

防水鋳鉄管継手　埋設配管を建物内に引き込む際、貫通部に用いる鋳鉄製の

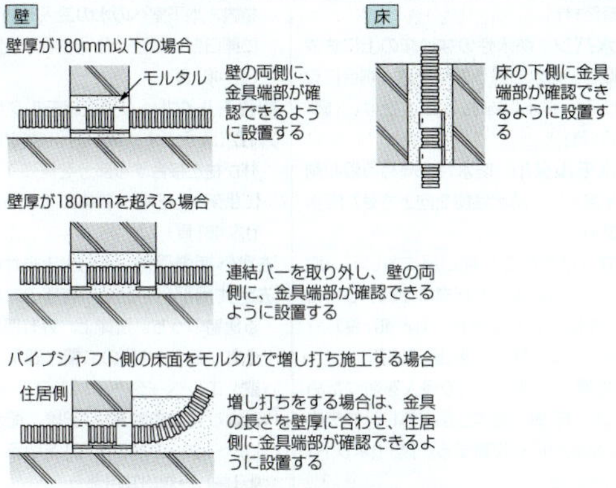
壁
壁厚が180mm以下の場合
モルタル
壁の両側に、金具端部が確認できるように設置する
壁厚が180mmを超える場合
連結バーを取り外し、壁の両側に、金具端部が確認できるように設置する
パイプシャフト側の床面をモルタルで増し打ち施工する場合
住居側
増し打ちをする場合は、金具の長さを壁厚に合わせ、住居側に金具端部が確認できるように設置する
床
床の下側に金具端部が確認できるように設置する

さや管の防火区画貫通処理

防火区画貫通処理（機械設備②）

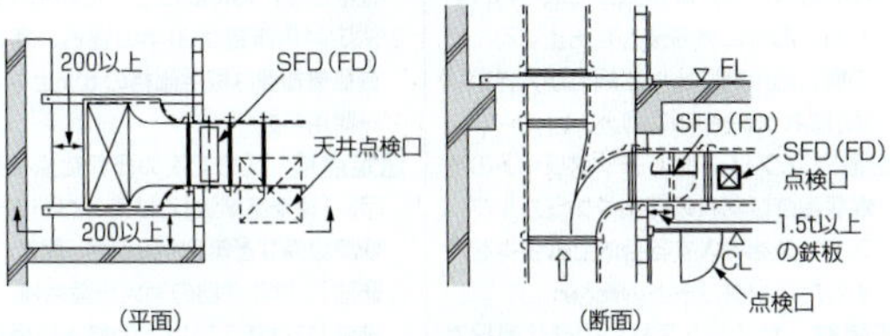
200以上
SFD（FD）
天井点検口
200以上
（平面）
FL
SFD（FD）
SFD（FD）
点検口
1.5t以上
の鉄板
CL
点検口
（断面）

ダクトの防火区画貫通処理方法

放射温度センサー

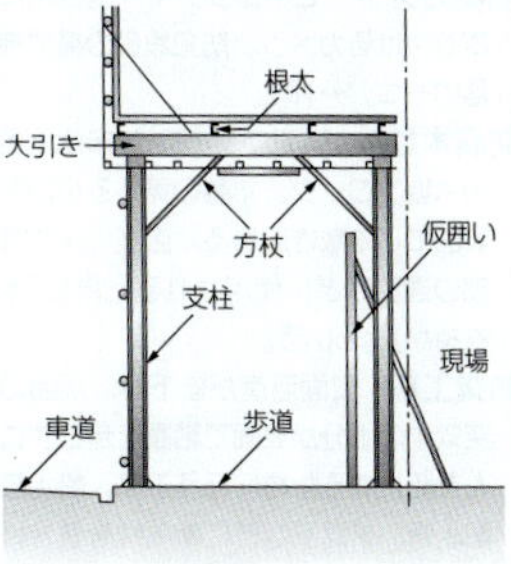
根太
大引き
方杖
仮囲い
支柱
現場
車道
歩道

防護構台

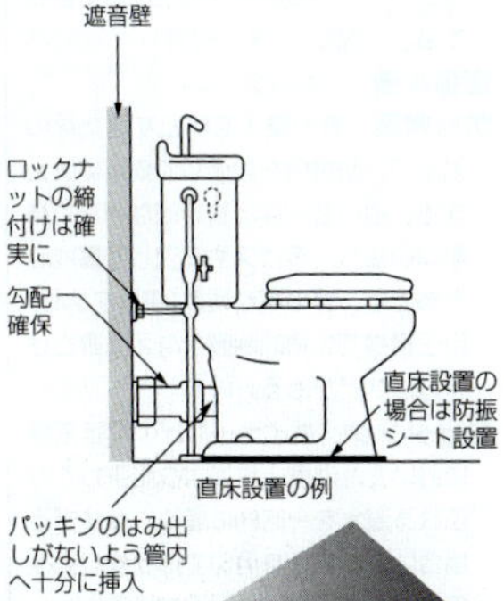
遮音壁
ロックナットの締付けは確実に
勾配確保
直床設置の場合は防振シート設置
直床設置の例
パッキンのはみ出しがないよう管内へ十分に挿入

防振シート

管路材料。

防水パン　防水性のない床の上に洗濯機などの水を扱う器具を置く場合に設ける、排水口をもった水受け。(図·461頁)

防水モルタル　防水性を高める混和剤を混入して防水性能を向上させたモルタル。

方立（ほうだて）開口部において、窓、ドア、パネルなどが横に連続する場合に中間に入れる竪桟。(図·461頁) →マリオン、建具工事(図·301頁)

防虫網　外部から虫の侵入を防ぐために用いる網。窓開口部以外に、吸気口や排気口にも設置する。「防虫ネット」ともいう。

防虫ネット　⇨防虫網

防鳥網　外気導入用空調機など、大口径の吸気口または排気口に取り付けられる、おもに鳥の侵入を防止するための網。防虫網に比べて網目が大きい。「防鳥ネット」ともいう。

膨張コンクリート　コンクリートの乾燥収縮ひび割れの抑制やケミカルプレストレスを導入する目的で膨張材を添加したコンクリートの総称。

膨張材　セメント系材料の硬化過程で化学的に膨張を発生させる混和材。膨張コンクリートや無収縮モルタルに添加されており、膨張性をもたらすエトリンガイトや遊離石灰を生成して膨張する。→混和材(表·183頁)

膨張水槽　⇨膨張タンク

防鳥対策　鳥の侵入を防止するための対策で、防鳥網を設置して確実に防止する、強い音声など物理的な刺激で鳥を追い払う、テグスや吹流しで警戒心をあおる、鳥の声や死骸(模型を含む)、目玉模様で生物的刺激を与え忌避させる方法などがある。

膨張タンク　ボイラーなどの配管系統において、温度上昇により膨張してあふれる温水を一時的に溜め、多すぎる場合はあふれ管を用いて逃がすしくみのタンク。「膨張水槽」ともいう。

防鳥ネット　⇨防鳥網

防潮板（ぼうちょうばん）高潮や大雨などで外部や道路が冠水したとき、建物内、地下室への水の流入を防ぐために開口部に設ける仕切り板(防水板)。(図·461頁)

膨張モルタル　⇨無収縮モルタル

方杖（ほうづえ）梁、桁(けた)などの横架材が柱と接合する部分を補強するために横架材から柱へ斜めに入れる部材。(図·461頁)

法定外補償保険　⇨労災上乗せ保険

法定共用部分　区分所有権の対象となる建物のうち、法律上、専有部分とならない部分(共同の玄関、廊下、階段、壁、エレベーター、バルコニーなど)、および建物の附属品(配線、配管、エレベーターのかごなど)をいう。(表·463頁) →規約共用部分

法定耐用年数　税法における減価償却資産の耐用年数について、課税の公平性を図るために設けられた耐用年数。法定耐用年数が20年の場合、年間の減価償却費は取得価格の5%となる。→耐用年数

法定点検　法令で定められた点検をいう。「建築基準法」ではエレベーターや建築設備など年1回の点検·報告、「消防法」では年2回の消火設備点検、「水道法」では年1回以上の給水設備点検、「電気事業法」では電力会社や有資格者による電気工作物、「浄化槽法」では毎月の浄化槽点検などについても点検·報告の義務がある。なお、法的には点検義務はないが、設備が順調に作動するように業者などに委託して行う定期保守点検(エレベーターの1～2カ月に1回の保守点検など)がある。

防犯カメラ　セキュリティー監視用に取り付けるカメラ。防犯設備の構成機器の一つ。→ITV

防腐木れんが　防腐処理した床仕上用の木製ブロック。年輪の見える小口を表面にして敷き詰める。店舗の床や外部の通路などに使用される。単に「木れんが」ともいう。

防露工事　表面温度が低下し、周囲の空気中の水分が表面で結露を起こすことを防止するために行う工事。給水管、配水管、ダクトなどに断熱材を巻き付けて保温する。

防食テープの巻き方

施工法 / 部位	巻き上がり状況	巻き方
直管の場合	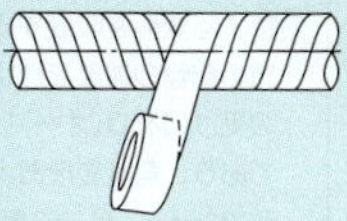	内側に巻くテープを左側から巻いた後、内側に巻いたテープと区別するため、別な色の外側巻きテープを右側から巻く。 内側巻きテープ：防食層（例えば黒） 外側巻きテープ：保護層（例えば銀）
エルボ	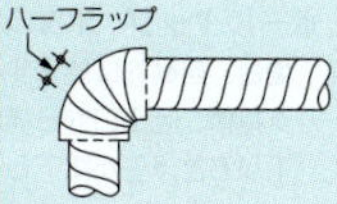	巻き方はほぼ直管と同じであるが、外側のラップがハーフラップとなるように留意する。

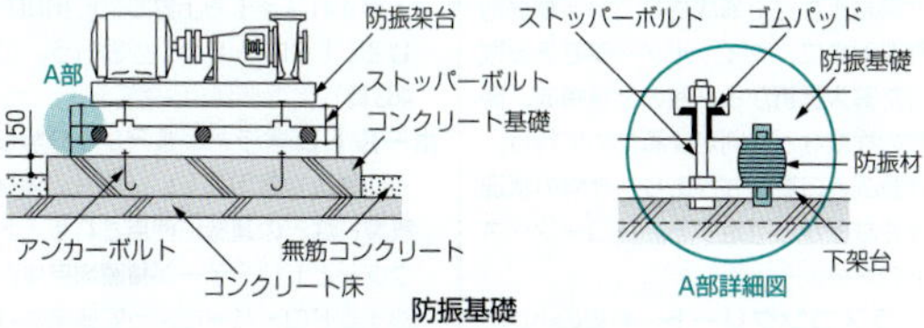

防振基礎

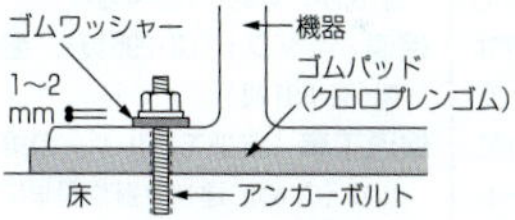

ゴムパッドの取付け例

ゴムパッドは機器の下面の縁より5mm外側に出るようにし、2枚以上重ねて使用する場合は、その間に2～3mmの鉄板を入れる。

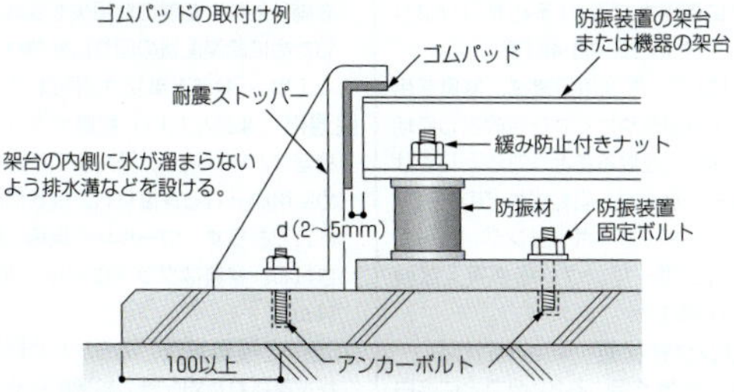

防振架台（標準ストッパー）の取付け例

防振架台

防振材料の特徴

材料	特徴
金属スプリング	•防振ゴムに比べてばね定数を小さく、固有振動を低くすることができる。加振力の振動数の低い機器の防振材として使用される。 •減衰係数がほとんど0で、共振点における振幅増加が鋭い欠点をもつ。 •高い振動数ではサージングの欠点があるため、防振ゴムと併用もしくはダンパーを設ける。
防振ゴム	•天然ゴムは耐熱性が悪いため、50℃以上の環境では使用しない。 •天然ゴムは油に弱く膨潤する。油のかかる場合はネオプレンなどの合成ゴムとする。 •合成ゴムは耐寒性が悪く、また耐クリープ性において天然ゴムに劣る。

ほ

防露巻き　機器や材料に結露を防ぐための保温材などを巻くこと。

飽和水蒸気量　ある温度、ある圧力の空気中に含むことができる水蒸気の最大の量。相対湿度100%の状態をいう。

ボーダー　①意匠的あるいは機能的に設けた縁(ふち)一般のこと。②劇場の舞台上部から吊り下げた水平パイプ。大道具や照明器具をそこから吊る。

ポータブルコーン貫入試験　コーンペネトロメーターという試験器具を用いて人力でコーンを貫入させ、その貫入抵抗を求める静的貫入試験。粘性土や腐食土などで構成されている軟弱地盤を対象に、ダイヤルゲージで読み取った貫入抵抗から地盤の土質構成、硬軟の程度などを判定するために行う。単管式と二重管式があり、地盤の状況、深さなどから選定する。→コーンペネトロメーター

ポーラスコンクリート　粒径の小さい粗骨材をセメントペーストで結合した多孔質なコンクリート。通常の密実なコンクリートとは異なり、連続した空隙を多く含むことから透水性に優れており、透水性舗装や植栽コンクリートなどに使用される。「多孔質コンクリート」ともいう。(図·463頁)

ボーリング　掘削用の機械、器具を用いて土質調査やさく井を目的として地中に深い穴を掘ること。方法としては衝撃式、水洗式、回転式などの方法がある。→オーガーボーリング、パーカッションボーリング、標準貫入試験(図·419頁)

ボーリング柱状図　⇨土質柱状図

ポール　測量で用いる20cmごとに赤白に塗り分けられた棒。測点上に立てて方向を見通す目標とする。(図·463頁)

ホールインアンカー　あと施工型のメカニカルアンカーの一種で、「グリップアンカー」ともいう。コンクリートに孔をあけ、鉛製の円筒座金またはプラグを打ち込んでアンカーとする。このアンカーにボルトやねじを施した鉄筋をねじ込んで用いる。

ポール基礎埋込み式　照明用電灯ポールを敷設する際に用いる、コンクリート二次製品の既製基礎。→外灯(図·75頁)

ボールジョイント　配管の熱膨張などによる変形を吸収するための継手。一方の配管の端部を球状に仕上げ、他方の受け口をO(オー)リングでシールしてあり、角度変形および回転変形が吸収できる。(図·463頁)

ボールタップ　水槽の水位が低下した場合、自動的に給水する器具。浮玉、支持棒、吐出口から構成され、液面が下がると浮玉が降下し、吐出口が開いて水を補給する。設定水位まで液面が上昇すれば浮玉も上昇し、吐出口を閉じる。「フロート弁」ともいう。(図·463頁)

ポールトレーラー　長尺かつ分解しにくい積載物専用のトレーラー。鋼材や既製杭などの運搬に使用される。トラクターとトレーラーが積載物自体と伸縮するドローバーによって連結される型式が一般的。(図·463頁)

保温　⇨ダクト(図·295頁)、配管の保温(図·381頁)

保温工事　空調エネルギーの損失を防止するために建物外壁や屋根に断熱材を施したり、給湯の熱損失を低減させるために給湯配管の回りに断熱材を巻く工事。「断熱工事」とも呼ばれる。

保温帯(ほおんたい) 配管やダクト、機器などの保温や、天井裏の断熱のために用いられる保温材料。筒状に成形されておらず、ロール状で現場に搬入される。材質はグラスウール。JIS A 1480

保温付き被覆銅管　あらかじめ断熱材が被覆された銅配管。給湯配管や空調機冷媒配管に用いられる。(図·465頁)

保温筒(ほおんとう) 配管保温用として、あらかじめ筒状に成形された保温材料。材質はグラスウール、岩綿、フォームポリスチレンなど。JIS A 1480(図·465頁)

保温板(ほおんばん) おもにダクトや機器の保温用、建築物の床、壁、天井などに用いられる板状に成形された保温材料。設備用としてはグラスウール、岩綿など、建築用としては木毛板、ス

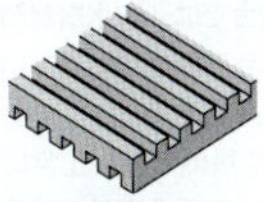

防振パッド

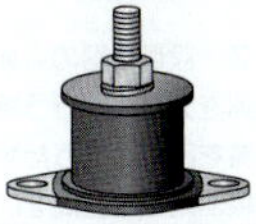

防振ストッパー付き防振ゴム

防振ゴム

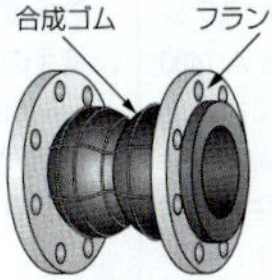

防振継手

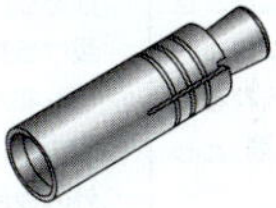

ホールインアンカー

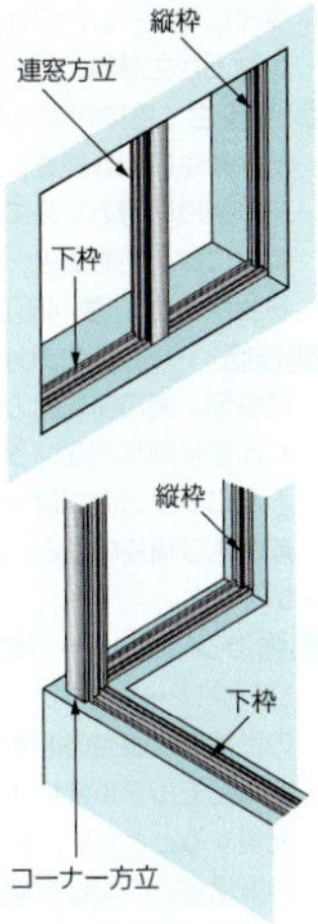

方立

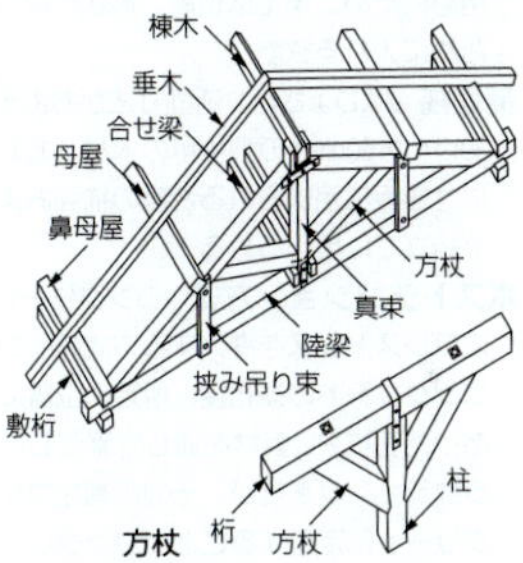

方杖

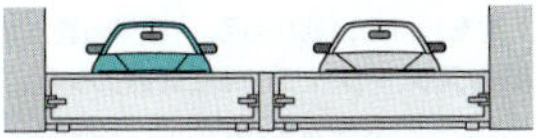

防潮板

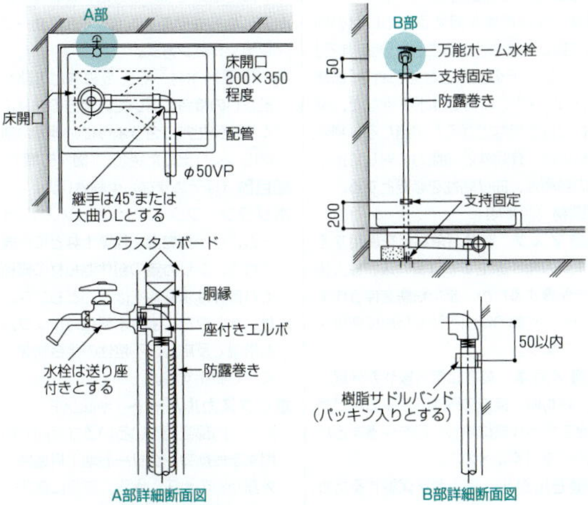

A部詳細断面図
木軸壁の納まり

B部詳細断面図
躯体壁の納まり

洗濯機用防水パン回りの納まり例

防水パン

タイロフォーム、フォームポリスチレンなどが主材料とされる。JIS A 1480

保温養生　寒中コンクリートにおいて、初期養生に引き続き、所定材齢で設計基準強度を得るために行う養生。保温養生には、断熱養生、加熱養生、被膜養生がある。(表·465頁)

補強筋　①RC造の部分補強をするための鉄筋。開口部周囲の曲げ補強筋、せん断補強筋などをいう。②コンクリートブロック造のブロック壁に入れる縦筋および横筋のこと。「補強鉄筋」ともいう。

補強コンクリートブロック造　空洞コンクリートブロックを使用し、縦横の目地部に適当の間隔で鉄筋を配し、空隙をモルタルまたはコンクリートで充填するとともに、鉄筋コンクリートの臥梁(がりょう)を配した構造。簡易な建物や塀などに利用される。塀においては高さ2.2m以下で、一定の間隔で控え壁を設ける必要がある。(図·465頁)

補強スターラップ　梁を貫通するスリーブ回りを補強するために、一般部のあばら筋の間隔よりも狭くして配置した補強筋。→あばら筋(図·19頁)

補強鉄筋　⇨補強筋②

補剛　座屈現象を抑えるために材の中間部に支点を設けることを「補剛する」といい、その支点となる部材を「補剛材」という。柱材では水平梁など、梁材では小梁などがそれに当たる。補剛材には、作用する補剛力に対して所定の軸剛性、曲げ剛性を必要とする。

補剛材　⇨補剛

保護マスク　有機溶剤などを使用する作業の際、発生する有機ガスから人体を保護するため、また粉塵を伴う作業の際、粉塵の吸引を防ぐために使用するマスク。

保護メガネ　有害な紫外線や赤外線、浮遊粉塵、薬液の飛沫、飛来物などが発生する作業に際し、目を保護するために使用するメガネ。

保護モルタル　ある層を保護するため、あるいは、さらにその上に仕上層を施すための前処理として塗り付けるモルタルのこと。例えばアスファルト防水の保護仕様の場合では、防水層が防水押えの材料によって傷付けられないよう防水層の上に塗るモルタル。

保守管理　建物や設備機器が正常に機能するよう定期的に行う点検、補修をいう。

保守点検スペース　設備機器の点検や保守の際には機器を分解して行う場合があり、この作業を円滑に行うために設けられる設備機器周囲の空間をいう。(図·467頁)

補助板　型枠の側板などに用いる規格外の板またはパネル。

補助筋　計算で要求される鉄筋以外に、用心のため、または位置、形状を保つために入れる鉄筋。

補助桟(ほじょざん)断面寸法がおよそ30mm×60mmの型枠用の木材。おもにせき板に用いられる合板の補強および組立てに用いられる。

ポストテンション方式　コンクリートにプレストレスを導入する方式の一つ。コンクリートの硬化後、所定の位置にあけた孔にPC鋼材を通して緊張しグラウティングを行い、その両端をコンクリートに定着することでコンクリートに圧縮力を加える方法。現場施工に適した方式である。(図·465頁)→プレテンション方式。

枘(ほぞ)木材、石、金物などの部材どうしの接合において、片方の部材にくり抜いた穴に合うように、他方の部材につくり出した突起。(図·467頁)

細目砂(ほそめずな)⇨細砂(さいしゃ)

ポゾラン　フライアッシュ、シリカフューム、けい酸白土、珪藻土などに代表される、シリカ質の粉体混和材の総称。それ自体は水硬性をほとんどもたないが、水の存在により水酸化カルシウムと常温で反応し、不溶性の化合物をつくって硬化する。

ボックスカルバート　断面がボックス形で、内部空間をいろいろな目的で利用する鉄筋コンクリート地下構造物。外部からの土圧、水圧、荷重に耐え、内部空間は通路、水路、共同溝などに利用される。プレキャスト製品などで構築されることが多い。(図·467頁)

法定共用部分の範囲

法定共用部分	共用部分	構造躯体、エントランス、外廊下、階段、エレベーター、受水槽、PS、電気室、給排水、火報設備等専有部分に属さない建物の附属物
	共用部分の専用使用	バルコニー、専用庭、玄関、扉、窓枠、窓ガラス、駐車場等
規約共用部分		管理事務所、集会室、管理倉庫およびそれらの附属物

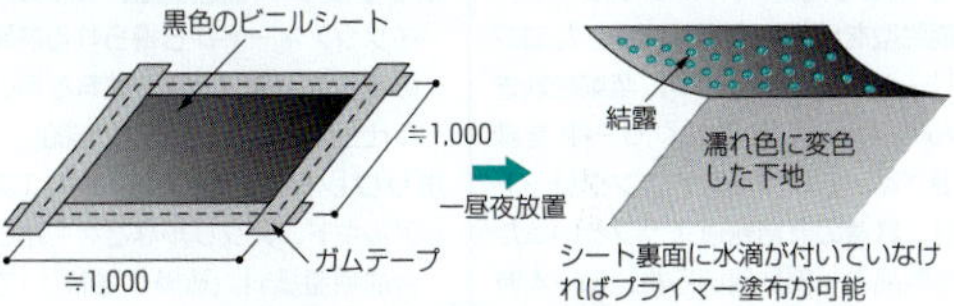

防水下地の乾燥状態を確認する簡易チェック法

防水下地の乾燥度

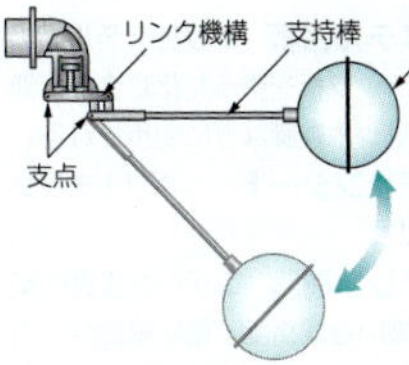

ボールタップ

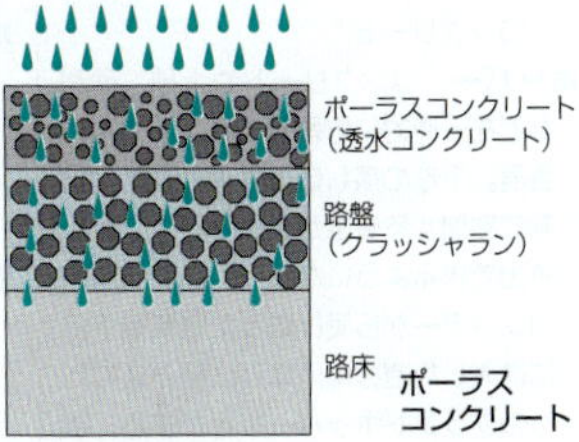

ポーラスコンクリート

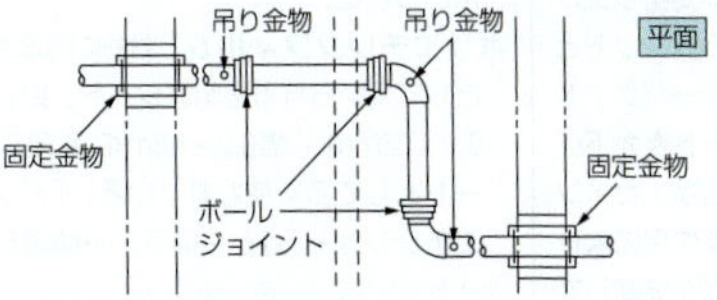

*吊り金物は建物の揺れに対して追従するものとする。

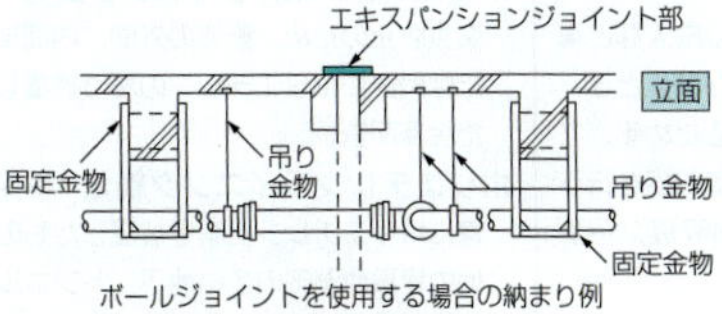

ボールジョイントを使用する場合の納まり例

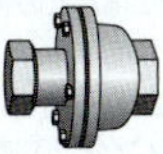

ボールジョイント

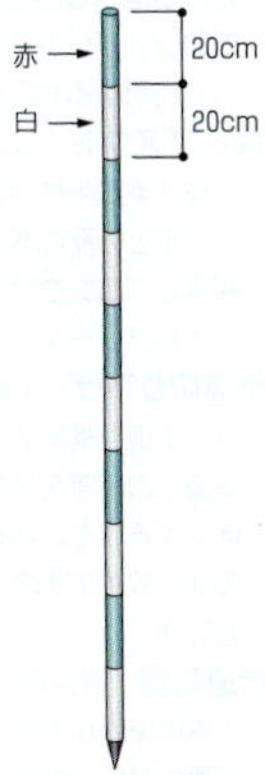

ポール

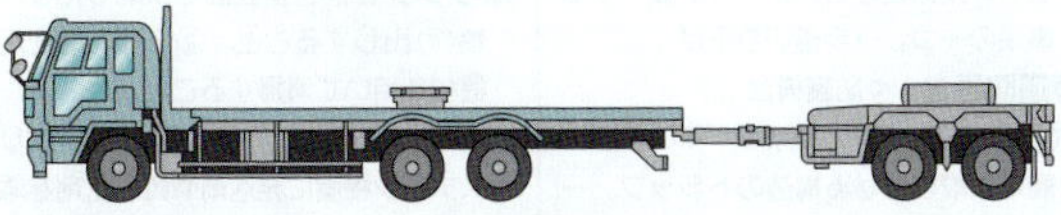

ポールトレーラー

ボックスコラム ⇨コラム②

ボックスレス工法 間仕切り壁内部の配線工事において、接続箱を省略してコンセントなどの器具に接続する工法。接続箱を設置しないので他の器具との取り合いが容易になる。

ホットコンクリート コンクリートの早期脱型を目的に高温で混練したコンクリート。ミキサーの中に蒸気を吹き込んで40～60℃のコンクリートを練り混ぜる。プレキャストコンクリート部材、鉄道の直結軌道スラブといった工場製品の一部に用いられ、3～4時間で型枠取外しが可能となる。「ホットミクストコンクリート」ともいう。

ホットミクストコンクリート ⇨ホットコンクリート

ホッパー コンクリートや土砂、砂利などを一時的に貯留するじょうご型の容器。下部の落し口には手動または自動で開閉する装置があり、任意の量が排出できるようになっている。ベルトコンベアーから受け取った材料を下部に進入した運搬車両などに積み込むためのグランドホッパーなどがある。また、小型のものをクレーンで吊り上げてコンクリート打込み用のバケットとして使用するものもある。→バケット

ポップアウト コンクリート表面下に存在する膨張性物質や軟石が、セメントや水との反応および気象作用により膨張し、コンクリート表面を破壊してできたクレーター状のくぼみ。

歩道切り下げ 工事資材の搬入など車両が歩道を横断する必要があるとき、車道との段差を少なくするため歩道を低くすること。同時に歩道防護を行うのが一般的である。(図·467頁) →歩道防護

歩道防護 建築現場への出入りに際し、工事用車両が歩道上を通過する場合に重量に耐えられるよう歩道を補強すること。道路管理者の承認を必要とする事項の一つ。→歩道切り下げ

歩道防護台 ⇨防護構台

ボトルトラップ 掃除しやすいように簡単に取り外せる構造のトラップ。→排水トラップ(図·389頁)

保有耐力接合 靱(じん)性部材が十分にその靱性を発揮するまで接合部が早期に破壊しない接合をいう。柱・梁仕口(しぐち)や継手部の場合、保有水平耐力時に部材が降伏して塑性変形能力を発揮するまで接合部を破断させない接合法。

ポリウレタン樹脂塗装 ポリオールとイソシアネートから得られる熱硬化性の樹脂を主成分とする塗料を用いた塗り仕上げのこと。JIS K 5500

ポリウレタン樹脂塗料 ポリエステル、アルキド、アクリルなどを主剤とした合成樹脂塗料。塗膜が強靱(じん)で、耐水性、耐薬品性、耐候性に優れ、光沢のある透明感のある仕上がりが得られる。

ポリエステル合板 ポリエステル系のプラスチック板を張った化粧合板。間仕切り壁や木製扉などに使用される。

ポリエチレンシート ⇨ポリエチレンフィルム

ポリエチレン樹脂 エチレン重合の安定性の高い合成樹脂。電気絶縁性、耐水性、耐寒性、耐薬品性に優れる。給水管、シート、目地材、型枠材などに用いられる。

ポリエチレンフィルム おもに防湿層として用いられる透明なシート。厚さ0.1～1.2mm、幅0.9～1.8mの長尺シートとして多く使われている。「ポリエチレンシート」ともいう。→防湿シート

ポリエチレン粉体ライニング鋼管 腐食防止のため、配管の外面、内面または両面にポリエチレンの層で被覆した金属配管。

ポリエチレンライニング鋼管 電線管にポリエチレン樹脂を被覆したもの。地中埋設や湿気の多い地下、トンネル、化学工場などの特殊環境で用い、電線の保護をする。(図·467頁)

掘り越し ⇨余掘り

ポリシング ①塗装面を研磨したり、艶(つや)出しすること。②床面を磨き用機械を用いて清掃すること。

ポリスチレンフォーム保温筒 ポリスチレン樹脂に発泡剤や難燃化剤を添加して加工した筒。保温性や断熱性が

保温養生の種類と特徴

種　類		特　徴
被覆養生	シートによる保温	コンクリート露出面、開口部、型枠の外側をシート類で覆う。外気温が0℃以下になるおそれのある場合に用いるが、気温が著しく低い場合は適温に保つことが不可能である。
断熱養生	断熱材による保温	コンクリート表面に断熱マットを敷いたり、発泡ウレタン、スチロール等の断熱材を張り付けた型枠を用いる。外気温があまり低くなく（0℃程度）、ある程度部材の寸法が大きい場合には有効である。
加熱養生	ジェットヒーター等による噴射空間加熱	燃焼ガスを室内に放出するため熱効率は良い。労働環境が汚染されやすいので注意を要する。放熱量の温度分布が悪いが、取扱いや移動は容易。
	石油ストーブ等による直接空間加熱	手軽で小規模向き。ふく射熱量は多く、作業・養生とも適する。

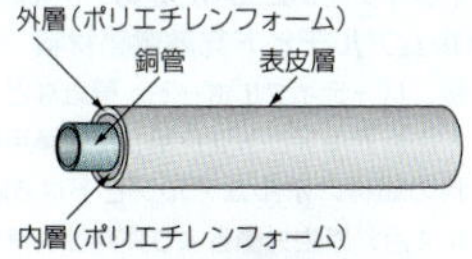

保温付き被覆銅管

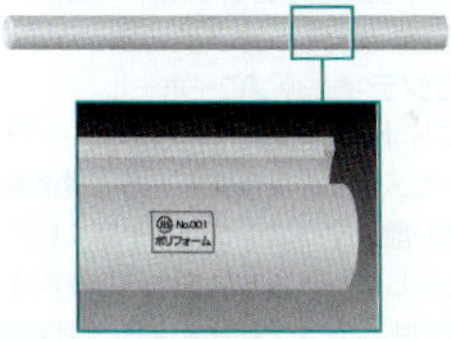

保温筒

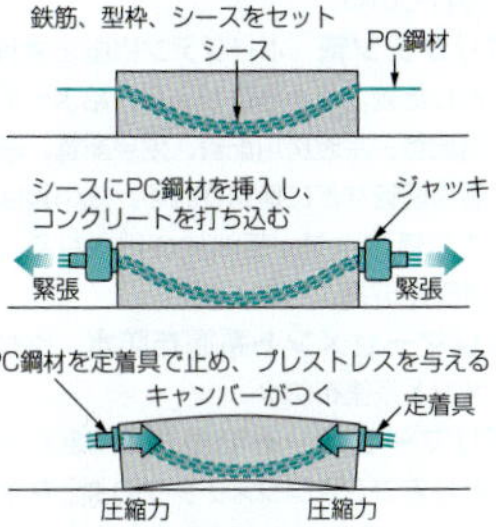

ポストテンション方式

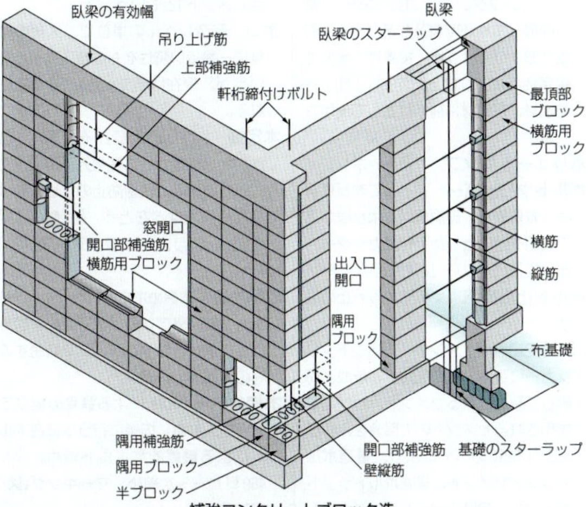

補強コンクリートブロック造

あり、加工が容易で、吸水性がなく電気絶縁性も良い。耐熱性(70℃以下の温度域で使用可)、耐衝撃性にも優れ、給水、給湯管の保温に用いられる。

ポリッシャー　コンクリートや金属、その他各仕上げ表面の研磨、艶(つや)出し、清掃を行う機械。円盤状の各種アタッチメントを回転させ、対象材の表面に押し付けて使用するものが一般的。ハンディタイプ、ハンドル式(フロア用)などがある。

ポリバス　ガラス繊維強化プラスチックでつくられた浴槽の総称。軽量で耐水、耐圧、耐熱、耐酸性に優れ、木製やタイルに代わり一般住宅に広く用いられている。

ポリブテン管　ポリブデン樹脂を原料とした管。可とう性があり、給水・給湯配管、冷暖房用配管、温泉配管、融雪用配管などに使用される。細い管はさや管ヘッダー工法に使用される。JIS K 6778

ポリマーセメント系塗布防水　⇨セメント系塗布防水

ポリマーセメントモルタル　混和剤としてゴムやプラスチックのようなポリマー(重合体)を加えたセメントモルタル。使用されるポリマーとしては、スチレンブタジエンゴム(SBR)、ポリ酢酸ビニル(PVAC)などがある。引張りおよび曲げ強度、接着性、水密性、耐摩耗性などの向上が図られ、仕上材、防水材、接着材、補修材として使用される。

ボリュートポンプ　⇨渦巻きポンプ

ボルトクリッパー　主として軟質棒鋼材、軟質線材、硬鋼棒材、より線などの切断を目的とした手動式カッター。略して「クリッパー」ともいう。

ボルト止め構法　⇨横壁ボルト止め構法

ポルトランドセメント　セメントクリンカーに適度の石膏を加えて焼成、粉砕して製造されるセメント。わが国で使用されるセメントの大部分を占める。JIS R 5210の区分により、普通ポルトランドセメント、早強ポルトランドセメント、超早強ポルトランドセメント、中庸熱ポルトランドセメント、低熱ポルトランドセメント、耐硫酸塩ポルトランドセメントがある。→セメント(表·275頁)

ホルムアルデヒド　キシレンなどと同様に、シックハウス症候群の原因の一つとみられる揮発性有機化合物(VOC)の一種。合板、パーティクルボード壁紙などで接着剤、塗料、防腐剤の成分として使われ、住宅室内の空気汚染を引き起こす化学物質の一つといわれている。厚生労働省では室内濃度のガイドラインを0.08ppmと定めている。

ホルムアルデヒド発散建築材料　合板、パーティクルボード、壁紙など、ホルムアルデヒドを使用した建築用材料の総称。ホルムアルデヒドは2001年4月、厚生労働省より揮発性有機化合物(VOC)の室内環境濃度に関する規制対象物質となった。→機械換気(図表·103頁)、必要換気量

ポロシティ　⇨ブローホール

ホワイトセメント　一般のポルトランドセメントの呈色成分である酸化第二鉄や酸化マグネシウムを少なくして白色化したセメント。基本的な性質は、普通ポルトランドセメントとほぼ同等。人造石の製造、塗装に利用される。「白色セメント」ともいう。

ホン　騒音レベルの単位で、人間の聴覚に一番近い特性をもつ音圧レベルをいうが、現在はデシベル〔dB〕で表される。

本足場　2列の建地(たてじ)、布、腕木、筋かいから構成され、建物外部に組み立てられる足場。倒壊防止のため、壁つなぎや控えなどをとる。「二側(ふたかわ)足場」ともいう。→単管本足場(図·305頁)

本締り錠　本締めボルト(デッドボルト)をもつ錠。外部からは鍵でロックするが、内側からはサムターンで開閉するものもある。→箱錠

本締め　仮ボルトによる鉄骨の組立てと、建入れ直しの後に行う本接合ボルトによる最終的なボルト締め。(図·469頁) →一次締め、マーキング(図·471頁)

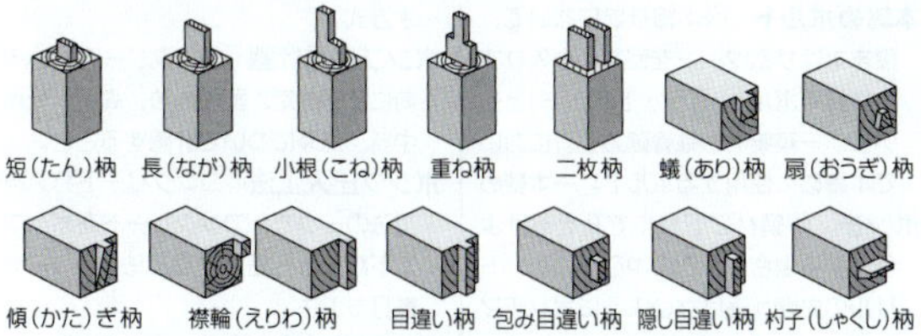

枘(ほぞ)

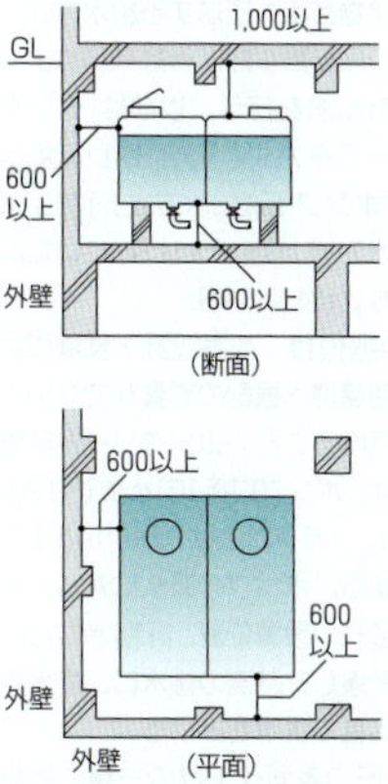

保守点検上の離隔距離(受水槽の例)

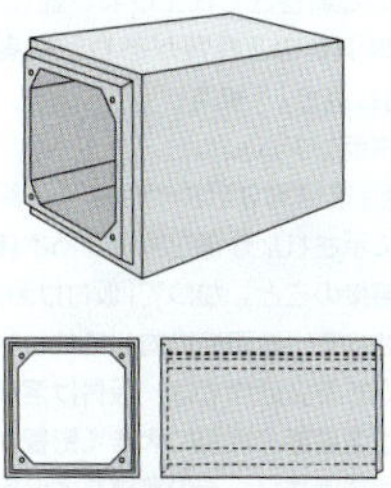

ボックスカルバート

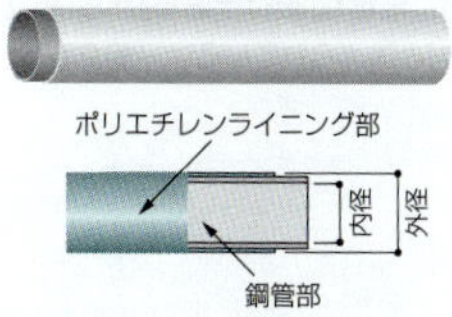

ポリエチレンライニング鋼管

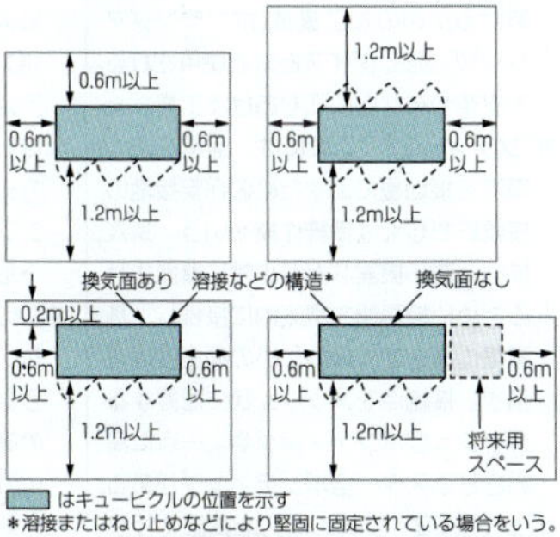

*溶接またはねじ止めなどにより堅固に固定されている場合をいう。

保守点検上の離隔距離(キュービクルの例)

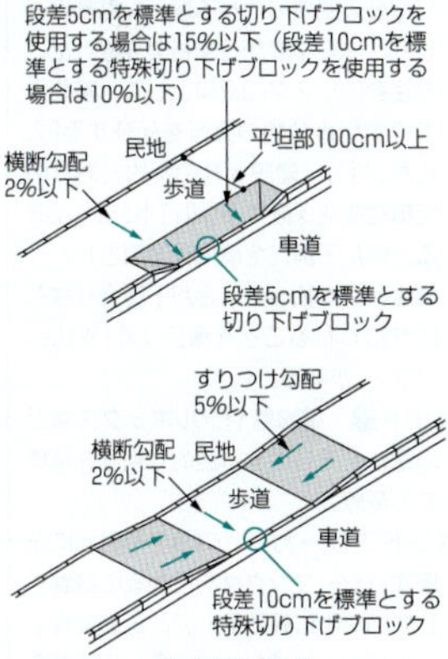

歩道切り下げ

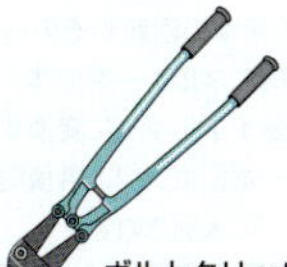

ボルトクリッパー

本締めボルト　①本締り錠において、鍵またはサムターンを回すと出入りする施錠用ボルト。「デッドボルト」ともいう。→箱錠　②鉄骨建方(たてかた)において本締めに使用するボルト。→本締め

ポンチ　①鋼材にドリルで孔をあけようとする場合に、孔の中心を決め、ドリルの先端が逃げないようにポンチマークを付ける工具のこと。「センターポンチ」ともいう。②鋼材に孔などをあけるための加工機械(ポンチングマシン)の部品。ダイスと対で使用される。③皮革や布などに孔をあける工具。

ボンディング　広義には、落雷時の大電流を接地極に流すための保安接地の接続線もしくは接続作業をいう。狭義には、電子機器などを正常に機能させるために機器間を電気的に接続し、基準電位を一定に保つための機能接地を指す。接続点をメッシュ状に配置するメッシュ型ボンディングや、一点に集約させるスター型ボンディングがある。

ボンド制度　契約の履行を保証会社が発注者に対して保証する制度。工事完成保証人制度に代わる履行保証制度として、1996年度から本格実施された。発注者のリスク回避策として、落札者の工事請負契約の実行を保証する「入札ボンド」、建設会社の契約どおりの工事完成を保証する「履行ボンド」がある。また下請代金債権保全策として、発注者が支払った代金が下請会社などに支払われることを保証する「支払いボンド」がある。

ボンド線　電線管やプルボックスなどの電位を同じにする目的で相互を接続する電線。

ボンドブレーカー　コの字形目地に充填するシーリング材を目地底に接着させないために張るテープ。三面接着による破断を防ぐために行う。JASS 8 →二面接着

ポンプ　羽根車の回転やその他の方法で、機械的エネルギーを液体・気体の圧力・運動エネルギーに変換する流体機械。ターボ型ポンプ、容積型ポンプ、特殊ポンプに大別される。

ポンプ圧送給水方式　⇨ポンプ直送給水方式

ポンプ圧送計画　コンクリート打込み前に機種選定、配管方法、高所・低所、中断、洗浄について計画すること。

ポンプ圧入工法　コンクリート打込み工法の一つで、コンクリートをポンプで下から上へ圧入する工法。→VH分離打ち工法

ポンプ直送給水方式　受水槽の貯水を給水ポンプまたは給水ポンプユニットにより建物各所へ圧送する給水方式。ポンプの回転数または台数制御により安定した給水を行う。以前は「タンクなしブースタ方式」「タンクレス給水方式」「ポンプ圧送給水方式」「加圧ポンプ給水方式」などといわれていた。→給水方式(図・115頁)

ポンプの据付け　防振設計・試験により、周囲環境へ振動の影響がでないよう据え付けること。コンクリート基礎の高さは、ポンプ口径100φまでは200mm以上、125φ以上は300mm以上を原則とする。ポンプの漏水に対し、ポンプの形式、設置位置、床防水などの状況を考慮し、基礎の排水口、排水管または両者の併用を設ける。

本磨き　石の表面仕上げの一種。最終の磨きは、最も微粒のカーボランダムを用いて渦巻きで仕上げる。艶(つや)出しと艶消しの2種類があり、前者を「艶出し磨き」「鏡磨き」ともいう。→カーボランダム

本溶接　準備的な溶接ではなく、設計図書に示された仕様を実現する本体部分の溶接のこと。かつて「仮付け溶接」と呼ばれていた溶接に対して使われる言葉である。近年では、仮付け溶接の品質が溶接部の性能に大きく影響することが認識され、その品質も本溶接と同等のものが要求されてきている現状から、名称も「仮付け溶接」から「組立溶接」と改められている。→組立溶接

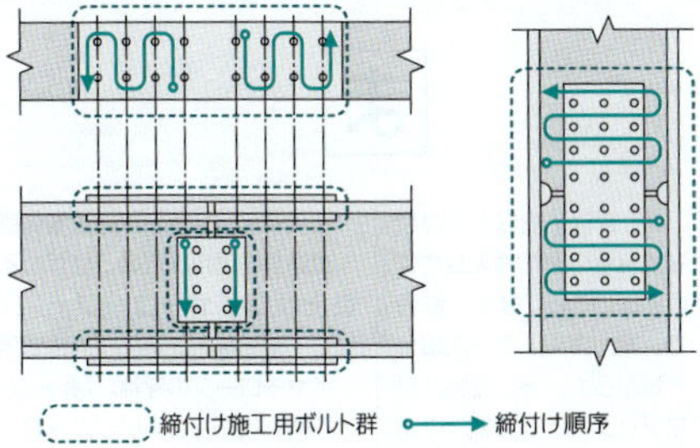

ボルト群ごとに継手の中央部より板端部に向かって締め付ける。

本締め

ポンチ

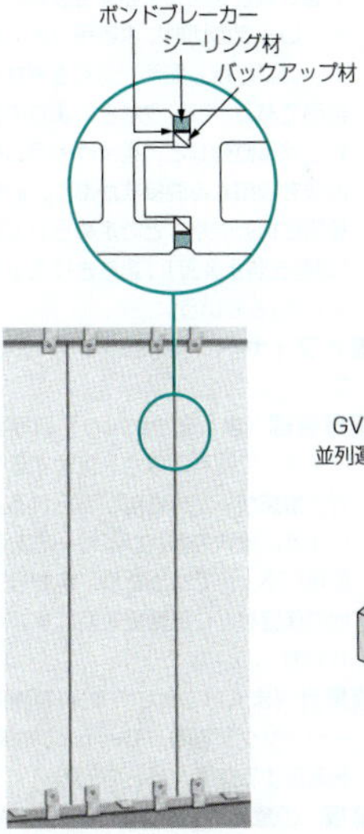

押出成形セメントパネルの施工例

ボンドブレーカー

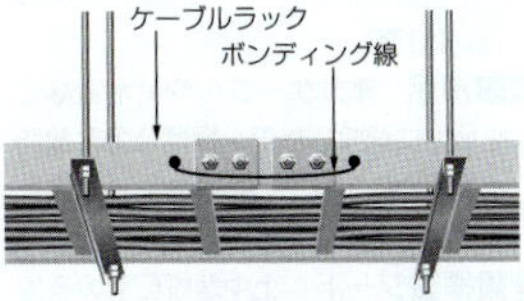

ボンディング

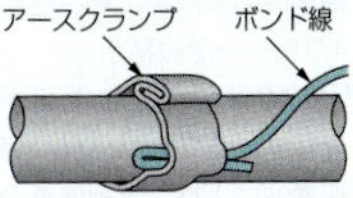

ボンド線

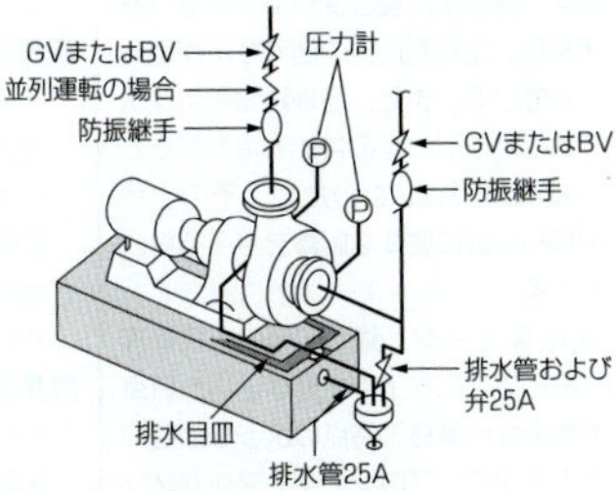

ポンプの据付け方法

ま

マーキング　施工管理一般などで付ける印や、機械式継手の鉄筋挿入長さ管理の際に付ける印のこと。また、鉄骨工事において、高力ボルトの一次締付け後、ボルト軸からナット、座金、母材にかけてマジックなどで連続線の印(マーク)を引くこと。本締めの後、マークのずれにより正常に締付けができたか判断できる。→一次締め、本締め(図·469頁)

埋設標示　電気ケーブルや給水管などを地中に埋設した際、掘削時の事故防止のために設けられる標識。地表または地中に設置される。

埋設標識シート　土中埋設配管の表層近くに埋設位置を示すテープ状の標識。掘削時の事故防止を目的とする。(図·473頁)→埋設標示

埋蔵文化財　地中に埋蔵された状態で発見される文化財(文化遺産)。文化財保護法により、発掘調査の実施、現状を変更することとなるような行為の停止または禁止、設計変更にともなう費用負担、土地利用上の制約などが定められている。また、宅地建物取引業法では土地取引の際の告知事項となっている(第47条)。このため、その土地の価格形成に重要な影響を与える場合がある。

マイルストーン　建設工事の工程管理において、工程上の重要な区切り時点や重要な作業終了時点のような節目のことを指す。プロジェクトマネジメントでは、マイルストーンに対する進捗を把握し、必要に応じて適宜工程の修正を行ってプロジェクトを進めていく。

前払金　工事請負契約において、工事着手前に支払われる請負代金の一部。「前渡金(ぜんときん)」ともいう。

前払金保証料　公共工事において前払金が支払われる場合、発注者が前払金の保証として受注者に義務づける保証会社への支払金。保証会社は、東日本建設業保証、西日本建設業保証、北海道建設業信用保証の3社がある。

巻上げワイヤーロープ　クレーンやウインチなどで巻上げ用に使用するワイヤーロープの呼称。「巻きワイヤー」「子ワイヤー」ともいう。→親ワイヤー

巻き代（まきしろ）ウインチに巻き取られるワイヤー量をいう。荷揚げにおいて「巻き代が少ない」とは、材料を高く吊り上げることができないことであり、荷揚げに支障をきたす。

巻過防止装置　クレーンのフックなどの巻き過ぎを防止する安全装置。ワイヤーロープの切断による吊り荷の落下や、ジブの後方転倒を防ぐ重要な保安部品である。フックなどにより直接作動させる直動式と、巻上げドラムの回転数を検出する間接式があり、必要な機能は構造規格などで定められている。「過巻き防止装置」「過巻きリミットスイッチ」ともいう。

巻きワイヤー　⇨巻上げワイヤーロープ

膜厚管理（まくあつかんり）膜厚計などを使って塗料の厚さを管理することで、塗装が所定の性能が得られるようにする。塗料の厚さが不均一であると乾燥が不十分であったり、色むら、下地の保護などに悪影響を及ぼす。(表·473頁)

膜厚計（まくあつけい）試料表面にコーティングする際、コーティング膜厚を測定する装置。(図·473頁)

幕板　①意匠的に使われる横長に張った板の総称。②家具と天井の隙間を埋める板、机の脚の間に張った板。

楣（まぐさ）窓や出入口の上部の壁を支えるために渡す横架材。(図·473頁)

間口（まぐち）建物または敷地の前面道路に接する側の幅。これに直角な方向を「奥行」という。

マグネシア石灰　⇨ドロマイトプラスター

高力六角ボルト	トルシア形高力ボルト

一次締め

一群のボルトごとに本締めボルト挿入後、直ちに行う。

プレセット形トルクレンチ、電動レンチ等で行う。

一次締付けトルク　(N·m)

ボルトの呼び径	一次締付けトルク
M12	約 50
M16	約100
M20、M22	約150
M24	約200
M27	約300
M30	約400

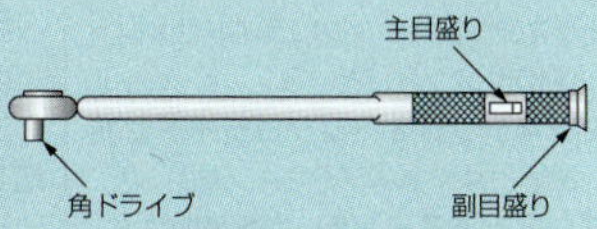

プレセット形トルクレンチ

マーキング

回転角制御機能付き電動締付け機で、ナット回転角120°まで締め付ける。

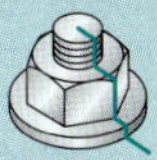
高力六角ボルトマーキング

トルシア形専用の電動締付け機で締め付ける。

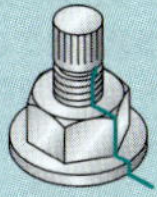
トルシア形高力ボルトマーキング

本 締 め

①共回り・軸回りがない
②回転量は120°±30°
③ボルトの余長はナット面から1～6山
④試験時平均トルクの±10%以内

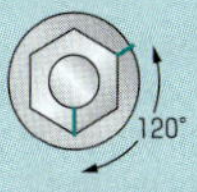

ナット2山分

①ピンテール破断
②共回り・軸回りがない
③1つの締付け群の各ナット回転量は平均±30°以内(60～90°が適正とされる)
④ボルト余長はナット面から1～6山

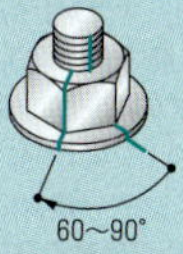

回転量

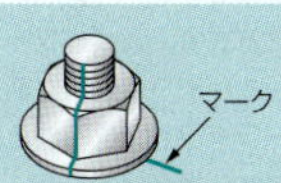

ボルトの共回り現象

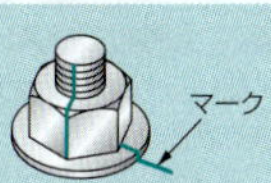

ボルトの軸回り現象

高力ボルトの締付け力と手順

給水配管埋設標識の設置例

地表部埋設標識の表示例

埋設標示

マグネシアセメント　酸化マグネシウムと塩化マグネシウムを原料とする一種の調合セメント。早期に硬化し、強度と硬度が大きいセメント。硬化体は光沢もあり、半透明で着色が容易なことから、床や壁の塗装、人造石やタイルの製造に用いられる。正式には「マグネシウムオキシクロライドセメント(MOセメント)」という。

マグネシウムオキシクロライドセメント　⇨マグネシアセメント

マグネットスイッチ　⇨電磁開閉器

膜養生剤　コンクリート表面に塗布して不透水性の被膜をつくる液状の養生剤。コンクリートの初期硬化期間中に表面からの水分の蒸発を抑制し、セメントの水和反応を適正に進めることを目的とする。養生剤が具備すべき性質は、水分や湿気を通さない、打ち継ぐコンクリートとの付着性が良い、仕上材などとの接着性を阻害しない、作業性が良い、人体に無害であるなど。→被膜養生

マクロ試験　溶接部に対する試験の一つ。溶接部の断面を研磨して薬品で腐食処理したマクロ断面から、溶込み、熱影響部、欠陥の状態などを肉眼で観察、検査すること。

曲げ上げ筋　⇨ベンド筋

曲げ下げ筋　⇨ベンド筋

曲げ台　鉄筋の曲げ加工に用いる作業台。手動式のバーベンダーなどが台上に固定されている。→バーベンダー

曲げモーメント　建物に外力が働いた場合、柱や梁は軸力(圧縮力、引張り力)、せん断力、曲げモーメントを受ける。この曲げモーメントは、その部材に加わる力とその力からの垂直距離の積で表される。

孫梁　⇨小梁

真砂(土)（まさ）砂まじりの粘土。左官材料の一つで、床の間の壁仕上げに用いる。「真砂土(まさつち)」ともいう。

摩擦杭　杭の周辺摩擦抵抗力による支持力を期待する杭。軟弱地盤において長大な支持杭となるなど、経済的な負担が大きい場合に使用されるもので、適度に密に打てばそれだけ支持力が高くなる。「フリクションパイル」ともいう。→支持杭、基礎杭(図・107頁)

真砂土（まさつち）⇨真砂(土)(まさ)

摩擦ボルト接合　⇨高力ボルト摩擦接合

柾目（まさめ）木材の表面に表れる年輪がほぼ平行になっている木目。年輪に対し直角、すなわち中心から放射状に挽き割った断面が柾目となる。→板目(図・29頁)

増し打ち　鉄筋コンクリートの柱や壁で、部材の取り合いの合理性や仕上げ上の納まりから、構造上必要とされる断面寸法よりも大きくコンクリートを打ち込むこと。「打ち増し」ともいう。

間仕切り壁　空間を分割する非耐力壁。耐力壁は一般的に間仕切り壁とはいわない。

間仕切り壁内の配管・配線　PF管、ボックスを用いて間仕切り壁内に配管・配線を行うこと。ボックスどうしは背中合せにならないように配置する。また、ボックス間の金属管の屈曲は3直角以内とする。(図・475頁)

増し杭　予定の耐力が得られなかったり、打ち込まれた杭の信頼性に問題が生じた場合、設計数量よりも多く打ち込む杭のこと。

増し張り　アスファルト防水において部分的にルーフィングを張り増し、防水層を補強すること。

マシンハッチ　機械を出し入れするための開口。例えば、地下の空調機のために1階の床に設ける。

マシンルームレスエレベーター　巻上げ機をエレベーターシャフト内に収めた方式のエレベーター。ロープ式と油圧式があり、通常、前者はエレベーターシャフト上部に巻上げ機を収める機械室、後者はエレベーターシャフト外に油圧パワーユニットを収める機械室が必要となる。

マスキング効果　人間の聴覚心理の一つで、音量差の大きい2つの音を同時に聞いたとき、大きい音を選択して聞くという性質を指す。音楽などの大きい音を流すことで、小さい音のノイズを聴感上減少させる効果がある。

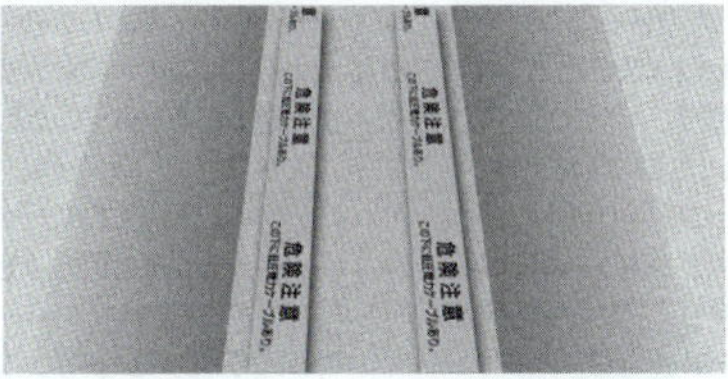

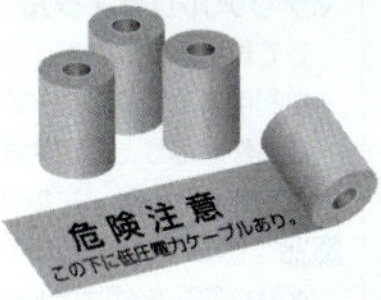

危険注意
この下に高圧電力ケーブルあり

標識の識別：オレンジ／文字：赤
高圧電力線用埋設シート（例）

危険注意
この下に低圧電力ケーブルあり

標識の識別：オレンジ／文字：赤
低圧電力線用埋設シート（例）

埋設標識シート

硬化物比重と塗膜厚確保に必要な使用量 （kg/m²）

硬化物比重	平　場	立上がり
0.9	2.7	1.8
1.0	3.0	2.0
1.1	3.3	2.2
1.2	3.6	2.4
1.3	3.9	2.6
1.4	4.2	2.8
1.5	4.5	3.0
1.6	4.8	3.2
1.7	5.1	3.4
1.8	5.4	3.6

上表は、膜厚を平場3mm、立上がり2mmとした場合。

膜厚計（ウェットゲージ）

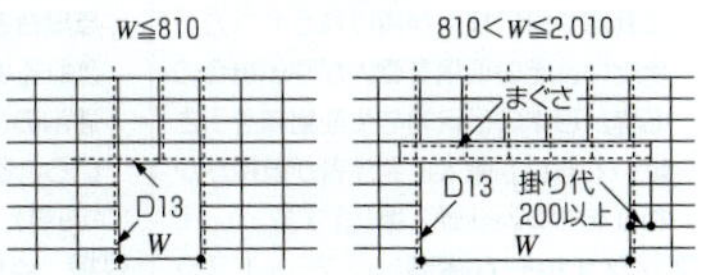

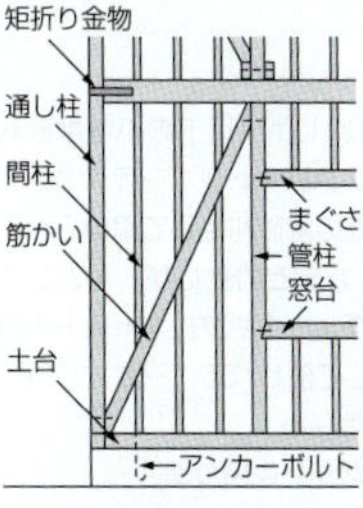

木造（大壁）

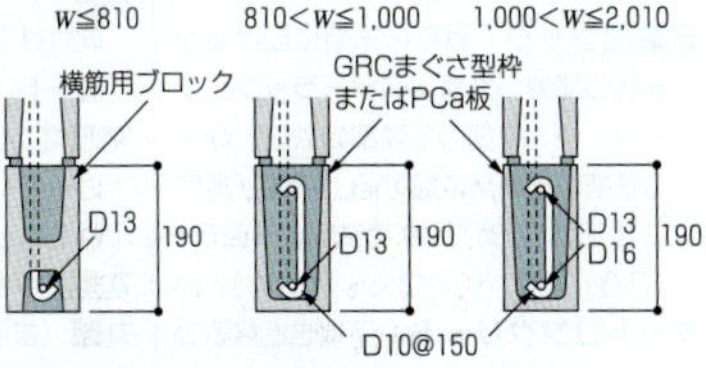

コンクリートブロック（まぐさの配筋）

まぐさ

マスク張り　モザイクユニットタイルの裏面に所定のマスクをかぶせてモルタルを塗り付け、ただちにタイル張りを行う方法。以前は「改良モザイクタイル張り」とも呼ばれ、モザイクタイル張り工法の塗り置き時間の問題を解決したが、精度の良い下地が必要。→タイル工事(表·293頁)

マスコンクリート　断面寸法の大きい部材に打ち込まれ、セメントの水和熱による温度上昇によって有害なひび割れが入るおそれのあるコンクリートのこと。JASS 5では、最小断面寸法が壁状部材で80cm以上、マット状部材、柱状部材で100cm以上が目安となっている。→コンクリート(表·171頁)

マスターキー　複数の錠に共通して使用できる1本の鍵。例えば、事務所ビルの管理に必要な全館共通の鍵をいう。貸しビルなどでテナントごとのマスターキーと全館共通のマスターキーとが使用される場合、前者を「サブマスターキー」、後者を「グランドマスターキー」と呼ぶ。

マスタープラン　開発計画などを行う場合や建築物を建てるときの基本計画、基本設計のこと。基本構想のほか、総合基本計画、全体計画のこともマスタープランという。事業における基本的な方針を示すことで、具体的な設計の指針となるもの。→実施設計

町場（まちば）木造住宅などの分野で、工務店や町の棟梁が請け負うやり方。または、その現場を職人が呼ぶ場合の名称。日本の伝統的な生産組織を引き継いでおり、職人と発注者が直接かかわりをもつ。→野丁場(のちょうば)③

マッシュルーム構造　⇨フラットスラブ

末端部フック　鉄筋の末端に設けるかぎ状の部分。丸鋼、スターラップ、フープ、柱・梁筋の出隅部の鉄筋、煙突の鉄筋の末端部に設ける。折曲げ角度には180°、135°、90°がある。(図表·477頁)

マットコンクリート　下敷きとなるコンクリートのことで、捨てコンクリートやべた基礎をいう。

マテハン　「マテリアルハンドリング」の略で、ものの移動や取り扱いを示す表現、あるいはそのための機器。ものの移動や取り扱いが増えると価値を生み出すことなくコストが増すため、マテハンの主要な目的はそれらを極力減らすことである。

マテリアルハンドリング　⇨マテハン

マテリアルリサイクル　ごみを原料として再利用すること。原料に戻して再生利用する場合、単一素材化が基本的な条件となり、分別や異物の除去が必須となる。→サーマルリサイクル

窓台　①窓下の外側に取り付けられる、水垂れ勾配を付けた水平材。②木造建築における窓の下枠を支える水平材。下枠自体をいうこともある。→まぐさ(図·473頁)

マニフェスト　マニフェスト制度で使用する産業廃棄物管理票。→マニフェスト制度

マニフェスト制度　産業廃棄物の適正な処理を推進する目的で定められた制度。排出事業者が収集運搬業者、処分業者に産業廃棄物の処理を委託するとき、マニフェスト(産業廃棄物管理票)を用いて最終処分までの流れを確認することで、不法投棄などを未然に防ぐためのもの。(図·477頁) →電子マニフェスト制度

間柱（まばしら）柱と柱の中間に補助的に入れる柱。構造の補強として入れる場合と、仕上げのための下地として入れる場合がある。大壁(おおかべ)造りでは、通常の柱の1/2や1/3の割り材が用いられることが多い。→軸組構法(図·209頁)

豆板　⇨じゃんか

豆砂利　径約10mm以下の小さな砂利。吹付けコンクリートやポーラスコンクリート、庭の敷砂利として用いられる。

マリオン　方立と同義だが、主としてカーテンウォールやプレキャストの部材名称として使われる。→方立(ほうだて)

丸型　⇨櫛型(くしがた)

丸環（まるかん）⇨吊り環

丸鋼（まるこう）断面が円形の鉄筋をいう。一般的にはφ6～32mmまであ

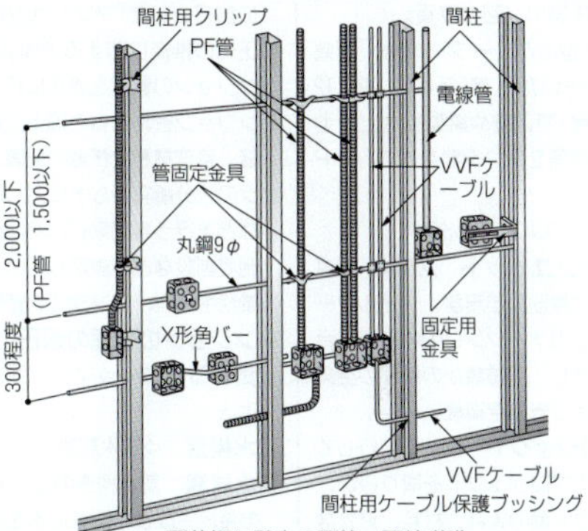

間仕切り壁内の配管・配線(例)

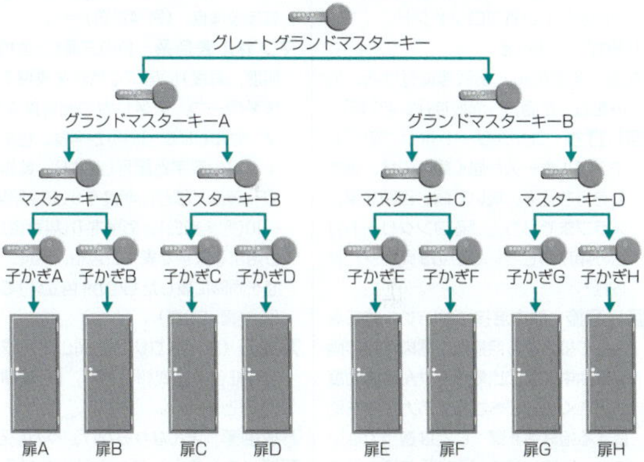

マスターキーシステム

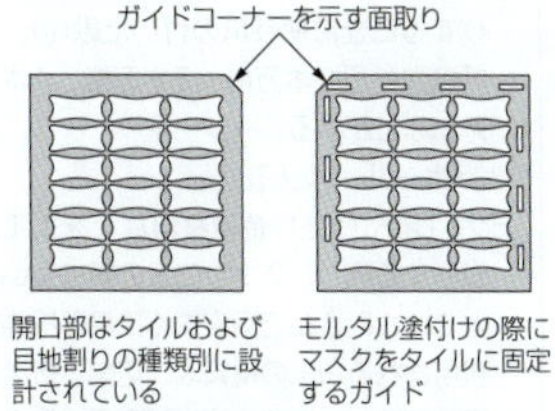

マスク張り(改良モザイクタイル張り)

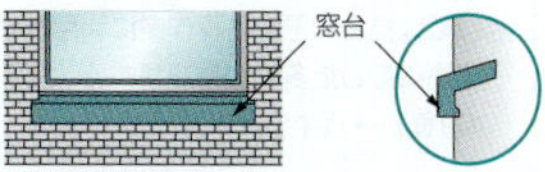

窓台

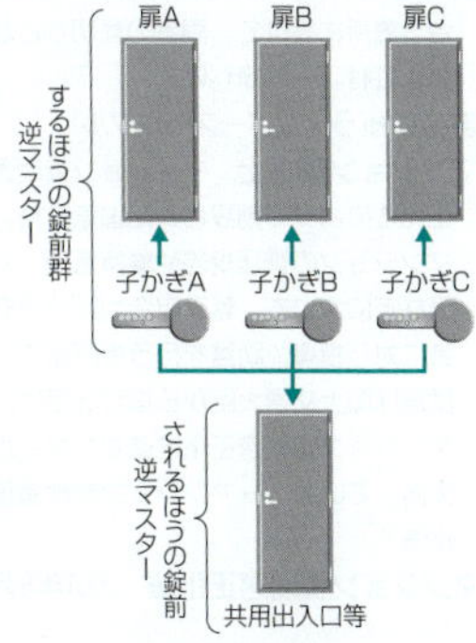

逆マスターキーシステム

る。JIS G 3191（図·477頁）

丸セパ　丸型セパレーターの略。両端にねじの付いた丸鋼(径は7、9、12mmの3種)で、壁や梁型枠などで型枠相互の間隔を保つ役割をもつ。→Pコン

丸ダクト　⇨スパイラルダクト

マルチゾーンユニット　送風機、温度調節用熱交換器、加湿器、フィルターなどを1つのケーシングの中に組み合わせて収納し、何種類かの条件の空気を同時供給できる空調機。

マルチプロジェクト　同時に進行している複数のプロジェクトを取り扱い、プロジェクト間の人員、材料、資金などの諸資源を効果的に利用することを目的としているプロジェクト。

丸投げ　⇨投げる

丸面（まるめん）出隅部に付ける、丸みをもった面。→面取り(図·487頁)

回し打ち　コンクリートポンプのフレキシブルホースが届く範囲の柱、壁部分を打ち込み、続いて同じ範囲を梁、スラブまで打ち上げるコンクリート打込み順序のこと。（図·479頁）→片押し打ち

回し溶接　隅肉溶接において、端部を回して接合する溶接法。隅肉溶接の両端部は中央部に比較してせん断応力度が大きく、ここへさらに応力集中を助長する始終端を置くことは適当でないことから回し溶接が用いられる。

回り縁（まわりぶち）壁と天井の取り合う箇所に設けて、両者の見切りとなる化粧材。→竿縁(さおぶち)天井

まんじゅう　⇨ベースモルタル

マンション管理士　マンション管理適正化法によって創設された国家資格。マンションの管理規約や維持管理、修繕などについて、管理組合や区分所有者に対し指導、助言を行う専門家で、試験は国土交通大臣から指定を受けたマンション管理適正化推進センターが実施している。→マンション管理適正化法

マンション管理適正化法　2001年8月に施行された「マンションの管理の適正化の推進に関する法律」の略称。マンションの管理を適正に行うため、マンション管理業者の国土交通省への登録、管理業務主任者の配置、マンションの区分所有者などに対し助言、指導などを行う専門家(マンション管理士)制度創設などを規定している。→管理業務主任者、マンション管理士

マンションの管理の適正化の推進に関する法律　⇨マンション管理適正化法

満水検査　⇨満水試験

満水試験　満水検査のことで、排水管の接続完成後、配管に水を満たし、水位の低下により漏水の有無を調べる配管接続検査。(図·479頁)

マンセル表色系　色の三属性(色相、明度、彩度)に基づく色彩を表現する体系の一つ。アメリカの美術家A.H.マンセル(1858～1918)が考案。色相を1～10の数字と記号(赤はR、黄赤はYR、黄はYなど)、明度を0(完全暗黒)～10(完全純白)、彩度を0(無彩色)から始まる数字で表す。色相、明度、彩度を同時に表したものが「色立体」である。(図·479頁)

万成石（まんなりいし）岡山県万成産の淡紅色の花崗(かこう)岩で、「万成御影(みかげ)」ともいう。

万成御影（まんなりみかげ）⇨万成石

万能（まんのう）コンクリートがらや砂利をかき集めたり、硬い地盤を手掘りするときに使う爪の付いた鍬(くわ)。爪の数から2本万能、3本万能、4本万能などがある。→レーキ

マンホール　⇨人孔(じんこう)

万力（まんりき）金属材料などを加工、成形する際に、2つの口金の間に強い力ではさみ込んで固定する工具の総称。利用される加工の種類は、切削、研磨、切断のほか、接着や溶接が完了するまでの仮固定などで、加工中に材料が動いては具合の悪い各種作業に利用され、用途に応じた多くの種類がある。(図·479頁) →パイプバイス

鉄筋の末端部のフック形状

180°	135°	90°
• 柱および梁の出隅部分（基礎梁を除く）* • 煙突の主筋 • 最上階柱四隅	• フープ • 副フープ • スターラップ • 副スターラップ	• U字形スターラップのキャップタイ • 幅止め筋 • 片持ちスラブ上端筋の先端

＊柱および梁の出隅部分の鉄筋は、✕印をいう（重ね継手の場合）。

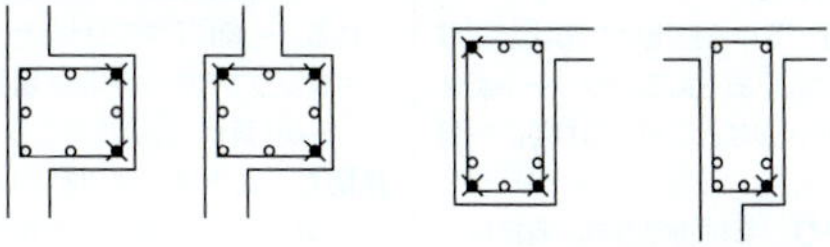

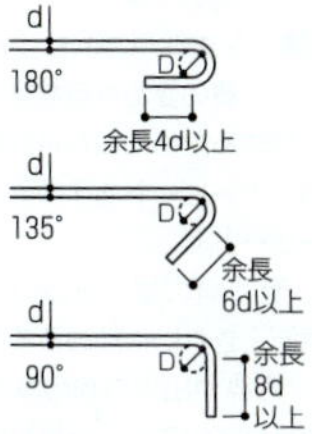

鉄筋の折曲げ形状・寸法

丸鋼

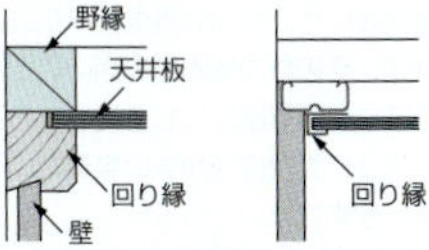

回り縁

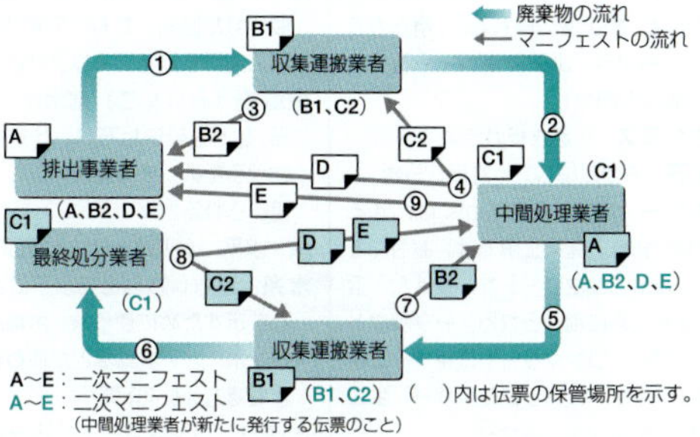

マニフェスト伝票の流れ

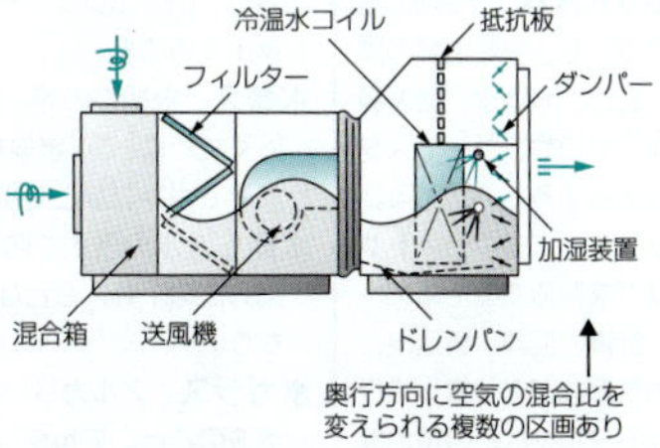

マルチゾーンユニット

み

見上げ　軒裏や天井のように、見上げる部分のこと。

見上げ図　下から見上げた形状が記載された図面。おもにコンクリート躯体図、天井伏図などに用いられる。→見下げ図

見え掛かり　部材面のうち、直接目に見える側または部分。→見え隠れ

見え隠れ　部材面のうち、建物が完成したときには隠れて見えなくなる部分。→見え掛かり

見返し　壁面などで、正面に対しその裏側をいう。例えば外壁面を正面とすれば、その壁の室内側の面のこと。人目について意匠的にも重視される正面に対し、人目につかない裏側という意味が含まれる。

磨き板ガラス　板ガラスの両面を研磨したガラスの総称。美しい光沢があり、透明性、加工性に優れる。「磨きガラス」ともいう。JIS R 3202　→板ガラス(表·27、29頁)

磨きガラス　⇨磨き板ガラス

御影石（みかげいし）⇨花崗(かこう)岩

ミキサー　複数の材料をかくはんする機械の総称。建築工事では、おもにモルタルやコンクリートをかくはん、混練するために用いられる。→グラウトミキサー、コンクリートミキサー、定置式ミキサー、ドラムミキサー、生コン車、モルタルミキサー

ミキサー車　⇨生コン車

ミキシングバルブ式水栓　水道水、給湯器からの湯を混合し、供給温度の調節を可能とする蛇口。水道水、給湯量を個別に調節するものや、サーモスタットで自動温度調節するものがある。

ミキシングプラント　コンクリートやアスファルトなどを製造するために、原材料の貯蔵、計量、混練、積込み、およびそれらの管理などを一貫して行う設備。セメントミルクなどの現地製造では、ホッパーやミキサー、ポンプ類、制御盤など必要な装備が一体となった小型全自動タイプのものが使用される。一般に「プラント」というと、ミキシングプラントを指す場合が多い。(図·481頁)

見切り　仕上材の端辺あるいは材質の変わり目。またはその処理のしかた、納め方。→見切り縁

見切り縁（みきりぶち）仕上材の端部あるいは材質の変わり目を意匠的にきちんと納めるために取り付ける細い部材。コーナービードもその一つ。→コーナービード

見切る　仕上材の端辺あるいは変わり目を意匠上きれいに納めること。

見込み　窓枠や出入口枠の厚み、すなわち奥行寸法のこと。→見付け、建具工事(図·301頁)

見下げ図　上から見下ろした形状が記載された図面。おもに平面図や構造伏図に用いられる。→見上げ図

微塵粉（みじんこ）寒水(白色の大理石)などを砕いた石粉。作業性を向上させるため、左官材料の混和材などに用いられる。

水　水平、水平線または水平面をいう。

水糸　遣方(やりかた)などで水平および通り心を示すために使う糸。木綿糸、ナイロン糸、ピアノ線などが使われる。→水盛遣方(図·481頁)

水送り　コンクリート打込み完了後、コンクリートポンプ車内や圧送管内に残っているコンクリートを水を加えて排出すること。

水替え　根切りの際、底に溜まる水を除くために、穴(釜場)に溜まった水を集めてポンプなどで排水すること。

水返し　水の浸入を防ぐために、窓や出入口の下枠、窓台などに設ける立上がり。

水ガラス　アルカリけい酸塩の濃厚水溶液のこと。モルタルやコンクリートの急結剤、不燃性、無煙性、防かび性

満水試験の試験対象と保持時間

系統	試験対象	最小保持時間
排水	自然排水管*	60分

＊ポンプアップの排水管は水圧試験による。

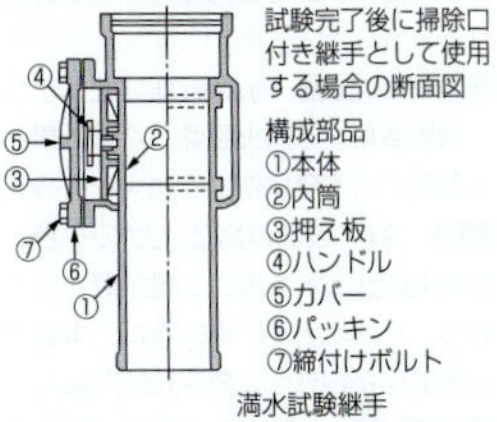

試験完了後に掃除口付き継手として使用する場合の断面図
構成部品
①本体
②内筒
③押え板
④ハンドル
⑤カバー
⑥パッキン
⑦締付けボルト

満水試験継手

HASS206では「各系統中の最高から下へ3mまでの配管を除き、いかなる部分も30kPa未満の水圧で試験してはならない」とされている。したがって、各階ごとに順次満水試験を行う場合、図に示すように試験範囲の配管すべてに30kPaの水頭圧がかかるよう、配管を満水にする必要がある。

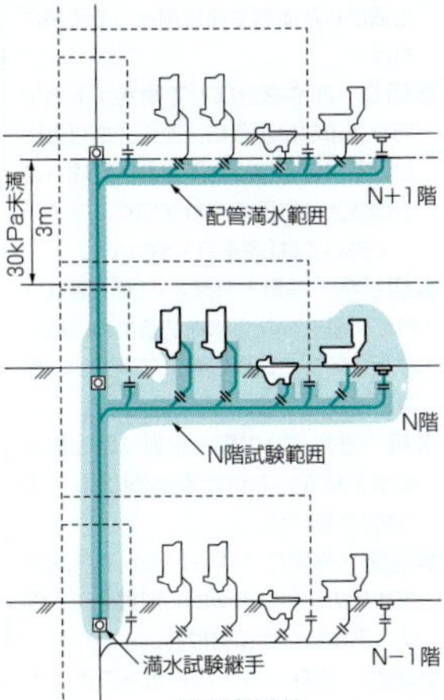

満水試験方法

満水試験

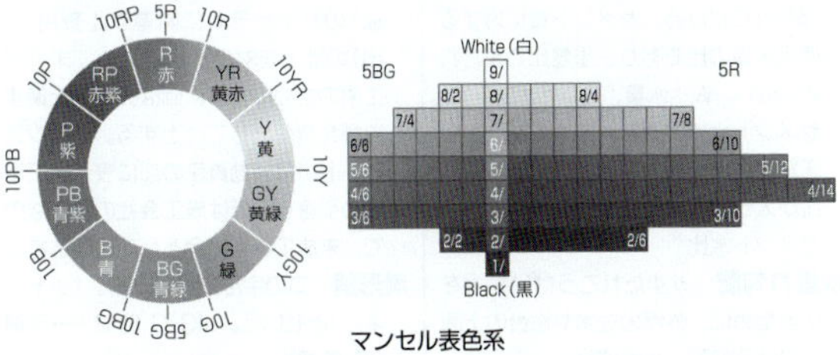

マンセル表色系

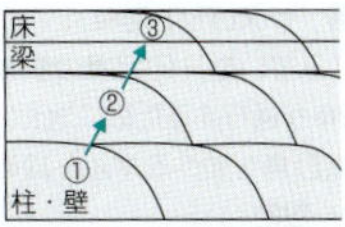

建物の柱・壁を梁下まで水平に打ち、その後に梁とスラブを打設する方法。側圧は小さく変形しにくいが、段取り替えが多く作業効率が悪い。

回し打ち

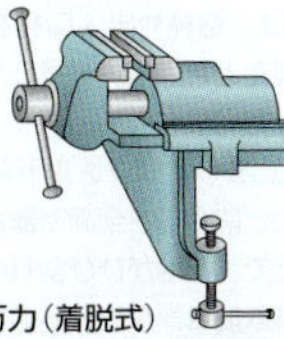
万力（着脱式）

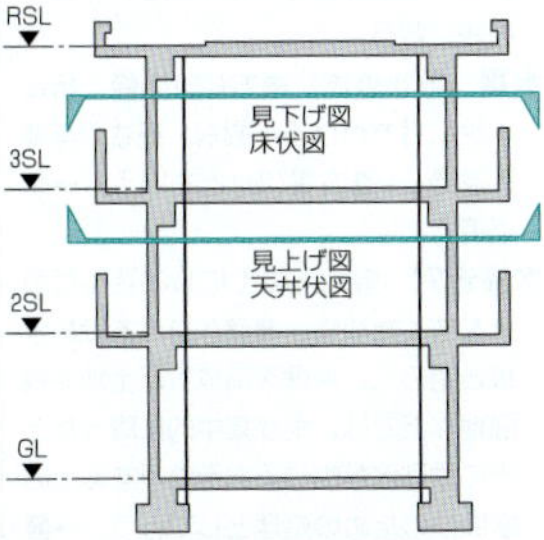

見上げ図・見下げ図

を活かした塗料や接着剤として使用される。

水切り 庇や窓台などで雨水が下面に回り込まないように、その先端付近に付ける溝あるいは立下がり。室内への水の浸入や壁面の汚れを防ぐ。立下がりに対しては「尾垂れ」ともいう。

水切り板 基礎と外壁との間に取り付けて外壁をつたう水を切るための板。鉄板、アルミニウム板、ステンレス板などを使用する。

水杭 遣方(やりかた)の際、水貫(みずぬき)と称する水平材を打ち付けるための杭。「遣方杭」ともいう。

水勾配（みずこうばい）雨水や汚水を流すために付ける傾斜。屋根や床、雨樋、下水管などに付ける。

水締め 砂などの上から水をまき、その水の浸透水圧を利用して砂などを締め固めること。

水セメント比 コンクリートの調合(配合)における、セメント量に対する使用水量の比であり、重量比で表される(W/C、W：水量、C：セメント量)。セメント水比の逆数。コンクリートの圧縮強度に影響を及ぼし、水セメント比が大きいと圧縮強度は低くなる。→セメント水比

水垂れ勾配（みずたれこうばい）水を切るために、外部の笠木や窓台の上面に付ける勾配。→水切り

水研ぎ（みずとぎ）塗装面を研いで平坦な粗面をつくること。石粉の練ったもの、あるいは耐水研磨紙をフェルトやスポンジにあて、水で湿らしながら研ぐ。高級な仕上げの下塗り、中塗りの後に行う。

水貫（みずぬき）遣方(やりかた)の際、杭に水平に打ち付ける小幅板。高さの基準とする。「遣方貫(ぬき)」ともいう。→水盛遣方

水抜き穴 敷地内の土にしみ込んだ雨水を抜くために、擁壁(ようへき)にあけた水抜き用の穴。擁壁を造成した土地や斜面地などでは、雨が集中的に降ったときに鉄砲水が生じるおそれがあるため水はけのための処理として行う。→擁壁(ようへき)(図·511頁)

水張り試験 アスファルト防水工事の施工完了時に、ドレンに栓をして水を張り、一定時間水が漏らないかどうかを確かめる試験。浴槽、防水パン、タンクなどについても同様の試験が行われる。

水噴霧消火設備 水を微細な粒子として拡散噴霧する消火設備。冷却効果と水蒸気による窒息効果で消火を行う。

水磨き 石の表面研磨仕上げの一種。研磨用の砂と水を用いて機械磨きしたもの。外装仕上げに用いるが、本磨きの前工程でもあり、艶(つや)はでない。

水盛遣方(形)（みずもりやりかた）根切り工事のために、基礎の位置や高さの基準を示した仮設の工作物。木杭や貫板(ぬきいた)を組んで、建物の隅部などの要所に設置する。→遣方

未成工事支出金 建設業において、まだ完成していない工事のために支出した工事原価を示す勘定科目。売上(収益)の計上とそれに関連する費用(支出)の計上を対応させるため、未完成工事のための工事原価は売上計上時まで棚卸資産として計上する。バランスシート上は流動資産の部に表示。工事物の引渡しまでは施工会社の財産なので、未成工事支出金として処理される。

溝形鋼 コの字形断面の形鋼。「チャンネル」ともいう。JIG G 3192 →形鋼(図·85頁)

溝溶接 ⇨スロット溶接

道板（みちいた）①足場の歩み板。②運搬車が通行するために地面に敷く板。端太(ばた)角を並べてボルト締めしたものが一般的。

ミックスフォームコンクリート 気泡コンクリートの一種。コンクリート練り混ぜ時に起泡剤と他の材料を同時にミキサーに投入し、泡立てながら混合して作製した気泡コンクリート。

見付け 窓枠や出入口枠を正面に立って見たときの幅。→見込み、建具工事(図·301頁)

密着工法 アスファルト防水において、下地と防水層を全面密着させる工法のことで、下地がひび割れの少ない現場打ち鉄筋コンクリートの場合などに採

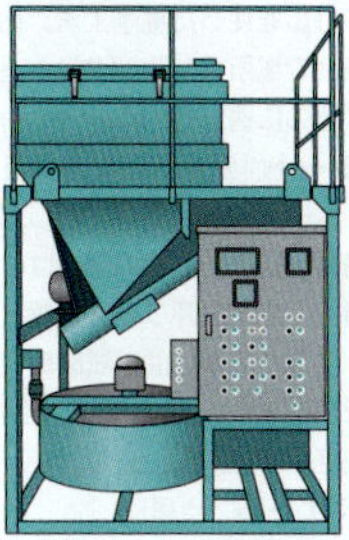

ミキシングプラント

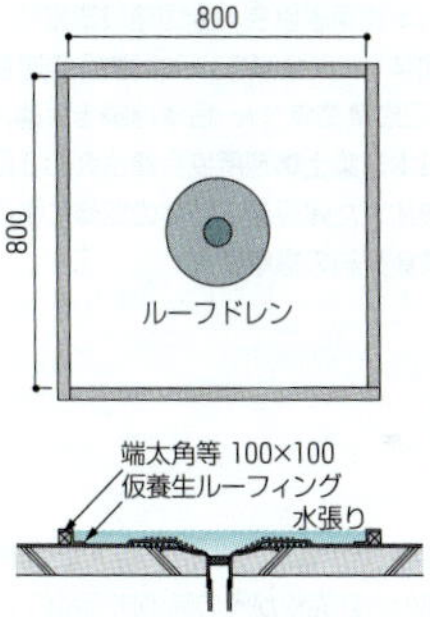

ドレン回りの水張り試験(例)

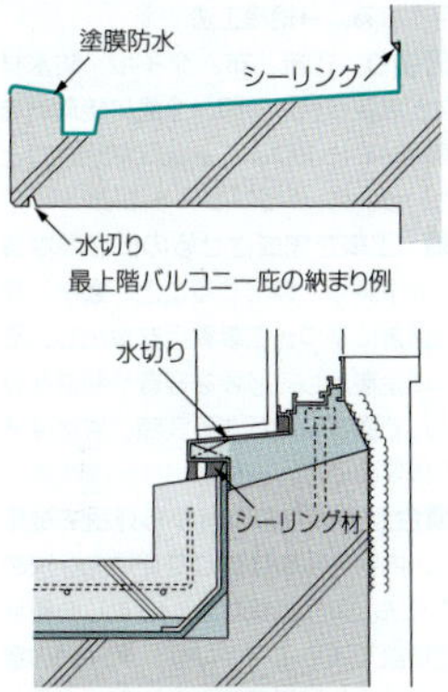

最上階バルコニー庇の納まり例

サッシの納まり例

水切り

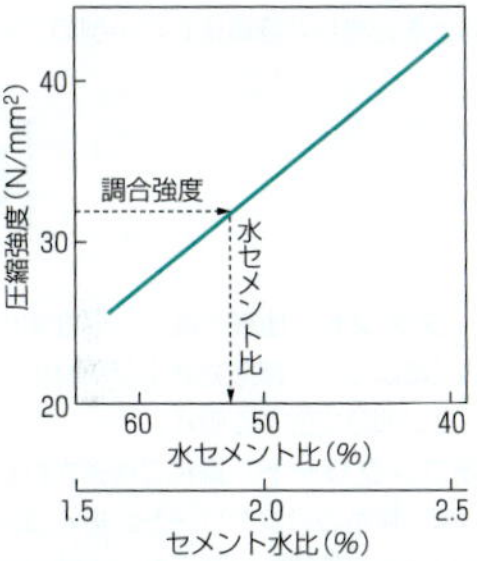

水セメント比の算定(例)

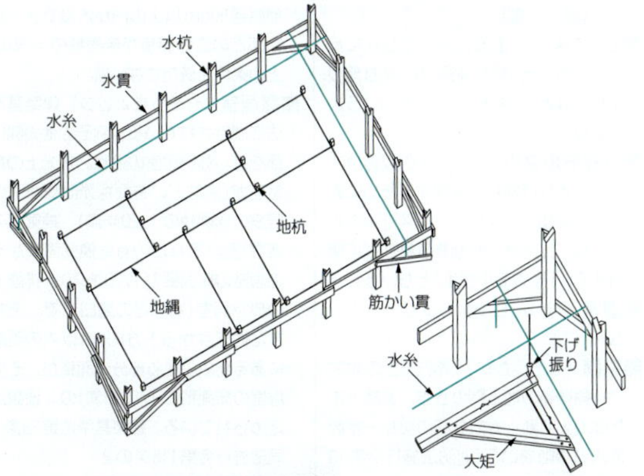

水盛遣方

用される。→絶縁工法

密着張り　①紙、布、タイル、防水材などを張り付ける際、全面に接着剤を使用して仕上げること。「べた張り」ともいう。②　⇨ビブラート工法

見積　工事を完成させるのに必要な費用を予測し、算出すること。通常、設計図書に基づき工事費用を算出し、それに企業として必要な経費や利益を見込んで顧客に提示する金額。またはその作業のこと。→積算

見積合せ　複数の業者から見積を徴集し、内容を比較検討して発注先を決める方法。入札と異なり、必ずしも最低見積額で決めることなく、発注側の意向に沿った形で発注先を決定できる。「積り合せ」ともいう。

ミニアースドリル工法　掘削部と起動部とを分離して軽量化した小型のアースドリルを使った掘削工法。比較的狭小敷地で場所打ちコンクリート杭を造成するのに適している。

ミルシート　商品の品質を保証するため、メーカーが規格品に対して発行する品質証明書。鉄筋の場合は、鉄筋の種類、径または呼び名、数量、化学成分、引張りおよび曲げ試験結果、製造業者名などが記載されている。「鋼材検査証明書」ともいう。

ミルスケール　⇨黒皮

民間(旧四会)連合協定工事請負契約約款　日本建築学会、日本建築協会、日本建築家協会、全国建設業協会の4団体(旧四会)に、日本建設業連合会(旧建築業協会)、日本建築士会連合会、日本建築士事務所協会連合会の3団体を加えた建設業7団体の監修による、請負契約の標準書式。

む

ムーブメント　地震や風圧・温度変化などによって、建築物および部材の取り合い部分に生ずる動き。

無筋コンクリート　鋼材で補強されていない無垢のコンクリート。捨てコンクリートや重量物の載らない土間コンクリートなどで採用する。→コンクリート(表·171頁)

起り（むくり）上方に対して凸状に反っていること。起り破風(はふ)、起り屋根、起り梁など。「キャンバー」ともいう。→反り

無収縮モルタル　モルタルの収縮ひずみによるひび割れを抑制するために膨張材を添加したプレミックスモルタルの総称。仕上材、断面修復材などに使用する。「膨張モルタル」ともいう。

無塵室（むじんしつ）⇨クリーンルーム

無窓階（むそうかい）消防法上の規定で、建築物の地上階のうち、避難上または消火活動上有効な開口部が一定数量未満の階をいう(消防法施行令第10条第1項5号)。11階以上の階では、直径50cm以上の円が内接できる開口部の合計面積がその階の床面積の1/30未満の階。10階以下の階では、直径1m以上の円が内接できる、または幅75cm以上、高さ1.2m以上の開口部(道に通じる幅員1m以上の通路に面している)が2以上あり、かつその他直径50cm以上の円が内接できる開口部との合計面積が床面積の1/30以上の条件を満たさない階。

無窓居室（むそうきょしつ）建築基準法に規定されている、窓その他の開口部を有しない居室の通称。採光上の無窓居室(窓などの有効採光面積がその居室の床面積の1/20未満)、換気上の無窓居室(窓などの有効換気面積がその居室の床面積の1/20未満)、排煙上の無窓居室(窓などの開口部で、天井または天井から下方80cm以内の距離にある開放できる部分の面積が、その居室の床面積の1/50未満)の3種類が定められている。建築基準法第28条、同法施行令第116条の2

無停電電源装置　⇨UPS

無窓居室の種類

	種　類	無窓居室*1の条件		制限規定
①	避難上の無窓居室（法35条の3）	採光有効面積*2<床面積×1/20	令111条1項1号	居室を区画する主要構造部の制限
		避難上有効な開口部がない*3	令111条1項2号	
②	採光上の無窓居室（法35条）	採光有効面積*2<床面積×1/20	令116条の2-1項1号	避難施設（令117条～126条） 排煙設備（令126条の2） 非常照明（令126条の4） 避難通路（令127条～128条）
③	排煙上の無窓居室（法35条）	排煙有効面積*4<床面積×1/50	令116条の2-1項2号	
④	排煙上の無窓居室（法35条の2）	床面積>50m²で排煙有効面積*4<床面積×1/50	令128条の3の2-1号	内装制限（令129条5項）
⑤	採光上の無窓居室（法35条の2）	採光有効面積*2<床面積×1/20（温湿度調整等を要する居室）	令128条の3の2-2号	
⑥	採光上または排煙上の無窓居室（法43条2項）	上記②または③	令第144条の6（116条の2-各号）	接道に関する条例の制限（法43条2項）
⑦	換気上の無窓居室	換気に有効な開口部<床面積×1/20	法28条2項	換気設備（令20条の2、129条の2の6）

注）法：建築基準法／令：建築基準施行令
＊1　各規定で定める大きさの窓等がない居室。
　2　建築基準法施行令第20条により算定した採光に有効な開口部の面積。
　3　直径≧1mの円が内接、または幅≧75cm、高さ≧120cm。
　4　天井から80cm以内で外気に開放できる開口部の面積。

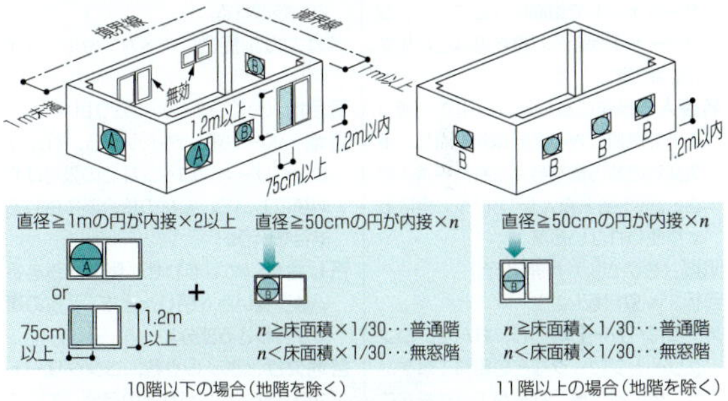

無窓階

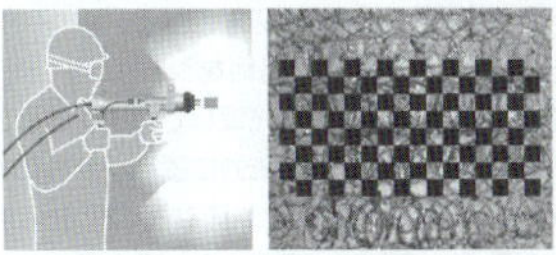

目荒し（ウォータージェットの場合）

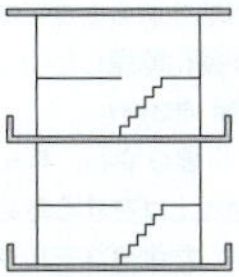

メゾネット

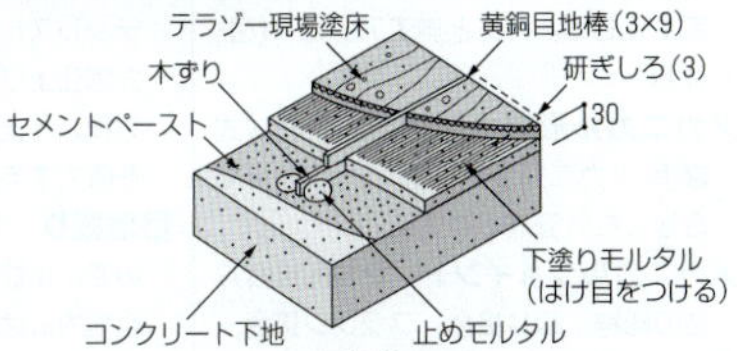

目地棒

棟木（むなぎ）小屋組の頂点にある母屋(もや)と同じ役割をもつ水平部材。→軸組構法(図·209頁)

棟（むね）①屋根勾配が交わった最も高い所。例えば切妻における稜線部。②建物の軒数の数え方。一棟を「ひとむね」あるいは「いっとう」という。

棟上式（むねあげしき）⇨上棟(じょうとう)式

棟上げ導体（むねあげどうたい）棟、パラペットまたは屋根の上に露出して設置する避雷設備の受雷部。銅線、銅帯がよく使われる。→避雷導線(図·421頁)

無目（むめ）鴨居(かもい)や敷居と同じ位置に取り付ける横木で、建具用の溝がないもの。→建具工事(図·301頁)

無釉（むゆう）タイル、瓦など陶磁器の表面にうわぐすり(釉薬(ゆうやく))をかけないこと。素地のままの製品となる。

無梁スラブ（むりょうー）⇨フラットスラブ

無梁板（むりょうばん）⇨フラットスラブ

無梁板構造（むりょうばんこうぞう）⇨フラットスラブ

め

目荒し　接着性を良くするため、コンクリート面をノミやハンマー、ウォータージェットで粗面にすること。コンクリート下地面や打継ぎ面などに施す。(図·483頁)

名義人　長年にわたる取り引きを通して十分信頼できると元請が判断し、下請契約の独占権を与えられた下請人のこと。「下請名義人」ともいう。今はあまり使われない言葉。

明渠（めいきょ）⇨開渠(かいきょ)

目板　⇨敷目板(しきめいた)

メーソンリー工事　石、れんが、コンクリートブロックなどの組積工事をいう。単に石工事、れんが工事を指すこともある。

メカニカルアンカー　あと施工用アンカー。床、壁、天井などに機器を取り付けるためコンクリート面に固着するアンカーの一形式で、コンクリートの穿孔(せんこう)部にボルトやナットを挿入し、その奥の部分を拡大させて摩擦力で固定するもの。→あと施工アンカー(図·17頁)

メカニカル形排水用鋳鉄管　機械式継手(メカニカルジョイント)の規格に合致した外管径の鋳鉄管。

メカニカルジョイント　機械的接合方法の総称。ねじ接合、フランジ接合、溶接接合、はんだ接合、接着接合、融着接合、コーキング接合などによらない接合方法をいい、「メカニカル接合」とも呼ばれる。

メカニカル接合　⇨メカニカルジョイント

盲目地（めくらめじ）⇨眠り目地

目地　ボード類、タイル、石、れんが、コンクリートブロックなどの張付けや組積において、部材の接合部に生じる継目をいう。

召し合せ（めしあわせ）両開き戸あるいは引違い戸を閉じたとき、2 枚の建具が合わさる部分。

目地欠け　タイルや石、コンクリートブロック、れんがなどの目地が欠けていること。目地にシーリングするときには補修が必要となる。

目地処理　目地をシールやパテ、セメントなどを充填して処理すること。金属金物で装飾的に覆う場合もある。

目地棒　①壁や床などの化粧目地となる材料。真ちゅう、アルミニウム、ステンレス、合成樹脂製などがある。②左官仕上げで目地を切るときに埋め込む棒。仕上材が硬化乾燥した後にこれを除去する。(図·483頁)

目地掘り　タイル張りや石、れんが積みで、化粧目地仕上げをするために、目地内にはみ出した余分なモルタルを取り除くこと。

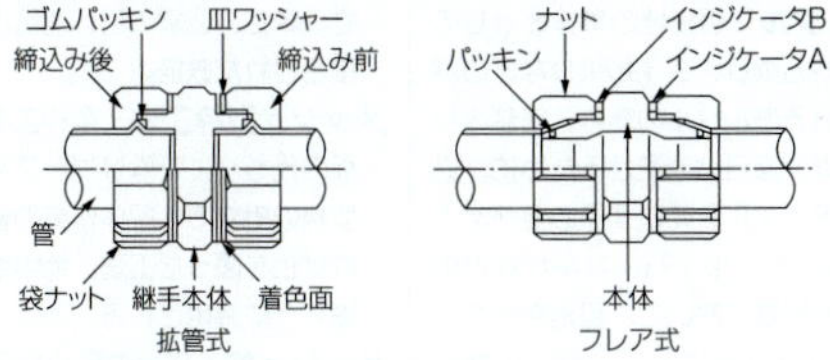

ステンレス管

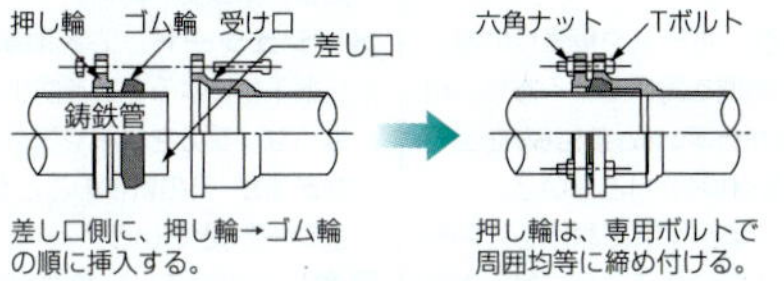

排水用鋳鉄管

メカニカルジョイント

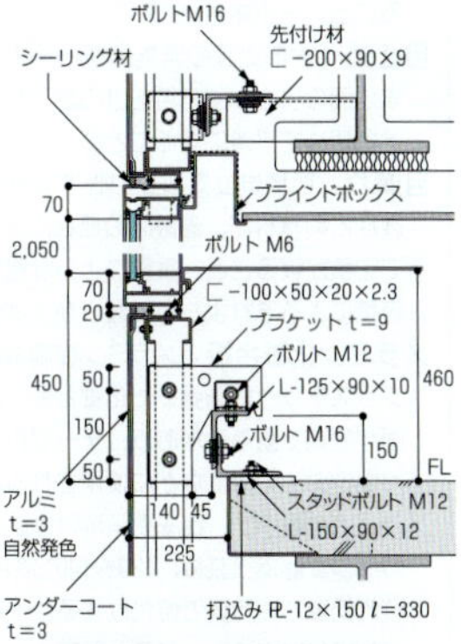

非層間型パネル（梁形の納まり例）

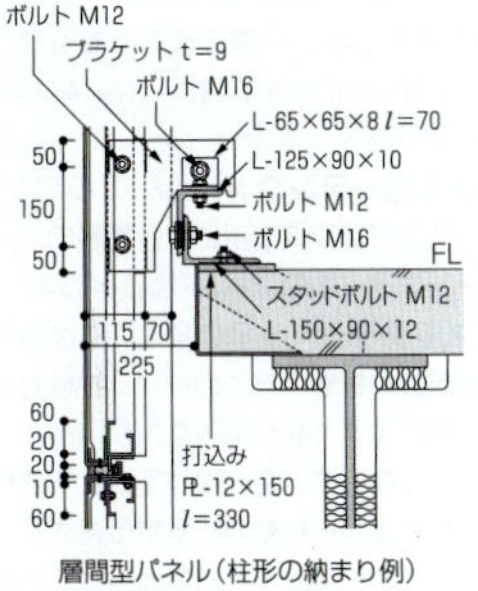

層間型パネル（柱形の納まり例）

メタルカーテンウォール

金属パネル取付け位置の寸法許容差（例）（mm）

項　　目	許容差
目地幅の許容差	±3
目地心の通りの許容差*1	2
目地両側の段差の許容差*2	2
各階の基準墨から各部材までの距離の許容差	±3

*1　目地の交差部でチェックする（a、b寸法）。
　2　部材の内側または外側の一定の位置を決めてチェックする。

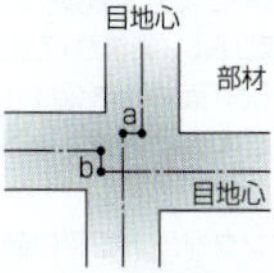

目地（立面）

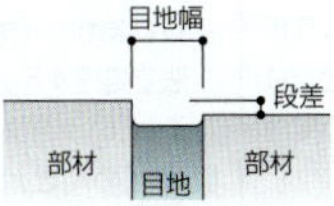

目地（断面）

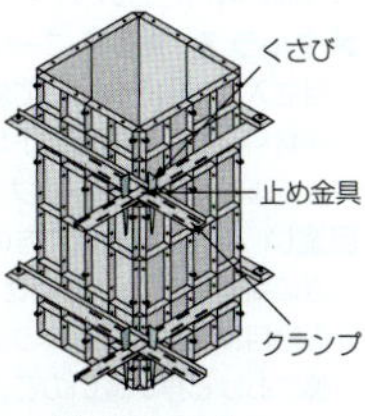

メタルフォーム

目地モルタル　組積壁の単体どうしの接合部や石張り、タイル張りなどの継目に入れるモルタルの総称。密着張りの場合は、深目地を避けるために、必ず目地モルタルを充填する必要がある。

目地割り　タイル、石、れんがなどの張付けや組積において、目地を納まりよく割り付けること。→タイル割り(図·291頁)

目透かし張り　ボードや板張りにおいて、目地に隙間を設けて張る方法。目地底に裏側から薄い板(敷目板)を当てる場合を「敷目板張り」ともいう。

メゾネット　集合住宅における住戸形式の一つ。1つの住戸内が二層以上で構成されるもの。内階段で結ばれており、居住空間が立体的になっているので一戸建の感覚が味わえる。「複層住戸」ともいい、一層の住戸であるフラット(flat)に対する言葉。(図·483頁)→フラット

メタルカーテンウォール　アルミニウムやステンレスを用いた金属製のカーテンウォールの総称。(図表·485頁)

メタルタッチ　高層のS造における下層部分の柱継手方法の一つ。柱軸力が非常に大きくなり引張り力がほとんど発生しないことを利用して、上下部材の接触面から柱軸力を直接伝達させる。全軸力の約半分を、この面接触で伝えることができる。

メタルフォーム　コンクリート型枠工事に用いる鋼板製の型枠。合板の型枠に比べて重量があり、製作費は高いが、組立用の特殊な金具が各種考案されており、組立て、解体が容易。水密性、強度に優れ、支保工(しほこう)が少なくてすむほか、転用回数も200回程度と多い。「鋼製型枠」ともいう。(図·485頁)

メタルラス　薄鋼板に一定間隔で切れ目を入れ、引き伸ばして網状にした金属材料。塗り壁などの下地に用いられる。JIS A 5505　→リブラス

目違い　目違い継ぎ(片方の溝にもう片方の突起物をはめ合わせて接合する)の継目に生じた、2つの部材間の接合部における食い違いのこと。

メッシュ　①ふるいの目、または大きさの単位。②網の目、網目形状に溶接接合された鉄筋。

メッシュ型枠工法　型枠工事で、せき板の代わりに特殊リブラスを使用して型枠の組立て、解体作業の省力化と省資材化を図った工法。地中梁や独立基礎などに適用される。

メッシュ筋　網状の目や格子状に組み込まれた鉄筋の総称。

メッシュシート　工事現場の境界線から落下物による危害を防止しなければならない部分を鉄網や帆布で覆う必要があるが、その帆布のことをいう。「養生シート」ともいう。

目潰し（めつぶし）構造物の基礎工事や道路工事で、割栗(わりぐり)石の間に生じる隙間部分を切り込み砂利などで埋めること。→小端(こば)立て

目止め　木部塗装の素地調整の一つ。素地面の小さな割れ目を砥の粉(との こ)などで埋めて平滑にすること。

目減り　容積単位で取り引きする砂利、砂などの材料が、運搬時の揺れによって容積が減ること。重量による計量は容積によるそれよりも目減りが少ない。

メラミン化粧合板　メラミン樹脂系のプラスチック板を張った化粧合板。表面が硬質で耐熱性があり、テーブルやカウンターの甲板などに使用される。

メラミン焼付け　合成樹脂焼付け塗装の一つ。静電塗装後、130〜140℃の比較的低温で短時間で焼付けする。一般的な焼付け塗装で、コストも安く、金属素材全般に塗装が可能。メラミン樹脂は紫外線に弱く、年数が経つにつれて色あせが生じることがある。

面（めん）斜めにあるいは丸く削り取った部材の出隅部。糸面、大面(おおめん)、丸面などの種類と、面取り、面内(めんうち)のような言い回しがある。→面取り

面内（めんうち）面の見込み厚さを除いた部分。寸法のおさえ方、あるいは部材と部材との取り合い(納まり)で使われるが、それぞれ「面の内法(うちのり)寸法で処理する」または「面の内側で納める」という意味。

面木（めんぎ）コンクリート型枠内面の入隅部分に取り付ける、断面が三角

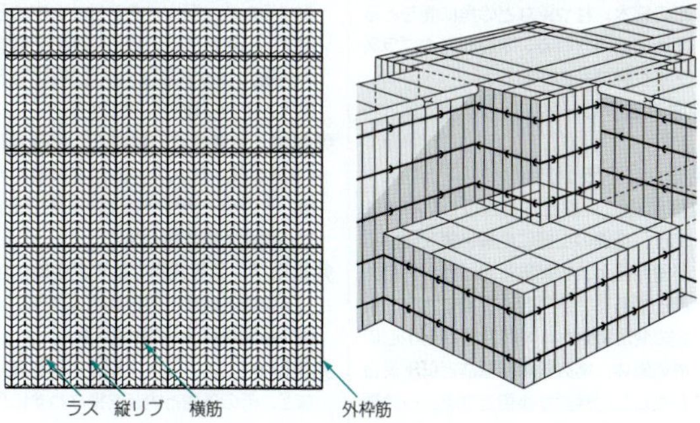

メッシュ型枠工法

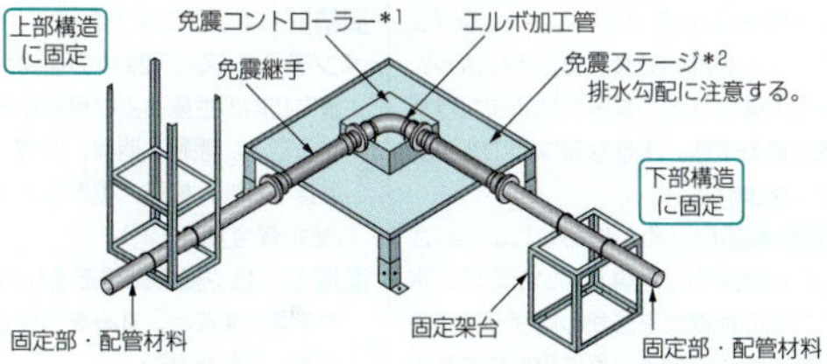

*1　ステージ上をすべることで高い免震性を発揮する可動台。
　2　免震コントローラーがスムーズにすべり、かつ逸脱を防ぐための台。

免震継手ステージの例（給水管）

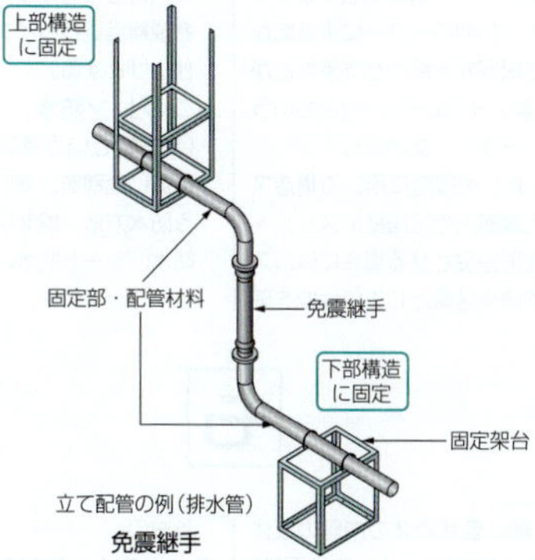

立て配管の例（排水管）

免震継手

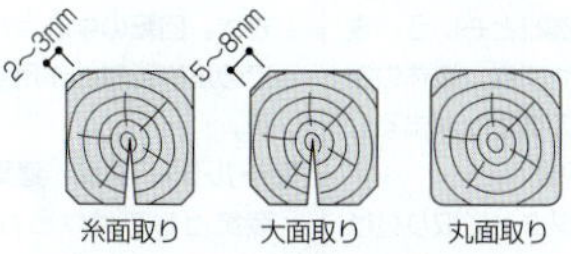

面取り

形の細木。柱や梁などの角に面をとるために使用される。木製や発泡プラスチック製のものがある。

免震アイソレーター　⇨免震支承(ししょう)部材

免震クリアランス　⇨クリアランス

免震構造　免震工法を適用した構造をいう。基礎の上部に免震装置を設ける基礎免震と、中間階に設ける中間階免震とがある。水平および鉛直方向の所定の変形に対し、特に免震層を中心に構造躯体、電気設備配管などに不具合が生じない検討が重要となる。→免震工法、制振構造(表·263頁)

免震工法　地盤から建物に伝わる地震力を積層ゴム(アイソレーター)やダンパーなどを用いて減じることにより、建物の破壊などの被害を防止または低減させる工法。大きな意味での制振工法に含まれる。

免震支承部材（めんしんししょうぶざい）免震建物が地震で動いた際に、水平方向の地震力を逃がしながら建物の荷重を支え続けるように設計された支承のこと。免震支承には、鋼板とゴムを交互に重ね合わせた積層ゴム系、建物の移動をすべり機構で吸収するすべり支承、ボールやローラーによる転がりで移動を吸収する転がり支承などがある。「免震アイソレーター」ともいう。→アイソレーター、支承(ししょう)

免震スリット　免震階に用いる構造スリット。免震層内の区画壁にスリットを設けて変形追従させる場合には、スリット部の防火区画としての性能を確保するため、耐火材をスリット内に配置する必要がある。特に中間階免震層の外壁スリット部は、雨仕舞(あまじまい)と耐火を十分に検討し対応する。

免震層　免震構造の建物で、免震装置(積層ゴム、ダンパーなど)を設置する層。その層で機械室などの用途が発生する場合は免震階となる。

免震継手　免震建物で地震発生時に生じる建物と地盤に大きな相対変位に追従する配管継手。(図·487頁)

免震レトロフィット　歴史的な建築物など、その外観と内装を損なわずに免震補強を行い耐震性能を高めること。→レトロフィット

面積計　⇨プラニメーター

メンテナンス　完成後の建物やその設備の初期の性能および機能を維持管理すること。運転、清掃、保守・点検、調査・診断、修繕・更新などを行う。「維持保全」ともいう。

面取り　柱や壁の出隅あるいは部材の角を落とすこと。丸みをつけることもある。(図·487頁)

綿布（めんぷ）①綿糸を平織りにした布。②配管やダクトを断熱した後に包帯状に巻き付ける外装材で、その上を合成樹脂調合ペイントなどによる塗装仕上げとする。

メンブレン防水　メンブレンとは「薄い皮膚」という意味であり、屋根などの広い面積を、薄い防水層で全面に覆う防水方法一般をいう。アスファルト防水、シート防水、塗膜防水がある。

も

毛管現象　細い管状物体の内側の液体が管の中を上昇(場合によっては下降)する現象。「毛細管現象」ともいう。表面張力、壁面の濡れやすさ、液体の密度によって液体上昇の高さが決まる。

毛細管現象　⇨毛管現象

モーターダンパー　ダクトに取り付けるダンパーの羽根をモーターで駆動するもの。

モーメント　物体を回転させる力の大きさ。回転の中心点から力の作用線までの垂直距離と作用する力との積で表す。

モールディング　建築や家具、什器の装飾として付けられる帯状の模様。「繰形(くりかた)」ともいう。

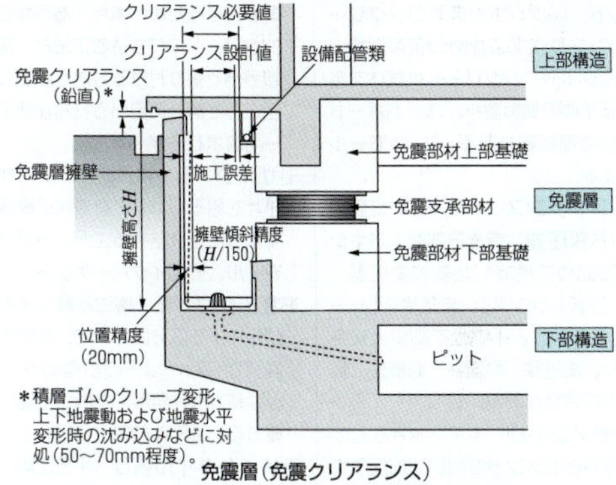

免震層（免震クリアランス）

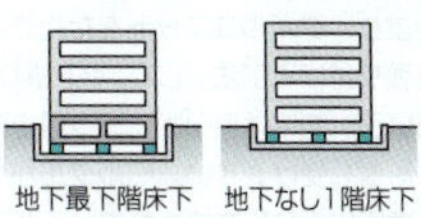

免震層の設置位置／基礎免震

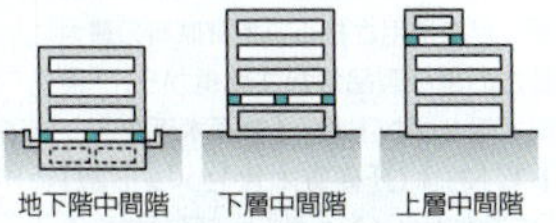

免震層の設置位置／中間階免震

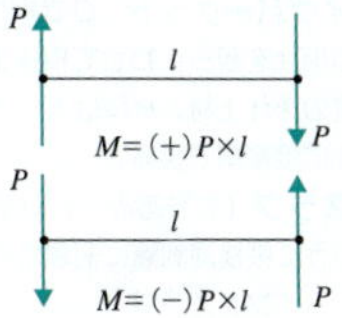

モーメント

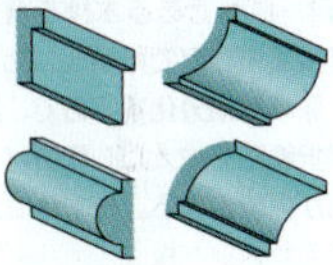
モールディング

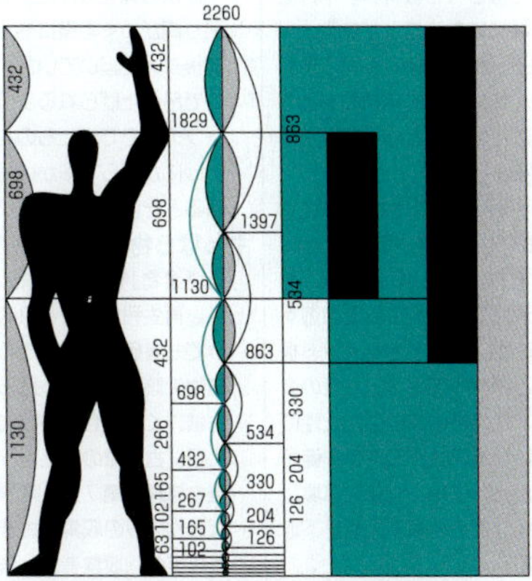

モデュール（ル・コルビュジエのモデュロール）

モールド　①プレキャストコンクリート(PC)を製作するための鋼製型枠。②モルタルやコンクリート供試体を製作するための鋼製型枠。ハードボードあるいは厚紙製もある。③ ⇨モールド変圧器

モールドトランス　⇨モールド変圧器

モールド変圧器　巻き線部をエポキシ樹脂で固めて絶縁した乾式変圧器。「モールドトランス」、また単に「モールド」ともいう。不燃性で防災上安全であり、高絶縁、耐湿性、低損失、軽量などの特徴がある。

木質系セメント板　木毛、木片などの木質原料とセメントを用いて加圧形成した板状の材料で、壁、床、天井、屋根などに使用される。木質原料の最大長さおよび製品のかさ比重から、「硬質木毛セメント板」「普通木毛セメント板」および「硬質木片セメント板」「普通木片セメント板」とに区分される。JIS A 5404

木質材料　原料である木材を細分化し、これを接着剤などで再構成した材料の総称。原料を細分化するので、原料木材の選択範囲を拡大し、低質材、廃材の利用が可能となる。→木片セメント板、木毛セメント板

木片セメント板　木片および木材小片とポルトランドセメントとを混合し、圧縮成形して得られる板材料。木片を含むが難燃材料であることが特徴。

木(杢)目（もくめ）木材の表面に現れる年輪模様。特に装飾的価値のあるものを「杢目」または「杢」と称して区別する場合もある。

木毛セメント板　木毛(木材を長さ10～30cm、幅3.5mm、厚さ0.3～0.5mm程度の繊維方向に長く削ったもの)とセメントを混ぜて圧縮成形して製造する板。JISでは、難燃木毛セメント板(難燃2級)と断熱木毛セメント板の2種類がある。この板の特徴は防火性にあり、そのほか断熱性、吸音性を備えていることから、工場、立体駐車場、スポーツ施設などの屋根下地や壁下地に使用される。

木れんが　①コンクリート面に木材を取り付けるための木片。あらかじめコンクリートに打ち込む工法と、後から接着剤で張り付ける方法とがある。②主として舗装に用いるれんが状の木塊。→防腐木れんが

モザイク　石、陶磁器、ガラスなどの小片を組み合わせ、壁や床に模様を表すように張り詰めること。→モザイクタイル、モザイクパーケット

モザイクタイル　陶磁器質タイルの呼び名による区分の一つで、平物の表面面積が$50cm^2$以下の小型のタイル。形は長方形、角形、丸形、特殊形と多種ある。JIS A 5209

モザイクタイル張り　平らで均一に塗られたモルタル下地に張付けモルタルを塗り、タイルユニットをたたき込んで張り付ける工法。「ユニット張り」ともいう。能率は良いが、塗り置き時間の影響も受けやすい。モルタルがタイル裏足に十分に充填されているか確認が必要。→タイル工事(表·293頁)

モザイクパーケット　ひき板や単板などの小片を組み合わせて模様張りした木質の床仕上材。板厚は6～9mmで、下地に接着剤で張る。

餅網スラブ（もちあみー）鉄筋が餅網のように縦横同間隔に配置されたスラブ。→ベンドスラブ

もっこ　筵(むしろ)や縄で編んだ網に吊り下げ用の縄を付けた土砂などの運搬具。吊り綱がつくる環にもっこ棒を通し、前後二人で担いでいた。現在はクレーンで吊り上げられるようにワイヤーロープの網でできたものを用いており、土砂にかぎらず細かい材料をまとめて吊るときにも使用している。

もっぱら物　「専ら再生利用の目的となる廃棄物」を略して「もっぱら物」という。再生利用が行われているものであっても有価で売却できるもの以外は廃棄物に該当し、もっぱら物としては、古紙、くず鉄(古銅等を含む)、あきびん類、古繊維の4品目が該当する。廃棄物処理法第7条、第14条では、もっぱら物のみの収集運搬または処分を行う既存の回収業者は、法律上の許可が不要とされている。

既調合モルタルの種類・用途

種　類	呼び名	塗り厚	用　途
セメント系下地調整塗材（2種）	C-2	1〜3mm程度	•内外壁の全面下地調整 •目違い、気泡穴埋め程度の下地調整
セメント系下地調整厚塗材（2種）	CM-2	3〜10mm程度	•内外壁の全面下地調整 •部分的な不陸調整

モルタル塗りにおける砂（骨材）の粒度

粒度（質量百分率）		適用箇所等
5mmふるい通過分 0.15mmふるい通過分	100% 10%以下	下塗り、むら直し、中塗り、ラス付け用、床モルタル用
2.5mmふるい通過分 0.15mmふるい通過分	100% 10%以下	上塗り

モルタル塗りにおける吸水調整材の品質

項　目	品　質	試験方法
外　観	粗粒子、異物、凝固物等がないこと。	日本建築仕上学会規格M-101（セメントモルタル塗り用吸水調整材の品質規準）による。
全固形分	表示値±1.0%以内。	
吸水性	30分間で1g以下。	
標準状態	著しいひび割れおよび剥離がなく、接着強度が$1.0N/mm^2$以上で、界面破断が50%以下であること。	
熱冷繰返し抵抗性		
凍結融解抵抗性		
熱アルカリ溶液抵抗性		

モルタル塗りにおける調合（容積比）

下　地	施工箇所		下塗り ラス付け	むら直し 中塗り	上塗り	
			セメント：砂	セメント：砂	セメント：砂	混和材
コンクリート コンクリートブロック れんが	床	仕上げ	−	−	1：2.5	−
		張物下地	−	−	1：3	−
	内壁		1：2.5*	1：3	1：3	適量
	外壁、その他（天井の類を除く）		1：2.5	1：3	1：3	−
ラスシート メタルラス	内壁		1：2.5*	1：3	1：3	適量
	外壁		1：2.5	1：3	1：3	−
コンクリート コンクリートブロック	建具枠回り充填、ガラスブロックの金属枠回り充填		セメント1：砂3 雨掛り部分は防水剤および必要に応じて凍結防止剤入りとする。 ただし、塩化分を主成分とする防水剤または凍結防止剤は用いない。なお、モルタルに用いる砂の塩分含有量は、NaCl換算で0.04%（質量比）以下とする。			

＊内壁下塗り用軽量モルタルを使用する場合は、細骨材を砂に替えてセメント混和用軽量発泡骨材とし、塗厚を5mm以内とすることができる。

モルタル塗りにおける各工程の塗り厚

（mm）

下　地	施工箇所	下塗りまたはラスこすり	むら直し	中塗り	上塗り
コンクリート コンクリートブロック	床	−	−	−	25
	内壁 外壁、その他	6	0〜6	6	3〜6
メタルラス ワイヤーラス 鉄板ラス 溶接金物	内壁	ラス表面より1mm内外厚くする。	0〜6	6	3〜6
	天井・庇		−	6	3〜6
	外壁、その他		0〜9	0〜6	6

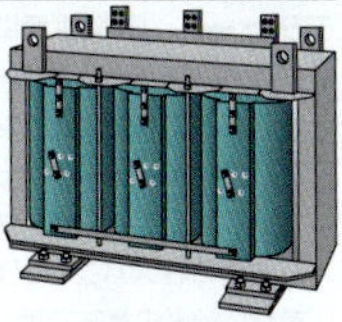

モールド変圧器

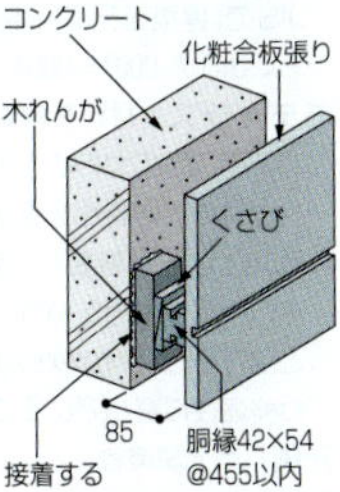

RC造に合板張り

木れんが

もっこ

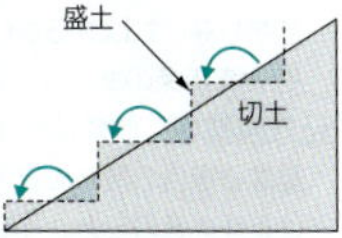

盛土・切土

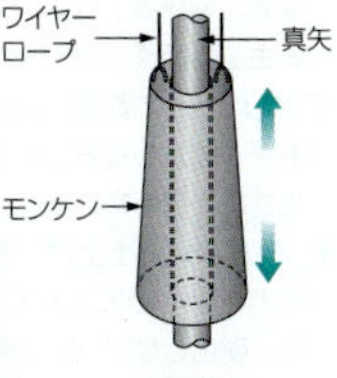

真矢用

モンケン

モデュール　建築生産における基準となる寸法。単位となる一つの寸法(例えば1m、1,820mmなど)をいう場合と、何らかの法則によって定められた寸法(オフィスのデスクレイアウトから決まる柱スパンなど)をいう場合があり、後者の意味で用いることが多い。建築の工業化を合理的に進めるために、JISで「建築モデュール」と規定している。JIS A 0001～0004 (図·489頁)

モデュラス　材料を伸ばしたときに生じる引張り応力のことで、弾性シーリング材などの特性を表す。50%モデュラスとは、材料を1.5倍に伸ばしたときの引張り応力をいう。低モデュラスとは、その材料が軟らかいか、もしくわ伸縮性に富んでいることを表す。

元請　⇨元請業者

元請負　⇨元請業者

元請負人　⇨元請業者

元請業者　工事発注者と契約して直接工事を請け負う業者。多くはゼネコンがなる。元請業者は発注者の書面による承諾なしに一括して第三者に下請負させることはできない(建設業法第22条)。「元請負」「元請負人」あるいは単に「元請」ともいう。

元方安全衛生管理者　統括安全衛生責任者を補佐し、災害防止に関する技術的事項を管理する者。実際に安全衛生面の管理を行うことから実務経験が必要となる。労働基準監督署長に選任報告をしなければならない。労働安全衛生法第15条の2

元方事業者　請負契約が二次、三次と重なる場合の最も先次の請負契約における注文者のこと。すなわち元請のことで、建設業と造船業においては「特定元方事業者」と呼ばれる。労働安全衛生法第15条 (表·493、495頁)

モノリシック構造　鉄筋とコンクリートを一体化したRC造のように、一体化された構造をいう。

モノリシック仕上げ　左官の床仕上工法の一種。躯体コンクリートの打込み後、硬化しないうちに表面を金鏝(かなごて)で仕上げ、モルタル塗りを省略する方法。「一発仕上げ」ともいう。→トロウェル

モノレールホイスト　固定されたレール(Iビームなど)に沿って横行するトロリー装置にホイストが懸架されたものをいう。クレーン等安全規則ではクレーンに分類され、「テルハ」と呼ばれる。建築工事では外部に設置して外壁カーテンウォールなどの取付け工事に用いたり、建物内部の吹抜け開口上部に設置して資材揚重などに使用される。→ホイスト、クレーン(表·139頁)

母屋（もや）垂木(たるき)を支える小角材。→軸組構法(図·209頁)

模様替え　建物の用途変更や経年変化への対応のため、建物の仕上げ、造作や家具の配置などを変えること。一般には「改装」といわれるが、建物の主要構造部を変更しない範囲で行う。

盛り替え　①工事の進行にともない脚立足場の位置や足場の棚板を移し替えること。脚立足場の移動など。②コンクリート打込み後、サポートを取り除き、ほかのサポートに荷重を掛け替えること。③ガイデリックなどの施工機械の位置を移し替えること。

盛土（もりど）宅地造成、築堤などの工事で、現地盤の上に土を盛ること。また、埋戻しに際してGLよりも盛り上げた土をいう。(図·491頁) →切土(きりど)

モルタル　セメント、砂、水を練り混ぜた材料のうち、5mmを超える径の骨材が入っていないもの。仕上用、下地用、張付け用、保護用など用途は広い。「セメントモルタル」ともいう。

モルタル水分計　モルタルやコンクリート躯体表面の水分を測定する計測器。高周波式や直流電気抵抗式がある。コンクリートやモルタルの下地が乾かない状態での塗装、床Pタイル張り、クロス張り、防水施工などによる変色、剥離といった不具合を防止するために、適切な乾燥度であることを確認する目的で使用される。

モルタル塗り　セメントと砂、水を混練したものを、床や壁に鏝(こて)で塗り伸ばすこと。建築各部の下地、仕上げとして広く用いられる。モルタルは収

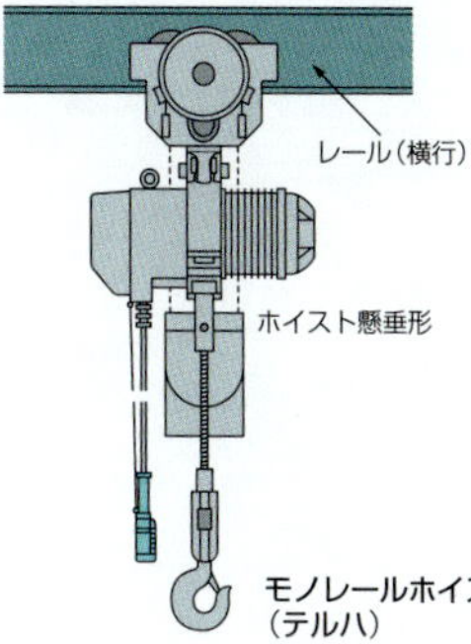

モノレールホイスト
(テルハ)

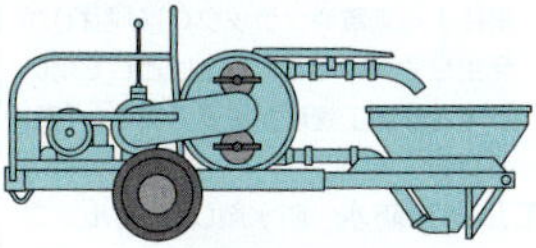

モルタルポンプ

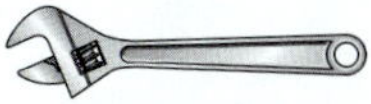

モンキーレンチ

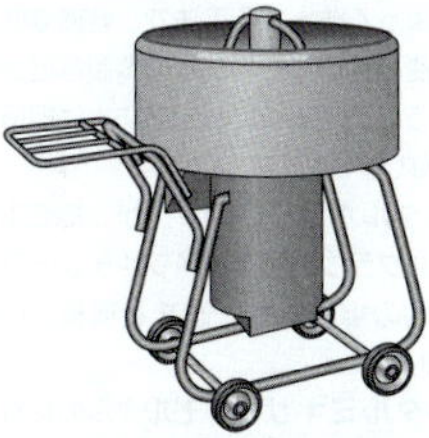

モルタルミキサー(回転翼式)

特定元方事業者等に関する特別規制

		危険箇所	危険防止措置
土砂等が崩壊するおそれのある場所		安衛則 第361条、第534条 ・地山の崩壊 ・土石の落下	・地山を安全な勾配にする ・落下のおそれのある土石を除く ・擁壁、山留め支保工を設ける ・雨水・地下水を排除する ・防護網を張る ・立入禁止とする
埋設物・擁壁等が損壊するおそれのある場所		安衛則 第362条 ・埋設物またはコンクリートブロック塀、擁壁、れんが壁	・補強・移設する
		安衛則 第362条 ・露出したガス導管の損壊	・防護(吊り防護、受け防護)する ・移設する
[*1]基礎工事用機械	転倒のおそれ	安衛則 第157条 ・路肩、傾斜地	・路肩の崩壊防止 ・地盤の不同沈下防止 ・誘導員の配置
		安衛則 第173条 ・軟弱地盤	・敷板・敷角等を使用
		安衛則 第173条 ・作業構台	・耐力を確認・補強
	感電のおそれ	安衛則 第349条 ・充電電路近接場所	・充電電路の移設 ・感電防止の囲い ・絶縁用防護具の装着 ・監視人を配置し監視(上記3項目の措置が困難な場合)
移動式クレーン	転倒・転落のおそれ	クレーン則 第70条の3 クレーン則 第70条の4 ・軟弱地盤 ・法肩 ・埋設物その他地下工作物	・広さおよび強度を有する鉄板等[*2]の使用 ・鉄板等の中央でアウトリガーの設置、使用
	感電のおそれ	安衛則 第349条 ・充電電路近接場所	・充電電路の移設 ・感電防止の囲い ・絶縁用防護具の装着 ・監視人を配置し監視(上記3項目の措置が困難な場合)

注) 安衛令:労働安全衛生法施行令/安衛則:労働安全衛生規則/クレーン則:クレーン等安全規則

*1 基礎工事用機械:安衛令別表第7−3号にあげるものと、杭打ち機、杭抜き機。

2 「鉄板等」には敷板、敷角が含まれる。

縮による剥離やクラック(ひび割れ)が発生しやすいので、仕上げとして用いる場合は施工管理が重要である。(表・491頁)

モルタル防水　防水剤(塩化カルシウム、アスファルト、水ガラス、合成樹脂等)を混合したモルタルを塗ることによって防水する工法で、軽微な防水に使われる。モルタルの亀裂などが生じることが多く、完全な防水は期待できない。

モルタルポンプ　練り上がったモルタルやグラウト材をパイプやチューブで目的の場所まで圧送する機械。(図・493頁)

モルタルミキサー　モルタルの材料をかくはんするための機械。回転翼式のものが一般的。(図・493頁)

モンキー　⇨モンキーレンチ

モンキースパナ　⇨モンキーレンチ

モンキーレンチ　ナット(ボルト)をつかむ「あご」の幅をウォームギアによって自由に変えられるレンチの一種。一本で複数のサイズのボルトを回せるが、ギア機構のためガタが発生し、ボルトを傷めやすい。またレンチ頭部が大きいため、狭い場所では使いにくい。「モンキースパナ」「自在スパナ」、単に「モンキー」ともいう。(図・493頁)

モンケン　杭打ち工事で杭を打ち込むために用いるおもり。このモンケンをウインチなどを使って巻き上げ、落下させて杭を打ち込む。「ドロップハンマー」ともいう。(図・491頁)

特定元方事業者が行うべき措置

労働災害防止活動項目	労働災害防止措置
安衛則 第635条 協議組織の設置および運営 ・特定元方事業者とすべての協力会社が参加する協議組織を設置する ・会議は定期的に開催する	・統括（元方）が召集する ・元請の工事担当者およびすべての協力会社の安全衛生責任者を網羅する ・工程・作業間の連絡調整・安全対策を協議する
安衛則 第636条 作業間の連絡および調整 ・特定元方事業者と協力会社の間 ・協力会社相互間	・毎日の安全作業打合せ、安全指示等、工程と合わせて連絡調整を行う
安衛則 第637条 作業場所の巡視 ・毎作業日に１回行う	・法令違反の是正指示 ・連絡調整および指示事項等の確認 ・提供している設備等の注文者としての責務
安衛則 第638条 協力会社が行う安全、衛生教育に対する指導および援助 ・教育を行う場所の提供、使用する資料の作成	・教育を行うための講師の派遣、施設の提供、教育資料の提供等
安衛則 第638条の3 計画の作成 ・工程計画および機械・設備等の配置計画の作成 ・機械・設備の使用に関する指導	
安衛則 第639条 クレーン等の運転についての合図の統一	・クレーン・移動式クレーン・デリック・簡易リフト・建設用リフト ・運転についての合図を統一し、その標識等（図表）を見やすい位置に掲示し、周知させる
安衛則 第640条 事故現場等の標識の統一等	・潜函の作業室・気こう室・有機溶剤・酸欠 ・事故現場に表示し、必要以外の者は立入禁止にする
安衛則 第641条 有機溶剤等の容器の集積箇所の統一	・塗料・防水剤等で有機溶剤を含有するもの、およびその容器（充、空とも）を集積する箇所を決め、周知させる
安衛則 第642条 警報の統一等	・発破・火災・土砂崩壊・出水・なだれの発生またはおそれのある場合
安衛則 第642条の3 周知のための資料の提供等	・協力会社が行う新規入場者教育（作業状況、作業相互の関係等）を周知するための場所・資料の提供等の援助を行う

注1）安衛令：労働安全衛生法施行令／安衛則：労働安全衛生規則
　2）統括：統括安全衛生責任者／元方：元方安全衛生管理者／協力会社：関係請負人

や

矢板　根切り工事において、掘削する周囲の土壁が崩れないように押さえる土止め板。木製、鉄筋コンクリート製および鋼製などの材料からなり、掘削前にあらかじめ地盤中に連続して打ち込む場合と掘削しながら取り付ける場合とがある。

屋形天井（やかたてんじょう）⇨舟底天井

焼付け塗装　金属板に塗装を施し、高温で強制乾燥させる塗装方法で、耐熱、耐汚染、耐候性に優れる。アクリルエナメル系は鋼製、アルミ製建具などに、メラミンアルキド系は空調器具、電気器具などに用いられ、ほかにエポキシ系、フッ素系などもある。

薬液注入工法　地盤改良工法の一種。軟弱地盤の硬化改善と湧水、漏水防止を目的として、けい酸ソーダなどの混合液や合成樹脂系の薬品類を土層に注入する工法。

役物（やくもの）タイル、金物などで特殊な箇所に用いたり、特殊な寸法、形状をもつものなど、標準的な形状をした平物（ひらもの）とは異なる形のもの。例えばタイルの出隅や入隅用のもの、切り欠きのあるもの、瓦の隅瓦、谷瓦、鬼瓦などがある。「曲者（くせもの）」ともいう。

野帳（やちょう）土地および建物の測量結果を野外で記入することを想定した、縦長で硬い表紙の付いた手帳。雨天に備えて防水加工が施された表紙やビニルカバーの付いたものなどもある。

やっとこ　杭打ちの際、杭天端（てんば）が地中にもぐるまで打ち込む場合に用いる鋼製の仮杭のことで、正式には「雇い杭」という。所定の深さまで打ち込んだらすぐに引き抜く。（図・499頁）

やっとこ打ち　杭頭（くいとう）が地面下に沈んだとき、地表面から杭頭にやっとこ（鋼製の仮杭）を載せて打ち込む方法。（図・499頁）

雇い杭　⇨やっとこ

屋根　建物の上部を覆う構造物。形状は陸（ろく）屋根、切妻、寄棟（よせむね）、入母屋（いりもや）、マンサード、ドームなど、その建物の機能性、意匠性により多岐にわたる。

屋根工事　母屋（もや）や垂木（たるき）を使ったり、トラスを使って屋根の構造体をつくり、そこに屋根の断熱遮音工事を行って、最終的に屋根の表面を瓦葺き、金属板葺き、スレート葺きなどで葺く工事をいう。

屋根勾配（やねこうばい）水平面に対する屋根面の傾斜の度合いをいう。通常は4/10、5/10などのように、分数形式（高さ／水平距離）で表記する。また、水平距離1尺（10寸）に対する高さを寸で表し、4寸勾配、5寸勾配のように呼ぶことも多い。

破れ目地　⇨馬目地

山が来る　山留めが土圧で崩壊したり法（のり）勾配が急すぎたために、根切り周囲の地盤が掘削した部分に崩れてくることをいう。

山形鋼　⇨アングル

山砂利　山から採れる砂利をいう。川砂利や海砂利に対して呼ばれる言葉。→川砂利

山砂　山地、丘陵、台地など陸地部の洪積堆積土で、建設用材料として採取される砂質に富んだ土の総称。泥分が多く、おもに埋戻し用に使われる。→海砂、川砂、粒度特性（表・521頁）

山留め　掘削の際に周囲の地盤が崩れないように、矢板またはせき板で土を押さえること。土圧が大きい場合は、それを腹起し、水平梁などを組んだ支保架構で支える。→土止め

山留め壁工法　地下構築物を施工するに当たり、掘削側面に壁を設けて保護し、周囲の土砂の崩壊、流出を防止する山留め工法の一つ。支保工のあるものとないものがある。（図表・497、499頁）

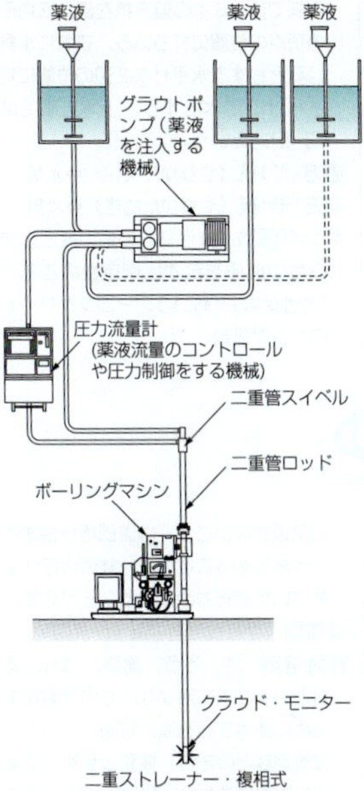

薬液
薬液
薬液
グラウトポンプ（薬液を注入する機械）
圧力流量計
（薬液流量のコントロールや圧力制御をする機械）
二重管スイベル
二重管ロッド
ボーリングマシン
クラウド・モニター
二重ストレーナー・複相式

薬液注入工法

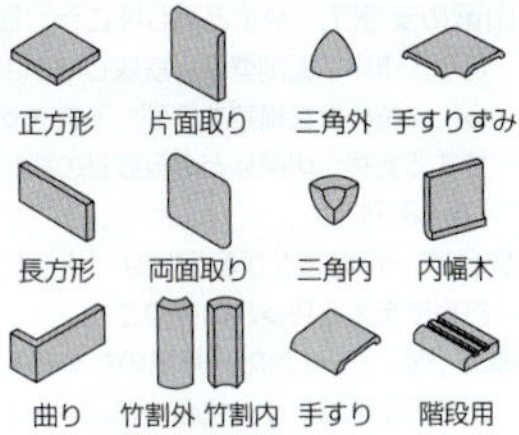

正方形
片面取り
三角外
手すりずみ
長方形
両面取り
三角内
内幅木
曲り
竹割外
竹割内
手すり
階段用

役物

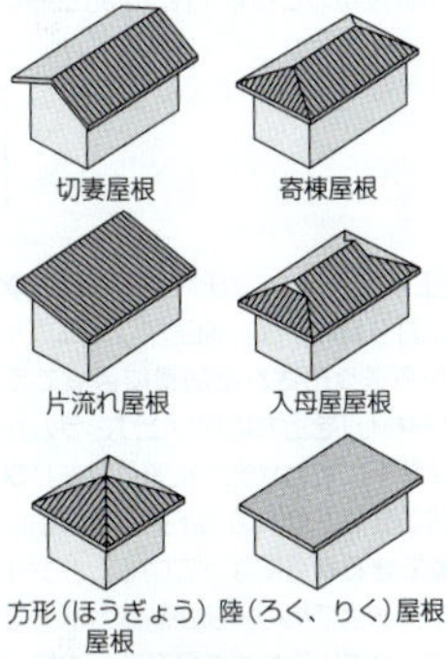

切妻屋根
寄棟屋根
片流れ屋根
入母屋屋根
方形（ほうぎょう）屋根
陸（ろく、りく）屋根

屋根の形状

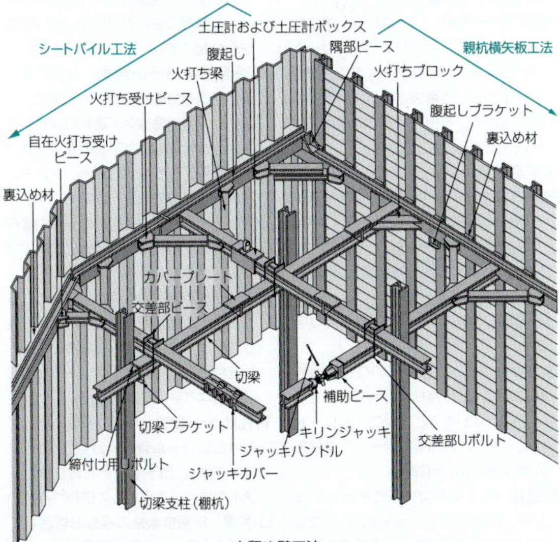

シートパイル工法
親杭横矢板工法
土圧計および土圧計ボックス
隅部ピース
腹起し
火打ち梁
火打ちブロック
火打ち受けピース
腹起しブラケット
自在火打ち受けピース
裏込め材
裏込め材
カバープレート
交差部ピース
切梁
補助ピース
切梁ブラケット
キリンジャッキ
交差部Uボルト
ジャッキハンドル
締付け用Uボルト
ジャッキカバー
切梁支柱（棚杭）

山留め壁工法

山留め支保工（やまどめしほこう）根切り工事中に掘削壁面が崩壊しないように山留め壁を構築するが、それを支持する支柱、切梁などの仮設材の総称。（表·501頁）

やらず　足場などが転倒しないように斜めに支える突っかい棒のこと。

遣方（形）（やりかた）基礎のための掘削を行うに当たり、柱心、壁心、水平位置などを示す目的で建物四隅に設ける仮設物のことで、「とんぼ」ともいう。四隅では、3本の遣方杭を直角三角形の頂点の位置に打ち込み、これに水貫（みずぬき）と称する水平材を2辺の位置に打ち付けて定木とする。土木工事では「丁張り」という。

遣方（形）杭（やりかたぐい）⇨水杭

遣方（形）貫（やりかたぬき）⇨水貫

ヤング係数　弾性材料の応力度とひずみ度の関係を示す比例定数のこと。「弾性係数」ともいう。→コンクリートのヤング係数

ゆ

ゆ

油圧ハンマー　油圧を利用した打撃式杭打ち機の一種。油圧パワーユニットから送り出される油量によってラム（おもり）を上方に押し上げ、ラムが自由落下に近い状態で杭頭（くいとう）を打撃し施工する。ラムの落下高さを自由に調整できる構造になっている。ハンマー部分および杭の一部が防音カバーで密閉されているため低騒音で、油煙の飛散もない。（図·501頁）

油圧ブレーカー　コンクリート構造物の解体などで使用されるコンクリート塊の破砕機。バックホーなどにアタッチメントとして着装される。騒音と振動が大きく、市街地などでの使用には不向きである。（図·501頁）

油圧変圧器　⇨オイルトランス

誘引ユニット　一次空気を流すノズルと誘引気流を通す二次コイル、フィルターを組み合わせ一体化した小型の空調機。「インダクションユニット」ともいう。（図·501頁）

U形側溝（ゆうがたそっこう）⇨U字溝

Uカット　コンクリートのひび割れ補修に際し、ひび割れに沿って表面をU字形にカットすること。コンクリートをカットした溝部分にシーリング材を充填する。（図·503頁）

有価物　他人に有償売却できるものをいい、廃棄物には当たらない。ただし、名目を問わず処理料金に相当する金品の受領がないこと、譲渡価格が合理的な価格であることなど、経済合理性に基づいた適正対価であることが必要。

有機則　⇨有機溶剤中毒予防規則

有機溶剤　油、ろう、樹脂、ゴム、塗料といった水に溶けないものを溶かすために使用する石油、灯油、シンナー、接着剤などの総称。揮発しやすく工業的な用途に使われ、扱い方によっては有害となり、高濃度を扱うと急性中毒に、低濃度でも長期間吸うと慢性中毒を引き起こす。

有機溶剤中毒予防規則　有機溶剤の安全基準を労働安全衛生法に基づいて定めた厚生労働省令。通称「有機則」ともいう。水に溶けないものを溶かすために使用する石油、灯油、シンナー、接着剤などの有機溶剤は揮発しやすく、扱い方によっては有害となって中毒を引き起こすため、その扱いについて諸規定が定められている。

有効断面積　部材断面積のなかで、応力伝達、剛性評価上有効な面積。引張りを受ける部材では、接合部でボルト孔を控除した断面積、ボルトのねじ部断面積などを指す。

有孔ヒューム管　片面に多数の小孔をあけたヒューム管（遠心力鉄筋コンクリート製）。地下水位を低減させたり湧水の排水処理用として使われる。

U字溝　路面排水路の構成部材として用いられる、U字形の断面をもつプレ

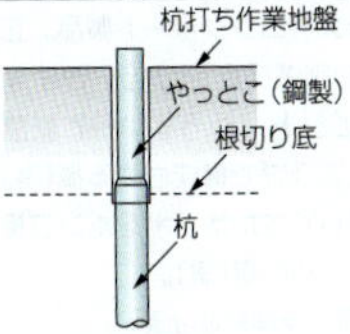

やっとこ打ち

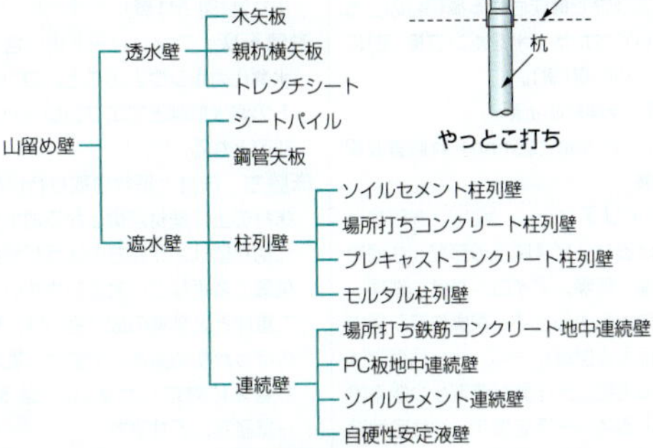

山留め壁の種類

おもな山留め壁工法の特徴

工法	特　徴	概念図
親杭横矢板工法	• H形鋼などの親杭を1m前後の間隔に打ち込み、掘削しながら親杭の間に木矢板を挿入する工法。 • 山留め壁としては最も安価で、短工期。 • 単杭なので地中障害物が点在していても、避けて打込みが可能。 • 遮水性がないので、地下水位が高い場合には水替え工法が必要。 • 横矢板挿入のため、山留め壁背面の地盤が緩む。	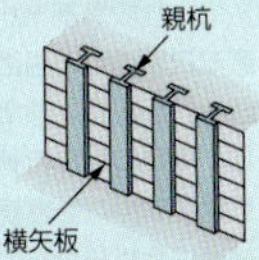
シートパイル工法	• 鋼製矢板のジョイント部をからみ合わせながら、連続して打ち込む工法。 • 鋼材なので強度上の信頼性が高く、ジョイント部の施工が確実であれば遮水性も良い。 • 打撃工法、バイブロ工法ならば作業効率が良く経済的。 • 引き抜いて転用すればコスト安。 • 打撃工法は騒音、振動が高く、市街地での施工は困難。 • 礫層などの硬質地盤では施工が困難。	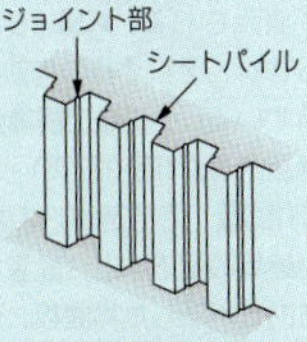
ソイルセメント柱列壁工法	• 土中でかくはん翼が付いたシャフトを回転させながらセメントミルクなどの硬化材を投入して、原位置土と混練して、ソイルパイルを形成。応力材としてH形鋼を挿入し、柱列状の山留め壁を構築する工法。 • 低騒音、低振動で施工可能。 • 応力材の種類、ピッチに応じて強度と剛性が調整できる。 • 遮水性が高い。 • 周辺地盤の沈下が比較的少ない。	
場所打ち鉄筋コンクリート地中連続壁工法	• 安定液を使用して地盤に長方形断面の穴を掘り、鉄筋を組んだ籠を挿入し、コンクリートを打ち込んで土中に鉄筋コンクリートの壁を構築する工法。 • 低騒音、低振動で施工可能。 • 剛性が高く、周辺地盤への影響は少ない。 • 山留め壁としての信頼性が高く、遮水性が良い。 • 鉄筋コンクリート造なので、地下外壁や杭としても利用できる。 • 壁厚、配筋量を調節でき、強度、剛性の自由度が高い。	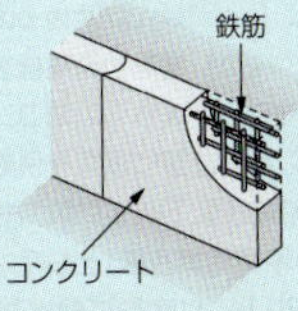

キャストコンクリート製品。正式には「U形側溝(そっこう)」という。JIS A 5361

湧水ピット（ゆうすい—） 底盤と地中梁とスラブで構成される槽(室)のうち、浸透してきた地下水をポンプ槽(室)に導くための槽(室)。

融雪剤 ⇨凍結防止剤①

UT [ultrasonic testing] ⇨超音波探傷試験

ユーティリティー ①住宅、病院などにおけるサービス関係の部屋。住宅では洗濯、乾燥、アイロンがけ、整理・収納などを中心とする家事作業が集中して行える部屋(コーナー)、病院では患者の汚物処理作業が清潔かつ能率的に行えるスペースを指す。②住宅地開発の場合、電気、ガス、上下水道、電話などのサービス施設をいう。

誘導灯 火災などの災害発生時に避難する場合の道しるべとなる照明器具で、消防法により設置基準が定められている。避難口誘導灯、通路誘導灯および客席誘導灯があり、通常は常用電源で点灯し、停電の際に自動的に非常電源に切り替えて点灯を継続する。告示などの基準に合格したものは認定マークが表示される。A級、B級、C級に区分され、それぞれの有効範囲が規定されている。→避難口誘導灯(図·413頁)、通路誘導灯(図·317頁)

誘導標識 通路誘導灯の設置を要しない建物の廊下などに設置される、避難方向を明示した標識板。消防法により設置基準が定めらている。

Uトラップ 横排水管に取り付けるU字形のトラップ。→排水トラップ(図·389頁)

誘発目地 ⇨ひび割れ誘発目地

Uバンド 配管を架台に固定するための金属製平帯状の金具。その形状よりUバントと呼ばれている。(図·503頁)

UPS [uninterruptible power supply system] 電池や発電機を内蔵し、停電時でもしばらくの間コンピュータなどの電子機器に電気を供給する装置。瞬時電圧低下防止対策にも用いられる。「無停電電源装置」とも呼ばれる。

Uボルト U字形に曲げた両端にねじをもつボルト。おもに配管の固定や山留め支保工(しほこう)の切梁固定などに使用する。→山留め壁工法(図·497頁)、横走り管(図·511頁)

遊離石灰 コンクリート中に含まれる水酸化カルシウムのこと。コンクリートの漏水部などでエフロレッセンスの原因となる。

床勝ち 床材と壁材の取り合い部分で、床材の上に壁材が乗っかる納まり。間仕切り壁は、床勝ちのほうが間仕切り位置の変更などに対応しやすい。一方、二重床と区画壁の取り合いは、壁勝ちのほうが空調領域の分割や二重床の取り替えに対応しやすい。(図·503頁) →壁勝ち、天井勝ち

床組 床仕上材を直接支持する下地材の根太(ねだ)以下の骨組部分。床組には、1階の地盤に近い床と、2階以上の高い場所の床とがある。1階床組には束(つか)立て床と転ばし床とがあり、2階床組には根太床(単床)、梁床(複床)、組み床などがある。(図·503頁) →軸組構法(図·209頁)

床鋼板（ゆかこうはん） ⇨デッキプレート

床下防湿層 床下に湿気が上がってこないように、土間スラブ下に防湿シート(ポリエチレンフィルム0.15mmなど)などを敷いてある層のことをいう。(図·505頁)

床衝撃音遮音性能 床が階下に伝わる固体音を遮断する能力のことで、呼びL値で表す。また、床の遮音性能は、重量衝撃音と軽量衝撃音とに分けて考える。(表·505頁)

床暖房 ⇨フロアヒーティング

床束（ゆかづか） 木造建築の1階床を支える垂直材で、大引きを受ける。間隔900mmに設けられる。→軸組構法(図·209頁)

床付き布枠 枠組足場を構成する材料の一種。建枠に渡して歩行を可能にした足場板(鋼製)付きの布枠。(図·505頁)

床鳴り 木造組の床を歩行した際に発生するきしむ音のこと。床下地材の種類、寸法、間隔、固定方法、木材の乾

おもな山留め支保工の特徴

工法	特　徴	概念図
自立工法	•作業空間が広くとれるので、掘削、躯体工事の作業性が良い。 •支保工材料が不要なので経済的。 •大平面では有利。 •深い掘削には適用できない。 •根入れが長くなり、場合によっては支保工を架けたほうが山留め工事費は安くなる。 •変形が大きくなり、周辺への影響がでやすい。	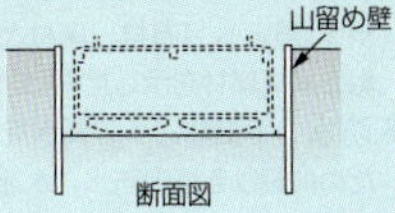
格子状切梁工法	•鋼製のシステム化されたリース材を使用すれば、架払いが容易。 •工事費が安い。 •一般的に使われており、施工・管理に習熟している。 •作業空間が制約され、躯体、掘削工事の能率が落ちる。 •平面形状が複雑で、不整形な掘削では強度上の弱点が生じやすい。 •大平面の掘削には不適。	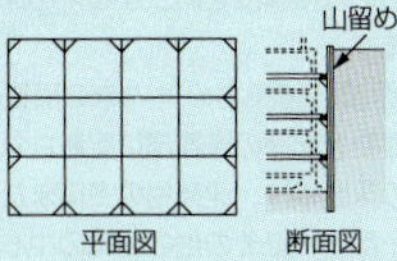
集中切梁工法	•リース材で組み立てるので、架払いは比較的容易。 •格子状切梁同様よく使われており、施工・管理に習熟している。 •格子状切梁よりも切梁間を大きくでき、掘削などが容易。 •平面形状が複雑で不整形な建物では、強度上の弱点が生じやすい。 •特殊な部材が必要になる場合がある。	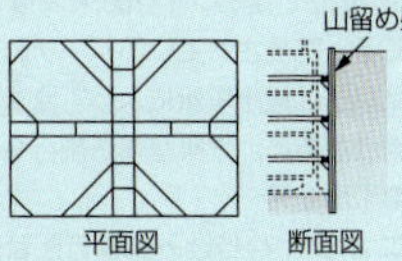
地盤アンカー工法	•作業空間が広くとれるので、掘削、躯体工事の作業性が良い。 •アンカー耐力が事前に確認でき、プレストレスをかけることにより、山留め壁の変形を抑えることができる。 •大平面の掘削に有利。 •掘削面積が狭いと割高である。 •敷地内にアンカーが打てるだけの余裕があるか、近隣の敷地内にアンカーを打つことに対する同意が必要。	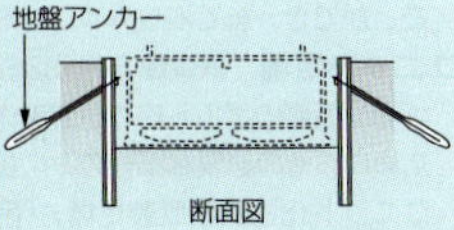
タイロッドアンカー工法	•作業空間が広くとれるので、掘削、躯体工事の作業性が良い。 •大平面掘削の場合は経済的。 •敷地周辺に10mくらいの余裕が必要。 •1段しか支保工が架けられないので、比較的浅い掘削に向く。 •控え杭のほかにコンクリート製の梁やブロックを用いる場合もある。	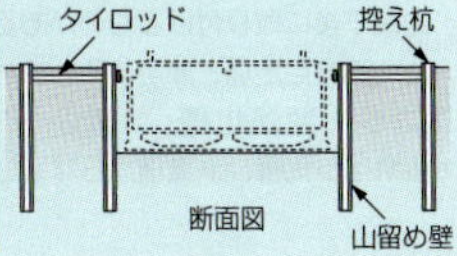

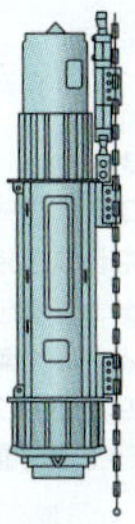

油圧ハンマー

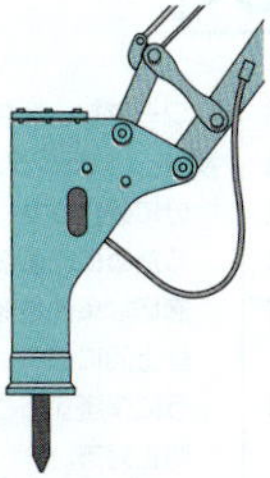

油圧ブレーカー

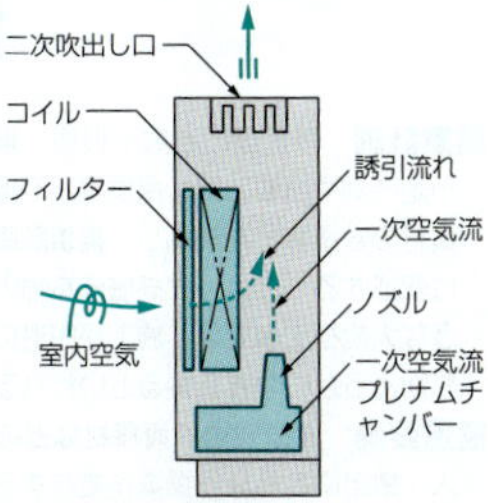

誘引ユニット

燥・収縮、接着剤など複数の要因が複合して起きる場合が多い。

床伏図（ゆかぶせず）土台、大引き、根太(ねだ)、火打ち材、床材といった床組の構成部材を示した平面図。

床防水　下階などへの漏水を防止するために設ける屋内防水。水を使用する設備機械室やコンピュータを使用する部屋の上階などには、漏水による下階での水損事故を防止するため床防水を施す。

床面積　建築物の室内床の面積をいう。建物登記簿の表題部に記載される建物の床面積は、建築物の各階またはその一部で、壁その他の区画の中心線で囲まれた部分の水平投影面積を指す。m^{2}単位で定め、1/100未満は切り捨てる。開放されているポーチ、ピロティなどは運用解釈によって含まれない場合がある。建築基準法施行令第２条第１項３号

ユニオン　ねじ込み式鋼管配管継手の一種。管を回転することなく接合することができ、後で取り外すことも可能。

ユニット足場　鉄骨建方(たてかた)の際、ジョイント部のボルト締めや溶接作業のために、その必要な部分のみに掛けるユニット化された既製足場。「吊りかご足場」ともいい、地上であらかじめ鉄骨部材に取り付けておくものと、建方終了後に取り付けるものがある。また、建方用足場と兼用するものもある。

ユニット型浄化槽　嫌気(けんき)ろ床槽、接触ばっ気槽、消毒槽からなるし尿浄化槽で、工場で製品化または半製品化し、現場で組立てまたは据付けを行う形のもの。機器の据付け、流入管・流出管の接続で工事が完了するので工期短縮が可能。

ユニットタイル　タイルの表面に台紙を貼り、30cm角ほどのユニットにして張付けを行うタイル。台紙は張付け完了後、水湿しをしてはがす。モザイクタイルや50角タイルなど比較的小さいタイルに用いられる。

ユニット通気管　⇨共用通気管

ユニットバス　バスルームユニットの略。浴槽、洗面器、便器、換気設備、電気設備などを工場で一体に組み込んでユニット化したもの。住宅、ホテルでなどで使用される。

ユニット張り　⇨モザイクタイル張り

ユニットヒーター　加熱器と送風機を一体とした暖房装置。工場の暖房によく使われ、温風が下に出る縦型と、水平方向に出る横型がある。（図・505頁）

ユニバーサルデザイン　年齢、性別、身体的状況、国籍、言語、知識、経験などの違いに関係なく、すべての人が使いこなすことのできる施設、製品や環境などのデザインを目指す考え方で、７つの原則（公平性、自由度、簡単さ、明確さ、安全性、持続性、空間性）がある。バリアフリーが障害者、高齢者など特定の人々に対して障害を取り除くことに対して、可能なかぎりすべての人に対して使いやすくする考え方。

ユンボ　⇨バックホー

よ

揚重計画　揚重機の台数や機種、揚重予定時刻や所要時間、揚重場所や揚重資材の数量などを計画し、揚重計画表に記述すること。特に高層建築物のような大規模工事では、施工が円滑に進むかどうかのかぎを握るといわれる。

揚重設備　建築現場で資機材などの搬入、搬出にともなう揚重作業をするための設備。工事用のエレベーターやタワークレーンなどがある。

養生　①モルタルやコンクリートを十分に硬化させ、良好な性質を発生させるために、適度な水分、温度を与え、適切な条件を保つこと。②作業周辺、仕上面に損傷、汚染などが生じないように保護すること。③工事現場の危険防止対策。

養生温度　コンクリートに所要の強度

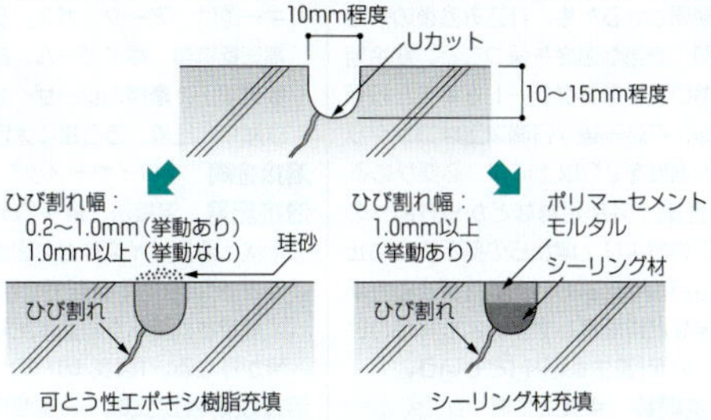

可とう性エポキシ樹脂充填

Uカットシーリング材充填工法

Uカット

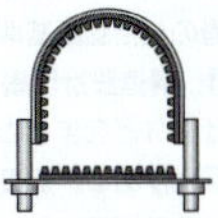

Uバンド

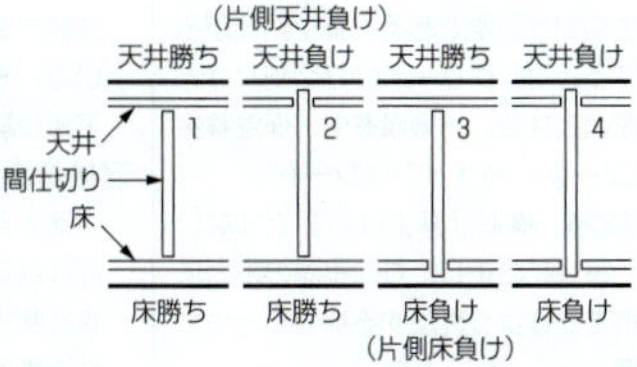

床勝ち

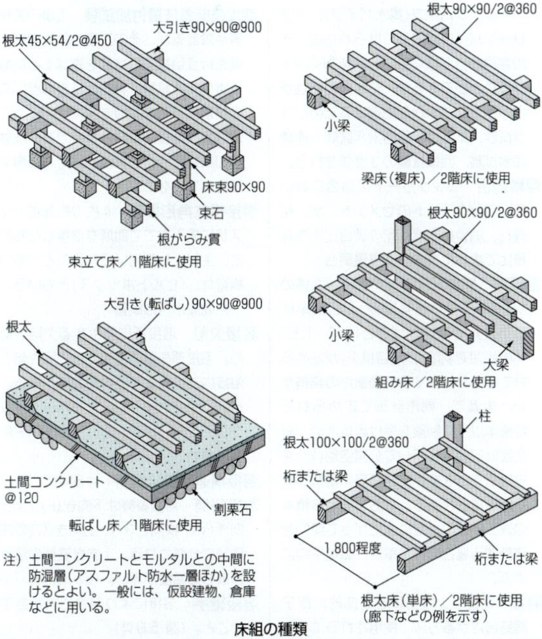

束立て床／1階床に使用

梁床（複床）／2階床に使用

組み床／2階床に使用

転ばし床／1階床に使用

根太床（単床）／2階床に使用
（廊下などの例を示す）

注）土間コンクリートとモルタルとの中間に防湿層（アスファルト防水一層ほか）を設けるとよい。一般には、仮設建物、倉庫などに用いる。

床組の種類

を発現させるため、打込み直後の一定期間、適当な温度を保つこと。寒冷期においてはコンクリートを寒気から保護し、打込み後5日間以上はコンクリート温度を2℃以上に保つ必要がある。

養生金網　外部足場などから外部への落下物および上階からの落下物を防止する目的で足場の外側に設置する金網。足場などに設置しやすいよう枠が付いたものを「養生金網枠」ともいう。

養生金網枠　⇨養生金網

養生期間　コンクリートを乾かすための期間。型枠解体を行うために適当な養生期間が必要である。養生期間が不足するとコンクリートのひび割れなどの原因となる。→湿潤養生、保温養生

養生シート　⇨メッシュシート

用心鉄筋　構造計算上は必要ではないが、亀裂を防止したり、不測の応力に抵抗できるよう付加する補強のための鉄筋。

揚水試験　さく井(井戸掘り)が終わり、ケーシングパイプ(揚水パイプ)、スクリーンパイプが取り付けられた後、その井戸からどれくらいの水量をくみ上げることができるか、帯水層の特性がどのようなものかを把握するために行う試験。試験は、段階揚水試験、連続揚水試験、回復試験の3種類を行う。

容積調合　コンクリートの調合において、コンクリートのセメント、水、粗骨材、細骨材、混和剤の調合比率を体積比で表したもの。→重量調合

容積率　敷地面積に対する延べ面積の割合(建築基準法第52条)。容積率は都市計画で用途地域ごとに50～1,300%の範囲で制限(指定容積率)が定められている。接道する前面道路の幅員が12m未満で、都市計画で定められた容積率以下に制限を受ける場合や、総合設計制度を利用して公開空地(くうち)を設けることを条件に容積率の割増しを受ける場合がある。なお、指定容積率の違う複数の地域にまたがって建物を建築する場合の容積率は、加重平均による。

溶接　2個以上の物体を局部的に原子間結合させる方法。使用されるエネルギー源は、アーク、ガス、テルミット、電気抵抗熱、電子ビーム、超音波、機械的加圧、摩擦、レーザーなど。溶接は融接、圧接、ろう接に大別できる。

溶接金網　⇨ワイヤーメッシュ

溶接記号　溶接法、継手の形式、開先形状、溶接サイズなどを図面に表示するときに使用する記号。JIS Z 3021に規定されており、基本記号と補助記号からなる。(図表·507頁)

溶接技術検定試験　日本溶接協会が行う、溶接技能者の技量検定試験。溶接物の材種や溶接方法別に、JISにより試験方法や合否判定基準が規定されている。例として、WES8241：半自動溶接技能者の資格認証基準、など。

溶接基準図　構造設計図書には建物の共通する仕様などをまとめた基準図と呼ばれる図面がある。溶接基準図は溶接に関する基準図であり、溶接詳細の共通事項などをまとめて示したもの。(図·507頁)

溶接技能者技量付加試験　工事の監理者や設計者が、その工事の鉄骨溶接作業を行う溶接工の技量を確認するために実施する試験。特記仕様書などにこの試験実施の指定がある場合は、JISの溶接技術検定試験合格者でも、技量付加試験に合格しなければその工事には従事できない。

溶接組立角形鋼管　4枚の板をボックス状に組み立てて四隅を溶接したもので、主材として用いられることが多い構造材。「ビルトボックス」ともいう。→冷間成形角形鋼管

溶接欠陥　溶接部に発生する欠陥の総称。溶接部表面に発生する表面欠陥と、溶接内部に発生する内部欠陥がある。→アンダーカット①、オーバーラップ、クレーター、ピット②、ブローホール、溶接割れ

溶接構造用圧延鋼材　⇨SM材

溶接姿勢　溶接姿勢は下向き(F)、立ち向き(V)、横向き(H)、上向き(O)の四種類に分類される。上向き姿勢の溶接が最も難易度が高い。(図·507頁)

溶接継手　溶接により接合された継手のこと。(図·509頁)

重量床衝撃音の等級と聞こえ方

遮断性能	聞こえ方・感じ方
LH-30	通常では聞こえない
LH-35	ほとんど聞こえない
LH-40	遠くから聞こえる感じ
LH-45	聞こえても意識しない
LH-50	小さく聞こえる
LH-55	聞こえる
LH-60	よく聞こえる
LH-65	発生音がかなり気になる
LH-70	うるさい
LH-75	かなりうるさい
LH-80	うるさくて我慢できない

LH：Li,Fmax,r,H(1)

軽量床衝撃音の等級と聞こえ方

遮断性能	聞こえ方・感じ方
LL-30	聞こえない
LL-35	通常では聞こえない
LL-40	ほとんど聞こえない
LL-45	小さく聞こえる
LL-50	聞こえる
LL-55	発生音が気になる
LL-60	発生音がかなり気になる
LL-65	うるさい
LL-70	かなりうるさい
LL-75	大変うるさい
LL-80	うるさくて我慢できない

LL：Li,r,L

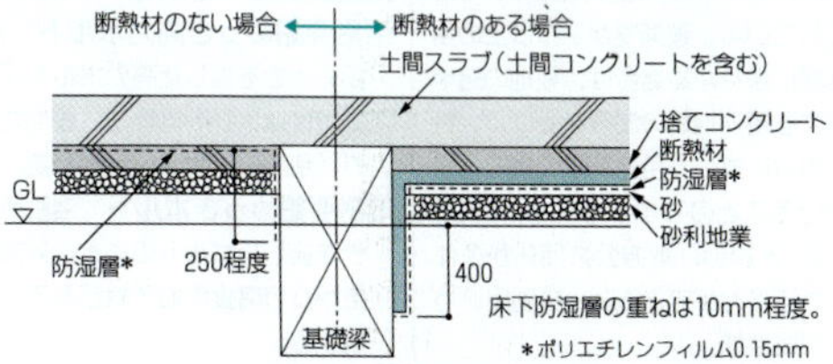

床下防湿層の納まり（例）

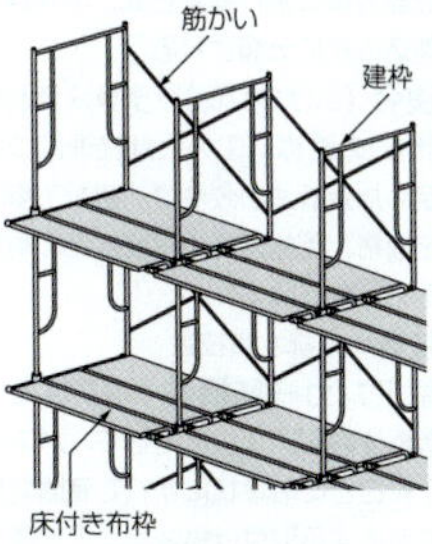

床付き布枠

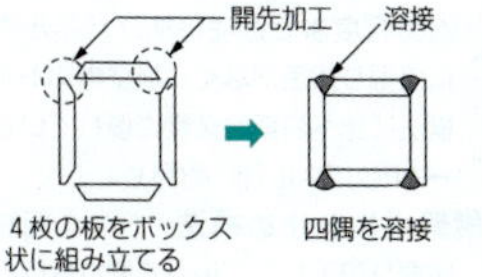

溶接組立角形鋼管（ビルトボックス）

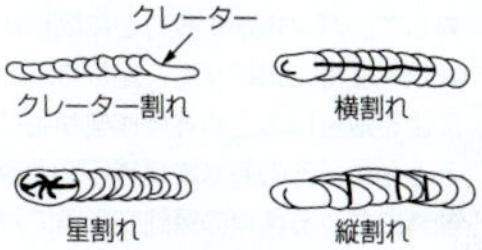

溶接割れ

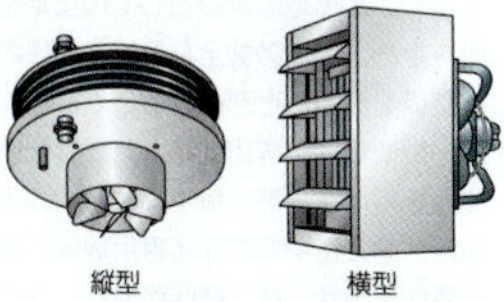

ユニットヒーター

容積率（用途地域別）

建築基準法第52条	容積率
第一種低層住居専用地域 第二種低層住居専用地域	5/10　6/10 8/10　10/10 15/10　20/10
第一種中高層住居専用地域 第二種中高層住居専用地域 第一種住居地域 第二種住居地域 準住居地域 近隣商業地域 準工業地域	10/10　15/10 20/10　30/10 40/10　50/10
商業地域	20/10　30/10 40/10　50/10 60/10　70/10 80/10　90/10 100/10　110/10 120/10　130/10
工業地域 工業専用地域	10/10　15/10 20/10　30/10 40/10
用途地域指定のない区域内	5/10　8/10 10/10　20/10 30/10　40/10

よ

溶接割れ　溶接部に発生する割れのことで、主として熱影響部と溶接金属内に発生する。溶接金属が凝固し収縮する過程で拘束されたり、高張力鋼の溶接で予熱が不足した場合などに割れが生じやすい。溶接金属内に発生する割れの形態は、縦割れ、横割れ、クレーター割れなどに分類される。溶接欠陥のなかで最も危険なものであるため、注意が必要である。(図·505頁)

用途規制　用途地域内における建築物の用途に関する制限(用途制限)のこと。具体的な制限は建築基準法において定められている。建築物が2つ以上の用途地域にまたがる場合は、敷地の過半が属する用途地域の制限を受ける。特別の用途に対して用途制限の規制、緩和を行うことのできる地域を「特別用途地区」といい、地方公共団体が条件を定めることができる。→特別用途地区、用途地域

用途地域　都市計画法に基づき定める地域で、市街地の大枠としての土地利用を定め、都市の健全な発展と秩序ある整備を図ることを目的としている。第一種低層住居専用地域、第二種低層住居専用地域、第一種中高層住居専用地域、第二種中高層住居専用地域、第一種住居地域、第二種住居地域、準住居地域、近隣商業地域、商業地域、準工業地域、工業地域、工業専用地域の12種類がある。各用途地域内の建築物に対する制限は建築基準法第48条に定められている。(表·509頁)

用途変更　当初建築した建物の用途を他の用途に変更すること。例えば事務所を住宅に変更するなど。この場合、建築基準法上、建築確認に準ずる手続きが必要となる。「コンバージョン」とも通称する。

洋風大便器　人間がおもに大小便の排せつに使用する衛生器具。便器、便座、便座蓋からなる。水洗式の場合、排水管の接続方法によりSトラップ形(便器下から床下への排水)、Pトラップ形(便器後方から壁方向への排水)がある。(図·509頁)

擁壁(ようへき)切土や盛土に際し、土圧に対抗し土の崩壊を防ぐために設ける壁状の構造物。重力式、半重力式、L型、逆T型などがあり、高さが5mを超えるような場合は、内側から控え壁もしくは外側から支え壁を入れる形式にするのが望ましい。(図·511頁)

溶融亜鉛めっき　防食の目的で、溶融しためっき槽に鋼材や鋼製品を浸漬して亜鉛めっきを施すこと。電気亜鉛めっきに比べ亜鉛付着量が多い。この方法を「溝(どぶ)漬け」という。JIS H 8641 →電気亜鉛めっき

溶融亜鉛めっき鋼板　⇨亜鉛鉄板

溶融亜鉛めっき高力ボルト　溶融亜鉛めっきを施した高力ボルト(E8T)で、締付けはナット回転法。長期防錆に優れ、使用には大臣認定が必要。

溶融亜鉛めっきボルト　溶融亜鉛めっきを施したボルトのこと。外部など雨掛かりの腐食のおそれがある部位に使用する。

浴槽　入浴に用いる湯船、風呂のこと。設置方法により据置き式、半埋込み式、埋込み式に分類される。

予決令(よけつれい)「予算決算及び会計令」の略称。国の会計経理について定めた会計法の政令で、建設工事の予定価格、落札価格の限度などの規定が定められている。

横枝管　⇨排水横枝管

横壁アンカー筋構法　地震などの構造躯体の層間変位に対して、パネルが1枚ごとに階段状にずれて層間変形角に追従する取付け構法で、大地震動時における建物の層間変形角に対して1/100程度まで追従可能。パネル表面に座掘り加工がなく、横壁ボルト止め構法に比べ長期耐久性に優れている。→ALCパネル(表·43頁)

横壁ボルト止め構法　パネル両端を座掘り加工してボルトで取り付ける構法。地震などの構造躯体の層間変位に対して、パネルが1枚ごとに階段状にずれて変形に追従する。座掘りボルトによる取付けのため補修作業が生じるとともに、その補修跡が残る。大地震動時における建物の層間変形角に対して1/150程度まで追従可能。(図·511

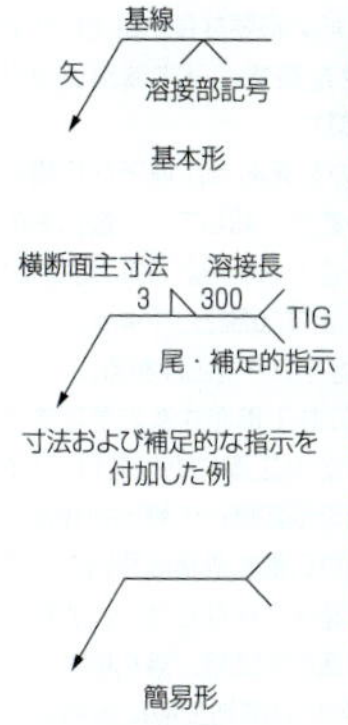

溶接記号の構成

基本記号

名称	記号
V形開先	
レ形開先	
隅肉溶接	

対称的な溶接部の組合せ記号

名称	記号
X形開先	
K形開先	
両面J形開先	

補助記号

名称	記号
裏当て	
全周溶接	
現場溶接	

溶接記号の使用例

溶接部の説明	実形	記号表示
V形開先 裏当て金使用 ルート間隔　5mm 開先角度　45° 表面切削仕上げ	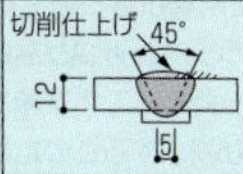	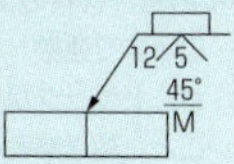
全周溶接	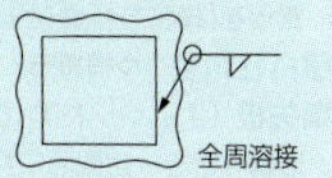	

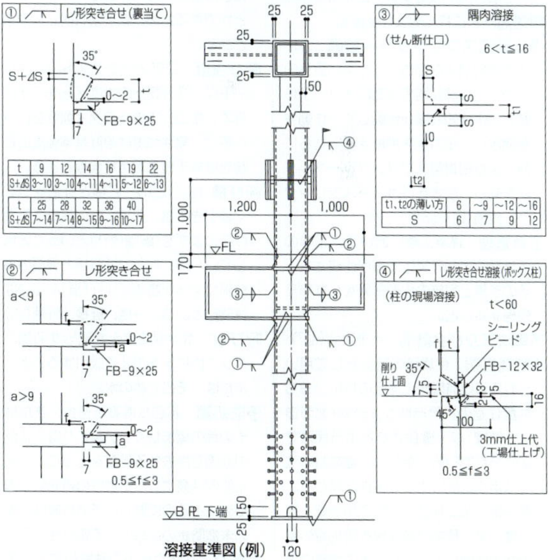

t	9	12	14	16	19	22
S+ΔS	3〜10	3〜10	4〜11	4〜11	5〜12	6〜13

t	25	28	32	36	40
S+ΔS	7〜14	7〜14	8〜15	9〜16	10〜17

t1、t2の薄い方	6	〜9	〜12	〜16
S	6	7	9	12

溶接基準図(例)

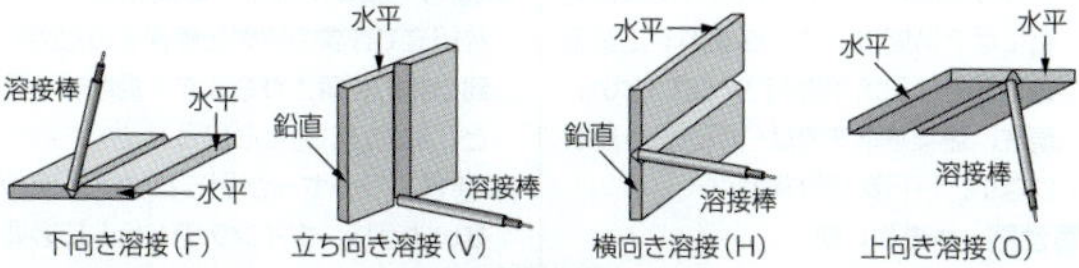

溶接姿勢

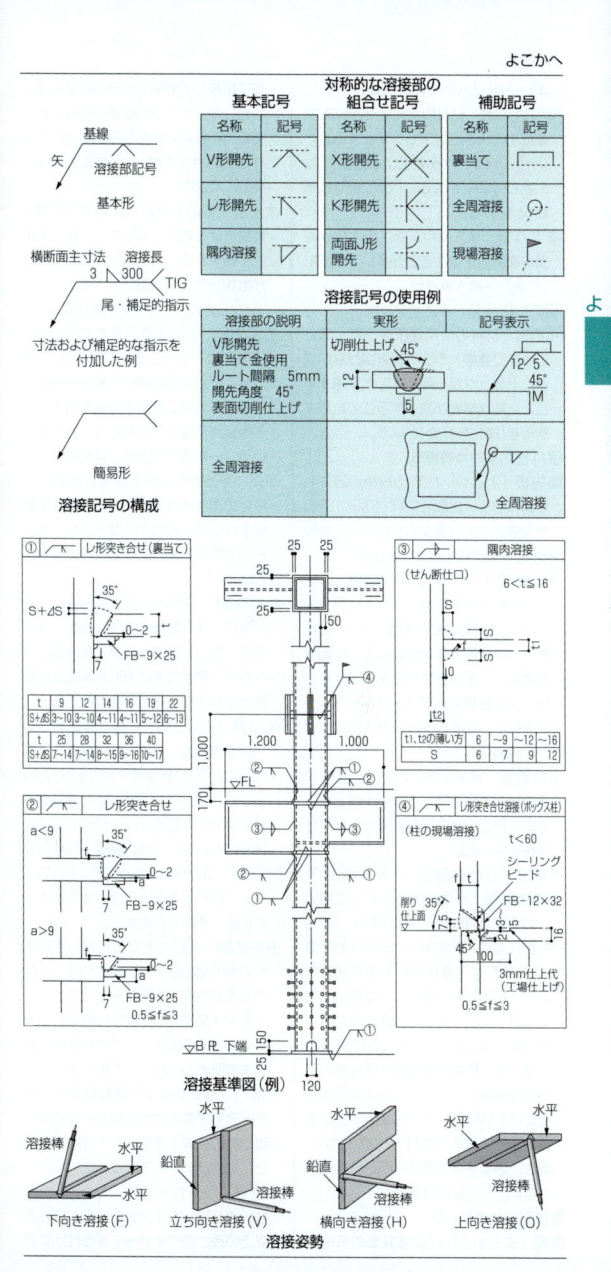

頁）→ALCパネル(表・43頁)

横弾性係数　材料のせん断変形に対する抵抗の大きさを表し、Gとすると、$G=\tau/\alpha$（τ：せん断応力度、α：せん断ひずみ）である。「せん断弾性係数」ともいう。

横走り管　横方向の配管。雨水排水設備の横配管を指すことが多い。（図表・511頁）→排水横枝管

横走り排水管　⇨排水横枝管

横持ち　材料の使用場所など所定のところまで運搬トラックが近づけない場合、トラックから降ろして小運搬すること。運送業者が請求するこのための費用を「横持ち料金」という。

横持ち料金　⇨横持ち

横矢板（よこやいた）山留めの際にH形鋼などを一定間隔に打ち込み、その間を横方向に設置する土止め用の厚板。

横連窓（よこれんそう）⇨連窓

予作動式スプリンクラー設備　水による初期消火を目的とした消防設備の一つ。火災感知器の作動により、予作動式流水検知装置が作動して予作動弁を開放し、圧力水を供給する。さらに熱により閉鎖型スプリンクラーヘッドが作動し、放水を行う。→スプリンクラー設備(図・253頁)

予算管理　建築工事において、工事の予算計画として実行予算が作成され、その予算と実施の比較差異をしながら管理すること。

予算決算及び会計令　⇨予決令(よけつれい)

4時間日照　住環境の目安として用いられる可照時間数。冬至の日に、おもな居住室の日照時間が4時間(北海道は3時間)以上確保されるよう民法で定められている。ただし、建築基準法では用途地域によって条件が変わり、第一種・第二種低層住居専用地域、第一種・第二種中高層住居専用地域の場合が4時間以上、それ以外の地域の場合には2時間以上で、商業系や工業系の地域では日照が重視されていない。現在、建築基準法では日照という規制はない。→日影(ひかげ)規制

寄せ筋　⇨きかし筋

余長（よちょう）①鉄筋端部の折曲げ加工に際して伸長すべき必要な長さ。②柱、梁、スラブの配筋に際し、途中で終わる鉄筋の必要な長さ以上にゆとりをもたせた長さ。→末端部フック(図表・477頁)

よっこ　ものを元あった場所から横に移動させること。転じて、一般にものを移転することもいう。「横に寄せる」がなまったとする説と、「よっこいしょ」からきたという説とがある。

予定価格　公共工事発注者の予定する工事価格。公共工事においては、「予決令(よけつれい)」で予定価格の算出が義務づけられており、落札価格は原則として予定価格を超えてはならないとされている。→最低制限価格、落札価格

予熱　溶接部を溶接施工前に加熱して所定の温度まで上げておくこと。予熱により溶接後の冷却速度を遅らせることができるため、低温割れ防止に効果がある。

呼び強度　レディーミクストコンクリートのJIS分類上の強度区分を示す呼称で、生コン工場への発注強度をいう。一般に、発注強度は設計基準強度に各種強度補正値を加えた強度とする。

呼び樋（よびどい）軒樋と竪樋をつなぐ横引きの樋。元来、軒に接続する受け口のますを「鮟鱇(あんこう)」といって区別していたが、現在では軒樋と竪樋の接続部分全体を含めて「呼び樋」あるいは「鮟鱇」という。→樋、竪樋、軒樋(のきどい)

呼び水　ポンプで揚水を開始する際、ポンプ内に水を加えて吸引すること。または、そのための水。

予防処置　起こり得る不適合、またはその他の望ましくない起こり得る状況の原因を除去する処置をとること。是正処置は発生した不適合の再発防止のためにとるのに対し、予防処置は発生の未然防止のためにとる処置をいう。

余掘り　基礎や地下の鉄筋組立て、型枠組立て作業の空間を確保するため、建築物の位置よりも大きく掘削すること。「掘り越し」ともいう。

余巻き　ワイヤーが引き抜けてしまわないように、ウインチのドラムに必要以上の長さのワイヤーを巻き付けてお

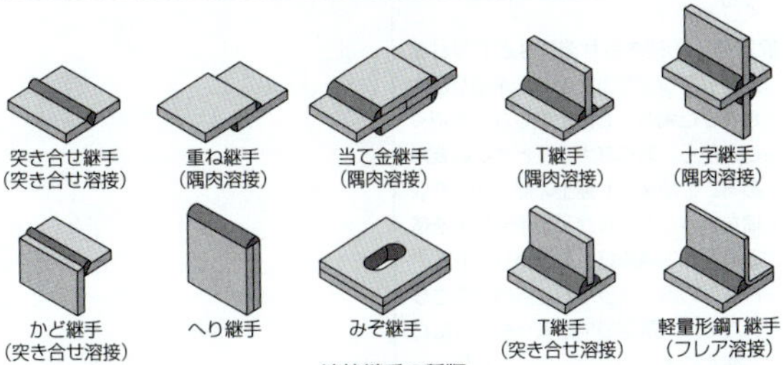

溶接継手の種類

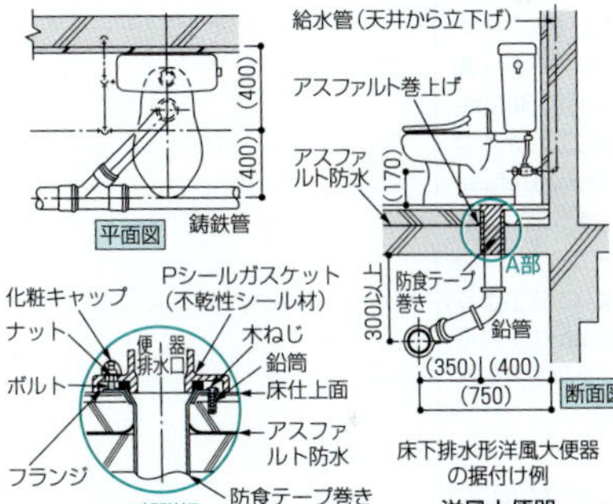

洋風大便器

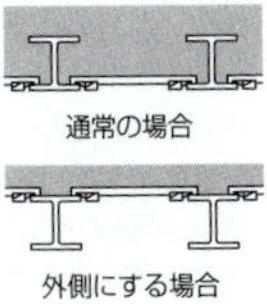

横矢板の設置(例)

用途地域

種類	解説
第一種低層住居専用地域	低層住宅のための地域。小規模な店舗や事務所を兼ねた住宅や、小中学校などが建てられる。
第二種低層住居専用地域	おもに低層住宅のための地域。小中学校などのほか、150m²までの一定の店舗などが建てられる。
第一種中高層住居専用地域	中高層住宅のための地域。病院、大学、500m²までの一定の店舗などが建てられる。
第二種中高層住居専用地域	おもに中高層住宅のための地域。病院、大学などのほか、1,500m²までの一定の店舗や事務所など、必要な利便施設が建てられる。
第一種住居地域	住居の環境を守るための地域。3,000m²までの店舗、事務所、ホテルなどは建てられる。
第二種住居地域	おもに住居の環境を守るための地域。店舗、事務所、ホテル、カラオケボックスなどが建てられる。
準住居地域	道路の沿道において、自動車関連施設などの立地と、これと調和した住居の環境を保護するための地域。
近隣商業地域	周りの住民が日用品の買物などをするための地域。住宅や店舗のほか、小規模な工場も建てられる。
商業地域	銀行、映画館、飲食店、百貨店などが集まる地域。住宅や小規模な工場も建てられる。
準工業地域	おもに軽工業の工場やサービス施設などが立地する地域。危険性、環境悪化が大きい工場のほかは、ほとんど建てられる。
工業地域	どんな工場でも建てられる地域。住宅や店舗は建てられるが、学校、病院、ホテルなどは建てられない。
工業専用地域	工場のための地域。どんな工場でも建てられるが、住宅、店舗、学校、病院、ホテルなどは建てられない。

くこと。

余盛り　①突き合せ溶接などで母材表面から盛り上がった部分。余盛りが大きすぎた場合にも応力集中などを招くことから、適切な大きさとする必要がある。②埋戻しや盛土の際、沈下や収縮を考慮してあらかじめ余分に土を盛ること。③場所打ちコンクリート杭の打込みの際、スライムを杭内に残さないために、所定の位置よりも余分に打ち増すこと。

よろけ　⇨珪肺(けいはい)

4R　ごみを減らす方法として 3 R(Reduce、Reuse、Recycle) がよく知られているが、この 3 R に Refuse (リフューズ／断る)を付け加えた 4 つの語の頭文字をとった標語。Refuse は買い物袋を持参して過剰包装などを断ることなどをいう。→ 3 R

45二丁掛けタイル（よんごにちょうがけ―）寸法95mm×45mmのタイルの通称。目地幅を加え、2 枚で方形となる。→二丁掛けタイル

4週強度　モルタルやコンクリートの材齢 4 週(28日)のときの強度(N/mm^2)で、強度の基準となる。

四丁掛けタイル　寸法が227mm×120mmのタイルの通称。二丁掛けタイルを 2 枚並べた寸法に相当する。→二丁掛けタイル

よんぱち　⇨四八(しはち)

横走り管の支持間隔

管種		間隔
鋳鉄管	直管	1本につき1箇所
	異形管	1個に1箇所
鉛管（0.5mを超えるとき）		配管の変形のおそれのある場合は、厚さ0.4mm以上の亜鉛鉄板の半円樋で受け1.5mm以内ごとに支持する。

横走り排水管の勾配

系統	勾配
横走り排水管	管径：65以下　最小 1/50
	管径：75、100　最小 1/100
	管径：125　最小 1/150
	管径：150以上　最小 1/200

注）標準流速：0.5～1.5m/s

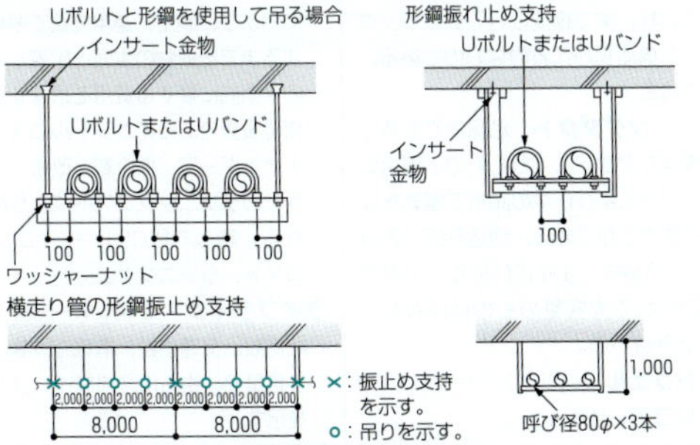

横走り管の吊りおよび支持

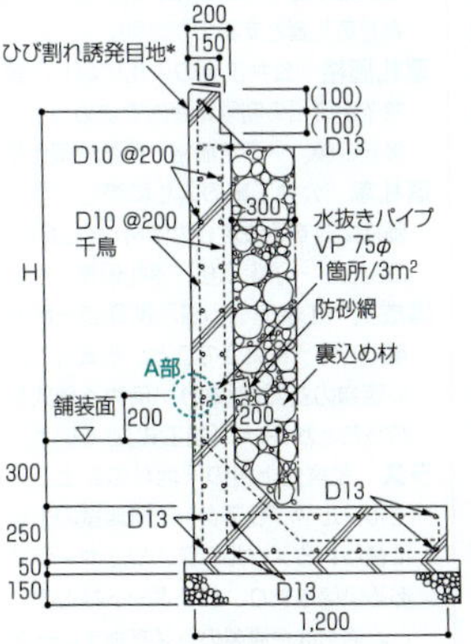

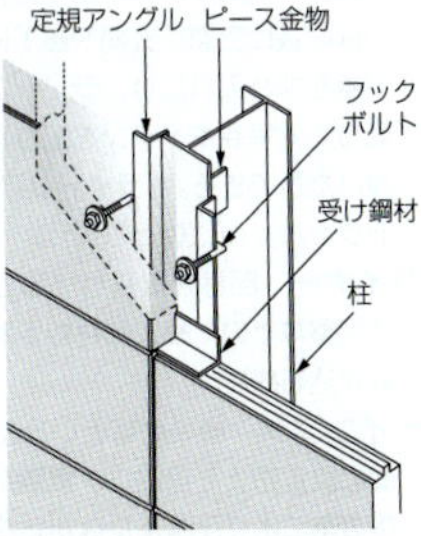

横壁ボルト止め構法の取付け例
（ALCパネル・外壁）

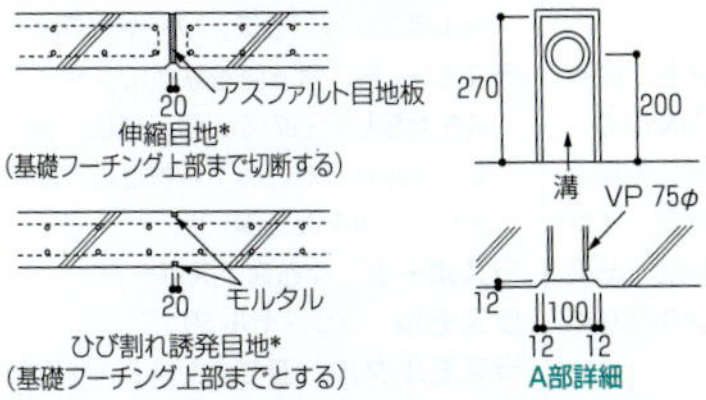

＊伸縮目地、ひび割れ誘発目地の有無および間隔はそのつど確認する。

擁壁（RC造の例）

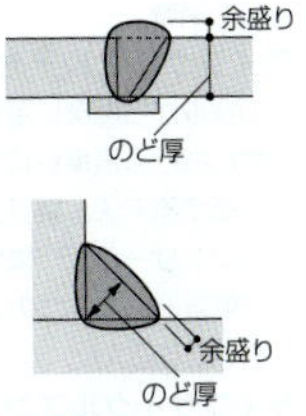

余盛り

ら

ラーメン構造 各部材が剛に接合された骨組構造。外力に対して各部材が曲げモーメント、せん断力、軸力で抵抗する。柱、梁で構成される鉄筋コンクリート構造物が代表的なものである。→剛接合

ライティングダクト 絶縁物で支持した導体をダクトに入れたもの。専用のアダプタにより任意の箇所で電気を取り出すことができる。埋込み式、直付け式、2線式、3線式がある。工場で用いられる大容量のものは「FAダクト」と呼ばれる。

ライトウェル ⇨ライトコート

ライトコア ⇨ライトコート

ライトコート 建物の中心部分に採光や日照、通風のために設けた中庭あるいは吹抜け空間。玄関や廊下に自然光や風を採り入れたり、ライトコートに面して浴室やキッチンを配置し、窓を設けたりできる。「ライトコア」「ライトウェル」「光庭」ともいう。

ライナー 部材を取り付けるときの高さ調整などのため、部材の下端(したば)に敷き込む鉄片。

ライニング 槽類や管といった金属表面の腐食防止を目的に、樹脂系材料を接着剤により圧着または粉体塗装して被覆すること。ガラスやモルタルでライニングする場合もある。

ライニング鋼管 鋼管の内表面、外表面あるいは両表面を塩化ビニル、ポリエチレン、エポキシなどの樹脂で被覆した鋼管。

ライフサイクルアセスメント 原料の採取から廃棄に至るまでの製品の一生における環境負荷を定量的に把握、評価する手法。調査目的の設定、インベントリー分析、環境影響評価、結果の解釈という4つのステップからなる。略して「LCA」。

ライフサイクルエンジニアリング ライフサイクルコストの最適化、最小化を図ること。略して「LCE」。

ライフサイクルコスト 建物にかかる生涯コストのこと。建物の企画・設計に始まり、竣工、運用を経て解体処分するまでを建物の生涯と定義して、その全期間に要する費用を意味する。初期建設費であるイニシャルコストと、エネルギー費、保全費、改修・更新費などのランニングコストにより構成される。略して「LCC」。→イニシャルコスト、ランニングコスト

ライフライン エネルギー施設、水供給施設、交通施設、情報施設などを指す言葉で、生活に必須なインフラ設備を示す。

落札 入札の結果、工事請負業者として決定すること。通常、最低価格入札者を落札者とするのが原則。

落札価格 公共工事の入札に際し、通常予定価格の制限範囲内で決められる最低金額。→予定価格、最低制限価格

落札率 公共工事の入札に際し、予定価格に対する決定した価格(落札価格)の割合。→予定価格、落札価格

落成式 工事完成の際、関係者一同を集めて行う祝賀会のこと。祝賀会の前に建物の各部を祓(はら)い清める儀式を行うことが多い。「竣工式」ともいう。

ラス 左官仕上用の下地材のことで、モルタルやプラスター、繊維壁の下地に使われるメタルラス、ワイヤーラスあるいは木ずり、ラスボードなどのこと。通常は金属製のラスを指す。→メタルラス、リブラス、ワイヤーラス

ラスシート 角波亜鉛鉄板にメタルラスを溶接したもので、壁、屋根、床のモルタル塗りなどの下地材として使用される。JIS A 5524

ラスボード ⇨石膏ラスボード

ラスモル ⇨ラスモルタル

ラスモルタル 直径0.9～1.2mmの鉄線を編んだワイヤーラス、または薄鋼板に切れ目を入れて引き伸ばしたメタ

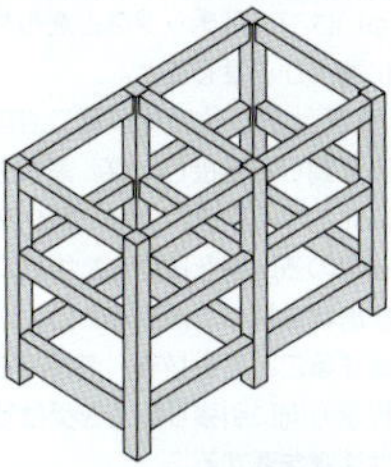

ラーメン構造

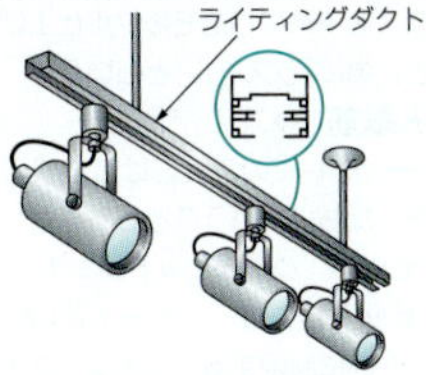

ライティングダクト

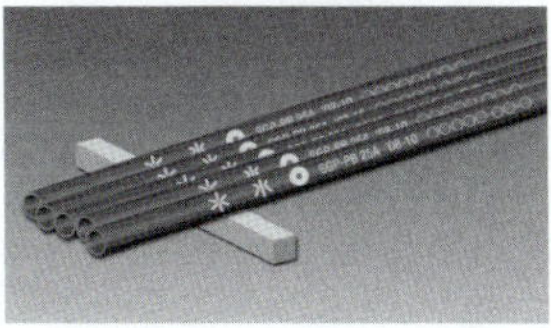

水道用硬質塩化ビニルライニング鋼管

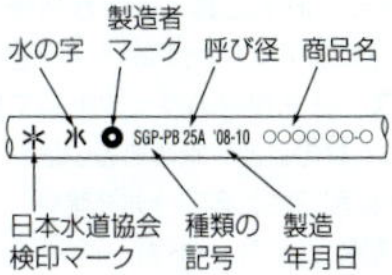

配管の表示（例）

ライニング鋼管

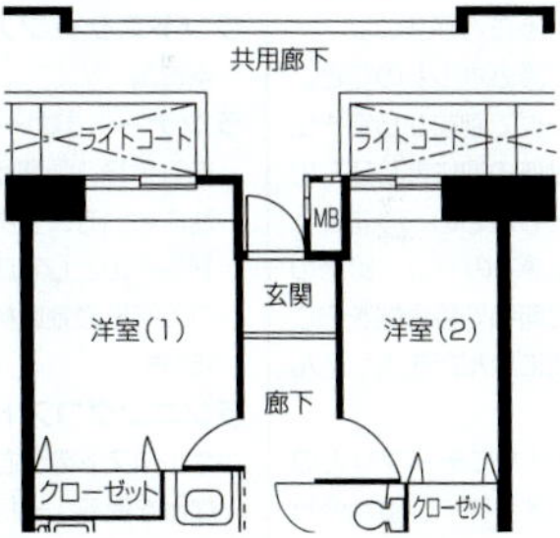

共用廊下側にライトコートを設けた例

ライトコート

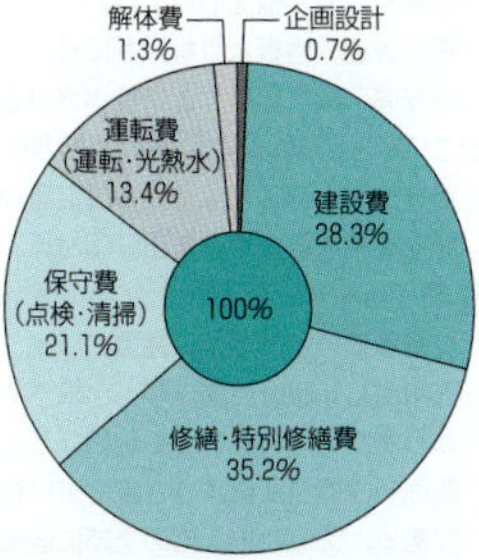

ライフサイクルコスト（例）

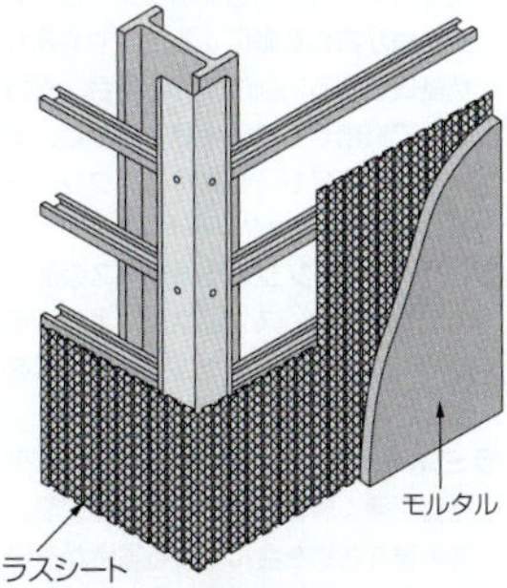

ラスシート

ら

ルラスを下地にしたモルタル仕上げのこと。単に「ラスモル」ともいう。

らせん鉄筋 ⇨スパイラル筋

ラダー はしごのこと。はしご状の形態をしたものをいうこともある。

ラチェット ⇨ラチェットレンチ

ラチェットレンチ ソケット部の回転を一方向に制限するラチェット機構が内蔵されたレンチで、把手の往復運動でナットを締め付けたり緩めたりすることができる。両口と片口があり、片口は一方が「しの」状になっているものが多く、おもに鳶工(とびこう)が携帯する。単に「ラチェット」ともいう。→しの

ラチス 非充複材のウェブとして用いられる材のこと。斜めあるいはジグザグ状に配置される。→非充腹材

ラチス梁 ⇨プレートガーダー

ラッキング 配管やダクトを保温した後、薄い金属板で外装を仕上げること。屋外露出部では、雨水から保温材を保護するために用いることが多い。

ラッチボルト 空締めボルトのこと。ボルトをスプリングで錠前から突き出すようにして受け座の穴に押し込んで扉が閉まる構造としたもの。→箱錠

ラッパ継ぎ 鉛管継手の一つ。鉛管の一端をラッパ状に開いて接合端をそこに差し込み、隙間にはんだを流し込んで接合する。

ラップ 配管やダクトにテープなどの帯状の材料を施工する際に、重ね合わせて巻くこと。→オーバーラップ

ラップルコンクリート 基礎底から支持地盤まで打ち込む無筋コンクリート。支持層が直接基礎にするにはやや深く、杭基礎にするには浅すぎる場合、支持層まで掘削して軟弱土層を処分し、その替わりに打ち込む支持コンクリートで、「置換えコンクリート」ともいう。

ラバトリーヒンジ 便所ブースの扉に使用する丁番。スプリングにより、自動的に開いた状態または閉じた状態を保つことができる。

ラミネーション 鋼材の圧延方向に平行して薄く層状に存在する内部欠陥。非金属介在物を含んでいる場合が多い。

ラミネート 材料を薄い板にすること、あるいはプラスチックなどを布や薄鉄板に薄くかぶせること。

ラメラティア 比較的多量の溶接金属で圧延鋼板を溶接した際、鋼板面に平行に発生する割れのこと。硫化物など介在物の多い鋼を圧延した場合にそれらが層状になり、溶接熱と応力により剥離することで生じる。溶接時を含めて板厚方向に引張り応力を受ける部位では注意を要する。

乱継ぎ 継手が一箇所に集中しないようにする継ぎ方。

乱積み 大きさ、形状の異なる未加工の石を不規則に重ねる石積み方法。

ランドスケープ land と scape の合成語で、風景、眺望、景観などの意。一般に自然地ないしは自然と人工的構築物とがバランスをとっている景観。都市や市街地のように人工物が主となる場合は「タウンスケープ」「アーバンスケープ」などという。

ランドスケープアーキテクチャー ⇨造園

ランナー ①カーテンレールの溝内を走る金具。②間仕切り壁の軽量鉄骨下地において、竪胴縁(スタッド)のガイドレールとして床と天井に取り付けるコの字形の金属材。→鋼製下地(図表・159頁)

ランニングコスト 建物のライフサイクルコストのうち、建物や機械、設備などを運転、維持・管理し続けるために、継続的に必要になる費用。→イニシャルコスト、ライフサイクルコスト

ランバーコア合板 厚さ1cm以上の小角材と添え板を心材に用いた特殊合板。普通の合板より板厚が厚く、ドアや家具、間仕切りなどに使用される。

ランプ ①立体交差において相互の道路を連結、もしくは高さの異なる道路間を連結するための車道。②電球。

欄間（らんま）①部屋と部屋の間などにある鴨居(かもい)の上に通風、採光、意匠用として設ける開口部。小障子や透かし彫りの板などをはめ込むなど、意匠面や設置場所によりさまざまな種類がある。②窓や出入口の上部に通風、採光用として設けた開口。

ラダーバックチェア
ラダー

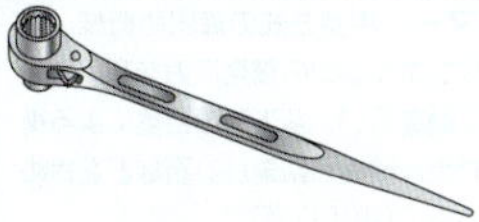

しの付きラチェットレンチ
ラチェットレンチ

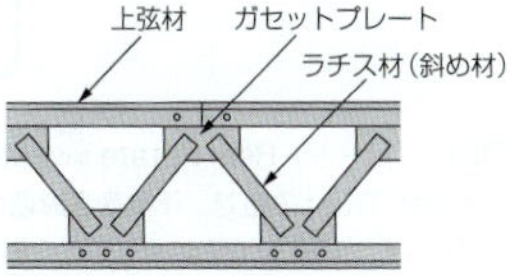

ラチス

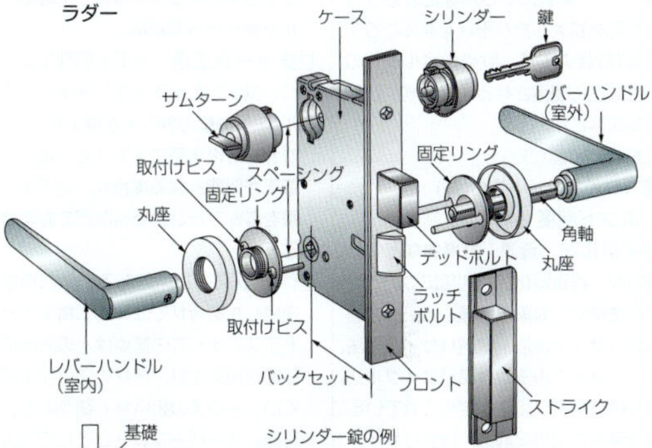

シリンダー錠の例
ラッチボルト

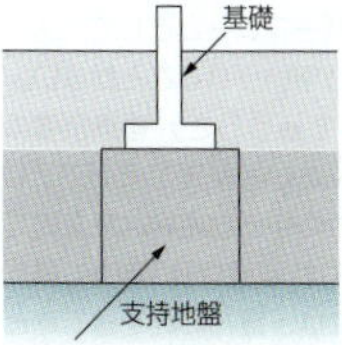

ラップルコンクリート
ラップルコンクリート

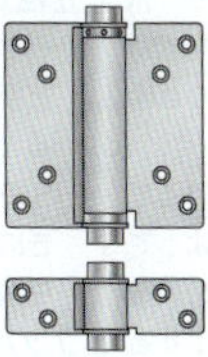

ラバトリーヒンジ

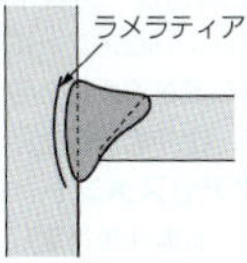

ラメラティア

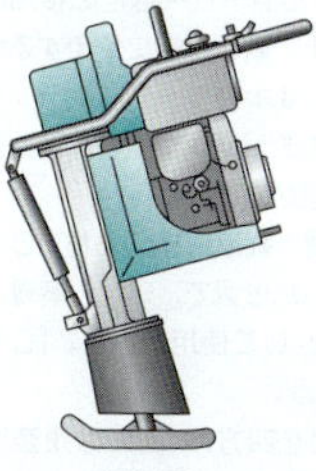

ランマー

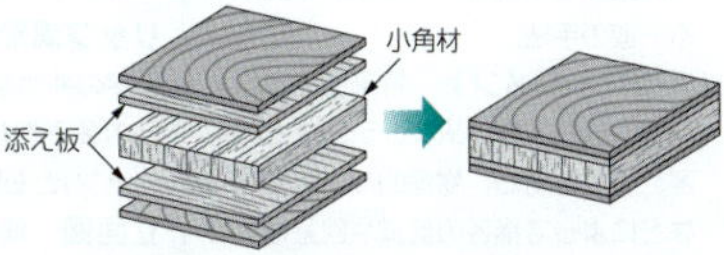

ランバーコア合板

ランマー　手持ち式の締固め機械。ガソリンエンジンの爆発反力を利用して上下動を行い、落下時の自重による衝撃で土、砂利、割栗(わりぐり)石などを締め固める。(図·515頁)

乱巻き　ウインチのドラムに巻かれているワイヤーがきれいに巻かれていない状態をいう。操作上危険であり、支障をきたす原因ともなる。

り

REIT（リート）Real Estate Investment Trustの略で、不動産投資信託のこと。J-REIT(ジェーリート)のJはJapan。→不動産証券化

リーマー　鋼材にドリルなどであけられた孔を拡大したり形状を整えたりする錐(きり)状の工具。鉄骨のボルト孔の修整などに使用される。電動式や圧搾空気式などがある。

陸（りく）⇨陸(ろく)

陸墨（りくずみ）⇨陸墨(ろくずみ)

履行ボンド制度　⇨ボンド制度

リサイクル法　資源、廃棄物などの分別回収、再資源化、再利用について定めた法律で、対象の種類ごとに、容器包装リサイクル法、家電リサイクル法、建設リサイクル法、食品リサイクル法、自動車リサイクル法が定められている。→資源有効利用促進法、建設リサイクル法

リシン吹付け　外装用吹付け材で、ポルトランドセメントに防水剤、粘着材、顔料などを加えたもの。仕上がりが粗面で、比較的安価である。

リスクアセスメント　作業における危険性、有害性を特定し、これによって生ずるおそれのある負傷、疾病の重篤度(被災の程度)とその災害が発生する可能性の度合いを組み合わせてリスクを見積もり、これに基づき対策の優先度を決めたうえでリスクの除去または低減措置を検討し、その結果を記録する一連の手法。

リスクマネジメント　将来予想される地震や自然災害、火災、テロなどの災害、事故に対し、物理的な対策や保険などによって損害の低減や回避措置を検討すること。

リターダー　①ラッカー塗装の塗膜の白化を防ぐための溶剤。塗膜の乾燥を遅くする性質をもつ。薄め液であるラッカー用シンナーに混入して用いる。②モルタルやコンクリートの凝結、硬化を遅らせる混和剤。

リチャージ工法　地下水処理工法の一つ。揚水した地下水をリチャージウェル(山留め壁の外へ水を復水する井戸)を介して帯水層に注入する工法。水位低下が問題となる場合や、地下水放流量を確保できない場合などで有効である。

立体トラス　三角錐あるいは四角錐の連続した組合せで立体的に構成されたトラス。すべての節点はどの方向にも移動が拘束され、部材の座屈が生じにくい。トラスの組合せで種々の形状が可能。スーパーフレームとして大スパン屋根などに用いられることが多い。

立柱式（りっちゅうしき）建築祭事の一つ。木造において基礎工事が完了した後、大黒柱のような主要な柱を建てるときに行われる祓(はら)い清めの儀式。S造の場合には、最初の柱を建てるときに柱の一部にボルトとナットをはめ、槌(つち)でたたくといった所作を行う。

リッパー　ブルドーザーなどの後部に装着して硬土、軟岩掘削に使用するつめ状の装置。3本のリッパーシャンクを備えたマルチシャンク型や、シングルシャンク型がある。

リップ溝形鋼　軽量形鋼の一種。Cの字の断面をした形鋼で、母屋、胴縁、内装下地材として使用される。「Cチャン」ともいう。

立面図　建物を四方向(通常は東西南北)から見た外観の姿図。建物全体の

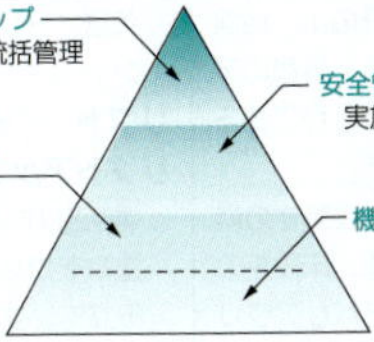

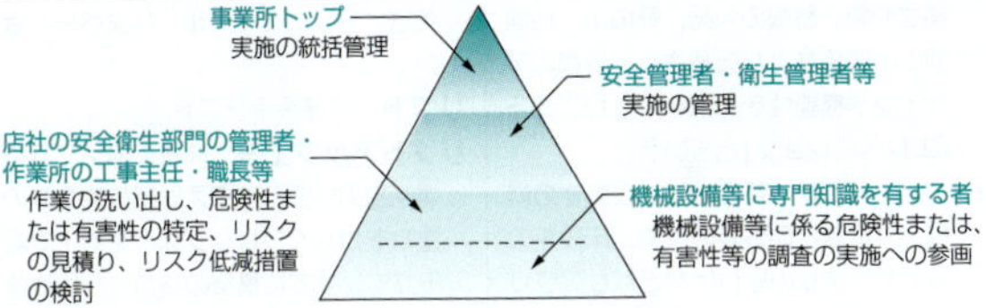

リスクアセスメントの実施体制

ステップ1　**危険性または有害性の洗い出し（特定）**
工事現場の作業に潜在する危険性または有害性、作業標準等に基づき特定に必要な単位で作業を洗い出す（特定する）。

ステップ2　**リスクの見積り**
リスクの低減の優先度を決定するため、洗い出したすべての危険性または有害性について、「災害の重大性の度合い（重篤度）」、「災害発生の可能性の度合い」を見積り、リスクレベルからの優先度を判定する。

ステップ3　**リスク低減措置内容の検討**
リスクレベルの判定の結果から法令に定められた事項がある場合には、それを必ず実施することを前提とし、優先度に対して、リスクの除去・低減対策を検討する。

ステップ4　**低減措置の実施**
リスクの低減措置を実施する。

ステップ5　**実施結果の記録**
リスクアセスメントの実施結果を記録する。
①洗い出した作業
②特定した危険性または有害性
③見積ったリスク
④設定したリスク低減措置の優先度
⑤実施したリスク低減措置の内容

リスクアセスメントの進め方（参考）

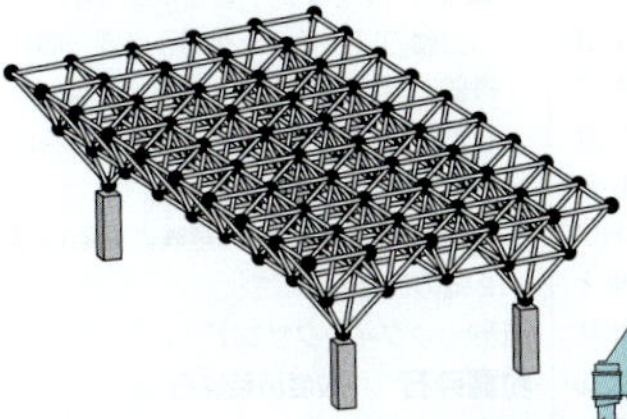

立体トラス

リーマー

リッパー

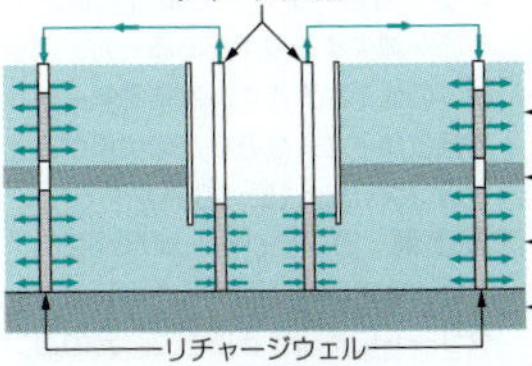

リチャージ工法

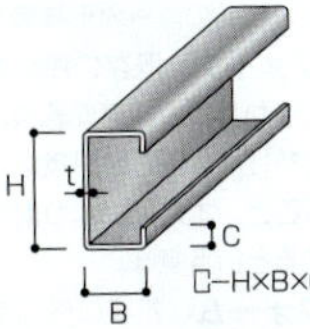

リップ溝形鋼

高さや幅、屋根の勾配、軒の出、地盤面との関係などが記載され、外観のデザインや機能性を見取ることができる。「エレベーション」ともいう。

リニューアル　老朽化した建築物の屋根、外壁などの外装の改修、床段差の解消や手すりの取付けなどバリアフリーへの対応、内壁、床畳などの張替え、塗装、耐震改修、各種設備の修理などを行うこと。「リフォーム」と同義語として扱われることが多い。

リノベーション　建物の更新のための工事。通常の修理より大がかりな補修工事のことで、外壁の補修、建具や窓枠の取替え、設備の更新を含む。また既存の建物に大規模な改修工事を加え、用途や機能を変更して性能を向上させたり価値を高めることもこれに含む。単なる内、外装や設備などを新しくする「リフォーム」と分けて考えることが多い。→リフォーム

リバースサーキュレーション工法　大口径場所打ちコンクリート杭の杭孔を掘削する工法。掘削ロッドの先端に取り付けた掘削ビットを連続的に回転させて掘削する。削り取られた土砂は、ロッド内を上方に流水循環水とともに排出される。その循環水をポンプで吸い上げるものをサクションポンプ方式、圧縮空気を送ることによって行うものをエアリフト方式といい、循環水には清水またはベントナイト泥水を用いる。

リバウンド量　既製杭の打込みにおいて、1回の打撃で瞬間的に生じた最大の沈下(変位)量から、その後の静止状態の沈下量への戻り量をいう。最大沈下量と貫入量との差。→打込み杭(図・37頁)

リブ　板など平面的な材を補強するために設けた突起物。肋骨(ろっこつ)の意から転じたもの。→異形棒鋼(図・25頁)

リファイン　既存の建築物の構造躯体を活かしつつ、意匠転換、耐震補強、断熱性能の向上や外壁などの改修をすること。本来は、より磨き上げ、洗練するという意味。

リフォーム　新築以外の増築、改築、改装、改造などの工事を総称した和製英語。→リニューアル、リノベーション

リフト　⇨建設用リフト

リフトアップ工法　高所に構築される建築物の一部分、例えば屋根や2つの建物をつなぐブリッジなどを地上で組み立て、すでに構築の終わった柱や建物にセットしたジャッキで所定の位置まで引き上げて固定させる工法。所定の位置での組立てでは大がかりな仮設と危険作業がともなう場合などに採用。

リブプレート　板など平面的な材を補強するために設けた板材による突起物のこと。→ウィングプレート

リブラス　メタルラスの一種。平ラスの網目と山形のリブとで構成されたもの。S造の内外壁、梁、柱などのモルタル下地材として使用される。塗り壁の厚みが多様にできるとともに、接着性や割れにくさが向上する。JIS A 5505　→メタルラス

リベット　鋼材を接合する鋲(びょう)のこと。あらかじめあけた孔に赤く焼いたリベットを入れ、頭を押さえて他の端部を専用工具でたたきつぶし反対側の頭をつくる。リベットの取付け作業を「リベット打ち」または「かしめ」という。

リミットスイッチ　ある限度を超えたら自動的にスイッチを切る必要のある機器に取り付ける安全装置。代表例としてクレーンの巻過防止装置がある。→巻過防止装置

りゃんこ　「交互に」の意味。あるいは2個のこと。

流砂　⇨クイックサンド

粒調砕石　⇨粒度調整砕石

流動化コンクリート　流動化剤を添加して流動性を高めたコンクリート。通常のコンクリートと比較して、同程度のワーカビリティーで単位水量が15～25%減少する長所がある一方、スランプの低下が大きく、凍結融解に対する抵抗が小さくなるなどの欠点がある。→コンクリート(表・171頁)

流動化剤　コンクリート練り混ぜ時、またはすでに練り混ぜを完了したコンクリートに添加することで、元のコンクリートの強度、耐久性を損なうこと

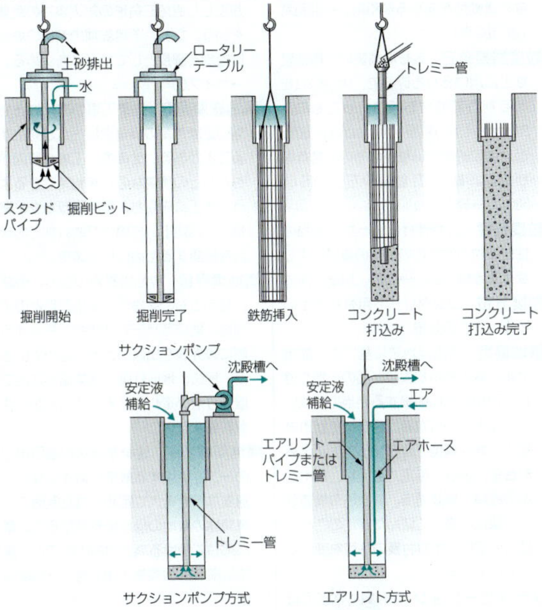

リバースサーキュレーション工法

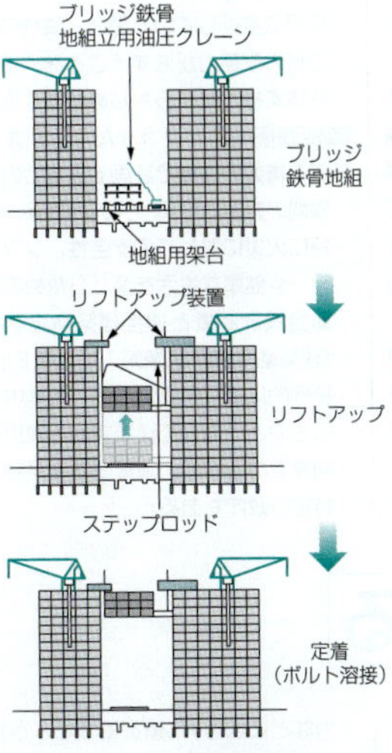

リフトアップ工法

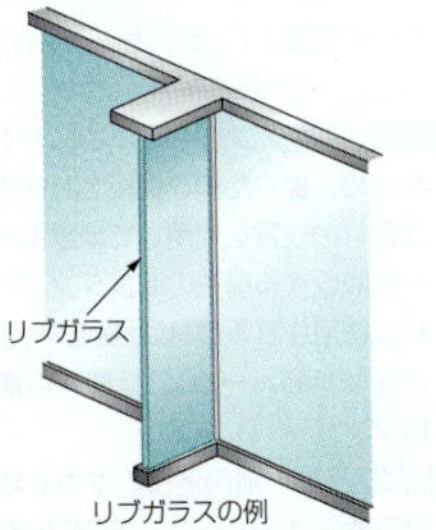

リブガラスの例

リブ

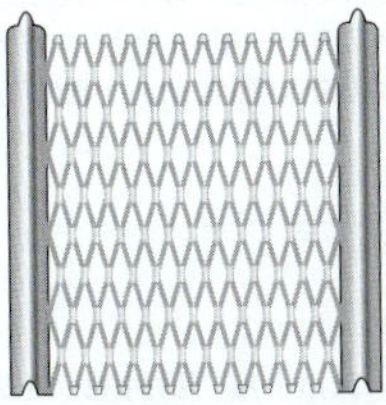

リブラス

なく流動性を高める混和剤。→混和剤（表·183頁）

粒度調整砕石　おもに舗装の上層路盤などに用いられる砕石で、大小の粒をある割合で混合してつくったもの。2.5mm以下の粒径の割合が20～50%と、比較的細かい粒径のものの含有率が高い。略して「粒調砕石」。JIS A 5001　→砕石

粒度特性　土や骨材といった粒形物の性能が粒の大きさの分布の違いにより変化する度合い。→山砂、川砂、海砂

粒度分布　コンクリート用骨材や土の粒の大きさの分布。

緑地協定　都市緑地法に基づき、都市計画区域の相当規模の一団の土地や道路、河川などに隣接する相当の区間にわたる土地の所有者、賃借権者が市街地の良好な環境を確保するため、全員の合意により、協定対象区域、樹木などの種類と植栽場所、垣や柵の構造など、緑化に関して結んだ協定のこと。緑地協定は、市町村長の許可を受けて効力が生ずる。

リラクゼーション　PC鋼材などの材料内に作用していた応力が、時間の経過とともにクリープ変形により低下していく現象。「レラクゼーション」ともいう。→クリープ

履歴制振系ダンパー　小さい力で変形を始め、優れた伸び性能を有する特殊な鋼材の性質を利用して地震エネルギーを吸収する構造の制振ダンパー。これに使用される鋼材は「極低降伏点鋼」と呼ばれる。→極(ごく)低降伏点鋼、制振ダンパー

理論のど厚　隅肉溶接の耐力計算に用いる断面寸法の一つ。溶接部の断面を設計で指定されるサイズを二辺とする等辺直角三角形と想定した場合、接合材の交点（隅肉のルート部の頂点）から想定した直角三角形の対辺までの距離をいう。なお、不等脚隅肉溶接の場合は短脚を脚長としてサイズを決める。→サイズ②

隣地家屋調査　建築工事の進行にともない近隣家屋の損傷クレームが発生することがある。その際、工事が原因か、もともとの損傷なのかを判定できるよう、着工に先立ち、壁のクラック、建物の不同沈下、床のひび割れなどの状況を確認するために行う調査。

隣地境界線　敷地境界線のうち、道路と接するものを除く、隣地敷地との境界線。建築基準法では建物を築造する際に境界線を出ないことと定めているが、民法、地区計画、建築協定などで離隔寸法が定められていることから注意を要する。

隣地斜線制限　建築基準法の集団規定の一つ。隣接する敷地に対する採光、通風などを考えて定められた制限で、建築物の敷地の隣地境界線からの距離に応じて受ける高さの制限のこと。建築基準法第56条第1項2号　→斜線制限

隣地低減　場所打ちコンクリート杭や既製コンクリート杭において杭が隣地境界に接近している場合、隣地の掘削で杭の摩擦力が減ずることを考慮して許容支持力をあらかじめ低減すること。

隣棟間隔（りんとうかんかく）集合住宅を複数の住棟で計画する場合の各住棟間の距離。日照や採光の確保、災害、特に火災に対しての安全性、プライバシーや健康な生活を楽しむための尺度。総合設計制度と連担建築物設計制度（建築基準法第86条第1項、第2項）が特例的に複数建築物を同一敷地内にあるものとみなして建築規制を適用する制度であるため、隣棟間隔を規制する特定行政庁もある。

る

ルーズホール　部材取付け時の調整や取付け後の変形（温度伸縮や荷重、外力などによる）に追従できるように、上下や横方向の一方向に長円としたボ

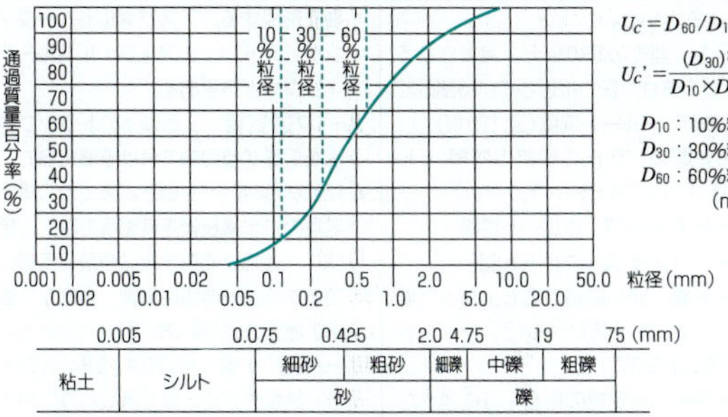

$U_c = D_{60}/D_{10}$

$U_c' = \dfrac{(D_{30})^2}{D_{10} \times D_{60}}$

D_{10}：10%粒径
D_{30}：30%粒径
D_{60}：60%粒径
(mm)

粒径加積曲線[40]

山砂、川砂および海砂の一般的な粒度特性[41]

種類	粒度組成	均等係数 ($U_c = D_{60}/D_{10}$)	備　考
山砂	粗砂が主体で礫、細砂よりなり、シルトおよび粘土の混入は微量である。	5〜10	砂に礫やシルトが混入された場合、U_c≒20となるような配合が最も大きい締固め密度が得られる。
川砂	粗砂あるいは細砂が主体で、山砂に比べて礫がかなり少なく、シルトおよび粘土の混入は微量である。	3〜5	
海砂	細砂が主体で、あと粗砂よりなり、礫、粘土およびシルトはほとんど含まれない。	1〜2	

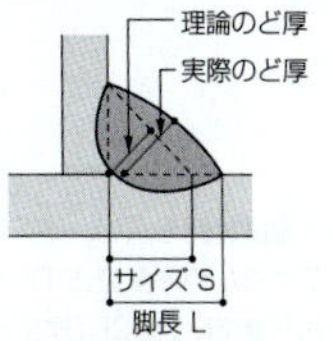

理論のど厚

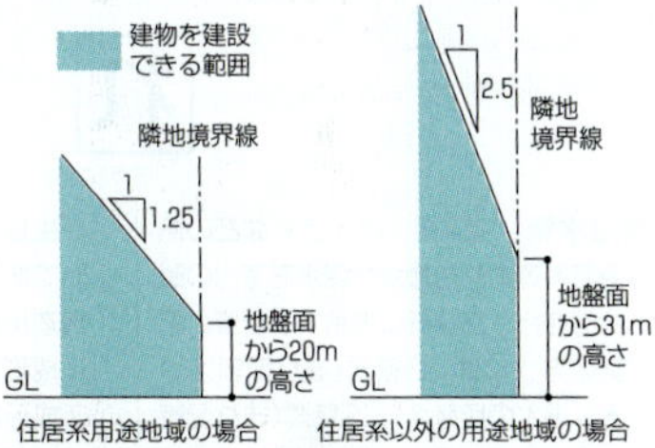

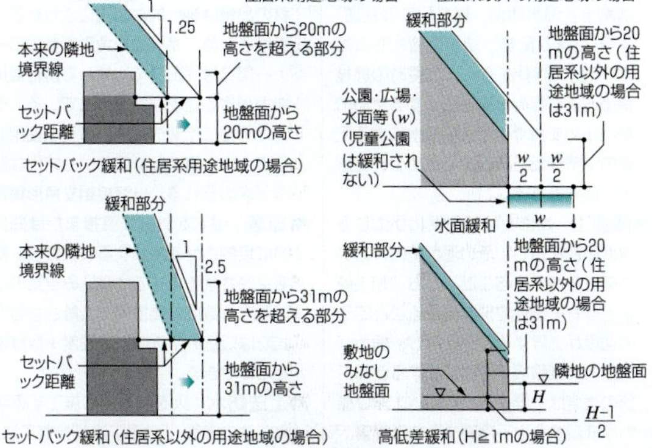

隣地斜線制限

る

ルト孔をいう。

ルート　開先の底の部分。溶接される2つの部材が最も接近している部分でもある。→ルート間隔(図·523頁)

ルート間隔　開先の底部の間隔。「ルートギャップ」ともいう。

ルートギャップ　⇨ルート間隔

ルートフェイス　⇨ルート面

ルート面　開先底部の立ち上がった面。「ルートフェイス」ともいう。→ルート間隔(図·523頁)

ルーバー　一定幅の板を平行に並べた、日除け、視線の遮へい、照明の制御、通風、換気などに有効な開口部の総称。板は可動式、固定式のものがある。建具や空調設備の吹出し口に使われる小規模の物を「がらり」と呼ぶこともある。→がらり

ルーフィング　①屋根葺きまたは屋根葺き材料のこと。②アスファルト防水に使用するシート状の製品。溶かしたアスファルトで下地に張り付け、防水層を形成する。アスファルトルーフィング、ストレッチアスファルトルーフィングなど各種ある。

ループ通気管　2個以上のトラップ封水を保護する目的で付ける通気管で、「回路通気管」ともいう。最上流の排水器具の排水横枝管接続箇所の直下に接続し、通気立て管または伸頂通気管に接続する。→伸頂通気管、通気立て管、排水通気方式(図·389頁)

ルーフデッキ　板厚0.4〜0.8mmのカラー鉄板やアルミ板を折板(せっぱん)に加工した屋根材。梁間のあまり大きくない倉庫、工場などで使用される。

ルーフドレン　屋根面、屋上の雨水を外部に排出するために排水管に接続する鋳鉄製の金物。雨水に入ってくる土砂、ごみ、木の葉などの流入も防ぐもので、横型と縦型がある。JIS A 5522

ルーフファン　工場の屋根に取り付ける送風機。換気を主目的として設置するもので、給気型、排気型がある。

れ

冷温水管　冷凍機、ボイラーなどの熱源で製造された冷水や温水を室内の暖冷房を行う空調機に供給する配管。配管の方式には、2管式(送り配管は冷水・温水の切替え)、3管式(送り配管は冷水・温水個別、戻り配管は共通)、4管式(送り配管、戻り配管ともに冷水・温水個別)がある。地震時の機械保護および振動伝搬を防止するための振れ止め支持や、冷水・温水による配管の温度伸縮を吸収するための伸縮継手が必要となる。

冷間加工　冷間とは加工硬化が生じる温度範囲を示し、その温度範囲において鋼材を加工すること。なお、加工硬化とは材に塑性変形を与えることでその強度が上昇する現象を指し、例えば一般の炭素鋼板を曲げ加工すると加工部の強度は上昇する。しかし、伸び能力は低減する。→冷間成形角形鋼管

冷間成形角形鋼管　冷間とは加工硬化が生じる温度範囲を示し、その温度範囲で加工された角形鋼管。STKR(一般構造用角形鋼管)やBCR(建築用ロール成形角形鋼管)、BCP(建築用プレス成形角形鋼管)が代表例である。鋼材の品質は塑性的な加工により影響を受けるため、冷間成形角形鋼管のコーナー部分は平部分に比較して塑性変形能力が劣ることが指摘されている。そのため柱に冷間成形角形鋼管を使用する場合は、構造設計において特別な配慮が求められる。→溶接組立角形鋼管

冷却塔　温水を外気に直接または間接的に接触させて冷却する設備機械。直接接触させる方式では吸込み空気の湿球温度＋数度、間接的に接触させる方式では吸込み空気の乾球温度＋数度まで冷却できる。

冷工法防水　火を使わずに施工する防水工法の総称。「常温工法」「自着工法」ともいう。アスファルト防水のほか、

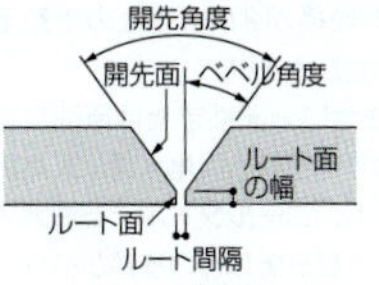

ルート間隔

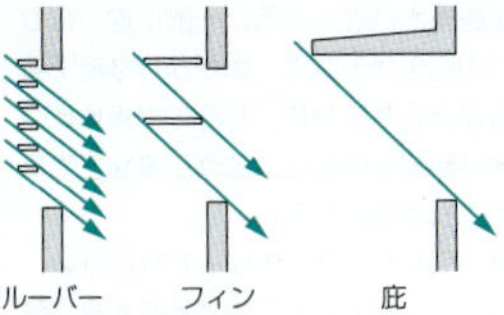

ルーバー

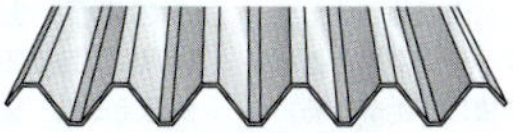

ルーフデッキ

ルーフドレン径とその中心から外壁面までの距離[42]

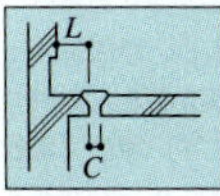	ルーフドレン径C(mm)	80	100	125	150	200
	中心距離L(mm)	325	350	375	400	425

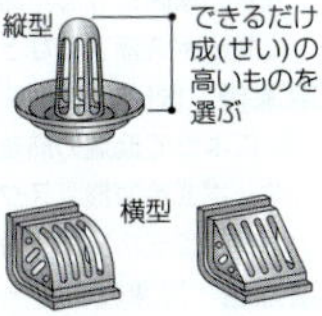

ルーフドレンの形状

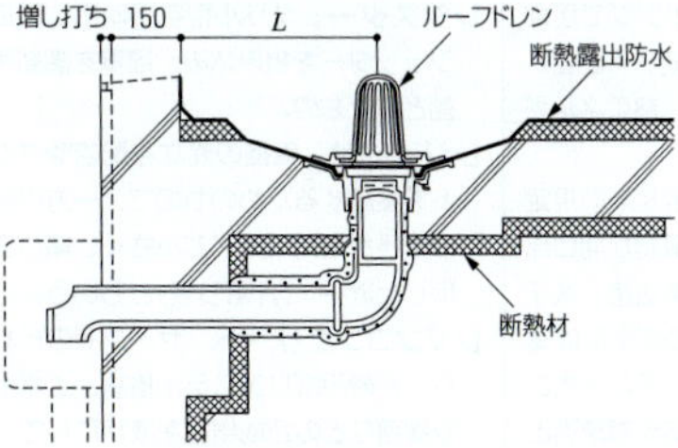

縦引き型ドレン回りの納まり例

ルーフドレン

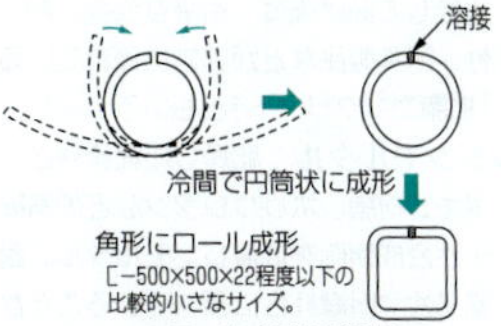

ロール成形角形鋼管

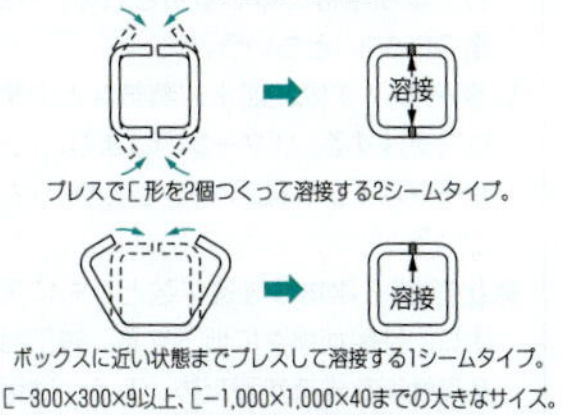

プレス成形角形鋼管

冷間成形角形鋼管

ルーフファン

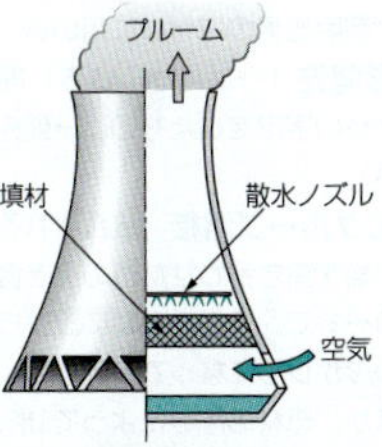

自然通風冷却塔

冷却塔

塗膜防水などもある。一般に煙やにおいの発生が少なく、大がかりな施工機器が必要ないため、都心の密集地域や狭小部位での施工、改修工事などで採用される場合が多い。

レイタンス　コンクリート打込み後、コンクリート表面に生ずる多孔質で脆(ぜい)弱な泥膜層。フレッシュコンクリート中のセメントに含まれる粘土分や骨材の微粒分がブリージング水とともに上面に上昇し、堆積して生成する。打継ぎの際の強度低下や地下躯体での漏水の原因となるため、遅延剤散布後に高圧水洗浄するなどして除去する。

冷凍機　機械エネルギーや熱エネルギーによって低温の熱を取り出す装置。ターボ式冷凍機、スクリュー式冷凍機、レシプロ式冷凍機、吸収式冷凍機など。

冷媒管　冷凍機やヒートポンプで圧縮機、蒸発器、凝縮器を接続する配管。配管内部には冷媒が流れ、熱エネルギーを移送する。

令8区画　消防法施行令第8条に規定されている区画。防火対象物が開口部のない耐火構造(建築基準法第2条7号に規定する耐火構造)の床または壁で区画されているときは、その区画された部分はそれぞれ別の防火対象物とみなす。

冷房負荷　⇨負荷

レーキ　砂利やアスファルトのかき均しや、土中の小石などをかき集めるための器具。6～12本程度の短い鉄の刃(爪)をくし状に並べて柄を付けたものが一般的。→万能(まんのう)

レースウェイ　幅5cm以下の露出配線用金属ダクト。工場などの露出配線と照明器具の取付けに用いる。

レ形開先（一がたかいさき）開先形状がレの字形をしたもの。→開先(表·69頁)

レ形グルーブ溶接　接合される材片の端面を突き合わせた形の突き合せ溶接の一つで、2部材の間に設けられる溝の形がレ形になっている溶接。レ形のほか、母材の厚みによってI形、V形、X形、K形、J形、U形など、最適な形状を選択する。→開先(表·69頁)

礫（れき）粒径が2mm以上の土粒子。砂よりも粒が大きい。

瀝青（れきせい）天然または原油から分留により得られる炭化水素。天然アスファルト、コールタール、石油アスファルト、ピッチなどの種類があり、二硫化炭素に溶解する。「ビチューメン」ともいう。

レジオネラ　土壌や河川、湖沼など自然界に生息する「細菌」の一種。空調設備の冷却塔、循環式浴槽、給湯器など水が停滞する39度前後の環境で増殖しやすい。水中の微粒な菌がシャワーや、湯気など空気中に浮遊する蒸気や霧(エアロゾル)に混入し、呼吸によって人体の肺に入り発病すると、発熱やレジオネラ肺炎を起こす。厚生労働省が定めたレジオネラ症防止指針がある。

レジスター　グリル型空調吹出し口にシャッターを組み込み、風量を調節可能としたもの。

レジューサ　管径の異なる配管やダクトを接続するためのもので、一方の端の直径が他端に比べて小さく、縮小変形した継手。「片落ち管」ともいう。

レジンコンクリート　セメントの代わりに不飽和ポリエステル樹脂、エポキシ樹脂などの合成樹脂を液状にして、砂や砂利などの骨材と混練してつくったコンクリート。普通コンクリートと比較して曲げ強度、引張り強度、耐久性、耐薬製品などが非常に優れている。「樹脂コンクリート」ともいう。

レジンモルタル　乾燥した細骨材とエポキシ樹脂、ポリウレタンなどの熱硬化性合成樹脂を混練したモルタル。耐薬品性や耐摩耗性に優れていることから、塗り床材として多用される。「樹脂モルタル」ともいう。

レターン　空気、温水、蒸気などの戻りを意味する。リターンのなまり。「レターンパイプ」「レターンがらり」などという。

劣化診断　建物は経過年数とともに劣化し、性能が徐々に低下する。竣工当初の性能を維持するため、あるいは用途変更などを行う際にも、現状における劣化度合いの調査が必要である。こ

劣化診断調査方法

診断精度	診断方法
一次診断（一次劣化調査）	設計図書の確認、居住者ヒアリング、目視、簡単な器材による観察（打診、触診、計測など）
二次診断（二次劣化調査）	精度を高めた一次診断調査に加え、コンクリート簡易圧縮強度試験（シュミットハンマー）、ファイバースコープなどの機器材を使った劣化度のより詳しい調査
三次診断（三次劣化調査）	赤外線、X線、超音波などを用いた計測装置による非破壊検査、サンプル採取や現位置による各種破壊検査など、高度で精密な調査

劣化診断調査項目

部位・工種		調査・診断項目
躯体	コンクリート	欠損、ひび割れ、爆裂、鉄筋の発錆・腐食、圧縮強度、中性化深度など
	鉄骨	発錆、腐食、塗装のチョーキング、変退色など
外部	防水層	漏水、ひび割れ、破断、しわ・膨れ・浮き、目地部の損傷、押えコンクリートの破断、水たまりなど
	外部塗装	剥離・割れ・膨れ、変退色、チョーキング、光沢度低下、汚れなど
	外壁タイル	剥落、浮き、割れ、白華、接着強度など
	外壁吹付け	剥離・割れ・膨れ、変退色、チョーキング、光沢度低下、汚れ、摩耗、層間付着度
	シール	漏水、剥離・破断、ひび割れ、変退色など
設備	電気設備	機器の機能低下、システムの社会的機能低下、配線の劣化・損傷、機器・器具類の外観、絶縁抵抗など
	機械設備	機器の機能低下、システムの社会的機能低下、配管の腐食・閉塞状況、継手・弁・接続部の漏れ、発錆、保温、ラッキングの劣化など

コンクリートの爆裂による剥離

屋上シート防水の膨れ

タイルの浮きと剥離

吹付け主材の劣化による剥離

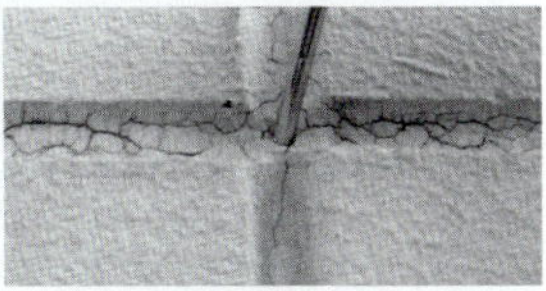

シーリング材のひび割れ

屋上排煙ダクトの腐食

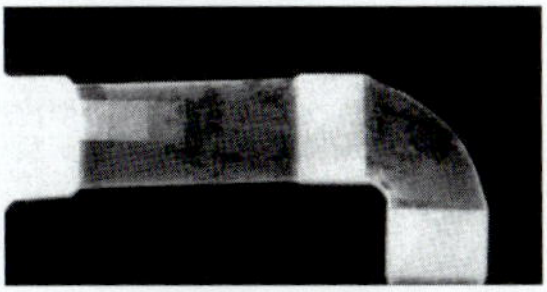

継手の減肉（X線画像例）

れ

のため、専門家による定期的な劣化診断が必要である。診断方法には、その精度により一次、二次、三次診断があり、数字が大きいほど精度は高くなるが費用を要する。

レディーミクストコンクリート　工場で混練され、荷降し地点まで生コン車で配達されるコンクリート。JISによりコンクリートの調合、品質、製造方法および工場設備、品質管理方法などが基準化されている。必要な強度や性状のコンクリートを、呼び強度－スランプ値－骨材最大寸法－セメント種類で指定(例：27-18-20N)して発注を行う。「生コン」「レミコン」ともいう。JIS A 5308

レディーミクストコンクリート納入書　生コンの納入時に、生コン車(アジテータートラック)1台ごとに発行される伝票。積載量(m³)、その日の累積納入量、仕向先現場名などが印字されている。JIS A 5308の改正により2010年4月1日から配合表の欄が設けられ、事前に計画した調合(配合)計画書との照合が可能となった。→調合計画書(図·315頁)

レトロフィット　一般には、すでにつくられたものに対して、後から目的に応じた修繕を作業場や現場において行うことを総称していう。建築では、歴史的な建築物などをその外観や内装をそのままにして耐震補強すること。リニューアルとは少し意味合いが異なり、良さを残す意味合いがある。→免震レトロフィット

レバーストッパー　⇨アームストッパー

レバーハンドル　扉の把手の一種でL形のもの。バックセットが小さくてすむ、てこ式のため把手の回転が軽いなどの特徴がある。→ラッチボルト(図·515頁)

レベル　水準器や水準測量用機器(水準儀)の総称。→水準器、チルチングレベル

レベルスイッチ　固体や液体の表面位置を検出して信号を発生させる装置。液体の場合には電極棒間の抵抗検出、フロート(浮き)の浮き沈みを利用することが多い。

レベルポインター　コンクリート打込み時の仕上がり高さの目安となるよう事前に設置する目印。目立つよう、またコンクリート硬化後の防錆性をもたせるために先端は樹脂性で、軸にはバネが組み込まれて倒れても復元するようになっている。左官工のとんぼの両端に引っ掛かるよう約2m間隔で設置する。

レミコン　⇨レディーミクストコンクリート

レラクゼーション　⇨リラクゼーション

れんが　粘土を成形焼成してつくる建築材料。普通れんがは、210mm×100mm×60mmの直方体を標準形とする。そのほか、耐火れんが、軽量れんが(空洞れんが、多孔質れんが)、異形に焼成した特殊れんがもある。

連結筋　柱主筋をコーナーに寄せて配筋するきかし筋の間隔確保のために取り付けられる補助鉄筋。通常、6φ、@1,500かつ各階2箇所以上とする。→きかし筋(図·105頁)

連結送水管　建物の高層階を対象として設置される消防隊専用消火設備。送水口、送水配管、放水口で構成され、ポンプ車より加圧された消火用水を送水口から放水口へ送水する。→送水口(図·279頁)

連結送水管箱　金属製の収納箱の中に放水口、開閉弁、ホース、ノズルを収めたもの。「放水口」または「消防章」の表示を設ける。

連結送水口　⇨送水口

連行空気　⇨エントレインドエア

レンジフード　家庭の台所で、燃焼あるいは加熱調理器具の上部に設置されるフード。多くのものは排気用送風機まで一体に組み込まれている。

連窓（れんそう）2つ以上が連続して設けられている窓。通常、横につながる横連窓を指すが、階段室、吹抜けなどに設ける縦連窓もある。対して、ひとつひとつが独立した窓を「ぽつ窓」といい、どちらを中心に建物ファサード

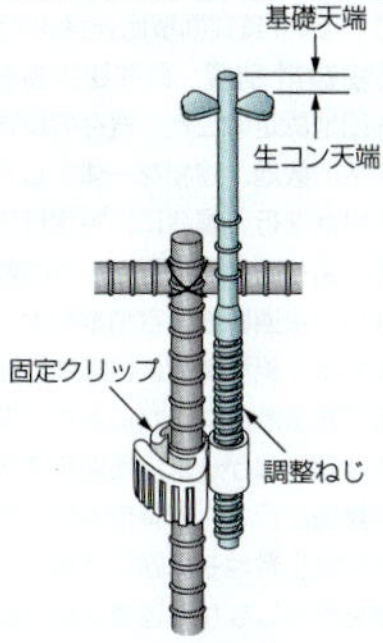

レベルポインター

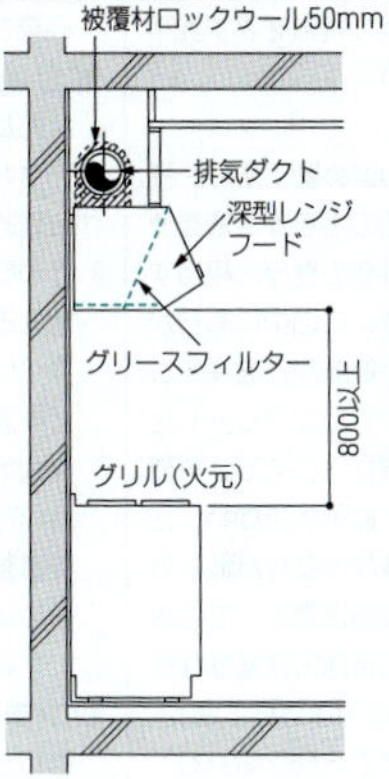

レンジフード

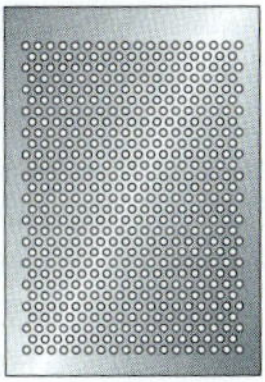
グリースフィルター

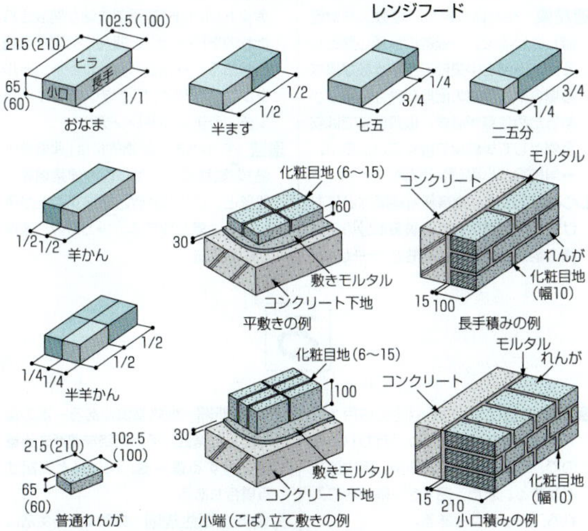

注)( )内の寸法は、当分の間認めるものとする。

れんが

れんがの種類

種　類	使用箇所
普通れんが (JIS R 1250)	•門、扉、花壇、パラペット防水押えなどに使用。
建築用セラミックれんが (JIS R 5210)	•特に建築外装用につくられた吸水率の低い高強度のもの。 •れんがタイルとしても多く用いられる。
耐火れんが (JIS R 2101)	•煙突・暖炉など、火に接する部分に用いられる耐火性のあるもの。

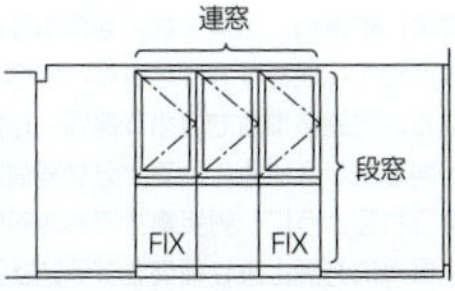

連窓・段窓

を構成するか、外観の特徴を表す要素となる。→段窓(だんそう)

連続基礎 ⇨布基礎

連続地中壁工法 山留め壁工法の一種。掘削面外周部の周辺の土を安定液を使用して固め、地下外壁の壁厚に相当する部分を溝形に掘り、この中にあらかじめ製作しておいた鉄筋かごを挿入し、トレミー管を使用してコンクリートを打ち込んで壁を連続してつくる。特徴は、施工時の騒音、振動が少ない、止水性に優れる、H鋼など心材が地下外壁外側にないため敷地境界近くでの施工に有利など。施工管理には高度な技術が必要である。「地中連続壁工法」ともいう。→山留め壁工法(表·499頁)

連続梁 柱を通り越し、複数スパン連続している梁。一般的には通し筋となるが、端部と中央部で主筋本数が異なる場合や、両端の配筋が異なる場合があるため注意が必要。仮設計算では安全側として単純梁で解くことが多い。→単純梁、小梁(図·167頁)

レンタブル比 貸事務所建築などにおける総床面積に対する賃貸部分の床面積の割合。通常、基準階で75～85%が必要とされる。「賃貸面積比」ともいう。

連担建築物設計制度 既存建築物を含んだ一団地認定のこと。既存の建物を含む複数の敷地、建物を一体として合理的な設計を行う場合に、特定行政庁の認定によりこの敷地群を一つの敷地とみなし、接道義務、容積率制限、建ぺい率制限、斜線制限、日影制限などを適用できる制度。これにより、単独敷地ではできなかった容積活用や空地(くうち)の整備が行え、密集市街地の無接道敷地や狭小敷地も周囲の建物とともに環境を改善しながら建替えが可能になる。建築基準法第86条第2項

レンチ ナット(ボルト)、鉄管などをねじって回すのに用いる工具の総称。ナット(ボルト)専用で先端が開放されたものを「スパナ」と呼んで区別する場合もある。→インパクトレンチ、トルクレンチ、パイプレンチ、モンキーレンチ、ラチェットレンチ

連壁 (れんぺき) 学術的には「連続地中壁」の略称であるが、国内建築現場で連壁というと「SMW」を指すことが多いので注意を要する。→SMW、連続地中壁工法

ろ

廊下型集合住宅 集合住宅の各戸へのアプローチが共用廊下から行われるもので、片廊下型、中廊下型、集中型などがある。また、廊下を一階おきに入れるスキップ型もある。

労基署 ⇨労働基準監督署

労災上乗せ保険 労災事故が起こった場合、政府労災保険により労働者の負傷、疾病、死亡などに対して保険が給付されるが、被災者本人や遺族への見舞金、慰謝料、賠償金などを含めると政府労災保険だけでは足りない場合がある。自動車事故で自賠責保険に任意保険をプラスすることで十分な補償が得られるように、労災事故でも政府労災保険に労災上乗せ補償をプラスする保険。「法定外補償保険」ともいう。

漏電遮断器 地絡電流がある一定の値を超えた場合、その回路を遮断する機能を有する遮断器。「ELB」と表記する場合もある。

労働安全衛生規則 労働安全衛生法に基づいて労働の安全衛生についての基準を定めた厚生労働省令。

労働安全衛生法 労働災害防止のための危害防止基準の確立、責任体制の明確化および自主的活動の促進の措置を講ずるなど、その防止に関する総合的、計画的な対策を推進することにより、職場における労働者の安全と健康を確保するとともに快適な職場環境の形成と促進を目的とする法律。

労働安全衛生マネジメントシステム ⇨OSHMS

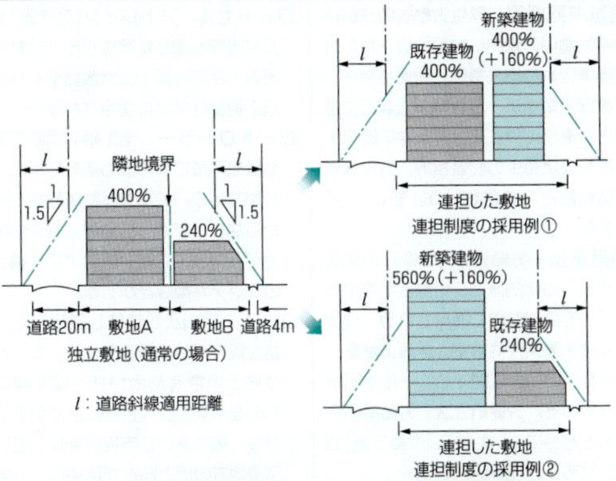

連担建築物設計制度（商業地域で容積率400%の例）

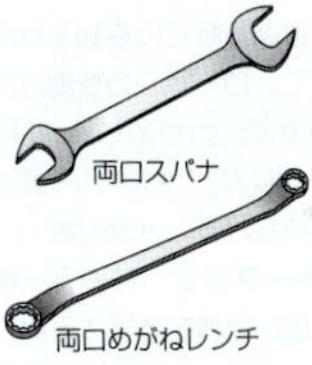

レンチ

漏電遮断器（ELB）

- 労働基準法
  - 労働基準法施行規則
  - 女性労働基準規則
  - 年少者労働基準規則
  - 事業附属寄宿舎規定
  - 建設業附属寄宿舎規定

労働基準法・体系図

- 労働安全衛生法
  - 労働安全衛生法施行令
    - 労働安全衛生規則
    - ボイラー及び圧力容器安全規則
    - クレーン等安全規則
    - ゴンドラ安全規則
    - 有機溶剤中毒予防規則
    - 鉛中毒予防規則
    - 四アルキル鉛中毒予防規則
    - 特定化学物質等障害予防規則
    - 高気圧作業安全衛生規則
    - 電離放射線障害防止規則
    - 酸素欠乏症等防止規則
    - 事務所衛生基準規則
    - 粉じん障害防止規則
    - 製造時等検査代行機関等に関する規則
    - 機械等検定規則
    - 労働安全コンサルタント及び労働衛生コンサルタント規則

労働安全衛生法・体系図

ろ

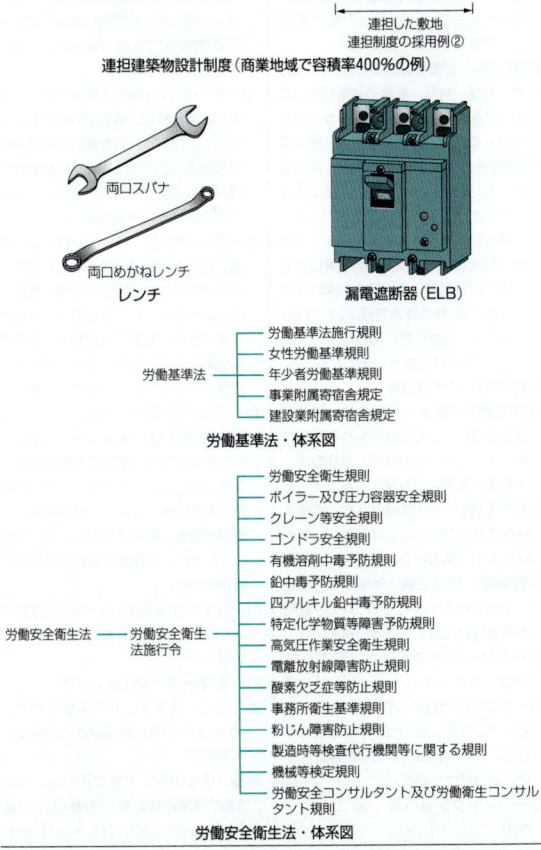

労働基準監督署 厚生労働省の各都道府県労働局の管内に複数設置された労働基準行政の出先機関。労働基準法、労働安全衛生法、最低賃金法などに基づき事業所に対する労働条件の確保・改善や安全衛生の監督指導、労災保険の給付などの業務を行う。略して「労基署」。

労働基準法 労働者の労働条件の最低基準を定めた法律で、労働者を使用するすべての事業場に適用される。具体的には労働条件や賃金、休暇、解雇、安全などの労働に関するルールが明示されている。労働組合法、労働関係調整法とともに、いわゆる「労働三法」の一つである。(図·529頁)

労働災害 労働者が作業に関する建設物、設備、材料、粉塵や作業行動に起因して負傷したり、疾病にかかったり死亡すること。労働安全衛生法第2条

労働損失日数 労働者が労働災害で労働不能(損失)となった日数。個々の被災者にかかわる損失日数を求めることは難しいため、一定の基準によって障害の程度から労働損失日数を算出する方法がとられている。死亡および永久全労働不能(身体障害等級1、2、3級)の場合は、休業日数に関係なく1件について7,500日となる。→強度率

労務請負 ⇨手間請負

労務管理 労働者の労働条件や労働環境を整備し、労働効率を高めるための考え方、方策。教育訓練、福利厚生、人間関係管理なども含まれる。

労務下請負 下請職種のうち、手間請負を主たる契約内容とするもの。例えば、大工、鳶工(とびこう)、土工など。

労務単価 建設工事に従事する労働者に支給される一日当たりの賃金。昼間実働8時間に対する基本日額をいう。

ロータリーパーカッション式ボーリング ⇨パーカッション式ボーリング

ロータンク 便器の洗浄用水を貯めておくタンクで、低い位置に設置されるもの。便器に直結、または便器近くの壁に取り付けられる。

ローディングショベル ⇨パワーショベル

ロードセル ストレイン(ひずみ)ゲージなどを利用した荷重検出器。材料などの力学的性質の試験装置や各種機械類の荷重計などに使用される。

ロードローラー 土工事や道路工事で地盤を平滑に締め固める転圧機械。鋼板製などの円筒形をした車輪(ロール)からなり、車輪の形式が2軸3輪のマカダム型と、2軸2輪および3軸3輪のタンデム型などがある。

ローム 火山灰が体積し風化した土層。粘性質の高い土壌であり、シルトおよび粘土の含有割合が25～40%程度のものを指す。日本各地に広く分布しており、褐色ないし赤褐色を呈している。関東地方のほとんどが関東ローム層で覆われている。

ローラー支点 端部を固定せず、水平またはある特定の移動を可能とした支持点で、ローラーの稼働方向と垂直方向のみに反力が生じる。「可動端(たん)」「移動端(たん)」ともいい、橋桁(はしげた)などに用いられる。→固定端

ローラーブラシ ローラー状の塗装用具。広い面積を塗装する場合に適す。吹付け塗装より効率は劣るが、周囲への飛散がなく、刷毛塗りの2～3倍の能率で簡易であることが利点。羊毛や合成繊維を巻いたローラーに塗料を含ませ、塗装面を回転させながら塗る。

ローリングタワー おもに室内での高所作業に用いる、キャスターを基部にもつ移動式足場。組立てや使用に際しては、高さに応じてアウトリガーの使用、昇降設備の設置および使用などの遵守が必要。移動は人力による。手動ウインチにより作業床高さが可変の作業台もある。

ロールH 圧延装置(ロールなど)を用いて製造されるH形鋼。→H形鋼(図·47頁)

ロールマーク ⇨圧延マーク

陸(ろく) 水平または平坦なことで、「りく」ともいう。陸屋根などと使う。→不陸(ふろく)

陸墨(ろくずみ) 工事で用いる、高さ方向の基準となる墨。「陸墨(りくずみ)」「腰墨」ともいう。通常、「FL＋1,000mm」

身体障害等級別損失日数

身体障害等級	4	5	6	7	8	9	10	11	12	13	14
損失日数	5,500	4,000	3,000	2,000	1,500	1,000	600	400	200	100	50

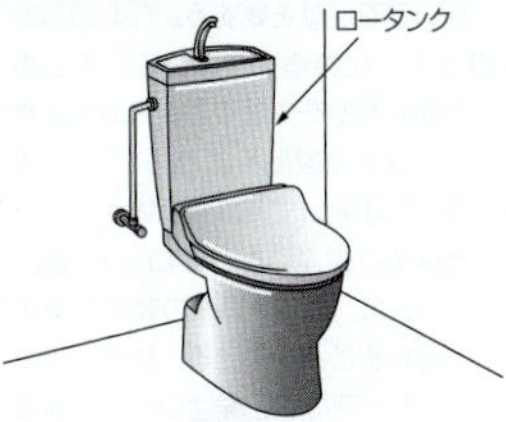

ロータンク

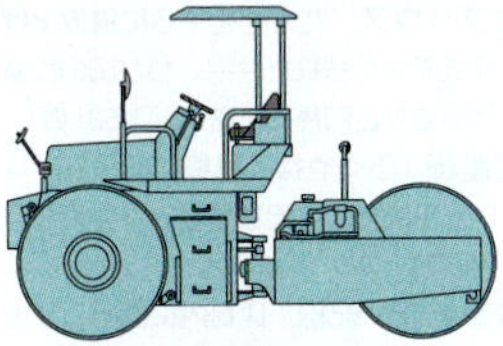

ロードローラー

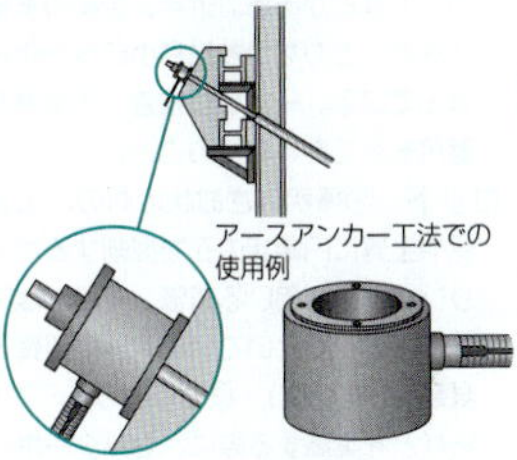

ロードセル

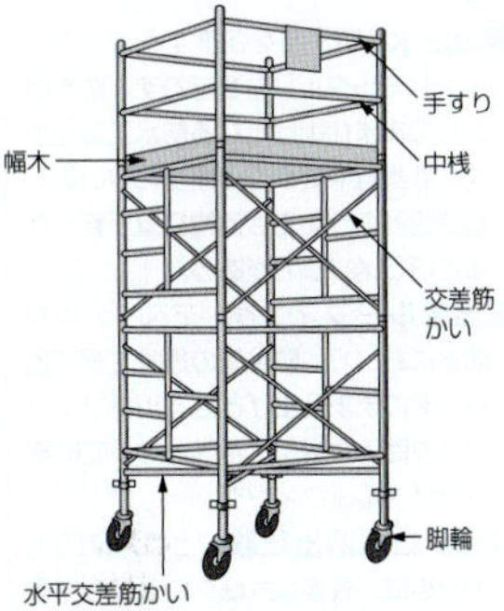

控え枠を使用しない場合
H≦7.7L−5
H：脚輪の下端から作業床までの高さ（m）
L：脚輪の主軸間隔（m）

ローリングタワー

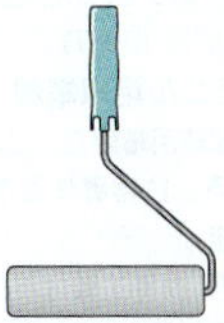

ローラーブラシ

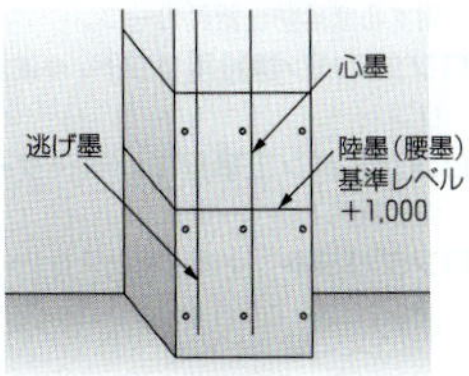

陸墨

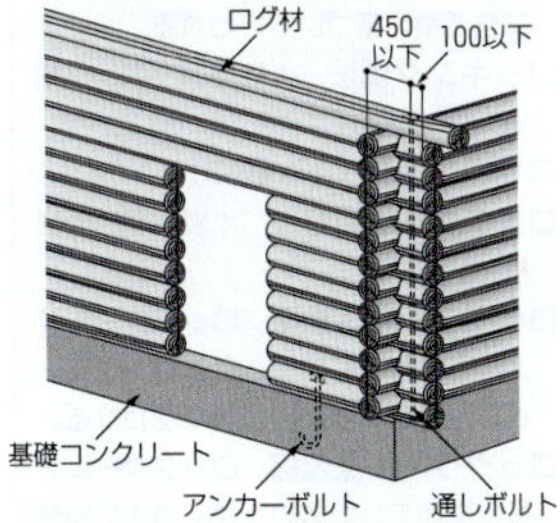

ログハウス

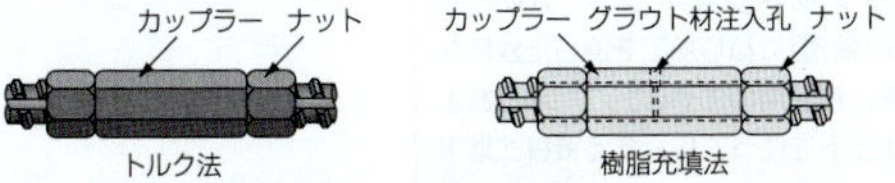

ロックナットジョイント

などの表示とともに、壁、柱などの鉛直面に表示される。近年は、レーザーポインターなどの普及により、ポイント表示のみとする場合もある。

ログハウス　丸太材を平らに積み上げ、壁式でつくられた住宅。わが国の校倉(あぜくら)造りと同種の工法。（図·531頁）

陸屋根（ろくやね）屋根勾配を設けない水平または平坦な屋根。→屋根（図·497頁）

露出配管・配線　建物内に露出して施設する配管・配線。→隠ぺい配管・配線

露出防水　防水層を保護するコンクリートやモルタル打ちを行わず、防水層がそのまま仕上げとなる防水工法を指す。非歩行や軽歩行の屋上に用いる。構造設計のうえでは建物自重が軽くなるというメリットがある。

露出用ルーフィング　アスファルト防水において、防水層の最終工程で張り、そのまま仕上げとなるルーフィング。表面は防滑用に粗面となっている。→砂付きルーフィング

六価クロム溶出試験　土壌汚染防止のために、有害な六価クロムの溶出量が環境基準を超えていないかを検査するもの。セメントおよびセメント系改良材、セメント系固化材を使用して地盤改良を行ったり、改良土を再利用しようとする工事すべてで実施が必要で、試験要領に基づいて行われる。

ロッキング構法　⇨縦壁ロッキング構法

ロックウール　⇨岩綿(がんめん)

ロックウール吸音板　⇨岩綿(がんめん)吸音板

ロックウール保温帯　ロックウールフェルトを帯状に加工したもの。煙突など高温になる管類の保温に使われる。

ロックウール保温板　ロックウールを板状に加工したもの。住宅の床の断熱、保温に用いられる。

ロックナットジョイント　鉄筋の接合部（端部）にねじ加工を施した鉄筋などを、連結用のさや（カップラー）およびナットを使って接合する機械式継手の一つ。カップラーとナットを締めるトルクで管理する「トルク法」と、カップラー部に樹脂を充填し固定する「樹脂充填法」とがある。樹脂充填法は、耐火性を要求される部位には使用できないので注意を要する。（図·531頁）

ロット　①製造業において、まとめて同種の製品を生産する場合の生産単位。例えばある製品をまとめて1,000個生産した場合、この1,000個が1ロットとなる。生産におけるロット（製造ロット）は、品質が同一の製品の集まりと見なすことができる。作業の単位もロットと呼ばれ、発注ロット、購買ロット、納入ロット、運搬ロット、検査ロットなどがある。近年、製品の多様化などにともない多品種小ロット化が進んでいる。→抜取り検査　②水準測量用器具である箱尺のこと。

ロッド　①棒状、さお状のもの。②岩盤や土質に円筒状の孔を掘削するボーリング作業に用いる鋼管。一般には先端にビットが付いている。→標準貫入試験（図·419頁）　③リフトアップ工法などを実施する際に、センターホールジャッキの中心に組み込む引上げ用のステップロッドのこと。→リフトアップ工法（図·519頁）

600Vビニル絶縁電線　最も一般的な屋内配線用電線で、ビニルで絶縁されている。許容導体温度60℃まで使用が可能。

ロリップ　鉄骨工事などにおける高所作業を行う際、また架設のタラップやはしごを昇降する際、親綱を通して使用する墜落防止器具の一つ。

ロングスパン建設用リフト　⇨建設用リフト

ロングスパン工事用エレベーター　⇨工事用エレベーター

ロングリフト　⇨建設用リフト

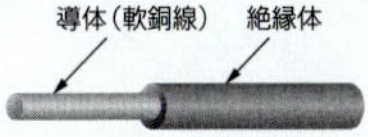

600Vビニル絶縁電線

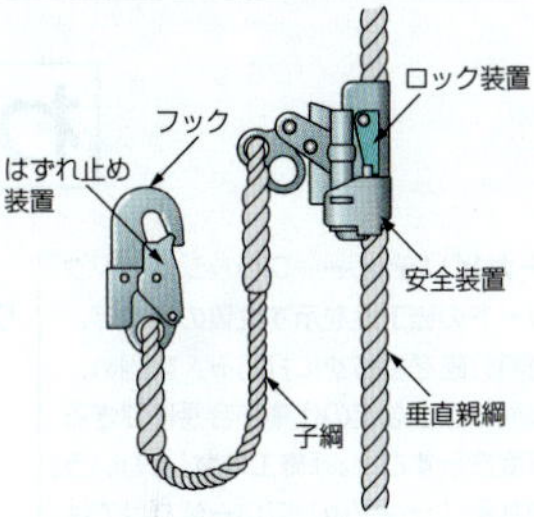

ロリップ

ろ

わ

ワーカビリティー　フレッシュコンクリートの施工性を示す性質の一つで、材料分離を生じずに打込み、締固め、表面仕上げなどの作業が容易にできる程度を示すこと。「施工軟度」ともいう。単なるスランプ値、フロー値だけでは評価できず、材料分離抵抗性などを加味して評価する。→コンシステンシー②

ワーキングジョイント　カーテンウォールの目地など、ジョイントムーブメント（目地の動き）が比較的大きい目地のこと。ムーブメントは、温度・湿度変化による部材の変形や地震動などによって生じる。

ワードローブ　衣類をしまっておくところ、または衣類を吊ったりしてしまう収納家具をいう。

Y継手　3つの管をY字状に接続するために用いるY形の管継手。

ワイヤーガラス　⇨網入り板ガラス

ワイヤークリップ　ワイヤーロープを緊結するための金物で、単に「クリップ」ともいう。

ワイヤーストレインゲージ　⇨ストレインゲージ①

ワイヤーブラシ　針金を植えたブラシ。金属面の錆落しや研磨に使用される。柄のついた手持ちのものや、電動工具で回転させて使う円盤状のものなどがある。

ワイヤーメッシュ　鉄線を格子状に組み、接点を電気溶接して製作された金網のことで、「溶接金網」ともいう。運搬や人力施工の重量上の制約などから使用線材、格子ピッチ、1枚のサイズなどの規格が定められている。代表的なのは、合成スラブ用デッキプレート上筋や、防水保護コンクリートひび割れ防止に使われる6φ、@100、2m×6mなど。

ワイヤーラス　塗り壁下地に用いる針金で編んだ網。モルタルやプラスター塗りの下地として使用する。

ワイヤーロープ　重量物を吊り上げるときに使われる炭素鋼線をより合わせてつくったロープ。油を浸み込ませた麻のロープを心鋼（芯）にして7～61本の鋼線をより合わせた子縄（ストランド）を、さらに6本、あるいは8本より合わせて1本のロープとする。強度が大きく柔軟性に富んだ、機械、エレベーター、建設などに用いるロープの総称。JIS G 3525　→ストランド、ストランドロープ

枠組足場　鋼製の建枠、布板、筋かいなどを使って組み立てる足場。「ビティ足場」「鋼製枠組足場」とも称する（ビティは商品名）。枠幅、高さ、枠ピッチなどはそれぞれ数種のバリエーションがあり、建物形状、架仮設条件、荷重などにより組み合わせて計画し、架設する。

枠組壁工法　⇨ツーバイフォー工法

枠組支保工（わくぐみしほこう）一般的なパイプサポートではなく、枠組足場の部材やシステム部材を用いて計画された支保工材のこと。高階高や大断面重荷重への対応、PCa化での工数削減などを目的に計画されることが多い。→システム型枠

ワシントン型エアメーター　フレッシュコンクリートの空気の量を測定する「空気室圧力方法（JIS A 1128）」で使用する装置。所定の圧力に高めた空気室の空気をコンクリートを入れた容器の中に放出させたとき、コンクリート中の空気量が多いほど空気室の圧力低下が大きくなることを利用して、コンクリート中の空気量を測定する。→空気量（図・125頁）

渡り桟橋　仮設通路。根切りや地下躯体工事の際、資材の運搬や作業員の歩行のために架設されたり、SRC造において鉄骨を利用して設置されたりする。フライングブリッジなどのような

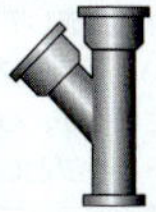

Y継手

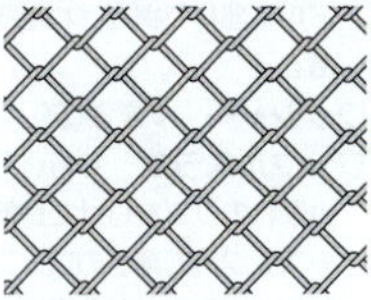

ワイヤーラス

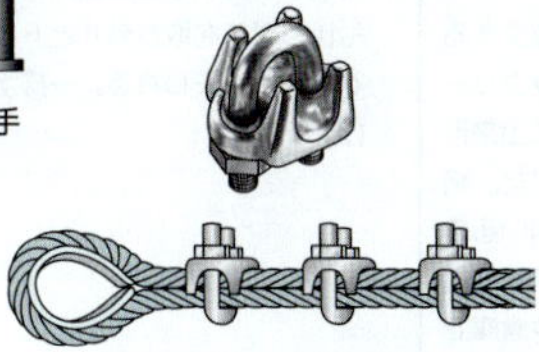

ワイヤークリップ

ワイヤーブラシ

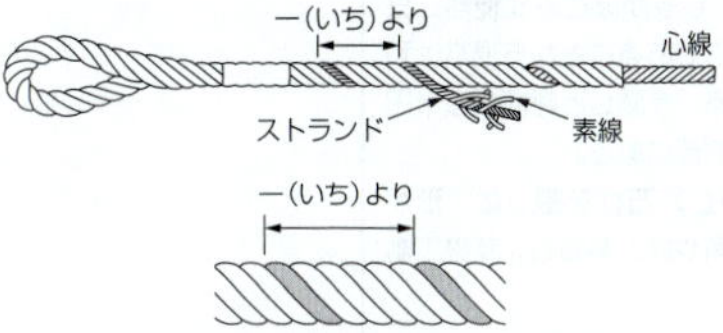

安全係数：6以上

ワイヤーロープの構成

不適格なワイヤーロープの使用の禁止

1 一よりの間で素線の数の10%以上が切断。
2 直径の減少が公称径の7%を超えるもの。
3 キンクしたもの。
4 著しい形くずれまたは腐食があるもの。

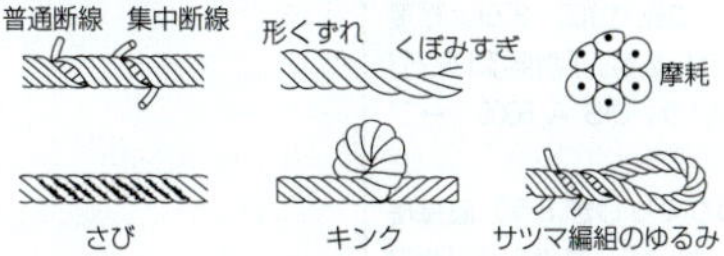

ワイヤーロープ

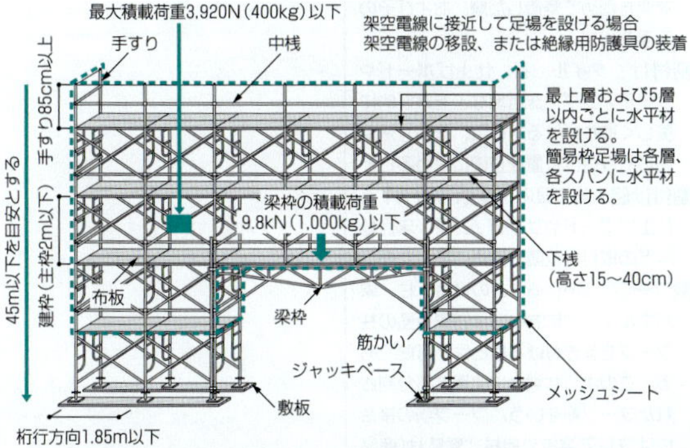

ベース金具、敷板、敷角を用いて根がらみを設ける。
脚部には、足場の滑動または沈下防止のための措置を講じる。

枠組足場

アルミ部材で構成された既製仮設材がある。

ワッシャー　⇨座金(ざがね)

ワッフルスラブ　井桁(いげた)に直交する小梁状のリブを付けた鉄筋コンクリートスラブ。お菓子のワッフルに出来形が似ていることから名づけられた。格子単位の規格化された型枠を用いるので、重荷重を受ける大スパン床を安価かつ迅速に構築できる。工場や倉庫で用いられることが多い。

和風大便器　しゃがみこみ式便器。日本特有の構造であることから通常は和式と称される。金隠しと呼ばれる半円状の部分が前部にある。

割石（わりいし）石材を割った、形が不定で鋭い角や縁のある石。基礎工事などに使う。

割栗（わりぐり）⇨割栗(わりぐり)石

割栗石（わりぐりいし）建築物などの基礎に使う、12～15cmの大きさに割った石。基礎や土間コンクリートの下に敷き込む。地盤が良好な場合、割栗石を使わないこともある。土木工事の埋立て用として重さ100～200kg程度の大型のものもある。「割栗」「栗石」「ぐり」ともいう。JIS A 5006　→フーチング

割栗地業（わりぐりじぎょう）直接基礎や杭基礎において、基礎スラブやフーチングと支持地盤の間につくる、石を突き固めて築造した層、およびその工事を指す。

割付け　タイル、石、仕上げボードやサイディング、床目地などを意匠的に美しく取り付けるために、その寸法に応じて取付け位置を正確に決めること。

割付け図　施工図の一種で、タイル、石、仕上げボードやサイディング、床目地などの取付け位置を図面に表したもの。

割フープ　SRC造などの場合、柱、梁パネルゾーンにおいては閉鎖断面の柱フープを巻き付けることは不可能である。このような場合に使用する分割されたフープ筋をいう。フープ筋の接合にはフレア溶接や機械式緊結材(商品名：フープクリップ)などを用いる。

ワンウェイスラブ　⇨一方向スラブ

椀トラップ（わん―）水封を構成している部分がわん状をしているトラップ。流しや床排水などに使用されるが、わん状の部分を取り外すとトラップとしての機能が失われる。→排水トラップ(図·389頁)

（断面）

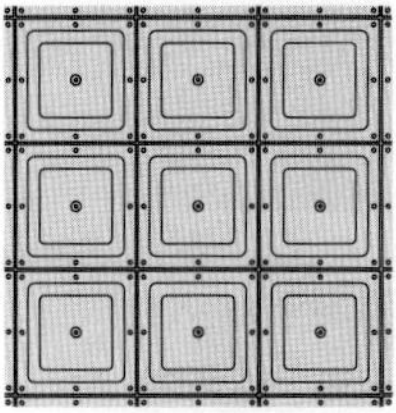

（平面）

ワッフルスラブ

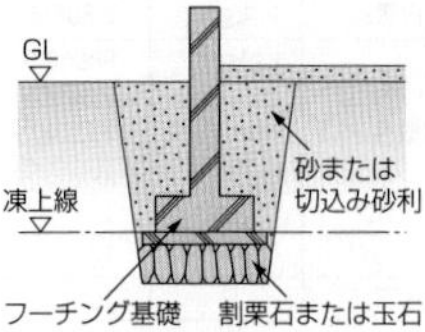

割栗地業

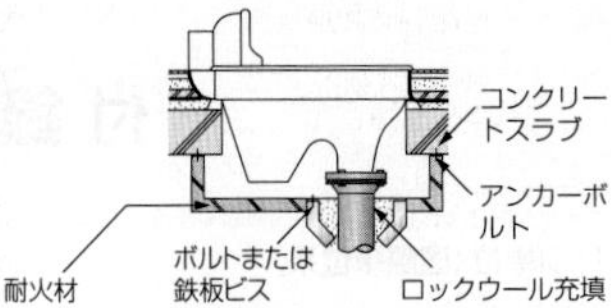

（例）1.5mm以上の鉄板または0.5mm以上の鉄板で、
25mm以上のロックウール保温板を包んだもの

耐火材を用いる場合

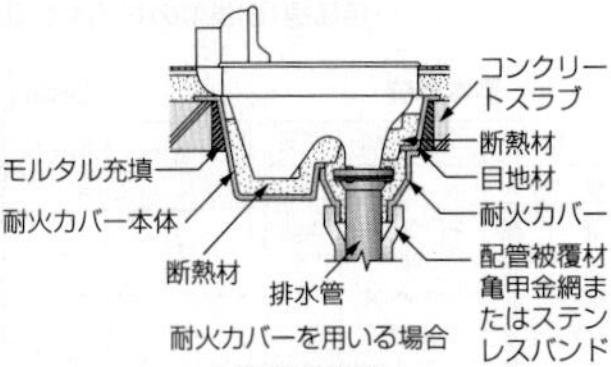

耐火カバーを用いる場合

和風大便器

わ

付録

[1] SI単位（国際単位系）

国際単位系（SI）の構成
- ・SI単位
  - ・基本単位
  - ・補助単位
  - ・基本単位および補助単位から組み立てられる組立単位
- ・接頭語（SI単位の10の整数乗倍を構成するためのもの）

基本単位

量	名　称	記号
長　さ	メートル	m
質　量	キログラム	kg
時　間	秒	s
電　流	アンペア	A
熱学的温度	ケルビン	K
物質量	モル	mol
光　度	カンデラ	cd

補助単位

量	名　称	記号
平面角	ラジアン	rad
立体角	ステラジアン	sr

SI単位とメートル系単位の比較

量	SI単位 記号	メートル系単位		換算率
		名　称	記　号	(m系)/(SI)
力	N	ダイン	dyn	10^{-5}
		重量kg	kgf	9.80665
圧　力	Pa		kgf/cm^2	98066.5
		水柱ミリ	mmH_2O	9.80665
		水銀柱ミリ	mmHg	133.32
		気圧	bar	100,000
加速度	m/s^2	ガル	Gal	10^{-2}
エネルギー	J	エルグ	erg	10^{-7}
粘　度	Pa·s	ポアズ	P	10^{-1}
動粘度	m^2/s	ストークス	St	10^{-4}
熱　流	kW	米冷凍屯	USRT	3.51628

接頭語

倍　数	名　称	記号
10^{18}	エクサ	E
10^{15}	ペタ	P
10^{12}	テラ	T
10^{9}	ギガ	G
10^{6}	メガ	M
10^{3}	キロ	k
10^{2}	ヘクト	h
10	デカ	da
10^{-1}	デシ	d
10^{-2}	センチ	c
10^{-3}	ミリ	m
10^{-6}	マイクロ	μ
10^{-9}	ナノ	n
10^{-12}	ピコ	p
10^{-15}	フェムト	f
10^{-18}	アト	a

固有の名称をもつ組立単位

量	名　称	記号	組　立　方
周波数	ヘルツ	Hz	$1Hz=1s^{-1}$
力	ニュートン	N	$1N=1kg \cdot m/s^2$
圧力、応力	パスカル	Pa	$1Pa=1N/m^2$
エネルギー、仕事、熱量	ジュール	J	$1J=1N \cdot m$
仕事率、工率、動力、電力	ワット	W	1W=1J/s
電荷、電気量	クーロン	C	$1C=1A \cdot s$
電位、電位差、電圧、起電力	ボルト	V	1V=1J/C
静電容量、キャパシタンス	ファラド	F	1F=1C/V
(電気)抵抗	オーム	Ω	1Ω=1V/A
(電気の)コンダクタンス	ジーメンス	S	$1S=1\Omega^{-1}$
磁束	ウェーバー	Wb	$1Wb=1V \cdot s$
磁束密度、磁気誘導	テスラ	T	$1T=1Wb/m^2$
インダクタンス	ヘンリー	H	1H=1Wb/A
セルシウス温度	セルシウス度または度	℃	
光束	ルーメン	lm	$1lm=1cd \cdot sr$
照度	ルクス	lx	$1lx=1lm/m^2$

注1）$1cm^3=(10^{-2}m)^3=10^{-6}m^3$、　$1\mu s^{-1}=(10^{-6}s)^{-1}=10^6 s^{-1}$
$1mm^2/s=(10^{-3}m)^2/s=10^{-6}m^2/s$
2）質量の基本単位kgには接頭語のキロを含んでいるので、グラムに接頭語をつけて構成する。例えば、μkgではなくmg。

よく使うSI単位への換算例

SI単位換算例
1cal=4.186J
1ps（仏馬力）=735.5W

繁用される固有の単位

量	名　称	記　号	定　義
音	ホン	phone	日本語のホンは、指示騒音計で読み取られた値の単位
音圧（騒音）レベル	デシベル	dB	指示騒音計から得られる騒音レベルの値

[2] 作業規制

悪天候時等の作業規制

天候	作業の措置・規制等		準拠条項
強風・大雨・大雪	作業を中止する作業	型枠支保工の組立等の作業の禁止	安衛則 第245条
		鉄骨の組立等の作業の中止	安衛則 第517条の3
		木造建築物の組立等の作業の中止	安衛則 第517条の11
		コンクリート造の工作物の解体等の作業の中止	安衛則 第517条の15
		高さ２m以上の箇所での作業の中止	安衛則 第522条
		足場の組立等の作業の中止	安衛則 第564条
		作業構台の組立等の作業の中止	安衛則 第575条の7
		クレーン作業の中止（強風のみ）	クレーン則 第31条の2
		クレーン組立等の作業の中止	クレーン則 第33条
		移動式クレーン作業の中止（強風のみ）	クレーン則 第74条の3
		デリック作業の中止（強風のみ）	クレーン則 第116条の2
		デリック組立等の作業の中止	クレーン則 第118条
		屋外エレベーターの組立等の作業の禁止	クレーン則 第153条
		建設用リフトの組立等の作業の禁止	クレーン則 第191条
		ゴンドラを使用する作業の禁止	ゴンドラ則 第19条
	事後の点検等	明り掘削における地山の点検（大雨のみ）	安衛則 第358条
		山留め支保工の点検（大雨のみ）	安衛則 第373条
		足場の点検	安衛則 第567条
		作業構台の点検	安衛則 第575条の8
		ゴンドラの点検	ゴンドラ則 第22条
暴風	防止措置	ジブクレーンのジブの固定等（強風以上）	クレーン則 第31条の3
		移動式クレーンのジブの固定等（強風以上）	クレーン則 第74条の4
		デリックの破損防止等（瞬間風速30m/秒超）	クレーン則 第116条
		屋外エレベーターの倒壊（瞬間風速35m/秒超）	クレーン則 第152条
		建設用リフトの倒壊（瞬間風速35m/秒超）	クレーン則 第189条
		屋外走行クレーンの逸走（瞬間風速30m/秒超）	クレーン則 第31条
	事後の点検等	屋外クレーンの各部分の点検	クレーン則 第37条
		デリックの各部分の点検	クレーン則 第122条
		屋外エレベーターの各部分の点検	クレーン則 第156条
		建設用リフトの各部分の点検	クレーン則 第194条
中震以上の地震	事後の点検等	明り掘削における地山の点検	安衛則 第358条
		山留め支保工の点検	安衛則 第373条
		足場の点検	安衛則 第567条
		作業構台の点検	安衛則 第575条の8
		屋外クレーンの各部分の点検	クレーン則 第37条
		デリックの各部分の点検	クレーン則 第122条
		屋外エレベーターの各部分の点検	クレーン則 第156条
		建設用リフトの各部分の点検	クレーン則 第194条

注１）安規則：労働安全衛生規則／クレーン則：クレーン等安全規則／ゴンドラ則：ゴンドラ安全規則
２）強風：10分間の平均風速が毎秒10m以上の風／大雨：１回の降雨量が50mm以上の雨／大雪：１回の降雪量が25cm以上の雪／暴風：瞬間風速が毎秒30mを超える風／中震以上の地震：震度４以上の地震

付

[3] 資格等

技能講習が必要な作業

作業の種類	業務内容	技能講習の名称	準拠条項
木材加工用機械	丸のこ盤、帯のこ盤等木材加工用機械を5台以上使用する事業場の作業	木材加工用機械作業主任者	安衛令 第6条第6号 安衛則 第129条
型枠支保工の組立て等	型枠支保工の組立て、解体等の作業	型枠支保工の組立て等作業主任者	安衛令 第6条第14号 安衛則 第246条
コンクリート破砕器	コンクリート破砕器の作業	コンクリート破砕器作業主任者	安衛令 第6条第8号の2 安衛則 第321条の3
地山の掘削*	掘削面の高さが2m以上となる地山の掘削作業	地山の掘削及び土止め支保工作業主任者	安衛令 第6条第11号 安衛則 第359条
山留め支保工*	山留め支保工の切梁または腹起しの取付けまたは取外し	地山の掘削及び土止め支保工作業主任者	安衛令 第6条第10号 安衛則 第374条
第一種酸素欠乏危険	酸素欠乏症のみが発生するおそれのある作業	酸素欠乏症危険作業主任者または酸素欠乏・硫化水素危険作業主任者	安衛令 第6条第21号 酸欠則 第11条
第二種酸素欠乏危険	酸素欠乏症および硫化水素中毒が発生するおそれがある作業	酸素欠乏・硫化水素危険作業主任者	安衛令 第6条第21号 酸欠則 第11条
はい作業	高さ2m以上はい付け、はいくずしの作業	はい作業主任者	安衛令 第6条第12号 安衛則 第428条
建築物の鉄骨の組立て等作業	建築物の骨組または塔で金属製の部材により構成されるもの（高さ5m以上）の組立て、解体または変更の作業	建築物等の鉄骨の組立て等作業主任者	安衛令 第6条第15号の2 安衛則 第517条の4
木造建築物の組立て等作業	軒高5m以上の木造建築物の主要構造部の組立て、屋根下地、外壁下地の取付け作業	木造建築物等の組立て等作業主任者	安衛令 第6条第15号の4 安衛則 第517条の12
コンクリート造工作物の解体等	高さ5m以上のコンクリート造工作物の解体、破壊の作業	コンクリート造工作物の解体等作業主任者	安衛令 第6条第15号の5 安衛則 第517条の17
足場の組立て等	吊り足場、張出し足場、高さ5m以上の足場の組立て、解体等の作業	足場の組立て等作業主任者	安衛令 第6条第15号 安衛則 第565条
有機溶剤取扱等	屋内作業または、タンクの内部その他の場所で有機溶剤とそれ以外のものとの混合物で、有機溶剤を当該混合物の重量の5%以上を超えて含有するものを取り扱う作業	有機溶剤作業主任者	安衛令 第6条第22号 有機則 第19条
鉛作業	鉛ライニング作業、含鉛塗料が塗布された鋼材の溶接、溶段、切断、加熱または含鉛塗料の掻き落し作業	鉛作業主任者	安衛令 第6条第19号 鉛則 第33条
車両系建設機械	機体重量3t以上の整地・運搬・積込み・掘削用機械、基礎工事用機械、解体用重機の運転	車両系建設機械運転	安衛令 第20条第12号 安衛則 第41条
車両系荷役運搬機械	最大荷重1t以上のフォークリフト、ショベルローダーまたはフォークローダーの運転	フォークリフト、ショベルローダー等運転	安衛令 第20条第11、13号 安衛則 第41条
	最大積載量1t以上の不整地運搬車の運転	不整地運搬車運転	安衛令 第20条第14号 安衛則 第41条
高所作業車	作業床の高さが10m以上の高所作業者の運転	高所作業車運転	安衛令 第20条第15号 安衛則 第41条
ガス溶接作業	可燃性ガスおよび酸素を用いて行う金属の溶接、溶断等の作業	ガス溶接	安衛令 第20条第10号 安衛則 第41条
クレーン	床上で運転する方式で、5t以上のクレーン運転	床上操作式クレーン運転	安衛令 第20条第6号 クレーン則 第22条
移動式クレーン	吊り上げ荷重1t以上5t未満の移動式クレーン運転	小型移動式クレーン運転	安衛令 第20条第7号 クレーン則 第68条
玉掛け	吊り上げ荷重1t以上のクレーン、移動式クレーン、デリックの玉掛け作業	玉掛け	安衛令 第20条第16号 クレーン則 第221条

注）安衛令：労働安全衛生法施行令／安規則：労働安全衛生規則／酸欠則：酸素欠乏症等防止規則／有機則：有機溶剤中毒防止規則／鉛則：鉛中毒予防規則／クレーン則：クレーン等安全規則

＊平成18年4月1日より、「地山の掘削作業主任者」と「土止め支保工作業主任者」が「地山の掘削及び土止め支保工作業主任者」として技能講習が統合。

特別教育が必要な作業

作業の種類	業務内容	準拠条項
グラインダー	研削といしの取替えまたは取替え時の試運転の作業	安衛則 第36条第1号
アーク溶接機	アーク溶接機を使用しての作業作業	安衛則 第36条第3号
電気の作業	高圧、特別高圧の充電電路もしくは充電電路支持物の敷設、点検、修理、操作 低圧の充電電路の敷設または修理	安衛則 第36条第4号
	充電電路またはその支持物の敷設の点検、修理、充電部分が露出した開閉器の操作等作業	
車両系荷役運搬機械	最大荷重1t未満のフォークリフトの運転	安衛則 第36条第5号
	最大荷重1t未満のショベルローダー、フォークローダーの運転	安衛則 第36条第5号の2
	最大積載量1t未満の不整地運搬車の運転	安衛則 第36条第5号の3
揚貨装置	制限荷重5t未満の揚貨装置の運転	安衛則 第36条第6号
伐木等作業	胸高直径70cm以上の立木の伐木、かかり木でかかっている木の胸高直径20cm以上のものの処理等の作業	安衛則 第36条第8号
	チェーンソーを用いて行う立木の伐木、かかり木の処理または造材の作業	安衛則 第36条第8号の2
車両系建設機械	機体重量3t未満の整地・運搬・積込み・掘削機械、解体用機械（ブレーカー）、基礎工事用機械の運転	安衛則 第36条第9号
	基礎工事用機械の作業装置の操作	安衛則 第36条第9号の3
	締固め用機械（ローラー）の運転	安衛則 第36条第10号
	コンクリートポンプ車の作業装置の操作	安衛則 第36条第10号の2
基礎工事用機械	基礎工事用機械の運転	安衛則 第36条第9号の2
ボーリングマシン	ボーリングマシンの運転	安衛則 第36条第10号の3
高所作業車	作業床の高さ10m未満の高所作業車の運転	安衛則 第36条第10号の5
ウインチ	動力駆動の巻上げ機の運転（電気ホイスト、エヤーホイストおよびこれ以外の巻上げ機でゴンドラにかかわるものを除く）	安衛則 第36条第11号
クレーン*	吊り上げ荷重5t未満のクレーンの運転	安衛則 第36条第15号
	吊り上げ荷重5t以上の跨線テルハの運転	
移動式クレーン	吊り上げ荷重1t未満の移動式クレーンの運転	安衛則 第36条第16号
デリック*	吊り上げ荷重5t未満のデリックの運転	安衛則 第36条第17号
建設用リフト	積載荷重0.25t以上、ガイドレールの高さ10m以上の建設用リフトの運転	安衛令 第13条 安衛則 第36条第18号
玉掛け作業	吊り上げ荷重1t未満のクレーン、移動式クレーンまたはデリックの玉掛け作業	安衛則 第36条第19号
ゴンドラ	ゴンドラの操作	安衛則 第36条第20号
酸素欠乏危険作業	酸素欠乏危険場所における作業	安衛則 第36条第26号
透過写真の撮影作業	エックス線装置またはガンマ線照射装置を用いて行う撮影作業	安衛則 第36条第28号
特定粉じん作業	粉じん発生場所での作業（設備による注水または注油をしながら行う粉じん則第3条作業は除く）	安衛則 第36条第29号

注）安衛則：労働安全衛生規則

＊平成18年4月1日より、「クレーン運転士免許」と「デリック運転士免許」が「クレーン・デリック運転士免許」として統合。

[4] 耐震法規の変遷

過去の大地震と耐震法規の変遷

年　代	1900年以前	1920年代	40年代	50年代	60年代
設計法	旧耐震基準				
大地震	濃尾地震 1899 10.28 M8.0 震度6	関東地震 （関東大震災） 1923 9.1 M7.9 震度6	福井地震 1948 6.28 M7.1 震度7		新潟地震 1964 6.16 M7.5 震度6
教　訓	◎耐震研究の始まり	◎耐震設計法規制度を促す	◎鉄筋コンクリート造建物の崩壊 ◎震度階に震度7を追加		◎液状化の危険性が露呈
法　規		1924年 **市街地建築物法改正** 地震力　$P=K\times W$ $K=0.1$（水平震度） W：当該部分の建築物の自重		1950年11月 **建築基準法制定** 許容応力度の改訂 地震力　$P=K\times W$ $K=0.2$（設計用基本水平震度） W：当該部分の建築物の自重	

耐震診断・改修指針

構造種別	基準名称	発行年	発　行
RC造	既存鉄筋コンクリート造建築物の耐震診断基準・改修設計指針・同解説	1977年発行 1990年改訂 2001年改訂	日本建築防災協会
SRC造	既存鉄骨鉄筋コンクリート造建築物の耐震診断基準・改修設計指針・同解説	1983年発行 1997年改訂 2009年改訂	日本建築防災協会
S造	耐震改修促進法のための既存鉄骨造建築物の耐震診断および耐震改修指針・同解説	1996年発行 2011年改訂	日本建築防災協会
RC造（壁式）	既存壁式プレキャスト鉄筋コンクリート造建築物の耐震診断指針 既存壁式鉄筋コンクリート造等の建築物の簡易耐震診断法	2003年発行 2005年第2版 2005年発行	日本建築防災協会
木造	木造住宅の耐震診断と補強方法	1985年発行 2004年改訂 2012年改訂	日本建築防災協会

過去の大地震と耐震法規の変遷

（つづき）

60年代	70年代	80年代	90年代	2000年代
旧耐震基準			新耐震基準	
十勝沖地震 1968 5.16 M7.9 震度6	宮城県沖地震 1978 6.12 M7.4 震度6	日本海中部地震 1983 5.26 M7.7 震度6	兵庫県南部地震（阪神淡路大震災） 1995 1.17 M7.3 震度7	新潟県中越地震 2004.10.23 M6.8 震度7 福岡県西方沖地震 2005.3.20 M7.0（推定震度7） 能登半島地震 2007.3.25 M6.9 震度6強 新潟県中越沖地震 2007.7.16 M6.8 震度6強 岩手·宮城内陸地震 2008.6.14 M7.2 震度6強 東北地方太平洋沖地震 2011.3.11 M9.0 震度7
○鉄筋コンクリート短柱の崩壊 ○鉄筋コンクリート構造物の耐震性に警鐘	○ピロティ形式、耐震壁偏在建物、ブロック壁、２次部材の被害		○都市直下型地震、液状化、中間階の破壊、ピロティの破壊、鉄骨造接合部・柱脚、インフラの被害	
1971年1月 **建築基準法施行令改正** 鉄筋コンクリート造柱のせん断補強の強化 せん断補強筋間隔30cm→15cm以下（ただし、柱頭・柱脚部は10cm以下）	1981年6月 **建築基準法施行令大改正** 「新耐震設計法」の施行 ２段階設計法の導入 1995年12月 **耐震改修促進法制定**		2000年6月 **建築基準法改正** 性能規定化 2006年1月 **耐震改修促進法改正** 耐震改修促進法の強化 2007年6月 **建築基準法改正** 確認・審査等の厳格化	2013年11月 **耐震改修促進法改正** 大規模建築物等に係る耐震診断の結果の報告の義務づけ 2014年4月 **建築基準法改正** 建築基準法に基づく天井脱落対策の規制強化

耐震診断・改修指針

（つづき）

系統別分類	基準名称	発行年	発　行
設備系	建築設備・昇降機耐震診断基準及び改修指針（1996年）	1996年発行	日本建築設備・昇降機センター
非構造部材系	学校施設の非構造部材の耐震化ガイドブック（2015年3月改訂版）	2015年発行	文部科学省

耐震設計指針

系統別分類	基準名称	発行年	発　行
総合	官庁施設の総合耐震計画基準及び同解説	1996年発行	公共建築協会
設備系	建築設備耐震設計・施工指針（2014年版）	1997年発行 2005年改訂 2014年改訂	日本建築センター
非構造部材系	非構造部材の耐震設計施工指針・同解説および耐震設計施工要領	1985年発行 2003年改訂	日本建築学会

工種別図表索引

＊この索引では、本辞典に収録している主要な図表のタイトルおよび図中・表中の名称を取りあげ、工種ごとに五十音順に配列した。

着工準備

仮設工事

地業工事

土工事

山留め工事

地下躯体工事

鉄筋工事

型枠工事

コンクリート工事

鉄骨工事

免震工事

仕上工事

コンクリートブロック工事

耐火被覆工事

設備工事

電気設備

機械設備

外構工事

安全管理

建設廃棄物

建築基準法関係

[引用文献]

1）『建築工事標準仕様書・同解説 JASS 8 防水工事』日本建築学会、2014、137頁・解説表1.16、1.17
2）『建築工事標準仕様書・同解説 JASS 17 ガラス工事』日本建築学会、2003、97頁・表1.3.1
3）同上、98頁・表1.3.2
4）国土交通省大臣官房官庁営繕部監修『建築工事監理指針　平成25年版(上巻)』公共建築協会、394頁・図6.6.1
5）『建築工事標準仕様書・同解説 JASS 5 鉄筋コンクリート工事』日本建築学会、2015、325頁・表10.1
6）同上、325頁・表10.1(注図)
7）同上、345頁・表10.7(図)
8）同上、383頁・表11.6
9）『鉄筋コンクリート造配筋指針・同解説』日本建築学会、2010、26頁・表(基礎梁との定着)
10）『建築工事標準仕様書・同解説 JASS 5 鉄筋コンクリート工事』日本建築学会、2015、189頁・解説図3.7
11）同上、235頁・表5.1
12）同上、202頁・表3.3
13）『建築工事標準仕様書・同解説 JASS 8 防水工事』日本建築学会、2014、240頁・解説表1.30
14）国土交通省大臣官房官庁営繕部監修『建築工事監理指針　平成25年版(上巻)』公共建築協会、834頁・図9.4.12(種別S-F1及びSI-F1の場合)
15）同上、833頁・図9.4.11(種別S-F1及びSI-F1の場合)
16）『建築工事標準仕様書・同解説 JASS 5 鉄筋コンクリート工事』日本建築学会、2015、349頁・解説表10.4
17）『建築工事標準仕様書・同解説 JASS 5 鉄筋コンクリート工事』日本建築学会、2003、802頁・表4
18）『建築物の遮音性能基準と設計指針 第二版』日本建築学会、1997、6頁・表A.1、8頁・表A.4
19）国土交通省大臣官房官庁営繕部監修『建築工事監理指針　平成25年版(上巻)』公共建築協会、798頁・図9.2.31
20）『建築工事標準仕様書・同解説 JASS 8 防水工事』日本建築学会、2014、168頁・解説図1.55
21）『建築工事標準仕様書・同解説 JASS 5 鉄筋コンクリート工事』日本建築学会、2015、308頁・表9.2
22）建設大臣官房技術調査室監修『建築物の耐久性向上技術シリーズ-建築仕上編Ⅰ　外装仕上げの耐久性向上技術』技報堂出版、1987、124頁・表2.2.1
23）『建築工事標準仕様書・同解説 JASS 8 防水工事』日本建築学会、2014、149頁・解説表1.21
24）『建築工事標準仕様書・同解説 JASS 5 鉄筋コンクリート工事』日本建築学会、2015、335頁・表10.4(図)
25）同上、336頁・図10.1
26）同上、337頁・表10.6(図)
27）同上、336頁・表10.5(図)
28）同上、166頁・表2.1
29）同上、166頁・表2.2
30）同上、311頁・解説図9.4
31）同上、330頁・表10.3
32）国土交通省大臣官房官庁営繕部監修『建築工事監理指針　平成25年版(上巻)』公共建築協会、145頁・図3.2.7
33）『建築系混合廃棄物の原単位調査報告書(平成23年2月作成)』建築業協会環境委員会・副産物部会、8頁・表-6
34）『建築工事標準仕様書・同解説 JASS 8 防水工事』日本建築学会、2014、89頁・解説図1.2(左・中図)
35）『鉄筋コンクリート造建築物の耐久性調査・診断および補修指針(案)・同解説』日本建築学会、1997、41頁・解説図3.3.3
36）同上、41頁・解説図3.3.4
37）同上、41頁・解説図3.3.5
38）同上、41頁・解説図3.3.6
39）同上、41頁・解説図3.3.8
40）国土交通省大臣官房官庁営繕部監修『建築工事監理指針　平成25年版(上巻)』公共建築協会、152頁・図3.2.14
41）同上、152頁・表3.2.5
42）『建築工事標準仕様書・同解説 JASS 8 防水工事』日本建築学会、2014、95頁・解説表1.6

［参考文献］

1）国土交通省大臣官房官庁営繕部監修『建築工事監理指針　平成25年版（上巻）』公共建築協会
2）国土交通省大臣官房官庁営繕部監修『建築工事監理指針　平成25年版（下巻）』公共建築協会
3）国土交通省大臣官房官庁営繕部監修『電気設備工事監理指針　平成25年版』公共建築協会
4）国土交通省大臣官房官庁営繕部監修『機械設備工事監理指針　平成25年版』公共建築協会
5）国土交通省大臣官房官庁営繕部監修『公共建築工事標準仕様書　建築工事編　平成25年版』公共建築協会
6）国土交通省大臣官房官庁営繕部監修『公共建築工事標準仕様書　電気設備工事編　平成25年版』公共建築協会
7）国土交通省大臣官房官庁営繕部監修『公共建築工事標準仕様書　機械設備工事編　平成25年版』公共建築協会
8）『建築工事標準仕様書・同解説 JASS 1 一般共通事項』日本建築学会、2002
9）『建築工事標準仕様書・同解説 JASS 2 仮設工事』日本建築学会、2006
10）『建築工事標準仕様書・同解説 JASS 3 土工事および山留め工事　JASS 4 杭・地業および基礎工事』日本建築学会、2009
11）『建築工事標準仕様書・同解説 JASS 5 鉄筋コンクリート工事』日本建築学会、2015
12）『建築工事標準仕様書 JASS 6 鉄骨工事』日本建築学会、2015
13）『建築工事標準仕様書・同解説 JASS 7 メーソンリー工事』日本建築学会、2009
14）『建築工事標準仕様書・同解説 JASS 8 防水工事』日本建築学会、2014
15）『建築工事標準仕様書・同解説 JASS 9 張り石工事』日本建築学会、2009
16）『建築工事標準仕様書・同解説 JASS 10 プレキャスト鉄筋コンクリート工事』日本建築学会、2013
17）『建築工事標準仕様書・同解説 JASS 11 木工事』日本建築学会、2005
18）『建築工事標準仕様書・同解説 JASS 12 屋根工事』日本建築学会、2004
19）『建築工事標準仕様書・同解説 JASS 13 金属工事』日本建築学会、1998
20）『建築工事標準仕様書・同解説 JASS 14 カーテンウォール工事』日本建築学会、2012
21）『建築工事標準仕様書・同解説 JASS 15 左官工事』日本建築学会、2007
22）『建築工事標準仕様書・同解説 JASS 16 建具工事』日本建築学会、2008
23）『建築工事標準仕様書・同解説 JASS 17 ガラス工事』日本建築学会、2003
24）『建築工事標準仕様書・同解説 JASS 18 塗装工事』日本建築学会、2013
25）『建築工事標準仕様書・同解説 JASS 19 陶磁器質タイル張り工事』日本建築学会、2012
26）『建築工事標準仕様書・同解説 JASS 21 ALCパネル工事』日本建築学会、2005
27）『建築工事標準仕様書・同解説 JASS 23 吹付け工事』日本建築学会、2006
28）『建築工事標準仕様書・同解説 JASS 24 断熱工事』日本建築学会、2013
29）『建築工事標準仕様書・同解説 JASS 26 内装工事』日本建築学会、2006
30）『建築工事標準仕様書・同解説 JASS 27 乾式外壁工事』日本建築学会、2011
31）『建築工事標準仕様書 JASS 101 電気設備工事一般共通事項　JASS 102 電力設備工事　JASS 103 通信設備工事』日本建築学会、2000
32）『鉄筋コンクリート構造計算規準・同解説』日本建築学会、2010
33）『鉄筋コンクリート造配筋指針・同解説』日本建築学会、2010
34）『鉄筋コンクリート造建築物の収縮ひび割れ制御設計・施工指針（案）・同解説』日本建築学会、2006
35）『鉄筋コンクリート造建築物の耐久性調査・診断および補修指針（案）・同解説』日本建築学会、1997
36）『鉄筋コンクリート造建築物の環境配慮施工指針（案）・同解説』日本建築学会編、2008
37）『SHASE-S010-2013 空気調和・衛生設備工事標準仕様書』空気調和・衛生工学会
38）『鉄筋コンクリート造建築物等の解体工事施工指針（案）・同解説』日本建築学会、1998
39）日本免震構造協会編『考え方・進め方 免震建築』オーム社、2005
40）建築慣用語研究会『建築現場実用語辞典 改訂版』井上書院、2006
41）ものつくりの原点を考える会編『建築携帯ブック 現場管理 改訂2版』井上書院、2015
42）ものつくりの原点を考える会編『建築携帯ブック 工事写真』井上書院、2009
43）建築業協会施工部会編『建築携帯ブック クレーム』井上書院、2003
44）建築業協会施工部会編『建築携帯ブック 防水工事』井上書院、2006
45）現場施工応援する会編『建築携帯ブック 配筋 改訂2版』井上書院、2016
46）現場施工応援する会編『建築携帯ブック コンクリート 改訂2版』井上書院、2016
47）現場施工応援する会編『建築携帯ブック 設備工事 第3版』井上書院、2008
48）建物の施工品質を考える会編『建築携帯ブック 自主検査』井上書院、2006
49）建物のロングライフを考える会編『建築携帯ブック 建物診断 改訂版』井上書院、2016
50）現場施工応援する会編『建築携帯ブック 安全管理 改訂版』井上書院、2010
51）建築業協会企画・協力、建設データベース協議会編『建築携帯ブック 建設廃棄物』井上書院、2007

建築携帯ブック 現場管理用語辞典

2012年 4 月30日　第 1 版第 1 刷発行
2025年 3 月10日　第 1 版第 5 刷発行

編　者　現場施工応援する会 ©
発行者　石川泰章
発行所　株式会社 井上書院
東京都文京区湯島2-17-15　斎藤ビル
電話(03)5689-5481 FAX(03)5689-5483
http://www.inoueshoin.co.jp
振替00110-2-100535
印刷所　美研プリンティング株式会社
製本所　誠製本株式会社
装　幀　川畑博昭

ISBN978-4-7530-0555-0 C3552 Printed in Japan